Einführung in die angewandte Wirtschaftsmathematik

Jürgen Tietze

Einführung
in die angewandte
Wirtschaftsmathematik

Das praxisnahe Lehrbuch –
inklusive Brückenkurs für Einsteiger

18., ergänzte und aktualisierte Auflage

Mit 500 Abbildungen und mehr als 1700 Übungsaufgaben
und Lösungen

 Springer Spektrum

Jürgen Tietze
Fachbereich Wirtschaftswissenschaften
FH Aachen
Aachen, Deutschland
tietze@fh-aachen.de

ISBN 978-3-662-60331-4   ISBN 978-3-662-60332-1   (eBook)
https://doi.org/10.1007/978-3-662-60332-1

Die Deutsche Nationalbibliothek verzeichnet diese Publikation in der Deutschen Nationalbibliografie; detaillierte bibliografische Daten sind im Internet über http://dnb.d-nb.de abrufbar.

Springer Spektrum

Planung/Lektorat: Iris Ruhmann

Springer Spektrum ist ein Imprint der eingetragenen Gesellschaft Springer-Verlag GmbH, DE und ist ein Teil von Springer Nature.
Die Anschrift der Gesellschaft ist: Heidelberger Platz 3, 14197 Berlin, Germany

„Mathematik = Höhere Faulheit:
ständig harte Arbeit auf der
Suche nach dem leichteren Weg"
(Graffito auf einer Hörsaalbank)

Vorwort zur 18. Auflage

Ein wirtschaftswissenschaftliches Studium ist heutzutage ohne Mathematik *(als Hilfswissenschaft)* undenkbar, mathematische Beschreibungs-, Erklärungs- und Optimierungs-Modelle beherrschen große Teile der ökonomischen Theorie und in zunehmendem Maße auch der ökonomischen Praxis.

Mathematik in diesem Zusammenhang bedeutet einerseits das Problem, mathematische Ideen zu verstehen, um die dazugehörigen Techniken zu beherrschen und andererseits, diese zunächst abstrakten Techniken zielgerichtet und sinnvoll für ökonomische Anwendungen nutzbar zu machen.

Das nun in 18. Auflage vorliegende Buch – als Lehr-, Arbeits- und Übungsbuch vorrangig zum Selbststudium konzipiert – versucht, beide Aspekte zu berücksichtigen durch

–   ausführliche Darstellung, plausible Begründung und Einübung mathematischer Grundelemente und ökonomisch relevanter mathematischer Techniken aus der Analysis *(d.h. der Differential- und Integralrechnung)*, der linearen Algebra und der linearen Optimierung sowie

–   ausführliche Demonstration der Anwendbarkeit mathematischer Instrumente auf Beschreibung, Erklärung, Analyse und Optimierung ökonomischer Vorgänge, Situationen und Probleme.

Die Erfahrungen des Autors aus den letzten Jahren haben allerdings gezeigt, dass die für den erfolgreichen Einstieg in in die Wirtschaftsmathematik erforderlichen elementarmathematischen (insbesondere algebraischen) Grundlagen nicht immer ausreichend beherrscht werden.

Daher wird seit kurzem für Studieneinsteiger in diesem Wirtschaftsmathematik-Lehrbuch ein **Brückenkurs in elementarer Algebra** in Kap. 1.2 vorgeschaltet: Die Darstellung in diesem Brückenkurs ist besonders ausführlich und wird unterstützt durch mehr als 500 passgenaue Übungsaufgaben, Selbstkontroll-Tests, Eingangs- und Schlusstests. So besteht die realistische Möglichkeit, verschüttete Grundkenntnisse in elementarer Algebra *(Grundregeln (Axiome) und elementare Rechenregeln für Terme, Potenzen, Logarithmen, Gleichungen und Ungleichungen)* erfolgreich wieder bewusst zu machen und sie zu üben, um sie als Basis-Kompetenzen erfolgreich für wirtschaftsmathematischer Anwendungen einsetzen zu können.

Im Übrigen wendet sich dieses Buch sowohl an Studierende der ersten Semester, die das wirtschaftsmathematische Rüstzeug zur ökonomischen Anwendung benötigen als auch an fortgeschrittene Studierende oder quantitativ orientierte Wirtschaftspraktiker, die sich über die Fülle der Anwendungsmöglichkeiten mathematischen Instrumentariums auf ökonomische Sachverhalte informieren möchten.

Jahrelange Erfahrungen mit Teilnehmer(inne)n meiner Vorlesungen in Finanz- und Wirtschaftsmathematik bzw. Operations Research haben mich darin bestärkt, ein Buch für den *(zunächst)* nicht so bewanderten Leser zu schreiben *(und nicht für den mathematischen Experten)*. Wenn daher auch in manchen Fällen die mathematischen Beweise nicht streng sind oder fehlen, so habe ich mich doch bemüht, jeden mathematischen Sachverhalt in einer das Verstehen erleichternden Weise zu begründen und plausibel herzuleiten. Die daraus resultierende relativ breite *(weil auf Verständnis abzielende)* Darstellung dürfte allen den Leserinnen und Lesern entgegenkommen, die sich im Selbststudium die Elemente der Wirtschaftsmathematik aneignen wollen.

Weiterhin habe ich bewusst auf das eine oder andere Detail traditioneller Mathematikdarstellungen verzichtet, so auf eine ausführliche Theorie der Folgen und Reihen, auf die sog. Epsilontik oder auf die Theorie der Determinanten, auf Stoffinhalte also, die zwar von prinzipiellem mathematischen Interesse sind, nicht aber im Vordergrund ökonomischer Anwendungen stehen und daher dem Studienanfänger *(und erst recht dem Praktiker)* als unnötiger theoretischer Ballast erscheinen können.

Die vorliegende 18. Auflage wurde sorgfältig korrigiert, aktualisiert und im Lösungsanhang wesentlich erweitert. Das bis zur 4. Auflage noch enthaltene Kapitel über Finanzmathematik ist in wesentlich erweiterter Form als eigenständiges Lehrbuch „Einführung in die Finanzmathematik" im gleichen Verlag erschienen, siehe [66] im Literaturverzeichnis.

Der Text enthält – nicht nur im Brückenkurs – eine Vielzahl ergänzender Beispiele und Übungsaufgaben, die das Gefühl für die Beherrschung und die ökonomische Anwendbarkeit des mathematischen Kernstoffes stärken können. Für den umfangreichen Aufgabenteil *(mit mehr als 1700 Aufgaben, davon 500 Brückenkurs-Aufgaben)* sind erstmals *sämtliche Lösungen* im Anhang dieses Lehrbuchs verfügbar.

Insbesondere gilt für die Lösungen der Brückenkurs-Aufgaben: Die *ausführlichen* Lösungen sind auf den Internetseiten des Verlages für jeden Nutzer verfügbar *(www.springer.com – mit Hilfe der Suchfunktion findet man die Verlags-Seite dieses Buches und dort den Link zu den ausführlichen Lösungen)*.

Für die Lösungen *aller* Aufgaben des Lehrbuchs gilt: Im Lösungsanhang dieses Buches sind erstmals sämtliche Ergebnisse zumindest in Kurzform dargestellt. *Ausführliche* Lösungshinweise aller 1700 Aufgaben finden sich im ergänzenden Übungsbuch

>   Tietze, J.:   Übungsbuch zur angewandten Wirtschaftsmathematik
>   – Aufgaben, Testklausuren und ausführliche Lösungen – 9. Auflage, 444 S.
>   Springer Spektrum, Wiesbaden 2014, ISBN 978-3-658-06873-8

Zum *Gebrauch* dieses Buches: Um die Lesbarkeit des Textes zu verbessern, wurde die Form strukturiert:

> Definitionen, mathematische Sätze und | wichtige Ergebnisse | sind jeweils eingerahmt.

Bemerkungen sind in kursiver Schrifttype gehalten.

| **Beispiele** sind mit einem senkrechten Strichbalken am linken Rand gekennzeichnet.

Definitionen *(Def.)* , Sätze, Bemerkungen *(Bem.)*, Formeln, Beispiele *(Bsp.)*, Aufgaben *(Aufg.)* und Abbildungen *(Abb.)* sind in jedem erststelligen Unterkapitel ohne Rücksicht auf den Typ fortlaufend durchnummeriert. So folgen etwa in Kap. 6.2 nacheinander Bsp. 6.2.15, Abb. 6.2.16, Bem. 6.2.17, Def. 6.2.18 usw. Ein * an einer Aufgabe weist auf einen etwas erhöhten Schwierigkeitsgrad hin. Zahlen in eckigen Klammern, z.B. [66], beziehen sich auf das Literaturverzeichnis am Schluss des Buches.

Dieses Buch und seine vielen Auflagen hätten nicht entstehen können ohne Herma, die mir in vielen kritischen Situationen ihre Kraft zum Weitermachen lieh.

Zum Schluss gebührt mein Dank dem Springer Spektrum Verlag und insbesondere Frau Iris Ruhmann und Frau Agnes Herrmann, die mit ihrem Elan und ihrer Fachkompetenz eine große Unterstützung bei der Realisierung dieses Buchprojektes waren.

Die Hinweise vieler Leserinnen und Leser auf Fehler und Verbesserungsmöglichkeiten in den vorhergehenden Auflagen sind und waren für mich sehr wertvoll.

Da ich allerdings damit rechne, dass trotz aller Sorgfalt die Fehlerteufelin *(bzw. der Fehlerteufel)* nicht untätig geblieben sind, danke ich schon jetzt allen Leserinnen und Lesern für entsprechende Korrekturhinweise oder Verbesserungsvorschläge, z.B. per E-Mail *(tietze@fh-aachen.de)*. Ich werde jede Ihrer Rückmeldungen gerne beantworten und in allen Fällen auch um eine schnelle Antwort bemüht sein.

Aachen, im Herbst 2019   *Jürgen Tietze*

Inhaltsverzeichnis

Symbolverzeichnis

(auf den angegebenen Seiten finden sich nähere Erläuterungen zu den jeweiligen Symbolen)

Abkürzungen

BK	Brückenkurs	m.a.W.	mit anderen Worten	**Abkürzungen für Regeln**	
BL	Basislösung	ME	Mengen-Einheit	**und Rechengesetze:**	
BV	Basisvariable	NB	Nebenbedingung		
CD	Cobb-Douglas	NBV	Nichtbasisvariable	A1 - A4	Axiome für „ + "
c.p.	ceteris paribus	NNB	Nichtnegativitätsbe-	M1 - M4	Axiome für „ · "
DB	Deckungsbeitrag		dingung	D	Distributivgesetz
d.h.	das heißt	p.a.	pro Jahr	K1 - K7	Konventionen
€	Euro	s.	siehe	R1 - R16	Rechenregeln in $\mathbb{R}$
f	falsch	T€	tausend Euro	P1 - P5	Potenzregeln
FE	Faktoreinkommen	u.v.a.(m.)	und vieles andere (mehr)	L1 - L3	Logarithmenregeln
GE	Geldeinheit	vgl.	vergleiche	G1 - G9	zuläss. Umformg.
LE	Leistungseinheit	w	wahr	U1 - U7	f. Glg./Ungleichg.
LGS	Lineares Gleichungs-	WE	Währungseinheit		
	system	w.z.b.w.	was zu beweisen war		
LO	Lineare Optimierung	ZE	Zeiteinheit		

Häufig verwendete Variablennamen

a_t, $a(t)$	Auszahlung d. Periode t	K_0	Barwert *(eines Kapitals)*
A, A(t)	Annuität; Arbeitsinput *(in t)*	K_t	Zeitwert *(eines Kapitals im Zeitpunkt t)*
B	Bestand; *(zulässiger)* Bereich		
C	Konsum, Konsumsumme	k_v	stückvariable Kosten
C_0	Kapitalwert	K_v	variable Kosten
e	Eulersche Zahl	L	Lösungsmenge; Lagrange-
e_t, $e(t)$	Einzahlung d. Periode t		Funktion; Liquidationserlös
E	Erlös, Umsatz, Ausgaben;	λ	Lagrange-Multiplikator
	Einheitsmatrix	p	Preis; Zinsfuß
ε	Elastizität	q	Zinsfaktor *(= 1 + i)*
g	Stückgewinn	r	Input; Homogenitätsgrad;
g_D	Stückdeckungsbeitrag		*(stetiger)* Zinssatz; Rang einer Matrix
G	Gewinn	R	Rate; Zahlungsstrom
G_D	Deckungsbeitrag	R_n	Renten-Endwert
h	Stunde*(n)*	S	Sparen, Sparsumme
i	Zinssatz *(= p/100)*	t	Zeit
I, I(t)	Investition *(im Zeitpunkt t)*	T	Laufzeit
k	Stückkosten	U	Nutzen*(index)*; Umsatz
K	Kosten; Kapital	x	Nachfrage; Angebot;
k_f	stückfixe Kosten		Output; Menge
K_f	Fixkosten	Y	Einkommen; Sozialprodukt
K_n	Endwert *(eines Kapitals)*	Z	Zielfunktion

Griechisches Alphabet

α, A	Alpha		ι, I	Jota		ρ, P	Rho	
β, B	Beta		κ, K	Kappa		σ, Σ	Sigma	
γ, Γ	Gamma		λ, Λ	Lambda		τ, T	Tau	
δ, Δ	Delta		μ, M	My		υ, Y	Ypsilon	
ε, E	Epsilon		ν, N	Ny		φ, Φ	Phi	
ζ, Z	Zeta		ξ, Ξ	Xi		χ, X	Chi	
η, H	Eta		o, O	Omikron		ψ, Ψ	Psi	
ϑ, Θ	Theta		π, Π	Pi		ω, Ω	Omega	

1 Grundlagen und Hilfsmittel

Der folgende erste Abschnitt 1.1 dient im Wesentlichen der Darstellung mathematischer Grundbegriffe aus dem Bereich der Mengenlehre und Aussagenlogik und bereitet insoweit den in Kap. 1.2 folgenden Brückenkurs in elementarer Algebra vor. Leser, die möglichst schnell mit algebraischen Rechenoperationen, Termen, Gleichungen, Potenzen, Logarithmen etc. beginnen möchten, sollten unmittelbar in Kap. 1.2 einsteigen („*Elementare Algebra und Arithmetik*" – *ein propädeutischer **Brückenkurs** zur Wiederholung und Auffrischung mathematischer Grundlagen*).

1.1 Mengen und Aussagen

Begriffsbildungen, Vorgehensweisen und Erkenntnisse in einer Wissenschaftsdisziplin lassen sich immer dann präzise und zweifelsfrei darstellen, wenn eine geeignete **Fachsprache** zur Verfügung steht, die zwar auf der Umgangssprache basiert, deren **Vokabeln** und deren **Grammatik** aber vollständig und eindeutig definiert sind und bei korrekter Anwendung keiner Interpretationswillkür unterliegen. Zu den wichtigsten klassischen Grundbausteinen der mathematischen Fachsprache gehören Elemente der **Mengenlehre** und der **Aussagenlogik**. Wir wollen diese Elemente so weit darstellen, wie wir sie zur bequemen Anwendung der Mathematik auf ökonomische Probleme benötigen. Ziel dabei ist *nicht*, die Mengenlehre und Aussagenlogik als eigenständige mathematische Disziplinen abzuhandeln, sondern ihre sprachlichen und logischen Begriffsbildungen für eine möglichst einfache, dabei aber gleichzeitig möglichst präzise und unmissverständliche Beschreibung und Handhabung mathematischer Methoden bereitzustellen.

1.1.1 Mengenbegriff

Von Georg **Cantor** (1845-1918), dem Begründer der klassischen Mengenlehre, stammt die folgende *(für unsere Zwecke geeignete)* **Definition einer Menge**:

Def. 1.1.1: Eine **Menge** ist eine **Zusammenfassung** bestimmter, wohlunterschiedener **Objekte** unserer Anschauung oder unseres Denkens – welche die **Elemente** der Menge genannt werden – zu einem **Ganzen**.

Beispiel 1.1.2: Die natürlichen Zahlen von 3 bis 7 bilden eine Menge. Bezeichnen wir diese Menge mit A [1], so sagen wir, die Zahl 4 sei ein Element von A, die Zahl 9 sei kein Element von A usw.

Folgende **Symbole** für die Elementbeziehung haben sich eingebürgert:

$4 \in A$ bedeutet: 4 ist ein Element der Menge A   *(oder: 4 gehört zu A)* .

$9 \notin A$ bedeutet: 9 ist *kein* Element der Menge A   *(oder: 9 gehört nicht zu A)* .

---

[1] Mengen werden gewöhnlich mit großen lateinischen Buchstaben bezeichnet.

© Springer-Verlag GmbH Deutschland, ein Teil von Springer Nature 2019
J. Tietze, *Einführung in die angewandte Wirtschaftsmathematik*,
https://doi.org/10.1007/978-3-662-60332-1_1

Man kann Mengen beschreiben

  i)   durch **Aufzählen**,
  ii)   durch Angabe der sie charakterisierenden **Eigenschaft**,
  iii) durch **graphische** Darstellung.

Dabei dürfen Mengen nur derart gebildet werden, dass für irgendein Objekt **eindeutig** feststeht, ob es zur Menge gehört oder nicht. So kann man etwa die „Menge aller sehr hohen Berge" nicht bilden, da nicht eindeutig feststeht, bei welcher Höhe ein Berg sehr hoch ist oder nicht. Um darüber hinaus logischen Widersprüchen innerhalb der Mengenlehre aus dem Wege gehen zu können, dürfen bestimmte Mengen wie etwa „Menge aller Mengen" **nicht** gebildet werden.

Bemerkung 1.1.3:   *Die **Fuzzy Logic** (Logik unscharfer Mengen) ist in der Lage, auch derartige unscharfe mengenbildende Eigenschaften sinnvoll zu verarbeiten, indem sie nämlich nicht nur – wie bei der traditionellen zweiwertigen Logik – strikt nur „wahr" oder „falsch", nur $\in$ oder $\notin$ zulässt, sondern auch **Zwischenstufen der Zugehörigkeit**. So könnte man etwa – um beim letzten Beispiel zu bleiben – jeden in Frage kommenden (mehr oder weniger hohen) Berg mit seinem Namen und zusätzlich mit einem (zwischen 0 und 1 gelegenen) Zugehörigkeitsgrad zur „Menge der sehr hohen Berge" anführen, also etwa: { (Mount Everest/1,00); (Mont Blanc/0,95); (Zugspitze/0,85); (Lousberg/0,01) usw. }.*

Fuzzy Logic kann bemerkenswerte Erfolge bei der Steuerung komplexer Systeme für sich verbuchen, siehe etwa [8a] oder [43].

i) Werden die Elemente einer Menge **aufgezählt**, so setzt man alle vorkommenden Elemente in geschweifte Klammern (**Mengenklammern**): A = $\{3, 4, 5, 6, 7\}$.
Dabei ist die **Reihenfolge** innerhalb der Mengenklammern **unerheblich**. Man hätte auch schreiben können: A = $\{3, 7, 5, 6, 4\}$ usw.
Hat eine Menge *(wie A in Beispiel 1.1.2)* nur endlich viele Elemente, so heißt sie **endliche Menge**, andernfalls **unendliche Menge**.

Beispiel 1.1.4:

  a) Die Menge $\mathbb{N} = \{1, 2, 3, ...\}$ aller natürlichen Zahlen ist eine unendliche Menge. Da nicht alle Elemente aufgezählt werden können, führt man die ersten Elemente auf und deutet durch Punkte an, dass „es so weiter gehen soll".

  b) Die Zahlen 5; $4/2$; $\sqrt{25}$; 2 bilden eine Menge von zwei Elementen, nämlich $\{2; 5\}$.

ii) Häufig werden Mengen dadurch gebildet, dass man die **Eigenschaften** oder **Merkmale** der Elemente dieser Menge explizit angibt. Um etwa die Menge A *(vgl. Beispiel 1.1.2)* mit A = $\{3, 4, 5, 6, 7\}$ zu charakterisieren, sagt man:

„A ist die Menge aller derjenigen natürlichen Zahlen x, für die gilt: x ist größer als 2 und gleichzeitig kleiner als 8." Für diese Sprechweise gibt es folgende symbolische Schreibweise:

$$A = \{x \in \mathbb{N} \mid 2 < x < 8\} .$$

Beispiel 1.1.5:

  a) Gegeben sei die Menge P mit: P = $\{x \in \mathbb{N} \mid x$ ist eine ungerade Primzahl $\}$. P ist also die Menge aller Primzahlen außer der *(einzigen)* geraden Primzahl 2: P = $\{3, 5, 7, 11, 13, 17, 19, 23, ...\}$.

  b) Gegeben sei die Menge L mit L = $\{x \in \mathbb{N} \mid x^2 = 4\}$ *(Gelesen: L ist die Menge aller natürlichen Zahlen x, für die gilt: $x^2 = 4$ ist wahr)*. Da von den beiden Lösungen 2, −2 der Gleichung $x^2 = 4$ nur die Zahl 2 aus $\mathbb{N}$ ist, gilt: L = $\{2\}$.

  c) Die unendliche Menge G = $\{2, 4, 6, 8, 10, 12, 14, ...\}$ lässt sich wie folgt beschreiben:
  G = Menge aller geraden natürlichen Zahlen = $\{x \in \mathbb{N} \mid x = 2 \cdot n, n \in \mathbb{N}\} = \{2n \mid n \in \mathbb{N}\}$.

iii) Zur **graphischen** Veranschaulichung von Mengen benutzt man häufig sogenannte **Venn-Diagramme**, d.h. berandete Punktmengen in der Zeichenebene:

Die Menge A wird veranschaulicht durch die Menge aller im Oval liegenden Punkte.

Will man die Elemente einer Menge explizit aufführen, kann man sie in den berandeten Bereich eintragen:

$$B = \{1, 7, 5, 13\} \ .$$

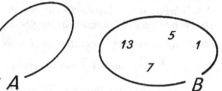

Bemerkung 1.1.6:

i) *Nach Def. 1.1.1 müssen die Elemente einer Menge **unterscheidbar** sein. Daher werden mehrfach auftretende identische Elemente (wie z.B. 2, 6/3, $\sqrt{4}$) als **ein** Element betrachtet. So ist etwa die Menge B der Buchstaben des Wortes „MISSISSIPPI" gegeben durch B = {M, I, S, P}.*

ii) *Es ist möglich (und sinnvoll), eine Menge zu definieren, die **kein Element** besitzt.*

> *Beispiele: Die Menge aller natürlichen Zahlen, die zugleich größer als 100 und kleiner als 90 sind, hat kein Element.*
>
> *Die Menge aller reellen Zahlen x, für die gilt: $x^2 + 4 = 0$, hat kein Element. Eine Menge, die kein Element besitzt, heißt **leere Menge**, symbolisch: { } oder $\emptyset$.*
>
> *Unterscheiden Sie davon sorgfältig die Menge {0}, deren (einziges) Element die Zahl 0 ist, während { } **kein** Element besitzt.*

1.1.2   Spezielle Zahlenmengen

Bestimmte Zahlenmengen, die häufig in der Mathematik verwendet werden, haben genormte Symbole:

1) $\mathbb{N} :=^2 \{1, 2, 3, ...\}$ *(Menge der **natürlichen** Zahlen)* ;

2) $\mathbb{Z} := \{... -2, -1, 0, 1, 2, ...\}$ *(Menge der **ganzen** Zahlen)* ;

3) $\mathbb{Q} := \{x \mid x = \dfrac{p}{q}$ mit $p, q \in \mathbb{Z}$ und $q \neq 0\}$ *(Menge der **rationalen** Zahlen)* .

Fügen wir die sogenannten „**irrationalen** Zahlen" (wie z.B. $\sqrt{2}$, $\sqrt[5]{10}$, π, e, ...) zur Menge $\mathbb{Q}$ der rationalen Zahlen hinzu, so erhalten wir

4) $\mathbb{R} :=$ Menge der **reellen** Zahlen .

Jeder reellen Zahl entspricht ein Punkt auf dem **Zahlenstrahl** und umgekehrt.

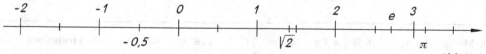

Die reellen Zahlen bedecken den **Zahlenstrahl** lückenlos.   *Abb. 1.1.7*

Bemerkung 1.1.8:   *Mit $\mathbb{Z}^+$, $\mathbb{Q}^+$, $\mathbb{R}^+$ wollen wir die jeweils **positiven** und mit $\mathbb{Z}_0^+$, $\mathbb{Q}_0^+$, $\mathbb{R}_0^+$ die jeweils **nichtnegativen** ganzen, rationalen bzw. reellen Zahlen bezeichnen. Analog bedeutet $\mathbb{N}_0 = \{0, 1, 2, ...\}$ die Menge der um die Zahl 0 erweiterten natürlichen Zahlen.*

---

2   **a)** Das Symbol „$:=$" bedeutet: „ist definitionsgemäß gleich". **b)** Manche Autoren definieren: $\mathbb{N} := \{0, 1, 2, 3...\}$.

Bemerkung 1.1.9:   *Obwohl zwischen je zwei Brüchen (rationalen Zahlen) beliebig viele weitere Brüche liegen, die rationalen Zahlen (Q) also gewissermaßen beliebig „dicht" auf dem Zahlenstrahl (vgl. Abb. 1.1.7) liegen, stellte man bereits vor mehr als 2000 Jahren mit Erstaunen (und Entsetzen...) fest, dass es daneben beliebig viele weitere Zahlen gibt, die nicht als Bruch darstellbar, also „irrational" sind.*

Als Kostprobe sei der Beweis für die „Irrationalität" von $\sqrt{2}$ skizziert:

Angenommen, $\sqrt{2}$ sei als (vollständig gekürzter!) Bruch $\dfrac{p}{q}$ darstellbar (p, q seien somit teilerfremde natürliche Zahlen, z.B. $\dfrac{p}{q} = \dfrac{249\,669\,803}{176\,543\,210}$ oder $\dfrac{p}{q} = \dfrac{249\,669\,811}{176\,543\,209}$).

Weiterhin sei der Nenner q als verschieden von Eins vorausgesetzt, denn andernfalls wäre $\sqrt{2}$ eine natürliche Zahl (= p), was offensichtlich nicht zutrifft.

Aus der Annahme, $\sqrt{2} = \dfrac{p}{q}$ sei wahr, folgt durch beidseitiges Quadrieren:

$$(*) \qquad\qquad 2 = \left(\frac{p}{q}\right)^2 = \frac{p \cdot p}{q \cdot q} \ .$$

Nun kann aber dieser Bruch (*) unmöglich eine natürliche Zahl (= 2) darstellen, denn einerseits ist er – da p, q teilerfremd sind – nicht weiter kürzbar und andererseits kann er sich – wegen $q \neq 1$ – nicht auf eine natürliche Zahl reduzieren. Es ist also unmöglich, dass die Gleichung (*) wahr werden kann.

Aus diesem Widerspruch folgt zwangsläufig, dass die Annahme „$\sqrt{2} = \dfrac{p}{q}$" falsch sein muss.

Wenn nicht eindeutig anders vermerkt, werden wir im folgenden die **Menge** $\mathbb{R}$ der reellen Zahlen für **sämtliche** Rechnungen zugrundelegen (*Grundmenge ist $\mathbb{R}$*).
(*Dabei ist zu beachten, dass bei allen praktischen Rechnungen, z.B. auf elektronischen Rechenanlagen, jede reelle Zahl durch eine rationale Zahl angenähert wird.*)

Spezielle Mengen reeller Zahlen sind die **Intervalle**, die sich als lückenlose Teilstrecken des Zahlenstrahls darstellen lassen:

Def. 1.1.10: (Eigentliche Intervalle)

Seien a, b$\in\mathbb{R}$ mit a < b. Dann heißen

$[a,b] := \{x\in\mathbb{R} \mid a \leq x \leq b\}$ **abgeschlossenes** Intervall *(inclusive der Endpunkte)* ;

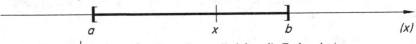

$]a,b[:= \{x\in\mathbb{R} \mid a < x < b\}$ **offenes** Intervall *(ohne die Endpunkte)* .

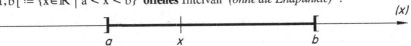

Die Mengen $[a,b[:= \{x\in\mathbb{R} \mid a \leq x < b\}$ und $]a,b] := \{x\in\mathbb{R} \mid a < x \leq b\}$ heißen **halboffene** Intervalle *(nur jeweils ein Endpunkt gehört zum Intervall)*.

Mit naheliegender Symbolik gilt für die sog. „uneigentlichen" Intervalle:

$$[a, \infty[\ := \{x\in\mathbb{R} \mid x \geq a\} \ ; \qquad]a, \infty[\ := \{x\in\mathbb{R} \mid x > a\} \ ;$$

$$]-\infty, a] \ := \{x\in\mathbb{R} \mid x \leq a\} \ ; \qquad]-\infty, a[\ := \{x\in\mathbb{R} \mid x < a\} \ ; \qquad]-\infty, \infty[\ := \mathbb{R} \ .$$

Aufgabe 1.1.11 a):   Geben Sie die Elemente der folgenden Mengen in aufzählender Form an:

i)   A = Die Menge der Buchstaben des Wortes „MINIMALNUMMER"

ii) $B = \{x \in \mathbb{Z} \mid x < 3\}$ **iii)** $C = \{x \in \mathbb{N} \mid 2 < x < 3\}$

iv) $D = \{u \in \mathbb{R} \mid u^2 = 2\}$ **v)** $E = \{x \in \mathbb{N} \mid x + 4 = 3\}$

vi) $F = \{z \in \mathbb{R} \mid z^2 + 36 = 25\}$ **vii)** $G = \{y \in \mathbb{R} \mid y^2 - y - 6 = 0\}$

viii) H = Menge aller (positiven) Primzahlen, die kleiner als 23 sind

ix) J = Menge aller durch 7 ohne Rest teilbaren negativen Zahlen größer als -7 .

Aufgabe 1.1.11 b):   Geben Sie an, ob die nachfolgenden Aussagen wahr (w) oder falsch (f) sind:

i)   Der Ausdruck $\{i,c,h, d,e,n,k,e, a,l,s,o, b,i,n, i,c,h\}$ ist eine Menge mit 18 Elementen.

ii)   Der Ausdruck $\{x \in \mathbb{R} \mid x^2 = -4\}$ stellt eine Menge mit zwei Elementen dar.

iii)   Der Ausdruck $\{u \in \mathbb{N} \mid -u > 0\}$ ist eine Menge ohne Elemente („leere Menge").

Aufgabe 1.1.12: Zu welcher der Mengen $\mathbb{N}, \mathbb{Z}, \mathbb{Q}, \mathbb{R}$ gehören die folgenden Zahlen:

i) $\sqrt{4}$;   **ii)** $0{,}333...$;   **iii)** $\dfrac{12}{6}$;   **iv)** $\sqrt{-4}$;   **v)** 0 ;   **vi)** $0{,}125$;   **vii)** $\sqrt{\pi + e}$?

1.1.3   Aussagen und Aussageformen

Im folgenden begegnen Ihnen einige Grundbegriffe der Aussagenlogik. Aussagen und ihre logischen Verknüpfungen mit Hilfe einer formalisierten Sprache dienen dazu, exakte und von umgangssprachlichen Interpretationsschwierigkeiten freie Formulierungen mathematischer Sachverhalte zu ermöglichen.

> **Def. 1.1.13:** Unter einer **Aussage A** versteht man einen sprachlichen Ausdruck *(z.B. einen Satz)*, der **entweder wahr (w) oder falsch (f)** ist.

Beispiel 1.1.14:   **A:** 2 ist eine Primzahl (w) ; **B:** $\sqrt{4} = \pm 2$ (f) ; **C:** $(-4)^2 = 16$ (w) ; **D:** $-2 > 2$ (f) .

Bemerkung 1.1.15:   *Der Wahrheitsgehalt der Aussage „Jede gerade Zahl, die größer als 2 ist, lässt sich als Summe zweier Primzahlen schreiben" ist (noch) unbekannt („Goldbach'sche Vermutung"). Wir zweifeln jedoch nicht daran, dass sie entweder wahr oder falsch sein **muss**. Daher werden auch derartige Sätze als Aussagen betrachtet.*

Keine Aussagen dagegen sind:
„Guten Abend!"; „Nachts ist es kälter als draußen."; „Wie spät ist es?"; $54321 + 165615$.

Der Satz „Die Zahl x ist größer als die Zahl y" ist zunächst keine Aussage, weil über den genauen Zahlenwert der beiden vorkommenden Variablen x und y nichts bekannt ist. Setzen wir aber etwa die Zahl 4 für x und die Zahl 7 für y, so geht der Satz in die *(falsche)* Aussage „4 ist größer als 7" über, bei den Einsetzungen 9 und 5 für x und y ergibt sich die *(wahre)* Aussage „9 ist größer als 5":

> **Def. 1.1.16:**   Sätze mit einer oder mehreren Variablen heißen **Aussageformen**, wenn sie bei spezieller Wahl der Variablen in eine *(wahre oder falsche)* Aussage übergehen.

Beispiel 1.1.17: Folgende Sätze sind Aussageformen:

i) $G(x)$: $x + 4 = 7$ mit $x \in \mathbb{N}$;

ii) $U(a, b, c)$: $a + b + c \geq 3$ mit $a, b, c \in \mathbb{R}$;

iii) $T(x, y)$: x ist ein Teiler von y mit $x, y \in \mathbb{N}$.

Folgende Ausdrücke sind **keine** Aussageformen, da sie beim Einsetzen der Variablen nicht in Aussagen übergehen:

Beispiel 1.1.18:   i) $x^2 + y^2 =$ ii) x ist größer   iii) $\sqrt{x} \neq$ iv) $\dfrac{25}{x^2 - 9}$ ist kleiner

Mathematische Ausdrücke wie x, $x^2 + y^2$, $\sqrt{x}$, $\dfrac{25}{x^2 - 9}$ *(wie im letzten Beispiel)* nennt man **Terme**:

Def. 1.1.19:   Als **Term T** bezeichnet man jeden **mathematischen Ausdruck**, der

- eine definierte **Zahl** darstellt, z.B. $\sqrt{3} \cdot 4 + 7^{-0,3}$ oder
- nach Ersetzen der vorkommenden Variablen durch Zahlen in eine definierte **Zahl übergeht**,

  z.B. $x^2 + y^2$ oder $\sqrt{x}$ oder $\dfrac{25}{x^2 - 9}$.

  Die Menge D_T der in einen Term sinnvoll einsetzbaren Zahlen nennt man „Definitionsmenge" des Terms *(so gilt etwa für den letzten Term:* $D_T = \mathbb{R}$ *mit Ausnahme der Zahlen −3 und 3).*

Keine Terme sind sinnlose oder nicht definierte Ausdrücke wie z.B. $\dfrac{0}{0}$, $\dfrac{1}{0}$, 0^0 [3].

Terme werden oft mit **T** bezeichnet, gefolgt von den geklammerten Variablennamen, z.B.

$$T(x)\ \ = \frac{\sqrt[3]{x}}{e^x + 1}$$ *(gelesen: „Term T von x gleich ...")*

$$T(x, y) = x^2 + y^2$$ *(gelesen: „Term T von x und y gleich ...")*

Das Thema **Gleichungen und Gleichungslösung** wird noch ausführlich im Brückenkurs Kap. 1.2, BK6 behandelt − gleichwohl sollen schon hier im Vorgriff einige grundsätzliche Tatsachen über diese spezielle Art von Aussageformen erfolgen:

Jede mathematische **Gleichung** $T_1 = T_2$ *(bzw. Ungleichung* $T_1 \leq T_2$*)*, deren Terme eine oder mehrere Variable enthalten, ist eine **Aussageform**. Ersetzt man die Variablen der Terme durch Elemente der zugehörigen Definitionsmenge *(siehe die nachfolgende Def. 1.1.23)*, so geht die Gleichung *(bzw. Ungleichung)* in eine *(wahre oder falsche)* Aussage über.

Beispiel 1.1.20:   Die Gleichung G(x): $x^2 - 4 = 0$ ist eine Aussageform. Die Grundmenge *(aus der die Variablenwerte stammen)* sei $\mathbb{R}$. Ersetzt man z.B. x durch 7, so lautet die entstandene Gleichung: $7^2 - 4 = 0$ und stellt eine *(falsche)* Aussage dar. Ersetzt man dagegen x durch 2 oder −2, so erhält man die jeweils wahren Aussagen

$$2^2 - 4 = 0\ \ (w)\qquad \text{und}\qquad (-2)^2 - 4 = 0\ \ (w)\ .$$

Die Zahlen 2 und −2 heißen **Lösungen** der Gleichung G(x), ihre **Lösungsmenge** lautet: L = {2, −2}.

Def. 1.1.21:   Diejenigen Elemente der Grundmenge, die eine Aussage**form** *(Gleichung, Ungleichung)* zu einer **wahren** Aussage machen, heißen **Lösungen** der Aussageform *(Gleichung, Ungleichung)*. Sie werden zusammengefasst in der **Lösungsmenge L** der Aussageform *(Gleichung, Ungleichung)*.

(Wie schon zuvor bemerkt, wollen wir − wenn nicht ausdrücklich anders vermerkt − die Menge der reellen Zahlen $\mathbb{R}$ als Grundmenge aller betrachteten Gleichungen/ Ungleichungen voraussetzen.)

---

3 Näheres zur „verbotenen" Null im Nenner eines Bruches finden Sie am Ende von Kap. 1.2 Abschnitt BK 1.2.

Beispiel 1.1.22:

i) Die Lösungsmenge L der Gleichung $G(x): x \cdot (x - 2) = 0$ $(x \in \mathbb{R})$ lautet:
$L = \{0; 2\}$, denn $0 \cdot (0 - 2) = 0$ (w) und $2 \cdot (2 - 2) = 0$ (w). Weitere Lösungen gibt es nicht.

ii) Die Lösungsmenge L der Ungleichung $x - 1 < 0$, $x \in \mathbb{R}$
lautet: $L = \{x \in \mathbb{R} \mid x < 1\}$, siehe Abb.

Somit gibt unendlich viele Lösungen der Ungleichung.

Gelegentlich kann es vorkommen, dass ein Element aus der Grundmenge beim Einsetzen einen nicht definierten Ausdruck erzeugt. Setzt man etwa in der Gleichung

$$G(x): \quad \frac{4}{x-1} = 2 \; ; \quad x \in \mathbb{R}$$

für x die Zahl 1 ein, so entsteht der nicht definierte Ausdruck $\dfrac{4}{0} = 2$. Daher ist es erforderlich, die Grundmenge (hier $\mathbb{R}$) zu reduzieren auf die sogenannte **Definitionsmenge**:

Def. 1.1.23: Die **Definitionsmenge D_A** der Aussageform A(x) enthält nur diejenigen Elemente der Grundmenge, bei deren Einsetzen A(x) in eine sinnvolle, definierte Aussage übergeht.

Im letzten Beispiel etwa gilt: $D_A = \{x \in \mathbb{R} \mid x \neq 1\}$ sowie $L = \{3\}$.

Beispiel 1.1.24: Die Lösungsmenge L der Gleichung

$$(x+1)^2 = x^2 + 2x + 1 \, , \; x \in \mathbb{R} \text{ ist:} \qquad L = \mathbb{R},$$

denn für **jede** Einsetzung aus der Grundmenge geht die Gleichung in eine **wahre** Aussage *(1. Binomische Formel)* über. Derartige Aussageformen (Gleichungen, Ungleichungen) heißen **allgemeingültig**.

Def. 1.1.25: (allgemeingültige Aussageform)

Eine Aussageform A *(Gleichung, Ungleichung)* heißt **allgemeingültig**, wenn **jede** Einsetzung *(aus der Definitionsmenge D_A)* zu einer **wahren** Aussage führt *(oder:* wenn die Lösungsmenge von A mit der Definitionsmenge von A übereinstimmt).

Beispiel 1.1.26: Jede der folgenden Gleichungen/ Ungleichungen ist allgemeingültig in $\mathbb{R}$, d.h. in allen Fällen lautet die Lösungsmenge: $L = \mathbb{R}$:

i) $(x - 2)(x + 2) = x^2 - 4$, denn: *Ausmultiplizieren der linken Seite liefert beidseitig denselben Term.*

ii) $2 = \sqrt{4}$, denn: *die Aussage ist stets wahr, egal welchen Wert etwa eine additive Variable annimmt: Aus $2 = \sqrt{4}$ folgt nämlich äquivalent: $2 + x = \sqrt{4} + x = 2 + x$, $x \in \mathbb{R}$.*

iii) $\dfrac{3}{z^2 + 5} > 0$, denn: *Die linke Seite ist wegen des Quadrats und positiver Begleiter stets positiv.*

iv) $2^x > 0$, denn: *Eine Potenz mit positiver Basis ist stets positiv für beliebige reelle Exponenten.*

Ist – wie im vorstehenden Beispiel – eine Gleichung $T_1 = T_2$ **allgemeingültig**, so muss für jede Einsetzung der links vom Gleichheitszeichen stehende Term T_1 denselben Zahlenwert annehmen wie der rechts stehende Term T_2 *(denn $T_1 = T_2$ ist für jede Einsetzung wahr!)*. Man nennt daher die Terme T_1 und T_2 **äquivalent** *(gleichwertig)*.

Def. 1.1.27: (Äquivalenz von Termen)

Zwei Terme T_1 und T_2 heißen **äquivalent** *(gleichwertig – geschrieben $T_1 = T_2$)*, wenn bei jeder Einsetzung von Variablen die beiden Terme T_1 und T_2 dieselben Zahlenwerte liefern.

Beispiel 1.1.28:   Folgende Terme T_1, T_2 sind jeweils äquivalent, d.h. $T_1 = T_2$ ist wahr:

i) $T_1(x) = (x+7)(x-2)$

      $T_2(x) = x^2+5x-14$,   *denn:* $(x+7)(x-2) = x^2+7x-2x-14 = x^2+5x-14$.

ii) $T_1(x, y) = x^4-y^4$

      $T_2(x, y) = (x^2+y^2)(x^2-y^2)$,   *denn:* $x^4-y^4 = (x^2)^2 - (y^2)^2 = T_2$ *(3. bin. Formel)*

iii) $T_1(a, b, x) = \dfrac{a-b}{b-a} \cdot x$

      $T_2(a, b, x) = -x$,   *denn:* $\dfrac{a-b}{b-a} = \dfrac{-(b-a)}{b-a} = -1$ $(a \neq b)$

[Näheres zu Termumformungen finden Sie in Kap. 1.2 – Brückenkurs]

Beispiel 1.1.29:   Die Lösungsmenge L der Gleichung $2x+4 = 2x-6$, $x \in \mathbb{R}$ lautet: $L = \{\ \}$, denn für **jede** Einsetzung geht die Gleichung in eine **falsche** Aussage über. Derartige Aussageformen *(Gleichungen, Ungleichungen)* heißen **unerfüllbar**. Dasselbe gilt etwa für die Gleichung $4 = -6$.

Def. 1.1.30: (unerfüllbare Aussageform)

Eine Aussageform A *(Gleichung, Ungleichung)* heißt **unerfüllbar** *(oder:* widersprüchlich*)*, wenn **keine Zahl** *(aus der Definitionsmenge)* **Lösung** von A ist.

Die **Lösungsmenge** L unerfüllbarer Aussageformen ist **leer**, d.h. $L = \{\ \}$.

Beispiel 1.1.31: Folgende Gleichungen bzw. Ungleichungen sind unerfüllbar in $\mathbb{R}$, d.h. $L = \{\ \}$:

i) $2043 + 7x = 3x + 2044 + 4x$ ii) $2 = 1$

iii) $x^4 < 0$ iv) $x^2 + 64 = 0$

Im Brückenkurs (Kap. 1.2, Thema BK6) folgen ausführliche Erläuterungen zur Technik von Gleichungslösungen!

Aus dem Vorangegangenen bleibt zunächst zusammenfassend festzuhalten:

Satz 1.1.32: (Lösungen von Aussageformen *(Gleichungen, Ungleichungen)*)

Es gibt Gleichungen/Ungleichungen, die in $\mathbb{R}$

i)   **lösbar** sind, und zwar

    a) mit **genau einer** Lösung;   *(Beispiel:* $2x - 10 = 0$: $L = \{5\}$*)*

    b) mit **mehreren** Lösungen;   *(Beispiel:* $x^2 = 81$: $L = \{-9; 9\}$*)*

    c) mit **unendlich vielen** Lösungen;   *(Beispiel:* $x^2 < 49$: $L = \{x \in \mathbb{R} \mid -7 < x < 7\}$*)*

ii) **allgemeingültig** sind;   *(Beispiel:* $4x^2 - 9 = (2x-3)(2x + 3)$: $L = \mathbb{R}$*)*

iii) **unerfüllbar** sind   *(Beispiele:* $x^2+7 = 0$; $6^x = 0$; $x+2 = x-1$: $L = \{\ \}$*)*.

Aufgabe 1.1.33: i) In welchen Fällen handelt es sich um **Aussagen**, in welchen um **Aussageformen**?

a) $x^2 + 1 = 1 + x^2$ b) $A + B = 1$ c) $4 + 1 = 0$ d) $0 \leq 0^2 + \sqrt{4} - 1$ e) $x + y = 4$

f) $y = x^2 + 1$ g) $\dfrac{1}{0} = 0$ h) 2 ist Lösung von $x > 4$ i) $a^2 + b^2$.

ii) Geben Sie die **Lösungsmengen** folgender Aussageformen an.
Welche Aussageformen sind **allgemeingültig**, welche **unerfüllbar**? *(Grundmenge: $\mathbb{R}$)*

a) $x^2 = 49$ b) $p^2 \geq 0$ c) $0x = 5x$ d) $(y + 1)(y + 2) = 0$

e) $0 + x = 5 + x$ f) $2z + 1 = 1 + 2z$ g) p ist eine gerade Primzahl; $p \in \mathbb{N}$

h) $x^2 > 36$ i) $u^2 < 81$.

iii) Geben Sie die Definitionsmengen D_{T_i} und D_{G_k} folgender Terme (T_i) und Gleichungen (G_k) an:

a) $T_1(x) = \dfrac{\sqrt[3]{x}}{x^2 + 25}$ b) $T_2(y) = \sqrt{50 - y}$

c) $G_1(x): \dfrac{17x - 102}{x \cdot \sqrt{25 - x^2}} = x$ d) $G_2(y): \dfrac{y - \sqrt{7}}{\sqrt{y^2 - 100}} = y - \sqrt{2}$

1.1.4 Verknüpfungen von Aussagen und Aussageformen

Verknüpft man zwei Aussagen *(bzw. Aussageformen)* durch **UND** ($\wedge$) bzw. **ODER** ($\vee$) miteinander, so entsteht eine neue Aussage *(bzw. Aussageform)*. Ebenso entsteht durch die **VERNEINUNG** ($\neg$) einer Aussage eine neue Aussage. Als Beispiel betrachten wir die folgenden beiden Aussagen:

       A: Tanja geht heute mit Andreas ins Theater.
       B: Tanja geht heute mit Benjamin ins Theater.

1.1.4.1 Konjunktion („und")

Die konjunktive Aussage $\boxed{A \wedge B}$ *(gelesen* **A und B***)* bedeutet:

       Tanja geht heute mit Andreas ins Theater **und** sie geht heute mit Benjamin ins Theater.

Der Wahrheitsgehalt dieser zusammengesetzten Aussage $A \wedge B$ hängt von den Wahrheitswerten der beteiligten Aussagen A, B ab und ist nach unserem logischen Alltagsverständnis definiert: $A \wedge B$ ist nur dann wahr, wenn Tanja tatsächlich mit **beiden** Herren ins Theater geht *(d.h. wenn sowohl A als auch B wahr sind)*, dagegen ist $A \wedge B$ falsch, wenn sie auch nur einen von beiden zu Hause lässt.
Wir erhalten somit für die „**UND**"-Verknüpfung *(„Konjunktion")* die **Wahrheitstafel**

(1.1.34)

A	B	$A \wedge B$	
w	w	w	
w	f	f	
f	w	f	(„**UND**"-Verknüpfung)
f	f	f	

(Bei zwei [bzw. n] Teilaussagen hat die Wahrheitstafel $2^2 = 4$ [bzw. 2^n] Zeilen, um sämtliche Wahrheitswertkombinationen zu enthalten (n = 2: ww, wf, fw, ff; n = 3: www, wwf, wfw, wff, fww, fwf, ffw, fff).

Beispiel 1.1.35: $3 + 7 = 10 \wedge 8 - 4 = 4$ (w)

                  $\sqrt{4} = 2 \wedge \sqrt{4} = -2$ (f),   da $\sqrt{4} = -2$ falsch ist .

Beispiel 1.1.36: $A(x)$: $x > 3 \wedge x < 7$ $(x \in \mathbb{R})$ ist eine konjunktive Aussageform, von der zunächst nicht entschieden werden kann, ob sie wahr oder falsch ist. Wir nehmen einige Einsetzungen vor:

i)   0 für x: Es entsteht die Aussage $A(0)$: $\underset{f}{0 > 3} \wedge \underset{w}{0 < 7}$ (f)

ii)   5,5 für x: Es entsteht die Aussage $A(5,5)$: $\underset{w}{5,5 > 3} \wedge \underset{w}{5,5 < 7}$ (w)

iii) 9,1 für x: Es entsteht die Aussage $A(9,1)$: $\underset{w}{9,1 > 3} \wedge \underset{f}{9,1 < 7}$ (f)

Somit liegt als Lösungsmenge L von $A(x)$ nahe:

$$L = \{x \in \mathbb{R} \mid 3 < x < 7\} = \,]\,3;7\,[\,.$$

1.1.4.2   Disjunktion („oder")

$$\boxed{A \vee B}$$ *(gelesen* **A oder B***)* bedeutet:
Tanja geht heute mit Andreas ins Theater **oder** sie geht heute mit Benjamin ins Theater.

Nach unserem logischen Alltagsverständnis ist diese Aussage sicher **richtig**, wenn sie sich für einen von beiden entscheidet und **falsch**, wenn sie alleine ins Theater geht.

Für den Fall, dass sie mit beiden ins Theater geht, bedarf es einer Vereinbarung, da in unserem Sprachgebrauch das Wort „oder" in zweierlei Bedeutung gebraucht wird:

i)   als **ausschließendes** „oder" *(„entweder – oder")*
ii)   als **einschließendes** „oder" *(„und/oder").*

Beispiele zu **i)**:   5 ist eine entweder eine Primzahl **oder** 5 ist keine Primzahl.
*(Der Fall, dass 5 sowohl Primzahl als auch keine Primzahl ist, ist **ausgeschlossen**.)*

Ich habe die Klausur entweder bestanden **oder** ich habe sie nicht bestanden.
*(Der Fall, dass ich die Klausur sowohl bestanden als auch nicht bestanden habe, ist **nicht möglich**.)*

Beispiele zu **ii)**:   *(aus einer Stellenanzeige)* „Der Stellenbewerber muss ein Studium an einer FH **oder** einer Uni erfolgreich abgeschlossen haben." *(Ein Bewerber besitzt sicher die geforderten Voraussetzungen, wenn er **beide** Qualifikationen besitzt.)*

Straßenschild: „Durchfahrt erlaubt für Fahrzeuge mit weniger als 3t Gesamtgewicht **oder** mit weniger als 5m Länge." *(Ein Fahrzeug mit weniger als 3t Gesamtgewicht, das **gleichzeitig** auch noch kürzer als 5m ist, darf gewiss ebenfalls passieren.)*

In der klassischen Aussagenlogik wird nun das „oder" ($\vee$) im **einschließenden** Sinne (siehe **ii)**) definiert, d.h. $A \vee B$ ist *(definitionsgemäß)* auch dann wahr, wenn **beide** Teilaussagen wahr sind.

Wir erhalten somit für die „**ODER**"-Verknüpfung („**Disjunktion**") definitionsgemäß die **Wahrheitstafel**

(1.1.37)

A	B	A $\vee$ B
w	w	w !
w	f	w
f	w	w
f	f	f

(„**ODER**"-Verknüpfung)

Beispiel 1.1.38:

i) Die Aussage A mit A: $3 = 3 \vee 3 = -3$ ist **wahr**, da *eine* Teilaussage (nämlich $3 = 3$) wahr ist.

ii) Die Aussageform A mit A(x): $x = 8 \vee x = -8$ ist eine disjunktive Aussageform, von der zunächst nicht entschieden werden kann, ob sie wahr oder falsch ist. Daher wollen wir für x verschiedene Einsetzungen vornehmen:

a) 8 für x: Es entsteht die Aussage A(8): $\underset{w}{8 = 8} \vee \underset{f}{8 = -8}$ (w)

b) 0 für x: Es entsteht die Aussage A(0): $\underset{f}{0 = 8} \vee \underset{f}{0 = -8}$ (f)

c) −8 für x: Es entsteht die Aussage A(−8): $\underset{f}{-8 = 8} \vee \underset{w}{-8 = -8}$ (w)

Daher ist die Lösungsmenge L der Aussageform A(x) gegeben durch: $L = \{8; -8\}$.

Folgende *Merkregeln* können zweckmäßig sein:

i) $A \wedge B$ ist **genau dann richtig**, wenn **beide** Teilaussagen **richtig** sind.

ii) $A \vee B$ ist **genau dann falsch**, wenn **beide** Teilaussagen **falsch** sind.

iii) $A \wedge B$ bedeutet logisch dasselbe wie $B \wedge A$, ebenso bedeuten $A \vee B$ und $B \vee A$ dasselbe (**Kommutativgesetz** der Aussagenlogik).

(Umgangssprachlich nicht immer! Beispiel: Die Aussage „Hubers Krankheit wurde immer schlimmer und er ging zum Arzt." bedeutet umgangssprachlich etwas anderes als „Huber ging zum Arzt und seine Krankheit wurde immer schlimmer." (Gebrauch von „und" im Sinne von „und daher"!))

1.1.4.3 Negation

Unter der **Negation** $\boxed{\neg A}$ (gelesen: **nicht** A) der Aussage A versteht man eine Aussage mit der **Wahrheitstafel**

(1.1.39)

A	$\neg A$
w	f
f	w

(**Negation**)

D.h. wenn A wahr ist, dann ist $\neg A$ falsch und umgekehrt *(stimmt mit der „normalen" Logik überein).* *(Statt $\neg A$ schreibt man gelegentlich auch $\overline{A}$.)*

Beispiel 1.1.40:

i) A: Das Auto ist weiß. $\neg A$ oder $\overline{A}$: Das Auto ist nicht weiß. *(Vorsicht! Die Aussage: „Das Auto ist schwarz." ist keineswegs die Negation von A, denn ein nicht-weißes Auto kann ebensogut rot oder grün sein.);*

ii) A: $9^2 = 82$ $\Leftrightarrow$ $\neg A$: $9^2 \neq 82$ (**nicht** etwa: $9^2 = 81$!) ;

iii) A(x): $x < 10$ $(x \in \mathbb{R})$ $\Leftrightarrow$ $\neg A$(x): $x > 10 \vee x = 10$ d.h. $x \geq 10$.

1.1.4.4 Zusammengesetzte Aussagen

Mit Hilfe von Konjunktion („und"), Disjunktion („oder") und Negation („ $\neg$ ") lassen sich alle Ergebnisse der **klassischen Aussagenlogik** darstellen. Insbesondere lassen sich die Wahrheitswerte beliebiger **Aussageverknüpfungen** mit Hilfe von Wahrheitstafeln ermitteln.

Beispiel 1.1.41:   Es sollen die Wahrheitswerte der Aussagenverknüpfungen

i) $\neg(A \vee B)$ und   **ii)** $\neg A \wedge \neg B$

für alle Wahrheitswertekombinationen der Teilaussagen A, B erstellt werden:

i)

A	B	A ∨ B	¬(A ∨ B)
w	w	w	f
w	f	w	f
f	w	w	f
f	f	f	w

ii)

A	B	¬A	¬B	¬A ∧ ¬B
w	w	f	f	f
w	f	f	w	f
f	w	w	f	f
f	f	w	w	w

Es zeigt sich an diesem Beispiel, dass für jede Wahrheitswertkombination der beiden Teilaussagen A, B die Aussagen $\neg(A \vee B)$ und $\neg A \wedge \neg B$ **dieselben** Wahrheitswerte besitzen (erkennbar aus der identischen Wahrheitswertspalte). Derartige Aussagen nennt man **äquivalent**.

Symbolische Schreibweise: $\neg(A \vee B) \quad \Longleftrightarrow \quad \neg A \wedge \neg B$

(zum Äquivalenzpfeil „$\Longleftrightarrow$" siehe auch Abschnitt 1.1.5.2).

Auch umgangssprachlich ist die Äquivalenz von $\neg(A \vee B)$ und $\neg A \wedge \neg B$ zu erkennen (siehe das Theater-Eingangsbeispiel): Wenn es *nicht* so ist, dass Tanja mit Andreas oder Benjamin (oder beiden) ins Theater geht $[\neg(A \vee B)]$, so bedeutet dies dasselbe, als wenn sie weder mit Andreas $(\neg A)$ noch mit Benjamin $(\neg B)$ ins Theater geht $[\neg A \wedge \neg B]$.

Es können auch mehr als zwei Aussagen durch $\wedge$, $\vee$, $\neg$ miteinander verbunden werden. Durch geeignete Klammerbildung ist die Reihenfolge der Verknüpfungen zu verdeutlichen.

Beispiel 1.1.42:   Wahrheitstafel von $A \vee (B \wedge C)$

Um alle Kombinationsmöglichkeiten zu erfassen, sind $2^3 = 8$ Zeilen erforderlich:

A	B	C	B ∧ C	A ∨ (B ∧ C)
w	w	w	w	w
w	w	f	f	w
w	f	w	f	w
w	f	f	f	w
f	w	w	w	w
f	w	f	f	f
f	f	w	f	f
f	f	f	f	f

Klammert man anders: $(A \vee B) \wedge C$, so lautet die Wahrheitstabelle:

A	B	C	A ∨ B	(A ∨ B) ∧ C
w	w	w	w	w
w	w	f	w	f
w	f	w	w	w
w	f	f	w	f
f	w	w	w	w
f	w	f	w	f
f	f	w	f	f
f	f	f	f	f

Daher gilt: $A \vee (B \wedge C) \quad \not\Longleftrightarrow \quad (A \vee B) \wedge C$,   d.h. es kommt auf die Klammerung an.

Aufgabe 1.1.43:

Überprüfen Sie durch Aufstellen von Wahrheitstabellen die folgenden **Gesetze der (zweiwertigen) Aussagenlogik** („Aussagen-Algebra"). Dabei behauptet der Äquivalenzpfeil $\Longleftrightarrow$, dass die Wahrheitstabellen der beiden Aussageverknüpfungen links und rechts vom Zeichen „$\Longleftrightarrow$" übereinstimmen:

1a) $\qquad (A \vee B) \vee C \qquad \Longleftrightarrow \qquad A \vee (B \vee C) \qquad$ *Assoziativgesetze für $\vee$, $\wedge$*

1b) $\qquad (A \wedge B) \wedge C \qquad \Longleftrightarrow \qquad A \wedge (B \wedge C)$
(Bei gleichartigen Operatoren kommt es auf die Klammerung *nicht* an)

2a) $\qquad A \vee (B \wedge C) \qquad \Longleftrightarrow \qquad (A \vee B) \wedge (A \vee C) \quad$ *Distributivgesetze für $\vee$, $\wedge$*

2b) $\qquad A \wedge (B \vee C) \qquad \Longleftrightarrow \qquad (A \wedge B) \vee (A \wedge C)$
(Bei ungleichartigen Operatoren ist die Klammerung wesentlich !)

3a) $\qquad\qquad A \vee A \qquad \Longleftrightarrow \qquad A \qquad\qquad$ *Idempotenzgesetze für $\vee$, $\wedge$*
3b) $\qquad\qquad A \wedge A \qquad \Longleftrightarrow \qquad A$

4a) $\qquad A \vee (A \wedge B) \qquad \Longleftrightarrow \qquad A \qquad\qquad$ *Absorptionsgesetze für $\vee$, $\wedge$*
4b) $\qquad A \wedge (A \vee B) \qquad \Longleftrightarrow \qquad A$

5) $\qquad\qquad A \vee \neg A \quad$ immer wahr $\qquad\qquad$ *Satz vom ausgeschlossenen Dritten*
(Eine Aussage muss entweder wahr oder nicht wahr sein, ein Drittes gibt es nicht.)

6) $\qquad\qquad A \wedge \neg A \quad$ immer falsch $\qquad\qquad$ *Satz vom Widerspruch*
(Es ist unmöglich, dass eine Aussage wahr und falsch zugleich ist.)

7) $\qquad\qquad \neg(\neg A) \qquad \Longleftrightarrow \qquad A \qquad\qquad$ *Gesetz von der doppelten Negation*

8a) $\qquad\quad \neg(A \vee B) \qquad \Longleftrightarrow \qquad \neg A \wedge \neg B \qquad$ *Gesetze von de Morgan*
8b) $\qquad\quad \neg(A \wedge B) \qquad \Longleftrightarrow \qquad \neg A \vee \neg B$

*Bemerkung: Unmittelbar einsichtig ist die Gültigkeit der **Kommutativgesetze** für $\vee$, $\wedge$:*
$$A \vee B \quad \Longleftrightarrow \quad B \vee A \; ; \qquad A \wedge B \quad \Longleftrightarrow \quad B \wedge A.$$

Aufgabe 1.1.44:

i) Alois ist schüchtern. Trotz seiner Zurückhaltung haben ihn Ulla und Petra innigst in ihr Herz geschlossen. Ihr einziger Kummer ist, dass Alois sich nicht ausdrücklich für eine von ihnen entscheiden will – er hat Sorge, er könne eine der beiden Verehrerinnen verletzen.

Schließlich wird Ulla ungeduldig und stellt Alois – in taktvoller Weise – zur Rede: „Alois, liebst du Petra, oder ist es nicht so, dass du Petra oder mich liebst?"

Alois überlegt einen Moment, dann sagt er „Nein".
Was hat Alois damit zum Ausdruck gebracht?

ii) Student Alois berichtet in seiner bekannt zurückhaltenden Art von den Ergebnissen seiner Examensklausuren:

„Ich habe in Mathematik und in Betriebswirtschaftslehre bestanden, oder es trifft nicht zu, dass ich in Mathematik oder Volkswirtschaftslehre bestanden habe.

Außerdem ist es unzutreffend, dass ich in Mathematik bestanden habe oder in Betriebswirtschaftslehre durchgefallen bin."

Wie sieht das Ergebnis von Alois Prüfung aus?

iii) Für welche eingesetzten Zahlen ($\in \mathbb{R}$) werden die nachstehend aufgeführten Aussagen A_i wahr?
(diese Zahlen bilden also die „Lösungsmenge" L der jeweiligen Aussageform)

   a) $A_1(x)$: $x = 2 \;\vee\; x = 4 \;\vee\; x = 3$

   b) $A_2(z)$: $z - \sqrt{2} = 4 \;\wedge\; z + \sqrt{2} = 4$

   c) $A_3(y)$: $y = \sqrt{25} \;\wedge\; y = -\sqrt{25}$

   d) $A_4(m)$: $7m \cdot (m - 3)(2m + 20)(m^2 + 100) = 0$

   e) $A_5(a)$: $a^2 - 17 = 8 \;\vee\; (a - 1)(a + 3) = 0$

   f) $A_6(k)$: $(k = 1 \;\vee\; k = 2) \;\wedge\; k = \sqrt{4}$

1.1.5 Folgerung (Implikation) und Äquivalenz

1.1.5.1 Folgerung (Implikation) ($\Rightarrow$)

> **Def. 1.1.45:** $A(x) \Rightarrow B(x)$ bedeutet: Immer, wenn $A(x)$ wahr ist, ist auch $B(x)$ wahr.[4]

Man sagt: – Wenn $A(x)$ gilt, so auch $B(x)$ – $A(x)$ ist hinreichend für $B(x)$
             – Aus $A(x)$ folgt $B(x)$ – $B(x)$ ist notwendig für $A(x)$
             – $A(x)$ impliziert $B(x)$

Beispiel 1.1.46: Vorgegeben sind die beiden Gleichungen $A(x)$: $x - 3 = 0$ und $B(x)$: $x^2 - 3x = 0$.
$A(x)$ ist nur wahr, wenn man 3 für x setzt: $A(3)$: $3 - 3 = 0$ (w). $B(x)$ ist ebenfalls wahr, wenn
$A(x)$ wahr ist, d.h. wenn man 3 für x setzt: $B(3)$: $3^2 - 3 \cdot 3 = 0$ (w).   Also gilt: $x - 3 = 0 \Rightarrow$
$x^2 - 3x = 0$. Man beachte, dass bei Vorliegen der Folgerung $A(x) \Rightarrow B(x)$ die zweite Aussageform $B(x)$
durchaus wahr sein kann, **ohne** dass $A(x)$ wahr ist: Setzt man im letzten Beispiel 0 für x, so gilt:
$A(0)$: $0 - 3 = 0$ falsch, aber $B(0)$: $0^2 - 3 \cdot 0 = 0$ wahr.

Man hüte sich also, aus der Folgerung $A(x) \Rightarrow B(x)$ den **Umkehrschluss** $B(x) \Rightarrow A(x)$ zu ziehen,
wie es umgangssprachlich nicht selten zu hören ist nach dem Motto:

Tünnes: Alle juten Kölner trinken Kölsch.
Scheel: Dann ist mein Schwager aus München auch 'ne jute Kölner, der trinkt auch immer Kölsch.

Beispiel 1.1.47: Der Fußballstar Franz Huberbauer wird vom Schiedsrichter verwarnt:
„Wenn Sie nochmal den Ball (erkennbar u. absichtlich) mit der Hand spielen *(Aussage A)*, so fliegen
Sie vom Platz" („rote Karte" – *Aussage B*). Der Schiedsrichter stellt also die Implikation: $A \Rightarrow B$
auf. Folgende Fälle stehen nun im Einklang mit dieser Folgerung:

a) H. spielt (erkennbar und absichtlich) erneut Hand *(A ist wahr)*. Dann erhält er die rote Karte
   (B ist wahr). Dies ist der **Hauptfall** der Folgerung.

b) H. spielt **nicht** erneut Hand *(A ist falsch)*. Dann ist mit der Implikation $A \Rightarrow B$ verträglich:
   b1) Er erhält nicht die rote Karte *(B ist falsch)*.
   b2) Er erhält trotzdem die rote Karte *(B ist wahr)*, etwa deshalb, weil er ein böses Foul begeht.

Nicht eintreten darf lediglich der Fall, dass er im Spiel bleibt (B ist falsch), obwohl er (erkennbar und
absichtlich) den Ball mit der Hand spielt (A wahr). Denn $A \Rightarrow B$ fordert ja gerade, dass aus A wahr
($\rightarrow$ „Hand") zwingend folgt: B wahr ($\rightarrow$ „rote Karte").

---

4 Wenn $A(x)$ dagegen falsch ist, so kann $B(x)$ wahr oder falsch sein.

Aus $A(x) \Rightarrow B(x)$ lässt sich – wie die voranstehenden Beispiele belegen – durch **Kontraposition** der Schluss ziehen: Immer, wenn $B(x)$ falsch ist, dann ist auch $A(x)$ falsch (denn andernfalls – d.h. wenn $A(x)$ wahr wäre – müsste wegen $A(x) \Rightarrow B(x)$ auch $B(x)$ wahr sein).   Symbolisch:

$$A(x) \Rightarrow B(x) \quad \text{bedeutet dasselbe wie} \quad \neg B(x) \Rightarrow \neg A(x)$$

Beispiel 1.1.48:   A: Es regnet jetzt.   B: Die Straße wird nass.
                          $\neg$A: Es regnet jetzt nicht. $\neg$B: Die Straße wird nicht nass.

Es gilt: $A \Rightarrow B$ *(Wenn es wahr ist, dass es jetzt regnet, so ist es auch wahr, dass die Straße nass wird – vorausgesetzt, die Straße ist nicht überdacht.)*
und gleichbedeutend: $\neg B \Rightarrow \neg A$ *(Wenn es wahr ist, dass die Straße nicht nass wird, ist es auch wahr, dass es (gerade) jetzt nicht regnet.).* Man beachte: $B \Rightarrow A$ gilt **nicht,** da die Straße auch nass werden kann, ohne dass es regnet, z.B. wenn Huber die Straße mit dem Wasserschlauch abspritzt.

Nach dem eben Gesagten wird die Folgerung $A(x) \Rightarrow B(x)$ zwischen zwei Aussageformen (z.B. Gleichungen, Ungleichungen) stets dann angewendet, wenn diejenigen x, die $A(x)$ zu einer wahren Aussage machen (= Lösungsmenge L_A von $A(x)$), auch $B(x)$ zu einer wahren Aussage machen, d.h.:

Satz 1.1.49: Es gilt die Folgerung $A(x) \Rightarrow B(x)$, wenn alle Lösungen von $A(x)$ auch Lösungen von $B(x)$ sind.

Wir untersuchen, ob in den folgenden Fällen der Folgerungspfeil „$\Rightarrow$" richtig verwendet wurde:

Beispiel 1.1.50: $x^2 = 9 \quad \Rightarrow \quad x = 3 \vee x = -3$
Richtige Verwendung, denn $x^2 = 9$ wird wahr für $x \in \{3; -3\}$. Für diese Elemente wird auch die Aussageform $x = 3 \vee x = -3$ wahr (siehe die Wahrheitstafel der „ODER"-Verknüpfung).

Beispiel 1.1.51: $(x-1)(x-2) = 0 \quad \Rightarrow \quad x - 1 = 0$
Falsche Verwendung, denn $(x-1)(x-2) = 0$ wird u.a. wahr für $x = 2$, nicht dagegen die rechte Aussage, denn $2 - 1 = 0$ ist falsch. Also würde aus Wahrem etwas Falsches folgen – Widerspruch!

Aufgabe 1.1.52: Untersuchen Sie, ob der Folgerungspfeil korrekt verwendet wurde:

i) $x = 3 \Rightarrow x^2 = 9$ **ii)** $x^2 - 16 = 0 \Rightarrow x = 4$ **iii)** $z = \sqrt{4} \Rightarrow z^2 = 4$

iv) $x(x+1) = 0 \Rightarrow x + 1 = 0$ **v)** $(z-4)(z+5) = 0 \Rightarrow z = 4 \vee z = -5$

vi) $\dfrac{1}{p} = 0 \Rightarrow p = 1$ **vii)** $x^2 < 16 \Rightarrow x < 4$ **viii)** $x^2 < 16 \Rightarrow x < 4 \wedge x > -4$

1.1.5.2   Äquivalenz ($\Longleftrightarrow$)

Def. 1.1.52: $A(x) \Longleftrightarrow B(x)$ bedeutet: Immer, wenn $A(x)$ wahr ist, ist auch $B(x)$ wahr, und immer, wenn $B(x)$ wahr ist, dann ist auch $A(x)$ wahr.

Man sagt: – Genau dann, wenn $A(x)$ gilt, gilt auch $B(x)$ – Wenn $A(x)$, so $B(x)$ und umgekehrt.
              – $A(x)$ ist notwendig und hinreichend für $B(x)$ – $B(x)$ ist notwendig und hinreichend
              – $A(x)$ ist äquivalent zu $B(x)$.   für $A(x)$.

Aus Def. 1.1.52 folgt: Ist **eine** der äquivalenten Aussageformen $A(x), B(x)$ falsch, so auch die andere. Da $A(x), B(x)$ genau dann wahr werden, wenn x aus der Lösungsmenge von $A(x)$ bzw. $B(x)$ stammt (siehe Def. 1.1.21: Lösungsmenge einer Aussageform), folgt aus der Äquivalenz in Def. 1.1.52 unmittelbar:

Satz 1.1.53: Die Aussageformen $A(x)$ und $B(x)$ sind **äquivalent**, $A(x) \iff B(x)$, genau dann, wenn die **Lösungsmengen** beider Aussageformen **übereinstimmen**.

Bei der Umformung von Gleichungen zur Lösungsfindung darf man daher nur **Äquivalenzumformungen** vornehmen, d.h. Gleichungsumformungen, die die Lösungsmenge der Ausgangsgleichung nicht verändern, siehe auch Brückenkurs, Thema BK 6.2.

Beispiel 1.1.54: $A(x): x^2 - 25 = 0$ $B(x): x = 5 \vee x = -5$

Die Lösungsmengen sind:

$L_A = \{5; -5\}$, denn $5^2 - 25 = 0$ (w)   und $(-5)^2 - 25 = 0$ (w)

$L_B = \{5; -5\}$, denn $5 = 5 \vee 5 = -5$ (w)   und $-5 = 5 \vee -5 = -5$ (w)

(siehe Wahrheitstafel der „ODER"-Verknüpfung)

Also ist $L_A = L_B$ und somit gilt: $x^2 = 25 \iff x = 5 \vee x = -5$.

Aufgabe 1.1.55: Untersuchen Sie durch Vergleich der Lösungsmengen, ob die folgenden Aussageformen äquivalent sind (d.h. ob der Äquivalenzpfeil $\iff$ zutreffend angewendet wurde).

i) $x = 7 \iff x^2 = 49$;

ii) $x = 1 \vee x = 4 \iff (x - 1)(x - 4) = 0$;

iii) $\dfrac{x-1}{x-2} = 0 \wedge x \neq 2 \iff x = 1$;

iv) $x = \sqrt{4} \iff x = 2 \vee x = -2$;

v) $x^2 = 4 \iff x = 2 \vee x = -2$;

vi) $x(x - 5) = 0 \iff x = 5$;

vii) $x^2 > 0 \iff x > 0$;

viii) $x^2 > 9 \iff x > 3 \vee x < -3$;

ix) $x^2 < 36 \iff x < 6 \wedge x > -6$;

x) $\sqrt{x} = -4 \iff x = 16$.

Ermitteln Sie in den Fällen falscher Anwendung die korrekte Folgerungsbeziehung ($\Rightarrow$ oder $\Leftarrow$).

1.1.6   Relationen zwischen Mengen

Wir wollen **Gleichheit** und **Teilmengeneigenschaft** zweier Mengen klären.

1.1.6.1   Gleichheit zweier Mengen

Def. 1.1.56: Zwei Mengen A, B heißen **gleich**, geschrieben A = B, wenn sie dieselben Elemente enthalten.

$A = B \quad :\iff{}^{5} \quad$ Für alle x gilt: $x \in A \iff x \in B$.

Beispiel 1.1.57: $A = \{49, \sqrt{4}, 5^0\}$, $B = \{1, 2, 7^2\}$, also $A = B$.

---

5 Das Symbol $:\iff$ bedeutet: „ist definitionsgemäß äquivalent zu".

1.1.6.2 Teilmengen

Def. 1.1.58: Die Menge A heißt **Teilmenge** der Menge B, geschrieben A⊂B, wenn jedes Element von A gleichzeitig auch Element von B ist. D.h.:
$$A⊂B \quad :⇔ \quad \text{Für alle x gilt: } x∈A ⇒ x∈B.$$

Beispiel 1.1.59: A = {2, 3, 4}, B = {1, 2, 3, 4, 5}:

Jedes Element von A ist Element von B, also ist A eine Teilmenge von B:

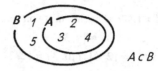

A ⊂ B

Nach Def. 1.1.58 gilt im Falle der Gleichheit von A und B: A⊂B **und** B⊂A. Das Teilmengensymbol „⊂" schließt die Gleichheit der Mengen nicht aus, mit anderen Worten: jede Menge enthält sich selbst als Teilmenge: A⊂A *(gelegentlich benutzt man dafür auch das Symbol ⊆)*. Es wird vereinbart, dass die **leere** Menge **Teilmenge jeder** Menge ist: Für jede beliebige Menge A gilt also: { } ⊂ A.

Def. 1.1.60: Die Menge **P(A) aller Teilmengen M** einer gegebenen Menge A heißt **Potenzmenge** der Menge A: $P(A) := \{M \mid M⊂A\}$.

Beispiel 1.1.61: A = {2, 3, 4} ⟺

$$P(A) = \{\{ \ \} , \{2\} , \{3\} , \{4\} , \{2,3\} , \{2,4\} , \{3,4\} , \{2,3,4\}\} .$$

Aufgabe 1.1.62: i) Ermitteln Sie die zutreffenden Relationen (= oder ⊂) zwischen folgenden Mengen:

a) $\quad ℕ ; \ ℚ ; \ ℝ ; \ ℤ .$

b) $\quad A = \{ \sqrt[3]{-8}, 0, \sqrt{25}, 2^0 \} ; \quad B = \{0, 1, -2, 5, -5\} .$

ii) Ermitteln Sie jeweils die Potenzmenge (d.h. sämtliche Teilmengen) der Mengen A, B und C:

a) A = {x, y, z}   **b)** B = {0, { }}   **c)** C = {1, {2, 3}} .

1.1.7 Verknüpfungen (Operationen) mit Mengen

Ähnlich wie Aussagen lassen sich auch zwei gegebene Mengen A, B durch eine **Operation** zu einer **neuen** Menge verknüpfen.

1.1.7.1 Durchschnittsmenge

Def. 1.1.63: Unter dem **Durchschnitt** (der **Schnittmenge**) A∩B (gelesen: A geschnitten B) der Mengen A und B versteht man die **Menge aller** Elemente, die **sowohl** zu A **als auch** (gleichzeitig) zu B gehören: $A∩B := \{x \mid x∈A ∧ x∈B\} .$

Beispiel 1.1.64: A = {1, 2, 3, 4}

B = {3, 4, 5, 6, 7}

⇒ A∩B = {3, 4} .

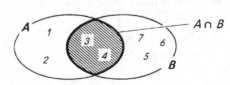

Bemerkung 1.1.65: Es gilt: A∩B = B∩A

Beispiel 1.1.66: In den folgenden Venn-Diagrammen ist die Durchschnittsmenge $A \cap B$ schraffiert:

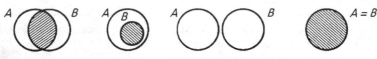

Besitzen A und B keine gemeinsamen Elemente (wie hier im dritten Fall), so ist ihr Durchschnitt leer.
A und B heißen dann „disjunkt".

Beispiel 1.1.67: (Durchschnitt von Intervallen)

$A = [2, 4]$, $B = [0, 3]$

$\Rightarrow A \cap B = [2, 4] \cap [0, 3] = [2, 3]$

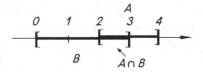

1.1.7.2 Vereinigungsmenge

Def. 1.1.68: Unter der **Vereinigungsmenge** $A \cup B$ (gelesen: A vereinigt B) der Mengen A, B versteht man die **Menge aller** Elemente, die zu A **oder** zu B (oder zu beiden) gehören:

$$A \cup B := \{x \mid x \in A \ \vee \ x \in B\} \ .$$

Beispiel 1.1.69: (siehe Beispiel 1.1.64)

$A = \{1, 2, 3, 4\}$

$B = \{3, 4, 5, 6, 7\}$

$\Rightarrow A \cup B = \{1, 2, 3, 4, 5, 6, 7\}$

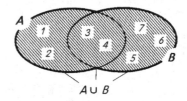

Bemerkung 1.1.70: Es gilt: $A \cup B = B \cup A$

Beispiel 1.1.71: (siehe Beispiel 1.1.66) In den folgenden Venn-Diagrammen ist die Vereinigungsmenge schraffiert:

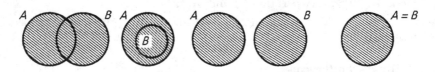

Beispiel 1.1.72: (Vereinigung von Intervallen)

i) $A = [2, 4]$; $B = [0, 3]$

$\Rightarrow A \cup B = [0, 4]$

ii) $A = [0, 1]$, $B = [3, 4]$

$\Rightarrow A \cup B = [0, 1] \cup [3, 4]$

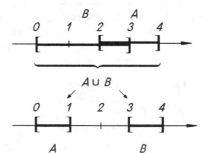

1.1.7.3 Restmenge (Differenzmenge)

Def. 1.1.73: Unter der **Restmenge (Differenzmenge)** A\B (gelesen: A **ohne** B) versteht man die **Menge aller** Elemente, die zu A, **nicht** aber zu B gehören:

$$A\backslash B := \{x \mid x \in A \ \land \ x \notin B\}$$

Beispiel 1.1.74: (siehe Beispiel 1.1.64)

A = {1, 2, 3, 4}

B = {3, 4, 5, 6, 7}

⇒   A\B = {1, 2}

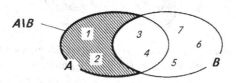

Beispiel 1.1.75: In den folgenden Venn-Diagrammen ist die Restmenge A \ B schraffiert:

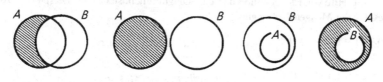

Beispiel 1.1.76: (Differenzmenge von Intervallen)

A = [2, 4]   B = [0, 3]

⇒ A\B =]3, 4]

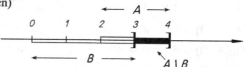

Beispiel 1.1.77:   Die Gleichung G(x): $\dfrac{5x+1}{(x-1)(x+4)}$ = 1 liefert für $x \in \mathbb{R}$ nur dann sinnvolle (wahre oder falsche) Aussagen, wenn der Nenner des Bruches nicht Null wird. Daher lautet die **Definitionsmenge** D_G (siehe Def. 1.1.23) der Gleichung G(x): $D_G = \mathbb{R} \backslash \{1, -4\}$.

Beachten Sie bitte, dass A\B i.a. etwas anderes bedeutet als B\A:

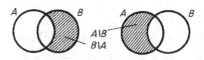

Ist A eine Teilmenge von B, so bezeichnet man die Differenzmenge B\A auch als **Komplementärmenge** $C_B A$ von A bzgl. B. $C_B A$ enthält alle Elemente von B, die **nicht** zu A gehören.

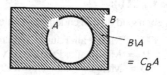

Es können auch mehr als zwei Mengen durch ∩, ∪, \ miteinander verknüpft werden. Durch geeignete Klammersetzung ist die Reihenfolge der Verknüpfungen zu verdeutlichen.

Beispiel 1.1.78:   **i)** $M_1 = A \cup (B \cap C)$

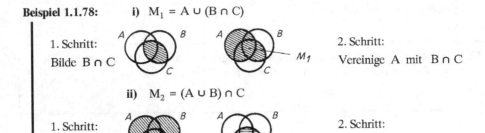

1. Schritt: 2. Schritt:
Bilde $B \cap C$ Vereinige A mit $B \cap C$

ii) $M_2 = (A \cup B) \cap C$

1. Schritt: 2. Schritt:
Bilde $A \cup B$ Schneide $A \cup B$ mit C

An den unterschiedlich schraffierten Mengenbildern des letzten Beispiels erkennen Sie, dass es auf die Klammersetzung ankommt, d.h. es gilt im allgemeinen:

$$A \cup (B \cap C) \neq (A \cup B) \cap C \ .$$

Aufgabe 1.1.79:

Überprüfen Sie mit Hife von Mengenbildern (Venn-Diagrammen, siehe etwa Beispiel 1.1.78), ob die folgenden **Gesetze der Mengenalgebra** gültig sind:

1) $A \cup (B \cup C) = (A \cup B) \cup C$ } *Assoziativgesetze für* $\cup, \cap$
2) $A \cap (B \cap C) = (A \cap B) \cap C$

3) $A \cup (B \cap C) = (A \cup B) \cap (A \cup C)$ } *Distributivgesetze für* $\cup, \cap$
4) $A \cap (B \cup C) = (A \cap B) \cup (A \cap C)$

5) $A \cup (A \cap B) = A$ } *Absorptionsgesetze für* $\cup, \cap$
6) $A \cap (A \cup B) = A$

7) $(A \setminus B) \cap B \ = \emptyset$ *Satz vom Widerspruch*

8) $(A \setminus B) \cup B \ = A \cup B$ *Satz vom ausgeschlossenen Dritten*

9) $A \setminus (B \cap C) = (A \setminus B) \cup (A \setminus C)$ } *Gesetze von de Morgan*
10) $A \setminus (B \cup C) = (A \setminus B) \cap (A \setminus C)$

(Vergleichen Sie hierzu die entsprechenden Gesetze der Aussagenlogik, Aufg. 1.1.43 !)

Aufgabe 1.1.80:

Gegeben seien die Mengen

$A = \{1, 2, 3, 4, 5, 6, 7, 8, 9, 10\}$, $B = \{2, 3, 4, 5, 6\}$, $C = \{6, 7, 8, 9, 10, 11, 12, 13\}$.

Man bilde damit die in Aufgabe 1.1.79 jeweils links stehenden Mengen.

Aufgabe 1.1.81 a):

Man gebe die Definitionsmengen D_G (s. Def. 1.1.23) folgender Aussageformen (Gleichungen) an:

i) $1 + x^2 = \dfrac{1}{x^2}$;   **ii)** $\dfrac{p^2 - 1}{p^2 + 1} = 0$;   **iii)** $\sqrt{y} = 7$;   **iv)** $\sqrt{z + 1} + \dfrac{2}{z^2 - 49} = 0$.

Aufgabe 1.1.81 b):

Gegeben sind die folgenden vier Zahlenmengen D, P, O, F *(jeweils Teilmengen von $\mathbb{N}$)*:

D = Menge aller durch 3 teilbaren Zahlen von 21 bis 39 *(jeweils incl.)*
P = Menge aller Primzahlen von 13 bis 41 *(jeweils incl.)*
O = Menge aller ungeraden Zahlen von 15 bis 31 *(jeweils incl.)*
F = Menge aller durch 4 teilbaren Zahlen von 16 bis 44 *(jeweils incl.)*

Man gebe (in Mengenschreibweise) die folgenden Mengen an:

i) $D \cup F$ **ii)** $F \cap D$ **iii)** $F \setminus D$
iv) $P \cap F$ **v)** $P \setminus D$ **vi)** $(O \setminus P) \cap (D \setminus F)$

1.1.8   Paarmengen, Produktmengen

Bisher haben wir Elemente von Mengen nur als „vereinzelte" Objekte, wie z.B. Zahlen oder Variablen, kennengelernt:

Beispiel 1.1.82: $A = \{2, 3, 5\}$; $B = \{1, 2, 3\}$.

> Wenn wir nun aus den Elementen von A und B **neue** Elemente derart bilden, dass jeweils ein Element x aus A mit einem Element y aus B zu einem **geordneten Paar** (x; y) zusammengefasst wird, so entsteht eine **Paarmenge** (oder **Produktmenge**):
>
> $A \times B$ („A kreuz B") $:= \{ (2; 1), (2; 2), (2; 3), (3; 1), (3; 2), (3; 3), (5; 1), (5; 2), (5; 3) \}$
>
> Elemente von $A \times B$ sind nicht mehr einzelne Zahlen, sondern **geordnete** Zahlen**paare** (geordnet deshalb, weil z.B. das Paar $(2 ; 3)$ vom Paar $(3 ; 2)$ verschieden ist).   Allgemein definiert man:

Def. 1.1.83:   Unter der **Produktmenge (Paarmenge)** $A \times B$ (gelesen: „A kreuz B") versteht man die **Menge aller geordneten Paare** (x; y) mit der Eigenschaft $x \in A$ und $y \in B$:

$$A \times B := \{(x;y) \mid x \in A \land y \in B\}.$$

Paarmengen $A \times B$ lassen sich in einem kartesischen **Koordinatensystem** veranschaulichen. Trägt man die Elemente $x \in A$ auf der horizontalen Achse (Abszissenachse) und die Elemente $y \in B$ auf der vertikalen Achse (Ordinatenachse) auf, so lässt sich jedes Paar (x; y) als Schnittpunkt der entsprechenden Achsenparallelen durch x bzw. y darstellen (siehe Abb. 1.1.84).

Für $A \times B$ aus Beispiel 1.1.82 ergibt sich die graphische Darstellung (Abb. 1.1.85):

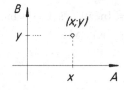

Abb. 1.1.84

Abb. 1.1.85

Aus Abb. 1.1.85 wird deutlich, dass sich die Paare $(2 ; 3)$ und $(3 ; 2)$ **unterscheiden**. (Man beachte also: $\{2 ; 3\} = \{3 ; 2\}$ aber $(2 ; 3) \ne (3 ; 2)$!)

Die Mengen A und B in $A \times B$ können auch **übereinstimmen**! Besonders wichtig ist der Fall $A = B = \mathbb{R}$:
Statt $\mathbb{R} \times \mathbb{R}$ schreibt man auch $\mathbb{R}^2$ (gelesen: $\mathbb{R}$ zwei).

Graphisch stellt $\mathbb{R} \times \mathbb{R}$ sämtliche Punkte der Koordinatenebene dar (Abb. 1.1.86) .

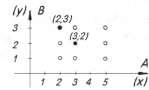

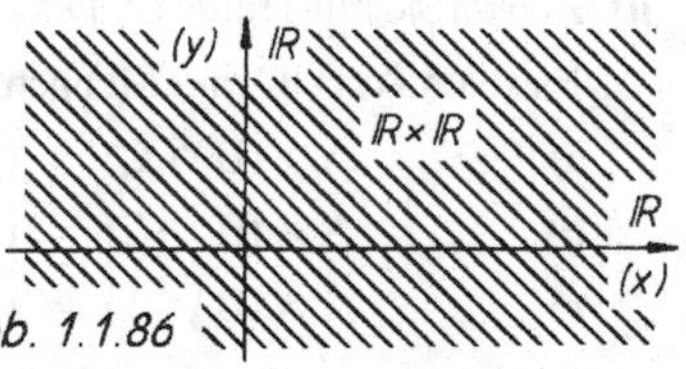

Abb. 1.1.86

Bemerkung: *Die in Kapitel 2 behandelten reellen* **Funktionen** *sind* **Teilmengen** *von* $\mathbb{R}^2$.

Wir können auch **mehr** als zwei Zahlen zu neuen Elementen zusammenfassen, z.B.

Tripel:	$(x; y; z)$	mit $x \in A$, $y \in B$, $z \in C$;
Quadrupel:	$(x_1; x_2; x_3; x_4)$	mit $x_i \in A_i$ (i = 1,...,4) ;
⋮	...	
n-Tupel:	$(x_1; x_2; ...; x_n)$	mit $x_i \in A_i$ (i = 1,2,...,n).

Analog zu Def. 1.1.83 setzt man fest:

Def. 1.1.87: $\qquad A \times B \times C := \{(x; y; z) \mid x \in A \wedge y \in B \wedge z \in C\}$.

Der Sonderfall $A = B = C = \mathbb{R}$ liefert:

$\mathbb{R} \times \mathbb{R} \times \mathbb{R} = \mathbb{R}^3$ („$\mathbb{R}$ drei").

Graphisch stellt $\mathbb{R}^3$ sämtliche Punkte des dreidimensionalen Koordinatenraums dar (Abb. 1.1.88).

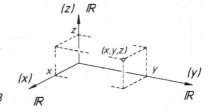

Abb. 1.1.88

Allgemein definiert man:

Def. 1.1.89: $\qquad A_1 \times A_2 \times \ldots \times A_n := \{(x_1; x_2; \ldots; x_n) \mid x_i \in A_i \text{ für } i = 1, 2, \ldots, n\}$.

Der Sonderfall $A_1 = \ldots = A_n = \mathbb{R}$ führt zu

$$\underbrace{\mathbb{R} \times \mathbb{R} \times \ldots \times \mathbb{R}}_{n\text{-mal}} =: \mathbb{R}^n \quad (\textit{gelesen: } „\mathbb{R}\text{-}n")\text{.}$$

$\mathbb{R}^n$ liefert sämtliche „Punkte" $(x_1; \ldots; x_n)$
des „n-dimensionalen Raumes".

(graphisch nicht mehr zu veranschaulichen)

Aufgabe 1.1.90:

Bestimmen Sie für die Mengen A, B mit $A = \{a, e, i\}$; $B = \{n, m\}$ die Produktmengen:

i) $A \times B$ $\qquad$ **ii)** $B \times A$ $\qquad$ **iii)** A^2 $\qquad$ **iv)** B^2

v) $B \times A \times B$ $\qquad$ **vi)** $A \times B \times A$ $\qquad$ **vii)** $A \times B \times B \times A$

Aufgabe 1.1.91 a):

i) Zeigen Sie *(etwa an einem Beispiel)*, dass für zwei Mengen A, B i.a. gilt:

$\qquad A \times B \ne B \times A$.

ii) Zeigen Sie mit Hilfe von Def. 1.1.83 die Gültigkeit folgender „Distributivgesetze":

Es seien A, B, C drei Mengen. Dann gilt:

a) $\qquad A \times (B \cap C) = (A \times B) \cap (A \times C)$

b) $\qquad A \times (B \cup C) = (A \times B) \cup (A \times C)$

c) $\qquad A \times (B \setminus C) = (A \times B) \setminus (A \times C)$.

Aufgabe 1.1.91 b):

Skizzieren Sie in einem (x,y)-Koordinatensystem die Paarmenge B_i ($i = 1,2,3$), für die gilt:

i) $\quad B_1 = \{(x,y) \in \mathbb{R} \times \mathbb{R} \mid x \ge 3 \wedge x \le 9 \wedge y \ge 4 \wedge y \le 7\}$

ii) $\quad B_2 = \{(x,y) \in \mathbb{R} \times \mathbb{R} \mid x \ge 0 \wedge y \ge 0 \wedge y \le -x + 8 \wedge y \le x + 2\}$

iii) $\quad B_3 = \{(x,y) \in \mathbb{R} \times \mathbb{R} \mid x \ge 0 \wedge y \ge 0 \wedge x \le 10 \wedge y \le 6 \wedge x + 2y \le 16\}$.

1.2   Elementare Algebra im Bereich der reellen Zahlen (ℝ) – ein Brückenkurs

Das folgende Kapitel 1.2 stellt die **Grundregeln** *(„Axiome")* und **Rechengesetze** für reelle Zahlen *(und Terme)* zusammen, ohne deren nachhaltige Kenntnis mathematische Anwendungen nicht möglich sind. Es handelt sich dabei um elementares mathematisches Grundwissen und -können, das in der Mittelstufe einer jeden allgemeinbildenden Schulform behandelt wird *(oder behandelt werden sollte)*.

Leidvolle Erfahrungen des Autors aus den wirtschaftsmathematischen Einführungsvorlesungen zeigen jedoch, dass nicht selten große Teile dieser mathematischen Grundkenntnisse nicht oder in nicht mehr ausreichender Weise beherrscht werden. Der folgende Abschnitt über elementare Rechengesetze dient daher in erster Linie zur **Auffrischung** dieser möglicherweise verschütteten **Grundkenntnisse** wie etwa

- Grundregeln für das Rechnen mit Zahlen
- Termumformungen
- Bruchrechnen
- Mathematische Symbolik
- Potenzrechnen, Wurzelrechnen
- Logarithmen
- Gleichungslösung.

Ich empfehle Ihnen, die weiter unten aufgeführten Themenbereiche BK1 bis BK7 nacheinander *(da die Themen aufeinander aufbauen)* im Sinne eines elementarmathematischen **Vor-** oder **Brückenkurses (BK)** zu bearbeiten.

Dieser Brückenkurs beginnt mit einem **Eingangstest:**

> *Dieser Eingangstest umfasst sämtliche Themen des Brückenkurses und dient der Feststellung und Kontrolle Ihrer mathematischen Eingangskenntnisse!*
>
> *Wenn Sie die Aufgaben des Eingangstests im Wesentlichen richtig lösen (Lösungshinweise im Anhang), können Sie den Brückenkurs überspringen, sich dem **Schlusstest** widmen und – falls dieser ebenso erfolgreich ausfällt – sofort mit Kapitel 2 (Funktionen) beginnen.*

Jedes **Thema** (z.B. **BK 6** – **Gleichungen**) des vorliegenden Brückenkurses (BK) ist in einzelne **Unterthemen** (z.B. **BK 6.4** – **Quadratische Gleichungen**) aufgeteilt. Jedes Unterthema enthält grundlegende Fakten, ergänzt durch Beweise, Begründungen und Beispiele *(auch Fehler-Beispiele...)* und wird meistens abgeschlossen mit einer (kleinen) **Übung** *(Lösungen im Anhang)*.

Am Ende eines jeden Themas steht ein **Selbstkontroll-Test,** durch dessen erfolgreiche Bearbeitung Sie erkennen können, ob Sie das betreffende mathematische Thema hinreichend gut verstanden haben.

Am Schluss des gesamten Brückenkurses finden Sie einen umfangreichen **Abschlusstest** über das **gesamte Themengebiet** des Brückenkurses *(auch hier gibt es die Lösungen im Anhang)*, der Ihnen Hinweise geben wird, inwieweit Sie die mit diesem Brückenkurs verknüpften Ziele erreicht haben.

Der **Brückenkurs (BK)** ist wie folgt strukturiert:

Eingangstest

Thema BK1:   Axiome *(Grundregeln)* **der Algebra in** $\mathbb{R}$

BK 1.1	Die neun Axiome *(Grundregeln)* für die reellen Zahlen $\mathbb{R}$
BK 1.2	Subtraktion und Division – Differenzen und Brüche
BK 1.3	Konventionen/Vereinbarungen zur Reihenfolge der Operationen

Selbstkontroll-Test zu Thema BK1

Thema BK2:   **Termumformungen in** $\mathbb{R}$ **– aus den Axiomen abgeleitete Rechenregeln**

BK 2.1	0/1-Regeln und Vorzeichenregeln; Multiplikation von Summen, insb. „Binomische Formeln"
BK 2.2	Brüche und algebraische Bruchterme: Multiplikation/Division zweier Brüche, Kürzen und Erweitern von Brüchen, Addition/Subtraktion zweier Brüche
BK 2.3	Wann ist ein Produkt/ein Quotient Null? Konsequenzen für Gleichungen

Selbstkontroll-Test zu Thema BK2

Thema BK3:   Exkurs: Einige spezielle mathematische **Begriffe und Symbole**

BK 3.1	(absoluter) Betrag einer Zahl/eines Terms
BK 3.2	Das Summenzeichen
BK 3.3	Das Produktzeichen
BK 3.4	Fakultät und Binomialkoeffizient

Selbstkontroll-Test zu Thema BK3

Thema BK4:   **Potenzen** und **Wurzeln**

BK 4.1	Potenzen mit natürlichen und ganzzahligen Exponenten
BK 4.2	Rechenregeln für Potenzen
BK 4.3	Potenzen mit rationalen (gebrochenen) Exponenten; Wurzeln

Selbstkontroll-Test zu Thema BK4

Thema BK5:   **Logarithmen**

BK 5.1	Begriff des Logarithmus
BK 5.2	Rechenregeln für Logarithmen

Selbstkontroll-Test zu Thema BK5

Thema BK6:   **Gleichungen**

BK 6.1	Allgemeines zu Gleichungen und ihren Lösungen
BK 6.2	Äquivalenzumformungen von Gleichungen
BK 6.3	Lineare Gleichungen
BK 6.4	Quadratische Gleichungen
BK 6.5	Gleichungen höheren als 2. Grades, Substitution, Polynomdivision
BK 6.6	Bruchgleichungen
BK 6.7	Wurzelgleichungen und Potenzgleichungen
BK 6.8	Exponentialgleichungen
BK 6.9	Logarithmengleichungen
BK 6.10	Exkurs: Lineare Gleichungssysteme

Selbstkontroll-Test zu Thema BK6

Thema BK7:   **Ungleichungen**

BK 7.1	Rechenregeln für Ungleichungen – Monotoniegesetze
BK 7.2	Lösungsverfahren für Ungleichungen

Selbstkontroll-Test zu Thema BK7

Abschlusstest zum gesamten Themenkreis des Brückenkurses BK

BRÜCKENKURS-EINGANGSTEST

Dieser Test soll Ihnen ein Gefühl dafür geben, welche **Eingangsvoraussetzungen in elementarer Algebra** für ein Wirtschafts-Studium erwartet werden – er sollte für Sie eigentlich kein ernsthaftes Problem darstellen, da sämtliche Testaufgaben aus der Unter-/Mittelstufe unserer weiterbildenden Schulen stammen.

Andererseits: Viele von Ihnen haben zwischenzeitlich vor Studienbeginn eine Berufsausbildung absolviert, haben in der Bundeswehr oder im Sozialbereich gedient, haben sich vielleicht auch erst nach längerer Berufstätigkeit zum Studium entschlossen – kurz: Für viele von Ihnen liegt der Mathematikunterricht in weiter Ferne, Ihre elementarmathematischen Kenntnisse müssen für ein erfolgreiches Studium „upgedated" werden und genau dafür soll Ihnen dieser algebraische Brückenkurs eine Hilfe sein.

Falls Sie mit dem folgenden **Eingangstest** keine Probleme haben – herzlichen Glückwunsch! Sie sollten sich dann vielleicht noch den **Abschlusstest** gönnen, um ganz sicher zu gehen. Falls auch der Abschlusstest erfolgreich bewältigt wird, können Sie diesen Brückenkurs getrost überspringen und sich gleich dem Kapitel 2 über Funktionen widmen.

Zur Bearbeitung der Tests (und auch der im Brückenkurs eingestreuten Übungen) wird kein elektronischer Taschenrechner benötigt *(allenfalls zur näherungsweisen Ermittlung numerischer Endresultate)*. Als Bearbeitungszeit des Eingangs- wie des Abschlusstests werden 120 Minuten veranschlagt.

BRÜCKENKURS-EINGANGSTEST – Aufgaben

1. Huber hat eine Körpergröße von 2 Metern. Er ist 25% größer als Moser. Wie groß ist Moser?

2. Ein Päckchen Butter *(= 250g)* kostet doppelt so viel wie ein Päckchen *(= 250g)* Margarine. Drei Päckchen Butter und 4 Päckchen Margarine kosten zusammen 6 €. Wieviel kostet 1 kg Margarine?

3. Eine CD und eine DVD kosten zusammen 2,40 €. Die DVD kostet 2 € mehr als die CD. Wieviel kostet eine CD?

4. Berechnen Sie die folgenden Terme so weit wie möglich (Endergebnis als Zahlenwert oder durchgekürzten Bruch „a/b" – ohne Taschenrechner!):

a) $\quad -2^4 =$

b) $\quad (-2^2)^3 - 7 \cdot 2 - 5 + (-3^2)(-5+3)^4 =$

c) $\quad \dfrac{\frac{1}{2} + \frac{1}{3}}{\frac{1}{3} - \frac{1}{2}} \qquad (= \frac{a}{b})$

d) $\quad \dfrac{((-2)^{-3} - (-3)^{-3})^{-1}}{((-3)^{-1} - (-2)^{-1})^{-3}} \qquad (= \frac{a}{b})$

e) $\quad \dfrac{\dfrac{2}{3+\frac{1}{2}} + \dfrac{\frac{1}{2}}{\frac{1}{4} - \frac{1}{3}}}{\dfrac{1}{2} - \dfrac{3}{2 - \frac{2}{7}}} \qquad (= \frac{a}{b})$

f) $\quad \ln(e^{-2043}) =$
   (ln = log_e)

g) $\quad \lg 0{,}0001 =$
   (lg = log₁₀)

5.   Vereinfachen Sie die folgenden Terme so weit wie möglich:

a) $3a(a \cdot 2b) \; =$

b) $(an \cdot bn \cdot cn){:}n \; =$

c) $\dfrac{\frac{1}{x} + \frac{1}{y}}{\frac{1}{x} - \frac{1}{y}} \; =$

d) $\dfrac{xyz}{x-y} \cdot \dfrac{y-x}{yz} \cdot \dfrac{1}{x} \; =$

e) $\dfrac{5a-b}{b-5a} - \dfrac{4a-c}{c} \; =$

f) $\dfrac{4x^2 + 9y^2}{2x + 3y} \; =$

g) $\sqrt[3]{a^5 \cdot b^2} \cdot \sqrt[4]{a^3 \cdot b^6} \; =$

h) $\dfrac{0{,}8 \cdot A^{-0{,}2} \cdot K^{0{,}2}}{0{,}2 \cdot A^{0{,}8} \cdot K^{-0{,}8}} \; =$

i) $\ln \dfrac{\sqrt{7u^3}}{5vw^2} \; =$

j) $\lg \left(2 \cdot \sqrt[3]{xy} \right) \; =$

k) $\ln e^{-x^2 + x - 1} \; =$

Schreiben Sie ausführlich:

l) $\displaystyle\sum_{i=2}^{5} a_k \cdot (i-1)^{2ik} \; =$

m) $\displaystyle\sum_{k=1}^{2} \sum_{i=1}^{3} \binom{k+3}{i} \cdot x^i x^k \; =$

6.   Geben Sie die Lösungsmengen folgender Gleichungen/Ungleichungen an:

a) $\dfrac{a+b}{2} \cdot y \; = \; F \; ; \quad b = ?$

b) $z = \dfrac{x}{1-xy} \; ; \quad x = ?$

c) $0{,}2z^2 - z \; = \; 2{,}8$

d) $32x^{12} = 2x^8$

e) $10 + 7 \cdot 4^x \; = \; 780$

f) $6 \cdot e^{-0{,}4n} = 1{,}2$

g) $\dfrac{2}{x-1} + \dfrac{3}{x+2} \; = \; 2$

h) $24 = 96 \cdot 1{,}1^m - 15 \cdot \dfrac{1{,}1^m - 1}{1{,}1 - 1}$

i) $1 - \dfrac{12}{\sqrt{2y+16}} \; = \; 0{,}7$

j) $5 - \ln \sqrt{x^2 + 1} \; = \; 3$

k) $0{,}02 - \dfrac{0{,}0025}{(0{,}2+x)^{1{,}5}} \; = \; 0$

l) $\left| \, 2x + 5 \, \right| \; = \; 7$

m) $y^6 - 4{,}5y^3 \; = \; -2$

n) $-17x - 1{,}5 \geq 5x + 284{,}5$

o) $y \cdot \ln e^{-4} \leq 1$

THEMA BK1:   **Axiome *(Grundregeln)* der Algebra in $\mathbb{R}$**

Das Rechnen im Bereich der reellen Zahlen $\mathbb{R}$ stützt sich auf ein vollständiges und in sich widerspruchsfreies System elementarster **Grundregeln** (**Axiome** genannt), deren Gültigkeit nicht bewiesen wird, sondern als **unmittelbar einleuchtend** unterstellt wird.

Bemerkung: Um Axiome „beweisen" zu können, müsste man noch einfachere Grundgesetze kennen, deren „Beweis" noch einfachere Grundregeln erfordert usw. Die im folgenden vorgestellten Axiome gehören bereits der elementarsten Kategorie an.

*Bevor Sie die einzelnen Axiome detailliert zur Kenntnis nehmen, folgt zunächst ein **Überblick über alle 9** Axiome sowie über die Vereinbarungen zur Reihenfolge der Rechenoperationen:*

BK 1.1   Die neun Axiome *(Grundregeln)* der Algebra in $\mathbb{R}$

In der Menge $\mathbb{R}$ der reellen Zahlen sind zwei Operationen, nämlich „ + " *(Addition)* und „ · " *(Multiplikation)* erklärt, so dass zu je 2 Zahlen a , b die *Summe* a+b und das *Produkt* a · b ($=:^6$ ab) eindeutig existieren. Dann gelten die folgenden 9 **Axiome** *(Grundgesetze)*:

Axiome der Addition

A1 *(Kommutativgesetz bzgl. „ + ")*
Für alle a, b gilt: **a + b = b + a**

A2 *(Assoziativgesetz bzgl. „ + ")*
Für alle a, b, c gilt:

$$(a + b) + c = a + (b + c) =: a{+}b{+}c$$

Axiome der Multiplikation

M1 *(Kommutativgesetz bzgl. „ · ")*
Für alle a, b gilt: **a · b = b · a**

M2 *(Assoziativgesetz bzgl. „ · ")*
Für alle a, b, c gilt:

$$(a \cdot b) \cdot c = a \cdot (b \cdot c) =: a \cdot b \cdot c =: abc$$

D   *(Distributivgesetz)*
Für alle a, b, c bzw. x, y, z gilt:

$$a \cdot (b + c) = a \cdot b + a \cdot c$$ bzw. $$x \cdot y + x \cdot z = x \cdot (y + z)$$

„ausmultiplizieren"   *„ausklammern" bzw. „faktorisieren"*

A3 *(neutrales Element bzgl. „ + ")*
Es gibt genau ein Element aus $\mathbb{R}$
(nämlich die Zahl 0), so dass
für alle a gilt: **a + 0 = 0 + a = a**

M3 *(neutrales Element bzgl. „ · ")*
Es gibt genau ein Element aus $\mathbb{R}$
(nämlich die Zahl 1), so dass
für alle a gilt: **a · 1 = 1 · a = a**

A4 *(inverses Element bzgl. „ + ")*
Zu jeder Zahl a gibt es genau eine
Gegenzahl *(inverses Element bzgl. „ + ")*,
nämlich –a , so dass gilt:

$$a + (-a) = (-a) + a = 0$$

M4 *(inverses Element bzgl. „ · ")*
Zu jeder Zahl a ($\neq 0$) gibt es genau
eine reziproke Zahl *(inverses Element
bzgl. „ · ")*, nämlich $\frac{1}{a}$, so dass gilt:

$$a \cdot \frac{1}{a} = \frac{1}{a} \cdot a = 1 \quad (a \neq 0 \,!)$$

Vereinbarungen:
(Konventionen)
*über die Reihenfolge
der Operationen)*

Klammern haben absoluten Vorrang, werden also zuerst berechnet *(und zwar von innen nach außen!)*.
Danach folgen alle Potenzen, danach die Multiplikationen/Divisionen, dann die Additionen/Subtraktionen ausgeführt.

(Merkregel: „Klammern <u>vor</u> Potenz <u>vor</u> Punkt <u>vor</u> Strich")

---

6   Die Symbole „:=" und „=:" bedeuten: „ist definitionsgemäß gleich" – die „gepunktete" Seite wird definiert.

Ein *Bruchstrich* wirkt wie die Klammerung von Zähler und Nenner: $\dfrac{a+x}{b-y} := \dfrac{(a+x)}{(b-y)} = (a+x):(b-y)$

Weiterhin: $\quad -ab := -(ab) \qquad$ *(Punkt vor Strich; nicht zu verwechseln mit $-(a+b) = -a-b$!)*

$\qquad\qquad\qquad ab^n := a \cdot (b^n) \qquad$ *(Potenz vor Punkt; nicht zu verwechseln mit $(ab)^n = a^n b^n$!)*

$\qquad\qquad\qquad -a^n := -(a^n) \qquad$ *(Potenz vor Strich,*

$\qquad\qquad\qquad\qquad\qquad z.B.\ -2^4 := -(2^4) = -16\,,\quad aber:\quad (-2)^4 = +16\,)\,.$

Def. 1: **Subtraktion** $:=$ Addition der Gegenzahl: $\qquad a-b := a + (-b)$

Def. 2: **Division** $:=$ Multiplikation mit der reziproken Zahl: $\quad a:b = \dfrac{a}{b} := a \cdot \dfrac{1}{b} \quad (b \neq 0)$

Im **Bruch** $\dfrac{a}{b}$ *(auch a/b geschrieben)* heißen a der **Zähler** und b der **Nenner**.

Nach diesem **Überblick** über die Axiome *(Grundgesetze)* und Konventionen/ Vereinbarungen untersuchen wir die einzelnen **Axiome, Konventionen** und die daraus ableitbaren **Rechenregeln genauer** *(sowohl bei den Axiomen wie auch bei den daraus abgeleiteten Regeln handelt es sich um äquivalente Termumformungen, siehe etwa Def. 1.1.27)*:

Wir betrachten also die Menge $\mathbb{R}$ der reellen Zahlen mit den Operationen „ + “ und „ · “ sowie die dadurch eindeutig definierten Summen a+b und Produkte a · b ($=:$ ab):

Axiome A1 bzw. M1 *(Kommutativgesetze)*

A1	*(Kommutativgesetz* bzgl. „+“) Für alle a, b gilt:	$a+b = b+a$
M1	*(Kommutativgesetz* bzgl. „ · “) Für alle a, b gilt:	$a \cdot b = b \cdot a$

Die Kommutativgesetze *(Vertauschungsgesetze, von lat. „commutare“ = wechseln, vertauschen)* besagen, dass es nicht auf die Reihenfolge zweier Summanden/Faktoren ankommt, vielmehr je zwei benachbarte Summanden/Faktoren vertauscht werden können, ohne dass sich der Termwert ändert.

Beispiel: $b \cdot a \cdot b \cdot a \cdot a \cdot b \cdot b \cdot a \cdot b = a \cdot b \cdot a \cdot b \cdot a \cdot b \cdot a \cdot b \cdot b = \ldots = aaaabbbbb = a^4 \cdot b^5$.

Beispiel: $17+41+83+59 = 17+83+41+59 = 100 + 100 = 200$

Beispiel: Sprachliche Verknüpfungen sind nicht immer kommutativ, so gilt etwa:
$\qquad\qquad$ Ballspiel $\neq$ Spielball *oder* Baumstamm $\neq$ Stammbaum *oder* Wandschrank $\neq$ Schrankwand.

Axiome A2 bzw. M2 *(Assoziativgesetze)*

A2	*(Assoziativgesetz* bzgl. „+“) Für alle a, b, c gilt:	$(a + b) + c = a + (b + c) =: a{+}b{+}c$
M2	*(Assoziativgesetz* bzgl. „ · “) Für alle a, b, c gilt:	$(a \cdot b) \cdot c = a \cdot (b \cdot c) =: a \cdot b \cdot c =: abc$

Assoziativgesetze *(von lat. „associare“ = verbinden, vereinigen)* sind notwendig, um **mehr als zwei** Zahlen miteinander verknüpfen zu können, indem zunächst zwei Zahlen addiert/multipliziert werden und dann das Ergebnis mit einer dritten Zahl verknüpft wird.

Die Axiome A2/M2 besagen nun, dass es für das Endresultat völlig unerheblich ist, ob zuerst die beiden ersten oder die beiden letzten Zahlen miteinander verknüpft werden. Daraus folgt, dass die Reihenfolge der Zusammenfassung zweier Glieder auch bei beliebig vielen Summanden/Faktoren frei wählbar ist. Daraus folgt weiter, dass – bei ausschließlicher Verwendung von „ · “ (oder „ + “) – sämtliche Klammern entbehrlich sind. Treten dagegen in einem Term die Operatoren „ · “ und „ + “ gleichzeitig auf, kommt es wesentlich auf die Klammersetzung an *(siehe das nachfolgende Distributivgesetz)*.

Beispiel: **i)** $\quad a \cdot (b \cdot c) \cdot ((x \cdot y) \cdot z) = (a \cdot b) \cdot (c \cdot x) \cdot (y \cdot z) = \ldots = a \cdot b \cdot c \cdot x \cdot y \cdot z = abcxyz$.

$\qquad\qquad$ **ii)** $\quad (5+2)+(3+(1+4))+7 = 5+(2+3)+1+(4+7) \ldots = 5+2+3+1+4+7 = 22$.

$\qquad\qquad$ **iii)** $\quad 2 \cdot 87 \cdot 5$ sollte zweckmäßigerweise nicht in der Reihenfolge $(2 \cdot 87) \cdot 5$, sondern in der
$\qquad\qquad\qquad$ Reihenfolge $87 \cdot (2 \cdot 5) = 87 \cdot 10 = 870$ berechnet werden.
$\qquad\qquad\qquad$ *(im letzten Beispiel wurden Assoziativ- und Kommutativgesetz gemeinsam eingesetzt)*

Nicht jede Verknüpfung ist assoziativ. Beim Potenzieren etwa macht es i.a. einen erheblichen Unterschied, ob man a^{b^c} in der Reihenfolge $(a^b)^c$ oder $a^{(b^c)}$ berechnet.

Beispiel: $(4^3)^2 = 64^2 = 4.096$ aber $4^{(3^2)} = 4^9 = 262.144$.

Beispiel: Auch sprachliche Verknüpfungen sind nicht immer assoziativ, so bedeutet etwa *Mädchen (Handelsschule)* etwas anderes als *(Mädchenhandels) Schule.*

Axiom D: Das Distributivgesetz − die Kombination von „+" und „ · "

> **D**   *(Distributivgesetz)*
> Für alle a, b, c   bzw.   x, y, z   gilt:
>
> | $a \cdot (b + c) = a \cdot b + a \cdot c$ | bzw. | $x \cdot y + x \cdot z = x \cdot (y + z)$ |
> |---|---|---|
> | *„ausmultiplizieren"* | | *„ausklammern" bzw. „faktorisieren"* |

Das Distributivgesetz *(Verteilungsgesetz, von lat. „distribuere" = verteilen)* verbindet − als einziges der Axiome − die beiden Operationen „ + " und „ · " und ist daher von zentraler Bedeutung für die arithmetischen Operationen in $\mathbb{R}$.

Für das Rechnen mit konkreten Zahlen erscheint das Distributivgesetz unmittelbar einleuchtend:

Beispiel: Der Ausdruck $5 \cdot (7+2)$ wird berechnet als $5 \cdot 9$ und liefert 45.
            Der Ausdruck $5 \cdot 7 + 5 \cdot 2$ liefert: $35 + 10$ und damit ebenfalls 45.

Dabei haben wir bereits stillschweigend Gebrauch gemacht von der bekannten Konvention (s.u.): „Punktrechnung" (·) erfolgt vor „Strichrechnung" (+). Wir hätten eigentlich *(d.h. ohne Anwendung dieser Konvention)* formulieren müssen:

ohne Konvention: D: $a(b+c) = (ab) + (ac)$ bzw. $(xy) + (xz) = x(y+z)$
statt *mit* Konvention: D: $a(b+c) = ab + ac$ bzw. $xy + xz = x(y+z)$
                              „ausmultiplizieren"   *„ausklammern" bzw. „faktorisieren"*

Durch die Konvention „Punktrechnung vor Strichrechnung" erspart man sich viele überflüssige Klammern, die Terme werden übersichtlicher.

Es folgen erste **Beispiele** zur Anwendung des Kommutativ-/Assoziativ-/Distributivgesetzes *(unter Beachtung der eben angesprochenen Konvention „Punktrechnung vor Strichrechnung" − Klammern werden stets vorrangig berechnet und von innen nach außen aufgelöst − gelegentliche Kürzel unter einem Gleichheitszeichen weisen auf das gerade angewandte Axiom hin):*

i) $2+(6+7 \cdot (9+2)) = 2+(6+(7 \cdot 9+7 \cdot 2)) = 2+(6+(63+14)) = 2+(6+77) = 2+83 = 85$

ii) $a+(b+c \cdot (x+y)) = a+(b+cx+cy) = a+b+cx+cy$

iii) $(a+b)(x+y) = (a+b)x + (a+b)y = ax+bx+ay+by$

iv) $5a+7a = (5+7)a = 12a$ *(a ausklammern!)* ebenso: $uvw+uvw = uvw \cdot (1+1) = 2uvw$

v) $(a+b)(a+b) \underset{D}{=} (a+b)a + (a+b)b \underset{D}{=} a^2+ba+ab+b^2 \underset{A1,D}{=} a^2+2ab+b^2$ *(1. binomische Formel)*

vi) $(7u+8v) \cdot 3w = 21uw+24vw$

vii) $(2ax+3by)(5cx+7dy) = (2ax+3by)5cx+(2ax+3by)7dy = 10acx^2+15bcxy+14adxy+21bdy^2$

viii) Ausklammern: $12x^2y+3xy^2+24xy = 3xy(4x+y+8)$

Es mag aufgefallen sein, dass in der Darstellung der axiomatischen Formeln zwei der vorgestellten Axiome mit einem Kasten umrahmt sind, nämlich

M2:	$a \cdot (b \cdot c) = (a \cdot b) \cdot c$	(= abc)	*(Assoziativgesetz bzgl. „ · ")*
D:	$a \cdot (b+c) = ab + ac$		*(Distributivgesetz)*

Hintergrund ist der durch den Kasten provozierte optische Hinweis auf eine beliebte „Fehlerfalle":

Bei Anfängern werden nicht selten die Gesetze M2 bzw. D *(oben durch Rahmung hervorgehoben)*
falsch angewendet *(„verwechselt")*:

Auf ein mehrfaches Produkt, z.B. $2(a \cdot b) = 2 \cdot (a \cdot b)$, wird fälschlicherweise das „Distributivgesetz"
angewendet, und das „Ergebnis" lautet:

$$2(a \cdot b) \ne 2a \cdot 2b = 4ab \qquad (au\ weia\ \frac{1}{2}) \ .$$

in konkreten Zahlen z.B. $24 = 2 \cdot 12 = 2(3 \cdot 4) \ne 2 \cdot 3 \cdot 2 \cdot 4 = 48$.

Daher unterscheide man genau:

$$2(a \cdot b) \underset{M2}{=} (2 \cdot a) \cdot b = 2 \cdot a \cdot b = 2ab$$

und

$$2(a + b) \underset{D}{=} (2 \cdot a) + (2 \cdot b) = 2a + 2b \ .$$

Beispiel: *falsch:* $4a(a \cdot 3b) \ne 4a^2 \cdot 12ab = 48a^3b$ *(grober Fehler...)*

richtig: $4a(a \cdot 3b) \underset{M2}{=} 4 \cdot a \cdot a \cdot 3 \cdot b = 12a^2b$

ebenfalls richtig: $4a(a+3b) \underset{D}{=} 4a^2 + 12ab$.

Zur Vervollständigung des Axiomensystems fehlen noch jeweils 2 Axiome für „ + " und „ $\cdot$ ", die uns die
Möglichkeit zur „Subtraktion" und „Division" geben werden:

Axiome A3 bzw. M3   *(0 und 1: Die neutralen Elemente)*

A3	*(neutrales Element* bzgl. „ + ") Es gibt genau ein Element aus $\mathbb{R}$ *(nämlich 0)*, so dass für alle a gilt: $a + 0 = 0 + a = a$
M3	*(neutrales Element* bzgl. „ $\cdot$ ") Es gibt genau ein Element aus $\mathbb{R}$ *(nämlich 1)*, so dass für alle a gilt: $a \cdot 1 = 1 \cdot a = a$

Die beiden „neutralen" Elemente 0 und 1 spielen eine Sonderrolle in $\mathbb{R}$:

Man kann zu einer reellen Zahl a *(und ebenso zu einem Term T)* beliebig oft „0" addieren *(oder*
„1" multiplizieren): Die Zahl a *(bzw. der Term T)* ändert ihren *(seinen)* Wert nicht im geringsten!

Dies nutzt man z.B. aus, wenn es um das „Kürzen" oder „Erweitern" eines Bruches geht *(siehe Folge-*
abschnitt) oder wenn es darum geht, die Gestalt eines Terms in eine andere, gewünschte, aber wertgleiche Form äquivalent zu verändern *(siehe z.B. die „quadratische Ergänzung" für die Lösung quadra-*
tischer Gleichungen (BK 6.4) oder Kap. 5.2.2.3 (Herleitung der Produktregel der Differentialrechnung).

Um zu verstehen, von welch spezieller Gestalt eine derartige „0" oder „1" sein kann, betrachten wir die
beiden letzten Axiome des Axiomensystems. Sie werden uns – zusammen mit den vorhergehenden Axiomen – die komplette Welt der Arithmetik in $\mathbb{R}$ eröffnen, insbesondere auch deshalb, weil durch sie die
Operationen „Subtraktion" und „Division" ermöglicht werden:

Axiome A4 bzw. M4   *(–a und $\frac{1}{a}$: Die inversen Elemente)*

A4	*(inverses Element* bzgl. „ + ") Zu jeder Zahl a gibt es genau eine Gegenzahl *(inverses Element* bzgl. „ + ')*, nämlich –a , so dass gilt: $a + (-a) = (-a) + a = 0$
M4	*(inverses Element* bzgl. „ $\cdot$ ") Zu jeder Zahl a *(≠0)* gibt es genau eine reziproke Zahl *(inverses* *Element bzgl. „ $\cdot$ ")*, nämlich $\frac{1}{a}$, so dass gilt: $a \cdot \frac{1}{a} = \frac{1}{a} \cdot a = 1$ *(a ≠ 0 !)*

i) Beispiele und Bemerkungen zu Axiom A4 *(eindeutige Existenz der Gegenzahl $-a$ zu a)*:

Zu 7 gibt es die Gegenzahl -7, so dass gilt: $7 + (-7) = 0$.

Zu $-22,5$ gibt es die Gegenzahl $-(-22,5) = 22,5$, so dass gilt: $-22,5 + 22,5 = 0$ usw.

Die Zahlen $-7, -22,5, \dots$ heißen „negative" Zahlen, sie werden auf dem Zahlenstrahl – ausgehend von „0" – nach links angetragen. Dabei entsteht „$-x$" aus „x" durch Spiegelung am Nullpunkt:

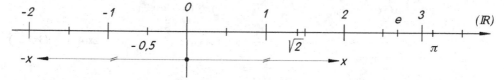

Spiegelt man $-x$ erneut, d.h bildet man $(-(-x))$, so ergibt sich wieder x, d.h. $-(-x) = x$.

Dies kann man auch direkt aus Axiom A4 herleiten:

Aus $-x + x = 0$ *(Axiom A4)* folgt durch Ersetzung von x durch $-a$:

$-(-a) + (-a) = 0$. Addition von a auf beiden Seiten liefert mit A2 und A3:

$-(-a) + \underbrace{(-a) + a}_{=\,0} = 0 + a = a$ d.h. es gilt allgemein die

Regel R1

$$-(-a) = a \quad .$$

(z.B. $-(-7,1) = 7,1$ usw.)

Somit gilt allgemein: Die Gegenzahl der Gegenzahl von a ist wieder die ursprüngliche Zahl a.

ii) Beispiele und Bemerkungen zu Axiom M4 *(eindeutige Existenz der reziproken Zahl $\frac{1}{a}$ zu a)*:

Zur Zahl 13 gibt es die reziproke Zahl $\frac{1}{13}$, so dass gilt: $13 \cdot \frac{1}{13} = 1$, usw.

Zu $\frac{1}{3}$ gibt es die reziproke Zahl $\dfrac{1}{\frac{1}{3}}$, so dass gilt: $\dfrac{1}{3} \cdot \dfrac{1}{\frac{1}{3}} = 1$, d.h. es müsste gelten: $\dfrac{1}{\frac{1}{3}} = 3$.

Auch diese Beziehung lässt sich mit Hilfe der Axiome *allgemein* beweisen:

Nach Axiom M4 existiert zu jeder Zahl a ($\neq 0$) die reziproke Zahl $\frac{1}{a}$, so dass gilt: $1 = a \cdot \frac{1}{a}$.

Ersetzt man in dieser Gleichung a durch $\frac{1}{a}$, so folgt: $1 = \dfrac{1}{a} \cdot \dfrac{1}{\frac{1}{a}}$.

Multipliziert man nun diese Gleichung auf beiden Seiten mit a, so folgt:

$$a \cdot 1 \underset{M3}{=} a = a \cdot \left(\frac{1}{a} \cdot \frac{1}{\frac{1}{a}} \right) \underset{M2}{=} \left(a \cdot \frac{1}{a} \right) \cdot \frac{1}{\frac{1}{a}} \underset{M4}{=} 1 \cdot \frac{1}{\frac{1}{a}} \underset{M3}{=} \frac{1}{\frac{1}{a}} \,,$$

d.h. auch für die inverse Zahl bzgl. Multiplikation gilt:

Regel R2

$$\frac{1}{\frac{1}{a}} = a \qquad (a \neq 0)$$

d.h. die Reziproke der Reziproken zu a ist identisch mit der ursprünglichen Zahl a.

z.B. $\dfrac{1}{\frac{1}{5}} = 5$ oder $\dfrac{1}{\frac{1}{3x + 7z}} = 3x + 7z$.

ÜBUNGEN zu BK 1.1 *(Axiome)*:

A1.1-1:   Vereinfachen Sie unter ausschließlicher Verwendung der 9 Axiome sowie der Regeln R1
$(- (-a) = a)$ und R2 $(1/(1/a) = a)$ die folgenden Terme so weit wie möglich *(„Punktrechnung vor Strichrechnung"!)*:

i) $2a+((3b+a)\cdot b+4)\cdot a$ ii) $2y(5x + 7y)$

iii) $2x(5x \cdot 7y)$ iv) $(2a+7b)(2a+7b)$

v) $\dfrac{1}{\dfrac{1}{6a+5b}}$ vi) $\dfrac{1}{\dfrac{1}{2x+5y}} \cdot (2x+6y)$ vii) $2x(4x+7y)(3x+2y)$

viii) $3a(a\cdot 2b\cdot 3c)$ ix) $(-(-2))\cdot (2t+4s)^2$

A1.1-2:   Folgende Termumformungen sind **fehlerhaft!** Wie lautet die jeweils **korrekte** Umformung?

i) $(2u+3v)^2 \neq 4u^2 + 9v^2$ ii) $6x(2x\cdot y) \neq 12x^2\cdot 6xy$ iii) $4(1+3y)^2 \neq (4+12y)^2$

BK 1.2   Subtraktion und Division – Differenzen und Brüche

Wir sind jetzt *(mit Hilfe des Axioms A4)* in der Lage, die „Subtraktion $a-b$ " zu erklären:

Definition 1

Die **Subtraktion** $a-b$ ist die **Addition der Gegenzahl:**

$$a-b := a+(-b)$$

Der Term „$a-b$" heißt **Differenz**.

Aus Def. 1 erkennt man, dass die Subtraktion weder kommutativ noch assoziativ ist:

a) $5-3 \neq 3-5$, denn $2 \neq -2$, d.h. die Subtraktion ist nicht kommutativ;

b) $9-(5-2) \neq (9-5)-2$, denn $9-3 \neq 4-2$, d.h. keine Assoziativität.

Mit Hilfe von Axiom M4 lässt sich ebenfalls die „Division a:b bzw. $\dfrac{a}{b}$ " erklären:

Definition 2

Die **Division** a:b bzw. $\dfrac{a}{b}$ ist die **Multiplikation mit der reziproken Zahl:**

$$a:b := a\cdot \frac{1}{b} =: \frac{a}{b} \qquad (b \neq 0) .$$

Der Term „ $\dfrac{a}{b}$ " heißt „**Quotient**" oder „**Bruch**(zahl)".

Im Bruch $\dfrac{a}{b}$ heißen a der **Zähler** *(oder Dividend)* und b der **Nenner** *(oder Divisor)*.
Statt $\dfrac{a}{b}$ schreibt man häufig auch „a:b" oder *(mit schrägem Bruchstrich)* „a/b"

Beispiel: $\dfrac{24}{8} := 24\cdot \dfrac{1}{8} = 24 :8 = 3$.

Aus $24\cdot \dfrac{1}{8} = 3$ folgt durch beidseitige Multiplikation mit 8:

$$24 \cdot \underbrace{\frac{1}{8} \cdot 8}_{= 1 \ (M4)} = 3 \cdot 8 \ , \text{d.h.} \qquad \boxed{\frac{24}{8} = 3 \iff 24 = 3 \cdot 8}$$

Allgemein: $\qquad \boxed{\frac{a}{b} = c \underset{b \neq 0}{\iff} a = c \cdot b}$

Zu jeder Bruchgleichung $\frac{a}{b} = c$ $(b \neq 0)$ gibt es also die Umkehrgleichung *(„Probe")* $a = c \cdot b$.
(Beweis: Multiplikation der Bruchgleichung mit b und Anwendung von Def.2 sowie M4.)

Damit ist auch klar, weshalb der **Nenner eines Bruches niemals Null** sein darf *(oder anders formuliert: weshalb man nie durch Null dividieren darf)*: Andernfalls müsste dann nämlich etwa gelten:

Aus *(z.B.)* $\quad \frac{24}{0} = c$ *(c beliebig)* folgt die Umkehrgleichung $24 = c \cdot 0 = 0$,

ein unauflösbarer Widerspruch mit katastrophalen mathematischen Folgen...
(Allerdings muss die intuitiv einleuchtende Gleichung c · 0 = 0 noch bewiesen werden, siehe BK 2.1)

Im übrigen ist auch die Division weder kommutativ noch assoziativ:
Beispiele: $\quad 12:4 = 3$ ***aber*** $\; 4:12 = 1/3$, d.h. ***keine*** *Kommutativität der Division!*
$\qquad\quad (48:8):2 = 6:2 = 3$ ***aber*** $48:(8:2) = 48:4 = 12$, d.h. ***keine*** *Assoziativität!*

BK 1.3   Konventionen/Vereinbarungen zur Reihenfolge der Operationen

Um eine übersichtliche Schreibweise ohne allzu viele Klammern ermöglichen zu können, verwendet man einige **Konventionen** hinsichtlich der Reihenfolge der Rechenoperationen *(und spart auf diese Weise präzisierende Klammern ein)*:

Konventionen: *(Vereinbarungen über die **Reihenfolge** der Rechenoperationen in $\mathbb{R}$)*

K1: **Klammern** haben absoluten Vorrang *(werden also stets **zuerst** berechnet)* ;

K2: Danach werden alle **Potenzen** (a^x bzw. x^n, *siehe Thema BK4)* berechnet, und zwar – bei fehlenden Klammern – von *„oben nach unten"* ;

K3: Danach werden alle **Punktoperationen** *(Multiplikation „ · " ; Division „ : ")* durchgeführt, und zwar *von links nach rechts*, falls keine Klammern stehen ;

K4: Danach werden alle **Strichoperationen** *(Addition „ + " ; Subtraktion „–")* durchgeführt (bei fehlenden Klammern ebenfalls *von links nach rechts)* .

In diesem Sinne gilt also auch: $\; -\mathbf{ab} := -(\mathbf{ab})$ *(„Punkt vor Strich")*

Merkregel:	**„Klammern** *vor* **Potenz** *vor* **Punkt** *vor* **Strich"**

Beispiele:

i) $\quad 5 + 3 \cdot ((9-6) \cdot 4)^2 - 7 \underset{K1}{=} 5 + 3 \cdot (3 \cdot 4)^2 - 7 \underset{K1}{=} 5 + 3 \cdot 12^2 - 7 \underset{K2}{=} 5 + 3 \cdot 144 - 7$

$\qquad\qquad \underset{K3}{=} 5 + 432 - 7 \underset{K4}{=} 430$.

ii) $\quad$ Stehen in Beispiel i) keine Klammern, so gilt folgendes:

$\quad 5 + 3 \cdot 9 - 6 \cdot 4^2 - 7 \underset{K2}{=} 5 + 3 \cdot 9 - 6 \cdot 16 - 7 \underset{K3}{=} 5 + 27 - 96 - 7 \underset{K4}{=} -71$.

iii) $\qquad 4^{3^2} := 4^{(3^2)}$ *(K2: „von oben nach unten"!)* $= 4^9 = 262.144$

aber: $\qquad (4^3)^2 = 64^2$ *(K1: „Klammer zuerst"!)* $= 4.096$.

iv) $\qquad 48 : 3 : 4 \cdot 2 = 16 : 4 \cdot 2 := 4 \cdot 2 = 8$ *(K3: „von links nach rechts."!)*

aber: $\qquad 48 : 3 : (4 \cdot 2) = $ *(K1: „Klammer zuerst")* $48 : 3 : 8 = 16 : 8 = 2$

v) $\qquad 120 - 50 - 20 := (120 - 50) - 20 = 70 - 20 = 50$ *(„von links nach rechts"!)*

aber: $\qquad 120 - (50 - 20) = 120 - 30 = 90$ $\qquad$ *(„Klammer zuerst"!)*

---

weitere Konventionen: *(Vereinbarungen über die **Reihenfolge** der Rechenoperationen in $\mathbb{R}$)*

K5: $\qquad$ Ein Bruchstrich ersetzt die separate Klammerung von Zähler und Nenner:

$$\frac{a+b}{c+d} := \frac{(a+b)}{(c+d)} = (a+b) : (c+d) \quad .$$

Zwar ist die separate Klammerung von Zähler und Nenner prinzipiell erlaubt, führt aber *(insbesondere bei Mehrfachbrüchen)* zu unübersichtlichen Termen.

Beispiele:

i) $\quad \dfrac{7+8}{2+3} = (7+8) : (2+3) = 15:5 = 3;$ $\quad$ *nicht:* $\dfrac{7+8}{2+3} \neq 7+8:2+3 \; (= 14\,\frac{4}{3})$

ii) $\quad \dfrac{10x-8}{2} = \dfrac{1}{2} \cdot (10x - 8)$ $\qquad$ *(d.h. die Klammer **muss** wieder geschrieben werden, wenn der Bruchstrich entfällt!)*

Die Vorrang-Reihenfolge „Klammer vor Potenz vor Punkt vor Strich" gilt auch bei Vorliegen nur der entsprechenden **Vor**zeichen *(statt **Rechen**zeichen)*, siehe z.B. K4: $- ab := - (ab)$. Wir führen zwei weitere wichtige Fälle als eigene Konventionen auf:

K6: $\qquad\qquad\qquad \boxed{ab^n := a \cdot (b^n)} \qquad\qquad$ *(„Potenz vor Punkt")*

Beispiel: $\qquad\qquad 5x^3 = 5 \cdot (x^3) = 5 \cdot x \cdot x \cdot x$

aber: $\qquad\qquad (5x)^3 = 5x \cdot 5x \cdot 5x = 125 \cdot (x^3) = 125x^3$.

K7: $\qquad\qquad\qquad \boxed{-a^n := -(a^n)} \qquad\qquad$ *(„Potenz vor Strich")*

*(d.h. ein Exponent bezieht sich – bei Fehlen von Klammern – nur auf die **unmittelbar** vorhergehende Zahl ohne ein evtl. vorangestelltes Minuszeichen*

Beispiele: $\quad$ *In den beiden folgenden Beispielen wird – im Vorgriff auf Thema BK2 – bereits die Vorzeichenregel* $\;(-a) \cdot (-b) = a \cdot b\;$ *verwendet.*

i) $\qquad -2^4 := -(2^4)$ $\quad$ *(„Potenz vor Strich"!)* $\; = -16$

aber: $(-2)^4 = (-2) \cdot (-2) \cdot (-2) \cdot (-2) = +16$.

ii) $\qquad -(-3^2)^4 = -((-(3^2))^4) = -((-9)^4) = -(6561) = -6561$

aber: $-(-(3^2)^4) = -(-(9)^4) = -(-(9^4)) = -(-6561) = +6561$.

Einige Fehler[7] im Zusammenhang mit den Konventionen:

F1: i) $3u + u \cdot 7 \neq 28u$ *(Punkt vor Strich nicht beachtet! Distr.gesetz: $u(3+7) = 10u$)*

  ii) $-5x + 0 \cdot x \neq -5x^2$ *(Punkt vor Strich nicht beachtet, $x+0$ fälschlich geklammert! Richtig: $-5x$)*

  iii) $5 + 7 \cdot x \neq 12x$ *(Punkt vor Strich nicht beachtet!)*

  iv) $a^2 - b^2 \cdot x^2 - y^2 \neq (a^2 - b^2) \cdot (x^2 - y^2)$ *(Punkt vor Strich nicht beachtet!)*

  v) $48 : 8 \cdot 6 \neq 48 : 48$ ($= 1$)   *(K3: von links nach rechts! $48 : 8 \cdot 6 = (48 : 8) \cdot 6 = 36$)*

ÜBUNGEN zu BK 1.3 *(Konventionen/Vereinbarungen zur Reihenfolge der Operationen)*

A1.3-1:   Berechnen bzw. vereinfachen Sie so weit wie möglich *(ohne Benutzung eines Rechners!)*:

  i) $12 - (18 - 5) + (7 - 2)$ ii) $12 - 18 - 5 + 7 - 2$ iii) $12 - ((18 - 5) + 7) - 2$

  iv) $15 - ((13 - 2) + 1 - 2 \cdot (7 - 4))$ v) $7 + 4 \cdot ((12 - 8) \cdot 3)^2 - 9$ vi) $7 + 4 \cdot 12 - 8 \cdot 3^2 - 9$

  vii) $3x^2 + (3x)^2 + (3 + x)^2 + 3(3 \cdot x^2)$ viii) $72 : 4 : 2 - (72 : 4) : 2 + 72 : (4 : 2)$

  ix) $2^{3^2} + \left(2^3\right)^2 + 2^{\left(3^2\right)}$

A1.3-2:   Man ermittle den Zahlenwert der folgenden Terme, wenn für die Variable x die Zahl „2" gewählt wird *(ohne Benutzung eines Rechners!)*:

  i) $-2 + 5x^2 + 2(2 + 5x)^2 - 2 + 3(5x)^2$ ii) $2x^3 - 2(3x)^2 \cdot (2x - 3)^5$

SELBSTKONTROLL-TEST zu Thema BK 1 *(Axiome in $\mathbb{R}$; Subtraktion/Division ; Konventionen)*

1.   Man berechne/vereinfache so weit wie möglich *(alle Klammern auflösen!)*:

  a) $2(5x + 3y)(2x + 4y + 2z)$ **b)** $3(a + b)^2 (x + y)^2$

  c) $6a(a \cdot 2b \cdot 3c) + 6a(a + 2b + 3c)$ **d)** $-(-(3y + 2z)) + \dfrac{1}{\dfrac{1}{3y + 2z}} \cdot (3y + 2z)$

2.   Einige der folgenden Termumformungen sind **fehlerhaft** – welche sind es, und wie lauten die richtigen Umformungen?

  a) $4a(2a \cdot 3b) = 8a^2 \cdot 12ab = 96a^3 b$ **b)** $5z + z \cdot 4 = 6z \cdot 4 = 6 \cdot 4 \cdot z = 24z$

  c) $a + b \cdot x = ax + bx$ **d)** $(3 + a)(3 + b) = 9 + ab$ **e)** $5 \cdot 1{,}1^3 = 5{,}5^3$

3.   Man klammere so viel wie möglich aus:

  a) $axy + 15a + c^2 \cdot a$ **b)** $6ab + 18a^2 b + 9ab^2$

  c) $10xy^2 (x^2 \cdot y) + 15x^2 (x \cdot y^2)$ **d)** $33a^3 (ab^3) + 121a^2 b(ab^2)$

---

7 Fehler-Beispiele werden i. Allg. durch einen gestrichelten Rahmen eingefasst und mit F1, F2,... durchnummeriert.

THEMA BK2: Termumformungen in $\mathbb{R}$ – aus den Axiomen abgeleitete Rechenregeln

Aus den im letzten Themenbereich BK1 behandelten **Grundregeln (Axiomen)** A1-A4 *(Axiome der Addition)*, M1-M4 *(Axiome der Multiplikation)*, D *(Distributivgesetz)* sowie Def. 1 *(Subtraktion)* und Def. 2 *(Division)* folgen sämtliche bekannten Rechenregeln in $\mathbb{R}$. Diese Rechenregeln sind ihrer Natur nach **allgemeingültige Aussageformen** *(z.B. Gleichungen, siehe etwa Def. 1.1.25)*, die für **jede beliebige Einsetzung wahr** sind *(wobei – siehe Axiom M4 und die letzte Bemerkung – sämtliche vorkommenden Nenner oder Divisoren als von Null verschieden vorausgesetzt werden müssen)*.

Daraus folgt, dass es sich sowohl bei den Axiomen als auch bei den daraus abgeleiteten Rechenregeln um die **Umwandlung äquivalenter Terme** *(Termumformungen)* handelt – links wie rechts vom Gleichheitszeichen müssen also wertgleiche *(äquivalente)* Zahlen oder Terme stehen, wie z.B. in „a+b = b+a" (A1).

Nachfolgend werden sämtliche für das algebraische Rechnen notwendigen Elementar-Regeln R1 bis R16 aufgeführt und mit Hilfe der Axiome bzw. bereits bewiesener Regeln bewiesen. Das Symbol □ deutet dabei auf das Ende des jeweiligen Beweises hin.

Bei der Herleitung der Beweise wird häufig *unter das Gleichheitszeichen* einer Folgerungskette das Axiom bzw. die Regel geschrieben, mit deren Hilfe die Gleichung äquivalent umgeformt wurde.

Beispiel: In der Äquivalenzkette $(a+b) + (-a) \underset{A1}{=\!=} (b+a) + (-a) \underset{A2}{=\!=} b + (a+(-a)) \underset{A4}{=\!=} b + 0 \underset{A3}{=\!=} b$

werden nacheinander folgende Axiome der Addition benutzt: Kommutativgesetz A1, Assoziativgesetz A2, das Axiom A4 über die Gegenzahl – a zu a (das inverse Element bzgl. „ + ") sowie das Axiom A3 über das Null-Element (0 ist das neutrale Element bzgl. „ + ").

Bevor wir uns den weiteren Regeln ausführlich widmen, wollen wir einen **Überblick** über sämtliche arithmetischen Rechenregeln *(einschließlich der im letzten Abschnitt BK1 ausführlich behandelten Themen: Axiome, R1, R2, Def.1, Def.2)* geben, damit diejenigen Leser, die diese Regeln bereits beherrschen, nach einem Blick auf die Gesamtheit aller Regeln direkt zu den Übungen und Beispielen übergehen können. [8]

Axiome *(einschließlich Definition der Subtraktion und Division – ausführlich behandelt unter Thema BK1)*

Kommutativgesetze	**A1: a+b = b+a**	**M1: ab = ba**
Assoziativgesetze	**A2: (a+b)+c = a+(b+c) = a+b+c** *(falls nur „ +" vorhanden: Klammern sind entbehrlich)*	
	M2: (ab)c = a(bc) = abc *(falls nur „ ·" vorhanden: Klammern sind entbehrlich)*	
Distributivgesetz	**D: a(b+c) = ab+ac** *bzw.* **xy+xz = x(y+z)**	
neutrale Elemente	**A3: a+0 = a**	**M3: a·1 = a**
inverse Elemente	**A4: a+(-a) = 0**	**M4: $a \cdot \dfrac{1}{a} = 1$**
Inverse der Inversen	**R1: -(-a) = a**	**R2: $\dfrac{1}{\frac{1}{a}} = a$**
Subtraktion / Division	**Def. 1: a-b := a+(-b)**	**Def. 2: $a:b = \dfrac{a}{b} := a \cdot \dfrac{1}{b}$**

---

8 Hier und im Folgenden wird stillschweigend vorausgesetzt, dass die auftretenden Divisoren/Nenner $\neq 0$ sind.

Überblick über die aus den Axiomen ableitbaren Rechenregeln *(noch ohne Begründung/Beweis)*:

(alle Nenner müssen ≠0 sein!)

0 / 1 - Regeln: *R3:*   *i)* $a \cdot 0 = 0$ *ii)* $\dfrac{0}{b} = 0$
(siehe BK 2.1)

R4:   *i)*. $a = 1 \cdot a$ *ii)* $\dfrac{1}{1} = 1$ *iii)* $\dfrac{a}{1} = a$ *iv)* $\dfrac{a}{a} = 1$

Vorzeichenregeln: *R5:*   *i)* $-(-a) = a$ *ii)* $-a = (-1) \cdot a$
(siehe BK 2.1)

R6:   *i)* $-ab = -(ab) = (-a)b = a(-b)$ *ii)* $(-a)(-b) = ab$

R7:   *i)* $-(a+b) = -a-b$ *ii)* $-(a-b) = b-a$

iii) $-(-a+b) = a-b$ *iv)* $-(-a-b) = a+b$

Multiplikation   *R8:*   *i)* $a(b+c) = ab+ac$ *v)* $(-a)(b+c) = -ab-ac$
von Summen
(siehe BK 2.1)

ii) $a(b-c) = ab-ac$ *vi)* $(-a)(b-c) = -ab+ac$

iii) $a(-b+c) = -ab+ac$ *vii)* $(-a)(-b+c) = ab-ac$

iv) $a(-b-c) = -ab-ac$ *viii)* $(-a)(-b-c) = ab+ac$

R9:   *i)* $(a+b)^2 = a^2+2ab+b^2$

ii) $(a-b)^2 = a^2-2ab+b^2$ *("Binomische Formeln")*

iii) $(a+b)(a-b) = a^2-b^2$

R10:   *i)* $c(x_1 + x_2 + \ldots + x_n) = cx_1 + cx_2 + \ldots + cx_n$

ii) $(a_1 + a_2 + \ldots + a_m) \cdot (b_1 + b_2 + \ldots + b_n) =$

$$= a_1 b_1 + a_1 b_2 + \ldots + a_1 b_n$$
$$+ a_2 b_1 + a_2 b_2 + \ldots + a_2 b_n$$
$$+ \ldots$$
$$+ a_m b_1 + a_m b_2 + \ldots + a_m b_n$$

Bruchrechnung: *R11:*   *i)* $-\dfrac{1}{b} = \dfrac{1}{-b}$ *ii)* $-\dfrac{a}{b} = \dfrac{-a}{b} = \dfrac{a}{-b}$ *iii)* $\dfrac{-a}{-b} = \dfrac{a}{b}$
(siehe BK 2.2)

Alle Nenner ≠ 0 !   *R12:*   *i)* $\dfrac{a}{b} \cdot \dfrac{c}{d} = \dfrac{ac}{bd}$ *ii)* $a \cdot \dfrac{b}{c} = \dfrac{ab}{c} = \dfrac{a}{c} \cdot b$

R13:   *i)* $\dfrac{a \cdot c}{b \cdot c} = \dfrac{a}{b}$ *ii)* $\dfrac{a}{b} = \dfrac{a \cdot x}{b \cdot x}$

(Kürzen ...)   *(... und Erweitern eines Bruches)*

R14:   *i)* $\dfrac{\frac{a}{b}}{\frac{c}{d}} = \dfrac{a}{b} : \dfrac{c}{d} = \dfrac{a}{b} \cdot \dfrac{d}{c}$ *ii)* $\dfrac{\frac{a}{b}}{c} = \dfrac{a}{bc}$ *iii)* $\dfrac{a}{\frac{b}{c}} = \dfrac{ac}{b}$

R15:   *i)* $\dfrac{a}{c} \pm \dfrac{b}{c} = \dfrac{a \pm b}{c}$ *ii)* $\dfrac{a}{b} \pm \dfrac{c}{d} = \dfrac{a \cdot d}{b \cdot d} \pm \dfrac{b \cdot c}{b \cdot d} = \dfrac{ad \pm bc}{bd}$

Wann ist ein   *R16:*   *i)* $a \cdot b = 0 \iff a = 0 \lor b = 0$ *(∨ := „oder")*
Produkt bzw.
Quotient = 0 ?

ii) $\dfrac{a}{b} = 0 \iff a = 0 \land b \neq 0$ *(∧ := „und")*
(siehe BK 2.3)

Eigentlich könnte man sich mit den Ergebnissen des o.a. Überblicks zufrieden geben – alle notwendigen Rechenregeln sind aufgelistet, jegliche Anwendung auf komplexere Terme müsste damit möglich sein und auch gelingen...

Zwei Dinge sind es, die dem entgegen stehen: Zum einen könnte es sein, dass die Regeln zwar aufgelistet sind und sozusagen optisch zugegen sind, noch nicht aber plausibel mit Leben erfüllt sind, weil die Evidenz der einen oder anderen Regel unklar ist, sozusagen die Begründung für ihre Wahrheit fehlt, zum anderen, weil bisher noch nicht gezeigt wurde, dass diese elementaren Rechenregeln auch bei komplexeren algebraischen Anwendungen von hohem Nutzen sind.

Wir wollen daher in der nun **vertieften Behandlung der elementaren Rechenregeln** in $\mathbb{R}$ sowohl die notwendigen Begründungen liefern als auch in Beispielen und Übungen zeigen, dass mit Hilfe dieser Rechenregeln komplexe Terme erfolgreich umgeformt werden können.

BK 2.1   0/1-Regeln und Vorzeichenregeln
Multiplikation von Summen, insb. „Binomische Formeln"

0 / 1 - Regeln:

Regel R3 i)
$$a \cdot 0 = 0$$

Diese unscheinbare – und so selbstverständlich erscheinende – Identität muss mit Hilfe der Axiome bewiesen werden!

Beweis: Nach Axiom A3 gilt für beliebiges a $(\in \mathbb{R})$: $a \cdot 0 = a \cdot 0 + 0$.
Nach Axiom A4 gilt für beliebige a, b $(\in \mathbb{R})$: $0 = ab + (-ab)$.

Daraus ergibt sich folgende Schlusskette:

$$a \cdot 0 \underset{A3}{=} a \cdot 0 + 0 \underset{A4}{=} a \cdot 0 + (ab + (-ab)) \underset{A2}{=} (a \cdot 0 + ab) + (-ab)$$

$$\underset{D}{=} a \cdot (0+b) + (-ab) \underset{A3}{=} ab + (-ab) \underset{A4}{=} 0 \qquad \qquad \square$$

Bemerkung: *Setzt man an die Stelle von a die Bruchzahl $\dfrac{1}{b}$ $(b \neq 0)$, so lautet Regel R3 i):*
$\dfrac{1}{b} \cdot 0 = 0$, d.h. mit Def. 2 gilt:

Regel R3 ii)
$$\frac{0}{b} = 0 \qquad \qquad (b \neq 0)$$

Regel R4
$$i)\ a = 1 \cdot a \qquad ii)\ \frac{1}{1} = 1 \qquad iii)\ \frac{a}{1} = a \qquad iv)\ \frac{a}{a} = 1$$

Beweis: i)   ist identisch mit Axiom M3 *(neutrales Element bzgl. „ · ")*

ii)   Nach Axiom M4 gilt: $1 = a \cdot \dfrac{1}{a}$, also auch $1 = 1 \cdot \dfrac{1}{1} \underset{M3}{=} \dfrac{1}{1}$

iii) $\dfrac{a}{1} \underset{Def.2}{=} a \cdot \dfrac{1}{1} \underset{i)}{=} a \cdot 1 = a$ *(z.B. $77 = \dfrac{77}{1}$ usw.)*

Man kann also jede ganze Zahl als Bruch mit dem Nenner 1 schreiben!

iv) $\dfrac{a}{a} = 1$ ist identisch mit Axiom M4: $\dfrac{a}{a} \underset{Def.2}{=} a \cdot \dfrac{1}{a} \underset{M4}{=} 1$ $(a \neq 0)$ $\square$

Vorzeichenregeln:

Regel R5

$$\text{i) } -(-a) = a \qquad\qquad \text{ii) } -a = (-1)\cdot a$$

Beweis: i) $-(-a) = a$ entspricht genau der o.a. Regel R2   *(Inverse der Inversen)*.

Merksatz: „Das Negative vom Negativen ist positiv"

ii)   Wir beweisen diese hilfreiche Regel von rechts nach links:

$$(-1)\cdot a = (-1)\cdot a + 0 = (-1)\cdot a + (a+(-a)) = ((-1)\cdot a + a) + (-a)$$
$$= (a\cdot(-1+1)) + (-a) = a\cdot 0 + (-a) = -a \qquad\qquad \square$$

Jede negative Zahl $-a$ kann dargestellt werden als das (-1)fache von a. Damit veranschaulichen sich viele weitere Vorzeichenregeln.

Regel R6 i)

$$-ab = -(ab) = (-a)b = a(-b)$$

Beweis: $\underset{\text{R5ii)}}{-ab = (-1)\cdot ab} \underset{\text{M2}}{= ((-1)\cdot a)\cdot b} \underset{\text{R5ii)}}{= (-a)b}$ *und analog:*

$\underset{\text{R5ii)}}{-ab = (-1)\cdot ab} \underset{\text{M1}}{= a\cdot(-1)\cdot b} \underset{\text{R5ii)}}{= a(-b)}$ $\qquad\qquad \square$

Bemerkung: Ein Minuszeichen vor einem *Produkt* wirkt sich nur auf **einen** der Faktoren aus!

Dies gilt auch für *mehr als zwei* Faktoren:

$$-abcd = (-a)bcd = a(-b)cd = ab(-c)d = abc(-d) \qquad \text{usw.}$$

aber: Ein Minuszeichen vor einer *Summe* wirkt sich auf **jeden** Summanden aus, siehe Distributivgesetz für $a = -1$ oder die später folgende Regel R7:

$$-(a+b+c+d) = -a-b-c-d \ .$$

Ein „ + " vor einem Produkt oder einer Summe kann weggelassen werden:

$$+(a\cdot b\cdot c\cdot d) = abcd \ ; \qquad\qquad +(a+b+c+d) = a+b+c+d \ .$$

Regel R6 ii)

$$(-a)(-b) = ab$$

Merkregel: „Minus mal Minus ergibt Plus!"

Beweis: Nach R6i) gilt: $(-a)b = a(-b)$.   Wir ersetzen nun b durch $-b$, es folgt:

$$(-a)(-b) = a(-(-b)) \underset{\text{R2}}{=} ab \qquad\qquad \square$$

Beispiel: $3\cdot(-4)-(7)\cdot(-2)+(-5)\cdot(-(2\cdot 9)) = -12-(-14)+(-5)\cdot(-18) = -12+14+90 = 92$

Regel R7

$$\text{i) } -(a+b) = -a-b \qquad\qquad \text{ii) } -(a-b) = b-a$$
$$\text{iii) } -(-a+b) = a-b \qquad\qquad \text{iv) } -(-a-b) = a+b$$

Beweis: Wegen $\underset{\text{R5ii)}}{-(a+b) = (-1)\cdot(a+b)}$ reduziert sich der Beweis bei allen vier Aus-

prägungen i)-iv) von R7 auf die einmalige Anwendung des Distributivgesetzes:

Beispiel: $\underset{\text{D}}{(-1)(a+b) = (-1)a + (-1)b} \underset{\text{R5ii) ; Def.1}}{= -a-b}$ $\qquad$ *usw.* $\qquad \square$

Beispiele: i) $-(-5x-(7a-5b)) = -(-5x-7a+5b) = 5x+7a-5b$

         ii) $-(2x-y)+(y-x)-(-2y-3x) = -2x+y+y-x+2y+3x = 4y$

         iii) $2z+3w-(z-2w)(x-y) = 2z+3w-(zx-2wx-zy+2wy) = 2z+3w-zx+2wx+zy-2wy$

Multiplikation von Summen und binomische Formeln:

Regel R8

i)	$a(b+c) = ab+ac$		*v)*	$(-a)(b+c) = -ab-ac$
ii)	$a(b-c) = ab-ac$		*vi)*	$(-a)(b-c) = -ab+ac$
iii)	$a(-b+c) = -ab+ac$		*vii)*	$(-a)(-b+c) = ab-ac$
iv)	$a(-b-c) = -ab-ac$		*viii)*	$(-a)(-b-c) = ab+ac$

Auch jetzt haben wir es lediglich mit der Anwendung des Distributivgesetzes zu tun, wobei lediglich die Vorzeichenregeln R5 bis R7 zu beachten sind. Als Kostprobe folgt der **Beweis** von **R8 vii)**:

$$(-a)(-b+c) \underset{D}{=\!=} (-a)(-b)+(-a)c \underset{\substack{R6ii)\\R6i)}}{=\!=} ab-ac \qquad \square$$

(dabei gilt – wie immer – die Konvention „Punktrechnung vor Strichrechnung")

Beispiele: i) $-4x(2y+z-w) = -8xy-4xz+4wx$

         ii) $(x-2y)(-x+3y-z) = -x^2+3xy-xz+2xy-6y^2+2yz = -x^2+5xy-6y^2-xz+2yz$

         iii) $(u-v)(2z+v)(z-u) = (u-v)(2z^2-2uz+vz-uv)$

                              $= 2uz^2-2vz^2-2u^2z+3uvz-v^2z-u^2v+uv^2$

         iv)   *(ausklammern!)* $32xy-8xy^2+4x^2y = 4xy(8-2y+x)$

Wendet man das Distributivgesetz D mehrfach hintereinander an, so lassen sich auch größere Summenterme miteinander multiplizieren *(siehe auch die Beispiele in BK1.1 nach Behandlung des Distributivgesetzes)*.

Dabei sind besonders wichtig die sog. **„Binomischen Formeln"**, die entstehen, wenn man zwei gleiche *(oder nahezu gleiche)* zweigliedrige Summen miteinander multipliziert:

Regel R9

i)	$(a+b)^2 = a^2+2ab+b^2$		
ii)	$(a-b)^2 = a^2-2ab+b^2$		*(„Binomische Formeln")*
iii)	$(a+b)(a-b) = a^2-b^2$		

Beweis:

     i) $(a+b)^2 = (a+b)(a+b) = (a+b)a+(a+b)b = a^2+ba+ab+b^2 = a^2+2ab+b^2$

     ii) $(a-b)^2 = (a-b)(a-b) = (a-b)a-(a-b)b = a^2-ba-ab+b^2 = a^2-2ab+b^2$

     iii) $(a-b)(a+b) = (a-b)a+(a-b)b = a^2-ba+ab-b^2 = a^2-ab+ab-b^2 = a^2-b^2 \ \square$

Die binomischen Formeln spielen in der arithmetischen Mathematik eine bedeutsame Rolle, sie bilden insbesondere den Kernbestandteil bei der Lösung quadratischer Gleichungen.

Beispiele: i) $(2a-3b)^2 = 4a^2-12ab+9b^2$

ii) $q^2-1 = (q+1)(q-1)$

iii) $(a+b)^3 = (a+b)(a+b)^2 = (a+b)(a^2+2ab+b^2) = a^3+3a^2b+3ab^2+b^3$

iv)   *(Faktorisieren!)* $(x-0,5)^2-2,5^2 = (x-0,5-2,5)(x-0,5+2,5) = (x-3)(x+2)$

v)   *(Faktorisieren!)* $36x^2-60xy+25y^2 = (6x)^2-2\cdot(6x\cdot 5y)+(5y)^2 = (6x-5y)^2$.

Das Distributivgesetz gilt – wie schon mehrfach angemerkt – auch für mehr als zwei geklammerte Summanden. Durch wiederholte Anwendung von D erhalten wir:

Regel R10 i)

$$c(x_1+x_2+ \ ... \ +x_n) = cx_1 + cx_2 + ... + cx_n$$

Beweis: Für *zwei* Summanden gilt unmittelbar das Distributivgesetz (Axiom D):

(D) $a\cdot(b+c) = ab+ac$.

Wir erläutern das Beweisprinzip für R10i) am Beispiel mit *vier* Summanden:

$$a\cdot(x_1+x_2+x_3+x_4) \underset{A2}{=\!=} a\cdot(x_1+(x_2+x_3+x_4)) \underset{D}{=\!=} a\cdot x_1 + a\cdot(x_2+x_3+x_4)$$

$$\underset{A2}{=\!=} a\cdot x_1+a\cdot(x_2+(x_3+x_4)) \underset{D}{=\!=} a\cdot x_1+a\cdot x_2+a\cdot(x_3+x_4) \underset{D}{=\!=} ax_1+ax_2+ax_3+ax_4 \ \square$$

Bemerkung: *Liest man R10i) von rechts nach links, so sieht man, dass die Summe cx_1+cx_2+ $...+cx_n$ durch **Ausklammern** des in allen Summanden enthaltenen Faktors c in ein Produkt, nämlich $c\cdot(x_1+x_2+...+x_n)$ verwandelt wird (**Faktorisieren**).*

Beispiele: i) $6xy+2ax-x = x\cdot(6y+2a-1)$

ii) $5ab(-2x+x^2-5y-3y^2) = -10ab+5abx^2-25aby-15aby^2$

Analog geht man vor, wenn zwei mehrgliedrige Summen miteinander multipliziert werden sollen, z.B. $a_1+a_2+...+a_m$ und $b_1+b_2+...+b_n$: Das Distributivgesetz muss nun lediglich entsprechend oft angewendet werden.

Die Summanden der ausmultiplizierten Ergebnis-Summe bestehen aus sämtlichen Produktpaaren a_ib_k mit $i = 1,...,m$ und $k = 1,...,n$:

Regel R10 ii)

$$(a_1 + a_2 + \ ... \ +a_m)\cdot(b_1 + b_2 + \ ... \ + b_n) =$$
$$= a_1b_1 + a_1b_2 + \ ... \ +a_1b_n$$
$$+ a_2b_1 + a_2b_2 + \ ... \ +a_2b_n$$
$$+ \ ...$$
$$+ a_mb_1 + a_mb_2 + \ ... \ +a_mb_n$$

Ergebnis: Die beiden Summen werden miteinander multipliziert, indem man *jeden* Summanden des *ersten* Faktors mit *jedem* Summanden des *zweiten* Faktors multipliziert und schließlich alle entstehenden Produkte addiert. Im folgenden Beispiel wird dieser Prozess durch die Pfeile zwischen den zu multiplizierenden Zahlen angedeutet:

Beispiel: $(2x + a^2)(y - 3b + c^3) = 2xy - 6bx + 2c^3x + a^2y - 3a^2b + a^2c^3$.

Die Pfeile deuten an, welche Produkt-Paare zu bilden und dann zu addieren sind.

Beispiele: i) $(2a - b + 3x)(3a - 2b + 5x) = 6a^2 - 4ab + 10ax - 3ab + 2b^2 - 5bx + 9ax - 6bx + 15x^2$
$$= 6a^2 - 7ab + 19ax + 2b^2 - 11bx + 15x^2$$

ii) $(a - b + c - d)(a + b - c + d)$
$$= a^2 + ab - ac + ad - ab - b^2 + bc - bd + ac + bc - c^2 + cd - ad - bd + cd - d^2$$
$$= a^2 - b^2 - c^2 - d^2 + 2bc - 2bd + 2cd \quad .$$

ÜBUNGEN zu BK 2.1 *(Vorzeichenregeln; Multiplikation von Summen, Binomische Formeln)*

A2.1-1:   Lösen Sie die Klammern auf und fassen Sie dann die Terme zusammen:

i) $-3a(a \cdot 5b) - (7a - (-2b))$

ii) $-3xy(-2x + 3y - 1) - (-2)(-2x + 4y)$

iii) $u(v - (u^2 + (-v))(v^2 - u)$

iv) $(2x - y)(2x + y - 2xy + 1)$

A2.1-2:   Multiplizieren Sie die Klammern aus und fassen Sie zusammen:

i) $(-a - 2b)(-a + b)$

ii) $2(3u - 7v)(3u + 7v)$

iii) $(5a + 6x)^2 - (3x - 2a)^2$

A2.1-3:   Klammern Sie gemeinsame Faktoren aus:

i) $(-2)(6x - 2y) + 4a(2y - 6x)$

ii) $7x^2(u - v)^2 - v + u$

iii) $40ab^2c - 10a^2bc + 5abc^2 - 25a^2b^2c^2$

A2.1-4:   Zerlegen Sie folgende Terme in Faktoren (*„Faktorisieren"*):

i) $2ax + 2ay + 3bx + 3by$

ii) $(x - y)^2 - (a - b)^2$

iii) $(5x - z)(5x + z) - (5x - z)^2$

iv) $36x^2 + 12xy + y^2$.

BK 2.2   Brüche und algebraische Bruchterme: Multiplikation/Division zweier Brüche, Kürzen und Erweitern von Brüchen, Addition/Subtraktion zweier Brüche

Auch für Brüche existieren einige wichtige Vorzeichenregeln, die sich mit Hilfe der Axiome und der bereits hergeleiteten Regeln beweisen lassen *(alle Nenner ≠0 !)*:

Regel R11

$$i) \quad -\frac{1}{b} = \frac{1}{-b} \qquad\qquad ii) \quad -\frac{a}{b} = \frac{-a}{b} = \frac{a}{-b} \qquad\qquad iii) \quad \frac{-a}{-b} = \frac{a}{b}$$

Beweis: **i)** Nach Regel R6ii) *(„minus mal minus = plus")* gilt:

$$(-\frac{1}{b}) \cdot (-b) = \frac{1}{b} \cdot b \underset{M4}{=} 1 \text{. Multiplikation auf beiden Seiten mit } \frac{1}{-b} :$$

$$\Longleftrightarrow \quad \underbrace{(-\frac{1}{b}) \cdot (-b) \cdot \frac{1}{-b}}_{=1\ (M4)} = 1 \cdot \frac{1}{-b} = \frac{1}{-b} \text{, d.h. } -\frac{1}{b} = \frac{1}{-b} \quad \square$$

ii) Beweis der ersten Beziehung von ii): $-\frac{a}{b} = \frac{-a}{b}$:

$$-\frac{a}{b} \underset{\substack{R5ii)\\Def.2}}{=} (-1)\cdot(a \cdot \frac{1}{b}) \underset{\substack{M2\\R5ii)}}{=} (-a)\cdot\frac{1}{b} \underset{Def.2}{=} \frac{-a}{b} \qquad\qquad \square$$

Beweis der zweiten Beziehung von ii): $-\frac{a}{b} = \frac{a}{-b}$:

$$-\frac{a}{b} \underset{\substack{R5ii)\\Def.2}}{=} (-1)\cdot a \cdot \frac{1}{b} \underset{M1}{=} a\cdot(-1)\cdot\frac{1}{b} \underset{R5ii)}{=} a\cdot(-\frac{1}{b}) \underset{R11i)}{=} a\cdot\frac{1}{-b} \underset{Def.2}{=} \frac{a}{-b} \quad \square$$

iii)
$$\frac{-a}{-b} \underset{Def.2}{=} (-a)\cdot\frac{1}{-b} \underset{R11i)}{=} (-a)\cdot(-\frac{1}{b}) \underset{R6ii)}{=} a\cdot\frac{1}{b} \underset{Def.2}{=} \frac{a}{b} \qquad\qquad \square$$

d.h.   es gilt nicht nur *„minus **mal** minus = plus"*, sondern auch *„minus **durch** minus = plus"*.

Bemerkung: *In diesem Zusammenhang sei auf ein häufiges Missverständnis hingewiesen: Das Vorzeichen „–" vor einer Variablen, z.B. in „– a", bedeutet **nicht** zwingend, dass –a negativ ist: Falls nämlich a selbst schon negativ ist, führt –a zu einer positiven Zahl. Beispiel: Sei a = –7. Dann gilt: –a = –(–7) = +7.*

Beispiele: i) $-\dfrac{y-x}{x-y} = \dfrac{-(y-x)}{x-y} = \dfrac{-y+x}{x-y} = \dfrac{x-y}{x-y} = 1$

alternativ: $-\dfrac{y-x}{x-y} = \dfrac{y-x}{-(x-y)} = \dfrac{y-x}{-x+y} = \dfrac{y-x}{y-x} = 1$

ii) $\dfrac{5a-7b}{7b-5a} = \dfrac{5a-7b}{-(-7b+5a)} = -\dfrac{5a-7b}{5a-7b} = -1$

iii) $-\dfrac{2-x}{-x+y} = \dfrac{x-2}{-x+y} = \dfrac{2-x}{x-y}$.

Es folgen jetzt die wichtigsten **Regeln** für das **Rechnen mit Brüchen**, eine Disziplin, die zwar bei Studierenden nicht immer Begeisterung auslöst, aber notwendiger Bestandteil jeglicher mathematischer Anwendung ist. Ein wichtiges Ziel der folgenden Ausführungen besteht darin, den Leser in die Lage zu versetzen, die Bruchrechnung soweit zu beherrschen, dass Bruchterme sicher umgeformt und Bruchgleichungen sicher gelöst werden können.

Der axiomatische Ursprung der Bruchrechnung *(siehe BK 1.1 und BK 1.2)* liegt in Axiom M4 *(Existenz der reziproken Zahl $\frac{1}{b}$ zu b (b ≠ 0))* und in Def. 2 *(die Division a:b = a/b wird erklärt als Multiplikation des Zählers a mit dem Reziproken 1/b des Nenners b (≠0))*.

Für Multiplikation, Division, Addition und Subtraktion von Brüchen gelten spezielle **Bruchregeln**, ebenso für die äquivalente Umformung von Bruchtermen durch Kürzen/Erweitern.

Auch wenn nicht jedesmal ausdrücklich vermerkt, gilt ohne Einschränkung:
Sämtliche Divisoren bzw. Nenner werden stets als von Null verschieden vorausgesetzt !

Besonders einfach gestaltet sich die **Multiplikation zweier Brüche**:

Regel R12 $$i)\quad \frac{a}{b}\cdot\frac{c}{d}=\frac{ac}{bd}\qquad\qquad ii)\quad a\,\frac{b}{c}=\frac{ab}{c}=\frac{a}{c}\cdot b$$

Merkregel i):   „*Zwei Brüche werden multipliziert, indem man Zähler mit Zähler und Nenner mit Nenner multipliziert.*"

Beispiele: zu i) a) $\dfrac{5}{3}\cdot\dfrac{7}{8}=\dfrac{5\cdot7}{3\cdot8}=\dfrac{35}{24}$ zu ii) $(2x-a)\dfrac{2x+a}{7b}=\dfrac{(2x-a)(2x+a)}{7b}$

b) $\dfrac{36}{35}=\dfrac{4\cdot9}{5\cdot7}=\dfrac{4}{5}\cdot\dfrac{9}{7}$ $=\dfrac{4x^2-a^2}{7b}$

Beweis von i) (mit Hilfe der Axiome und Def.2):

$$\frac{a}{b}\cdot\frac{c}{d}\underset{\substack{\text{Def.2}\\\text{M3}}}{=}a\cdot\frac{1}{b}\cdot c\cdot\frac{1}{d}\cdot1\underset{\text{M4}}{=}a\cdot\frac{1}{b}\cdot c\cdot\frac{1}{d}\cdot(b\cdot d\cdot\frac{1}{bd})$$

$$\underset{\substack{\text{M1}\\\text{M2}}}{=}ac\cdot\underbrace{\frac{1}{b}\cdot b}_{=1}\cdot\underbrace{\frac{1}{d}\cdot d}_{=1}\cdot\frac{1}{bd})\underset{\substack{\text{M4}\\\text{M3}}}{=}ac\cdot\frac{1}{bd}\underset{\text{Def.2}}{=}\frac{ac}{bd}\qquad\qquad\Box$$

Bemerkung: *Regel R12 für die Bruch-Multiplikation ist wegen ihrer Einfachheit kaum fehleranfällig.*

*Das Fatale an der Regel R12 besteht vielmehr darin, dass sie häufig kritiklos auch auf die **Addition** zweier Brüche angewendet wird, im Widerspruch zur korrekten Regel R15.*

Ebenso einfach ist die Folgerung **ii**):   **Multiplikation eines Bruchs mit einer Zahl**

Merkregel ii):   „*Ein Bruch wird mit einer Zahl multipliziert, indem man den Zähler des Bruches mit dieser Zahl multipliziert.*"

Beweis: Nach R4iii) gilt allgemein für alle Zahlen a, b: $a=\dfrac{a}{1}$, $b=\dfrac{b}{1}$.

Dann folgt: $a\cdot\dfrac{b}{c}=\dfrac{a}{1}\cdot\dfrac{b}{c}\underset{\substack{\text{R12i)}\\\text{M3}}}{=}\dfrac{ab}{c}\underset{\substack{\text{R12i)}\\\text{M3}}}{=}\dfrac{a}{c}\cdot\dfrac{b}{1}=\dfrac{a}{c}\cdot b\qquad\qquad\Box$

Beispiele: i) $\quad 7 \cdot \dfrac{5}{3} = \dfrac{7 \cdot 5}{3} = \dfrac{35}{3}$ ii) $\quad \dfrac{(x-4)(3x-1)}{(2x^2+7x-9)} \cdot (2x+1) = \dfrac{(x-4)(3x-1)(2x+1)}{2x^2+7x-9}$

iii) $\quad \dfrac{4ab}{x} \cdot \dfrac{a}{xy} = \dfrac{4 \cdot a \cdot b \cdot a}{x \cdot x \cdot y} = \dfrac{4a^2b}{x^2y}$ iv) $\quad \dfrac{6x^2 \cdot y \cdot z^2}{3x \cdot y^2 \cdot z} = \dfrac{6}{3} \cdot \dfrac{x^2}{x} \cdot \dfrac{y}{y^2} \cdot \dfrac{z^2}{z} = \dfrac{2xz}{y}$

Das **Kürzen** und **Erweitern** von Brüchen gehört zu den besonders wichtigen äquivalenten Umformungstechniken für Brüche – nur damit gelingt es, Bruchterme geeignet zusammenzufassen, Bruchterme zu addieren/subtrahieren oder Bruchgleichungen erfolgreich zu lösen.

Regel R13

> $i)$ $\quad \dfrac{a \cdot c}{b \cdot c} = \dfrac{a}{b}$ $\qquad\qquad$ $ii)$ $\quad \dfrac{a}{b} = \dfrac{a \cdot x}{b \cdot x}$
>
> *(Kürzen...)* $\qquad\qquad\qquad\qquad$ *(... und Erweitern eines Bruches)*

Einen Bruch **kürzen** heißt, Zähler und Nenner durch dieselbe Zahl ($\neq 0$) zu dividieren.
Einen Bruch **erweitern** heißt, Zähler und Nenner mit derselben Zahl ($\neq 0$) zu multiplizieren.

In beiden Fällen **ändert** sich der Wert des Bruches **nicht** *(äquivalente Termumformung)*, denn diese zugleich im Zähler wie im Nenner stattfindenden Multiplikationen/ Divisionen bedeuten nichts anderes als die *(neutrale)* Multiplikation des betreffenden Terms mit „1"!

Beweis: i) $\quad \underset{\text{R12i)}}{\dfrac{a \cdot c}{b \cdot c} =} \underset{\substack{\text{Def.2} \\ \text{M4}}}{\dfrac{a}{b} \cdot \dfrac{c}{c} =} \underset{\text{M3}}{\dfrac{a}{b} \cdot 1 =} \dfrac{a}{b}$ ii) Beweis von i) rückwärts

Beispiele: i) $\quad \dfrac{x^2 - y^2}{7x + 7y} = \dfrac{(x-y)(x+y)}{7(x+y)} = \dfrac{x-y}{7}$ ii) $\quad \dfrac{39a^2bc^2}{52ab^2c} = \dfrac{13abc \cdot 3ac}{13abc \cdot 4b} = \dfrac{3ac}{4b}$

iii) $\quad \dfrac{xy^2 - y^2}{x^2y - xy} = \dfrac{y^2(x-1)}{xy(x-1)} = \dfrac{y}{x}$ iv) $\quad \dfrac{2a^2 + ab}{b^2 + 2ab} = \dfrac{a(2a+b)}{b(b+2a)} = \dfrac{a}{b}$

Bemerkung: *Beim Kürzen sollte man möglichst **nicht** die Idee des „Weg-Streichens" der gekürzten Terme, sondern das resultierende Divisionsergebnis (meist „1" in Zähler und Nenner) im Kopf behalten, siehe die Fehlerbeispiele weiter unten, insbesondere F6).*

Die Erweiterung von Brüchen ist fast immer dann notwendig, wenn zwei Brüche addiert werden sollen, siehe die nachfolgenden Regeln R15 i) und ii).

Beim Lösen von Bruch-Gleichungen ist meist ebenfalls eine Erweiterung – und zwar mit Termen – notwendig. Hier ist darauf zu achten, dass nur mit solchen Termen erweitert wird, die nicht Null werden können/dürfen. Wird dies nicht beachtet, können „Lösungen" errechnet werden, die die Ausgangsgleichung nicht erfüllen! (siehe BK 6.6)

> **F2**   Ähnlich wie im Fall der Regel R12 entstehen häufig Fehler beim Kürzen/Erweitern dadurch, dass das Multiplikations-/Divisions-Konzept kritiklos auch für den Fall der Addition/Subtraktion gleicher Zahlen im Zähler wie im Nenner übertragen wird *(beliebter Schüler-Spruch: „Aus Differenzen und Summen kürzen nur die ... ")*
>
> Daher: $\quad \dfrac{a \cdot c}{b \cdot c} = \dfrac{a \cdot 1}{b \cdot 1} = \dfrac{a}{b}$ (korrektes Kürzen; $b, c \neq 0$)
>
> **aber nicht:** $\quad \dfrac{a+c}{b+c} \neq \dfrac{a}{b}$ **und ebenso unsinnig:** $\quad \dfrac{a+c}{b+c} \neq \dfrac{a+\cancel{c}^{\,1}}{b+\cancel{c}^{\,1}} = \dfrac{a+1}{b+1}$.

Weitere beliebte Fehler im Zusammenhang mit dem Kürzen/Erweitern von Brüchen:

F3   (a) $\dfrac{ax+by}{x+y} \not\equiv a+b$

Richtig: Der Bruch $\dfrac{ax+by}{x+y}$ lässt sich algebraisch nicht weiter vereinfachen.

Zahlenbeispiel: Setze etwa $x = y = 1 \Rightarrow LS = \dfrac{a+b}{2}$, $RS = a+b$ ($\not\equiv$).

(*LS = linke Seite; RS = rechte Seite*)

(b) $\dfrac{5x-7y}{5a-7b} \not\equiv \dfrac{x-y}{a-b}$

Richtig: Der Bruch $\dfrac{5x-7y}{5a-7b}$ lässt sich algebraisch nicht weiter vereinfachen.

Zahlenbeispiel: Setze etwa $x = 2$, $y = 1$, $a = 2$, $b = 1$

$\Rightarrow LS = \dfrac{10-7}{10-7} = 1$; $RS = \dfrac{2-1}{2-1} = 1$ (*sollte es etwa doch stimmen?*)

Setze jetzt: $x = 2$, $y = 1$, $a = 3$, $b = 2$

$\Rightarrow LS = \dfrac{10-7}{15-14} = 3$; $RS = \dfrac{2-1}{3-2} = 1$ ($\not\equiv$)

F4 $\dfrac{x^2+y^2}{x+y} \not\equiv x+y$ (*Richtig: Term ist in $\mathbb{R}$ nicht weiter zu vereinfachen!*)

Wenn dies richtig wäre, müsste nach beiderseitiger Multiplikation mit „$x+y$" folgen:

$x^2 + y^2 \not\equiv (x+y)(x+y) = (x+y)^2 \underset{\text{R9i)}}{=\!=} x^2 + 2xy + y^2$ ($\not\equiv$ siehe R9i)

Zahlenbeispiel: Setze z.B. $x = y = 1 \qquad \Rightarrow \qquad x^2+y^2 = 1+1 = 2$.

aber: $(x+y)^2 = (1+1)^2 = 2^2 = 4$.

F5   Dieses *(zu F4 analoge)* Fehlerbeispiel genießt geradezu magische Anziehungskraft:

$\dfrac{9x^2-16y^2}{3x-4y} \not\equiv 3x-4y$ (*Richtig:* $\underset{\text{R9iii)}}{\dfrac{9x^2-16y^2}{3x-4y} =\!=} \underset{\text{R13}}{\dfrac{(3x-4y)(3x+4y)}{3x-4y} =\!=} 3x \overset{\downarrow(!!)}{+} 4y$)

Bemerkung: *Falls im Zähler des Ausgangsterms „ + " statt „ – " steht, lässt sich dieser Ausgangsterm in $\mathbb{R}$ nicht weiter reduzieren!*

F6   Fast ebenso häufig wird die Kürzungsregel schematisch in der Weise durchgeführt, dass die zu kürzenden multiplikativen Zahlen/Terme einfach weggestrichen werden. Dies führt dann nicht selten auf unsinnige Ausdrücke wie

$\dfrac{a}{5a} =\!= \dfrac{\not{a}}{5\not{a}} =\!= ???$ ($a \neq 0$)

Daher ist es sinnvoll, sich beim Kürzen an das Divisions-Konzept zu halten mit dem Ergebnis, dass an die Stelle der gekürzten Zahlen/Terme das korrekte Divionsergebnis (meist „1") in Zähler und Nenner des Bruches geschrieben wird. Unser letztes Beispiel erhält dann die folgende (sinnvolle) Form:

$\dfrac{a}{5a} =\!= \dfrac{\not{a}^1}{5\not{a}^1} =\!= \dfrac{1}{5\cdot 1} =\!= \dfrac{1}{5}$ ($a \neq 0$).

Auch die **Division zweier Brüche** bereitet wenig Schwierigkeiten:

Regel R14 i)

$$\frac{\dfrac{a}{b}}{\dfrac{c}{d}} = \frac{a}{b} : \frac{c}{d} = \frac{a}{b} \cdot \frac{d}{c} \qquad (b,c,d \neq 0)$$

Merkregel i):   *„Zwei Brüche werden **dividiert**, indem der Zählerbruch mit dem **Kehrwert** des Nennerbruches **multipliziert** wird. “*

Beweis:
$$\frac{\dfrac{a}{b}}{\dfrac{c}{d}} \underset{\text{Def.2}}{=} \frac{a}{b} \cdot \frac{1}{\dfrac{c}{d}} \underset{\text{Def.2}}{=} \frac{a}{b} \cdot \frac{1 \cdot 1}{c \cdot \dfrac{1}{d}} \underset{\text{R12i)}}{=} \frac{a}{b} \cdot \frac{1}{c} \cdot \frac{1}{\dfrac{1}{d}} \underset{\text{R2}}{=} \frac{a}{b} \cdot \frac{1}{c} \cdot d \underset{\text{Def.2}}{=} \frac{a}{b} \cdot \frac{d}{c} \quad \square$$

Beispiele: i) $\dfrac{24}{7} : \dfrac{3}{14} = \dfrac{24}{7} \cdot \dfrac{14}{3} = \dfrac{14}{7} \cdot \dfrac{24}{3} = 2 \cdot 8 = 16$.

ii) $\dfrac{5x-4}{2x+1} : \dfrac{25x-20}{(2x+1)^2} = \dfrac{5x-4}{2x+1} \cdot \dfrac{(2x+1)^2}{5(5x-4)} = \dfrac{1}{5}(2x+1) = 0{,}4x + 0{,}2$.

iii) $\dfrac{\dfrac{12}{a} \cdot \dfrac{5}{b}}{\dfrac{15}{x} \cdot \dfrac{2}{y}} = \dfrac{\dfrac{60}{ab}}{\dfrac{30}{xy}} = \dfrac{60}{ab} \cdot \dfrac{xy}{30} = \dfrac{60xy}{30ab} = 2 \cdot \dfrac{xy}{ab}$.

Aus R14 i) folgen unmittelbar die Regeln für **„Bruch durch Zahl"** und **„Zahl durch Bruch"**:

Regel R14 ii/iii)

ii) $\dfrac{\dfrac{a}{b}}{c} = \dfrac{a}{bc}$ iii) $\dfrac{a}{\dfrac{b}{c}} = \dfrac{ac}{b}$ $(b,c \neq 0)$

*(Ein Bruch wird durch eine Zahl c ($\neq 0$) dividiert, indem c in den **Nenner** des Bruches multipliziert wird.)*

*(Eine Zahl a wird durch einen Bruch b/c ($\neq 0$) dividiert, indem a mit dem **Kehrwert** c/b von b/c **multipliziert** wird.)*

Beweis:
$$\dfrac{\dfrac{a}{b}}{c} \underset{\text{R4iii)}}{=} \dfrac{\dfrac{a}{b}}{\dfrac{c}{1}} \underset{\text{R14i)}}{=} \dfrac{a}{b} \cdot \dfrac{1}{c} \underset{\substack{\text{R12i)} \\ \text{M3}}}{=} \dfrac{a}{bc} \quad \square$$

$$\dfrac{a}{\dfrac{b}{c}} \underset{\text{R4iii)}}{=} \dfrac{\dfrac{a}{1}}{\dfrac{b}{c}} \underset{\text{R14i)}}{=} \dfrac{a}{1} \cdot \dfrac{c}{b} \underset{\substack{\text{R12i)} \\ \text{M3}}}{=} \dfrac{ac}{b} \quad \square$$

Beispiele: zu ii): $\dfrac{\dfrac{34}{9}}{5} = \dfrac{34}{9 \cdot 5} = \dfrac{34}{45}$ zu iii) $\dfrac{5}{\dfrac{7}{9}} = 5 \cdot \dfrac{9}{7} = \dfrac{5 \cdot 9}{7} = \dfrac{45}{7}$

$\dfrac{\dfrac{2ab}{x}}{a^2} = \dfrac{2ab}{x \cdot a^2} = \dfrac{2b}{ax}$ $\dfrac{u-v}{\dfrac{w+1}{u+v}} = \dfrac{(u-v)(u+v)}{w+1} = \dfrac{u^2 - v^2}{w+1}$

$\dfrac{6x+6y}{\dfrac{3x+3y}{3x-3y}} = \dfrac{6(x+y) \cdot 3(x-y)}{3(x+3)} = 6(x-y)$

Während bei Multiplikation und Division von Brüchen relativ wenig Fehler passieren, gehört die algebraische Addition/Subtraktion von Brüchen zu den eher fehleranfälligen Operationen:

Addition/Subtraktion von gleichnamigen Brüchen

Regel R15 i)
$$\frac{a}{c} \pm \frac{b}{c} = \frac{a \pm b}{c} \qquad\qquad (c \neq 0)$$

Merkregel: „*Zwei Brüche mit **gleichem Nenner** („gleichnamige" Brüche) werden addiert bzw. subtrahiert, indem die Zähler addiert bzw. subtrahiert werden und der **Nenner beibehalten** wird.*" – *Von rechts nach links gelesen lautet die Merkregel:*

„*Eine **Summe** (oder Differenz) wird durch eine Zahl (oder einen Term) **dividiert**, indem jeder **Summand** einzeln durch diese Zahl/diesen Term dividiert wird.*"

Beweis: Regel R15 i) ist identisch mit Axiom D *(Distributivgesetz)*: $(a+b)c = ac+bc$
mit $\frac{1}{c}$ statt c:

$$\frac{a}{c} \pm \frac{b}{c} \underset{\text{Def.2}}{=\!=} a \cdot \frac{1}{c} \pm b \cdot \frac{1}{c} \underset{D}{=\!=} (a \pm b) \cdot \frac{1}{c} \underset{\text{Def.2}}{=\!=} \frac{a \pm b}{c} \qquad\qquad \square$$

Beispiele: i) $\frac{4}{17} + \frac{11}{17} = \frac{1}{17}(4+11) = \frac{15}{17}$ ii) $\frac{3a^2-a}{a} = \frac{3a^2}{a} - \frac{a}{a} = 3a-1$

iii) $\frac{2xy}{x-3} - \frac{6y}{x-3} = \frac{2xy-6y}{x-3} = \frac{2y(x-3)}{x-3} = 2y$

iv) $\frac{50x-2x^2+10}{2x} = \frac{50x}{2x} - \frac{2x^2}{2x} + \frac{10}{2x} = 25-x+\frac{5}{x}$

v) $\frac{5x+7y}{35} = \frac{5x}{35} + \frac{7y}{35} = \frac{x}{7} + \frac{y}{5}$ vi) $\frac{6x^2-28x}{2x^2} = \frac{6x^2}{2x^2} - \frac{28x}{2x^2} = 3 - \frac{14}{x}$

Bemerkung: *Regel R15 i) beschreibt die **einzige Möglichkeit**, wie zwei Brüche addiert/subtrahiert werden können, nämlich nur dann, wenn durch die Gleichheit der Nenner das Distributivgesetz D anwendbar ist. Ungleichnamige Brüche müssen somit vor ihrer Addition/ Subtraktion zuerst (durch Erweitern) gleichnamig gemacht werden, siehe die folgende Regel R15 ii):*

Addition/Subtraktion beliebiger Brüche

Regel R15 ii)
$$\frac{a}{b} + \frac{c}{d} = \frac{a \cdot d}{b \cdot d} + \frac{b \cdot c}{b \cdot d} = \frac{ad+bc}{bd} \qquad\qquad (bd \neq 0)$$

(„*Zwei beliebige Brüche werden wie folgt addiert/subtrahiert:*

*Die Brüche werden zunächst „**gleichnamig**" gemacht, d.h. so erweitert, dass ihre Nenner übereinstimmen. Dann erfolgt die Addition/Subtraktion nach R15 i).*")

Beweis: $\frac{a}{b} \pm \frac{c}{d} \underset{\substack{M4 \\ \text{Def.2}}}{=\!=} \frac{a}{b} \cdot \frac{d}{d} \pm \frac{b}{b} \cdot \frac{c}{d} \underset{R12}{=\!=} \frac{a \cdot d}{b \cdot d} \pm \frac{b \cdot c}{b \cdot d} \underset{R15i)}{=\!=} \frac{ad \pm bc}{bd} \quad \square$

Beispiele: i) $\dfrac{3}{7} + \dfrac{1}{9} = \dfrac{3}{7} \cdot \dfrac{9}{9} + \dfrac{1}{9} \cdot \dfrac{7}{7} = \dfrac{27}{63} + \dfrac{7}{63} = \dfrac{34}{63}$

ii) $\dfrac{1}{x} - \dfrac{1-y}{y} = \dfrac{y}{xy} - \dfrac{(1-y)\,x}{xy} = \dfrac{y - x(1-y)}{xy} = \dfrac{y - x + xy}{xy}$

iii) $\dfrac{5x}{2x^2+1} + \dfrac{x+1}{6x-1} = \dfrac{5x}{2x^2+1} \cdot \dfrac{6x-1}{6x-1} + \dfrac{x+1}{6x-1} \cdot \dfrac{2x^2+1}{2x^2+1} =$

$$= \dfrac{5x \cdot (6x-1) + (x+1)(2x^2+1)}{(2x^2+1)(6x-1)} = \dfrac{2x^3 + 32x^2 - 4x + 1}{(2x^2+1)(6x-1)} \ .$$

Bemerkung: *In den drei letzten Beispielen (und auch in der Formulierung von Regel 15ii)) ergab sich der kleinste gemeinsame Nenner (= Hauptnenner) als Produkt der Einzelnenner. In vielen Fällen ist es übersichtlicher, den Hauptnenner als „kleinstes gemeinsames Vielfaches (kgV)" der Einzelnenner zu identifizieren. Der Hauptnenner (der bei Brüche-Addition durch Erweiterung der Einzelbrüche erreicht werden muss) ergibt sich dann als kleinster Nenner, der jeden Einzelnenner als Faktor enthält.*

Die folgenden Beispiele zeigen das Vorgehen:

iv) $\dfrac{7}{60} + \dfrac{23}{210}$:   Das kleinste gemeinsame Vielfache der Nenner beträgt 420, d.h. der

erste Bruch wird mit 7, der zweite Bruch wird mit 2 erweitert:

$$\dfrac{7}{60} + \dfrac{23}{210} = \dfrac{49}{420} + \dfrac{46}{420} = \dfrac{95}{420} = \dfrac{19}{84}$$

v) $\dfrac{x-3}{x^2} - \dfrac{1-2x}{x} + \dfrac{3}{4x^2}$:   Hauptnenner ist $4x^2$, er enthält alle Nenner als Faktoren,

d.h. der erste Bruch wird mit 4, der zweite Bruch mit 4x erweitert:

$$\dfrac{x-3}{x^2} - \dfrac{1-2x}{x} + \dfrac{3}{4x^2} = \dfrac{x-3}{x^2} \cdot \dfrac{4}{4} - \dfrac{1-2x}{x} \cdot \dfrac{4x}{4x} + \dfrac{3}{4x^2} = \dfrac{4x - 12 - (1-2x) \cdot 4x + 3}{4x^2}$$

$$= \dfrac{4x - 12 - 4x + 8x^2 + 3}{4x^2} = \dfrac{8x^2 - 9}{4x^2} = 2 - \dfrac{9}{4x^2} \ .$$

Fehler im Zusammenhang mit der Addition/Subtraktion von Brüchen

F7   Der „beliebteste" Fehler beim Addieren/Subtrahieren von Brüchen besteht darin, sowohl Zähler als auch Nenner separat zu addieren/subtrahieren:

(a) $\dfrac{3}{7} + \dfrac{2}{7} \neq \dfrac{3+2}{7+7} = \dfrac{5}{14}$ *(korrekt:* $\dfrac{5}{7}$*)*

(b) $\dfrac{5x}{2x^2+1} + \dfrac{x+1}{6x-1} \neq \dfrac{5x + x + 1}{2x^2+1 + 6x - 1} = \dfrac{6x+1}{2x^2 + 6x}$

(korrekt: $\dfrac{2x^3 + 32x^2 - 4x + 1}{(2x^2+1)(6x-1)}$ *, siehe Beispiel iii) zu R15 ii)*

(c)   Gelegentlich kann dieser Fehler sogar zu einem korrekten Endergebnis führen:

$$\underbrace{\frac{2}{3} + \frac{^-8}{6}}_{= \frac{2}{3} - \frac{4}{3} = -\frac{2}{3}} \not\equiv \frac{2-8}{3+6} = \frac{^-6}{9} = \frac{^-2}{3} \quad (\textit{stimmt ... ! – wieso eigentlich?})$$

F8   Statt korrekt zu addieren, operiert man bisweilen mit abenteuerlichen Kehrwertbildungen:

(a) $\dfrac{x}{\dfrac{1}{x} + \dfrac{1}{y}} \not\equiv x \cdot (x+y)$ (*korrekt:* $\dfrac{x}{\dfrac{1}{x} + \dfrac{1}{y}} \underset{R15ii)}{=\!=} \dfrac{x}{\dfrac{x+y}{xy}} \underset{R14iii)}{=\!=} \dfrac{x^2 y}{x+y}$)

(b)   analog: $\dfrac{p}{\dfrac{1}{z} + a} \not\equiv p \cdot (z + \dfrac{1}{a})$ (*korrekt:* $\dfrac{pz}{1+az}$)

F9   Selbst, wenn bereits gleiche Nenner vorliegen *(R15 i))*, kommen noch Fehler vor:

$$\frac{a}{x} + \frac{2c}{x} \not\equiv \frac{2ac}{x^2} \qquad \text{oder auch:} \qquad \frac{a}{x} + \frac{2c}{x} \not\equiv \frac{a+2c}{2x}$$

$$(\textit{korrekt:} \quad \frac{a}{x} + \frac{2c}{x} \underset{R15i)}{=\!=} \frac{a+2c}{x} \ )$$

ÜBUNGEN zu BK 2.2 *(Bruchrechnung)*

A2.2-1:   Schreiben Sie die folgenden Terme jeweils als *einen* Bruch, der so weit wie möglich durchge-kürzt ist *(ohne Taschenrechner!)* :

$$\text{Beispiel:} \quad \frac{81x}{27x^2} = \frac{3 \cdot 3 \cdot 9 \cdot x}{3 \cdot 9 \cdot x \cdot x} = \frac{3}{x}$$

i) $-\dfrac{5}{12} + \dfrac{17}{6} + \dfrac{9}{10} =$ ii) $-(-\dfrac{8}{9}) \cdot (-\dfrac{2}{7}) =$

iii) $\dfrac{15}{28} - \dfrac{8}{21} =$ iv) $\dfrac{3 - \dfrac{3}{5}}{\dfrac{2}{3} - 2} =$

A2.2-2:   Kürzen Sie so weit wie möglich *(alle Nenner $\neq 0$)*:

i) $-\dfrac{27xy^2 z\,(z - 3a)}{18\,(3a - z)\,x^2 y z^2} =$ ii) $\dfrac{4x^2 - 4x + 1}{4x - 2} =$ iii) $\dfrac{9a^2 - 25b^2}{9a^2 - 30ab + 25b^2} =$

A2.2-3:   Fassen Sie die folgenden Terme so weit wie möglich zusammen *(alle Nenner $\neq 0$)*:

i) $x \cdot (\dfrac{1}{x} + \dfrac{1}{x^2}) =$ ii) $\dfrac{5x - 16}{(x-2)(x-5)} - \dfrac{2}{x-2} =$

iii) $2x + \dfrac{3}{1 + \dfrac{4}{x}} =$ iv) $\dfrac{\dfrac{a}{a+1}}{a - 1} =$ v) $\dfrac{1}{1 + \dfrac{1}{1 + \dfrac{1}{1+x}}} =$

vi) $\dfrac{u + v}{u^2 + v^2} =$ vii) $\dfrac{4x}{1 - x} - \dfrac{x}{x^2 - 1} =$

BK 2.3   Wann ist ein Produkt/ein Quotient Null? Konsequenzen für Gleichungen

Eine der ersten *(im Brückenkurs bewiesenen)* Rechenregeln *(nämlich R3 i))* in $\mathbb{R}$ lautete: Multipliziert man eine reelle Zahl a mit 0, so ist das Resultat wiederum 0, symbolisch:

Regel R3 i)

$$a \cdot 0 = 0$$

Für die Lösungstechniken vieler Gleichungen besonders wichtig ist nun die gewissermaßen umgekehrte Fragestellung: Welche Schlussfolgerungen lassen sich ziehen, wenn wir wissen, dass das Produkt a · b zweier reeller Zahlen a und b den Wert Null besitzt?

Das Ergebnis lautet: Wenn das Produkt a · b gleich Null ist, muss mindestens einer der beiden Faktoren a oder b Null sein *(der umgekehrte Fall ist ja bereits mit R3 i) bewiesen)*.

Symbolisch bedeutet dieser **„Satz vom Nullprodukt"**:

Regel R16 i)

$$a \cdot b = 0 \quad \Longleftrightarrow \quad a = 0 \lor b = 0$$

$$(\lor := \text{„}oder\text{"}, \text{ siehe Kap. 1.1.4.2})$$

*(„Das **Produkt** zweier Zahlen (oder Terme) ist genau dann **Null**, wenn **einer der**
beiden Faktoren (oder beide Faktoren) verschwinden.")*

Beweis: „$\Longleftarrow$" :   Wenn die rechte Aussage „ a = 0 $\lor$ b = 0 " wahr ist, so ist wenigstens eine ihrer Teilaussagen wahr, also muss *(wegen R3 i)* auch die Aussage a · b = 0 wahr sein.

„$\Longrightarrow$" :   Angenommen, die Aussage a · b = 0 sei wahr.

Dann sind die beiden Fälle (1) bzw. (2) möglich:

(1)   b = 0 sei wahr, dann ist auch „a = 0 $\lor$ b = 0" wahr   *(wegen „oder")*.

(2)   b $\neq$ 0 sei wahr. Dann existiert nach Axiom M4 die zu b reziproke Zahl $\frac{1}{b}$ mit b $\cdot \frac{1}{b}$ = 1.

Multipliziert man nun die – nach Voraussetzung wahre – Aussage „ a · b = 0 " beidseitig mit $\frac{1}{b}$, so folgt *(wegen R3 i)*:

$$(a \cdot b) \cdot \frac{1}{b} = 0 \cdot \frac{1}{b} \underset{R3\ i)}{=} 0 \,.$$ Andererseits gilt wegen M2:

$$a \cdot (b \cdot \frac{1}{b}) \underset{M4}{=} a \cdot 1 \underset{M3}{=} a \,,$$ d.h. **a = 0**, also auch a = 0 $\lor$ b = 0. $\square$

Bemerkung: *R16 i) gilt analog für beliebig viele Faktoren („ein Faktor Null: Produkt Null")*
und ermöglicht eine einfache und elegante Lösung von Gleichungen, die in fakto-
risierter Form a · b · ... · z = 0 vorliegen. So besitzt etwa die Gleichung

$$2x \cdot (5x + 3) \cdot (7 - x) = 0$$

die Lösungsmenge L = { 0; – 0,6 ; 7 }, wie man durch Nullsetzen der 3 Faktoren
unmittelbar erkennt: Nach Regel R16 i) ergibt sich nämlich jeweils dann eine wah-
re Aussage, wenn in der Gleichung der 1. oder 2. oder 3. Faktor gleich Null ist.

Beispiel *(Lösungsprinzip für quadratische Gleichungen – hier im Vorgriff auf die ausführliche Behandlung von quadratischen Gleichungen in Thema BK 6.4):*

Gesucht seien die Lösungen der quadratischen Gleichung $x^2 - 6x - 40 = 0$.

Die quadratische Form erinnert an die binomische Formel R9i), daher sucht man eine äquivalente Termumformung, die genau zu R9i) führt *(„quadratische Ergänzung")* und dadurch eine Faktorisierung der Gleichung ermöglicht:

$$\underset{A4}{\Longleftrightarrow} \qquad x^2 - 6x \overbrace{+3^2 - 3^2}^{= 0} - 40 = 0 \qquad \text{(quadratische Ergänzung!)}$$

$$\underset{R9}{\Longleftrightarrow} \qquad (x-3)^2 \; - \; 49 \; = 0$$

$$\underset{R9}{\Longleftrightarrow} \qquad \Big((x-3)-7\Big)\Big((x-3)+7\Big) \; = 0$$

$$\underset{R16i)}{\Longleftrightarrow} \qquad x - 3 - 7 = 0 \; \lor \; x - 3 + 7 = 0$$

$$\Longleftrightarrow \qquad x = 10 \lor x = -4 \text{, d.h. Lösungsmenge: } \; L = \{\,-4\,;10\,\}.$$

F10   Die Zahl „1" übt *(nach den Axiomen A3/M3 durchaus zu Recht)* gelegentlich eine ähnlich magische Wirkung aus wie die Zahl „0", kaum anders lässt sich folgender Fehler erklären:

Fehlerprinzip: $a \cdot b = 1 \;\;\not\Longleftrightarrow\;\; a = 1 \lor b = 1$ *(Gegenbeispiel: auch $2 \cdot 0{,}5 = 1$ ok.)*

Beispiel: $(x-1)(x+2) = 1 \;\;\not\Longleftrightarrow\;\; x-1 = 1 \lor x+2 = 1 \;\Longleftrightarrow\; x = 2 \lor x = -1\;(\cancel{\,})$

F11   Nicht im strengen Sinne falsch, aber extrem „ungeschickt" ist die folgende Umformung:

Zu lösen sei: $2x \cdot (x-4)(x+5)(x-6) = 0$.   Nach R16 i) folgt sofort: $L = \{0\,;4\,;-5\,;6\}$.

Nicht selten aber wird schematisch ausmultipliziert: $2x^4 - 10x^3 - 52x^2 + 240x = 0$.

Aus dieser Gleichung aber lassen sich die Lösungen kaum noch (re)konstruieren.

Analog zu R16 i) gestaltet sich die Lösung der Frage: Wann ist ein Bruch gleich Null? Das nicht besonders überraschende Ergebnis lautet:

Regel 16 ii) $$\frac{a}{b} = 0 \;\;\Longleftrightarrow\;\; a = 0 \land b \neq 0$$

($\land := $ „und", siehe Kap. 1.1.4.1)

d.h.   „*Ein **Bruch** ist genau dann **Null**, wenn der **Zähler Null** und der **Nenner** ungleich Null ist.* ")

Beweis: „$\Longleftarrow$" : Es sei $a = 0$. Daraus folgt nach Def. 2 sowie R3 i) *(sowie $b \neq 0$)* :

$$\frac{a}{b} = a \cdot \frac{1}{b} = 0 \cdot \frac{1}{b} = 0.$$

„$\Longrightarrow$" : Es sei $\dfrac{a}{b} = 0$ *(sowie nach genereller Voraussetzung $b \neq 0$)*.

Dann folgt nach Def. 2: $a \cdot \dfrac{1}{b} = 0$. Multiplikation mit $b\,(\neq 0)$ liefert:

$$(a \cdot \frac{1}{b}) \cdot b \underset{M2}{=\!=} a \cdot (\frac{1}{b} \cdot b) \underset{M4}{=\!=} a \cdot 1 \underset{M3}{=\!=} a$$

und andererseits: $(a \cdot \dfrac{1}{b}) \cdot b \underset{\text{Vor.}}{=\!=} \; 0 \cdot b \; \underset{R3\,i)}{=\!=} \; 0$,   d.h. insgesamt: $a = 0$ □

Beispiele: i) $\dfrac{x-1}{x-2} = 0 \iff x-1 = 0 \wedge x-2 \neq 0 \iff x = 1 \wedge x \neq 2 \implies L = \{1\}.$

ii) $\dfrac{x^2}{x} = 0 \iff x^2 = 0 \wedge x \neq 0 \implies L = \{\ \}$ *(unerfüllbare Aussage)*.

iii) $\dfrac{4-x^2}{x^2+10x+170} = 0 \iff 4-x^2 = 0$ *(Nenner ist stets $\neq 0$)*, d.h. $L = \{-2\,;2\,\}$.

SELBSTKONTROLL-TEST zu Thema BK2 *(Termumformungen und Rechenregeln in $\mathbb{R}$)*

Fassen Sie die folgenden Terme durch Ausmultiplizieren der Klammern und Vereinfachen so weit wie möglich zusammen. Kürzen Sie bitte alle Brüche vollständig durch *(alle Nenner werden als von Null verschieden vorausgesetzt)*.

1.   **a)** $3x(x\cdot 4y) - 2x(x-4y) =$ **b)** $-(2a-3b)^2 - (2b-3a)^2 =$

c) $ab + (bc)\cdot ac =$ **d)** $-(a-b)^2\cdot(b-a) =$

2.   **a)** $(ax+bx+cx):x =$ **b)** $(ay\cdot by\cdot cy):y =$

c) $\dfrac{a\cdot c}{n\cdot x} : \dfrac{3c}{x} =$ **d)** $\dfrac{3(x+y)}{4a-4b} : \dfrac{6ax+6ay}{7x(a-b)} =$

3.   **a)** $-\dfrac{30b-18a}{12a-20b} =$ **b)** $\dfrac{36x^2-9z^2}{3z-6x} =$

c) $\dfrac{\dfrac{1}{u}-\dfrac{1}{v}}{\dfrac{1}{u}+\dfrac{1}{v}}$ **d)** $\dfrac{\dfrac{a}{x}}{b}+\dfrac{a}{\dfrac{x}{b}} =$

e) $\dfrac{abc}{a-b}\cdot\dfrac{b-a}{bc}\cdot\dfrac{1}{a} =$ **f)** $\dfrac{5x-y}{y-5x} - \dfrac{4x-z}{z} =$

4.   Einige der folgenden Termumformungen sind **fehlerhaft.**
Welche sind es? Wie lauten die korrekten Termumformungen?

a) $\dfrac{a}{x}+\dfrac{2c}{x} = \dfrac{2ac}{x^2}$ **b)** $\dfrac{4x-8y}{x-y} = 4-8 = -4$

c) $\dfrac{3x-2y}{2y-3x} = \dfrac{-3x+2y}{2y-3x} = 1$ **d)** $-\dfrac{-a-b}{-a+b} = \dfrac{a+b}{a-b}$

e) $\dfrac{4p+7q}{p} = 4 + \dfrac{7q}{p}$ **f)** $\dfrac{x}{\dfrac{1}{x}+\dfrac{1}{y}} = x\cdot(x+y) = x^2+xy$

5.   Für welche Einsetzungen werden die folgenden Gleichungen wahr?

a) $17(x-2)(x+5) = 0$ **b)** $128x^2 - x^3 = 0$

c) $13x(x+1)(x-4)(x+5)(x^2+49) = 0$ **d)** $\dfrac{(2x-1)(x^2-5)}{x^2+16} = 0$.

THEMA BK3:   EXKURS: Einige spezielle mathematische Begriffe und Symbole

Im Folgenden führen wir einige häufig benutzte spezielle mathematische Begriffe, Notationen und Symbole ein *(absoluter Betrag von Zahlen und Termen; Summen- und Produktzeichen; Fakultät und Binomialkoeffizient)*. Sie werden in der Mathematik und ihren Anwendungen oft und gerne verwendet, um mathematische Sachverhalte kurz und präzise beschreiben zu können oder lange Termketten *(Summen oder Produkte)* übersichtlich und zugleich platzsparend notieren zu können.

BK 3.1   (absoluter) Betrag einer Zahl / eines Terms

Unter dem (absoluten) **Betrag** $|a|$ einer Zahl $a\ (\in \mathbb{R})$ versteht man:

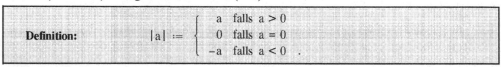

$$\textbf{Definition:} \qquad |a| := \begin{cases} a & \text{falls } a > 0 \\ 0 & \text{falls } a = 0 \\ -a & \text{falls } a < 0 \ . \end{cases}$$

Bemerkung: *Hier muss noch einmal auf einen weit verbreiteten Trugschluss hingewiesen werden:*

*Das Vorzeichen „–" vor einer Variablen, z.B. in „– a", bedeutet **nicht** zwingend, dass –a negativ ist: Falls nämlich a selbst schon negativ ist, führt –a zu einer positiven Zahl. Beispiel: Sei a = –7. Dann gilt: –a = –(–7) = +7 .*

Beispiele: $|23| = 23$; $|-4| = -(-4) = 4$; $|0| = 0$; $|x - 5| = \begin{cases} x - 5 & \text{für } x \geq 5 \\ 5 - x & \text{für } x < 5 \ . \end{cases}$

Der Betrag $|a|$ einer beliebigen reellen Zahl a ist also stets positiv *(allenfalls Null)*, es gilt daher:

Satz: **i)** $|a| \geq 0$;   **ii)** $|-a| = |a|$.

Beispiele: $|x - a^2| = |a^2 - x|$; $|-5x + 2 - 3y - 71z| = |5x - 2 + 3y + 71z|$

Unter dem **Abstand** zweier Zahlen a, b versteht man den Betrag ihrer Differenz $|a - b|$ $(= |b - a|)$.
Beispiele:
Der Abstand zwischen 4 und 7 beträgt $|4 - 7| = |7 - 4| = 3$.   Analog:
Der Abstand zwischen –2 und 5 beträgt $|-2 - 5| = |5 - (-2)| = 7$;
Der Abstand zwischen –10 und –2 beträgt $|-10 - (-2)| = |-2 - (-10)| = 8$;
Der Abstand zwischen a und 0 beträgt $|a - 0| = |a|$.
($|a|$ ist also der Abstand von a bzw. –a zum Nullpunkt.)

Geometrisch: $|a - b|$ ist die positiv gerechnete Länge L der Verbindung zwischen a und b auf dem Zahlenstrahl (d.h. die absolute Abweichung voneinander):

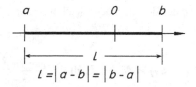

Beispiel: Für welche Werte von x wird die Gleichung $|5x-4| = 31$ wahr?

Lösung: Da der Zahlenwert von $5x-4$ positiv oder negativ sein kann, machen wir eine Fall-Unterscheidung:

Fall 1: Es gelte: $5x-4 \geq 0$ (d.h. $x \geq 4/5$). Dann gilt nach Definition des Betrages: $|5x-4| = 5x-4$, d.h. zu lösen ist in diesem Fall die Gleichung: $5x-4 = 31$ mit der Lösung $x = 7$.

Fall 2: Es gelte: $5x-4 < 0$ (d.h. $x < 4/5$). Jetzt gilt nach Definition des Betrages: $|5x-4| = -(5x-4) = -5x+4 = 31$ mit der Lösung: $x = -27/5 = -5{,}4$.

Die Gleichung $|5x-4| = 31$ besitzt daher die Lösungsmenge $\{-5{,}4 ; 7\}$.

(Auf völlig analoge Weise – nämlich mit Fallunterscheidung – geht man bei der Lösung von Betrags-Ungleichungen, etwa des Typs $|ax+b| \leq c$, vor.)

Weiterhin gilt die berühmte **Dreiecksungleichung** für alle $a, b \in \mathbb{R}$:

Satz:	$|a \pm b| \leq |a| + |b|$

Beispiel: $\underbrace{|-5+15|}_{=10} \leq |-5|+|15| = 5+15 = 20$.

ÜBUNGEN zu BK 3.1   *(Absolutbetrag)*

A3.1-1: Ermitteln Sie den Wert von

  i) $|0{,}5y-19|$ für $y = 42$; $y = 0$; $y = 0{,}5$;

  ii) $|6-5x|$ für $x = 11$; $x = 0$; $x = 0{,}1$;

  iii) $|3x-2y|$ für $x = 7$, $y = 9$; $x = 5$, $y = 8$.

A3.1-2: Für welche Werte von x werden die folgenden Gleichungen wahr?

  i) $|12x-4| = 5$;

  ii) $10 = |14-5y|$.

A3.1-3: Lösen Sie die Ungleichung $|x-4| < 7$.

BK 3.2   Das Summenzeichen $\sum$

Eine Summe mit mehreren Summanden lässt sich mit Hilfe des Summationsoperators „Σ" häufig kurz und übersichtlich schreiben:

Definition	$\displaystyle\sum_{i=m}^{n} a_i := a_m + a_{m+1} + a_{m+2} + \dots + a_n$, $n \geq m$, $n, m \in \mathbb{Z}$
	(gelesen: Summe aller a_i von $i = m$ bis $i = n$)

Der laufende Summationsindex „i" erhöht sich jeweils um 1 beim folgenden Summanden, beginnend bei der Summationsuntergrenze m (steht unter dem Summationsbefehl $\sum$) und endend mit der oberen Summationsgrenze n (steht über $\sum$); $\sum$ (griech.): Sigma.

Beispiele: $\displaystyle\sum_{i=4}^{6} a_i = a_4 + a_5 + a_6$; $\displaystyle\sum_{i=-2}^{1} b_i = b_{-2} + b_{-1} + b_0 + b_1$; $\displaystyle\sum_{i=1}^{3} i^2 = 1 + 4 + 9 = 14$.

Der Summationsindex kann beliebig benannt werden: $\displaystyle\sum_{i=4}^{6} a_i = \sum_{k=4}^{6} a_k = \sum_{j=4}^{6} a_j$ usw.

(Er sollte aber von den Summationsgrenzen unterscheidbar sein!)

Beispiel: $\displaystyle\sum_{j=2}^{k-1} j \cdot c_{j+7} = 2c_9 + 3c_{10} + 4c_{11} + \ldots + (k-1) \cdot c_{k+6}$

      *(hier ist **k** als Summationsindex **nicht** erlaubt, denn k kommt in der oberen Grenze vor)*

Häufig ist die untere Summationsgrenze die Zahl 0 oder 1:

$$\boxed{\sum_{i=0}^{n} a_i = a_0 + a_1 + a_2 + \ldots + a_n} \qquad \boxed{\sum_{j=1}^{m} b_j = b_1 + b_2 + \ldots + b_m}$$

Beispiele: $\displaystyle\sum_{i=1}^{3} (i+1) \cdot i = 2 \cdot 1 + 3 \cdot 2 + 4 \cdot 3 = 20$; $\displaystyle\sum_{k=0}^{p} (k^2 - 1) = -1 + 0 + 3 + 8 + \ldots + (p^2 - 1)$.

Beispiel: Das arithmetische Mittel $\bar{x}$ der n Zahlen $x_1, x_2, \ldots, x_n$ lässt sich mit dem Summenzeichen

einfach beschreiben: $\displaystyle \bar{x} = \frac{x_1 + x_2 + x_3 + \ldots + x_n}{n} = \frac{1}{n} \sum_{i=1}^{n} x_i$.

Bemerkung: *Wenn aus dem Zusammenhang klar ersichtlich ist, wie summiert werden soll (z.B. von i = 0 bis i = n), schreibt man häufig das Summationssymbol auch ohne untere/obere Grenze.*

    Beispiel: *Statt ausführlich* $\displaystyle\sum_{i=0}^{n} a_i$ *schreibt man kurz:* $\displaystyle\sum_{i} a_i$ *oder sogar nur* $\displaystyle\sum a_i$.

Stimmen obere und untere Summationsgrenze überein, reduziert sich die Summe auf *einen* Summanden:

Beispiele: $\displaystyle\sum_{k=3}^{3} a_k = a_3$; $\displaystyle\sum_{k=m}^{m} (k^2 - 2k + 3) \cdot a_k = (m^2 - 2m + 3) \cdot a_m$.

Ist die obere Summationsgrenze *kleiner* als die untere Summationsgrenze, so kann offenbar überhaupt nichts summiert werden, in diesem Fall schreibt man der Summe den Wert Null zu:

Beispiele: $\displaystyle\sum_{k=10}^{7} b_k = 0$; $\displaystyle\sum_{j=m}^{m-1} (j^3 - 3j + 5) \cdot c_j = 0$.

Es gibt drei einfache Regeln für das Rechnen mit dem Summenoperator, sie sind im Grunde unmittelbare Folgerungen aus den Axiomen A1 *(Kommutativgesetz der Addition:* $a+b = b+a$*)*, A2 *(Assoziativgesetz der Addition:* $(a+b)+c = a+(b+c)$*)* und D *(Distributivgesetz:* $a(b+c) = ab+ac$ *)*:

Regel 1:

$$\sum_{i=1}^{n} (a_i \pm b_i) = \sum_{i=1}^{n} a_i \pm \sum_{i=1}^{n} b_i \quad ,$$

denn nach den Axiomen A1/A2 gilt:

$$(a_1+b_1)+(a_2+b_2)+ \dots +(a_n+b_n) = (a_1+a_2+ \dots +a_n) + (b_1+b_2+ \dots +b_n)) \, .$$

Man kann also eine Summe, die selbst wieder aus Summanden besteht, mit getrennten Summenoperatoren schreiben:

Beispiel:

$$\sum_{k=1}^{2} (a_{ik} + 3k^2 - k \cdot b^{2k}) = \sum_{k=1}^{2} a_{ik} + \sum_{k=1}^{2} 3k^2 - \sum_{k=1}^{2} k \cdot b^{2k} = a_{i1}+a_{i2}+3+12-b^2-2b^4 .$$

Regel 2:

$$\sum_{i=1}^{n} c \cdot a_i = c \cdot \sum_{i=1}^{n} a_i \quad ,$$

denn nach Axiom D *(Distributivgesetz)* gilt *(c wird ausgeklammert)*:

$$\sum_{i=1}^{n} c \cdot a_i = ca_1+ca_2+ \dots +ca_n = c \cdot (a_1+a_2+ \dots +a_n) = c \cdot \sum_{i=1}^{n} a_i \quad .$$

Man kann also einen konstanten Faktor c innerhalb eines Summenoperators *vor* den Operator „ziehen" *(d.h. ausklammern nach dem Distributivgesetz D)*:

Beispiele:

$$\sum_{k=1}^{3} (7x_k + 9y_k) = \sum_{k=1}^{3} 7x_k + \sum_{k=1}^{3} 9y_k = 7\sum_{k=1}^{3} x_k + 9\sum_{k=1}^{3} y_k = 7(x_1+x_2+x_3)+9(y_1+y_2+y_3)$$

$$\sum_{i=1}^{n-2} (5 \cdot (i+7)^k + 7 \cdot (i+1)^k) = 5 \sum_{i=1}^{n-2} (i+7)^k + 7\sum_{i=1}^{n-2} (i+1)^k$$

Regel 3:

$$\sum_{i=1}^{n} c = \underbrace{c + c + \dots + c}_{n \text{ Summanden}} = n \cdot c \qquad \text{insb.} \qquad \sum_{i=1}^{n} 1 = \underbrace{1 + 1 + \dots + 1}_{n \text{ Summanden}} = n \; .$$

Auf den ersten Blick erscheint diese Regel schwierig nachvollziehbar zu sein, gibt es doch hinter dem Summenoperator Σ keinen Laufindex i, der bei der Summenbildung fortgezählt werden kann. Ein kleiner Kunstgriff beseitigt diesen Mangel:

Es gilt nämlich: $1 = 1^i$ für jeden ganzzahligen Exponenten i. Damit haben wir:

$$\sum_{i=1}^{n} 1 = \sum_{i=1}^{n} 1^i = 1^1 + 1^2 + 1^3 + \dots + 1^n = \underbrace{1+1+1+\dots+1}_{n \text{ Summanden}} = n \cdot 1 = n \, ,$$

d.h.

$$\sum_{i=1}^{n} c = \sum_{i=1}^{n} c \cdot 1 = c\sum_{i=1}^{n} 1 = c \cdot n \quad .$$

Beispiele: $\displaystyle\sum_{i=1}^{n} 2043 = 2043 \sum_{i=1}^{n} 1 = 2043 \cdot n \ ; \qquad \sum_{k=2}^{111} C = C \sum_{k=2}^{111} 1 = C \cdot 110$

Bemerkung: *Beliebt (aber leider falsch) ist der folgende (Fehl-) Schluss:*

$$\sum a_i \cdot b_i \ \not\equiv \ \sum a_i \cdot \sum b_i \quad .$$

Beispiel: (n = 2): $a_1 b_1 + a_2 b_2 \ \not\equiv \ (a_1 + a_2)(b_1 + b_2) = a_1 b_1 + a_1 b_2 + a_2 b_1 + a_2 b_2 \ .$

ÜBUNGEN zu BK 3.2   *(Summenzeichen (1))*

A3.2-1:   Ermitteln Sie den Wert der folgenden Summen:

i) $\displaystyle\sum_{k=-1}^{3} (k^3 + 1)$ ii) $\displaystyle\sum_{k=-1}^{3} (i^3 + 1)$ iii) $\displaystyle\sum_{i=2}^{5} (1 - 2i)$ iv) $\displaystyle\sum_{i=2}^{4} \frac{i}{i+2}$

v) $\displaystyle\sum_{i=4}^{2} \frac{i}{i+2}$ vi) $\displaystyle\sum_{k=1}^{3} \frac{k}{(k+1)(k+2)}$ vii) $\displaystyle\sum_{j=1}^{4} (x_j - \bar{x}_k)^2$

A3.2-2:   Schreiben Sie mit Hilfe des Summenzeichens:

i) $2x_1 y_1 + 2x_2 y_2 + \ldots + 2x_{20} y_{20}$ ii) $1 + \dfrac{1}{2} + \dfrac{1}{3} + \ldots + \dfrac{1}{100}$

iii) $4^2 + 6^2 + 8^2 + \ldots + 18^2$ iv) $2x^3 + 4x^4 + 8x^5 + 16x^6 + 32x^7$

A3.2-3:   Richtig oder falsch?

i) $\displaystyle\sum_{j=1}^{n} X_j + \sum_{i=n+1}^{m} X_i = \sum_{k=1}^{m} X_k$ ii) $\displaystyle\sum_{k=0}^{n} a_j \cdot k^2 = a_j \sum_{k=0}^{n} k^2$

iii) $\displaystyle\sum_{k=1}^{n} x_k^2 = \left(\sum_{k=1}^{n} x_k \right)^2$ iv) $\displaystyle\sum_{i=-3}^{7} k^2 = 11k^2$ v) $\displaystyle\sum_{k=1}^{n} k \cdot a_{jk} = k \sum_{k=1}^{n} a_{jk}$

A3.2-4:   Es sei $\bar{x}$ das arithmetische Mittel der n Einzelwerte $x_1, x_2, \ldots, x_n$ $(\in \mathbb{R})$, d.h. es gelte:

$$\bar{x} := \frac{1}{n}(x_1 + x_2 + \ldots + x_n) = \frac{1}{n} \sum_{i=1}^{n} x_i \quad .$$

Zeigen Sie: Für die Summe der quadrierten Abweichungen der Einzelwerte x_i vom Mittelwert $\bar{x}$ gilt:

$$\sum_{i=1}^{n} (x_i - \bar{x})^2 = \sum_{i=1}^{n} x_i^2 - n \cdot \bar{x}^2 \quad .$$

Unter einer **Doppelsumme** versteht man:

Definition:
$$\sum_{i=1}^{n} \sum_{k=1}^{m} a_{ik} := \sum_{i=1}^{n} \underbrace{(a_{i1} + a_{i2} + \ldots + a_{im})}_{\text{über k summiert}} = \begin{array}{l} a_{11} + a_{12} + \ldots + a_{1m} \\ + a_{21} + a_{22} + \ldots + a_{2m} \\ + \ldots \\ \vdots \\ + a_{n1} + a_{n2} + \ldots + a_{nm} \; . \end{array}$$

Es wird zunächst über k summiert und die entstandene Summe dann über i summiert (oder umgekehrt). Die Summationsreihenfolge (erst über i, dann über k oder umgekehrt) ist belanglos, wie am obigen Rechteckschema erkennbar – die Summe aller aufsummierten Spalten ist identisch mit der Summe aller aufaddierten Zeilen:

$$\sum_{i=1}^{n} \sum_{k=1}^{m} a_{ik} = \sum_{k=1}^{m} \sum_{i=1}^{n} a_{ik}$$

Beispiel:
$$\sum_{i=2}^{5} \sum_{k=1}^{3} k \cdot (1 + 2i) = \sum_{i=2}^{5} \Big(1 \cdot (1 + 2i) + 2 \cdot (1 + 2i) + 3 \cdot (1 + 2i) \Big) = 6 \sum_{i=2}^{5} (1 + 2i)$$

$$= 6 \cdot (5 + 7 + 9 + 11) = 192 \; ;$$

Tausch der Summationsreihenfolge ergibt dasselbe Resultat:

$$\sum_{k=1}^{3} \sum_{i=2}^{5} k \cdot (1 + 2i) = \sum_{k=1}^{3} \Big(k \cdot 5 + k \cdot 7 + k \cdot 9 + k \cdot 11 \Big) = 32 \sum_{k=1}^{3} k = 32 \cdot 6 = 192 \; .$$

ÜBUNGEN zu BK 3.2   *(Summenzeichen (2))*

A3.2-5:   Ermitteln Sie den Wert der folgenden Summen:

i) $$\sum_{i=1}^{2} \sum_{k=1}^{3} (i+1)(k+2)$$

ii) $$\sum_{i=2}^{3} \sum_{k=1}^{2} \sum_{j=3}^{4} (i \cdot j - k)$$

iii) $$\sum_{j=1}^{4} \left(\frac{\displaystyle\sum_{k=2}^{5} k^2}{\displaystyle\sum_{i=1}^{3} i} \right) \cdot j$$

BK 3.3   Das Produktzeichen $\prod$

Analog zur Summenschreibweise lassen sich lange Produkte in abgekürzter Schreibweise darstellen:

Definition:
$$\prod_{i=m}^{n} a_i := a_m \cdot a_{m+1} \cdot \ldots \cdot a_n \qquad ; \qquad m, n \in \mathbb{Z}; \quad n \geq m \ .$$

(gelesen: Produkt aller a_i von $i = m$ (untere Multiplikationsgrenze) bis n (obere Multiplikationsgrenze);
$\prod$: *(griech.) Pi)* .

Beispiel:
$$\prod_{i=1}^{4} (i+5) = 6 \cdot 7 \cdot 8 \cdot 9 = 3024$$

Für das Produkt $\displaystyle\prod_{k=1}^{n} k = 1 \cdot 2 \cdot 3 \cdot 4 \cdot \ldots \cdot n$ hat sich das Symbol „n!" *(sprich „n Fakultät")* eingebürgert,
siehe BK 3.4.

Für das Produktzeichen gelten folgende **Rechenregeln** *(abgeleitet vom Assoziativgesetz (M2) und Kommutativgesetz (M1) der Multiplikation, siehe BK 1.1)*:

Regel 1:
$$\prod_{i=1}^{n} a_i b_i = a_1 b_1 \cdot a_2 b_2 \cdot \ldots \cdot a_n b_n = a_1 a_2 \ldots a_n \cdot b_1 b_2 \ldots b_n = \prod_{i=1}^{n} a_i \cdot \prod_{i=1}^{n} b_i$$

(d.h. ein Produkt von Produkten lässt sich in Einzel-Produkte aufspalten)

Beispiele:
$$\prod_{k=3}^{5} a_k \cdot (k+1) = \prod_{k=3}^{5} a_k \cdot \prod_{k=3}^{5} (k+1) = a_3 a_4 a_5 \cdot 4 \cdot 5 \cdot 6 = 120 a_3 a_4 a_5$$

$$\prod_{j=2}^{4} (j+1) \cdot j^2 = \prod_{j=2}^{4} (j+1) \cdot \prod_{j=2}^{4} j^2 = 3 \cdot 4 \cdot 5 \cdot 2^2 \cdot 3^2 \cdot 4^2 = 60 \cdot 24^2 = 34.560$$

Regel 2:
$$\prod_{i=1}^{n} c \cdot a_i = c a_1 \cdot c a_2 \cdot \ldots \cdot c a_n = c^n \cdot \prod_{i=1}^{n} a_i$$

(d.h. ein konstanter Faktor c in einem Produkt liefert den Gesamtfaktor c^n)

insbesondere:
$$\prod_{i=1}^{n} c = \prod_{i=1}^{n} c \cdot 1^i = c \cdot 1^1 \cdot c \cdot 1^2 \cdot \ldots \cdot c \cdot 1^n = c^n$$

Beispiele:
$$\prod_{k=1}^{3} 5k^2 = 5^3 \cdot \prod_{k=1}^{3} k^2 = 125 \cdot 1 \cdot 4 \cdot 9 = 4.500$$

$$\prod_{j=3}^{7} a_i \cdot b_j \cdot c_k = (a_i \cdot c_k)^5 \cdot b_3 \cdot b_4 \cdot b_5 \cdot b_6 \cdot b_7$$

ÜBUNGEN zu BK 3.3   *(Produktzeichen)*

A3.3-1:   Ermitteln Sie den Wert der folgenden Produkte:

$$\text{i)} \quad \prod_{i=1}^{3} 7i^2 \qquad \text{ii)} \quad \prod_{k=-100}^{100} k^3 \qquad \text{iii)} \quad \prod_{k=1}^{5} 2x_k y_k z_k \qquad \text{iv)} \quad \prod_{i=19}^{20} 3\cdot(k-2)$$

$$\text{v)} \quad \prod_{k=1}^{3}\left(3k + \frac{12}{k}\right) \qquad \text{vi)} \quad \prod_{i=1}^{2}\prod_{k=2}^{4} 2\cdot(i+1)(k-1) \qquad \text{vii)} \quad \prod_{i=1}^{3}\prod_{k=2}^{4}(2i+3k)$$

BK 3.4   Fakultät und Binomialkoeffizient

Für das Produkt $\displaystyle\prod_{k=1}^{n} k$ der ersten n natürlichen Zahlen schreibt man abkürzend n! *(gelesen: **n Fakultät**).*

> **Definition:** $\qquad n! := 1\cdot 2\cdot 3\cdot \ldots \cdot (n-1)\cdot n \quad, \quad n\in\mathbb{N}\ .$

Außerdem ist es sinnvoll zu definieren: $\qquad \boxed{0! := 1}$

Beispiele:
$$4! = 1\cdot 2\cdot 3\cdot 4 \ = \ 24 \ ;$$
$$20! = 1\cdot 2\cdot 3\cdot \ldots \cdot 19\cdot 20 \ = \ 2.432.902.008.176.640.000 \ ;$$
$$1! = 1 \ ;$$
$$0! = 1 \ .$$

n! beschreibt die Anzahl der Möglichkeiten, n unterschiedliche Objekte in eine Reihenfolge zu bringen *(n! gibt also die Anzahl der „Permutationen" von n angeordneten unterschiedlichen Objekten wieder).*

Beispiel: Die Ziffern 1, 3, 5, 7 lassen sich auf 4! (= 24) verschiedene Arten zu einer vierstelligen Zahl anordnen:

1357	3157	5137	7135
1375	3175	5173	7153
1537	3517	5317	7315
1573	3571	5371	7351
1735	3715	5713	7513
1753	3751	5731	7531

Im Zusammenhang mit statistischen oder kombinatorischen Fragestellungen hat der **Binomialkoeffizient** $\binom{n}{k}$ *(gelesen: n über k)* eine große Bedeutung. Er ist wie folgt definiert:

> **Definition:** $\qquad \dbinom{n}{k} := \dfrac{n!}{(n-k)!\,k!} \qquad , \qquad n\geq k\ ; \quad n,k\in\mathbb{N}_0$

Beispiele: $\qquad \dbinom{5}{3} = \dfrac{5!}{2!\,3!} = \dfrac{1\cdot 2\cdot 3\cdot 4\cdot 5}{1\cdot 2\cdot 1\cdot 2\cdot 3} = 10 \ ; \qquad\qquad \dbinom{5}{2} = \dfrac{5!}{3!\,2!} = \dbinom{5}{3} = 10 \quad .$

Der Binomialkoeffizient $\binom{n}{k}$ (mit n ≥ k) beschreibt, wieviele Möglichkeiten es gibt, um aus insgesamt n unterschiedlichen Objekten genau k Objekte *(unabhängig von der Reihenfolge)* auszuwählen *(zu „markieren")*.

Beispiel: Es seien insgesamt 49 unterschiedlich nummerierte Kugeln *(„Objekte")* in einer Urne vorhanden. Dann kann man auf $\binom{49}{6}$ verschiedene Arten daraus 6 Kugeln auswählen *(dies ist die Situation beim Lotto „6 aus 49")*. Also gibt es beim Lotto

$$\binom{49}{6} = \frac{49!}{6!43!} = \frac{49 \cdot 48 \cdot 47 \cdot 46 \cdot 45 \cdot 44 \cdot 43!}{1 \cdot 2 \cdot 3 \cdot 4 \cdot 5 \cdot 6 \cdot 43!} = 13.983.816 \text{ verschiedene Tippreihen.}$$

Nach dem Kürzen von 43! ergibt sich also eine einfache Berechnungsvorschrift für $\binom{49}{6}$.

Auch im allgemeinen Fall erhält man durch Kürzen von (n–k)! eine vereinfachte Rechenvorschrift:

$$\binom{n}{k} := \frac{n!}{(n-k)! \, k!} = \frac{1 \cdot 2 \cdot \, \ldots \, \cdot (n-k) \cdot (n-k+1) \cdot \, \ldots \, \cdot (n-1) \cdot n}{\underbrace{1 \cdot 2 \cdot \, \ldots \, \cdot (n-k)}_{(n-k)!} \cdot \underbrace{1 \cdot 2 \cdot 3 \cdot \, \ldots \, \cdot (k-1) \cdot k}_{k!}} = \frac{(n-k+1) \cdot \, \ldots \, \cdot (n-1) \cdot n}{1 \cdot 2 \cdot 3 \cdot \, \ldots \, \cdot (k-1) \cdot k},$$

d.h. zur Definition des Binomialkoeffizienten lässt sich ebenso gut verwenden:

Definition: $$\binom{n}{k} = \frac{n \cdot (n-1) \cdot \, \ldots \, \cdot (n-k+1)}{1 \cdot 2 \cdot \, \ldots \, \cdot k}, \qquad n \geq k; \quad n,k \in \mathbb{N}_0 \; .$$

Dabei weisen Zähler und Nenner gleichviele (nämlich k) Faktoren auf, im Nenner bei 1 beginnend aufwärts bis k, im Zähler bei n beginnend abwärts k Faktoren.

Beispiele: a) $$\binom{8}{6} = \frac{8!}{6!2!} = \frac{8 \cdot 7 \cdot 6 \cdot 5 \cdot 4 \cdot 3}{1 \cdot 2 \cdot 3 \cdot 4 \cdot 5 \cdot 6} = \frac{8 \cdot 7}{1 \cdot 2} = 28$$

Wegen $\frac{8!}{6!2!} = \frac{8!}{2!6!}$ gilt: $\binom{8}{6} = \binom{8}{2}$, allgemein: $$\boxed{\binom{n}{k} = \binom{n}{n-k}} \quad .$$

b) $$\binom{100}{97} = \binom{100}{3} = \frac{100 \cdot 99 \cdot 98}{1 \cdot 2 \cdot 3} = 50 \cdot 33 \cdot 98 = 161.700$$

c) $$\binom{7}{1} = \frac{7!}{1!6!} = \binom{7}{6} = 7$$

Für die Binomialkoeffizienten gelten die folgenden Regeln:

Regel 1: $$\binom{n}{n} = \binom{n}{0} = 1 \qquad (\text{wegen } 0! = 1\,)$$

Regel 2: $$\binom{n}{n-1} = \binom{n}{1} = n \qquad (\text{denn } \frac{n!}{1!(n-1)!} = n\,)$$

Regel 3: $$\binom{n}{k} = \binom{n}{n-k} \qquad (\text{denn } \frac{n!}{k!\,(n-k)!} = \frac{n!}{(n-k)!\,k!}\,)$$

Beispiel: $$\binom{9}{6} = \binom{9}{3} = \frac{9 \cdot 8 \cdot 7}{1 \cdot 2 \cdot 3} = 3 \cdot 4 \cdot 7 = 84$$

Regel 4: $$\binom{n}{k} + \binom{n}{k+1} = \binom{n+1}{k+1} \qquad \text{Beispiel: } \binom{5}{3} + \binom{5}{4} = 10+5 = \binom{6}{4} = \frac{6 \cdot 5}{1 \cdot 2} = 15$$

Beweis: $\binom{n}{k} + \binom{n}{k+1} := \dfrac{n!}{k!\,(n-k)!} + \dfrac{n!}{(k+1)!\,(n-k-1)!}$. Um die beiden Brüche addieren

zu können, müssen sie gleichnamig gemacht werden, d.h. der linke Bruch wird mit $k+1$ erweitert, der rechte Bruch mit $n-k$. Damit lautet die obige Summe:

$$\frac{(k+1)}{(k+1)} \cdot \frac{n!}{k!(n-k)!} + \frac{n!}{(k+1)!(n-k-1)!} \cdot \frac{(n-k)}{(n-k)} = \frac{n!(k+1+n-k)}{(k+1)!\,(n-k)!} = \frac{(n+1)!}{(k+1)!\,(n-k)!} = \binom{n+1}{k+1}.$$

Beispiele: a) $\binom{8}{1} = \binom{8}{7} = \dfrac{8!}{7!\,1!} = 8$

b) $\binom{125}{125} = \binom{125}{0} = \dfrac{125!}{0!\,125!} = 1$

c) $\binom{16}{2} + \binom{16}{3} = \binom{17}{3}$, numerisch: $8 \cdot 15 + 8 \cdot 5 \cdot 14$ *(= 680)* $= 17 \cdot 8 \cdot 5$ *(= 680)*.

Bemerkung: *Mit Hilfe der Binomialkoeffizienten lässt sich der* **Binomische Satz** *allgemein formulieren. Für* $n \in \mathbb{N}_0, a,b \in \mathbb{R}$ *gilt:*

Binomischer Satz:
(Binomische Formel)

$$(a+b)^n = \sum_{k=0}^{n} \binom{n}{k} a^{n-k} \cdot b^k$$

Beispiel: $(a+b)^3 = \displaystyle\sum_{k=0}^{3} \binom{3}{k} a^{3-k} \cdot b^k = \binom{3}{0} a^3 + \binom{3}{1} a^2 b + \binom{3}{2} ab^2 + \binom{3}{3} b^3 = a^3 + 3a^2 b + 3ab^2 + b^3$

Beispiel: $(a-b)^4 = (a+(-b))^4 = \binom{4}{0} a^4 + \binom{4}{1} a^3 (-b) + \binom{4}{2} a^2 (-b)^2 + \binom{4}{3} a (-b)^3 + \binom{4}{4} (-b)^4$

$= a^4 - 4a^3 b + 6a^2 b^2 - 4ab^3 + b^4$.

Die im binomischen Term $(a+b)^n$ auftretenden Binomialkoeffizienten lassen sich besonders einfach am sogenannten **Pascalschen Dreieck** ablesen:

```
n = 0:                        1
n = 1:                     1     1
n = 2:                  1     2     1
n = 3:               1     3     3     1
n = 4:            1     4     6     4     1
n = 5:         1     5    10    10     5     1
n = 6:      1     6    15    20    15     6     1
```

Jede innere Dreieckszahl ergibt sich als Summe der beiden unmittelbar darüber liegenden Dreieckszahlen

wegen: $\binom{n+1}{k+1} = \binom{n}{k} + \binom{n}{k+1}$

$n = n:$ $\binom{n}{0}\ \ \binom{n}{1}\ \ \binom{n}{2} \ \ldots\ \binom{n}{n-2}\ \ \binom{n}{n-1}\ \ \binom{n}{n}$

$\binom{n+1}{n-1}\ \ \binom{n+1}{n}\ \ \binom{n+1}{n+1}$

ÜBUNGEN zu BK 3.4   *(Fakultät und Binomialkoeffizient)*

A3.4-1:   Berechnen Sie:

i) $\dfrac{15!}{11!}$; $\dfrac{8! \, 4! \, 3!}{2! \, 7!}$; $\dfrac{10!}{3! \, 3! \, 4!}$;

ii) $\dbinom{100}{99}$; $\dbinom{100}{2}$; $\dbinom{9}{7}$; $\dbinom{0}{0}$; $\dbinom{10}{5}$; $\dbinom{9}{5} + \dbinom{9}{4}$;

A3.4-2:   Multiplizieren Sie die Klammern mit Hilfe des Binomischen Satzes aus:

i) $(a+b)^6 =$

ii) $(2x-y)^{10} =$

A3.4-3:   Ermitteln Sie den Wert folgender Terme:

i) $\displaystyle\sum_{i=0}^{5} \binom{10}{2i} =$

ii) $\displaystyle\prod_{k=3}^{6} \binom{k}{k-3} =$

iii) $\displaystyle\sum_{i=1}^{2} \sum_{k=4}^{6} \binom{k}{i} =$

SELBSTKONTROLL-TEST zu Thema BK3 *(Exkurs: Besondere Begriffe, Symbole, Notationen)*

1.   **a)**   Ermitteln Sie die Lösungsmenge der Gleichung $|x| = 15 - |2x|$.

   b)   Für welche(n) Zahlenwert(e) von x nimmt der Term $|3x - 7,5|$ den Wert 36 an?

2.   Ermitteln Sie den Wert folgender Terme:

a) $\displaystyle\sum_{n=1}^{3} \frac{2n-5}{(n+5)(n+1)} =$

b) $\displaystyle\sum_{j=3}^{5} \sum_{m=5}^{7} \binom{j+3}{m-1} =$

c) $\displaystyle\prod_{i=2}^{5} (2i + i^2) =$

d) $\displaystyle\prod_{i=1}^{2} \sum_{k=1}^{2} (i + k) - \sum_{k=1}^{2} \prod_{i=1}^{2} (i + k) =$

THEMA BK4:   Potenzen und Wurzeln

Im bisherigen Teil des Brückenkurses haben wir ohne nähere Erläuterungen bereits „Potenzen" wie x^2, c^n usw. verwendet (so etwa bei der Auflistung der Rechen-Konventionen *(„Klammern vor Potenz vor Punkt vor Strich")*, bei der Formulierung der binomischen Formeln *(z.B. $(a+b)^2 = a^2+2ab+b^2$)* oder im Zusammenhang mit dem Produktzeichen *(z.B. $\prod\limits_{i=1}^{n} c = c^n$)*.

Wir wollen nun nachfolgend den Potenzbegriff präzisieren und die damit verbundenen erheblichen Erweiterungen der mathematischen Arithmetik auf ein solides Fundament stellen.

BK 4.1   Potenzen mit natürlichen und ganzzahligen Exponenten

Wird eine reelle Zahl a n-mal mit sich selbst multipliziert, so führt man für das entstehende Produkt $a \cdot a \cdot a \cdot \ldots \cdot a$ eine abkürzende Potenz-Schreibweise ein:

Definition „Potenz"
$$a^n := \underbrace{a \cdot a \cdot a \cdot \ldots \cdot a}_{n \text{ Faktoren}} \qquad (a \in \mathbb{R}, \ n \in \mathbb{N}) .$$

Im Fall n = 1 existiert nur ein einziger „Faktor", d.h. man definiert: $\boxed{a^1 := a}$.

Bemerkung:

i) *Die Potenz a^n wird gelesen „a hoch n". Die Bildung von a^n heißt „potenzieren von a mit n".*

ii) *Im Term a^n heißen:*   a: **Basis, Grundzahl**
                                     n: **Exponent, Hochzahl**
                                      a^n: **Potenz, Potenzwert**

Beispiele:

i) $\underbrace{(-1) \cdot (-1) \cdot \ldots \cdot (-1)}_{20\text{-mal}} = (-1)^{20} = 1$ **aber** $\underbrace{(-1) \cdot (-1) \cdot \ldots \cdot (-1)}_{21\text{-mal}} = (-1)^{21} = -1$;

ii) $(\frac{1}{2})^3 = \frac{1}{2} \cdot \frac{1}{2} \cdot \frac{1}{2} = \frac{1}{8}$;

iii) $(-2)^4 = (-2) \cdot (-2) \cdot (-2) \cdot (-2) = 16$

    aber: $-2^4 = -(2^4) = -16$;

        *(in $-a^n$ gehört das „$-$" **nicht** zur Basis, siehe Thema BK 1.3, Konvention K7)*

iv) $5 \cdot 7^2 = 5 \cdot 49 = 245$

    aber: $(5 \cdot 7)^2 = 35^2 = 1.225$;

        *(in ab^n gehört der Faktor a **nicht** zur Basis, siehe Thema BK 1.3, Konvention K6)*

v)   Wird eine Potenz selbst wieder potenziert, z.B. 2^{3^2} , so hängt das Ergebnis von der Reihenfolge der Ausführung, d.h. von der Klammersetzung ab, denn:

$$(2^3)^2 \;=\; 8^2 \;=\; 64 \qquad\qquad \textbf{aber:} \qquad 2^{(3^2)} \;=\; 2^9 \;=\; 512 \;.$$

Konvention: Wenn keine Klammern stehen, so wird a^{b^c} „von oben nach unten", d.h. wie $a^{(b^c)}$ berechnet, siehe Brückenkurs BK 1.3, Konvention K2.

Die im letzten Beispiel unter iii), iv) und v) zum Ausdruck kommenden Konventionen (Vereinbarungen) werden noch einmal – soweit sie Potenzen betreffen – zusammenfassend aufgeführt *(siehe BK 1.3)*:

Konvention K2: $\boxed{a^{b^c} := a^{(b^c)}}$,   d.h. *„von oben nach unten" (falls keine Klammern stehen).*

$$\qquad \textit{Beispiel:} \quad 4^{3^2} := 4^{(3^2)} = 4^9 = 262.144 \qquad (\textit{„von oben nach unten"})$$

$$\qquad \textit{aber:} \quad (4^3)^2 = 64^2 = 4.096 \qquad\qquad (\textit{„Klammer zuerst"})$$

Konvention K6: $\boxed{ab^n := a \cdot (b^n)}$ *(„Potenz vor Punkt")*

$$\qquad \textit{Beispiel:} \quad ab^5 = a \cdot b \cdot b \cdot b \cdot b \cdot b \quad = a \cdot b^5 \;\; (\textit{„Potenz vor Punkt"})$$

$$\qquad \textit{aber:} \quad (ab)^5 = ab \cdot ab \cdot ab \cdot ab \cdot ab = a^5 \cdot b^5 \;\; (\textit{„Klammer zuerst"})$$

Konvention K7: $\boxed{-a^n := -(a^n)}$ *(„Potenz vor Strich")*

$$\qquad \textit{Beispiel:} \quad -2^4 = -(2^4) = -(2 \cdot 2 \cdot 2 \cdot 2) = -(16) = -16$$

$$\qquad \textit{aber:} \quad (-2)^4 = (-2) \cdot (-2) \cdot (-2) \cdot (-2) = 16 \;\; (\textit{„Klammer zuerst"}).$$

Beispiele *(Fortsetzung):*

vi)

$10^1 =$	10	*(Zehn*	$\rightarrow$ *Vorsilbe „Deka")*
$10^2 =$	100	*(Hundert*	$\rightarrow$ *Vorsilbe „Hekto")*
$10^3 =$	1.000	*(Tausend*	$\rightarrow$ *Vorsilbe „Kilo")*
$10^6 =$	$1.000.000$	*(1 Million*	$\rightarrow$ *Vorsilbe „Mega")*
$10^9 =$	$1.000.000.000$	*(1 Milliarde*	$\rightarrow$ *Vorsilbe „Giga")*
$10^{12} =$	$1.000.000.000.000$	*(1 Billion*	$\rightarrow$ *Vorsilbe „Tera")*
$10^{15} =$	$1.000.000.000.000.000$	*(1 Billiarde*	$\rightarrow$ *Vorsilbe „Peta")*

$$\vdots$$

$$\boxed{\textbf{Zehnerpotenzen:} \quad 10^n = \underbrace{1000...0}_{n \text{ Nullen}}}$$

Zehnerpotenzen werden benutzt, um große Zahlen kurz und übersichtlich schreiben zu können:

z.B. $432.100.000.000 = 4,321 \cdot 10^{11}$

$$-2.170.000 = -2,17 \cdot 1.000.000 = -2,17 \cdot 10^6$$

Die oben genannten Dezimal-Vorsilben dienen in Verbindung mit nachgestellten Maßeinheiten zur abkürzenden Quantifizierung von Messgrößen,

z.B. $10 \; Gigabit = 10 \; Milliarden \; Bit = 10 \cdot 1.000.000.000 \; Bit = 10.000.000.000 \; Bit$

     $270 \; Megawatt = 270 \; Millionen \; Watt = 270.000.000 \; Watt \;\; usw.$

vii) $(a + b)^3 = (a + b)(a + b)(a + b) = a^3 + 3a^2b + 3ab^2 + b^3$.

viii) $(a - b)^8 = (a - b)(a - b) \ldots (a - b) =$ *(siehe Brückenkurs BK 3.4: „Binomischer Satz")*

$= a^8 - 8a^7b + 28a^6b^2 - 56a^5b^3 + 70a^4b^4 - 56a^3b^5 + 28a^2b^6 - 8ab^7 + b^8$

Dieses Beispiel zeigt eindrucksvoll, dass die beliebte (und leider völlig unsinnige) „Identität"

$$(a \pm b)^n \neq a^n \pm b^n \quad , \quad (n \neq 1)$$

ins Reich der nicht-mathematischen Phantasie gehört.

Die obige Potenzdefinition   „$a \cdot a \cdot a \cdot \ldots \cdot a := a^n$"   erweist sich nun als extrem nützlich, weil sich herausstellt, dass man mit diesen Potenzen einfach und elegant **rechnen** kann, es also **Rechenregeln für Potenzen** gibt, die den mathematischen und anwendungsorientierten mathematischen Horizont beträchtlich erweitern.

Diese **Potenzgesetze** (die wir gleich näher betrachten werden) ermöglichen gleichzeitig eine **Erweiterung** des Potenzbegriffs auf **ganzzahlige** (und später sogar beliebige) **Exponenten**. Um diesen Schritt vorab plausibel erscheinen zu lassen, betrachten wir zunächst eine besonders einfache Rechenregel für die nach Def. 3 erklärten Potenzen:

> Zwei Potenzen *(mit gleicher Basis a)*, also etwa a^2 und a^3 , werden miteinander multipliziert, indem man ihre Exponenten 2 und 3 addiert *(und die Basis beibehält)*: $a^2 \cdot a^3 = a^{2+3} = a^5$.

Diese Regel ist unmittelbar plausibel, da ja die Exponenten definitionsgemäß jeweils die Anzahl der beteiligten Faktoren angeben und die Multiplikation von 2 Faktoren mit 3 Faktoren nach dem Assoziativgesetz der Multiplikation (Axiom M2) zusammen fünf Faktoren ergibt:

$$(a^2) \cdot (a^3) = (a \cdot a) \cdot (a \cdot a \cdot a) = a^{2+3} = a^5 .$$

Analoges gilt allgemein, wenn der erste Faktor a^m aus m Faktoren und der zweite Faktor a^n aus n Faktoren besteht: Das Produkt $a^m \cdot a^n$ muss dann zwangsläufig $m+n$ Faktoren besitzen.

Wir erhalten somit als allgemeine Multiplikations-Regel P1 für unsere oben erklärten Potenzen:

> **P1** $a^m \cdot a^n = a^{m+n}$ *($a \in \mathbb{R}$, $m,n \in \mathbb{N}$)*

(„Zwei Potenzen mit gleicher Basis werden multipliziert, indem man – bei unveränderter Basis – die Exponenten addiert.")

Beispiele:

i) $1.000 \cdot 100.000 = 10^3 \cdot 10^5 = 10^8 = 100.000.000$

ii) $3 \cdot 2^4 \cdot 4 \cdot 2^6 = 12 \cdot 2^{10} = 12 \cdot 1.024 = 12.288$

iii) $2x^3 \cdot (x^2 \cdot y^4) \cdot 5x^5 \cdot y^3 = 10 \cdot x^3 \cdot x^2 \cdot x^5 \cdot y^4 \cdot y^3 = 10 \cdot x^{3+2+5}y^{4+3} = 10x^{10}y^7$

iv) $3n \cdot x^{n+2} \cdot y^{2-3n} \cdot x^{4n+3} \cdot 2y^{-n+5} = 6n \cdot x^{n+2+4n+3} \cdot y^{2-3n-n+5} = 6n \cdot x^{5n+5} \cdot y^{7-4n}$

Man könnte nun danach fragen, ob hier als **Exponenten** auch **andere** als die natürlichen Zahlen *(1, 2, 3,...)* in Frage kommen können, also etwa die **Null** oder **negative** Zahlen.

Angenommen, wir möchten als Exponenten probehalber die „**0**" verwenden:

$$a^0 \;=\; ??? :$$

Welche zahlenmäßige Bedeutung könnten/müssten wir einer derartigen Potenz „a^0" zuweisen? Zunächst müssen wir *(sinnvollerweise)* voraussetzen, dass das soeben verifizierte Potenzgesetz

P1: $a^m \cdot a^n = a^{m+n}$

seine Gültigkeit auch bei Verwendung von „a^0" behält *(denn andernfalls benötigte man neue Potenz-Regeln, die für die bisherigen Potenzen ungültig wären – eine einheitliche Potenzrechnung gäbe es nicht)*, Nun setzen wir in das Potenzgesetz P1 für n die Zahl 0 ein. Dann muss nach P1 gelten:

$$a^m \cdot a^0 \;=\; a^{m+0} \;=\; a^m \,.$$

Zur Auflösung der Gleichung nach a^0 dividiert man beide Seiten der Gleichung durch a^m ($\neq 0$), es folgt:

$$a^0 \;=\; \frac{a^m}{a^m} \;=\; 1 \qquad\qquad \textit{(mit } a \neq 0 \textit{, da } a^m \textit{ im Nenner!)}.$$

Somit lautet die einzig sinnvolle *(wenn auch zunächst anschaulich ungewöhnliche)* Definition von a^0:

$$a^0 := 1 \qquad\qquad (a \neq 0) \;.$$

Wir könnten weiterhin fragen, ob auch **negative** ganzzahlige Exponenten *(– 1, – 2, – 3, ...)* sinnvoll sein könnten. Wir nehmen als Beispiel n = – 2 und fragen nach einer möglichen Bedeutung von „a^{-2}":

Setzen wir wieder die Gültigkeit von P1 voraus *(denn nur dann liefert die Erweiterung des Potenzbegriffs einen Effizienzgewinn)*, so kann man diese „neue" Potenz a^{-2} mit a^2 multiplizieren und erhält:

$$a^{-2} \cdot a^2 \;=\; a^{-2+2} \;=\; a^0 \;=\; 1 \;.$$

Daraus erhält man durch Umstellung *(beiderseits Division durch a^2 und Kürzen)*:

$$a^{-2} \;=\; \frac{1}{a^2} \;.$$

Analog argumentiert man im allgemeinen Fall unter Benutzung der Potenzregel P1 sowie $a^0 = 1$:

Aus $a^{-n} \cdot a^n = a^{-n+n} = a^0 = 1$

ergibt sich nach Division beider Seiten durch a^n und Kürzen die „neue" Potenz zu: $a^{-n} \;=\; \dfrac{1}{a^n} \;.$

Damit haben wir den Potenzbegriff erfolgreich auch auf **ganzzahlige Exponenten** erweitert durch die *(einzig sinnvollen)* Festsetzungen

Definition: $\boxed{a^0 := 1}$ $\boxed{a^{-n} := \dfrac{1}{a^n}}$ $(a \neq 0 \,, n \in \mathbb{Z}) \;.$

Alle Potenz-Rechenregeln gelten unverändert *(Permanenzprinzip!)* auch für die Potenzen a^0 und a^{-n} !

Beispiele *(alle auftretenden Nenner/Basen werden als von Null verschieden vorausgesetzt)*:

i) $2043^0 = 1$; $1^0 = 1$; $(-2)^0 = 1$; 0^0: nicht definiert ; $3(x^2 + y^5)^0 = 3$

ii) $x^0 + y^0 = 2$ **aber** $(x + y)^0 = 1$

iii) $0,0000003 = \dfrac{3}{10\,000\,000} = \dfrac{3}{10^7} = 3 \cdot 10^{-7}$;

iv) $\dfrac{1}{x+y} = (x+y)^{-1} \neq x^{-1}+y^{-1} = \dfrac{1}{x} + \dfrac{1}{y}$

v) $\dfrac{1}{a^{-n}} = \dfrac{1}{\frac{1}{a^n}} = a^n$; $\dfrac{5}{x^{-2}} = \dfrac{5}{\frac{1}{x^2}} = 5 \cdot \dfrac{x^2}{1} = 5x^2$ ($\neq (5x)^2$!)

vi) $\left(\dfrac{a}{b}\right)^{-1} = \dfrac{1}{\left(\frac{a}{b}\right)^1} = \dfrac{1}{\frac{a}{b}} = \dfrac{b}{a}$

vii) $(\sqrt{7})^{-4} + 6x \cdot (3x^{-7})^0 = \dfrac{1}{(\sqrt{7})^4} + 6x \cdot 1 = \dfrac{1}{49} + 6x$

viii) $K^{a-b} = K^{-(-a+b)} = K^{-(b-a)} = \dfrac{1}{K^{b-a}}$

ix) $2x^{-3} \cdot (x^2 \cdot y^{-4}) \cdot 5x^5 \cdot y^7 = 10 \cdot x^{-3} \cdot x^2 \cdot x^5 \cdot y^{-4} \cdot y^7 = 10 \cdot x^{-3+2+5} y^{-4+7} = 10x^4 y^3$

x) $3n \cdot x^{-n} \cdot y^{-2-3n} \cdot x^{-4n+3} \cdot 2y^{-n-5} = 6n \cdot x^{-n-4n+3} \cdot y^{-2-3n-n-5}$

$= 6n \cdot x^{-5n+3} \cdot y^{-7-4n}$.

Zehnerpotenzen *(siehe oben)* werden auch im Zusammenhang mit **negativen Exponenten** verwendet, um besonders **kleine Zahlenwerte** übersichtlich darstellen zu können:

10^0	=	1	*(Eins)*
10^{-1}	=	0,1	*(ein Zehntel* → *Vorsilbe „Dezi")*
10^{-2}	=	0,01	*(ein Hundertstel* → *Vorsilbe „Zenti")*
10^{-3}	=	0,001	*(ein Tausendstel* → *Vorsilbe „Milli")*
10^{-6}	=	0,000 001	*(ein Millionstel* → *Vorsilbe „Mikro")*
10^{-9}	=	0,000 000 001	*(ein Milliardstel* → *Vorsilbe „Nano")*
10^{-12}	=	0,000 000 000 001	*(ein Billionstel* → *Vorsilbe „Piko")*
10^{-15}	=	0,000 000 000 000 001	*(1 Billiardstel* → *Vorsilbe „Femto")*

$\vdots$

Zehnerpotenzen: $10^{-n} = \underbrace{0,000\,000\,...0\,1}_{n\ \text{Nullen}}$

*Zehnerpotenzen mit **negativen Exponenten** werden benutzt, um kleine Zahlen kurz und übersichtlich schreiben zu können, z.B.*

$$0,000\,000\,000\,432 = 4,32 \cdot 10^{-10}$$
$$-\,0,000\,000\,000\,000\,000\,000\,005\,217 = -5,217 \cdot 10^{-21}$$

Die eben genannten Dezimal-Vorsilben dienen in Verbindung mit nachgestellten Maßeinheiten zur abkürzenden Quantifizierung von Messgrößen,

z.B.   12 Milligramm = 12 Tausendstel Gramm = $12 \cdot 0,001$ Gramm = 0,012 Gramm

7 Nanometer (nm) = 7 Milliardstel Meter (m) = 0,000 000 007 m   usw.

ÜBUNGEN zu BK 4.1   *(Potenzen mit natürlichen und ganzzahligen Exponenten)*

A4.1-1:   Ermitteln Sie *(ohne Taschenrechner!)* den Zahlenwert der folgenden Potenzen:

   i) $1{,}5^2 + 4 \cdot 2^3 - 3 \cdot 2^4 \ =$

   ii) $-(-2^4)^2 + (-3^2)^2 - (-17)^0 + (2^{-2})^{-1} \ =$

   iii) $(-2)^{2^3} - ((-3^2)^{-2} \ =$

A4.1-2:   Schreiben Sie die folgenden Terme als *eine* Potenz:

   i) $1024 \ =$

   ii) $\dfrac{1}{10.000.000} \ =$

   iii) $x^0 x^7 x^{-4} x^{-1} x^n x^{-3} x^5 x^2 \ =$

A4.1-3:   Schreiben Sie die folgenden Zahlen als Zehnerpotenzen $a \cdot 10^x$ (*a soll einstellig sein*):

   i) $252.700.000 \ =$

   ii) $-0{,}000\,000\,071\,444 \ =$

   iii)   Wieviele KiloByte sind 137 TeraByte?

A4.1-4:   Vereinfachen Sie mit Hilfe des 1. Potenzgesetzes P1: $a^m \cdot a^n = a^{m+n}$:

   i) $3^2 \cdot a^4 \cdot b^3 \cdot a^{-2} \cdot 3^{-3} \cdot b^{-7} \ =$ *(Endergebnis soll keine negativen Exponenten enthalten)*

   ii) $2(x-y)^{10}(x-y)^{-7}(x-y)^{-2} \ =$

   iii) $3x^3 y^{-2} z^4 (2x^{-1} y^5 z^4 + 4x^4 y^7 z^{-4} - 8x^2 yz) \ =$ *(ausmultiplizieren und zusammenfassen)*

BK 4.2   Rechenregeln für Potenzen

Für die in BK 4.1 definierten **Potenzen** *(mit $n \in \mathbb{Z}$, $a \neq 0$)*

$$a^n := a \cdot a \cdot \ … \ \cdot a, \qquad a^{-n} := \frac{1}{a^n}, \qquad a^0 := 1$$

existieren **5 Rechenregeln** *(wir nennen sie P1, P2, … , P5)* , deren genaue Kenntnis und sichere Beherrschung unverzichtbar für eine erfolgreiche Anwendung von Wirtschafts- und Finanzmathematik ist.

Um die Darstellung dieser Regeln überschaubar zu halten, gleichzeitig aber eine plausible Begründung der Regeln liefern zu können, wählen wir folgendes **Vorgehen:**

> Zu jeder der 5 Regeln wird vorab ein **Beispiel** mit **Elementar-Potenzen** $a^n := a \cdot a \cdot \ … \ \cdot a$ gegeben, das als **Begründung** für die dann folgende **allgemeine Formulierung** der entsprechenden Regel dient *(die exakten Beweise – insbesondere auch für die erweiterten Potenzdefinitionen – sprengen den Rahmen dieses Brückenkurses)*.

1. Potenzregel P1 *(diese Regel wurde schon ausführlich im letzten Abschnitt BK 4.1 hergeleitet)* :

Beispiel: $a^2 \cdot a^3 = (a \cdot a) \cdot (a \cdot a \cdot a) = a^{2+3} = a^5$,

d.h. multipliziert man zwei Potenzen (mit gleicher Basis) miteinander, so addieren sich die Anzahlen der jeweiligen Faktoren:

$$\textbf{P1:} \qquad\qquad \mathbf{a^m \cdot a^n \;=\; a^{m+n}} \qquad\qquad (a \neq 0;\; m,n \in \mathbb{Z})$$

*Merkregel: Zwei **Potenzen** (mit gleicher Basis) werden **multipliziert**, indem man – bei unveränderter Basis – die **Exponenten addiert.***

Beispiele: **i)** $x^8 \cdot x^5 = x^{13}$

ii) $2u^2 u^{-17} u^{23} u^{-7} u^{-1} = 2u^{2-17+23-7-1} = 2u^0 = 2$

iii) $4a^{-3}b^2(6a^7 b^{-9}) \cdot c^0 = 4 \cdot 6 \cdot a^{-3+7} b^{2-9} \cdot 1 = 24a^4 b^{-7} = \dfrac{24a^4}{b^7}$.

---

2. Potenzregel P2:

Diese Regel beschreibt das Verhalten zweier Potenzen *(gleiche Basis!)*, die durcheinander **dividiert** werden. Wie also lässt sich die **Division**

$$\frac{a^m}{a^n} = ??? \qquad\qquad (m, n \in \mathbb{N};\; a \neq 0)$$

bewerkstelligen?

Wir müssen dabei drei Fälle unterscheiden, je nachdem, ob im Zähler oder im Nenner der größere Exponent steht bzw. ob die Potenzen gleiche Exponenten besitzen:

Fall (1): $m > n$
Fall (2): $m = n$
Fall (3): $m < n$.

(1)   Sei $m > n$, d.h. der Zähler besitze mehr Faktoren als der Nenner, z.B $\dfrac{a^5}{a^2}$. Dann folgt mit Hilfe der Kürzungsregel: $\dfrac{a^5}{a^2} = \dfrac{a \cdot a \cdot a \cdot a \cdot a}{a \cdot a} = a^3 = a^{5-2}$ *(d.h. **Exponenten werden subtrahiert**).*

(2)   Sei nun $m = n$, d.h. Zähler und Nenner sind identisch, z.B. $\dfrac{a^2}{a^2}$.

Dann gilt nach der Kürzungsregel: $\dfrac{a^2}{a^2} = \dfrac{\not{a^2}\,1}{\not{a^2}\,1} = 1$.

Andererseits gilt *(mit Hilfe der Bruchrechnung, nach Potenz-Definition bzw. Potenzgesetz P1)*:

$\dfrac{a^2}{a^2} = a^2 \cdot \dfrac{1}{a^2} = a^2 \cdot a^{-2} = \mathbf{a^{2-2}} = a^0 = 1$ *(d.h. **Exponenten werden subtrahiert**).*

(3)   Sei schließlich $m < n$, d.h. der Zähler besitze weniger Faktoren als der Nenner, z.B. $\dfrac{a^2}{a^5}$. Dann gilt nach der Kürzungsregel sowie nach Potenzdefinition:

$\dfrac{a^2}{a^5} = \dfrac{a \cdot a}{a \cdot a \cdot a \cdot a \cdot a} = \dfrac{1}{a^3} = a^{-3} = \mathbf{a^{2-5}}$ *(d.h. **Exponenten werden subtrahiert**).*

In allen drei möglichen Fällen erhält man das **Division**sergebnis durch **Subtraktion der Exponenten:**

$$\textbf{P2:} \qquad\qquad \frac{a^m}{a^n} = a^{m-n} \qquad\qquad (a \neq 0 ; \quad m,n \in \mathbb{Z})$$

Merkregel: *Zwei **Potenzen** (mit gleicher Basis) werden **dividiert**, indem man – bei unveränderter Basis – die **Exponenten subtrahiert** (Zähler-Exponent minus Nenner-Exponent).*

Beispiele: i) $\dfrac{a^2 a^4}{a^7 a^5} = \dfrac{a^6}{a^{12}} = a^{6-12} = a^{-6} = \dfrac{1}{a^6}$

ii) $\dfrac{x^2 y^8}{x^7 y^5} = \dfrac{x^2}{x^7} \cdot \dfrac{y^8}{y^5} = x^{2-7} \cdot y^{8-5} = x^{-5} \cdot y^3 = \dfrac{y^3}{x^5}$

iii) $\dfrac{6u^3 v^4}{7x^7 y^5} \cdot \dfrac{35x^2 y^{-8}}{36u^{-7}v^5} = \dfrac{5}{6} \cdot u^{10} \cdot v^{-1} \cdot x^{-5} \cdot y^{-13} = \dfrac{5}{6} \cdot \dfrac{u^{10}}{v \cdot x^5 \cdot y^{13}}$

iv) $\dfrac{x^{n-7}}{x^{n+3}} = x^{n-7-(n+3)} = x^{n-n-7-3} = x^{-10} = \dfrac{1}{x^{10}}$.

Bemerkung: *In der Potenzdefinition für a^n, a^{-n} und a^0 wird als **Basis** ausdrücklich die **Null** ausgeschlossen, d.h. 0^0 und (z.B.) 0^{-3} sind nicht definierbare, also „verbotene" Terme.*

*Grund: Sowohl a^0 ($= a^m : a^m$) als auch a^{-n} ($= 1/a^n$) wurden über eine Division eingeführt (s.o.), und – wie wir aus dem Vorhergehenden wissen – ist jede **Division durch Null nicht definiert** (und daher unsinnig und somit „verboten").*

Typisches Beispiel: $0^0 = 0^{2-2} = \dfrac{0^2}{0^2} = \dfrac{0}{0}$ ($\frac{l}{l}$) *d.h. 0^0 ist nicht definierbar.*

Die Nichtberücksichtigung der Forderung „Basis ungleich Null!" ist denn auch eine Quelle vieler algebraischer Fehler.

---

3. Potenzregel P3:

Eine weitere wichtige Rechenregel für Potenzen ergibt sich, wenn man eine gegebene Potenz a^m erneut *(etwa mit dem Exponenten n)* potenziert: $(a^m)^n = ???$

Beispiel: Gesucht sei der Wert der Potenzen $(a^2)^3$ sowie $(a^3)^2$. Nach Potenzdefinition und Regel P1 gilt:

$$(a^2)^3 = (a^2) \cdot (a^2) \cdot (a^2) = a^{2+2+2} = a^{2 \cdot 3} = a^6 \quad \textbf{(Multiplikation der Exponenten)}$$

Analog: $(a^3)^2 = (a^3) \cdot (a^3) = a^{3+3} = a^{3 \cdot 2} = a^6$ **(Multiplikation der Exponenten)**

Allgemein: a^m hat m Faktoren, also hat $(a^m)^n$ m·n Faktoren, d.h. $(a^m)^n = a^{m \cdot n}$.

Ebenso: a^n hat n Faktoren, also hat $(a^n)^m$ n·m Faktoren, d.h. $(a^n)^m = a^{n \cdot m}$.

Wegen m·n = n·m folgt allgemein für das 3. Potenzgesetz:

$$\textbf{P3:} \qquad\qquad (a^m)^n = (a^n)^m = a^{m \cdot n} \qquad\qquad (a \neq 0 ; \quad m,n \in \mathbb{Z})$$

*(„Eine **Potenz** wird **potenziert**, indem – bei unveränderter Basis – die **Exponenten multipliziert** werden.")*

Beispiele *(Anwendung von P1-P3)*:

i) $(a^2)^{-8} \cdot (a^3)^4 \cdot (a^{-2})^{-5} = a^{-16} \cdot a^{12} \cdot a^{10} = a^6$

ii) $\dfrac{x^{-2} \cdot y^3}{z^4} : \dfrac{(y^{-1})^2 \cdot (z^{-3})^{-1}}{x^3 \cdot y^2 \cdot z} = \dfrac{x^{-2} \cdot y^3}{z^4} \cdot \dfrac{x^3 \cdot y^2 \cdot z}{y^{-2} \cdot z^3} = x^{-2+3} \cdot y^{3+3-(-2)} \cdot z^{1-4-3} = x \cdot y^7 \cdot z^{-6}$

iii) $((-3)^{-2})^4 + ((-2)^{-3})^3 = (-3)^{-8} + (-2)^{-9} = 3^{-8} - 2^{-9} = \dfrac{1}{3^8} - \dfrac{1}{2^9}$

iv) $\left(\left(\dfrac{1}{x^{-4}} \right)^{-3} \right)^{-5} = \left((x^4)^{-3} \right)^{-5} = (x^{-12})^{-5} = x^{60}$

v) $\dfrac{(u^{-3})^2 \cdot v^4 \cdot w \cdot u^6}{u^{-8} \cdot v^{-5} \cdot (w^2)^4} = \dfrac{u^{-6} \cdot u^6}{u^{-8}} \cdot \dfrac{v^4}{v^{-5}} \cdot \dfrac{w}{w^8} = u^{-6+6-(-8)} \cdot v^{4-(-5)} \cdot w^{1-8}$

$\qquad\qquad = u^8 \cdot v^9 \cdot w^{-7} = \dfrac{u^8 \cdot v^9}{w^7} \ ; \qquad (u, v, w \neq 0)$.

---

4. Potenzregel P4:

Diese Potenzregel beschäftigt sich mit der Frage, wie man das **Produkt** $a \cdot b$ **zweier Zahlen** a und b **potenziert:** Wie rechnet man $(a \cdot b)^n = ???$

Beispiel: Potenziert man das Produkt $a \cdot b$ zweier beliebiger Zahlen mit dem Exponenten n , so ergibt sich *(im Beispiel für n = 3)* mit Hilfe der Axiome bzw. elementaren Rechenregeln:

$$(a \cdot b)^3 = (a \cdot b)(a \cdot b)(a \cdot b) = a \cdot b \cdot a \cdot b \cdot a \cdot b = a \cdot a \cdot a \cdot b \cdot b \cdot b = a^3 \cdot b^3 .$$

Jeder einzelne Faktor im Produkt $a \cdot b$ wurde also mit dem Exponenten *(hier: 3)* potenziert.

Analoges gilt für $(a \cdot b)^n$ – jeder Faktor tritt in den n Paaren (ab)(ab)...(ab) n-mal auf.

Damit können wir das 4. Potenzgesetz P4 formulieren:

P4:	$(a \cdot b)^n = a^n \cdot b^n$	$(a, b \neq 0; \ m,n \in \mathbb{Z})$

*(„Ein **Produkt** a · b wird **potenziert**, indem die Faktoren **einzeln potenziert** werden. ")*

Beispiele:

i) $3(x^2y^2)^8 - 2(xy^2)^2(x^7y^6)^2 = 3((xy)^2)^8 - 2(x^2y^4)(x^{14}y^{12}) = 3(xy)^{16} - 2x^{16}y^{16}$

$\qquad\qquad\qquad = 3(xy)^{16} - 2(xy)^{16} = (xy)^{16} = x^{16}y^{16}$

ii) $(xy)^3(2x^4y^3)^2(x^3y)^3 = x^3y^3 \cdot 4 \cdot x^8y^6x^9y^3 = 4x^{3+8+9}y^{3+6+3} = 4x^{20}y^{12}$

iii) $2a^5 \cdot (2a^3)^2 \cdot (-2a^2)^3 = 2a^5 \cdot 4a^6 \cdot (-2)^3 \cdot a^6 = -64a^{17}$

iv) $(x-2)^3(x+2)^3 = \left((x-2)(x+2) \right)^3 = (x^2-4)^3 = x^6 - 12x^4 + 48x^2 - 64$

Bemerkung: Einer der häufigsten **Fehler** in der elementaren Algebra besteht darin, dass das Potenzgesetz P4 *(„Faktoren werden einzeln potenziert")* kritiklos übertragen wird auf das Potenzieren einer **Summe**.

Beispiele: (a) $(a+b)^3 \not= a^3 + b^3$ *(richtig: $(a+b)^3 = a^3 + 3a^2b + 3ab^2 + b^3$)*

Im Fall $(a+b)^2$ tritt dieser Fehler wohl deshalb so gut wie nie auf, weil die berühmten „Binomischen Formeln" tief eingeprägt sind/wurden.

(b)   Gleichungs„lösung": $\dfrac{1}{x} = a + b \not\Leftrightarrow x = \dfrac{1}{a} + \dfrac{1}{b}$ *(richtig: $x = \dfrac{1}{a+b}$)*

Hier wird die Summe $a+b$ mit -1 potenziert *(Kehrwertbildung)* und dann jeder Summand *(fälschlicherweise)* einzeln potenziert:

$$(a+b)^{-1} \not= a^{-1} + b^{-1}$$

Zahlenbeispiel: $(1+2)^{-1}$ *(= 1/3)* $\not=$ $1^{-1} + 2^{-1}$ *(= 3/2)*

Folgerung:
*„Der Kehrwert einer Summe ist stets **ungleich** der Summe der Kehrwerte."*

(c)   Ebenso wenig ist eine mit Null potenzierte Summe identisch mit der Summe der einzeln mit Null potenzierten Summanden:

$$(a+b)^0 = 1 \qquad \textbf{aber} \qquad a^0 + b^0 = 2.$$

---

5. Potenzregel P5:

Für die Potenz eines Quotienten ergibt sich eine zu P4 ähnliche Regel, wie folgendes Beispiel zeigt:

$$\left(\frac{a}{b}\right)^3 = \left(\frac{a}{b}\right) \cdot \left(\frac{a}{b}\right) \cdot \left(\frac{a}{b}\right) = \frac{a \cdot a \cdot a}{b \cdot b \cdot b} = \frac{a^3}{b^3} .$$

Analog schließt man im allgemeinen Fall: $\left(\dfrac{a}{b}\right)^n = \left(\dfrac{a}{b}\right) \cdot \left(\dfrac{a}{b}\right) \cdot \ldots \cdot \left(\dfrac{a}{b}\right) = \underbrace{\dfrac{a \cdot a \cdot \ldots \cdot a}{b \cdot b \cdot \ldots \cdot b}}_{\text{jeweils n Faktoren}} = \dfrac{a^n}{b^n}$,

m.a.W. *„Ein **Quotient** wird potenziert, indem **Zähler** und **Nenner** einzeln potenziert werden":*

P5:	$\left(\dfrac{a}{b}\right)^n = \dfrac{a^n}{b^n}$	*(a, b ≠ 0 ; m,n ∈ $\mathbb{Z}$)*

Beispiele:

i) $\left(\dfrac{a^5}{b^2}\right)^4 \cdot \left(\dfrac{b^7}{a^3}\right)^6 = \dfrac{a^{20}}{b^8} \cdot \dfrac{b^{42}}{a^{18}} = \dfrac{a^{20}}{a^{18}} \cdot \dfrac{b^{42}}{b^8} = a^{20-18} \cdot b^{42-8} = a^2 b^{34}$

ii) $\left(\dfrac{2u^{-4} \cdot v^5}{p^3 \cdot (2u)^{-3} \cdot v^0}\right)^{-3} = \left(\dfrac{2u^{-4} \cdot v^5}{p^3 \cdot 2^{-3} \cdot u^{-3} \cdot 1}\right)^{-3} = \dfrac{(16u^{-1} \cdot v^5)^{-3}}{(p^3)^{-3}} = \dfrac{16^{-3} \cdot u^3 \cdot v^{-15}}{p^{-9}} = \dfrac{u^3 \cdot p^9}{4096 \cdot v^{15}} .$

Bemerkungen:

i)   *Für die **Addition** zweier Potenzen gibt es **kein** einheitliches „Potenzgesetz". Es besteht höchstens die Möglichkeit, einen gemeinsamen Faktor auszuklammern.*

Beispiele: $3x^4 + 2x^2 = x^2(3x^2 + 2)$

$x^3 - 5x^3 = x^3(1 - 5) = -4x^3$

Die Terme $x^3 + y^2$ oder $x^4 + y^4$ usw. lassen sich in $\mathbb{R}$ nicht weiter „vereinfachen".

ii) *Für die **Multiplikation (Division)** zweier Potenzen, die **sowohl** verschiedene Basen **als auch** verschiedene Exponenten haben (z.B. $x^m \cdot y^n$), gibt es ebenfalls **kein** eigenes Potenzgesetz. Hier kann man evtl. eine geeignete Teilpotenz abspalten und mit den Potenzgesetzen umformen.*

Beispiele: (a) $3x^3 \cdot y^4 = 3x^3 \cdot y^3 \cdot y = 3y \cdot (xy)^3$

(b) $\dfrac{x^7}{y^3} = \dfrac{x^3 \cdot x^4}{y^3} = (\dfrac{x}{y})^3 \cdot x^4$

iii) *Wie weiter oben bereits angemerkt, bleiben die Potenzgesetze auch für Potenzen mit negativen (oder gebrochenen oder beliebig reellen Exponenten, siehe das Folgekapitel BK 4.3) gültig, es gilt das sogenannte **Permanenzprinzip** (d.h. die Erweiterung von Begriffen erfolgt derart, dass die bisherigen Gesetze erhalten bleiben).*

ÜBUNGEN zu BK 4.2   *(Rechenregeln für Potenzen)*

A4.2-1:   Schreiben Sie die folgenden Terme mit Hilfe von Potenzen (*ohne* Bruchstriche!):

i) $27000 + \dfrac{1}{512} =$

ii) $\dfrac{81x^4}{10\,000} + \dfrac{16y^4}{625} =$

iii) $4096 + 16\,000\,000 - 0{,}000\,000\,047 =$

A4.2-2:   Welche der folgenden Termumformungen sind richtig, welche falsch *(ohne Taschenrechner!)*? Bitte geben Sie bei falschen Umformungen die korrekte rechte Seite der Gleichung an:

i) $5 \cdot 2^7 = 10^7$

ii) $(x^4)^7 = x^{11}$

iii) $4x^2 - 9y^2 = (2x - 3y)^2$

iv) $\dfrac{z^{12}}{z^4} = z^3$

v) $-2^6 = 64$

vi) $\dfrac{1}{ax + by} = \dfrac{1}{ax} + \dfrac{1}{by}$

vii) $\dfrac{ax \cdot bx \cdot cx}{x} = (ax \cdot bx \cdot cx) : x = (a \cdot b \cdot c) \cdot x : x = abc$

viii) $\left((-2)^{-4} \cdot (-2^{-8})\right)^{-1} = -4096$

Vor-
sicht!

F
E
H
L
E
R
⚡

A4.2-3:　　　Fassen Sie die folgenden Terme so weit wie möglich zusammen:

i)　　　　　$-(-2^3)^4 =$

ii)　　　　$-\dfrac{(-z+2)^2}{-4z-(-4-z^2)} =$

iii)　　　　$(a^4)^3 + (3a^6)^2 =$

iv)　　　　$\dfrac{-(-x-y)^2}{-(-x)^2-(2x)y+(-y)y} =$

v)　　　　$\dfrac{4x^{n-1}\cdot 2y^n}{x^n \cdot 2y^{n-1}} =$

vi)　　　　$\dfrac{0,7\cdot C^{-2}\cdot Y^3}{0,2\cdot Y^{-7}\cdot C^8} =$

vii)　　　　$\left(\dfrac{2}{y^{-1}} + \dfrac{2}{x^{-1}}\right)^{-1} =$

viii)　　　　$\dfrac{(cx+cy)^m}{c^m} =$

ix)　　　　$\dfrac{-2^6\cdot(2a^2b)^2\cdot(ab^2)^3}{(-2)^5\cdot(a^3b^4)^{-2}} =$

BK 4.3　Potenzen mit rationalen (gebrochenen) Exponenten; Wurzeln

Um eine weitere *(und letzte)* Erweiterung des Potenzbegriffs *(nämlich die Verwendung von Brüchen als Exponenten)* zu motivieren, betrachten wir – als Vorbereitung – die Potenz-Gleichung *(Beispiel)*

$$x^3 = a \qquad (z.B. \ x^3 = 125).$$

Die (positive) Lösung dieser Gleichung wird bekanntlich $\sqrt[3]{a}$ genannt　*(im Beispiel:* $x = \sqrt[3]{125}$ *(= 5),* *denn* $5^3 = 125$ *)*.

Es gilt also für $x > 0$:　　　　　$x^3 = a \quad \Longleftrightarrow \quad x = \sqrt[3]{a} \qquad (*)$.

Es fragt sich jetzt, welche Bedeutung einer Potenz mit einem Bruch als Exponent zukommen könnte. Dabei müssen wir – damit auch derartige Potenzen sinnvoll definiert werden können – erneut fordern, dass sämtliche Potenzgesetze, insbesondere P1-P3 auch für derartige Potenzen gültig bleiben (*„Permanenzprinzip"*).

Beispiel:　　　Was könnte/sollte etwa　„$a^{\frac{1}{3}}$"　bedeuten?

　　　　　　　Dazu setzen wir:　　　$x := a^{\frac{1}{3}}$.

　　　　　　　Potenziert man diese Gleichung auf beiden Seiten mit dem Exponenten „3", so folgt:

$$x^3 = \left(a^{\frac{1}{3}}\right)^3.$$

Da *(insbesondere)* das 3. Potenzgesetz P3 gültig bleiben soll *(muss)*, folgt daraus:

$$x^3 = (a^{\frac{1}{3}})^3 = a^{\frac{1}{3} \cdot 3} = a^1 = a \, ,$$

d.h. bei $a^{\frac{1}{3}}$ handelt es sich nach der obigen Gleichung $(*)$ um $\sqrt[3]{a}$!

Ebenso schließt man bei jedem anderen Exponenten $\dfrac{1}{n}$, so dass sich als einzig sinnvolle Definition ergibt:

Definition: $a^{\frac{1}{n}} := \sqrt[n]{a}$ $(a \geq 0; \ n \in I\!N)$

Bemerkung: $a^{\frac{1}{n}}$ ($= \sqrt[n]{a}$) *ist somit die **nicht-negative** Lösung der Gleichung* $x^n = a$, $a \geq 0$, $n \in I\!N$,

d.h. es gilt $\qquad (a^{\frac{1}{n}})^n = a \qquad$ *bzw.* $\qquad (\sqrt[n]{a})^n = a$.

Wir müssen jetzt fordern, dass die Basis a nicht-negativ ist, damit keine nichtdefinierten Ausdrücke wie etwa $\sqrt{-2}$ *entstehen.*

$\sqrt{0}$ *dagegen ist definiert mit dem Wert* 0, *denn* $0^2 = 0$.

Beispiele: i) $8^{\frac{1}{3}} = \sqrt[3]{8}$ $(= 2)$;

ii) $4^{\frac{1}{2}} = \sqrt[2]{4} = \sqrt{4} = 2$

(Die gelegentlich anzutreffende Behauptung $\sqrt{4} = \pm 2$ *ist falsch – sie rührt wohl her von einer Verwechslung mit der Tatsache, dass die Gleichung* $x^2 = 4$ *die beiden Lösungen* $+2$ $(= \sqrt{4})$ *und* -2 $(= -\sqrt{4})$ *besitzt.)*

iii) $-49^{\frac{1}{2}} = -\sqrt{49} = -7$;

iv) $(-49)^{\frac{1}{2}} = \sqrt{-49}$ ist in $I\!R$ nicht definiert, denn die Gleichung $x^2 = -49$ hat keine Lösung in $I\!R$.

Es bleibt noch die Frage zu klären, welche Bedeutung einer Potenz zukommen soll, die eine *beliebige Bruchzahl* als Exponenten besitzt.

Setzt man wieder $\qquad x := a^{\frac{m}{n}} \qquad (a > 0; \ m \in \mathbb{Z}, \ n \in I\!N)$,

so folgt nach Potenzierung mit n und unter Beachtung des 3. Potenzgesetzes:

$$x^n = (a^{\frac{m}{n}})^n = a^{\frac{m}{n} \cdot n} = a^m \, ,$$

d.h. x ($= a^{\frac{m}{n}}$) ist die n-te Wurzel aus a^m, d.h. $a^{\frac{m}{n}} := \sqrt[n]{a^m}$ *(damit ist* $a^{\frac{m}{n}}$ *positive Lösung der Gleichung* $x^n = a^m$, $a > 0$, $m \in \mathbb{Z}$, $n \in I\!N$ *).*

Wegen $a^{\frac{m}{n}} = (a^m)^{\frac{1}{n}} = (a^{\frac{1}{n}})^m$ definieren wir schließlich:

Definition: $\qquad a^{\frac{m}{n}} := \sqrt[n]{a^m} = \left(\sqrt[n]{a}\right)^m \qquad (a>0,\, m \in \mathbb{Z},\, n \in \mathbb{N})$

*(Die **Basis** a muss jetzt **positiv** sein, um einerseits Terme wie $\sqrt{-3}$ und andererseits den Nenner „0 " auszuschließen – denn m < 0 ist zulässig.)*

Bemerkung: *Man kann zeigen, dass sämtliche Potenzgesetze auch für die soeben definierten Potenzen gelten (und sogar für beliebige reelle Exponenten – Permanenzprinzip!). Die im Exponenten auftretenden Brüche dürfen mit Hilfe der elementaren Rechenregeln für Brüche umgeformt (z.B. erweitert und/oder gekürzt) werden, **sofern** die **Basis** stets **positiv** ist! Andernfalls können **Fehler** und **Widersprüche** auftreten.*

Kostprobe: $\quad -8 = (-2)^3 = (-2)^{6/2} = ((-2)^6)^{\frac{1}{2}} = 64^{\frac{1}{2}} = +8$, *also ist „bewiesen ":* $-8 = +8$ ($\frac{\cancel{}}{}$)

Beispiele *(alle Basiszahlen > 0!)* :

i) $\quad \sqrt[4]{x^2} = x^{\frac{2}{4}} = x^{\frac{1}{2}} = \sqrt{x}$

ii) $\quad \sqrt[5]{y \cdot \sqrt{y^3}} = (y \cdot y^{\frac{3}{2}})^{\frac{1}{5}} = (y^{\frac{5}{2}})^{\frac{1}{5}} = y^{\frac{1}{2}} = \sqrt{y}$

iii) $\quad 8^{\frac{2}{3}} = \sqrt[3]{8^2} = \sqrt[3]{64} = 4$

iv) $\quad -8^{-\frac{2}{3}} = -\dfrac{1}{8^{2/3}} = -\dfrac{1}{\sqrt[3]{8^2}} = -\dfrac{1}{\sqrt[3]{64}} = -\dfrac{1}{4}$;

v) $\quad 2^{\frac{7}{12}} = \sqrt[12]{2^7}$ ist die Lösung der Gleichung $x^{12} = 2^7 = 128$. Positive Lösung (mit Hilfe eines elektronischen Taschenrechners ermittelt): $x \approx 1{,}4983$.

vi) Umwandlung von Wurzeltermen in Potenzterme (oder umgekehrt):

a) $\sqrt[3]{x^2 \cdot x^5} = (x^7)^{\frac{1}{3}} = x^{\frac{7}{3}}$
b) $\dfrac{7}{(\sqrt[9]{p^6})^6} = \dfrac{7}{(p^{6/9})^6} = \dfrac{7}{p^4} = 7p^{-4}$

c) $2u^{\frac{2}{5}} \cdot u^{-0{,}5} = 2u^{0{,}4} u^{-0{,}5} = 2u^{0{,}4-0{,}5} = 2u^{-0{,}1} = \dfrac{2}{u^{0{,}1}} = \dfrac{2}{\sqrt[10]{u}}$

> Mit Hilfe der letzten beiden Definitionen lässt sich **jede Wurzel als Potenz** *(mit einem Bruch als Exponent)* darstellen, mit Hilfe der Potenzgesetze umformen und schließlich wieder in die Wurzelschreibweise zurück verwandeln.
>
> Daher ist es *nicht* notwendig, eigene Rechengesetze für Wurzeln zu definieren.

Die weiteren Beispiele demonstrieren das Rechnen mit Wurzeltermen, die zuvor in Potenzform umgewandelt werden, damit die Regeln P1-P5 angewendet werden können *(alle Basen > 0!)*:

vii) $\sqrt[3]{a^5 b^2} \cdot \sqrt[4]{a^3 \cdot b^6} = (a^5 b^2)^{\frac{1}{3}} \cdot (a^3 b^6)^{\frac{1}{4}} = a^{\frac{5}{3}} a^{\frac{3}{4}} b^{\frac{2}{3}} b^{\frac{3}{2}} = a^{\frac{29}{12}} b^{\frac{13}{6}} = \sqrt[12]{a^{29}} \cdot \sqrt[6]{b^{13}}$

viii) $\dfrac{\sqrt[4]{u^3}}{\sqrt[6]{u^5}} = \dfrac{u^{3/4}}{u^{5/6}} = u^{\frac{3}{4}-\frac{5}{6}} = u^{\frac{9-10}{12}} = u^{-\frac{1}{12}} = \dfrac{1}{\sqrt[12]{u}}$

ix) $\sqrt[60]{\dfrac{\sqrt[4]{a^3}\cdot\sqrt[3]{a^2}}{\sqrt[5]{a^4}}} = \left(\dfrac{a^{\frac{3}{4}}\cdot a^{\frac{2}{3}}}{a^{\frac{4}{5}}}\right)^{\frac{1}{60}} = \left(a^{\frac{3}{4}+\frac{2}{3}-\frac{4}{5}}\right)^{\frac{1}{60}} = \left(a^{\frac{45+40-48}{60}}\right)^{\frac{1}{60}}$

$$= a^{\frac{37}{3600}} = \sqrt[3600]{a^{37}}$$

x) $\sqrt[5]{\dfrac{32x^5y^5}{243(z^5-x^5)}} = \left(\dfrac{32\,(xy)^5}{243\,(z^5-x^5)}\right)^{\frac{1}{5}} = \dfrac{32^{\frac{1}{5}}((xy)^5)^{\frac{1}{5}}}{243^{\frac{1}{5}}(z^5-x^5)^{\frac{1}{5}}} = \dfrac{2xy}{3\sqrt[5]{z^5-x^5}}\,.$

$$\textit{Vorsicht:}\qquad \sqrt[5]{z^5-x^5}\;\neq\; z-x\;\;!$$

Diese Warnung soll noch einmal betonen, dass die weit verbreitete Fehlerfalle

$$(a\cdot b)^n = a^n\cdot b^n\;\;(=P4,\,\textit{also richtig}) \qquad\Longleftrightarrow\!\!\!/\qquad (a+b)^n \neq a^n+b^n \qquad \textit{(falsch!)}$$

auch für Wurzelterme gefährlich ist, denn nach dem Vorhergehenden wissen wir, dass Wurzeln nichts anderes sind als Potenzen!

Beliebtester Fehler dieser Art: $\quad\sqrt{16x^2+49y^2}\;\neq\;4x+7y$

Selbst das drastische Zahlenbeispiel: $\quad 5 = \sqrt{25} = \sqrt{9+16}\;\neq\;3+4=7$

erregt zwar immer wieder schmerzhaftes Erstaunen, heilt aber aller Erfahrung nach nicht nachhaltig vor dem beliebten **Fehler** $\quad(a+b)^x \neq a^x+b^x$.

Man merke sich also für jede Art von Potenzen (mit $a, b \neq 0$, $x \neq 1$):

> **„Die Potenz einer Summe ist stets verschieden**
> **von der Summe der Potenzen":**
>
> $$(a+b)^x \neq a^x+b^x$$

Bemerkung: *Ist in a^x der Exponent x eine beliebige rationale Zahl ($x\in\mathbb{Q}$), so muss die Basis a positiv sein, damit keine undefinierten Ausdrücke, wie z.B. 0^0, 0^{-1}, $(-1)^{1/2} = \sqrt{-4}$, entstehen können.*

Ausnahmen (alle Exponenten müssen aber durchgekürzt sein und bleiben!):

*– Ist der Exponent stets **positiv**, so darf die Basis **Null** sein (z.B. $0^{1/2} = 0$).*

*– Ist der Exponent eine **ganze** Zahl, darf die Basis **negativ** sein (z.B. $(-2)^3 = -8$).*

Bemerkung:

i) *Man beachte:*

  *Für **gerades** n und $a\in\mathbb{R}$ gilt:* $\quad\sqrt[n]{a^n} = (a^n)^{\frac{1}{n}} = |a|\quad (\textit{i.a.} \neq a)$

Beispiele: a) $\sqrt{(-2)^2} = \left| -2 \right| = 2$

b) $\sqrt{(x-3)^2} = \left| x-3 \right| = \begin{cases} x-3 & \text{für } x \geq 3 \\ 3-x & \text{für } x < 3 \end{cases}.$

ii)   *Für **ungerades** n definiert man gelegentlich* $a^{1/n}$ *bzw.* $\sqrt[n]{a}$ *auch für eine negative Basis a:*

Beispiel: $(-8)^{\frac{1}{3}} := \sqrt[3]{-8} := -\sqrt[3]{8} = -2, \quad denn \ (-2)^3 = -8.$

(***gilt nur**, falls der Exponent stets durchgekürzt bleibt!*)

iii)   *Man unterscheide:*

a)   *Der **Term*** $4^{\frac{1}{2}} = \sqrt{4} = 2$ *ist **eindeutig** und stets **positiv!***
         Die weitverbreitete „Gleichung": $\sqrt{4} = \pm 2$ *ist also **falsch!***

b)   *Die **Gleichung*** $x^2 = 4$ *dagegen besitzt die Lösungsmenge L mit*

$$L = \{ -\sqrt{4}, \sqrt{4} \} = \{-2, 2\},$$

*besitzt also **zwei** Lösungen, nämlich 2 und –2 !*

iv)   *Allgemein gilt:*   *Die **Gleichung*** $x^n = a$; $n \in \mathbb{N}$; $a, x \in \mathbb{R}$ *hat folgende Lösungen:*

a)   ***n gerade:***   *falls* $a \geq 0$: $L = \{ a^{\frac{1}{n}}, -a^{\frac{1}{n}} \}$;
                      falls $a < 0$: $L = \{ \ \}$.

Beispiele: $x^4 = 16 \iff L = \{ \sqrt[4]{16}, -\sqrt[4]{16} \} = \{2, -2\}$;
              $x^4 = -16 \Rightarrow L = \{ \ \}$.

b)   ***n ungerade:***   *falls* $a \geq 0$: $L = \{ a^{\frac{1}{n}} \}$
                       falls $a < 0$: $L = \{ -\left| a \right|^{\frac{1}{n}} \}$.

Beispiel: $x^3 = -125 \iff L = \{ -\sqrt[3]{125} \} = \{-5\}$.

Eine nochmalige **Erweiterung des Potenzbegriffs**s für beliebige **reelle Exponenten** ist (mit Hilfe von sogenannten „Intervallschachtelungen") möglich. Danach liegt etwa der Wert der Potenz $3^{\sqrt{2}}$ zwischen $3^{1,41}$ und $3^{1,42}$ bzw. zwischen $3^{1,414}$ und $3^{1,415}$ bzw. zwischen $3^{1,4142}$ und $3^{1,4143}$ usw. und lässt sich beliebig genau durch Potenzen mit rationalen Exponenten „einschachteln".

Auch für den damit erreichten allgemeinsten Potenzbegriff gelten sämtliche Potenzgesetze P1-P5 analog weiter, das Permanenzprinzip bleibt auch jetzt erhalten.

Beispiel: $(5^{\sqrt{3}} \cdot 5^{\sqrt{2}})^{\sqrt{3}} = (5^{\sqrt{3}+\sqrt{2}})^{\sqrt{3}} = 5^{\sqrt{9}+\sqrt{6}} = 5^{3+\sqrt{6}} = 125 \cdot 5^{\sqrt{6}} \approx 6442,14$

Abschließend werden sämtliche Definitionen und Regeln für Potenzen zusammenfassend aufgelistet:

Zusammenfassung der **Definitionen/Regeln/Konventionen** für **Potenzen** a^n *(mit $a > 0$)* :

Definitionen:

$$a^n := \underbrace{a \cdot a \cdot \ldots \cdot a}_{n \text{ Faktoren}} \; ; \quad a^1 := a \; ; \quad a^0 := 1 \; ; \quad a^{-n} := \frac{1}{a^n} \; ; \quad a^{\frac{1}{n}} := \sqrt[n]{a} \; ; \quad a^{\frac{m}{n}} := \sqrt[n]{a^m}$$

Regeln:
(a,b > 0)

(x ∈ ℝ)

P1: $\quad a^x \cdot a^y = a^{x+y}$

P2: $\quad \dfrac{a^x}{a^y} = a^{x-y}$

P3: $\quad (a^x)^y = a^{xy} = (a^y)^x$

P4: $\quad (a \cdot b)^x = a^x \cdot b^x \qquad$ *aber:* $\quad (a+b)^x \neq a^x + b^x \quad (x \neq 1)$

P5: $\quad \left(\dfrac{a}{b}\right)^x = \dfrac{a^x}{b^x}$

!   Eine Potenz a^x mit positiver Basis ist stets positiv: $a^x > 0$

Vereinbarungen/Konventionen:

$$ab^n := a(b^n)$$
$$-a^n := -(a^n)$$
$$a^{b^c} := a^{(b^c)}$$

ÜBUNGEN zu BK 4.3   *(Potenzen mit rationalen Exponenten; Wurzeln)*

A4.3-1:   Formen Sie die folgenden Terme mit Hilfe der Potenzgesetze so weit wie möglich um und schreiben Sie das Endresultat wieder als Wurzelterm:

i) $\quad \sqrt[5]{x^6 \cdot z^3} \cdot \sqrt[7]{x^5 \cdot z^4} \;=$

ii) $\quad \dfrac{\sqrt[5]{m^4}}{\sqrt[7]{m^3}} \;=$

iii) $\quad \sqrt[3]{x^2 \cdot \sqrt{x^3}} \;=$

iv) $\quad \sqrt[4]{e^{-3} \cdot \sqrt[3]{e^{-3}}} \;=$

v) $\quad \left(\sqrt[3]{(a^{\sqrt{3}})} \cdot \sqrt{a}\right)^{\sqrt{3}} \;=$

A4.3-2:   Welche der folgenden Termumformungen sind richtig, welche falsch *(ohne Taschenrechner!)*?
          Bitte geben Sie bei falschen Umformungen die korrekte rechte Seite der Gleichung an:

i) $\sqrt{x^2} = x$

ii) $\sqrt{9} = \pm 3$

iii) $\sqrt{\sqrt[4]{x}} = (x^{1/4})^{1/2} = x^{3/4}$

iv) $\dfrac{z^{12}}{z^{1/4}} = z^{48}$

v) $a - a^{1/2} = a^{1/2}$

vi) $512^{1/9} \cdot 2^8 = 512$

vii) $(25a^2 + 36b^2)^{\frac{1}{2}} = \sqrt{25a^2 + 36b^2} = 5a + 6b$

viii) $(x+1)^{1/10} = \sqrt[10]{x} + 1$

Vor-
sicht!

F
E
H
L
E
R

⚡

A4.3-3:   Zeigen Sie die Richtigkeit der folgenden Umformungen mit Hilfe der Potenzgesetze
          (alle Basiszahlen werden als positiv vorausgesetzt):

i) $\sqrt{a} \cdot \sqrt{b} = \sqrt{a \cdot b}$

ii) $\dfrac{\sqrt{a}}{\sqrt{b}} = \sqrt{\dfrac{a}{b}}$

iii) $\sqrt[m]{\sqrt[n]{x}} = \sqrt[m\,n]{x}$

iv) $\dfrac{1}{\sqrt{2}} = \dfrac{1}{2}\sqrt{2}$ *(Tipp: Linke Seite erweitern mit $\sqrt{2}$)*

v) $\dfrac{a}{\sqrt{b}} = \dfrac{a}{b}\sqrt{b}$ *(Tipp: Linke Seite erweitern mit $\sqrt{b}$)*

vi) $\dfrac{x}{1 + \sqrt{x}} = \dfrac{x \cdot (1 - \sqrt{x})}{1 - x}$ *(Tipp: Linke Seite erweitern mit $1 - \sqrt{x}$ und binomische Formeln benutzen)*

vii) $\dfrac{6x^7}{\sqrt{5} - \sqrt{3}} = 3x^7(\sqrt{5} + \sqrt{3})$ *(Tipp: Linke Seite erweitern mit $\sqrt{5} + \sqrt{3}$ und binomische Formeln benutzen)*

viii) $\dfrac{1}{\sqrt[3]{a}} = \dfrac{1}{a} \cdot \sqrt[3]{a^2}$ *(Tipp: Linke Seite erweitern mit $a^{2/3}$ und P1 anwenden)*

SELBSTKONTROLL-TEST zu Thema BK4   *(Potenzen und Wurzeln)*

---

1.   Fassen Sie die folgenden Terme so weit wie möglich zusammen. Schreiben Sie bei Wurzeltermen das Endresultat wiederum als Wurzelterm:

a) $\dfrac{(a \cdot b^2)^3}{(a^2 \cdot b)^4}$ =

b) $\dfrac{x^3 \cdot (-xy^3)^2 \cdot y}{-(x^2y)^4}$ =

c) $\dfrac{-2^8 \cdot (4x^3y)^{-1} \cdot (x^2y^3)^4}{(-2)^9 \cdot (x^5y^3)^{-4}}$ =

d) $\sqrt{e^x \cdot \sqrt{e^x}}$ =

e) $\dfrac{0{,}81 \cdot A^{-0{,}25} \cdot K^{0{,}31}}{0{,}09 \cdot A^{0{,}75} \cdot K^{-0{,}69}}$ =

f) $\left(\dfrac{a^2 \cdot \sqrt[3]{b}}{\sqrt[4]{a}} \right)^{\frac{1}{2}}$ =

g) $\sqrt[ab]{x^2} \cdot \sqrt[a]{\sqrt[b]{x}}$ =

h) $\dfrac{\dfrac{16}{\sqrt[5]{p}} \cdot \sqrt[5]{q}}{\sqrt[5]{p^4} \cdot \dfrac{4}{\sqrt[5]{q^4}}}$ =

2.   Welche der folgenden Termumformungen sind richtig, welche **falsch** *(ohne Taschenrechner!)*? Bitte geben Sie bei falschen Umformungen die korrekte rechte Seite der Gleichung an:

a) $\dfrac{a^2b^3c^4}{a^2+b^3+c^4}$ = 1

b) $[(-2)^{-4} \cdot (-2^{-8})]^{-1}$ = $[(-2)^{-12}]^{-1}$ = (-2^{12}) = 4096

c) $(-x^2)^5$ = $-(-x^5)^2$

d) $a^{\frac{1}{n}}$ = $\dfrac{1}{a^n}$

e) $9^{\frac{1}{2}} = \dfrac{1}{9^2}$

f) $27^{-\frac{1}{3}} = \dfrac{-1}{27^3}$

g) $e^{x^2} \cdot e^{x-1} = e^{x^2+x-1}$

h)   ... und immer wieder können die kleinen Alltagsunfälle passieren, z.B.

(i) $a^{-n} \neq -a^n$

(ii) $5^0 \neq 0$

(iii) $7^{\frac{1}{2}} \neq \frac{1}{2} \cdot 7^{-\frac{1}{2}}$

(iv) $(a \cdot b)^2 \neq a^2 \cdot 2ab \cdot b^2$

(v) $5x^2 + 2x^3 \neq 7x^5$

(vi) $2 \cdot 1{,}5^2 \neq 3^2$

(vii) $2(x+y)^3 \neq (2x+2y)^3$

(viii) $-(a-b)^2 \neq (-a+b)^2$

(ix) $-2^2 \neq 4$

(x) $x^3 + x^2 \neq x^5$

Wie lauten die jeweils korrekten rechten Seiten?

Vor-sicht!

F
E
H
L
E
R

> **THEMA BK 5:**   **Logarithmen**

Wir kommen jetzt zu einem – von der Schulmathematik leider stiefmütterlich behandelten – Thema, das in enger Verwandtschaft zum Potenzbegriff steht, den sog. „Logarithmen". Es wird sich zeigen, dass diese Logarithmen gerade den Exponenten x in Gleichungen des Typs $2^x = 77$ oder $1,08^x = 2$ entsprechen. Mit Hilfe der Rechenregeln für Logarithmen werden wir in die Lage versetzt, komplexe Terme in einfache Terme umzuformen und Exponentialgleichungen $a^x = b$ allgemein bzgl. x zu lösen.

BK 5.1   Begriff des Logarithmus

Es kommt häufig vor *(insbesondere in der Finanzmathematik)*, dass in einer Gleichung vom Typ

$$a^u = x \qquad\qquad \text{z.B.} \qquad 1,05^u = 2 \quad \text{oder} \quad 10^u = 777$$

der **Exponent u** zu bestimmen ist *(derartige Gleichungen nennt man „ Exponentialgleichungen " – zu unterscheiden von den „ Potenzgleichungen " wie z.B.* $x^5 = 17$, *bei denen die Basis die Lösungsvariable enthält)*.

Bei manchen Exponentialgleichungen lässt sich die Lösung, d.h. der zur Äquivalenz passende Exponent, unmittelbar durch „scharfes Hinsehen" ermitteln, wie z.B. in folgenden Fällen *(die folgenden Ausführungen setzen die intime Kenntnis der Potenzrechnung voraus, siehe BK 4.:*

i) $2^u = 32$ hat die Lösung $u = 5$,   denn $2^5 = 32$;

ii) $10^v = 0,000\,01$ $\Longleftrightarrow$ $v = -5$,   denn $10^{-5} = \dfrac{1}{10^5} = 0,000\,01$;

iii) $125^w = 5$ $\Longleftrightarrow$ $w = \dfrac{1}{3}$,   denn $125^{\frac{1}{3}} = \sqrt[3]{125} = 5$;

iv) $2043^x = 1$ $\Longleftrightarrow$ $x = 0$,   denn $2043^0 = 1$;

v) $10^z = 1.000.000$ $\Longleftrightarrow$ $z = 6$,   denn $10^6 = 1.000.000$ usw.

Meistens aber ist das unmittelbare Ablesen der Lösung einer Exponentialgleichung nicht ohne weiteres möglich, wie z.B. in den Fällen *(s.o.)*

i) $1,05^n = 2$ oder

ii) $10^x = 777$ oder

iii) $e^{-0,1x} = 0,7$ *(e = Eulersche Zahl $\approx 2,718\,281\,828\,459\ldots$)*

Auch wenn die Lösungen dieser Gleichungen nicht unmittelbar ablesbar sind, kann man zeigen, dass für **jede Exponentialgleichung** $a^u = x$ **genau eine Lösung u** existiert *(sofern gilt: $a > 0$, $a \neq 1$, $x > 0$)*.

Um diese Lösungen zu finden *(und damit auch viele weitere mathematische Fragen lösen zu können)*, bedient man sich der sog.

„Logarithmen" ,

deren „Erfindung" vor ca. 400 Jahren[9] die mathematischen Voraussetzungen für die dann folgenden technologischen Entwicklungen schuf.

---

[9]   Die ersten Logarithmentafeln wurden veröffentlicht von Napier (1614), Briggs (1617) und Vlacq (1628).

Bei den **Logarithmen** handelt es sich genau um die in den letzten Beispielen auftretenden **Exponenten!**

Beispiel: In der Exponentialgleichung $2^u = 32$ nennt man den Exponenten „u" auch „Logarithmus", genauer: u ist der „Logarithmus" (=Exponent) an der Basis 2, damit als Potenzwert 32 resultiert *(Ergebnis: Dieser „Logarithmus" (= Exponent) hat den Wert 5)*.

Symbolische Schreibweise: $u = \log_2 32 = 5$.

Analog hat der Logarithmus *(Exponent)* zur Basis 10, der zur Potenz 0,000 01 *(= 10^{-5})* führt, den Wert „−5" *(denn $10^{-5} = 0,000\,01$)*, symbolisch: $\log_{10} 0,000\,01 = -5$.

Genauso schließt man in den übrigen Beispielsfällen:

$\log_{125} 5 = \dfrac{1}{3}$, denn dieser Exponent führt zur Potenz $125^{\frac{1}{3}} = \sqrt[3]{125} = 5$;

$\log_{2043} 1 = 0$, denn zum Exponenten „0" *(Basis: 2043)* gehört die Potenz $2043^0 = 1$;

$\log_{10} 1.000.000 = 6$, denn der Exponent *(= Logarithmus)* „6" liefert an der Basis 10 die Potenz $10^6 = 1.000.000$.

Bemerkung: Die Berechnung/Bildung des Logarithmus zu einer vorgegebenen Zahl (= „Numerus") heißt logarithmieren. Illustriert am letzten Beispiel: Wenn man die Zahl „1.000.000" logarithmiert (zur Basis 10), so erhält man als Logarithmus (= Exponent) den Wert „6".

Auf diese Weise erschließt sich auch die **allgemeine Definition** des **Logarithmus**:

Man bezeichnet den **eindeutig bestimmten Exponenten u** in der Gleichung $a^u = x$ *(a>0, a≠1, x>0)* als **Logarithmus von x zur Basis a** , symbolisch: $u = \log_a x$. Diese beiden Gleichungen sagen also dasselbe aus, sie sind äquivalente Alternativen:

Logarithmus-Definition:

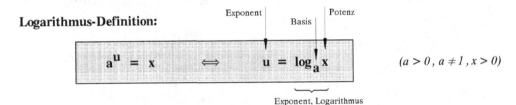

$$a^u = x \quad \Longleftrightarrow \quad u = \log_a x \qquad (a > 0,\, a \neq 1,\, x > 0)$$

Exponent, Logarithmus

Der **Logarithmus** $\log_a x$ einer Zahl x ist also derjenige **Exponent,** mit dem man die Basis a potenzieren muss, um den Potenzwert x zu erhalten *(folgt auch formal durch Einsetzen des „u" aus der rechten Gleichung in die linke Gleichung)*:

(∗) $$a^{\log_a x} = x \qquad (a > 0,\, a \neq 1,\, x > 0)$$

Beispiel: Es gilt: $10^3 = 1000$, d.h. $3 = \log_{10} 1000$

also: $10^3 = 10^{\log_{10} 1000} = 1000$.

Ebenso erhält man aus der Logarithmus-Definition durch Einsetzen des „x" aus der linken Gleichung in die rechte Gleichung:

(∗∗) $$\log_a (a^u) = u \qquad (a > 0,\, a \neq 1,\, u > 0)$$

Auch aus dieser Identität ergibt sich die Logarithmus-Definition: u ist gerade der **Exponent (=Logarithmus) zur Basis a (= loga)**, der zur Potenz a^u gehört: $u = \log_a(a^u)$.

Beispiel: Es gilt: $10^4 = 10.000$, d.h. $4 = \log_{10} 10.000$

also: Der Exponent zur Basis 10 ($= \log_{10}$), der zur Potenz 10^4 führt, ist 4 ,

symbolisch: $\log_{10}(10^4) = 4$.

Aus ($*$) und ($**$) wird deutlich:

Potenzieren und **Logarithmieren** zur selben Basis sind **Umkehroperationen.**

Bemerkungen:

i) *Der Potenzwert x in $a^u = x$ bzw. in $u = \log_a x$ heißt auch **Numerus** $(x > 0)$.*

ii) *Die Logarithmen (Exponenten) zur Basis „10" werden als „Zehnerlogarithmen" oder „dekadische Logarithmen" bezeichnet und mit „log" (insbesondere auf elektronischen Taschenrechnern) oder „lg" abgekürzt.*

Es gilt also definitionsgemäß: $lg\,x := \log_{10} x$ *bzw.* $\log x := \log_{10} x$.

Beispiele: $lg\,5555 = x \iff 10^x = 5555$ $(x \approx 3{,}74468)$

$\log 123 = y \iff 10^y = 123$ $(y \approx 2{,}08991)$.

iii) *Die Logarithmen (Exponenten) zur Basis „e" (e = Eulersche Zahl $\approx 2{,}718\,281\,828\,459...$)[10] werden als „natürliche Logarithmen" bezeichnet und mit „ln" abgekürzt.*

Es gilt also definitionsgemäß: $ln\,x := \log_e x$.

Beispiel: $ln\,100 = z \iff e^z = 100$ $(z \approx 4{,}60517)$.

Bemerkungen: In der Logarithmus-Definition $u = \log_a x \iff a^u = x$ *haben die beteiligten Variablen folgende Bedingungen zu erfüllen:* $a > 0, a \neq 1, x > 0$.

Der Exponent u kann eine beliebige reelle Zahl sein (siehe BK 4 „Potenzen").

i) *Die Basis a muss positiv sein, um nichtdefinierte Ausdrücke wie z.B. $(-4)^{0{,}5} = \sqrt{-4}$ zu vermeiden.*

ii) *Die Zahl 1 als Basis muss ausgeschlossen werden, da die Gleichung $1^u = x$ wenig sinnvoll ist: Links ergibt sich stets „1", also kann die Gleichung nur Lösungen besitzen, wenn auch x mit 1 vorgegeben ist. Betrachtet man dann allerdings die etwas langweilige Gleichung $1^u = 1$, so stellt man fest, dass jedes $u\ (\in \mathbb{R})$ Lösung ist – kurz: Auf die Basis „1" kann getrost verzichtet werden.*

iii) *Schließlich muss – da die Basis positiv sein muss – auch der Numerus oder Potenzwert x ($= a^u$) positiv sein. Also gibt es auch nur zu positiven Zahlen (Potenzen, Numeri) x einen passenden Logarithmus (Exponenten).*

„Verboten" (d.h. in $\mathbb{R}$ nicht definierbar) sind also Ausdrücke wie $\log(-4)$, $ln\,0$ oder $ln\,(-x^2 - 7)$!

Aus der oben nachgewiesenen Eigenschaft „Logarithmieren und Potenzieren sind Umkehroperationen", d.h. aus den Formeln ($*$) und ($**$) folgt für die speziellen Basen „10" ($\to$ lg) bzw. „e" ($\to$ ln) insbesondere:

($*$) $x = a^{\log_a x} \iff$ $\boxed{x = e^{ln\,x}}$ sowie $\boxed{x = 10^{lg\,x}}$.

Damit lässt sich jede *(positive)* Zahl x und jeder *(positive)* Term als Potenz von e oder 10 darstellen.

---

[10] $e = 2{,}71828\,18284\,59045\,23536\,02874\,71352\,66249\,77572\,... = \sum_{n=0}^{\infty} \frac{1}{n!} = \lim_{n \to \infty} \left(1 + \frac{1}{n}\right)^n$.

Beispiele:

i) $2044 = e^{\ln 2044}$

ii) $a \cdot b \cdot c = e^{\ln(abc)}$

iii) $x^2 + 3x - 22 = e^{\ln(x^2 + 3x - 22)}$

iv) $\sqrt{z} \cdot (z+1) = 10^{\lg(\sqrt{z}(z+1))}$

v) $e^{-\ln 21} = \dfrac{1}{e^{\ln 21}} = \dfrac{1}{21}$

Aus (∗∗) folgt insbesondere:

(∗∗) $\boxed{\log_a (a^u) = u}$ $\Longleftrightarrow$ $\boxed{\ln(e^x) = x}$ sowie $\boxed{\lg(10^x) = x}$.

mit folgenden Konsequenzen:

$\ln e = 1$ $\lg 10 = 1$

$\ln 1 = 0$ $\lg 1 = 0$
(denn 1 = e^0)   *(denn 1 = 10^0)*

analog im allgemeinen Fall: $\log_a a = 1$

$\log_a 1 = 0$
(denn 1 = a^0)

Beispiele:

i) $\log_a \sqrt{a} = \log_a(a^{\frac{1}{2}}) = \dfrac{1}{2}$

ii) $\log_a \dfrac{1}{a} = \log_a(a^{-1}) = -1$

iii) $\ln \sqrt[5]{e} = \ln(e^{\frac{1}{5}}) = \dfrac{1}{5}$

iv) $\lg \sqrt[3]{100} = \lg(100^{\frac{1}{3}}) = \lg(10^2)^{\frac{1}{3}} = \lg(10^{\frac{2}{3}}) = \dfrac{2}{3}$

v) $\ln \dfrac{1}{e^{240}} = \ln e^{-240} = -240$

vi) $\ln \dfrac{1}{\sqrt[7]{e^4}} = \ln(e^{-\frac{4}{7}}) = -\dfrac{4}{7}$.

ÜBUNGEN zu BK 5.1   *(Begriff des Logarithmus)*

A5.1-1:   Für welchen Wert des Exponenten x werden die folgenden Gleichungen wahr?

i) $10^x = 100.000$

ii) $10^x = \dfrac{10.000.000}{10^5}$

iii) $3^x = \dfrac{1}{81}$

iv) $\qquad \dfrac{1}{10^x} = 0{,}001$

v) $\qquad 2^{-x} = 1024$

A5.1-2:   Schreiben Sie die drei Exponentialgleichungen als Logarithmengleichungen und umgekehrt:

i) $\qquad 2^x = 88$ $\qquad\qquad\qquad$ iv) $\qquad \log_3 100 = y$

ii) $\qquad 10^{-x} = 0{,}5$ $\qquad\qquad\quad$ v) $\qquad \ln(x^2+8) = 7$

iii) $\qquad e^{\lg x} = 22$ $\qquad\qquad\quad$ vi) $\qquad \lg(3599+z^2) = z$

A5.1-3:   Vereinfachen Sie folgende Terme:

i) $\qquad e^{\ln(x^2+13)} =$

ii) $\qquad 10^{\lg(a^2+2ab+b^2)} =$

iii) $\qquad \lg(10^{-x+22}) =$

iv) $\qquad \ln(e^{7y^9-3y^4+5}) =$

A5.1-4:   Schreiben Sie den jeweiligen Term als Potenz zur Basis „e":

i) $\qquad 7(x^2+1)^3 =$

ii) $\qquad a^2+b^2+c^2 =$

iii) $\qquad 100.000 =$

iv) $\qquad x \cdot \sqrt{u^2+v^2} =$

v) $\qquad \ln(10x) =$

A5.1-5:   Ermitteln Sie den Zahlenwert folgender Terme *(ohne Computerhilfe!)*:

i) $\qquad \lg 1000 =$

ii) $\qquad \ln(e^5) =$

iii) $\qquad \ln 1 - \lg 10 =$

iv) $\qquad e^{\ln 1.010.010.001} =$

v) $\qquad \log_2 32 =$

vi) $\qquad 2^{\log_2 17} =$

vii) $\qquad 10^{-\lg 0{,}001} =$

viii) $\qquad \log_3 9 + \log_3 \dfrac{1}{27} =$

ix) $\qquad \log_x(x^3 \cdot \sqrt[4]{x}) =$

x) $\qquad \log_{0{,}1} 100 =$

BK 5.2   Rechenregeln für Logarithmen

Es stellt sich nun die Frage, wie man (z.B. im Fall der Gleichung $10^u = 2$) den passenden Exponenten u, d.h. den Logarithmus $u = \log_{10} 2 = \lg 2$ ermitteln kann, dessen Wert sich **nicht** unmittelbar (wie in den meisten vorangegangenen Beispielen) durch „scharfes Hinsehen" erschließt.

Die Antwort auf diese Frage ist zweigeteilt:

(1)   Sowohl für die Basis 10 wie auch für die Basis e wurden Anfang des 17. Jahrhunderts umfangreiche Tabellenwerke mit hoher Stellenzahl entwickelt. Damit sind die sog. dekadischen oder Brigg'schen Logarithmen ($\log_{10} x =:$ lgx) wie auch die natürlichen Logarithmen ($\log_e x =:$ lnx) seit ca. 400 Jahren nutzbar. Sie dienten insbesondere dazu, umfangreiche Rechnungen für die Astronomie oder Navigation zu erleichtern. Heute gestatten moderne elektronische (Taschen-) Rechner die Berechnung der Logarithmen lg und ln auf Knopfdruck. Es stehen also für einige ausgewählte Basiszahlen die Werte ihrer Logarithmen zur Verfügung.

(2)   Es fragt sich daher weiter, wie sich die Logarithmen *(d.h. Exponenten)* zu anderen Basiszahlen ermitteln lassen, also etwa $\log_{1,08} 2000$ oder $\log_2 100$, um damit Gleichungen wie $1,08^u = 2000$ oder $2^u = 100$ lösen zu können.

Die Antwort auf Frage (2) lautet:

Kennt man erst einmal die Logarithmen zu *irgendeiner* Basis a (>0), so auch zu *jeder anderen* Basis b (>0). Somit sind die nach (1) bereits bekannten Logarithmen lg bzw. ln ausreichend für die Ermittlung der Logarithmen zu jeder beliebigen Basis.

Den Schlüssel zu dieser Erkenntnis *(und zu vielen anderen, teils weitreichenden Anwendungsmöglichkeiten von Logarithmen)* liefern die drei im Folgenden vorgestellten und bewiesenen **Rechenregeln L1, L2 und L3 für Logarithmen:**

1. Logarithmenregel (L1): *(Basis a mit a > 0 und a ≠ 1)*

$$\textbf{L1:} \qquad\qquad \log_a (x \cdot y) \; = \; \log_a x \, + \, \log_a y \qquad\qquad (x, y > 0)$$

*(„Der Logarithmus eines **Produktes** ist gleich der **Summe** der Logarithmen der Faktoren. ")*

Beweis: Der Beweis erfolgt mit Hilfe des Potenzgesetzes P1 und der Definition des Logarithmus: $x = a^{\log_a x}$ *(weiter oben mit (*) bezeichnet)*.

Damit gilt:

$$\log_a (x \cdot y) \; = \; \log_a(a^{\log_a x} \cdot a^{\log_a y}) \; = \; \log_a(a^{\log_a x + \log_a y}) \; = \; \textbf{log}_a x + \textbf{log}_a y \qquad \square$$

Beispiel: Es ist: $\log_2 8 = 3$ und $\log_2 4 = 2$.   Also muss nach Logarithmengesetz L1 gelten:

$$\log_2 (8 \cdot 4) = \log_2 8 + \log_2 4 = 3+2 = 5 \quad (\textit{Probe: } 2^5 = 32 = 8 \cdot 4 - \text{stimmt}) \; .$$

2. Logarithmenregel (L2): *(Basis a mit a > 0 und a ≠ 1)*

$$\textbf{L2:} \qquad\qquad \log_a\left(\frac{x}{y}\right) \;=\; \log_a x \;-\; \log_a y \qquad\qquad (x, y > 0)$$

(*„Der Logarithmus eines Quotienten ist gleich der Differenz der Logarithmen von Zähler und Nenner. "*)

Beweis: Der Beweis erfolgt jetzt – wie zu erwarten – mit Hilfe des Potenzgesetzes P2. Wir benutzen erneut die Definition des Logarithmus: $x = a^{\log_a x}$. Dann gilt:

$$\log_a\left(\frac{x}{y}\right) \;=\; \log_a\left(\frac{a^{\log_a x}}{a^{\log_a y}}\right) \;=\; \log_a(a^{\log_a x - \log_a y}) \;=\; \log_a x - \log_a y \qquad \square$$

Beispiel: Es gilt: $\log_2 8 = 3$ und $\log_2 4 = 2$.

$\Rightarrow \log_2\left(\frac{8}{4}\right) = \log_2 8 - \log_2 4 = 3 - 2 = 1 \quad$ (*Probe:* $2^1 = \frac{8}{4} = 2$ – stimmt!)

3. Logarithmenregel (L3): *(Basis a mit a > 0 und a ≠ 1)*

$$\textbf{L3:} \qquad\qquad \log_a(x^r) \;=\; r \cdot \log_a x \qquad\qquad (x > 0; \; r \in \mathbb{R})$$

(*„Der Logarithmus einer Potenz x^r ist gleich Exponent r mal Logarithmus der Basis x ."*)

Beweis: Der Beweis erfolgt nun mit Hilfe des Potenzgesetzes P3. Wir benutzen erneut die Definition (∗) des Logarithmus: $x = a^{\log_a x}$. Dann gilt:

$$\log_a(x^r) \;=\; \log_a\left((a^{\log_a x})^r\right) \;=\; \log_a(a^{r \cdot \log_a x}) \;=\; r \cdot \log_a x \qquad \square$$

Beispiel: Es gilt $\log_2 8 = 3 \Rightarrow \log_2 8^5 = 5 \cdot \log_2 8 = 5 \cdot 3 = 15$

(*Probe:* $2^{15} = 32.768 = 8^5$ – stimmt!) .

Bemerkung: *Man vereinbart:* $\log_a u^v := \log_a(u^v) \quad (\neq (\log_a u)^v)$.

Bemerkung: *Mit dem 3. Logarithmengesetz (L3) ergeben sich folgende Sonderfälle:*

$$\log_a\left(\frac{1}{x}\right) = -\log_a x \quad , \quad \text{denn } \log_a \frac{1}{x} = \log_a x^{-1} = -\log_a x .$$

$$\log_a \sqrt[n]{x} = \frac{1}{n}\log_a x \quad , \quad \text{denn } \log_a \sqrt[n]{x} = \log_a x^{\frac{1}{n}} = \frac{1}{n}\log_a x .$$

Bemerkung: *Die drei Logarithmengesetze L1, L2, L3 lassen erkennen, dass das Rechnen mit Exponenten (= Logarithmen) die Komplexität der Rechenoperationen reduziert: Aus einer Multiplikation wird eine Addition der Exponenten (L1), aus der Division wird die Subtraktion der Exponenten (L2) und aus der Potenzierung wird die Multiplikation der Exponenten (L3).*

Wenn man also weiß, wie man zu gegebenen Zahlen (Numeri) den Logarithmus und umgekehrt zu einem ermittelten Logarithmus wiederum den Numerus berechnen kann, vereinfachen sich schwierige numerische Rechnungen erheblich – gerade diese Vereinfachungsmöglichkeiten haben in früheren nicht-elektronischen Zeiten zur Entdeckung und Tabellierung der Logarithmen geführt.

Mit Hilfe der drei Logarithmenregeln sind wir in der Lage, den Logarithmus auch komplexer mathematischer Terme *(die sich aus Produkten, Quotienten und Potenzen zusammensetzen sollten)* wirkungsvoll zu vereinfachen.[11]

Beispiele:

i) $\quad \log ab^2 c^3 \;=\; \log a + \log b^2 + \log c^3 \;=\; \log a + 2 \cdot \log b + 3 \cdot \log c$

ii) $\quad \ln \dfrac{5y^7}{x^3 z^2} \;=\; \ln(5y^7) - \ln(x^3 z^2) \;=\; \ln 5 + \ln y^7 - (\ln x^3 + \ln z^2) \;=\; \ln 5 + 7\ln y - 3\ln x - 2\ln z$

iii) $\quad \ln 5x^9 \cdot \sqrt[3]{\dfrac{3u^2}{w \cdot \sqrt{v^7}}} \;=\; \ln 5 + 9 \cdot \ln x + \dfrac{1}{3}\left(\ln 3 + 2 \cdot \ln u - \ln w - \dfrac{7}{2} \cdot \ln v \right)$

iv) $\quad \ln \dfrac{(x^2+4)^7}{\sqrt{x^6+1} \cdot (2x^4+1)^{20}} \;=\; 7 \cdot \ln(x^2+4) - 0{,}5 \cdot \ln(x^6+1) - 20 \cdot \ln(2x^4+1)$

Wir sind jetzt *(bei Kenntnis der dekadischen (lg) bzw. natürlichen (ln) Logarithmen)* ebenfalls in der Lage, jede beliebige Exponentialgleichung des Typs $a^u = x$ zu lösen *(mit: $a > 0, a \neq 1, x > 0$)*:

Beispiel: Zu lösen sei die Exponentialgleichung $\quad 13^u = 2$.

Wir bilden auf beiden Seiten den Logarithmus „lg" *(„logarithmieren" der Gleichung)*:

$$\lg(13^u) = \lg 2.$$

Auf der linken Seite können wir jetzt L3 anwenden und erhalten:

$$u \cdot \lg 13 = \lg 2.$$

lg 2 und lg 13 lassen sich aus einer Tabelle ablesen oder durch einen herkömmlichen elektronischen Taschenrechner ermitteln. Nach Division der Gleichung durch lg 13 erhalten wir:

$$u = \frac{\lg 2}{\lg 13} = \frac{0{,}30103\ldots}{1{,}11394\ldots} \approx 0{,}270238 \qquad (= \log_{13} 2).$$

Hätten wir die Ausgangsgleichung $13^u = 2$ mit „ln" *(statt mit lg)* logarithmiert, so sähe die Rechnung wie folgt aus:

$$13^u = 2 \qquad | \quad \ln\ldots$$
$$\ln(13^u) = \ln 2 \qquad | \quad \text{L3}$$
$$u \cdot \ln 13 = \ln 2 \qquad | \quad : \ln 13$$

$$u = \frac{\ln 2}{\ln 13} = \frac{0{,}693147\ldots}{2{,}564949\ldots} \approx 0{,}270238 \qquad (= \log_{13} 2).$$

Wir erhalten unabhängig von der verwendeten Logarithmen-Basis dieselbe Lösung für u.

Dies bedeutet gleichzeitig, dass der **Quotient zweier Logarithmen** in jeder Basis **denselben Zahlenwert** liefert.

---

[11] Dagegen lässt sich der Logarithmus einer Summe nicht weiter vereinfachen, es gilt: $\log(a+b) \neq \log a + \log b$!

Beispiel: Bei Vorliegen z.B. der Gleichung $e^{-\frac{1}{x}} = 0,9$ logarithmiert man tunlichst mit „ln“, da als Basis bereits e vorliegt und nach dem Logarithmieren wegen Umkehroperationen nur noch der Exponent $-1/x$ übrig bleibt:

$$e^{-\frac{1}{x}} = 0,9 \qquad \Longleftrightarrow \qquad \ln\left(e^{-\frac{1}{x}}\right) = \ln 0,9 \qquad \Longleftrightarrow \qquad -\frac{1}{x} = \ln 0,9$$

$$\Longleftrightarrow \qquad \frac{1}{x} = -\ln 0,9 \qquad \Longleftrightarrow \qquad x = \frac{1}{-\ln 0,9} \approx 9,4912 \,.$$

Wir sind jetzt mit Hilfe der Logarithmenregeln auch in der Lage, Logarithmen zu einer *beliebigen Basis* durch die „bekannten“ Logarithmen „lg“ oder „ln“ auszudrücken:

Beispiel: Wenn etwa $\log_a x$ *(a ≠ 10; a ≠ e; a ≠ 1)* gesucht ist, so geht man wie folgt vor: Wir setzen

$$\log_a x = y \,,$$

dann folgt nach Logarithmus-Definition $\qquad a^y = x \,.$

Wir logarithmieren beide Seiten mit einem „bekannten“ Logarithmus, etwa ln ...

$$\Longleftrightarrow \quad \ln(a^y) = \ln x \quad \Longleftrightarrow \quad y \cdot \ln a = \ln x \quad \Longleftrightarrow \quad y = \frac{\ln x}{\ln a} \,,$$

d.h. es gilt

$$\boxed{\log_a x = \frac{\ln x}{\ln a}} \qquad \text{sowie \textit{(mit analoger Argumentation)}} \qquad \boxed{\log_a x = \frac{\lg x}{\lg a}}$$

Beispiele:

i) $\qquad \log_5 14 = \frac{\ln 14}{\ln 5} = \frac{\lg 14}{\lg 5} \approx 1,6397 \qquad$ (*Probe:* $5^{1,6397} \approx 14$)

ii) $\qquad \log_2 0,7 = \frac{\lg 0,7}{\lg 2} = \frac{\ln 0,7}{\ln 2} \approx -0,5146 \qquad$ (*Probe:* $2^{-0,5146} \approx 0,7$)

Auch mit Hilfe von $\log_a x = \frac{\ln x}{\ln a}$ lassen sich einfache Exponentialgleichungen vom Typ $a^x = b$ lösen:

Beispiel: Zu lösen sei die Exponentialgleichung $0 = 12 - 4 \cdot 1,07^x$.

Zunächst muss die Potenz isoliert werden: $4 \cdot 1,07^x = 12 \quad \Longleftrightarrow \quad 1,07^x = 3$

Nach der Logarithmus-Definition ist diese Gleichung äquivalent zu: $x = \log_{1,07} 3$.

Darauf wendet man das eben erhaltene Ergebnis an und erhält:

$$x = \log_{1,07} 3 = \frac{\ln 3}{\ln 1,07} \approx \frac{1,09861}{0,06766} \approx 16,24 \,.$$

ÜBUNGEN zu BK 5.2   *(Rechenregeln für Logarithmen)*

A5.2-1:   Formen Sie die folgenden Terme um mit Hilfe der Logarithmenregeln:

i) $\ln \dfrac{4a^2}{b \cdot c^5}$

ii) $\lg (2 \cdot \sqrt[3]{xy})$

iii) $\ln e^{2x-7}$

iv) $\ln (5 \cdot \sqrt[3]{\dfrac{u \cdot v}{a \cdot b}})$

v) $\ln (x^2 \cdot p^{1-x})$

vi) $\ln \sqrt{e^x \cdot \sqrt{e^x}}$

A5.2-2:   Ermitteln Sie die Lösungen folgender Gleichungen:

i) $200 - 5 \cdot 1{,}08^x = 0$

ii) $5 \cdot e^{-0,1n} = 2$

iii) $20.000 \cdot 1{,}075^n - 35.000 = 0$

iv) $150 - 80 \cdot e^{-\frac{2000}{y}} = 142$

SELBSTKONTROLL-TEST zu Thema BK5   *(Logarithmen)*

1.   Schreiben Sie die folgenden Terme mit Hilfe der Logarithmenregeln als Summen und Produkte:

a) $\lg (2x \cdot \sqrt[4]{x^2 y}) =$

b) $\ln (2x^4 \cdot u^{2-x}) =$

c) $\ln \left(5x^2 \cdot \sqrt[4]{\dfrac{p \cdot q^2}{(a^2 b)^2}}\right) =$

d)   Fassen Sie zu einem einzigen Logarithmus zusammen: $\ln 7 + 3 \ln x + \dfrac{1}{2}\ln y - \ln a - \dfrac{1}{2}\ln b =$

2.   Schreiben Sie die folgenden Terme als Potenz zur Basis e und fassen Sie den Exponenten so weit wie möglich zusammen:

a) $\sqrt[3]{7}$ =

b) $2^x + x^2$ =

c) $\sqrt[12]{x+1}$ =

d) $\ln x$ =

e) $x^{\frac{1}{\ln x}}$ =

f)   huber $(b,e,h,r,u \in \mathbb{R})$

3.   Ermitteln Sie die Zahlenwerte folgender Logarithmen *(Kontrolle: notfalls Taschenrechner)*:

a) $\log_9 27$ =

b) $\log_{20} 100 + \log_{100} 20$ $\approx$

c) $\log_{0,5} 70 + \log_{0,1} 200 + \log_{1,5} 0,01$ $\approx$

4.   Ermitteln Sie die Lösungen folgender Exponentialgleichungen:

a) $5.000 \cdot 1{,}1^n = 1.000.000$

b) $2e^{0,1x} - 25 = 11$

c) $240 = 11 \cdot 0{,}9^x$

d) $17 = 34 \cdot e^{\frac{-x}{521}}$

5.   Welche der folgenden Termumformungen sind richtig, welche **falsch** *(ohne Taschenrechner!)*? Bitte geben Sie bei falschen Umformungen die korrekte rechte Seite der Gleichung an.

a) $\lg 900 + \lg 100 = \lg 1000 = 3$

b) $\dfrac{\lg 100.000}{\lg 100} = \lg 100.000 - \lg 100 = 5 - 2 = 3$

c) $\ln(5 \cdot e^x) = (\ln 5) \cdot x$

d) $\ln(10 \cdot e^x) = \ln 10 + x$

e) $\ln(e^x + e^{x^2}) = x + x^2$

f) $\lg(10 \cdot 10^x) = 10 \cdot x$

g) $\lg(1{,}1^n - 100) = n \cdot \lg 1{,}1 - 2$

Vor-sicht!

F
E
H
L
E
R

THEMA BK 6:	Gleichungen

Zu den elementaren, aber auch zentralen Hilfsmitteln für jegliche Anwendung von Mathematik gehört die **Technik der Gleichungslösung**.

Im Zusammenhang mit Aussagen/Aussageformen (Abschnitt 1.1.3., 1.1.4) sowie im Brückenkurs über Potenzen (Thema BK4) und Logarithmen (Thema BK5) haben wir uns schon mehrfach mit der Lösung von Gleichungen/Ungleichungen beschäftigt. Wir wollen die bisherigen Überlegungen zusammenfassen und im Hinblick auf eine systematische Gleichungs-Lösungstechnik erweitern.

BK 6.1   Allgemeines zu Gleichungen und ihren Lösungen

Seien T_1, T_2 zwei Terme (zum Termbegriff siehe auch Def. 1.1.19):

Definition:
> Unter einer **Gleichung G** versteht man die **Aussageform** (bzw. Aussage)
> $$G: \quad T_1 = T_2 \, .$$

Beispiel: Die Terme T_1, T_2 seien vorgegeben mit: $T_1 = T_1(x) = x^2 + 2x - 4$; $T_2 = T_2(x) = x^2 - 1$.
Dann ist die **Aussageform**

$$G(x): \qquad x^2 + 2x - 7 = x^2 - 1$$

eine Gleichung. Ersetzt man die Variable x   durch eine Zahl, z.B. 5, so geht G(x) über in

die **Aussage:** $\qquad G(5): \qquad 25 + 10 - 7 = 25 - 1$ d.h. 28 = 24 *(falsch)*.

Dagegen liefert G(3) eine wahre Aussage: $3^2 + 2 \cdot 3 - 7 = 3^2 - 1$, d.h. 8 = 8 *(wahr)*.

*Bemerkung: Als **Grundmenge** aller vorkommenden Terme verwenden wir (wenn nicht ausdrücklich anders vermerkt) die Menge $\mathbb{R}$ der reellen Zahlen (bzw. $\mathbb{R} \times \mathbb{R} \times \dots \times \mathbb{R}$, falls Terme $T(x, y, z, \dots)$ mit mehreren Variablen auftreten.)*

Nicht immer lassen sich alle Elemente von $\mathbb{R}$ in G einsetzen (siehe Def. 1.1.23):

Definition:
> Unter der **Definitionsmenge D_G** der Gleichung G versteht man die Menge aller Elemente der Grundmenge (hier: $\mathbb{R}$), bei deren Einsetzen anstelle der Variablen die Gleichung G in eine (wahre oder falsche) **Aussage** übergeht.

Beispiel: $\qquad G(x): \quad \sqrt{x} = \dfrac{6}{x - 1}$

Da einerseits die Quadratwurzel einer negativen Zahl nicht definiert ist, andererseits der Nenner nicht Null werden darf, gilt: Für x dürfen nur nichtnegative Werte außer der „ 1 " eingesetzt werden, d.h. für die Definitionsmenge D_G der Gleichung gilt: $D_G = \mathbb{R}_0^+ \setminus \{1\}$.

Beispiel: $\qquad G(x, y): \quad y^2 = \dfrac{\ln x}{x^2 - 25}$

Da ln x nur für positive x erklärt ist und der Nenner für x = 5 sowie für x = $-$5 Null wird, erhalten wir – da für y keinerlei Beschränkungen bestehen –:

$$D_G = \{(x, y) \in \mathbb{R} \times \mathbb{R} \mid x > 0 \wedge x \neq 5\} = (\mathbb{R}^+ \setminus \{5\}) \times \mathbb{R} \, ,$$

z.B. gilt: $G(1, 0)$: $0^2 = \dfrac{\ln 1}{1^2 - 25}$ *(wahr)* ; $G(e, -1)$: $(-1)^2 = \dfrac{\ln e}{e^2 - 25}$ *(falsch)*   usw.

Definition:

> Diejenigen Elemente der Definitionsmenge D_G, die die Gleichung G zu einer **wahren Aussage** machen, heißen **Lösungen** von G.
>
> Unter der **Lösungsmenge** L_G der Gleichung G versteht man die Menge aller Lösungen von G (siehe auch Def. 1.1.21) .

Beispiele: (siehe auch Satz 1.1.32)

i) $G(x)$: $x^2 = 4$; $D_G = \mathbb{R}$ $\Longleftrightarrow$ $L_G = \{2, -2\}$,

denn $2^2 = 4$ (w)   und $(-2)^2 = 4$ (w)   und sonst (f).

(G heißt **lösbar** und besitzt **endlich viele** Lösungen, nämlich 2 und –2.)

ii) $G(x)$: $x - 5 = 0$; $D_G = \mathbb{R}$ $\Longleftrightarrow$ $L_G = \{5\}$,

denn $5 - 5 = 0$ (w)   und sonst (f).   (G heißt **eindeutig lösbar**.)

iii) $G(x)$: $x + 4 = x - 6$; $D_G = \mathbb{R}$ $\Longleftrightarrow$ $L_G = \{ \ \}$,

denn für *jede* Einsetzung geht G in eine *falsche* Aussage über.
(G heißt **unlösbar**, **unerfüllbar**.)

iv) $G(x)$: $(x + 1)^2 = x^2 + 2x + 1$; $D_G = \mathbb{R}$ $\Longleftrightarrow$ $L_G = \mathbb{R}$,

denn *jede* Einsetzung $x \in D_G$ liefert eine *wahre* Aussage.
(G heißt **allgemeingültig**.)

v) $G(x,y)$: $y = 2x - 1$; $D_G = \mathbb{R} \times \mathbb{R}$ $\Longleftrightarrow$ $L_G = \{(x,y) \mid y = 2x - 1\}$.

G besitzt als Lösungen **unendlich viele Zahlenpaare** (die Elemente von D_G sind Zahlen*paare*!), z.B. $(0; -1)$, $(0,5; 0)$, $(\sqrt{2}; 2\sqrt{2} - 1)$, $(2356; 4711)$ usw.

Es ist das **Ziel** der folgenden Ausführungen, auf möglichst **systematische** Weise die **Lösungen** (bzw. die Lösungsmengen) von Gleichungen zu ermitteln. Dazu ist es nützlich, Gleichungen zu betrachten, deren Lösungen sozusagen „auf der Hand" liegen:

Die Lösungen einer Gleichung (bzw. einer Aussageform, die aus mehreren durch $\wedge$ (*„und"*) bzw. $\vee$ (*„oder"*) verknüpften Gleichungen besteht) lassen sich **unmittelbar** ablesen, wenn die auftretenden Gleichungen von der Form sind:

$$\boxed{x = a} , \qquad a \in \mathbb{R}.$$

Diese Aussageform führt nämlich erkennbar genau dann zu einer **wahren Aussage**, wenn für x der Wert „a" eingesetzt wird: a = a ist die einzig mögliche (aus der Gleichung x = a folgende) wahre Aussage.

Beispiele:

i) $G(x)$: $x = 3$ $\Longleftrightarrow$ $L_G = \{3\}$;

ii) $A(x)$: $x = 3 \vee x = -3$ $\Longleftrightarrow$ $L_A = \{3, -3\}$,

denn eine durch $\vee$ („oder") verknüpfte Aussage ist bereits dann *wahr*, wenn nur *eine* der Teilaussagen (hier: Gleichungen) wahr ist (siehe (1.1.37)) und *falsch*, wenn *keine* Teilaussage wahr ist.

iii) $A(x)$: $x = 5 \wedge x = 7$ $\Longleftrightarrow$ $L_A = \{ \ \}$,

denn eine durch $\wedge$ („und") verknüpfte Aussage ist *falsch*, wenn auch nur *eine* der Teilaussagen (hier: Gleichungen) falsch ist, siehe (1.1.34).

Daher kann man für Gleichungen, deren Lösungen sofort erkennbar sind, definieren:

Definition:

Folgende Aussageformen (Gleichungen) mit einer Variablen heißen **unmittelbar auflösbar:** $(a, x_i \in \mathbb{R})$

i) $G(x)$: $x = a$ $\iff$ $L_G = \{a\}$;

ii) $A(x)$: $x = x_1 \lor x = x_2 \lor ... \lor x = x_n$ $\iff$ $L_A = \{x_1, x_2, ..., x_n\}$;

iii) $A(x)$: $x = x_1 \land x = x_2 \land ... \land x = x_n$ $\iff$ $L_A = \{\ \}$,

(sofern nicht alle x_i identisch sind).

Wenn es also gelingt, eine (zunächst in komplexer Gestalt vorliegende) Gleichung *ohne Veränderung ihrer Lösungsmenge* zu überführen in eine der in der letzten Definition betrachteten unmittelbar auflösbaren Gleichungen, so hat man auch die Lösung(en) der Ausgangsgleichung gefunden.

Bemerkung: *Auf ein in diesem Zusammenhang gelegentlich auftretendes Missverständnis sei noch hingewiesen: In der unmittelbar auflösbaren Gleichung „x = a", z.B. x = 7, bedeutet „x" eine **Variable**, die **beliebige** Werte annehmen kann, für die wir also beliebige Zahlenwerte (aus dem Definitionsbereich der Gleichung) einsetzen können. Für fast alle dieser Einsetzungen erhält man eine falsche Aussage, nur für die Einsetzung „7" entsteht eine wahre Aussage, nämlich „7 = 7". Dies bedeutet, dass „7" die einzige Lösung der Gleichung „x = 7" darstellt.*

*Dies bedeutet aber **nicht**, dass „x" eine statische „unbekannte" Größe ist, deren Wert nun (sozusagen ein für alle Mal) mit „7" identifiziert wurde – für die Variable „x" darf nach wie vor jede Zahl gewählt werden.*

*Ausnahme: Wenn eine Gleichung mehrere Lösungen besitzt, so werden diese Lösungen gelegentlich mit Namen belegt. Beispiel: Die Gleichung (x – 2)(x – 6) = 0 besitzt die Lösungen „2" und „6" (wie man durch Einsetzen sofort sieht). Hier führt die Vorstellung von x als einer „Unbekannten" sofort zu logischen Problemen, denn diese Gleichung wird wahr für **zwei** verschiedene Zahlen. Gibt man nun aber den Lösungswerten eigene Namen, z.B. x_1 bzw x_2, so darf man schreiben: $x_1 = 2$; $x_2 = 6$.*

Im nächsten Abschnitt wollen wir die zur Erreichung dieses Ziels notwendigen Schritte *(„Äquivalenzumformung" von Gleichungen)* näher betrachten.

ÜBUNGEN zu BK 6.1   *(Allgemeines zu Gleichungen und ihren Lösungen)*

A6.1-1:   Ermitteln Sie jeweils den Definitionsbereich D_G der folgenden Gleichungen:

i) $G(x)$: $x^2 - 16\sqrt{x} = 0$

ii) $G(z)$: $5 \cdot (z - 2)(z + 3) = 0$

iii) $G(y)$: $3y + \dfrac{y^2 - 25}{y^2 - 81} = 1 - y$

iv) $G(x)$: $\dfrac{1}{x^2} + \dfrac{\sqrt{9}}{4^2} = x^2 - 36 + \sqrt{17 - x}$

v) $\qquad$ G(x): $\qquad$ $\dfrac{e^{-x} + 8x^2}{\sqrt{36 + x^2}} + \dfrac{1}{e^{-x}} \;=\; 7x^4$

vi) $\qquad$ G(y): $\qquad$ $\lg(y^2 + 3) - \lg(y - 5) \;=\; \ln(11 - y)$.

A6.1-2: $\qquad$ Geben Sie die Lösungsmenge L der folgenden Gleichungen/Aussageformen an $(x, y \in \mathbb{R})$:

i) $\qquad$ $11\,600^2 - 2^{3^3} \;=\; x$

ii) $\qquad$ $y = -4 \;\;\vee\;\; 6 = y \;\;\vee\;\; y - 0{,}01 = 0 \;\;\vee\;\; 7 = -y$

iii) $\qquad$ $[\; x = 4 \;\;\wedge\;\; x = (-2)^2 \;] \;\;\vee\;\; x = \sqrt{4}$

iv) $\qquad$ $y \;=\; e^{4 - \sqrt{16}} + \lg 0{,}000\,01$

v) $\qquad$ $x \;=\; -\dfrac{1}{2} + \sqrt{(^1/_2)^2 + 6}$

vi) $\qquad$ $x \;=\; 8 - \sqrt{36 - 100}$.

BK 6.2 Äquivalenzumformungen von Gleichungen

Das Problem der **Gleichungslösung** besteht darin, eine vorgelegte Gleichung G mit Hilfe geeigneter **Umformungen**, die die **Lösungsmenge** L_G **nicht verändern** (*Äquivalenzumformungen*), in eine unmittelbar auflösbare Gleichung bzw. Aussageform *(siehe die letzte Definition in BK 6.1)* zu überführen. Deren Lösungen sind dann identisch mit den gesuchten Lösungen von G (zur Lösung von (linearen) Gleichungs*systemen* siehe Brückenkurs BK 6.10 sowie insbesondere Kap. 9.2).

Definition: $\qquad$ Zwei Gleichungen G_1, G_2 *(bzw. Aussageformen A_1, A_2)* heißen **äquivalent**, $G_1 \Leftrightarrow G_2$ *(bzw. $A_1 \Leftrightarrow A_2$)*, wenn sie **dieselbe Lösungsmenge** besitzen. Jede Umformung, die eine Gleichung in eine zu ihr äquivalente Gleichung überführt, heißt **Äquivalenzumformung**.

Bemerkung: Man vergleiche hierzu die analogen Formulierungen im Zusammenhang mit der Definition von „$\Longleftrightarrow$" in Kapitel 1.1.5.2, insbesondere Satz 1.1.53 sowie Beispiel 1.1.54.

Beispiel: $\qquad$ G_1: $\;2x^2 - 32 = 0$; G_2: $\;x^2 - 16 = 0$; G_3: $\;(x - 4)(x + 4) = 0$;

$\qquad$ A_4: $\;x - 4 = 0 \vee x + 4 = 0$; A_5: $\;x = 4 \vee x = -4$.

$\qquad$ Die Überprüfung ergibt: $\quad L_{G_1} = L_{G_2} = L_{G_3} = L_{A_4} = L_{A_5} = \{4; -4\}$

$\qquad$ Daher sind alle obigen Gleichungen/Aussageformen äquivalent:

$\qquad$ $G_1 \;\Longleftrightarrow\; G_2 \;\Longleftrightarrow\; G_3 \;\Longleftrightarrow\; A_4 \;\Longleftrightarrow\; A_5$,

$\qquad$ d.h. sämtliche durchgeführten Umformungen sind Äquivalenzumformungen.

Nicht in allen Fällen lässt sich eine Gleichung so problemlos wie im letzten Beispiel äquivalent umformen. Es stellt sich daher die Frage, **welche Umformungen** überhaupt **Äquivalenzumformungen** sind.

Die folgende Übersicht gibt die für die meisten Fälle ausreichenden Äquivalenzumformungen an.

Bemerkung: *Viele in der Praxis auftretende Gleichungen lassen sich nicht exakt formelmäßig lösen, so dass es üblich ist, derartige Gleichungen mit einem geeigneten Näherungsverfahren schnell und (beliebig) genau numerisch zu lösen (siehe z.B. Abschnitt 2.4 (Regula falsi) oder Abschnitt 5.4 (Newton-Verfahren)).*

Bezeichnen wir die vorkommenden Terme wieder mit T_1, T_2, T_3, ... und unterstellen wir, dass bei allen vorkommenden Operationen die Definitionsmenge D_G der Ausgangsgleichung G: $T_1 = T_2$ unverändert bleibt, so sind die folgenden Gleichungsumformungen *(wir bezeichnen sie mit G1, G2, ...)* **Äquivalenzumformungen**, lassen also die Lösung der betreffenden Ausgangsgleichung unverändert (und liefern somit schließlich die Lösungen der Ausgangsgleichung):

In der Gleichung $T_1 = T_2$ darf jeder der Terme T_1 und/oder T_2 durch einen ihm **äquivalenten** Term T_1^*, T_2^* **ersetzt** werden (**Termersetzung** ist eine Äquivalenzumformung, z.B. sind die Terme $T_1 = (x+y)^2$ und $T_1^* = x^2+2xy+y^2$ äquivalent *(1. Binomische Formel))*.

Falls T_i, T_i^* äquivalent sind, d.h. wenn die Gleichung $T_i = T_i^*$ allgemeingültig ist, so gilt:

G1:	$T_1 = T_2$ $\iff$	$T_1^* = T_2^*$

Beispiele: Die **Axiome** A1-A5, M1-M5, D (siehe BK 1.1), die **elementaren Rechenregeln** R1 bis R16 (siehe BK 1/BK 2), die **Potenzgesetze** P1-P5 (siehe BK 4.2/4.3), die **Logarithmengesetze** L1-L3 (siehe BK 5.2) liefern wichtige Beispiele für äquivalente Terme.

Daher sind etwa die folgenden Gleichungen *(per Termersetzung)* äquivalent[12]:

i) $\quad x^2 - 1 = 0 \quad\iff\quad (x-1)(x+1) = 0 \qquad$ (wegen R9 iii))

ii) $\quad \ln\sqrt{x^2 + 1} = 10 \quad\iff\quad \frac{1}{2}\ln(x^2+1) = 10 \qquad$ (wegen L3)

iii) $\quad 2^x \cdot 3^x = 17 + 4 \quad\iff\quad 6^x = 21 \qquad$ (wegen P4)

iv) Ein Term T darf – wegen A3 – äquivalent ersetzt werden durch den Term $T \pm 0$.

Beispiel *(„quadratische Ergänzung")*:

$x^2+10x = 11 \quad\iff\quad x^2+10x+0 = 11 \qquad$ (wegen A3)

$\iff\quad x^2+10x+25-25 = 11 \qquad$ (wegen A4: $0 = 25-25$)

$\iff\quad (x+5)^2-25 = 11 \qquad$ (wegen R9) .

v) Ein Term T darf äquivalent ersetzt werden durch den mit c ($\neq 0$) erweiterten (bzw. gekürzten) Term $\frac{T \cdot c}{c}$ (bzw. $\frac{T : c}{1 : c}$), d.h. T darf – wegen M3 – äquivalent ersetzt werden durch $T \cdot 1$ (bzw. $T : 1$):

a) $\quad \frac{x}{3} + \frac{x}{4} = 10 \quad\iff\quad \frac{4x}{12} + \frac{3x}{12} = 10 \quad\iff\quad \frac{7x}{12} = 10$

b) $\quad \frac{15x}{5} = 7 \quad\iff\quad 3x = 7$.

12　Die Kürzel A1, A2,..., R1, R2,... beziehen sich auf Axiome und Rechenregeln, siehe die Zusammenfassung in BK 2.

Für jedes der oben aufgeführten Beispiele gilt: Die Termwerte links vom Gleichheitszeichen behalten auch nach Umformung für jede Einsetzung denselben Zahlenwert *(d.h. sie sind äquivalent)*. Für die Termwerte rechts vom Gleichheitszeichen gilt dasselbe – ihr Wert bleibt unverändert.

Die folgenden – für Gleichungen „erlaubten" – Umformungen sind dadurch charakterisiert, dass sich dadurch zwar auf beiden Seiten einer Gleichung die **Terme**/Termwerte **ändern, nicht** aber die **Lösungsmenge** der betreffenden Gleichung – auch dies sind (erlaubte) **Äquivalenzumformungen**.

$$\textbf{G2:} \qquad\qquad T_1 = T_2 \qquad \Longleftrightarrow \qquad T_1 \pm T_3 = T_2 \pm T_3 \qquad .$$

d.h. **derselbe Term** darf auf beiden Seiten einer Gleichung **addiert** *(subtrahiert)* werden, die Lösungsmenge ändert sich dadurch nicht.

Beispiel: $2x + 7 = 4 - x$,   Addition des Terms $x - 7$ auf beiden Seiten liefert:

$2x + 7 + x - 7 = 4 - x + x - 7$,   d.h. mit G1: $3x = -3$.

$$\textbf{G3:} \qquad\qquad T_1 = T_2 \qquad \Longleftrightarrow \qquad T_1 \cdot T_3 = T_2 \cdot T_3 \qquad (T_3 \neq 0) \ .$$

d.h. beide Seiten einer Gleichung dürfen mit **demselben nichtverschwindenden Term multipliziert** werden.

Beispiele:

i) $\frac{4}{7}x = 20$, Multiplikation mit $\frac{7}{4}$ $(\neq 0)$ liefert: $x = 35$;

ii) $\frac{1}{x} = \frac{2}{x-1}$; $D_G = \mathbb{R} \setminus \{0, 1\}$; Multiplikation mit $T_3 = x\,(x-1) \neq 0$ liefert:

$x - 1 = 2x \qquad \Longleftrightarrow \qquad -x = 1 \qquad \Longleftrightarrow \qquad x = -1$, d.h. $L = \{-1\}$.

iii)   Die nachstehenden Fälle zeigen, dass sich bei der Multiplikation einer Gleichung mit einem Term, der Null werden kann, die Lösungsmenge **ändern** *(nämlich vergrößern)* kann:

a)   Ausgangsgleichung: $x = 7$,   d.h. $L = \{7\}$. Multiplikation mit $x - 3$ liefert:
$x(x-3) = 7(x-3)$ mit $L = \{3\,;7\}$, d.h. eine Lösung ist **hinzugekommen**.

b)   Noch drastischer: Die Gleichung $2 = 5$ ist stets falsch, besitzt keine Lösung, $L = \{\ \}$. Multiplikation auf beiden Seiten mit „0" liefert: $0 = 0$, eine stets wahre Gleichung, d.h. $L = \mathbb{R}$, d.h. aus einer Gleichung **ohne** Lösung wurde durch Multiplikation eine Gleichung, die **jede** reelle Zahl als Lösung besitzt.

Bemerkung: Mit nichtkonstanten Termen wird i.a. nur bei der Lösung von Bruchgleichungen multipliziert!

Bemerkung: Gleichungen des Typs „3 = 7" sind stets falsch, besitzen also keine Lösung, d.h. L = { }.
Gleichungen des Typs „4 = 4" sind stets wahr, d.h. alle Zahlen sind Lösungen, d.h. L = ℝ.
Oft wird an dieser Stelle Unverständnis insofern signalisiert, als man ja in derartige Gleichungen „nichts einsetzen" könne. Hier hilft ein kleiner Kunstgriff: Nach G2 ändert sich die Lösungsmenge nicht, wenn auf beiden Seiten der Gleichung dieselbe Zahl bzw. derselbe Term addiert wird. Also addieren wir einmal den Term x :

Dann wird aus 3 = 7 die äquivalente Gleichung 3 + x = 7 + x . Jetzt sieht man unmittelbar: Was auch immer für x gewählt wird, die rechte Seite ist stets um 4 größer als die linke Seite, also entsteht jedes Mal eine falsche Aussage, d.h. es gibt keine einzige Lösung, L = { }.

Die zweite Gleichung ändert sich wie folgt: Aus 4 = 4 wird äquivalent 4 + x = 4 + x , man kann nun für x beliebige Zahlen aus $\mathbb{R}$ einsetzen, stets sind rechte und linke Seite identisch, für jede beliebige eingesetzte Zahl entsteht eine wahre Aussage, d.h. L = $\mathbb{R}$.

$$\textbf{G4:} \qquad \mathbf{T_1 = T_2} \qquad \Longleftrightarrow \qquad \frac{\mathbf{T_1}}{\mathbf{T_3}} = \frac{\mathbf{T_2}}{\mathbf{T_3}} \qquad (\mathbf{T_3} \neq 0) \; .$$

d.h. beide Seiten der Gleichung dürfen durch **denselben nichtverschwindenden Term dividiert** werden.

Beispiele:

i) $3x = -12$, Division durch 3 $(\neq 0)$ liefert die äquivalente Gleichung: $x = -4$;

ii) $(x - 5) \cdot e^x = 0$; $D_G = \mathbb{R}$; Division durch e^x (> 0) liefert: $x - 5 = 0$, d.h. $x = 5$.

Bemerkung: Keine Äquivalenzumformung dagegen ist die Division der letzten Gleichung ii) durch $x - 5$, denn der Term $x - 5$ wird Null für die Einsetzung „5 ", daher hätte die so umgeformte Gleichung

$$\frac{x - 5}{x - 5} \cdot e^x = e^x = 0$$

einen anderen Definitionsbereich, nämlich $\mathbb{R} \setminus \{5\}$, als die Ausgangsgleichung G ($D_G = \mathbb{R}$).

*Dass die Division durch $x - 5$ keine Äquivalenzumformung ist, lässt sich im übrigen leicht daran erkennen, dass $(x - 5) \cdot e^x = 0$ die Lösung „5 " besitzt, während $e^x = 0$ **keine** Lösung besitzt, es ist also bei der Division eine Lösung **verloren gegangen**.*

Die Division nichtkonstanter Terme ist meist entbehrlich und sollte – wenn überhaupt – nur mit größter Vorsicht erfolgen – der Divisor muss ungleich Null bleiben!

iii)   Auch hier noch soll ein drastisches Beispiel zeigen, was bei Division von Gleichungen durch Terme passieren kann: Vorgegeben sei die Gleichung $2x \cdot (x - 7)(x - 8)(x + 9) = 0$.

Wie man durch Einsetzen bestätigt, gibt es vier Lösungen, d.h. $L = \{0; 7; 8; -9\}$

Division durch 2x liefert: $(x - 7)(x - 8)(x + 9) = 0$ mit $L = \{7; 8; -9\}$

Division durch $(x - 7)$ liefert: $(x - 8)(x + 9) = 0$ mit $L = \{8; -9\}$

Division durch $(x - 8)$ liefert: $x + 9 = 0$ mit $L = \{-9\}$

Division durch $(x + 9)$ liefert: $1 = 0$ mit $L = \{ \}$.

Nach jeder Division verschwindet ein Lösungswert, bis schließlich eine nicht lösbare Gleichung übrig bleibt. Grund: Die jeweiligen Divisoren werden Null genau für den Wert von x, der dann jeweils aus der Lösungsmenge verschwindet. Man müsste also vor jeder Division nach dem Nullwerden des Divisors fragen und diesen Zahlenwert in die Ursprungsgleichung einsetzen, um herauszufinden, ob hier schon eine Lösung der Gleichung vorliegt. Diese wird dann schon einmal in die Lösungsmenge eingetragen, ehe die Division erfolgt, usw. usw.

Diese umständliche Prozedur erspart sich, wer auf die Division von Termen verzichtet, die Null werden können.

G5: $T_1 \cdot T_2 = 0 \quad \Longleftrightarrow \quad T_1 = 0 \ \lor \ T_2 = 0$

d.h. ein Produkt zweier Terme wird genau dann Null, wenn einer der Terme Null wird (oder beide), siehe die Regel zum „Nullprodukt" in BK 2.3, R16 i))

Beispiele:

i) $(x-2)(x+\sqrt{3}) = 0 \quad \Longleftrightarrow \quad x-2 = 0 \lor x+\sqrt{3} = 0 \qquad$ (d.h. $L = \{2, -\sqrt{3}\}$)

ii)   G5 kann auf beliebig viele Faktoren angewendet werden:

$$T_1 \cdot T_2 \cdot \ ... \ \cdot T_n = 0 \quad \Longleftrightarrow \quad T_1 = 0 \lor T_2 = 0 \lor ... \lor T_n = 0 \qquad .$$

Beispiel:

$2x\,(x+2)(x-4)(2x-10)\cdot e^{2x-7}\cdot(x^2+36)(x^2-9) = 0 \quad \Longleftrightarrow$

$2x = 0 \ \lor \ x+2 = 0 \ \lor \ x-4 = 0 \ \lor \ 2x-10 = 0 \ \lor \ e^{2x-7} = 0 \ \lor \ x^2-9 = 0$,

d.h. $L = \{0, -2, 4, 5, 3, -3\}$ *(denn $e^{\cdots}$ ist stets positiv, da die Basis e positiv ist)*

G6: $T_1 = T_2 \quad \Longleftrightarrow \quad a^{T_1} = a^{T_2} \qquad (a \in \mathbb{R}^+\backslash\{1\})$

d.h. beide Seiten einer Gleichung dürfen zur Potenz erhoben werden zur **gleichen** positiven **Basis a** $(a \neq 1)$.

oder:

Sind zwei Potenzterme mit gleicher positiver Basis a $(\neq 1)$ gleich, so auch ihre Exponenten.

Beispiele:

i) $\lg x = 2{,}5 \quad \Longleftrightarrow \quad 10^{\lg x} = 10^{2,5}$,   d.h. $x = 10^{2,5} \approx 316{,}23$;
        (siehe auch die späteren Brückenkurs-Abschnitte BK 6.8 und BK 6.9)

ii) $e^{\frac{3}{x}} = e^{x+2} \quad \Longleftrightarrow \quad \frac{3}{x} = x+2 \quad \Longleftrightarrow \quad x^2+2x-3 = 0$ *(L = {-3; 1}, Details siehe BK 6.4)*

G7: $T_1 = T_2 \quad \Longleftrightarrow \quad \log_a T_1 = \log_a T_2 \qquad (T_1, T_2 > 0; \ a \in \mathbb{R}^+\backslash\{1\})$

d.h. beide Seiten einer Gleichung dürfen logarithmiert werden zu jeder positiven Basis $a \neq 1$.

oder: Sind zwei Logarithmen zur gleichen Basis gleich, so auch ihre Numeri.

Beispiele: *(siehe auch den späteren Abschnitt BK 6.8)*

i) $3e^x = 69 \quad \Longleftrightarrow \quad e^x = 23 \quad \Longleftrightarrow \quad \ln e^x = \ln 23$,   d.h. $x = \ln 23 \approx 3{,}1355$;

ii) $1{,}08^n = 4 \quad \Longleftrightarrow \quad \lg 1{,}08^n = \lg 4 \quad \Longleftrightarrow \quad n\cdot\lg 1{,}08 = \lg 4$,   d.h. $n = \dfrac{\lg 4}{\lg 1{,}08} \approx 18{,}01$.

Beim **Potenzieren** und **Wurzelziehen (Radizieren)** von Gleichungen müssen wir eine **Fallunterscheidung** machen, je nachdem ob der Exponent bzw. Wurzelexponent **ungerade** oder **gerade** ist :

Fall i)   Der Exponent bzw. Wurzelexponent **n** ($\in \mathbb{N}$) sei **ungerade**:

           Dann gilt:

G8a:	$T_1 = T_2$	$\Longleftrightarrow$ $T_1^n = T_2^n$	(n ($\in \mathbb{N}$) **ungerade**)
G8b:	$T_1 = T_2$	$\Longleftrightarrow$ $\sqrt[n]{T_1} = \sqrt[n]{T_2}$	(n ($\in \mathbb{N}$) **ungerade**)

           d.h. beide Seiten einer Gleichung dürfen **potenziert** bzw. **radiziert** werden, wenn der angewendete **Exponent n** (bzw. Wurzelexponent n) **ungerade** ist.

Beispiele:

     i) $(x - 1)^{\frac{1}{3}} = 2$ $\Longleftrightarrow$ $x - 1 = 2^3 = 8$,   d.h. $x = 9$;

          (beide Seiten mit 3 potenzieren.)

     ii) $(2x + 1)^5 = 16.807$ $\Longleftrightarrow$ $2x + 1 = \sqrt[5]{16.807} = 7$,   d.h. $x = 3$;

          (auf beiden Seiten die 5. Wurzel ziehen bzw. mit 1/5 potenzieren.)

Fall ii)   Bei **geraden** Exponenten bzw. Wurzelexponenten sind **Potenzieren** und **Radizieren** allerdings zumeist **keine** Äquivalenzumformungen!

Beispiel: Vorgegeben sei die Gleichung G_1: $x = 3$ (einzige Lösung also „3").

           Quadriert man auf beiden Seiten, so ergibt sich: G_2: $x^2 = 9$.

           G_2 hat die Lösungen 3 und -3, d.h. beim Quadrieren ist eine Lösung „hinzugekommen".

           Daher ist **Quadrieren** i.a. **keine** Äquivalenzumformung. Dasselbe gilt für das Potenzieren mit allen anderen geraden Exponenten 4, 6, 8, ...

           Beim Quadrieren (und Potenzieren mit geraden Exponenten) gilt also **nicht** das Äquivalenzzeichen „$\Longleftrightarrow$", sondern nur der einfach Folgerungspfeil „$\Rightarrow$" zwischen den beiden umgeformten Gleichungen:

G9a:	$T_1 = T_2$	$\Rightarrow$ $T_1^n = T_2^n$	(n ($\in \mathbb{N}$) **gerade**) .

Bemerkung: *Wird dennoch – wie es beim Lösen von Wurzelgleichungen üblich ist – durch Quadrieren bzw. Potenzieren mit geraden Exponenten umgeformt, so muss mit den erhaltenen Lösungen unbedingt eine Probe an der Ausgangsgleichung vorgenommen werden, um die eventuell hinzugekommenen „Lösungen" identifizieren und eliminieren zu können.*

      Beispiel:

      Quadriert man beide Seiten der Gleichung $1 - \sqrt{x} = \sqrt{2x + 1}$ *, so erhält man*

$$1 - 2\sqrt{x} + x = 2x + 1 \quad \Longleftrightarrow \quad -2\sqrt{x} = x.$$

      Quadriert man nun erneut, so folgt: $4x = x^2$ *mit den Lösungen* $x_1 = 0$ *;* $x_2 = 4$.

      Setzt man diese beiden Werte zur Probe in die Ausgangsgleichung ein, so folgt

1) $1 - \sqrt{0} = \sqrt{1} = 1$: *Probe stimmt.*

2) $1 - \sqrt{4} = \sqrt{8 + 1}$, *d.h.* $-1 = 3$: *Probe falsch.*

*Also ist nur $x_1 = 0$ Lösung der ursprünglichen Gleichung, **Quadrieren** gehört daher i.a. **nicht** zu den Äquivalenzumformungen. Wird eine Gleichung quadriert, ist anschließend stets die **Probe** zu machen!*

Ebenso stellt sich heraus, dass auch das **einfache Wurzelziehen** aus den beiden Seiten einer Gleichung **keine Äquivalenzumformung** darstellt:

Beispiel: Vorgegeben sei die Gleichung G_1: $x^2 = 25$.

Zieht man auf beiden Seiten die „einfache" Quadratwurzel, so ergibt sich: G_2: $x = 5$.

Nun hat aber die Ausgangsgleichung G_1 die Lösungen 5 und -5, während G_2 nur die einzige Lösung 5 besitzt, d.h. beim Quadratwurzelziehen ist eine Lösung „verloren gegangen", das einfache Ziehen der **Quadratwurzel** ist daher **keine** Äquivalenzumformung.

Das **allgemeine Wurzelziehen (Radizieren)** mit **geraden** Exponenten führt vielmehr auf eine **disjunktive** („oder") Aussageform:

G9b: $T_1^n = T_2^n \quad \Longleftrightarrow \quad T_1 = T_2 \; \vee \; T_1 = -T_2$ (n $(\in \mathbb{N})$ gerade)

Beispiele:

i) $(x - 1)^2 = 16 \quad \Longleftrightarrow \quad x - 1 = 4 \vee x - 1 = -4$, d.h. $x = 5 \vee x = -3$, d.h. $L = \{-3; 5\}$.

ii) $(x + 1)^4 = 100 \quad \Longleftrightarrow \quad x + 1 = \sqrt[4]{100} \; \vee \; x + 1 = -\sqrt[4]{100}$,

        d.h. $x \approx 2{,}1623 \vee x \approx -4{,}1623$, d.h. $L = \{2{,}1623 ; -4{,}1623\}$,

iii)   Regel G9 verdeutlicht, dass das sog. „einfache" Quadrieren und Wurzelziehen **keine** Äquivalenzumformung sein kann:

        Das beliebte Muster   „$x^2 = 81 \quad \Longleftrightarrow\!\!\!\!/ \quad x = 9$" ist falsch („*einfaches*" *Wurzelziehen*),

        richtig muss es heißen: $x^2 = 81 \quad \Longleftrightarrow \quad x = 9 \vee x = -9$.

        Analog beim Quadrieren: $x = 5$ ($L = \{5\}$) ist **nicht** äquivalent zu $x^2 = 25$ ($L = \{5; -5\}$) d.h. falls eine Gleichung quadriert wurde, muss mit den erhaltenen Lösungswerte die **Probe** an der Ausgangsgleichung gemacht werden.

*Bemerkung: Das Potenzieren einer Gleichung mit beliebigen **reellen Exponenten** ist nur dann eine Äquivalenzumformung, wenn beide Seiten der Gleichung positiv sind und der Exponent von Null verschieden ist:*

G9c: $T_1 = T_2 \quad \Longleftrightarrow \quad T_1^x = T_2^x$ $(x \in \mathbb{R} \backslash \{0\} \; ; \; T_1, T_2 > 0)$

Beispiele: a) $3y^{0{,}7318} = 252$ $(y > 0) \Longleftrightarrow y^{0{,}7318} = 84 \Longleftrightarrow y = 84^{\frac{1}{0{,}7318}} \approx 426{,}1037$

            b) $x^{\sqrt{2}} = 100$ $(x > 0) \qquad \Longleftrightarrow \qquad x = 100^{\frac{1}{\sqrt{2}}} \approx 25{,}9546$

            c) $2(z^2 + 2)^{1{,}7} = 12 \Longleftrightarrow (z^2 + 2)^{1{,}7} = 6 \Longleftrightarrow z^2 + 2 = 6^{\frac{1}{1{,}7}} \Longleftrightarrow z_{1,2} \approx \pm 0{,}932221$

Die meisten der in der Wirtschaftsmathematik vorkommenden Gleichungen lassen sich mit Hilfe von Äquivalenzumformungen in eine unmittelbar auflösbare Form (s. BK 6.1 Def. 4) überführen.

Bemerkung: *Gleichungen, die sich **nicht** explizit auflösen lassen (wie z.B. $e^x + x = 0$) oder deren explizite Auflösung **schwierig** ist (wie z.B. $x^4 - 3x^3 + x^2 - x + 1 = 0$) lassen sich i. Allg. mit Hilfe von geeigneten Näherungsverfahren lösen, siehe etwa Abschnitt 2.4 oder Abschnitt 5.4.*

Für die besonders häufig vorkommenden Gleichungstypen wollen wir die entsprechenden **Lösungsverfahren** in den folgenden Abschnitten BK 6.3 bis BK 6.10 angeben.

Bemerkung: *Man beachte dabei noch einmal den Unterschied zwischen der äquivalenten Umformung von **Termen** und von **Gleichungen**:*

- *zwei **Terme** T und T^* sind **äquivalent** (umgeformt), wenn sie für **jede** Einsetzung **denselben Zahlenwert** ergeben, d.h. wenn für alle Einsetzungen gilt: $T = T^*$ (kurz: $T \equiv T^*$).*

  *Beispiele für äquivalente **Term**umformungen:*

  i)　　　　　$\begin{cases} T\ = x^2 + 2x + 1 \\ T^* = (x + 1)^2 \end{cases}$

  ii)　　　　$\begin{cases} T\ = \dfrac{10x}{2} \\ T^* = 5x \end{cases}$

  iii)　　　$\begin{cases} T\ = ln\sqrt{x} \\ T^* = \dfrac{1}{2} ln\, x \end{cases}$ $(x > 0)$

  *In allen drei Fällen gilt $T \equiv T^*$, also handelt es sich um äquivalente **Term**umformungen.*

- *Bei der **äquivalenten Umformung** von **Gleichungen** können sich die beteiligten Terme i.a. beliebig ändern, wenn nur die **Lösungsmenge unverändert** bleibt. Werden nur die „erlaubten" Umformungen G1-G9 (G8 mit Einschränkungen) angewendet, ist die Gleichungsäquivalenz gewährleistet.*

  *Beispiele für äquivalente **Gleichungs**umformungen (im Verlauf der Gleichungsumformung wird zumeist die jeweils beabsichtigte Umformungsaktion rechts neben der Gleichung hinter einem senkrechten Strich notiert):*

  i)　　　　　　　$2x = 6$　　$|$　$:2$
  　　　　$\Longleftrightarrow\quad x = 3$

  ii)　　　　　$\dfrac{2x + 1}{x^2 + 7} = x + 1$　$|$　$\cdot (x^2 + 7)$ *und kürzen*
  　　　　$\Longleftrightarrow\quad 2x+1\ = (x+1)(x^2+7) = x^3+x^2+7x+7$

*Die beteiligten **Terme** werden durch die Umformung völlig verändert, sind also **nicht** mehr äquivalent. Die **Gleichungen** dagegen wurden mit „erlaubten" Umformungen (G4 bzw. G3) äquivalent umgeformt, ihre Lösungsmenge hat sich dabei nicht verändert.*

ÜBUNGEN (1)   zu BK 6.2   *(Äquivalenzumformungen von Gleichungen)*

A6.2-1:   Ermitteln Sie mit Hilfe der Äquivalenzumformungen G1-G9 die Lösungsmengen der folgenden Gleichungen.

Bitte benutzen Sie dabei die Regeln G1-G9 in der jeweils angegebenen Reihenfolge:

i) $4x^2 - 100 = 0$ (G4, G1, G5)

ii) $x^2 - 14x + 49 = 0$ (G1, G1, G5)

iii) $3x - 5 = 7x + 19$ (G2, G4)

iv) $\dfrac{5}{x} = \dfrac{3}{x-2}$ (G3, G1, G2, G4)

v) $\ln(x^2 + 20) = 4$ (G6, G2, G9b)

vi) $5e^x = 200$ (G4, G7, G1)

vii) $(3x - 1)^3 = 4913$ (G8b, G2, G4)

viii) $\sqrt[5]{7x + 21} = 7$ (G8a, G2, G4)

EXKURS

Beliebte Fehlerfallen bei der Gleichungsumformung

Bevor die Einzeldarstellung der Gleichungstypen ab BK 6.3 erfolgt, ist es sinnvoll, einige grundsätzliche Überlegungen zu Fehlermöglichkeiten bei der Gleichungslösung zu machen und auf die wichtigsten Fehlerfallen hinzuweisen.

Diese bei der Gleichungslösung immer wieder auftretenden **Fehler** haben zumeist ihre Ursache in der Verletzung der *Bedingungen* (z.B. positive Basis, Nenner ungleich Null etc.), unter denen die oben aufgeführten Gleichungs-Umformungsregeln G1 bis G9 gültig sind.

Aber auch alle weiteren Regeln/Axiome/Gesetze der Termumformung *(insb. im Zusammenhang mit Potenzen und Logarithmen)* werden häufig im Zuge der Gleichungslösung verletzt. Hier lohnt es sich, die Teile BK1, BK2, BK4 und BK5 des Brückenkurses (erneut) sorgfältig zu beachten.

Auf einen immer wiederkehrenden **Fehlschluss** bei der Gleichungslösung lohnt es sich gesondert hinzuweisen:

Die Regeln G2 bis G9 gelten nur unter der Prämisse, dass die dort erlaubten Operationen mit der *kompletten* linken Seite als Ganzes und zugleich mit der *kompletten* rechten Seite als Ganzes einer Gleichung durchgeführt werden.

Häufigster diesbezüglicher **Fehler:**

Die Operation wird mit den einzelnen, meist additiven Teiltermen der rechten und/oder linken Seite durchgeführt und nicht mit der rechten und linken Seite als *(geklammertes)* Ganzes.

Beispiele:

i) Vorgegeben sei die Gleichung: $\sqrt[3]{x} = a + 2$, $a = $ const.

Diese Gleichung wird mit dem Exponenten 3 potenziert mit dem (**falschen**) „Ergebnis":

$$(\sqrt[3]{x})^3 = x \;\neq\; a^3 + 8$$

Richtig: $x = (a+2)^3 = a^3 + 6a^2 + 12a + 8$.

Empfehlung:

Man versehe *(zumindest gedanklich)* vor einer Rechenoperation jede der beiden Seiten einer Gleichung mit einer **Klammer**:

$$(T_1) = (T_2) \qquad \text{statt} \qquad T_1 = T_2 \,.$$

ii) Man löse: $\qquad 1{,}15 = 1 + \dfrac{p}{100} \;\Big|\; \cdot 100$

$\qquad\qquad\qquad\neq\qquad 115 = 1 + p \qquad$ *(Distributivgesetz D nicht beachtet!)*

Richtig: $\qquad 115 = (1 + \dfrac{p}{100}) \cdot 100 = 100 + p$

iii) Die Gleichung $\sqrt{x} = x - 2$ besitzt die (einzige) Lösung „4" *(Probe durch Einsetzen)*

Herleitung der Lösung durch Quadrieren: $\qquad \sqrt{x} = x - 2 \;\Big|\;$ *beide Seiten quadrieren*

$\qquad\qquad\qquad\qquad\neq\qquad x = x^2 - 4.$

Falsch: Einzeln quadriert ($\neq$) – Einsetzen von „4" für x liefert: $4 = 16 - 4$ $\neq$.

Richtig: $\Rightarrow$ $x = (x-2)^2 = x^2 - 4x + 4$ *(Probe mit den Lösungen erforderlich!)*

Dass man eine zu quadrierende Gleichung **nicht summandenweise quadrieren** darf, zeigt schon ein simples Zahlenbeispiel:

Die Gleichung: $\qquad 3 + 4 = 7 \qquad$ ist stets wahr.

Quadriert man diese Gleichung auf beiden Seiten, so lautet die korrekte Umformung:

$$(3+4)^2 = 7^2 \,, \quad \text{d.h.}\;\; 49 = 49 \;\;\text{(Gleichung bleibt wahr)}.$$

Bei summandenweiser Quadrierung dagegen ergibt sich Unsinn, nämlich

$$3^2 + 4^2 = 7^2 \,, \quad \text{d.h.}\;\; 25 = 49 \;(\neq).$$

iv) Sollen Summen potenziert, logarithmiert, invertiert oder radiziert werden, tun sich stets dieselben Fehlerfallen auf – ohne Bedenken werden diese Operationen auf die einzelnen Summanden angewendet und die korrekten Termumformungs-Regeln missachtet.

Zusammenfassend werden nun diese **Fehlerfallen** *(in Beispielen)* dargestellt:

a) Falsch: $(a \pm b)^x \;\neq\; a^x \pm b^x \qquad$ *(siehe z.B. $(a+b)^2 = a^2 + b^2 + 2ab$)*

b)   Falsch: $\dfrac{1}{a+b} \not\equiv \dfrac{1}{a} + \dfrac{1}{b}$ *(denn:* $\dfrac{1}{a} + \dfrac{1}{b} = \dfrac{a+b}{ab}$ *)*

c)   Falsch: $\sqrt{a^2+b^2} \not\equiv a+b$ *($\sqrt{a^2+b^2}$ kann nicht vereinfacht werden)*
Bsp.: $\sqrt{3^2+4^2} \not\equiv 3+4$

d)   Falsch: $e^{x+y} \not\equiv e^x + e^y$ *(richtig:* $e^{x+y} = e^x \cdot e^y$ *(P1))*

e)   Falsch: $e^{x-y} \not\equiv e^x - e^y$ *(richtig:* $e^{x-y} = \dfrac{e^x}{e^y}$ *(P2))*

f)   Falsch: $\ln(x+y) \not\equiv \ln x + \ln y$ *(denn:* $\ln x + \ln y = \ln(x \cdot y)$ *(L1))*

g)   Falsch: $\ln(x-y) \not\equiv \ln x - \ln y$ *(denn:* $\ln x - \ln y = \ln\left(\dfrac{x}{y}\right)$ *(L2))*

($\ln(x \pm y)$ kann nicht weiter vereinfacht werden!)

Es folgen – zur Abwechslung und kritischen Erbauung – bunt gemischt weitere **Beispiele** von Fehler-blüten, die bei der Gleichungslösung anfallen können:

1)   Man löse die quadratische Gleichung: $x^2 - 4x + 29 = 0$.

Im Vorgriff auf BK 6.4 (*„Quadratische Gleichungen"*) werden die beiden – durch quadratische Ergänzung oder Formelanwendung gewonnenen – „Lösungswerte" x_1 und x_2 vorgegeben:

$$x_{1,2} = 2 \pm \sqrt{-25} \ .$$

falsche Argumentation: Da es $\sqrt{-25}$ nicht gibt, kann man den Wurzelterm weglassen, es folgt:
L = {2}
(*Fehler:* „Weglassen" heißt, Null addieren $\Rightarrow$ $\sqrt{-25} = 0$ $\not\equiv$) .

Richtig: Wenn $\sqrt{-25}$ nicht existiert, so auch nicht $2 \pm \sqrt{-25}$, d.h. L = { }.

2)   Zu lösen ist: $\dfrac{1}{x} = a+2$ | Kehrwert auf beiden Seiten bilden *(LS/RS = Linke/Rechte Seite)*

$\not\Longleftrightarrow$ $x = \dfrac{1}{a} + \dfrac{1}{2}$ *(Fehler: Prinzip* $LS = RS$ $\Longleftrightarrow$ $\dfrac{1}{LS} = \dfrac{1}{RS}$ *verletzt!*)

Richtig: $\dfrac{1}{x} = a+2$ $\Longleftrightarrow$ $x = \dfrac{1}{a+2}$ $(\neq \dfrac{1}{a} + \dfrac{1}{2})$

3)   Man löse: $e^{2x} + e^x = 6$ | beide Seiten logarithmieren mit ln ...

falsch: $\not\Longleftrightarrow$ $\ln(e^{2x}) + \ln(e^x) = \ln 6$ $\Longleftrightarrow$ $2x + x = \ln 6$ $\Longleftrightarrow$ $x = \dfrac{1}{3} \ln 6$ $(\not\equiv)$

auch falsch: $\not\Longleftrightarrow$ $2x \cdot x = \ln 6$ $\Longleftrightarrow$ $x_{1,2} = \pm\sqrt{0,5 \cdot \ln 6}$ $(\not\equiv)$

Richtig: Es handelt sich um eine quadratische Gleichung in e^x, man substituiert $y := e^x$
$\Longleftrightarrow$ $y^2 + y - 6 = 0$ $\Longleftrightarrow$ $y_{1,2} = -0,5 \pm \sqrt{0,25+6}$
$\Longleftrightarrow$ $y_1 = 2$; $y_2 = -3$ (zur Lösungsformel siehe BK 6.4)

Re-Substitution: 1) $e^x = 2$ $\Longleftrightarrow$ $x = \ln 2$ ($\approx 0,69315$)
2) $e^x = -3$ $\Longrightarrow$ keine weiteren Lösungen,
da e^x stets positiv.

4)   Zu lösen: $7e^x = 31$ | beide Seiten logarithmieren, z.B. mit ln...

Beim *Logarithmieren* dieser Gleichung wurden die folgenden 4 **Fehlervarianten** beobachtet:

$7e^x = 31$ ⇎ $7x = \ln 31$ *(L1 verletzt)*   ⟺ $x = \frac{1}{7} \cdot \ln 31 \approx 0{,}4906$ (⚡)

richtig: $\ln(7e^x) = \ln 7 + \ln e^x = \ln 7 + x = \ln 31$ ⟺ $x = \ln 31 - \ln 7$

$7e^x = 31$ ⇎ $(\ln 7) \cdot x = \ln 31$ *(L1 verletzt)* $x = (\ln 31)/(\ln 7) \approx 1{,}7647$ (⚡)

richtig: $\ln(7e^x) = \ln 7 + \ln e^x = \ln 7 + x = \ln 31$ ⟺ $x = \ln 31 - \ln 7$

$7e^x = 31$ ⇎ 1. Fehler wie zuvor, d.h. $(\ln 7) \cdot x = \ln 31$, jetzt folgt ein 2. Fehler, der
       alles wieder gerade rückt: $x = (\ln 31)/(\ln 7) ⇎ \ln(31/7) \approx 1{,}4881$ *(o.k.)*

$7e^x = 31$ ⟺ $\ln(7e^x) = \ln 31$ ⇎ $x \cdot \ln(7e) = \ln 31$ d.h. $x \approx 1{,}1657$ (⚡)

       richtig: $\ln(7e^x) = \ln 31$ ⟺ $\ln 7 + x = \ln 31$ usw. (wie oben).

Richtig:

$7e^x = 31$ ⟺ $e^x = 31/7$ ⟺ $\ln(e^x) = x = \ln(31/7) \approx \ln 4{,}428571... \approx 1{,}4881$

auch richtig:

$7e^x = 31$ ⟺ $\ln(7e^x) = \ln 7 + \ln e^x = \ln 7 + x = \ln 31$ ⟺ $x = \ln 31 - \ln 7 \approx 1{,}4881$.

5)   Die Gleichung $2 \cdot e^x - e^{-2x} = 0$ wird wie folgt „gelöst" | ln... = ln...

       ⇎ $2x - (-2x) = 0$ ⟺ $4x = 0$ ⟺ $x = 0$ *(aber: Probe stimmt nicht!)*

Bei dieser Umformung wurden drei Fehler gemacht:

1)   Beim Logarithmieren der linken Seite wurden die Summanden einzeln logarithmiert ⚡

2)   Aus $\ln(2e^x)$ wurde 2x gemacht, richtig: $\ln(2e^x) = \ln 2 + \ln(e^x) = x + \ln 2$.

3)   Auf der rechten Seite wurde „ln 0" gebildet und mit „0" identifiziert. ln 0 aber ist
       nicht definierbar, da es keinen Exponenten *(= Logarithmus)* zur Basis e gibt, der
       den Potenzwert 0 liefert.

       Richtig: $2 \cdot e^x - e^{-2x} = 0$ | $+ e^{-2x}$

              ⟺ $2e^x = e^{-2x}$ | ln... = ln... sowie L1

              ⟺ $\ln 2 + x = -2x$ | $+2x - \ln 2$

              ⟺ $3x = -\ln 2$ | $: 3$

              ⟺ $x \approx -0{,}2310$.

Besonders häufig kommen bei Gleichungslösungs-Prozeduren die folgenden vier fehleranfälligen Rechenoperationen **A** bis **D** vor:

A: Eine Gleichung $T_1 = T_2$ wird auf beiden Seiten mit einem dritten Term T multipliziert:
       Folgerung: $T_1 \cdot T = T_2 \cdot T$ *(siehe G3)*.

       Fehler: *Bei dieser Operation können Lösungen hinzukommen, also stets Probe machen!*

       Beispiel: $2x = 10$ ⟺ $L = \{ 5 \}$.

              Multipliziert man beide Seiten der Ausgangsgleichung mit $(x - 3)$, so folgt:
                   $2x(x - 3) = 10(x - 3)$ ⟺ $L = \{ 3 ; 5 \}$,
              die Multiplikation mit $(x - 3)$ ist also *keine* Äquivalenzumformung!
              Die „Lösung" 3 ist neu hinzugekommen, erfüllt aber die Ausgangsgleichung nicht.

B: Eine Gleichung $T_1 = T_2$ wird auf beiden Seiten durch den Term T dividiert.

Folgerung: $\dfrac{T_1}{T} = \dfrac{T_2}{T}$ *(siehe G4)* .

Fehler: **Bei dieser Operation können Lösungen verloren gehen!**

Beispiel: $(x-1)(x+2) = 0$. Nach G5 *(Nullprodukt)* folgt daraus: $x-1 = 0 \;\vee\; x+2 = 0$,
d.h. $x = 1 \;\vee\; x = -2$ und somit: $L = \{\,1\,;-2\,\}$.

Dividiert man nun beide Seiten der Ausgangsgleichung durch $(x + 2)$, so folgt:

$$x-1 = 0 \quad\Longleftrightarrow\quad L = \{\,1\,\} \text{ , also } \textit{keine} \text{ Äquivalenzumformung!}$$

Die Lösung „ – 2 " ist verloren gegangen.

Man darf also *(siehe G4)* eine Gleichung nur durch einen nicht verschwindenden Term dividieren, andernfalls können diejenigen Lösungen verloren gehen, die den Divisor zu Null machen.

C: Eine Gleichung $T_1 = T_2$ wird auf beiden Seiten quadriert.

Folgerung: $T_1^2 = T_2^2$ *(siehe G9a)* .

Fehler: **Bei dieser Operation können Lösungen hinzukommen, also stets Probe machen!**

Beispiel: $x = 7 \quad\Longleftrightarrow\quad L = \{\,7\,\}$.   Quadriere beide Seiten:

$x^2 = 49 \quad\Longleftrightarrow\quad L = \{-7\,;7\,\}$, also *keine* Äquivalenzumformung!

Die Probe mit „ – 7 " an der Ausgangsgleichung stimmt nicht.

(Analoges ergibt sich bei Potenzierung der Gleichung mit beliebigen geraden Exponenten!)

D: Auf beiden Seiten einer Gleichung $T_1 = T_2$ wird die Wurzel gezogen.

Folgerung: $\sqrt{T_1} = \sqrt{T_2}$ *(siehe G9b)* .

Fehler: **Bei dieser Operation können durch Verletzung von G7 Lösungen verloren gehen!**

Beispiel: $x^2 = 25 \quad\Longleftrightarrow\quad L = \{-5\,;5\,\}$.   Ziehe auf beiden Seiten die Wurzel:

$x = 5 \quad\Longleftrightarrow\quad L = \{\,5\,\}$,   also *keine* Äquivalenzumformung!

Die Lösung „ – 5 " ist verloren gegangen!

Der Fehler besteht in der falschen Identität: $\sqrt{x^2} \neq x$!

Richtig: $\sqrt{x^2} = \begin{cases} x \text{ falls } x \geq 0 \\ -x \text{ falls } x < 0 \end{cases}$

Zur Lösung der Beispielsgleichung ist also nur die folgende Prozedur korrekt:

$$x^2 = 25 \quad\Longleftrightarrow\quad x = -5 \;\vee\; x = 5 \quad , \quad \text{d.h.} \quad L = \{-5\,;5\,\} .$$

*(Analoge Fehler ergeben sich bei beliebigen anderen **geraden** Wurzelexponenten!)*

Die folgenden **Beispiele** zeigen, dass die Fehler nach A-D in durchaus unterschiedlichem Gewand daherkommen können:

1)   Zu lösen ist die Gleichung:

$$\frac{(x+5)^2}{x+2} - \frac{9}{x+2} = 0 \quad \Big| \quad \cdot (x+2) \text{ und kürzen, dann zusammenfassen}$$

$$\Longleftrightarrow \qquad (x+5)^2 - 9 = 0 \quad \Big| \quad \text{Lösungsformel } (siehe\ BK\ 6.4):$$

$$\Longleftrightarrow \qquad x^2 + 10x + 16 = 0 \quad \Big| \quad x^2 + px + q = 0 \Leftrightarrow x = -\frac{p}{2} \pm \sqrt{\left(\frac{p}{2}\right)^2 - q}$$

$$\Longleftrightarrow \qquad x = -5 \pm \sqrt{25 - 16} = -5 \pm 3$$

$$\Longleftrightarrow \qquad x = -2 \ \lor \ x = -8 \qquad \text{d.h. „Lösungsmenge"} \quad L = \{-2\, ; -8\, \}.$$

Die Probe an der Ausgangsgleichung zeigt, dass die Zahl „– 2" nicht zur Definitionsmenge der Gleichung gehört und somit auch keine Lösung der Ausgangsgleichung sein kann.

Die korrekte Lösungsmenge lautet daher: $L = \{-8\, \}$.

Durch die Multiplikation der Ausgangsgleichung mit dem Term „$x+2$" *(der für $x := -2$ Null wird)* ist eine vermeintliche Lösung *(„Scheinlösung")* hinzugekommen *(Fehlertyp A)*.

2)   Der *Fehlertyp B* ist in mehreren, zu teilweise absurden Resultaten führenden Beispielen in Zusammenhang mit der Umformungsregel G4 geschildert worden, so dass wir es hier mit einem kurzen Beispiel bewenden lassen können:

Zu lösen ist die Gleichung $5x + 20 = 2(x+4) \quad \Big| \quad 5 \text{ ausklammern (D)}$

$$5(x+4) = 2(x+4) \quad \Big| \quad : (x+4)$$

$$5 = 2 \qquad \text{also } L = \{\ \} \qquad (keine\ Lösung).$$

Der **Fehler** liegt in der Division durch den Term $x+4$, der für $x = -4$ Null wird. Somit ist die Lösung „– 4" verloren gegangen *(Fehlertyp B)*.

Die korrekte Lösungsmenge lautet daher: $L = \{-4\, \}$.

3)   Man löst folgende Gleichung: $\sqrt{4-x} = x + 2 \quad \Big| \quad \text{beide Seiten quadrieren}$

$$4 - x = (x+2)^2 = x^2 + 4x + 4 \qquad (\neq x^2 + 4\ !!)$$

$$\Longleftrightarrow \qquad 0 = x^2 + 5x = x(x+5)$$

$$\Longleftrightarrow \qquad x = 0 \ \lor \ x = -5$$

Für „– 5" stimmt die Probe nicht, d.h. durch das Quadrieren ist – 5 zur Lösungsmenge hinzu gekommen *(und muss nun wieder daraus verbannt werden)*. *(Fehlertyp C)*

Die korrekte Lösungsmenge lautet daher: $L = \{0\, \}$.

4)   Wir zeigen: Alle Zahlen sind identisch.

Beweis-Idee: Wir gehen von einer wahren Identität aus *(hier: $-56 = -56$)* und leiten daraus ab: $0 = 1$, woraus durch Multiplikation mit jeder beliebigen reellen Zahl folgt *(R4.1)*: Alle reellen Zahlen sind identisch gleich Null.

Beweis: $\quad -56 = -56 \quad \Longleftrightarrow \quad 49 - 7 \cdot 15 = 64 - 8 \cdot 15 \quad$ *(stimmt – bitte nachrechnen!)*

$$\Longleftrightarrow \qquad 7^2 - 7 \cdot 15 = 8^2 - 8 \cdot 15 \qquad | \quad \textit{quadratische Ergänzung}$$

$$\Longleftrightarrow \quad 7^2 - 7 \cdot 15 + \left(\frac{15}{2}\right)^2 = 8^2 - 8 \cdot 15 + \left(\frac{15}{2}\right)^2 \quad | \quad \textit{2. Binomische Formel}$$

$$\Longleftrightarrow \qquad (7 - \frac{15}{2})^2 = (8 - \frac{15}{2})^2 \qquad | \quad \textit{auf beiden Seiten } \sqrt{}$$

$$\Longleftrightarrow \qquad 7 - \frac{15}{2} = 8 - \frac{15}{2} \qquad | \quad +7,5$$

$$\Longleftrightarrow \qquad 7 = 8 \qquad (\cancel{\frac{1}{2}}) \quad | \quad -7$$

$$\Longleftrightarrow \qquad 0 = 1 \qquad \text{usw.} \qquad \text{wie behauptet !}$$

Der **Fehler** geschah beim Übergang von der viertletzten zur drittletzten Zeile – das einfache Ziehen der Quadratwurzel ist **keine** Äquivalenzumformung!

Fehlertyp D: $\qquad$ Aus $\;a^2 = b^2\;$ folgt **nicht**: $a = b\;$ sondern vielmehr: $a = b \;\vee\; a = -b$.

ÜBUNGEN (2)   zu BK 6.2 *(Äquivalenzumformungen von Gleichungen – Fortsetzung)*

A6.2-2: $\quad$ Welche der folgenden Gleichungsumformungen sind **keine** Äquivalenzumformungen? Geben Sie bei jedem **fehlerhaften** Umformungsschritt *(Zeile angeben!)* die korrekte Äquivalenzumformung an *(Nenner und Divisoren werden als von Null verschieden vorausgesetzt)*.

i)
$$\frac{5x+2}{x-1} = \frac{7}{x-1} \qquad | \quad \cdot (x-1) \quad \text{(und kürzen)}$$
$$\Longleftrightarrow \quad 5x + 2 = 7 \qquad | \quad -2 \quad | : 5$$
$$\Longleftrightarrow \quad x = 1 \;,\; \text{d.h.}\; L = \{\,1\,\} .$$

ii)
$$2 \cdot e^{-x} - 1.6 = 0 \qquad | \quad +1,6 \quad | : 2$$
$$\Longleftrightarrow \quad e^{-x} = 0,8 \qquad | \quad \ln$$
$$\Longleftrightarrow \quad -x = \ln 0,8 \qquad | \quad \cdot (-1)$$
$$\Longleftrightarrow \quad x = -\ln 0,8 \;\approx\; 0,2231 .$$

Vorsicht!

FEHLER

iii)
$$2x^5 = 128x^3 \qquad | : 2 \quad | : x^3 \quad \text{(und kürzen)}$$
$$\Longleftrightarrow \quad x^2 = 64 \qquad | -64$$
$$\Longleftrightarrow \quad x^2 - 64 = (x-8)(x+8) = 0 \quad | \; \text{Regel vom Nullprodukt (G5)}$$
$$\Longleftrightarrow \quad x-8 = 0 \;\vee\; x+8 = 0$$
$$\Longleftrightarrow \quad x = 8 \;\vee\; x = -8, \; \text{d.h.}\; L = \{\,8;-8\,\} .$$

iv)
$$7x - 21 = x^2 - 9 \qquad | \; \text{Ausklammern, 3. binomische Formel}$$
$$\Longleftrightarrow \quad 7 \cdot (x-3) = (x+3)(x-3) \qquad | : (x-3) \quad \text{und kürzen}$$
$$\Longleftrightarrow \quad 7 = x + 3, \; \text{d.h.} \quad L = \{\,4\,\}.$$

v) $x^4 = 81$ $\Longleftrightarrow$ $x = \sqrt[4]{81} = 3$.

vi) $x + 1 = \sqrt{25 - x^2}$ | rechts Wurzel ziehen

$\Longleftrightarrow$ $x + 1 = 5 - x$ | nach x auflösen | $+x - 1$ | $: 2$
$\Longleftrightarrow$ $x \;\;\; = 2$ | (Probe stimmt nicht, „3" ist Lösung!)

vii) $\sqrt{49 + x^2} = 2$ $\Longleftrightarrow$ $7 + x = 2$ $\Longleftrightarrow$ $x = -5$.

viii) $\sqrt{x} = 2 - x$ | $(\;)^2$

$\Longleftrightarrow$ $x \;\;\; = 4 - x^2$.

ix) $20 \cdot e^x = 111$ | ln

$\Longleftrightarrow$ $\ln 20 \cdot x \;\;\; = \ln 111$ | $: \ln 20$
$\Longleftrightarrow$ $x = \ln 111 / \ln 20 \approx 1{,}5721$.

x) $100 \cdot 1{,}07^x = 1000$ | lg $(= \log_{10})$

$\Longleftrightarrow$ $2 + x \cdot 1{,}07 = 3$.

xi) $\ln(x^4 + 51) = 13$ | linke Seite umformen

$\Longleftrightarrow$ $\ln(x^4) + \ln 51 = 13$ | L3 ; $-\ln 51$
$\Longleftrightarrow$ $4 \cdot \ln x = 13 - \ln 51$.

xii) $17 = e^{1 + \ln x}$ | vereinfachen

$\Longleftrightarrow$ $17 = e^1 + e^{\ln x}$ | vereinfachen
$\Longleftrightarrow$ $17 = e + x$.

xiii) $\dfrac{1}{x} + \dfrac{1}{a} = \dfrac{1}{b}$ $(x = ?)$ | auf beiden Seiten den Kehrwert bilden

$\Longleftrightarrow$ $x + a = b$.

xiv) $\dfrac{1}{x} + \dfrac{1}{a} = \dfrac{1}{b}$ $(x = ?)$ | $-\dfrac{1}{a}$

$\Longleftrightarrow$ $\dfrac{1}{x} = \dfrac{1}{b} - \dfrac{1}{a}$ | Kehrwert bilden
$\Longleftrightarrow$ $x = b - a$.

xv) $\dfrac{1}{x} + \dfrac{1}{a} = \dfrac{1}{b}$ $(x = ?)$ | $\cdot x$ und kürzen

$\Longleftrightarrow$ $1 + ax = bx$ | $-ax$
$\Longleftrightarrow$ $1 = bx - ax = x(b - a)$ | $: (b - a)$
$\Longleftrightarrow$ $x = \dfrac{1}{b - a}$.

xvi) $\dfrac{1}{x} + \dfrac{1}{a} = \dfrac{1}{b}$ $(x = ?)$ | $\cdot abx$ und kürzen

$\Longleftrightarrow$ $ab + bx = ax$ | $-bx$, dann x ausklammern | $: (a - b)$
$\Longleftrightarrow$ $x = \dfrac{ab}{a - b}$.

Vor-sicht!

FEHLER ⚡

Vor-sicht!

FEHLER ⚡

BK 6.3   Lineare Gleichungen

Eine Gleichung G(x): $T_1(x) = T_2(x)$ heißt **lineare Gleichung** in der Variablen x , wenn sie sich durch die Äquivalenzumformungen G1-G9 *(siehe BK 6.2)* in die Gestalt

$$ax = b$$ (mit a, b = const. ($\in \mathbb{R}$), a $\neq$ 0)

transformieren lässt. Kennzeichnend für lineare Gleichungen ist also die Tatsache, dass nach den Äquivalenzumformungen die Variable (hier: x) nur in erster Potenz auftritt.

Beispiele:

i) $5x - 2 = 3x + 8$ $\Longleftrightarrow$ $2x = 10$.

ii) $6x^2 = 3(x-4)(2x+1)$ $\Longleftrightarrow$ $6x^2 = 3(2x^2 - 7x - 4) = 6x^2 - 21x - 12$ $\Big|$ $-6x^2 + 21x$

$\Longleftrightarrow$ $21x = -12$.

iii) $mx + n = ux + v$ $\Longleftrightarrow$ $mx - ux = v - n$ $\Longleftrightarrow$ $(m-u)x = v - n$ *(m $\neq$ u)* .

In allen drei Beispielsfällen ergibt sich eine lineare Gleichung in x des Typs: $ax = b$.

Die **Lösung** der linearen Gleichung $ax = b$ ergibt sich sofort, indem man beide Seiten der Gleichung $ax = b$ durch a ($\neq$0) dividiert:

$$ax = b \qquad \Longleftrightarrow \qquad x = \frac{b}{a}$$ *(a $\neq$ 0)* .

So erhalten wir als Lösungsmenge der drei Gleichungen im letzten Beispiel:

i) $L = \{5\}$ **ii)** $L = \{-\frac{4}{7}\}$ **iii)** $L = \{\frac{v-b}{a-u}\}$, *(a $\neq$ u)*

Wie schon im obigen Beispiel ii) ersichtlich, erkennt man häufig an einer vorgegebenen Gleichung (noch) nicht, ob es sich um eine lineare Gleichung handelt. Ebenso häufig auch (insbesondere in ökonomischen Anwendungen) tragen die Variablen andere Namen als „x".

Die folgenden **Beispiele** zeigen einige Varianten *(alle Nenner $\neq$ 0 !)*:

i) $\dfrac{5}{x-2} - \dfrac{3}{x+4} = 0$ $\Big|$ $\cdot (x-2)(x+4)$ und kürzen   (x$\neq$2, x$\neq$-4)

$\Longleftrightarrow$ $5(x+4) - 3(x-2) = 0$ $\Big|$ Klammern auflösen und zusammenfassen

$\Longleftrightarrow$ $2x + 26 = 0$, d.h. $L = \{-13\}$.

ii) $Y = \dfrac{aX+b}{cX+d}$, $X = ?$ $\Big|$ $\cdot (cX+d)$ (X $\neq$ -d/c)

$\Longleftrightarrow$ $Y \cdot (cX + d) = aX + b$ $\Big|$ Klammer auflösen

$\Longleftrightarrow$ $YcX + Yd = aX + b$ $\Big|$ $-aX - Yd$

$\Longleftrightarrow$ $YcX - aX = b - Yd$ $\Big|$ X ausklammern

$\Longleftrightarrow$ $X(cY - a) = b - dY$ $\Big|$: (cY - a)

$\Longleftrightarrow$ $X = \dfrac{b - dY}{cY - a}$ *(cX+d $\neq$ 0, cY-a $\neq$ 0)* .

An den beiden letzten Beispielen wird das **Lösungsschema für lineare Gleichungen** deutlich:

- Zunächst alle Brüche „beseitigen" (Multiplikation der Gleichung beidseitig mit dem Hauptnenner und kürzen), dabei den Definitionsbereich der Gleichung beachten – Nenner $\neq 0$!
- dann alle Terme vereinfachen bzw. zusammenfassen und die Terme mit der Variablen auf dieselbe Gleichungsseite bringen (per Äquivalenzumformung),
- dann die Variable ausklammern *(Distributivgesetz!)* und schließlich die Gleichung beidseitig
- durch den vor der Variablen stehenden Faktor dividieren.

Beispiele (Fortsetzung):

iii)
$$(y-2)^2 + 8y^2 = (3y-1)^2 \qquad | \text{ Klammern auflösen (bin. Formeln)}$$
$$\Longleftrightarrow \quad y^2 - 4y + 4 + 8y^2 = 9y^2 - 6y + 1 \qquad | \text{ nur Terme mit „x" nach links}$$
$$\Longleftrightarrow \quad 9y^2 - 4y - 9y^2 + 6y = -3 \qquad | \text{ zusammenfassen}$$
$$\Longleftrightarrow \quad 2y = -3 \quad \Longleftrightarrow \quad y = -1,5 \,.$$

iv)
$$\frac{z+2}{z^2-z} = \frac{5}{1+5z} \qquad | \cdot (z^2-z)(1+5z) \qquad (z\neq 0,\ z\neq 1, z\neq -1/5)$$
$$\Longleftrightarrow \quad (z+2)(1+5z) = 5(z^2-z) \qquad | \text{ ausmultiplizieren}$$
$$\Longleftrightarrow \quad 5z^2 + 11z + 2 = 5z^2 - 5z \qquad | -5z^2 \quad | +5z \quad | -2$$
$$\Longleftrightarrow \quad 16z = -2 \qquad \Longleftrightarrow \quad z = -1/8 = -0,125 \,.$$

v)
$$5 \cdot (x+4) = 8 \cdot (x-7) - 3x \qquad | \text{ Klammern ausmultiplizieren}$$
$$\Longleftrightarrow \quad 5x + 20 = 8x - 56 - 3x = 5x - 56 \qquad | -5x$$
$$\Longleftrightarrow \quad 20 = -56 \quad \text{, d.h. stets falsche Aussage, d.h. } L = \{\ \} \,.$$

ÜBUNGEN zu BK 6.3   *(Lineare Gleichungen)*

A6.3-1:   Ermitteln Sie die Lösungen der folgenden linearen Gleichungen
           (bitte beachten Sie dabei den jeweiligen Definitionsbereich!):

i) $0,5 - 6x = -7,5 + 8x$ $x = ?$

ii) $ky - y = by + a$ $y = ?$

iii) $\dfrac{5}{3z} + \dfrac{1}{7z} = 11$ $z = ?$ *(Lösung als **einen** Bruch schreiben!)*

iv) $\dfrac{1}{a} + \dfrac{1}{x} = \dfrac{1}{b}$ $x = ?$

v) $f = \dfrac{ax+b}{cx+d}$ $x = ?$

vi) $j = \dfrac{i}{1-in}$ $i = ?$

vii) $\qquad 0 = Kq - R \cdot \dfrac{q-1}{i}$ $\qquad$ q = ? $\qquad$ R = ? $\qquad$ K = ? $\qquad$ i = ?

viii) $\qquad \dfrac{x-7}{x+7} = \dfrac{x-5}{x+5}$ $\qquad$ x = ?

ix) $\qquad 2.000 = 1.800 \, (1 + \dfrac{p}{100} \cdot 0{,}5)$ $\qquad$ p = ?

x) $\qquad \left(\dfrac{1}{x-1} - \dfrac{1}{x+1} \right) \left(x^2 + \dfrac{1}{2} \right) = \dfrac{6x-1}{3x-3}$ $\quad$ x = ?

xi) $\qquad \dfrac{a+2b}{2} \cdot y = F + a \cdot \dfrac{y}{2}$ $\qquad$ a = ? $\qquad$ b = ? $\qquad$ y = ?

BK 6.4   Quadratische Gleichungen

Eine Gleichung $G(x): T_1(x) = T_2(x)$ heißt **quadratische Gleichung** in der Variablen x , wenn sie sich durch die Äquivalenzumformungen G1-G9 *(siehe BK 6.2)* in die Gestalt

$$\boxed{ax^2 + bx + c = 0} \qquad (a \neq 0 ; \ a,b,c = const. \, (\in \mathbb{R}))$$

transformieren lässt. Kennzeichnend für quadratische Gleichungen ist also die Tatsache, dass nach den Äquivalenzumformungen die Variable (hier: x) in zweiter Potenz *(und evtl. noch in erster und/oder nullter Potenz)* auftritt.

Beispiele (quadratische Gleichungen in verschiedenen Variablen)**:**

i) $\qquad 5x^2 - 2x - 99 = 0$

ii) $\qquad 4q - q^2 = -100$

iii) $\qquad 5y^2 = 0$

iv) $\qquad (x-4)(x+5) = 0.$ $\qquad$ Durch Ausmultiplizieren folgt: $\quad x^2 + x - 20 = 0$

v) $\qquad z^2 + 7z - 3 = 2z^2 - 3z$

vi) $\qquad mt^2 - nt + p = 0$ $\quad$ *(quadratische Gleichung in t ; m, n, p sind konstante Parameter, m ≠ 0)*

Dividiert man die Gleichung $ax^2 + bx + c = 0$ durch a ($\neq 0$), so erhält man die sog. **Normalform** der quadratischen Gleichung (in der der Koeffizient des quadratischen Gliedes gleich 1 ist), es folgt:

$$x^2 + \frac{b}{a}x + \frac{c}{a} = 0 \ .$$

Setzt man zur Abkürzung $\frac{b}{a} =: p$ und $\frac{c}{a} =: q$, so lautet die **Normalform der quadratischen Gleichung:**

$$\boxed{x^2 + px + q = 0} \ .$$

Ziel der folgenden Betrachtungen ist es, **Lösungsverfahren für quadratische Gleichungen** bereitzustellen. Dabei wollen wir zunächst nur quadratische Gleichungen in Normalform betrachten, denn jede quadratische Gleichung $ax^2 + bx + c = 0$ lässt sich nach Division durch a ($\neq 0$) in Normalform darstellen. Bevor wir den allgemeinen Fall betrachten, sollen die einfachen Spezialfälle erwähnt werden:

Fall 1:   In der quadratischen Gleichung fehlt das konstante Glied: $x^2 + px = 0$

(Beispiele: $x^2 + 2x = 0$; $z^2 - 15z = 0$ usw.)

Durch Ausklammern der Variablen wird die linke Seite faktorisiert, so dass man die Äquivalenzumformung G5 anwenden kann:

$$x^2 + px = 0$$
$$\Longleftrightarrow \qquad x(x + p) = 0 \qquad | \text{ G5 bzw. Regel R 16 i)}$$
$$\Longleftrightarrow \qquad x = 0 \ \lor \ x + p = 0 \qquad (\lor = oder)$$
$$\Longleftrightarrow \qquad x = 0 \ \lor \ x = -p \qquad \text{d.h. } L = \{0 ; -p\} \ .$$

Beispiel: $5x^2 + 2x = 7x^2 - 6x \qquad \Longleftrightarrow \qquad -2x^2 + 8x = 0$

$\Longleftrightarrow \ x^2 - 4x = 0 \ (Normalform) \qquad \Longleftrightarrow \ x(x - 4) = 0$

$\Longleftrightarrow \ x = 0 \ \lor \ x - 4 = 0 \ , \quad \text{d.h. } L = \{0 ; 4\} \ .$

Fall 2:   In der quadratischen Gleichung fehlt das lineare Glied in x: $x^2 + q = 0$

(Beispiele: $x^2 - 16 = 0$; $y^2 + 1 = 0$; $z^2 = 0$ usw.)

a) $q < 0$, z.B. $x^2 - 16 = 0 \qquad | \text{ 3. binomische Formel anwenden}$

$\Longleftrightarrow \ (x - 4)(x + 4) = 0 \qquad | \text{ G5 bzw. Regel R 16 i)}$

$\Longleftrightarrow \ x - 4 = 0 \ \lor \ x + 4 = 0 \qquad (\lor = oder)$

$\Longleftrightarrow \ x = 4 \ \lor \ x = -4$

$\Longleftrightarrow \ L = \{4 ; -4\}$

b) $q = 0$, z.B. $x^2 = 0 \quad \Longleftrightarrow \quad L = \{0\}$

c) $q > 0$, z.B. $x^2 + 1 = 0 \ \Longleftrightarrow \ x^2 = -1$, d.h. $L = \{ \ \}$,   denn ein ein Quadrat kann nie negativ sein.

allgemein: $x^2 + q = 0 \qquad \Longleftrightarrow \qquad x^2 = -q \qquad \Longleftrightarrow \qquad x = \sqrt{-q} \ \lor \ x = -\sqrt{-q}$,

d.h. es gibt zwei Lösungen, falls $q < 0$, eine Lösung, falls $q = 0$ und keine Lösung, falls $q > 0$.

Beispiel: i) $q < 0$: $x^2 - 5 = 0 \ \Longleftrightarrow \ x^2 = 5 \Longleftrightarrow \ x = \sqrt{5} \ \lor \ x = \sqrt{5}$

ii) $q = 0$: $x^2 = 0 \qquad \Longleftrightarrow \ x = 0$

iii) $q > 0$: $x^2 + 4 = 0 \ \Longleftrightarrow \ x^2 = -4$ d.h. $L = \{ \ \}$

Beispiel: $5x^2 + 2x = 3x - x^2 \qquad \Longleftrightarrow \qquad 6x^2 - x = 0 \ \Longleftrightarrow \ x(6x - 1) = 0$

$\Longleftrightarrow \ x = 0 \ \lor \ 6x - 1 = 0 \qquad \Longleftrightarrow \ x = 0 \ \lor \ x = 1/6 \quad .$

Fall 3:   Die quadratische Gleichung liege in **allgemeiner Normalform** vor: $x^2 + px + q = 0$.

Die Lösungsidee sei zunächst an einem **Beispiel** verdeutlicht: $(p, q = const.)$

Zu lösen sei die Gleichung $2x^2 - 16x - 18 = 0 \qquad | : 2$, um die Normalform herzustellen

$\Longleftrightarrow$ Normalform: $x^2 - 8x - 9 = 0 \qquad$ (mit $p = -8$ und $q = -9$)

Idee: Wenn es gelingt, die Gleichung in die Form $(x + a)^2 = b$ äquivalent umzuformen, so lässt sich nach den vorangegangenen Beispielen $(x + a)$ und daraus x ermitteln.

Dies gelingt nun tatsächlich in allen Fällen mit Hilfe der **quadratischen Ergänzung:**

Dazu isolieren wir die Terme, die x enthalten:

$$x^2 - 8x \qquad = 9 \quad \text{und vergleichen links mit der 2. binomischen Formel:}$$
$$(x - a)^2 = x^2 - 2ax + a^2$$

Man könnte also $x^2 - 8x$ schreiben als $(x - a)^2$, wenn nur „$- 8x$" identisch wäre mit „$- 2ax$" und zusätzlich noch „a^2" additiv hinzukäme:

Aus $-8x = -2ax$ entnimmt man: $a = 8/2 = 4$, d.h. $a^2 = 4^2 = 16$.

Dieser Wert „16" ($= a^2$) wird nun auf **beiden** Seiten addiert *(„quadratische Ergänzung")*, da sich die Lösungsmenge der Gleichung nicht ändern darf (Äquivalenzumformung G2):

Damit haben wir folgende äquivalente Umformungskette:

$$\begin{array}{lll}
& x^2 - 8x - 9 = 0 & \Big|\; +9 \\
\Longleftrightarrow & x^2 - 8x \quad\;\; = 9 & \Big|\; + 16 \;(= \text{quadratische Ergänzung}) \\
\Longleftrightarrow & x^2 - 8x + \mathbf{4^2} = 9 + \mathbf{4^2} & \Big|\; \text{Anwendung 2. binomische Formel} \\
\Longleftrightarrow & (x - 4)^2 \qquad\;\; = 25 &
\end{array}$$

Damit ist das Zwischenziel erreicht – die Variable befindet sich ausschließlich in einem Quadrat-Term, der nun mit Hilfe der 3. binomischen Formel zu einer unmittelbar auflösbaren Gleichungsform führt:

$$\begin{array}{lll}
\Longleftrightarrow & (x-4)^2 - 25 = 0 & \Big|\; \text{3. binomische Formel anwenden} \\
\Longleftrightarrow & (x-4-5)(x-4+5) = 0 & \Big|\; \text{zusammenfassen} \\
\Longleftrightarrow & (x-9)\cdot(x+1) \quad\;\; = 0 & \Big|\; \text{G5 bzw. Regel R 16i (Nullprodukt)} \\
\Longleftrightarrow & x-9 = 0 \lor x+1 = 0 & \\
\Longleftrightarrow & x = 9 \lor x = -1 & \text{d.h.} \quad L = \{\,9; -1\,\}\,.
\end{array}$$

Beispiele:

i) Zu lösen ist die Gleichung $\quad x^2 + x - 6 = 0 \quad$ (bereits in Normalform)

$$\begin{array}{lll}
\Longleftrightarrow & x^2 + x \quad\;\; = 6 & \Big|\; +(\tfrac{1}{2})^2 \;(= \text{quadratische Ergänzung}) \\
\Longleftrightarrow & (x + 0{,}5)^2 = 6{,}25 & \\
\Longleftrightarrow & x + 0{,}5 = 2{,}5 \lor x + 0{,}5 = -2{,}5 & \\
\Longleftrightarrow & x = 2 \lor x = -3, & \text{d.h. } L = \{\,2\,;-3\,\}
\end{array}$$

ii) Zu lösen ist die Gleichung $\quad 2x^2 - 12x - 8 = 0 \quad$ (Normalform herstellen)

$$\begin{array}{lll}
\Longleftrightarrow & x^2 - 6x \quad\;\; = 4 & \Big|\; +3^2 \;\;(\text{quadratische Ergänzung}) \\
\Longleftrightarrow & (x - 3)^2 \quad\;\; = 13 & \Big|\; -13 = -(\sqrt{13})^2 \\
\Longleftrightarrow & (x-3)^2 - (\sqrt{13})^2 = 0 & \Big|\; \text{3. binomische Formel anwenden} \\
\Longleftrightarrow & (x-3-\sqrt{13})(x-3+\sqrt{13}) = 0 & \Big|\; \text{G5 / R 16i) anwenden (Nullprodukt)} \\
\Longleftrightarrow & x = 3+\sqrt{13} \lor x = 3-\sqrt{13}, & \text{d.h. } L \approx \{\,6{,}6056\,;-0{,}6056\,\}\,.
\end{array}$$

Man erkennt: Die quadratische Ergänzung zu $x^2 + px$ erhält man stets als Quadrat von $\dfrac{p}{2}$.

Wenden wir dasselbe Lösungsverfahren auf die in **Normalform** vorliegende **allgemeine** quadratische Gleichung $x^2 + px + q = 0$ an, so erhalten wir in analoger Weise die sog. „**p,q - Formel**":

$$x^2 + px + q = 0 \qquad \Big|\ -q$$

$$\Longleftrightarrow \quad x^2 + px \quad = -q \qquad \Big|\ +(\tfrac{p}{2})^2 \ \text{(„quadratische Ergänzung")}$$

$$\Longleftrightarrow \quad x^2 + px + (\tfrac{p}{2})^2 = (\tfrac{p}{2})^2 - q$$

$$\Longleftrightarrow \quad (x + \tfrac{p}{2})^2 \quad = \quad (\tfrac{p}{2})^2 - q \qquad \Big|\ \text{G9b}$$

$$\Longleftrightarrow \quad x + \tfrac{p}{2} = \sqrt{(\tfrac{p}{2})^2 - q} \ \vee\ x + \tfrac{p}{2} = -\sqrt{(\tfrac{p}{2})^2 - q} \quad , \text{d.h.}$$

$$\boxed{\ L = \left\{ -\tfrac{p}{2} + \sqrt{(\tfrac{p}{2})^2 - q} \ ; \ -\tfrac{p}{2} - \sqrt{(\tfrac{p}{2})^2 - q} \ \right\} \ }$$

$$\text{(Lösungen der quadratischen Gleichung}\ \ x^2 + px + q = 0 \ .)$$

Benennt man die beiden Lösungen der quadratischen Gleichung mit x_1, x_2, so schreibt man häufig **abkürzend** die **p,q - Lösungsformel** für die quadratische Gleichung $x^2 + px + q = 0$:

(∗)

$$\boxed{\ x_{1,2} = -\frac{p}{2} \pm \sqrt{(\frac{p}{2})^2 - q}\ } \qquad .$$

Bemerkung: *Der Radikand* $(\frac{p}{2})^2 - q =: D$ *in der Lösungsformel* (∗) *heißt auch* **Diskriminante** *der quadratischen Gleichung, weil durch sie* **entschieden** *wird, ob die quadratische Gleichung zwei, eine oder keine Lösung besitzt:*

Beispiele:

i) $\quad x^2 - x - 6 = 0 \qquad \Longleftrightarrow \qquad x_{1,2} = \tfrac{1}{2} \pm \sqrt{\tfrac{1}{4} + 6} \qquad$ (d.h. $D = \tfrac{25}{4} > 0$)

$\Longleftrightarrow \quad L = \{3; -2\}$; also **zwei** Lösungen, wenn **D > 0** .

ii) $\quad x^2 - 2x + 1 = 0 \qquad \Longleftrightarrow \qquad x_{1,2} = 1 \pm \sqrt{1 - 1} \qquad$ (d.h. $D = 0$)

$\Longleftrightarrow \quad L = \{1\}$; also **eine** Lösung, wenn **D = 0** .

iii) $\quad x^2 - 4x + 20 = 0 \qquad \Longleftrightarrow \qquad x_{1,2} = 2 \pm \sqrt{4 - 20} \qquad$ (d.h. $D = -16 < 0$)

$\Longleftrightarrow \quad L = \{\ \}$, da $\sqrt{-16}$ in $\mathbb{R}$ nicht definiert ist, also **keine** Lösung, wenn **D < 0** .

iv) $\quad 5u^2 = 3 + u \qquad \Longleftrightarrow \qquad 5u^2 - u - 3 = 0 \qquad \Longleftrightarrow \qquad u^2 - 0{,}2u - 0{,}6 = 0$

$\Longleftrightarrow \quad u_{1,2} = 0{,}1 \pm \sqrt{0{,}1^2 + 0{,}6} = 0{,}1 \pm \sqrt{0{,}61} \quad$ d.h. $L \approx \{0{,}8810 ; -0{,}6810\}$

v) $\quad z(z + 1)(z + 2) + 5z^3 = 3(2z^2 + 1)(z - 1) \Longleftrightarrow 6z^3 + 3z^2 + 2z = 6z^3 - 6z^2 - 7z + 9$

$\Longleftrightarrow \quad 9z^2 + 9z - 9 = 0 \Longleftrightarrow z^2 + z - 1 = 0 \Longleftrightarrow z_{1,2} = -\tfrac{1}{2} \pm \sqrt{-1/2 + 1} = \tfrac{1}{2}(-1 \pm \sqrt{5}).$

Die p,q-Lösungsformel (∗) eignet sich auch dazu, die Lösungen der allgemeinen quadratischen Gleichung

$$ax^2 + bx + c = 0 \qquad (a \neq 0)$$

formelmäßig darzustellen. Die entsprechende Normalform ergibt sich nach Division durch a ($\neq 0$) zu

$$x^2 + \frac{b}{a}x + \frac{c}{a} = 0 \quad ,$$

d.h. es gilt $\quad p = \frac{b}{a}$ und $q = \frac{c}{a}$. Setzt man diese Werte in die p,q-Lösungsformel (∗) ein, so folgt:

$$x_{1,2} = -\frac{p}{2} \pm \sqrt{\left(\frac{p}{2}\right)^2 - q} = -\frac{b}{2a} \pm \sqrt{\left(\frac{b}{2a}\right)^2 - \frac{c}{a}} = -\frac{b}{2a} \pm \sqrt{\frac{b^2 - 4ac}{4a^2}} = -\frac{b}{2a} \pm \frac{1}{2a}\sqrt{b^2 - 4ac}$$

Daraus folgt – wieder mit x_1 und x_2 als Namen für die beiden Lösungen – die **allgemeine Lösungsformel** für die quadratische Gleichung $ax^2 + bx + c = 0$:

(∗∗)
$$\boxed{\; x_{1,2} = \frac{-b \pm \sqrt{b^2 - 4ac}}{2a} \;} \quad , \; a \neq 0.$$

mit der **Diskriminante** $D := b^2 - 4ac$. Falls gilt:

– $D = b^2 - 4ac > 0$, so existieren 2 Lösungen, gegeben durch (∗∗) ;

– $D = b^2 - 4ac = 0$, so gibt es 1 Lösung, nämlich $x = \frac{-b}{2a}$;

– $D = b^2 - 4ac < 0$, so gibt es (in $\mathbb{R}$) keine Lösung.

Bemerkung: Wir haben somit drei verwandte Techniken zur Lösung quadratischer Gleichungen kennen gelernt: a) quadratische Ergänzung   b) p,q-Formel (∗)   c) allgemeine Lösungsformel (∗∗).

Welche dieser Techniken schließlich zum Einsatz kommt, ist unerheblich – benutzen Sie im Zweifel diejenige, die Sie besonders gut beherrschen...

Beispiele:

i) $5x^2 + 30x - 35 = 0$ (d.h. a = 5; b = 30; c = −35)

      $D = b^2 - 4ac = 900 - 4 \cdot 5 \cdot (-35) = 1600$

$$\Longleftrightarrow \quad x_{1,2} = \frac{-b \pm \sqrt{b^2 - 4ac}}{2a} = \frac{-30 \pm \sqrt{1600}}{10} = -3 \pm 4 \text{ , d.h } x_1 = -7 \text{ , } x_2 = 1 \text{ .}$$

ii) $-0{,}1y^2 - y + 2{,}4 = 0$ (d.h. a = −0,1 ; b = −1 ; c = 2,4)

      $D = b^2 - 4ac = 1 - 4 \cdot (-0{,}1) \cdot 2{,}4 = 1 + 0{,}96 = 1{,}96 ; \quad \sqrt{D} = \sqrt{1{,}96} = 1{,}4$

$$\Longleftrightarrow \quad y_{1,2} = \frac{-b \pm \sqrt{D}}{2a} = \frac{1 \pm 1{,}4}{-0{,}2} = -5 \pm 7 \text{ , d.h } y_1 = 2 \text{ , } y_2 = -12 \text{ .}$$

iii) $7u^2 + 10u + 20 = 0$ (d.h. a = 7 ; b = 10 ; c = 20)

      $D = b^2 - 4ac = 100 - 4 \cdot 7 \cdot 20 = 100 - 560 < 0$,   d.h. $L = \{ \ \}$.

Bemerkung (1):

Zwischen den beiden Lösungen x_1, x_2 und den Koeffizienten p, q der quadratischen Gleichung

$$x^2 + px + q = 0$$

bestehen die beiden Beziehungen:

a)	$x_1 + x_2 \;=\; -p$	
b)	$x_1 \cdot x_2 \;=\; q$	*(Satz von VIETA)*

Beweis: Wir benutzen die Lösungen x_1 und x_2 aus der p,q-Lösungsformel (*), s.o.:

$$x_{1,2} = -\frac{p}{2} \pm \sqrt{\left(\frac{p}{2}\right)^2 - q} \quad .$$

Damit gilt   (Radikand $D \geq 0$ vorausgesetzt) :

a) $x_1 + x_2 = -\dfrac{p}{2} + \sqrt{\left(\dfrac{p}{2}\right)^2 - q} \;+\; \left(-\dfrac{p}{2}\right) - \sqrt{\left(\dfrac{p}{2}\right)^2 - q}$

$\qquad\qquad = -\dfrac{p}{2} + \left(-\dfrac{p}{2}\right) \;=\; -p \;\; ;$

b) $x_1 \cdot x_2 = \left(-\dfrac{p}{2} + \sqrt{\left(\dfrac{p}{2}\right)^2 - q}\right) \cdot \left(-\dfrac{p}{2} - \sqrt{\left(\dfrac{p}{2}\right)^2 - q}\right)$ *(3. bin. Formel)*

$\qquad\qquad = \left(-\dfrac{p}{2}\right)^2 - \left(\left(\dfrac{p}{2}\right)^2 - q\right) \;=\; \left(\dfrac{p}{2}\right)^2 - \left(\dfrac{p}{2}\right)^2 + q \;=\; q \;\; .$ □

Beispiele:

i)   Die quadratische Gleichung $x^2 - x - 6 = 0$ $(p = -1 \,; q = -6)$ hat die Lösungen:
$$x_1 = 3 \;; \; x_2 = -2 \,.$$

Es gilt: $\qquad\qquad x_1 + x_2 = 3 - 2 = 1 = -p \;;$
$\qquad\qquad\qquad\quad x_1 \cdot x_2 \;= 3 \cdot (-2) = -6 = q \;.$

ii)   Der Satz von VIETA gestattet eine schnelle Kontrolle der Lösungen x_1, x_2 quadratischer Gleichungen. Die Behauptung etwa, die Gleichung $x^2 - 0,8x + 0,07 = 0$ habe die Lösungen $0,1$ und $0,7$, kann sofort verifiziert werden, denn es gilt:
$$0,1 + 0,7 \;=\; 0,8 \qquad und \qquad 0,1 \cdot 0,7 \;=\; 0,07 \;.$$

iii)   Der Satz von VIETA ermöglicht weiterhin das schnelle Auffinden der zweiten Lösung einer quadratischen Gleichung, wenn die erste Lösung bekannt ist.

Sei etwa die quadratische Gleichung
$$x^2 + 1,6x - 4,2 = 0 \qquad (p = 1,6, \; q = -4,2)$$
sowie **eine** Lösung $x_1 = -3$ vorgegeben.

Dann ergibt sich sofort die zweite Lösung x_2 durch
$$x_2 = q / x_1 = -4,2/-3 \;= \;1,4$$
$$oder \quad x_2 = -p - x_1 = -1,6 - (-3) \;= \;1,4 \,.$$

Bemerkung (2):

Kennt man die Lösungen x_1, x_2 der quadratischen Gleichung

$$x^2 + px + q = 0 ,$$

so folgt wegen $x = x_1 \lor x = x_2$, d.h. $x - x_1 = 0 \lor x - x_2 = 0$ nach dem Satz vom Nullprodukt:

$$\boxed{(x - x_1)(x - x_2) = 0} \quad ,$$

d.h. eine quadratische Gleichung $x^2 + px + q = 0$, die die Lösungen x_1, x_2 besitzt, lässt sich in ein Produkt $(x - x_1)(x - x_2) = 0$ aus den zwei **Linearfaktoren** $x - x_1$ und $x - x_2$ zerlegen (**faktorisieren**).

Beispiele:

i)   Seien $x_1 = 3, x_2 = -5$ die beiden Lösungen einer quadratischen Gleichung. Dann lässt sich diese Gleichung schreiben als: $(x - 3)(x + 5) = 0$ oder $c \cdot (x - 3)(x + 5) = 0$ (mit $c \neq 0$). Auf diese Weise lässt sich bei Vorgabe zweier beliebiger Lösungen unmittelbar eine dazu passende quadratische Gleichung aufstellen (analog erweiterbar auf Polynomgleichungen n-ter Ordnung bei Vorgabe von n Lösungen).

ii) Ist umgekehrt das Produkt zweier Linearfaktoren Null, so lassen sich die Lösungen der entsprechenden quadratischen Gleichung **unmittelbar** angeben: Sei etwa die quadratische Gleichung

$$2(x + 1,5)(x - 0,3) = 0$$

vorgegeben. Dann ergeben sich nach G5 bzw. Regel R 16i) die Lösungen sofort durch die Nullstellen x_1, x_2 der beiden Linearfaktoren zu

$$x_1 = -1,5 \text{ und } x_2 = 0,3 .$$

Auch hier erkennt man die analoge Erweiterung auf mehr als zwei Linearfaktoren, deren Produkt Null ist, siehe Beispiel ii) zur Gleichungsregel G5.

iii) Die Zerlegung von (quadratischen) Polynomen in Linearfaktoren hat zusätzlich praktischen Nutzen, weil dadurch in rationalen Bruchtermen Kürzungsmöglichkeiten (und dadurch Termvereinfachungen) geschaffen werden können.
Sei etwa der folgende Bruchterm $B(x)$ vorgegeben: $B(x) = \dfrac{x^2 + 2x - 3}{x^2 - 2x - 15}$.

Eine unmittelbare Vereinfachung durch Kürzen ist nicht erkennbar (denn aus Summen ...), also versuchen wir, die beiden quadratischen Polynome in Linearfaktoren zu zerlegen, indem wir zunächst die Nullstellen der beiden Polynome ermitteln:

$$x^2 + 2x - 3 = 0 \quad \Longleftrightarrow \quad x_{1,2} = -1 \pm \sqrt{1 + 3} \quad \text{d.h. } x_1 = 1 ; \ x_2 = -3 ;$$

$$x^2 - 2x - 15 = 0 \quad \Longleftrightarrow \quad x_{1,2} = 1 \pm \sqrt{1 + 15} \quad \text{d.h. } x_1 = 5 ; \ x_2 = -3 .$$

Damit können wir den Bruchterm $B(x)$ äquivalent wie folgt schreiben und kürzen:

$$B(x) = \frac{x^2 + 2x - 3}{x^2 - 2x - 15} = \frac{(x - 1)(x + 3)}{(x - 5)(x + 3)} = \frac{x - 1}{x - 5} \quad (\text{mit } x \neq -3) .$$

ÜBUNGEN zu BK 6.4   *(Quadratische Gleichungen)*

A6.4-1:   Bilden Sie zu jedem Term die quadratische Ergänzung:

i) $x^2 - 6x$

ii) $z^2 - z$

iii) $Y^2 + 512Y$

iv) $q^2 + q$

A6.4-2:   Ermitteln Sie die Lösungen der folgenden (quadratischen) Gleichungen nach den angegebenen Variablen. Dabei können Sie ein beliebiges Lösungsverfahren wählen:

i) $x^2 - 6x - 7 = 0$ $\hspace{3cm}$ $x = ?$

ii) $10a^2 - 17a = -7$ $\hspace{3cm}$ $a = ?$

iii) $y^2 + 16y + 100 = 0$ $\hspace{2cm}$ $y = ?$

iv) $2C^2 \cdot (C-2) = 0$ $\hspace{2.5cm}$ $C = ?$

v) $-19p(12p-4)(p^2+4) = 0$ $\hspace{1cm}$ $p = ?$

vi) $(x - \dfrac{7uv}{w}) \cdot (x + \dfrac{16ab}{c}) = 0$ $\hspace{1cm}$ $x = ?$

vii) $5Y^3 = 245Y$ $\hspace{3cm}$ $Y = ?$

viii) $27ab - 11q^2 = 5a$ $\hspace{2.5cm}$ $q = ?$

ix) $(x^2 + 3x - 10)(x^2 + 2x - 15) = 0$ $\hspace{0.5cm}$ $x = ?$

x) $2x^2 - 3 = c \cdot (x+1),\ c = $ const. $\hspace{0.5cm}$ $x = ?$

A6.4-3:   Entscheiden Sie **ohne** Ermittlung der konkreten Lösungen, ob die vorgegebene quadratische Gleichung eine, zwei oder keine Lösung besitzt:

i) $10x^2 - 7x + 5 = 0$

ii) $Y^2 + Y - 1 = 0$

iii) $2y^2 - y \cdot 4 \cdot \sqrt{3} + 6 = 0$

iv) $17x \cdot (x - \sqrt{7}) = 0$

A6.4-4:   Zerlegen Sie die unten aufgeführten quadratischen Polynome in Linearfaktoren und kürzen Sie anschließend Bruchterme so weit wie möglich:

i) $x^2 - x - 6 = c \cdot (x - x_1)(x - x_2) = $

ii) $3y^2 - 18y - 21 = $

iii) $\dfrac{16 - A^2}{A + 4} = $

iv) $\dfrac{2x^2 + 10x + 8}{x^2 - 2x - 3} = $

A6.4-5:   Geben Sie die Normalform der quadratischen Gleichung an, die folgende Lösungen besitzt:

i) $x_1 = 3$; $x_2 = -7$

ii) $y_1 = -0,01$; $y_2 = \frac{1}{8}$

iii) $x_1 = -4$; $x_2 = -4$

iv) $z_1 = 0$; $z_2 = 0,25$

v) $x_1 = 0$; $x_2 = 0$

vi) $x_{1,2} = \frac{1}{2} \pm \frac{1}{2}\sqrt{5}$

A6.4-6:

i)   Wie muß die Konstante c gewählt werden, damit die Gleichung $3x^2 + 10x + c = 0$ zwei Lösungen besitzt?

ii)   Der Preis für unverbleites Superbenzin (Mittelwert) lag 2019 um 22% über dem entsprechenden Preis in 2017. Um wieviel Prozent *pro Jahr* hat sich durchschnittlich der Preis in 2018 und 2019 *(gegenüber dem jeweiligen Vorjahr)* verändert?

iii)   Huber leiht sich 100.000 €. Als Gegenleistung zahlt er nach einem Jahr 62.500 € und nach einem weiteren Jahr 56.250 € zurück.

         Bei welchem *(positiven)* Jahreszinssatz (= „Effektivzinssatz") sind Kreditauszahlung und Gegenleistungen äquivalent? *(Zinseszinsmethode, Zinsperiode = 1 Jahr)*

BK 6.5   Gleichungen höheren als 2. Grades, Substitution, Polynomdivision

Im allgemeinen können Gleichungen höheren Grades, d.h. des Typs

$$G(x): \qquad x^n + ax^{n-1} + bx^{n-2} + \ldots + c = 0 \qquad (n \in \mathbb{N}) \qquad \text{oder}$$

$$G(x): \qquad a_n x^n + a_{n-1}x^{n-1} + \ldots + a_1 x + a_0 = 0$$

Beispiel: $G(x): \qquad 2x^7 - 4x^5 + x^4 + 200x^2 - 3x + 9 = 0$

für $n \geq 3$ nur schwer bzw. ab $n = 5$ überhaupt nicht mit den elementaren (klassischen) Berechnungsmethoden formelmäßig vollständig gelöst werden, so dass man hier – erfolgreich – zu **Näherungsverfahren** greift *(siehe Abschnitt 2.4 oder 5.4)*.

Wir können daher an dieser Stelle nur für einige einfache **Sonderfälle** die Lösung von Gleichungen höheren Grades explizit angeben.

Sonderfall A:

Die Gleichungen sind einfache **Potenzgleichungen** des Typs:

$$\boxed{a \cdot T^n = c}$$

$(a, c = \text{const.}, a \neq 0, n \in \mathbb{R})$

Beispiele:

i) $4x^8 = 1024$ ii) $(z^2 - z - 8)^3 = -8$ iii) $2(3A)^{0,8} = 1000$.

Derartige Gleichungen lassen sich durch Radizieren (bzw. Potenzieren mit gebrochenen Exponenten) lösen (siehe BK 4.3, letzte Bemerkung iv) sowie BK 6.2, Regel G9c).

Für die drei oben angegebenen Beispiele erhalten wir:

i) $4x^8 = 1024$

$\Longleftrightarrow \quad x^8 = 256 \quad \Longleftrightarrow \quad x = \sqrt[8]{256} \ \lor \ x = -\sqrt[8]{256}$, d.h. $L = \{2; -2\}$.

ii) $(z^2 - z - 8)^3 = -8$

$\Longleftrightarrow \quad z^2 - z - 8 = -2 \quad \Longleftrightarrow \quad z^2 - z - 6 = 0 \quad \Longleftrightarrow \quad z_{1,2} = 0,5 \pm \sqrt{6,25}$, $L = \{3; -2\}$

iii) $2(3A)^{0,8} = 1000$

$\Longleftrightarrow \quad 3^{0,8} \cdot A^{0,8} = 500 \quad \Longleftrightarrow \quad A^{0,8} = 500 \cdot 3^{-0,8}$

$\Longleftrightarrow \quad A = (500 \cdot 3^{-0,8})^{1/0,8} = (500 \cdot 3^{-0,8})^{1,25} \approx 788,118$.

Sonderfall B:

Eine Reihe von Gleichungen höheren Grades lässt sich einer Lösung zuführen, indem man eine neue Lösungsvariable einführt (**Substitution**).

Beispiel: G(x): $x^4 - x^2 - 6 = 0$ (Biquadratische Gleichung)

Man **ersetzt** (substituiert) x^2 durch eine neue Variable, z.B. z, d.h. $x^2 =: z$, und erhält damit wegen $x^4 = z^2$ aus G(x) eine äquivalente quadratische Gleichung in z:

G*(z): $z^2 - z - 6 = 0$.

Diese Gleichung führt *(z.B. mit der p,q-Formel)* auf $z = -2 \lor z = 3$, d.h. $z_1 = -2$; $z_2 = 3$.
Nun muss die Substitution $x^2 = z$ rückgängig gemacht werden (**Resubstitution**), man erhält:

$x^2 = -2 \lor x^2 = 3 \quad \Longleftrightarrow \quad x = \sqrt{-2} \ \lor \ x = -\sqrt{-2} \ \lor \ x = \sqrt{3} \ \lor \ x = -\sqrt{3}$,

d.h. (da $\sqrt{-2}$ in $\mathbb{R}$ nicht definiert ist) $L_G = \{\sqrt{3}, -\sqrt{3}\}$.

Beispiel: G(x): $(x^2 - 2x - 8)^2 - 2(x^2 - 2x - 8) - 35 = 0$.

Nicht zum Erfolg führt ein Ausmultiplizieren der Terme mit dem „lösungsfeindlichen" Ergebnis:

$$x^4 - 4x^3 - 14x^2 + 36x + 45 = 0 \ .$$

Daher substituiert man: $x^2 - 2x - 8 =: z$, so dass folgt:

$z^2 - 2z - 35 = 0 \quad \Longleftrightarrow \quad z_1 = -5$; $z_2 = 7$.

Resubstitution: $z_1 = x^2 - 2x - 8 = -5 \quad \Longleftrightarrow \quad x_{1,2} = 1 \pm \sqrt{4} = 1 \pm 2$

$z_2 = x^2 - 2x - 8 = \ 7 \quad \Longleftrightarrow \quad x_{3,4} = 1 \pm \sqrt{16} = 1 \pm 4$,

d.h. $L = \{ 3; -1; 5; -3 \}$.

Sonderfall C: Die Gleichung G lasse sich als **verschwindendes Produkt**

$$T_1 \cdot T_2 \cdot \ldots \cdot T_n = 0$$

schreiben, deren Faktorterme T_i höchstens quadratisch sind oder zu den Sonderfällen A, B gehören. Da dieses Produkt bereits Null wird, wenn auch nur einer der Faktoren Null wird, erhalten wir nach G5 die Lösungen über

$$T_1 = 0 \vee T_2 = 0 \vee \ldots \vee T_n = 0 \qquad . \qquad (\vee = \text{oder})$$

Beispiel: Die formelmäßig nicht explizit lösbare Gleichung 7. Grades

$G^*(x):$ $2x^7 - 10x^6 - 156x^5 + 700x^4 + 2.842x^3 - 10.290x^2 = 0$

ist identisch mit der Gleichung

$G(x):$ $2x^2 (x - 3)(x^2 - 49)(x + 5)(x - 7) = 0$.   *(Beweis durch Ausmultiplizieren)*

Die Lösungen von $G(x)$ lassen sich nach dem Vorhergehenden über die äquivalente Aussageform

$2x^2 = 0 \vee x - 3 = 0 \vee x^2 - 49 = 0 \vee x + 5 = 0 \vee x - 7 = 0$ angeben:
$L_G = \{0; 3; 7; -7; -5\}$.

In der Praxis gelingt es freilich selten oder nie, ohne ausgesprochenes „Rateglück" die vollständige Faktorzerlegung zu finden. Abhilfe: geeignetes Iterationsverfahren, siehe Abschnitt 2.4 oder 5.4 .

Beispiel: Häufig lässt sich durch Ausklammern einer Potenz x^k eine Gleichung in Faktoren zerlegen, wenn das konstante Glied und eventuell weitere Potenzen $x, x^2, \ldots$ fehlen:

$G(x):$ $x^5 + 4x^4 - 5x^3 = 0$.   Man klammert x^3 aus:

$\Longleftrightarrow$ $x^3(x^2 + 4x - 5) = 0$ $\Longleftrightarrow$ $x^3 = 0 \vee x^2 + 4x - 5 = 0$

$\Longleftrightarrow$ $x = 0 \vee x = 1 \vee x = -5$,   d.h. $L_G = \{0, 1, -5\}$.

Beispiel: $x^{20} + 27x^{17} = 0$; x^{17} ausklammern:

$\Longleftrightarrow$ $x^{17}(x^3 + 27) = 0$ $\Longleftrightarrow$ $x^{17} = 0 \vee x^3 + 27 = 0$, d.h. $L = \{0, -3\}$.

Bemerkung:

*Wie schon in den Beispielen zur Gleichungs-Regel G4 gezeigt, vermeide man möglichst, bei Gleichungen der eben behandelten Art durch einen Term $T(x)$ zu dividieren! In aller Regel gehen dabei ein oder mehrere Lösungswerte verloren! (Ausnahme: $T(x)$ ist **stets** ungleich Null.)*

*Eine Division im letzten Beispiel von $x^{20} + 27x^{17} = 0$ etwa durch den Term x^{17} liefert $x^3 + 27 = 0$ und damit nur **eine** Lösung der Ausgangsgleichung, nämlich $x = -3$! Die Lösung $x = 0$ ist durch die Termdivision verloren gegangen.*

Bemerkung:

*Kennt man **eine** Lösung (wir nennen sie x_1) einer (ganzrationalen) Gleichung höheren Grades*

$$G(x): \ T(x) = a_n x^n + a_{n-1} x^{n-1} \ldots = 0,$$

so lässt sich $T(x)$ in zwei Faktoren zerlegen:

$$G(x): \ T(x) = (x - x_1) \cdot R(x) = 0$$

wobei der „Rest" $R(x)$ um einen Grad niedriger ist als $T(x)$ (siehe dazu auch Kap. 2.3.1.4).

Beispiel: $G(x)$: $x^3 - 8x^2 + 19x - 12 = 0$

Durch „Probieren" *(oder intelligentes Raten)* erhalten wir **eine** Lösung: $x_1 = 1$.
Also lässt sich $G(x)$ wie folgt schreiben:

(*) $x^3 - 8x^2 + 19x - 12 = (x - 1) \cdot R(x) = 0$

mit **quadratischem** Rest $R(x)$. Diesen Rest $R(x)$ erhält man aus (*), indem man durch $(x - 1)$ dividiert:

$$R(x) = (x^3 - 8x^2 + 19x - 12) : (x - 1) = x^2 - 7x + 12 .$$
$$-\ \lfloor\ \underline{x^3 -\ x^2}$$
$$-7x^2 + 19x$$
$$-\ \lfloor\ \underline{-7x^2 +\ 7x}$$
$$12x - 12$$
$$-\ \lfloor\ \underline{12x - 12}$$
$$0$$

Die Ausgangsgleichung $G(x)$ lautet also: $(x - 1)(x^2 - 7x + 12) = 0$.

Jetzt lassen sich (nach G5) **sämtliche** Lösungen als Nullstellen der Einzelterme bestimmen:

$$x - 1 = 0 \ \lor \ x^2 - 7x + 12 = 0 \quad \Longleftrightarrow \quad x = 1 \ \lor \ x = 3 \ \lor \ x = 4 \ , \ \text{d.h.} \quad L = \{1; 3; 4\}.$$

ÜBUNGEN zu BK 6.5   *(Gleichungen Höheren als 2. Grades, Substitution, Polynomdivision)*

A6.5-1:   Ermitteln Sie die Lösungsmengen folgender Gleichungen:

i) $x^8 - 18x^4 + 32 = 0$

ii) $(x^2 - 7)^2 = 10(x^2 - 7) - 9$

iii) $(5 - (x - 1)^6)^{10} = 4$

iv) $64 - (z^2 - 2z - 6)^6 = 0$

v) $p^8 = -64p^5$

vi) $3y^3 - 2y^2 - y = 0$

vii) $t^4 - 8t^2 + 7 = 0$

viii) $x^3 - 10x^2 + 31x - 30 = 0$ *(Tipp: eine Lösung ist 2)*

ix) $(1 + x)^{12} = 1{,}12$

x) $100q^6 - 122{,}8q^3 - 86{,}4 = 0$.

A6.5-2:

i)   Um wieviel Prozent *pro Jahr* (gegenüber dem jeweiligen Vorjahr) muss die Huber AG durchschnittlich ihren Umsatz *(ausgehend vom Basisjahr 2020)* steigern, damit ihr Umsatz im Jahr 2035 siebenmal so hoch ist wie im Jahr 2020 ?

ii)   Moser investiert 200.000 € in eine Diamantmine. Nach drei Jahren erhält er eine erste Gewinnausschüttung in Höhe von 245.600 €, nach weiteren drei Jahren in Höhe von 172.800 € *(weitere Zahlungen erfolgen nicht)*. Bei welchem Jahreszinssatz *(= Rendite)* ist Mosers Investition äquivalent zu den erhaltenen Rückflüssen ? *(Zinses-Zinsperiode = 1 Jahr)*

BK 6.6   Bruchgleichungen

Gleichungen, bei denen die Variable im Nenner auftritt, wie z.B.

i) G_1: $\dfrac{4x-2}{x-1} = 6$;   ii) G_2: $\dfrac{1}{x-1} + \dfrac{1}{x} = \dfrac{5}{x+3}$;   iii) G_3: $\dfrac{x^2+x-2}{x^2-4} = \dfrac{1}{x-2}$,

heißen **Bruchgleichungen**.

Das **Lösungsverfahren für Bruchgleichungen** lässt sich wie folgt zusammenfassen:

1) Ermittlung der **Definitionsmenge** D_G, um Einsetzungen auszuschließen, für die ein Nenner Null werden kann.
2) Um die Nenner zu „beseitigen", **multipliziert** man die Bruchgleichung mit dem **Hauptnenner** und **kürzt** die Bruchterme *(ist erlaubt, da die gekürzten Terme nicht Null werden können: D_G beachten!)*
3) Die nun entstandene Gleichung *(ohne Bruchterme)* wird gelöst.
4) Die erhaltenen **Lösungen** werden daraufhin **überprüft**, ob sie im Definitionsbereich D_G liegen – auf diese Weise können Scheinlösungen erkannt und eliminiert werden.

Wir wollen die Eingangsbeispiele nach diesem Schema lösen:

Beispiele:

i) $G_1(x)$: $\dfrac{4x-2}{x-1} = 6$.   Definitionsbereich $D_{G_1} = \mathbb{R}\backslash\{1\}$

Multiplikation mit dem Hauptnenner $x-1$ $(\neq 0)$:

$\Longleftrightarrow$ $\dfrac{4x-2}{x-1} \cdot (x-1) = 6 \cdot (x-1)$ $\big|$ $(x-1)$ kürzen

$\Longleftrightarrow$ $4x-2 = 6x-6$ $\Longleftrightarrow$ $x = 2$ $(\in D_{G_1})$, d.h. $L_{G_1} = \{2\}$.

ii) $G_2(x)$: $\dfrac{1}{x-1} + \dfrac{1}{x} = \dfrac{5}{x+3}$.   Definitionsbereich $D_{G_2} = \mathbb{R}\backslash\{1, 0, -3\}$.

Multiplizieren mit dem Hauptnenner $(x-1) \cdot x \cdot (x+3)$ $(\neq 0)$ und anschließendes Kürzen:

$\Longleftrightarrow$ $x(x+3) + (x-1)(x+3) = 5(x-1)x$ $\big|$ ausmultiplizieren, zusammenfassen

$\Longleftrightarrow$ $x^2 - \dfrac{10}{3}x + 1 = 0$ $\big|$ quadratische Gleichung lösen

$\Longleftrightarrow$ $x = 3 \ \vee \ x = \dfrac{1}{3}$,   d.h. $L_{G_2} = \{3; \tfrac{1}{3}\} \subset D_{G_2}$.

iii) $G_3(x)$: $\dfrac{x^2+x-2}{x^2-4} = \dfrac{1}{x-2}$.   Definitionsbereich $D_{G_3} = \mathbb{R}\backslash\{2, -2\}$.

Multiplikation mit dem Hauptnenner $x^2-4 = (x-2)(x+2)$ und anschließendes Kürzen:

$\Longleftrightarrow$ $x^2+x-2 = x+2$ $\Longleftrightarrow$ $x^2 = 4$ $\Longleftrightarrow$ $x = 2 \ \vee \ x = -2$.

Beide „Lösungs"-Elemente liegen *nicht* in D_{G_3}, d.h. G_3 hat *keine* Lösung, $L_{G_3} = \{ \ \}$.

Bemerkung: *Bruchgleichungen im weiteren Sinne können in den Bruchtermen Wurzeln, Exponential-*
*oder Logarithmenterme enthalten. Das genannte Lösungsschema bleibt **prinzipiell** erhal-*
ten, lediglich die Besonderheiten der noch zu lösenden Wurzel-, Exponential- bzw. Loga-
rithmengleichungen sind zu beachten. (Bei zu komplizierten Bruchgleichungen empfiehlt
sich von vornherein die Anwendung eines Näherungsverfahrens, siehe Kap. 2.4 und/
oder 5.4.)

ÜBUNGEN zu BK 6.6   *(Bruchgleichungen)*

A6.6-1:   Ermitteln Sie die Lösungen der folgenden Gleichungen:

i) $\dfrac{1}{x+1} - \dfrac{2}{x+3} = 0$

ii) $\dfrac{x-3}{x-7} = \dfrac{4}{x-7}$

iii) $\dfrac{5x}{x-4} + \dfrac{x}{x+1} = \dfrac{6x}{x-1}$

iv) $\dfrac{5x^2}{3x^2+7} + \dfrac{2}{3+x^2} = 1$

v) $y = \dfrac{4x-7}{5x-2}$; $x = ?$

vi) $100 = 2x + 40 + \dfrac{250}{x}$

vii) $-\dfrac{km}{x^2} + \dfrac{sp}{200} = 0$; $x = ?$

viii) $j = \dfrac{i}{1-in}$; $i = ?$

ix) $x = \dfrac{ay+b}{cy+d}$; $y = ?$

BK 6.7   Wurzelgleichungen und Potenzgleichungen

Wurzelgleichungen sind Gleichungen, bei denen die Lösungsvariable im **Radikanden** auftritt.

Beispiele: i) $\sqrt{x-1} + 3 = x$

ii) $\sqrt{x+1} = \sqrt{2x} - 1$

iii) $\sqrt[3]{x^2-1} - 2 = 0$.

Potenzgleichungen sind Gleichungen, bei denen die Lösungsvariable in der **Basis** einer Potenz auftritt (siehe etwa BK 6.5, Sonderfall A), wobei die Exponenten beliebige rationale oder sogar reelle Zahlen sein können.

Beispiele: iv) $2x^7 - 468 = 0$

v) $13A^{0,6}(2A)^{0,7} = 240$

vi) $3x^{\sqrt{2}} - 39 = 0$.

Da man jede Wurzel auch als Potenz schreiben kann (siehe BK 4.3, z.B. $\sqrt{x} = x^{0,5}$, $\sqrt[7]{a^3} = a^{3/7}$ usw.), gehen die Lösungsverfahren für Potenzgleichungen und Wurzelgleichungen teilweise ineinander über, haben aber auch charakteristische Unterschiede, so dass wir Wurzel- und Potenzgleichungen separat anhand der obigen Beispiele betrachten wollen.

Bei **Wurzelgleichungen** ist zunächst der **Definitionsbereich D** zu bestimmen, da – bei **geraden** Wurzelexponenten – der **Radikand** stets **nichtnegativ** sein muss.

Für die Beispiel-Gleichungen i) - iii) gilt:

$$\textbf{i)} \qquad \sqrt{x-1} + 3 = x \qquad \Rightarrow \qquad D = \{x \in \mathbb{R} \mid x \geq 1\}$$

$$\textbf{ii)} \qquad \sqrt{x+1} = \sqrt{2x} - 1 \qquad \Rightarrow \qquad D = \{x \in \mathbb{R} \mid x \geq 0\}$$

$$\textbf{iii)} \qquad \sqrt[3]{x^2-1} - 2 = 0 \qquad \Rightarrow \qquad D = \mathbb{R} \quad .$$

Sind die Wurzelgleichungen nicht zu kompliziert gebaut, so erhält man ihre Lösungen nach vorherigem **Isolieren** der Wurzeln durch ein- oder mehrmaliges **Potenzieren** (z.B. Quadrieren). Wie aus den Regeln G9a/b deutlich wird, ist Potenzieren (insbesondere **Quadrieren**) im allgemeinen **keine Äquivalenzumformung** (es können neue Lösungselemente als Scheinlösungen hinzukommen), so dass mit den „Lösungen" stets an der Ausgangsgleichung eine **Probe** gemacht werden muss.

Wir zeigen das Lösungsverfahren an den oben angegebenen Beispielen i) - iii):

i) $\qquad \sqrt{x-1} + 3 = x \; ; \qquad x \geq 1 \; .$

Vor dem Quadrieren ist die **Wurzel** zu **isolieren**, da sich andernfalls (binomische Formel !) erneut ein Wurzelterm ergibt:

$$\sqrt{x-1} + 3 = x \quad \Longleftrightarrow \quad \sqrt{x-1} = x - 3 \; \big| \; (\;\;)^2 \quad \textit{(beide Seiten als \textbf{Ganzes} quadrieren!)}$$

$$\Rightarrow \quad x - 1 = (x-3)^2 = x^2 - 6x + 9$$

$$\Longleftrightarrow \quad x^2 - 7x + 10 = 0$$

$$\Longleftrightarrow \quad x_1 = 5 \; ; \; x_2 = 2 \; .$$

Probe: $\qquad x_1 = 5: \qquad \sqrt{4} + 3 = 5 \;$ (wahr)

$\qquad\qquad\quad\; x_2 = 2: \qquad \sqrt{1} + 3 = 2 \;$ (falsch) .

$x_2 = 2$ ist durch das Quadrieren der Gleichung zur Lösungsmenge hinzugekommen, ist aber *keine* Lösung der Ausgangsgleichung, somit gilt: $L = \{5\} \; .$

ii) $\qquad\qquad \sqrt{x+1} = \sqrt{2x} - 1 \; ; \qquad x \geq 0 \; .$

Da eine Wurzel bereits isoliert ist, kann man quadrieren:

$$\Rightarrow \qquad x + 1 = \left(\sqrt{2x} - 1\right)^2 = 2x - 2\sqrt{2x} + 1 \qquad \big| \text{ Wurzel isolieren}$$

$$\Longleftrightarrow \qquad 2\sqrt{2x} = 2x + 1 - x - 1 = x \qquad \big| \text{ erneut quadrieren}$$

$$\Longleftrightarrow \qquad 4 \cdot 2x = x^2$$

$$\Longleftrightarrow \qquad x^2 - 8x = 0$$

$$\Longleftrightarrow \qquad x(x-8) = 0 \; ,$$

d.h $\qquad x_1 = 0 \; ; \; x_2 = 8 \; .$

Probe: $\qquad x_1 = 0: \quad \sqrt{1} = \sqrt{0} - 1 \quad$ (f)

$\qquad\qquad\quad\; x_2 = 8: \quad \sqrt{9} = \sqrt{16} - 1 \quad$ (w)   also: $L = \{8\} \; .$

iii) $\sqrt[3]{x^2-1} - 2 = 0$ $\Rightarrow$ $D = \mathbb{R}$

Wurzel isolieren:

$\Longleftrightarrow$ $\sqrt[3]{x^2-1} = 2$ | mit 3 potenzieren (dies ist eine Äquivalenzumformung, siehe G8a)

$\Longleftrightarrow$ $x^2 - 1 = 8$ $\Longleftrightarrow$ $x^2 = 9$ $\Longleftrightarrow$ $x_1 = 3$; $x_2 = -3$.

Probe: $x_1 = 3$: $\sqrt[3]{3^2-1} - 2 = 0$ (w)

$\quad\quad\quad$ $x_2 = -3$: $\sqrt[3]{(-3)^2-1} - 2 = 0$ (w),   d.h. $L = \{3, -3\}$.

ÜBUNGEN (1) zu BK 6.7   *(Wurzelgleichungen)*

A6.7-1:   Bestimmen Sie den Definitionsbereich sowie die Lösungen folgender Gleichungen:

i) $\sqrt[3]{5 + \sqrt{4x + 1}} = 2$

ii) $\sqrt{x + 1} = 5 - x$

iii) $7 = \sqrt{2x + 1} + x$

iv) $z = \sqrt{z} + 20$

v) $z + \sqrt{z} = 6$

vi) $\sqrt{x + 4} = 6 - \sqrt{x - 20}$

vii) $\sqrt{4 + x} + \sqrt{4 - x} = \sqrt{2x + 8}$

viii) $2\sqrt{y} + 2 = 5 \cdot \sqrt[4]{y}$

ix) $\dfrac{\sqrt{2 - x}}{\sqrt{x + 8}} = \dfrac{1}{\sqrt{4x + 5}}$

x) $r = 2\sqrt{4x - 1}$;   *(r ≥ 0)* $x = ?$

xi) $r = 10\sqrt{0{,}5x - 100}$; *(r ≥ 0)* $x = ?$

Potenzgleichungen sind Gleichungen, bei denen die Lösungsvariable in der **Basis** einer Potenz auftritt und der Exponent eine beliebige reelle Zahl sein kann.

Hier betrachten wir nur solche Beispiele von Potenzgleichungen, in denen (schließlich) nur eine **einzige** Potenz mit variabler Basis vorkommt. Sobald mehrere Potenzen (mit variabler Basis und unterschiedlichen Exponenten) auftreten, sollte man zu geeigneten Näherungsverfahren greifen, siehe Abschnitt 2.4.

Wir betrachten die oben aufgeführten **Beispiele iv) - vi)** und verdeutlichen daran das Lösungsverfahren:

Nach Ermittlung des Definitionsbereiches muss stets zunächst die **Potenz isoliert** werden!

iv) $2x^7 - 468 = 0$; $D = \mathbb{R}$.   Potenz isolieren: | +468 | :2

$\Longleftrightarrow$ $x^7 = 234$.

$\quad\quad\quad$ Da der Exponent ungerade ist, darf man nach G8b die 7-te Wurzel ziehen bzw. die Gleichung mit 1/7 potenzieren:

$\Longleftrightarrow$ $x = \sqrt[7]{234} = 234^{1/7} \approx 2{,}1800$

v) $\qquad 13A^{0,6}(2A)^{0,7} = 240 \quad ; \quad A \geq 0$. Potenz isolieren: $\mid$ Klammer auflösen u. zus. fassen

$\Longleftrightarrow \quad 13A^{0,6} \cdot 2^{0,7} \cdot A^{0,7} = 13 \cdot 2^{0,7} \cdot A^{1,3} = 240 \qquad \mid : (13 \cdot 2^{0,7})$

$\Longleftrightarrow \quad A^{1,3} = \dfrac{240}{13 \cdot 2^{0,7}}$. Jetzt ist die Potenz isoliert, man potenziert nun beide Seiten der

$\qquad\qquad$ Gleichung mit dem **Kehrwert** $\dfrac{1}{1,3}$ **des Exponenten** der Variablen:

$\Longleftrightarrow \quad (A^{1,3})^{\frac{1}{1,3}} = A^{1,3 \cdot \frac{1}{1,3}} = A^1 = A = \left(\dfrac{240}{13 \cdot 2^{0,7}}\right)^{\frac{1}{1,3}} \approx 6,4857$.

$\qquad\qquad$ P3

vi) $\qquad 3x^{\sqrt{2}} - 39 = 0 \quad ; \quad x \geq 0$. $\qquad$ Potenz isolieren: $\quad \mid +39 \quad \mid : 3$

$\Longleftrightarrow \quad x^{\sqrt{2}} = 13$. $\qquad$ Potenzieren mit dem Inversen (= Kehrwert) $\dfrac{1}{\sqrt{2}}$ des Exponenten:

$\qquad\qquad$ Wegen Potenzgesetz P3: $(a^x)^y = a^{x \cdot y}$ und $\sqrt{2} \cdot \dfrac{1}{\sqrt{2}} = 1$ ergibt sich dann:

$\Longleftrightarrow \quad x^{\sqrt{2}\frac{1}{\sqrt{2}}} = x^1 = x = 13^{\frac{1}{\sqrt{2}}} \approx 6,1331$.

ÜBUNGEN (2) zu BK 6.7 *(Potenzgleichungen)*

A6.7-2: $\qquad$ Ermitteln Sie die Lösungen folgender Gleichungen:

i) $\qquad 200 = 4x^{16}$

ii) $\qquad 172 \cdot (1+i)^{20} - 240 = 70$

iii) $\qquad \left(1 + \dfrac{p}{100}\right)^{12} = 1 + \dfrac{20}{100}$

iv) $\qquad x^2 \cdot e^{-x} - 4e^{-x} = 0$

v) $\qquad 27 - (59\,056 + 8x + x^2)^{0,3} = 0$

vi) $\qquad 5x^{0,7}y^{-0,6} = 8x^{-0,3}y^{0,4} \quad ; \qquad\qquad x = ?$

vii) $\qquad 0,02 - \dfrac{0,0025}{(0,2+x)^{1,5}} = 0$

viii) $\qquad \dfrac{0,8 \cdot A^{-0,2} \cdot K^{0,2}}{0,2 \cdot A^{0,8} \cdot K^{-0,8}} = 120 \quad ; \qquad\qquad A = ?$

ix) $\qquad$ Gegeben sei die Ausgangsgleichung: $\qquad 70 \cdot A^{0,4} \cdot K^{0,7} = 100$.

$\qquad\qquad$ Zusätzlich gelte stets die Bedingung: $\qquad A = 5K$.

$\qquad\qquad$ Man setze diese Bedingung in die Ausgangsgleichung ein und löse sie bzgl. K .

BK 6.8   Exponentialgleichungen

Exponentialgleichungen sind Gleichungen, in denen die Variable im **Exponenten** einer Potenz auftritt.

Beispiele:

i) $\qquad 3^x = 25$

ii) $\qquad 3 \cdot 4^{x+2} - 4^x = 4^{x+1} + 65$

iii) $\qquad 100 \cdot 1{,}08^x - 10 \cdot \dfrac{1{,}08^x - 1}{0{,}08} = 0$

iv) $\qquad 3 \cdot 6^{2x+1} = 11 \cdot 7^{x+2}$

v) $\qquad 3^{x^2+1} = 6 \cdot 5^{2x+1}$

vi) $\qquad \sqrt{e^x + \sqrt{e^x}} = 2$

Wie wir gleich sehen werden, lassen sich derartige Exponentialgleichungen i.a. nur dann unmittelbar einer Lösung zuführen, wenn nach Umformung und Zusammenfassung schließlich nur noch **Produkte** und **Potenzen** auf beiden Seiten der Gleichung übrig bleiben (oder wenn man per Substitution lineare oder quadratische Gleichungen erhält).

Bemerkung: Ohne Kenntnis der Potenz- und Logarithmenregeln (siehe Brückenkurs Themen BK4 und BK5) lassen sich Exponentialgleichungen und Logarithmengleichungen nicht lösen.

Wir wollen die wichtigsten Fälle anhand der eben angegebenen Beispiele klären.

Beispiele:

i) In diesem einfachen Standardfall haben wir es mit einer Exponentialgleichung vom Typ

$$a^x = b$$

zu tun: $\qquad 3^x = 25.$

Wie wir aus BK 5.2 (Rechenregeln für Logarithmen) sowie nach Gleichungs-Umformungsregel G7 wissen, lässt sich die Lösungsvariable x in diesem Fall durch die Äquivalenzumformung „Logarithmieren" (zu einer beliebigen Basis, z.B. lg oder ln) mit Hilfe des 3. Logarithmengesetzes L3 ermitteln:

$$L3: \quad \ln(a^x) = x \cdot \ln a \ .$$

Wir erhalten also die folgende Umformungskette:

$$
\begin{aligned}
& 3^x = 25 && \text{beide Seiten logarithmieren, z.B. mit „ln"} \\
\Longleftrightarrow \quad & \ln(3^x) = \ln 25 && \text{Logarithmengesetz L3 anwenden} \\
\Longleftrightarrow \quad & x \cdot \ln 3 = \ln 25 && : \ln 3 \\
\Longleftrightarrow \quad & x = \frac{\ln 25}{\ln 3} \approx 2{,}9299 \ .
\end{aligned}
$$

ii) $\qquad 3 \cdot 4^{x+2} - 4^x = 4^{x+1} + 65$

Alle vorkommenden Potenzen haben dieselbe Basis und können auf die Standardform 4^x gebracht werden (mit Hilfe der Potenzregeln). Das erste Zwischenziel der Umformung lautet daher:

Zunächst die **Potenz** (hier: 4^x) **isolieren!**

Dazu benutzen wir das erste Potenzgesetz   P1: $a^x \cdot a^y = a^{x+y}$ und erhalten:

$$3 \cdot 4^{x+2} - 4^x = 4^{x+1} + 65 \qquad | \text{ P1 anwenden}$$

$$\Longleftrightarrow \quad 3 \cdot 4^x \cdot 4^2 - 4^x = 4^x \cdot 4 + 65 \qquad | \text{ Terme mit } 4^x \text{ nach links, ausklammern}$$

$$\Longleftrightarrow \quad 4^x \cdot (3 \cdot 4^2 - 1 - 4) = 65 \qquad | \text{ zusammenfassen}$$

$$\Longleftrightarrow \quad 43 \cdot 4^x = 65 \qquad | : 43$$

$$\Longleftrightarrow \quad 4^x = 65/43 \qquad \text{Zwischenziel } a^x = b \text{ erreicht.}$$

Weiter wie in i):

$$\Longleftrightarrow \quad x \cdot \ln 4 = \ln(65/43)$$

$$\Longleftrightarrow \quad x = \frac{\ln 65/43}{\ln 4} \approx 0{,}2981$$

iii)
$$100 \cdot 1{,}08^x - 10 \cdot \frac{1{,}08^x - 1}{0{,}08} = 0$$

(Dieses Beispiel stammt aus der Finanzmathematik und beschreibt das Problem, die Anzahl x der Jahresraten zu je 10.000 € / Jahr zu ermitteln, die ein Schuldner zahlen muss, um einen Kredit in Höhe von 100.000 € bei einem Zinssatz von 8% p.a. zu verzinsen und vollständig zu tilgen, erste Rate ein Jahr nach Kreditaufnahme.)

Auch hier gilt: Zunächst die **Potenz** (hier $1{,}08^x$) **isolieren!**

$$100 \cdot 1{,}08^x - 10 \cdot \frac{1{,}08^x - 1}{0{,}08} = 0 \qquad | \cdot 0{,}08 \text{ und kürzen}$$

$$\Longleftrightarrow \quad 8 \cdot 1{,}08^x - 10 \cdot (1{,}08^x - 1) = 0 \qquad | \text{ ausmultiplizieren}$$

$$\Longleftrightarrow \quad 8 \cdot 1{,}08^x - 10 \cdot 1{,}08^x + 10 = 0 \qquad | \text{ Terme mit } 1{,}08^x \text{ nach rechts}$$

$1{,}08^x$ ausklammern

$$\Longleftrightarrow \quad 10 = 10 \cdot 1{,}08^x - 8 \cdot 1{,}08^x = 2 \cdot 1{,}08^x \qquad | : 2$$

$$\Longleftrightarrow \quad 1{,}08^x = 5 \qquad \text{Zwischenziel } a^x = b \text{ erreicht, weiter wie in i):}$$

$$\Longleftrightarrow \quad x \cdot \ln 1{,}08 = \ln 5$$

$$\Longleftrightarrow \quad x = \ln 5 / \ln 1{,}08 \approx 20{,}91 \qquad (\hat{=} \text{ Anzahl der Rückzahlungs-Raten})$$

iv)
$$3 \cdot 6^{2x+1} = 11 \cdot 7^{x+2}$$

Jetzt sind Potenzen mit unterschiedlichen und teilerfremden Basen vorhanden, so dass die Standardform der Exponentialgleichung, $a^x = b$, nicht herstellbar ist.

Da aber auf beiden Seiten der Gleichung nur Produkte und Potenzen vorhanden sind, führt Logarithmieren und Anwendung der Logarithmengesetze zum Ziel, es entsteht eine lineare Gleichung in x:

$$3 \cdot 6^{2x+1} = 11 \cdot 7^{x+2} \qquad | \ln$$

$$\Longleftrightarrow \quad \ln 3 + (2x+1) \cdot \ln 6 = \ln 11 + (x+2) \cdot \ln 7 \qquad | \text{ ausmultiplizieren und umformen}$$

$$\Longleftrightarrow \quad 2x \cdot \ln 6 - x \cdot \ln 7 = \ln 11 + 2 \cdot \ln 7 - \ln 3 - \ln 6$$

$$\Longleftrightarrow \quad x = \frac{\ln 11 + 2 \cdot \ln 7 - \ln 3 - \ln 6}{2 \cdot \ln 6 - \ln 7} \quad , \text{ d.h. } x \approx 2{,}0758 \; .$$

v)
$$3^{x^2+1} = 6 \cdot 5^{2x+1}$$

Ähnlich wie im letzten Beispiel sind verschiedene teilerfremde Basen vorhanden, da aber ebenfalls nur Produkte und Potenzen auftreten, kann man erfolgreich logarithmieren, es entsteht eine quadratische Gleichung in x:

$$3^{x^2+1} = 6 \cdot 5^{2x+1} \qquad | \ \ln, \text{L3, L1}$$

$$\iff \qquad (x^2+1) \cdot \ln 3 = \ln 6 + (2x+1) \cdot \ln 5 \qquad | \ \text{ausmultiplizieren, umformen}$$

$$\iff \qquad x^2 \cdot \ln 3 - 2x \cdot \ln 5 = \ln 6 - \ln 3 + \ln 5 = \ln 10 \qquad | \ \text{Normalform herstellen}$$

$$\iff \qquad x^2 - \frac{2 \cdot \ln 5}{\ln 3}\, x - \frac{\ln 10}{\ln 3} = 0 \qquad | \ \text{„p,q-Formel “}$$

$$\iff \qquad x_{1,2} = \frac{\ln 5}{\ln 3} \pm \sqrt{\left(\frac{\ln 5}{\ln 3}\right)^2 + \frac{\ln 10}{\ln 3}}\ , \quad \text{d.h. } x_1 \approx 3{,}5246; \ x_2 \approx -0{,}5947\ .$$

Bemerkung: *Bei Exponenten, die Polynome höheren als zweiten Grades sind, ist im allgemeinen ein Näherungsverfahren erforderlich, siehe Kap. 2.4 und/oder 5.4.)*

vi)
$$\sqrt{e^x + \sqrt{e^x}} = 2$$

Hier stecken die Exponentialterme unter Wurzeln – es muss also zunächst quadriert werden, um die Wurzeln zu beseitigen *(Probe erforderlich – siehe BK 6.7!)*

$$\sqrt{e^x + \sqrt{e^x}} = 2 \qquad | \ (\dots)^2$$

$$\Rightarrow \qquad e^x + \sqrt{e^x} = 4 \qquad | \ \text{Substitution: } \sqrt{e^x} = z, \ e^x = z^2$$

$$\iff \qquad z^2 + z - 4 = 0 \qquad | \ \text{„p,q-Formel“}$$

$$\iff \qquad z_{1,2} = -0{,}5 \pm \sqrt{4{,}25} \qquad | \ z = \sqrt{e^x} \text{ muss positiv sein!}$$

Probe: Nur $z_1 = -0{,}5 + \sqrt{4{,}25} \approx 1{,}561553$ kommt als Lösung in Frage.

Re-Substitution: Wegen $z = \sqrt{e^x}$ gilt: $e^x = z^2$, d.h. $x = \ln(z^2) = 2 \cdot \ln z$, $(z>0)$.

Damit lautet die Lösung: $x_1 = 2 \cdot \ln z_1 \approx 2 \cdot \ln 1{,}561553\dots \approx 0{,}891361438$

$$(\text{Probe stimmt})$$

ÜBUNGEN zu BK 6.8   *(Exponentialgleichungen)*

A6.8-1:   Ermitteln Sie die Lösungen folgender Gleichungen:

i) $7e^x = 63$

ii) $2e^x - e^{-2x} = 0$

iii) $0{,}5 \cdot 3^x - 1{,}3 \cdot 4^{-x+7} = 0$

iv) $200 = 50 \cdot e^{0{,}1n}$

v) $1 = 2 \cdot e^{-\frac{p}{100} \cdot 12}$

vi) $10.000 = 5.000 \cdot 1{,}09^x$

vii) $\dfrac{1}{e^x - 1} + 2 = 0$

viii) $0 = 200 \cdot 1{,}1^n - 30 \cdot \dfrac{1{,}1^n - 1}{0{,}1}$

BK 6.9   Logarithmengleichungen

Die Lösung von **Logarithmengleichungen** (= Gleichungen, in denen die Lösungsvariable im Argument des Logarithmus vorkommt, wie z.B. in $5 \cdot \ln(x^2+7) = 14$) beruht auf der Definition und den Eigenschaften der Logarithmen, siehe BK 5.1 und 5.2. In Kurzform lauten sie:

Definition: $a^u = x \iff u = \log_a x$ $(a > 0, a \neq 1, x > 0)$

Folgerung (∗) $a^{\log_a x} = x$

Folgerung (∗∗) $\log_a(a^u) = u$.

insbesondere (∗∗∗): $e^{\ln x} = x$

Rechenregeln: L1: $\ln(x \cdot y) = \ln x + \ln y$

                                    L2: $\ln(x/y) = \ln x - \ln y$

                                    L3: $\ln(x^r) = r \cdot \ln x$ $(x, y > 0)$.

Um etwa den Numerus x der Logarithmengleichung $\ln x = 1,5$ zu erhalten, **potenziert** man beide Seiten zur Basis e und erhält mit (∗) bzw. (∗∗∗):

$$e^{\ln x} = x = e^{1,5} \quad (\approx 4,4817) \ .$$

*Bemerkung: Den Übergang von $\log_a x$ zum Numerus x durch Potenzieren zur Basis a (d.h. $x = a^{\log_a x}$) nennt man **Entlogarithmieren**. Nach Gleichungs-Umformungsregel G6 ist dieses Potenzieren zur Basis a (mit a >0, a ≠0) eine Äquivalenzumformung.*

Beispiele:

i) $\lg x = 2,4178$ $\vert$ Jetzt potenzieren wir zur Basis 10 und beachten (∗)

$\iff$ $x = 10^{\lg x} = 10^{2,4178} \approx 261,70$.

ii)   Wir lösen die Gleichung $1 + \ln x = 2 \cdot \ln(x - 1)$.

          Da alle Numeri *(d.h. die Argumente der Logarithmen)* positiv sein müssen, muss gelten:

$$x > 1 \ .$$

          Wir potenzieren nun beide Seiten zur Basis e *(wegen „ln" und (∗∗∗))*:

$\iff$ $e^{1+\ln x} = e^{2\ln(x-1)}$ $\vert$ Anwendung der Potenzgesetze (P1), (P3)

$\iff$ $e^1 \cdot e^{\ln x} = \left(e^{\ln(x-1)}\right)^2$ $\vert$ Anwendung von (∗) bzw. (∗∗∗)

$\iff$ $e \cdot x = (x - 1)^2$ $\vert$ Quadratische Gleichung in Normalform bringen

$\iff$ $x^2 - 2x - ex + 1 = 0$ $\iff$ $x^2 - (2+e) \cdot x + 1 = 0$ $\vert$ p,q-Formel

$\iff$ $x = \dfrac{2+e}{2} \pm \sqrt{\left(\dfrac{2+e}{2}\right)^2 - 1}$ $\iff$ $x_1 \approx 4,4959$; $(x_2 \approx 0,2224)$.

Die „Lösung" x_2 muss verworfen werden, da sie nicht der Bedingung x > 1 genügt. Die einzige Lösung lautet 4,4959.

ÜBUNGEN zu BK 6.9　　*(Logarithmengleichungen)*

A6.9-1:　　Lösen Sie folgende Gleichungen unter Beachtung der jeweiligen Definitionsbereiche:

i)　　　　$\ln \sqrt{x^2 + 1} - 1 = 0$

ii)　　　　$0{,}1 + \log_2 p = 0$

iii)　　　$\ln (y + 1)^2 - 0{,}1 = 0$

iv)　　　$\lg \sqrt{x^2 + 1} - 2 \lg x = 0$

v)　　　　$y^{\lg y} \cdot 4^{\lg y} = 0{,}25 \cdot \dfrac{1}{y}$

(Beachten Sie dabei die verschiedenen Schreibweisen für Logarithmen:
$\lg x \triangleq \log_{10} x$ ($\triangleq Log$ auf elektr. Taschenrechnern) sowie $\ln x \triangleq \log_e x$) .

BK 6.10　　EXKURS: Lineare Gleichungssysteme (LGS)

Die bisher betrachteten Gleichungen – wie z.B. $x^2 - 7x + 1 = 0$ oder $5 \cdot e^{-y^2} - 1 = 0$ – enthielten durchgehend nur **eine** Lösungsvariable.

Daneben gibt es aber auch in vielen Fällen Gleichungen, die **mehr als eine** Lösungsvariable enthalten, wie z.B. $6x + 7y - 3z = 100$ oder $x^2 + y^2 = 25$　usw.

Beispiel:　　Ein Kunde kaufe in einem Lebensmittel-Handelsgeschäft folgende Waren:

Butter (x kg), Milch (y Liter (L)), Tomaten (z kg) und Gurken (t Stück).

Die Preise seien vorgegeben mit:

5,– €/kg (Butter), 1,– €/L (Milch), 3,– €/kg (Tomaten), 1,– €/Stück (Gurken) .

Dann betragen die die gesamten Einkaufskosten K des Kunden in Abhängigkeit der einge-kauften Mengen x, y, z, t:

$$K = K(x,y,z,t) = 5x + y + 3z + t .$$

Angenommen, der Einkauf solle genau 20,– € kosten. Dann muss die folgende Gleichung wahr sein:

(∗)　　　　　　　　　　$5x + y + 3z + t = 20 .$

Es handelt sich hier um eine **lineare Gleichung** *(da alle Variablen nur in erster Potenz additiv vorkommen)* in den vier Variablen x, y, z, t.

Unter einer **Lösung** dieser Gleichung versteht man eine Zahlen**kombination** (x ; y ; z ; t), be-stehend aus vier (reellen oder rationalen, im Beispiel nicht-negativen) Zahlenwerten *(eine Zahl für jede Variable)*, die die Gleichung (∗) zu einer wahren Aussage macht.

Man erkennt, dass derartige Gleichungen in der Regel **mehr als eine Lösung** besitzen. So et-wa sind im vorliegenden Beispiel (∗) folgende Zahlenkombinationen (x ; y ; z ; t) Lösungen *(Probe durch Einsetzen)*:

　　　　$(4 ; 0 ; 0 ; 0)$; $(2 ; 2 ; 2 ; 2)$; $(1 ; 3 ; 2 ; 6)$; $(0{,}25 ; 5 ; 2{,}25 ; 7)$　usw.

Ökonomische Interpretation etwa der letzten Lösung $(0{,}25 ; 5 ; 2{,}25 ; 7)$:

Einkauf:　0,25 kg Butter, 5 L Milch, 2,25 kg Tomaten, 7 Gurken.
Kosten:　　0,25 kg · 5 €/kg + 5 L · 1 €/L + 2,25 kg · 3 €/kg + 7 Stück · 1 €/Stück $= 20$ €.

Werden nun **mehrere lineare Gleichungen** (mit mehreren Variablen) zu einem System verknüpft, spricht man von einem **Linearen Gleichungssystem** *(abgekürzt: LGS)*. Diese LGSe treten in vielen, selbst einfach gearteten Fragestellungen auf:

Beispiel: Der Einkauf von 17t Benzin und 9t Dieselkraftstoff kostet zusammen 38.100 €, während die Beschaffung von 10t Benzin und 12t Dieselkraftstoff 31.800 € *(bei unveränderten Einzelpreisen)* kostet.

Die Frage nach den Preisen x (in €/t für Benzin) und y (in €/t für Diesel) führt unmittelbar auf die beiden linearen Gleichungen, das LGS:

$$(*) \quad \begin{aligned} 17x + 9y &= 38.100 \\ 10x + 12y &= 31.800 \end{aligned} \quad .$$

Die gesuchten Preise x und y müssen **zugleich** beiden Gleichungen genügen. Wie man durch Einsetzen bestätigt, erfüllen die Preise x = 1500 €/t (Benzin) und y = 1400 €/t (Diesel) zugleich beide Gleichungen von (*).

Die Frage nach der Existenz von Lösungen und ihrer Gewinnung wird ausführlich in Kap. 9.2 erörtert. Da wir aber auch vorher schon gelegentlich lineare Gleichungssysteme (LGS) zu lösen haben, sollen – im Vorgriff auf Kap. 9.2 – schon hier im Brückenkurs die Standardfälle einfacher LGS (mit zwei und drei Variablen) behandelt werden.

Definition: Unter einem **Linearen Gleichungssystem (LGS)** versteht man zwei oder mehr lineare Gleichungen (in mehreren Variablen), die durch „und" ($\wedge$) miteinander verknüpft sind.)

i)   Lineares Gleichungssystem von zwei Gleichungen in zwei Variablen x und y:

$$\begin{aligned} a_1x + b_1y &= c_1 \\ \wedge \quad a_2x + b_2y &= c_2 \, , \qquad\qquad (a_i, b_i, c_i \in \mathbb{R}) \end{aligned}$$

ii)   Lineares Gleichungssystem von drei Gleichungen in drei Variablen x, y, z:

$$\begin{aligned} a_1x + b_1y + c_1z &= d_1 \\ \wedge \quad a_2x + b_2y + c_2z &= d_2 \\ \wedge \quad a_3x + b_3y + c_3z &= d_3 \, , \qquad\qquad (a_i, b_i, c_i, d_i \in \mathbb{R}) \, . \end{aligned}$$

Bemerkung: Auf das logische „ $\wedge$ " (und) wird meist stillschweigend verzichtet. Weiterhin muss die Zahl der Variablen eines LGS keineswegs immer mit der Anzahl der Gleichungen übereinstimmen, sondern kann sowohl nach oben als auch nach unten davon abweichen, siehe etwa Satz 9.2.62.

Beispiele: **i)** $\begin{aligned} 2x + 3y &= 29 \\ -x + 2y &= -4 \end{aligned}$ **ii)** $\begin{aligned} 3x + 2y - z &= 13 \\ 2x - y + 3z &= -1 \\ 5x - 4y + 4z &= 3 \end{aligned}$

Unter der Lösung eines LGS versteht man im Fall i) ein Zahlen**paar (x; y)** bzw. im Fall ii) ein Zahlen**tripel (x; y; z)**, das **jede** Gleichung zu einer wahren Aussage macht, siehe etwa die Lösung im Benzin-Beispiel.

Bemerkung: Wie erst in Kap. 9.2 ausführlich erörtert wird, können LGS genau eine (s.o.), keine oder unendlich viele Lösungen besitzen.

Beispiele: $\left. \begin{aligned} x + y &= 10 \\ x + y &= 11 \end{aligned} \right\}$ *besitzt keine Lösung* $\quad \left. \begin{aligned} x - 2y &= 12 \\ -3x + 6y &= -36 \end{aligned} \right\}$ *besitzt beliebig viele Lösungen, z.B. $(2; -5), (8; -2), (-1; -6,5)$*

Wir betrachten hier nur den Standardfall von LGS mit genau einer Lösung (x; y) bzw. (x; y; z), siehe etwa das obige Benzin/Diesel-Beispiel.

Die **Lösungsverfahren für LGS** beruhen im wesentlichen auf der Tatsache *(vgl. Kap. 9.2.2, Satz 9.2.17)*, dass ein gegebenes LGS in ein dazu **äquivalentes** LGS *(mit derselben Lösungsmenge, aber unmittelbar ablesbaren Lösungen!)* durch die beiden folgenden **Äquivalenzumformungen** überführt werden kann:

Satz   (Äquivalenzumformungen für LGS)

  i)   Eine Gleichung darf mit einer *(von Null verschiedenen)* Zahl k multipliziert werden, die übrigen Gleichungen bleiben unverändert.

  ii)   Eine Gleichung darf **verändert** werden dadurch, dass man ein beliebiges Vielfaches einer **anderen Gleichung** zu ihr **addiert**, die übrigen Gleichungen bleiben unverändert.

Bemerkung: Diese beiden „erlaubten" Umformungen können in einer einzigen Äquivalenz-Regel zusammengefasst werden:

> *Man darf eine Gleichung ersetzen durch das k-fache (k ≠ 0) dieser Gleichung plus dem r-fachen einer anderen Gleichung.*
> *Alle anderen Gleichungen (außer der ersetzten) bleiben unverändert.*

Beispiel:

Das LGS $\begin{cases} 2x + 3y = 29 \\ -x + 2y = -4 \end{cases}$ geht bei Multiplikation der 2. Gleichung mit 2 über in das äquiva-

lente LGS: $\begin{cases} 2x + 3y = 29 \\ -2x + 4y = -8 \end{cases}$. Addiert man jetzt zur zweiten Zeile die erste Zeile, so ergibt sich

das äquivalente LGS: $\begin{cases} 2x + 3y = 29 \\ 7y = 21 \end{cases}$ (*) .

Dasselbe hätte man nach der letzten Bemerkung in einem Schritt erreichen können, indem man im ersten LGS die zweite Zeile ersetzt hätte durch das 2-fache dieser Zeile plus der ersten Zeile.

Die zweite Zeile von (*) enthält nur noch eine Variable, so dass unmittelbar folgt: y = 3.
Dies eingesetzt in die 1. Gleichung liefert: x = 10.
Damit lautet die Lösung (x ; y) des LGS: (x ; y) = (10 ; 3).

Das im letzten Beispiel vorgestellte Lösungsverfahren nennt man **Eliminationsverfahren** oder **Additionsverfahren** *(bzw. Subtraktionsverfahren)*. Mit Hilfe der (beiden) eben angegebenen Äquivalenzumformungen kann man in einem LGS nach und nach in einer Gleichung alle Variablen bis auf eine eliminieren und dann deren Lösungswert ermitteln.

Durch Einsetzen dieses Wertes in die anderen Gleichungen kann so schrittweise rekursiv die vollständige Lösung gewonnen werden.

Am Beispiel eines LGS aus drei Gleichungen mit 3 Variablen soll die Additionsmethode verdeutlicht werden. Dazu ist es zweckmäßig, die Gleichungen mit (1), (2), (3) zu nummerieren und die umgeformten bzw. ersetzten Gleichungen entsprechend mit (1′), (2′), ..., (1″), (2″), ... usw. zu bezeichnen.

Beispiel   Gegeben sei das folgende Lineare Gleichungssystem (LGS):

  (1) $3x + 2y - z = 13$
  (2) $2x - y + 3z = -1$
  (3) $5x - 4y + 4z = 3$

Idee für den ersten Eliminationsschritt:

Man kann in der ersten (und dritten) Gleichung y eliminieren, indem man

- die erste Gleichung (1) ersetzt durch die Summe aus dieser Gleichung (1) und dem 2-fachen der 2. Gleichung (2) (*symbolisch: (1') = (1) + 2 · (2)*)

- die dritte Gleichung (3) ersetzt durch die Summe aus dieser Gleichung (3) und dem (− 4)-fachen der 2. Gleichung (2) (*symbolisch: (3') = (3) − 4 · (2)*)

Die zweite Gleichung bleibt unverändert: (2)' = (2).   Damit lautet das neue, äquivalente LGS:

(1') = (1) + 2 · (2)	$7x$ $+ 5z = 11$	
(2') = (2)	$2x - y + 3z = -1$	
(3') = (3) − 4 · (2)	$-3x$ $- 8z = 7$.	

Idee für den zweiten Eliminationsschritt:

Man kann z in der letzten Zeile (3') eliminieren, indem man diese Zeile (3') ersetzt durch das 5-fache dieser Zeile plus dem 8-fachen der ersten Zeile (1'), d.h. (3'') = 5 · (3') + 8 · (1'). Die beiden anderen Zeilen bleiben unverändert: (1'') = (1') ;   (2'') = (2') :

(1'') = (1')	$7x$ $+ 5z = 11$	
(2'') = (2')	$2x - y + 3z = -1$	
(3'') = 5 · (3') + 8 · (1')	$41x$ $= 123$.	

Aus der letzten Gleichung folgt sofort: x = 3. Dies eingesetzt in die erste Zeile ergibt z = − 2. Beides eingesetzt in die 2. Gleichung ergibt y = 1, d.h. die **Lösung** des LGS lautet:

$$(x ; y ; z) = (3 ; 1 ; -2).$$

*Bemerkung: Gelegentlich benutzt man bei einfach gebauten LGS das sog. „**Einsetzungsverfahren**": Man löst eine Gleichung nach einer Variablen auf und ersetzt diese Variable in den übrigen Gleichungen durch den erhaltenen Term. Damit ist in diesen Gleichungen eine Variable eliminiert. In diesem „reduzierten" LGS wiederholt man das Verfahren solange, bis schließlich eine unmittelbar auflösbare Gleichung entsteht. Zur Veranschaulichung lösen wir das LGS des letzten Beispiels mit dieser Einsetzungsmethode:*

(1)	$3x + 2y - z = 13$	
(2)	$2x - y + 3z = -1$	*(1) wird (z.B.) nach z aufgelöst: z = 3x + 2y − 13*
(3)	$5x - 4y + 4z = 3$	*und in (2) sowie (3) eingesetzt:*

(1')	$3x + 2y - z = 13$	
(2')	$2x - y + 3(3x+2y-13) = -1,$ *d.h.*	
(2')	$11x + 5y$ $= 38$	*(2') wird nach y aufgelöst:*
(3')	$5x - 4y + 4(3x+2y-13) = 3,$ *d.h.*	*y = −11/5x + 38/5*
(3')	$17x + 4y$ $= 55$	*und in (3') eingesetzt*

(1'')	$3x + 2y - z = 13$			
(2'')	$11x + 5y$ $= 38$			
(3'')	$17x + 4(-11/5x+38/5) = 55,$ *d.h.*			
(3'')	$8,2x$ $= 24,6$	$\Leftrightarrow$	$x = 3$	

Daraus folgt (Einsetzen in (2")): y = 1 und weiter (aus (1")): z = -2, d.h. die schon bekannte Lösung: (x; y; z) = (3; 1; -2) .

Das Einsetzungsverfahren kann zu unübersichtlichen (Bruch-) Termen bzw. Termumformungen führen und ist nur im Fall kleiner und einfach gebauter LGS sinnvoll einsetzbar.

ÜBUNGEN zu BK 6.10   *(Lineare Gleichungssysteme)*

A6.10-1:   Lösen Sie die folgenden Linearen Gleichungssysteme:

i) $7x - 11y = -7$
         $-3x + 5y = 5$

ii) $13,9m - 2,6n = -5,2$
         $-10,4m + 6,5n = 13,0$

iii) $2x - 3y + z = 8$
         $x + 2y - 3z = 11$
         $5x - 4y + 3z = 15$

iv) $2u - 8v + 3w = 23$
         $u + 7v - 2w = -2$
         $3u - 5v - 6w = -32$

v) $3a \quad\; - 4c = -29$
         $-7a + 3b + 2c = 7$
         $6a + 5b \quad\;\; = 12$

A6.10-2:   Der Brauchwasserspeicher einer chemischen Fabrik ist um 9^{00} Uhr nur noch zu 50% gefüllt. Daher schaltet man um 9^{00} Uhr eine Förderpumpe an, die neues Wasser zuführt. Der (stets kontinuierliche) Verbrauch des Wassers im Produktionsprozess der Fabrik ist allerdings so hoch, dass trotz des Wassernachschubs der Speicherinhalt um 10^{00} Uhr auf 40% des Fassungsvermögens abgesunken ist. Daher schaltet man nun eine weitere, gleich starke Förderpumpe ein. Daraufhin füllt sich der Speicher bis 12^{00} Uhr auf 80% seines Fassungsvermögens (bei stets gleichem Wasserverbrauch).

i)   Nach welcher Zeit würde nun der Behälter leer sein, wenn man beide Pumpen abschaltete?

ii)   Wie lange braucht *eine* Pumpe, um den leeren Speicherbehälter vollständig zu füllen, wenn kein Wasser entnommen wird?

SELBSTKONTROLL-TEST zu Thema BK6   *(Gleichungen)*

1.   Lösen Sie die folgenden Gleichungen/Gleichungssysteme:

a) $\dfrac{2}{a} + \dfrac{3}{x} = \dfrac{4}{b}$; *(a, b, x ≠ 0)* $x = ?$

b) $\qquad 4x^{0,3}k^{-0,6} = 10x^{-0,7}k^{0,4}$; $\qquad\qquad k = ?$

c) $\qquad 2 \cdot \ln(y^2 + 3000) - 20 = 0$

d) $\qquad \lg\left(1 + \dfrac{1}{x^2}\right) = 1$

e) $\qquad \dfrac{x-3}{x^2+x} = \dfrac{7}{1+7x}$

f) $\qquad 100y^2 - 6 = -50y$

g) $\qquad x^{11} = -125x^8$

h) $\qquad x - 1 = \sqrt{6+2x}$

i) $\qquad 150 - 80 \cdot e^{-\frac{2000}{y}} = 142$

j) $\qquad 50\sqrt{a} - 40 - \dfrac{25}{\sqrt{a}} \cdot (a+8) = 0$

k) $\qquad x^3 - 19x - 30 = 0$ $\qquad\qquad$ *(Tipp: **Eine** Lösung ist „5".)*

l) $\qquad \dfrac{1}{x+1} - x = 0$

m) $\qquad \begin{aligned} x_1 + 2x_2 - 3x_3 &= 6 \\ 2x_1 + x_2 + x_3 &= 1 \\ 3x_1 - 2x_2 - 2x_3 &= 12 \end{aligned}$

n) $\qquad 2z^8 - 2z^4 = 12$

o) $\qquad 2(3A)^{0,8} = 1000$

p) $\qquad \dfrac{-2000}{(1+i)^2} - \dfrac{3200}{(1+i)^3} + \dfrac{7200}{(1+i)^4} = 0$ $\qquad$ *(Tipp: Klammern **nicht** ausmultiplizieren!)*

q) $\qquad \dfrac{5}{p+3} - \dfrac{1}{p} = \dfrac{1}{p-1}$

r) $\qquad 200 \cdot 1{,}1^5 = 30 \cdot \dfrac{1{,}1^m - 1}{1{,}1 - 1} \cdot \dfrac{1}{1{,}1^{m-1}}$ $\qquad$ *(Tipp: Es gilt stets: $1{,}1^{m-1} = \dfrac{1{,}1^m}{1{,}1}$)*

s) $\qquad \begin{aligned} x_1 + 3x_2 + 4x_3 &= 8 \\ 2x_1 + 9x_2 + 14x_3 &= 25 \\ 5x_1 + 12x_2 + 18x_3 &= 39 \end{aligned}$

t) $\qquad (2x^2 + 1)(x^2 - 5)(x + 3)(\sqrt{11} - 1) = 0$

2. Wo steckt der **Fehler**?

Lokalisieren Sie die fehlerhaften Umformungsschritte und geben Sie die korrekten Lösungen an:

a) $\qquad \dfrac{1}{z} = u + v \qquad \overset{?}{\Longleftrightarrow} \qquad z = \dfrac{1}{u} + \dfrac{1}{v}$

b) $\qquad 8e^x = 111 \qquad \overset{?}{\Longleftrightarrow} \qquad x \cdot \ln 8 = \ln 111 \qquad \overset{?}{\Longleftrightarrow} \qquad x = \dfrac{\ln 111}{\ln 8} \overset{?}{\approx} 2{,}2648$.

THEMA BK 7:   **Ungleichungen**

BK 7.1   Rechenregeln für Ungleichungen – Monotoniegesetze

Innerhalb der reellen Zahlen gilt zwischen zwei beliebigen Zahlen a und b **genau eine** der Relationen

$$a < b \quad \textbf{oder} \quad a = b \quad \textbf{oder} \quad a > b \ .$$

> **Def.:**   Seien T_1 und T_2 zwei Terme.
> Dann nennt man die Aussageform U mit U: $T_1 < T_2$ (bzw. $T_1 > T_2$) eine **Ungleichung**.

Bemerkung: $T_1 \leq T_2$ *bedeutet:* $T_1 < T_2 \ \vee \ T_1 = T_2;$ $T_1 < T_2$ *bedeutet dasselbe wie* $T_2 > T_1.$

Die Begriffe **Definitions-** und **Lösungsmenge** von **Ungleichungen** sind analog wie für Gleichungen definiert (siehe die Definitionen in BK 6.1).

Beispiele: U_1: $x < 5$ $\Rightarrow$ $D_{U_1} = \mathbb{R}$.

                  U_2: $x^2 > 9$ *(oder auch:* $x^2 < 16$) $\Rightarrow$ $D_{U_2} = \mathbb{R}$.

                  U_3: $\dfrac{2x-2}{x-2} > 0$ $\Rightarrow$ $D_{U_3} = \mathbb{R} \setminus \{2\}$.

Analog zur Vorgehensweise bei Gleichungslösungen versucht man auch Ungleichungen derart äquivalent umzuformen, dass eine **unmittelbar auflösbare Ungleichung** (z.B $x < 7$; $x > 3$) oder eine aus unmittelbar auflösbaren Ungleichungen bestehende Aussageform (z.B. $x > 1 \wedge x < 5$, d.h. $1 < x < 5$) entsteht.

So ist z.B. U_1 aus dem letzten Beispiel unmittelbar auflösbar: $L_{U_1} = \{x \in \mathbb{R} \mid x < 5\}$.

Ebenso erkennt man *(die korrekte Herleitung erfolgt weiter unten)*, dass die Ungleichung U_2: $x^2 > 9$ wahr wird, wenn $x > 3$ wahr ist oder wenn $x < -3$ wahr wird, d.h. für die Lösungsmenge von U_2 gilt: $L_{U_2} = \{x \in \mathbb{R} \mid x > 3 \vee x < -3\}$.

Es stellt sich daher die Frage, welche Umformungen einer Ungleichung **Äquivalenzumformungen** sind (also die Lösungsmenge der Ungleichung nicht verändern). Dazu benötigen wir die elementaren **Rechenregeln für Ungleichungen** zwischen reellen Zahlen (**Monotoniegesetze**).

Nachfolgend werden die wichtigsten dieser Äquivalenz-Umformungsregeln für Ungleichungen (wir nennen sie U1, U2, U3, ...) ohne exakten Beweis, aber mit aussagekräftigen Beispielen aufgeführt:

Satz: Monotoniegesetze

    Seien a,b,c reelle Zahlen oder Terme, dann gilt:

U1: $a < b \ \Leftrightarrow \ a \pm c < b \pm c$	*(Auf beiden Seiten einer Ungleichung dürfen beliebige reelle Zahlen/Terme **addiert/subtrahiert** werden.)*

        Beispiele:

        i)   Es gilt: $2 < 3$, also gilt auch: $2 + 5 < 3 + 5$ d.h. $7 < 8$ sowie

                                          $2 - 5 < 3 - 5$ d.h. $-3 < -2$;

        ii)   Aus $5x - 8 < 2x + 7$ folgt äquivalent durch Addition/Subtraktion: $3x < 15$.

U2a: $a < b \wedge c > 0 \Leftrightarrow ac < bc$ *(Wird eine Ungleichung mit einer positiven Zahl multipliziert, so bleibt die **Richtung** der Ungleichung **erhalten**.)*

*(Dasselbe gilt bei **Division** durch eine positive Zahl.)*

Beispiele:

i)   Es gilt: $2 < 3$, also gilt auch: $2 \cdot 5 < 3 \cdot 5$ d.h. $10 < 15$;

ii)   Aus $3x < 15$ folgt äquivalent durch Multiplikation mit $\frac{1}{3}$: $x < 5$;

iii)   Die Ungleichung $\frac{2x-1}{x^2+3} > 5$ ist äquivalent zu $2x - 1 > 5x^2 + 15$ (denn $x^2 + 3 > 0$).

U2b: $a < b \wedge c < 0 \Leftrightarrow ac > bc$ *(Wird eine Ungleichung mit einer negativen Zahl multipliziert, ändert sich die **Richtung** des Ungleichheitszeichens.)*

Beispiele: *(Dasselbe gilt bei **Division** durch eine negative Zahl.)*

i)   Es gilt: $2 < 3$, also gilt: $2 \cdot (-5) > 3 \cdot (-5)$ d.h. $-10 > -15$ **(!)** ;

ii)   Aus $-3x < 15$ folgt äquivalent nach Division durch -3 : $x > -5$;

iii)   Die Ungleichung $\frac{2x}{x-3} < 5$ ist **nicht** äquivalent zu $2x < 5x - 15$,

denn der Multiplikator-Term $x - 3$ kann negativ werden, nämlich für alle x mit x < 3. Daher muss eine Fallunterscheidung getroffen werden:

Fall 1:   Falls $x - 3 > 0$ (d.h. x > 3), so folgt: $2x < 5x - 15$, d.h. **x > 5** ;
              die Bedingung „x > 3" ist damit stets gleichzeitig erfüllt.

Fall 2:   Falls $x - 3 < 0$ (d.h. x < 3), so folgt: $2x > 5x - 15$, d.h. x < 5; jetzt
              kommen bedingungsgemäß nur solche x in Frage, für die gilt: **x < 3** .

Als Lösungsmenge L erhalten wir so insgesamt: $L = \{x \in \mathbb{R} \mid x > 5 \vee x < 3\}$.

                                          (Fall 1)   (Fall 2)

U3a: $0 < a < b \Leftrightarrow a^n < b^n$ $(n > 0)$ *(Quadrieren, Wurzelziehen, Potenzieren mit positiven Exponenten erhält die Richtung der Ungleichung.)*

Beispiele:

i)   Es gilt: $0 < 2 < 3$, also gilt: $2^3 < 3^3$ d.h. $8 < 27$;

ii)   Es gilt: $0 < 4 < 9$, also gilt: $4^{0,5} < 9^{0,5}$, d.h. $\sqrt{4} < \sqrt{9}$, d.h. $2 < 3$;

U3b: $0 < a < b \Leftrightarrow a^{-n} > b^{-n}$ $(n > 0)$ d.h. $0 < a < b \Leftrightarrow \frac{1}{a^n} > \frac{1}{b^n}$ $(n > 0)$

(Kehrwertbildung ändert die Richtung der Ungleichung)

Beispiele:

i)   Es gilt: $0 < 2 < 3$, also gilt: $2^{-2} > 3^{-2}$ d.h. $\frac{1}{4} > \frac{1}{9}$

ii)   Es gilt: $0 < 2 < 3$, also gilt: $2^{-1} > 3^{-1}$ d.h. $\frac{1}{2} > \frac{1}{3}$

U4: $0 < a < b \Leftrightarrow \log_c a < \log_c b$ $(c > 1)$

Beispiele:

i)   Es gilt: $0 < 2 < 3$, also gilt: $\ln 2 < \ln 3$ d.h. $(\approx)$: $0,6931 < 1,0986$;

ii)   Aus $e^{2x-7} > 47$ folgt äquivalent: $\ln(e^{2x-7}) > \ln 47$, d.h. $2x - 7 > \ln 47$.

U5: $\boxed{x < y \;\Leftrightarrow\; a^x < a^y}$ $(a > 1;\; x, y \in \mathbb{R})$

Beispiele:

i)   Sei a = 2. Aus $3 < 5$ folgt äquivalent: $2^3 < 2^5$, d.h. $8 < 32$;

ii)   Aus $\ln(x^2 + 1) > 7$ folgt äquivalent: $e^{\ln(x^2+1)} > e^7$,   d.h. $x^2 + 1 > e^7$ (≈ 1097).

Wichtig für das Lösen von quadratischen Ungleichungen oder Bruch-Ungleichungen ist die Beantwortung der Frage, wann ein **Produkt** a · b (bzw. ein **Quotient** $\frac{a}{b}$) **positiv** bzw. **negativ** ist.

Es gilt in Fortsetzung der Monotoniegesetze ($\wedge$ = *logisches „und"* ; $\vee$ = *logisches „oder"*):

U6: $\left. \begin{array}{l} a \cdot b > 0 \\[2mm] \dfrac{a}{b} > 0 \end{array} \right\}$ $\Leftrightarrow$ $(a>0 \,\wedge\, b>0) \,\vee\, (a<0 \,\wedge\, b<0)$

U7: $\left. \begin{array}{l} a \cdot b < 0 \\[2mm] \dfrac{a}{b} < 0 \end{array} \right\}$ $\Leftrightarrow$ $(a>0 \,\wedge\, b<0) \,\vee\, (a<0 \,\wedge\, b>0)$

Eingängig *(wenn auch nicht ganz korrekt)* sind dafür die umgangssprachlichen Merksätze:

> „Ein Produkt ist genau dann **positiv**, wenn **beide Faktoren gleiches Vorzeichen** besitzen und genau dann **negativ**, wenn **beide Faktoren verschiedenes Vorzeichen** besitzen."
> (Analoges gilt für Zähler/Nenner von Quotienten.)

BK 7.2   Lösungsverfahren für Ungleichungen

Die Ungleichungsregeln **U1** bis **U7** lassen sich erfolgreich zur Lösungsfindung von Ungleichungen anwenden. Die folgenden Beispiele zeigen die wichtigsten Umformungen für Ungleichungen:

Beispiele:

i) $3x - 4 < x + 8 \quad \overset{U1}{\Leftrightarrow} \quad 2x < 12 \quad \overset{U2a}{\Leftrightarrow} \quad x < 6$

d.h. L = $\{x \in \mathbb{R} \mid x < 6\}$.

Veranschaulichung am Zahlenstrahl:

ii) $x \cdot \lg 0{,}5 \le -2 \;\mid\; : \lg 0{,}5 \;(<0\,!) \quad \overset{U2b}{\Leftrightarrow} \quad x \ge \dfrac{-2}{\lg 0{,}5} \approx 6{,}64$;

iii) $e^{-\frac{1}{x}} > 0{,}5 \;\mid\; \ln \ldots \quad \overset{U4}{\Leftrightarrow} \quad -\dfrac{1}{x} > \ln 0{,}5$

$\overset{U2b}{\Leftrightarrow} \quad \dfrac{1}{x} < -\ln 0{,}5$

$\overset{U3b}{\Leftrightarrow} \quad -x < \dfrac{1}{\ln 0{,}5} \quad \overset{U2b}{\Leftrightarrow} \quad x > \dfrac{-1}{\ln 0{,}5} \approx 1{,}4427$;

iv) $\ln \sqrt[3]{x} > 2 \;;\; (x>0) \;\mid\; e^{\cdots} \quad \overset{U5}{\Leftrightarrow} \quad \sqrt[3]{x} > e^2 \;\mid\; (\,)^3 \quad \overset{U3a}{\Leftrightarrow} \quad x > e^6 \approx 403{,}43.$

Beispiele zu U6/U7:

i)   Zu ermitteln ist die Lösungsmenge der Ungleichung   **a)** $x^2 > 7$ **b)** $x^2 < 9$.

Lösungsstrategie: Ungleichung auf die Form $a \cdot b \gtrless 0$ bringen *(ist möglich mit Hilfe der binomischen Formeln, siehe BK 2.1, Regel R9)* und dann U6 bzw. U7 anwenden.

Lösungsprozedur:

a) $x^2 > 7$ $\Longleftrightarrow$ $x^2 - 7 > 0$

$\underset{\text{3. bin. Formel}}{\Longleftrightarrow}$ $(x - \sqrt{7})(x + \sqrt{7}) > 0$

$\underset{\text{U6}}{\Longleftrightarrow}$ $(x - \sqrt{7} > 0 \ \wedge \ x + \sqrt{7} > 0) \ \vee \ (x - \sqrt{7} < 0 \ \wedge \ x + \sqrt{7} < 0)$

$\Longleftrightarrow$ $(x > \sqrt{7} \ \wedge \ x > -\sqrt{7}) \ \vee \ (x < \sqrt{7} \ \wedge \ x < -\sqrt{7})$

$\Longleftrightarrow$ $x > \sqrt{7}$ $\vee$ $x < -\sqrt{7}$

d.h. die Lösungsmenge L der Ungleichung $x^2 > 7$ lautet:

$L = \{x \in \mathbb{R} \mid x > \sqrt{7} \ \vee \ x < -\sqrt{7}\}$

b) $x^2 < 9$ $\Longleftrightarrow$ $x^2 - 9 < 0$

$\underset{\text{3. bin. Formel}}{\Longleftrightarrow}$ $(x+3)(x-3) < 0$

$\underset{\text{U7}}{\Longleftrightarrow}$ $(x+3 < 0 \ \wedge \ x-3 > 0) \ \vee \ (x+3 > 0 \ \wedge \ x-3 < 0)$

$\Longleftrightarrow$ $(x < -3 \ \wedge \ x > 3) \ \ \vee \ (x > -3 \ \wedge \ x < 3)$

$\Longleftrightarrow$ falsch $\vee \ (x > -3 \ \wedge \ x < 3)$

$\Longleftrightarrow$ $x > -3 \ \wedge \ x < 3$

d.h. die Lösungsmenge L der Ungleichung $x^2 < 9$ lautet:

$L = \{x \in \mathbb{R} \mid -3 < x < 3\}$

ii) $\dfrac{x}{x-2} > -1$; $(x \neq 2)$:

Multipliziert man jetzt mit dem Term $x-2$, so muss man eine **Fallunterscheidung** machen: Ist $x-2$ positiv, so bleibt nach U2a das Ungleichheitszeichen erhalten, für $x-2 < 0$ ändert sich nach U2b die Richtung des Ungleichheitszeichens.

Einfacher ist es, die Bruchgleichung auf die Form $\dfrac{T_1(x)}{T_2(x)} > 0$ zu bringen und dann U6 anzuwenden:

$\dfrac{x}{x-2} > -1$ $\underset{\text{U1}}{\Leftrightarrow}$ $\dfrac{x}{x-2} + 1 > 0$ $\overset{\text{erweitern}}{\Leftrightarrow}$ $\dfrac{x}{x-2} + \dfrac{x-2}{x-2} > 0$

$\Leftrightarrow$ $\dfrac{2x-2}{x-2} > 0$

$\underset{\text{U6}}{\Leftrightarrow}$ $(2x-2 > 0 \ \wedge \ x-2 > 0) \ \vee \ (2x-2 < 0 \ \wedge \ x-2 < 0)$

$\underset{\text{U1}}{\Leftrightarrow}$ $(x > 1 \wedge x > 2) \vee (x < 1 \wedge x < 2)$

$\Leftrightarrow$ $(x > 2) \vee (x < 1)$.

iii)   Zu lösen ist die Ungleichung $\dfrac{2x-1}{x+3} < 1$, $x \neq -3$.

Auch hier besteht die Strategie darin, die Ungleichung zunächst auf die Form $\dfrac{a}{b} \gtrless 0$ zu bringen und dann U6/U7 anzuwenden.

$$\dfrac{2x-1}{x+3} < 1 \underset{\text{erweitern}}{\Longleftrightarrow} \dfrac{2x-1}{x+3} < 1 \cdot \dfrac{x+3}{x+3} \Longleftrightarrow \dfrac{2x-1}{x+3} - \dfrac{x+3}{x+3} < 0$$

$$\underset{\text{BK 2.2, R15i)}}{\Longleftrightarrow} \dfrac{x-4}{x+3} < 0$$

$$\underset{\text{U7}}{\Longleftrightarrow} (x-4>0 \ \wedge \ x+3<0) \vee (x-4<0 \ \wedge \ x+3>0)$$

$$\Longleftrightarrow \ (\ x>4 \ \ \wedge \ x<-3\ ) \ \ \vee \ \ (\ x<4 \ \wedge \ x>-3\ )$$

$$\Longleftrightarrow \qquad\text{immer falsch} \qquad \vee \ \ (\ x<4 \ \wedge \ x>-3\ )$$

d.h. $L = \{x \in \mathbb{R} \mid -3 < x < 4\}$

iv)   Gesucht ist die Lösungsmenge der quadratischen Ungleichung $x^2 - 4x - 5 < 0$.

a)   Lösung mit Hilfe von U6/U7:

Man gibt der Ungleichung mit Hilfe der quadratischen Ergänzung *(siehe binomische Formeln BK 2.1)* die Form $a \cdot b \gtrless 0$ und wendet dann U6/U7 an, siehe Beispiel i).

$$x^2 - 4x - 5 < 0 \underset{\text{2. bin. F.}}{\Longleftrightarrow} x^2 - 4x + 2^2 - 2^2 - 5 < 0 \underset{\text{2. bin. F.}}{\Longleftrightarrow} (x-2)^2 - 9 < 0$$

$$\underset{\text{3. bin. F.}}{\Longleftrightarrow} ((x-2)-3)((x-2)+3) = (x-5)(x+1) < 0$$

$$\underset{\text{U7}}{\Longleftrightarrow} (x-5>0 \ \wedge \ x+1<0) \vee (x-5<0 \ \wedge \ x+1>0)$$

$$\Longleftrightarrow \ (\ x>5 \ \wedge \ x<-1\ ) \ \vee \ (\ x<5 \ \wedge \ x>-1\ )$$

$$\Longleftrightarrow \qquad\text{falsch} \qquad \vee \qquad -1<x<5$$

d.h. $L = \{x \in \mathbb{R} \mid -1 < x < 5\}$

b)   Lösung mit Hilfe von Fallunterscheidungen:

Man geht zunächst vor wie im Fall a) bis: $(x-5)(x+1) < 0$

Fall 1:   Es werde $x-5>0$, d.h. $x>5$ vorausgesetzt.
Division der Ungleichung durch $x-5$ (>0) liefert mit U2a:

$x+1<0$,   d.h. $x<-1$.

Da aber laut Voraussetzung gelten muss: $x>5$, liefert Fall 1 keinen Lösungsbeitrag.

Fall 2:   Es werde nun $x-5<0$, d.h. $x<5$ vorausgesetzt.
Bei Division der Ungleichung durch $x-5$ (<0) kehrt sich nach U2b die Richtung der Ungleichung um, d.h. es folgt:

$x+1>0$,   d.h. $x>-1$.

Da weiterhin nach Voraussetzung gelten muss: $x<5$, kommen als Lösung nur solche x $(\in \mathbb{R})$ in Betracht, für die zugleich $x>-1$ *und* $x<5$ gilt, d.h. $L = \{x \in \mathbb{R} \mid -1 < x < 5\}$, siehe a).

SELBSTKONTROLL-TEST zu Thema BK 7   *(Ungleichungen)*

1.   Ermitteln Sie die Lösungsmengen folgender Ungleichungen:

a) $17x - 0,45 > 25x + 1,15$

b) $2y \cdot \ln 0,125 < 11$

c) $\dfrac{10}{z} > 3$

d) $(x - 36)(x - 49) > 0$

e) $4,5x^2 - 90x < 94,5$

f) $\dfrac{5x + 1}{3x - 2} > 0$

g) $\dfrac{-0,3p}{420 - 0,3p} < -1$

h) $2156 \cdot e^{\frac{2}{y}} \cdot \dfrac{7}{y^2} \leq 0$

2.   Im Folgenden wird die „Lösung" der vorgelegten Ungleichungen stets mit fehlerhaften Methoden gewonnen. Wo steckt der **Fehler?**
     Bitte geben Sie den korrekten Lösungsweg und die Lösungsmenge an:

a) $-2x < 6 \quad | : -2 \qquad \Longleftrightarrow$
     $x < -3 \qquad$ *(−4 müsste demnach Lösung sein − aber Probe stimmt nicht!)*

b) $x^2 > 9 \quad | \sqrt{} \qquad \Longleftrightarrow$
     $x > 3 \qquad$ *(aber: Probe mit „−4" (gehört nicht zur „Lösung") ist richtig!)*

c) $x^2 < 25 \quad | \sqrt{} \qquad \Longleftrightarrow$
     $x < 5 \qquad$ *(−6 müsste demnach Lösung sein − aber Probe stimmt nicht!)*

Vor-
sicht!

F
E
H
L
E
R
⚡

d) $2 > \dfrac{1}{x}$ $\big| \cdot x$ $\Longleftrightarrow$

$2x > 1$ $\big| : 2$ $\Longleftrightarrow$

$x > \dfrac{1}{2}$ *(aber: Probe mit „–1" (gehört nicht zur „Lösung") ist richtig!)*

e) $\dfrac{x}{x-10} < 0$ $\big| \cdot (x-10)$ $\Longleftrightarrow$

$x < 0$ *(aber: Probe mit „5" (gehört nicht zur „Lösung") ist richtig!)*

Vor-sicht!

F
E
H
L
E
R

⚡

BRÜCKENKURS-ABSCHLUSSTEST

(vorgesehene Bearbeitungszeit: 120 Minuten)
(Alle auftretenden Nenner werden als von Null verschieden vorausgesetzt.)

1.   Die Aktienkurse fallen zunächst um 20%, steigen aber danach um 30%. Um wieviel Prozent sind sie insgesamt gefallen bzw. gestiegen?

2.   Fassen Sie die folgenden Terme so weit wie möglich zusammen:

a) $2a(3a \cdot 5a) + 5b(3b+2b) =$ *(Klammern ausmultiplizieren und zusammenfassen)*

b) $-2 \cdot (-x-3y)(-4x+3y) =$ *(Klammern ausmultiplizieren und zusammenfassen)*

c) $\dfrac{ab^2 - b^2}{a^2 b - ab} =$ *(so weit wie möglich kürzen)*

d) $\dfrac{4x}{1-x} - \dfrac{x}{x^2 - 1} =$ *(zusammenfassen)*

e) $\dfrac{12}{2 - \dfrac{1}{4 + \dfrac{3}{5-x}}} =$ *(so weit wie möglich vereinfachen)*

f) $\displaystyle\sum_{k=1}^{3} \binom{4}{k} + \prod_{i=3}^{5} \binom{i}{3} + 5! =$ *(Zahlenwert ?)*

g) $\dfrac{-2^4 \cdot (2x^3y^2)^3 \cdot (x^4y^3)^2}{(-2)^5 \cdot (x^4y^3)^{-2}}$ =   *(so weit wie möglich vereinfachen)*

h) $\sqrt[6]{u^5 \cdot v^7} \cdot \sqrt[7]{u^3 \cdot v^8} + \dfrac{\sqrt[3]{u^5}}{\sqrt[8]{u^6}}$ =   *(so weit wie möglich vereinfachen)*

i) $\ln e^{2x-7} + \ln \left(7 \cdot \sqrt[5]{\dfrac{x^3 \cdot y}{a \cdot b^7}}\right)$ =   *(mit Hilfe der Logarithmenregeln vereinfachen)*

j) $\lg 2 + \lg x + 0{,}25 \cdot (\lg x + \lg y)$ =   *(zu einem einzigen Logarithmus zusammenfassen)*

3. Geben Sie die Lösungen folgender Gleichungen/Gleichungssysteme an:

a) $ax - b = cx + d$; $x = ?$

b) $124 = \dfrac{5x - 3}{-2x + 7}$

c) $5(9x+1) \cdot x^7 \cdot (7 - 4x)(2x - 3)(x^2 + 36) \cdot \ln(10^3 \cdot e^{-5}) = 0$

d) $2z^7 = 162z^3$

e) $\left| 8x - 1 \right| - 4 = 0$

f) $\dfrac{\dfrac{x+1}{x}}{\dfrac{2x-1}{x^2}} = 10$

g) $2x^{\sqrt{7}} - 2710 = 0$

h) $4w^{10} - 4w^5 = 24$

i) $\dfrac{25}{a-1} - \dfrac{2}{x} = \dfrac{4}{a}$; $x = ?$

j) $\dfrac{0{,}9 \cdot L^{-0,1} \cdot C^{0,3}}{0{,}03 \cdot L^{0,9} \cdot C^{-0,7}} = 1200$; $L = ?$

k) $x^{0,3} \cdot e^{-2x} - 8 \cdot e^{-2x} = 0$ $x = ?$

l) $x - \sqrt{2x - 2} = 1$

m) $\dfrac{4}{x-1} + \dfrac{3}{x-2} = 2$

n) $1200 \cdot 1,04^n - 50 \cdot \dfrac{1,04^n - 1}{1,04 - 1} = 600$

o) $1000 \cdot 1,03^t = 2,5 \cdot 10^6$

p) $4 \cdot \ln(e^x + 2) - 5,2 = 0$

q) $3 \cdot e^{-\frac{1000}{x^2}} + 10 = 11$

r) $\ln \sqrt[3]{20 + x^2} + 5 = 7$

s) $\begin{aligned} 2a - 3b + c &= -5 \\ -a - 2b + 4c &= 17 \\ 3a + b - 2c &= -16 \end{aligned}$.

4.   Geben Sie die Lösungen folgender Ungleichungen an:

a) $x \cdot \ln 0,25 < -0,8x - 25$

b) $\dfrac{-p}{8-p} < -1$ $\square$

2 Funktionen einer unabhängigen Variablen

Für die Beschreibung, Erklärung, Analyse und Optimierung wirtschaftlicher Vorgänge ist der mathematische **Funktionsbegriff** *(im Sinne der gegenseitigen Zuordnung ökonomischer Größen oder ihrer Zusammenhänge)* von grundlegender Bedeutung. Das folgende Kapitel 2 beschäftigt sich daher zunächst intensiv mit dem Begriff einer Funktion und ihrer Darstellung in Form von Zuordnungstabellen, Zuordnungsvorschriften oder graphischer Veranschaulichung. Die wesentlichen Eigenschaften von Funktionen wie etwa Monotonie, Umkehrbarkeit und Beschränktheit werden ebenso behandelt wie die verschiedenen Funktionstypen *(z.B. lineare, quadratische, rationale, exponentielle, logarithmische Funktionen)* und die Verfahren zur Ermittlung ihrer Nullstellen. Eine Übersicht über die wesentlichen ökonomischen Funktionen *(z.B. Nachfragefunktionen, Kostenfunktionen, Gewinnfunktionen)* und ihre Eigenschaften runden das Kapitel ab.

2.1 Begriff und Darstellung von Funktionen

2.1.1 Funktionsbegriff

In vielen ökonomischen Bereichen haben wir es mit **Zuordnungen** der Elemente einer
Menge zu den Elementen einer anderen Menge zu tun:

- den verschiedenen Quantitäten eines Produktes sind die entsprechenden Erlöse zugeordnet ;
- verschiedenen Einkommen eines Haushaltes sind die entsprechenden Konsumausgaben zugeordnet ;
- verschiedenen Leistungsintensitäten eines maschinellen Aggregates sind entsprechende Verbrauchszahlen zugeordnet ;
- zu unterschiedlichen Marktpreisen für ein Gut gehören unterschiedliche Nachfragemengen ;
- verschiedenen Outputmengen einer Ein-Produkt-Unternehmung sind entsprechende Gesamt-Stückkosten zugeordnet, u.v.a.m.

Beispiel 2.1.1: Die Huber GmbH erzielte in den ersten 6 Monaten eines Jahres die folgenden wertmäßigen Umsätze (in T€):

Monat	1	2	3	4	5	6
Umsatz (in T€)	10	12	14	13	16	12

.

Man erkennt: Zu **jedem** Monat gehört **genau ein** bestimmter Umsatz, **jedem** Monat wird genau ein bestimmter Umsatz **eindeutig zugeordnet**, so etwa dem Monat 4 der Umsatz 13.

Eine derartige **eindeutige Zuordnung** (oder *Abbildung*) der Elemente einer (Zahlen-) Menge zu den Elementen einer anderen (Zahlen-) Menge nennt man **Funktion**:

© Springer-Verlag GmbH Deutschland, ein Teil von Springer Nature 2019
J. Tietze, *Einführung in die angewandte Wirtschaftsmathematik*,
https://doi.org/10.1007/978-3-662-60332-1_2

Def. 2.1.2: (reelle Funktion)

Es seien M_1 und M_2 zwei Mengen reeller Zahlen. Ordnet man **jedem** Element x $(\in M_1)$ durch irgendeine Zuordnungsvorschrift f **genau ein** Element y $(\in M_2)$ zu, so nennt man die dadurch gegebene paarweise Zuordnung eine (reelle) **Funktion** f.

(Damit ist f gleichzeitig charakterisiert als **Menge** aller der bei dieser Zuordnung auftretenden **Paare (x; y)**, d.h. f ist eine Teilmenge von $M_1 \times M_2$; siehe Def. 1.1.83)

Beispiel 2.1.3: (Fortsetzung von Beispiel 2.1.1)

Nach dieser Definition lässt sich die Zeit- / Umsatz-**Funktion** der Huber GmbH deuten als

Zuordnung (Abb. 2.1.4)   oder als

Paarmenge: f = {(1;10), (2;12), (3;14), (4;13), (5;16), (6;12)} .

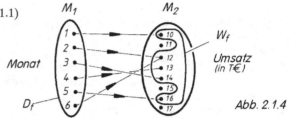

Abb. 2.1.4

Beachten Sie, dass

– von **jedem** Element aus M_1 **genau ein** Pfeil nach M_2 ausgeht (**Eindeutigkeit** der Zuordnung)

– nicht notwendig jedes Element von M_2 als „Partner" vorkommen muss (so bleiben etwa die Umsatzzahlen 11, 15, 17 T€ frei)

– es vorkommen kann, dass auf einem Element aus M_2 **mehr** als ein Pfeil endet (so fällt etwa der Umsatz von 12 T€ sowohl im Monat 2 als auch im Monat 6 an). Damit wird zum Ausdruck gebracht, dass eine Funktion zwar eine *eindeutige* Zuordnung sein muss, nicht aber notwendigerweise die umgekehrte Zuordnung (d.h. von „rechts nach links") eindeutig ist.

Die Funktionsdefinition 2.1.2 ist sehr allgemein formuliert. Wegen der grundlegenden Bedeutung und der mannigfachen Anwendungen des Funktionsbegriffes sollen im folgenden die wichtigsten im Zusammenhang mit dem Begriff der Funktion auftretenden **Bezeichnungen, Symbole** und sonstigen **Besonderheiten** aufgeführt werden.

(1) Die „linke" Menge M_1, von der die Zuordnungspfeile ausgehen, bezeichnet man als **Definitionsmenge** (oder *Definitionsbereich*) D_f der Funktion f. D_f ist also die Menge aller x, denen ein y zugeordnet ist. In Beispiel 2.1.3 gilt somit: D_f = { 1, 2, 3, 4, 5, 6 }   (= M_1) .

(2) Die „rechte" Menge M_2, in der die Pfeile enden, heißt **Zielmenge Z** (oder **Bildmenge B**). In Beispiel 2.1.3 gilt (siehe Abb. 2.1.4):   Z = B = { 10, 11, 12, 13, 14, 15, 16, 17 } (= M_2) .

(3) Die Menge derjenigen Elemente der Zielmenge Z, die bei der Zuordnung f tatsächlich als Partner vorkommen, heißt **Wertemenge** (oder *Wertebereich*) W_f von f. In Beispiel 2.1.3 gilt also: W_f = { 10, 12, 13, 14, 16 } ⊂ Z   (siehe Abb. 2.1.4) .

(4) Will man zum Ausdruck bringen, dass dem Wert x $(\in D_f)$ durch die Funktion f der Wert y $(\in W_f)$ zugeordnet ist, so schreibt man:

$x \overset{f}{\mapsto} y$, $x \in D_f$ oder   f: $x \mapsto y$, $x \in D_f$ oder

f: $x \mapsto f(x)$, $x \in D_f$ oder   f: $x \mapsto y = f(x)$, $x \in D_f$ oder

f: $y = f(x)$, $x \in D_f$ oder auch einfach: $y = f(x)$, $x \in D_f$.

Dabei wird z.B. die symbolische Schreibweise: f: $x \mapsto y = f(x)$ gelesen als „ f ist die Funktion, die dem Wert x den Funktionswert **y gleich f von x** zuordnet".[1] Die Gleichung $y = f(x)$ heißt „**Gleichung der Funktion f**" oder „**Funktionsgleichung von f**".

Man beachte, dass zur vollständigen Beschreibung einer Funktion die Angabe des Definitionsbereiches unerlässlich ist.

Bemerkung 2.1.5: *Wenn nicht ausdrücklich anders vermerkt, soll im folgenden der Definitionsbereich D_f aller vorkommenden Funktionen f gleich $\mathbb{R}$ (bzw. gleich einer geeigneten Teilmenge von $\mathbb{R}$) sein. Damit ist eine reelle Funktion f als Teilmenge des $\mathbb{R}^2$ ($= \mathbb{R} \times \mathbb{R}$) wie folgt definiert:*

$$ f = \{ (x,y) \in \mathbb{R}^2 \mid x \in D_f \ \wedge \ y = f(x) \} . $$

Insbesondere wollen wir vereinbaren: Ist f durch eine „Formel" definiert, z.B. durch f: $f(x) = \dfrac{x}{4 - x^2}$ so soll der Definitionsbereich D_f aus allen Werten der unabhängigen Variablen (hier: x) bestehen, für die die Formel einen eindeutig definierten Zahlenwert ergibt, d.h. etwa im Beispiel: $D_f = \mathbb{R} \setminus \{-2 \ ; 2\}$, *($D_f =: D_{max}$). Etwas anderes ergibt sich dann, wenn (etwa aus ökonomischen Gründen) der Definitionsbereich von f explizit weiter eingeschränkt wird, z.B. auf nur positive Werte von x.*

Die in (4) auftretenden Symbole werden üblicherweise folgendermaßen benannt:

x: unabhängige Variable (**Stelle** oder *Argument*)

f: Funktion; Name der Funktion; „f" ist mathematisch sorgfältig zu unterscheiden von „f(x)":

f(x): (Zahlen-)Wert der Funktion f an der Stelle x (*gesprochen: „ f von x "*) ;
Der (Zahlen-)Wert, der der Variablen x zugeordnet ist ;
abhängige Variable ; **Funktionswert** ; Funktionsterm ;
(so bezeichnet etwa f(3) denjenigen Zahlenwert aus W_f, der dem Wert 3 aus D_f zugeordnet ist, in Beispiel 2.1.3: f(3) = 14) ;

$x \mapsto f(x)$: Zuordnungsvorschrift, Abbildungsvorschrift der Funktion f ;

$y = f(x)$: Zuordnungsvorschrift oder **Funktionsgleichung**, die definiert, auf welche Weise dem Wert x ein Funktionswert y (= f(x)) zugeordnet wird.

Bemerkung 2.1.5a: *Wir werden aus Vereinfachungsgründen (und wenn Missverständnisse ausgeschlossen sind) häufig schon dann von einer „Funktion" sprechen, wenn nur ihre Funktionsgleichung $y = f(x)$ oder ihr Funktionsterm f(x) vorliegt, auch wenn dies nach dem Vorhergehenden mathematisch nicht korrekt ist.*

Beispiel einer funktionalen Zuordnungsvorschrift (*alle Aussagen bedeuten dasselbe !*):

- Jeder reellen Zahl wird ihr um 2 vermindertes Quadrat zugeordnet ;
- $x \mapsto x^2 - 2$ mit $x \in \mathbb{R}$;
- $p \mapsto p^2 - 2$ mit $p \in \mathbb{R}$;
- $y = f(x) = -2 + x^2$ mit $x \in \mathbb{R}$;
- $A = h(B) = B^2 - 2$ mit $B \in \mathbb{R}$.

Sie erkennen, dass es für die formale Zuordnung **unerheblich** ist, welche **Bezeichnungen** den Variablen gegeben werden:

Die Zuordnung $C = y^2 - 1$ bedeutet **dasselbe** wie $y = C^2 - 1$ oder $K = x^2 - 1$.

---

1 Der Abbildungspfeil (oder *Fußpfeil*) $\mapsto$ ist speziell für derartige (*funktionale*) Zuordnungen reserviert.

Vorsicht bei der Wahl der Variablenbezeichnung ist lediglich dann geboten, wenn eine **Variable** eine bestimmte (*ökonomische*) **Größe** symbolisiert:

Beispiel 2.1.6:   Es ist üblich (aber nicht zwingend vorgeschrieben), die folgenden Variablennamen zur Bezeichnung ökonomischer Größen zu verwenden:

C: Konsum   Y: Einkommen   K: Kosten/Kapital   p: Preis, Zinsfuß

G: Gewinn   k: Stückkosten   U: Nutzen   t: Zeit

i: Zinssatz   I: Investitionsausgaben   S: Sparquote   r: Input

E, U: Erlös, Umsatz (wertmäßig)   x: Output, Absatz (mengenmäßig)

L: Liquiditätsnachfrage u.v.a.m.

(siehe auch das Verzeichnis „Häufig verwendete Variablennamen" in der Einleitung dieses Buches).

Versteht man etwa unter C die „Konsumausgaben" und unter Y das „Einkommen" eines Haushaltes, so **unterscheiden** sich die eben genannten Zuordnungen

$$\text{(i)}\quad C = Y^2 - 1\ ;\ Y \in \mathbb{R}^+ \qquad\text{und}\qquad \text{(ii)}\quad Y = C^2 - 1\ ;\ C \in \mathbb{R}^+\ .$$

Zwar sind die bei beiden Zuordnungen auftretenden Wertepaare identisch (z.B. $(1;0), (2;3), (3;8)$, usw.), nur bedeuten im Fall (i) die links stehenden Zahlen Einkommenswerte, die rechts stehenden Zahlen Konsumwerte (so gehört zum Einkommen 2 der Konsum 3), während es im Fall (ii) umgekehrt ist (zum Konsum 3 gehört nun das Einkommen 8, also nicht – wie zuvor – das Einkommen 2 !)

(5) Um zum Ausdruck zu bringen, dass die Größe y durch eine funktionale Zuordnung f von dem jeweiligen Wert x ($\in D_f$) „abhängt", schreibt man statt „$y = f(x)$" häufig (*nicht ganz korrekt, aber bequem*) auch:

$$y = y(x) \quad\text{(gelesen: „y gleich y von x")}$$

Beispiel (siehe (4))**:** $y(x) = x^2 - 2\ ,\ x \in \mathbb{R}\ ;\quad A(B) = B^2 - 2\ ,\ B \in \mathbb{R}\ .$

(6) Die in $y = f(x)$ verwendeten Namen „unabhängige Variable" für x und „abhängige Variable" für y dürfen **nicht** dazu verleiten, zwischen x und y eine **Abhängigkeit** im **kausalen Sinne** zu konstruieren (wenn auch gelegentlich eine derartige Abhängigkeit bei ökonomischen Variablen vorkommt).

So hängen beispielsweise die Umsatzzahlen der Huber GmbH (siehe Beispiel 2.1.3) nicht notwendig kausal von den Zeiträumen ihrer Erzielung ab, sie sind vielmehr verschiedenen Zeiträumen (im mathematisch funktionalen Sinne) **zugeordnet**. Der Begriff „abhängige Variable" (hier für den Umsatz) soll lediglich zum Ausdruck bringen, dass die Umsatzzahlen den Zeiträumen (und nicht umgekehrt) zugeordnet sind.

(7) Schreibt man die Funktionsgleichung $y = f(x)$ in der Gestalt

$$y - f(x) = 0 \quad\text{bzw.}\quad g(x, y) = 0$$

so wird auch dadurch eine Zuordnung definiert. Jetzt ist allerdings nicht von vornherein erkennbar, welche Variable „abhängig" und welche Variable „unabhängig" sein soll. Dies muss vorher vereinbart werden (siehe „implizite Funktionen", Kap. 2.1.5).

(8) Eine Funktion f ist erst dann eindeutig definiert, wenn außer der Zuordnungsvorschrift $y = f(x)$ auch die zugehörige **Definitionsmenge** D_f angegeben wird. Nach Bem. 2.1.5 unterstellen wir, dass D_f – sofern keine andere Vereinbarung vorliegt – aus allen reellen Zahlen x besteht, für die der Funktionsterm $f(x)$ einen definierten Zahlenwert annimmt ($D_f =: D_{max}$ = *maximaler Definitionsbereich*).

Bei ökonomischen Funktionen allerdings wird man häufig nicht diesen (mathematisch) umfassenden Definitionsbereich D_{max}, sondern den **ökonomisch sinnvollen Definitionsbereich** $D_{ök}$ (d.h. eine Teilmenge von D_{max}) zugrunde legen:

Beispiel: $K(x) = 0{,}1x + 7$ (K: Gesamtkosten bei Produktion des Outputs x) .
Offenbar gilt: $D_{max} = \mathbb{R}$. Da aber i.a. nur nichtnegative Outputwerte vorkommen können, legt man als ökonomisch sinnvollen Definitionsbereich $D_{ök}$ zugrunde:
$D_{ök} = \mathbb{R}_0^+$ $(= \{x \in \mathbb{R} \mid x \geq 0 \})$.

Es ist also durchaus sinnvoll, zu einer vorgelegten Zuordnungsvorschrift $f: x \mapsto f(x)$ erst im Nachhinein einen Definitionsbereich zu ermitteln, z.B. $D_f = D_{max}$ oder $D_f = D_{ök}$!

Bei der Ermittlung des Definitionsbereiches D_f einer Funktion f kommt es häufig darauf an, diejenigen Werte für die unabhängige Variable zu ermitteln, für die **keine** Zuordnung möglich ist, weil ein nicht definierter Ausdruck entsteht:

Beispiel: $y = f(x) = \dfrac{x}{1 - x^2}$. $D_f = ?$

Da der Nenner nicht Null werden darf, müssen die Lösungen der Gleichung $1 - x^2 = 0$, d.h. 1 und -1, ausgeschlossen werden: $D_f = \mathbb{R} \setminus \{-1\,;1\}$.

Beispiel: $y = f(x) = \sqrt{x - 1}$ $D_f = ?$

Da der Radikand größer oder gleich Null sein muss, d.h. $x - 1 \geq 0$, folgt:
$D_f = \{x \in \mathbb{R} \mid x \geq 1 \}$.

Wir wollen (wie schon in Bem. 2.1.5 erwähnt) im Folgenden – wenn nicht ausdrücklich anders vereinbart – stets den **maximalen (ökonomischen) Definitionsbereich** $D_f (\subset \mathbb{R})$ zugrunde legen.

---

(9) Liegt eine Funktion f in Form ihrer Funktionsgleichung $y = f(x)$ vor, so erhält man zu jedem x_0 durch **Einsetzen** anstelle von x im Term f(x) den zugehörigen **Funktionswert** $f(x_0)$.

Beispiel: Gegeben sei die Funktion f mit der Gleichung $\mathbf{f(x) = x^2 + 1}$, $D_f = \mathbb{R}$.
Dann gilt: $f(2) = 2^2 + 1 = 5;$ $f(-10) = (-10)^2 + 1 = 101;$ $f(p) = p^2 + 1$
$f(x + \Delta x) = (x + \Delta x)^2 + 1 = x^2 + 2x \cdot \Delta x + (\Delta x)^2 + 1$
$f(6p^2 - 9p + 4) = (6p^2 - 9p + 4)^2 + 1;$ $f(ABBA) = (ABBA)^2 + 1$ usw.

Wie die Beispiele zeigen, können in $f(x_0)$ für x_0 Zahlen, Variable oder sogar Terme gewählt werden.

(10) Wie schon erwähnt, ist **nicht** durch **jede** Zuordnungsvorschrift eine Funktion definiert:

Beispiel: $f: f(x) = \sqrt{x}$; $x \in \mathbb{R}$:
f ist **keine** Funktion, weil für negative Werte von x der Term $\sqrt{x}$ nicht definiert ist.
(Für $D_f = \mathbb{R}_0^+$ ist f allerdings eine Funktion!)

Beispiel: $f: y = \sqrt{-x^2}$; $x \in \mathbb{R}$:
f ist **keine** Funktion, weil y für kein $x \in \mathbb{R}$ (außer für $x = 0$) definiert ist.

Beispiel: $f: x \mapsto y$ mit $y^2 = x$; $D_f = \mathbb{R}^+$:
f ist **keine** Funktion, weil die Zuordnung $x \mapsto y$ **nicht eindeutig** ist, z.B. ist dem Argument $x := 9$ sowohl der Wert $y = 3$ als auch der Wert $y = -3$ zugeordnet.

Beispiel: f: $f(x) = \dfrac{1}{x^2 - 16}$; $D_f = \mathbb{R}$:

f ist **keine** Funktion, weil den Zahlen $4, -4 \in D_f$ kein Funktionswert zugeordnet ist
(f ist aber für $D_f = \mathbb{R} \setminus \{-4; 4\}$ eine Funktion!).

(11) Kann die Funktion f nicht durch eine Zuordnungsvorschrift in Gleichungsform beschrieben werden (so
etwa bei empirischen Funktionen, deren Werte z.B.
aus Messdaten bestehen), so stellt man die einander
zugeordneten Wertepaare häufig in einer **Wertetabelle** zusammen:

Beispiel: f: T=f(t): Lufttemperatur T als Funktion
der Uhrzeit t, siehe Tabelle:

t: Uhrzeit (h)	T: Lufttemperatur (°C)
9.00	12 °C
11.00	17 °C
12.00	20 °C
14.00	22 °C
16.00	22 °C
18.00	21 °C
...	...

Umgekehrt lässt sich i.a. zu jeder in Gleichungsform vorliegenden Zuordnung eine Wertetabelle aufstellen.

Beispiel: f: $y = f(x) = x^2 - 1$; $D_f = \mathbb{N}$:

x	1	2	3	4	5 ...
f(x)	0	3	8	15	24 ...

2.1.2   Graphische Darstellung von Funktionen

Nach Def. 2.1.2 versteht man unter einer Funktion f einerseits eine Zuordnung, andererseits die **Menge
aller Paare (x ; y)**, die bei der Zuordnung f einander zugeordnet sind: $f = \{(x, y) \mid x \mapsto y = f(x) \wedge x \in D_f\}$.

Daher ist es möglich – wie bei jeder Paarmenge, siehe Kapitel 1.1.7 – die zu einer Funktion f gehörenden
Wertepaare (x ; y) in einem rechtwinkligen **Koordinatensystem** darzustellen, siehe Abb. 2.1.7.

- Jedes Paar (x;y) einer Funktion lässt sich durch einen
  Punkt P im x,y-Koordinatensystem veranschaulichen.

- x und y heißen **Koordinaten** des Punktes P(x;y). Die
  erste Koordinate (hier: x) heißt **Abszisse**, die 2. Koordinate (hier: y) heißt **Ordinate**.

- Die Menge aller dieser Punkte liefert den **Graphen**
  von f (oder das **Schaubild** von f).

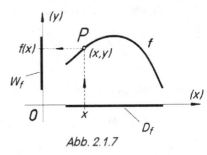

Abb. 2.1.7

Beispiel 2.1.8 (siehe Beispiel 2.1.3): Der Zeit-/Umsatz-Funktion U = U(t) von Beispiel 2.1.3 liegt
folgende Wertetabelle zugrunde:

t	1	2	3	4	5	6
U	10	12	14	13	16	12

Dargestellt im (t, U)-Koordinatensystem erhalten wir
den folgenden Funktionsgraphen (Abb. 2.1.9):

Der Graph von U(t) besteht aus sechs isolierten
Punkten.

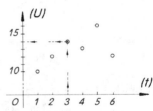

Abb. 2.1.9

Bemerkung 2.1.10: *i) Die **waagerechten** Koordinatenachse bezeichnet man auch als **Abszissenachse**, die senkrechte Koordinatenachse als **Ordinatenachse**. Die durch die Koordinatenachsen abgeteilten Viertel der Ebene werden als **Quadranten** bezeichnet, siehe Abb. 2.1.11.*

*ii) Die in der funktionalen Zuordnung y = f(x) vorkommende **unabhängige** Variable (hier x) trägt man vereinbarungsgemäß grundsätzlich auf der **Abszissenachse** ab (und somit stets die abhängige Variable y, d.h. die Funktionswerte f(x), auf der Ordinatenachse).*

Der an den Koordinatenachsen stehende Variablenname wird zweckmäßigerweise in Klammern gesetzt, der Graph der Funktion trägt den Funktionsnamen, z.B. f, siehe Abb. 2.1.12:

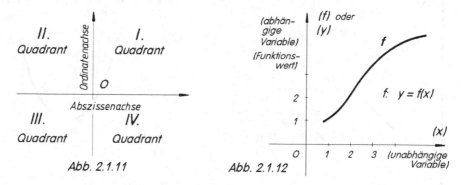

Abb. 2.1.11   Abb. 2.1.12

*iii) Die Abszissenwerte werden nach rechts hin größer, die Funktionswerte (= Ordinatenwerte) nach oben hin. Der Achsenschnittpunkt 0 heißt **Ursprung** des Koordinatensystems (siehe Abb. 2.1.12).*

Bei der graphischen Funktionsdarstellung ist es nicht unbedingt notwendig, auf beiden Koordinatenachsen denselben **Maßstab** zu verwenden:

Beispiel 2.1.13:   f: y = x + 1 ; $D_f = \mathbb{R}$:

Abbildung 2.1.14 zeigt drei Funktionsschaubilder mit verschiedenen Achsenmaßstäben:

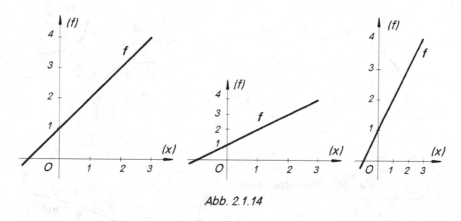

Abb. 2.1.14

Alle drei Schaubilder stellen **dieselbe** Funktion f dar. Häufig ergibt sich ein geeigneter Achsenmaßstab durch die Zahlenwerte der auftretenden Daten und die Forderung nach anschaulicher Darstellung. Zu beachten ist allerdings, dass jede Wahl eines Maßstabes zu optischen **Verzerrungen** oder (ökonomischen) **Fehlinterpretationen** führen kann, siehe Abb. 2.1.14.

Im folgenden sind die **Graphen einiger häufig vorkommender Elementar-Funktionen** aufgeführt:

Beispiel 2.1.15:

i) $\boxed{y = x}$; $x \in \mathbb{R}$

x	-2	-1	0	1	2	3 ...
f(x)	-2	-1	0	1	2	3 ...

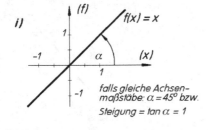

ii) $\boxed{y = x^2}$; $x \in \mathbb{R}$ (**Parabel**)

x	-2	-1	0	0,5	1	2 ...
f(x)	4	1	0	0,25	1	4 ...

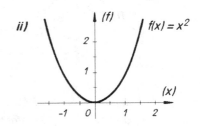

iii) $\boxed{y = x^3}$; $x \in \mathbb{R}$ (**kubische Parabel**)

x	-2	-1	0	0,5	1	2 ...
f(x)	-8	-1	0	0,125	1	8 ...

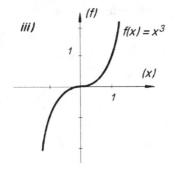

iv) $\boxed{y = \dfrac{1}{x}}$; $x \in \mathbb{R} \setminus \{0\}$ (**Hyperbel**)

x	± 4	± 2	± 1	$\pm \dfrac{1}{2}$	$\pm \dfrac{1}{4}$ ...
f(x)	$\pm \dfrac{1}{4}$	$\pm \dfrac{1}{2}$	± 1	± 2	± 4 ...

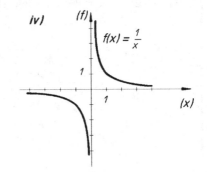

v) $\boxed{y = \sqrt{x}}$; $x \in \mathbb{R}_0^+$ (**Wurzelfunktion**)

x	0	1	2	4	9 ...
f(x)	0	1	1,41...	2	3 ...

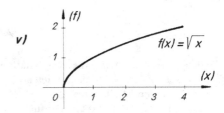

vi) $\boxed{y = e^x}$; $x \in \mathbb{R}$ (**Exponentialfunktion,** siehe Kap. 2.3.4)

x	−5	−1	0	1	2	5	...
f(x)	0,007	0,368	1	2,718	7,389	148,4	...

(= e)

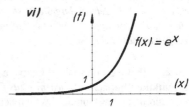

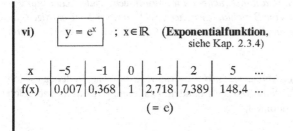

vii) $\boxed{y = \ln x}$; $x \in \mathbb{R}^+$ (**Logarithmusfunktion,** siehe Kap. 2.3.5)

x	0,01	0,10	1	2	e	10	...
f(x)	−4,605	−2,303	0	0,693	1	2,303	...

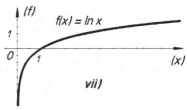

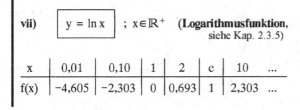

Bemerkung 2.1.16: In vielen Fällen nützlich ist die folgende (nach dem Vorhergehenden eigentlich selbstverständliche) Eigenschaft von Funktionspunkten:

Liegt ein Punkt P mit den Koordinaten (x_0, y_0) auf dem Graphen der Funktion f mit der Funktionsgleichung $y = f(x)$, so genügen die Koordinaten (x_0, y_0) dieses Punktes P der Gleichung: $y_0 = f(x_0)$ (d.h. die Gleichung $y = f(x)$ wird beim Einsetzen von y_0 (für y) und x_0 (für x) wahr).

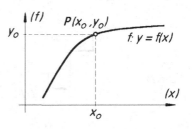

Beispiel: Es sei bekannt, dass der Punkt P mit den Koordinaten $(3;7)$ auf dem Graphen der Funktion f mit $y = f(x) = ax^2 + bx + c$ liegt (a, b, c sind reelle Konstanten). Dann muss notwendigerweise die Gleichung: $9a + 3b + c = 7$ wahr sein.

Die **Eindeutigkeit** einer funktionalen Darstellung lässt sich gut am Funktionsgraphen **überprüfen:**
Eindeutigkeit einer Funktion f: $y = f(x)$ besagt, dass es zu **jedem** x $(\in D_f)$ **genau ein** (d.h. nicht mehr und nicht weniger als ein) y $(\in W_f)$ als Funktionswert gibt.

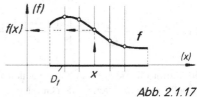

Abb. 2.1.17

Graphisch bedeutet dies nichts anderes, als dass es zu jedem $x \in D_f$ nur **genau einen** senkrecht darüber (oder darunter) gelegenen **Funktionspunkt** geben darf, mit anderen Worten, dass **jede Senkrechte** den Funktionsgraphen **genau einmal schneiden** muss (s. Abb. 2.1.17).

Abb. 2.1.18

So gehört etwa der Graph in Abb. 2.1.18 **nicht** zu einer Funktion: Zu unendlich vielen Werten x $(\in D_f)$ gehört **mehr als ein** zugeordneter Wert f(x) (im Beispiel bis zu 3 verschiedene Werte !).

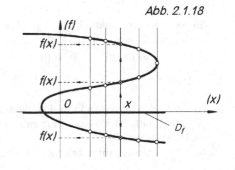

In Abb. 2.1.18 erkennt man dies daran, dass es (*beliebig viele*) Senkrechte innerhalb von D_f gibt, die den Graphen **mehr als einmal** schneiden.

Bemerkung 2.1.19: *Auch die nicht eindeutigen und daher nicht zu Funktionen gehörenden Zuordnungen (wie etwa in Abb. 2.1.18 dargestellt) stellen eine Beziehung zwischen zwei Variablen her. Derartige (allgemeine) Zuordnungen (bzw. ihre Paarmengen) heißen **Relationen**. (Daher nennt man eine Funktion auch **funktionale Relation**.)*

Aufgabe 2.1.20: Gegeben sind die Graphen in Abb. 2.1.21a/b. Ermitteln Sie die Fälle, in denen es sich um **Funktions**graphen („*zu jedem x aus* D_f *genau ein f(x)* ") handelt. Der jeweilige Definitionsbereich D_f ist durch die Ausdehnung des Graphen definiert.

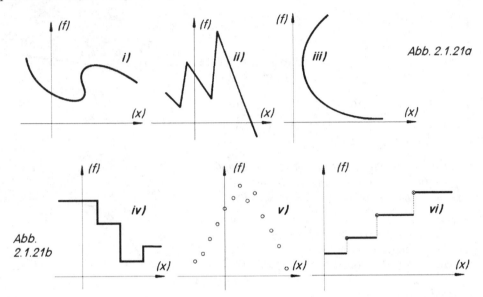

Aufgabe 2.1.22: i) Welche Paarmengen stellen eine Funktion dar ?

a) { (1; 1), (2; 1), (3; 1), (4; 1) } ;   **b)** { (1; 1), (2; 3), (1; 4), (2; 5) } ;

c)

x	-2	-1	0	1	2	3
f(x)	8	4	1	4	8	1

ii) Ermitteln Sie von den angegebenen Funktionen den maximalen Definitionsbereich, eine Wertetabelle und skizzieren Sie den Graphen.

a) f: $f(x) = \frac{1}{2}x^2 - 1$; **b)** g: $g(x) = -2x^2 + 25$; **c)** h: $h(x) = \frac{1}{x^2 - 49}$; **d)** k: $k(x) = \sqrt{49 - x^2}$.

iii) Welche der Punkte P_1, ..., P_8 gehören zu den Graphen der Funktionen f, g, h, k der vorangegangenen Aufgabe ii) ?

$$P_1 = (7 ; 0), \qquad P_2 = (0 ; 7), \qquad P_3 = (-7 ; 0), \qquad P_4 = (0 ; -7),$$
$$P_5 = (4 ; 7), \qquad P_6 = (-4 ; 7), \qquad P_7 = (8 ; -\sqrt{15}), \qquad P_8 = (\sqrt{15} ; -34).$$

iv) Im Bäckerladen. Der kleine Philipp streckt die geschlossene Faust mit Kleingeld über den Tresen: „Ein Brot, bitte." Die Bäckersfrau entnimmt das Kleingeld mit der Bemerkung: „Mal sehen, was für ein Brot es sein soll."
Welche Beziehung muss zwischen Brotpreisen und Brotsorten in diesem Fall bestehen ?

Aufgabe 2.1.23: Gegeben sind folgende Funktionen f und g:

$$f: f(x) = 2x^2 + x - 4 \qquad\qquad g: g(t) = \sqrt{t^2 - 16}$$

i) Ermitteln Sie jeweils den maximalen Definitionsbereich von f und g *(siehe Bem. 2.1.5)*.

ii) Ermitteln Sie für jeden der nachstehend aufgeführten Ausdrücke das entsprechende Wertepaar (x ; f) und (t ; g): *(Beispiel: zu f(ab) gehört das Paar: (x ; f) = (ab ; 2(ab)² + ab − 4) usw.)*

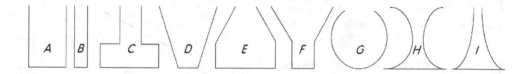

$$f(2) \; , \; f(-4) \; , \; g(-2) \; , \; g(4) \; , \; g(x) \; , \; f(-t) \; , \; g(2t) \; , \; f(\tfrac{a}{b}) \; ,$$

$$g(x+\Delta x) \; , \; g(t-4) \; , \; f(x^2-4) \; , \; g(\sqrt{x^2+16}) \; , \; f(x_0+h) \; , \; f(2x^2+x-4) \; .$$

Aufgabe 2.1.24: Gegeben seien 9 *(zunächst leere)* Gefäße A bis I, siehe Skizze:

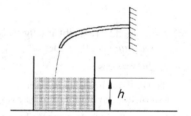

Jedes Gefäß wird nun kontinuierlich mit Wasser be-
füllt, die Zuströmgeschwindigkeit des Wassers sei
stets konstant. Der Füllvorgang beginne jeweils bei
einer Füllhöhe h = 0 im Zeitpunkt t = 0. Zu jedem
Zeitpunkt t (≥ 0) ergibt sich somit genau eine Füllhöhe h, d.h. die Füllhöhe h(t) ist eine Funktion h
der Zeit t (≥ 0).

10 derartige „Füllfunktionen" h: t ↦ h(t) sind graphisch dargestellt: *(Dabei sind nur solche Zeiten t
berücksichtigt, die vor dem Überlaufen des jeweiligen
Gefäßes liegen.)*

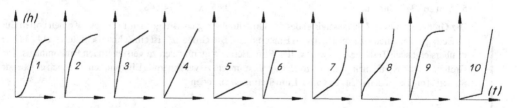

Welche Füllfunktion gehört zu welchem Gefäß ?

2.1.3 Abschnittsweise definierte Funktionen

Häufig ist es **nicht** möglich, eine Funktion f in ihrem **gesamten** Definitionsbereich D_f durch einen **einzigen**, geschlossenen Funktionsterm darzustellen. Vielmehr kann zu jedem einzelnen **Abschnitt** ihres
Definitionsbereiches jeweils ein **anderer** Funktionsterm gehören, man spricht von **abschnittsweise definierten** Funktionen.

Beispiel 2.1.25:

i) (*„Portofunktion"*)

Die Funktion k mit

$$k(x) \;=\; \begin{cases} 0{,}80 & \text{für} & 0 < x \le 20 \\ 0{,}95 & \text{für} & 20 < x \le 50 \\ 1{,}55 & \text{für} & 50 < x \le 500 \\ 2{,}70 & \text{für} & 500 < x \le 1000 \end{cases}$$

beschreibt die Briefportokosten k (in €) in Abhängigkeit vom Briefgewicht x (in g), s. Abb. 2.1.26 (zulässige Maße vorausgesetzt).

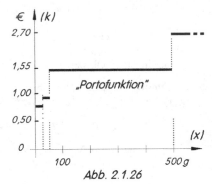

Abb. 2.1.26

ii) Die Funktion K mit *(x: Output)*

$$K(x) \;=\; \begin{cases} 10 + x & \text{für} & 0 \le x \le 100 \\ 60 + 0{,}50x & \text{für} & 100 < x \le 500 \\ 185 + 0{,}25x & \text{für} & 500 < x \end{cases}$$

könnte eine Gesamtkostenfunktion beschreiben, die abschnittsweise konstante degressive stückvariable Kosten besitzt, s. Abb. 2.1.27.

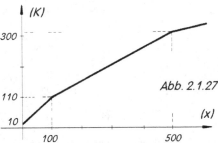

Abb. 2.1.27

iii) Der folgende Text gibt auszugsweise den **§32a** des Einkommensteuergesetzes (EStG) *(ab Veranlagungszeitraum 2019)* wieder:

„ §32a Einkommensteuertarif

(1) Die tarifliche Einkommensteuer bemisst sich nach dem zu versteuernden Einkommen. Sie beträgt ... jeweils in Euro für zu versteuernde Einkommen

1. bis	9 168 Euro (Grundfreibetrag):	0 ;
2. von	9 169 Euro bis 14 254 Euro:	$(980{,}14 \cdot y + 1\,400) \cdot y$;
3. von	14 255 Euro bis 55 960 Euro:	$(216{,}16 \cdot z + 2\,397) \cdot z + 965{,}58$;
4. von	55 961 Euro bis 265 326 Euro:	$0{,}42 \cdot x - 8\,780{,}9$;
5. von 265 327 Euro an:		$0{,}45 \cdot x - 16\,740{,}68$.

Die Größe „y" ist ein Zehntausendstel des den Grundfreibetrag übersteigenden Teils des auf einen vollen Euro-Betrag abgerundeten zu versteuernden Einkommens. Die Größe „z" ist ein Zehntausendstel des 14 254 Euro übersteigenden Teils des auf einen vollen Euro-Betrag abgerundeten zu versteuernden Einkommens. Die Größe „x" ist das auf einen vollen Euro-Betrag abgerundete zu versteuernde Einkommen. Der sich ergebende Steuerbetrag ist auf den nächsten vollen Euro-Betrag abzurunden." ...

Die sich daraus ergebende **Einkommensteuerfunktion** S [S(E): Einkommensteuer (in €/Jahr) in Abhängigkeit von E := zu versteuerndes (abgerundetes) Einkommen (in €/Jahr)] ist eine **abschnittsweise** definierte Funktion:

In jedem der Bereiche
$$0 \le E \le 9.168\,,$$
$$9.169 \le E \le 14.254\,,$$
$$14.255 \le E \le 55.960\,,$$
$$55.961 \le E \le 265.326\,,$$
$$E \ge 265.327$$

wird S durch einen anderen Funktionsterm beschrieben (siehe EStG-Text sowie Abb. 2.1.28)

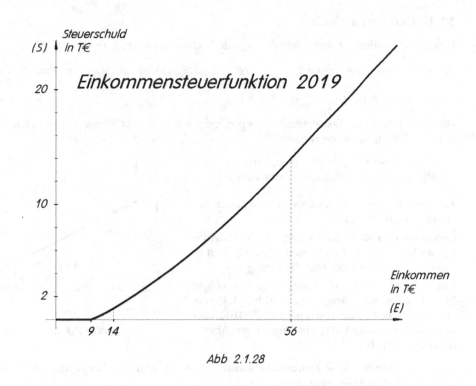

Abb 2.1.28

Bemerkung 2.1.29:   *Wie an den vorangehenden drei Beispielen erkennbar ist, kann es an den Nahtstellen der Definitionsbereiche zu eigenartigem Verhalten der entsprechenden abschnittsweise definierten Funktion kommen, z.B. in Form von „Unstetigkeiten" wie in Beispiel 2.1.25 i) (siehe Kap. 4.4) oder in Form von „Ecken" wie in Beispiel 2.1.25 ii) (siehe Kap. 6.4.5) .*

Aufgabe 2.1.30:   Ermitteln Sie anhand von §32a des Einkommensteuergesetzes (siehe Beispiel 2.1.25 iii)) die Einkommensteuer S(E) bei einem jährlich zu versteuernden Einkommen E von:

i)	9.175,99 €		**ii)**	9.176,00 €		**iii)**	14.255,99 €	
iv)	14.256,00 €		**v)**	50.000,00 €		**vi)**	50.001,00 €	
vii)	100.000,00 €		**viii)**	1.000.000,00 € .				

Aufgabe 2.1.31:   Skizzieren Sie die folgende Funktion f im Intervall [−3 ; 5]:

$$
f(x) = \begin{cases} x^2 - 1 & \text{für} & x \le 0 \\ 2x - 1 & \text{für} & 0 < x \le 2 \\ \dfrac{4}{x} + 3 & \text{für} & x > 2 \end{cases} .
$$

2.1.4   Umkehrfunktionen

Für ein Gut existiere auf dem Markt die folgende Nachfragefunktion $f: x \mapsto p = f(x)$:

(2.1.32) $p = f(x) = -\dfrac{1}{2}x + 5$;   (x: nachgefragte Menge (in ME);   p: Preis (in GE/ME));

$D_f = [\,0; 10\,]$, $W_f = [\,0; 5\,]$.

Durch die funktionale Zuordnung $f: x \mapsto p = -\dfrac{1}{2}x + 5$ wird jeder **Menge** x (aus D_f) genau ein zugehöriger **Marktpreis p zugeordnet.**

So ist etwa einer nachgefragten Menge von 4 ME ein
Marktpreis von 3 GE/ME zugeordnet, s. Abb. 2.1.33.

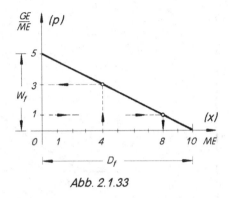

Andererseits ist es häufig so, dass die **umgekehrte** Zuordnung von Interesse ist:

Gegeben sei ein Marktpreis p, gesucht ist die zugehörige nachgefragte Menge x. Offensichtlich handelt es
sich dabei um die „umgekehrte" Zuordnung $p \mapsto x$:

Um etwa die zum Preis p = 1 zugehörige nachgefragte
Menge zu erhalten, gelangt man in Abb. 2.1.33 vom
entsprechenden Ordinatenwert p = 1 (GE/ME) „rückwärts" auf eindeutige Weise zum zugehörigen Abszissenwert x = 8 (ME).

Abb. 2.1.33

Die entsprechende **inverse Zuordnungsvorschrift** $g: p \mapsto x(p)$ (in Gleichungsform) erhält man aus der
ursprünglichen Funktionsgleichung

(2.1.32) $f: p = -\dfrac{1}{2}x + 5$; $D_f = [0; 10]$; $W_f = [0; 5]$,

indem man diese Gleichung nach x umstellt:

(2.1.34) $g: x = -2p + 10$; $D_g (= W_f) = [0; 5]$; $W_g (= D_f) = [0; 10]$.

An diesem Beispiel erkennt man:

> Damit eine Funktion $f: x \mapsto y = f(x)$ **umkehrbar** (invertierbar) ist, ist es notwendig, dass **zu jedem**
> **Funktionswert** $y\,(\in W_f)$ **genau ein Wert** $x\,(\in D_f)$ der **unabhängigen** Variablen existiert:
> Die **inverse** Zuordnung $g: y \mapsto x = g(y)$ muss wieder **eindeutig** sein.

*Bemerkung 2.1.35:   Dass dies nicht selbstverständlich
ist, zeigt das folgende Beispiel der aus (2.1.32) abgeleiteten „Erlösfunktion":*

$$E(x) = x \cdot p(x) = -\frac{1}{2}x^2 + 5x$$

*So gibt es etwa zum Erlös 8 GE sowohl die Menge
2 als auch die Menge 8 als zugeordnete Werte, siehe
Abb. 2.1.36. Die Zuordnung $E \mapsto x$ ist **nicht** eindeutig, also **keine** Funktion (wohl aber eine Relation,
siehe Bemerkung 2.1.19).*

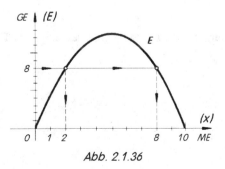

Abb. 2.1.36

Zusammenfassend erhalten wir:

Def. 2.1.37: (Umkehrfunktion)

Eine Funktion f: $x \mapsto y = f(x)$ mit $x \in D_f$; $y \in W_f$ heißt (eindeutig) **umkehrbar** (oder **eineindeutig**), wenn es **zu jedem** $y (\in W_f)$ **genau ein** $x (\in D_f)$ gibt.

Die Zuordnung g: $y \mapsto x = g(y)$; $y \in W_f (= D_g)$ heißt **Umkehrfunktion** oder **inverse Funktion** zu f (und wird daher auch häufig mit f^{-1} („f invers") bezeichnet).

Bemerkung 2.1.38: i) Ist das Schaubild einer Funktion f gegeben, so lässt sich die Frage nach der Umkehrbarkeit von f leicht entscheiden:
*f ist umkehrbar, wenn jede **Waagerechte** (innerhalb W_f) den Funktionsgraphen **genau einmal schneidet**, siehe Abb. 2.1.39.*

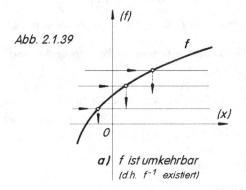

Abb. 2.1.39

a) f ist umkehrbar
(d.h. f^{-1} existiert)

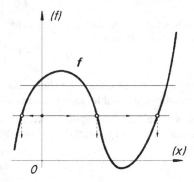

b) f ist **nicht** umkehrbar (f^{-1} existiert **nicht**)

*(Negativ formuliert: f besitzt eine Umkehrfunktion f^{-1}, wenn es **keine** Waagerechte gibt, die den Funktionsgraphen von f **mehr** als einmal schneidet.)*

ii) Um aus der Funktionsgleichung $y = f(x)$ die Gleichung $x = g(y)$ der Umkehrfunktion zu erhalten, löst man die ursprüngliche Funktionsgleichung $y = f(x)$ nach der unabhängigen Variablen (hier x) auf. Ist diese Auflösung eindeutig möglich, so handelt es sich bei $x = g(y)$ um die Gleichung der zu f gehörigen Umkehrfunktion.

Beispiele:

a) $\quad f: y = f(x) = \frac{1}{2}x^2 + 1$; $\quad D_f = \mathbb{R}$
$\qquad\qquad\qquad\qquad\qquad\qquad W_f = [1; \infty]$

Die schon am Graphen (s. Abb. 2.1.40) erkennbare Mehrdeutigkeit der inversen Zuordnung drückt sich in der Mehrdeutigkeit der Auflösung nach x aus:

$$\frac{1}{2}x^2 = y - 1 \Leftrightarrow x^2 = 2y - 2$$

$$\Leftrightarrow \quad x = \sqrt{2y - 2} \vee x = -\sqrt{2y - 2}$$

(zwei mögliche inverse Zuordnungen).

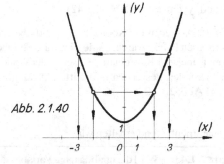

Abb. 2.1.40

*Also besitzt f keine Umkehrfunktion. Etwas anderes ergäbe sich dann, wenn man zuvor den Definitionsbereich von f nur auf nichtnegative x-Werte ($D_f = \mathbb{R}_0^+$) **beschränkt**. Dann gibt es bei der Umformung auch nur die positive Lösung $x = \sqrt{2y - 2}$, die Umkehrung wäre eindeutig und g: $y \mapsto x = \sqrt{2y - 2}$; $D_g = \{y \in \mathbb{R} \mid y \geq 1\} = W_f$, die Gleichung der Umkehrfunktion g zu f.*

b) $f: y = f(x) = \dfrac{2x-4}{x-1}$; $D_f = \mathbb{R} \setminus \{ 1 \}$

$W_f = \mathbb{R} \setminus \{ 2 \}$

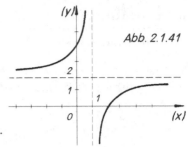

Abb. 2.1.41

$\Leftrightarrow$ $y(x-1) = 2x - 4 \Leftrightarrow yx - y = 2x - 4$

$\Leftrightarrow$ $yx - 2x = y - 4 \quad \Leftrightarrow x(y-2) = y - 4$

$\Leftrightarrow$ $x = \dfrac{y-4}{y-2} = g(y)$; $D_g = W_f$; $W_g = D_f$

(Gleichung der Umkehrfunktion zu f, *siehe Abb. 2.1.41).*

iii) Gelegentlich schreibt man die zusammengehörigen Terme von Funktion und Umkehrfunktion auch in der (nicht ganz korrekten, aber sinnvollen) Schreibweise:

$$f: y = y(x) \quad [Funktion] \quad \Longleftrightarrow \quad f^{-1}: x = x(y) \quad [Umkehrfunktion].$$

Beispiel: *(siehe (2.1.32), (2.1.34))* $p(x) = -\dfrac{1}{2}x + 5 \quad \Longleftrightarrow \quad x(p) = -2p + 10$.

Weiterhin erkennt man, dass die nochmalige Umkehrung der Umkehrfunktion wieder zur ursprünglichen Funktion f *führt:*

$$(f^{-1})^{-1} = f$$ *(Die **Inverse** der **Inversen** ist die **Ausgangsfunktion**)* .

Bei der graphischen Darstellung der Umkehrfunktion f^{-1} zu f beachte man, dass vereinbarungsgemäß stets die **unabhängige Variable** auf der **Abszisse** abgetragen wird (siehe Bemerkung 2.1.10 ii)).

Nun vertauschen bei der Bildung der Umkehrfunktion die Variablen gerade ihre Rollen: aus der abhängigen Variablen y in y = f(x) wird die unabhängige Variable y in x = g(y) (und umgekehrt).

Beispiel: f: $y = \dfrac{1}{2} x + 1$ x: unabhängige Variable
y: abhängige Variable

$\Leftrightarrow$ f^{-1}: $x = 2y - 2$ y: unabhängige Variable
x: abhängige Variable

Zwar sind die zugeordneten Werte von x und y in beiden Fällen gleich (so gehört etwa x = 4 zu y = 3 und y = 3 zu x = 4 usw.), aber die graphische Darstellung ändert sich wegen der o.a. Konvention, siehe Bem. 2.1.10 ii).

Wenn wir beachten, dass nach dieser Konvention dem Punkt (x , y) = (4 ; 3) von f der Punkt (y, x) = (3 ; 4) von f^{-1} entspricht, so erkennen wir, dass beide Punkte offenbar durch **Vertauschen** von x und y entstehen (Abb. 2.1.42).

Ein **Vertauschen** der Koordinaten x und y bewirkt denselben Effekt wie eine **Spiegelung** des Graphen von f incl. der Koordinatenachsen an der Winkelhalbierenden des ersten und dritten Quadranten; siehe Abb. 2.1.42.

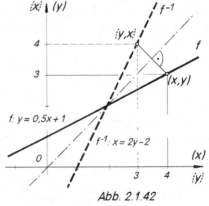

Abb. 2.1.42

Zusammenfassend erhalten wir

Satz 2.1.43:   Wird die **unabhängige Variable** stets auf der **Abszisse** abgetragen, so gehen die Graphen der Funktion f und ihrer Umkehrfunktion f^{-1} durch **Spiegelung an der Winkelhalbierenden** des I. und III. Quadranten auseinander hervor (dabei werden die Koordinatenachsen *(incl. der zugehörigen Maßeinheiten!)* ebenfalls gespiegelt).

Bemerkung 2.1.44: Was in Satz 2.1.43 für Funktionen gesagt ist, gilt allgemein für beliebige (auch nicht eindeutige) Relationen R und ihre Umkehrrelationen R^{-1}, siehe z.B. Abb. 2.1.45:

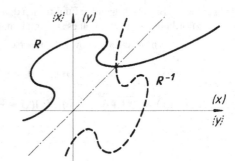

Abb. 2.1.45

Beispiel 2.1.46:

$f\colon\ y = \frac{1}{4}x^2\ ;\ x \geq 0;\ y \geq 0$

[Funktion]

$\Longleftrightarrow$

$f^{-1}\colon\ x = 2\sqrt{y}\ ;\ y \geq 0;\ x \geq 0$

[inverse Funktion] ,

siehe Abb. 2.1.47:

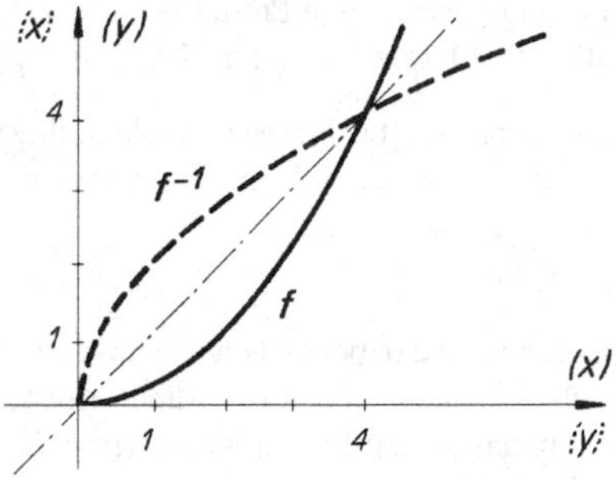

Abb. 2.1.47

Bemerkung 2.1.48: In manchen Büchern wird empfohlen, die Umkehrfunktion zu $y = f(x)$ dadurch zu ermitteln, dass man zunächst die Variablen vertauscht: $x = f(y)$, und anschließend nach y auflöst: $y = g(x) = f^{-1}(x)$.

*Selbstverständlich handelt es sich bei dieser Darstellung ebenfalls um die Gleichung der Umkehrfunktion. Allerdings haben die **Variablen** ihre **Namen getauscht**. Bei ökonomischen Funktionen stehen die Variablennamen stellvertretend für ökonomische Größen, z.B. x für Menge, p für Preis usw. Würde man bei Bildung der Umkehrfunktion diese Variablennamen vertauschen, so ginge die Zuordnung von Variablennamen zu ökonomischen Größen verloren, mehr noch, es käme zu Missverständnissen in der ökonomischen Deutung der Funktion:*

Beispiel: (siehe (2.1.32)) In der Nachfragefunktion p mit

(2.1.49) $p(x) = -\frac{1}{2}x + 5$ *bedeuten p: Preis ; x: Menge .*

Nach dem eben skizzierten, häufig anzutreffenden Vorgehen zur Bildung der Umkehrfunktion vertauscht man zunächst die Variablen: $x = -\frac{1}{2}p + 5$

und löst diese Gleichung nach p auf (vgl. dazu (2.1.34)):

(2.1.50) $p = -2x + 10$.

*Zwar hat man auf diese Weise erreicht, dass die unabhängige Variable stets x heißt (und somit eine Umorientierung des Koordinatensystems gemäß der Konvention nicht erforderlich ist), allerdings bedeuten in (2.1.50) p eine **Mengen**größe und x eine **Preis**größe, entgegen allen ökonomischen Konventionen.*

*Um derartige Missverständnisse zu vermeiden, achte man darauf, dass bei Umformung ökonomischer Gleichungen und Funktionen die **Variablen** stets ihre **unveränderte Bedeutung** behalten.*

Aufgabe 2.1.51:

i) Welche der in Aufgabe 2.1.20 dargestellten Graphen besitzen als Umkehrung eine **Funktion**?

ii) Geben Sie von folgenden Funktionen den Definitionsbereich sowie die Gleichungen der Umkehrzuordnungen an. Handelt es sich um Umkehr**funktionen**?

Skizzieren Sie jeweils f sowie die inverse Funktion f^{-1} bzw. die inverse Relation R^{-1}.

a) f: $f(x) = x^3 - 1$ b) f: $f(z) = \dfrac{5z - 8}{6z + 7}$ c) f: $f(v) = \dfrac{2v^2 - 3}{v + 1}$

d) f: $f(x) = \sqrt{x^3 + 3}$ e) f: $f(x) = \dfrac{1}{x^2}$.

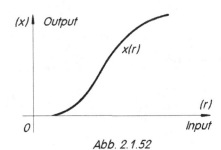

iii) Gegeben sei der Graph (siehe Abb. 2.1.52) einer ertragsgesetzlichen Produktionsfunktion $x = x(r)$ (x: Output (ME_x); r: Input (ME_r)).

Skizzieren Sie die zugehörige Umkehrfunktion r: $x \mapsto r(x)$ im gleichen Koordinatensystem.

Abb. 2.1.52

Aufgabe 2.1.53:

Skizzieren Sie die nebenstehende Funktion f und geben Sie im gleichen Koordinatensystem den Graphen der Umkehrfunktion *(bzw. Umkehrrelation)* an.

$$y = f(x) = \begin{cases} \dfrac{1}{x} & \text{für } -3 \le x \le -1 \\ x & \text{für } -1 < x \le 0 \\ x^2 & \text{für } 0 < x \le 2 \\ 4 & \text{für } 2 < x \le 3 \end{cases}$$

Aufgabe 2.1.54: Vier Funktionen sind durch ihre (unten stehenden) Funktionsgleichungen gegeben. Ermitteln Sie von jeder dieser Funktionen

a) den *(maximalen)* Definitionsbereich *(siehe Bem. 2.1.5)*,
b) die Gleichung der Umkehrfunktion *(bzw. Umkehrrelation)*,
c) den *(maximalen)* Definitionsbereich der Umkehrfunktion *(bzw. Umkehrrelation)*,
d) den Graphen von Funktion und Umkehrung:

     i) $x = x(r) = 6\sqrt{3r - 120}$ **ii)** $p = p(x) = 10 \cdot e^{-0,1x}$

     iii) $t = t(x) = 0{,}25x^2 + 2$ **iv)** $i = i(k) = \dfrac{5k}{k - 1}$

2.1.5 Implizite Funktionen

Die bisher betrachteten Funktionsgleichungen ließen stets erkennen, welches die unabhängige und welches die abhängige Variable war, da die Gleichungen stets nach **einer** der Variablen **aufgelöst** waren:

$$y = -x + 5 \; ; \qquad p = -\frac{1}{2}u^3 + 5 \; ; \qquad r = s^2 - 4 \qquad \text{usw.}$$

In einer derartigen Darstellung $y = f(x)$ heißt f **explizite** *(entwickelte)* **Funktion** von x. Ebenso ist eine funktionale Zuordnungsvorschrift denkbar, in der nicht nach einer Variablen aufgelöst ist, z.B.

$$2y + x - 10 = 0 \; .$$

Daraus könnte man dann durch Umformung

$$y = -\frac{1}{2}x + 5 \qquad \text{oder} \qquad x = -2y + 10 \qquad \text{gewinnen.}$$

Liegt allgemein die funktionale Zuordnung in der zuletzt beschriebenen Form vor, d.h. $F(x, y) = 0$, so nennt man die zugrundeliegende Zuordnung **implizite** *(verwickelte)* **Funktion**.

Beispiel 2.1.56:

   i) $F(x, y) = 2x + 3y - 5 = 0$ $(x, y \in \mathbb{R})$;   ii) $h(u, v) = u^2 - v^2 + 1 = 0$ $(u, v \geq 0)$;

   iii) $g(p, x) = \sqrt{p} - x^2 + 36 = 0$ $(p, x \geq 0)$.

In einer impliziten Funktion ist die Unterscheidung von abhängiger und unabhängiger Variablen zunächst nicht möglich oder sinnvoll. Erst durch Darstellung in der nach einer Variablen aufgelösten Form oder durch willkürliche Angabe ist diese Unterscheidung möglich. **Nicht alle** implizit gegebenen Funktionen $F(x, y) = 0$ lassen indes eine explizite Darstellung in Form eines **geschlossenen Funktionsausdrucks** (etwa $y = y(x)$) zu:

Beispiel 2.1.57:   F: $F(x, y) = 2x^2y^4 - x^6y^3 + y^5 - 16 = 0$ $(x, y > 0)$

   Diese implizit definierte Funktion F ist explizit weder nach x noch nach y auflösbar. Wohl ist eine Darstellung in Form einer Wertetabelle oder eines Graphen mit Hilfe von Näherungsverfahren möglich *(z.B. Vorwahl von x und näherungsweise Gleichungslösung bzgl. y)*.

Aufgabe 2.1.58: Ermitteln Sie aus den in Beispiel 2.1.56 implizit gegebenen Funktionen jeweils die beiden expliziten Funktionsgleichungen.

2.1.6   Verkettete Funktionen

Funktionen h, k mit Funktionsgleichungen wie z.B.

   i) $h(x) = \sqrt{x^4 + 1}$, $x \in \mathbb{R}$;   ii) $k(x) = (x^2 - 1)^{20}$; $x \in \mathbb{R}$

kann man sich entstanden denken durch **Hintereinanderausführung** zweier (elementarer) Funktionen, wobei an die Stelle der unabhängigen Variablen einer Funktion der komplette Funktionsterm der anderen Funktion tritt:

zu **i**):   mit $f(x) = x^4 + 1$ und $g(f) = \sqrt{f}$ ergibt sich:

(2.1.59) $g(f(x)) = \sqrt{f(x)} = \sqrt{x^4 + 1}$ = h(x) .

zu **ii**):   mit $f(x) = x^2 - 1$ und $g(f) = f^{20}$ ergibt sich:

(2.1.60) $g(f(x)) = f(x)^{20} = (x^2 - 1)^{20} = k(x)$.

Man bezeichnet die durch Einsetzen von f in g entstandene neue Funktion **g(f(x))** als die aus f und g **zusammengesetzte, mittelbare** oder **verkettete Funktion.**

In g(f(x)) (d.h. erst f, dann g bzw. g nach f) heißt f die **innere** und g die **äußere Funktion.** Wie das folgende Beispiel zeigt, ist die **Reihenfolge der Verkettung** von Bedeutung:

Beispiel 2.1.61: Seien die beiden Funktionen f, g mit $f(x) = x^4 + 1$ und $g(x) = \sqrt{x}$ vorgegeben (s.o. unter i)).

   i)   Setzt man f in g ein, so erhält man (siehe 2.1.59): $g(f(x)) = \sqrt{f(x)} = \sqrt{x^4 + 1}$.

   ii)   Setzt man umgekehrt g in f ein, so erhält man:
               $f(g(x)) = g(x)^4 + 1 = (\sqrt{x})^4 + 1 = x^2 + 1$,

   d.h. im allgemeinen gilt: $\boxed{g(f(x)) \neq f(g(x))}$ (2.1.62)

Bemerkung 2.1.63: Damit eine Verkettung g(f(x)) zweier Funktionen f, g möglich ist, müssen die Werte der inneren Funktion f zumindest teilweise im Definitionsbereich der äußeren Funktion g liegen, die Bildung von g(f(x)) ist somit nur dann möglich, wenn $W_f \cap D_g \neq \{\ \}$.

Beispiel: $h(x) = \sqrt{x^2 - 9}$ *mit* $f(x) = x^2 - 9$, $x \in \mathbb{R}$ *und* $g(f) = \sqrt{f}$, $D_g = \mathbb{R}_0^+$.

Wertebereich von f ist $[-9, \infty[$, *der Definitionsbereich* D_g *der äußeren Funktion g aber nur* $\mathbb{R}_0^+$.
Damit gilt für den Definitionsbereich der verketteten Funktion h:

$$D_h = \{ x \mid x^2 - 9 \geq 0 \} \ .$$

Beispiel: $h(x) = \sqrt{-x^2 - 1}$ *mit* $f(x) = -x^2 - 1$ *und* $g(f) = \sqrt{f}$.

Der Wertebereich W_f *ist* $[-\infty, -1]$, *der Definitionsbereich* D_g *ist* $\mathbb{R}_0^+$, *so dass* W_f *und* D_g *kein gemeinsames Element besitzen:* $h = g(f(x))$ *ist* **keine** *Funktion, da* $D_h = \{ \ \}$.

Besitzt eine Funktion f eine **Umkehrfunktion** f^{-1} , so ist die **Verkettung** von f und f^{-1} **unabhängig** von der **Reihenfolge**:

Aus der Beziehung $y = f(x) \Leftrightarrow x = f^{-1}(y)$ folgt durch Einsetzen:

(2.1.64)   i) $\boxed{f(f^{-1}(y)) = y}$ ii) $\boxed{f^{-1}(f(x)) = x}$.

Beispiel 2.1.65:   Wie man durch Gleichungslösung feststellt, sind f und f^{-1} mit

$$y = f(x) = x^3 - 1 \quad \text{und} \quad x = f^{-1}(y) = \sqrt[3]{y + 1}$$

Umkehrfunktionen zueinander. Durch Einsetzen (bzw. Hintereinanderausführen) erhält man:

i) $f(f^{-1}(y)) = f(\sqrt[3]{y+1}) = (\sqrt[3]{y+1})^3 - 1 = y + 1 - 1 = y$

ii) $f^{-1}(f(x)) = f^{-1}(x^3 - 1) = \sqrt[3]{x^3 - 1 + 1} = \sqrt[3]{x^3} = x$.

An diesem Beispiel wird noch einmal deutlich, dass die Anwendung der Umkehrfunktion f^{-1} auf f die ursprüngliche Funktionszuordnung f **„rückgängig"** macht.

Man kann auch **mehr als zwei** Funktionen durch Hintereinanderausführen miteinander **verketten**:

Beispiel 2.1.66:   Seien die Funktionen f, g, h und k gegeben durch die Funktionsgleichungen

$$f(x) = x^2 + 1 \ ; \quad g(x) = \sqrt[7]{x} \ ; \quad h(x) = 2x + 3 \ ; \quad k(x) = \frac{4x + 1}{3x - 5} \quad (x \neq \tfrac{5}{3}).$$

Dann erhält man durch Verkettung z.B.:

$$k(h(g(f(x)))) = \frac{4\,(2\,\sqrt[7]{x^2 + 1} + 3) + 1}{3\,(2\,\sqrt[7]{x^2 + 1} + 3) - 5} \ , \ D = \mathbb{R} \ .$$

Aufgabe 2.1.67: Gegeben seien die Funktionen f, g, h und k mit den Gleichungen:

$$f(x) = \sqrt{x} \ ; \quad g(x) = \frac{1}{x} \ ; \quad h(x) = x^2 + 8x - 9 \ ; \quad k(x) = x^{15} \ .$$

Ermitteln Sie die Funktionsterme und Definitionsbereiche zu folgenden Verkettungen:

i) $f(g(x))$ ii) $g(f(x))$ iii) $g(h(x))$ iv) $h(g(x))$ v) $k(f(g(x)))$ vi) $h(k(f(x)))$.

Aufgabe 2.1.68: Gegeben sind die folgenden zusammengesetzten Funktionsgleichungen:

i) $h(x) = 4\sqrt[3]{1 - x^7}$ ii) $h(x) = 5(6x^3 - 8x^2 + x - 4)^{2009}$ iii) $h(x) = \left(\dfrac{1}{\sqrt{x^2 - 7} - 10} \right)^{22}$.

Zerlegen Sie jeweils h in innere und äußere Funktionsterme, deren Verkettung wiederum die gegebene Funktion h liefert.

Aufgabe 2.1.69: Bei welchen Funktions-Paaren ist die Reihenfolge der Verkettung egal ?

i) $f(x) = x^7$ ii) $g(x) = x^{20}$ iii) $h(x) = \sqrt[7]{x}$ iv) $k(x) = 14x$ v) $p(x) = -7x$.

2.2   Eigenschaften von Funktionen

In den folgenden Abschnitten wollen wir einige wichtige Eigenschaften von Funktionen kennenlernen und graphisch veranschaulichen.

Was bedeutet etwa: Eine Funktion ist (nach oben oder nach unten) „beschränkt" oder sie ist „monoton (steigend/ fallend)" oder sie ist (punkt- oder achsen-)„symmetrisch"?

Und was versteht man unter dem Begriff „Nullstelle(n) einer Funktion"?

2.2.1   Beschränkte Funktionen

Es kann vorkommen, dass die Funktionswerte f(x) einer Funktion f nie über einen festen Wert hinausgehen oder unter einen festen Wert absinken:

Def. 2.2.1:   (Beschränkte Funktionen)

    f sei eine Funktion mit dem Definitionsbereich D_f. Dann heißt f nach **oben beschränkt**, falls es eine reelle Zahl k ($\in \mathbb{R}$) gibt, so dass für alle x ($\in D_f$) gilt: f(x) $\leq$ k.

    Analog heißt f nach **unten beschränkt**, falls es ein k ($\in \mathbb{R}$) gibt mit f(x) $\geq$ k für alle x ($\in D_f$).

Beispiel 2.2.2:

i) $f(x) = -x^2 + 4$ ii) $g(x) = \frac{1}{2} x^2$

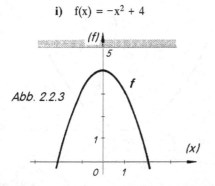

Abb. 2.2.3

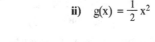

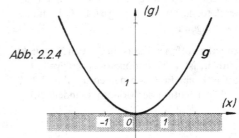

Abb. 2.2.4

f übersteigt (z.B.) nie den Wert k = 5, f(x) $\leq$ 5, also ist f nach **oben** beschränkt.

Da stets gilt: g(x) $\geq$ 0, ist g nach **unten** beschränkt.

Def. 2.2.5:   Eine Funktion f in D_f heißt **beschränkt**, wenn f sowohl nach oben als auch nach unten beschränkt ist.

Beispiel 2.2.6:   Nach Abb. 2.2.7 gilt für f stets:

    f(x) $\leq$ 1 **und** f(x) $\geq$ 0, also ist f beschränkt.

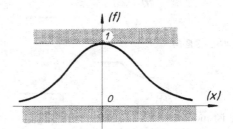

Abb. 2.2.7

2.2.2 Monotone Funktionen

Besonders wichtig ist der Fall, dass eine Funktion f mit zunehmenden Argumentenwerten selbst stets **zunimmt** (oder **abnimmt**). Derartige Funktionen heißen *(streng)* monoton steigend (oder fallend).

Def. 2.2.8: **i)** Die Funktion f heißt in einem Intervall $I (\subset D_f)$ **streng monoton steigend**, wenn für alle Argumentenwerte $x_1, x_2 \in I$ mit $x_2 > x_1$ stets gilt: $f(x_2) > f(x_1)$.

ii) f heißt in I **streng monoton fallend**, wenn für alle $x_1, x_2 \in I$ mit $x_2 > x_1$ stets gilt: $f(x_2) < f(x_1)$.

Beispiel 2.2.9: f: $y = f(x) = x^3$, $x \in \mathbb{R}$
(siehe Abb. 2.2.10)

f ist in D_f streng monoton steigend.

$x_2 > x_1 \ \Rightarrow \ f(x_2) > f(x_1)$.

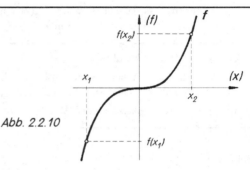

Abb. 2.2.10

Beispiel 2.2.11: f: $f(x) = x^2$, $x \in \mathbb{R}$
(siehe Abb. 2.2.12)

Links vom Ursprung ist f streng monoton fallend, rechts vom Ursprung ist f streng monoton steigend.

In jedem offenen Intervall, das den Nullpunkt enthält, ist f nicht monoton. (Das Symbol $\uparrow$ oder $\downarrow$ am Funktionsnamen in Abb. 2.2.12 soll die Richtung der Monotonie andeuten.)

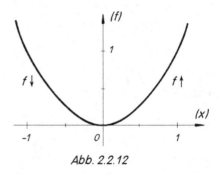

Abb. 2.2.12

Bemerkung 2.2.13: i) *Bei zahlreichen **ökonomischen** Funktionen, wie etwa Konsumfunktion, Preis/Absatz-Funktion, neoklassische Produktionsfunktion, Gesamtkostenfunktion u.v.a. wird **Monotonie beobachtet** oder aufgrund von Verhaltenshypothesen **postuliert.***

ii) *Nimmt eine Funktion f in einem Intervall I für wachsende Argumentwerte nicht ab (zu), so heißt f in I monoton steigend (fallend). Bei dieser **(gemilderten) Monotonie**definition ist es also zugelassen, dass f in I stückweise **konstant** ist (siehe Abb. 2.2.14):*

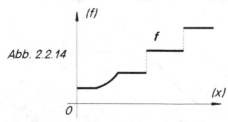

Abb. 2.2.14

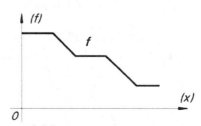

f ist monoton steigend, nicht aber streng monoton steigend: $f(x_2) \geq f(x_1)$, falls $x_2 > x_1$.

f ist monoton fallend, nicht aber streng monoton fallend: $f(x_2) \leq f(x_1)$, falls $x_2 > x_1$.

Streng monotone Funktionen nehmen offenbar jeden ihrer Funktionswerte f $(\in W_f)$ genau einmal
an.

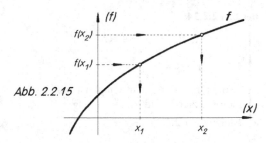

Abb. 2.2.15

Daher muss es in diesem Fall zu jedem Funktionswert f(x) genau einen Wert x der unabhängigen
Variablen geben, mit anderen Worten, f ist eindeutig umkehrbar (siehe Abb. 2.2.15).

Satz 2.2.16:   Es sei f eine **streng monotone** Funktion in D_f. Dann existiert zu f die Umkehr**funktion**
f^{-1} mit $D_{f^{-1}} = W_f$.

---

*Bemerkung 2.2.17: Aus Def. 2.2.8 folgt unmittelbar, dass die Umkehrfunktion einer streng monoton
steigenden (fallenden) Funktion selbst wieder streng monoton steigend (fallend) ist.*

Beispiel 2.2.18:   Die Funktion f: $y = \dfrac{1}{4} x^2$ ist für $x \geq 0$ streng monoton steigend (siehe auch Beispiel
2.2.11). Daher existiert zu f die Umkehrfunktion:

f^{-1}: $x = 2\sqrt{y}$ mit $y \geq 0$, (s. Abb. 2.1.47). *Auch f^{-1} ist streng monoton steigend !*

2.2.3   Symmetrische Funktionen

Def. 2.2.19:   Eine Funktion f heißt **achsensymmetrisch** zur Spiegelachse x = a, wenn für alle
$x (\in D_f)$ gilt (mit a = const.):

$$f(a-x) = f(a+x) \qquad \text{(s. Abb. 2.2.20)}.$$

Gilt für eine achsensymmetrische Funktion insbesondere a = 0, so folgt für alle x $(\in D_f)$:

$$f(-x) = f(x) \quad .$$

In diesem Falle heißt die Funktion **gerade**.
(Spiegelachse ist die Ordinatenachse.)

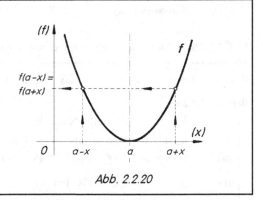

Abb. 2.2.20

Beispiel 2.2.21:

f: $y = x^{2n}$ $(n \in \mathbb{N})$ ist eine
gerade Funktion, denn es gilt:

$f(-x) = (-x)^{2n} = x^{2n} = f(x)$.

(siehe Abb. 2.2.22):

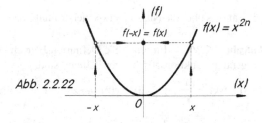

Abb. 2.2.22

Def. 2.2.23:   Eine Funktion f heißt **ungerade** in D_f, falls für alle $x (\in D_f)$ gilt: $f(-x) = -f(x)$.
Ungerade Funktionen sind **punktsymmetrisch** zum Ursprung.

Beispiel 2.2.24:

    f: $f(x) = x^3$, $x \in \mathbb{R}$:

Es gilt: $f(-x) = (-x)^3 = -x^3 = -f(x)$,

also ist f ungerade, ihr Graph ist punktsymmetrisch zum Koordinatenursprung

(siehe. Abb. 2.2.25).

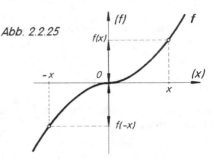

Abb. 2.2.25

Aufgabe 2.2.26: Untersuchen Sie die Funktionen f auf Symmetrie:

i)   f: $f(x) = x^6 + x^2 + 1$;   **ii)**   f: $f(x) = \dfrac{x^3}{x^2 - 2}$;   **iii)**   f: $f(x) = (x - 4)^2 + 2$.

2.2.4 Nullstellen von Funktionen

Besonders wichtig sind diejenigen Argumentwerte x_i einer Funktion, für die sich der **Funktionswert Null** ergibt. Diese Argumentwerte x_i heißen **Nullstellen** der betreffenden Funktion.

Graphisch betrachtet handelt es sich bei den Nullstellen einer Funktion f um die **Schnittstellen** x_1, x_2, ... des Funktionsgraphen von f mit der (waagerechten) **Abszissenachse**, s. Abb. 2.2.27.

$f(x_1) = f(x_2) = f(x_3) = 0$

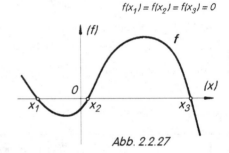

Abb. 2.2.27

Def. 2.2.28:   Unter den **Nullstellen x_i** von f in D_f versteht man die Stellen x_i mit **$f(x_i) = 0$** .

Zur Ermittlung der Nullstellen von f: $y = f(x)$, **setzt** man $f(x) = 0$ und **löst** diese Gleichung bzgl. x.

Beispiel 2.2.29:

i)   f: $y = 2x - 6$ hat die Nullstelle $x_1 = 3$.

ii)   h: $u = v^2 - v - 6$ hat die Nullstellen $v_1 = 3$; $v_2 = -2$.

iii)   f: $y = 3x(x - 4)(x + 5)(x^2 - 49)(x^2 + 36)$ hat die Nullstellen $x_1 = 0$; $x_2 = 4$; $x_3 = -5$; $x_4 = 7$; $x_5 = -7$.

iv)   g: $k = \dfrac{y - 1}{y^2 - 1}$; $y \in \mathbb{R} \setminus \{-1; 1\}$

         hat keine Nullstellen, da $k(y) = 0$ keine Lösungen hat (denn für $y := 1$ ist k nicht definiert).

Näheres über die Nullstellen spezieller Funktionen findet sich in Kapitel 2.3 .

Aufgabe 2.2.30:   Ermitteln Sie Definitionsbereich und Nullstellen der Funktionen, die durch die folgenden Funktionsgleichungen definiert sind:

i) $f(x) = \dfrac{4}{x^2}$;   **ii)** $g(z) = -z^2 + z + 6$;   **iii)** $h(a) = \sqrt{a^2 - 4}$;   **iv)** $k(x) = \dfrac{6x^2 - 20}{5x^2 - 45}$;

v) $u(y) = \dfrac{9 - y^2}{2y + 6}$;   **vi)** $B(t) = 100 \cdot e^{-t}$;   **vii)** $f(x) = \begin{cases} x^2 - 4 & \text{für} \quad x \le 0 \\ 2x - 4 & \text{für} \quad 0 < x \le 3 \\ \dfrac{6}{x} + 1 & \text{für} \quad x > 3 \end{cases}$.

Weitere wichtige Eigenschaften von Funktionen wie etwa Stetigkeit, Steigungsverhalten, Krümmungsverhalten werden in den Kapiteln 4, 5 und 6 behandelt.

2.3 Elementare Typen von Funktionen

Nachfolgend werden die wichtigsten Typen der bei ökonomischen Fragestellungen verwendeten Funktionen vorgestellt: Nach einem Überblick über die ganz-rationalen Funktionen (Polynome) betrachten wir deren Ausprägungen „Lineare Funktionen" und „Quadratische Funktionen" sowie die allgemeine Nullstellenermittlung bei Polynomen. Es schließt sich an ein Blick auf „gebrochen-rationale Funktionen" und „Wurzelfunktionen", „Exponential- und Logarithmusfunktionen" sowie „trigonometrische Funktionen".

2.3.1 Ganzrationale Funktionen (Polynome)

Zu den wichtigsten Funktionstypen gehören die Funktionen, deren Terme durch additive Kombination von Potenzen des Typs $a \cdot x^n$, $n \in \mathbb{N}_0$, $a \in \mathbb{R}$, entstehen.

2.3.1.1 Grundbegriffe, Horner-Schema

Def. 2.3.1: Die Funktion f in $D_f = \mathbb{R}$ mit der Gleichung

$$f(x) = a_n x^n + a_{n-1} x^{n-1} + ... + a_1 x + a_0 \qquad \text{(mit } n \in \mathbb{N}_0 \text{ ; } a_0, a_1, ..., a_n \in \mathbb{R} \text{ ; } a_n \neq 0)$$

heißt **ganzrationale Funktion n-ten Grades** oder **Polynom n-ten Grades**.

Die reellen Zahlen $a_0, a_1, ..., a_n$ heißen die **Koeffizienten** des Polynoms.

---

*Bemerkung: Häufig bezeichnet man bereits den **Term** „$a_n x^n + a_{n-1} x^{n-1} + ... + a_1 x + a_0$" als **Polynom**.*

Beispiel 2.3.2:

i)   f: $f(x) = x^2$:   Polynom 2. Grades (quadratisches Polynom) ;

ii)   g: $g(x) = -x^6 + \sqrt{3}\, x^2 - \pi x$:   Polynom 6. Grades mit den Koeffizienten
      $a_6 = -1$; $a_5 = 0$; $a_4 = 0$; $a_3 = 0$; $a_2 = \sqrt{3}$; $a_1 = -\pi$; $a_0 = 0$;

iii) h: $h(x) = 7$:   Polynom 0-ten Grades (konstante Funktion) ;

iv)   k: $k(x) = 5 - \dfrac{1}{2} x$:   Polynom 1. Grades (lineare Funktion) ;

v)   u: $u(p) = 2(p-1)(p+1)(p^2-4)$ Polynom 4. Grades.

Die numerische Ermittlung eines Polynomwertes f(x) kann bei komplizierten Argumentwerten x wegen der auftretenden Potenzen x^n schwierig und aufwendig sein. Das sogenannte **Horner-Schema** zur **Berechnung von Polynomwerten** vermeidet den Nachteil des Potenzierens unhandlicher Zahlen.

Wir wollen die Darstellung im Horner-Schema an einem einfachen Beispiel demonstrieren:

Beispiel 2.3.3: Gegeben sei das Polynom 4. Grades f mit

(2.3.4) $f(x) = 2x^4 - 5x^3 + 4x^2 + 6x - 21$.

Wir klammern jetzt sukzessive – rechts beginnend – das jeweils letzte „x" aus, es ergibt sich nacheinander:

$$f(x) = (2x^3 - 5x^2 + 4x + 6)x - 21 \qquad \Longleftrightarrow$$
$$f(x) = ((2x^2 - 5x + 4)x + 6)x - 21 \qquad \Longleftrightarrow$$

(2.3.5) $f(x) = (((2x - 5)x + 4)x + 6)x - 21$.

Auf diese Weise lässt sich jedes Polynom schreiben – die Berechnung eines Polynom-Wertes $f(x)$ läuft dabei hinaus auf wiederholtes Multiplizieren und Addieren und ist daher besonders geeignet für eine automatisierte speichersparende Auswertung.

Will man etwa $f(3)$ ermitteln, so kann man – beginnend in der innersten Klammer – **ohne** Potenzieren ausschließlich durch mehrfache Multiplikation und Addition den Polynomwert ermitteln:

$$f(3) = (((\,2\cdot3-5\,)\cdot3+4\,)\cdot3+6)\cdot3-21 = 60\,,$$

oder schematisch:

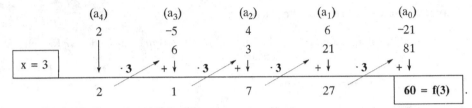

Allgemein erhält man auf völlig analoge Weise:

(2.3.6) $f(x) = a_n\cdot x^n + a_{n-1}\cdot x^{n-1} + a_{n-2}\cdot x^{n-2} + \ldots + a_1 x + a_0$

$\qquad\qquad\quad = ((\,\ldots\,((a_n x + a_{n-1})x + a_{n-2})x + \ldots + a_1)x + a_0$

und damit das allgemeine Horner - Schema:

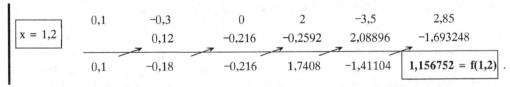

Der entlang des mit Pfeilen markierten Weges führende Rechengang erfordert lediglich n Multiplikationen mit x_1 und sukzessives Hinzuaddieren der Polynomkoeffizienten a_k (insgesamt n Additionen). Daher eignet sich das Horner-Schema gut für zeit- und speichersparende Berechnung auf programmierbaren elektronischen Rechnern.

Beispiel 2.3.7: $f(x) = 0{,}1x^5 - 0{,}3x^4 + 2x^2 - 3{,}5x + 2{,}85$;   gesucht: $f(1{,}2)$:

	0,1	−0,3	0	2	−3,5	2,85
$x = 1{,}2$		0,12	−0,216	−0,2592	2,08896	−1,693248
	0,1	−0,18	−0,216	1,7408	−1,41104	**1,156752** = $f(1{,}2)$

Aufgabe 2.3.8:   Welche der folgenden Funktionen sind Polynome? Geben Sie gegebenenfalls den Grad des Polynoms an:

i) $f(x) = -x$;

ii) $p(y) = ay^2 + by + c$;

iii) $u(x) = \sqrt{10}\cdot 2^7$;

iv) $v(x) = 3x^2 - x + 4 - \sqrt{x}$;

v) $k(x) = \dfrac{6x^5 - 1}{26}$;

vi) $r(p) = 2p^2\,(p-1)\,(p + \sqrt{7})$.

Aufgabe 2.3.9:   Ermitteln Sie mit Hilfe des Horner-Schemas die Funktionswerte $f(-1)$; $f(0{,}5)$; $f(2)$:

i) $f(z) = 5z^3 + 3z^2 - 4z + 12$;

ii) $f(t) = t^5 - 8t^3 + t - 15$;

iii) $f(y) = 0{,}2y^5 - 0{,}8y^4 + 2{,}1y^2 + 4{,}5y$.

2.3.1.2   Konstante und lineare Funktionen

Für **n = 0** erhalten wir nach Def. 2.3.1 das Polynom f mit

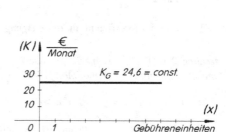

$$f(x) = a_0 = const.$$

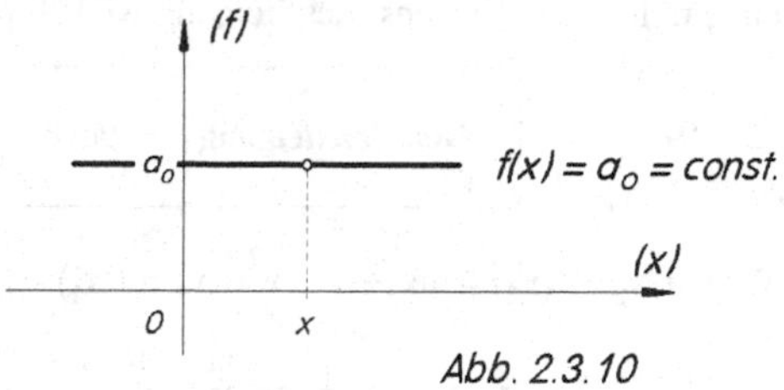

Ein derartiges Polynom wird als **konstante Funk-
tion** bezeichnet. Ihr Graph ist eine Parallele zur
Abszisse, siehe Abb. 2.3.10.
Jede Einsetzung führt zum selben Funktionswert:
$f(x) = f(1) = f(17,4) = f(-5) = \ldots = a_0 = const.$

Abb. 2.3.10

Beispiel 2.3.11:   **Fixkosten**funktionen sind konstante Funktionen, z.B. monatliche **Kosten** K
eines Flat-Rate-Telefonanschlusses, für jede
Anzahl x von monatlich verbrauchten Gebühreneinheiten ergibt sich derselbe Wert K (z.B.
24,60 €/Monat), siehe Abb. 2.3.12.

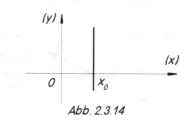

Abb. 2.3.12

*Bemerkung 2.3.13:   Man beachte, dass die durch
die Relation x = const. (y beliebig) gegebene
Punktmenge eine senkrechte Gerade darstellt, die
allerdings **nicht** zu einer **Funktion** gehört. (Denn
zu x_0 gibt es beliebig viele „Funktionswerte",
siehe Abb. 2.3.14.)*

*Wohl aber existiert umgekehrt zu jedem y ge-
nau ein x (= x_0 = const.), d.h. die Umkehrung
f^{-1}: $y \mapsto x$ ist eine Funktion.*

Abb. 2.3.14

Für **n = 1** erhalten wir nach Def. 2.3.1 das Polynom 1. Grades

(2.3.15) $f(x) = a_1 x + a_0$ $x \in \mathbb{R}$.

Ein Polynom 1. Grades bezeichnet man auch als
lineare Funktion und schreibt häufig statt (2.3.15)
(mit $a_1 = m$; $a_0 = b$)

(2.3.16)   f: $y = mx + b$ $x \in \mathbb{R}$.

Beispiel 2.3.17: Für m = 0,5 und b = 1 erhält
man die lineare Funktion y = 0,5x + 1 .

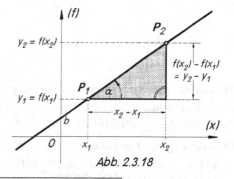

Abb. 2.3.18

Der Graph einer linearen Funktion ist stets eine **Gerade** (Abb. 2.3.18).

Aus Abb. 2.3.18 wird die Bedeutung der Koeffizienten m und b in der Geradengleichung
$y = f(x) = mx + b$ deutlich:

i)   Für x = 0 ist y = m · 0 + b = b. Daher schneidet der Graph der Geradengleichung y = mx + b die
Ordinatenachse im Punkt (0; b). Man nennt **b** auch den (Ordinaten-) **Achsenabschnitt**.

ii) Die **Steigung einer Geraden** ist definiert als der **Quotient** von **Ordinatendifferenz** $y_2 - y_1$ und entsprechender **Abszissendifferenz** $x_2 - x_1$ im **Steigungsdreieck** (P_1, P_2 beliebig mit $P_1 \neq P_2$). Die Steigung entspricht dem „Tangens" des Steigungswinkels α (Abb. 2.3.18), geschrieben: $\tan \alpha$ *(siehe Kap. 2.3.6)*.

$$(2.3.19) \qquad \boxed{\textbf{Geradensteigung} := \tan \alpha := \frac{y_2 - y_1}{x_2 - x_1} = \frac{f(x_2) - f(x_1)}{x_2 - x_1}} \qquad (x_2 \neq x_1) \ .$$

Wegen $y_2 = f(x_2) = mx_2 + b$ sowie $y_1 = f(x_1) = mx_1 + b$ erhalten wir für die Steigung der Geraden $mx + b$:

$$(2.3.20) \quad \tan \alpha = \frac{y_2 - y_1}{x_2 - x_1} = \frac{mx_2 + b - (mx_1 + b)}{x_2 - x_1} = \frac{m(x_2 - x_1)}{x_2 - x_1} = m \ , \qquad (x_1 \neq x_2) \ .$$

Daher bedeutet der Koeffizient **m** die **Steigung** der Geraden $y = mx + b$.

Bemerkung 2.3.21: i) Für **m > 0** *(positive Steigung) ist die lineare Funktion* **monoton steigend,** *für* **m < 0** *(negative Steigung) ist sie monoton fallend.*

> **Beispiel:**   *a)* $y = \dfrac{1}{2}x + 1$, $m > 0$;   *b)* $y = -2x - 1$, $m < 0$ *(siehe Abb. 2.3.22).*

ii) Für **b = 0** *ist der Ordinatenachsenabschnitt 0, die Gerade* $y = mx + b$ *verläuft durch den* **Koordinatenursprung,** *siehe Abb. 2.3.23:*

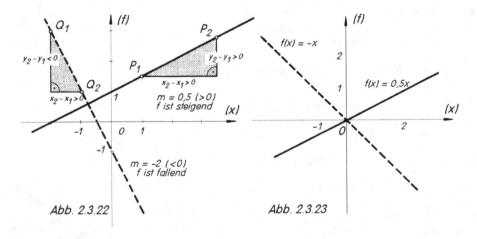

Abb. 2.3.22   Abb. 2.3.23

Die **zeichnerische Darstellung der Geraden** $y = mx + b$ kann erfolgen

i) durch *Verbindung* zweier verschiedener Geradenpunkte $(x_1, f(x_1))$, $(x_2, f(x_2))$ mit $x_1 \neq x_2$.

ii) durch folgende *Konstruktion:*

a) Die Gerade verläuft durch den Punkt $B(0; b)$ der Ordinatenachse (Abb. 2.3.24).

b) Da die Gerade die Steigung m hat, können wir – vom Punkt B ausgehend – einen zweiten Punkt P_1 (bzw. P_2) ermitteln, indem wir 1 Einheit (bzw. k Einheiten) in Abszissenrichtung und dann m Einheiten (bzw. $m \cdot k$ Einheiten) in Ordinatenrichtung abtragen (Abb. 2.3.24).

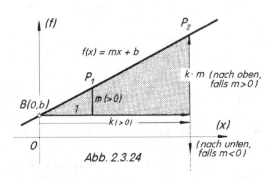

Abb. 2.3.24

Beispiel 2.3.25:   i) $y = 3x+2$;   ii) $p = -\dfrac{2}{3}v+5$ *(siehe Abb. 2.3.26):*

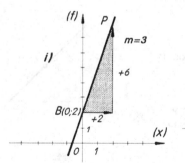
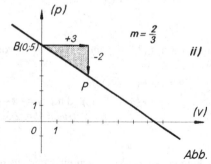

Abb. 2.3.26

Außer durch die Koeffizienten m und b kann eine **Geradengleichung** auch **ermittelt** werden, wenn

i)   die **Steigung** m und ein beliebiger **Punkt** P_1 mit den Koordinaten (x_1, y_1) bekannt sind, oder

ii) wenn **zwei** beliebige **Geradenpunkte** $P_1(x_1, y_1)$ und $P_2(x_2, y_2)$ (mit $x_1 \neq x_2$) bekannt sind.

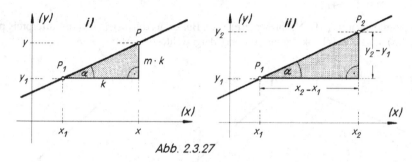

Abb. 2.3.27

Im **Fall i)** müssen (vgl. (2.3.19)) die Koordinaten (x, y) jedes **beliebigen** Geradenpunktes P die Beziehung

(2.3.28) $\dfrac{y-y_1}{x-x_1} = m$ erfüllen (s. Abb. 2.3.27 i)).

Da x_1, y_1 und m gegeben sind, folgt aus (2.3.28): $y-y_1 = m(x-x_1)$, d.h.

(2.3.29) $\boxed{y = m\cdot x + \underbrace{(y_1 - mx_1)}_{=\,b}}$ (**Punkt-Steigungsform** einer Geraden) .

Im **Fall ii)** kann man zunächst die Steigung m ermitteln (siehe 2.3.20): $m = \dfrac{y_2 - y_1}{x_2 - x_1}$.

Setzt man dies in (2.3.29) ein, so erhält man die Geradengleichung

(2.3.30) $\boxed{y = \dfrac{y_2 - y_1}{x_2 - x_1}\cdot x + \underbrace{(y_1 - mx_1)}_{=\,b}}$ (**2-Punkteform** einer Geraden)

Beispiel 2.3.31: i)   Gegeben m = 0,2 sowie P_1 mit

$P_1(x_1; y_1) = P_1(2,5; 1,5)$. Mit (2.3.29) ergibt sich:

$y = 0,2x + (1,5 - 0,2 \cdot 2,5)$ d.h.   **$y = 0,2x + 1$**

(Abb. 2.3.32):

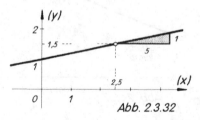

Abb. 2.3.32

ii) Gegeben seien die Geradenpunkte P(1; 5) und
Q(3; 3). Aus (2.3.19) folgt:

$$m = \frac{5-3}{1-3} = \frac{2}{-2} = -1 \ .$$

Damit folgt aus (2.3.29) unter Verwendung von P
(bzw. Q):

$$y = -x + (5-(-1)\cdot 1)$$

(bzw. $y = -x + (3-(-3)\cdot 1)$) d.h. $y = -x + 6$,
(siehe Abb. 2.3.33)

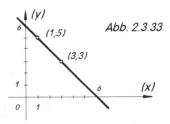

Abb. 2.3.33

Lineare Funktionen werden wegen ihrer einfachen mathematischen Struktur vielfach zur Beschreibung
und Erklärung der Grundstruktur ökonomischer Sachverhalte oder Phänomene herangezogen. So werden
sie u.a. verwendet als

– **Kostenfunktionen** K (z.B. Gesamtkosten K(x) einer Produktion in Abhängigkeit des produzierten
Outputs x, Abb. 2.3.34)

– **Nachfragefunktionen** x (z.B. Nachfrage x(p) nach Butter in Abhängigkeit vom Butterpreis p, siehe
Abb. 2.3.35) ; häufig als Umkehrung p = p(x) dargestellt, siehe Abb. 2.3.36.

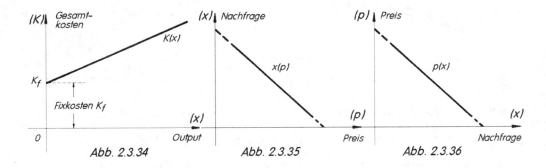

Abb. 2.3.34   Abb. 2.3.35   Abb. 2.3.36

– **Konsumfunktionen** C (z.B. Ausgaben C(Y) für Lebenshaltung in Abhängigkeit vom verfügbaren
Einkommen Y, Abb. 2.3.37)

– **Produktionsfunktionen** x (Output x(r) einer Produktion in Abhängigkeit des eingesetzten Inputs r,
Abb. 2.3.38)

– **Erlösfunktionen** E (z.B. Erlös (wertmäßiger Umsatz) E(x) in Abhängigkeit der abgesetzten Menge x bei festem Preis p, s. Abb. 2.3.39) u.v.a.

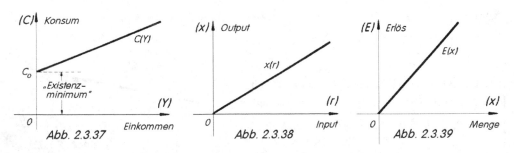

Abb. 2.3.37   Abb. 2.3.38   Abb. 2.3.39

Häufig werden funktionale ökonomische Zusammenhänge **empirisch** (z.B. durch Messung oder statistische Erhebung) gewonnen. Bei der Frage, welche Funktion die gemessenen Punkte (Wertepaare) besonders gut approximiert, legt man bei Vermutung eines linearen Zusammenhangs zwischen den Variablen eine lineare Funktion als **Approximationsgerade** zugrunde, siehe Abb. 2.3.40.

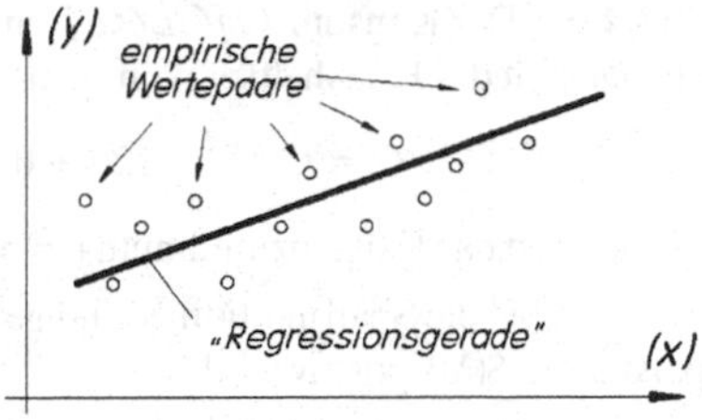

Abb. 2.3.40

Die Frage, nach welchen Kriterien eine derartige „Ersatzfunktion" ausgesucht wird, kann in der Statistik mit Hilfe der **Regressionsanalyse** beantwortet werden (siehe auch Kapitel 7.3.2.4).

Aufgabe 2.3.41:

i) Ermitteln Sie die Gleichung der zugehörigen linearen Funktion, wenn folgende Daten gegeben sind *(P und Q sind zwei Punkte, die auf der jeweiligen Geraden liegen)*:

        a) Steigung: -3 ; $P(0,6 ; 1,2)$;   b) $P(0,5 ; 3)$; $Q(-1 ; -4)$;   c) $P(1 ; a)$; $Q(a ; 4)$

ii) Ermitteln Sie jeweils den Schnittpunkt der Geraden g und h:

        a) g: $y = 2x + 1$;   h: $y = -0,5x + 6$;
        b) g: $x - 2y + 3 = 0$;   h: $6y - 3x + 4 = 0$;
        c) g: $y = 0,25x + 1$;   h: $4y - x - 4 = 0$;
        d) g: $ax + by + c = 0$;   h: $ux + vy + w = 0$ *(a, b, c, u, v, w = const.)*

Aufgabe 2.3.42:

Elektrische Energie kann zu zwei alternativen Tarifen bezogen werden:

        Tarif I: Grundgebühr: 30,– €/ Monat ; Arbeitspreis: 0,25 €/kWh ;
        Tarif II: Grundgebühr: 12,– €/ Monat ; Arbeitspreis: 0,40 €/kWh ;

i) Ermitteln Sie für jeden der beiden Tarife die Gleichung der Kostenfunktion K, die die monatlichen Gesamtkosten K(x) in Abhängigkeit des monatlichen Energieverbrauchs x angibt. Zeichnen Sie beide Kostenfunktionen in ein einziges Koordinatensystem.

ii) Berechnen Sie den monatlichen Energieverbrauch (in kWh/Monat), für den sich in beiden Tarifen dieselben Kosten ergeben. Für welche Verbrauchswerte ist Tarif I günstiger als Tarif II ?

Aufgabe 2.3.43:

Ein PKW kann über das Wochenende zu zwei alternativen Tarifen gemietet werden:

Tarif A: Grundmiete 100,– €, zuzüglich km-Gebühren: für die ersten 100 km: 1,– €/km; für jeden km über 100 km bis 200 km: 80 Cent/km; für jeden km über 200 km bis 400 km: 60 Cent/km; jeder km über 400 km hinaus kostet 50 Cent/km.

Tarif B: Grundmiete 150,– €, zuzüglich km-Gebühren: für die ersten 200 km: 70 Cent/km; für jeden km über 200 km bis 500 km: 50 Cent/km; für jeden km über 500 km hinaus: 40 Cent/km.

i) Ermitteln Sie die Terme $K_A(x)$ und $K_B(x)$ der beiden Gesamtkostenfunktionen *(bezogen auf ein Wochenende)* in Abhängigkeit der gefahrenen Strecke x und skizzieren Sie beide Funktionen in einem Koordinatensystem.

ii) Für welche km-Leistung ist welcher Tarif für den Mieter am günstigsten?

Aufgabe 2.3.44:   Der Konsum C *[GE/ZE]* eines Haushalts sei durch eine Konsumfunktion C = C(Y) in Abhängigkeit des Haushaltseinkommens Y *[GE/ZE]* vorgegeben durch:

$$C = C(Y) = 120 + 0,6 \cdot Y \quad , \quad (Y \geq 0) \quad .$$

i)   Wie hoch ist das Existenzminimum (= *Mindestkonsum)* des Haushaltes?

ii)   Ermitteln Sie die Sparfunktion S und geben Sie das Einkommen an, bei dessen Überschreiten die Sparsumme S(Y) positiv wird.

iii)   Gibt es ein Einkommen, bei dem Sparsumme und Konsum gleich groß sind? Ermitteln Sie gegebenenfalls dieses Einkommen. (*Rechnerische und graphische Lösung angeben!*)

Aufgabe 2.3.45:   Die Hubermobil AG produziert zwei Automodelle: den Huber 1,8 N *(Benziner)* sowie den Huber 2,3 D *(Diesel)*. Motorleistung und Ausstattung beider Modelle sind identisch.

Die neueste Betriebskostentabelle einer Automobil-Zeitschrift weist folgende Kostendaten aus:

	monatliche Fixkosten *(€)*	monatliche Rücklage für Neuwagen *(€)*	Betriebskosten pro km *(in Cent/km)*
1,8 N	97,–	218,–	21,92
2,3 D	105,–	244,–	19,28

Untersuchen Sie für welche **jährlichen** Fahrleistungen *(in km/Jahr)* der Typ 1,8 N und für welche Fahrleistungen der Typ 2,3 D das kostengünstigere Modell ist.

Aufgabe 2.3.46:   Ermitteln Sie die Telefon-Kostenfunktion K, die die monatlichen Gesamtkosten K(x) eines Telefon-Mobilanschlusses in Abhängigkeit von der Anzahl x der pro Monat verbrauchten Gebühreneinheiten angibt. Berücksichtigen Sie dabei:

a)   die Grundgebühr beträgt 24,60 €/Monat ;

b)   die ersten 10 Gebühreneinheiten sind kostenlos ;

c)   eine Gebühreneinheit kostet 23 Cent.

*Aufgabe 2.3.47:   Auf zwei Teilmärkten eines Gesamtmarktes seien für ein Wirtschaftsgut die Nachfragefunktionen wie folgt definiert:

Markt I: p(x) = 6 – x ;   Markt II: p(x) = 4 – 0,5x   (p: Preis; x: Menge) .

Ermitteln Sie graphisch und rechnerisch die „aggregierte" Nachfragefunktion für das Gut auf dem zusammengefassten Gesamtmarkt *(siehe Bem. 2.5.4)*.

*Aufgabe 2.3.48:   Eine Ein-Produkt-Unternehmung produziert pro Periode mit folgenden Kosten:

Fixkosten: 10.000 €;   *variable Stückkosten:* 50 €/ME für Outputwerte bis incl. 800 ME.

Infolge Kostendegression durch optimale Auslastung sinken für die Outputwerte über 800 ME *(bis incl. 2.400 ME)* die stückvariablen Kosten um 50%.

Outputwerte über 2.400 ME hinaus können nur unter extremer Überlastung von Mensch und Material erzeugt werden, für jede ME über 2.400 ME hinaus fallen stückvariable Kosten an, die um 200% über dem ursprünglichen Wert *(= 50 €/ME)* liegen.

Die pro Periode erzeugten Mengen können unmittelbar an den Hauptkunden der Unternehmung verkauft werden. Je nach beabsichtigter Absatzmenge müssen Rabatte eingeräumt werden:

–   Verkaufs-Grundpreis: 100 €/ME für Mengen bis incl. 1.000 ME;

–   20% Rabatt bei Mengen über 1.000 bis incl. 2.000 ME;

–   40% Rabatt *(bezogen auf den Verkaufs-Grundpreis)* bei Mengen über 2.000 ME .

Fall A: Der Rabatt bezieht sich jeweils auf die **gesamte** Absatzmenge;
Fall B: Der Rabatt bezieht sich jeweils nur auf das zugehörige Mengenintervall (s.o.) .

Innerhalb welcher Produktions- u. Absatzmengen operiert die Unternehmung mit Gewinn ?

*Lösen Sie das gestellte Problem für jeden der Fälle A und B **graphisch** und **rechnerisch** .*
Hinweise: *Koordinatensystem: Abszisse 0-4.000 ME; Ordinate 0-300.000 €.*
Stellen Sie für die rechnerische Lösung die Gesamtkostenfunktion sowie die beiden Erlösfunktionen auf und ermitteln Sie (unter Beachtung der ökonomischen Definitionsbereiche) die Gewinnschwellen.

2.3.1.3   Quadratische Funktionen

Für n = 2 erhalten wir nach Def. 2.3.1 das Polynom $f(x) = a_2x^2 + a_1x + a_0$, $x \in \mathbb{R}$ oder

(2.3.49) $$f(x) = ax^2 + bx + c \qquad ; \quad x \in \mathbb{R} \quad .$$

Diese Funktionen heißen **quadratische Polynome,** ihre Schaubilder heißen (quadratische) **Parabeln.**

Beispiel 2.3.50:   **i)** $f(x) = x^2$;   **ii)** $f(x) = 0,5x^2 - x - 4$;   **iii)** $f(x) = -2x^2 + 4$:

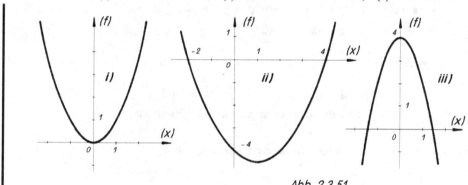

Abb. 2.3.51

Aus Bsp. 2.3.50 sowie aus Abb. 2.3.51 liest man ab:

i) Ist in der Parabelgleichung

$y = ax^2 + bx + c$

der Koeffizient **a** des quadratischen Gliedes **positiv,** so ist die Parabel nach **oben geöffnet,** ist er **negativ,** so ist die Parabel nach **unten geöffnet** (Abb. 2.3.52) .

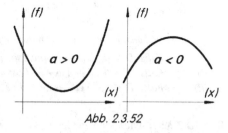

Abb. 2.3.52

ii) Der Betrag des Koeffizienten a des quadratischen Gliedes hat Einfluss auf die **Öffnungsbreite** der Parabel (Abb. 2.3.53):

$|a| = 1 \Leftrightarrow$ **Normal**parabel
$|a| > 1 \Leftrightarrow$ Parabel **enger** als Normalparabel
$|a| < 1 \Leftrightarrow$ Parabel **breiter** als Normalparabel .

Die **Nullstellen** quadratischer Polynome erhält man als **Lösungen** der quadratischen Gleichung
$f(x) = ax^2 + bx + c = 0$, siehe Brückenkurs Thema BK 6.4.

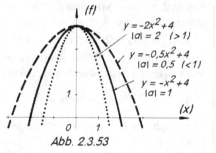

$y = -2x^2 + 4$
$|a| = 2 \;(>1)$

$y = -0,5x^2 + 4$
$|a| = 0,5 \;(<1)$

$y = -x^2 + 4$
$|a| = 1$

Abb. 2.3.53

Aus Abb. 2.3.54 wird deutlich, dass ein quadratisches Polynom

 i) **zwei** verschiedene reelle Nullstellen
 ii) genau **eine** (Doppel-) Nullstelle
 iii) **keine** Nullstelle besitzen kann.

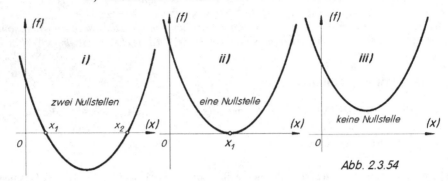

Abb. 2.3.54

Beispiel 2.3.55:

i) $y = x^2 + x - 6 = 0$ $\Leftrightarrow$ $x_{1,2} = -\dfrac{1}{2} \pm \sqrt{-\dfrac{1}{4} + 6} = -\dfrac{1}{2} \pm \dfrac{5}{2}$;

   Nullstellen: $x_1 = -3$; $x_2 = 2$;

ii) $y = 2x^2 - 8x + 8 = 0$ $\Leftrightarrow$ $x^2 - 4x + 4 = 0$ $\Rightarrow$ $x_1 = 2 \pm \sqrt{4 - 4} = 2$;

iii) $y = x^2 - 6x + 10 = 0$ $\Leftrightarrow$ $x_{1,2} = 3 \pm \sqrt{9 - 10} = 3 \pm \sqrt{-1}$

   negativer Radikand, also **keine** Lösung, daher **keine** Nullstelle.

Bemerkung 2.3.56: *Allgemein ergeben sich aus der Nullstellengleichung*

$$f(x) = ax^2 + bx + c = 0 \ \ \text{über} \ \ x^2 + \frac{b}{a}x + \frac{c}{a} = 0 \ \ \text{die Lösungen} \ \ (\text{siehe BK 6.4}):$$

$$x_{1,2} = -\frac{b}{2a} \pm \sqrt{\frac{b^2}{4a^2} - \frac{c}{a}} = -\frac{b}{2a} \pm \frac{1}{2a} \underbrace{\sqrt{b^2 - 4ac}}_{=:D} \ .$$

Die verschiedenen Fälle ergeben sich aus dem Verhalten des Radikanden ("Diskriminante") D:

i)   *Falls D > 0, d.h. $b^2 > 4ac$, so gibt es 2 Lösungen ;*
ii)   *Falls D = 0, so gibt es eine Lösung ;*
iii)   *Falls D < 0, so gibt es keine Lösung .*

Beispiel 2.3.57: Die variablen Gesamtkosten $K_v(x)$ bei Produktion von x ME eines Gutes seien gegeben durch die Funktion K_v mit

   $K_v(x) = 0,1x^3 - 2x^2 + 11x$; $x \geq 0$.

Dann erhält man als variable Kosten pro produzierter Mengeneinheit die Stückkostenfunktion k_v mit

   $k_v(x) = \dfrac{K_v(x)}{x} = 0,1x^2 - 2x + 11$; $x > 0$.

Der Graph von k_v ist eine nach oben geöffnete Parabel (mit „breiter" Öffnung), siehe Abb. 2.3.58.

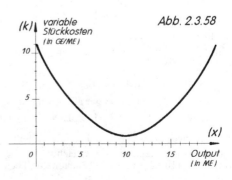

Abb. 2.3.58

Aufgabe 2.3.59: i) Ermitteln Sie die Nullstellen folgender quadratischer Polynome:

a) f: $f(x) = -x^2 + 7x + 16$ b) g: $g(p) = 2p^2 + 6p + 18$ c) h: $h(y) = 1{,}2y^2 - 24y + 198$

ii) Wie lautet die Gleichung der Parabel, die durch folgende Punkte verläuft ?

a) $P(0; 3)$; $Q(2; 4)$; $R(4; 8)$;   b) $A(2; 0)$; $B(14; 1)$; $C(-6; -1)$.

Aufgabe 2.3.60: Angebotspreis p_A *[GE/ME]* und Nachfragepreis p_N *[GE/ME]* für ein Gut seien durch folgende Funktionsgleichungen gegeben:

$$p_A(x) = 2(x + 1) \; ; \qquad p_N(x) = 0{,}5(36 - x^2) \qquad\qquad (\text{x: Menge }[ME]) \; .$$

i) Bestimmen Sie den ökonomisch sinnvollen Definitions- und Wertebereich von p_N und p_A.

ii) Ermitteln Sie Gleichgewichtspreis und -menge sowie den Gesamtumsatz im Gleichgewichtspunkt *(= „Marktgleichgewicht": Schnittpunkt von Angebots- und Nachfragefunktion).*

iii) Von welchem Preis an wird die geplante Nachfrage größer als 5 ME ?

Aufgabe 2.3.61: Für ein Gut sei folgende Preis-Absatz-Funktion p: $x \mapsto p(x)$ gegeben:

$$p(x) = 1.200 - 0{,}2x \qquad (\text{p(x): Absatzpreis } [\text{€}/ \text{ ME}], \text{ x: nachgefragte Menge } [ME]).$$

i) Ermitteln Sie die zugehörige Erlösfunktion E

a) in Abhängigkeit von der Menge *(d.h. E = E(x))* ;

b) in Abhängigkeit vom Preis *(d.h. E = E(p))* .

ii) Der Produzent des Gutes *(Monopolist)* produziere mit folgender Gesamtkostenfunktion K:

$$K(x) = 0{,}2x^2 + 500.000 \qquad (\text{K(x): Gesamtkosten } [\text{€}] \text{ , x: Output } [ME]).$$

Der produzierte Output kann vollständig nach der o.a. Preis-Absatz-Funktion abgesetzt werden.

Ermitteln Sie die Gewinnzone des Monopolisten *(d.h. diejenigen Output-Eckwerte, auch Gewinn-schwellen genannt, innerhalb derer sich ein nichtnegativer Gewinn ergibt).*

(Lösung graphisch und rechnerisch!)

2.3.1.4   Nullstellen von Polynomen und Polynomzerlegung

Über die **Nullstellen** von Polynomen n-ten Grades (d.h. die Lösungen der algebraischen Gleichungen n-ten Grades) gibt es einige wichtige Aussagen, die im folgenden *(ohne Beweis)* zusammengestellt werden:

Satz 2.3.62:   Sei x_1 eine Nullstelle des Polynoms f (vom Grad n ; n > 0).   Dann lässt sich der Linearfaktor $x - x_1$ von f abspalten:

(2.3.63) $\boxed{f(x) = (x - x_1) \cdot g(x)}$. Dabei ist g(x) ein Polynom vom Grad n−1.

Bemerkung 2.3.64:   *Bei Kenntnis einer Nullstelle x_1 erhält man den Faktor g(x) nach (2.3.63) durch Polynomdivision:*

(2.3.65) $g(x) = \dfrac{f(x)}{x - x_1} = f(x) : (x - x_1)$

*Satz 2.3.62 besagt, dass diese Division **ohne Rest** möglich ist, siehe auch Brückenkurs Thema BK 6.5.*

Beispiel 2.3.66:   Gesucht seien die Nullstellen des Polynoms f mit $f(x) = x^3 - 5x^2 - 2x + 24$.
Eine Nullstelle ist $x_1 = 3$, wie man durch Einsetzen überprüft.
Dann muss es ein Polynom 2. Grades $g(x)$ geben mit:

$$f(x) = x^3 - 5x^2 - 2x + 24 = (x - 3) \cdot g(x) .$$

Polynomdivision liefert:

$$g(x) = (x^3 - 5x^2 - 2x + 24) : (x - 3) = x^2 - 2x - 8$$

$$\underline{-\ (x^3 - 3x^2)}$$

$$-2x^2 - 2x$$

$$\underline{-(-2x^2 + 6x)}$$

$$-8x + 24$$

$$\underline{-\ (8x + 24)}$$

$$0$$

Daraus folgt: $f(x) = x^3 - 5x^2 - 2x + 24 = (x-3) \cdot (x^2 - 2x - 8)$.

Um die weiteren Nullstellen von f zu ermitteln, genügt es nun, $g(x) = x^2 - 2x - 8$ auf Nullstellen zu untersuchen:

$$x^2 - 2x - 8 = 0 \qquad \Rightarrow \qquad x_{1,2} = 1 \pm \sqrt{1 + 8} = 1 \pm 3$$

Damit haben wir sämtliche Nullstellen von f erhalten: $x_1 = 3$; $x_2 = 4$; $x_3 = -2$

Somit gilt nach Satz 2.3.62: $f(x) = a(x - x_1)(x - x_2)(x - x_3) = (x-3)(x-4)(x+2)$.

Aus Satz 2.3.62 folgt der wichtige

Satz 2.3.67:   Ein Polynom n-ten Grades $(n > 0)$ hat höchstens n reelle Nullstellen.

Beispiel 2.3.68:

i) (genau n Nullstellen) $f(x) = (x-1) \cdot (x+1)$; $(n = 2)$ hat die Nullstellen $1 ; -1$.

ii) (weniger als n Nullstellen) $f(x) = (x - 1)^2 \cdot (x^2 + 1)$; $(n = 4)$ hat nur die Nullstelle 1. Da der Faktor $x - 1$ zweimal vorkommt, spricht man von einer **Doppelnullstelle** (analog gibt es dreifache Nullstellen usw.).

Bemerkung 2.3.69: Lässt man als Lösungen einer Gleichung n-ten Grades auch die sogenannten komplexen Zahlen [2] zu, so kann Satz 2.3.67 verschärft werden:

*Ein Polynom n-ten Grades (n > 0) hat **genau** n (reelle oder komplexe) Nullstellen (**Fundamentalsatz der Algebra**). Dabei werden mehrfache Nullstellen entsprechend ihrer Vielfachheit gezählt.*

Zu n vorgegebenen Nullstellen $x_1, ..., x_n$ eines Polynoms lässt sich nach (2.3.63) auf naheliegende Weise ein Polynom n-ten Grades mit eben diesen Nullstellen **konstruieren**:

(2.3.70) $f(x) = a \cdot (x - x_1) \cdot (x - x_2) \cdot ... \cdot (x - x_n)$; $(a \neq 0)$.

Wie man durch Einsetzen unmittelbar erkennt, gilt für alle k $(= 1, 2, ..., n)$: $f(x_k) = 0$.

Beispiel 2.3.71: Ein Polynom 4. Grades mit den vorgegebenen Nullstellen $1, \sqrt{2}, -\pi, 0$ ist z.B.

$$f(x) = 2043 \cdot (x-1)(x-\sqrt{2})(x+\pi) \cdot x .$$

2 siehe etwa [21], Bd. I, 206 ff.

Die **Ermittlung** von **Nullstellen** bei Polynomen **höheren als 2. Grades** durch Abspalten von Linearfaktoren $x - x_k$ (und Untersuchung des Restpolynoms) ist nur möglich bei Kenntnis der x_k (d.h. nur in Ausnahmefällen, siehe BK 6.5). Meist ist es zur Ermittlung der Nullstellen einfacher, ein **Näherungsverfahren** (z.B. die „Regula falsi" *(Kap. 2.4)* oder das „Newton-Verfahren" *(Kap. 5.4)*) zu verwenden.

Die folgenden Abbildungen zeigen (Abb. 2.3.72 i)-v)) exemplarisch die Graphen einiger Polynome höheren Grades:

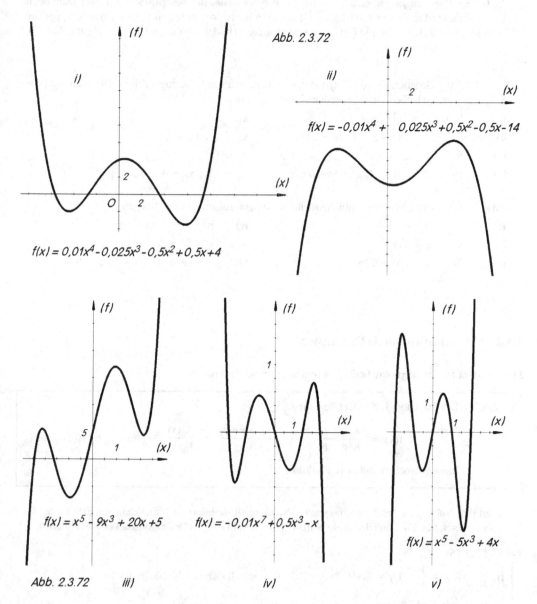

Abb. 2.3.72

$f(x) = 0{,}01x^4 - 0{,}025x^3 - 0{,}5x^2 + 0{,}5x + 4$

$f(x) = -0{,}01x^4 + 0{,}025x^3 + 0{,}5x^2 - 0{,}5x - 14$

$f(x) = x^5 - 9x^3 + 20x + 5$

$f(x) = -0{,}01x^7 + 0{,}5x^3 - x$

$f(x) = x^5 - 5x^3 + 4x$

Abb. 2.3.72   iii)   iv)   v)

An diesen Abbildungen erkennt man einige typische **Eigenschaften von Polynomen n-ten Grades**:

–   Die Zahl der Nullstellen eines Polynoms n-ten Grades kann mit dem Grad n übereinstimmen (Abb. i), v)) oder aber geringer sein (Abb. ii), iii), iv)), siehe Satz 2.3.67.

- Ein Polynom von **ungeradem** Grad hat stets **mindestens eine** Nullstelle (Abb. iii), iv), v)). Ein Polynom von geradem Grad besitzt manchmal keine einzige Nullstelle (Abb. ii)).

- Polynome sind entweder nur nach oben oder nur nach unten oder aber überhaupt nicht beschränkt:

  1) Ist der Polynomgrad **n ungerade**, so ist das Polynom **unbeschränkt**, und zwar aufsteigend von $-\infty$ bis $+\infty$ (Abb. iii), v)), falls a_n positiv und absteigend von $+\infty$ bis $-\infty$ (Abb. iv)), falls a_n negativ.

  2) Ist der Polynomgrad **n gerade**, so ist das Polynom **einseitig beschränkt**, und zwar nach oben beschränkt (d.h. von $-\infty$ aufsteigend und wieder nach $-\infty$ absteigend, Abb. ii)) falls a_n negativ und nach unten beschränkt (d.h. von $+\infty$ absteigend und wieder nach $+\infty$ aufsteigend, Abb. i)), wenn a_n positiv ist !

Aufgabe 2.3.73:   Gegeben sind die Polynome f und eine oder mehrere zugehörige Nullstellen x_k (k = 1, 2, ...). Ermitteln Sie sämtliche reellen Nullstellen von f:

i) $f(x) = x^3 - 2x^2 - 2x + 4$; $x_1 = 2$

ii) $f(x) = x^4 - 6x^3 + 3x^2 + 26x - 24$; $x_1 = 3$; $x_2 = -2$

iii) $f(x) = x^3 - 2x + 1$; $x_1 = 1$

iv) $f(x) = 2x^4 - 3x^3 - 10x^2 + 5x - 6$; $x_1 = -2$; $x_2 = 3$.

Aufgabe 2.3.74:   Ermitteln Sie sämtliche reellen Lösungen folgender Gleichungen:

i) $x^3 = 10 - 9x$ iv) $n^3 - 3n^2 = 75 - 25n$

ii) $y^3 + 12 = 34y$ v) $z^3 - 5z = 3z^2 + 25$

iii) $3a^3 - 2a^2 + 30 = 23a$ vi) $t^4 - 4t^3 - 2t^2 - 20t + 25 = 0$.

2.3.2   Gebrochen-rationale Funktionen

Der **Quotient** zweier **Polynome** heißt gebrochen-rationale Funktion:

Def. 2.3.75: Die Funktion f mit der Gleichung

$$f(x) = \frac{a_n x^n + a_{n-1} x^{n-1} + ... + a_1 x + a_0}{b_k x^k + b_{k-1} x^{k-1} + ... + b_1 x + b_0} = \frac{Z_n(x)}{N_k(x)} \quad \text{mit } a_n, b_k \neq 0 \,;\, n, k \in \mathbb{N}_0$$

heißt **gebrochen-rationale Funktion**.

Da f an den **Nullstellen des Nennerpolynoms** $N_k(x)$ **nicht definiert** ist, muss man zur Ermittlung des Definitionsbereiches D_f zunächst diese Nullstellen ermitteln und als **Definitionslücken** ausschließen:

Beispiel 2.3.76:

i) $f(x) = \frac{1}{x}$, $D_f = \mathbb{R}\setminus\{0\}$ (Hyperbel, siehe Abb. 2.3.76 i)) ;

ii) $f(x) = \frac{2x - 4}{x - 1}$, $D_f = \mathbb{R}\setminus\{1\}$,   siehe Abb. 2.3.76 ii) ;

iii) $f(x) = \frac{x^2}{x^2 - 2x + 2}$, $D_f = \mathbb{R}$, da der Nenner keine Nullstellen hat, Abb. 2.3.76 iii) ;

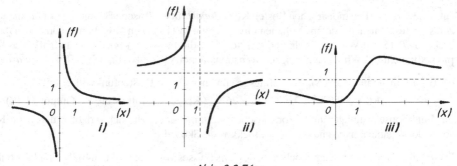

Abb. 2.3.76

iv) $f(x) = \dfrac{2x}{x^2 - 1}$, $D_f = \mathbb{R} \setminus \{ 1; -1 \}$, Abb. 2.3.76 iv) ;

v) $f(x) = \dfrac{x^2 - x}{x - 1} = \begin{cases} x \text{ für } x \neq 1 \\ \text{nicht definiert für } x = 1 \end{cases}$ Abb. 2.3.76 v) ;

vi) $f(x) = x + 1 + \dfrac{1}{(x+1)^2} = \dfrac{x^3 + 3x^2 + 3x + 2}{x^2 + 2x + 1}$, $D_f = \mathbb{R} \setminus \{ -1 \}$, Abb. 2.3.76 vi) .

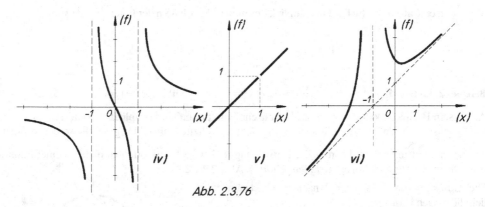

Abb. 2.3.76

In Abb. 2.3.76 wird deutlich, dass in der Umgebung der Definitionslücken sowie für sehr große (bzw. sehr kleine) Argumentwerte die gebrochen-rationalen Funktionen Besonderheiten aufweisen, wie z.B. **Unendlichkeitsstellen (Pole), Asymptoten** oder **Lücken**. Näheres hierzu s. Kapitel 4.5 bzw. Kapitel 4.8.

*Bemerkung 2.3.77: Gebrochen-rationale Funktionstypen können im Bereich ökonomischer Fragestellungen immer dann auftreten, wenn **stückbezogene** oder **Durchschnittsgrößen** (z.B. Stückkosten, Stückgewinn, Durchschnittsertrag ...) betrachtet werden.*

*Beispiel: Sei K eine lineare Kostenfunktion,   z.B. $K(x) = 0{,}9x + 25$ ($x>0$; K: Gesamtkosten, x: Output). Dann erhält man die Stückkosten $k(x)$ (= Kosten pro Outputeinheit), indem man $K(x)$ durch die Anzahl x der Outputeinheiten **dividiert:***

$$k(x) = \frac{K(x)}{x} = \frac{0{,}9x + 25}{x} = 0{,}9 + \frac{25}{x} \ ;$$

$k(x)$ ist gebrochen-rational, siehe Abb. 2.3.78.

Abb. 2.3.78

Aufgabe 2.3.79:   **i)** Die monatlichen Kosten K *[€/Monat]* für elektrische Energie eines Haushaltes set-zen sich zusammen aus der monatlichen Grundgebühr in Höhe von 40 €/Monat und einem Arbeits-preis von 0,15 €/kWh. Ermitteln und skizzieren Sie die Funktion k(x), die die monatlichen Kosten pro verbrauchter kWh in Abhängigkeit vom monatlichen Gesamtverbrauch x *[kWh/Monat]* angibt.

ii) Ermitteln Sie ausgehend von der ertragsgesetzlichen Gesamtkostenfunktion K mit

$$K(x) = 0{,}07x^3 - 2x^2 + 60x + 267 \quad (\text{K(x): Gesamtkosten, x: Output } (\geq 0))$$

die Funktionsgleichungen und ökonomischen Definitionsbereiche der variablen und fixen Kosten sowie der variablen, fixen und gesamten Stückkosten. Skizze!

iii) Ermitteln Sie unter Zugrundelegung des Ergebnisses von Aufgabe 2.3.46 die Stückkostenfunk-tion k, die die Kosten k(x) pro Gebühreneinheit in Abhängigkeit von der Anzahl x der insgesamt pro Monat verbrauchten Gebühreneinheiten angibt. Skizze !

2.3.3   Algebraische Funktionen (Wurzelfunktionen)

Sowohl ganzrationale als auch gebrochen-rationale Funktionen gehören zu einer **allgemeineren** Klasse von Funktionen, den sogenannten **algebraischen Funktionen**.

Man kann eine **algebraische Funktion** implizit definieren als Polynom der Potenzen $x^i \cdot y^k$:

$$(2.3.80) \qquad\qquad F(x, y) = \sum_{i=0}^{n} \sum_{k=0}^{m} a_{ik}x^i y^k = 0 \; ; \qquad a_{ik} \in \mathbb{R}$$

Beispiel 2.3.81:   **i)** $3x^5y^5 + 2xy^2 - x^2y - x^2 - 2x + y^2 = 0$;   **ii)** $x^2 + y^2 - 1 = 0$;   **iii)** $xy - 1 = 0$.

An diesem Beispiel erkennt man, dass algebraische Funktionen i.a. in **impliziter** Form F(x, y) = 0 vor-liegen, und – wie etwa in **i)** ersichtlich – häufig nicht in explizite Darstellung gebracht werden können.

An **ii)** erkennt man, dass die implizite Darstellung $x^2 + y^2 - 1 = 0$ offenbar **nicht** zu einer Funktion, sondern zu einer (zweideutigen) **Relation** gehört, s. Abb. 2.3.82.

Die Auflösung von $x^2 + y^2 - 1 = 0$ nach y liefert näm-lich die beiden Lösungen

$$y = +\sqrt{1 - x^2} \; ; \quad |x| \leq 1 \; ;$$

$$y = -\sqrt{1 - x^2} \; ; \quad |x| \leq 1 \; .$$

Abb. 2.3.82

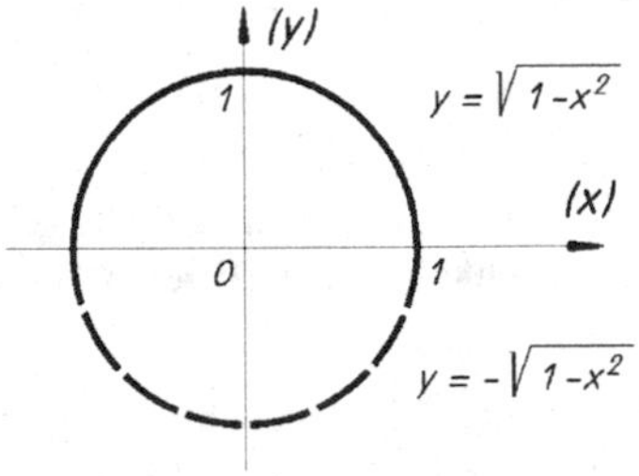

An diesem Beispiel wird gleichzeitig deutlich, dass bei der expliziten Darstellung einer algebraischen Funktion (anders als bei rationalen Funktionen) **Wurzelterme** auftreten können.

An **iii)** erkennt man, dass es sich um die gebrochen-rationale Funktion $y = \dfrac{1}{x}$; $x \neq 0$ handelt.

Umgekehrt kann jede gebrochen-rationale Funktion $y = \dfrac{Z(x)}{N(x)}$ durch einfache Umformung in folgende „algebraische" Form gebracht werden:

$$(2.3.83) \qquad\qquad y \cdot N(x) - Z(x) = 0 \; .$$

Eine allgemeine Analyse der Typen algebraischer Funktionen verbietet sich im Rahmen dieser Darstel-lung. Als relativ häufig vorkommendes Beispiel sei an dieser Stelle nur der Typ der **Wurzelfunktion** her-ausgehoben (als Spezialfall der allgemeinen Potenzfunktion $y = x^n$, $n \in \mathbb{R}$):

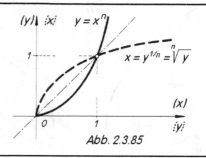

Def. 2.3.84: Die Umkehrfunktionen der Potenzfunktion f: $y = x^n$, $x \in \mathbb{R}_0^+$; $n \in \mathbb{N} \setminus \{1\}$ heißen **Wurzelfunktionen**.

Schreibweise: f^{-1}: $x = y^{\frac{1}{n}} = \sqrt[n]{y}$; $y \in \mathbb{R}_0^+$.

(siehe Abb. 2.3.85)

Abb. 2.3.85

Bemerkung 2.3.86: *Für den Definitionsbereich bei **geradem** n gilt wegen der Forderung eines nichtnegativen Radikanden: $D_f = \mathbb{R}_0^+$. Bei **ungeradem** n ist $\sqrt[n]{y}$ auch für negative y erklärt, so dass in diesem Fall gilt: $D_f = \mathbb{R}$.*

Beispiel 2.3.87:   i) $f(x) = \sqrt{x}$; $D_f = \mathbb{R}_0^+$;   ii) $f(x) = \sqrt[3]{x}$; $D_f = \mathbb{R}$ (Abb. 2.3.88) .

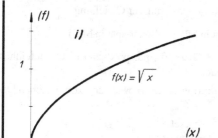

Abb. 2.3.88

Potenzfunktionen mit nicht-natürlichen Exponenten werden u.a. für (gesamtwirtschaftliche) Produktionsfunktionen verwendet:

Beispiel 2.3.89: $Y = c \cdot A^{0,8} \cdot K^{0,2}$, $(A, K \geq 0)$.

A: Arbeitsinput; K: Kapitalinput; Y: Sozialprodukt; (c: Konstante) .

So ergibt sich etwa für $K = 32 = $ const. (und $c = 1$): $y = 2 \cdot A^{0,8}$ (siehe Abb. 2.3.90)

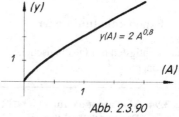

Abb. 2.3.90

Aus den elementaren Wurzelfunktionen f: $f(x) = \sqrt[n]{x}$ $(x \geq 0)$ ergeben sich durch Spiegeln an der Ordinate bzw. Verschiebung längs der Abszisse die folgenden – ebenfalls elementaren – Wurzelfunktionen (siehe Abb. 2.3.91) (man beachte jeweils die geänderten Definitionsbereiche !):

i) $\boxed{f(x) = \sqrt[n]{-x}}$ ii) $\boxed{f(x) = \sqrt[n]{x + a}}$ iii) $\boxed{f(x) = \sqrt[n]{b - x}}$

   $(x \leq 0)$ $(x \geq -a$; $a \in \mathbb{R})$ $(x \leq b$; $b \in \mathbb{R})$

   z.B.   z.B.   z.B.

   $f(x) = \sqrt[n]{-x}$ $f(x) = \sqrt[n]{x+4}$ $f(x) = \sqrt[n]{2-x}$

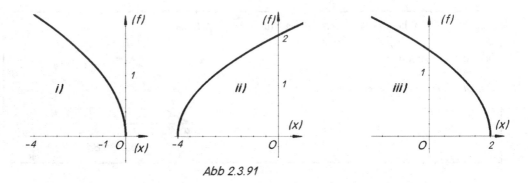

Abb 2.3.91

Aufgabe 2.3.92:   Ermitteln Sie für die nachfolgend definierten Funktionen **a)** den maximalen Definitionsbereich und **b)** *(in den Fällen i) - iv))* die Gleichung der jeweiligen Umkehrrelation:

i) $y = (x + 1)^2$; **ii)** $y = \sqrt[3]{x^2 - 4}$;   **iii)** $y = \sqrt[4]{1 - x^2}$;   **iv)** $y = \dfrac{x + 1}{\sqrt{x - 1}}$;   **v)** $y = \dfrac{2\sqrt{x + 8}}{5\sqrt[3]{x^2 - 16}}$.

Aufgabe 2.3.93:   Gegeben ist eine Produktionsfunktion $x: r \mapsto x(r)$ mit der Gleichung

$$x(r) = \sqrt{4r - 100} - 10 \qquad \text{(x: Ouput in ME}_x \text{ ; r: Faktorinput in ME}_r\text{).}$$

Pro eingesetzter Faktoreinheit entstehen Kosten von 8 GE/ME$_r$, pro produzierter Outputeinheit kann am Markt ein Preis von 100 GE/ME$_x$ erzielt werden.

i)   Ermitteln Sie den *(maximalen)* mathematischen Definitionsbereich sowie den ökonomischen Definitionsbereich (Output muss nichtnegativ sein!)

ii)   Es werde ein Output von 50 ME$_x$ produziert und abgesetzt.
Berechnen Sie die entstandenen Faktorkosten sowie den Umsatz.

iii)   Ermitteln Sie die Kostenfunktion K, die die Beziehung zwischen Output x und zugehörigen Faktorkosten K(x) angibt.

iv)   Welche Outputmengen müssen produziert (und abgesetzt) werden, damit die Unternehmung in der Gewinnzone produziert?

2.3.4   Exponentialfunktionen

Zu den wichtigsten nichtalgebraischen Funktionen (**transzendenten Funktionen**) gehören die Exponentialfunktionen:

Def. 2.3.94: Man nennt die für alle $x \in \mathbb{R}$ definierte Funktion f mit $\boxed{f(x) = a^x}$, $a \in \mathbb{R}^+ \setminus \{1\}$,
Exponentialfunktion.

Beispiel 2.3.95:   **i)** $y = 2^x$;   **ii)** $y = (\frac{1}{2})^x = 2^{-x}$;   **iii)** $y = e^x \approx 2{,}71828^x$.

Bemerkung 2.3.96:   *i)   Der strenge Beweis für die Existenz von a^x für **alle** $x \in \mathbb{R}$ kann an dieser Stelle nicht geführt werden.*

*ii) Die **Basis** a in a^x sollte **ungleich Eins** sein, da andernfalls die Exponentialfunktion in den trivialen Fall der konstanten Funktion mit $y = 1$ „entartet".*

*iii) Der wesentliche in der formalen Darstellung zum Ausdruck kommende **Unterschied** zwischen **Potenz-funktion** (mit $f(x) = x^a$) und **Exponentialfunktion** (mit $f(x) = a^x$) besteht darin, dass im ersten Fall der Exponent ($= a$) **konstant**, im zweiten Fall der Exponent ($= x$) **variabel** ist.*

iv) Auch zusammengesetzte Funktionen des Typs $f(x) = \dfrac{c_1 \cdot a^{f_1(x)} + c_2 \cdot a^{f_2(x)} + \ldots}{b_1 \cdot a^{g_1(x)} + b_2 \cdot a^{g_2(x)} + \ldots}$ *(mit $f_i(x)$, $g_i(x)$ algebraisch) nennt man Exponentialfunktionen.*

Beispiele: $f(x) = 7 \cdot 2^{-x}$; $f(x) = \dfrac{4e^{-x+2} + 2^{\sqrt{x}}}{1 - e^{3x+4}}$.

v) Die allgemeinste Exponentialfunktion ist vom Typ:

$$f(x) = g(x)^{h(x)} , \ (h(x) \neq const.), \quad z.B. \quad f(x) = x^x \quad oder \quad f(x) = (2 + \sqrt{x})^{x^2 - 1}.$$

Abb. 2.3.97 zeigt die Graphen einiger Exponentialfunktionen zu unterschiedlichen Basiszahlen:

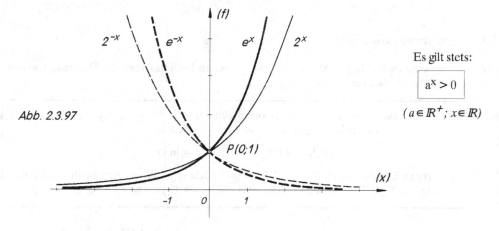

Abb. 2.3.97

Es gilt stets:

$$\boxed{a^x > 0}$$

($a \in \mathbb{R}^+$; $x \in \mathbb{R}$)

An Abb. 2.3.97 werden die **Eigenschaften der Exponentialfunktionen** a^x deutlich:

Fall I: $\boxed{a > 1}$,   **Beispiel:** $f(x) = e^x$:

i) Definitionsbereich $D_f = \mathbb{R}$; Wertebereich $W_f = \mathbb{R}^+$ (d.h. **f: $f(x) = e^x$ ist stets positiv**) .

ii) f ist in D_f streng monoton **steigend** und nähert sich mit abnehmendem x (d.h. von rechts nach links betrachtet) immer mehr dem Wert 0.

iii) f verläuft (wegen $a^0 = 1$) durch den Punkt $P(0; 1)$.

Fall II: $\boxed{0 < a < 1}$, **Beispiel:** $f(x) = (\frac{1}{e})^x = e^{-x}$:

i) Definitionsbereich $D_f = \mathbb{R}$; Wertebereich $W_f = \mathbb{R}^+$ (d.h. **f: $f(x) = e^{-x}$ ist stets positiv**)

ii) f ist in D_f streng monoton **fallend** und nähert sich mit wachsendem x immer mehr dem Wert 0.

iii) f verläuft (wegen $a^0 = 1$) durch den Punkt $P(0; 1)$.

Bemerkung 2.3.98:   *Da man z.B. e^{-x} aus e^x durch Vertauschen von negativen mit betragsgleichen positiven Argumenten erhält, ergibt sich der Graph von e^{-x} aus dem Graphen von e^x durch Spiegelung an der (senkrechten) Ordinatenachse.*

Bemerkung 2.3.99: *i)* *Exponentialfunktionen des Typs* $f(x) = e^{g(x)}$ *($g(x)$ algebraisch) sind für die Beschreibung vieler technischer und ökonomischer Vorgänge – vor allem wenn sie mit Wachstum oder Zerfall zu tun haben – von großer Bedeutung. Auch für die Bereiche der reinen Mathematik und der Statistik gehören die Exponentialfunktionen zu den wichtigsten Funktionen.*

ii) *Jede Potenz* a^x *($a > 0$) kann in eine* **Potenz zur Basis e umgeformt** *werden: Wegen* $a = e^{\ln a}$ *(siehe Brückenkurs Thema BK 5.1) gilt:* $a^x = (e^{\ln a})^x = e^{x \cdot \ln a}$ *, z.B.* $7^x = e^{x \cdot \ln 7}$ *.*

Analog: $\qquad g(x)^{h(x)} = (e^{\ln g(x)})^{h(x)} = e^{h(x) \cdot \ln g(x)} \qquad (g > 0)$ *.*

Aufgabe 2.3.100:   Ermitteln Sie   **a)** den maximalen Definitionsbereich und   **b)** die Nullstellen von

i) $f(x) = 3e^{-x} - e^{2x}$;   **ii)** $g(x) = \frac{1}{2}(e^x + e^{-x})$;   **iii)** $h(x) = \frac{1}{2}(e^x - e^{-x})$;

iv) $k(x) = 3x^2 \cdot e^{-x^2} - 12e^{-x^2}$;   **v)** $p(x) = 7 \cdot e^{\frac{x-1}{x+3}}$.

2.3.5 Logarithmusfunktionen

Da die Exponentialfunktion f: $y = a^x$, $a \in \mathbb{R}^+ \setminus \{1\}$ in ihrem Definitionsbereich $\mathbb{R}$ **streng monoton** ist, existiert ihre **Umkehrfunktion** f^{-1}, siehe Satz 2.2.16:

Def. 2.3.101:   Die Umkehrfunktion f^{-1} zur Exponentialfunktion f mit $y = a^x$ ($y = e^x$)
($a > 0$; $a \neq 1$) heißt **Logarithmusfunktion**, geschrieben:

$$f^{-1}\colon \ x = \log_a y \qquad (f^{-1}\colon \ x = \ln y) \ .$$

Ihr Definitionsbereich $D_{f^{-1}}$ ist gleich dem Wertebereich W_f der Exponentialfunktion:
$D_{f^{-1}} = W_f = \mathbb{R}^+$. Ihr Wertebereich $W_{f^{-1}}$ ist $\mathbb{R}$ ($= D_f$) .

Abb. 2.3.102 zeigt die Verhältnisse am Beispiel

f: $y = e^x$ und f^{-1}: $x = \log_e y = \ln y$.

x = ln y ergibt sich aus $y = e^x$ graphisch durch **Spiegelung** an der **Winkelhalbierenden** des I. und III. Quadranten (unter Beachtung der **Konvention**, dass die **unabhängige Variable** stets auf der **Abszisse** abgetragen wird, siehe Bemerkung 2.1.10 ii)).

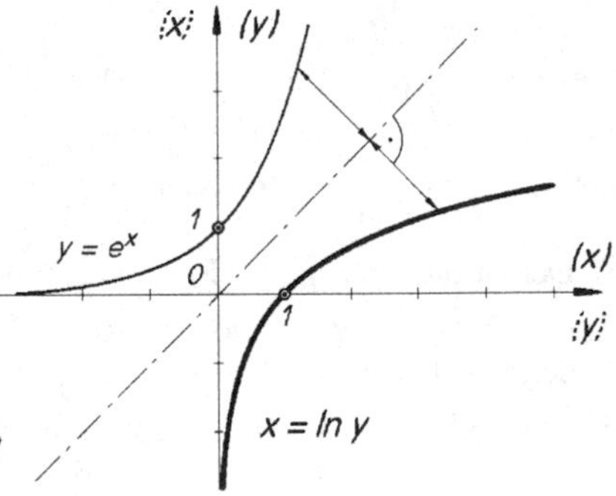

Abb. 2.3.102

Aus Abb. 2.3.102 werden die **Eigenschaften der Logarithmusfunktion** $\log_a$ (für **a > 1**) deutlich:

i)   Die Logarithmusfunktion ist streng monoton **steigend**.

ii)   Der Definitionsbereich der Logarithmusfunktion umfasst nur die positiven reellen Zahlen $\mathbb{R}^+$ (so ist etwa **ln 0** oder **ln (−2) nicht definiert!**).

iii)   Die einzige Nullstelle der Logarithmusfunktion liegt beim Abszissenwert „1": $\qquad \log_a 1 = 0$.

iv)   Wenn $x > 1$, so ist $\log_a x$ positiv, wenn $x < 1$, so ist $\log_a x$ negativ.

v)   Wenn sich der Argumentwert der Zahl Null nähert, so fällt der Wert der Logarithmusfunktion unter jede negative Schranke.

*Bemerkung 2.3.103:   i)   Für die Gleichung der Umkehrfunktion von f: y = e^x schreibt man **x = ln y**
(**logarithmus naturalis**), für die Umkehrfunktionsgleichung von f: y = 10^x schreibt man **x = lg y**
oder x = log y (**dekadischer Logarithmus**).*

*ii) Die Umformung von Funktionstermen, die Logarithmen enthalten, geschieht mit Hilfe der **Logarithmengesetze**, siehe Brückenkurs Thema BK 5.2:*

$$L1: \qquad log_a\,(x \cdot y) = log_a x + log_a y$$

$$L2: \qquad log_a\,(\frac{x}{y}) = log_a x - log_a y$$

$$L3: \qquad log_a x^r = r \cdot log_a x \ .$$

Beispiel: $\quad f(x) = ln\,(x^5 \cdot \sqrt[3]{x+1}\,) = 5 \cdot ln\,x + \frac{1}{3}\,ln\,(x+1), \qquad (x > 0)\ .$

Zu den im Zusammenhang mit logarithmischen Umformungen auftretenden Fehlern siehe BK 6.2.

Aufgabe 2.3.104:   Ermitteln Sie   **a)** den maximalen Definitionsbereich, **b)** die Nullstellen sowie
   c) die Umkehrfunktionen (*bzw. Umkehrrelationen*) der nachfolgend definierten Funktionen f, g, k, h :

i) $\qquad f(x) = ln\,\sqrt{x^2 + 1}\ ;$

ii) $\qquad g(p) = ln\,(\frac{p}{2})\ ;$

iii) $\qquad k(x) = ln\,(x+1) + ln\,x\ ;$

iv) $\qquad h(u) = ln\,u + ln\,\sqrt{u^2 - 1}\ .$

2.3.6   Trigonometrische Funktionen
(Kreisfunktionen, Winkelfunktionen)

Zur Definition dieser Funktionen stellen wir uns einen Kreis vor mit dem Radius r = 1 („Einheitskreis"),
dessen Mittelpunkt O im Ursprung eines u,v-Koordinatensystems liegt, siehe Abb. 2.3.105:

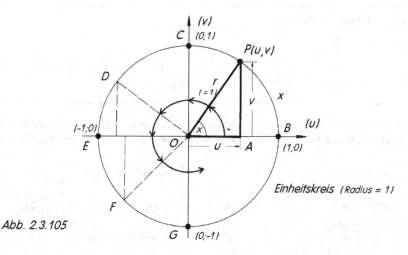

Abb. 2.3.105

Der Radius $\overrightarrow{OP}$ (Länge: r = 1) möge nun gegen den Uhrzeigersinn (in „mathematisch positiver Dreh-
richtung") um den Ursprung O rotieren, beginnend in der Ausgangslage $\overrightarrow{OB}$.

Nacheinander erreicht so der Radiusstrahl die Positionen $\overrightarrow{OP}, \overrightarrow{OC}, \overrightarrow{OD}$ usw., um nach einer vollen Umdrehung wieder in die Ausgangslage $\overrightarrow{OB}$ zurückzukehren. Jede weitere Rotation liefert erneut die schon
bei der ersten Umdrehung angenommenen Positionen, ein identischer Zyklus beginnt.

Betrachten wir nun im Verlauf der Rotation irgendeine Situation, z.B. $\overrightarrow{OP}$ (fettgedruckt in Abb. 2.3.105). Die Spitze P des Radiusvektors besitzt die durch die spezielle Lage definierten Koordinaten u (= waagerechte, horizontale Koordinate, Abszissenwert von P) und v (= senkrechte, vertikale Koordinate, Ordinatenwert von P). Im gleichen Maß, wie sich nun der Winkel x bei diesem Rotationsvorgang ändert, ändern sich auch die Koordinaten u; v der Radiusspitze (P). (Lediglich die Länge r (= 1) des Radius bleibt bei der Drehung unverändert.)

Aus diesem Grund ändern sich mit Variation des Winkels x auch die Seitenverhältnisse $\dfrac{v}{r}$; $\dfrac{u}{r}$ im

dick gezeichneten Dreieck, m.a.W., diese **Seitenverhältnisse** $\dfrac{v}{r}$, $\dfrac{u}{r}$ (wegen r = 1: $\dfrac{v}{1}$ = v ; $\dfrac{u}{1}$ = u)
sind jeweils **Funktionen** des **Drehwinkels** x .

Diese Funktionen haben spezielle Namen, nämlich **Sinusfunktion** (sin x) und **Cosinusfunktion** (cos x):

Def. 2.3.106: (**Sinus, Cosinus**)

(2.3.107 a)	$\sin\ x := \dfrac{v}{r}$	bzw. (falls	$\sin\ x := v$
(2.3.107 b)	$\cos\ x := \dfrac{u}{r}$	r = 1)	$\cos\ x := u$

(siehe Abb. 2.3.105)

Bemerkung 2.3.108: *In Anbetracht der Tatsache, dass diese Funktionen am **Kreis** veranschaulicht bzw. definiert werden können, nennt man sie häufig **Kreisfunktionen**. Die Tatsache, dass sie Funktionen eines **Winkels** x sind, führt zur alternativen Bezeichnung **Winkelfunktionen**. Eine dritte Bezeichnung schließlich trägt der Tatsache Rechnung, dass diese Funktionen durch die Seitenverhältnisse in einem (rechtwinkligen) **Dreieck** (siehe Abb. 2.3.105) definiert sind: **trigonometrische Funktionen**.*

Die Sinus- und Cosinusfunktionen sind nicht die einzigen Kreisfunktionen. Bezugnehmend auf Abb. 2.3.105 definiert man die **Tangensfunktion** (tan x) und die **Cotangensfunktion** (cot x) wie folgt:

Def. 2.3.109: (**Tangens, Cotangens**)

(2.3.110)	$\tan\ x := \dfrac{\sin x}{\cos x} = \dfrac{v}{u}$	$\cos x \neq 0$ (u ≠ 0)	
(2.3.111)	$\cot\ x := \dfrac{1}{\tan x} = \dfrac{\cos x}{\sin x}\ \dfrac{u}{v}$	$\sin x \neq 0$ (v ≠ 0)	

(siehe Abb. 2.3.105)

Bemerkung 2.3.112: *Die Definitionen der trigonometrischen Funktion (vgl. Def. 2.3.106/109) stimmen überein mit den allgemein bekannten elementargeometrischen Definitionen am rechtwinkligen Dreieck:*

$$sin\ x = \frac{Gegenkathete}{Hypothenuse} = \frac{v}{r}$$

$$cos\ x = \frac{Ankathete}{Hypothenuse} = \frac{u}{r}$$

$$tan\ x = \frac{Gegenkathete}{Ankathete} = \frac{v}{u}\ {}^{3}$$

$$cot\ x = \frac{Ankathete}{Gegenkathete} = \frac{u}{v}$$

Wählt man jeweils eine (geeignete) Seitenlänge des rechtwinkligen Dreiecks mit dem Wert „1" vor, so ergeben sich anschauliche Interpretationen der Kreisfunktionen:

---

3 Korrekt müsste es eigentlich heißen: „Maßzahl v der Länge der Gegenkathete" (statt „Gegenkathete v ").

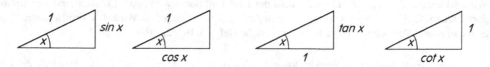

Es stellt sich nun heraus, dass es für mathematische Anwendungen **zweckmäßig** ist, den Winkel x nicht im Gradmaß (0°, 30°, 90°, ...) zu messen, sondern im sogenannten **Bogenmaß**.

Weil bei festem Radius (hier wurde r = 1 („Einheits-kreis") gewählt) dem Mittelpunktswinkel φ umkehrbar eindeutig die entsprechende Bogenlänge x zugeordnet ist, kann man *(statt φ)* genausogut die **Bogenlänge x** *(im Einheitskreis)* als Maß für den Winkel φ nehmen:

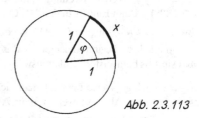

Abb. 2.3.113

Def. 2.3.114: (Bogenmaß eines Winkels, Abb. 2.3.113)

Das **Bogenmaß** x eines Winkels φ ist die **Länge** x des zugehörigen Bogens im Einheitskreis.

Da *(im Einheitskreis)* zu einer vollen Umdrehung *(d.h. zum Vollwinkel 360°)* die volle Kreisbogen-länge $2\pi r\big|_{r=1} = 2\pi$ gehört[4], gilt für Teilwinkel die Proportion

$$(2.3.115) \qquad \frac{\text{Teilbogen}}{\text{Vollbogen}} = \frac{\text{Teilwinkel }(°)}{\text{Vollwinkel }(°)} \qquad \text{d.h.} \qquad \frac{x}{2\pi} = \frac{\varphi}{360°} \iff x = \frac{2\pi}{360°} \cdot \varphi = \frac{\pi}{180°} \cdot \varphi$$

Bemerkung: Die Kreiszahl π ist (als Verhältnis von Umfang zu Durchmesser eines Kreises) eine sogenannte transzendente Zahl (daher ist auch die berühmte „Quadratur des Kreises" unter ausschließlich klassischer Benutzung von Zirkel und Lineal unmöglich).

Es gilt somit

Satz 2.3.116:

Ein Winkel φ (im Gradmaß) hat das **Bogenmaß** x mit $\boxed{x = \dfrac{\pi}{180°} \cdot \varphi}$.

Bemerkung 2.3.117: Entsprechende Winkel im Grad- und im Bogenmaß veranschaulicht die nachfolgende Tabelle (2.3.118):

	Winkel φ im Gradmaß (°)	360°	270°	180°	90°	60°	57,30°	45°	30°	0°	
(2.3.118)	Winkel im Bogenmaß (x)	2π	$\frac{3}{2}\pi$	π	$\frac{\pi}{2}$	$\frac{\pi}{3}$	1	$\frac{\pi}{4}$	$\frac{\pi}{6}$	0	usw.

---

4 Für Pi-Fans hier die ersten 46 Ziffern: $\pi = 3{,}14159\ 26535\ 89793\ 23846\ 26433\ 83279\ 50288\ 41971\ 69399\ ...$

Wir sind jetzt in der Lage, die **Eigenschaften der Kreisfunktionen** angeben zu können und sie graphisch darzustellen. Die Ausgangssituation sei wie in Abb. 2.3.105: Zu **jedem Winkel x** (im Bogenmaß) gibt es **genau einen** Wert sin x, cos x, tan x usw., siehe Def. 2.3.106/2.3.109.

Betrachten wir als Beispiel die **Sinusfunktion** f: $x \mapsto \sin x$ *(≙ v in Abb. 2.3.105, siehe Def. 2.3.106)*:

In der Startposition $\overrightarrow{OB}$ gilt offenbar v = sin 0 = 0. Wenn der Radiusstrahl nun wie beschrieben gegen den Uhrzeigersinn rotiert, wächst v zunächst bis zum Maximalwert v = 1   (in $\overrightarrow{OC}$, beim Winkel x = $\pi/2$ (≙ 90°)). Weitere Drehung vermindert v (= sin x) wieder bis zum Wert 0 (bei $\overrightarrow{OE}$ mit x = π (≙ 180°)). Beim Eintritt in den III. Quadranten wird sin x (= v) negativ, um schließlich vom Minimalwert (bei $\overrightarrow{OG}$: $\sin\frac{3}{2}\pi$ (= −1)) wieder anzusteigen bis zum Wert 0 in der Startposition $\overrightarrow{OB}$ (x = 2π = 360°). Jetzt beginnt derselbe Zyklus von neuem, wobei lediglich alle Winkel x um 2π (= 360°) größer sind als beim ersten Umlauf usw.

Auf ganz analoge Weise überlegt man sich, dass die Werte der **Cosinus-Funktion** f: $x \mapsto \cos x$ (sie entsprechen den Abszissenwerten u in Abb. 2.3.105) beim „Start" mit +1 beginnen und dann über cos x = 0 (bei x = $\pi/2$), cos x = −1 (bei x = π), cos x = 0 (bei x = $\frac{3\pi}{2}$) wieder zum Endwert cos x = 1 (bei x = 2π = 360°) nach einem vollen Umlauf führen. Auch hier beginnt nach jeder Vollumdrehung von neuem ein identischer Umlauf.

Wenn man auch **negative Bogenmaße x** zulässt (definiert durch solche Bogenmaße x, die bei Rotation **im Uhrzeigersinn** entstehen), so erhält man über eine Wertetabelle, wie etwa (2.3.119)

(2.3.119)

x	$-\dfrac{\pi}{2}$	0	$\dfrac{\pi}{4}$	$\dfrac{\pi}{2}$	$\dfrac{3\pi}{4}$	π	$\dfrac{3\pi}{2}$	2π	$\dfrac{5\pi}{2}$	3π	...
sin x	−1	0	$\frac{1}{2}\sqrt{2}$	1	$\frac{1}{2}\sqrt{2}$	0	−1	0	1	0	...
cos x	0	1	$\frac{1}{2}\sqrt{2}$	0	$-\frac{1}{2}\sqrt{2}$	−1	0	1	0	−1	...

die Graphen der Sinus- und Cosinusfunktion, vgl. Abb. 2.3.120:

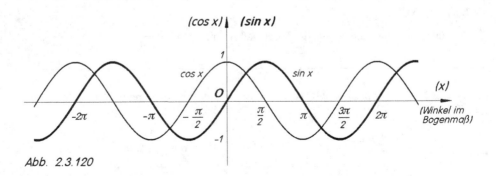

Abb. 2.3.120

Bemerkung 2.3.121: Anhand von Abb. 2.3.120 wird deutlich, dass sowohl die Sinus- als auch die Cosinusfunktion

i) für beliebige $x \in \mathbb{R}$ definiert sind ;

*ii) periodisch zwischen dem Maximalwert +1 und dem Minimalwert –1 schwanken. Da nach jeder Vollumdrehung (2π) derselbe Zyklus erneut beginnt, spricht man bei sin x und cos x von **periodischen Funktionen** mit der Periode 2π:*

(2.3.122)
$$\sin x = \sin(x \pm 2\pi) = \sin(x \pm 4\pi) = \ldots = \sin(x + 2k\pi)$$
$$\cos x = \cos(x \pm 2\pi) = \cos(x \pm 4\pi) = \ldots = \cos(x + 2k\pi) \qquad mit \ k = 0, \pm 1, \pm 2, \ldots$$

d.h. sin x und cos x ändern ihren Wert nicht, wenn man zu x ein beliebiges ganzzahliges Vielfaches von 2π addiert oder subtrahiert.

iii) Verschiebt man die Cosinus-Kurve in Abb. 2.3.120 um $\frac{\pi}{2}$ nach rechts (links), so fällt sie genau mit der (negativen) Sinusfunktion zusammen, d.h. es gilt:

(2.3.123a)
$$\cos x = \sin\left(x + \frac{\pi}{2}\right)$$
$$\sin x = \cos\left(x - \frac{\pi}{2}\right)$$

(2.3.123b)
$$\sin\left(x - \frac{\pi}{2}\right) = -\cos x$$
$$\cos\left(x + \frac{\pi}{2}\right) = -\sin x$$

*iv) Aus Abb. 2.3.120 erkennt man weiterhin: **sin x** ist eine **ungerade** Funktion (siehe Def. 2.2.23), d.h. punktsymmetrisch zum Ursprung:*

(2.3.124)
$$\sin(-x) = -\sin x$$

***cos x** ist achsensymmetrisch zur Ordinatenachse, also eine **gerade** Funktion (vgl. Def. 2.2.19):*

(2.3.125)
$$\cos(-x) = \cos x \qquad .$$

Zwischen Sinus- und Cosinusfunktion gibt es eine Reihe weiterer allgemeingültiger Relationen. Außer den eben genannten sind dies beispielsweise:

(2.3.126)
$$\sin^2 x + \cos^2 x = 1 \quad [5]$$

((2.3.126) folgt anschaulich aus Abb. 2.3.105 mit Hilfe des Satzes des Pythagoras)

sowie die „Additionstheoreme" der Sinus-Funktion

(2.3.127)
$$\sin(x_1 \pm x_2) = \sin x_1 \cos x_2 \pm \cos x_1 \sin x_2$$

(2.3.128)
$$\sin x_1 \pm \sin x_2 = 2 \sin \frac{x_1 \pm x_2}{2} \cos \frac{x_1 \mp x_2}{2}$$

(zu den anderen Additionstheoremen siehe Aufgabe 2.3.136)

Bemerkung 2.3.129: *Wie aus Def. 2.3.109 bzw. Bemerkung 2.3.112 ersichtlich, ergeben sich die Tangens- bzw. Cotangensfunktion aus der Sinus- und Cosinusfunktion zu*

$$\tan x := \frac{\sin x}{\cos x} \qquad und \qquad \cot x := \frac{1}{\tan x} = \frac{\cos x}{\sin x} .$$

---

[5] Statt $(\sin x)^2$ schreibt man $\sin^2 x$, um Verwechslungen mit $\sin x^2$ $(:= \sin(x^2))$ zu vermeiden.

Überall dort, wo cos x (bzw. sin x) verschwindet, ist daher tan x (bzw. cot x) nicht definiert. Bildet man unter Berücksichtigung dieser Einschränkungen (etwa in Tabelle (2.3.119)) zu jedem Bogenmaß x die Quotienten von sin x und cos x und überträgt die erhaltenen Wertepaare in ein Koordinatensystem, so erhält man die Graphen von tan x und cot x:

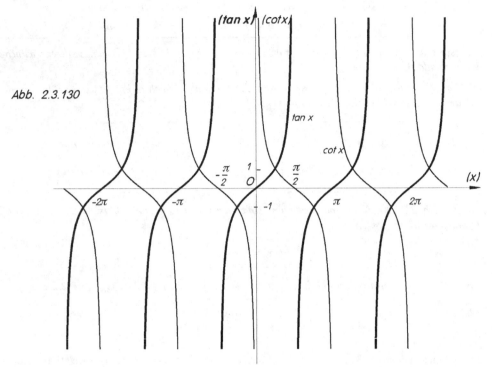

Abb. 2.3.130

Man erkennt, dass tan x und cot x ebenfalls periodisch, allerdings mit der Periode π, sind:

$$(2.3.131) \qquad \tan x = \tan(x + k\pi) \qquad (x \neq \tfrac{\pi}{2} + k\pi)$$

$$(2.3.132) \qquad \cot x = \cot(x + k\pi) \qquad (x \neq k\pi) \qquad (k = 0,\ \pm 1,\ \pm 2,\ ...)$$

Aufgabe 2.3.133:

i) Geben Sie zu folgenden Winkeln (°, im Gradmaß) das äquivalente Bogenmaß an:

60° ; 1° ; −30° ; 1.400° ; −36.000° .

ii) Ermitteln Sie zu folgenden Bogenmaßzahlen das entsprechende Gradmaß *(Winkelmaß)*:

$0{,}5$; $\dfrac{-1}{\sqrt{2}}$; 90 ; -1 ; $\dfrac{\pi}{6}$; $\dfrac{2\pi}{9}$; 20π .

iii) Wie lang ist ein Bogen auf einem Kreis mit dem Radius 4, zu dem ein Zentriwinkel von

a) 33°   b) $\dfrac{\pi}{4}$ (im Bogenmaß) gehört?

Aufgabe 2.3.134:

i) Ermitteln Sie folgende Funktionswerte:

$\sin 0{,}5$; $\cos 31°$; $\tan 1$; $\cot 45°$; $\tan \dfrac{7\pi}{2}$; $\cos(2\pi + 1)$; $\sin \dfrac{\pi + 3}{2}$;

$\sin \sqrt{2} + \cos \dfrac{1}{3}\sqrt{3}$; $\sin 1000$; $\sin 1000°$.

ii) Ermitteln Sie zu folgenden Funktionswerten den kleinsten positiven Winkel x im Bogen- sowie im Gradmaß:

$\sin x = -1$;	$x = ?$	$\sin x = 1{,}5$;	$x = ?$
$\sin 2x = 0{,}5$;	$x = ?$	$\tan x = 99.999$;	$x = ?$
$\cos(-x+1) = 0{,}35$;	$x = ?$	$2\sin(3x+\pi/2) = \sqrt{2}$;	$x = ?$

Aufgabe 2.3.135: Vereinfachen Sie vereinfache folgende Terme:

i) $\cos x \cdot \tan x$;   **ii)** $\dfrac{\sin x}{\tan x}$;   **iii)** $1 - \dfrac{1}{\cos^2 x}$;

iv) $\dfrac{\sin^2 x}{1 - \cos x}$;   **v)** $\tan x \cdot \sin x + \cos x$;   **vi)** $\dfrac{\tan x - 1}{\sin x - \cos x}$.

Aufgabe 2.3.136: Zeigen Sie mit Hilfe von (2.3.126), (2.3.127), (2.3.128), (2.3.110), (2.3.123), (2.3.124) sowie (2.3.125) die Allgemeingültigkeit der folgenden trigonometrischen Gleichungen:

i) $\cos(x_1 \pm x_2) = \cos x_1 \cos x_2 \mp \sin x_1 \sin x_2$;   **iv)** $\tan 2x = \dfrac{2\tan x}{1 - \tan^2 x}$;

ii) $\sin 2x = 2\sin x \cos x$;   **v)** $1 - \cos x = 2\sin^2 \dfrac{x}{2}$;

iii) $\cos 2x = 1 - 2\sin^2 x = 2\cos^2 x - 1 = \cos^2 x - \sin^2 x$;   **vi)** $1 + \cos x = 2\cos^2 \dfrac{x}{2}$.

2.4 Iterative Gleichungslösung und Nullstellenbestimmung (Regula falsi)

Polynomgleichungen $a_n x^n + \ldots + a_1 x + a_0 = 0$ höheren als zweiten Grades lassen sich i.a. in **geschlossener Form** nur durch einen aufwendigen Formelapparat (n = 3; 4) oder überhaupt nicht (n > 4) lösen. Einer geschlossenen „formelmäßigen" Lösung widersetzen sich i.a. auch transzendente Gleichungen, in denen Potenzen, Exponentialausdrücke und/oder Logarithmen nebeneinander auftreten.

Beispiel 2.4.1: i) Folgende Gleichungen lassen sich nur mit relativ hohem rechentechnischen Aufwand geschlossen lösen:

a) $4x^3 - 6x^2 + 2x - 7 = 0$ (Gleichung 3. Grades) ;
b) $x^4 - 2x^3 + 8x^2 - x = 13$ (Gleichung 4. Grades) .

ii) Die Lösungen folgender Gleichungen lassen sich **nicht** in geschlossener Form angeben:

a) $x^5 - x^2 = 0{,}1$;   b) $e^x + x = 18$;   c) $\ln x + e^x = x^2 - 1$ d) $\cos x = x$.

Von den zahlreichen **Näherungsverfahren zur Gleichungslösung** wollen wir hier die sogenannte **Regula falsi** behandeln, die sich durch einfache Handhabung und hohe Wirksamkeit auszeichnet. *(Nach Bereitstellung der Differentialrechnung werden wir in Kapitel 5.4 noch eine weitere Methode – das „Newton-Verfahren" – kennenlernen.)*

Die **Lösungen** einer jeden Gleichung f(x) = 0 lassen sich auffassen als die **Nullstellen** der Funktion f mit y = f(x). Wir betrachten nun eine Funktion f, die im untersuchten Intervall stetig ist und dort genau eine Nullstelle $\bar{x}$ besitzt, siehe die folgende Abb. 2.4.2 .

Nun ermittelt man (etwa durch Probieren) zwei Stellen (**Startwerte**) x_1, x_2 mit $f(x_1) \cdot f(x_2) < 0$ (d.h. solche Stellen x_1, x_2, in denen die entsprechenden **Funktionswerte** $f(x_1)$ und $f(x_2)$ **unterschiedliches Vorzeichen** besitzen). Dann muss (da f stetig ist) zwischen x_1 und x_2 die gesuchte Nullstelle $\bar{x}$ liegen, siehe Abb. 2.4.3:

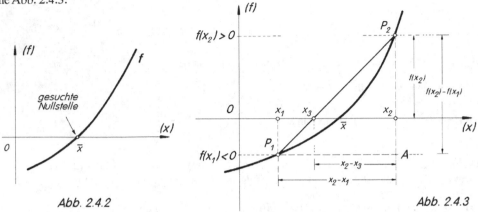

Abb. 2.4.2   Abb. 2.4.3

Als **erste Näherung** x_3 für die gesuchte Nullstelle $\bar{x}$ erhält man den **Schnittpunkt** x_3 **der Verbindungsgeraden** $\overline{P_1P_2}$ (= Sekante) der ermittelten Kurvenpunkte $P_1(x_1, f(x_1))$ und $P_2(x_2, f(x_2))$ mit der Abszisse $x_3 \approx \bar{x}$, siehe Abb. 2.4.3.

Zur **Berechnung** von x_3 aus den gegebenen Werten $x_1, x_2, f(x_1), f(x_2)$ kann man mit Hilfe der 2-Punkte-Form einer Geraden (2.3.30) die Gleichung $y = mx + b$ der Sekante ermitteln und deren Nullstelle x_3 berechnen. Rechnerisch einfacher ist folgende Überlegung:

Die Steigung m der Sekante $\overline{P_1P_2}$ kann auf **zwei** Weisen ermittelt werden, vgl. Abb. 2.4.3:

i) im (kleinen) Steigungsdreieck (P_2, x_3, x_2): $m = \dfrac{f(x_2)}{x_2 - x_3}$;

ii) im (großen) Steigungsdreieck (P_2, P_1, A): $m = \dfrac{f(x_2) - f(x_1)}{x_2 - x_1}$.

Durch Gleichsetzen folgt: $\dfrac{f(x_2)}{x_2 - x_3} = \dfrac{f(x_2) - f(x_1)}{x_2 - x_1}$

und daraus durch Auflösen nach x_3 die **Näherungsformel (Iterationsvorschrift)** der **Regula falsi**:

(2.4.4) $x_3 = x_2 - f(x_2) \cdot \dfrac{x_2 - x_1}{f(x_2) - f(x_1)}$ bzw. äquivalent nach weiterer Umformung

(2.4.5) $\boxed{x_3 = \dfrac{x_1 f(x_2) - x_2 f(x_1)}{f(x_2) - f(x_1)}}$.

Diese erste Näherung x_3 lässt sich mit Hilfe **derselben Prozedur beliebig genau verbessern**. Dazu ermittelt man zu x_3 den Funktionswert $f(x_3)$ und führt (2.4.5) statt mit x_1, x_2 nunmehr mit x_1, x_3 oder x_2, x_3 aus, je nachdem, welche der beiden Funktionswertepaare $f(x_1), f(x_3)$ oder $f(x_2), f(x_3)$ verschiedene Vorzeichen besitzen. (Im Fall der Abbildung 2.4.6 gilt: $f(x_2) \cdot f(x_3) < 0$.)

Den so erhaltenen zweiten Näherungswert x_4 verbessert man wiederum auf dieselbe Weise usw.

Das Vorgehen wird deutlich an Abbildung 2.4.6: Die Folge der Sekanten-Nullstellen wird durch den mit Pfeilen markierten Streckenzug erzeugt und nähert sich schließlich beliebig genau der gesuchten Nullstelle $\bar{x}$. Da die Näherungsvorschrift (2.4.5) **wiederholt** durch Verwendung der zuvor ermittelten Näherungswerte $x_3, x_4, \ldots$ durchlaufen wird, spricht man von einem **Iterationsverfahren**.

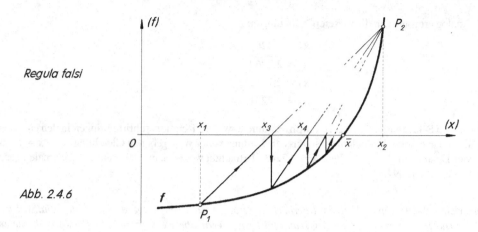

Regula falsi

Abb. 2.4.6

Bemerkung 2.4.7: *i)* *In Abb. 2.4.6 erkennt man, dass das Verfahren desto **schneller** zum Ziel führt („konvergiert"), je **näher** die beiden Startwerte x_1, x_2 an der gesuchten Nullstelle $\bar{x}$ liegen.*

*ii) Rundungs- oder sogar Rechenfehler während des Iterationsprozesses beeinträchtigen **nicht** die Konvergenz des Verfahrens, solange $f(x_i) \cdot f(x_k) < 0$ gilt, lediglich die Konvergenzgeschwindigkeit könnte abnehmen.*

*iii) Iterationsverfahren wie die Regula falsi (oder das in Kap. 5.4. behandelte Newton-Verfahren) eignen sich hervorragend für **programmierbare elektronische Rechner:** Da stets derselbe Rechenweg durchlaufen wird, ist ein nur geringer Programmieraufwand erforderlich.*

Beispiel 2.4.8:   Es soll die Lösung der Gleichung $e^x + x = 18$ (siehe Beispiel 2.4.1 ii b) mit Hilfe der Regula falsi ermittelt werden. Zunächst muss die Gleichung auf „Nullstellenform" $f(x) = 0$ gebracht werden: $f(x) = e^x + x - 18 = 0$.

Um zwei geeignete Startwerte x_1, x_2 ausfindig zu machen, legt man zweckmäßigerweise eine Wertetabelle an. Wir setzen nacheinander für x die Zahlen 1, 2 und 3 ein und erhalten (auf 4 Dezimalen gerundet):

		(x_1)	(x_2)
x	1	2	3
f(x)	−14,2817	−8,6109	5,0855

Zwischen $x_1 = 2$ und $x_2 = 3$ muss (wegen $f(x_1) \cdot f(x_2) < 0$) eine Nullstelle $\bar{x}$ liegen. Mit Hilfe der Iterationsvorschrift (2.4.5) der Regula falsi erhalten wir:

$$x_3 = \frac{x_1 f(x_2) - x_2 f(x_1)}{f(x_2) - f(x_1)} = \frac{2 \cdot 5{,}0855 - 3 \cdot (-8{,}6109)}{5{,}0855 - (-8{,}6109)} = 2{,}6287 \quad .$$

Den ersten Näherungswert (sowie alle weiteren) trägt man zweckmäßigerweise in die bereits angelegte Wertetabelle ein, die dann folgendes Aussehen erhält:

	(x_1)	(x_2)	(x_3)	(x_4)	
x	2	3	2,6287	2,7139	...
f(x)	−8,6109	5,0855	−1,5156	−0,1973	...

Da $f(x_3) < 0$, wird für die zweite Näherung x_1 durch x_3 ersetzt:

$$x_4 = \frac{x_3 f(x_2) - x_2 f(x_3)}{f(x_2) - f(x_3)} = \frac{2{,}6287 \cdot 5{,}0855 - 3 \cdot (-1{,}5156)}{5{,}0855 - (-1{,}5156)} = 2{,}7139 \quad .$$

Analog ergeben sich die weiteren Näherungen:

$$x_5 = 2{,}7246 \; ;$$
$$x_6 = 2{,}7260 \; ;$$
$$x_7 = 2{,}7261 \; ;$$
$$x_8 = 2{,}7261 \; .$$

Nach 5 Schritten „steht" das Iterationsverfahren, weitere Iterationsschritte bringen in den ersten vier Dezimalen keine Veränderung, so dass als Lösung $\bar{x}$ der vorgegebenen Gleichung $e^x + x = 18$ auf vier Dezimalen genau der Wert $\bar{x} = 2{,}7261$ betrachtet werden kann. (Wert auf 9 Dezimalen genau: $\bar{x} = 2{,}726142694$.)

Bemerkung 2.4.9: Um sich einen Überblick über die Anzahl und Lage der gesuchten Nullstellen zu verschaffen, kann es zweckmäßig sein, außer einer Wertetabelle eine graphische Funktionsdarstellung vorzuschalten.

Ein ökonomisch wichtiges Anwendungsfeld für die Gleichungslösung mit Hilfe der Regula falsi stellt die finanzmathematische Effektivzinsberechnung[6] dar.

Aufgabe 2.4.10: Ermitteln Sie *(z.B. mit Hilfe der Regula falsi)* auf 4 Dezimalen nach dem Komma genau die Lösungen folgender Gleichungen *(jede der Gleichungen besitzt genau eine Lösung)*:

   i) $x^2 - x^5 = 1 \; ;$

   ii) $0{,}1x^3 - x^2 - 2x = 7 \; ;$

   iii) $\ln x + e^x = x^2 - 1 \; ;$

   iv) $0 = 100 \cdot q^{20} - 10 \cdot \dfrac{q^{20} - 1}{q - 1} \; ;$

   v) $0 = -100q^5 + 20q^4 + 30q^3 + 40q^2 + 50q + 60 \quad .$

Aufgabe 2.4.11: Für eine Ein-Produkt-Unternehmung seien Gesamtkostenfunktion $K: x \mapsto K(x)$ und Preis-Absatz-Funktion $p: x \mapsto p(x)$ gegeben durch:

$$K(x) = x^3 - 2x^2 + 30x + 98 \; ; \qquad\qquad p(x) = 100 - 0{,}5x \; ;$$

(x: produzierte/abgesetzte Menge (in ME), $x \geq 0$)
K: Gesamtkosten (in GE),   p: Marktpreis (in GE/ME), $p \geq 0$.

Ermitteln Sie die obere und die untere Gewinnschwelle (Nutzengrenzen), d.h. diejenigen Outputmengen x_1, x_2, innerhalb derer die Unternehmung mit (positivem) Gewinn ($:=$ Erlös $-$ Kosten) operiert (siehe etwa Abb. 2.5.33).

---

6 siehe hierzu etwa [66], Kap. 5.

2.5   Beispiele ökonomischer Funktionen

In nahezu allen Bereichen der Ökonomie werden zur Beschreibung, Erklärung und Optimierung ökonomischer Fragestellungen und Sachverhalte **Funktionen** verwendet. Die Funktion ist gleichermaßen das **mathematische Modell** der zugrundeliegenden ökonomischen Struktur.

Bei der Verwendung **ökonomischer** Funktionen sollten Sie stets folgende **Einschränkungen** beachten:

–   In vielen Fällen ist bei vermuteten funktionalen Zusammenhängen zwischen verschiedenen ökonomischen Variablen eine exakt definierte Funktion **nicht** von vorneherein **vorgegeben**. Das kann dazu führen, einen Funktionsausdruck *(etwa mit Hilfe von statistischen Methoden)* zu **schätzen** bzw. aus vorgegebenen Mess- oder Beobachtungswerten eine möglichst einfach gebaute, gleichzeitig aber weitgehend zutreffende Funktionsgleichung zu konstruieren **(Interpolation, Approximation, Regression)**.

–   Zur rein **qualitativen** Erklärung wirtschaftlicher Prozesse genügen häufig die Vorgaben **einfacher** Funktionstypen, die lediglich in ihren hauptsächlichen Eigenschaften (wie z.B. Monotonie oder Krümmungsverhalten) mit der Realität übereinstimmen.

–   Um die Methoden der Mathematik anwenden zu können, lässt man die zugrunde liegenden Variablen häufig auch dann in **stetiger** Weise variieren, wenn es sich dabei um **diskrete** Zusammenhänge handelt *(wenn z.B. die unabhängige Variable nur ganzzahlige Werte, etwa 1, 2, 3, ... annehmen kann – Beispiel: Kostenfunktion für einen nicht teilbaren Output wie z.B. Automobile)*. In derartigen Fällen wird man bei der Interpretation mathematischer Folgerungen besonders **vorsichtig** sein müssen.

–   Funktionale Zusammenhänge zwischen ökonomischen Größen dürfen **nicht** (oder nicht immer) als **kausale** Ursachen/Wirkungs-Zusammenhänge interpretiert werden. Dies gilt vor allem dann, wenn solche Zusammenhänge durch Beobachtungen aus statistischen Zeitreihen abgeleitet werden. So ist zum Beispiel ein formaler statistischer Zusammenhang (auf Grund belegbarer Daten) zwischen dem Lebenshaltungs-Preisindex und der Zahl der Eheschließungen eines Staates konstruierbar, ohne dass ein inhaltlich erklärbarer Zusammenhang bestehen dürfte.

–   Häufig – wenn nicht in nahezu allen Fällen – hängt der Wert einer ökonomischen Größe nicht nur von einer, sondern von **mehreren unabhängigen Variablen** in funktionaler Weise ab.

    So ist etwa die Höhe Y des Sozialprodukts einer Volkswirtschaft u.a. abhängig von den Intensitäten A, K, B und k der entsprechenden Inputfaktoren Arbeit, Kapital, Boden und technischer Fortschritt: $Y = f(A, K, B, k)$. Um nun derartige Sachverhalte durch Funktionen f des Typs $y = f(x)$ abbilden zu können (und somit eine graphische Darstellung in der 2-dimensionalen Koordinatenebene zu ermöglichen), betrachtet man die Variationen des Funktionswertes f nur in Abhängigkeit von **einer** der unabhängigen Variablen und unterstellt, dass der Wert sämtlicher anderer unabhängigen Variablen **konstant** bleibt.

    Diese Bedingung bezeichnet man in den Wirtschaftswissenschaften als **ceteris-paribus-(c.p.)-Prämisse**, siehe Kapitel 3 und Kapitel 7.

Unter Beachtung der genannten Einschränkungen folgen nun weitere **Beispiele** häufig verwendeter **ökonomischer Funktionen**:

(1) Nachfragefunktion (Preis-Absatz-Funktion)

Funktionaler Zusammenhang $x = x(p)$ oder $p = p(x)$ zwischen

       − **Preis** p eines Gutes (in GE/ME) und
       − **nachgefragter** (abgesetzter) **Menge** x des Gutes (in ME) (in der Bezugsperiode).

Mögliche Verläufe von Nachfragefunktionen zeigt Abb. 2.5.1:

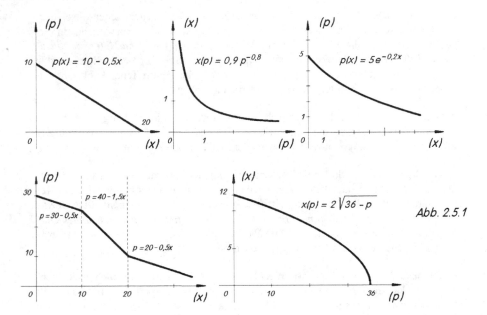

In den meisten Fällen unterstellt man, dass die Nachfragefunktion nach einem Gut **streng monoton fällt** (Ausnahmen: Güter mit „Snob-Effekt", z.B. seltene, prestigeträchtige Güter des Luxusbedarfs, die um so begehrter werden, je höher ihr Preis wird).

Häufig benutzt man statt $x = x(p)$ die **Umkehrfunktion** mit $p = p(x)$, wobei die Monotonie erhalten bleibt, siehe Abb. 2.5.2:

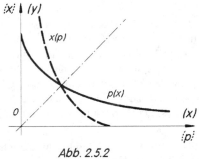

Abb. 2.5.2

Die Darstellung der Preis-Absatz-Funktion in der Form **p = p(x)** hat den (formalen) **Vorteil,** dass ohne Änderung der Abszissenbezeichnung zusätzliche Funktionen wie Umsatz-, Kosten- und/oder Gewinnfunktionen (deren unabhängige Variable ebenfalls Gütermengen „x" sind) in **dasselbe Koordinatensystem** integriert und gemeinsam analysiert bzw. interpretiert werden können.

(2) Angebotsfunktion

Funktionaler Zusammenhang zwischen

- **Preis** p eines Gutes (in GE/ME) und
- **angebotener Menge** x des Gutes (in ME) (pro Bezugsperiode).

Man unterstellt i.a. eine **monoton steigende** Angebotsfunktion, da ein Produzent in aller Regel seine Angebotsmenge erhöhen wird, wenn der Marktpreis steigt.

Auch hier ist es – wie bei der Preis-Absatz-Funktion – meist üblich, die Angebots**menge** x als **unabhängige** Variable zu betrachten und somit auf der Abszisse abzutragen.

Typische Verläufe von Angebotsfunktionen zeigt Abbildung 2.5.3:

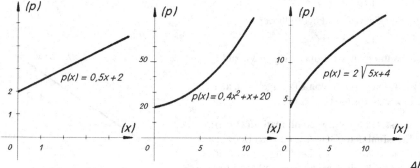

Abb. 2.5.3

Bemerkung 2.5.4: Sowohl bei Angebots- als auch bei Nachfragefunktionen unterscheidet man zwischen individueller und aggregierter Funktion:

- *die **individuelle** Funktion ist bezogen auf **einen** Anbieter bzw. **einen** Nachfrager auf einem Markt.*
- *die jeweilige **aggregierte** Funktion bezieht sich auf die **Summe** aller Anbieter/Nachfrager auf **allen** Teilmärkten. So erhält man etwa aus den individuellen Angebotsfunktionen $x_i(p)$ die entsprechende aggregierte oder Gesamtangebotsfunktion x(p) (siehe Abb. 2.5.5), indem man zu jedem Angebotspreis p die Summe $x_1 + x_2 + ... + x_n$ der entsprechenden Angebotsmengen aller einzelnen Produzenten auf allen Märkten bildet:*

$$x(p) = \sum_{i=1}^{n} x_i(p) \qquad (siehe\ Aufgabe\ 2.3.47) .$$

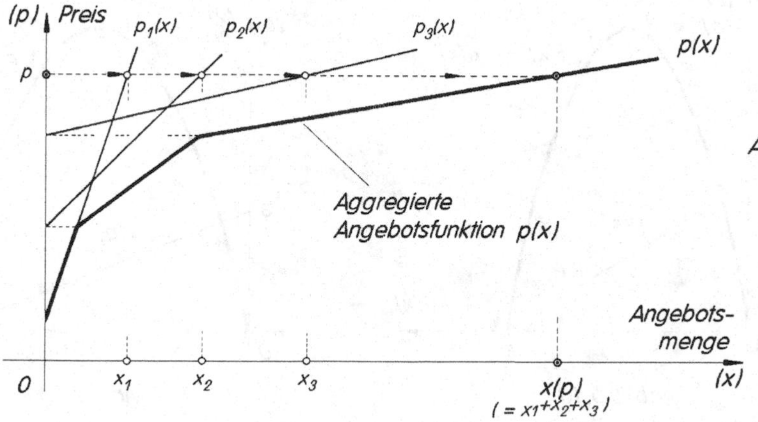

Abb. 2.5.5

(3) Erlösfunktion, Umsatzfunktion, Ausgabenfunktion

Funktionaler Zusammenhang zwischen

- abgesetzter **Gütermenge** x (in ME) bzw. **Güterpreis** p (in GE/ME) und
- wertmäßigem **Umsatz** E (in GE) ($\hat{=}$ *Erlös aus der Sicht der Anbieter ;*   (bezogen auf eine
  $\hat{=}$ *Ausgaben aus der Sicht der Nachfrager*)   Rechnungsperiode)

Da zwischen Preis p, abgesetzter Menge x und zugehörigem Erlös E die definitorische Beziehung

„Erlös = Menge mal Preis"

d.h. E = x · p besteht, kann je nach Wahl der unabhängigen Variablen in der zugrundeliegenden Preis-Absatz-Funktion *(p(x) oder x(p))* auch der Umsatz E in Abhängigkeit von p

(2.5.6) $E(p) = x(p) \cdot p$

oder in Abhängigkeit von x dargestellt werden:

(2.5.7) $E(x) = x \cdot p(x)$.

Recht häufig wählt man x als unabhängige Variable.

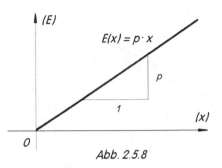

Mögliche Funktionsverläufe von E(x) ergeben sich aus dem Typ der Preis-Absatz-Funktion:

i) Ist **p = const.** (Polypol), so erhält man E(x) = p · x als **lineare Erlösfunktion** (Gerade durch den Koordinatenursprung, siehe Abb. 2.5.8). Die Steigung der Erlösgeraden ist identisch mit dem (konstanten) Marktpreis p des Gutes.

ii) Ist p = p(x) $\neq$ const. (z.B. Monopolfall), so erhalten wir etwa für den Fall der **linearen** Preis-Absatz-Funktion p(x) = a – bx die **quadratische Erlösfunktion**

$$E(x) = p(x) \cdot x = (a - bx) \cdot x = ax - bx^2 ,$$

mithin einen **parabel**förmigen Verlauf.

Beispiel 2.5.9: $p(x) = 10 - 1{,}25x$ $\Rightarrow$ $E(x) = x \cdot p(x) = 10\,x - 1{,}25\,x^2$ (siehe Abb. 2.5.10).

Derselbe Zusammenhang mit p als unabhängige Variable ergibt sich nach Umkehrung p(x) $\longleftrightarrow$ x(p):

$$x(p) = 8 - 0{,}8\,p \qquad \Rightarrow \qquad E(p) = p \cdot x(p) = 8\,p - 0{,}8\,p^2 \qquad \text{(siehe Abb. 2.5.11):}$$

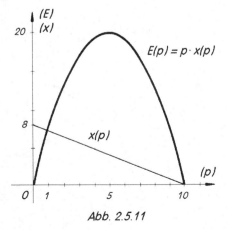

Abb. 2.5.10   Abb. 2.5.11

(4) Produktionsfunktionen

Produktionsfunktionen (Ertragsfunktionen) beschreiben den Zusammenhang zwischen

- – (effizientem) **Faktor-Input** r einer Produktion (in ME_r)   und
- – zugehörigem **Output** (Ertrag) x des erzeugten Produktes (in ME_x)

sowohl bei gesamtwirtschaftlichen *(makroökonomischen)* als auch bei einzelwirtschaftlichen *(mikroökonomischen)* Produktionsprozessen.

Schreibweise: $\mathbf{x = x(r)}$; $r \geq 0$.

Beispiel 2.5.12:

i)   **Ertragsgesetzliche** Produktionsfunktion: z.B. $x(r) = -r^3 + 12r^2 + 60r$ (s. Abb. 2.5.13);

ii)   **neoklassische** Produktionsfunktion: z.B.

    a) $x(r) = 0{,}7 \cdot r^{0{,}5}$ („Cobb-Douglas"-Produktionsfunktion, s. Abb. 2.5.14 a);

    b) $x(r) = (r^{-0{,}5} + 0{,}5)^{-2}$ (CES-Produktionsfunktion *(s. Bsp. 5.3.9)*, Abb. 2.5.14 b);

iii)   **limitationale** Produktionsfunktion: z.B. $x(r) = \begin{cases} 0{,}75r & \text{für } r \leq 20 \\ 15 & \text{für } r > 20 \end{cases}$ (s. Abb. 2.5.15).

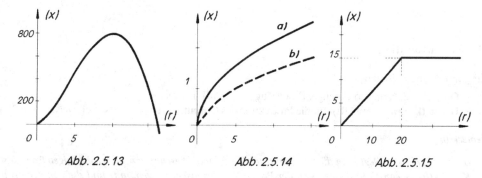

Abb. 2.5.13   Abb. 2.5.14   Abb. 2.5.15

*Bemerkung: Die als Beispiel angeführten Funktionstypen behandeln nur den Fall der **Variation eines** **Produktionsfaktors** (z.B. Arbeit, Maschinenlaufzeit o.a.) bei gleichzeitiger **Konstanthaltung** aller übrigen Produktionsfaktoren („partielle Faktorvariation").*

Bemerkung 2.5.16:   Dividiert man den Output (= Ertrag) x(r) durch den zu seiner Produktion erforderlichen Input r, so erhält man die sog. „Produktivität" $\bar{x}$ (oder: den Durchschnittsertrag) des betreffenden Inputfaktors: $\bar{x} := x(r)/r$ (r > 0).

In Beispiel 2.5.12 i) etwa ergibt sich die Produktivität zu: $\bar{x} = \bar{x}(r) = -r^2 + 12r + 60$. Bei einem Input von z.B. 10 ME_r ergibt sich die Produktivität: $\bar{x} = 80$ ME_x/ME_r, d.h. jede der 10 Inputeinheiten hat durchschnittlich einen Output in Höhe von 80 ME_x erzeugt.

Eine Produktionsfunktion $x = x(r_1, r_2)$ mit **zwei** variablen **substituierbaren** Produktionsfaktoren lässt sich in der Regel in Form einer Schar von sogenannten **Isoquanten** darstellen, siehe Kapitel 3.2. Dabei ist eine Isoquante definiert als Zusammenfassung aller Mengenkombinationen (r_1, r_2) der beiden (substituierbaren) Faktoren, die zum selben Output $x = x_0 = const.$ führen. Im (r_1, r_2)-Koordinatensystem könnte eine derartige Isoquante etwa folgende Gestalt haben (Abb. 2.5.17):

Um einen Output von $x_0 = 6$ ME produzieren zu können, benötigt man z.B. 2 ME von Faktor 1 und 4,5 ME von Faktor 2 oder alternativ 9 ME von Faktor 1 und 1 ME von Faktor 2 usw.

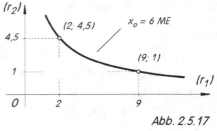

Abb. 2.5.17

Zu **jedem** festen **Output** x_0 (= const.) gehört i.a. **genau eine Ertragsisoquante**, so dass die zugrundeliegende Produktionsfunktion als **Schar** von Isoquanten im (r_1, r_2)-Koordinatensystem darstellbar ist (s. Abb. 2.5.18).

Die Funktionsgleichung $r_2 = f(r_1)$ der Isoquante mit x_0 = const. ergibt sich aus der zugrundeliegenden Produktionsfunktion $x = x(r_1, r_2)$ durch Konstantsetzen von x ($= x_0$) und anschließendes Auflösen nach r_2.

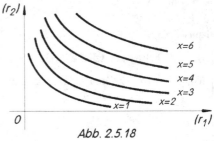

Abb. 2.5.18

Beispiel:

$$x = x(r_1, r_2) = 2\sqrt{r_1 \cdot r_2} \quad ; \quad x = x_0 = 6 = \text{const.:}$$

$$\Rightarrow \quad 6 = 2\sqrt{r_1 \cdot r_2} \quad \Rightarrow \quad \frac{9}{r_1} = r_2 \quad (r_i > 0)$$

(Isoquantengleichung für den Output $x_0 = 6$ ME = const.)

(5) Kostenfunktion

Zusammenhang zwischen

- **Output** x (Produktionsmenge, Beschäftigung; in ME)   und
- **Gesamtkosten** K (in GE) für die Produktion des Outputs x ;   Schreibweise: **K = K(x)** .

Bemerkung 2.5.19:

*i) Üblicherweise zerlegt man die Gesamtkosten $K(x)$ in die beschäftigungsunabhängigen fixen Kosten $K_f := K(0) = \text{const.}$ (auch „Kosten der Produktionsbereitschaft" genannt) und die von der Art und Höhe der Beschäftigung abhängenden **variablen** Kosten $K_v(x)$:*

$$\boxed{K(x) = K_v(x) + K_f}$$

*ii) Fasst man die Kosten $K(x)$ auf als den (mit dem Faktorpreis $p(r)$) bewerteten Faktorverbrauch $r(x)$ für die Produktion von x ME (wobei r die **Umkehrfunktion** der zugrunde liegenden Produktionsfunktion x ist), so erhält man zu jeder Produktionsfunktion x mit **partieller** Faktorvariation die entsprechende Kostenfunktion $K: x \mapsto K(x)$ mit:*

$$K(x) = p_r \cdot r(x) + K_f \qquad (siehe Abb. 2.5.20).$$

*Werden sämtliche Produktionsfaktoren variiert (**totale** Faktorvariation), so ergibt sich die zugehörige Kostenfunktion durch die sog. **Minimalkostenkombination**, siehe Kapitel 7.3.3.1.*

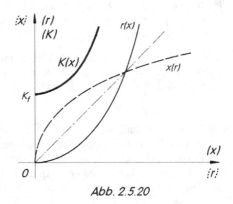

Abb. 2.5.20

Typische Kostenverläufe können sein   *(Output x ≥ 0)*:

i) **Ertragsgesetzliche** Kostenfunktion K, z.B.:

$K(x) = 0,01x^3 - x^2 + 60x + 800$.

Es gilt: $K_v(x) = 0,01x^3 - x^2 + 60x$ und $K_f = K(0) = 800$ (siehe Abb. 2.5.21 i)) .

ii) **Neoklassische** Kostenfunktion K, z.B.:

a) $K(x) = 0,1x^2 + 200$ (mit $K_v(x) = 0,1x^2$ und $K_f = K(0) = 200$) ;

b) $K(x) = 0,5x + 1 + \dfrac{36}{x+9}$ (mit $K_f = K(0) = 5$ (!) und $K_v(x) = 0,5x - 4 + \dfrac{36}{x+9}$) ;

c) $K(x) = 36 \cdot e^{0,01x} + 2009$ (mit $K_f = K(0) = 2045$ (!) und $K_v(x) = 36 \cdot e^{0,01x} - 36$),

siehe Abb. 2.5.21 ii)

iii) **Lineare** Kostenfunktion K, z.B.: $K(x) = 0,8x + 100 = K(x)$.

Es gilt: $K_v(x) = 0,8x$ und $K_f = 100$ (siehe Abb. 2.5.21 iii) .

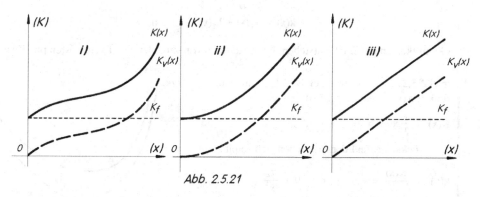

Abb. 2.5.21

Im Zusammenhang mit der Erscheinung sogenannter produktionsbedingter **Anpassungsprozesse** können Kostenfunktionen auftreten, die abschnittsweise definiert sind und/oder sich aus Kombinationen der oben angeführten Typen darstellen lassen:

Beispiel 2.5.22: Gegeben sei die Gesamtkostenfunktion K: $x \mapsto K(x)$ durch (siehe Abb. 2.5.23):

$$K(x) = \begin{cases} 0,25x + 3 & \text{für } 0 < x \leq 4 \ \text{(I)} \\ 0,25x + 5 & \text{für } 4 < x \leq 8 \ \text{(II)} \\ 0,50x + 3 & \text{für } 8 < x \leq 12 \ \text{(III)} \\ 0,125x^2 - 2,5x + 21 & \text{für } 12 < x \leq 16 \ \text{(IV)} \ . \end{cases}$$

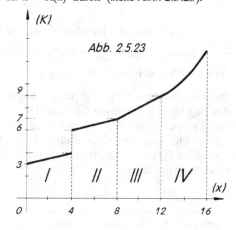

Abb. 2.5.23

Die vier auftretenden Abschnitte könnten z.B. folgendermaßen interpretiert werden:

Phase I: lineare Kostenfunktion   („Grundlast")

Phase II: quantitative Anpassung   (z.B. zusätzliches Aggregat) ⇒ sprungfixe Kosten

Phase III: zeitliche Anpassung   (z.B. Überstunden) ⇒ erhöhter variabler Kostensatz

Phase IV: intensitätsmäßige Anpassung   (z.B. höhere Drehzahl) ⇒ überproportionale Verschleißkosten .

Dividiert man die Gesamtkosten $K(x)$ durch den entsprechenden Output x, so erhält man die Kosten $k(x)$, die die Produktion einer **einzigen Einheit** des Gutes im **Durchschnitt** kostet, wenn insgesamt x Einheiten produziert werden. Daher nennt man die Funktion k mit

(2.5.24) $$k(x) = \frac{K(x)}{x}$$ **durchschnittliche Gesamtkosten** oder **gesamte Kosten pro Stück**.

(Stückkosten)

Analog nennt man

(2.5.25) $$k_v(x) = \frac{K_v(x)}{x}$$ **durchschnittliche variable Kosten** (variable Kosten pro Stück)

(stückvariable Kosten)

und

(2.5.26) $$k_f(x) = \frac{K_f}{x}$$ **durchschnittliche fixe Kosten** (fixe Kosten pro Stück).

(stückfixe Kosten)

Wegen $K(x) = K_v(x) + K_f$ gilt: $\dfrac{K(x)}{x} = \dfrac{K_v(x) + K_f}{x} = \dfrac{K_v(x)}{x} + \dfrac{K_f}{x}$ d.h.

$$k(x) = k_v(x) + k_f(x)$$, d.h.

die Gesamtkosten pro Stück entstehen durch Addition von variablen und fixen Kosten pro Stück.

Beispiel 2.5.27:   Ertragsgesetzliche Gesamtkostenfunktion (siehe Abb. 2.5.21 i)):[7]

$$K(x) = \frac{1}{3}x^3 - 2x^2 + 10x + 72 \ .$$

Die **Stückkostenfunktionen** ergeben sich somit zu:

$$k(x) = \frac{K(x)}{x} = \frac{1}{3}x^2 - 2x + 10 + \frac{72}{x} \ ;$$

$$k_v(x) = \frac{K_v(x)}{x} = \frac{1}{3}x^2 - 2x + 10 \ ;$$

$$k_f(x) = \frac{K_f}{x} = \frac{72}{x} \ ; \text{ vgl. Abb. 2.5.28.}$$

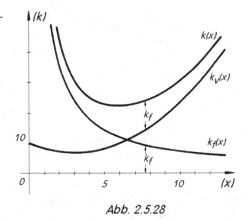

Abb. 2.5.28

Man kann den Wert der **Durchschnittskosten** $k(x) = \dfrac{K(x)}{x}$ auf **graphischem** Wege ermitteln, wenn der Graph der Gesamtkostenfunktion K vorliegt:

Dazu zeichnet man für eine gegebene Outputmenge x den zugehörigen **Fahrstrahl** $\overrightarrow{OP}$ (vom Ursprung 0 bis zum entsprechenden Kurvenpunkt P, auch als **„Ortsvektor"** $\overrightarrow{OP}$ bezeichnet, siehe auch Abb. 9.1.17) und vervollständigt diesen Fahrstrahl durch das darunter liegende Steigungsdreieck.

Man sieht dann (Abb. 2.5.29):

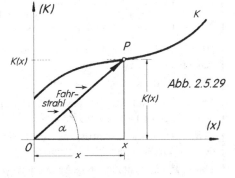

Abb. 2.5.29

---

7 Näheres über Zusammenhänge zwischen den Graphen von Gesamt- und Stückkostenfunktionen siehe z.B. [67].

Der Wert $\dfrac{K(x)}{x}$ der **Stückkosten** k(x) für den Output x ergibt sich als **Steigung** $\tan \alpha$ des zum Punkt (x ; K(x)) gehörigen **Fahrstrahls** an den Graphen der Gesamtkostenfunktion K:

$$k(x) = \frac{K(x)}{x} = \tan \alpha \quad .$$

Dieser Sachverhalt läßt sich auf **jede Durchschnittsfunktion** $\dfrac{f(x)}{x}$ verallgemeinern:

Man erhält den Wert $\dfrac{f(x)}{x}$ der zu f gehörenden Durchschnittsfunktion als **Steigung** des zur Stelle x gehörenden **Fahrstrahls** an den Graphen von f(x).

Näheres zum Thema „Fahrstrahlanalyse" folgt in Kapitel 6.3.2.1.

(6) Gewinnfunktion

Zusammenhang zwischen

- **Produktionsmenge** x, die produziert und am Markt abgesetzt wird (in ME) und
- zugehörigem **Betriebserfolg** G (Betriebsgewinn, Gewinn) (in GE).

Da sich der Gewinn G(x) definitionsgemäß aus der **Differenz** von **Betriebsertrag** (= **Erlös**) E(x) und **Kosten** K(x) ergibt, gilt die grundlegende Beziehung

(2.5.30)
$$G(x) := E(x) - K(x) \quad .$$

Wegen $E(x) = x \cdot p(x)$, siehe (2.5.7), ergibt sich aus (2.5.30):

$$\mathbf{G(x) = x \cdot p(x) - K(x)} \quad .$$

Beispiel 2.5.31:

Gegeben sei die Gesamtkostenfunktion $K: x \mapsto K(x)$ mit

$$K(x) = x^3 - 12x^2 + 60x + 98 \;, \quad x \geq 0.$$

i) Der **Marktpreis** p des produzierten Outputs sei **konstant** *(polypolistischer Fall)*, z.B.
   p = 52,50 GE/ME.

   Damit lautet die Erlösfunktion: $E(x) = 52,5x$ sowie die entsprechende Gewinnfunktion:
   $$G(x) = E(x) - K(x) = -x^3 + 12x^2 - 7,5x - 98 \;, \qquad \textit{(siehe Abb. 2.5.32)} \;.$$

ii) Absetzbare Menge x und Marktpreis p seien über eine **Preis-Absatz-Funktion** verknüpft (wie etwa im monopolistischen Fall), z.B.:
   $$p(x) = 120 - 10x \;\Rightarrow\; E(x) = x \cdot p(x) = 120x - 10x^2$$
   $$\Rightarrow \qquad G(x) = E(x) - K(x) = -x^3 + 2x^2 + 60x - 98 \qquad \textit{(siehe Abb. 2.5.33)}:$$

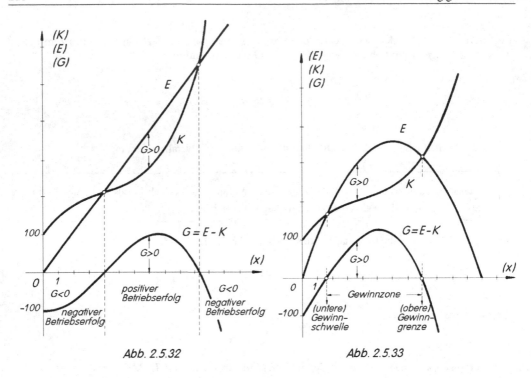

Abb. 2.5.32   Abb. 2.5.33

Bemerkung 2.5.34: i) *Das von E und K eingeschlossene Flächenstück (mit G > 0) heißt auch „Gewinnlinse".*

*ii) Zur Bestimmung des **Gewinnmaximums** siehe die Ausführungen in Kapitel 6.3.2.3.*

*iii) Zur Ermittlung der **Gewinnschwellen** muss die Gleichung G(x) = E(x) – K(x) = 0 bzw. E(x) = K(x) gelöst werden.   Im vorliegenden Beispiel empfiehlt sich dazu ein geeignetes Näherungsverfahren, z.B. die Regula falsi (Kap. 2.4) oder das Newton-Verfahren (Kap. 5.4).*

In Analogie zur Bildung der Stückkostenfunktion erhält man aus der Gewinnfunktion G(x) nach Division durch die zugehörige Menge x die **Stückgewinnfunktion** g mit:

$$g(x) = \frac{G(x)}{x} \qquad \text{(in GE/ME)} \ .$$

Die Werte g(x) geben an, wie groß der durchschnittliche Gewinn (Betriebserfolg) pro abgesetzter Outputeinheit ist, wenn der gesamte Output x ME beträgt.

Wegen $\qquad\qquad\qquad G(x) = E(x) - K(x) \quad \Rightarrow \quad \dfrac{G(x)}{x} = \dfrac{E(x)}{x} - \dfrac{K(x)}{x} \quad \Rightarrow$

(2.5.35) $\qquad\qquad\qquad \boxed{g(x) = p(x) - k(x)}$, d.h. „Stückgewinn = Preis minus Stückkosten".

Bemerkung 2.5.36: *Berücksichtigt man in den Stückkosten nur den variablen Anteil, so nennt man*

(2.5.37) $\qquad\qquad\qquad \boxed{g_D(x) := p(x) - k_v(x)}$

*auch **Deckungsbeitrag (pro Stück)** oder **Stück-Deckungsbeitrag**. Der gesamte Deckungsbeitrag $G_D(x)$ = $g_D(x) \cdot x$ ergibt sich analog als Differenz zwischen Gesamterlös und gesamten variablen Kosten:*

(2.5.38) $\qquad\qquad\qquad \boxed{G_D(x) = E(x) - K_v(x)}$ ($\Rightarrow$ *Deckungsbeitrag – Fixkosten = Gewinn*).

(7) Konsumfunktion

Unter einer *(makroökonomischen)* **Konsumfunktion C mit C = C(Y)** versteht man einen funktionalen Zusammenhang zwischen

- **Volkseinkommen** bzw. **Sozialprodukt** Y (in GE/ZE)   und
- gesamtwirtschaftlichen **Ausgaben** C für **Konsumgüter** (in GE/ZE) .

Je nach theoretischem Ansatz (z.B. Keynes, Friedman ...) ergeben sich unterschiedliche Einkommens- bzw. Konsumbegriffe sowie unterschiedliche (stets monoton steigende) Funktionsverläufe.

Häufig unterstellt man eine **lineare** Funktion mit

$$C = c_0 + c_1 \cdot Y \; ; \qquad (c_0 > 0 \; ; \; 0 < c_1 < 1).$$

Dabei heißen c_0 **Existenzminimum** und c_1 **marginale Konsumquote** (oder **Grenzhang zum Konsum**), vgl. Kapitel 6.1.2.5.

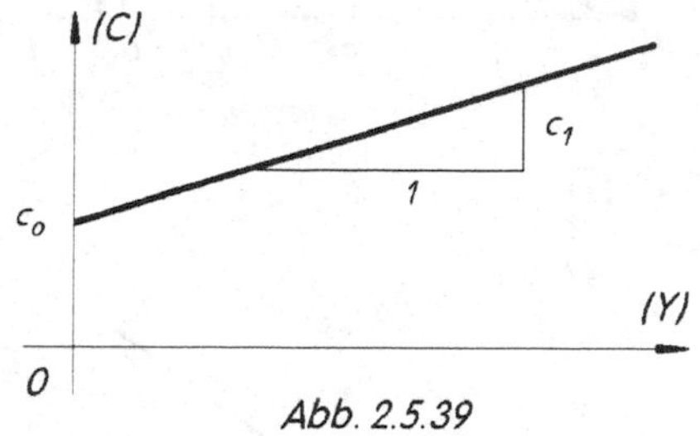

In einer geschlossenen Volkswirtschaft ohne staatliche Aktivität definiert man die Differenz Y – C von Einkommen und Konsum als **Sparen** S, so dass die Identität Y = C + S besteht. Daher lässt sich bei Kenntnis der Konsumfunktion C(Y) die **Sparfunktion** S(Y) definieren:

(2.5.40) $\boxed{S(Y) := Y - C(Y)}$.

Abb. 2.5.41 zeigt für eine lineare Konsumfunktion am Beispiel: $C(Y) = 0{,}6Y + 4$ $\Rightarrow$

$$S(Y) = Y - (0{,}6Y + 4) = 0{,}4Y - 4$$

die Zusammenhänge.

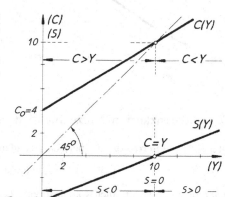

Abb. 2.5.39

Abb. 2.5.41

Neben gesamtwirtschaftlichen Konsumfunktionen gibt es auch einzelwirtschaftliche *(mikroökonomische)* Konsumfunktionen, in denen der Zusammenhang zwischen dem Einkommen Y eines Haushaltes und seinen Ausgaben C für Konsumgüter beschrieben wird.

Handelt es sich dabei speziell um Konsumfunktionen, die die Nachfrage nach **bestimmten Konsumgütern** (z.B. Wohnung, Nahrungsmittel, Kleidung, ...) in Abhängigkeit vom Haushaltseinkommen beschreiben, so spricht man auch von **Engelfunktionen** (nach dem Statistiker E. Engel, 1821-1896).

Einige Typen von **Engelfunktionen** sind:

i) Potenzfunktionen:
$$C = a \cdot Y^b \qquad (a, b > 0) \; ;$$

ii) Gebrochen-rationale Funktionen:

a) $C = \dfrac{2Y}{Y + 1}$;   b) $C = 2 \cdot \dfrac{Y - 1}{Y + 2}$;   c) $C = 0{,}5Y \cdot \dfrac{Y - 1}{Y + 2}$

iii) Exponentialfunktionen: $C = a \cdot e^{\frac{b}{Y}}$;   z.B.: $C = 2 \cdot e^{-\frac{4}{Y}}$ *(siehe Abb. 2.5.42):*

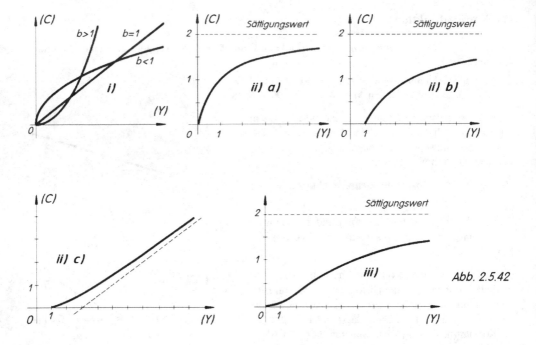

Abb. 2.5.42

(8) Indifferenzkurven, Nutzenfunktion

Unter einer **Indifferenzkurve** – meist dargestellt in der impliziten Funktionsschreibweise –

$$U(x_1,x_2) = U_0 = \text{const.}$$

versteht man die Menge aller Kombinationen (x_1, x_2) zweier *(substituierbarer)* Güter, bei deren Konsum ein Haushalt **denselben** *(individuellen)* Grad U_0 der Bedürfnisbefriedigung **(Nutzen, Nutzenindex)** empfindet, Abb. 2.5.43. Formal entsprechen die Indifferenzkurven *(Linien gleichen Nutzens)* den unter (4) Produktionsfunktionen behandelten **Isoquanten** *(Linien gleicher Ausbringung)*.

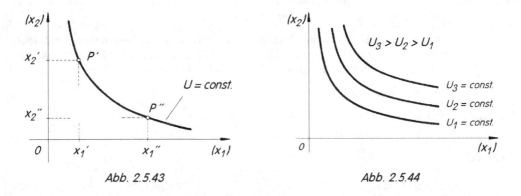

Abb. 2.5.43   Abb. 2.5.44

Der Haushalt empfindet also keinen Nutzenunterschied beim Konsum der Güterkombination $(x_1'; x_2')$ gegenüber $(x_1''; x_2'')$. Führt man für jeden Nutzengrad U eine neue Indifferenzkurve ein, so erhält man eine **Schar** von **Indifferenzkurven,** deren (jeweils konstantes) Nutzenniveau zunimmt, je weiter rechts bzw. oben die Indifferenzkurve verläuft, siehe Abb. 2.5.44.

Die entsprechende (von beiden unabhängigen Variablen x_1, x_2 abhängende) **Nutzenfunktion,** die **jedem Nutzenniveau U** genau eine **Indifferenzkurve** zuordnet, lässt sich schreiben als: $U = U(x_1, x_2)$ *(siehe auch Kapitel 3.2).*

Zu jedem festen Nutzenniveau U = const. lässt sich dann die entsprechende (implizit dargestellte) Indifferenzkurve dadurch ablesen, dass man U = const. setzt.

Beispiel 2.5.45:

Es sei folgende Nutzenfunktion vorgegeben:

$$U = U(x_1, x_2) = 2x_1^{0,5} \cdot x_2 \ .$$

Daraus ergibt sich z.B. für das Nutzenniveau U = 8 die entsprechende Indifferenzkurve zu

$$2x_1^{0,5} \cdot x_2 = 8 \quad \text{bzw.}$$

$$x_2 = 4x_1^{-0,5} = \frac{4}{\sqrt{x_1}} \ ; \quad \text{siehe Abb. 2.5.46.}$$

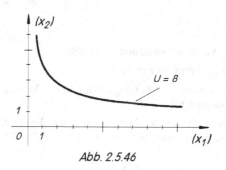

Abb. 2.5.46

(9) Sonstige ökonomische Funktionen

Eine vollständige Darstellung sonstiger in den verschiedenen ökonomischen Disziplinen verwendeter Funktionen ist an dieser Stelle nicht möglich. Es sollen im folgenden lediglich **stichwortartig** einige weitere Beispiele ökonomischer Funktionen angeführt werden.

i) Investitionsfunktion $I: i \mapsto I = I(i)$

Zusammenhang zwischen

- Marktzinssatz i und
- Ausgaben für (Anlage)- Investitionen I(i)

(z.B. Zusammenhang zwischen Investitionsausgaben I für Mietshäuser und Höhe i der Hypothekenzinsen.)
(Abb. 2.5.47)

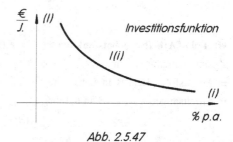

Abb. 2.5.47

ii) Transformationskurve $f(C, I)$ = const.

Zusammenhang zwischen

- Produktionsmöglichkeit von Investitionsgütern (in GE/Jahr)   und
- Produktionsmöglichkeiten von Konsumgütern (in GE/Jahr)

einer Volkswirtschaft bei gegebenem Sozialprodukt.

(Die Volkswirtschaft kann bei gegebenen Ressourcen z.B. I_1 GE für Investitionsgüter und C_1 GE Konsumgüter oder **alternativ** für I_2 GE Investitionsgüter und C_2 GE Konsumgüter produzieren usw.)   *(Abb. 2.5.48)*

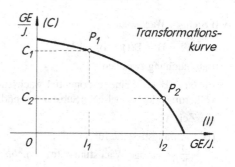

Abb. 2.5.48

iii) Phillips-Kurve $p^* = p^*(A)$

(kurzfristiger) Zusammenhang zwischen

- Arbeitslosenquote A (in %)   und

- Änderung p^* des Preisniveaus (in %) ,

   (d.h. $p^* := \dfrac{\Delta p}{p}$: „Inflationsrate")

A_0: Arbeitslosigkeit bei vollkommener Preisstabilität
                                          (Abb. 2.5.49)

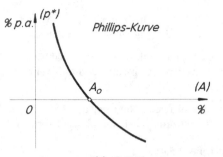

Abb. 2.5.49

iv) Verbrauchsfunktion $v = v(d)$

Zusammenhang zwischen

- Intensität d eines Aggregates (z.B.: Motorumdre-
  hungen/min) und

- Verbrauch (bzw. Abnutzung) v des Aggregats (z.B.
  in € pro produzierter ME)   *(Abb. 2.5.50)*

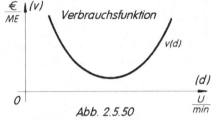

Abb. 2.5.50

v) Produktlebenszyklus $U = U(t)$

Zusammenhang zwischen

- (mengenmäßigem) Umsatz U   (pro Zeiteinheit;
  ME/ZE) und

- der Zeit t (ZE)   (Lebensdauer im Markt) .

                                          (Abb. 2.5.51)

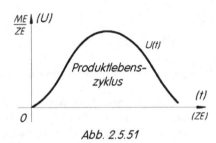

Abb. 2.5.51

vi) Lohn/ Arbeitsangebotsfunktion $A = A(L)$

Zusammenhang zwischen

- Arbeitslohn L (z.B. in €/h) und

- Arbeitsangebot A (z.B. in h/Jahr) .

                                          (Abb. 2.5.52)

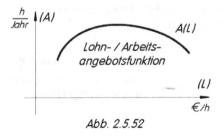

Abb. 2.5.52

vii) Stetiges Wachstum

$$B = B(t) = B_0 \cdot e^{i \cdot t}$$

Zusammenhang zwischen

- Bestand B (z.B. einer exponentiell wachsenden Bevölkerung oder biologischen Substanz)   und

- der Zeit t .

   (B_0: Anfangsbestand für t = 0 ;

   $i = \dfrac{p}{100}$: stetige Wachstumsrate)   *(Abb. 2.5.53)*

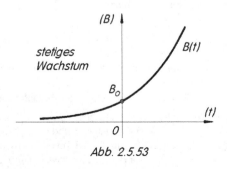

Abb. 2.5.53

viii) Logistische Funktion

$$B = B(t) = \frac{a}{1 + b \cdot e^{-ct}} \quad ; \quad a, b, c > 0$$

Zusammenhang zwischen

– Bestand B (z.B. einer Bevölkerung, der Spartätigkeit, der Steuereinnahmen) und

– der Zeit t .

  (a: Sättigungsgrenze)

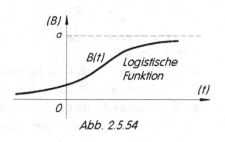

Abb. 2.5.54

Aufgabe 2.5.55: Gegeben seien die folgenden ökonomischen Funktionen, definiert durch ihre Funktionsgleichungen *(Definitionsbereich = ökonomischer Definitionsbereich)*:

– Preis-Absatz-Funktion: $x = x(p) = 120 - 0{,}4p$

     x: nachgefragte Menge (ME)
     p: Preis (GE/ME)

– Erlösfunktion: $E = E(x) = 300x - 2{,}5x^2$

     x: (Absatz-) Menge (ME)
     E: Erlös (GE)

– Kostenfunktion: $K = K(x) = 0{,}01x^2 + 10x + 200$

     x: Output (ME)
     K: Gesamtkosten (GE)

– Produktionsfunktion: $x = x(r) = \sqrt{r - 10}$

     r: Input (ME$_r$)
     x: Output (ME$_x$)

– Konsumfunktion: $C = C(Y) = 500 + 0{,}4Y$

     Y: Einkommen (GE)
     C: Konsumausgaben (GE)

i) Für welche Outputmengen betragen

    a) die Gesamtkosten 509 GE   **b)** die gesamten Stückkosten   13 GE/ME
    c) die variablen Kosten 416 GE   **d)** die durchschnittlichen fixen Kosten   8 GE/ME ?

ii) Für welche Preise ist die nachgefragte Menge kleiner als 91,2 ME?

iii) Bei welchem Einkommen wird für Konsumzwecke genauso viel ausgegeben wie gespart wird? *(Hinweis: Konsumausgaben + Sparsumme = Einkommen)*

iv) Welche Inputwerte führen zu einem Output von 20 ME$_x$?

v) Welche Absatzmengen führen zu einem Gesamterlös von 8.000 GE?

vi) Bei welchen Absatzmengen wird der Erlös Null? *(ökonomische Erklärung ?)*

vii) Bei welcher produzierten und abgesetzten Menge ist der Gewinn   a) Null   b) positiv?

Aufgabe 2.5.56: Die Ein-Produkt-Unternehmung eines Monopolisten sehe sich folgender Nachfragefunktion gegenüber: $x: x(p) = 125 - 1{,}25p$, $x \geq 0, p \geq 0$.

Die Kostenfunktion K des Monopolisten sei gegeben durch: $K(x) = 0{,}2x^2 + 4x + 704$, $x \geq 0$.

Ermitteln Sie das Mengenintervall, innerhalb dessen die Unternehmung mit positivem Gewinn produziert (Gewinnschwellen).

Aufgabe 2.5.57: Gegeben ist eine Produktionsfunktion $x\colon r \mapsto x(r)$ mit der Gleichung:

$$x(r) = \sqrt{2r - 200}\,, \quad r > 100. \qquad\qquad (x\colon \text{Output } [\mathrm{ME}_x]\,;\ r\colon \text{Input } [\mathrm{ME}_r]\,).$$

Der Preis p_r des variablen Produktionsfaktors betrage $2\,\text{€}/\mathrm{ME}_r$, der Marktpreis p_x des Produktes betrage $30\,\text{€}/\mathrm{ME}_x$.

i)   Ermitteln Sie die Gesamtkostenfunktion $K(x)$.

ii)   Ermitteln Sie die Gewinnfunktion $G(x)$.

iii)   Ermitteln Sie die Gewinnschwellen.

iv)   Innerhalb welcher Outputwerte ist der

        a) Stückgewinn

        b) Deckungsbeitrag

        c) Stückdeckungsbeitrag

positiv?

Aufgabe 2.5.58: Der Wert W (in €) eines PKW sei in Abhängigkeit seines Alters t (in Jahren) durch die folgende Funktionsgleichung gegeben:

$$W(t) = 10.000 \cdot \frac{15 - t}{t + 2}\;;\quad t \ge 0\,.$$

i) Nach wieviel Jahren ist der Wert auf Null (= Schrottwert) abgesunken?

ii) In welchem Zeitpunkt beträgt der gesamte Wertverlust 60% des ursprünglichen Neuwagenwertes?

Aufgabe 2.5.59: Eine Ein-Produkt-Unternehmung produziert ihren Output x (in ME) zu folgenden Gesamtkosten $K = K(x)$ (in GE):

$$K(x) = 200 \cdot e^{0,01x} + 400\,, \quad x \ge 0\,.$$

i) Ermitteln Sie die Höhe K_f der Fixkosten.

ii) Wie hoch sind die durchschnittlichen variablen Kosten für einen Output von 120 ME?

iii) Der Output kann *(in beliebiger Höhe)* zu einem Preis von 30 GE/ME abgesetzt werden. Ermitteln Sie die Gewinnzone der Unternehmung. (Näherungsverfahren !)

Aufgabe 2.5.60: Gegeben sei eine Produktionsfunktion x durch folgende Zuordnungsvorschrift:

$$x(r) = -2r^4 + 8r^3 + 27r^2 \qquad (r\colon \text{Input, in } \mathrm{ME}_r;\ x(r)\colon \text{Output, in } \mathrm{ME}_x).$$

Für welche Inputwerte ist diese Funktion ökonomisch sinnvoll definiert?

Aufgabe 2.5.61: Ein Handelsunternehmen kann das Produkt P zu einem Preis von $140\,\text{€}/\mathrm{ME}$ absetzen, pro Monat werden dann 600 ME nachgefragt. Bei Preiserhöhung auf $170\,\text{€}/\mathrm{ME}$ reagieren die Kunden mit einem Nachfragerückgang auf 500 ME/Monat.

Die Nachfragefunktion $x\colon p \mapsto x(p)$ (x: Menge (ME/Monat); p: Preis (€/ME)) ist vom Typ

$$x(p) = \frac{a}{p + b}\,, \qquad\qquad a, b \in \mathbb{R}\,.$$

Wie müssen die Konstanten a und b gewählt werden, damit die o.a. empirischen Preis-/ Mengen-Kombinationen durch die Nachfragefunktion beschrieben werden?

Aufgabe 2.5.62:

Die monatlichen Konsumausgaben C(Y) eines Haushaltes seien in Abhängigkeit des Haushaltsein-kommens Y (≥ 0) gegeben durch die Funktionsgleichung: C(Y) = 900 + 0,6Y .

Das Haushaltseinkommen Y teile sich auf in Konsum (C) plus Sparen (S).

i) Ermitteln Sie die Sparfunktion S: S = S(Y) des Haushaltes.

ii) Wie hoch ist das monatliche Existenzminimum des Haushaltes?

iii) Bei welchem monatlichen Haushaltseinkommen wird das gesamte Einkommen für Konsumzwe-cke verwendet?

iv) Ermitteln Sie das Haushaltseinkommen Y, bei dessen Überschreiten die Sparsumme erstmals positiv wird.

v) Zeigen Sie graphisch mit Hilfe von Fahrstrahlen, dass die durchschnittliche Konsumquote (d.h. der Quotient aus C(Y) und Y) mit steigendem Einkommen abnimmt.

Aufgabe 2.5.63:

Die Konsumausgaben C(Y) (in €/Monat) eines Haushaltes hängen vom Haushaltseinkommen Y (in €/Monat) in folgender Weise ab:

$$C(Y) = 80 \cdot \sqrt{0,2Y + 36} \ .$$

i) Ermitteln Sie den mathematischen und ökonomischen Definitionsbereich der Konsumfunktion.

ii) Wie hoch ist das Existenzminimum?

iii) Von welchem Monatseinkommen an wird die monatliche Sparsumme positiv?

iv) Bei welchem Monatseinkommen verbraucht der Haushalt für Konsumzwecke genau 90% seines Einkommens? *(Man sagt, die „Verbrauchsquote" betrage 90% bzw. die „Sparquote" betrage 10%.)*

Aufgabe 2.5.64:

Der monatliche Verbrauch von Butter B(Y) *(in €/Monat)* eines Haushaltes hänge vom monatli-chen Haushaltseinkommen Y *(in 100 €/Monat)* in folgender Weise ab:

$$B = B(Y) = 35 \cdot e^{-\frac{15}{Y}} \ , \qquad (Y > 0) \ .$$

i) Ermitteln Sie den ökonomischen Definitionsbereich und skizzieren Sie die Funktion.

ii) Wie hoch ist der monatliche Butterverbrauch bei einem Haushaltseinkommen von 2.800 €/Mo-nat?

iii) Welches Monatseinkommen erzielt ein Haushalt, dessen monatlicher Butterverbrauch eine Höhe von 10 €/Monat erreicht?

iv) Ermitteln und skizzieren Sie die Umkehrfunktion Y = Y(B).
Wie lautet der ökonomische Definitionsbereich der Umkehrfunktion?

Aufgabe 2.5.65:   Für ein Gut existiere die folgende Preis-Absatz-Funktion:

$$p = p(x) = \frac{100}{\sqrt{x}} - 4\sqrt{x} + 20 \quad ; \quad x > 0, p > 0 \qquad \text{(x: Menge (ME); p: Preis (GE/ME)).}$$

i) Ermitteln Sie den Erlös, wenn 60 ME abgesetzt werden.

ii) Für welche nachgefragten Mengen ist der Preis positiv?

Aufgabe 2.5.66:   Für einen Haushalt seien die *(monatlichen)* Ausgaben A(Y) für Energie (in €/M.) in Abhängigkeit vom Haushaltseinkommen Y (in €/Monat) gegeben durch die Gleichung

$$A = A(Y) = 50 \cdot \ln(Y+80) - 200 \quad ; \quad Y \geq 0 .$$

i) Die monatlichen Energieausgaben betragen 90,– €. Wie hoch ist das Haushaltseinkommen?

ii) Bei welchem Haushaltseinkommen bewirkt eine Einkommenserhöhung um 200,– € eine Steigerung der Energieausgaben um genau 10,– €?

iii) Bei welchem Einkommen werden 12% dieses Einkommens für Energie ausgegeben? (Näherungsverfahren !)

Aufgabe 2.5.67:   Huber will ein neues – nur für Glatzköpfe entwickeltes – Haarwuchsmittel vermarkten. Pro abgesetzter Mengeneinheit (ME) des Haarwuchsmittels erzielt er einen Erlös von 10 Geldeinheiten (GE).

Er will nun in allen Medien eine aufwendige Werbekampagne starten, die einmalig Fixkosten in Höhe von 10.000,– GE verursacht und zusätzlich pro Werbe-Tag 20.000,– GE kostet.

Die kumulierte Absatzmenge x (in ME) des Haarwuchsmittels hängt von der Laufzeit t (in Tagen) der Werbekampagne ab und kann durch folgende Funktion beschrieben werden:

$$x = x(t) = 100.000 \, (1 - e^{-0,1t}) \quad , \quad t \geq 0 .$$

i) Ermitteln Sie die Funktionsgleichung G = G(t), die Hubers Gesamtgewinn G(t) in Abhängigkeit von der Laufzeit t der Werbekampagne beschreibt.

ii) Wie hoch ist sein durchschnittlicher Gewinn pro Tag, wenn die Werbekampagne 20 Tage läuft?

iii) Welchen Gesamtgewinn erzielt er, wenn er völlig auf die Werbekampagne verzichtet?

iv) Wie hoch ist die *(theoretische)* kumulierte Absatzhöchstmenge?

v) Von welcher Laufzeit an wird der kumulierte Gesamtgewinn erstmals negativ?

Aufgabe 2.5.68:   In einer Modell-Volkswirtschaft kann die jährliche Produktion von Schwefelsäure *(Produktionsmenge: x (in 1.000 t/Jahr))* in Abhängigkeit des erzielten Bruttosozialproduktes (BSP) *(y, in Millionen €/Jahr)* beschrieben werden durch folgende Funktionsgleichung:

$$x = x(y) = 1,2y^{0,5} + 420 , \qquad (y > 1) .$$

Im Jahr 2020 wurden 900.000 t Schwefelsäure produziert. Wie hoch war das BSP in 2020 ?

Aufgabe 2.5.69: Gegeben seien für ein Gut eine Preis-Absatz-Funktion p mit $p(x) = 200 \cdot e^{-0,2x}$ und eine Angebotsfunktion p_a mit $p_a(x) = 12+0,5x$, $x \geq 0$.

Ermitteln Sie Menge x und Preis $p (= p_a)$ im Marktgleichgewicht. (Näherungsverfahren!)

Aufgabe 2.5.70: Die Nachfrage x (in ME/Jahr) nach einem Markenartikel hänge (c.p.) ab von seinem Preis p (in GE/ME) und von den Aufwendungen w (in GE/Jahr) für Werbung (und andere marketing-politische Instrumente).

Langjährige Untersuchungen führen zur folgenden funktionalen Beziehung zwischen x, p und w:

$$x = x(p, w) = 3.950 - 20p + \sqrt{w} \quad ; \qquad\qquad (p, w > 0).$$

Bei der Produktion des Artikels fallen fixe Kosten in Höhe von 7.950 GE/Jahr an, die stückvariablen Produktionskosten betragen stets 79 GE/ME. Selbstverständlich sind auch die jährlichen Marketing-ausgaben w als direkte Kosten für den Artikel anzusehen. Im betrachteten Jahr werden 1.600 GE für Werbung/Marketing ausgegeben.

Ermitteln Sie die Gleichung G = G(p) der Gewinnfunktion in Abhängigkeit vom Preis p des Gutes.

Aufgabe 2.5.71: Gegeben sei eine Investitionsfunktion I, die den Zusammenhang zwischen Investitionsausgaben I(i) für den Wohnungsbau *(in Mio. €/Jahr)* und dem *(effektiven)* Kapitalmarktzinssatz i *(in % p.a.: z.B. i = 0,08 = 8% p.a. usw.)* beschreibt:

$$I = I(i) = \frac{50.000}{250i + 1} \quad ; \quad (i \geq 0).$$

Bei welchem Marktzinssatz werden pro Jahr 2 Milliarden € in den Wohnungsbau investiert?

Aufgabe 2.5.72: Betrachtet werde ein „durchschnittlicher" Unternehmer, dessen Jahreseinkommen Y mit einer Steuer belastet wird. Der Steuersatz s sei vorgegeben *(z.B. bedeutet s = 0,6: 60% des Unternehmereinkommens werden als Steuer an den Staat abgeführt usw.)*; s kann vom Staat geändert werden.

Langjährige Untersuchungen zeigen, dass die Gesamteinnahmen T des Staates an dieser Steuer wiederum von der Höhe des Steuersatzes s abhängen, d.h. T = T(s). Für die Eckwerte von s *(nämlich 0% und 100%)* ergaben sich aus Erfahrung:

i) Wenn s = 0 ($\hat{=}$ 0%), so benötigt der Staat offenbar keine Steuern, es gilt T = 0, das gesamte Einkommen verbleibt beim Unternehmer.

ii) Wenn s = 1 ($\hat{=}$ 100%) beträgt, so muss der Unternehmer sein gesamtes Einkommen an den Staat abführen, daher wird der Unternehmer in diesem Fall – getreu dem ökonomischen Prinzip – überhaupt kein Einkommen erzielen wollen, d.h. auch jetzt wird der Staat keine Steuereinnahmen erzielen, T = 0.

iii) Nur wenn der Steuersatz größer als 0, aber kleiner als 1 ist, erzielt der Staat Steuereinnahmen, d.h. nur in diesem Fall gilt: T > 0.

Es werde nun unterstellt, dass die eben beschriebene Funktion T folgende Gestalt besitzt:

$$T = T(s) = 1800 \cdot s \cdot (1-s) \qquad \begin{array}{l} \text{(T: Steuereinnahmen des Staates} \\ \text{s: Steuersatz mit } 0 \leq s \leq 1) \end{array}$$

Zeigen Sie, dass diese Funktion T die in i), ii) und iii) beschriebenen Eigenschaften besitzt.

Aufgabe 2.5.73:   Die Huber AG will ihr neues Produkt vermarkten, pro Mengeneinheit (ME) erzielt sie einen Verkaufserlös von 50 Geldeinheiten (GE).

Bei der Produktion des Produktes fallen Fixkosten in Höhe von 5.000 GE/Jahr an, darüber hinaus verursacht jede hergestellte Mengeneinheit Produktionskosten in Höhe von 4 GE.

Um den Markterfolg ihres Produktes langfristig zu sichern, beauftragt die Huber AG eine Werbeagentur. Bezeichnet man die jährlichen Gesamtaufwendungen für Werbung mit w (in GE/Jahr), so besteht zwischen nachgefragter Menge x (in ME/Jahr) und Werbeaufwand w (in GE/Jahr) folgende funktionale Beziehung:

$$x = x(w) = 1.000 - 200 \cdot e^{-0,001w} \ , \quad (x, w \geq 0) \ .$$

i) Ermitteln Sie die Gewinnfunktion für dieses Produkt in Abhängigkeit des (jährlichen) Werbeaufwandes: G = G(w).

ii) Wie hoch ist der Gewinn, falls für Werbung 500 GE/Jahr aufgewendet werden?

Aufgabe 2.5.74:   Die Huber GmbH produziert in der hier betrachteten Periode ausschließlich Gimmicks. Dazu benötigt sie *(außer festen Inputfaktoren)* einen einzigen variablen Inputfaktor, nämlich Energie.

Bezeichnet man die Gesamtheit der in der Bezugsperiode produzierten Gimmicks mit m *(in kg)* und die dafür insgesamt benötigte Energiemenge mit E(m) *(in Energieeinheiten (EE))*, so besteht zwischen m und E der folgende funktionale Zusammenhang:

$$m = m(E) = 20 \sqrt{0,5E - 80} \ , \quad E \geq 160 \ .$$

Eine Energieeinheit kostet die Huber GmbH 20 GE.

Die Gimmick-Produktion kann unmittelbar am Markt abgesetzt werden zum Marktpreis p, der von der Huber GmbH festgesetzt wird. Zwischen nachgefragter Menge m und Absatzpreis p *(in GE/kg)* besteht folgender Zusammenhang:

$$m = m(p) = 400 - 0,25p \ , \quad (m, p \geq 0) \quad .$$

i) Ermitteln Sie die Kostenfunktion K = K(m), die den Zusammenhang zwischen Gimmick-Output m und die dafür angefallenen benötigten Energiekosten K beschreibt.

ii) Ermitteln Sie die Gewinnfunktion G, die zu jedem Gimmick-Preis p den zugehörigen Gesamtgewinn G(p) aus Produktion und Absatz beschreibt.

*iii) Ermitteln Sie die von E abhängige Gewinnfunktion G = G(E).

iv) Ermitteln Sie die von m abhängige Gewinnfunktion G = G(m).

Aufgabe 2.5.78:   Eine Indifferenzlinie (Nutzenisoquante) für das konstante Nutzenniveau

$$U = 32 = \text{const.}$$

sei vorgegeben durch die Gleichung:

$$2x_1^{0,5} \cdot x_2^{0,8} = 32 \ .$$

(x_1, x_2: Konsummengen zweier nutzenstiftender Güter (in ME_1, ME_2)).

i) Ermitteln Sie die explizite Darstellung $x_2 = f(x_1)$ der Indifferenzlinie.

ii) Von Gut 2 sollen 10 ME_2 konsumiert werden. Welche Konsummenge x_1 benötigt der Haushalt, um das gegebene Nutzenniveau einhalten zu können?

*Aufgabe 2.5.75: Gegeben sei *(nach Gutenberg)* eine doppelt-geknickte Preis-Absatz-Funktion p = p(x) gemäß nachfolgender Skizze:

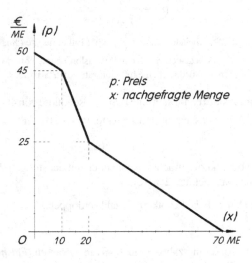

i) Geben Sie die mathematische Darstellung dieser Preis-Absatz-Funktion an *(Hinweis: Es handelt sich hier um eine abschnittsweise definierte Funktion!)*.

ii) Geben Sie die mathematische Darstellung der Erlösfunktion E = E(x) an.

iii) Die Gesamtkostenfunktion des *(einzigen)* Anbieters sei gegeben durch

$$K(x) = 10x + 250$$

(K: Gesamtkosten (GE), x: Output (ME)) .

Ermitteln Sie die Gewinnzone des Monopolisten

a) graphisch

b) rechnerisch.

*Aufgabe 2.5.76: Gegeben seien für ein Gut auf zwei verschiedenen Märkten jeweils Angebots- und Nachfrageverhalten durch folgende Funktionsgleichungen $(x, p_A, p_N \geq 0)$:

	Markt 1	Markt 2
Angebotsfunktion:	$p_A(x) = 2x + 2$	$p_A(x) = x + 4$
Nachfragefunktion:	$p_N(x) = 16 - 2x$	$p_N(x) = 10 - x$.

i) Ermitteln Sie für jeden Markt getrennt den Gleichgewichtspunkt und geben Sie die Gesamtsumme der Gleichgewichtsumsätze beider Märkte an.

ii) Die zunächst getrennten Märkte werden nun zu einem Gesamtmarkt zusammengefasst *(„aggregiert")*. Zu jedem Marktpreis ergibt sich nunmehr die resultierende Angebots- bzw. Nachfragemenge als Summe der entsprechenden Einzelmengen auf jedem Teilmarkt.

Ermitteln Sie zunächst graphisch und dann rechnerisch jeweils die aggregierte Angebots- bzw. Nachfragefunktion und berechnen Sie den Gleichgewichtspunkt des aggregierten Gesamtmarktes.

Welcher Gesamtumsatz ergibt sich nun? *(Vergleichen Sie bitte mit dem Ergebnis von i) !)*

Aufgabe 2.5.77:   Eine Phillips-Kurve sei gegeben durch die Funktionsgleichung

$$p^* = \frac{(12 - A) \cdot 10}{\sqrt{A\,(40 - A)}}.$$

A: Arbeitslosenquote (%) ; p^*: Inflationsrate (%),

z.B. bedeutet A = 2 eine Arbeitslosenquote von 2%,
$p^* = 6$ bedeutet eine Inflationsrate von 6% usw.

i) Für welche Inflationsrate ergibt sich eine Arbeitslosenquote von 4%?

ii) Wie hoch ist die Arbeitslosenquote bei absoluter Preisstabilität?

Aufgabe 2.5.79:   Eine Bevölkerung wachse exponentiell mit der stetigen Wachstumsrate i = 0,02 (d.h. der stetige Wachstumssatz beträgt 2% p.a.).

Nach wieviel Jahren hat sich die Bevölkerungszahl verdoppelt?

Aufgabe 2.5.80:   Die Bevölkerungszahl des Staates Transsylvanien *(Fläche: 17.800 km²)* betrug im Jahr 2004 1,8 Millionen Menschen. Nach den vorliegenden demographischen Prognosen wird sich die Bevölkerungszahl nach jeweils 16 Jahren verdoppeln.

i) Ermitteln Sie die entsprechende stetige Wachstumsrate.

ii) In welchem Jahr – unveränderte Wachstumsrate vorausgesetzt – ist Transsylvanien genauso dicht bevölkert wie Deutschland im Jahr 2011 *(349.000 km²;   80,6 Mio. Einwohner)*?

iii) In welchem Jahr – unveränderte Wachstumsrate vorausgesetzt – wird *(rein rechnerisch)* auf jedem Flächenstück Transsylvaniens von der Größe 100 m² genau ein Mensch wohnen?

3 Funktionen mit mehreren unabhängigen Variablen

Wie in der Einleitung zu Kapitel 2.5 bereits angemerkt, hängt der Wert der meisten technischen oder ökonomischen Größen (oder Variablen) nicht von einer, sondern von **mehreren** unabhängigen **Variablen** ab. Dieses Kapitel enthält die grundlegende Definition und die Darstellungsvarianten derartiger multivariater Funktionen. Ihre für ökonomische Fragestellungen wichtige Eigenschaft der „Homogenität" wird beschrieben und an Beispielen überprüft.

Die Beschreibung, Analyse, und Optimierung ökonomischer Modelle mit Hilfe von Funktionen mit mehreren unabhängigen Variablen wird erst später im Zusammenhang mit der Differentialrechnung der entsprechenden Funktionen in Kapitel 7 ausführlich erfolgen.

3.1 Begriff von Funktionen mit mehreren unabhängigen Variablen

An einigen Beispielen erkennen wir das Grundprinzip bei der Bildung von Funktionen mit mehreren unabhängigen Variablen:

– So ist etwa die Höhe Y des Sozialprodukts einer Volkswirtschaft u.a. abhängig von den Intensitäten A, K, B und k der entsprechenden Inputfaktoren Arbeit, Kapital, Boden und technischer Fortschritt – man schreibt in Anlehnung an die bisherige Funktionsdarstellung

$$Y = f(A, K, B, k)$$

gelesen: Y ist eine Funktion f der vier Variablenwerte A, K, B und k

z.B. $Y = 7{,}41 \cdot A^{0,3} \cdot K^{0,4} \cdot B^{0,2} \cdot k^{0,7}$ mit $A, K, B, k > 0$

d.h.   zu **jeder** Kombination A, K, B, k (> 0) gibt es **genau** eine Höhe Y des Sozialprodukts.

– Ebenso hängt der Output x einer Ein-Produkt-Fertigung ab von den Einsatzmengen $r_1, r_2, ..., r_n$ verschiedener Produktionsfaktoren ab, wie z.B. Arbeitsleistung, Maschinenlaufzeiten, Energieeinsatz, Einsatz von Werkstoffen, Hilfsstoffen, Betriebsstoffen usw. Werden keine Faktoren verschwendet, so gibt es **zu jeder** Einsatzmengenkombination $r_1, r_2, ..., r_n$ **genau einen** zugehörigen Output x.

Man sagt auch hier: x ist eine **Funktion f der n unabhängigen Variablen** $r_1, r_2, ..., r_n$,

geschrieben: $x = f(r_1, r_2, ..., r_n)$ (f heißt Produktionsfunktion).

– Die Nachfrage x eines Haushaltes nach einem Konsumgut hängt außer vom Preis p des Gutes auch von den Preisen $p_1, p_2, ..., p_n$ anderer (Substitutions- oder Komplementär-) Güter sowie vom (verfügbaren) Einkommen y des Haushaltes ab:

$$x = f(p, p_1, p_2, ..., p_n, y) \, ,$$

d.h. **zu jeder** ökonomisch sinnvollen Wertekombination $p, p_1, ..., p_n, y$ fragt der Haushalt **genau eine** Quantität x des betreffenden Konsumgutes nach.

Man sagt, x sei eine Funktion der $n + 2$ Variablen $p, p_1, ..., p_n, y$.

© Springer-Verlag GmbH Deutschland, ein Teil von Springer Nature 2019
J. Tietze, *Einführung in die angewandte Wirtschaftsmathematik*,
https://doi.org/10.1007/978-3-662-60332-1_3

Analog zum Fall einer unabhängigen Variablen (siehe Def. 2.1.2) definiert man:

Def. 3.1.2: (Funktionen mit mehreren unabhängigen Variablen)

Es seien $x_1, x_2, ..., x_n$ reelle (unabhängige) Variablen. Wenn **jeder** Wertekombination $(x_1, x_2, ..., x_n)$ **genau eine** reelle Zahl $y \in \mathbb{R}$ **zugeordnet** ist, $(x_1, x_2, ..., x_n) \mapsto y$, so nennt man diese Zuordnung (bzw. die Menge der bei dieser Zuordnung auftretenden Werte-$(n+1)$-Tupel $(x_1, ..., x_n, y)$) eine reelle **Funktion f der n unabhängigen Variablen** $x_1,...,x_n$ und benutzt für die Zuordnungsvorschrift die allgemeine Funktionsgleichung:

$$y = f(x_1, x_2, ..., x_n)$$ *(gesprochen: „ f von x_1 bis x_n").*

Beispiel 3.1.3:

i) $x = x(r_1, r_2, r_3) = 2 \cdot r_1^{0,5} \cdot r_2^{0,4} \cdot r_3^{0,1}$ mit $r_1, r_2, r_3 \geq 0$.

ii) $p = f(T, V) = c \cdot \dfrac{T}{V}$ mit $T, V > 0$ und $c = $ const. (> 0).

iii) $x = f(p, p_1, ..., p_n, y) = 25 - 0,5p + 0,1p_1 + 0,1p_2 + ... + 0,1p_n + 0,5y$ mit $p, p_1, ..., p_n, y \geq 0$.

Bemerkung 3.1.4:   *i) Die meisten Begriffe im Zusammenhang mit Funktionen einer unabhängigen Variablen (siehe Kapitel 2.1.1) können sinngemäß übernommen werden.*

*ii) Definiert man den n-dimensionalen Raum $\mathbb{R}^n$ als Menge aller geordneten n-Tupel $(x_1, x_2, ..., x_n)$ reeller Zahlen, so kann man jedes n-Tupel $(x_1, ..., x_n)$ als **Punkt** P des $\mathbb{R}^n$ auffassen. Dabei bezeichnet man x_j als j-te **Koordinate des Punktes** $P = (x_1, ..., x_n) \in \mathbb{R}^n$. Der **Definitionsbereich** D_f einer Funktion f mit n unabhängigen Variablen $x_1, ..., x_n$ besteht dann aus Punkten des n-dimensionalen Raumes $\mathbb{R}^n$, d.h. $D_f \subset \mathbb{R}^n$. Der **Wertebereich** W_f ist dagegen nach wie vor eine Teilmenge der reellen Zahlen $\mathbb{R}$.*

Beispiel: Die Nachfrage x nach einem Gut sei durch den Preis p_1 des Gutes sowie den Preis p_2 eines Substitutivgutes durch folgende Funktionsgleichung gegeben:

$$x = f(p_1, p_2) = 25 - 0,5p_1 + 0,1p_2 .$$

Der (ökonomisch sinnvolle) Definitionsbereich umfasst nur nichtnegative Preise und besteht somit aus Punkten (p_1, p_2) des $\mathbb{R}^2$ mit $p_1 \geq 0; p_2 \geq 0$. Die Funktionswerte f sind dagegen reelle Zahlen: So ist z.B. der Preiskombination $(10, 20) = (10 \ GE/ME_1, 20 \ GE/ME_2)$ die nachgefragte Menge x (= Funktionswert $f(10,20) \in \mathbb{R}$) zugeordnet:

$$f(10, 20) = x = 25 - 0,5 \cdot 10 + 0,1 \cdot 20 = 22 \ ME \ ; \ Symbolisch: \ (10, 20) \overset{f}{\mapsto} 22 \ .$$

*iii) Manchmal schreibt man statt $(x_1, x_2, ..., x_n)$ kurz $\vec{x}$ ($\vec{x}$ heißt auch **Vektor** des $\mathbb{R}^n$), so dass sich die formale Funktionsgleichung in der einfachen **Vektorschreibweise** $y = f(\vec{x})$; $\vec{x} \in D_f \subset \mathbb{R}^n$ darstellen lässt. (Zum Vektorbegriff siehe Kap. 9.1.1)*

3.2 Darstellung einer Funktion mit mehreren unabhängigen Variablen

Außer durch eine Funktionsgleichung $y = f(\vec{x}) = f(x_1, ..., x_n)$ kann man Funktionen mit mehreren unabhängigen Variablen auch durch **Wertetabellen** oder **graphisch** darstellen. Allerdings wird diese Darstellung desto unübersichtlicher, je mehr unabhängige Variable vorhanden sind.

Beispiel 3.2.1: (Darstellung durch eine **Wertetabelle**)

i) $\qquad y = f(x_1, x_2) = 2(x_1)^2 + (x_2)^2, \qquad\qquad D_f = \mathbb{R}^2.$

x_2

	-3	-2	-1	0	1	2	$\boxed{3}$
-3	27	22	19	18	19	22	27
$\boxed{-2}$	17	12	9	8	9	12	$\boxed{17}$
-1	11	6	3	2	3	6	11
x_1 0	9	4	1	0	1	4	9
1	11	6	3	2	3	6	11
2	17	12	9	8	9	12	17
3	27	22	19	18	19	22	27

(Wertetabelle mit zwei Eingängen) $\qquad\qquad$ z.B. $f(-2, 3) = 2(-2)^2 + 3^2 = \mathbf{17}.$

ii) $\qquad y = f(x_1, x_2, x_3, x_4) = 2x_1x_2 + x_2 - x_1x_3{}^2 + x_1x_2x_3x_4;\qquad x_i \in \mathbb{R}.$

		$x_2 = 0$			$x_2 = \boxed{1}$			$x_2 = 2$		
	x_4 x_3	-1	0	1	$\boxed{-1}$	0	1	-1	0	1
$x_1 = 1$	2	-4	-4	-4	-3	-1	1	-2	2	6
	3	-9	-9	-9	-9	-6	-3	-9	-3	3
	4	-16	-16	-16	-17	-13	-9	-18	-10	-2
$x_1 = \boxed{2}$	2	-8	-8	-8	-7	-3	1	-6	2	10
	3	-18	-18	-18	-19	-13	-7	-20	-8	4
	$\boxed{4}$	-32	-32	-32	$\boxed{-35}$	-27	-19	-38	-22	-6
$x_1 = 3$	2	-12	-12	-12	-11	-5	1	-10	2	14
	3	-27	-27	-27	-29	-20	-11	-31	-13	5
	4	-48	-48	-48	-53	-41	-29	-58	-34	-10

(Wertetabelle mit 4 Eingängen) $\qquad\qquad$ z.B. $f(2, 1, 4, -1) = \mathbf{-35}.$

Das letzte Beispiel zeigt, dass der Darstellung mit Hilfe von Wertetabellen hinsichtlich Übersichtlichkeit und Variationsbreite der vorkommenden Variablen enge Grenzen gesetzt sind.

Für die **graphische Darstellung** von $y = f(\vec{x})$ müssen wir uns – sofern der Gesamtverlauf von f dargestellt werden soll – auf Funktionen mit **zwei unabhängigen Variablen** $y = f(x_1, x_2)$ bzw. $z = f(x, y)$ **beschränken**, da unsere Anschauung maximal drei Raumdimensionen zulässt (zwei für die beiden unabhängigen Variablen und eine für die Funktionswerte (bzw. für die abhängige Variable)). Zur Veranschaulichung der räumlichen Verhältnisse nutzen wir im allgemeinen eine perspektivische Darstellung.

Dazu legen wir im dreidimensionalen Raum $\mathbb{R}^3$ ein kartesisches Koordinatensystem mit drei paarweise aufeinander senkrecht stehenden Koordinatenachsen zugrunde. Dann kann jeder Punkt P des $\mathbb{R}^3$ durch seine 3 Koordinaten x, y, z beschrieben werden, umgekehrt gehört zu jedem Punkt P des $\mathbb{R}^3$ genau ein geordnetes Tripel (x, y, z) reeller Zahlen, siehe Abb. 3.2.2:

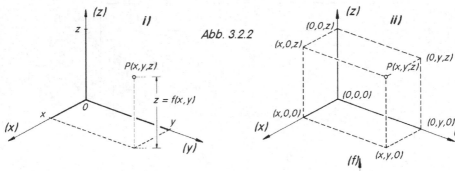

Abb. 3.2.2

Die Darstellung der Funktion z = f(x, y) liefert, da zu **jedem** Punkt $(x, y) \in D_f$ **genau ein Funktionswert** z gehört, ein **Flächenstück** im $\mathbb{R}^3$.

Dabei orientiert man im $\mathbb{R}^3$ das Koordinatensystem so, dass der **Funktionswert z** der **Höhe** über (falls z > 0) oder unter (falls z < 0) der üblichen x, y-Ebene entspricht, siehe Abb. 3.2.3:

*Bemerkung 3.2.4: Gelegentlich bezeichnet man eine räumlich darstellbare Funktionsfläche (Abb. 3.2.3) von f(x, y) auch als „Funktionsgebirge". Bei dieser Sprechweise ist jedoch zu beachten, dass die Funktionspunkte nur auf der **Oberflä**-*

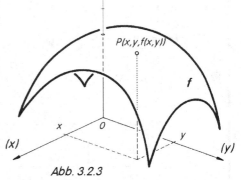

Abb. 3.2.3

*che des „Gebirges" liegen können, nicht aber im (massiven) Innern. Andernfalls müsste es zu den meisten (x, y) **mehr** als einen Funktionswert geben, f wäre dann **keine** Funktion, siehe Def. 3.1.2.*

Da die perspektivische Darstellung räumlicher Flächenstücke in der Zeichenebene erheblichen geometrischen Aufwand bedeuten kann, benutzt man zur getrennten („partiellen") Darstellung von f häufig ebene **Schnitte** durch die Funktionsfläche parallel zu den 3 Koordinatenebenen. Dabei hält man **eine Koordinate konstant** und betrachtet die dadurch entstehende (funktionale) Abhängigkeit der übrigen beiden Variablen, siehe Abb. 3.2.5. Die dabei entstehenden **ebenen Schnittkurven** kann man dann in der entsprechenden parallelen Ebene darstellen.

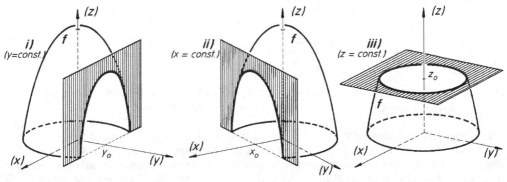

Abb. 3.2.5

Beispiel 3.2.6: $z = f(x, y) = 4 - x^2 - y^2$ mit $x, y \in \mathbb{R}$.

i) Ein Schnitt parallel zur (x, z)-Ebene (siehe Abb. 3.2.5 i)) erfolgt durch **Konstantsetzen von** y: $y = y_0 = c$.   Wir erhalten für jedes feste $y_0 = c$:

$$z = f(x, y_0) = 4 - x^2 - c^2 = k - x^2 \ , \quad (k = const.).$$

Man erhält mithin eine Schar von **Parabeln** in der (x,z)-Ebene, die durch Parallelverschiebung auseinander hervorgehen. Abb. 3.2.7 zeigt für einige Werte von y = c die entsprechenden Schnittkurven, die in die (x, z)-Ebene projiziert wurden.

ii) Analog ergeben sich die ebenen Flächenschnitte parallel zur (y,z)-Ebene (wie in Abb. 3.2.5 ii)), in denen man $x = x_0 = const.$ setzt und dann

$$z = f(x_0, y) = 4 - x_0^2 - y^2 = 4 - c^2 - y^2 = k - y^2$$

(mit k = const.) erhält, d.h. wiederum eine **Parabelschar**, diesmal parallel zur (y,z)-Ebene (siehe Abb. 3.2.7, wenn man y statt x setzt).

iii) Schließlich liefern Schnitte parallel zur (x,y)-Ebene (siehe Abb. 3.2.5 iii)), d.h. mit konstantem z (und somit auch mit konstantem Funktionswert) die Darstellung

$$z = z_0 = c = 4 - x^2 - y^2 \ , \qquad (z \le 4).$$

Es handelt sich um eine Schar **konzentrischer Kreise** mit dem Mittelpunkt im Ursprung und dem Radius $r = \sqrt{4 - z}$, siehe Abb. 3.2.8.

Dabei gibt der z-Wert des jeweiligen Kreises an, in welcher **Höhe** über (oder unter) der (x, y) - Ebene sich die Schnittkurve befindet. Aus diesem Grund nennt man die Schnittkurven mit f(x, y) = z = const. auch **Linien gleicher Höhe** oder **Isohöhenlinien** der gegebenen Funktion *(analog den Höhenlinien einer kartographischen Darstellung eines Gebirges).*

Zusammenfassend erhalten wir in Perspektiv - Darstellung für unser Beispiel ein **Rotationsparaboloid,** dessen Schnittkurven Parabeln od. konzentrische Kreise sind mit nach unten zunehmendem Radius, siehe Abb. 3.2.9:

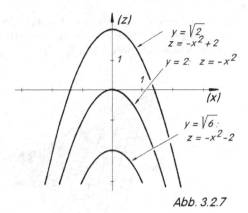

Abb. 3.2.7

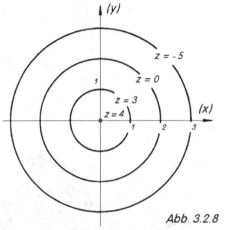

Abb. 3.2.8

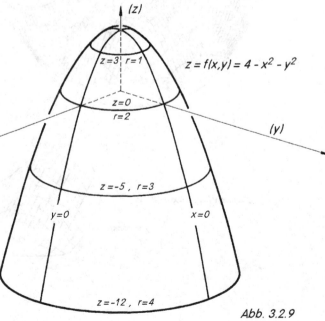

$z = f(x,y) = 4 - x^2 - y^2$

Abb. 3.2.9

Es folgen einige *(zunehmend komplex werdende)* Beispiele perspektivischer Darstellung von Funktionen f(x,y) mit zwei unabhängigen Variablen mit Hilfe der Parameterlinien x = const. und y = const. *(Draht-gittermodelle − siehe Abb. 3.2.10 i)-viii)):*

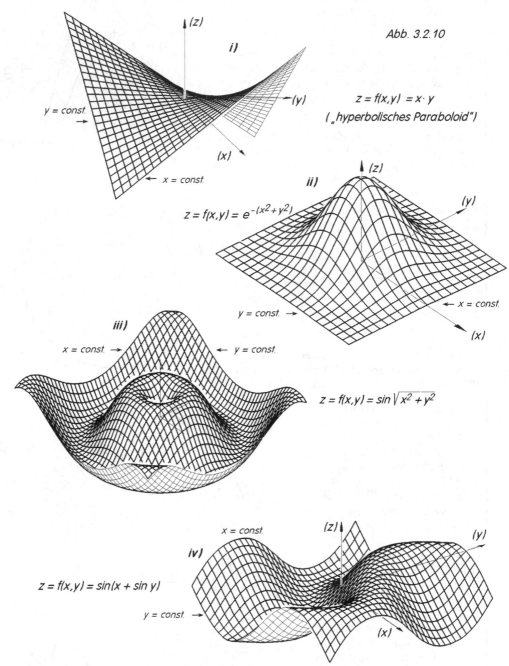

Abb. 3.2.10

i)

$z = f(x,y) = x \cdot y$
(„hyperbolisches Paraboloid")

ii)

$z = f(x,y) = e^{-(x^2+y^2)}$

iii)

$z = f(x,y) = \sin \sqrt{x^2 + y^2}$

iv)

$z = f(x,y) = \sin(x + \sin y)$

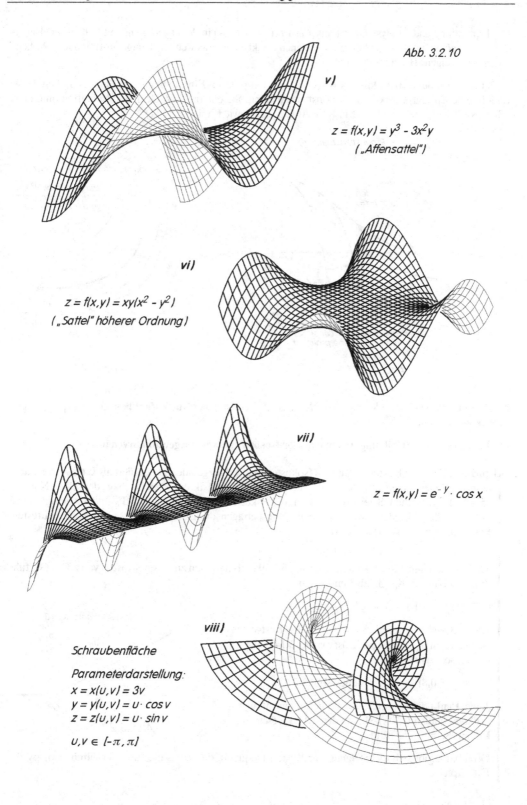

Abb. 3.2.10

v)

$z = f(x,y) = y^3 - 3x^2 y$

(„Affensattel")

vi)

$z = f(x,y) = xy(x^2 - y^2)$

(„Sattel" höherer Ordnung)

vii)

$z = f(x,y) = e^{-y} \cdot \cos x$

viii)

Schraubenfläche

Parameterdarstellung:
$x = x(u,v) = 3v$
$y = y(u,v) = u \cdot \cos v$
$z = z(u,v) = u \cdot \sin v$

$u,v \in [-\pi, \pi]$

Die Darstellung und Analyse einer Funktion f mit $z = f(x,y)$ in der (x,y)-Ebene mit Hilfe ihrer Höhen-linien $z = $ const. wird häufig bei ökonomischen Funktionen angewendet. Einige auftretende Isohöhen-linien haben eigene Bezeichnungen:

i) Bei einer **Produktionsfunktion** $x = x(r_1, r_2)$ (x: Output; r_i: Einsatzmenge des Faktors i) heißen die Linien gleichen Outputs $x = x_0 = $ const. **Isoquanten**. Sie entsprechen Horizontalschnitten durch das „Ertragsgebirge" (siehe Abb. 3.2.11 bzw. Abb. 3.2.12 sowie Kapitel 2.5 (4)).

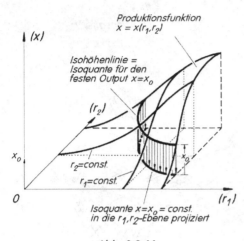

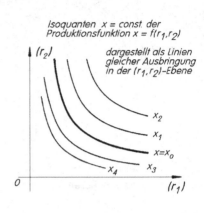

Abb. 3.2.11   Abb. 3.2.12

ii) Die entsprechenden Linien gleichen Nutzens $U = $ const. einer **Nutzenfunktion** $U = U(x_1, x_2)$ heißen **Indifferenzkurven**.

iii) In analoger Begriffsbildung spricht man von **Isokostenkurven**, **Isogewinnkurven** usw.

Beispiel 3.2.13: Eine Kostenisoquante (Isokostenlinie, Bilanzgerade) ist definiert als Linie aller Faktor-kombinationen (oder Güterkombinationen), die dieselben Faktorkosten K_0 (bzw. denselben Nutzen-grad U_0) verursachen. Seien etwa der Preis des Faktors 1 mit $p_1 = 0,4$ GE/ME und der des Faktors 2 mit $p_2 = 0,5$ GE/ME fest vorgegeben, dann betragen die gesamten Faktorkosten K_0 bei festem Faktoreinsatz von r_1 bzw. r_2 ME

$$K_0 = 0,4 \cdot r_1 + 0,5 \cdot r_2 .$$

Möchte man nun wissen, welche Faktormengenkombinationen zu Gesamtkosten von z.B. 3 GE füh-ren, so setzt man K_0 gleich 3 und erhält

(3.2.14) $K_0 = 3 = 0,4r_1 + 0,5r_2 .$

Diese Beziehung definiert die zugehörige **Kosten-isoquante** im (r_1, r_2)-System. Löst man (3.2.14) nach r_2 auf, so erhält man

$r_2 = -0,8r_1 + 6 ,$ siehe Abb. 3.2.15.

Jeder Punkt der Kostenisoquante liefert eine **Men-genkombination** (r_1, r_2), die zu **denselben Gesamt-kosten** $K_0 = 3$ GE führt.

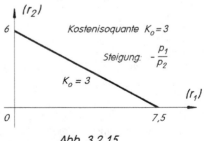

Abb. 3.2.15

Offenbar ergibt sich die **Steigung** der Kosten-Isoquante durch das negative **Verhältnis** $-p_1/p_2$ der Faktorpreise.

Mit steigenden Kosten verschieben sich die Kosten-isoquanten nach oben, während die Steigung unverändert bleibt (das Preisverhältnis bleibt konstant!).

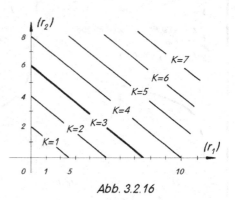

Abb. 3.2.16

Die explizite Gleichung $r_2 = r_2(r_1)$ der Schar der Kostenisoquanten des vorliegenden Beispiels ergibt sich somit aus

$$0{,}4r_1 + 0{,}5r_2 = K_0 = \text{const.}$$

Durch Auflösung nach r_2 erhält man:

$$r_2 = -0{,}8r_1 + 2K_0 \, .$$

Variiert man K_0 ($K_0 = 1, 2, \ldots$), so erhält man die in Abb. 3.2.16 dargestellte Kostenisoquantenschar.

Auch in Fällen mit mehr als zwei unabhängigen Variablen ist eine graphische Darstellung und Analyse der entsprechenden Funktion in der Koordinatenebene möglich, sofern man sämtliche Variablen außer zweien einen konstanten Wert zuweist. Dann betrachtet man die Zuordnung zwischen den beiden verbliebenen variablen Größen bei konstanten Werten der übrigen – es handelt sich um die **ceteris-paribus** (c.p.) Prämisse (siehe Einleitung zu Kapitel 2.5). Die zuletzt genannte Art der Darstellung und Untersuchung ökonomischer Funktionen bezeichnet man allgemein als **Partialanalyse** (im Gegensatz zur Untersuchung bei gleichzeitiger Variation **aller** Variablen, die als **Totalanalyse** bezeichnet wird).

Beispiel 3.2.17:

Gegeben sei folgende Produktionsfunktion (x: Output; r_i: Einsatzmenge des i-ten Faktors $(i = 1, \ldots, 4)$

$$x: \quad x = x(r_1, r_2, r_3, r_4) = 2r_1^{0,2} \cdot r_2^{0,8} \cdot r_3^{0,5} \cdot r_4 \, .$$

Um eine Darstellung der Funktion in 2 Variablen zu erhalten, muss man den übrigen Variablen einen festen Wert zuweisen. Im vorliegenden Fall erhält man je nach Auswahl der konstanten Variablen insgesamt $\binom{5}{2} = 10$ verschiedene Möglichkeiten einer Partialdarstellung.

Für einige **Beispiele** seien diese Darstellungen ausgeführt:

i) $\qquad r_2 = 1 \; ; \; r_3 = 4 \; ; \; r_4 = 0{,}6$

$\Rightarrow \quad x = x(r_1; 1; 4; 0{,}6) = 2 \cdot r_1^{0,2} \cdot 1 \cdot \sqrt{4} \cdot 0{,}6 = f(r_1) = \mathbf{2{,}4r_1^{0,2}}$ \quad (siehe Abb. 3.2.18)

ii) $\qquad x = 32 \; ; \; r_3 = r_4 = 1$

$\Rightarrow \quad 32 = 2r_1^{0,2} \cdot r_2^{0,8} \cdot 1 \cdot 1 \Leftrightarrow 16 = r_1^{0,2} \cdot r_2^{0,8}$ \quad $(x, r_3, r_4 = \text{const.})$

$\Rightarrow \quad \mathbf{r_2} = (16 \cdot r_1^{-0,2})^{1/0,8} = 32 \cdot r_1^{-1/4} = \dfrac{32}{\sqrt[4]{r_1}}$ \quad $(r_1 > 0)$ \qquad (siehe Abb. 3.2.19)

iii) $\qquad r_1 = 1 \; ; \; r_2 = 1 \; ; \; r_3 = 0{,}04$

$\Rightarrow \quad x = x(r_4) = 2 \cdot 1 \cdot 1 \cdot 0{,}2r_4 = \mathbf{0{,}4r_4}$ \quad $(r_4 \geq 0)$ \qquad (siehe Abb. 3.2.20)

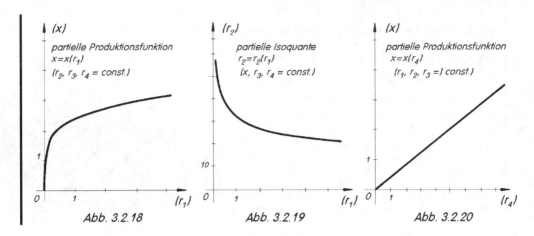

Abb. 3.2.18   Abb. 3.2.19   Abb. 3.2.20

Besonders häufig hat man es mit **linearen Funktionen** von mehreren unabhängigen Variablen zu tun. Ihre Funktionsgleichung lautet allgemein

(3.2.21)
$$y = f(x_1, ..., x_n) = a_1 x_1 + a_2 x_2 + ... + a_n x_n + c$$

(mit konstanten reellen Koeffizienten a_i) .

Beispiel 3.2.22: Gegeben sei in impliziter Darstellung (siehe Kap. 2.1.5) die lineare Funktion

(3.2.23) $15x + 12y + 20z - 60 = 0$.

i) Die Isohöhenlinien $z = $ const. $= z_0$ führen auf parallele Geraden

$$15x + 12y = 60 - 20z_0 \quad \text{bzw.} \quad y = -\frac{5}{4}x + \frac{60 - 20z_0}{12} \qquad \text{(Abb. 3.2.24)} .$$

ii) Die Schnitte $y = y_0 = $ const. parallel zur (x,z)-Ebene führen ebenso wie die Schnitte $x = x_0 = $ const. auf parallele Geraden:

$$y = y_0 = \text{const.} \Rightarrow 15x + 20z = 60 - 12y_0 \Rightarrow z = -\frac{3}{4}x + \frac{60 - 12y_0}{20} ; \quad \text{(Abb. 3.2.25)}$$

$$x = x_0 = \text{const.} \Rightarrow 12y + 20z = 60 - 15x_0 \Rightarrow z = -\frac{3}{5}x + \frac{60 - 15x_0}{20} ; \quad \text{(Abb. 3.2.26)}$$

In räumlicher Darstellung erhalten wir als Graph von f daher eine **Ebene**: In Abbildung 3.2.27 ist nur der Teil im positiven Oktanten mit den begrenzenden Schnittgeraden $x = 0, y = 0, z = 0$ dargestellt.

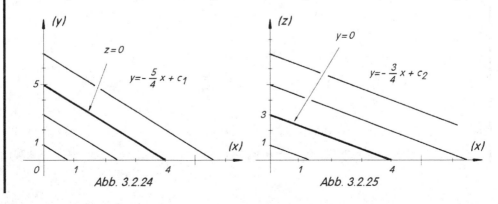

Abb. 3.2.24   Abb. 3.2.25

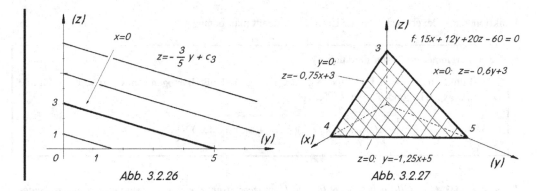

Abb. 3.2.26   Abb. 3.2.27

Bemerkung 3.2.28: *In Analogie zur Darstellung einer zweidimensionalen **Ebene** im $\mathbb{R}^3$ durch $ax+by+cz=d$ spricht man bei Vorliegen einer linearen Funktion der Form $y=a_1x_1+...+a_mx_m+c$ von einer m- dimensionalen **Hyperebene** im n-dimensionalen Raum $\mathbb{R}^n$ (m < n).*

Aufgabe 3.2.29: Gegeben sei die Produktionsfunktion $x = x(r_1, r_2) = 2 \cdot \sqrt{r_1 \cdot r_2}$

   (r_i: Input des i-ten Faktors (ME_i), x: Output (ME)) .

i)   Ermitteln Sie die Gleichungen der Isoquanten **a)** für $x = 2$ **b)** für $x = 4$ **c)** für $x = 6$ ME
und skizzieren Sie diese Isoquanten.

ii) Ermitteln Sie die Kostenfunktion K(x), wenn vom zweiten Faktor stets $4 \ ME_2$ eingesetzt werden (d.h. wenn nur die Einsatzmenge r_1 des ersten Faktors variiert wird) und die Faktorpreise mit $32,- \€/ME_1$ bzw. $20,- \€/ME_2$ fest vorgegeben sind.

iii) Es möge nun eine Produktion realisiert werden mit den Inputs $r_1 = 100 \ ME_1, r_2 = 150 \ ME_2$. Es sei nun vom ersten Faktor eine Einheit zusätzlich einsetzbar. Wieviel Einheiten des zweiten Faktors können eingespart werden, wenn das bisherige Produktionsniveau unverändert bleiben soll?

3.3   Homogenität von Funktionen mit mehreren unabhängigen Variablen

Die Beschränkung auf **zwei** Variablen bei Konstanz der übrigen Variablen (c.p.-Bedingung) lässt eine **partielle Funktionsanalyse** zu. Wir wollen jetzt untersuchen, wie sich der Wert y einer Funktion y = $f(x_1, ..., x_n)$ ändert, wenn **sämtliche** unabhängigen Variablen um **denselben Prozentsatz** geändert werden (d.h. mit demselben Proportionalitätsfaktor $\lambda > 0$ multipliziert werden).

Beispiel 3.3.1: Gegeben sei die Produktionsfunktion $x = f(r_1, r_2) = 10 \cdot r_1^{0,2} \cdot r_2^{0,6}$. Es werde mit fest vorgegebenen Inputs r_1, r_2 der Output x produziert. Die Einsatzmengen der beiden Inputfaktoren mögen nun mit demselben **Faktor** $\lambda > 0$ **multipliziert** werden (z.B. $\lambda = 1,1$, was einer 10%-igen Erhöhung **beider** Inputmengen entspricht). Die Einsatzmengen ändern sich von r_1, r_2 auf $\lambda r_1, \lambda r_2$. Es stellt sich die Frage, um welchen Betrag dadurch die **Outputmenge** x geändert wird. Dazu setzen wir in die Produktionsfunktion $x = f(r_1, r_2) = 10 \cdot r_1^{0,2} \cdot r_2^{0,6}$ statt r_1, r_2 die neuen Inputs $\lambda r_1, \lambda r_2$ ein. Man erhält:

$$f(\lambda r_1, \lambda r_2) = 10(\lambda r_1)^{0,2} (\lambda r_2)^{0,6} = 10 \cdot \lambda^{0,2} \cdot r_1^{0,2} \cdot \lambda^{0,6} \cdot r_2^{0,6} = \lambda^{0,8} \cdot \underbrace{10 \cdot r_1^{0,2} \cdot r_2^{0,6}}_{= \ f(r_1, \ r_2)}$$

d.h. $f(\lambda r_1, \lambda r_2) = \lambda^{0,8} \cdot f(r_1, r_2)$.

Vervielfacht man in unserem Beispiel alle Inputmengen um λ (> 0), so erhöht sich der Output um das $\lambda^{0,8}$ – fache und zwar für jedes **beliebige Ausgangsniveau** $r_1, r_2, x(r_1, r_2)$.

Funktionen mit der eben skizzierten Eigenschaft nennt man **homogen**:

Def. 3.3.2: (Homogenität von Funktionen)

Eine Funktion f: $y = f(\vec{x}) = f(x_1, x_2, ..., x_n)$; $\vec{x} \in D_f$ heißt **homogen vom Grad r**, wenn für alle $(x_1, x_2, ..., x_n) \in D_f$ und für alle $\lambda \in \mathbb{R}^+$ gilt:

(3.3.3) $\qquad\qquad \boxed{f(\lambda x_1, \lambda x_2, ..., \lambda x_n) = \lambda^r \cdot f(x_1, x_2, ..., x_n)}$.

---

*Bemerkung 3.3.4: i) Gilt insbesondere für den Homogenitätsgrad r = 1, so nennt man f **linear-homogen**, für r < 1 heißt f unterlinear-homogen, für r > 1 überlinear-homogen.*

ii) Die in Beispiel 3.3.1 skizzierte Produktionsfunktion hat wegen $f(\lambda x_1, \lambda x_2) = \lambda^{0,8} f(x_1, x_2)$ den Homogenitätsgrad 0,8, ist also unterlinear-homogen.

Beispiel 3.3.5:

i) Gegeben sei $\qquad\qquad y = f(x_1, x_2, x_3) = 5x_1^2 x_2 - 6\sqrt{x_1^3 x_2 x_3^2}$.

Dann erhält man durch gleichzeitige Multiplikation aller unabhängigen Variablen mit $\lambda > 0$:

$$f(\lambda x_1, \lambda x_2, \lambda x_3) = 5(\lambda x_1)^2 \lambda x_2 - 6\sqrt{(\lambda x_1)^3 \lambda x_2 (\lambda x_3)^2} =$$

$$= \lambda^3 5x_1^2 x_2 - 6\sqrt{\lambda^6 x_1^3 x_2 x_3^2} = \lambda^3 5x_1^2 x_2 - \lambda^3 6\sqrt{x_1^3 x_2 x_3^2} = \lambda^3 f(x_1, x_2, x_3)$$

$\Rightarrow$ f ist homogen vom Grad 3 .

ii) $f(u,v) = 6u^2v + 5uv \quad \Rightarrow \quad f(\lambda u, \lambda v) = 6(\lambda u)^2 \lambda v + 5\lambda u \lambda v = \lambda^3 \cdot 6u^2 v + \lambda^2 5uv \neq \lambda^r \cdot f(u,v)$

$\Rightarrow$ f ist nicht homogen .

iii)   f sei eine COBB-DOUGLAS-Produktionsfunktion mit der Gleichung:

(3.3.6) $\qquad y = f(\vec{v}) = f(v_1, v_2, ..., v_n) = c \cdot v_1^{a_1} \cdot v_2^{a_2} \cdot v_3^{a_3} \cdot ... \cdot v_n^{a_n}$

$\qquad\qquad$ (v_i: Einsatzmenge des i-ten Inputfaktors, i = 1,...,n; $c, a_i \in \mathbb{R}^+$).

Multiplikation aller Inputwerte mit $\lambda > 0$ liefert:

$$f(\lambda \vec{v}) = c \cdot (\lambda v_1)^{a_1} \cdot (\lambda v_2)^{a_2} \cdot ... \cdot (\lambda v_n)^{a_n} =$$

$$= \lambda^{a_1} \cdot \lambda^{a_2} \cdot \lambda^{a_3} \cdot ... \cdot \lambda^{a_n} \cdot \underbrace{c \cdot v_1^{a_1} \cdot v_2^{a_2} \cdot ... \cdot v_n^{a_n}}_{= f(\vec{v})} = \lambda^{a_1 + a_2 + \cdots + a_n} \cdot f(v_1, v_2, ..., v_n)$$.

Damit erhalten wir als allgemeines Ergebnis:

Eine COBB-DOUGLAS-Produktionsfunktion (3.3.6) ist homogen vom Grad $r = a_1 + a_2 + ... + a_n$. (Die a_i bezeichnet man auch als Produktionselastizitäten, siehe Kapitel 7.3.1.3.)

Für $a_1 + a_2 + ... + a_n = 1$ ist die COBB-DOUGLAS-Produktionsfunktion linear-homogen.

Die folgenden ersten drei Beispiele von Abb. 3.3.7 zeigen die drei Standardtypen von Cobb-Douglas-Produktionsfunktionen (CD-Funktion). Die *(jeweils aufsteigende)* obere Umrisslinie *(Kammlinie)* der Flächen gibt einen Hinweis auf die Höhe r des Homogenitätsgrades der entsprechenden CD-Funktion:

i) In Abb. 3.3.7 i) erkennt man eine *degressiv* ansteigende Kammlinie, d.h. proportionale Erhöhungen beider Inputs bewirkt einen *unter*proportional steigenden Output x, die Produktionsfunktion ist *unterlinear*-homogen (r < 1), man spricht von *abnehmenden Skalenerträgen*.

Abb. 3.3.7

ii) Die Kammlinie der CD-Funktion in Abb. 3.3.7 ii) ist linear, proportionale Inputsteigerungen liefern eine Outputsteigerung im gleichen Verhältnis *(r=1)*. Somit handelt es sich hier um eine *linear*-homogene Cobb-Douglas-Produktionsfunktion, man spricht von *konstanten Skalenerträgen*.

iii) Schließlich erkennt man in Abbildung 3.3.7 iii) die progressive Steigung der Kammlinie, eine gleichzeitige *(z.B.)* Verdopplung beider Inputs bewirkt einen *mehr* als doppelt so großen Output, die Cobb-Douglas - Produktionsfunktion ist *überlinear*-homogen *(r > 1, man spricht von zunehmenden Skalenerträgen)*.

Die in den Abbildungen auftretenden Gitternetzlinien entsprechen den Linien r_1 =const. und r_2 =const., also den Schnittkurven der Fläche in Richtung der Koordinatenebenen.   Interessant ist, dass in allen drei obenstehenden Fällen diese *partiellen* Produktionsfunktionen x(r_1) *(mit r_2 = const.)* und x(r_2) *(mit r_1 = const.)* einen *degressiv*-steigenden Verlauf aufweisen, d.h. für für jeden einzelnen Inputfaktor (c.p.) beobachtet man einen mit steigendem Input abnehmenden Ertragszuwachs.

iv) Dagegen liefert Abb. iv) eine ertragsgesetzliche Produktionsfunktion *(nichthomogen ; zunächst zunehmende, dann abnehmende Skalenerträge)*.

Hier sind sowohl die Kammlinie als auch die partiellen Produktionsfunktionen ($\cong$ *Gitternetzlinien)* s-förmig im Sinne des Ertragsgesetzes.

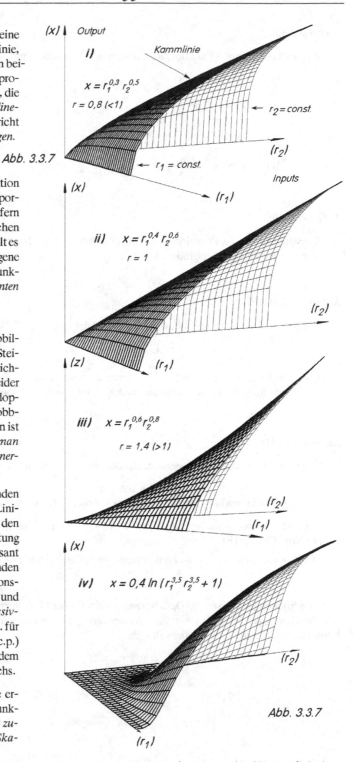

i)   Output   Kammlinie

$x = r_1^{0,3}\, r_2^{0,5}$

$r = 0,8\ (<1)$ $r_2 = const.$

(r_2)

$\leftarrow r_1 = const.$

Inputs

(x) (r_1)

ii) $x = r_1^{0,4}\, r_2^{0,6}$

$r = 1$

(r_2)

(z) (r_1)

iii) $x = r_1^{0,6} r_2^{0,8}$

$r = 1,4\ (>1)$

(r_2)

(r_1)

(x)

iv) $x = 0,4\,ln\,(\,r_1^{3,5}\,r_2^{3,5} + 1)$

(r_2)

Abb. 3.3.7

(r_1)

Aufgabe 3.3.8:

Welche der folgenden Funktionen sind homogen?   Homogenitätsgrad?

$$\textbf{i)} \qquad f(x, y) = 5 \cdot \sqrt{x^2\, y^5} \; ;$$

$$\textbf{ii)} \qquad f(u, v) = 3u^2\, v^3 + 1 \; ;$$

$$\textbf{iii)} \qquad f(x, y) = x \cdot e^y \; ;$$

$$\textbf{iv)} \qquad f(a,b) = \frac{2ab}{a^2 + b^2} \; .$$

Aufgabe 3.3.9:

Konstruieren Sie die Funktionsgleichung einer homogenen Funktion mit vier unabhängigen Variablen, deren Homogenitätsgrad 3 ist.

Aufgabe 3.3.10:

Gegeben sei eine Nutzenfunktion U mit der Gleichung

$$U(x_1, x_2) = x_1^{\,0,5} \cdot x_2 \,.$$

Wie ändert sich der Nutzenindex U, wenn man – ausgehend von einer Güterkombination x_1, x_2 – die Konsummengen x_1, x_2 der nutzenstiftenden Güter jeweils verdoppelt?

Aufgabe 3.3.11:

Gegeben sei eine **linear-homogene** (makroökonomische) Produktionsfunktion Y mit

$$Y = f(A, K)$$
(Y: Sozialprodukt ; A: Bevölkerung (= Arbeit) ; K: Kapitalausstattung) .

Zeigen Sie, dass das Sozialprodukt pro Kopf (= Y/A) eine Funktion g(K/A) der Kapitalausstattung pro Kopf (= K/A) ist.

(Tipp: Dividieren Sie dazu die Funktionsgleichung durch A und beachten Sie die lineare Homogenität.)

Die **Beschreibung, Analyse,** und **Optimierung** ökonomischer Modelle mit Hilfe von Funktionen mit mehreren unabhängigen Variablen wird im Zusammenhang mit der **Differentialrechnung** der entsprechenden Funktionen in Kapitel 7 ausführlich erfolgen.

4 Grenzwerte und Stetigkeit von Funktionen

In diesem Kapitel wollen wir den für die später *(ab Kapitel 5)* behandelte Differentialrechnung grundlegenden Begriff des „Grenzwerts" einer Funktion beschreiben und vertiefen. Wir betrachten die Grenzwerte von speziellen *(und für uns wichtigen)* Funktionen und zeigen, wie man mit den Rechenregeln für Grenzwerte auch die Grenzwerte komplexer Funktionen ermitteln kann. Schließlich behandeln wir zentrale Eigenschaften wie die Stetigkeit von Funktionen sowie den Begriff der Asymptote einer Funktion.

4.1 Der Grenzwertbegriff

Bei vielen funktional (d.h. durch mathematische Funktionen) darstellbaren **Prozessen** *(z.B. Wachstumsprozesse, Kostenentwicklungen, Nachfrage- und Angebotsbewegungen, Gewinn- und Erlösschwankungen u.v.a.m.)* kommt es nicht nur auf die absoluten Zahlenwerte der beteiligten Variablen an, sondern ebenso (und ganz besonders) auf deren wechselseitig bedingte **Bewegung**, **Entwicklung** oder **Änderung**. Im folgenden Kapitel *(Kap. 5)* werden wir mit der dort behandelten **Differentialrechnung** ein mächtiges Werkzeug in die Hände bekommen, um derartige Prozessänderungen beschreiben und analysieren zu können.

Es wird sich herausstellen (in Kap. 5), dass die Differentialrechnung es mit (sehr) **kleinen Änderungen** der beteiligten Variablen zu tun hat. Um derartige Änderungen mathematisch sinnvoll beschreiben zu können, benötigt man den **Grenzwertbegriff**. Das richtige Verständnis dieses nicht immer handlichen Begriffes ist grundlegend für das richtige Verständnis der Differentialrechnung.

Im folgenden sollen daher die wesentlichen **Ideen** des Grenzwertes von Funktionen diskutiert werden und Methoden zur **Grenzwertermittlung** bereitgestellt werden, soweit sie mathematisch notwendig sind, bei ökonomischen Anwendungen unmittelbar einsetzbar oder für das Verständnis des allgemeinen Funktionsbegriffes im Hinblick auf die später zu behandelnde Differentialrechnung notwendig sind.

Der Grenzwertbegriff ist mathematisch nicht unmittelbar zugänglich und bietet bei erster oberflächlicher Betrachtung reichlich Fallstricke. Wie soll man sich denn auch richtig konkret vorstellen, was es bedeutet, einer Variablen oder einem Funktionswert „beliebig nahe" zu kommen (evtl. ohne ihn zu erreichen)?

Andererseits kennt man auch im nichtmathematischen Bereich, selbst in der Alltagssprache, eine intuitive Verwendung von „Grenzprozessen" der hier zu diskutierenden Art. So ist beispielsweise die maximale Leistungsfähigkeit eines Sportlers (die berühmten „100%") ein Grenzwert, der nur selten oder allenfalls „angenähert" erreichbar scheint. Dasselbe gilt für den maximalen Wirkungsgrad einer Maschine – es handelt sich um einen Grenzwert, der in der Praxis nie ganz erreichbar ist. Ein weiteres Beispiel ist die maximale Betriebsdauer einer batteriegetriebenen elektrischen Maschine: Auch hier handelt es sich um einen Grenzwert, der nur theoretisch oder unter besonders günstigen Umweltbedingungen und auch dann nur annähernd erreicht werden kann. Entsprechende untere/obere Grenzwerte existieren für Produktionskosten, Höhe der Ausschussproduktion, Grad der Staubfreiheit eines Raumes usw.

Wir wollen nun im folgenden an **Beispielen** klären, was mit den Funktionswerten f(x) passieren kann, wenn die unabhängige Variable *(hier: x)*

- sich immer mehr einer *(inneren)* Stelle x_0 $(\in \mathbb{R})$ nähert (symbolisch: $x \to x_0$), siehe **Kap. 4.1.1**

 oder aber

- über alle Schranken wächst ($x \to \infty$) oder unter jede Grenze fällt ($x \to -\infty$), siehe **Kap. 4.1.2** .

© Springer-Verlag GmbH Deutschland, ein Teil von Springer Nature 2019
J. Tietze, *Einführung in die angewandte Wirtschaftsmathematik*,
https://doi.org/10.1007/978-3-662-60332-1_4

4.1.1   Grenzwerte von Funktionen für $x \to x_0$

Man sagt, die Variable x nähere sich der reellen Konstanten x_0 (z. B. $x_0 = 1$) „immer mehr", oder x_0 sei der „Grenzwert" bei der Annäherung $x \to x_0$, wenn dabei der absolute Abstand $|x - x_0|$ der beiden Werte voneinander kleiner wird, als jede beliebige vorgegebene Zahl δ (> 0), egal, wie klein man diese Zahl δ auch wählt. Dafür schreibt man kurz

$$\lim x = x_0 \quad \text{oder:} \quad x \to x_0 \quad \text{(„Limes von x gleich } x_0\text{" bzw. „x gegen } x_0\text{")}.$$

Beispiel 4.1.1: Wenn die Variable x nacheinander die folgenden Zahlenwerte annimmt, so gilt – wie man leicht überprüft – jedesmal „$x \to 2$":

$$1; \ \frac{3}{2}; \ \frac{5}{3}; \ \frac{7}{4}; \ \frac{9}{5}; \ \frac{11}{6}; \ \frac{13}{7}; \ \ldots; \ \frac{2n-1}{n}; \ \ldots \qquad \to 2$$

$$3; \ \frac{5}{2}; \ \frac{7}{3}; \ \frac{9}{4}; \ \frac{11}{5}; \ \frac{13}{6}; \ \frac{15}{7}; \ \ldots; \ \frac{2n+1}{n}; \ \ldots \qquad \to 2$$

$$1{,}9 \ ; \ 1{,}99 \ ; \ 1{,}999 \ ; \ 1{,}9999 \ ; \ 1{,}99999 \ ; \ \ldots \ ; \ 2 - (\tfrac{1}{10})^n ; \ \ldots \qquad \to 2$$

$$2{,}1 \ ; \ 2{,}01 \ ; \ 2{,}001 \ ; \ 2{,}0001 \ ; \ 2{,}00001 \ ; \ \ldots \ ; \ 2 + (\tfrac{1}{10})^n ; \ \ldots \qquad \to 2$$

$$\frac{3}{2}; \ \frac{9}{4}; \ \frac{15}{8}; \ \frac{33}{16}; \ \frac{63}{32}; \ \frac{129}{64}; \ \frac{255}{128}; \ \ldots; \ 2 + (-\tfrac{1}{2})^n ; \ \ldots \qquad \to 2$$

Dagegen nähert sich x beim Durchlaufen der Zahlenfolge

$$-1 \ ; \ +\frac{3}{2} \ ; \ -\frac{5}{3} \ ; \ +\frac{7}{4} \ ; \ -\frac{9}{5} \ ; \ +\frac{11}{6} \ ; \ -\frac{13}{7} \ ; \ \ldots \ ; \ (-1)^n \cdot \frac{2n-1}{n} \ ; \ \ldots$$

keinem Grenzwert, sondern strebt abwechselnd gegen $+2$ und -2.

Durchläuft nun etwa die unabhängige Variable x einer Funktion $f : x \mapsto f(x)$ eine solche Folge von Zahlen mit $x \to x_0$, so ist es denkbar, dass dabei gleichzeitig auch die Funktionswerte $f(x)$ gegen einen bestimmten Ordinatenwert g streben, m.a.W., dass – sofern $x \to x_0$ – auch $f(x) \to g$ strebt. In diesem Fall nennt man die Zahl g den Grenzwert der Funktion f bei der Annäherung $x \to x_0$:

Def. 4.1.2:   (Grenzwert einer Funktion f für $x \to x_0$)

Wenn sich für $x \to x_0$ die zugehörigen Funktionswerte $f(x)$ einem konstanten Wert g ($\in \mathbb{R}$) immer mehr nähern, egal, auf welche Weise x gegen x_0 strebt, so sagt man,

g ist der **Grenzwert** von $f(x)$ bei der Annäherung von x gegen x_0 ;

symbolisch:
$$\lim_{x \to x_0} f(x) = g \quad ,$$

(„Limes von $f(x)$ für x gegen x_0 gleich g"),

oder: $f(x)$ **konvergiert** für $x \to x_0$ gegen (den Grenzwert) g ($\in \mathbb{R}$).

Beispiel 4.1.3:   Sei $f: f(x) = \dfrac{x^2 - 3x + 2}{x - 2}$, $(x \neq 2)$, vorgegeben. Dann könnte sich bei Annäherung $x \to 2$ etwa folgendes ergeben:

$x \to 2$ von „links“:	$x \to 2$ von „rechts“:
$f(1,9)\quad = 0,9$	$f(2,1)\quad = 1,1$
$f(1,99)\quad = 0,99$	$f(2,01)\quad = 1,01$
$f(1,999)\ = 0,999$	$f(2,001)\ = 1,001$
$f(1,9999) = 0,9999$	$f(2,0001) = 1,0001$

usw.   d.h. $f \to 1$ usw. d.h. $f \to 1$

m.a.W. es gilt: $\boxed{\lim_{x \to 2} f(x) = 1}$.

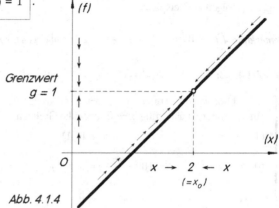

Bemerkung: *An der Stelle $x_0 = 2$ ist f nicht definiert! Dennoch können wir uns dieser Stelle x_0 (= 2) **beliebig genau** nähern, und dabei stellen wir fest, dass die Funktionswerte $f(x)$ dem Grenzwert „1“ beliebig nahe kommen!*

Abbildung 4.1.4 veranschaulicht diesen Sachverhalt durch die kleinen Annäherungspfeile:

Abb. 4.1.4

Bemerkung 4.1.5: *Die präzise Definition dieses Sachverhaltes kann so beschrieben werden:*

Man sagt, die Funktion $f: x \mapsto f(x)$ habe für $x \to x_0$ den Grenzwert g ($\in \mathbb{R}$), wenn die absolute Differenz (der Abstand) zwischen $f(x)$ und g beliebig klein gemacht werden kann, sofern man nur x nahe genug an x_0 wählt.

Und mathematisch noch präziser (wenn auch weniger anschaulich):

Die Funktion f hat den Grenzwert g für Annäherung $x \to x_0$ („konvergiert gegen g für $x \to x_0$“) wenn für jede (noch so klein gewählte) Zahl ε (> 0) eine Zahl δ (> 0) existiert, so dass, wenn x in $[x_0 - \delta; x_0 + \delta]$ liegt, alle zugehörigen Funktionswerte $f(x)$ in $[g - \varepsilon; g + \varepsilon]$ liegen; d.h.:

Wenn aus $0 < |x_0 - x| < \delta$ folgt: $|f(x) - g| < \varepsilon$,   so hat f den Grenzwert g für $x \to x_0$.

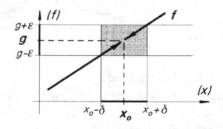

(Wenn g der Grenzwert von $f(x)$ ist, so muss gelten:

Egal, wie klein man ε auch wählt, es muss dazu stets ein ε, δ -Bereich um x_0 existieren, in dem die Funktion „gefangen" ist.)

Diese Definition (siehe Bem. 4.1.5) ist zwar mathematisch korrekt, aber auf den ersten Blick ein wenig abschreckend und unverständlich.

Wir werden auf diese sog. „ε, δ - Definition" im weiteren bewusst verzichten, da der Gewinn an (später nur selten genutzter) formaler Exaktheit weder den hohen Aufwand noch den damit verbundenen Verlust an Anschaulichkeit oder Anwendungsbezug aufwiegt.

Bemerkung 4.1.6: *f kann auch dann einen (ein-*
deutig definierten) Grenzwert g besitzen, wenn
an der betrachteten Stelle x_0 eine „Ecke" vor-
liegt:

Auch hier gilt:

$$\lim_{x \to x_0} f(x) = g$$

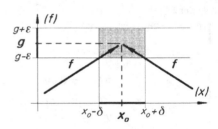

Dass nicht jede Funktion f: f(x) an jeder Stelle x_0 einen Grenzwert *(im Sinne von Def. 4.1.2)* besitzt, zeigen die folgenden Beispiele:

Bemerkung 4.1.7: *Wenn f für $x \to x_0$* **nicht konvergiert,** *so sagt man: f ist für $x \to x_0$* **divergent.**

Beispiel 4.1.8:   f: $f(x) = \dfrac{1}{x^2}$; $x \neq 0$.

Betrachten wir die Annäherung $x \to 0$, so stellen wir fest: Die Funktionswerte f(x) wachsen mit zunehmender Annäherung $x \to 0$ über alle Grenzen, z.B.

f(1)   = 1   = f(−1)

$f(0,1) = \dfrac{1}{0,1^2} = 100$ $= f(-0,1)$

$f(0,01) = \dfrac{1}{(0,01)^2} = 10.000$ $= f(-0,01)$

$f(0,001) = \dfrac{1}{(0,001)^2} = 1.000.000$ $= f(-0,001)$

usw.   usw.

f übersteigt dabei jede noch so große Schranke,
wenn man nur x nahe genug an $x_0 = 0$ wählt,
siehe Abb. 4.1.9. Wollte man z.B. erreichen,
dass f(x) > 1.000.000 ist, brauchte man nur

$\left| x \right| < \dfrac{1}{1.000}$ zu wählen, usw.

f ist also für $x \to 0$ **divergent.**

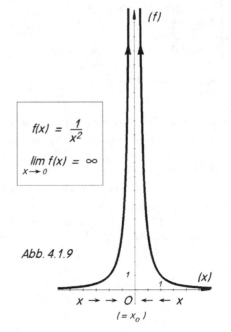

$$f(x) = \frac{1}{x^2}$$

$$\lim_{x \to 0} f(x) = \infty$$

Abb. 4.1.9

Bemerkung 4.1.10: *Die Senkrechte an der Stelle x_0 nennt*
man auch (senkrechte) **Asymptote** *von f für $x \to x_0$.*
(Näheres zu Asymptoten siehe Kapitel 4.8)

Bei Vorliegen dieses Sachverhaltes *(wie etwa in Beispiel 4.1.8)* sagt man:

–   Die Funktionswerte f(x) wachsen **über alle Grenzen**, wenn sich die unabhängige Variable x immer mehr der Stelle 0 nähert.

–   f hat an der Stelle $x_0 = 0$ einen **Pol** (eine **Unendlichkeitsstelle**).

– $\lim\limits_{x \to 0} f(x) = \infty$ („unendlich").

–   f ist in $x_0 = 0$ **„bestimmt divergent"** (besitzt in $x_0 = 0$ den **uneigentlichen Grenzwert** ∞).

Analoge Sprech-/Schreibweisen benutzt man für $x \to \infty, x \to -\infty$, bzw. für $f(x) \to -\infty$.

Bemerkung 4.1.11: *Das Zeichen „∞" bedeutet keine Zahl, sondern soll den Approximationsprozess („über alle Grenzen") symbolisieren. Daher haben „Terme" wie z.B. ∞^2, $\infty + 4$, $\frac{1}{\infty}$, usw. oder „Gleichungen" wie etwa f(x) = ∞ (zunächst) keinen Sinn. Erst in Kombination mit Symbol „lim", also etwa $\lim\limits_{x \to 0} f(x) = \infty$, ist das Gleichheitszeichen erlaubt und symbolisiert den zuvor beschriebenen Grenzprozess $f \to \infty$.*

Wir werden in Kap. 4.2 (Bem. 4.2.12) eine weitere symbolische Schreibweise, z.B. „$\frac{1}{\infty}$", „$\infty + 2$" (also mit Anführungszeichen „ ..." !) einführen, die ebenfalls den Grenzprozess andeuten soll, darüber hinaus aber besonders einfach zu handhaben ist.

Beispiel 4.1.12:

Auch das folgende graphische Beispiel zeigt, dass bei Annäherung $x \to x_0$ die dargestellte Funktion f keinen (eindeutig definierten) Grenzwert besitzt:

$$f(x) = \begin{cases} 0{,}25x + 1 & \text{für } x < 4 \\ 0{,}25x + 2 & \text{für } x > 4 \end{cases}$$

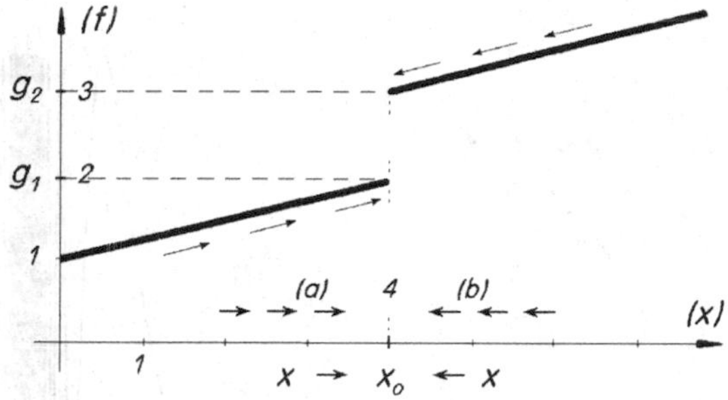

Abb. 4.1.13

(a) Nähern wir uns von links der Stelle x_0 (= 4), symbolisch: $x \to x_0-$ (das Minuszeichen soll andeuten: von *kleineren* Werten her, *von links*), so streben die Funktionswerte offenbar gegen 2,

symbolisch: $\lim\limits_{x \to 4^-} f(x) = 2$ („linksseitiger Grenzwert")

(b) Nähern wir uns dagegen von rechts der Stelle x_0 (= 4), d.h. $x \to x_0^+$ (das Pluszeichen soll die Annäherung von *größeren* Werten her andeuten), so streben die Funktionswerte f offenbar immer mehr gegen 3 ,

symbolisch: $\lim\limits_{x \to 4^+} f(x) = 3$ („rechtsseitiger Grenzwert")

*(Beachten Sie bitte, dass zu dieser Grenzwertbetrachtung die Existenz eines Funktionswertes f(x_0) = f(4) an der Stelle x_0 = 4 **nicht** notwendig ist! Bei der Grenzbetrachtung $x \to x_0^+$ bzw. $x \to x_0^-$ nähern sich zwar die x-Werte beliebig genau der Stelle x_0, stets aber gilt: $x \neq x_0$!)*

Im vorstehenden Beispiel ergeben sich verschiedene „einseitige" Grenzwerte für f, je nachdem, von welcher Seite die unabhängige Variable x gegen x_0 (= 4) strebt. Die Funktion f hat in x_0 = 4 einen **Sprung** *(typisch z.B. für „sprungfixe" Kosten in Kostenfunktionen, siehe etwa Bsp. 2.5.22 oder 4.7.5.*

Erst wenn sowohl **linksseitiger** wie **rechtsseitiger** Grenzwert **übereinstimmen**, spricht man von **dem Grenzwert** von f in x_0: d.h. es gilt allgemein:

(4.1.14)

$$\lim\limits_{x \to x_0} f(x) = g \quad \Leftrightarrow \quad \lim\limits_{x \to x_0^-} f(x) = \lim\limits_{x \to x_0^+} f(x) = g \qquad (g \in \mathbb{R})$$

Bemerkung 4.1.15:

*Eine weitere Möglichkeit für f (außer „Pol" und „Sprung"), an der Stelle x_0 keinen Grenzwert zu besitzen, ist der Fall der **oszillierenden** (oder: unbestimmten) **Divergenz** in x_0:*

Beispiel: $f(x) = \sin \dfrac{1}{x}$ $(x \neq 0)$.

*Die **Nullstellen** dieser Funktion (siehe Kap. 2.3.6) liegen dort, wo $\dfrac{1}{x}$ die Werte $\pm \pi$, $\pm 2\pi$, $\pm 3\pi$,*

..., $\pm k \cdot \pi$ $(k \in \mathbb{N})$ annimmt, m.a.W. an den Stellen $x = \pm\dfrac{1}{\pi}$, $\pm\dfrac{1}{2\pi}$, $\pm\dfrac{1}{3\pi}$, ..., $\pm\dfrac{1}{k\pi}$, d.h.

je näher x auf die Stelle $x_0 = 0$ zurückt, desto mehr Nullstellen (und damit Sinusbögen) treten auf, und zwar in immer kürzeren Abständen. Die Funktionswerte schwanken also in der Nähe des Nullpunktes $x_0 = 0$ „unendlich oft" hin und her und können sich daher keinem festen Wert g nähern.

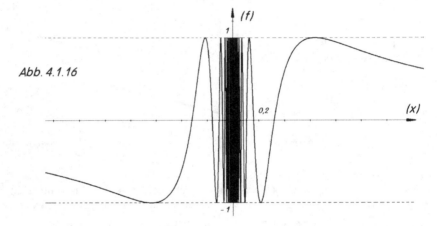

Abb. 4.1.16

$f(x) = \sin \dfrac{1}{x}$ ist also für $x \to x_0$ divergent. Dieser Fall „oszillierender" Divergenz ist allerdings für ökonomische Funktionen ohne Bedeutung) .

4.1.2 Grenzwerte von Funktionen für $x \to \infty$ (bzw. $x \to -\infty$)

Bisher haben wir das Grenzverhalten einer Funktion f im Innern ihres Definitionsbereiches D_f betrachtet ($x \to x_0$ mit $x_0 \in D_f$). Für viele Prozesse ebenso wichtig ist die Frage nach dem Verhalten der Funktionswerte f(x), wenn die unabhängige Variable x **über alle Grenzen wächst** ($x \to \infty$) *(bzw. unter jede Grenze fällt* $(x \to -\infty))$.

Ganz analog zu den zuvor diskutierten Fällen mit $x \to x_0$ können wir auch für $x \to \infty$ **drei mögliche** unterschiedliche **Verhaltensweisen** von f(x) beobachten:

- f **konvergiert** für $x \to \infty$ gegen einen (endlichen) Grenzwert $g(\in \mathbb{R})$, siehe Bsp. 4.1.17.

- f wächst über (fällt unter) alle Grenzen für $x \to \infty$ **(bestimmte Divergenz, uneigentlicher Grenzwert**, siehe Bsp. 4.1.23.

- f verhält sich für $x \to \infty$ völlig unbestimmt **(unbestimmte Divergenz)**, siehe Bsp. 4.1.26.

Beispiel 4.1.17: **(Konvergenzfall für x → ± ∞)**

Betrachtet werde die Funktion f mit $f(x) = \dfrac{2x + \sqrt{x^2 + 1}}{x}$, $x \neq 0$, und ihre Wertetabellen (a) für wachsendes *(bzw. (b) für fallendes)* x:

(a)

x	f(x)
1	3,4142
10	3,00499
100	3,00005
1000	3,0000005
⋮	⋮
x → ∞	f → 3

(b)

x	f(x)
−1	0,5858
−10	0,99501
−100	0,99995
−1000	0,9999995
⋮	⋮
x → − ∞	f → 1

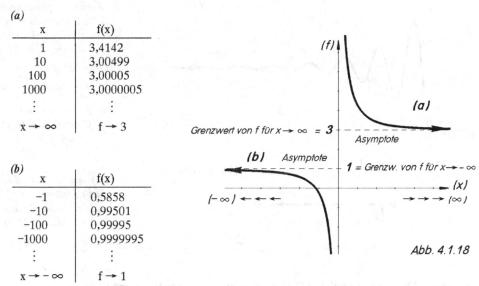

Grenzwert von f für x → ∞ = 3
Asymptote

(b) Asymptote
1 = Grenzw. von f für x → − ∞
(x)

Abb. 4.1.18

Wir sehen: Die Funktionswerte f(x) nähern sich immer mehr der Zahl 3, wenn die unabhängige Variable x immer größer wird. Die Funktionswerte kommen dem Grenzwert 3 **so nahe, wie wir wollen,** sofern wir nur **x groß genug** wählen *(analog: dem Grenzwert 1 beliebig nahe, wenn wir nur x klein genug (x → − ∞) wählen)* , siehe Abb. 4.1.18.

Analog zur Grenzwert-Definition 4.1.2 (für x → x₀) erhalten wir für Grenzwerte mit x → ∞ die

Def. 4.1.19: (Grenzwert einer Funktion f für x → ∞)

Wenn für **unbeschränkt wachsendes** Argument x (d.h. x → ∞) die entsprechenden Funktionswerte f(x) dem Zahlenwert g ($\in \mathbb{R}$) **schließlich beliebig nahe** kommen, so heißt die Funktion f **für x → ∞ konvergent** gegen den **Grenzwert** g, symbolisch:

$$\lim_{x \to \infty} f(x) = g$$. (Gelesen: „Limes von f(x) für x gegen Unendlich gleich g ".)

Bemerkung 4.1.20: i) *Def. 4.1.19 gilt analog für den Fall* $x \to -\infty$, *d.h. für unbeschränkt fallendes Argument* x. *In Bsp. 4.1.17 bzw. Abb. 4.1.18 gilt somit*

$$\lim_{x \to \infty} \frac{2x + \sqrt{x^2 + 1}}{x} = 3 \qquad \text{sowie} \qquad \lim_{x \to -\infty} \frac{2x + \sqrt{x^2 + 1}}{x} = 1 .$$

ii) *Die beiden Geraden* y = 3 (*bzw.* y = 1) *in Abb. 4.1.18 (Parallelen zur Abszisse) werden von der Funktionskurve für* $x \to \pm \infty$ *beliebig genau angenähert, man bezeichnet sie daher als (waage-rechte)* **Asymptoten** *von* f *für* $x \to \infty$ (*bzw.* $x \to -\infty$) . (*Näheres zu Asymptoten siehe Kap. 4.8*)

Bemerkung 4.1.21:   *Gelegentlich wird bei Vorliegen des Konvergenzfalles* $\lim\limits_{x \to \infty} f(x) = g$ *($\in \mathbb{R}$) sinnge-*
mäß behauptet: „ *f nähert sich für* $x \to \infty$ *immer mehr dem (Grenz-)Wert g ohne ihn zu erreichen.*"
Diese Behauptung ist **nicht** *immer* **korrekt***, wie die folgenden* **Beispiele** *belegen:*

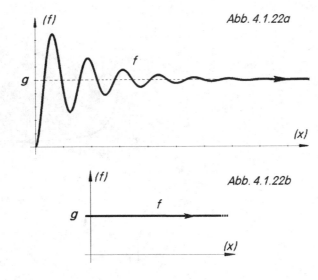

Abb. 4.1.22a

(*Einschwingvorgang bei*
plötzlicher Belastung
einer wenig gedämpf-
ten Waage, Abb. 4.1.22 a)

Offenbar gilt:

i) $\lim\limits_{x \to \infty} f(x) = g$ *sowie*

ii) $f(x)$ *nimmt den*
   Grenzwert *g* **beliebig**
   oft *an.*

Abb. 4.1.22b

$f(x) = g = const., d.h.$
die Funktion f ist iden-
tisch mit ihrem Grenz-
wert ! (Abb. 4.1.22 b)

$\Rightarrow \lim\limits_{x \to \infty} f(x) = g\,!$

Beispiel 4.1.23:   (**uneigentlicher Grenzwert** oder: **bestimmte Divergenz für** $x \to \pm \infty$)

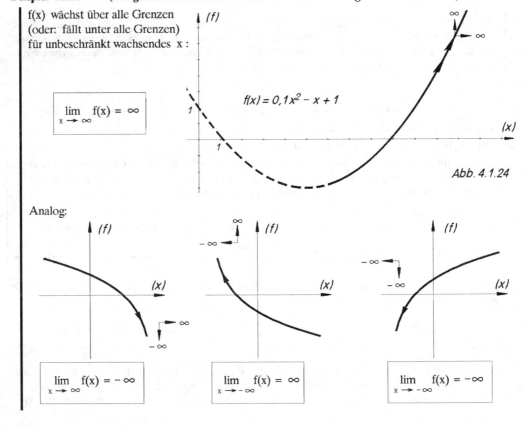

f(x) wächst über alle Grenzen
(oder: fällt unter alle Grenzen)
für unbeschränkt wachsendes x :

$$\lim\limits_{x \to \infty} f(x) = \infty$$

$f(x) = 0,1x^2 - x + 1$

Abb. 4.1.24

Analog:

$$\lim\limits_{x \to \infty} f(x) = -\infty$$

$$\lim\limits_{x \to -\infty} f(x) = \infty$$

$$\lim\limits_{x \to -\infty} f(x) = -\infty$$

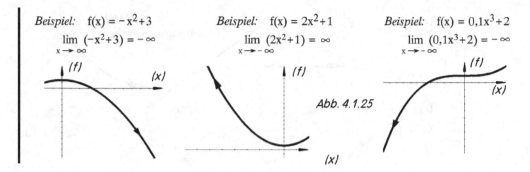

Beispiel: $f(x) = -x^2+3$
$$\lim_{x \to \infty} (-x^2+3) = -\infty$$

Beispiel: $f(x) = 2x^2+1$
$$\lim_{x \to -\infty} (2x^2+1) = \infty$$

Beispiel: $f(x) = 0,1x^3+2$
$$\lim_{x \to -\infty} (0,1x^3+2) = -\infty$$

Abb. 4.1.25

Beispiel 4.1.26:   (**unbestimmte Divergenz für** $x \to \pm \infty$)

Liegt dieser Fall vor, so strebt f keinem festen endlichen Wert zu, wächst/fällt allerdings auch nicht über/unter jede Grenze. Vielmehr verhält sich f für $x \to \pm \infty$ völlig unbestimmt bzw. schwankend *(wie in Abb. 4.1.27 am Beispiel f(x) = sin x zu sehen):*

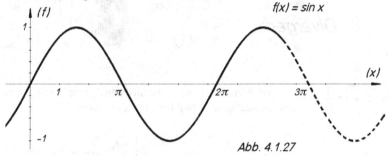

$f(x) = \sin x$

Abb. 4.1.27

| **Zusammenfassung:** | Ein **Grenzverhalten** von Funktionen tritt in folgenden **Varianten** auf *(Bsp.):* |

Fall 1: $x \to x_0$

Wir betrachten zunächst die Annäherung der unabhängigen Variablen *(hier: x)* an eine **innere Stelle** x_0 ($\in \mathbb{R}$):

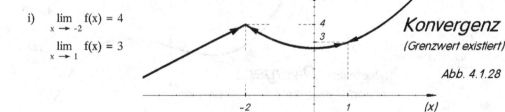

i) $\lim_{x \to -2} f(x) = 4$

$\lim_{x \to 1} f(x) = 3$

Konvergenz

(Grenzwert existiert)

Abb. 4.1.28

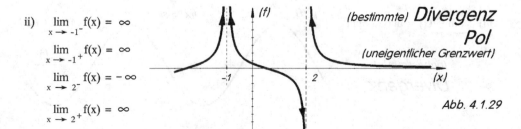

ii) $\lim_{x \to -1^-} f(x) = \infty$

$\lim_{x \to -1^+} f(x) = \infty$

$\lim_{x \to 2^-} f(x) = -\infty$

$\lim_{x \to 2^+} f(x) = \infty$

(bestimmte) **Divergenz**

Pol

(uneigentlicher Grenzwert)

Abb. 4.1.29

iii) $\lim\limits_{x \to 0^+} f(x) = 2$

$\lim\limits_{x \to 3^-} f(x) = 2$

$\lim\limits_{x \to 3^+} f(x) = 4$

$\lim\limits_{x \to 7^-} f(x) = 0$

$\lim\limits_{x \to 7^+} f(x) = 1$

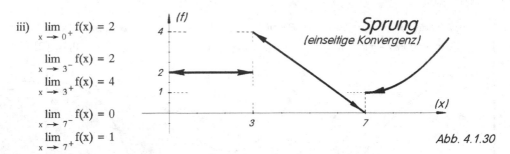

Sprung
(einseitige Konvergenz)

Abb. 4.1.30

iv) $\lim\limits_{x \to 0,2} f(x) = $ unbestimmt

$f(x) = \sin \dfrac{1}{x - 0,2}$

(oszillierende)

Divergenz

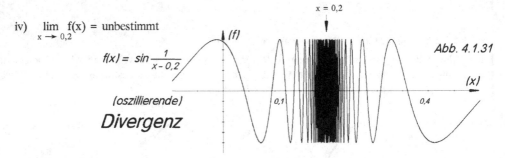

x = 0,2

Abb. 4.1.31

Fall 2: $x \to \infty$

Wir betrachten nun f , wenn die unabhängige Variable *(hier: x)* **über alle Grenzen** wächst $(x \to \infty)$ bzw. unter alle Grenzen fällt $(x \to -\infty)$:

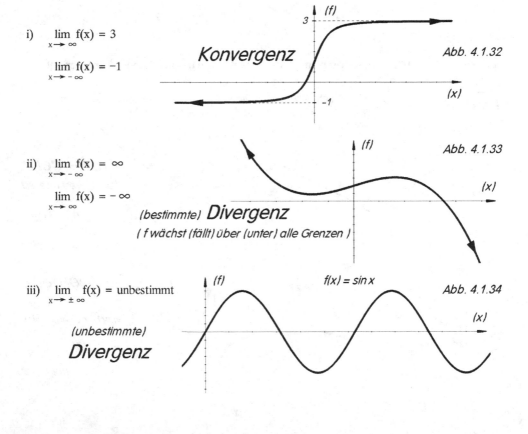

i) $\lim\limits_{x \to \infty} f(x) = 3$

$\lim\limits_{x \to -\infty} f(x) = -1$

Konvergenz

Abb. 4.1.32

ii) $\lim\limits_{x \to -\infty} f(x) = \infty$

$\lim\limits_{x \to \infty} f(x) = -\infty$

Abb. 4.1.33

(bestimmte) Divergenz

(f wächst (fällt) über (unter) alle Grenzen)

iii) $\lim\limits_{x \to \pm\infty} f(x) = $ unbestimmt

(unbestimmte)

Divergenz

$f(x) = \sin x$

Abb. 4.1.34

Bemerkung 4.1.35: *i) Es sei noch einmal (siehe Bsp. 4.1.12) ausdrücklich betont, dass eine Grenzwertbetrachtung von f(x) für x → x_0 **auch dann** durchgeführt werden kann, **wenn an der Stelle x_0 die Funktion f nicht definiert ist.** Es kann sogar vorkommen, dass f in x_0 einen (endlichen) Grenzwert besitzt, ohne dass f(x_0) existiert (,, Lücke", siehe Kapitel 4.5).*

*ii) Aus Abb. 4.1.30 wird noch einmal deutlich, dass in x_0 für eine Funktion f zwar **rechts- und linksseitige** Grenzwerte **existieren** können, dennoch f für x → x_0 **divergent** ist:*

$$\lim_{x \to 7^-} f(x) = g_1 = 0 \qquad und \qquad \lim_{x \to 7^+} f(x) = g_2 = 1 .$$

Wegen $g_1 \neq g_2$ aber gilt: $\quad \lim_{x \to 7} f(x)$ *existiert **nicht*** *(,, Sprung", siehe Kap. 4.5) .*

*iii) Ist von ,, **Existenz** eines Grenzwertes g" einer Funktion f die Rede, so meint man stets einen **endlichen** Grenzwert g ($\in \mathbb{R}$). Bei der etwas missverständlichen Bezeichnung ,,uneigentlicher Grenzwert" (d.h. $\lim f(x) = \pm \infty$) gibt es dagegen **keinen** (endlichen) Wert, gegen den f strebt.*

Aufgabe 4.1.36:

Eine Funktion f: y = f(x) besitze den nebenstehenden Graphen.

Beschreiben Sie mit Hilfe der Grenzwert-Symbolik das Verhalten von f an jeder der zehn durch Pfeile markierten Stellen der Abszisse.

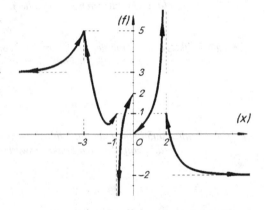

(Beispiel: $\lim_{x \to -\infty} f(x) = ...$

$\lim_{x \to -3^-} f(x) = ... \quad usw.)$

In diesem einleitenden Kapitel 4.1 haben wir **grundsätzlich** zu klären versucht, was man unter dem **Grenzwert einer Funktion** versteht und welche Varianten prinzipiell bei Grenzprozessen auftreten können.

Es stellt sich nun die Frage, wie man bei **konkret** vorliegenden *(ökonomischen)* Funktionen korrekte Aussagen über das Grenzverhalten erhält. Die Antwort auf diese Frage geben wir in **zwei Schritten:**

Zunächst stellen wir für die wichtigsten Grundtypen von Funktionen die Standard-Grenzwerte zusammen (siehe Kap. 4.2). Diese Elementar-Grenzwerte dienen dann als Grundbausteine, um mit Hilfe der Grenzwertsätze ($\triangleq$ Rechenregeln für Grenzwerte) auch Grenzwerte komplexer Funktionen zu ermitteln (siehe Kap. 4.3).

Bemerkung 4.1.37: *Um die symbolische Kurzschreibweise möglichst aussagekräftig zu machen, wollen wir die **Art der Annäherung** von f(x) an den (endlichen) Grenzwert g durch ein hochgestelltes ,, + " oder ,,–" kennzeichnen, z.B.:*

i) $\quad \lim_{x \to \infty} f(x) = g^+$ *bedeutet: f nähert sich (für x → ∞) dem Grenzwert g ,,von oben", d.h. von größeren Werten aus.*

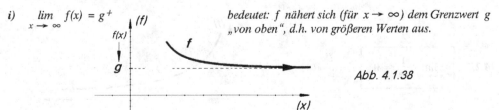

Abb. 4.1.38

ii) $\quad \lim\limits_{x \to x_0^+} f(x) = g^-$

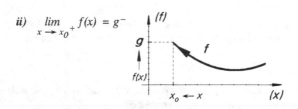

bedeutet: *f nähert sich (bei rechtsseiti-*
ger Annäherung von x gegen x_0) dem
Grenzwert g „von unten", d.h. von klei-
neren Werten her.

Abb. 4.1.39

Alle weiteren Kombinationen $x \to ...,\ f \to ...$ *sind analog zu interpretieren.*
Es gilt (sofern $x :=$ *unabhängige Variable,* $f :=$ *abhängige Variable, Funktionswert):*

$x \to x_0^+$　*heißt: Annäherung der Abszissenwerte von „rechts"*
　　　　　(d.h. von größeren x-Werten her).

$x \to x_0^-$　*heißt: Annäherung der Abszissenwerte von „links"*
　　　　　(d.h. von kleineren x-Werten her).

$f \to g^+$　*heißt: Annäherung der Funktionswerte von „oben"*
　　　　　(d.h. von größeren Funktionswerten her).

$f \to g^-$　*heißt: Annäherung der Funktionswerte von „unten"*
　　　　　(d.h. von kleineren Funktionswerten her).

4.2　Grenzwerte spezieller Funktionen

In diesem Abschnitt sollen die **Grenzwerte** der wichtigsten elementaren **Funktionstypen** angegeben werden, mit deren Hilfe es möglich wird (zusammen mit den Grenzwertsätzen, siehe Kapitel 4.3), die Grenzwerte auch komplexer zusammengesetzter Funktionen zu berechnen:

(4.2.1) $\quad \boxed{\lim\limits_{x \to \infty} x^n = \infty} \quad (n \in \mathbb{R}^+)$

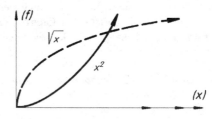

(4.2.2) $\quad \boxed{\lim\limits_{x \to \infty} \dfrac{1}{x^n} = 0} \quad (n \in \mathbb{R}^+)$

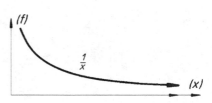

(4.2.3) $\quad\boxed{\lim_{x \to 0} x^n = 0}\qquad (n \in \mathbb{R}^+)$

(Für nicht-ganzzahlige Hochzahlen (z.B. für Wurzeln) darf nur der rechtsseitige Limes $(x \to 0^+)$ gebildet werden.)

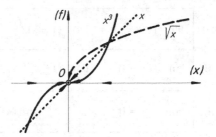

(4.2.4) $\quad\boxed{\lim_{x \to 0^+} \dfrac{1}{x^n} = \infty}\qquad (n \in \mathbb{R}^+)$

(4.2.5) $\quad\boxed{\lim_{x \to 0^-} \dfrac{1}{x^n} = \begin{cases} +\infty & \text{falls } n \text{ gerade} \\ -\infty & \text{falls } n \text{ ungerade} \end{cases}}$

$\qquad\quad (n \in \mathbb{N})$

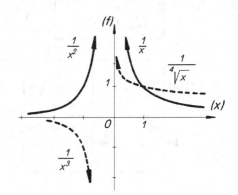

(4.2.6) i) $\boxed{\lim_{x \to \infty} e^x = \infty}$ **ii)** $\boxed{\lim_{x \to -\infty} e^{-x} = \infty}$

(4.2.7) i) $\boxed{\lim_{x \to -\infty} e^x = 0^+}$ **ii)** $\boxed{\lim_{x \to \infty} e^{-x} = 0^+}$

(zur symbolischen Schreibweise siehe Bem. 4.1.37)

(4.2.8) $\boxed{\lim_{x \to 0} e^x = \lim_{x \to 0} e^{-x} = 1}$

(analog für $f(x) = a^x$ mit $a > 1$)

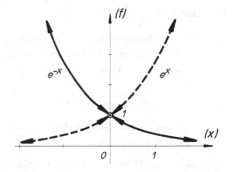

(4.2.9) i) $\boxed{\lim_{x \to \infty} (\ln x) = \infty}$ **ii)** $\boxed{\lim_{x \to 1} (\ln x) = 0}$

iii) $\boxed{\lim_{x \to 0^+} (\ln x) = -\infty}$ $\quad$ *(analog für $f(x) = \log_a x; \ a > 1$)*

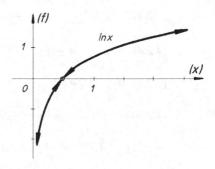

(4.2.10) i) $\quad \lim\limits_{x \to \infty} (1 + \frac{1}{x})^x = \lim\limits_{x \to 0^+} (1 + x)^{1/x} = e$

(e = 2,71828 18284 59045 23536 02874 ...;
Eulersche Zahl, Basis der natürlichen Logarithmen)

ii) $\quad \lim\limits_{x \to \infty} (1 - \frac{1}{x})^x = \lim\limits_{x \to 0^+} (1 - x)^{1/x} = \frac{1}{e}$

(Ein nachträglicher Beweis dieser
Grenzwerte erfolgt in Kapitel 5.3)

iii) $\quad \lim\limits_{x \to \infty} \dfrac{x^n}{e^x} = 0 \qquad\qquad (n \in \mathbb{R})$

iv) $\quad \lim\limits_{x \to 0} \dfrac{\sin x}{x} = 1 \qquad (x \ne 0)$

(4.2.11) a) $\quad \lim\limits_{x \to \infty} q^x = \begin{cases} 0 & \text{für } 0 < q < 1 \\ 1 & \text{für } q = 1 \\ \infty & \text{für } q > 1 \end{cases}$

Beispiel: $(\frac{1}{2})^x$; $(\frac{1}{e})^x = e^{-x}$ $\qquad (\to 0)$

Beispiel: $1{,}08^x$; e^x $\qquad\qquad (\to \infty)$

b) $\quad \lim\limits_{x \to \infty} q^{-x} = \begin{cases} \infty & \text{für } 0 < q < 1 \\ 1 & \text{für } q = 1 \\ 0 & \text{für } q > 1 \end{cases}$

Beispiel: $(0{,}2)^{-x} = 5^x$; $(\frac{1}{e})^{-x} = e^x$ $\quad (\to \infty)$

Beispiel: $1{,}25^{-x} = 0{,}8^x$; $e^{-x} = (\frac{1}{e})^x$ $(\to 0)$.

Bemerkung 4.2.12: *Um die Berechnung komplexer Grenzwerte im Ablauf übersichtlich darstellen zu kön-*
nen, wollen wir gelegentlich für elementare Grenzprozesse eine in Anführungszeichen („...") gesetzte
Kurzschreibweise verwenden.

Beispiel: $\quad \text{„}\dfrac{1}{0^+}\text{"}; \ \text{„}\dfrac{1}{0^-}\text{"} \ ; \ \text{„}e^\infty\text{"} \ ; \ \text{„}e^{-\infty}\text{"} \ ; \ \text{„}e^{1/0^-}\text{"} \ ; \ \text{„}\ln 0^+\text{"} \ ; \ \text{„}0{,}5^\infty\text{"} \ usw.$

Die Anführungszeichen „..." an derartigen nicht definierten und somit eigentlich unsinnigen Termen sol-
len **signalisieren,** *dass es sich um* **Grenzprozesse** *von Funktionen handelt. So könnte etwa der Ausdruck*
$\text{„}\dfrac{1}{0^+}\text{"}$ *bedeuten (siehe (4.2.1) bis (4.2.11)):*

$$\lim\limits_{x \to 0^+} \frac{1}{x} \ \textit{oder} \ \lim\limits_{p \to 0} \frac{1}{p^8} \ \textit{oder} \ \lim\limits_{z \to 0^-} \frac{1 - z^4}{-z^5} \ \textit{oder} \ \lim\limits_{y \to -\infty} \frac{1}{e^y} \ \textit{oder} \ \lim\limits_{t \to 1^+} \frac{t}{\ln t} \quad usw.$$

Allen diesen Grenzwerten ist gemeinsam, dass ihr **Zähler** *gegen* **1** *und ihr* **Nenner** *(von rechts) gegen*
Null strebt.

Nach (4.2.1) bis (4.2.11) lauten einige der **Grenzwertregeln** *in dieser Symbolik:*

(4.2.1) $\quad \text{„}\infty^n\text{"} = \infty \ \ (n > 0)$ $\qquad\qquad$ *(4.2.3)* $\quad \text{„}\infty^\infty\text{"} = \infty$

(4.2.2) $\quad \text{„}\dfrac{1}{\infty}\text{"} = 0^+ \ ; \quad \text{„}\dfrac{1}{-\infty}\text{"} = 0^-$ $\qquad\qquad \text{„}\dfrac{0^\pm}{\infty}\text{"} = 0^\pm$

(4.2.4) $\quad \text{„}\dfrac{1}{0^+}\text{"} = \infty$ $\qquad\qquad$ *(4.2.5)* $\quad \text{„}\dfrac{1}{0^-}\text{"} = -\infty; \quad \text{„}\dfrac{\infty}{0^+}\text{"} = \infty$

(4.2.6) $\quad \text{„}e^\infty\text{"} = \infty$ $\qquad\qquad$ *(4.2.7)* $\quad \text{„}e^{-\infty}\text{"} = 0^+$

(4.2.9.iii) $\quad \text{„}\ln 0^+\text{"} = -\infty$

(4.2.11) $\quad \text{„}1{,}1^\infty\text{"} = \infty; \quad \text{„}0{,}5^\infty\text{"} = 0; \quad \text{„}1{,}08^{-\infty}\text{"} = 0^+$

4.3 Die Grenzwertsätze und ihre Anwendungen

Die folgenden **Rechenregeln für Grenzwerte** erleichtern ganz wesentlich die Berechnung von Grenzwerten komplexer zusammengesetzter Funktionen:

Satz 4.3.1: (Rechenregeln für Grenzwerte)

Die beiden Funktionen f, h seien in einer Umgebung der Stelle x_0 definiert. Für $x \to x_0$ mögen beide Funktionen konvergieren, die Grenzwerte seien g_1 und g_2. Wir schreiben dafür kurz:

$$\lim f := \lim_{x \to x_0} f(x) = g_1 \quad (\in \mathbb{R}) \; ; \qquad \lim h := \lim_{x \to x_0} h(x) = g_2 \quad (\in \mathbb{R}) \; .$$

Weiterhin sei c eine reelle Konstante: Dann existieren auch die folgenden Grenzwerte, und es gilt:

i) $\lim c = c$;

ii) $\lim (f \pm h) = \lim f \pm \lim h = g_1 \pm g_2$;

iii) $\lim (f \cdot h) \;\; = \lim f \cdot \lim h = g_1 \cdot g_2$;

*(d.h. man darf die Grenzwerte zusammengesetzter Funktionen **einzeln** bilden und die Grenzwerte entsprechend miteinander verknüpfen!)*

iv) $\lim \dfrac{f}{h} = \dfrac{\lim f}{\lim h} = \dfrac{g_1}{g_2}$, sofern $g_2 \neq 0$;

v) $\lim f^n = (\lim f)^n = g_1{}^n \quad (n \in \mathbb{N})$;

vi) $\lim \sqrt[n]{f} = \sqrt[n]{\lim f} = \sqrt[n]{g_1} \quad (n \in \mathbb{N} \; ; \; f, g_1 \geq 0)$;

vii) $\lim e^f = e^{\lim f} = e^{g_1}$;

(d.h. der Grenzwert einer Funktion ist gleich der Funktion des Grenzwertes – Grenzwertbildung und Funktionsbildung dürfen vertauscht werden)

viii) $\lim (\ln f) = \ln (\lim f) = \ln g_1$, sofern $f, g_1 > 0$.

Bemerkung 4.3.2:

i)   Satz 4.3.1 bleibt gültig, wenn $x \to \infty$ statt $x \to x_0$ gesetzt wird.

*ii) Satz 4.3.1 i)-iv) bedeutet, dass der Grenzwert einer Summe, eines Produktes bzw. eines Quotienten von Funktionen identisch ist mit der Summe, dem Produkt bzw. dem Quotienten der einzelnen Funktionsgrenzwerte, sofern diese **endlich** (d.h. aus $\mathbb{R}$) sind.*

*iii) Satz 4.3.1 v)-viii) bedeutet, dass die Reihenfolge von Grenzwertbildung und Funktionsbildung vertauscht werden kann, d.h. im Fall der Konvergenz ist der **Grenzwert einer Funktion identisch** mit der **Funktion der Grenzwertes**. Dies gilt insbesondere für zusammengesetzte (verkettete) Funktionen $f(h(x))$, sofern $\lim h(x)$ existiert und f stetig (siehe Kap. 4.4) ist: $\lim f(h(x)) = f(\lim h(x)) = f(g_2)$.*

Beispiel 4.3.3:   *(unter Verwendung der Elementar-Grenzwerte (Kap. 4.2), der Symbolik „...“ aus Bemerkung 4.2.12 sowie den Grenzwertregeln aus Satz 4.3.1)*

i) $\displaystyle \lim_{x \to \infty} \frac{3 - \dfrac{1}{x}}{5 - \dfrac{2}{x^2}} = \frac{\lim \left(3 - \dfrac{1}{x}\right)}{\lim \left(5 + \dfrac{2}{x^2}\right)} = \frac{\lim 3 - \lim \dfrac{1}{x}}{\lim 5 + \lim \dfrac{2}{x^2}} =$

$\dfrac{3 - \lim \dfrac{1}{x}}{5 + 2 \cdot \lim \dfrac{1}{x^2}} = \dfrac{3 - 0}{5 + 2 \cdot 0} = \dfrac{3}{5}$. $\left(\lim := \lim_{x \to \infty} \right)$

ii) $\lim\limits_{x \to \infty} e^{-\frac{5}{x}} = e^{\lim\limits_{x \to \infty} -\frac{5}{x}} = e^{„-\frac{5}{\infty}"} = e^{0^-} = 1$;

iii) $\lim\limits_{x \to 0^+} \dfrac{14 - e^{-x}}{e^{-\frac{1}{x}} + 52} = \dfrac{14 - \lim e^{-x}}{\lim e^{-\frac{1}{x}} + 52} = \dfrac{14 - „e^{0^-}"}{e^{„-\frac{1}{0^-}"} + 52} =$

$$\dfrac{14 - 1}{„e^{-\infty}" + 52} = \dfrac{13}{0 + 52} = 0{,}25 \ .$$

iv) $\lim\limits_{x \to 0} \dfrac{2x^7 - 4x^3 + 16}{2x^2} = „\dfrac{16}{0^+}" = \infty.$

v) $\lim\limits_{n \to \infty} \dfrac{1{,}1^n - 1}{0{,}1} \cdot \dfrac{1}{1{,}1^n} = \lim\limits_{n \to \infty} \dfrac{1 - 1{,}1^{-n}}{0{,}1} = \dfrac{1 - „1{,}1^{-\infty}"}{0{,}1} = \dfrac{1}{0{,}1} = 10 \ .$

Die Grenzwertberechnung bei **gebrochen-rationalen Funktionen** führt gelegentlich auf sogenannte **unbestimmte Ausdrücke** wie $0/0$ oder ∞/∞ [1]. Derartige Grenzwerte lassen sich unmittelbar weder mit (4.2.1)-(4.2.11) noch mit Satz 4.3.1 ermitteln. Die folgenden Beispiele zeigen exemplarisch das Vorgehen bei gebrochen-rationalen Funktionen und ihren zunächst unbestimmten Grenzwerten:

Beispiel 4.3.4: $\qquad \lim\limits_{x \to \infty} \dfrac{6x^3 + 4x^2 - 7}{x^3 + x} = „\dfrac{\infty}{\infty}" = ?$

Klammern wir im Zähler wie im Nenner die jeweils **höchste** Potenz aus, so erhalten wir:

$$\lim\limits_{x \to \infty} \dfrac{x^3 (6 + \frac{4}{x} - \frac{7}{x^3})}{x^3 (1 + \frac{1}{x^2})} = \lim\limits_{x \to \infty} \dfrac{6 + \frac{4}{x} - \frac{7}{x^3}}{1 + \frac{1}{x^2}} = 6 \ .$$

Wegen (4.2.2) gehen die Terme a/x^n für $x \to \infty$ sämtlich gegen Null, so dass sich 6 als Grenzwert ergibt (siehe Beispiel 4.3.3 i)).

Bemerkung: Dieses Verfahren (Ausklammern der jeweils höchsten Potenz) ist bei „ ∞/∞ " nur dann sinnvoll, sofern es sich a) um gebrochen-rationale Funktionen handelt und b) die unabhängige Variable über alle Grenzen strebt ($x \to \infty$ oder $x \to -\infty$).

Beispiel 4.3.5: $\qquad \lim\limits_{x \to 0^+} \dfrac{5x^3 + 4x^2}{2x^5 - 8x^3} = „\dfrac{0}{0}" = ?$

Klammern wir im Zähler wie im Nenner die jeweils **kleinste** Potenz aus, so erhalten wir:

$$\lim\limits_{x \to 0^+} \dfrac{x^2 (5x + 4)}{x^3 (2x^2 - 8)} = (x \neq 0) \ \lim\limits_{x \to 0^+} \dfrac{5x + 4}{x (2x^2 - 8)} = „\dfrac{4}{0^+ \cdot (-8)}" = (4.2.4) = -\infty \ .$$

Bemerkung: Ausklammern der jeweils kleinsten Potenz ist bei „$0/0$" nur sinnvoll, sofern es sich a) um gebrochen-rationale Funktionen handelt und b) die unabhängige Variable gegen Null strebt ($x \to 0$).

---

1 Allgemein hilft bei $0/0$, ∞/∞, 0^0, ∞^0, $\infty - \infty$, $0 \cdot \infty$, 1^∞ die Regel von L'Hospital, siehe Kap. 5.3.

Beispiel 4.3.6: $\qquad\qquad\qquad\displaystyle\lim_{x \to 1} \frac{x^2 + 3x - 4}{2x^2 - 9x + 7} = \text{„}\frac{0}{0}\text{“} = ?$

Da die Zahl 1 die Nullstelle des Zähler- wie des Nennerpolynoms ist, müssen sich Zähler wie Nenner ohne Rest durch $(x-1)$ teilen und somit in Teilpolynome zerlegen lassen *(s. Kapitel 2.3.1.4):*

$$
\begin{array}{l}
\text{Zähler:}\quad x^2 + 3x - 4 \;:\; (x-1) = x + 4 \;; \qquad\qquad \text{d.h.} \qquad x^2 + 3x - 4 = (x+4)(x-1)\\
\phantom{\text{Zähler:}\quad}\underline{x^2 - x}\\
\phantom{\text{Zähler:}\quad x^2 -}4x - 4\\
\phantom{\text{Zähler:}\quad x^2 -}\underline{4x - 4}\\
\phantom{\text{Zähler:}\quad x^2 - 4x -}0
\end{array}
$$

$$
\begin{array}{l}
\text{Nenner:}\quad 2x^2 - 9x + 7 \;:\; (x-1) = 2x - 7 \;; \qquad \text{d.h.} \qquad 2x^2 - 9x + 7 = (2x-7)(x-1)\\
\phantom{\text{Nenner:}\quad}\underline{2x^2 - 2x}\\
\phantom{\text{Nenner:}\quad 2x^2}-7x + 7\\
\phantom{\text{Nenner:}\quad 2x^2}\underline{-7x + 7}\\
\phantom{\text{Nenner:}\quad 2x^2 -7x +}0
\end{array}
$$

$$\Rightarrow \lim_{x \to 1} \frac{x^2 + 3x - 4}{2x^2 - 9x + 7} = \lim_{x \to 1} \frac{(x+4)(x-1)}{(2x-7)(x-1)} = (x \neq 1) \quad \lim_{x \to 1} \frac{x+4}{2x-7} = -1 \; .$$

Bemerkung: Man könnte im Fall $x \to x_0$ (hier $x \to 1$) ebensogut die Variable x substituieren durch den Term $x_0 + h$ (hier: $1+h$) und dann statt $x \to x_0$ (hier: $x \to 1$) den Grenzübergang $h \to 0$ (siehe Beispiel 4.3.5) durchführen. Im obigen Beispiel erhalten wir:

$$\lim_{x \to 1} \frac{x^2 + 3x - 4}{2x^2 - 9x + 7} = \lim_{h \to 0} \frac{(1+h)^2 + 3(1+h) - 4}{2(1+h)^2 - 9(1+h) + 7} = \lim_{h \to 0} \frac{h^2 + 5h}{2h^2 - 5h} \quad \to \quad \text{„}\frac{0}{0}\text{“}$$

Ausklammern der kleinsten Potenz (siehe Beispiel 4.3.5) führt auf:

$$\lim_{h \to 0} \frac{h(h+5)}{h(2h-5)} = \lim_{h \to 0} \frac{h+5}{2h-5} = \frac{5}{-5} = -1 \;, \; s.o.$$

Die folgenden Beispiele zeigen einige unmittelbare **Anwendungen** des Grenzwertbegriffes auf **ökonomische Fragestellungen:**

Beispiel 4.3.7:   Für das Gesamteinkommen $Y(t)$ (in GE/Jahr) eines expandierenden Wirtschaftszweiges wird – ausgehend vom Planungszeitpunkt $t = 0$ – im Zeitablauf eine Entwicklung prognostiziert, die gemäß folgender Funktion verläuft („Logistische Funktion", siehe Kap. 2.5, (9) viii)):

$$Y(t) = \frac{210}{0,1 + 20 \cdot e^{-0,5t}}$$

(t: Zeitdauer in Jahren seit $t = 0$) .

Gesucht ist der „Sättigungswert" des Einkommens „auf lange Sicht", d.h. der Grenzwert des Einkommens, wenn die Zeit „über alle Grenzen" wächst. Ermittelt wird dieser Sättigungswert über den Grenzwert von Y für $t \to \infty$:

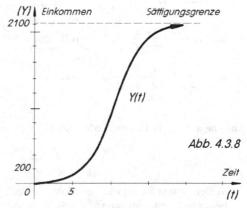

Abb. 4.3.8

$$\lim_{t \to \infty} Y(t) = \lim_{t \to \infty} \frac{210}{0,1 + 20 \cdot e^{-0,5t}} =$$

$$\frac{210}{0,1 + 20 \cdot \text{„}e^{-\infty}\text{“}} = \frac{210}{0,1 + 0} = 2100 \text{ GE/Jahr.}$$

Das Einkommen des expandierenden Wirtschaftszweiges nähert sich mit wachsender Zeitdauer immer mehr der Sättigungsgrenze 2100 GE/Jahr, siehe Abb. 4.3.8.

Beispiel 4.3.9: Der monatliche Butterverbrauch B (in €/Monat) eines Haushaltes hänge vom Haushaltseinkommen Y (in €/Monat) in folgender Weise ab:

$$B(Y) = 60 \cdot e^{\frac{-1500}{Y}} \quad ; \ Y > 0 \ .$$

Gesucht ist **i)** der Sättigungswert des Butterverbrauchs für unbeschränkt wachsendes Einkommen sowie – da B(Y) für Y = 0 nicht definiert ist, – **ii)** der Grenzwert des Butterverbrauchs, wenn das Einkommen Y gegen Null geht.

Lösung: **i)** Der Sättigungswert des Butterverbrauchs ist gegeben durch den Grenzwert von B für unbeschränkt wachsendes Einkommen (Y → ∞), d.h.

$$\lim_{Y \to \infty} B(Y) = \lim_{Y \to \infty} 60 \cdot e^{\frac{-1500}{Y}} =$$

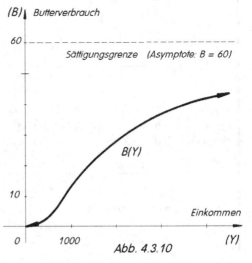

$$60 \cdot e^{-\frac{1500}{\infty}\ \text{"}} = 60 \cdot e^{-0} = 60 \ \text{€/Monat},$$

d.h. selbst bei unbeschränkt wachsendem Einkommen werden nicht mehr als 60 €/Monat für den Butterkonsum ausgegeben.

ii) $\lim\limits_{Y \to 0^+} B(Y) = \lim\limits_{Y \to 0^+} 60 \, e^{\frac{-1500}{Y}} =$

$$60 \, e^{-\frac{1500}{0^+}\ \text{"}} = 60 \ {}_{\text{"}} e^{-\infty}\ \text{"} = 60 \cdot 0 = 0 \ ,$$

d.h. mit sinkendem Einkommen geht der Butterverbrauch gegen 0, siehe Abb. 4.3.10.

Abb. 4.3.10

Aufgabe 4.3.11: Ermitteln Sie folgende Grenzwerte (sofern sie existieren):

i) $\lim\limits_{x \to \infty} \dfrac{5x^3 - 4}{x^2}$;

ii) $\lim\limits_{y \to \infty} \dfrac{2y + 1}{3y^5 - y}$;

iii) $\lim\limits_{z \to \infty} \left(\dfrac{-a - b}{2cz + d} \right)^3$;

iv) $\lim\limits_{p \to 0^+} \sqrt[3]{\dfrac{p^3 - 3p^2 + 8p}{p^4 + p}}$;

v) $\lim\limits_{h \to 0} \dfrac{(x + h)^3 - x^3}{h}$;

vi) $\lim\limits_{x \to 0^+} \dfrac{e^x}{\ln x}$;

vii) $\lim\limits_{t \to 0^+} \dfrac{3t^5 - 3t^3}{5t^2 - 8t^4}$;

viii) $\lim\limits_{z \to 1} 5 \left(\ln \dfrac{2z^2 - 3z + 1}{z^2 - 1} \right)^2$;

ix) $\lim\limits_{x \to -2^{\pm}} \dfrac{x^2 + x - 2}{x^3 + 5x^2 + 8x + 4}$.

x) $\lim\limits_{n \to \infty} R \cdot \dfrac{q^n - 1}{q - 1} \cdot \dfrac{1}{q^n}$, *(q > 1)* .

Aufgabe 4.3.12: **i)** Bestimmen Sie für $f(x) = \dfrac{71}{e^{\frac{2}{x}} + 10}$ die Grenzwerte für $x \to 0^+ ; 0^- ; \infty ; -\infty$.

ii) Bestimmen Sie für die Funktion f mit nebenstehender Darstellung an der Stelle $x_0 = 1$ den links - und den rechtsseitigen Grenzwert:

$$f(x) = \begin{cases} \dfrac{x - 1}{1 + x^2} & \text{für} \quad 0 < x < 1 \\[2mm] 2 & \text{für} \quad x = 1 \\[2mm] \dfrac{x^3 - 1}{6(1 - x)} & \text{für} \quad x > 1 \end{cases}$$

Aufgabe 4.3.13: i) Gegeben sei die Preis-Absatz-Funktion p mit $p(x) = 10 \cdot \ln \frac{100}{x-2}$, $(x > 2)$.
Gegen welchen Wert strebt die nachgefragte Menge x, wenn der Preis p über alle Grenzen wächst ?

ii) Der Nahrungsmittelkonsum C (in GE/Jahr) eines Haushaltes sei in Abhängigkeit vom Haushaltseinkommen Y (in GE/Jahr) gegeben durch die Konsumfunktion:

$$C(Y) = \frac{40Y - 140}{Y + 8} \; ; \; Y \geq 0 \quad .$$

a) Ermitteln Sie für unbeschränktes Einkommenswachstum den Sättigungswert des Nahrungsmittelkonsums.
b) Gegen welchen Wert strebt die durchschnittliche Konsumquote für Nahrungsmittel
(d.h. C(Y)/Y), wenn das Einkommen über alle Grenzen steigt?

4.4   Der Stetigkeitsbegriff

Bei der graphischen Darstellung von Funktionen geht man meist stillschweigend davon aus, dass sich die (z.B. über eine Wertetabelle ermittelten) Funktionspunkte **ohne Unterbrechung** und **lückenlos** durch einen **„stetigen" Kurvenzug** miteinander verbinden lassen *(und dies auch noch in „endlicher Zeit")*. Dass dies keineswegs immer so sein muss, zeigen etwa die Beispiele Abb. 4.1.29-4.1.30 oder die folgenden Schaubilder (Abb. 4.4.1), in denen f jeweils an der Stelle x_0 im obigen Sinne „unstetig" ist.

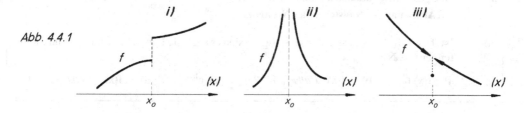

Abb. 4.4.1

Sollen derartige **Unstetigkeiten** von f an der Stelle x_0 ausgeschlossen sein (also nur „stetige" Funktionen betrachtet werden), so muss f an der Stelle x_0 offenbar folgenden Bedingungen genügen:

i)   f muss in x_0 **definiert** sein, d.h. $f(x_0)$ muss existieren ;
ii)   f muss für $x \to x_0$ einen (endlichen) **Grenzwert** (und somit übereinstimmende rechts- und linksseitige Grenzwerte) besitzen, d.h. es muss gelten:

(4.4.2)
$$\lim_{x \to x_0} f(x) = \lim_{x \to x_0^+} f(x) = \lim_{x \to x_0^-} f(x) = g \qquad (\in \mathbb{R});$$

iii) der **Grenzwert** von f für $x \to x_0$ muss mit dem **Funktionswert** an der Stelle x_0 **übereinstimmen**,
d.h. $\lim_{x \to x_0} f(x) = f(x_0)$.

Zusammenfassend erhält man die

Def. 4.4.3:   (Stetigkeit von f in x_0)

Sei f eine in [a,b] definierte Funktion. Dann heißt f **stetig an der Stelle** $x_0 \in \,]a,b[$, wenn gilt:

(4.4.4)
$$\lim_{x \to x_0} f(x) = f(x_0)$$

Bemerkung 4.4.5:

i) In logischer Fortsetzung zu Def. 4.4.3 nennt man f **im Intervall I** *stetig, wenn f in* **jedem Punkt** *von I stetig ist. In einem abgeschlossenen Intervall I = [a,b] kann f in den* **Randpunkten** *a, b höchstens* **einseitig stetig** *sein, wenn nämlich gilt:*

$$\lim_{x \to a^+} f(x) = f(a) \quad bzw. \quad \lim_{x \to b^-} f(x) = b.$$

ii) Enthält ein Intervall I einen oder mehrere Punkte, in denen f nicht definiert ist (z.B. die Nullstellen des Nenners einer gebrochen-rationalen Funktion), so ist f dort nicht stetig, also auch nicht im gesamten Intervall.

Aus Def. 4.4.3 folgt zusammen mit den Grenzwertregeln (Satz 4.3.1 i) - iv)), dass – sofern zwei Funktionen f und h in einem Intervall stetig sind – auch ihre **Summe** f ± h, ihr **Produkt** f · h sowie ihr **Quotient** f/h *(h ≠ 0)* dort stetig sind.

Aus Satz 4.3.1 i) - viii) folgt weiter:

---

i)   Alle **Polynome** $f(x) = a_n x^n + \dots + a_0$ sind in $\mathbb{R}$ **stetig**.

ii)   Alle **gebrochen-rationalen** Funktionen $f(x) = \dfrac{a_n x^n + \dots + a_0}{b_m x^m + \dots + b_0}$ sind in $\mathbb{R}$ stetig mit **Ausnahme** der **Nullstellen** des **Nenners**.

iii)   Ist f: y = f(x) in einem Intervall stetig, so sind es auch die Funktionen mit den Funktionstermen ($n \in \mathbb{N}$):

   a) $[f(x)]^n$ **b)** $\sqrt[n]{f(x)}$ *(falls f(x) ≥ 0)*   **c)** $e^{f(x)}$ **d)** $\ln f(x)$ *(falls f(x) > 0)*.

Beispiel 4.4.6:

Das Polynom f mit $f(x) = x^2 + x - 6 = (x-2)(x+3)$ *(siehe Abb. 4.4.7)* ist in $\mathbb{R}$ stetig, also sind auch *(z.B.)* die folgenden Funktionen **stetig**:

–   g: $g(x) = x^2 \cdot e^{x^2 + x - 6}$

–   h: $h(x) = \sqrt[4]{x^2 + x - 6}$
      für alle x mit $x^2 + x - 6 \geq 0$
      d.h. in $\mathbb{R} \setminus \,]-3, 2\,[$.

–   k: $k(x) = 7(x^2 + x - 6)^5$

–   p: $p(x) = x \cdot \ln(x^2 + x - 6)$
      für alle x mit $x^2 + x - 6 > 0$
      d.h. in $\mathbb{R} \setminus [-3, 2]$.

–   z: $z(x) = \dfrac{x^2 - 4}{x^2 + x - 6}$
      mit Ausnahme der Stellen 2 und –3.

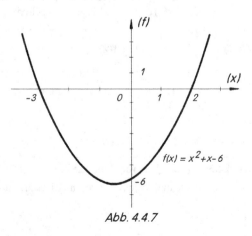

Abb. 4.4.7

4.5 Unstetigkeitstypen

Eine wichtige Aufgabe bei der Analyse einer ökonomischen Funktion f besteht darin, mögliche **Unstetigkeitsstellen** herauszufinden und zu untersuchen, wie sich f verhält, wenn man sich den Unstetigkeitsstellen nähert (**Typ** der Unstetigkeit, siehe z.B. Abb. 4.4.1). Dazu wollen wir im folgenden eine **Charakterisierung** der üblicherweise auftretenden **Unstetigkeitstypen** geben. Diese ergeben sich aus der Stetigkeitsbedingung Def. 4.4.3 bzw. aus (4.4.2) dadurch, dass die eine oder andere **Teilbedingung verletzt** ist:

| **Unstetigkeitstyp 1 – Sprung** | *(siehe Abb. 4.4.1 i)):* |

An der Stelle x_0 existiert der **Grenzwert** $\lim f(x)$ für $x \to x_0$ insofern **nicht**, als zwar der **rechts**- und **links**seitige Grenzwert jeweils endlich ist, beide Grenzwerte jedoch voneinander **verschieden** sind:

> Die Funktion f besitzt an der Stelle x_0 einen (endlichen) **Sprung**, wenn gilt:
> $$g_1 = \lim_{x \to x_0^-} f(x) \;\; \neq \;\; \lim_{x \to x_0^+} f(x) = g_2 \;.$$

(Dabei ist es unerheblich, ob $f(x_0)$ existiert oder nicht.)

Beispiel: (siehe Abb. 4.5.1):

$$f(x) = \begin{cases} 0{,}5x + 1 & \text{für } 0 \le x < 2 \\ -x + 5 & \text{für } x \ge 2 \end{cases}$$

mit $\lim\limits_{x \to 2^-} f(x) = 2 \;\neq\; \lim\limits_{x \to 2^+} f(x) = 3$.

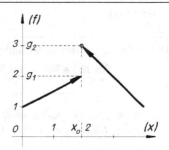

Abb. 4.5.1

Bemerkung: Ökonomische Funktionen mit Sprungstellen treten u.a. auf bei Kostenfunktionen mit sprungfixen Kosten (z.B. „Portofunktion", siehe Beispiel 2.1.25) oder bei Angebotsfunktionen mit eingearbeiteter Rabattstaffel (siehe Beispiel 4.7.3).

| **Unstetigkeitstyp 2 – Pol** | *(siehe Abb. 4.4.1 ii)):* |

Einer oder beide einseitigen Grenzwerte existieren **nicht**, d.h. f strebe für $x \to x_0$ gegen $\pm \infty$:

> f hat an der Stelle x_0 eine **Unendlichkeitsstelle** oder einen **Pol**, wenn f für $x \to x_0^+$ und/oder für $x \to x_0^-$ den **uneigentlichen Grenzwert** ∞ oder $-\infty$ besitzt.

(Dabei ist es unerheblich, ob $f(x_0)$ existiert oder nicht.)

Beispiele:

i) $f(x) = \begin{cases} \dfrac{1}{(x-2)^2} & \text{für } x \neq 2 \\ 1 & \text{für } x = 2 \end{cases}$

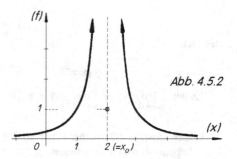

Abb. 4.5.2

Es gilt: $\lim\limits_{x \to 2^-} f(x) = \lim\limits_{x \to 2^+} f(x) = \infty$, also

liegt ein (beidseitiger) Pol vor (Abb. 4.5.2).

ii) $f(x) = \begin{cases} \dfrac{1}{e^{1/(x-1)}} & \text{für } x \neq 1 \\ \\ 2 & \text{für } x = 1 \end{cases}$.

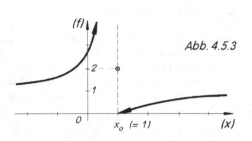

Abb. 4.5.3

Da $\lim\limits_{x \to 1^-} f(x) = \infty$, aber $\lim\limits_{x \to 1^+} f(x) = 0$,

handelt es sich an der Stelle $x_0 = 1$ um einen einseitigen Pol (auch „unendlicher Sprung" genannt), siehe Abb. 4.5.3.

| **Unstetigkeitstyp 3 – Lücke (hebbare Unstetigkeit)** | *(siehe Abb. 4.4.1 iii)):* |

In diesem Fall existiert zwar der Grenzwert von f an der Stelle x_0 (d.h. links- und rechtsseitige Grenzwerte sind identisch), stimmt aber **nicht mit** dem Funktionswert **f(x_0)** **überein** (bzw. f ist in x_0 nicht definiert):

Die Funktion f hat an der Stelle x_0 eine **Lücke,** wenn gilt:

$$\lim_{x \to x_0} f(x) = \lim_{x \to x_0^-} f(x) = \lim_{x \to x_0^+} f(x) = g \ (\in \mathbb{R}), \qquad \text{aber:} \qquad g \neq f(x_0) \ \text{oder} \ x_0 \notin D_f \ .$$

Bemerkung: Durch die nachträgliche Festsetzung $f(x_0) := g$ *kann f in* x_0 *„stetig ergänzt" werden. Daher heißt eine Lücke auch „ hebbare Unstetigkeitsstelle ".*

Beispiel:

$f(x) = \begin{cases} \dfrac{x^2 - 1}{x - 1} & \text{für } x \neq 1 \\ \\ 1 & \text{für } x = 1 \end{cases}$.

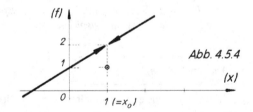

Abb. 4.5.4

Wegen $\lim\limits_{x \to 1^-} f(x) = \lim\limits_{x \to 1^+} f(x) = 2$ existiert zwar der Grenzwert an der Stelle 1, ist aber vom dort gegebenen Funktionswert f(1) = 1 verschieden: f hat in $x_0 = 1$ eine Lücke. Würde man nachträglich definieren: $f(1) := 2$, so wäre f überall stetig, siehe Abb. 4.5.4.

Beispiel:

$f(x) = 1 - e^{-\dfrac{1}{(x-2)^2}}$ $(x \neq 2)$.

Es gilt: $\lim\limits_{x \to 2^-} f(x) = \lim\limits_{x \to 2^+} f(x) = 1$,

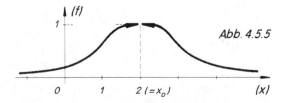

Abb. 4.5.5

jedoch existiert f(2) nicht: f hat an der Stelle $x_0 = 2$ eine **Lücke,** die nachträglich nur dadurch behebbar ist, dass man **definiert:** $f(2) := 1$, siehe Abb. 4.5.5.

4.6 Stetigkeitsanalyse

Um eine vorgegebene Funktion in einem Intervall auf ihr Stetigkeitsverhalten hin zu untersuchen, genügt es, sämtliche **Unstetigkeitsstellen** zu ermitteln. Außer an diesen Stellen muss die Funktion definitionsgemäß stetig sein. Es kommt also darauf an, die unstetigkeitsverdächtigen „kritischen" Stellen einer Funktion f ausfindig zu machen und auf Stetigkeit zu analysieren.

Kritische Stellen von f **bezüglich Stetigkeit** sind:

i) Stellen x_i, in denen f **nicht definiert** ist,

    a) weil dort ein **Nenner** zu **Null** wird

        (siehe Beispiel 4.6.1: $f(x) = \dfrac{1}{2 - e^{1/x}}$ an den Stellen $x_0 = 0$; $x_1 = 1/\ln 2 \approx 1{,}44$);

    b) weil ein **Logarithmus** von **Null** gebildet werden müsste

        (siehe Beispiel 4.6.3: $f(x) = \ln(9 - x^2)$ an den Stellen $x_0 = 3$; $x_1 = -3$);

ii) Stellen x_i, die **Nahtstellen** im Definitionsbereich von **abschnittsweise definierten Funktionen** sind
    (siehe Beispiel 4.6.5:

$$f(x) = \begin{cases} -0{,}25x^2 + x + 3 & \text{für } 0 \leq x < 4 \\ 3 & \text{für } x = 4 \\ 2x - 7 & \text{für } 4 < x < 6 \\ x^2 - 16x + 65 & \text{für } x \geq 6 \end{cases} \quad \text{an den Stellen } x_0 = 4 \; ; \; x_1 = 6 \,).$$

Bemerkung: „Oszillierende" Unstetigkeiten (s. Bem. 4.1.15) sind für ökonomische Funktionen unwichtig.

Beispiel 4.6.1:

$$f\colon f(x) = \frac{1}{2 - e^{1/x}}$$

Die Funktion ist **nicht** definiert in den Nullstellen der vorkommenden Nenner, d.h. in

$$x_0 = 0 \quad \text{und} \quad x_1 = \frac{1}{\ln 2} \approx 1{,}4427\colon$$

i) $x_0 = 0$. Es gilt für die Grenzwerte $x \to 0^\pm$:

$$\lim_{x \to 0^-} f(x) = \frac{1}{2 - {}_{\prime\prime} e^{-\infty}{}^{\prime\prime}} = \frac{1}{2 - 0} = 0{,}5 \quad \text{und}$$

$$\lim_{x \to 0^+} f(x) = \frac{1}{2 - {}_{\prime\prime} e^{\infty}{}^{\prime\prime}} = {}_{\prime\prime}\frac{1}{-\infty}{}^{\prime\prime} = 0,$$

d.h. f hat an der Stelle $x_0 = 0$ einen **Sprung**, siehe Abb. 4.6.2.

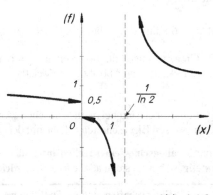

Abb. 4.6.2

ii) $x_1 = \dfrac{1}{\ln 2} \approx 1{,}4427$. Es gilt für die Grenzwerte $x \to x_1 = \dfrac{1}{\ln 2}$:

$$\lim_{x \to x_1^-} f(x) = {}_{\prime\prime}\frac{1}{2 - 2^+}{}^{\prime\prime} = {}_{\prime\prime}\frac{1}{0^-}{}^{\prime\prime} = -\infty \quad \text{und} \quad \lim_{x \to x_1^+} f(x) = {}_{\prime\prime}\frac{1}{2 - 2^-}{}^{\prime\prime} = {}_{\prime\prime}\frac{1}{0^+}{}^{\prime\prime} = \infty ,$$

d.h. f hat an der Stelle $x_1 = \dfrac{1}{\ln 2}$ einen **Pol** mit (Vor-) Zeichenwechsel, siehe Abb. 4.6.2. Da keine weiteren Unstetigkeiten existieren, ist f sonst überall stetig.

Beispiel 4.6.3: $f(x) = \ln(9-x^2)$.

Außerhalb des Intervalls $]-3,3[$ ist f nicht definiert, kann dort also auch nicht stetig sein. Zu untersuchen ist das Verhalten von f in der Nähe der Intervallgrenzen $+3;-3$: Wegen

$$\lim_{x \to -3^+} f(x) = \lim_{x \to 3^-} f(x) = \text{"}\ln 0^+\text{"} = -\infty$$

besitzt f an der Stelle „-3" einen rechtsseitigen und an der Stelle „3"einen linksseitigen **Pol** (siehe Abb. 4.6.4) und ist im offenen Intervall $]-3,3[$ stetig.

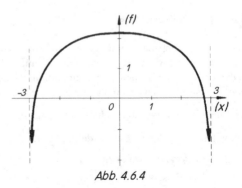

Abb. 4.6.4

Beispiel 4.6.5:

$$f(x) = \begin{cases} -0{,}25x^2 + x + 3 & \text{für } 0 \le x < 4 \\ 3 & \text{für } \quad x = 4 \\ 2x - 7 & \text{für } 4 < x < 6 \\ x^2 - 16x + 65 & \text{für } \quad x \ge 6 \ . \end{cases}$$

Auf Stetigkeit zu untersuchen sind die „Nahtstellen" $x_0 = 4$ und $x_1 = 6$:

i) $x_0 = 4$:

$$\lim_{x \to 4^-} f(x) = \lim_{x \to 4^-} (-0{,}25x^2 + x + 3) = 3 \ ;$$
$$\lim_{x \to 4^+} f(x) = \lim_{x \to 4^+} (2x - 7) = 1 \ ; \quad f(4) = 3 \ ,$$

d.h. f hat an der Stelle $x_0 = 4$ einen Sprung, (siehe Abb. 4.6.6)

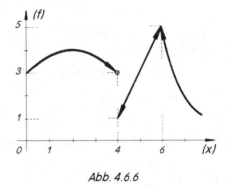

Abb. 4.6.6

ii) $x_1 = 6 : \displaystyle\lim_{x \to 6^-} f(x) = \lim_{x \to 6^-} (2x-7) = 5 \ ; \quad \lim_{x \to 6^+} f(x) = \lim_{x \to 6^+} (x^2-16x+65) = 5 \ ; \ f(6) = 5$.

Da Grenzwert und Funktionswert in $x_1 = 6$ übereinstimmen, ist f dort **stetig** (auch wenn der Graph eine „ Ecke " (siehe Abb. 4.6.6) aufweist!).

Stetige Funktionen sind bei mathematischen „Anwendern" höchst beliebt – sie verhalten sich meist „gutartig" und weisen Eigenschaften auf, die mit der gewöhnlichen Anschauung vereinbar sind:

Ist eine im **abgeschlossenen reellen Intervall** $[a,b] := \{x \in \mathbb{R} \mid a \le x \le b\}$ definierte Funktion f dort auch **stetig**, so besitzt sie (u.a.) die folgenden **wichtigen Eigenschaften**:

Satz 4.6.7: (Eigenschaften stetiger Funktionen)

Die Funktion f sei im **abgeschlossenen** Intervall $[a,b](\subset \mathbb{R})$ stetig.   Dann gilt:

i)   f ist in $[a,b]$ **beschränkt**.

ii)   f nimmt in $[a,b]$ ihr **Maximum** und ihr **Minimum** (*mindestens einmal*) an.

iii)   f nimmt in $[a,b]$ zwischen zwei beliebigen Funktionswerten **jeden Zwischenwert** (*mindestens einmal*) an.

iv)   Ist f an der Stelle x_0 im **Innern** von $[a,b]$ **positiv** (*negativ*), so gibt es eine (*beidseitige*) **Umgebung** von x_0, in der f beständig **positiv** (*negativ*) ist (*„Vorzeichenbeständigkeit"*).

Bemerkung 4.6.8:

a) *Aus iii) folgt eine für die Nullstellenbestimmung wichtige Eigenschaft stetiger Funktionen: Gilt in*
   [a,b]: f(a) ·f(b) < 0 (d.h. besitzen f(a) und f(b) unterschiedliches Vorzeichen), so hat f in [a,b]
   *(mindestens) eine **Nullstelle**.*

b) *Bereits die einfach gebaute (in [−2;2] **un**-*
   stetige) Funktion

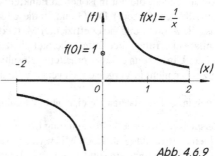

$$f(x) = \begin{cases} \dfrac{1}{x} & \text{für } x \neq 0 \\ 1 & \text{für } x = 0 \end{cases} \quad , \ x \in [-2;2],$$

   (Hyperbel mit Extra-Punkt, s. Abb. 4.6.9)

   *zeigt, dass für **unstetige** Funktionen **keine** der*
   Eigenschaften von Satz 4.6.7 zutreffen muss:

   Abb. 4.6.9

   i)   *f ist in [−2;2] **unbeschränkt**, denn es gilt:* $\displaystyle \lim_{x \to 0^\pm} \frac{1}{x} = \pm\infty$ *(„Pol").*

   ii) *Aus demselben Grund besitzt f in [−2;2] weder ein Maximum noch ein Minimum.*

   iii) *Es gilt: $f(-2) = -\dfrac{1}{2}$ (<0) und $f(+2) = +\dfrac{1}{2}$ (>0). Den Zwischenwert „0" aber nimmt f*
        *nirgendwo in [−2;2] an. Daher kann man hier auch **nicht** wegen der Vorzeichenunterschiede*
        von f(−2) und f(2) auf die Existenz einer Nullstelle von f in [−2;2] schließen.

   iv) *f ist an der Stelle $x_0 = 0$ positiv: f(0) = 1 (siehe Abb. 4.6.9). Es gibt aber keine beidseitige*
        Umgebung der Stelle x_0 (= 0), in der f nur positiv ist!

c) *Auch die übrigen Voraussetzungen von Satz 4.6.7: (**abgeschlossenes** Intervall **reeller** Zahlen) sind*
   (neben der Stetigkeit) für die Folgerungen i)- iv) unabdingbar (die nachfolgenden Beispiele bezie-
   hen sich wiederum auf Abb. 4.6.9):

   − *So ist f im **offenen** Intervall $]0;2[:= \{x \in \mathbb{R} \mid 0 < x < 2\}$ zwar stetig, aber (für $x \to 0^+$) **nicht***
      ***beschränkt**.*

   − *Selbst, wenn man das **offene** Intervall $]1;2[$ betrachtet, in dem f sowohl stetig als auch be-*
      schränkt ist:

      *In $]1;2[$ besitzt f **weder** ein Maximum **noch** ein Minimum (denn die Randwerte $x_1 = 1$ und $x_2 = 2$*
      *gehören **nicht** zu $]1;2[$.*

   − *Schließlich muss es sich beim abgeschlossenen Intervall*
      *[a, b] um eine **reelle** Zahlenmenge handeln, damit Satz*
      4.6.7 stimmt:

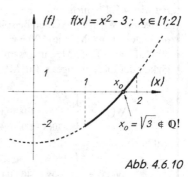

      So ist z.B. (siehe Abb. 4.6.10) die quadratische Funktion
      *f: $f(x) = x^2 - 3$ (Parabel) im abgeschlossenen **rationalen***
      Intervall [1;2] ($\subset \mathbb{Q}$) stetig, und es gilt: $f(1) = -2$ (>0);
      $f(2) = +1$ (< 0). Also müsste eigentlich (nach Satz 4.6.7
      iii)) zwischen $x_1 = 1$ und $x_2 = 2$ eine Nullstelle x_0 (d.h.
      mit $f(x_0) = 0$) liegen. Tatsächlich aber besitzt f in [1;2]
      *($\subset \mathbb{Q}$) **keine** Nullstelle, denn der dafür in Frage kommen-*
      *de Wert $x_0 = \sqrt{3}$ ist **keine rationale Zahl**, liegt also nicht*
      in $\mathbb{Q}$!

      Abb. 4.6.10

4.7   Stetigkeit ökonomischer Funktionen

Für die meisten vorkommenden **ökonomischen Funktionen** wird **stetiges Verhalten** in ihrem ökonomischen Definitionsbereich **unterstellt** oder **gefordert**, und zwar auch dann, wenn es sich um diskrete Funktionen handelt, die nur in isolierten Punkten definiert sind (z.B. Kostenfunktionen bei unteilbarem oder ganzzahligem Output). Der Grund für diese Idealisierung diskreter ökonomischer Funktionen liegt darin, dass die Anwendung vieler effizienter Methoden der mathematischen Analysis (insbesondere die Differential- und Integralrechnung) die Stetigkeit der betrachteten Funktionen voraussetzt. Freilich dürften bei der Umsetzung derartig erhaltener Resultate in die ökonomische Realität diese verborgenen Voraussetzungen nicht in Vergessenheit geraten – andernfalls können unsinnige Ergebnisse die Folge sein.

Auch im **ökonomischen** Bereich gibt es Funktionen mit „klassischen" **Unstetigkeiten**:

Beispiel 4.7.1: Eine Unternehmung bietet eine Ware zu einem Grundpreis von 100,– €/ME an. Bei einer Bestellung ab 1.000 ME wird ein **Rabatt** von 20%, ab 2.000 ME ein Rabatt von 40% auf den Grundpreis gewährt (und zwar jeweils für die **gesamte Liefermenge**).

Der Bestellwert W (in €) in Abhängigkeit vom Lieferumfang x (in ME) ergibt sich daher wie folgt:

$$W(x) = \begin{cases} 100x & \text{für} & 0 \le x \le 1.000 \\ 80x & \text{für} & 1.000 \le x \le 2.000 \\ 60x & \text{für} & 2.000 \le x \end{cases}$$

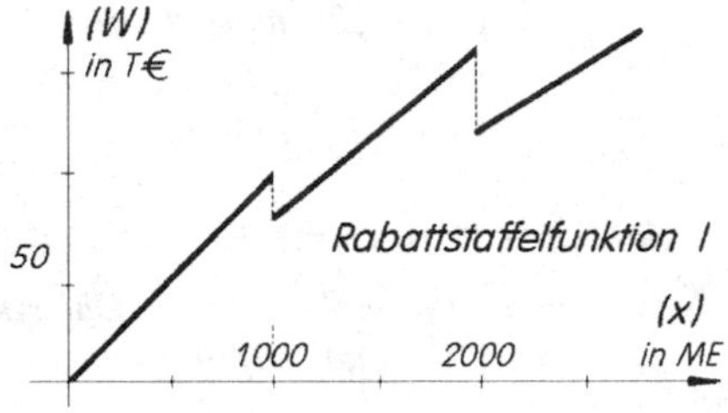

Abb. 4.7.2

An den **Rabattgrenzen** 1.000 ME bzw. 2.000 ME besitzt W infolge der Rabattsprünge ebenfalls **Sprungstellen**, was dazu führt, dass der Zahlbetrag **W nicht monoton** mit der Bestellmenge x **wächst**. Dies bedeutet in der Praxis, dass bestimmte Bestellmengen unwahrscheinlich sind: So kosten z.B. 1.600 ME (zu je 80,– €/ME) 128 T€, während 2.000 ME (zu je 60,– €/ME) lediglich 120 T€ kosten. Daher werden – ausreichende Lagerkapazität beim Besteller vorausgesetzt – Bestellvolumina zwischen 1.500 und 1.999 ME (zugunsten einer Bestellmenge von 2.000 ME) in der Regel nicht realisiert werden.

Beispiel 4.7.3: Eine Unternehmung bietet eine Ware zu einem Grundpreis von 100,– €/ME für alle Bestellmengen bis einschließlich 1.000 ME an. Für jede **darüber hinaus** bestellte ME (bis incl. 2.000 ME) wird ein Rabatt von 40%, für jede über 2.000 ME hinaus bestellte ME wird ein Rabatt von 70% auf den Grundpreis gewährt. *(Man beachte, dass der Rabatt hier – im Gegensatz zu Beispiel 4.7.1 – nicht auf die gesamte, sondern nur auf die jeweils bestimmte Grenzen übersteigende Bestellmenge wirkt.)* Werden beispielsweise 2.500 ME bestellt und geliefert, so zahlt der Kunde für die ersten 1.000 ME je 100,– €/ME, für die zweiten 1.000 ME je 60,– €/ME und für die letzten 500 ME je 30,– €/ME, insgesamt also 175.000 €. Damit lautet der Bestellwert W (in €) in Abhängigkeit der Liefermenge x (in ME):

$$W(x) = \begin{cases} 100x & \text{für} & 0 \le x \le 1.000 \\ 60(x-1.000)+100.000 & \text{für} & 1.000 < x \le 2.000 \\ 30(x-2.000)+160.000 & \text{für} & 2.000 < x \end{cases}$$

d.h.

$$W(x) = \begin{cases} 100x & \text{für} & 0 \le x \le 1.000 \\ 60x+\;\;40.000 & \text{für} & 1.000 < x \le 2.000 \\ 30x+100.000 & \text{für} & 2.000 < x \quad . \end{cases}$$

Bildet man an den Nahtstellen (d.h. $x_1 = 1.000$ bzw. $x_2 = 2.000$) des Definitionsbereiches die Grenzwerte von $W(x)$ für $x \to 1.000$ bzw. $x \to 2.000$, so folgt:

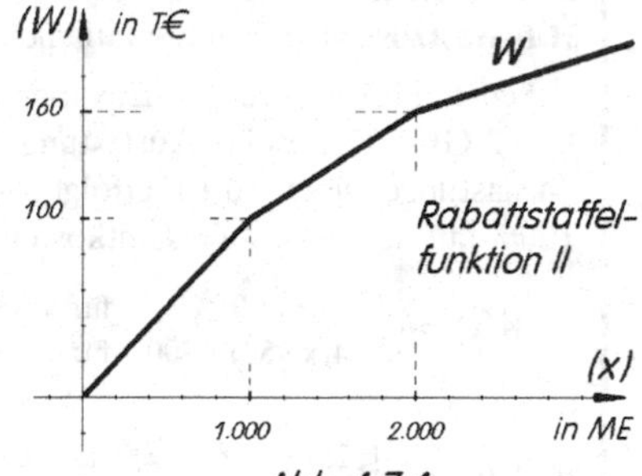

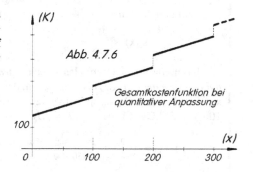

(W) in T€

W

160

100

Rabattstaffelfunktion II

(x)

1.000   2.000   in ME

Abb. 4.7.4

$$\lim_{x \to 1000^-} W(x) = \lim_{x \to 1000^-} 100x = 100.000 = W(1.000),$$

$$\lim_{x \to 1000^+} W(x) = \lim_{x \to 1000^+} (60x+40.000) = 100.000,$$

$$\lim_{x \to 2000^-} W(x) = \lim_{x \to 2000^-} (60x+40.000) = 160.000 = W(2.000),$$

$$\lim_{x \to 2000^+} W(x) = \lim_{x \to 2000^+} (30x+100.000) = 160.000,$$

d.h. W ist – wie nach der Konstruktion der Rabattstaffel zu erwarten – überall stetig (s. Abb. 4.7.4).

Beispiel 4.7.5: Bei **Produktionen** mit **quantitativer Anpassung** eines Produktionsfaktors wird mit steigendem Output x jeweils bei Vollauslastung eines Aggregates zusätzlich ein neues eingesetzt.

Da für jedes Aggregat fixe Bereitstellungskosten entstehen, ergibt sich – bei konstanten stückvariablen Kosten – etwa folgender **Gesamtkostenverlauf** *(es werden im Beispiel mehrere identische Aggregate unterstellt):*

(K)

Abb. 4.7.6

Gesamtkostenfunktion bei quantitativer Anpassung

100

(x)

0   100   200   300

$$K(x) = \begin{cases} 0,8x + 150 & \text{für} \quad 0 \le x \le 100 \\ 0,8x + 200 & \text{für} \quad 100 < x \le 200 \\ 0,8x + 250 & \text{für} \quad 200 < x \le 300 \\ 0,8x + 300 & \text{für} \quad 300 < x \le 400 \\ \quad \vdots & \qquad \vdots \end{cases}$$

Dabei entstehen pro Aggregat „intervallfixe" Bereitstellungskosten in Höhe von 50 GE sowie einmalig global Fixkosten von 100 GE. Pro Leistungseinheit (LE) entstehen variable Kosten von 0,8 GE/LE. Die maximale Auslastung eines jeden Aggregates beträgt 100 LE.

Die **Gesamtkostenfunktion K** hat nach jeweils 100 LE einen **Sprung** in Höhe der intervallfixen Kosten von 50 GE pro neu eingesetztem Aggregat.

Die zugehörige **Stückkostenfunktion k** mit

(k)

Abb. 4.7.7

Stückkosten bei quantitativer Anpassung

1,3
1

x_1 x_2 x_3 *(x)*

0   100   200   300

$$k(x) = \frac{K(x)}{x} = \begin{cases} 0,8 + 150/x & \text{für} \quad 0 < x \le 100 \\ 0,8 + 200/x & \text{für} \quad 100 < x \le 200 \\ 0,8 + 250/x & \text{für} \quad 200 < x \le 300 \\ 0,8 + 300/x & \text{für} \quad 300 < x \le 400 \\ \quad \vdots & \qquad \vdots \end{cases}$$

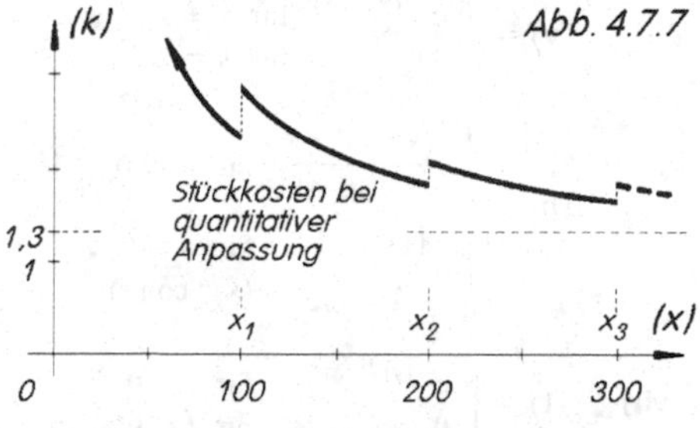

hat ebenfalls nach jeweils 100 LE einen **Sprung** in Höhe der auf die bisherige Produktionsmenge x_i zu verteilenden neu hinzugekommenen intervallfixen Kosten $\frac{50}{x_i}$ ($x_i = 100, 200, 300, ...$). Für $x \to 0^+$ wachsen die Stückkosten über alle Grenzen, da $\lim\limits_{x \to 0^+} k(x) = \lim\limits_{x \to 0^+} (0,8 + \frac{150}{x_i}) = \infty$, d.h. k hat an der Stelle $x_0 = 0$ einen **Pol**.

Beispiel 4.7.8: Kostenfunktionen für **Produktionen** mit **zeitlicher Anpassung** eines Produktionsfaktors können **Ecken** aufweisen, wenn man unterstellt, dass von einer gewissen Auslastung an konstante „**Überlastzuschläge**" auf die variablen Stückkosten k_v zu zahlen sind.

Beispiel: Fixkosten: 100 GE; variable Stückkosten $k_v = 2$ GE/LE für eine Auslastung $0 < x \le 50$. Für Auslastungen über 50 LE erfolgt ein Zuschlag von 100% auf k_v $\Rightarrow$ Gesamtkostenfunktion K:

$$K(x) = \begin{cases} 2x + 100 & \text{für } 0 < x \le 50 \\ 4(x-50) + 200 & \text{für } 50 < x \, , \end{cases}$$

d.h.

$$K(x) = \begin{cases} 2x + 100 & \text{für } 0 < x \le 50 \\ 4x & \text{für } 50 < x \, . \end{cases}$$

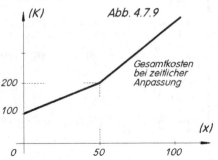

Abb. 4.7.9

Gesamtkosten bei zeitlicher Anpassung

Da gilt: $\lim\limits_{x \to 50^-} K(x) = \lim\limits_{x \to 50^-} (2x + 100) = 200$, sowie $\lim\limits_{x \to 50^+} K(x) = \lim\limits_{x \to 50^+} 4x = 200$ sowie
$K(50) = 2 \cdot 50 + 100 = 200$, ist K *(trotz Ecke)* stetig, siehe Abb. 4.7.9.

Die Funktion k_v mit

$$k_v(x) = \frac{K_v(x)}{x}$$

der **durchschnittlichen variablen Kosten** *(identisch mit der Steigung von K(x))* ist dagegen an der Ecke $x_0 = 50$ LE **unstetig**, k_v springt von 2 GE/LE um 100% auf 4 GE/LE *(siehe Abb. 4.7.10)*:

$$k_v(x) = \begin{cases} 2 & \text{für } 0 < x \le 50 \\ 4 & \text{für } 50 < x \quad . \end{cases}$$

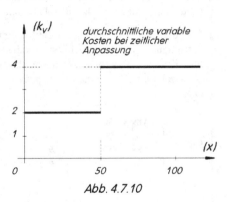

durchschnittliche variable Kosten bei zeitlicher Anpassung

Abb. 4.7.10

Aufgabe 4.7.11: Ermitteln Sie für die folgenden Funktionen

a) den Definitionsbereich,   **b)** die Nullstellen sowie   **c)** Ort und Art ihrer Unstetigkeiten:

i) $f(x) = \dfrac{3x^2 - 3x}{(x-1)(x^2 - 3x + 2)}$;

ii) $f(x) = \dfrac{(x^2 - 2x + 1)(x - 4)}{(x-1)(x^2 - 4x + 3)}$;

iii) $f(y) = \begin{cases} e^{1/(2y-4)} & \text{für } y \ne 2 \\ 0 & \text{für } y = 2 \, ; \end{cases}$

iv) $f(z) = \ln\left(\dfrac{z-1}{z-2}\right)$;

v) $f(h) = \begin{cases} \dfrac{(x+h)^4 - x^4}{h} & \text{für } h \ne 0 \\ 4x^3 & \text{für } h = 0 \; ; \\ & (x = \text{const}) \end{cases}$

vi) $h(p) = \dfrac{p^2 - 4}{2^{-1/p} - 2}$;

vii) $g(t) = \begin{cases} e^{-1/t^2} & \text{für } t \ne 0 \\ 0 & \text{für } t = 0 \; ; \end{cases}$

ix) $f(x) = \begin{cases} x^2 + 1 & \text{für } -\infty < x \le 2 \\ -4x + 13 & \text{für } 2 < x \le 3 \\ x^2 - 2x - 1 & \text{für } 3 < x < 4 \; ; \\ 5 & \text{für } x = 4 \\ \dfrac{14}{6 - x} & \text{für } 4 < x < \infty \end{cases}$

viii) $g(x) = \dfrac{(x+1)(x-1)}{\sqrt{x} - 2}$;

x) $f(x) = 0,5 \, |x - 2| + 1$.

4.8 Asymptoten

Betrachten wir die elementarste gebrochen-rationale Funktion, $f(x) = \frac{1}{x}$ $(x \neq 0)$, so stellen wir fest, dass sich die Hyperbel-Äste für $x \to \pm\infty$ jeweils der x-Achse beliebig genau annähern, andererseits für $x \to 0$ sich der f-Achse beliebig genau annähern, siehe Abb. 4.8.1.

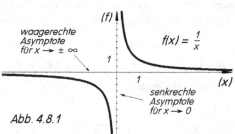

Wie schon in Bemerkung 4.1.20 erwähnt, nennt man diese waagerechten *(bzw. senkrechten)* Näherungsgeraden **Asymptote(n)** [2] **von f für** $x \to \infty$ *(bzw. für* $x \to 0$*).*

Abb. 4.8.1

Insbesondere bei *gebrochen-rationalen Funktionen* ist es immer wieder zu beobachten, dass für sehr große $(x \to \infty)$ bzw. sehr kleine $(x \to -\infty)$ Werte der unabhängigen Variablen x die betrachtete gebrochen-rationale Funktion $f(x)$ sich einer Asymptoten-Gerade oder einem i.a. recht einfach gebauten Asymptoten-Polynom immer mehr nähern und sich schließlich kaum noch von dieser Näherungsfunktion (dem „Asymptoten-Polynom") unterscheiden.

Beispiel 4.8.2: $f(x) = \dfrac{0{,}5x^2 + 1}{x}$, $(x \neq 0)$.

Es gilt: $\lim\limits_{x \to \infty} f(x) = \infty$ sowie

$\lim\limits_{x \to -\infty} f(x) = -\infty$ *(siehe Abb. 4.8.3)*

Über die Art und Weise der Annäherung $f \to \infty$ kann man nun genaueres sagen:

Wegen $f(x) = \dfrac{0{,}5x^2 + 1}{x} = 0{,}5x + \dfrac{1}{x}$ gilt nämlich:

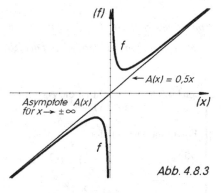

Abb. 4.8.3

Für große x, d.h. $x \to \infty$, verschwindet der Term $1/x$, so dass f sich immer mehr dem verbleibenden Term $0{,}5x$ nähert (von oben, da $1/x > 0$). Für sehr kleine x $(x \to -\infty)$ verschwindet $1/x$ ebenfalls, $f(x)$ unterscheidet sich von dem verbleibenden Term $0{,}5x$ beliebig wenig, siehe Abb. 4.8.3:   Man sagt:

Die Gerade $A(x) = 0{,}5\,x$ ist **Asymptotenfunktion** zu: f: $f(x) = 0{,}5\,x + \dfrac{1}{x}$ für $x \to \infty$.

Allgemein definiert man eine Asymptotenfunktion $A:A(x)$ zu einer gegebenen Funktion $f:f(x)$ wie folgt:

Def. 4.8.4: Gegeben sei die Funktion f: $f(x)$ mit rechtsseitig *(bzw. linksseitig)* unbegrenztem Definitionsbereich. Die Funktion A: $A(x)$ heißt **Asymptote** zu f für $x \to \infty$ *(bzw. $x \to -\infty$)*, wenn für $x \to \infty$ *(bzw. $x \to -\infty$)* die Differenz zwischen $f(x)$ und Asymptote $A(x)$ gegen Null geht, d.h. wenn gilt:

$$\lim\limits_{x \to \infty} (f(x) - A(x)) = 0 \qquad (bzw. \lim\limits_{x \to -\infty} (f(x) - A(x)) = 0)$$

---

2 „Asymptote" (griech.) bedeutet – wörtlich übersetzt – „Nicht-Zusammenfallende"; vgl. allerdings Bem. 4.1.21.

Bei **gebrochen-rationalen Funktionen** lassen sich Asymptoten dadurch ermitteln, dass man f(x) durch Polynomdivision in ein Polynom A(x) plus einem (für $x \to \pm\infty$ stets verschwindenden) **echt rationalen** Rest R(x) zerlegt.

Bemerkung: *Eine gebrochen-rationale Funktion* $f: f(x)$ *heißt „echt"-rational, wenn der Grad des Nennerpolynoms größer ist als der Grad des Zählerpolynoms, wie z.B. bei* $f(x) = \frac{5x^2+3x}{2x^3-1}$.

Beispiel 4.8.5: Gesucht ist die Asymptotenfunktion A(x) zu f mit $f(x) = \frac{6x-4}{2x+3}$ für $x \to \infty$.

Polynomdivision liefert:

$$\begin{array}{l} (6x-4) : (2x+3) \ = \ 3 - \dfrac{13}{2x+3} \\ \underline{6x+9} \\ \quad -13 \qquad\qquad\qquad \underbrace{}_{A(x)} - \underbrace{}_{R(x)} \end{array}$$

Wegen $\lim\limits_{x \to \infty} R(x) = \lim\limits_{x \to \infty} \dfrac{13}{2x+3} = 0$

lautet die Asymptote: A(x) = 3, siehe Abb. 4.8.6.

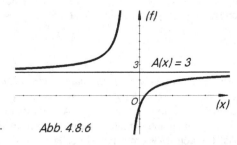

Abb. 4.8.6

Bemerkung 4.8.7: *Ist* $f(x)$ *von vornherein echt-rational, so gilt* $\lim\limits_{x \to \pm\infty} f(x) = 0$, *d.h. die Asymptote lautet* $A(x) = 0$, *sie ist identisch mit der Abszisse, siehe das Beispiel* $f(x) = \dfrac{1}{x}$ *in Abb. 4.8.1.*

Beispiel 4.8.8: Gesucht ist die Asymptote A(x) für $x \to \pm\infty$ der Funktion f mit $f(x) = \dfrac{x^3+3x^2+3x+2}{x^2+2x+1}$ $(x \neq -1)$.

Polynomdivision liefert:

$$\begin{array}{l} f(x) = (x^3 + 3x^2 + 3x + 2) : (x^2 + 2x + 1) \ = \ x+1 \ + \ \dfrac{1}{x^2+2x+1} \\ \quad - \ | \ \underline{x^3 + 2x^2 + \ x} \\ \qquad\qquad x^2 + 2x + 2 \qquad\qquad\qquad \underbrace{A(x)} \quad \underbrace{\text{„Rest" } R(x)} \\ \qquad - \ | \ \underline{x^2 + 2x + 1} \\ \qquad\qquad\qquad 1 \end{array}$$

Der Rest R(x) verschwindet für $x \to \pm\infty$, daher ist die Asymptote gegeben durch die lineare Funktion A(x) = x+1. Weiterhin erkennt man, dass der Rest R(x) sowohl für sehr große x $(x \to \infty)$ als auch für sehr kleine x $(x \to -\infty)$ positiv ist, so dass man zur Asymptote noch etwas Positives hinzufügen muss, um f(x) zu erhalten:

$$f(x) = A(x) + \underbrace{R(x)}_{>0} \quad \text{(für } x \to \pm\infty\text{)},$$

m.a.W. f muss stets oberhalb der Asymptote verlaufen, siehe Abb. 4.8.9.

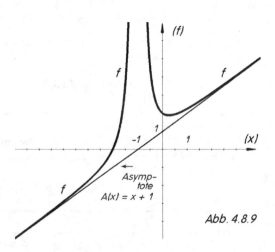

Abb. 4.8.9

Beispiel 4.8.10: $f(x) = \dfrac{x^6 + 5x^2 - 50x}{5x^4 + 25}$, $x \in \mathbb{R}$.

Polynomdivision liefert:

$$f(x) = (x^6 + 5x^2 - 50x) : (5x^4 + 25) = \frac{1}{5}x^2 - \frac{50x}{5x^4 + 25} = \underbrace{\frac{1}{5}x^2}_{A(x)} - \underbrace{\frac{10x}{x^4 + 5}}_{R(x)} \qquad (*)$$
$$-\ |\ \underline{x^6 + 5x^2}$$
$$\qquad\quad -50x$$

Die Asymptotenfunktion $A: A(x) = \frac{1}{5}x^2$ ist quadratisch, der „Rest" $R(x)$ strebt für $x \to \pm\infty$ gegen Null. Dabei ist $R(x) = 0$ für $x = 0$, dort also schneidet die Funktion $f(x)$ ihre Asymptote A. Der Rest $R(x)$ ist für $x \to \infty$ positiv (bzw. für $x \to -\infty$ negativ), also muss wegen $f(x) = A(x) - R(x)$ (siehe (*)) die Originalfunktion f für $x \to \infty$ unterhalb der Asymptote (bzw. für $x \to -\infty$ oberhalb der Asymptote) verlaufen, siehe Abb. 4.8.11:

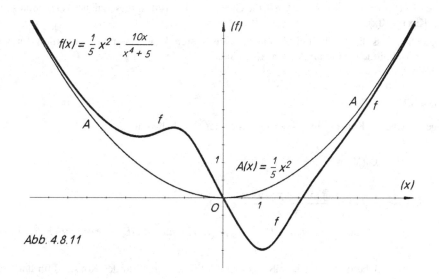

Abb. 4.8.11

Aufgabe 4.8.12: Ermitteln Sie die Asymptoten für $x \to \pm\infty$ folgender Funktionen und skizzieren Sie f für sehr große und sehr kleine x:

i) $f(x) = \dfrac{x}{1 + x}$;

ii) $f(x) = \dfrac{6x^2 + x - 1}{2x^3 - 1}$;

iii) $f(x) = \dfrac{5x^3}{1 - 2x^2}$;

iv) $f(x) = \dfrac{9x^3 + x^2 + 1}{3x^3 + x + 4}$;

v) $f(x) = \dfrac{x^5}{x^2 + x + 1}$;

vi) $f(x) = \dfrac{5}{e^x + 4}$;

vii) $f(x) = \dfrac{e^x - 10}{e^x + 2}$;

viii) $f(x) = -16 \cdot e^{-\frac{2}{3x}}$;

ix) $f(x) = \dfrac{x\sqrt{x} + 1}{\sqrt{x}}$.

Aufgabe 4.8.13:

Ermitteln Sie jeweils die Gleichung einer möglichst einfachen gebrochen-rationalen Funktion f, die die vorgegebene Asymptotenfunktion A *(für x → ∞)* besitzt:

i) $A(x) = -2,5$

ii) $A(x) = 0$

iii) $A(x) = \frac{1}{2}x + 3$

iv) $A(x) = 2x^2 - 2x - 3$

Aufgabe 4.8.14:

Es sei $K(x) = ax^3 + bx^2 + cx + d, x > 0$, die Gleichung einer (ertragsgesetzlichen) Gesamtkostenfunktion $K: x \mapsto K(x)$.

Zeigen Sie, dass die durchschnittlichen variablen Kosten $k_v(x)$ Asymptotenfunktion (für $x → ∞$) der durchschnittlichen Gesamtkosten $k(x)$ sind.

Aufgabe 4.8.15:

Gegeben sind die Konsumfunktionen C_1, C_2 zweier Haushalte mit

a) $C_1(Y) = \dfrac{8Y+4}{Y+1}, \quad Y \geq 0$.

b) $C_2(Y) = \dfrac{0,5Y^2 + 5,5Y + 45}{Y+9}, \quad Y \geq 0$

          (Y: Einkommen in GE ; C_1, C_2: Konsum in GE – jeweils pro Referenzperiode).

i)   Überprüfen Sie jeweils das asymptotische Verhalten des Konsums für unbeschränkt wachsendes Einkommen.

ii)   Gibt es jeweils einen Sättigungswert *(siehe Bsp. 4.3.7)* für den Konsum?

iii)   Skizzieren Sie jeweils den Konsumverlauf in Abhängigkeit vom Haushaltseinkommen.

5 Differentialrechnung für Funktionen mit einer unabhängigen Variablen – Grundlagen und Technik

Mit der Differentialrechnung werden wir ein Instrumentarium erwerben und verstehen können, das uns in die Lage versetzt, Änderungstendenzen von Funktionen zu beschreiben, zu berechnen und und für ökonomische Fragestellungen erfolgreich anwenden zu können. Das vorliegende Kapitel 5 liefert dafür die Grundlagen: Die Ableitung bzw. der Differentialquotient einer Funktion wird sich herausstellen als Funktionssteigung, die mit Hilfe eines Grenzwertprozesses ermittelt wird. Mit wenigen Grundregeln lässt sich eine auch für komplexere Funktionen erfolgreiche Ableitungstechnik etablieren. Erste Anwendungen werden vorgestellt mit der L'Hôspital-Regel zur Grenzwertermittlung bei unbestimmten Ausdrücken und dem Newton-Verfahren zur iterativen Nullstellenbestimmung.

5.1 Grundlagen der Differentialrechnung

5.1.1 Problemstellung

Wie bereits in der Einleitung zum letzten Kapitel angedeutet, gehört zu vielen wichtigen funktional darstellbaren Problemen in Naturwissenschaft und Ökonomie nicht nur die Frage nach der funktionalen Zuordnung von Problemvariablen, sondern ebenso die Information über deren wechselseitig verursachte **Bewegungen**, **Entwicklungen** und **Änderungen**:

–   Für den Piloten einer Raumfähre ist es nicht nur wichtig zu wissen, in welcher Position er sich zu einem bestimmten Zeitpunkt befindet, sondern auch, wie sich diese **Position** im Zeitablauf **ändert**, wie groß seine Geschwindigkeits- und Beschleunigungs**änderungen** im Zeitablauf sind.

–   Für den Anbieter eines Gutes ist es nicht nur wichtig zu wissen, wie hoch sein Erlös bei einem gegebenen festen Marktpreis ist, sondern vor allem auch, wie sich – nachfragebedingt – sein **Erlös ändert**, wenn er den **Verkaufspreis** um einen bestimmten Betrag (oder Prozentsatz) **anhebt** oder **senkt**.

–   Für den Hersteller eines Produktes ist es nicht nur wichtig zu wissen, wie hoch seine Gesamtkosten oder Stückkosten für eine bestimmte Produktionsmenge (oder Auslastung) sind, sondern vor allem auch, in welcher Weise sich diese **Kosten ändern**, wenn die **Produktionsmenge** (oder die Auslastung) **gesteigert** oder **gemindert** wird.

–   Bei der Analyse der Auswirkungen von Lohnerhöhungen ist es u.a. wichtig zu wissen, wie sich die Güternachfrage bzw. die **Konsumausgaben** der Haushalte **ändern**, wenn das Haushalts**einkommen** um einen bestimmten Betrag (oder Prozentsatz) **ansteigt**.

Die Auflistung derartiger Probleme, bei denen es entscheidend auf die **Änderungstendenz** einer Funktion f: y = f(x) ankommt, wenn sich die unabhängige Variable x ändert, lässt sich beliebig fortsetzen. Vor etwa 300 Jahren schufen – fast unabhängig voneinander – Gottfried Wilhelm Leibniz (1646-1716) und Isaac Newton (1642-1727) mit der **Differentialrechnung** ein außerordentlich leistungsfähiges und effektives Instrumentarium [1] zur mathematischen Erfassung derartiger „Änderungen".

---

1   Ohne Differentialrechnung wäre die rapide Entwicklung von Naturwissenschaft und Technik unmöglich gewesen.

© Springer-Verlag GmbH Deutschland, ein Teil von Springer Nature 2019
J. Tietze, *Einführung in die angewandte Wirtschaftsmathematik*,
https://doi.org/10.1007/978-3-662-60332-1_5

5.1.2 Durchschnittliche Funktionssteigung (Sekantensteigung) und Differenzenquotient

Anschaulich kommt die **Änderungstendenz** einer Funktion f durch die mehr oder weniger große „Steilheit" ihrer Funktionskurve zum Ausdruck *(Abb. 5.1.1)*:

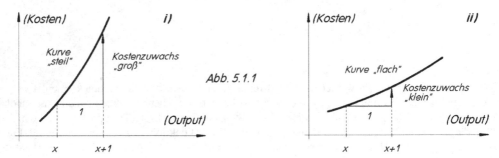

Abb. 5.1.1

So wachsen bei einer **„steil" ansteigenden** Kostenkurve *(Abb. 5.1.1 i))* die Kostenwerte bei Outputzunahme relativ **rasch**, bei einer **„flach" ansteigenden** Kostenkurve *(Abb. 5.1.1 ii))* dagegen relativ **langsam**.

Bei **linearen Funktionen** lässt sich das **Änderungsverhalten** von f durch die **Geradensteigung** quantitativ beschreiben (s. Kap. 2.3.1.2): Unter der **Steigung m** der **linearen** Funktion f: $y = f(x) = mx + b$ versteht man das (überall konstante) **Verhältnis von Höhenänderung** Δf (Änderung von f) zur entsprechenden **Horizontalenänderung** Δx (Änderung von x), siehe Abb. 5.1.2:

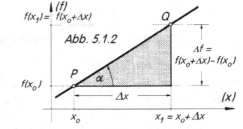

Abb. 5.1.2

$$(5.1.3) \qquad \text{Geradensteigung} = m := \tan \alpha = \frac{\Delta f}{\Delta x} = \frac{f(x_1) - f(x_0)}{x_1 - x_0} = \frac{f(x_0 + \Delta x) - f(x_0)}{\Delta x}$$

Es liegt nahe, den linearen Steigungsbegriff auch auf **nichtlineare** Funktionen zu **übertragen**. Da bei „gekrümmten" Funktionsgraphen der „Anstieg" von Punkt zu Punkt verschieden ist, stellt sich somit die Frage nach der **„Steigung von f in einem Punkt** $P(x_0, f(x_0))$".

Konstruiert man in Analogie zum linearen Fall im Punkt P ein beliebiges Steigungsdreieck, so misst das Verhältnis $\Delta f / \Delta x$ die **Steigung der Sekante** $\overline{PQ}$ (siehe Abb. 5.1.5) oder auch die **„durchschnittliche" Steigung** von f zwischen P und Q.

Offenbar **approximiert** die Sekantensteigung den gesuchten **Kurvenanstieg** in P **umso besser, je näher** der zweite Kurven-Sekantenschnittpunkt **Q zu P liegt**. Wir wollen im folgenden versuchen, die damit angedeutete **Idee** zur Ermittlung der Funktionssteigung in P zu **präzisieren**: Es seien $P(x_0, f(x_0))$ und $Q_1(x_1, f(x_1))$ zwei benachbarte Punkte einer gegebenen Funktion f. Dann ist die **Steigung** m_s **der Sekante** $\overline{PQ_1}$ gegeben durch den Term (siehe Abb. 5.1.5):

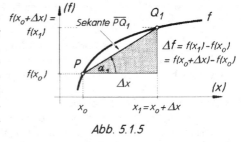

Abb. 5.1.5

$$(5.1.6) \qquad m_s = \tan \alpha_1 = \boxed{\frac{\Delta f}{\Delta x} = \frac{f(x_0 + \Delta x) - f(x_0)}{\Delta x}} = \frac{f(x_1) - f(x_0)}{x_1 - x_0} \qquad (x_1 \neq x_0) \ .$$

*Bemerkung 5.1.7: Die Sekantensteigung (5.1.6) heißt auch **Differenzenquotient**.*

5.1.3 Steigung und Ableitung einer Funktion (Differentialquotient)

Da die Sekantensteigung den gesuchten Kurvenanstieg in P umso besser annähert, je dichter Q_1 an P liegt, halten wir nun den Punkt $P(x_0, f(x_0))$ fest und **nähern** den Punkt Q_1 (etwa über die Stationen $Q_2, Q_3, ...$) längs der Funktionskurve **immer mehr** dem Punkt P.

Aus Abb. 5.1.8 ist ersichtlich, dass sich bei Lageänderung der Sekante auch deren Steigung ändert. In den meisten vorkommenden Fällen kann man nun folgendes beobachten:

Während sich für $Q_i \to P$ die entsprechenden Sekanten immer mehr einer **Grenzlage** (in Abb. 5.1.8 mit „Tangente" bezeichnet) nähern, streben die **Sekanten-Steigungen** immer mehr einem **Grenzwert** zu (und zwar unabhängig davon, von welcher Seite die Punkte Q_i gegen P streben).

Wenn dieser Fall eintritt, so bezeichnet man den **Grenzwert** der **Sekanten-Steigungen** als **Steigung der Funktion** f an der Stelle x_0. Diejenige **Gerade**, die durch P verläuft und deren Steigung mit der Funktionssteigung **übereinstimmt**, heißt **Tangente** an f in P (siehe Abb. 5.1.8).

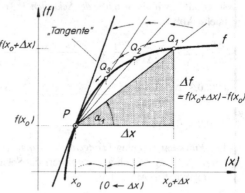

Abb. 5.1.8

Der soeben graphisch und auf anschauliche Weise demonstrierte Grenzprozess zur Ermittlung der Funktionssteigung lässt sich mit den Symbolen von Abb. 5.1.8 auch formalmathematisch durchführen. Bevor wir dies an einem Beispiel zeigen, sollen die üblichen Bezeichnungsweisen definiert werden:

Def. 5.1.9: Existiert für eine Funktion f: $y = f(x)$ an der Stelle x_0 der **Grenzwert** des **Differenzenquotienten** (5.1.6):

$$(5.1.10) \qquad \lim_{\Delta x \to 0} \frac{\Delta f}{\Delta x} = \lim_{\Delta x \to 0} \frac{f(x_0 + \Delta x) - f(x_0)}{\Delta x} \quad,$$

so heißt f an der Stelle x_0 **differenzierbar** (oder **ableitbar**).

Den Grenzwert selbst bezeichnet man als **Funktionssteigung**, (erste) **Ableitung** oder **Differentialquotient** von f an der Stelle x_0 und schreibt dafür symbolisch:

$$f'(x_0) \qquad \text{bzw.} \qquad \frac{df}{dx}\Big|_{x=x_0} \qquad \text{(gelesen: „f-Strich von } x_0 \text{" bzw. „df nach dx an der Stelle } x_0 \text{").}$$

Bemerkung 5.1.11: i) Geometrisch bedeutet die erste Ableitung $f'(x_0)$ dasselbe wie die Funktions- bzw. Tangentensteigung von f an der Stelle x_0.

ii) Die Berechnung des Grenzwertes (5.1.10) heißt Ableiten oder Differenzieren.

iii) Folgende Bezeichnungsweisen für die erste Ableitung einer Funktion f: $y = f(x)$ an der Stelle x_0 sind anzutreffen:

$$f'(x_0) = y'(x_0) = \frac{dy}{dx}\Big|_{x=x_0} = \frac{df}{dx}\Big|_{x=x_0} = \frac{d}{dx}f(x)\Big|_{x=x_0}$$

(Die letzte Bezeichnung wird gelesen: „d nach dx von f(x) an der Stelle x_0". Dabei fasst man – analog zum „Strich" in $f'(x_0)$ – das Symbol $\frac{d}{dx}$ als Operator auf, der signalisiert, dass f abgeleitet werden soll.)

iv) Die Bezeichnung Differentialquotient für die erste Ableitung soll daran erinnern, dass es sich dabei um den Grenzwert des Differenzenquotienten handelt.

Beispiel 5.1.12:   Für f: $f(x) = 0,2x^2$ sollen ermittelt werden:

i) die Funktionssteigung *(Ableitung)* an der Stelle P(2; 0,8) ;
ii) die Gleichung der Tangente an f durch P ;
iii) die Funktionssteigung *(Ableitung)* an der Stelle $(x_0; 0,2x_0^2)$.

zu i):   Wählen wir als Nachbarpunkt zu P(2;0,8)
den Kurvenpunkt Q_1 mit $Q_1(2+\Delta x ; 0,2(2+\Delta x)^2)$,
so erhalten wir als *Steigung der Sekanten* $\overline{PQ_1}$
(siehe Abb. 5.1.13):

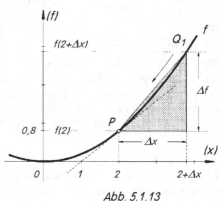

$$\frac{\Delta f}{\Delta x}\bigg|_{x_0=2} = \frac{f(2+\Delta x) - f(2)}{\Delta x} = \frac{0,2(2+\Delta x)^2 - 0,2 \cdot 2^2}{\Delta x} =$$

$$\frac{0,8 + 0,8 \cdot \Delta x + 0,2(\Delta x)^2 - 0,8}{\Delta x} = \frac{\Delta x(0,8 + 0,2\,\Delta x)}{\Delta x} =$$

$$= 0,8 + 0,2\,\Delta x \quad .$$

Die **Funktionssteigung** *(Tangentensteigung, Ablei-*
tung) f'(2) ergibt sich als **Grenzwert** der **Sekan-**
tensteigung für $\Delta x \to 0$:

Abb. 5.1.13

$$f'(2) = \frac{df}{dx}\bigg|_{x=2} = \lim_{\Delta x \to 0} \frac{\Delta f}{\Delta x} =$$

$$= \lim_{\Delta x \to 0} (0,8 + 0,2\,\Delta x) = 0,8 .$$

Die Funktion *(bzw. ihre „Tangente")* hat im
Punkt P(2; 0,8) die Steigung 0,8.

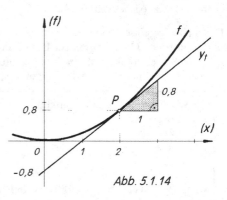

zu ii): Nach der Punkt-Steigungsform (2.3.29)
für Geraden hat die Tangente durch P(2;0,8)
mit der Steigung 0,8 die Gleichung:

$$y_t = 0,8x - 0,8 \qquad \textit{(siehe Abb. 5.1.14)} .$$

Abb. 5.1.14

zu iii):   Ein von P verschiedener Nachbarpunkt Q_1 hat die Koordinaten

$$(x_0+\Delta x ; 0,2(x_0+\Delta x)^2),$$

so dass sich als Sekantensteigung ergibt (siehe
Abb. 5.1.15):

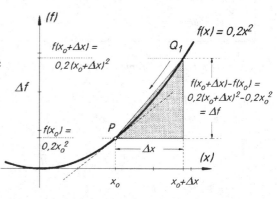

$$\frac{\Delta f}{\Delta x} = \frac{f(x_0 + \Delta x) - f(x_0)}{\Delta x} =$$

$$\frac{0,2(x_0 + \Delta x)^2 - 0,2x_0^2}{\Delta x} =$$

$$\frac{0,2x_0^2 + 0,4x_0 \cdot \Delta x + 0,2(\Delta x)^2 - 0,2x_0^2}{\Delta x} =$$

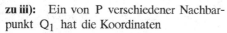

$$\frac{\Delta x (0,4x_0 + 0,2\Delta x)}{\Delta x} = 0,4x_0 + 0,2\Delta x .$$

Abb. 5.1.15

Der Grenzwert der Sekantensteigung für $\Delta x \to 0$ liefert die gesuchte Funktionssteigung (Ableitung) an der Stelle x_0:

$$f'(x_0) = \lim_{\Delta x \to 0} \frac{\Delta f}{\Delta x} = \lim_{\Delta x \to 0} (0,4x_0 + 0,2\Delta x) = 0,4x_0.$$

Für einige spezielle Werte x_0 sind untenstehend Funktionswert, Steigung und Tangentengleichung aufgeführt, siehe auch Abb. 5.1.16.

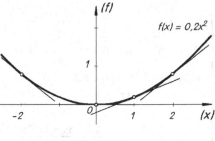

x_0	$f(x_0) =$ $0,2x_0{}^2$	$f'(x_0) =$ $0,4x_0$	Tangenten-gleichung
-2	$0,8$	$-0,8$	$y = -0,8x - 0,8$
0	0	0	$y = 0$
1	$0,2$	$0,4$	$y = 0,4x - 0,2$
2	$0,8$	$0,8$	$y = 0,8x - 0,8$
$\vdots$	$\vdots$	$\vdots$	$\vdots$

Abb. 5.1.16

Das letzte Beispiel lässt folgendes erkennen:

1) Der **Rechenaufwand** zur Ermittlung der Ableitung $f'(x_0)$ an einer **beliebigen** Stelle x_0 (vgl. iii)) ist fast **genauso groß** wie der zur Ermittlung von $f'(2)$ (siehe i)).

2) Die Kenntnis der **allgemeinen** Ableitung $f'(x_0)$ bietet den großen **Vorteil**, dass nunmehr die Ableitung von f an **jeder beliebigen Stelle** x_0 **unmittelbar** durch **Einsetzen** von x_0 in den Ableitungsterm $f'(x_0)$ erhalten werden kann, d.h. ohne dass jedesmal von neuem ein – mühsamer – Grenzprozess durchgeführt werden muss.

3) Die Tatsache, dass – wie im vorstehenden Beispiel – für eine vorgegebene Funktion f zu **jeder** Stelle x_0 **genau eine Ableitung** (oder Kurvensteigung) $f'(x_0)$ existieren kann, zeigt, dass man die **Ableitung** f' in einem Intervall (oder in $\mathbb{R}$) wiederum als **Funktion** der unabhängigen Variablen x auffassen kann:

Def. 5.1.17: (Ableitungsfunktion)

    i)   Existiert zu einer Funktion f in **jedem** Punkt x eines Intervalls I (mit $I \subset D_f$) die (erste) Ableitung $f'(x)$, so heißt f (in I) **differenzierbar**[2].

    ii)   Die Funktion f', die **jedem** x ($\in I$) die zugehörige (erste) **Ableitung** (oder Funktionssteigung) $f'(x)$ von f **zuordnet**, heißt **abgeleitete Funktion** von f, **Ableitungsfunktion** von f oder kurz **Ableitung f' von f**.

    iii)   Ist f' in I stetig, so heißt f in I **stetig differenzierbar**.

Um zu einer vorgegebenen Funktion f: $y = f(x)$ die **Ableitungsfunktion** f': $y' = f'(x)$ zu erhalten, ermittelt man wie bisher (siehe Beispiel 5.1.12 iii)) den **Grenzwert des Differenzenquotienten** (5.1.10), wobei man nun für x_0 allgemein x setzen kann:

(5.1.18)
$$f'(x) = \frac{df}{dx} = \lim_{\Delta x \to 0} \frac{\Delta f}{\Delta x} = \lim_{\Delta x \to 0} \frac{f(x + \Delta x) - f(x)}{\Delta x} \; .$$

---

2 Ist $I = [a,b]$ ein abgeschlossenes Intervall, so genügt an den Intervallgrenzen a,b *einseitige* Differenzierbarkeit.

Beispiel 5.1.19:   **i)** Für die Ableitung $f'(x)$ der **linearen Funktion** f: $f(x) = mx+b$ ergibt sich wegen

$$\frac{\Delta f}{\Delta x} = \frac{f(x+\Delta x) - f(x)}{\Delta x} = \frac{m(x+\Delta x) + b - mx - b}{\Delta x} = \frac{m\Delta x}{\Delta x} = m$$

der stets konstante Wert $f'(x) = m$, in Übereinstimmung mit dem üblichen Steigungswert m der Geraden $y = mx+b$.   Für $m = 1, b = 0$ ergibt sich insbesondere:

(5.1.20) $\boxed{f(x) = x \;\Rightarrow\; f'(x) = 1}$.

ii) Die Ableitung zu $f(x) = 0{,}2x^2$ lautet: $f'(x) = 0{,}4x$ (siehe Beispiel 5.1.12 iii)).

iii) Sei $f(x)$ z.B. gegeben durch $f(x) = x^3 - 12x$. Nach (5.1.18) gilt:

$$\frac{\Delta f}{\Delta x} = \frac{f(x + \Delta x) - f(x)}{\Delta x} = \frac{(x + \Delta x)^3 - 12(x + \Delta x) - x^3 + 12x}{\Delta x} =$$

$$= \frac{3x^2 \cdot \Delta x + 3x \cdot (\Delta x)^2 + (\Delta x)^3 - 12\,\Delta x}{\Delta x} = 3x^2 + 3x \cdot \Delta x + (\Delta x)^2 - 12 \; .$$

Daraus folgt: $f'(x) = \lim\limits_{\Delta x \to 0} \dfrac{\Delta f}{\Delta x} = \lim\limits_{\Delta x \to 0} (3x^2 + 3x \cdot \Delta x + (\Delta x)^2 - 12) = 3x^2 - 12$.

f besitzt daher z.B. an der Stelle $x = 1$ die Steigung $f'(1) = -9$ usw. Eine waagerechte Tangente (d.h. mit der Steigung $f'(x) = 0$) liegt vor für $x = 2$ bzw. $x = -2$.

iv) Wir betrachten nunmehr die Funktion f mit $f(x) = \dfrac{1}{x} \; (x \neq 0)$.   Nach (5.1.18) gilt:

$$\frac{\Delta f}{\Delta x} = \frac{f(x+\Delta x) - f(x)}{\Delta x} = \frac{\frac{1}{x + \Delta x} - \frac{1}{x}}{\Delta x} =$$

$$\frac{\frac{x - (x + \Delta x)}{(x + \Delta x) \cdot x}}{\Delta x} = \frac{-\Delta x}{\Delta x \cdot (x + \Delta x) \cdot x} =$$

$$\frac{-1}{(x+\Delta x) \cdot x} \cdot \quad\text{——}\quad \text{Daraus folgt:}$$

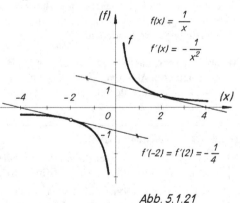

$$f'(x) = \frac{d}{dx} \left(\frac{1}{x} \right) = \lim\limits_{\Delta x \to 0} \frac{-1}{(x+\Delta x) \cdot x} \; , \text{d.h.}$$

$$f'(x) = -\frac{1}{x^2} \quad \text{(siehe auch Abb. 5.1.21).}$$

Abb. 5.1.21

Aufgabe 5.1.22: Ermitteln Sie mit (5.1.18) für die nachstehenden Funktionen

   a) die Ableitungsfunktion $f'(x)$;   *(Lösungen zu **a)** in Klammern)*

   b) die Funktionssteigung an der Stelle $x_0 = 1$;

   c) die Gleichung der Kurventangente an der Stelle $x_0 = 2$;

   d) diejenigen Stellen $x_0, x_1, ...,$ in denen der Graph von f eine horizontale Tangente (d.h mit $f'(x_i) = 0$, d.h mit Funktionssteigung = 0) besitzt:

     i) $f(x) = -2x^2 + x$ *(-4x+1)* ;   **ii)** $f(x) = 2043x + 1$ *(2043)* ;

     iii) $f(x) = \sqrt{x} \; (x > 0)$ $\left(\dfrac{1}{2\sqrt{x}} \right)$;   **iv)** $f(x) = -5x - \dfrac{2}{x} \; (x \neq 0)$ $\left(-5 + \dfrac{2}{x^2}\right)$;

     v) $f(x) = 0{,}1x^4$ *(0,4x³)* .

5.1.4 Differenzierbarkeit und Stetigkeit

Bei allen bisher betrachteten Funktionen wurde stillschweigend die Existenz der Ableitung $f'(x_0)$ an jeder Stelle x_0 vorausgesetzt. Da jedoch $\mathbf{f'(x_0)}$ ein **Grenzwert** (des Differenzenquotienten von f) ist, können die gleichen **Fälle** der **Nichtexistenz** eines Grenzwertes *(hier: $f'(x_0)$)* auftreten, wie sie in Kapitel 4.5 (Unstetigkeitstypen) für beliebige Funktionen f an der Stelle x_0 beschrieben wurden:

1.) Der Graph der Funktion f könnte in x_0 eine **Ecke** oder einen **Knick** (Abb. 5.1.23) aufweisen, d.h. linksseitiger und rechtsseitiger Grenzwert des Differenzenquotienten *existieren* dann zwar, sind aber voneinander *verschieden*. Dies bedeutet:

$f'(x_0)$ existiert nicht, es gibt in x_0 keine (eindeutige) Steigung von f, d.h. **f'** hat in x_0 einen **Sprung**.

Beispiel:

Die Funktion f mit $f(x) = \begin{cases} -x + 3 & \text{für } x < 2 \\ 2x - 3 & \text{für } x \geq 2 \end{cases}$ ist wegen $\lim\limits_{x \to 2} f(x) = f(2) = 1$ an der Stelle $x_0 = 2$

stetig. Je nach Annäherung an x_0 *(von links bzw. rechts)* erhält man aber verschiedene Steigungen:

a) $\qquad \lim\limits_{\Delta x \to 0^-} \dfrac{f(2 + \Delta x) - f(2)}{\Delta x} = \lim\limits_{\Delta x \to 0^-} \dfrac{-2 - \Delta x + 3 + 2 - 3}{\Delta x} = -1$

b) $\qquad \lim\limits_{\Delta x \to 0^+} \dfrac{f(2 + \Delta x) - f(2)}{\Delta x} = \lim\limits_{\Delta x \to 0^+} \dfrac{4 + 2\Delta x - 3 - 4 + 3}{\Delta x} = 2 \; .$

Die *linksseitige* Ableitung ist -1, die *rechtsseitige* Ableitung $+2$, d.h. $f'(2)$ existiert *nicht*, siehe Abb. 5.1.24.

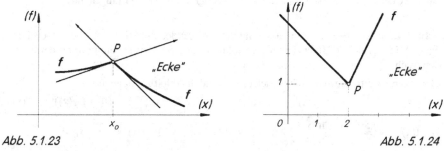

Abb. 5.1.23   Abb. 5.1.24

2.) Der Graph der Funktion f könnte aber auch in x_0 eine **senkrechte Tangente** (Abb. 5.1.25) besitzen, d.h. der Grenzwert des Differenzenquotienten existierte nicht als endlicher Wert, die Sekantensteigungen wachsen über alle Grenzen, streben also gegen „∞". Dies bedeutet:

f besitzt in x_0 nur eine „uneigentliche" Ableitung, **f'** hat in x_0 einen **Pol**.

Beispiel:

Die überall stetige Funktion f mit $f(x) = \sqrt[3]{x - 2} + 1$ hat an der Stelle $x_0 = 2$ eine uneigentliche Ableitung, denn aus

$$\frac{f(x_0 + \Delta x) - f(x_0)}{\Delta x} = \frac{\sqrt[3]{2 + \Delta x - 2} + 1 - \sqrt[3]{0} - 1}{\Delta x} = \frac{\sqrt[3]{\Delta x}}{\Delta x} = \frac{1}{\sqrt[3]{(\Delta x)^2}}$$

folgt mit $\Delta x \to 0$: $f'(2) = \infty$, d.h. $f'(2)$ existiert nicht, die Tangentensteigung ist „unendlich" groß, siehe Abb. 5.1.26:

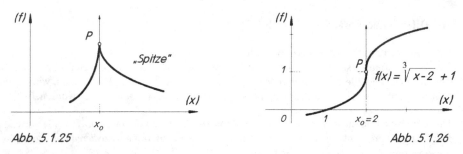

Abb. 5.1.25   Abb. 5.1.26

Die beiden letzten Beispiele lassen erkennen, dass eine in x_0 stetige Funktion dort nicht unbedingt differenzierbar sein muss, denn in Ecken oder Stellen mit senkrechter Tangente existiert $f'(x_0)$ nicht. Umgekehrt dagegen kann man schließen:

Satz 5.1.27:   Ist eine Funktion f in x_0 **differenzierbar**, so ist sie dort auch **stetig**.

Umkehrschluss: Ist f in x_0 *nicht* stetig, so auch *nicht* differenzierbar.

Beweis: Nach Def. 4.4.3 muss *gezeigt* werden, dass gilt: $\lim\limits_{x \to x_0} f(x) = f(x_0)$ bzw. *– gleichbedeutend –*

$$\lim\limits_{\Delta x \to 0} f(x_0 + \Delta x) = f(x_0) \qquad \text{d.h.} \qquad \lim\limits_{\Delta x \to 0} (f(x_0 + \Delta x) - f(x_0)) = 0.$$

Nun *gilt* – da $f'(x_0)$ nach Voraussetzung existiert – :

$$\lim\limits_{\Delta x \to 0} (f(x_0 + \Delta x) - f(x_0)) = \lim\limits_{\Delta x \to 0} \frac{f(x_0 + \Delta x) - f(x_0)}{\Delta x} \cdot \Delta x = f'(x_0) \cdot \lim\limits_{\Delta x \to 0} \Delta x = f'(x_0) \cdot 0 = 0,$$

d.h. aus der Differenzierbarkeit folgt immer die Stetigkeit, nicht aber umgekehrt.

Aufgabe 5.1.28: Ermitteln Sie die Ableitung $f'(x_0)$ folgender Funktionen an der angegebenen Stelle x_0. Falls f in x_0 nicht differenzierbar sein sollte: Geben Sie den näheren Grund dafür an (z.B. Ecke, senkrechte Tangente oder Unstetigkeit von f).

Benutzen Sie bitte dafür ausschließlich die folgenden Ableitungsregeln:

$$(x^n)' = n \cdot x^{n-1} \quad ; \quad (\text{const.})' = 0 \quad ; \quad [c \cdot f(x)]' = c \cdot f'(x) \quad ; \quad [f(x) \pm g(x)]' = f'(x) \pm g'(x)$$

i) $f(x) = \begin{cases} 0,5x^2 - 1 & \text{für } x \le 2 \\ -x^2 + 5 & \text{für } x > 2 \end{cases}$; $x_0 = 2$ **ii)** $f(x) = \sqrt[5]{x}$; $x_0 = 0$

iii) $f(x) = \begin{cases} x^2 & \text{für } x \le 3 \\ x^2 + 3 & \text{für } x > 3 \end{cases}$; $x_0 = 3$ **iv)** $f(x) = x + |x - 1|$; $x_0 = 1$.

5.2   Technik des Differenzierens

Aus den Berechnungen zu Beispiel 5.1.19 wird erneut deutlich, dass zur Bestimmung **jeder Ableitung** (Funktionssteigung) ein – mit der Kompliziertheit der zugrundeliegenden Funktion f zunehmend mühsam werdender – **Grenzprozess** gehört. Wie sich zeigen wird, gibt es – glücklicherweise – eine Reihe relativ einfacher **Ableitungsregeln**, die es gestatten, bei Kenntnis der Ableitungen nur weniger **Grundfunktionen** (z.B. x^n, e^x, ln x) **ohne** erneute **Grenzwertprozeduren** auch alle diejenigen Funktionen abzuleiten, die sich aus einer oder mehreren elementaren Grundfunktionen in beliebiger Weise mathematisch **kombinieren** lassen. Diese – für eine erfolgreiche Anwendung der Differentialrechnung unabdingbare – **Technik des Differenzierens** wird im folgenden zunächst ausführlich behandelt, ehe sich Interpretation und Anwendung von Ableitungen bei ökonomischen Funktionen (in Kap. 6) anschließen.

5.2.1 Die Ableitung der Grundfunktionen

5.2.1.1 Ableitung der konstanten Funktion $f(x) = c$

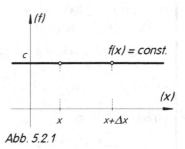

Abb. 5.2.1

Für den Differenzenquotienten von $f(x) = c = $ const.
$(c \in \mathbb{R})$ erhält man:

$$\frac{\Delta f}{\Delta x} = \frac{f(x+\Delta x) - f(x)}{\Delta x} = \frac{c - c}{\Delta x} = 0 \quad,$$

so dass gilt *(wie es wegen des waagerechten Verlaufs des Funktionsgraphen (Abb. 5.2.1) zu erwarten war)*:

Satz 5.2.2: Die **konstante Funktion** f: $f(x) = c = $ const. $(c \in \mathbb{R})$ ist überall differenzierbar, und es gilt:

(5.2.3)
$$\boxed{\begin{array}{l} f(x) = c = \text{const.} \\ \Rightarrow f'(x) = 0 \end{array}} \quad \text{oder} \quad \boxed{\frac{d}{dx}\,\text{const.} = 0} \quad .$$

Beispiele: **i)** $f(x) = 2 \;\Rightarrow\; f'(x) = 0$ **ii)** $x(p) = \sqrt[3]{4} - 2e^{0,5} + \ln 23 \;\Rightarrow\; \dfrac{dx}{dp} = 0$.

5.2.1.2 Ableitung der Potenzfunktion $f(x) = x^n$ $(n \in \mathbb{N})$

Für den Differenzenquotienten von $f(x) = x^n$ $(n \in \mathbb{N})$ erhalten wir nach (5.1.18):

$$\frac{\Delta f}{\Delta x} = \frac{f(x+\Delta x) - f(x)}{\Delta x} = \frac{(x+\Delta x)^n - x^n}{\Delta x} \quad .$$

Mit Hilfe der Binomischen Formel *(siehe Brückenkurs Thema BK 3.4)* folgt daraus:

$$\frac{\Delta f}{\Delta x} = \frac{x^n + \binom{n}{1} \cdot x^{n-1} \cdot \Delta x + \binom{n}{2} \cdot x^{n-2} \cdot (\Delta x)^2 + \ldots + \binom{n}{3} \cdot (\Delta x)^n - x^n}{\Delta x}$$

$$= \frac{\Delta x \cdot (n \cdot x^{n-1} + \frac{n(n-1)}{2} \cdot x^{n-2} \cdot \Delta x + \ldots + (\Delta x)^{n-1})}{\Delta x}$$

$$= n \cdot x^{n-1} + \underbrace{\frac{n(n-1)}{2} \cdot x^{n-2} \cdot \Delta x + \ldots + (\Delta x)^{n-1}}$$

Jeder dieser Summanden enthält mindestens einen Faktor Δx,
strebt also für $\Delta x \to 0$ ebenfalls gegen Null.

Daraus folgt: $f'(x) = (x^n)' = \lim\limits_{\Delta x \to 0} \dfrac{\Delta f}{\Delta x} = n \cdot x^{n-1}$,   so dass gilt:

Satz 5.2.4:   Die **Potenzfunktion** f: $f(x) = x^n$ $(n \in \mathbb{N})$ ist überall differenzierbar, und es gilt:

(5.2.5)
$$\boxed{\begin{array}{l} f(x) = x^n \\ \Rightarrow f'(x) = n \cdot x^{n-1} \end{array}} \quad \text{bzw.} \quad \boxed{\frac{d}{dx}\,x^n = n \cdot x^{n-1}} \quad .$$

Beispiel 5.2.6:

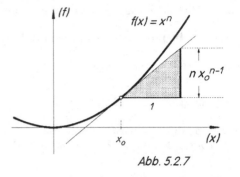

i) $f(x) = x \iff f(x) = x^1 \Rightarrow$

$f'(x) = 1 \cdot x^0 = 1,\ (x \neq 0)$.

Wegen (5.1.20) bleibt das Ergebnis auch für
$x = 0$ richtig.

ii) $f(x) = x^3 \Rightarrow f'(x) = 3x^2$.

iii) $p(t) = t^{2043} \Rightarrow \dfrac{dp}{dt} = p'(t) = 2043 \cdot t^{2042}$

(siehe auch Abb. 5.2.7) .

Abb. 5.2.7

Bemerkung 5.2.8: *Wie sich später zeigen wird (siehe 5.2.60), behält die Ableitungsregel (5.2.5) für Potenzen ihre **Gültigkeit** auch für **ganzzahlige** Exponenten n ($n \in \mathbb{Z}; x \neq 0$) und – sofern $x > 0$ – sogar für
beliebige **reelle Exponenten** ($n \in \mathbb{R}$). Somit gilt allgemein:*

$$(5.2.9) \qquad \frac{d}{dx} x^n = n \cdot x^{n-1} \quad mit \quad \begin{array}{l} a)\ n \in \mathbb{N},\ x \in \mathbb{R} \\ b)\ n \in \mathbb{Z},\ x \in \mathbb{R} \backslash \{0\} \\ c)\ n \in \mathbb{R},\ x \in \mathbb{R}^+ \end{array} \quad .$$

*Setzen wir (5.2.9) als gültig voraus (der Beweis erfolgt in Kap. 5.2.3.2 i)), lässt sich die **Klasse** der
differenzierbaren Potenzfunktionen beträchtlich **erweitern:***

Beispiel 5.2.10:

i) $f(x) = \dfrac{1}{x^6}$ $(x \neq 0)$. Wegen $\dfrac{1}{x^6} = x^{-6}$ folgt mit (5.2.9): $f'(x) = -6x^{-6-1} = -6x^{-7} = \dfrac{-6}{x^7}$.

ii) $f(x) = 1$. Wegen $1 = x^0$ $(x \neq 0)$ folgt mit (5.2.9): $f'(x) = 0 \cdot x^{0-1} = \dfrac{0}{x} = 0$.

iii) $f(x) = \sqrt{x}$ $(x > 0)$. Wegen $\sqrt{x} = x^{\frac{1}{2}}$ folgt mit (5.2.9):

$$\frac{d}{dx} x^{\frac{1}{2}} = \frac{1}{2} \cdot x^{\frac{1}{2}-1} = \frac{1}{2} x^{-\frac{1}{2}} = \frac{1}{2\sqrt{x}} \ .$$

iv) $f(x) = \dfrac{1}{\sqrt[7]{x^5}}$ $(x > 0)$. Wegen $\dfrac{1}{\sqrt[7]{x^5}} = \dfrac{1}{x^{5/7}} = x^{-5/7}$ folgt aus (5.2.9):

$$f'(x) = -\frac{5}{7} x^{-5/7-1} = -\frac{5}{7} x^{-12/7} = \frac{-5}{7\sqrt[7]{x^{12}}} \ .$$

v) $f(x) = x^{\ln 2}$ $(x > 0)$ $\Rightarrow$ $f'(x) = \ln 2 \cdot x^{\ln 2 - 1}$.

5.2.1.3 Ableitung der Exponentialfunktion f: $f(x) = e^x$

Für den Differenzenquotienten von f: $f(x) = e^x$ erhalten wir nach (5.1.18):

$$\frac{\Delta f}{\Delta x} = \frac{f(x+\Delta x) - f(x)}{\Delta x} = \frac{e^{x+\Delta x} - e^x}{\Delta x} = (P1) \frac{e^x \cdot e^{\Delta x} - e^x}{\Delta x} = e^x \frac{e^{\Delta x} - 1}{\Delta x} .$$

Ersetzen wir $e^{\Delta x}$ durch den Term $k+1$ (>0), so ergibt sich mit $e^{\Delta x} = k+1 \iff \Delta x = \ln(k+1)$:

$$\frac{\Delta f}{\Delta x} = e^x \cdot \frac{k}{\ln(k+1)} = e^x \cdot \frac{1}{\frac{1}{k}\ln(k+1)} = (L3) = e^x \cdot \frac{1}{\ln(1+k)^{1/k}} .$$

Da mit $\Delta x \to 0$ auch $k \to 0$ strebt, folgt für die Ableitung unter Benutzung der Grenzwertsätze (Satz 4.3.1) sowie (4.2.10):

$$f'(x) = \lim_{\Delta x \to 0} \frac{\Delta f}{\Delta x} = \lim_{k \to 0} e^x \cdot \frac{1}{\ln(1+k)^{1/k}} = e^x \cdot \frac{1}{\ln[\underbrace{\lim_{k \to 0}(1+k)^{1/k}}_{= e}]} = e^x \cdot \frac{1}{\ln e} = e^x .$$

Damit haben wir

Satz 5.2.11: Die **Exponentialfunktion** f: $f(x) = e^x$ ist überall differenzierbar, und es gilt:

(5.2.12)
$$\boxed{\begin{array}{c} f(x) = e^x \\ \Rightarrow f'(x) = e^x \end{array}}$$
bzw.
$$\boxed{\frac{d}{dx} e^x = e^x} .$$

Die Ableitungsregel (5.2.12) lässt erkennen:

Die **Steigung** der Exponentialfunktion e^x ist an jeder Stelle x_0 ($\in \mathbb{R}$) **identisch** mit ihrem **Funktionswert**, siehe Abb. 5.2.13. Diese „exklusive" Eigenschaft: $f' = f$ besitzen nur die Exponentialfunktionen $y = c \cdot e^x$, was dazu führt, dass für mathematische Anwendungen die „natürliche" Exponentialfunktion e^x allen anderen Exponentialfunktionen a^x vorgezogen wird. (Zur Ableitung der Exponentialfunktion $f(x) = a^x$ zu beliebiger Basis a (> 0) siehe (5.2.61).)

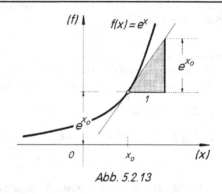

Abb. 5.2.13

5.2.1.4 Ableitung der Logarithmusfunktion f: $f(x) = \ln x$

Für den Differenzenquotienten von f: $f(x) = \ln x$ ($x > 0$) erhalten wir nach (5.1.18) und unter mehrfacher Anwendung der **Logarithmengesetze** L2/L3 (siehe Brückenkurs Thema BK 5.2):

$$\frac{\Delta f}{\Delta x} = \frac{f(x+\Delta x) - f(x)}{\Delta x} = \frac{\ln(x+\Delta x) - \ln x}{\Delta x} = \frac{1}{\Delta x} \cdot \ln\frac{x+\Delta x}{x} = \ln(1+\frac{\Delta x}{x})^{\frac{1}{\Delta x}} .$$

Erweitern wir den Exponenten $\frac{1}{\Delta x}$ mit x (d.h. $\frac{1}{\Delta x} = \frac{1}{\Delta x} \cdot \frac{x}{x} = \frac{x}{\Delta x} \cdot \frac{1}{x}$), so folgt:

$$\frac{\Delta f}{\Delta x} = \ln(1+\frac{\Delta x}{x})^{\frac{x}{\Delta x}\frac{1}{x}} = (L3) \frac{1}{x} \cdot \ln(1+\frac{\Delta x}{x})^{\frac{x}{\Delta x}} .$$

Ersetzen wir $\frac{\Delta x}{x}$ durch k (d.h. $\frac{x}{\Delta x} = \frac{1}{k}$) so folgt (da mit $\Delta x \to 0$ auch $k = \frac{\Delta x}{x} \to 0$) für die Ableitung unter Berücksichtigung der Grenzwertsätze (Satz 4.3.1) sowie (4.2.10):

$$f'(x) = \lim_{\Delta x \to 0} \frac{\Delta f}{\Delta x} = \lim_{k \to 0} \frac{1}{x} \cdot \ln(1+k)^{1/k} = \frac{1}{x} \cdot \ln\{\underbrace{\lim_{k \to 0}(1+k)^{1/k}}_{= e}\} = \frac{1}{x} \cdot \ln e = \frac{1}{x}, \quad \text{m.a.W.}$$

es gilt:

Satz 5.2.14: Die natürliche **Logarithmusfunktion** f: $f(x) = \ln x$ ist für $x > 0$ überall differenzierbar, und es gilt:

(5.2.15) $\boxed{\begin{array}{l} f(x) = \ln x \\ \Rightarrow\ f'(x) = \dfrac{1}{x} \end{array}}$ bzw. $\boxed{\dfrac{d}{dx}\ \ln x = \dfrac{1}{x}}$.

Unter allen Logarithmusfunktionen $f(x) = \log_a x$ hat der **natürliche** Logarithmus $\ln x$ (mit $a = e$) die **einfachste** Ableitung. (Zur Ableitung der allgemeinen Logarithmusfunktion siehe (5.2.63).)

Daher ist es zweckmäßig, für mathematische Anwendungen den natürlichen Logarithmus anstelle z.B. des dekadischen Logarithmus zu verwenden.

Bemerkenswert an der Regel (5.2.15) ist weiterhin, dass über die Funktionssteigung bzw. den Dif-

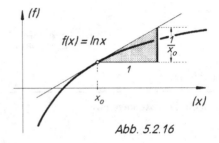

Abb. 5.2.16

ferentialquotienten zwei auf den ersten Blick so grundverschiedene Funktionen wie die „transzendente" Logarithmusfunktion und die *(elementarste)* gebrochen-rationale Funktion in engstem Zusammenhang stehen, siehe Abb. 5.2.16.

Bemerkung 5.2.17: Für elementare ökonomische Probleme weniger bedeutend und daher selten anzutreffen sind die trigonometrischen Grundfunktionen $f(x) = \sin x$; $f(x) = \cos x$; $f(x) = \tan x$, deren Ableitungen hier aus Vollständigkeitsgründen angeführt werden (zum Beweis siehe etwa [21], Bd. II, 32f):

$(5.2.18)\quad \dfrac{d}{dx}\ \sin x = \cos x\ ,\quad x \in \mathbb{R}$ $\qquad (5.2.19)\quad \dfrac{d}{dx}\ \cos x = -\sin x\ ,\quad x \in \mathbb{R}$

$(5.2.20)\quad \dfrac{d}{dx}\ \tan x = 1 + \tan^2 x = \dfrac{1}{\cos^2 x}\ ,\quad x \in \mathbb{R}\backslash\{(k+0,5)\cdot\pi\}_{k \in \mathbb{Z}}$.

Aufgabe 5.2.21: Geben Sie die erste Ableitung der folgenden Funktionen bzgl. der in Klammern stehenden unabhängigen Variablen an. Alle übrigen Variablen sind wie Konstanten zu behandeln. Außer den in Aufg. 5.1.28 genannten Ableitungsregeln verwende man nur: $(e^x)' = e^x$; $(\ln x)' = 1/x$.

i) $f(t) = \dfrac{1}{t}$, $(t \neq 0)$ $\qquad$ **ii)** $f(x) = x^2 \cdot x^7 \cdot x^9$ $\qquad$ **iii)** $g(z) = z\sqrt{z}$, $(z > 0)$

iv) $g(z) = z^{17} \cdot \sqrt{z}$, $(z > 0)$ $\qquad$ **v)** $h(p) = \dfrac{1}{\sqrt[17]{p^{23}}}$, $(p > 0)$ $\qquad$ **vi)** $x(y) = y^{\ln 20}$, $(y > 0)$

vii) $f(k) = e^{k/2} \cdot e^{k/2}$ $\qquad$ **viii)** $k(x) = x^{2e} \cdot x^{-\ln 2}$, $(x > 0)$ $\qquad$ **ix)** $t(n) = \dfrac{1}{\sqrt[3]{n^{\sqrt{2}}}}$, $(n > 0)$

x) $f(y) = \ln x$, $(x > 0)$ $\qquad$ **xi)** $t(z) = \ln(\sqrt{z} \cdot \sqrt{z})$, $(z > 0)$ $\qquad$ **xii)** $k(p) = e^{\ln p^2}$, $(p > 0)$

xiii) $u(v) = \ln e^{\ln(v^7)}$, $(v > 0)$.

5.2.2 Ableitungsregeln

Ähnlich wie bei den Grenzwertsätzen (siehe Satz 4.3.1) existieren **Ableitungsgesetze** zur Ermittlung des Differentialquotienten von solchen Funktionen, die sich **aus den Grundfunktionen** (deren Ableitungen bekannt sind, siehe Kapitel 5.2.1) **kombinieren** lassen.

5.2.2.1 Faktorregel

Kennen wir die Ableitung $g'(x)$ einer Funktion g, so lässt sich auch die Funktion f mit $f(x) = c \cdot g(x)$ (c = const.) ableiten, und es gilt nach (5.1.18):

$$f'(x) = \lim_{\Delta x \to 0} \frac{f(x+\Delta x) - f(x)}{\Delta x} = \lim_{\Delta x \to 0} \frac{c \cdot g(x+\Delta x) - c \cdot g(x)}{\Delta x} = c \cdot \lim_{\Delta x \to 0} \frac{g(x+\Delta x) - g(x)}{\Delta x} = c \cdot g'(x)$$

und daher:

Satz 5.2.22: (Faktorregel)   Mit $g(x)$ ist auch die Funktion f: $f(x) = c \cdot g(x)$, $(c \in \mathbb{R})$ differenzierbar, und es gilt:

(5.2.23)

$$\begin{array}{l} f(x) = c \cdot g(x) \\ \Rightarrow f'(x) = c \cdot g'(x) \end{array}$$

bzw.

$$\frac{d}{dx}(c \cdot g(x)) = c \cdot \frac{dg}{dx} .$$

Die Ableitungsregel (5.2.23) wird häufig *(etwas salopp)* so formuliert: *„Ein konstanter Faktor kann vor die Ableitung gezogen werden."*

Beispiel 5.2.24:

i) $\quad f(x) = 5x^{20} \Rightarrow f'(x) = 5 \cdot \frac{d}{dx} x^{20} = 5 \cdot 20x^{19} = 100x^{19}$;

ii) $\quad f(x) = -7e^x \Rightarrow f'(x) = -7 \cdot \frac{d}{dx} e^x = -7e^x$;

iii) $\quad f(x) = 0{,}5 \ln x \Rightarrow f'(x) = 0{,}5 \cdot \frac{d}{dx} \ln x = \frac{0{,}5}{x}$ $(x > 0)$;

iv) $\quad f(x) = \frac{7}{\sqrt[8]{9x^3}} = 7 \cdot (9x^3)^{-1/8} = 7 \cdot 9^{-1/8} \cdot x^{-3/8}$ $(x > 0)$

$\Rightarrow \quad f'(x) = 7 \cdot 9^{-1/8} \cdot (-\frac{3}{8}) x^{-11/8} = -\frac{21}{8}(9^1 \cdot x^{11})^{-1/8} = -\frac{21}{8} \cdot \frac{1}{\sqrt[8]{9x^{11}}}$.

5.2.2.2 Summenregel

Aus den beiden differenzierbaren Funktionen u: $u(x)$ und v: $v(x)$ werde die Summenfunktion f mit $f(x) = u(x) + v(x)$ gebildet. Für deren Differenzenquotienten erhalten wir mit (5.1.18):

$$\frac{\Delta f}{\Delta x} = \frac{f(x+\Delta x) - f(x)}{\Delta x} = \frac{u(x+\Delta x) + v(x+\Delta x) - u(x) - v(x)}{\Delta x} = \frac{u(x+\Delta x) - u(x)}{\Delta x} + \frac{v(x+\Delta x) - v(x)}{\Delta x} .$$

Der Grenzübergang (für $\Delta x \to 0$) liefert für die beiden letzten Summanden genau $u'(x)+v'(x)$, so dass wir schließlich erhalten:

Satz 5.2.25: (Summenregel) Sind die beiden Funktionen u: u(x) und v: v(x) differenzierbar, so auch deren Summe f(x) = u(x) + v(x) und Differenz f(x) = u(x) − v(x), und es gilt:

(5.2.26)

$$f(x) = u(x) \pm v(x)$$
$$\Rightarrow f'(x) = u'(x) \pm v'(x)$$

bzw.

$$\frac{d}{dx}(u \pm v) = \frac{du}{dx} \pm \frac{dv}{dx} \quad .$$

Die Summenregel (5.2.26) wird häufig auch so formuliert: *„Eine Summe (bzw. Differenz) darf gliedweise (d.h. summandenweise) differenziert werden.“*

Beispiel 5.2.27:

i) $f(x) = 4x^7 - x + 2$ $\Rightarrow$ $f'(x) = 28x^6 - 1$;

ii) $g(x) = ax^n + bx^{n-1} + c$ $\Rightarrow$ $g'(x) = a \cdot n \cdot x^{n-1} + b \cdot (n-1) \cdot x^{n-2}$;

iii) $h(x) = 2e^x + 4 \ln x - \dfrac{2}{\sqrt{x}}$ $\Rightarrow$ $h'(x) = 2e^x + \dfrac{4}{x} + \dfrac{1}{\sqrt{x^3}}$, $(x > 0)$;

iv) $f(x) = \sqrt{8} + 2x^{\sqrt{3}} - \ln 2$ $\Rightarrow$ $f'(x) = 2\sqrt{3} \cdot x^{\sqrt{3}-1}$, $(x > 0)$.

*Bemerkung 5.2.28: Die Sätze 5.2.22/ 5.2.25 gestatten die Ableitung beliebiger **Polynome**:*

$$f(x) = a_n x^n + a_{n-1}x^{n-1} + ... + a_1 x + a_0 = \sum_{i=0}^{n} a_i \cdot x^i$$

$$\Rightarrow \quad f'(x) = n \cdot a_n x^{n-1} + (n-1) \cdot a_{n-1}x^{n-2} + ... + a_1 = \sum_{i=1}^{n} i \cdot a_i \cdot x^{i-1} \ .$$

5.2.2.3   Produktregel

Für die Ableitung f′ des Produktes f(x) = u(x) · v(x) zweier differenzierbarer Funktionen u, v könnte man in Analogie zum Grenzwertsatz für Produkte (siehe Satz 4.3.1 iii) die „Regel" (u · v)′ = u′ · v′ vermuten:

Beispiel 5.2.29:   Seien u: u(x) = x^2 und v: v(x) = x^3 vorgegeben.

Wegen $u'(x) = 2x$ und $v'(x) = 3x^2$ folgt: $u'(x) \cdot v'(x) = 2x \cdot 3x^2 = 6x^3$.

Tatsächlich aber ist die Ableitung von f mit f(x) = u(x) · v(x) = $x^2 \cdot x^3 = x^5$ gegeben durch
          $f'(x) = 5x^4$ $(\neq 6x^3)$.   Damit ist die Vermutung   (u · v)′ = u′ · v′   widerlegt.

Für den Differenzenquotienten der Produktfunktion f(x) = u(x) · v(x) erhalten wir nach (5.1.18):

$$\frac{\Delta f}{\Delta x} = \frac{f(x+\Delta x) - f(x)}{\Delta x} = \frac{u(x+\Delta x) \cdot v(x+\Delta x) - u(x) \cdot v(x)}{\Delta x} \quad .$$

Addieren wir im Zähler den „Nullterm" −v(x + Δx) · u(x) + v(x + Δx) · u(x) ,   so folgt:

$$\frac{\Delta f}{\Delta x} = \frac{v(x+\Delta x) \cdot [u(x+\Delta x) - u(x)] + u(x) \cdot [v(x+\Delta x) - v(x)]}{\Delta x}$$

$$= \frac{u(x+\Delta x) - u(x)}{\Delta x} \cdot v(x + \Delta x) + u(x) \cdot \frac{v(x+\Delta x) - v(x)}{\Delta x} \quad .$$

Strebt nun Δx → 0, so streben die beiden Differenzenquotienten nach Voraussetzung gegen u′(x) bzw. v′(x), v(x+Δx) strebt *(da v(x) stetig ist)* gegen v(x), so dass wir schließlich erhalten:

Satz 5.2.30: (Produktregel)   Sind die Funktionen u: u(x) und v: v(x) differenzierbar, so auch die Produktfunktion f: f(x) = u(x)·v(x), und es gilt:

$$
\textbf{(5.2.31)}\qquad
\begin{array}{l}
f(x) = u(x) \cdot v(x) \\[4pt]
\Rightarrow\ f'(x) = u'(x) \cdot v(x) + u(x) \cdot v'(x)
\end{array}
\qquad \text{bzw.} \qquad
\frac{d}{dx}(u \cdot v) = \frac{du}{dx} \cdot v + u \cdot \frac{dv}{dx}\ .
$$

Beispiel 5.2.32:

i) $f(x) = 2x^2 \cdot e^x \qquad \Rightarrow \qquad f'(x) = 4x \cdot e^x + 2x^2 \cdot e^x = 2xe^x (2 + x)$.

ii) $g(z) = z^7 \cdot \ln z \qquad \Rightarrow \qquad g'(z) = 7z^6 \cdot \ln z + z^7 \cdot \dfrac{1}{z} = z^6(7 \ln z + 1)$.

iii) Die Faktorregel (5.2.23) ergibt sich auch mit Hilfe der Produktregel:

    Sei $f(x) = c \cdot g(x) \qquad \Rightarrow \qquad f'(x) = c' \cdot g(x) + c \cdot g'(x) = c \cdot g'(x) \quad$ (da $c' = 0$) .

iv) $f(t) = (\ln t)^2 \qquad \Rightarrow \qquad f'(t) = \dfrac{1}{t} \cdot \ln t + \ln t \cdot \dfrac{1}{t} = 2 \cdot \dfrac{\ln t}{t}$.

Durch **mehrfache Anwendung der Produktregel** lassen sich auch Funktionen ableiten, die aus **mehr als zwei Faktoren** bestehen:

Beispiel: $f(x) = \underbrace{3x^2 \cdot e^x}_{u} \cdot \underbrace{\ln x}_{v} \qquad \Rightarrow \qquad f'(x) = (3x^2 \cdot e^x)' \cdot \ln x + 3x^2 \cdot e^x \cdot \dfrac{1}{x}$

$$
= (6x \cdot e^x + 3x^2 \cdot e^x) \cdot \ln x + 3x \cdot e^x = 3x \cdot e^x (2 \cdot \ln x + x \cdot \ln x + 1).
$$

Allgemein gilt, sofern $f(x) = f_1(x) \cdot f_2(x) \cdot \ ... \ \cdot f_n(x)$:

$$
\textbf{(5.2.33)}\qquad
f'(x) = f_1' \cdot f_2 \cdot ... \cdot f_n \ + \ f_1 \cdot f_2' \cdot f_3 \cdot ... \cdot f_n \ + \ ... \ + \ f_1 \cdot f_2 \cdot ... \cdot f_n' \ .
$$

5.2.2.4 Quotientenregel

Durch eine analoge Beweisführung wie in Kap. 5.2.2.3 erhält man die Ableitungsregel für den Quotienten $f(x) = u(x)/v(x)$, $(v \neq 0)$ zweier differenzierbarer Funktionen u und v. Der Nachweis wird einfach, wenn wir unterstellen, dass die Ableitung f'(x) existiert. Dann nämlich können wir wie folgt schließen:

$$
f(x) = \frac{u(x)}{v(x)} \qquad \Rightarrow \qquad f(x) \cdot v(x) = u(x) \ .
$$

Nach der Produktregel (5.2.31) folgt daraus durch Differenzieren:

$$
f'(x) \cdot v(x) + f(x) \cdot v'(x) = u'(x) \ .
$$

Diese Gleichung muss noch nach f' aufgelöst werden:

$$
f' \cdot v = u' - f \cdot v' = u' - \frac{u}{v} \cdot v' = \frac{u' \cdot v - u \cdot v'}{v} \ .
$$

Division durch v liefert schließlich die gesuchte Ableitungsformel für f'. Damit haben wir schließlich

Satz 5.2.34: (Quotientenregel) Sind die Funktionen u: u(x) und v: v(x) differenzierbar, so auch die Quotientenfunktion f: f(x) = u(x)/v(x) $(v \neq 0)$, und es gilt:

$$
\textbf{(5.2.35)}\qquad
\begin{array}{l}
f(x) = \dfrac{u(x)}{v(x)} \\[10pt]
\Rightarrow\ f'(x) = \dfrac{u'(x) \cdot v(x) - u(x) \cdot v'(x)}{[v(x)]^2}
\end{array}
\qquad \text{bzw.} \qquad
\frac{d}{dx}\left(\frac{u}{v}\right) = \frac{\dfrac{du}{dx}\,v - u\,\dfrac{dv}{dx}}{v^2} \ .
$$

Damit können beliebige gebrochen-rationale Funktionen abgeleitet werden *(Definitionsbereich beachten!)*.

Beispiel 5.2.36:

i) $\quad f(x) = \dfrac{4x^2 + 1}{x^3 - x} \quad \Rightarrow \quad f'(x) = \dfrac{8x\,(x^3 - x) - (4x^2 + 1)(3x^2 - 1)}{(x^3 - x)^2} = \dfrac{-4x^4 - 7x^2 + 1}{(x^3 - x)^2}$.

ii) $\quad g(z) = \dfrac{e^z}{z^4 + 1} \quad \Rightarrow \quad g'(z) = \dfrac{e^z\,(z^4 + 1) - e^z \cdot 4z^3}{(z^4 + 1)^2} = \dfrac{e^z\,(z^4 - 4z^3 + 1)}{(z^4 + 1)^2}$.

iii) $\quad h(t) = \dfrac{t^2}{\ln t} \quad \Rightarrow \quad h'(t) = \dfrac{2t \cdot \ln t - t^2 \cdot {}^1/t}{(\ln t)^2} = \dfrac{t\,(2 \cdot \ln t - 1)}{(\ln t)^2}$.

iv) $\quad f(x) = \dfrac{x^2}{\sqrt{3} + \ln 2} \quad \Rightarrow \quad f'(x) = \dfrac{2x}{\sqrt{3} + \ln 2}$.

(Quotientenregel hier unvorteilhaft, besser mit Faktorregel (5.2.23) ableiten !)

v) $\quad g(x) = \dfrac{\ln 4 + \sqrt{5}}{2x^7} \quad \Rightarrow \quad g'(x) = \dfrac{-7 \cdot (\ln 4 + \sqrt{5})}{2x^8}$.

(Quotientenregel hier weniger vorteilhaft, besser mit Faktorregel (5.2.23) in Verbindung mit (5.2.9) ableiten !)

Bemerkung 5.2.37: *Bei der allgemeinen Darstellung von Funktionstypen können neben der eigentlichen unabhängigen Variablen weitere Variable als (konstante)* **Parameter** *auftreten.*

Beispiel: a) $f(x) = x^n$; *x: unabhängige Variable;   n (=const.): Parameter*
(*allgemeine Potenzfunktion*)

b) $f(z) = mz + b$; *z: unabhängige Variable;   m, b (= const.): Parameter*
(*allgemeine Geradengleichung*)

Werden derartige Funktionen bzgl. der unabhängigen Variablen abgeleitet, so müssen sämtliche **Parameter** *als* **Konstanten** *behandelt werden* [3] :

Beispiel: *Vorgegeben sei eine Funktion f mit dem Funktionsterm* $f = 2x^2 \cdot z - z^3 + z^2 \cdot \ln x$.

i) *Fasst man f als Funktion f(x) der unabhängigen Variablen x auf, so ist z ein konstanter Parameter, und es gilt:*
$$f'(x) = \frac{df}{dx} = 4xz + \frac{z^2}{x} \ .$$

ii) *Ist dagegen z die unabhängige Variable, so muss x wie ein konstanter Parameter behandelt werden, und es gilt:*
$$f'(z) = \frac{df}{dz} = 2x^2 - 3z^2 + 2z \cdot \ln x \quad .$$

Aufgabe 5.2.38: Differenzieren Sie folgende Funktionen nach der geklammerten Variablen *(dabei können sämtliche Ableitungsregeln mit Ausnahme der Kettenregel verwendet werden)* :

i) $f(z) = \dfrac{29}{\sqrt[7]{z^{15}}}$ ii) $g(t) = 4 \cdot (2t^3 - 1) \cdot \sqrt{t^5}$ iii) $f(y) = 4x^3 \cdot y \cdot \sqrt{y}$

iv) $h(p) = \dfrac{4p^2 + 1}{(p^2 - 1)\,(2p^4 + p)}$ v) $k(x) = k_3 \cdot x^3 + k_2 \cdot x^2 + k_1 \cdot x + \dfrac{k_0}{x}$

---

[3] Dies entspricht der *partiellen Ableitung von Funktionen mit mehreren unabhängigen Variablen*, siehe Kap. 7.

vi) $u(v) = x^2 \cdot \dfrac{2v - x}{5v + x}$ **vii)** $p(u) = \dfrac{u^2 \cdot \ln u}{e^u}$ **viii)** $a(x) = e^x + \dfrac{1}{e^x}$

ix) $b(x) = e^x - \dfrac{1}{e^x}$ **x)** $c(t) = \dfrac{e^t + 1}{e^t - 1}$ **xi)** $t(b) = \dfrac{2 \cdot \ln b}{2b^2 + e^b}$.

Aufgabe 5.2.39:   Untersuchen Sie die angegebenen Funktionen f

   a) auf Stetigkeit in $\mathbb{R}$,   **b)** auf Differenzierbarkeit in $\mathbb{R}$,

   c) auf Stetigkeit der ersten Ableitung in $\mathbb{R}$ und skizzieren Sie f sowie ihre Ableitung f′ :

  i) $f(x) = \begin{cases} x^2 + x - 6 & \text{für } x < 2 \\ x^2 + 5x - 14 & \text{für } x \geq 2 \end{cases}$ **ii)** $f(x) = \begin{cases} x^2 + 2x & \text{für } x \leq 2 \\ 1{,}5\,x^2 & \text{für } x > 2 \end{cases}$

 iii) $f(x) = \begin{cases} x^2 - x & \text{für } x \leq 1 \\ \ln x & \text{für } x > 1 \end{cases}$.

Aufgabe 5.2.40:

  i) Ermitteln Sie die Gleichung der Tangente an den Graphen von f: $f(x) = \dfrac{x - 1}{x^2 + 1}$ an der Stelle $x_0 = 2$.

 ii) Mit welchem Steigungsmaß schneidet der Graph der Funktion f: $f(x) = \dfrac{\ln x}{e^x}$ die Abszisse?

5.2.2.5 Kettenregel

Obwohl die Klasse der Funktionen, die mit den bisher behandelten Ableitungsregeln differenziert werden können, bereits recht umfangreich ist, lassen sich schon recht einfache **zusammengesetzte Funktionen** wie etwa

  i) $f(x) = (x^2 + e^x)^{100}$ **ii)** $f(x) = \sqrt{3x^2 + x}$ **iii)** $f(x) = e^{\sqrt{x}}$ **iv)** $f(x) = \ln(x^2 + 4)$

nicht oder **nicht ohne weiteres** mit den **bisherigen** Regeln **ableiten.**

Bemerkung 5.2.41: Zwar könnten wir in Beispiel i) prinzipiell die Ableitung durch Ausmultiplizieren des Funktionsterms und anschließende Anwendung der Produktregel gewinnen. Der Umfang der dadurch entstehenden Rechenarbeit verurteilt jedoch diese Methode zum Scheitern. Ebenso verbietet sich die umständliche Ermittlung des Grenzwertes des Differenzenquotienten (5.1.18) in jedem Einzelfall.

Bei den eben angeführten Beispielen handelt es sich ausnahmslos um **mittelbare Funktionen**, die aus zwei elementaren Funktionen **zusammengesetzt** oder **verkettet** sind (Kapitel 2.1.6). Dabei erfolgt der Prozess der Verkettung (oder Hintereinanderausführung) zweier Funktionen stets in der Weise, dass der Funktionsterm g(x) der **inneren Funktion** g anstelle der unabhängigen Variablen g in die **äußere Funktion** f = f(g) **eingesetzt** wird, so dass die **zusammengesetzte Funktion** f = f(g(x)) entsteht (Beispiel 2.1.61):

Beispiel 5.2.42:

    äußere Funktion f(g) ;   innere Funktion g(x) ;   zusammengesetzte Funktion f(g(x)) ;

i)	$f(g) = g^{100}$	$g = g(x) = x^2 + e^x$	$\Rightarrow$	$f(g(x)) = (x^2 + e^x)^{100}$
ii)	$f(g) = \sqrt{g}$	$g = g(x) = 3x^2 + x$	$\Rightarrow$	$f(g(x)) = \sqrt{3x^2 + x}$
iii)	$f(g) = e^g$	$g = g(x) = \sqrt{x}$	$\Rightarrow$	$f(g(x)) = e^{\sqrt{x}}$
iv)	$f(g) = \ln g$	$g = g(x) = x^2 + 4$	$\Rightarrow$	$f(g(x)) = \ln(x^2 + 4)$.

(Dabei ist zu beachten, dass der Wertebereich W_g der inneren Funktion g und der Definitionsbereich D_f der äußeren Funktion f einen nichtleeren Durchschnitt haben, siehe Bemerkung 2.1.63.)

Es zeigt sich nun, dass auch verkettete Funktionen $f(g(x))$ nach x differenziert werden können, sofern die Ableitung $f'(g)$ der äußeren Funktion bezüglich g sowie die Ableitung $g'(x)$ der inneren Funktion bezüglich x existieren. Dazu betrachten wir nach (5.1.18) den Differenzenquotienten zu $f(g(x))$:

$$\frac{\Delta f}{\Delta x} = \frac{f(g(x+\Delta x)) - f(g(x))}{\Delta x} .$$

Erweitern wir den Term auf der rechten Seite mit $\Delta g := g(x+\Delta x) - g(x)$, so folgt (sofern Δg stets als von Null verschieden vorausgesetzt wird [4]):

$$\frac{\Delta f}{\Delta x} = \frac{f(g(x+\Delta x)) - f(g(x))}{\Delta x} \cdot \frac{\Delta g}{\Delta g} = \frac{f(g(x+\Delta x)) - f(g(x))}{\Delta g} \cdot \frac{\Delta g}{\Delta x}$$

Beachten wir, dass wegen $\Delta g := g(x+\Delta x) - g(x)$ gilt: $g(x+\Delta x) = g(x)+\Delta g = g+\Delta g$, so folgt (einsetzen!):

(5.2.43) $$\frac{\Delta f}{\Delta x} = \frac{f(g+\Delta g) - f(g)}{\Delta g} \cdot \frac{g(x+\Delta x) - g(x)}{\Delta x} .$$

Da mit $\Delta x \to 0$ auch $\Delta g = g(x+\Delta x) - g(x)$ gegen Null strebt (g ist – da differenzierbar – auch stetig!), strebt für $\Delta x \to 0$ der erste Faktor von (5.2.43) gegen $f'(g)$ und der zweite Faktor von (5.2.43) gegen $g'(x)$, so dass wir zusammenfassend erhalten:

Satz 5.2.44: (Kettenregel) Es sei f: $y = f(g(x))$ eine aus $f(g)$ und $g(x)$ zusammengesetzte Funktion. Weiterhin mögen $g'(x)$ und $f'(g)$ *(mit g = g(x))* existieren. Dann existiert auch die Ableitung $f'(x)$ der zusammengesetzten Funktion $f(g(x))$, und es gilt:

(5.2.45) $\boxed{\begin{array}{l} f = f(g(x)) \Rightarrow \\ f'(x) = f'(g) \cdot g'(x) \end{array}}$ bzw. $\boxed{\dfrac{d}{dx} f(g(x)) = \dfrac{df}{dg} \cdot \dfrac{dg}{dx}}$ mit $g = g(x)$.

Beispiel 5.2.46: (siehe Beispiel 5.2.42)

i) $\boxed{f(x) = (x^2+e^x)^{100}}$ $\Rightarrow$ $\boxed{f'(x) = 100 \cdot (x^2+e^x)^{99} \cdot (2x+e^x)}$

Wegen: $f(g) = g^{100} \Rightarrow f'(g) = 100\, g^{99} = 100\, (x^2+e^x)^{99}$

$g(x) = x^2+e^x \Rightarrow g'(x) = 2x+e^x$ und $f'(x) = f'(g) \cdot g'(x)$.

ii) $\boxed{f(x) = \sqrt{3x^2+x}}$ $\Rightarrow$ $\boxed{f'(x) = \dfrac{6x+1}{2 \cdot \sqrt{3x^2+x}}}$

Wegen: $f(g) = \sqrt{g} = g^{1/2} \Rightarrow f'(g) = \dfrac{1}{2}\, g^{-1/2} = \dfrac{1}{2\sqrt{g}} = \dfrac{1}{2\sqrt{3x^2+x}}$

$g(x) = 3x^2+x \Rightarrow g'(x) = 6x+1$ und $f'(x) = f'(g) \cdot g'(x)$.

iii) $\boxed{f(x) = e^{\sqrt{x}}}$ $\Rightarrow$ $\boxed{f'(x) = \dfrac{e^{\sqrt{x}}}{2\sqrt{x}}}$

Wegen: $f(g) = e^g \Rightarrow f'(g) = e^g = e^{\sqrt{x}}$

$g(x) = \sqrt{x} = x^{1/2} \Rightarrow g'(x) = \dfrac{1}{2}\, x^{-1/2} = \dfrac{1}{2\sqrt{x}}$ und $f'(x) = f'(g) \cdot g'(x)$.

---

[4] Wegen dieser einschränkenden Voraussetzung ist der o.a. Beweis der Kettenregel mathematisch nicht streng.

iv) $f(x) = \ln (x^2+4)$ $\Rightarrow$ $f'(x) = \dfrac{2x}{x^2+4}$

Wegen: $f(g) = \ln g$ $\Rightarrow$ $f'(g) = \dfrac{1}{g} = \dfrac{1}{x^2+4}$

$g(x) = x^2+4$ $\Rightarrow$ $g'(x) = 2x$ und $f'(x) = f'(g) \cdot g'(x)$.

Bemerkung 5.2.47:

i) In $d/dx\, f(g(x)) = f'(g) \cdot g'(x)$ bezeichnet man die Ableitung $f'(g)$ der äußeren Funktion als äußere Ableitung und die Ableitung $g'(x)$ der inneren Funktion als innere Ableitung, so dass man die Kettenregel auch in der Kurzform „Äußere Ableitung mal innere Ableitung" formuliert.

ii) Gelegentlich nennt man das Multiplizieren von $f'(g)$ mit der inneren Ableitung $g'(x)$ auch „Nachdifferenzieren".

iii) Die Schreibweise (5.2.45)

$$\frac{df}{dx} = \frac{df}{dg} \cdot \frac{dg}{dx} \qquad (*)$$

der Kettenregel ist besonders einprägsam, da formal links wie rechts vom Gleichheitszeichen derselbe Term steht. Beachten Sie jedoch, dass ein tatsächliches „Kürzen" der Symbole dg nicht zulässig ist, da sie nur zur formalen Schreibweise eines Grenzwertes benutzt werden. Wie an der Form $(*)$ der Kettenregel deutlich wird, ist diese (bereits von Leibniz stammende) Schreibweise von derart eleganter Zweckmäßigkeit, dass sie dem Anwender ein hohes Maß an Denkarbeit abnimmt.

iv) Auch Funktionen, die aus mehr als zwei Teilfunktionen verkettet sind, lassen sich durch wiederholte Anwendung der Kettenregel differenzieren. Allgemein erhalten wir so für eine aus n Teilfunktionen zusammengesetzte Funktion mit dem Funktionsterm $f(g_1(g_2(g_3...(g_n(x))))...)$ die allgemeine Kettenregel

(5.2.48)

$$\frac{df}{dx} = \frac{df}{dg_1} \cdot \frac{dg_1}{dg_2} \cdot \frac{dg_2}{dg_3} \cdot ... \cdot \frac{dg_n}{dx} \qquad .$$

Beispiel: $f(x) = [\ln (x^4 + 1)]^8$

Wegen: $f(g_1) = g_1^{\,8}$ $\Rightarrow$ $f'(g_1) = 8\,g_1^{\,7} = 8\,[\ln (x^4 + 1)]^7$;

$g_1(g_2) = \ln g_2$ $\Rightarrow$ $g_1'(g_2) = \dfrac{1}{g_2} = \dfrac{1}{x^4 + 1}$;

$g_2(x) = x^4 + 1$ $\Rightarrow$ $g_2'(x) = 4x^3$ *folgt:*

$$\frac{df}{dx} = \frac{df}{dg_1} \cdot \frac{dg_1}{dg_2} \cdot \frac{dg_2}{dx} = f'(g_1) \cdot g_1'(g_2) \cdot g_2'(x) = \frac{32x^3\,[\ln (x^4 + 1)]^7}{x^4 + 1} \quad .$$

Wie in Beispiel 5.2.46 demonstriert, erhalten wir mit Hilfe der Kettenregel unmittelbar die Ableitungen der **verallgemeinerten Grundfunktionen** mit den Funktionstermen:

$$[g(x)]^n \;\; (n = const.) \; ; \qquad e^{g(x)} \; ; \qquad \ln g(x) \; ,$$

die aus den entsprechenden elementaren Grundfunktionen $x^n, e^x, \ln x$ dadurch hervorgehen, dass an die Stelle der unabhängigen Variablen x nun die innere Funktion $g(x)$ tritt. Es gilt (unter Beachtung der üblichen Einschränkungen):

Satz 5.2.49: (**Ableitung der allgemeinen Grundfunktionen**)

(5.2.50)
$$f(x) = [g(x)]^n$$
$$\Rightarrow f'(x) = n \cdot [g(x)]^{n-1} \cdot g'(x)$$

bzw.

$$\frac{d}{dx} [g(x)]^n = n \cdot [g(x)]^{n-1} \cdot g'(x)$$

(5.2.51)
$$f(x) = e^{g(x)}$$
$$\Rightarrow f'(x) = e^{g(x)} \cdot g'(x)$$

bzw.

$$\frac{d}{dx} e^{g(x)} = e^{g(x)} \cdot g'(x)$$

(5.2.52)
$$f(x) = \ln g(x)$$
$$\Rightarrow f'(x) = \frac{g'(x)}{g(x)}$$

bzw.

$$\frac{d}{dx} \ln g(x) = \frac{g'(x)}{g(x)}$$

Aufgabe 5.2.53: Ermitteln Sie die Ableitung folgender Funktionen nach der jeweils angegebenen unabhängigen Variablen *(sämtliche Ableitungsregeln können verwendet werden)*:

i) $f(x) = 0,5(4x^7 - 3x^5)^{64}$　　**ii)** $g(y) = \sqrt[7]{y^2 - y^7}$　　**iii)** $k(z) = z^5 \cdot \ln(1 - z^5)$

iv) $p(u) = e^{-2u}$　　**v)** $k(t) = 5\ln(\ln t)$　　**vi)** $N(y) = 20 \cdot e^{-17/y} \cdot \sqrt[3]{\ln 7}$

vii) $C(I) = \sqrt[3]{2I} \cdot e^{-I^2}$　　**viii)** $k(x) = x^n \cdot e^{-nx}$　　**ix)** $Q(s) = \ln\sqrt{\dfrac{1+s^4}{6+s^2}}$

x) $P(W) = \left(\ln\dfrac{W^2+1}{e^W}\right)^{20}$　　**xi)** $p(a) = [\ln(a^x - e^a)]^x \cdot e^{x^2+1}$.

5.2.3 Ergänzungen zur Ableitungstechnik

Im folgenden sollen einerseits die Klasse der **differenzierbaren Funktionstypen erweitert** werden *(Kap. 5.2.3.2)* und andererseits nützliche **zusätzliche Ableitungstechniken** bereitgestellt werden, die den Differentiationsaufwand vermindern können *(Kap. 5.2.3.1/5.2.3.3)*. Dabei wird sich zeigen, dass in allen Fällen der **Kettenregel** (5.2.45) eine **Schlüsselfunktion** bei der Problemlösung zukommt.

5.2.3.1 Ableitung der Umkehrfunktion

Wenn eine vorgegebene Funktion $f: y = f(x)$ differenzierbar ist und außerdem eine Umkehrfunktion $f^{-1}: x = f^{-1}(y)$ besitzt (Kapitel 2.1.4), so ist anschaulich klar (Abb. 5.2.55), dass auch die **Umkehrfunktion f^{-1} differenzierbar** ist (sofern $f' \neq 0$).

Der **Zusammenhang** zwischen den Ableitungen f' und $f^{-1'}$ kann auf anschauliche Weise aus Abb. 5.2.55 abgelesen werden: Die **Tangentensteigungsdreiecke** in den beiden entsprechenden Punkten $P(x;y)$ und $Q(y;x)$ sind **kongruent**, lediglich **Höhendifferenz** und **Horizontaldifferenz** sind **vertauscht**:

Die Ableitung in P lautet: $f'(x) = \Delta y/\Delta x$, während die Ableitung $f^{-1'}(y)$ in Q durch den **Kehrwert** $\Delta x/\Delta y$ gegeben ist.

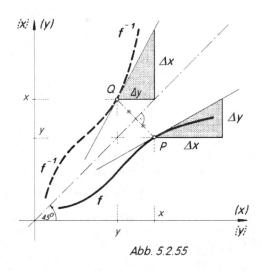

Abb. 5.2.55

Daher besteht zwischen der Ableitung f' und der Ableitung $f^{-1'}$ der Umkehrfunktion die folgende Relation:

$$(5.2.54) \qquad f'(x) = \left. \frac{1}{f^{-1'}(y)} \right|_{y = f(x)} \qquad , \qquad f', f^{-1'} \neq 0 \; .$$

Dieses anschaulich gewonnene Ergebnis lässt sich – Differenzierbarkeit von f und f^{-1} vorausgesetzt – auch mit Hilfe der **Kettenregel** nachweisen:

Aus $y = f(x)$ folgt durch Umkehrung: $\qquad x = f^{-1}(y) = f^{-1}(f(x))$.

Ableitung nach x liefert mit der Kettenregel (innere Funktion ist y bzw. $f(x)$):

$$1 = \frac{df^{-1}}{dy} \cdot \frac{dy}{dx} = \frac{df^{-1}}{dy} \cdot \frac{df}{dx} \; . \quad \text{Daraus folgt } \textit{(sofern keine der Ableitungen Null wird):}$$

Satz 5.2.56:   Es seien f: $y = f(x)$ und f^{-1}: $x = f^{-1}(y)$ jeweils Umkehrfunktionen zueinander. Dann besteht zwischen ihren Ableitungen die Beziehung:

$$(5.2.57) \qquad \boxed{\frac{d}{dx} f(x) = \frac{1}{\dfrac{d}{dy} f^{-1}(y)}} \qquad \text{mit } y = f(x). \qquad (f', f^{-1'} \neq 0)$$

Somit genügt es, zur Ermittlung der Ableitung $f'(x)$ einer Funktion f lediglich die Ableitung $f^{-1'}$ ihrer Umkehrfunktion zu kennen.

Beispiel 5.2.58:

i) Die Funktion f sei vorgegeben durch $y = f(x) = \sqrt{x}$ $(x > 0)$.

   Die Umkehrung f^{-1}: $x = y^2$ ist nach y differenzierbar: $f^{-1'}(y) = 2y$, so dass (5.2.57) liefert:

$$\frac{d}{dx}\sqrt{x} = \frac{1}{\dfrac{d}{dy} y^2} = \frac{1}{2y} = \frac{1}{2\sqrt{x}} \; , \quad (x > 0) , \quad \text{siehe auch Bsp. 5.2.10 iii)} .$$

ii) Von den zueinander inversen Grundfunktionen e^x, $\ln x$ (siehe Kapitel 5.2.1.3/ 5.2.1.4) ist nur die Kenntnis *einer* der beiden Ableitungen erforderlich! Die *fehlende* Ableitung liefert (5.2.57):

   Fall a)

   Die Ableitung von e^y nach y sei bekannt, die Ableitung von $\;f$: $y = \ln x$ sei gesucht $(x > 0)$. Wegen f: $y = \ln x \iff x = e^y = f^{-1}(y)$ folgt nach (5.2.57):

$$\frac{d}{dx}\ln x = \frac{1}{\dfrac{d}{dy} e^y} = \left. \frac{1}{e^y} \right|_{y = \ln x} = \frac{1}{x} \; ; \quad (x > 0) .$$

   Fall b)

   Die Ableitung von $\ln y$ nach y sei bekannt, die Ableitung von f: $y = e^x$ sei gesucht $(y > 0)$. Wegen f: $y = e^x \iff x = \ln y = f^{-1}(y)$ folgt nach (5.2.57):

$$\frac{d}{dx} e^x = \frac{1}{\dfrac{d}{dy} \ln y} = \left. \frac{1}{\dfrac{1}{y}} = y \right|_{y = e^x} = e^x .$$

Aufgabe 5.2.59:   Zeigen Sie mit (5.2.57), dass für $x > 0$ die Ableitung der allgemeinen Wurzelfunktion

   f: $y = \sqrt[n]{x}$ nach der *(noch unbewiesenen)* Potenzregel (5.2.9) erfolgen kann.

5.2.3.2 Ableitung allgemeiner Exponential- und Logarithmusfunktionen

Mit Hilfe der **Kettenregel** (5.2.45) sowie der Ableitungen der **Grundfunktionen** (vgl. Satz 5.2.49) lassen sich auch **Exponential-** und **Logarithmusfunktionen allgemeinster Art** differenzieren.

i)   Wir können nun die **Potenzregel** (5.2.9) für Potenzfunktionen $f(x) = x^r$ mit **beliebigen** konstanten **reellen Exponenten** r beweisen, indem wir nach BK 5.1 (*) die Basis x (x > 0) äquivalent als Exponentialfunktion zur Basis e schreiben:

(*) $x = e^{\ln x}$,   (x > 0).

Damit lautet die abzuleitende Potenzfunktion: $f(x) = x^r = (e^{\ln x})^r = e^{r \cdot \ln x}$, und wir erhalten mit der Kettenregel (innere Funktion ist $r \cdot \ln x$):

(5.2.60) $$\boxed{\frac{d}{dx} x^r = \frac{d}{dx} (e^{r \cdot \ln x}) = e^{r \cdot \ln x} \cdot r \cdot \frac{1}{x} = x^r \cdot r \cdot \frac{1}{x} = r \cdot x^{r-1}}$$,

also das bereits in (5.2.9) vorweggenommene und seitdem verwendete Ergebnis.

Beispiel: $f(x) = x^{\ln 2}$ $\Rightarrow$ $f'(x) = \ln 2 \cdot x^{(\ln 2) - 1} \approx 0{,}6931 \cdot x^{-0{,}3069}$.

ii)   Die **Exponentialfunktion** f: $f(x) = a^x$ mit **beliebiger reeller Basis** a (a = const. > 0) lässt sich mit Hilfe der Kettenregel ableiten, wenn die Basis a nach (*) umgeschrieben wird: $a = e^{\ln a}$. Es folgt:

$f(x) = a^x = (e^{\ln a})^x = e^{x \cdot \ln a}$ und daher $f'(x) = e^{x \cdot \ln a} \cdot \ln a = a^x \cdot \ln a$.

Wir erhalten somit für die Ableitung der **allgemeinen Exponentialfunktion** mit konstanter positiver Basis a die **Regeln**:

(5.2.61) $f(x) = a^x$ $\Rightarrow$ $f'(x) = a^x \cdot \ln a$

(5.2.62) $f(x) = a^{g(x)}$ $\Rightarrow$ $f'(x) = a^{g(x)} \cdot g'(x) \cdot \ln a$ $(a \in \mathbb{R}^+)$.

Beispiele: **i)** $f(x) = 10^x$ $\Rightarrow$ $f'(x) = 10^x \cdot \ln 10 \approx 2{,}3026 \cdot 10^x$

               ii) $f(x) = 2^{x^2+x}$ $\Rightarrow$ $f'(x) = 2^{x^2+x} \cdot (2x+1) \cdot \ln 2$.

Für den Spezialfall a = e ergibt sich wegen ln e = 1 das bekannte Ergebnis $(e^x)' = e^x \cdot \ln e = e^x$ bzw. $(e^{g(x)})' = e^{g(x)} \cdot g'(x) \cdot \ln e = e^{g(x)} \cdot g'(x)$,   siehe (5.2.12) und (5.2.51).

iii)   Die **Logarithmusfunktion** f: $f(x) = \log_a x$ (x > 0) zu beliebiger positiver Basis a (a ≠ 1) lässt sich mit (5.2.15) ableiten, wenn wir beachten, dass ganz allgemein gilt *(siehe Brückenkurs BK 5.2)*:

(**) $\log_a x = \frac{\ln x}{\ln a}$ $(a \in \mathbb{R}^+ \setminus \{1\})$.

Daraus folgt mit (5.2.15) und (5.2.23) sofort:

$$\frac{d}{dx} \log_a x = \frac{d}{dx} \frac{\ln x}{\ln a} = \frac{1}{\ln a} \cdot \frac{d}{dx} \ln x = \frac{1}{\ln a} \cdot \frac{1}{x}$$,

so dass folgende **Regeln** resultieren:

(5.2.63) $f(x) = \log_a x$ $\Rightarrow$ $f'(x) = \dfrac{1}{x \cdot \ln a}$ $x > 0$; $a > 0$; $a \neq 1$

(5.2.64) $f(x) = \log_a g(x)$ $\Rightarrow$ $f'(x) = \dfrac{g'(x)}{g(x) \cdot \ln a}$ $g(x) > 0$.

Beispiele: i) $f(x) = \lg x = \log_{10} x$ $\Rightarrow f'(x) = \dfrac{1}{x \cdot \ln 10} \approx 0{,}4343 \cdot \dfrac{1}{x}$

ii) $\qquad f(x) = \log_2(x^2+7x) \ \Rightarrow \ f'(x) = \dfrac{2x+7}{(x^2+7x)\cdot\ln 2} \approx 1{,}4427\cdot\dfrac{2x+7}{x^2+7x}$.

Für den Spezialfall $a = e$ erhalten wir wegen $\ln e = 1$ das bekannte Ergebnis

$$(\log_e x)' = (\ln x)' = \frac{1}{x} \qquad \text{bzw.} \qquad (\ln g(x))' = \frac{g'(x)}{g(x)}, \qquad \text{siehe (5.2.15) und (5.2.52)}.$$

Bemerkung: Regel (5.2.63) folgt auch aus (5.2.61) mit Hilfe der Ableitung der Umkehrfunktion (5.2.57): Wegen $y = \log_a x \Leftrightarrow x = a^y$ *ergibt sich nämlich:*

$$\frac{d}{dx}\log_a x = \frac{1}{\dfrac{d}{dy}a^y} = \frac{1}{a^y\cdot\ln a} = \frac{1}{x\cdot\ln a} .$$

iv) Die **allgemeinste Exponentialfunktion** ist vom Typ **f: $f(x) = g(x)^{h(x)}$** $(g > 0)$.

Setzen wir wegen (∗): $\qquad g(x) = e^{\ln g(x)}$, so lautet die abzuleitende Funktion f:

$$f(x) = g(x)^{h(x)} = [e^{\ln g(x)}]^{h(x)} = e^{h(x)\cdot\ln g(x)},$$

und die Kettenregel bzw. Produktregel liefern:

$$f'(x) = \frac{d}{dx}\left(e^{h(x)\cdot\ln g(x)}\right) = e^{h(x)\cdot\ln g(x)}\cdot\left(h'(x)\cdot\ln g(x) + h(x)\cdot\frac{g'(x)}{g(x)}\right),$$

d.h. es gilt die **Regel**:

(5.2.65) $\qquad \boxed{\ f(x) = g(x)^{h(x)} \ \Rightarrow \ f'(x) = g(x)^{h(x)}\cdot\left(h'(x)\cdot\ln g(x) + h(x)\cdot\dfrac{g'(x)}{g(x)}\right)\ }$ $(g > 0)$.

Beispiel: i) $\quad f(x) = x^x\,(x > 0) \quad \Longleftrightarrow \quad (∗) \quad f(x) = (e^{\ln x})^x = e^{x\cdot\ln x}$

$\Rightarrow \quad f'(x) = e^{x\cdot\ln x}\left(\ln x + x\cdot\dfrac{1}{x}\right), \quad$ d.h. $\quad \dfrac{d}{dx}x^x = x^x\cdot(\ln x + 1)$.

ii) $\quad f(x) = (x^2+1)^{\ln(x+4)} \quad \Longleftrightarrow \quad (∗) \quad f(x) = e^{\ln(x^2+1)\cdot\ln(x+4)}$

$\Rightarrow \quad f'(x) = e^{\ln(x^2+1)\cdot\ln(x+4)}\cdot\left(\dfrac{2x}{x^2+1}\cdot\ln(x+4) + \ln(x^2+1)\cdot\dfrac{1}{x+4}\right);$ d.h.

d.h. $\quad \dfrac{d}{dx}(x^2+1)^{\ln(x+4)} = (x^2+1)^{\ln(x+4)}\cdot\left(\dfrac{2x\cdot\ln(x+4)}{x^2+1} + \dfrac{\ln(x^2+1)}{x+4}\right)$.

v) Die **allgemeinste Logarithmusfunktion** ist vom Typ $f(x) = \log_{g(x)}h(x)$, $\quad g>0;\ g\neq1;\ h>0$.

Nach (∗∗) können wir stattdessen schreiben:

$$f(x) = \frac{\ln h(x)}{\ln g(x)},$$

so dass die Ableitung mit Hilfe von Quotienten- und Kettenregel erfolgen kann:

(5.2.66) $\qquad \boxed{\ \dfrac{d}{dx}\log_{g(x)}h(x) = \dfrac{\dfrac{h'(x)}{h(x)}\cdot\ln g(x) - \ln h(x)\cdot\dfrac{g'(x)}{g(x)}}{[\ln g(x)]^2}\ }$ $\quad\begin{array}{l} g(x)>0\ ;\ h(x)>0 \\ g(x)\neq1. \end{array}$

Beispiel: i) $\quad f(x) = \log_x 7 = \dfrac{\ln 7}{\ln x} \quad \Rightarrow \quad f'(x) = \dfrac{-\ln 7}{x\,(\ln x)^2} \qquad (x>0\,,\ x\neq1)$.

ii) $\quad f(x) = \log_{\sqrt{x}}e^x = \dfrac{\ln e^x}{\ln\sqrt{x}} = \dfrac{x}{0{,}5\cdot\ln x}$

$\Rightarrow \quad f'(x) = \dfrac{1\cdot0{,}5\cdot\ln x - x\cdot0{,}5\cdot{}^{1\!/x}}{0{,}5^2\cdot(\ln x)^2} = \dfrac{\ln x - 1}{0{,}5\cdot(\ln x)^2} \qquad (x>0\,,\ x\neq1)$.

Aufgabe 5.2.67: Ermitteln Sie (unter Beachtung der jeweiligen Definitionsbereiche) die erste Ableitung folgender Funktionen, nachfolgend definiert durch ihre Funktionsgleichungen:

i) $f(x) = x^3 \cdot 3^x$ 　　　　**ii)** $g(y) = y^{\ln 10} + (\ln 10)^y$ 　　　**iii)** $h(z) = 2^{\ln z} \cdot (\ln z)^{10}$

iv) $f(x) = \dfrac{5^{\sqrt{x}} + (\sqrt{2})^{1-x}}{\sqrt{x}}$ 　　**v)** $k(t) = t^{\sqrt{t}}$ 　　　　　**vi)** $H(u) = (u^2 + e^{-u})^{1-u}$

vii) $p(v) = v^{\ln v}$ 　　　　　**viii)** $C(y) = (\ln y)^{\ln y}$ 　　　　**ix)** $Q(s) = s^{(s^s)}$

x) $r(t) = (1 + t^2)^{\frac{t-1}{t+1}}$ 　　　**xi)** $f(x) = \log_7 \dfrac{x^2 + 4}{x^4 + 2}$ 　　　**xii)** $n(a) = \log_a a^4$

xiii) $L(b) = \log_{\ln b}(b^2 + 1)$, $(b > 1)$.

5.2.3.3　Logarithmische Ableitung

Gelegentlich vereinfacht sich die Bildung der Ableitung f' einer vorgegebenen Funktion f, wenn wir die Funktionsgleichung $y = f(x)$ **vor** dem Ableiten beiderseits **logarithmieren**, dann **umformen** (mit Hilfe der Logarithmengesetze L1-L3, siehe Brückenkurs, Thema BK 5.2) und die entstandene Funktionsgleichung **erst dann** mit Hilfe der Kettenregel **differenzieren**. Dieses Ableitungsverfahren – **logarithmische Ableitung** genannt – sei an einem Beispiel demonstriert:

Beispiel 5.2.68:　Es sei die Ableitung f' gesucht zu

(5.2.69) 　　　　　　　$f(x) = \dfrac{(x^2 + 4)^7}{\sqrt{x^6 + 1} \cdot (2x^4 + 1)^{20}}$.

Zwar könnten wir f' prinzipiell durch mehrfach kombinierte Anwendung von Quotientenregel, Kettenregel und Produktregel erhalten, doch entstehen neben hohem Rechenaufwand unübersichtliche Terme. Logarithmieren wir nun zuvor (5.2.69), so folgt (mit L1-L3):

$$\ln f(x) = \ln \dfrac{(x^2 + 4)^7}{\sqrt{x^6 + 1} \cdot (2x^4 + 1)^{20}} = 7 \cdot \ln(x^2 + 4) - \dfrac{1}{2}\ln(x^6 + 1) - 20 \cdot \ln(2x^4 + 1) .$$

Aus Quotienten, Produkten und Potenzen sind somit Differenzen, Summen und Produkte der logarithmierten Terme entstanden, deren Ableitung keine Mühe bereitet. Leiten wir die letzte Gleichung beiderseits nach x ab, so entsteht (Kettenregel bzw. (5.2.52)) auf der linken Seite „automatisch" der gesuchte Ableitungsterm $f'(x)$:

$$\dfrac{d}{dx}\ln f(x) = \dfrac{f'(x)}{f(x)} = 7 \cdot \dfrac{2x}{x^2 + 4} - \dfrac{1}{2}\dfrac{6x^5}{x^6 + 1} - 20 \cdot \dfrac{8x^3}{2x^4 + 1} .$$

Lösen wir nach $f'(x)$ auf und ersetzen $f(x)$ durch (5.2.69), so erhalten wir schließlich die gesuchte Ableitung $f'(x)$:

$$f'(x) = \dfrac{(x^2 + 4)^7}{\sqrt{x^6 + 1} \cdot (2x^4 + 1)^{20}} \cdot \left(\dfrac{14x}{x^2 + 4} - \dfrac{3x^5}{x^6 + 1} - \dfrac{160x^3}{2x^4 + 1} \right) .$$

Die **logarithmische Ableitung** ist stets dann **sinnvoll anwendbar,** wenn der abzuleitende Funktionsterm f(x) aus mehrfachen **Produkten, Quotienten** und/oder **Potenzen** besteht.

Beispiel 5.2.70: Die Funktion f mit: $f(x) = \dfrac{u_1(x) \cdot u_2(x) \cdot \ldots \cdot u_n(x)}{v_1(x) \cdot v_2(x) \cdot \ldots \cdot v_m(x)}$

kann prinzipiell durch mehrfache Anwendung von Produkt- und Quotientenregel abgeleitet werden. **Einfacher** erhalten wir $f'(x)$ durch **logarithmische Ableitung**:

Aus $\quad \ln f(x) = \ln u_1 + \ln u_2 + \ldots + \ln u_n - \ln v_1 - \ln v_2 - \ldots - \ln v_m \qquad$ folgt:

$$\frac{f'(x)}{f(x)} = \frac{u_1{}'(x)}{u_1(x)} + \frac{u_2{}'(x)}{u_2(x)} + \ldots + \frac{u_n{}'(x)}{u_n(x)} - \frac{v_1{}'(x)}{v_1(x)} - \frac{v_2{}'(x)}{v_2(x)} - \ldots - \frac{v_m{}'(x)}{v_m(x)} .$$

Multiplikation mit $f(x) = \dfrac{u_1 \cdot \ldots \cdot u_n}{v_1 \cdot \ldots \cdot v_m}$ liefert die gesuchte Ableitung $f'(x)$.

Auch beliebige **Exponentialfunktionen** lassen sich mit Hilfe der **logarithmischen Ableitung** auf einfache Weise differenzieren:

Beispiel 5.2.71:

i) (siehe (5.2.65)) Die allgemeinste Exponentialfunktion f: $f(x) = g(x)^{h(x)}$ liefert nach dem Logarithmieren

$$\ln f(x) = \ln \left[g(x)^{h(x)} \right] = (L3)\, h(x) \cdot \ln g(x) \qquad \Rightarrow (\tfrac{d}{dx})$$

$$\frac{f'(x)}{f(x)} = h'(x) \cdot \ln g(x) + h(x) \cdot \frac{g'(x)}{g(x)} .$$

Multiplikation mit $f(x)$ liefert $f'(x)$ und somit dasselbe Resultat wie (5.2.65).

ii) $f(x) = (3x)^{x^2} \underset{(x>0)}{\Rightarrow} \ln f(x) = x^2 \cdot \ln 3x$

$\Rightarrow \dfrac{f'(x)}{f(x)} = 2x \cdot \ln 3x + x^2 \cdot \dfrac{3}{3x} \quad \Rightarrow \quad f'(x) = (3x)^{x^2} \cdot (2x \cdot \ln 3x + x) .$

Aufgabe 5.2.72: Differenzieren Sie mit Hilfe der logarithmischen Ableitung:

i) $f(x) = \dfrac{\sqrt[7]{2x^2+1} \cdot (x^4+x^2)^{22}}{e^{-x} \cdot \sqrt{1+x^6}}$

ii) $g(y) = y^2 \cdot 10^{\sqrt[3]{y}}$

iii) $p(t) = (1-t^2)^{1+t^2}$

iv) $h(z) = (2 \ln z)^{4z}$

v) $k(v) = e^{7v} \cdot (\ln v)^{-2/v}$

vi) $s(p) = (4p)^{\lg p} .$

5.2.4 Höhere Ableitungen

Das Beispiel $f(x) = x^3 + 6x^2 - 4x + 1 \Rightarrow f'(x) = 3x^2 + 12x - 4$ zeigt, dass die erste Ableitung f' einer vorgegebenen Funktion f selbst wiederum differenzierbar sein kann. Man erhält als **Ableitung der Ableitung** im obigen Beispiel: $(f'(x))' = 6x + 12$.

Statt $(f'(x))'$ schreibt man kurz $f''(x)$ (gelesen: „f-zwei-Strich von x") und nennt f'' die **zweite Ableitung** von f bzgl. x. Ganz analog definiert man die **dritte Ableitung** f''' als Ableitung $(f'')'$ der **zweiten Ableitung** f'' usw.:

Def. 5.2.73: Die Funktion f heißt **n-mal differenzierbar**, wenn die Ableitungen
f'; $f'' := (f')'$; $f''' := (f'')'$; $\ldots$; $f^{(n)} := (f^{(n-1)})'$ existieren.

$f^{(n)}$ heißt **n-te Ableitung** oder **Ableitung n-ter Ordnung** von f.

Bemerkung 5.2.74:

i) *Die ersten drei Ableitungen von* f *kennzeichnet man in der Regel durch Striche:* f', f'', f'''. *Für Ablei-tungen höherer Ordnung* $(n = 4, 5, ...)$ *schreibt man:* $f^{(4)}, f^{(5)}, ...$ *(gelesen: „f- vier-Strich" usw.).*

ii) *Statt* $f''(x)$ *schreibt man wegen* $f''(x) := (f'(x))' = \dfrac{d}{dx}\left(\dfrac{df}{dx}\right)$ *häufig auch* $\dfrac{d^2 f}{dx^2}$

$$(\text{gelesen: } „d\text{-zwei-}f \text{ nach } dx\text{-hoch-zwei}").$$

$$\text{Analog:}\qquad f^{(n)}(x) = \frac{d^n f}{dx^n}\qquad („d\text{-}n\text{-}f \text{ nach } dx\text{-hoch-}n")\qquad bzw.$$

$$f^{(n)}(x) = \frac{d^n}{dx^n} f(x)\qquad („d\text{-}n \text{ nach } dx\text{-hoch-}n \text{ von } f(x)")$$

Beispiel 5.2.75: i) $f(x) = \dfrac{1}{5}x^5 - \dfrac{1}{6}x^3 + 4x + 1 \quad\Rightarrow\quad f'(x) = \dfrac{df}{dx} = x^4 - \dfrac{1}{2}x^2 + 4 \quad\Rightarrow$

$$f''(x) = \frac{d^2 f}{dx^2} = 4x^3 - x \;\Rightarrow\; f'''(x) = \frac{d^3 f}{dx^3} = 12x^2 - 1 \;\Rightarrow\; f^{(4)}(x) = \frac{d^4 f}{dx^4} = 24x \;\Rightarrow$$

$$f^{(5)}(x) = \frac{d^5 f}{dx^5} = 24 \;\Rightarrow\; f^{(6)}(x) = \frac{d^6 f}{dx^6} = 0\;.$$

Alle weiteren höheren Ableitungen ergeben ebenfalls Null.

ii) $f(x) = 7e^x \;\Rightarrow\; f'(x) = f''(x) = ... = f^{(n)}(x) = 7e^x$

iii) $f(x) = \ln x \;\;(x > 0) \;\Rightarrow\; f'(x) = \dfrac{1}{x} \;\Rightarrow\; f''(x) = -\dfrac{1}{x^2} \;\Rightarrow\; f'''(x) = \dfrac{2}{x^3} \;\Rightarrow$

$$f^{(4)}(x) = -\frac{2\cdot 3}{x^4}\;...\;\Rightarrow\; f^{(n)}(x) = (-1)^{n-1}\cdot\frac{(n-1)!}{x^n}\;.$$

Ebenso wie die erste Ableitung f' ein Maß für die Steigung (Änderungstendenz) der Funktion f ist, liefert die **zweite Ableitung** f'' ein Maß für die **Steigung** (Änderungstendenz) **der ersten Ableitung** f'. Allgemein misst somit die n-te Ableitung $f^{(n)}$ die Steigung der $(n-1)$-ten Ableitung $f^{(n-1)}$.

Das folgende Beispiel (siehe Abb. 5.2.76) zeigt die Graphen von f, f', f'', f''' der Funktion f mit

$$f(x) = \frac{1}{6}x^3 - \frac{1}{2}x^2 - \frac{3}{2}x + 3\;,$$

$$f'(x) = \frac{1}{2}x^2 - x - \frac{3}{2}\;,$$

$$f''(x) = x - 1 \text{ und } f'''(x) = 1.$$

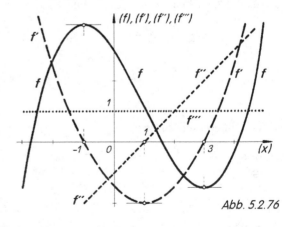

Abb. 5.2.76

Sie erkennen an Abb. 5.2.76 etwa, dass die erste Ableitung f' in dem Bereich (nämlich $-1 < x < 3$) negativ ist (d.h. der Graph von f' unterhalb der Abszisse verläuft), in dem f eine negative Steigung besitzt. In dem Be-reich, in dem die Ableitung f' eine positive Steigung besitzt (d.h. für $x > 1$), ist die Ableitung von f', d.h. die zweite Ableitung f'' von f positiv usw.

Aufgabe 5.2.77: Ermitteln Sie die Ableitungen erster bis dritter Ordnung folgender Funktionen:

i) $f(x) = x^{10}$ **ii)** $g(y) = y\cdot \ln y$ **iii)** $h(z) = \dfrac{z+1}{(z-1)^2}$ **iv)** $p(t) = t\cdot e^t$

v) $k(r) = e^{1/r}$ **vi)** $F(x) = 10^x + \lg x$ **vii)** $N(Y) = (1 + 2Y)^{Y^2}$, *nur N' und N'' bilden !*

Aufgabe 5.2.78: Untersuchen Sie, wie oft die folgenden *(stetigen)* Funktionen auf $\mathbb{R}$ differenzierbar sind und ermitteln Sie die entsprechenden Ableitungen. Sind alle Ableitungen überall stetig?

i) $f(x) = \left| x^3 \right| = \begin{cases} -x^3 & \text{für } x < 0 \\ x^3 & \text{für } x \geq 0 \end{cases}$
 ii) $f(x) = \begin{cases} 0{,}5x^2 + x + 1 & \text{für } x < 0 \\ e^x & \text{für } x \geq 0 \end{cases}$

iii) $f(x) = \begin{cases} -0{,}5x^2 + 2x - 1{,}5 & \text{für } x < 1 \\ \ln x & \text{für } x \geq 1 \end{cases}$.

5.2.5 Zusammenfassung der wichtigsten Differentiationsregeln

	$f(x)$	$f'(x)$	Bemerkungen
(1)	const.	0	
(2)	x	1	$x \in \mathbb{R}$
(3)	x^n	$n \cdot x^{n-1}$	falls $n \in \mathbb{N}$: $x \in \mathbb{R}$ falls $n \in \mathbb{Z}$: $x \in \mathbb{R} \setminus \{0\}$ falls $n \in \mathbb{R}$: $x \in \mathbb{R}^+$
(4)	e^x	e^x	$x \in \mathbb{R}$
(5)	$\ln x$	$\dfrac{1}{x}$	$x \in \mathbb{R}^+$
(6)	$c \cdot g(x)$	$c \cdot g'(x)$	$c \in \mathbb{R}$: konstanter Faktor
(7)	$u(x) \pm v(x)$	$u'(x) \pm v'(x)$	Summenregel
(8)	$u(x) \cdot v(x)$	$u'(x) \cdot v(x) + u(x) \cdot v'(x)$	Produktregel
(9)	$\dfrac{u(x)}{v(x)}$	$\dfrac{u'(x) \cdot v(x) - u(x) \cdot v'(x)}{[v(x)]^2}$	Quotientenregel ($v \neq 0$)
(10)	$f(g(x))$	$f'(g) \cdot g'(x)$	Kettenregel
(11)	a^x	$a^x \cdot \ln a$	$a \in \mathbb{R}^+$; $x \in \mathbb{R}$
(12)	$\log_a x$	$\dfrac{1}{x \cdot \ln a}$	$a \in \mathbb{R}^+ \setminus \{1\}$; $x \in \mathbb{R}^+$
(13)	$[g(x)]^n$	$n \cdot [g(x)]^{n-1} \cdot g'(x)$	falls $n \in \mathbb{N}$: $g(x) \in \mathbb{R}$ falls $n \in \mathbb{Z}$: $g(x) \neq 0$ falls $n \in \mathbb{R}$: $g(x) > 0$
(14)	$e^{g(x)}$	$e^{g(x)} \cdot g'(x)$	
(15)	$a^{g(x)}$	$a^{g(x)} \cdot \ln a \cdot g'(x)$	$a \in \mathbb{R}^+$
(16)	$\ln g(x)$	$\dfrac{g'(x)}{g(x)}$	$g(x) > 0$
(17)	$\log_a g(x)$	$\dfrac{g'(x)}{g(x) \cdot \ln a}$	$a \in \mathbb{R}^+ \setminus \{1\}$; $g(x) > 0$
(18)	$g(x)^{h(x)}$	siehe (5.2.65)	$g(x)^{h(x)} = e^{h(x) \cdot \ln g(x)}$ *(s. BK 5.1)*
(19)	$\log_{g(x)} h(x)$	siehe (5.2.66)	$\log_{g(x)} h(x) = \dfrac{\ln h(x)}{\ln g(x)}$ *(s. BK 5.1)*

Aus Vollständigkeitsgründen folgen die Ableitungen der *(bei ökonomischen Problemen relativ selten vorkommenden)* **elementaren trigonometrischen Funktionen** (siehe Kap. 2.3.6):

	f(x)	f'(x)	Bemerkungen
(20)	$\sin x$	$\cos x$	$x \in \mathbb{R}$
(21)	$\cos x$	$-\sin x$	$x \in \mathbb{R}$
(22)	$\tan x$	$\dfrac{1}{\cos^2 x}$	$\cos x \neq 0$
(23)	$\sin g(x)$	$\cos g(x) \cdot g'(x)$	$g(x) \in \mathbb{R}$
(24)	$\cos g(x)$	$-\sin g(x) \cdot g'(x)$	$g(x) \in \mathbb{R}$

Beispiele:

i) $f(x) = 5 \cdot \sin(2x+1) \;\Rightarrow\; f'(x) = 10 \cdot \cos(2x+1)$

ii) $f(x) = (\sin x)^5 = \sin^5 x \;\Rightarrow\; f'(x) = 5\sin^4 x \cdot \cos x$

iii) $f(x) = e^{\tan x} \;\Rightarrow\; f'(x) = e^{\tan x} \cdot \dfrac{1}{\cos^2 x}$

iv) $f(x) = x^{\cos \sqrt{x}} =_{\text{(s. BK 5.1)}} e^{\ln x \cdot \cos \sqrt{x}}$

$\Rightarrow\quad f'(x) = x^{\cos \sqrt{x}} \cdot \left(\dfrac{1}{x} \cos \sqrt{x} - \ln x \cdot \sin \sqrt{x} \cdot \dfrac{1}{2\sqrt{x}} \right)$

v) $f(x) = \cos(\sin^2 x) \;\Rightarrow\; f'(x) = -\sin(\sin^2 x) \cdot 2 \sin x \cdot \cos x$.

5.3   Grenzwerte bei unbestimmten Ausdrücken − Regeln von de L'Hôspital

Wie wir gesehen haben, spielt die Grenzwertbildung im Zusammenhang mit der Differentialrechnung *(wie überhaupt in der gesamten Höheren Mathematik)* eine zentrale Rolle. Bereits in Kap. 4 war allerdings aufgefallen *(siehe etwa die Beispiele 4.3.4-4.3.6)*, dass Grenzwerte bei sog. „unbestimmten Ausdrücken" *(wie z.B. „ ∞/∞ " oder „0/0")* mit den bisherigen Methoden nicht oder nur mühsam ermittelt werden konnten.

Unter einem **unbestimmten Ausdruck** versteht man einen Term, der im Verlauf des Grenzwertprozesses *(zunächst)* gegen einen der nachstehend aufgeführten sieben Ausdrücke strebt:

(5.3.1)
$$\boxed{\;\; „\dfrac{0}{0}", \quad „\dfrac{\infty}{\infty}", \quad „0 \cdot \infty", \quad „\infty - \infty", \quad „1^{\infty}", \quad „\infty^0", \quad „0^0" \;\;}$$.

(zur Schreibweise siehe Bem. 4.2.12)

Beispiele: $\displaystyle\lim_{x \to 1} \dfrac{x^2+3x-4}{2x^2-9x+7}$ ist vom Typ „$\dfrac{0}{0}$" ; $\displaystyle\lim_{x \to \infty} \left(1 + \dfrac{1}{x}\right)^x$ ist vom Typ „1^{∞}" usw.

Die Bezeichnungsweise *unbestimmter Ausdruck* wird verständlich, wenn wir uns die sieben Ausdrücke (5.3.1) näher anschauen:

In jedem dieser *(aus zwei Teilen, wie z.B. „0/0" zusammengesetzten)* Ausdrücke tendiert der eine Teil in eine prinzipiell andere Richtung als der andere, so dass *(zunächst)* völlig *unklar* ist, wer schließlich die Oberhand behält oder ob sich beide Teile sozusagen gütlich auf einen *(endlichen)* Grenzwert „einigen".

Beispiel 5.3.2:

(1) $\boxed{\;„\dfrac{0}{0}\text{''}\;}$ Der Zähler strebt gegen Null, dies spricht für „Null" als Grenzwert.

Der Nenner strebt gegen Null, dies spricht für „Unendlich" als Grenzwert.

Das Beispiel (4.3.6): $\lim\limits_{x\to 1}\dfrac{x^2+3x-4}{2x^2-9x+7}=-1$ zeigt, dass auch etwas völlig Unerwartetes

aus „$\dfrac{0}{0}$" resultieren kann.

Für die übrigen sechs Fälle gilt ähnliches, was wir in symbolischer Kurzschreibweise andeuten wollen:

(2) $\boxed{\;„\dfrac{\infty}{\infty}\text{''}\;}$ Zähler $\to\infty$, also Grenzwert $\to\infty$?

Nenner $\to\infty$, also Grenzwert $\to 0$?

Beispiel (4.3.4): $\lim\limits_{x\to\infty}\dfrac{6x^3+4x^2-7}{x^3+x}=6$ (!)

(3) $\boxed{\;„\,0\cdot\infty\text{''}\;}$ 1. Faktor $\to 0$,   also Grenzwert = 0 ?

2. Faktor $\to\infty$, also Grenzwert = ∞ ?

dagegen Beispiel: $\lim\limits_{x\to\infty}\dfrac{1}{x}\cdot 3x = 3$

(4) $\boxed{\;„\,\infty-\infty\text{''}\;}$ 1. Summand $\to\infty$, also Grenzwert = ∞ ?

2. Summand $\to\infty$, also Grenzwert = $-\infty$?

oder gar „ $\infty-\infty$ " = 0 ?

dagegen Beispiel: $\lim\limits_{x\to\infty}[(6+5x^3)-(2+5x^3)] = 4$

(5) $\boxed{\;„1^{\infty}\text{''}\;}$ Basis $\to 1$,   also Grenzwert = 1 ?

Exponent $\to\infty$, also Grenzwert = ∞ ?

(oder, falls Basis < 1, Grenzwert = 0 ?)

dagegen Beispiel: $\lim\limits_{x\to\infty}(1+\dfrac{1}{x})^x = e$ ($\approx 2{,}71828$)   (siehe (4.2.10i))

(6) $\boxed{\;„\,\infty^0\text{''}\;}$ Basis $\to\infty$, also Grenzwert = ∞ ?

Exponent $\to 0$,   also Grenzwert = 1 ?

dagegen Beispiel: $\lim\limits_{x\to\infty}(x+1)^{\frac{2}{\ln x}} = e^2$ ($\approx 7{,}3891$)   *(Herleitung später, s.u.)*

(7) $\boxed{\;„0^0\text{''}\;}$ Basis $\to 0$, also Grenzwert = 0 ?

Exponent $\to 0$, also Grenzwert = 1 ?

vgl. dagegen das Beispiel: $\lim\limits_{x\to 0^+}(\sqrt{x}\cdot 3^x)^{\frac{1}{\ln x}} = \sqrt{e}$ ($\approx 1{,}6487$)   *(Herleitung später)*

Mit den Mitteln der Differentialrechnung ist es nun in den meisten Fällen möglich, die Grenzwerte bei beliebigen unbestimmten Ausdrücken zu ermitteln.

Als Kernsatz dient dazu die sogenannte Regel von de L'Hôspital[5] für den ersten Fall „$\frac{0}{0}$" :

Satz 5.3.3:   (**Regel von de L'Hôspital für** „$\frac{0}{0}$")

Die beiden Funktionen $f(x)$ und $g(x)$ seien in x_0 *(stetig)* differenzierbar (mit $g'(x_0) \neq 0$).

Außerdem gelte: $f(x_0) = g(x_0) = 0$. Wenn dann der Grenzwert $\lim\limits_{x \to x_0} \dfrac{f'(x)}{g'(x)}$ $\left(= \dfrac{f'(x_0)}{g'(x_0)} \right)$

existiert, so existiert auch der Grenzwert $\lim\limits_{x \to x_0} \dfrac{f(x)}{g(x)}$, und beide Grenzwerte sind gleich, d.h. es gilt dann:

(5.3.4)
$$\lim_{x \to x_0} \frac{f(x)}{g(x)} = \lim_{x \to x_0} \frac{f'(x)}{g'(x)} = \frac{f'(x_0)}{g'(x_0)}$$

Beweis: Um die Ableitungsdefinition (5.1.10) anwenden zu können, benutzen wir die Tatsache, dass man für einen Grenzwert $\lim\limits_{x \to x_0} f(x)$ genauso gut schreiben kann: $\lim\limits_{\Delta x \to 0} f(x_0 + \Delta x)$.

Damit folgt für den gesuchten Grenzwert (unter Beachtung der Voraussetzungen und unter Verwendung der Grenzwertsätze (Satz 4.3.1)):

$$\lim_{x \to x_0} \frac{f(x)}{g(x)} = \lim_{\Delta x \to 0} \frac{f(x_0 + \Delta x)}{g(x_0 + \Delta x)} = \lim_{\Delta x \to 0} \frac{\dfrac{f(x_0 + \Delta x) - f(x_0)}{\Delta x}}{\dfrac{g(x_0 + \Delta x) - g(x_0)}{\Delta x}} \underset{(5.1.10)}{=} \frac{f'(x_0)}{g'(x_0)} \quad .$$

(denn $f(x_0) = g(x_0) = 0$,
laut Voraussetzung)

Beispiel 5.3.5:

Die folgenden Terme liefern für $x \to x_0$ stets den unbestimmten Ausdruck „$\frac{0}{0}$", d.h. Satz 5.3.3 ist (unter Beachtung der übrigen Voraussetzungen) anwendbar:

i) $\lim\limits_{x \to 0} \dfrac{2e^x - 1}{x} \quad \to \quad$ „$\frac{0}{0}$" .

Leitet man Zähler und Nenner gemäß der Regel von de L'Hôspital (Satz 5.3.3) **getrennt** ab, so folgt:

$$\lim_{x \to 0} \frac{2e^x - 1}{x} = \lim_{x \to 0} \frac{2e^x}{1} = \lim_{x \to 0} 2e^x = 2e^0 = 2 \quad .$$

Analog ermittelt man folgende Grenzwerte

ii) $\lim\limits_{x \to 1} \dfrac{5 \cdot \ln x}{x - 1} = \lim\limits_{x \to 1} \dfrac{5 \cdot \frac{1}{x}}{1} = \lim\limits_{x \to 1} \dfrac{5}{x} = 5$,

iii) $\lim\limits_{x \to 0} \dfrac{e^x - 1}{x} = \lim\limits_{x \to 0} \dfrac{e^x}{1} = $ „$\dfrac{1}{1}$" $= 1$,

iv) $\lim\limits_{x \to 0} \dfrac{\sin x}{x} = \lim\limits_{x \to 0} \dfrac{\cos x}{1} = \cos 0 = 1$,   siehe (4.2.10) iv) .

---

[5] G.F.A. de L'Hôspital (1661-1704), französischer Mathematiker

Bemerkung 5.3.6:   *Die Regel von de L'Hôspital kann in verschiedene Richtungen verallgemeinert werden:*

*i) Wenn sich nach Anwendung der de L'Hôspitalschen Regel erneut ein unbestimmter Ausdruck „$\frac{0}{0}$"
ergibt, kann man die Regel erneut und ggf. mehrfach anwenden, denn es gilt:*

(5.3.7)
$$\lim_{x \to x_0} \frac{f(x)}{g(x)} = \lim_{x \to x_0} \frac{f^{(n)}(x)}{g^{(n)}(x)}$$

*(sofern der rechts stehende Quotient der n-ten Ableitungen erstmalig nicht gegen „$\frac{0}{0}$" strebt, son-
dern einen (eigentlichen oder uneigentlichen) Grenzwert besitzt.)*

Beispiel: $\lim_{x \to 0} \frac{1 + x - e^x}{x^2} \underset{„\frac{0}{0}"}{=} \lim_{x \to 0} \frac{1 - e^x}{2x} \underset{„\frac{0}{0}"}{=} \lim_{x \to 0} \frac{-e^x}{2} = -\frac{1}{2} e^0 = -\frac{1}{2}$.

*ii) Die de L'Hôspitalsche Regel behält ihre Gültigkeit für $\boxed{x \to \pm \infty}$ sowie auch für unbestimmte
Ausdrücke des Typs $\boxed{„\frac{\infty}{\infty}"}$* [6].

Beispiel: $\lim_{n \to \infty} \frac{n}{q^n} = \lim_{n \to \infty} \frac{1}{q^n \cdot \ln q} \underset{}{=} „\frac{1}{\infty}" = 0,$ $(q > 1)$

Beispiel: $\lim_{x \to \infty} \frac{e^x}{x^3} = „\frac{\infty}{\infty}" \Rightarrow \lim_{x \to \infty} \frac{e^x}{x^3} = \lim_{x \to \infty} \frac{e^x}{3x^2} \underset{„\frac{\infty}{\infty}"}{=} \lim_{x \to \infty} \frac{e^x}{6x} \underset{„\frac{\infty}{\infty}"}{=} \lim_{x \to \infty} \frac{e^x}{6} = \infty$
(3-malige Anwendung der Regel!)

Analog zeigt man durch n-malige Anwendung:

$$\lim_{x \to \infty} \frac{e^x}{x^n} = \infty \quad (n \in \mathbb{N})$$

$$\lim_{x \to \infty} \frac{x^n}{e^x} = 0 \quad (\text{siehe } (4.2.10) \text{ iii}))$$

Mit Hilfe der Regel von de L'Hôspital lassen sich Grenzwerte von **gebrochen-rationalen Funktionen** für
die Fälle $\boxed{„\frac{0}{0}"}$ und $\boxed{„\frac{\infty}{\infty}"}$ einfach ermitteln. Das folgende Beispiel demonstriert dies in Analogie
zu den Beispielen 4.3.4-4.3.6 von Kapitel 4:

Beispiel 5.3.8:

i) $\lim_{x \to \infty} \frac{6x^3 - 4x^2 + 1}{5x + 2x^3} \underset{„\frac{\infty}{\infty}"}{=} \lim_{x \to \infty} \frac{18x^2 - 8x}{5 + 6x^2} \underset{„\frac{\infty}{\infty}"}{=} \lim_{x \to \infty} \frac{36x - 8}{12x} \underset{„\frac{\infty}{\infty}"}{=} \lim_{x \to \infty} \frac{36}{12} = 3$

(Dies Ergebnis resultiert direkt, siehe Beispiel 4.3.4, wenn wir im Zähler und Nenner die jeweils höchste Potenz (d.h. hier jeweils x^3) ausklammern, kürzen und dann direkt den Grenzwert berechnen:

$\Rightarrow \lim_{x \to \infty} \frac{6x^3 - 4x^2 + 1}{5x + 2x^3} = \lim_{x \to \infty} \frac{x^3(6 - \frac{4}{x} + \frac{1}{x^3})}{x^3(\frac{5}{x^2} + 2)} = \frac{6}{2} = 3,$ wie zuvor.)

---

6 zum Beweis siehe etwa [65a] 333f

ii) $\lim\limits_{x\to 0^+} \dfrac{5x^3 - 4x^2}{2x^5 + 8x^3} \underset{„\frac{0}{0}“}{=} \lim\limits_{x\to 0^+} \dfrac{15x^2 - 8x}{10x^4 + 24x^2} \underset{„\frac{0}{0}“}{=} \lim\limits_{x\to 0^+} \dfrac{30x - 8}{40x^3 + 48x} = „\dfrac{-8}{0^+}“ = -\infty$,

siehe Beispiel 4.3.5 .

iii) $\lim\limits_{x\to 3^+} \dfrac{x^3 - 2x^2 - 15x + 36}{x^3 - 9x^2 + 27x - 27} \underset{„\frac{0}{0}“}{=} \lim\limits_{x\to 3^+} \dfrac{3x^2 - 4x - 15}{3x^2 - 18x + 27} \underset{„\frac{0}{0}“}{=} \lim\limits_{x\to 3^+} \dfrac{6x - 4}{6x - 18} = „\dfrac{14}{0^+}“ = \infty$,

siehe Beispiel 4.3.6

Die übrigen 5 Fälle von unbestimmten Ausdrücken lassen sich durch geeignete Umformung stets auf die

Fälle (1) $\boxed{„\dfrac{0}{0}“}$ oder (2) $\boxed{„\dfrac{\infty}{\infty}“}$ zurückführen, so dass die L'Hôspital-Grundregeln (5.3.4) bzw. (5.3.7) angewendet werden können:

(3) $\boxed{„0\cdot\infty“}$ Seien $\lim f(x) = 0$ und $\lim g(x) = \infty \Rightarrow \lim f(x)\cdot g(x) = \lim \dfrac{f(x)}{\dfrac{1}{g(x)}} = „\dfrac{0}{0}“$

bzw. $\lim f(x)\cdot g(x) = \lim \dfrac{g(x)}{\dfrac{1}{f(x)}} = „\dfrac{\infty}{\infty}“$

Beispiel: $\lim\limits_{x\to 0^+} x\cdot\ln x \; (= „0\cdot-\infty“) = \lim\limits_{x\to 0^+} \dfrac{\ln x}{\dfrac{1}{x}} \; \Big(= „\dfrac{-\infty}{\infty}“\Big) \underset{(5.3.4)}{=} \lim\limits_{x\to 0^+} \dfrac{\dfrac{1}{x}}{-\dfrac{1}{x^2}} = \lim\limits_{x\to 0^+}(-x) = 0.$

(4) $\boxed{„\infty-\infty“}$ Seien $\lim f(x) = \infty$; $\lim g(x) = \infty \Rightarrow \lim\big(f(x) - g(x)\big) = \lim \Bigg(\dfrac{1}{\dfrac{1}{f(x)}} - \dfrac{1}{\dfrac{1}{g(x)}}\Bigg)$

$= \lim \dfrac{\dfrac{1}{g(x)} - \dfrac{1}{f(x)}}{\dfrac{1}{f(x)}\cdot\dfrac{1}{g(x)}} = „\dfrac{0}{0}“$

Beispiel: $\lim\limits_{x\to 0^+}\Big(\dfrac{1}{x} + \ln x\Big) \; (= „\infty-\infty“) = \lim\limits_{x\to 0^+} \dfrac{\dfrac{1}{\ln x} + x}{x\cdot\dfrac{1}{\ln x}} = \lim\limits_{x\to 0^+} \dfrac{1 + x\cdot\ln x}{x}$

$= \; (\text{da nach dem letzten Beispiel gilt: } \lim\limits_{x\to 0^+}(x\cdot\ln x) = 0) \; = \; \lim\limits_{x\to 0^+} \dfrac{1}{x} = \infty$.

(5) $\boxed{„1^\infty“}$ Seien $\lim f(x) = 1$ und $\lim g(x) = \infty$

$\Rightarrow \; \lim f(x)^{g(x)} = \lim [e^{\ln f(x)}]^{g(x)} = \lim e^{g(x)\cdot\ln f(x)}$.

Der Exponent ist jetzt vom Typ „$\infty\cdot 0$" und kann nach (3) ermittelt werden. Dieser Wert muss dann noch zur Basis e „exponiert" werden.

Bemerkung: *Bei umfangreichen Ausdrücken ist das folgende zweistufige Verfahren übersichtlicher:*
Gesucht sei der Grenzwert von $y = f(x)^{g(x)}$.

(1) Man logarithmiert zunächst beide Seiten und bildet nun den Grenzwert (entspricht dem Grenzwert des Exponenten von $e^{\cdots}$, s.o.): $\lim (\ln y) = \lim \ln (f(x)^{g(x)}) \underset{L3}{=} \lim [g(x)\cdot\ln f(x)] = „\infty\cdot 0“$.

(2) Angenommen, der Grenzwert von (1) sei g. Dann gilt: $\lim (\ln y) = g$, und nach den Grenzwert-sätzen, siehe Satz 4.3.1 viii), gilt:
$\qquad \lim (\ln y) = \ln (\lim y) = g, \qquad d.h. \qquad e^{\ln (\lim y)} = e^g, \; d.h. \; \lim y = e^g$.

Beispiel: $\displaystyle\lim_{x \to \infty} (1 + \frac{1}{x})^x \quad (=_{\text{,,}} 1^{\infty} \text{ ''}) \quad = \quad \lim_{x \to \infty} e^{\ln(1 + \frac{1}{x}) \cdot x} \quad = \quad \lim_{x \to \infty} e^{x \cdot \ln(1 + \frac{1}{x})}$

Die Hochzahl ist vom Typ „ $\infty \cdot 0$ ":

Wegen $\displaystyle\lim_{x \to \infty} x \cdot \ln(1 + \frac{1}{x}) = \lim_{x \to \infty} \frac{\ln(1 + \frac{1}{x})}{\frac{1}{x}} \quad (=_{\text{,,}} \frac{0}{0} \text{ ''}) \underset{(5.3.4)}{=} \lim_{x \to \infty} \frac{\frac{-\frac{1}{x^2}}{1 + 1/x}}{-\frac{1}{x^2}}$

$= \displaystyle\lim_{x \to \infty} \frac{1}{1 + \frac{1}{x}} = \frac{1}{1+0} = 1$ \qquad lautet der gesuchte Grenzwert:

$$\lim_{x \to \infty} (1 + \frac{1}{x})^x = e^{\lim x \cdot \ln(1 + \frac{1}{x})} = e^1 = e, \quad \text{siehe (4.2.10) i).}$$

(6) $\boxed{\text{,, } \infty^0 \text{ ''}}$ \qquad Seien $\lim f(x) = \infty$ und $\lim g(x) = 0$

$\Rightarrow \quad \lim f(x)^{g(x)} = \lim [e^{\ln f(x)}]^{g(x)} = \lim e^{g(x) \cdot \ln f(x)}$.

Der Exponent ist nunmehr – wie in (5) – vom Typ „ $0 \cdot \infty$ ", der Grenzwert wird analog ermittelt:

Beispiel: $\displaystyle\lim_{x \to \infty} (x + 1)^{\frac{2}{\ln x}} \quad (=_{\text{,,}} \infty^0 \text{ ''}) = \lim_{x \to \infty} e^{\ln(x + 1) \cdot \frac{2}{\ln x}}$.

Der Exponent ist vom Typ „ $\infty \cdot 0$ " bzw. in der Form $\dfrac{2 \cdot \ln(x+1)}{\ln x}$ vom Typ „$\dfrac{\infty}{\infty}$ " .

(5.3.4) liefert: $\displaystyle\lim_{x \to \infty} \frac{2 \cdot \ln(x+1)}{\ln x} = \lim_{x \to \infty} 2 \cdot \frac{\frac{1}{x+1}}{\frac{1}{x}} = \lim_{x \to \infty} 2 \cdot \frac{x}{x+1} = 2 ,$

so dass der gesuchte Grenzwert lautet: $e^2 \ (\approx 7{,}3891)$.

(7) $\boxed{\text{,, } 0^0 \text{ ''}}$ \qquad Seien $\lim f(x) = 0$ und $\lim g(x) = 0$

$\Rightarrow \quad \lim f(x)^{g(x)} = \lim [e^{\ln f(x)}]^{g(x)} = \lim e^{g(x) \cdot \ln f(x)}$.

Der Exponent ist – wie in (5), (6) – vom Typ „ $0 \cdot \infty$ ", der Grenzwert wird analog ermittelt:

Beispiel: $\displaystyle\lim_{x \to 0^+} (\sqrt{x} \cdot 3^x)^{\frac{1}{\ln x}} \quad (=_{\text{,,}} 0^0 \text{ ''}) = \lim_{x \to 0^+} e^{\ln(\sqrt{x} \cdot 3^x) \cdot \frac{1}{\ln x}} = \lim_{x \to 0^+} e^{\frac{(\frac{1}{2} \ln x + x \cdot \ln 3)}{\ln x}}$

$= e^{\text{,,} \frac{\infty}{\infty} \text{ ''}} \underset{(5.3.4)}{=} \displaystyle\lim_{x \to 0^+} e^{\frac{\frac{1}{2x} + \ln 3}{\frac{1}{x}}} = \lim_{x \to 0^+} e^{\frac{1}{2} + x \cdot \ln 3} = e^{\frac{1}{2}} = \sqrt{e} \ (\approx 1{,}6487)$.

Beispiel 5.3.9: (CES-Produktionsfunktion – CES = **C**onstant **E**lasticity of **S**ubstitution)

Bezeichnet man mit x den Output einer Produktion und mit $r_1, r_2, ..., r_n$ die Inputs von n Produktionsfaktoren, so lässt sich mit den (positiven) Konstanten $a_0; a_1, a_2, ..., a_n$ sowie dem sog. „Substitutionsparameter" ρ $(\rho > -1 ; \rho \neq 0)$ die neoklassische **CES-Produktionsfunktion**[7] wie folgt darstellen:

---

[7] Die CES-Funktion besitzt eine konstante Substitutionselastizität, siehe Kap. 6.3.3.3.

(*) $$x = a_0 \left(a_1 r_1^{-\rho} + a_2 r_2^{-\rho} + \ldots + a_n r_n^{-\rho} \right)^{-\frac{1}{\rho}} .$$

Dabei wird vorausgesetzt, dass für die Summe der sog. „Verteilungsparameter" $a_1, a_2, \ldots$ gilt:

$$a_1 + a_2 + \ldots + a_n = 1 \qquad \text{(lässt sich durch geeignete Wahl der Outputeinheit stets erreichen!)}$$

Es stellt sich die Frage, welche Form die CES-Produktionsfunktion (*) bei unterschiedlicher Wahl des Substitutionsparameters ρ annimmt, insbesondere, was mit (*) passiert, wenn der Substitutionsparameter ρ gegen Null strebt $(\rho \neq 0\,!)$.

Eine erste Betrachtung für $\rho \to 0$ zeigt, dass der Klammerinhalt gegen $a_1 r_1^{0} + a_2 r_2^{0} + \ldots + a_n r_n^{0}$

$= a_1 + a_2 + \ldots + a_n = 1$ strebt, der Exponent $-\dfrac{1}{\rho}$ andererseits wegen „$\dfrac{1}{0}$" über alle Grenzen wächst oder fällt, m.a.W. es liegt für $\rho \to 0$ ein unbestimmter Ausdruck des Typs (5) „1^{∞}" vor.

Wir bilden daher zunächst den Grenzwert der logarithmierten Funktion (*):

(**) $$\ln x = \ln \left[a_0 \left(a_1 r_1^{-\rho} + \ldots + a_n r_n^{-\rho} \right)^{-\frac{1}{\rho}} \right] = \ln a_0 - \frac{1}{\rho} \cdot \ln \left(a_1 r_1^{-\rho} + \ldots + a_n r_n^{-\rho} \right).$$

Der rechte Teil von (**) ist für $\rho \to 0$ vom Typ „$\dfrac{0}{0}$" (wegen $\ln 1 = 0$ sowie $\Sigma a_i = 1$), so dass die Regel von de L'Hôspital (5.3.4) anwendbar ist (beachten Sie die Kettenregel sowie Kap. 5.2.5 (12):

$\dfrac{d}{d\rho}\, r_i^{-\rho} = -r_i^{-\rho} \cdot \ln r_i$):

$$\lim_{\rho \to 0} (\ln x) = \ln a_0 - \lim_{\rho \to 0} \frac{\dfrac{-a_1 r_1^{-\rho} \cdot \ln r_1 - \ldots - a_n r_n^{-\rho} \cdot \ln r_n}{a_1 r_1^{-\rho} + \ldots + a_n r_n^{-\rho}}}{1} = \ln a_0 + \underbrace{\frac{a_1 \ln r_1 + \ldots + a_n \ln r_n}{a_1 + a_2 + \ldots + a_n}}_{(Nenner\ =\ 1)}$$

$$= \ln a_0 + a_1 \ln r_1 + \ldots + a_n \ln r_n \quad \underset{\rho \to 0}{\Rightarrow} \quad \lim x = e^{\ln a_0 + a_1 \ln r_1 + \ldots + a_n \ln r_n}$$

$$\underset{P1,P3}{=} e^{\ln a_0} \cdot e^{\ln (r_1^{a_1})} \cdot \ldots \cdot e^{\ln (r_n^{a_n})} = a_0 \cdot r_1^{a_1} \cdot r_2^{a_2} \cdot \ldots \cdot r_n^{a_n} .$$

Dieser Funktionstyp entspricht genau dem Typ der COBB-DOUGLAS-Produktionsfunktion, vgl. (7.3.14), m.a.W.: die allgemeine CES-Produktionsfunktion umfasst (für $\rho \to 0$) als Spezialfall auch die COBB-DOUGLAS-Produktionsfunktion.

Aufgabe 5.3.10:　Ermitteln Sie die folgenden Grenzwerte:

i) $\displaystyle\lim_{x \to 0} \frac{x^5}{e^x - 1}$ 　　　　　**ii)** $\displaystyle\lim_{x \to \infty} \frac{x^4}{e^x}$ 　　　　　**iii)** $\displaystyle\lim_{x \to 0^+} x^3 \cdot \ln x$

iv) $\displaystyle\lim_{x \to \infty} \frac{\ln x}{x^2}$ 　　　　　**v)** $\displaystyle\lim_{x \to 1^+} \frac{\sqrt{x-1}}{\ln x}$ 　　　**vi)** $\displaystyle\lim_{x \to 0} \left(\frac{1}{\ln(x+1)} - \frac{1}{x} \right)$

vii) $\displaystyle\lim_{x \to 2} \frac{x^4 + x^3 - 30x^2 + 76x - 56}{x^4 - 5x^3 + 6x^2 + 4x - 8}$ 　　　　　**viii)** $\displaystyle\lim_{x \to \infty} (\ln x)^{\frac{1}{x}}$

ix) $\displaystyle\lim_{x \to 1} \frac{\ln x}{x - 1}$ 　　　**x)** $\displaystyle\lim_{x \to 2} (x-2)^{x-2}$ 　　**xi)** $\displaystyle\lim_{x \to 1} \sqrt[3]{1 - x^2} \cdot \frac{1}{e^x - e}$

xii) $\displaystyle\lim_{x \to 1} x^{\frac{1}{x-1}}$ 　　　　　**xiii)** $\displaystyle\lim_{x \to \infty} \left(1 - \frac{1}{x} \right)^x$ 　　**xiv)** $\displaystyle\lim_{x \to 0^+} (1 + x^3)^{\frac{1}{x^3}}$

xv) $\lim\limits_{x \to 0^+} (1 - x)^{\frac{1}{x}}$ **xvi)** $\lim\limits_{x \to \infty} \dfrac{2x + e^x}{(x+3) \cdot e^x}$ **xvii)** $\lim\limits_{x \to \infty} \dfrac{2e^x}{3x + 7e^x}$

xviii) $\lim\limits_{x \to \infty} \dfrac{2\sqrt{x}}{x - 1}$ **xix)** $\lim\limits_{x \to 0} \dfrac{e^x - e^{-x}}{2x}$ **xx)** $\lim\limits_{x \to \infty} (x - \sqrt[3]{x^3 - x^2})$

xxi) $\lim\limits_{x \to 1} \left(\dfrac{2x}{x-1} - \dfrac{1}{\ln x} \right)$ **xxii)** $\lim\limits_{x \to \infty} (x - \sqrt{x^2 - 4x + 7})$ **xxiii)** $\lim\limits_{x \to 0^+} x^{\frac{1}{\ln x}}$

xxiv) Es sei $\lim\limits_{x \to \infty} f(x) = \infty$ *(f differenzierbar, $f'(x) \neq 0$)*.   Zeigen Sie: $\lim\limits_{x \to \infty} \left(1 + \dfrac{1}{f(x)} \right)^{f(x)} = e$.

5.4   Newton-Verfahren zur näherungsweisen Ermittlung von Nullstellen einer Funktion

Neben der – in Kap. 2.4 behandelten – „Regula falsi" gibt es eine Reihe weiterer iterativer Verfahren zur näherungsweisen Nullstellenbestimmung bzw. Gleichungslösung, siehe etwa [20]. Eines der bekanntesten Verfahren ist das **Newton-Verfahren** (für einfache Nullstellen), gelegentlich auch als **Tangentenverfahren** bezeichnet (analog zur Regula falsi $\triangleq$ Sekantenverfahren). Die Bezeichnung deutet bereits darauf hin, dass das Newton-Verfahren die Differentialrechnung zu Hilfe nimmt.

Während bei der Regula falsi zwei Startpunkte erforderlich sind, um die Sekante (als Näherungsfunktion für f) zu konstruieren, genügt für das Newton-Verfahren ein einziger Startpunkt $P_1(x_1 ; f(x_1))$.

Ausgehend von diesem Startpunkt P_1 ersetzt man die Originalfunktion f in P_1 durch ihre Tangente (= „beste" lineare Approximation) in P_1 und ermittelt nun deren Nullstelle x_2, siehe Abb. 5.4.1 .

Hat man x_1 einigermaßen gut gewählt, so ist x_2 eine Näherung für die gesuchte Nullstelle $\bar{x}$. Nun führt man das Verfahren mit x_2 (anstelle von x_1) erneut *(iterativ)* durch und erhält über die Tangente in $P_2(x_2; f(x_2))$ eine noch bessere Näherung x_3 usw., siehe Abb. 5.4.1.

Um eine Berechnungsvorschrift für die iterierten Werte x_2, x_3, ... bei bekanntem Startwert x_1 zu erhalten, betrachten wir das getönte Dreieck in Abb. 5.4.1, das Steigungsdreieck der Tangente in P_1 . Diese Tangente in P_1 hat definitionsgemäß die Steigung $f'(x_1)$, so dass aus dem Seitenverhältnis folgt:

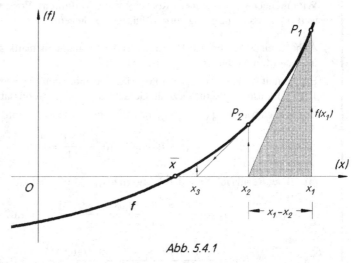

Abb. 5.4.1

$$\dfrac{f(x_1)}{x_1 - x_2} = f'(x_1)$$

Daraus folgt für x_2 wegen $\dfrac{f(x_1)}{f'(x_1)} = x_1 - x_2$:   (5.4.2) $\boxed{x_2 = x_1 - \dfrac{f(x_1)}{f'(x_1)}}$

Im nächsten Iterationsschritt ersetzt man x_1 durch den soeben ermittelten Wert x_2 und erhält analog: $x_3 = x_2 - f(x_2)/f'(x_2)$ sowie weiter $x_4 = x_3 - f(x_3)/f'(x_3)$ usw. Allgemein gilt somit die

(5.4.3)   **Iterationsvorschrift für das Newton-Verfahren:** $\boxed{\; x_{k+1} = x_k - \dfrac{f(x_k)}{f'(x_k)} \;}$ $k = 1, 2, \dots$

Beispiel 5.4.4:

i) Es soll der Wert von $\sqrt[3]{7}$ ($= 1{,}912\,931\,2\dots$) ermittelt werden.

Dazu sucht man die (einzige) Nullstelle der Funktion f mit $f(x) = x^3 - 7$ iterativ im Intervall $[1\,;2]$ (denn: $1^3 = 1 < 7$ und $2^3 = 8 > 7$). Mit $f'(x) = 3x^2$ lautet die Iterationsvorschrift (5.4.3):

$$x_{k+1} = x_k - \frac{f(x_k)}{f'(x_k)} = x_k - \frac{x_k^3 - 7}{3x_k^2} \quad .$$

In der folgenden Tabelle sind die ersten 4 Iterationsschritte (Startwert: $x_1 = 2$) durchgeführt.

i	x_i	$f(x_i)$	$f'(x_i)$	$x_{i+1} = x_i - \dfrac{f(x_i)}{f'(x_i)}$
1	2	1	12	1,9166667
2	1,9166667	0,0410883	11,0208337	1,9129385
3	1,9129385	0,0000803	10,9780011	1,9129312
4	1,9129312	0,0000002	10,9779173	1,9129312
				(exakt auf 7 Nachkommastellen)

Wir erkennen gut die schnelle Konvergenz des Verfahrens. Voraussetzung dafür: Der erste Startwert x_1 muss „nahe genug" an der Nullstelle $\bar{x}$ liegen.

ii) Anhand eines klassischen Beispiels aus der Finanzmathematik sollen „Regula falsi" (Kap. 2.4) und „Newton-Verfahren" verglichen werden:

Ein Annuitätenkredit von 100 (T€) wird – beginnend nach einem Jahr – mit 20 Jahresraten zu je 10 (T€) vollständig zurückgezahlt. Gesucht ist der Effektivzinssatz dieses Kredits.

Bezeichnen wir mit q ($= 1 + i_{eff}$) den Effektivzinsfaktor, so muss gelten *(siehe [66], S. 126)*:

$$f(q) = 100 \cdot q^{20} - 10 \cdot \frac{q^{20} - 1}{q - 1} = 0 \quad .$$

(a)   Die „Regula falsi" mit den Startwerten $q_1 = 1{,}07$ und $q_2 = 1{,}08$ liefert nacheinander:

$$q_3 = \frac{1{,}07 \cdot 8{,}4761 - 1{,}08 \cdot (-22{,}9865)}{8{,}4761 - (-22{,}9865)} = 1{,}077306$$

$$q_4 = \frac{1{,}077306 \cdot 8{,}4761 - 1{,}08 \cdot (-0{,}8046)}{8{,}4761 - (-0{,}8046)} = 1{,}077540$$

$$q_5 = \frac{1{,}077540 \cdot 8{,}4761 - 1{,}08 \cdot (-0{,}0247)}{8{,}4761 - (-0{,}0247)} = 1{,}077547$$

$q_6 = q_5$, d.h. es gilt: $i_{eff} = 7{,}7547\ \%$ p.a. (auf 4 Nachkommastellen)

(b) „Newton-Verfahren":

Aus $\qquad f(q) = 100q^{20} - 10 \cdot \dfrac{q^{20} - 1}{q - 1}$ folgt *(Quotientenregel)*:

$$f'(q) = 2000q^{19} - 10 \cdot \frac{20q^{19}(q - 1) - q^{20} + 1}{(q - 1)^2}.$$

Das Verfahren versagt (!) mit herkömmlichen 9-stelligen elektronischen Taschenrechnern, da starke Rundungsfehler durch Auslöschung entstehen. Daher ist es sinnvoll bzw. notwendig, die Nullstellengleichung $f(q) = 0$ zunächst umzuformen:

Aus $\qquad f(q) = 100q^{20} - 10 \cdot \dfrac{q^{20} - 1}{q - 1} = 0$

folgt nach 2 Umformungsschritten die äquivalente Gleichung $f^*(q) = 0$:

(*) $\qquad 10q^{21} - 11q^{20} + 1 = f^*(q) = 0$ mit der Ableitung: $f^{*\prime}(q) = 210q^{20} - 220q^{19}$.

Mit dem Startwert $q_1 = 1{,}08$ ergeben sich daraus nacheinander mit (5.4.2)

$$q_2 = 1{,}077689$$
$$q_3 = 1{,}077547$$
$$q_4 = 1{,}077547,$$

d.h. für den Effektivzins ergibt sich ebenfalls auf 4 Nachkommastellen: $i_{eff} = 7{,}7547\%$ p.a.

Man sieht, dass das Newton-Verfahren zwar schneller konvergiert, dafür aber bei der Einzelauswertung aufwendiger ist und gelegentlich sogar – wie gesehen – vorherige Termumformungen verlangt. Für finanzmathematische Effektivzins-/Renditeermittlungen – siehe etwa [66], Kap. 5 – ist die stabilere und einfacher zu handhabende Regula falsi vorzuziehen.

Was bei ungeschickter Wahl des Startwertes x_1 passieren kann, zeigen die Fälle i) - iv) von Abb. 5.4.5:

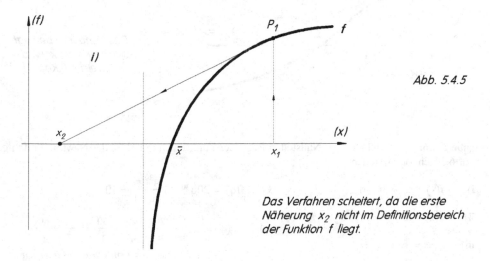

Abb. 5.4.5

Das Verfahren scheitert, da die erste Näherung x_2 nicht im Definitionsbereich der Funktion f liegt.

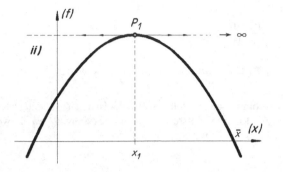

Die Tangente verläuft
parallel zur Abszisse,
hat also keine Schnitt-
stelle x_2 mit der Abszisse.

... und was beim Newton-
Verfahren sonst noch
so passieren kann ...

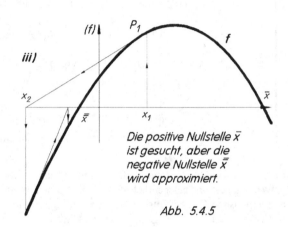

Die positive Nullstelle $\bar{x}$
ist gesucht, aber die
negative Nullstelle $\bar{\bar{x}}$
wird approximiert.

Abb. 5.4.5

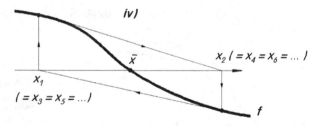

Das Verfahren bewegt
sich im Kreis, $\bar{x}$ wird
nie erreicht („Käfig") .

Aufgabe 5.4.6:   Ermitteln Sie die Nullstellen folgender Funktionen mit Hilfe des Newton-Verfahrens
auf 6 Nachkommastellen:

i) $f(x) = x^3 + 3x - 6$

ii) $g(x) = 2 + x^3 - 0{,}25x^4$

iii) $h(x) = e^x + x$

iv) $k(x) = x + \ln x$

v) $f(q) = 20q^{30} - 3\,\dfrac{q^{30} - 1}{q - 1} - 10$

vi) $C_0(q) = 100 - \dfrac{20}{q} - \dfrac{20}{q^2} - \dfrac{30}{q^3} - \dfrac{50}{q^4} - \dfrac{60}{q^5}$

*(entspricht der Ermittlung des internen
Zinssatzes einer Investition)*

6 Anwendungen der Differentialrechnung bei Funktionen mit einer unabhängigen Variablen

Auf die Erörterung der Ableitung**stechnik** *(im letzten Kapitel)* folgt nun ein ausführlicher **Anwendung**steil der Differentialrechnung, insbesondere auf ökonomische Fragestellungen. Nach der *(ökonomischen)* Interpretation der Ableitung, Erläuterung ihrer Rolle als Änderungsmaß und Grenzfunktion werden die auf der Differentialrechnung basierenden ökonomischen Kernbegriffe definiert und erläutert wie etwa Grenzkosten, Grenzerlös, Grenzproduktivität, Grenzgewinn, marginale Konsumquote, Grenzrate der Substitution. Breiten Raum nehmen dann die Beschreibung, Analyse und Optimierung ökonomischer Prozesse auf Basis der Differentialrechnung ein – die aus der Schule bekannten Begriffe wie Monotonie- und Krümmungsverhalten, Extremwerte uind Wendepunkte werden ausführlich dargestellt, erläutert und angewendet etwa auf Kostenminimierung, Gewinnmaximierung oder optimale Lagerhaltung. Der ökonomische Elastizitätsbegriff wird eingeführt und seine Bedeutung für die ökonomische Analyse behandelt. Schließlich wird demonstriert, wie mit Hilfe der Differentialrechnung die „klassischen" ökonomischen Gesetzmäßigkeiten erklärt und überprüft werden können. Umfangreiches Aufgabenmaterial hilft bei der Verarbeitung der mathematischen und ökonomischen Kernprobleme.

6.1 Zur ökonomischen Interpretation der ersten Ableitung

6.1.1 Das Differential einer Funktion

Die Frage nach der **Änderungstendenz** einer gegebenen Funktion f an der Stelle x_0 war Ausgangspunkt für die Ermittlung der **Steigung** von f in x_0 gewesen *(siehe Kap. 5.1.1)*. Als Ergebnis des notwendigen Grenzprozesses erhielten wir die erste **Ableitung** $f'(x_0)$, die wir geometrisch als **Steigung der Tangente** an den Graphen von f in x_0 interpretieren konnten.

Die **Tangente** t selbst ist dabei diejenige **Gerade**, die die **Funktion** f in x_0 **am besten annähert** (approximiert), da sie mit f sowohl den **Punkt** $P(x_0; f(x_0))$ als auch die **Steigung** $f'(x_0)$ gemeinsam hat (siehe Abb. 6.1.1). Daher kann man in einer (nicht zu großen) Umgebung der Stelle x_0 die **Tangentenfunktion** t als **Näherungsfunktion von** f betrachten.

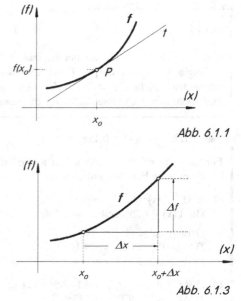

Abb. 6.1.1

Ändern wir – ausgehend von der Stelle x_0 – den Wert der unabhängigen Variablen um Δx auf $x_0 + \Delta x$, so ergibt sich eine resultierende Änderung von f um Δf (s. Abb. 6.1.3). Diese uns interessierende **Änderung** Δf kann nun nach dem Vorhergehenden in erster Näherung **ersetzt** werden durch die entsprechende **Änderung df** der **Tangentenfunktion** t (siehe Abb. 6.1.4):

Abb. 6.1.3

(6.1.2) $\boxed{\Delta f \approx df}$.

© Springer-Verlag GmbH Deutschland, ein Teil von Springer Nature 2019
J. Tietze, *Einführung in die angewandte Wirtschaftsmathematik*,
https://doi.org/10.1007/978-3-662-60332-1_6

Die **rechnerische Ermittlung** des Näherungswertes df für die wahre Funktionsdifferenz Δf bereitet nun mit Hilfe der **Ableitung** $f'(x_0)$ keine Schwierigkeiten:

*(Zur Bezeichnungsweise in Abb. 6.1.4 sei vorab folgendes bemerkt: Anstelle der Differenzen Δx, Δf bezeichnet man die entsprechenden (endlichen) Differenzen für die Tangentenfunktion mit dx ($= \Delta x$) und df und nennt sie **Differentiale** von x bzw. f.)*

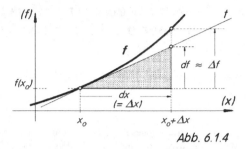

Abb. 6.1.4

Aus Abb. 6.1.4 lesen wir ab: Die **Steigung der Tangente** an f in x_0 ist einerseits gegeben durch die **erste Ableitung** $f'(x_0)$ und zum anderen durch das **Verhältnis der Kathetenlängen** df und dx des (schraffierten) Steigungsdreiecks: $f'(x_0) = \dfrac{df}{dx}$. Multiplizieren wir diese Gleichung mit dx ($\neq 0$), so ergibt sich der gesuchte Näherungswert df ($\approx \Delta f$) zu: **$df = f'(x_0) \cdot dx$** .

Zusammenfassend erhalten wir:

Def. 6.1.5: (Differential von f)

Es sei f eine in x_0 differenzierbare Funktion. Unter dem **Differential df** der Funktion f an der Stelle x_0 zum Zuwachs dx ($\neq 0$) versteht man:

(6.1.6) $$df := df(x_0) := f'(x_0) \cdot dx$$.

Nach Abb. 6.1.4 gibt das **Differential** $df(x_0)$ die **Änderung** der **Tangentenordinate** an, wenn x_0 um dx geändert wird. Da andererseits df ein Näherungswert für die tatsächliche Funktionsdifferenz Δf ist, d.h. $df \approx \Delta f$, folgt für jede Stelle x, in der f differenzierbar ist:

Satz 6.1.7:   Das Differential

(6.1.8) $$df = f'(x)\,dx$$ $(dx \neq 0)$

gibt für jede Stelle $x \in D_{f'}$ an, **um wieviele Einheiten sich** $f(x)$ (näherungsweise) **ändert**, wenn die unabhängige Variable **x um dx Einheiten geändert** wird. (Das Differential df ist somit eine Funktion der **beiden** Variablen **x und** dx!) Dabei ist die Güte der Näherung $\Delta f \approx df$ desto besser, je kleiner die (willkürliche) Abszissenänderung dx gewählt wird.

Beispiel 6.1.9: $f(x) = 0{,}1x^2$; $x_0 = 2$

Für $dx = \Delta x = 1{,}5$ $(1; 0{,}1)$ sollen **a)** die Differentiale df **b)** die exakten Funktionsdifferenzen Δf ermittelt werden:

a) $df(x) = f'(x) \cdot dx$.
Mit $f'(x) = 0{,}2x$ und $x = 2$ folgt:

1) $df = 0{,}2 \cdot 2 \cdot 1{,}5 = 0{,}60$
2) $df = 0{,}2 \cdot 2 \cdot 1 \quad = 0{,}40$
3) $df = 0{,}2 \cdot 2 \cdot 0{,}1 = 0{,}040$.

b) 1) $\Delta f = f(3{,}5) - f(2) = 0{,}1 \cdot 3{,}5^2 - 0{,}1 \cdot 2^2 = 0{,}83$
2) $\Delta f = f(3) - f(2) = 0{,}1 \cdot 3^2 - 0{,}1 \cdot 2^2 \quad = 0{,}50$
3) $\Delta f = f(2{,}1) - f(2) = 0{,}1 \cdot 2{,}1^2 - 0{,}1 \cdot 2^2 = 0{,}041$.

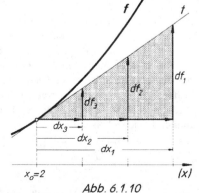

Abb. 6.1.10

An diesem Beispiel wird deutlich, dass

- die Ermittlung des Differentials df weniger aufwendig ist als die Ermittlung der entsprechenden Funktionsdifferenz Δf
- die Näherung $df \approx \Delta f$ mit sinkender Abszissendifferenz dx immer genauer wird, siehe Abb. 6.1.10.

Beispiel 6.1.11:   Wie das Beispiel $f(x) = \dfrac{8}{x}$; $x_0 = 4$, dx = 0,2 zeigt (Abb. 6.1.12), bedeutet ein **negativer Wert** des **Differentials**, dass die **Funktionswerte** mit wachsendem x **abnehmen:**

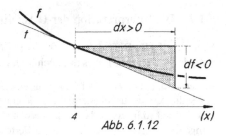

$$df(x) = f'(x) \cdot dx = -\frac{8}{x^2} \cdot dx = -\frac{8}{16} \cdot 0,2 = -0,100$$

$$(\text{exakt: } \Delta f = f(4,2) - f(4) = \frac{8}{4,2} - \frac{8}{4} = -0,095).$$

Abb. 6.1.12

Beispiel 6.1.13: Gegeben sei die Gesamtkostenfunktion K einer Ein-Produkt-Unternehmung mit

$$K(x) = 0,06x^3 - 2x^2 + 60x + 200 \qquad (\text{x: Output [ME] ; K: Gesamtkosten [GE]}).$$

Ausgehend von einem Output $x_0 = 10$ ME sind die **Kostenänderungen** gesucht, wenn die Produktion

i) um 2 ME ausgedehnt wird   **ii)** um eine ME gesenkt wird   (siehe Abb. 6.1.14).

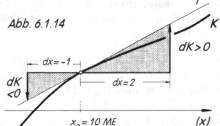

Mit Hilfe des Differentials

$$dK(x_0) = K'(x_0) \cdot dx \qquad \text{erhält man:}$$

Abb. 6.1.14

$$dK = (0,18x^2 - 4x + 60) dx \Big|_{x=10}$$
$$= (18 - 40 + 60) dx = 38\,dx.$$

Daraus folgt:

i) dx = 2 ME $\Rightarrow$ dK = 38 · 2 = 76 GE

ii) dx = -1 ME $\Rightarrow$ dK = 38 · (-1) = -38 GE.

D.h., wird die Produktion – ausgehend von 10 ME – um 2 ME erhöht, so nehmen die Kosten um ca. 76 GE zu, wird die Produktion um 1 ME vermindert, so sinken die Produktionskosten um ca. 38 GE. (Zum Vergleich hier die etwas umständlich zu ermittelnden exakten Kostenänderungen:

i) $\Delta K = K(12) - K(10) = 75,7$ GE   **ii)** $\Delta K = K(9) - K(10) = -38,3$ GE.)

Bemerkung 6.1.15: Durch die Wahl der Bezeichnungen df, dx für die Änderungen von Tangentenfunktion und unabhängiger Variabler erhält die schon früher (siehe Def. 5.1.9) eingeführte Schreibweise df/dx („df nach dx") für die erste Ableitung f'(x) eine nachträgliche Berechtigung. Das Symbol df/dx kann nun in zweierlei Weise aufgefasst werden:

i) df/dx ist der „Grenzwert des Differenzenquotienten" und somit identisch mit der 1. Ableitung f'(x) (df nach dx).

ii) df/dx ist der Quotient der Differentiale df ($\hat{=}$ Ordinatenänderung der Tangentenfunktion) und dx ($\hat{=}$ zugehörige Abszissendifferenz ($\neq 0$)) (df durch dx).

Da zwischen den Differentialen df und dx ($\neq 0$) die Beziehung df = f'(x) · dx besteht (siehe (6.1.8)), ist es unerheblich, welche der beiden Auffassungen im Einzelfall zugrunde gelegt wird: Beide Auffassungen führen stets zu gleichen, widerspruchsfreien Resultaten.

Aufgabe 6.1.16:   Ermitteln Sie das Differential folgender Funktionen und damit näherungsweise die Funktionswertänderungen bei den gegebenen Abszissenänderungen. Ermitteln Sie zur Kontrolle die entsprechenden wahren Funktionsänderungen:

i) k: k(x) = $0,2x^2 - 4x + 60 - \dfrac{200}{x}$; $x_0 = 20$; dx = 1   **ii)** f: f(z) = e^{-z} ; $z_0 = 2$; dz = 0,3

Aufgabe 6.1.17: Gegeben sei die ertragsgesetzliche Produktionsfunktion x mit:

$$x(r) = -r^3 + 12r^2 + 30r \qquad \text{(x: Output } [ME_x] \text{ ; r: Input } [ME]).$$

Ermitteln Sie mit Hilfe des Differentials dx(r) näherungsweise die Outputänderung, wenn – ausgehend von einer Inputmenge von 11 ME – diese Inputmenge um 0,25 ME gesteigert wird.

6.1.2 Die Interpretation der 1. Ableitung als (ökonomische) Grenzfunktion

Vom Begriff des Differentials df(x) als Produkt $f'(x) \cdot dx$ aus erster Ableitung $f'(x)$ und Abszissenänderung dx (s. Def. 6.1.5) ist es nur noch ein kleiner Schritt zur **Interpretation** der **1. Ableitung** $f'(x)$ selbst:

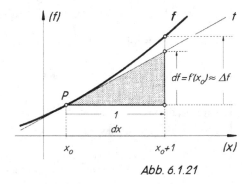

Abb. 6.1.21

Ändern wir (siehe Abb. 6.1.21) – ausgehend von der Stelle x_0 – die unabhängige Variable um genau **eine Einheit** (d.h. $\Delta x = dx = 1$), so ergibt sich als Tangentensteigung in x_0 (siehe schraffiertes Steigungsdreieck in Abb. 6.1.21):

$$(6.1.20) \qquad f'(x_0) = \frac{df}{dx} = \frac{df}{1} = df,$$

m.a.W.: **Für dx = 1 stimmen** die Zahlenwerte von **Funktionsdifferential df** (= Ordinatenänderung der Tangentenfunktion) und **erster Ableitung** $f'(x_0)$ **überein.**

Da andererseits df ein (guter) Näherungswert für die wahre Funktionsänderung Δf ist (s. Abb. 6.1.21), erhalten wir mit der **ersten Ableitung** $f'(x_0)$ einen (guten) **Näherungswert** für die **Änderung** Δf an der Stelle x_0, **sofern dx = 1** gewählt wird:

Satz 6.1.22: Der Wert $f'(x_0)$ der ersten Ableitung einer Funktion f gibt (näherungsweise) an, um wie viele **Einheiten** sich der Funktionswert $f(x_0)$ **ändert,** wenn die unabhängige Variable – ausgehend von x_0 – um **eine Einheit** geändert wird:

$$(6.1.23) \qquad f'(x_0) = df(x_0)\Big|_{dx=1} \approx \Delta f\Big|_{x=x_0\,;\,\Delta x=1}$$

Beispiel 6.1.24:

Wir betrachten die Funktion f mit $f(x) = 0{,}1x^2$ an der Stelle $x_0 = 3$.

Wie ändert sich $f(x_0)$, wenn x_0 um *eine* Einheit verändert wird?

Wegen $f'(x) = 0{,}2x$ und somit $f'(3) = 0{,}6$ folgt, dass die Funktion f (näherungsweise) um 0,6 Einheiten zunimmt *(abnimmt)*, wenn x von 3 auf 4 Einheiten erhöht *(auf zwei Einheiten vermindert)* wird, siehe Abb. 6.1.25.

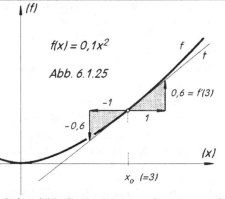

*Bemerkung 6.1.26: Ist $f'(x)$ **positiv**, (s. Abb. 6.1.27), liefert $f'(x)$ die **Funktionszunahme**, wenn x (um eine Einheit) zunimmt, und die Funktionsabnahme, wenn x abnimmt: Das Verhältnis df/dx ist stets **positiv**. Ist dagegen $f'(x)$ **negativ** (s. Abb. 6.1.28), liefert $f'(x)$ die Funktionsabnahme, wenn x zunimmt, und die Funktionszunahme, wenn x (um 1 Einheit) abnimmt: Das Verhältnis df/dx ist stets **negativ**.*

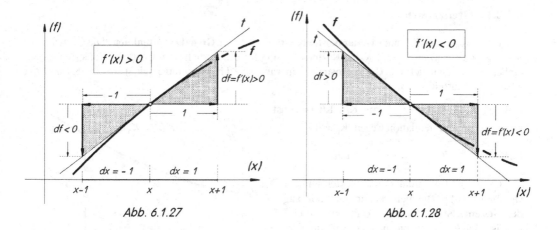

Abb. 6.1.27   Abb. 6.1.28

Nach Satz 6.1.22 liefert die **Ableitungsfunktion** f′ von f an jeder Stelle $x \in D_f$ die (ungefähre) **Funktions-änderung**, falls x um **eine** Einheit variiert. Derartige **Änderungsfunktionen** sind für ökonomische Frage-stellungen besonders bedeutsam und tragen daher **eigene Bezeichnungen** wie **Grenzfunktion** oder **Margi-nalfunktion**:

i) **Mathematisch-ökonomisch** versteht man unter der **Grenzfunktion** f′ zu f den **Grenzwert des Quo-tienten** aus Funktionsänderung Δf und zugehöriger Änderung Δx der unabhängigen Variablen (mit-hin die erste Ableitung f′):

(6.1.29)
$$\text{Grenzfunktion} \ := \ f'(x) \ = \ \lim_{\Delta x \to 0} \frac{\Delta f}{\Delta x} \ .$$

ii) **Praktisch-ökonomisch** versteht man unter der **Grenzfunktion** Δf den **Funktionszuwachs** (bzw. die Funktionsabnahme) pro zusätzlicher **Einheit** ($\Delta x = 1$) der unabhängigen Variablen:

(6.1.30)
$$\text{Grenzfunktion} \ := \ \Delta f(x) = f(x+1) - f(x) \ .$$

Wegen $f'(x) \approx \Delta f(x)$ für $\Delta x = dx = 1$ **stimmen beide Auffassungen nahezu überein.** Da es sich mit dem Ableitungsbegriff einfacher und universeller arbeiten lässt, soll **im folgenden** unter **Grenzfunktion** (z.B. Grenzkosten, Grenzgewinn, Grenzerlös usw.) **stets** die **1. Ableitung** der zugrundeliegenden ökono-mischen Funktion (z.B. Kostenfunktion, Gewinnfunktion, Erlösfunktion) verstanden werden, während für die **Interpretation der Grenzfunktion** die **praktisch-ökonomische** Auffassung benutzt werden kann:

Satz 6.1.31: Die **Grenzfunktion** (oder **Marginalfunktion**[1]) einer ökonomischen Funktion f kann durch ihre **erste Ableitung** f′ **beschrieben** werden. Der **Wert** f′(x) der Grenzfunktion gibt (näherungsweise) den **Funktionszuwachs** (bzw. die Funktionsabnahme) an, der **durch** die **nächste** (oder **letzte**) **Einheit** der **unabhängigen Variablen** x hervorgerufen wird.

Auf dieser Basis sollen nun die **Grenzfunktionen** einiger **wichtiger ökonomischer Funktionen** exempla-risch behandelt werden (zu den entsprechenden ökonomischen Grundfunktionen siehe Kap. 2.5).

---

1 Die ökonomische Analyse mit Hilfe von Grenzfunktionen heißt auch *Marginalanalyse* („Denken an der Grenze").

6.1.2.1 Grenzkosten

Die **erste Ableitung** K' einer **Gesamtkostenfunktion** K heißt **Grenzkostenfunktion**. Die Grenzkosten $K'(x)$ geben für jeden Output x die Kostenänderung für die letzte bzw. folgende produzierte Outputeinheit an. Lassen sich die **Gesamtkosten** K in **variable** (d.h. outputabhängige) Kosten K_v und **fixe** Kosten K_f aufteilen, d.h.

(6.1.32) $K(x) = K_v(x) + K_f$ (mit $K_f = K(0) = $ const.),

so liefert die Differentiation wegen $K_f' = 0$

(6.1.33) $\boxed{K'(x) = K_v'(x)}$, d.h.

die Grenzfunktionen der Gesamtkosten und der variablen Kosten stimmen überein, die **Änderung** der **Gesamtkosten** für die letzte Produktionseinheit ist **gleich** der entsprechenden **Änderung** der **variablen Kosten**, siehe Abb. 6.1.34 *(„Die Grenzkosten sind unabhängig von den Fixkosten").*

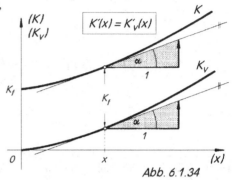

Abb. 6.1.34

Beispiel 6.1.35:   Für die Gesamtkostenfunktion

$$K(x) = \frac{1}{15} x^3 - 2x^2 + 60x + 200$$

(K(x): Gesamtkosten (in GE), x: Output (in ME)) lautet die **Grenzkostenfunktion**:

$$K'(x) = 0{,}2x^2 - 4x + 60.$$

Für eine Produktion von z.B. 10 ME ergeben sich Grenzkosten in Höhe von $K'(10) = 40$ GE/ME, d.h. wird die Produktion – ausgehend von x = 10 ME – um eine Einheit ausgedehnt (bzw. vermindert), entstehen Mehrkosten (bzw. Minderkosten) von ca. 40 GE, siehe Abb. 6.1.36.

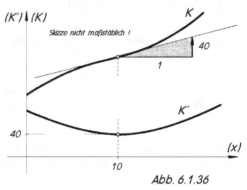

Abb. 6.1.36

Die Ableitung k' der aus K zu gewinnenden **Stückkostenfunktion** $k(x) = K(x)/x$ (k: durchschnittliche Gesamtkosten) heißt analog **Grenz-Stückkostenfunktion**. Ihr Wert $k'(x)$ gibt die **Änderung** der **gesamten Stückkosten** pro zusätzlicher Produktionseinheit an.

Beispiel 6.1.37:   Mit K aus Beispiel 6.1.35 ergibt sich als Stückkostenfunktion:

$$k(x) = \frac{K(x)}{x} = \frac{1}{15} x^2 - 2x + 60 + \frac{200}{x} \quad \text{und somit die } \textbf{Grenz-Stückkostenfunktion}$$

$$k'(x) = \frac{2}{15} x - 2 - \frac{200}{x^2} \qquad \text{(mit } x \neq 0).$$

Für einen Output von 10 ME ergibt sich $k'(10) = -2{,}67 \dfrac{\text{GE/ME}}{\text{ME}}$, d.h. wird die Produktion – ausgehend von x = 10 ME – um eine Einheit ausgedehnt, vermindern sich (da $k'(10) < 0$) die Stückkosten der gesamten Produktion um ca. 2,67 GE/ME.

*Bemerkung 6.1.38: Für die Interpretation ökonomischer Größen und Variablen ist die zutreffende **Maßeinheit** von großer Bedeutung. Da eine Grenzfunktion $f'(x)$ als Quotient df/dx der Differentiale ($\hateq$ Änderungen) df und dx aufgefasst werden kann (siehe Bemerkung 6.1.15), ergibt sich die **Maßeinheit der**

Grenzfunktion $f'(x)$ *als* **Quotient** *der* **Maßeinheiten** *von* **df** *und* **dx.** *Da* df *und* f *bzw.* dx *und* x *jeweils in derselben Maßeinheit gemessen werden folgt allgemein:*

(6.1.39)

$$\text{Maßeinheit von } \frac{df}{dx} \ [\text{bzw. } f'(x)] = \frac{\text{Maßeinheit von } f}{\text{Maßeinheit von } x} \ .$$

Beispiel:			
	Einheit der Gesamtkosten K:	*1 GE*	*(z.B. 1 €)*
	Einheit der Produktionsmenge x:	*1 ME*	*(z.B. 1kg)*
$\Rightarrow$	*Einheit der Grenzkosten* $K'(x)$:	*1 GE/ME*	*(z.B. 1 €/kg).*

Beispiel:			
	Einheit der Stückkosten k:	*1 GE/ME$_1$*	*(z.B. 1 €/kg)*
	Einheit der Produktionsmenge x:	*1 ME$_2$*	*(z.B. 1 t)*
$\Rightarrow$	*Einheit der Grenzstückkosten* $k'(x)$:	$1\dfrac{GE/ME_1}{ME_2}$	*(z.B. 1 $\dfrac{€/kg}{t}$).*

6.1.2.2   Grenzerlös (Grenzumsatz, Grenzausgaben)

Die **1. Ableitung** E' einer **Erlösfunktion** E **(Umsatzfunktion, Ausgabenfunktion)** mit $E := x \cdot p$ (x: Menge (ME); p: Preis (GE/ME)) heißt **Grenzerlösfunktion** (bzw. **Grenzumsatz- oder Grenzausgabenfunktion**). Je nachdem, ob x oder p als unabhängige Variable fungiert, unterscheiden wir **zwei Fälle:**

i)   **Unabhängige** Variable sei die **nachgefragte Menge** x. Dann erhalten wir mit der Preis-Absatz-Funktion (oder Nachfragefunktion) p = p(x) die Erlösfunktion E in Abhängigkeit von der Menge x:

$$E(x) = x \cdot p(x).$$

Die entsprechende Ableitung $E'(x) = dE/dx$ heißt **Grenzerlös** (Grenzumsatz, Grenzausgabe) **bzgl. der Menge.** $E'(x)$ liefert die Erlösänderung, wenn sich die nachgefragte Menge *(a priori)* um eine ME erhöht.

Beispiel 6.1.40 i):

Gegeben *(p: Preis [GE/ME]*
x: nachgefragte Menge [ME]

Preis-Absatz-Funktion:
$p(x) = 150 - 0,5x \quad (x \geq 0, p \geq 0)$

Erlösfunktion:
$E(x) = x \cdot p(x) = 150x - 0,5x^2$

Grenzerlösfunktion bzgl. der Menge:
$E'(x) = 150 - x$

Für eine Menge x = 80 ME ergeben sich *(siehe Abb. 6.1.41):*

i)   ein Preis $p(80) = 110$ GE/ME

ii) ein Erlös $E(80) = 8.800$ GE

iii) ein Grenzerlös bzgl. der Menge:

$E'(80) = 70$ GE/ME,

d.h. bei Mehrabsatz von 1 ME (bei x = 80 ME) steigt der Gesamterlös um 70 GE.

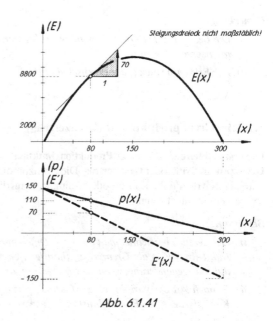

Abb. 6.1.41

ii) Unabhängige Variable sei der **Preis p**. Mit Hilfe der Preis-Absatz-Funktion x = x(p) *(x(p) ist die* **Umkehrfunktion** *der Preis-Absatz-Funktion p = p(x))* lautet die Erlösfunktion E in Abhängigkeit des Preises p:

$$E(p) = x(p) \cdot p.$$

Die entsprechende Ableitung nach p, d.h. E'(p) = dE/dp heißt **Grenzerlös** (Grenzumsatz, Grenzausgabe) **bzgl. des Preises**. E'(p) liefert die Erlösänderung, wenn der Marktpreis p des Gutes *(a priori)* um 1 GE/ME steigt.

Beispiel 6.1.40 ii): *(Fortsetzung von Beispiel 6.1.40 i))*

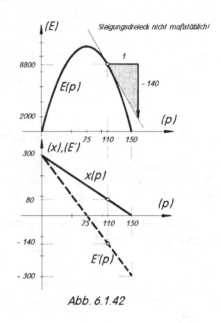

Preis-Absatz-Funktion:

$$x(p) = 300 - 2p \qquad (x \geq 0, p \geq 0)$$
$$(= Umkehrung\ von\ p(x) = 150 - 0,5x)$$

Erlösfunktion:

$$E(p) = x(p) \cdot p = 300p - 2p^2$$

Grenzerlösfunktion bzgl. des Preises:

$$E'(p) = 300 - 4p$$

Für einen Preis p = 110 GE/ME ergeben sich *(siehe Abb. 6.1.42):*

i)   eine Menge x(110) = 80 ME

ii) ein Erlös E(110) = 8.800 GE

iii) ein Grenzerlös bzgl. des Preises:
E'(110) = −140 GE/ GE/ME,
d.h. bei einer Preiserhöhung von
1 GE/ME (bei p = 110 GE/ME)
sinkt der Gesamterlös um 140 GE.

Abb. 6.1.42

Bemerkung:

i) Die Beispiele 6.1.40 bzw. Abb. 6.1.41/6.1.42 sind **charakteristisch** *für* **lineare** *Nachfragefunktionen mit* **negativer** *Steigung.*

ii) Der **Erlös pro Stück** *(oder Durchschnittserlös) E/x ist wegen E = x · p stets* **identisch mit dem Preis p.**

6.1.2.3   Grenzproduktivität (Grenzertrag)

Die **erste Ableitung** x'(r) einer **Produktionsfunktion** x(r) (x: Output (in ME_x) ; r: Input (in ME_r)) heißt **Grenzproduktivität** oder **Grenzertrag**. Die Grenzproduktivität x'(r) = dx/dr gibt an, um wieviele Outputeinheiten die Produktion zu- oder abnimmt, wenn die Einsatzmenge r des variablen Produktionsfaktors um eine Einheit zunimmt.

Bemerkung:

i) Gelegentlich bezeichnet man auch das **Differential** *dx(r) := x'(r) dr (mit: x = Output (in ME_x); r = Input (in ME_r)) als* **Grenzertrag** *(häufiger: Grenzprodukt). Nach Satz 6.1.7 liefert dx(r) die Produktmengenänderung, wenn der Input r um dr Einheiten geändert wird.*

ii) Je nach Art des variablen Inputfaktors spricht man z.B. von Grenzproduktivität der Arbeit, des Kapitals, des n-ten Produktionsfaktors usw.

Beispiel 6.1.43: Produktionsfunktion x:

$$x(r) = -0{,}1r^3 + 6r^2 + 150r$$

(r: Input (ME$_r$); x: Output (ME$_x$); r ≥ 0).

Für die Faktoreinsatzmenge r = 20 ME$_r$
ergibt sich die Grenzproduktivität zu

$$x'(r) = (-0{,}3r^2 + 12r + 150)\Big|_{r = 20} = 270 \ \frac{ME_x}{ME_r},$$

d.h. wird der Input – ausgehend von 20 Input-
einheiten – um eine Einheit erhöht *(gesenkt)*,
so steigt *(sinkt)* der Output um ca. 270 ME$_x$
(exakt: 269,9 ME$_x$); siehe Abb. 6.1.44.

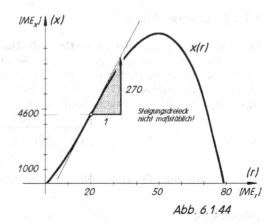

Abb. 6.1.44

Die Produktmenge $\bar{x}$, die durchschnittlich pro eingesetzter Inputeinheit produziert wird, heißt **Durchschnittsertrag** oder *(durchschnittliche)* **Produktivität**. Die Produktivität ergibt sich für jeden Input r als Gesamtoutput x(r) geteilt durch die dafür erforderliche Inputmenge: $\bar{x}(r) := \frac{x(r)}{r}$ *(s. auch Bem. 2.5.16)*.

Die **Ableitung** $\bar{x}'(r)$ der **Produktivität** (oder des Durchschnittsertrages) $\bar{x}(r)$ heißt **Grenz-Durchschnittsertrag** *(und ausnahmsweise **nicht** – wie man meinen möchte – Grenzproduktivität (reserviert für die Ableitung x'(r) der Produktionsfunktion x = x(r), siehe Kapitelbeginn))*. Sein Wert gibt für jeden Input r an, um wieviele Einheiten sich der Durchschnittsertrag $\bar{x}$ ändert, wenn der Input um eine Einheit zunimmt.

Beispiel 6.1.45: (s. Bsp. 6.1.43): Ableiten des Durchschnittsertrages $\bar{x}(r) = \frac{x(r)}{r} = -0{,}1r^2 + 6r + 150$ liefert den Grenzdurchschnittsertrag $\bar{x}'(r) = -0{,}2r + 6$. Für (z.B.) r = 20 ME$_r$ ergibt sich:

$$\bar{x}'(20) = 2 \ \frac{ME_x/ME_r}{ME_r}, \qquad \text{d.h. erhöht man bei } r = 20 \ ME_r \text{ den Input um } 1 \ ME_r, \text{ so}$$

erhöht sich die Produktivität (= durchschnittlicher Ertrag pro Inputeinheit) um ca. 2 ME$_x$/ME$_r$.

*Bemerkung 6.1.46: Den Kehrwert r/x des Durchschnittsertrages x/r bezeichnet man als **Produktionskoeffizient** $\bar{r}$. Ein Produktionskoeffizientenwert von z.B. 0,7 ME$_r$/ME$_x$ bedeutet, dass im Durchschnitt 0,7 Inputeinheiten pro Outputeinheit benötigt werden. Entsprechend bezeichnet man die **Ableitung*** $\bar{r}'(x) := \frac{d}{dx}\left(\frac{r(x)}{x}\right)$ *des **Produktionskoeffizienten** als **Grenz-Produktionskoeffizienten**. Ein Wert des Grenzproduktionskoeffizienten von z.B. 0,2 $\frac{ME_r/ME_x}{ME_x}$ besagt, dass bei Produktionsausdehnung um 1 ME$_x$ der durchschnittliche Produktionskoeffizient um 0,2 ME$_r$/ME$_x$ zunimmt.*

*Die in der Definition $\bar{r} := \frac{r(x)}{x}$ des Produktionskoeffizienten auftretende Funktion r = r(x) ist die **Umkehrfunktion der Produktionsfunktion** x(r) und liefert für jede Produktionsmenge x den dafür erforderlichen Faktoreinsatz bzw. -verbrauch, s. Kap. 2.5, (5).*
*Daher heißt r = r(x) auch **Faktoreinsatzfunktion** oder **Faktorverbrauchsfunktion**, ihre Ableitung r' (= r'(x)) heißt **Grenzverbrauchsfunktion**.*

Beispiel:

Zur Produktionsfunktion x: x(r) = $10\sqrt{r}$; r ≥ 0, gehört die durch Umkehrung gewonnene Faktoreinsatzfunktion r: r(x) = 0,01x^2 (x ≥ 0); s. Abb. 6.1.47:

Der Grenzverbrauch r'(x) = 0,02·x liefert etwa für x = 60 ME$_x$ den Wert r'(60) = 1,2 ME$_r$/ME$_x$, d.h. für die nächste Produkteinheit werden 1,2 Input-einheiten zusätzlich benötigt.

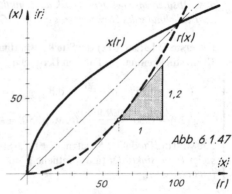

Abb. 6.1.47

6.1.2.4   Grenzgewinn

Die **erste Ableitung** G' ($= G'(x)$) einer **Gewinnfunktion** G heißt **Grenzgewinn** (-funktion) bzgl. der abgesetzten Menge x. Der Wert $G'(x)$ gibt an, um wieviele Geldeinheiten sich der Gewinn ändert, wenn die produzierte und abgesetzte Menge x um eine Mengeneinheit zunimmt. Da die Gewinnfunktion G als Differenz aus Erlösfunktion E und Kostenfunktion K definiert ist, d.h. $G(x) = E(x) - K(x)$, ergibt sich nach der Summenregel für den Grenzgewinn

(6.1.48) $\boxed{G'(x) = E'(x) - K'(x)}$,

d.h. der **Grenzgewinn** G' ist die **Differenz** aus **Grenzerlös** E' und **Grenzkosten** K'.

Beispiel 6.1.49:   Eine monopolistische Ein-Produkt-Unternehmung produziere den Output x $(x \geq 0)$ mit der Kostenfunktion K:

K: $K(x) = 0,05x^2 + x + 300$

und sehe sich der Preis-Absatz-Funktion p mit

$p(x) = 19 - 0,1x$ gegenüber.

Dann lautet wegen

$E(x) = x \cdot p(x) = 19x - 0,1x^2$

die Gleichung der Gewinnfunktion G:

$G(x) = E(x) - K(x) = -0,15x^2 + 18x - 300$

und somit die Grenzgewinnfunktion G':

$G'(x) = -0,3x + 18.$

Für eine produzierte und abgesetzte Menge von 20 ME *(bzw. 80 ME bzw. 60 ME)* ergeben sich Grenzgewinnwerte von 12 GE/ME *(bzw. – 6 GE/ME bzw. 0 GE/ME).*

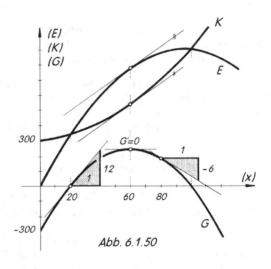

Abb. 6.1.50

Im ersten Fall ergibt sich pro zusätzlich produzierter und abgesetzter Mengeneinheit eine Gewinnzunahme von 12 GE, im zweiten Fall eine Gewinnminderung von 6 GE. Im letzten Fall ist der Grenzgewinn Null, die Gewinnfunktion hat eine waagerechte Tangente, Grenzkosten und Grenzerlös stimmen überein: $G'(60) = E'(60) - K'(60) = 0$ $\Rightarrow$ $E'(60) = K'(60)$,   siehe Abb. 6.1.50.

Bemerkung 6.1.51: Wird der Gewinn als Funktion einer anderen unabhängigen Variablen als der Produktions-/Absatzmenge betrachtet (z.B. als Funktion des Marktpreises oder der Zeit), so drückt man dies bei der Bezeichnung des Grenzgewinns aus (z.B. Grenzgewinn bzgl. des Preises oder zeitlicher Grenzgewinn).

Die **erste Ableitung** $g'(x)$ der **Stückgewinnfunktion** $g(x) := \dfrac{G(x)}{x} = \dfrac{E(x) - K(x)}{x} = p(x) - k(x)$ heißt **Grenzstückgewinn**. Im Fall von Beispiel 6.1.49 ergibt sich:

$g(x) = -0,15x + 18 - \dfrac{300}{x}$,   d.h. $g'(x) = -0,15 + \dfrac{300}{x^2}$. Für x = 20 ME *(bzw. 50 ME)* ergibt sich

$g'(20) = 0,60 \dfrac{GE/ME}{ME}$ *(bzw. $g'(50) = -0,03 \dfrac{GE/ME}{ME}$),*

d.h. wird die Produkt-/Absatzmenge beim Stand von 20 ME *(bzw. 50 ME)* um eine Einheit erhöht, so steigt *(bzw. sinkt)* der (auf sämtliche Einheiten bezogene) Stückgewinn um 0,60 GE/ME *(bzw. um 0,03 GE/ME).*

Bemerkung 6.1.52:   *Die Ableitung der Deckungsbeitragsfunktion* $G_D(x) = E(x) - K_v(x)$ *(siehe (2.5.38))*
bzw. der Stückdeckungsbeitragsfunktion $g_D(x) = \dfrac{G_D(x)}{x} = p(x) - k_v(x)$ *(siehe (2.5.37)) heißen* **Grenz-**
deckungsbeitrag *bzw.* **Grenzstückdeckungsbeitrag.**   *In Beispiel 6.1.49 gilt:*

$$\frac{dG_D}{dx} = G_D{}'(x) = -0{,}3x + 18 \; ; \qquad\qquad \frac{dg_D}{dx} = g_D{}'(x) = -0{,}15 = const.$$

6.1.2.5   Marginale Konsumquote

Die **erste Ableitung** $\dfrac{dC}{dY} = C'(Y)$ einer **Konsumfunktion** C: C = C(Y) heißt **marginale Konsumquote**
(oder **Grenzhang** bzw. **Grenzneigung zum Konsum**). Ihr Wert gibt zu jedem Haushaltseinkommen Y an,
um wieviele Geldeinheiten sich die (periodenbezogenen) Konsumausgaben C(Y) dieses Haushaltes ändern, wenn das (periodenbezogene) Haushaltseinkommen Y um eine Geldeinheit steigt.

Beispiel 6.1.53:   Für die Konsumfunktion C mit

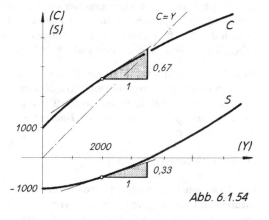

$$C(Y) = 10.000 \; \frac{Y+900}{Y+9.000} \quad (Y \geq 0)$$

lautet die marginale Konsumquote:

$$\frac{dC}{dY} = 10.000 \; \frac{8.100}{(Y+9.000)^2} \; .$$

Bei einem Einkommen von z.B. 2000 GE ergibt sich die marginale Konsumquote C'(2000)
= 0,67 GE/GE, d.h. vom nächsten eingenommenen Euro werden 67%, d.h. 67 Cent konsumiert (siehe Abb. 6.1.54).
Wegen

$$\lim_{Y \to \infty} \frac{dC}{dY} = \lim_{Y \to \infty} 10.000 \; \frac{8.100}{(Y+9.000)^2} = 0$$

Abb. 6.1.54

strebt die marginale Konsumquote für unbeschränkt wachsendes Einkommen immer mehr gegen
Null, d.h. bei sehr hohen Einkommen wird jedes zusätzliche Einkommen nahezu vollständig gespart.
Die Konsumausgaben selbst streben wegen

$$\lim_{Y \to \infty} C(Y) = \lim_{Y \to \infty} 10.000 \; \frac{Y+900}{Y+9.000} = 10.000 \quad (\text{siehe Bsp. 4.3.4})$$

für unbeschränkt wachsendes Einkommen immer gegen ihre **Sättigungsgrenze** C_∞ = 10.000 GE.

6.1.2.6   Marginale Sparquote

Die **erste Ableitung** $\dfrac{dS}{dY} = S'(Y)$ einer **Sparfunktion** S mit S = S(Y) heißt **marginale Sparquote** (oder
Grenzhang bzw. **Grenzneigung zum Sparen**). Ihr Wert gibt zu jedem Einkommen Y an, um wieviele
Geldeinheiten sich die (periodenbezogene) Ersparnis S eines Haushaltes ändert, wenn dessen (perioden-
bezogenes) Einkommen Y um eine Einheit zunimmt. Da ein Haushalt sein **Einkommen Y definitionsgemäß in Konsum C** und **Sparen S** (= Nicht-Konsum) **aufteilt,** d.h.

(6.1.55) $\boxed{Y = C(Y) + S(Y)}$, erhält man durch Ableiten nach Y:

(6.1.56) $\boxed{1 = \dfrac{dC}{dY} + \dfrac{dS}{dY}}$, d.h. marginale Konsum- und Sparquote ergänzen sich stets zu Eins.

Beispiel 6.1.57: (siehe Beispiel 6.1.53):   Wegen $C(Y) = 10.000 \dfrac{Y+900}{Y+9.000}$ folgt aus (6.1.55):

$$S(Y) = Y - 10.000 \frac{Y+900}{Y+9.000},$$

so dass sich als marginale Sparquote ergibt:

$$\frac{dS}{dY} = 1 - \frac{dC}{dY} = 1 - 10.000 \frac{8.100}{(Y+9.000)^2}.$$

Für $Y = 2.000$ GE ergibt sich wegen $C'(2000) = 0{,}67$: $S'(2000) = 1 - 0{,}67 = 0{,}33$ GE/GE, d.h. von 2.000 GE (pro Periode) werden von jedem zusätzlich einkommenden Euro 33 Cent gespart, siehe Abb. 6.1.54.

6.1.2.7 Grenzrate der Substitution

Hält man bei einer **Produktionsfunktion** x mit $x = x(r_1, r_2)$ den **Output** x **konstant** (z.B. $x = x_0$), so definiert die dadurch entstehende **implizite Funktion** $x(r_1, r_2) = x_0$ für den Fall substituierbarer Inputs eine Funktion f: $r_2 = f(r_1)$ zwischen den Inputmengen r_1, r_2, die man als **Isoquante** für den (festen) Output x_0 bezeichnet (siehe Kap. 2.5 (4) sowie Kap. 3.2).

Jeder Punkt (r_1, r_2) der zu x_0 gehörenden Isoquante liefert eine Inputmengenkombination, die zum stets gleichen Output x_0 führt. Variiert man nun die Outputmenge x_0, so entsteht eine **Isoquantenschar**, siehe Abb. 6.1.58.

Die **erste Ableitung** $r_2'(r_1) = \left.\dfrac{dr_2}{dr_1}\right|_{x = x_0}$

einer **Isoquantenfunktion** heißt **Grenzrate der Substitution** und gibt zu jedem Wert r_1 des ersten Inputfaktors an, um wieviele Einheiten die Einsatzmenge r_2 des zweiten Inputfaktors geändert werden muss, wenn r_1 um eine Einheit zunimmt und der Output x_0 unverändert bleiben soll, siehe Abb. 6.1.58.

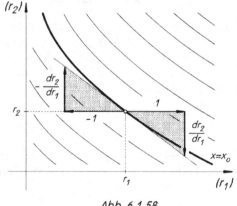

Abb. 6.1.58

Beispiel 6.1.59: Für die Produktionsfunktion $x = x(r_1, r_2) = 0{,}5 \cdot r_1^{0,2} \cdot r_2^{0,8}$ ergibt sich bei festem Output $x = x_0 = 100$ ME die Isoquantengleichung $0{,}5 r_1^{0,2} \cdot r_2^{0,8} = 100$. Durch Auflösen nach r_2 erhält man die explizite Darstellung der Isoquante:

$$r_2 = f(r_1) = 200^{1,25} \cdot r_1^{-0,25} = \left.\frac{752{,}12}{\sqrt[4]{r_1}}\right|_{x=100}.$$

Damit lautet die Grenzrate der Substitution: $\dfrac{dr_2}{dr_1} = -188{,}03 \cdot r_1^{-1,25}$.   Bei einem Input von z.B.

$r_1 = 16 ME_1$ (und somit $r_2 = 376{,}06\ ME_2$) ergibt sich $\dfrac{dr_2}{dr_1} = -5{,}88\ ME_2/ME_1$, d.h. um – ausgehend von der Inputmengenkombination (16; 376,06) – die *Minderung* von $1\ ME_1$ des ersten Produktionsfaktors kompensieren zu können, müssen $5{,}88\ ME_2$ des zweiten Faktors *zusätzlich* eingesetzt werden. Entsprechend führt der *Mehr*einsatz von $1\ ME_1$ des ersten Faktors zu einem *Minder*verbrauch von $5{,}88\ ME_2$ des zweiten Faktors, damit nach wie vor ein unveränderter Output von x_0 (= 100 ME) produziert werden kann, siehe auch Abb. 6.1.58.

Analoge Überlegungen gelten für **Nutzenfunktionen** $U = U(x_1, x_2)$, mit denen das Nutzenniveau U in Abhängigkeit der Konsummengen x_1, x_2 zweier (substituierbarer) Güter beschrieben wird (siehe Kap. 2.5 (8)): Zu jedem festen Nutzenniveau $U = U_0$ = const. definiert die dadurch entstehende implizite Gleichung $U(x_1, x_2) = U_0$ eine Funktion $x_2 = f(x_1)$, deren Punkte (x_1, x_2) die Konsummengen beider Güter angeben, die zum stets gleichen Nutzenniveau U_0 führen. Die Funktion f: $x_2 = f(x_1)_{|U = U_0}$ wird als **Indifferenzlinie** zum Nutzenniveau U_0 bezeichnet.

Analog wie im Fall der Isoquante nennt man die
Ableitung der Indifferenzlinie

$$x_2'(x_1) = \frac{dx_2}{dx_1}\bigg|_{U = U_0}$$

die **Grenzrate der Substitution** zum Nutzenniveau U_0. Der Wert von $\frac{dx_2}{dx_1}$ gibt für jede konsumierte Menge x_1 des ersten Konsumgutes an, wie viele Einheiten des zweiten Konsumgutes mehr (bzw. weniger) konsumiert werden müssen, um bei Verringerung (bzw. Ausdehnung) des Konsums des ersten Gutes um 1 Einheit dasselbe Nutzenniveau U_0 wie zuvor zu erzielen, siehe Abb. 6.1.60.

(Beispiel 6.1.59 kann analog verwendet werden, indem U statt x und x_1, x_2 statt r_1, r_2 gesetzt wird.)

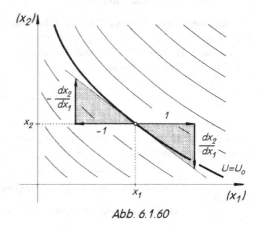

Abb. 6.1.60

Bemerkung 6.1.61: *i) Über den allgemeinen Kurvenverlauf von Isoquanten bzw. Indifferenzlinien sowie sonstige Schreibweisen für die Grenzrate der Substitution siehe Kapitel 7, Bemerkung 7.1.70/7.1.73.*

*ii) Wir werden noch sehen, dass der Wert der **Grenzrate der Substitution** dann große Bedeutung besitzt, wenn es darum geht, denjenigen Punkt einer Isoquante bzw. Indifferenzlinie ausfindig zu machen, der die **Kosten** für Input bzw. Konsum – bei vorgegebenem Output bzw. Nutzenniveau – minimiert (**Minimalkostenkombination**, siehe Kap. 7.3.3.1).*

6.1.2.8 Grenzfunktion und Durchschnittsfunktion

Wie bereits mehrfach in den letzten Abschnitten ersichtlich, stellen sowohl der **Grenzfunktion**swert $\frac{df}{dx}$ als auch der **Durchschnittsfunktion**swert $\frac{f(x)}{x}$ einer gegebenen Funktion f **stückbezogene Größen** dar. Während sich aber der **Grenz**funktionswert $\frac{df}{dx}$ auf die **letzte/nächste** Einheit der unabhängigen Variablen bezieht, liegen dem **Durchschnitts**funktionswert $\frac{f(x)}{x}$ **sämtliche** Einheiten der unabhängigen Variablen zugrunde:

– Die erste **Ableitung** (*„Grenzfunktion"*) $\frac{df}{dx}$ (= f'(x)) gibt (näherungsweise) den **zusätzlichen** pro Einheit der unabhängigen Variablen x entfallenden Funktionswert an, bezieht sich also auf die **letzte/folgende** Einheit der unabhängigen Variablen – ausgehend von der Stelle x.

    Beispiel: K'(x) = Grenzkosten
                          = Kosten pro Stück für die letzte/nächste Outputeinheit
                          (wenn schon x Einheiten produziert sind).

- Die „Stück-Funktion" $\dfrac{f(x)}{x}$ $(=: \bar{f}(x))$ gibt den **pro Einheit** der unabhängigen Variablen x entfallenden durchschnittlichen Funktionswert an – bezieht sich also auf **sämtliche** x Einheiten.

Beispiel: $\dfrac{K(x)}{x}$ = Stückkosten k(x)

  = Kosten pro Stück im Durchschnitt **aller** x produzierten Outputeinheiten.

Der **Zusammenhang zwischen Grenzfunktion und Durchschnittsfunktion** lässt sich graphisch veranschaulichen: In Abb. 6.1.62 erkennt man, dass an jeder Stelle x (mit x $\neq$ 0) gilt:

$$\frac{df}{dx} = \tan \alpha_1 \quad \text{und} \quad \frac{f(x)}{x} = \tan \alpha_2 \,,$$

d.h., da α_1 der Steigungswinkel der Kurventangente und α_2 der Steigungswinkel des Fahrstrahls (siehe Kap. 2.5 (5)) in P ist:

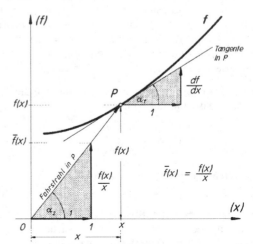

Abb. 6.1.62

<table>
<tr><td rowspan="2">(6.1.63)</td><td>– **Grenzfunktionswert** $\dfrac{df}{dx}$ = **Steigung der Tangente** in P</td></tr>
<tr><td>– **Durchschnittsfunktionswert** $\dfrac{f(x)}{x}$ = **Steigung des Fahrstrahls** in P</td></tr>
</table>

Nur wenn *(zufällig)* in einem Punkt P(x; f(x)) Fahrstrahl und Kurventangente identisch sind (Sonderfall, siehe Abb. 6.1.64), stimmen an dieser Stelle Grenzfunktionswert und Durchschnittsfunktionswert überein:

$$\frac{df}{dx} = \frac{f(x)}{x} = \tan \alpha \,,$$

sofern gilt: Fahrstrahl = Tangente.

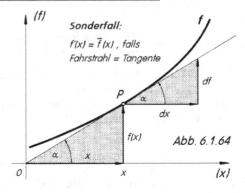

Abb. 6.1.64

Aufgabe 6.1.65: Folgende ökonomische Funktionen seien vorgegeben:

- Gesamtkostenfunktion K mit $K(x) = 0{,}06x^3 - x^2 + 50x + 400$ $(x \geq 0)$
  (K(x): Gesamtkosten in GE; x: Output in ME)

- Produktionsfunktion x mit $x(r) = -\dfrac{1}{60}r^3 + \dfrac{5}{4}r^2 + 3r$ $(r \geq 0 ; x \geq 0)$
  (x(r): Output in ME_x; r: Input in ME_r)

- Preis-Absatz-Funktion p mit $p(x) = 150 - 0{,}4x$ $(x \geq 0 ; p \geq 0)$
  (p: Preis in GE/ME; x: Nachfrage in ME)

- Konsumfunktion C mit $C(Y) = 1.000 + 0{,}2\,Y$ $(Y \geq 0)$
  (C: Konsum in GE; Y: Haushaltseinkommen in GE
  Voraussetzung: Konsum + Sparen = Einkommen, d.h. C(Y) + S(Y) = Y)

- Nutzenfunktion U mit $U(x) = 10 \cdot \sqrt{x}$ $(x \geq 0)$
  (U: Nutzenindex; x: konsumierte Gütermenge in ME) .

Ermitteln Sie damit:

1) die Grenzkosten bei einem Output von 70 ME ,

2) die durchschnittlichen variablen Kosten für eine Produktmenge von 70 ME ,

3) die Grenzstückkosten für den Output 100 ME ,

4) die Produktivität (= Durchschnittsertrag) für den Faktorinput 40 ME_r ,

5) die Grenzproduktivität für eine Faktoreinsatzmenge von 40 ME_r ,

6) den Anstieg der Grenzproduktivitätsfunktion bei einem Input von 40 ME_r ,

7) den Gesamtdeckungsbeitrag sowie den Stückdeckungsbeitrag für den Output 30 ME ,

8) den Grenzdeckungsbeitrag sowie den Grenzstückdeckungsbeitrag für den Output 30 ME ,

9) den Grenzerlös bzgl. der Menge bei einer Absatzmenge von 150 ME ,

10) den Grenzerlös bzgl. des Preises bei einem Marktpreis von 120 GE/ME ,

11) den Grenzgewinn bzgl. der Menge bei einem Marktpreis von 100 GE/ME ,

12) die marginale Sparquote bei einem Haushaltseinkommen von 1.000 GE ,

13) die durchschnittliche Konsumquote für das Einkommen 2.000 GE ,

14) den Grenzstückgewinn für den Output 40 ME ,

15) den Grenznutzen bei einer konsumierten Gütermenge von 4 ME ,

16) das durchschnittliche Nutzenniveau für eine Konsummenge von 4 ME ,

17) denjenigen Output, bei dem i) die durchschnittlichen variablen Kosten den Anstieg Null haben ii) die durchschnittlichen Gesamtkosten den Anstieg Null haben iii) die Grenzkosten gleich den (gesamten) Stückkosten sind ,

18) das Haushaltseinkommen, bei dem i) von jedem eingenommenen Euro ii) vom nächsten zusätzlich eingenommenen Euro 60 % gespart werden ,

19) denjenigen Faktorinput, für den i) der Anstieg des Gesamtertrages Null wird ii) die Grenzproduktivität Null wird iii) die Produktivität Null wird iv) Grenzproduktivität und Durchschnittsertrag übereinstimmen ,

20) denjenigen Marktpreis, für den der Grenzgewinn bzgl. der Menge Null wird ,

21) denjenigen Output, für den Grenzkosten und Grenzerlös übereinstimmen ,

22) denjenigen Output, für den der Graph der Grenzkostenfunktion eine horizontale Tangente besitzt,

23) denjenigen Marktpreis, bei dem eine Preiserhöhung von 0,1 GE/ME zu einer Erlösminderung von (ca.) 0,5 GE führt ,

24) diejenige Faktoreinsatzmenge, bei der ein zusätzlicher Input von 0,5 ME_r die Produktionsmenge um (ca.) 16 ME_x steigert ,

25) denjenigen Output, bei dem die Stückkosten um (ca.) 6,8 GE/ME sinken, wenn der Output um 0,8 ME verringert wird ,

26) diejenige Faktoreinsatzmenge, bei der die Produktivität um (ca.) 0,5 ME_x/ME_r zunimmt, wenn eine Inputeinheit weniger eingesetzt wird ,

27) denjenigen Output, bei dem der Stückgewinn um (ca.) 1 GE/ME abnimmt, wenn die Produktion um 0,25 ME gesteigert wird ,

28) diejenige konsumierte Gütermenge, bei der i) der Grenznutzen ii) das durchschnittliche Nutzenniveau den Wert a) 0,5 b) Null annimmt ,

29) denjenigen Output, bei dem der Gesamtdeckungsbeitrag um (ca.) 80 GE zunimmt, wenn die Produktion um 4 ME gedrosselt wird.

Aufgabe 6.1.66: Beantworten Sie für die folgenden ökonomischen Funktionen die Fragen **1)** bis **29)** von Aufgabe 6.1.65 *(ohne Frage 24)*:

- Gesamtkostenfunktion: $K(x) = e^{0,001x+10} + 10.000$ $(0 \le x \le 15.000 \text{ ME})$
- Produktionsfunktion: $x(r) = \sqrt{4r - 100}$ $(r \ge 25 \text{ ME}_r)$
- Nachfragefunktion: $x(p) = -100 \cdot \ln(0,0005p)$ $(0 < p \le 2.000 \text{ GE/ME})$
- Konsumfunktion: $C(Y) = \dfrac{200Y + 10.000}{Y + 80}$ $(Y \ge 0)$
- Nutzenfunktion: $U(x) = -\dfrac{1}{3}x^3 + 1,5x^2 + 2x$ $(x \ge 0)$.

Ermitteln Sie weiterhin:

30) die Faktorverbrauchsfunktion $r = r(x)$,

31) den Produktionskoeffizienten für einen Output von 20 ME_x,

32) den Grenzverbrauch des Produktionsfaktors bei einem Output von 20 ME_x,

33) den Sättigungswert des Konsums sowie der durchschnittlichen Konsumquote für unbegrenzt wachsendes Einkommen,

34) die Sättigungswerte von marginaler Konsumquote und marginaler Sparquote für unbeschränkt wachsendes Einkommen.

35) Bei welcher Kapazitätsauslastung (in % der Maximalkapazität) haben die Grenzstückkosten den Wert Null? Ermitteln Sie für diese Kapazitätsauslastung die Werte der Stückkosten sowie der Grenzkosten.

Aufgabe 6.1.67: Ermitteln und interpretieren Sie die Grenzrate der Substitution in folgenden Fällen:

i) Produktionsfunktion: $x(r_1; r_2) = 5r_1^{0,8} \cdot r_2^{0,4}$
(x: Output in ME; r_1, r_2 *(>0)*: Inputs in ME_1, ME_2).   Fest vorgegebener Output: 20 ME.

  a) $r_1 = 4 \text{ ME}_1$ b) $r_2 = 1 \text{ ME}_2$.

ii) Nutzenfunktion: $U(x_1,x_2) = 2x_1 \cdot \sqrt{x_2}$
(U: Nutzenindex; x_1, x_2 *(>0)*: konsumierte Gütermengen in ME_1, ME_2).
Der Nutzenindex sei fest vorgegeben mit $U_0 = 100$:

  a) $x_1 = 10 \text{ ME}_1$ b) $x_2 = 4 \text{ ME}_2$.

6.2 Anwendung der Differentialrechnung auf die Untersuchung von Funktionen

Für die Untersuchung funktional beschreibbarer ökonomischer Zusammenhänge ist eine genaue Kenntnis des **Verhaltens** der zugrundeliegenden **ökonomischen Funktionen** bedeutsam: In welchen Bereichen etwa wächst (fällt) eine Funktion; ist diese Zunahme „progressiv" oder „degressiv"; ob und an welchen Stellen nehmen Funktion oder/und Grenzfunktion ihre maximalen (minimalen) Werte an u.v.a.? Das Konzept der Differentialrechnung gestattet es, derartige Funktionseigenschaften mit Hilfe der Ableitungsfunktionen einfach und genau zu untersuchen. Das vorliegende Kapitel 6.2 beschäftigt sich mit den formalen Aspekten (dem „Handwerkszeug") der Funktionsuntersuchung, während sich die entsprechenden Anwendungen auf ökonomische Fragestellungen im nachfolgenden Kapitel 6.3 anschließen.

> Um die Differentialrechnung anwenden zu können, muss im folgenden vorausgesetzt werden, dass die betrachteten Funktionen *(genügend oft)* stetig differenzierbar sind *(Unstetigkeiten von f oder deren Ableitungen müssen separat untersucht werden*, siehe Kap. 6.2.5).

6.2.1 Monotonie- und Krümmungsverhalten

Es ist anschaulich klar (siehe Abbildung 6.2.1), dass eine Funktion, die überall eine **positive** *(bzw. nega-tive)* **Steigung** besitzt, auch überall **streng monoton wächst** (↑) *(bzw. fällt (↓))* (Zum Monotoniebegriff siehe Def. 2.2.8). Dabei durchlaufen wir die betrachteten Funktionen stets von „links" nach „rechts", d.h. für wachsende Argumente.

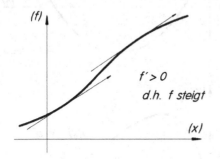 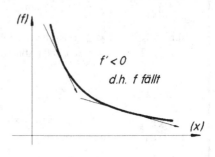

Abb. 6.2.1

Diesen Sachverhalt formulieren wir in

Satz 6.2.2: Ist die **Ableitung f′** einer stetig differenzierbaren Funktion f im Intervall I **positiv** *(bzw. negativ)*, so ist f in I **streng monoton wachsend** *(bzw. fallend)*:

$$f'(x) > 0 \;\Rightarrow\; f \text{ ist streng monoton wachsend} \quad (f \uparrow)$$
$$f'(x) < 0 \;\Rightarrow\; f \text{ ist streng monoton fallend} \quad (f \downarrow)$$

Bemerkung 6.2.3:

i) *Interessiert man sich lediglich für die „gemilderte" Monotonie („ ≥ " bzw. „ ≤ ", siehe Bemerkung 2.2.13 ii)), so ist die Bedingung* **f′(x) ≥ 0** *(bzw.* f′(x) ≤ 0) **notwendig und hinreichend** *für* **schwach** **monotones Wachsen** *(bzw. Fallen) von f.*

ii) *Aus Vereinfachungsgründen soll im folgen-den unter „monoton" stets „streng monoton" verstanden werden.*

iii) *Wie das Beispiel der (streng) monoton wach-senden Funktion f: f(x) = x³ zeigt (siehe Abb. 6.2.4), ist für eine strenge Monotonie die Bedingung f′(x) > 0 nicht notwendig: Obwohl wegen f′(x) = 3x² gilt: f′(0) = 0, ist f* **überall** *wachsend. Dagegen ist die Be-hauptung von Satz 6.2.2 dann umkehrbar (⇐), wenn man von vereinzelten Stellen, in denen f′ Null werden kann, absieht. Wir wer-den daher Satz 6.2.2 oft mit „ ⇔ " benutzen.*

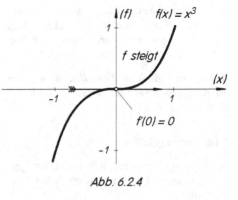

Abb. 6.2.4

Um eine gegebene Funktion f auf Monotonie zu untersuchen, lösen wir *(wegen Satz 6.2.2)* die Unglei-chung f′(x) > 0 *(bzw. f′(x) < 0)*. Die entsprechenden Lösungsmengen liefern dann die Bereiche, in denen f monoton wächst *(bzw. monoton fällt)*.

Beispiel 6.2.5:   Die folgenden Funktionen f und
g sind auf Monotonie zu untersuchen:

i) $f(x) = 0,5\,x^2 - 2x + 1$.

Wegen $f'(x) = x - 2$ folgt:

a) $f'(x) > 0 \;\Leftrightarrow\; x - 2 > 0 \;\Leftrightarrow\; x > 2$

b) $f'(x) < 0 \;\Leftrightarrow\; x < 2$,

d.h. f ist für $x < 2$ monoton fallend und
für $x > 2$ monoton wachsend (Abb. 6.2.6).

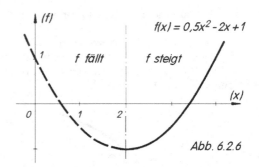

Abb. 6.2.6

ii) $g(x) = x \cdot e^{-x}$.

Wegen $g'(x) = e^{-x} - x \cdot e^{-x} = e^{-x}(1-x)$
folgt, da e^{-x} stets positiv ist:

a) $g'(x) > 0 \;\Leftrightarrow\; 1 - x > 0 \;\Leftrightarrow\; x < 1$

b) $g'(x) < 0 \;\Leftrightarrow\; x > 1$,   d.h.

g ist für $x < 1$ monoton wachsend und für
$x > 1$ monoton fallend (Abb. 6.2.7).

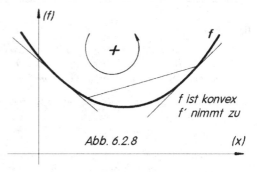

Abb. 6.2.7

Auch die Kennzeichnung des **Krümmungsverhaltens** einer Funktion kann mit Hilfe des Monotoniebe-
griffes erfolgen. (Differenzierbare) Funktionen f können auf **zweierlei Weise gekrümmt** sein:

I) f ist konvex gekrümmt

(auch: f ist linksgekrümmt, f ist gegen den Uhrzeigersinn gekrümmt, f ist im positiven Drehsinn gekrümmt;

Jede Tangente an den Graphen von f liegt unterhalb der Funktionskurve, jede Sekante liegt
oberhalb der Funktionskurve), siehe auch Abb.
6.2.8.

*Bemerkung: Auch bei dieser Betrachtung wer-
den die jeweiligen Funktionen stets von „links "
nach „rechts " durchlaufen.*

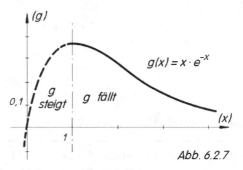

Abb. 6.2.8

II) f ist konkav gekrümmt

(auch: f ist rechtsgekrümmt, f im Uhrzeigersinn gekrümmt, f ist im negativen Drehsinn gekrümmt;

Jede Tangente an den Funktions-Graphen von
f liegt oberhalb dieses Graphen, jede Sekante
liegt unterhalb der Funktionskurve), siehe auch
Abb. 6.2.9.

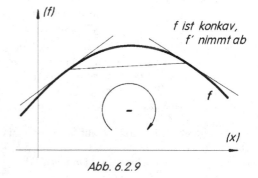

Abb. 6.2.9

Betrachtet man eine **konvexe** *(bzw. konkave)* Funktionskurve von links nach rechts, so erkennt man, dass im Kurvenverlauf die **Tangentensteigungen**, d.h. die Werte f′ der **1. Ableitung**, monoton **zunehmen** *(bzw. abnehmen)*, siehe Abb. 6.2.8 *(bzw. Abb. 6.2.9)*. Die Zunahme *(bzw. Abnahme)* der Ableitungsfunktion f′ ist aber nach Satz 6.2.2 dann gegeben, wenn die Ableitung der Ableitungsfunktion f′, mithin die **2. Ableitung f″ positiv** *(bzw. negativ)* ist. Damit ist der **Zusammenhang** zwischen dem **Krümmungsverhalten von f** (konvex, konkav) und dem **Vorzeichen der 2. Ableitung f″** gewonnen.

Analog zu Satz 6.2.2 gilt daher:

Satz 6.2.10:   Ist die **zweite Ableitung f″** von f im Intervall I **positiv** *(negativ)*, so ist die **erste Ableitung f′** in I monoton **zunehmend** *(abnehmend)* und daher f im Intervall I **konvex** *(konkav)*:

$$f''(x) > 0 \quad \Rightarrow \quad f' \text{ ist monoton wachsend} \quad \Leftrightarrow \quad f \text{ ist konvex}$$
$$f''(x) < 0 \quad \Rightarrow \quad f' \text{ ist monoton fallend} \quad \Leftrightarrow \quad f \text{ ist konkav}$$

Bemerkung 6.2.11:

 i) *Gilt in einem ganzen Intervall I:* $f''(x) \equiv 0$, *so ist f dort weder konvex noch konkav, sondern* **linear**: $f(x) = mx + b \quad \Leftrightarrow \quad f''(x) \equiv 0$.

 ii) *Die Abb. 6.2.8/ 6.2.9 zeigen, dass eine* **zunehmende** *(abnehmende)* **Steigung** *unabhängig von der* **Zunahme** *(Abnahme) der* **Originalfunktion** *ist. Die vier möglichen Kombinationen zeigt Abb. 6.2.12:*

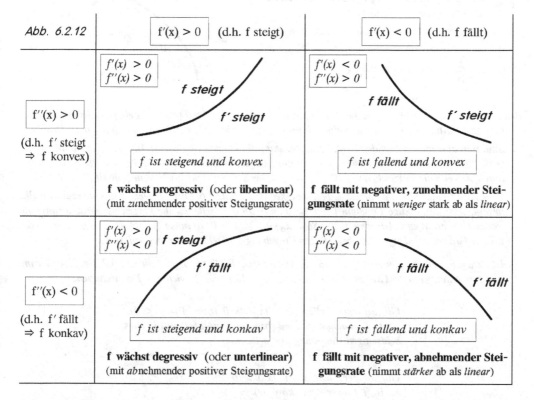

Abb. 6.2.12	$f'(x) > 0$ (d.h. f steigt)	$f'(x) < 0$ (d.h. f fällt)
$f''(x) > 0$ (d.h. f′ steigt ⇒ f konvex)	$f'(x) > 0$ $f''(x) > 0$ — f steigt — f′ steigt — *f ist steigend und konvex* — **f wächst progressiv** (oder **überlinear**) (mit *zu*nehmender positiver Steigungsrate)	$f'(x) < 0$ $f''(x) > 0$ — f fällt — f′ steigt — *f ist fallend und konvex* — **f fällt mit negativer, zunehmender Steigungsrate** (nimmt *weniger* stark ab als *linear*)
$f''(x) < 0$ (d.h. f′ fällt ⇒ f konkav)	$f'(x) > 0$ $f''(x) < 0$ — f steigt — f′ fällt — *f ist steigend und konkav* — **f wächst degressiv** (oder **unterlinear**) (mit *ab*nehmender positiver Steigungsrate)	$f'(x) < 0$ $f''(x) < 0$ — f fällt — f′ fällt — *f ist fallend und konkav* — **f fällt mit negativer, abnehmender Steigungsrate** (nimmt *stärker* ab als *linear*)

Mit Hilfe von Satz 6.2.10 lässt sich das **Krümmungsverhalten** einer vorgegebenen Funktion f ermitteln, indem man das **Vorzeichen der zweiten Ableitung f″** untersucht:

Beispiel 6.2.13:   Für welche Outputwerte x ist die Gesamtkostenfunktion K mit:

$$K(x) = \frac{1}{15}x^3 - 2x^2 + 60x + 900 \; ; \; x \geq 0$$

konvex bzw. **konkav** ? *(Diese Fragestellung ist nach Satz 6.2.10 gleichbedeutend mit der Frage nach der Zu- bzw. Abnahme der entsprechenden Grenzkosten K'.)*

Mit $K'(x) = 0,2x^2 - 4x + 60 \; (> 0!)$ sowie
 $K''(x) = 0,4x - 4$ folgt:

a) $K''(x) > 0 \;\Leftrightarrow\; 0,4x - 4 > 0 \;\Leftrightarrow\; x > 10$
b) $K''(x) < 0 \;\Leftrightarrow\; 0,4x - 4 < 0 \;\Leftrightarrow\; x < 10$,

d.h. für Outputwerte zwischen 0 und 10 ME ist K konkav (abnehmende Grenzkosten), für x > 10 ME ist K konvex, die Grenzkosten nehmen zu, siehe Abb. 6.2.14.

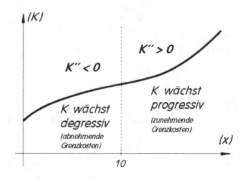

Abb. 6.2.14

Beispiel 6.2.15: Das „**1. Gossensche Gesetz**" postuliert für eine Nutzenfunktion U(x) *(s. Abb. 6.2.16)* für zunehmenden Güterkonsum x

a) zunehmendes **Nutzenniveau**, d.h. $U \uparrow$;
b) **abnehmenden Nutzenzuwachs**, d.h. abnehmenden Grenznutzen ($U' \downarrow$) und somit einen **konkaven** Verlauf der Nutzenfunktion.

In mathematischer Symbolsprache bedeuten daher die Postulate des 1. Gossenschen Gesetzes:

a) $\dfrac{dU}{dx} > 0$ b) $\dfrac{d^2U}{dx^2} < 0$.

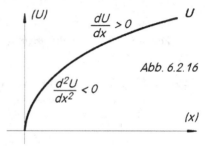

Abb. 6.2.16

Bemerkung 6.2.17: *Bisher waren die Bedingungen f' > 0 (< 0), f'' > 0 (< 0) für ein gefordertes Monotonie- bzw. Krümmungsverhalten in einem kompletten Intervall I zu erfüllen (siehe Sätze 6.2.2/6.2.10).*

*Sind nun aber die betreffenden **Funktionen/Ableitungsfunktionen** (wie in den Anwendungen nahezu ausschließlich unterstellt wird) stetig, so kann man Aussagen über Monotonie/ Krümmung bereits dann machen, wenn die Vorzeichen von f', f'' an nur einer Stelle x_0 positiv bzw. negativ sind.*

*Dabei macht man sich die **Vorzeichenbeständigkeit** (siehe Satz 4.6.7 iv)) stetiger Funktionen zunutze, die besagt, dass eine **stetige Funktion** f mit $f(x_0) \neq 0$ an der Stelle x_0 ihr Vorzeichen nicht sprunghaft wechseln kann. Wenn also etwa an der Stelle x_0 gilt: $f(x_0) > 0$, so **muss** f auch in einer gewissen (von Fall zu Fall verschieden großen) beidseitigen Umgebung der Stelle x_0 größer Null sein.*

*Überträgt man diese Eigenschaft auf **stetige Ableitungen** f', f'', so folgen (mit Satz 6.2.2/6.2.10) die im Zusammenhang mit der **Extremwertbestimmung** (siehe Kap. 6.2.2) wichtigen **Eigenschaften**:*

i)   *Gilt **an einer Stelle** x_0 : $f'(x_0) > 0$ (bzw. $f'(x_0) < 0$), so ist f **monoton steigend** (bzw. monoton fallend) in einer **beidseitigen Umgebung** der Stelle x_0 .*

ii)   *Gilt **an der Stelle** x_0: $f''(x_0) > 0$ (bzw. $f''(x_0) < 0$), so ist f **konvex** (bzw. konkav) in einer **beidseitigen Umgebung** der Stelle x_0 .*

6.2.2   Extremwerte

Bei der Analyse ökonomischer Funktionen ist die Ermittlung von **Extremwerten** (**Maxima** und **Minima**) besonders wichtig *(Bsp.: Kostenminimum, Ertragsmaximum, Nutzenmaximum, Verschnittminimum usw.)*

Def. 6.2.18:   Die Funktion f hat an der Stelle x_0 ein **relatives** (oder **lokales**) **Maximum** *(Minimum)*, wenn der Funktionswert $f(x_0)$ bzgl. einer **beidseitigen Umgebung** der Stelle x_0 **maximal** *(minimal)* ist, d.h. wenn für alle $x (\neq x_0)$ dieser Umgebung gilt:

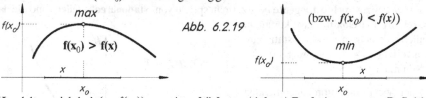

Abb. 6.2.19

$f(x_0) > f(x)$

(bzw. $f(x_0) < f(x)$)

Handelt es sich bei $(x_0; f(x_0))$ um einen **höchsten** *(tiefsten)* **Punkt** im **gesamten Definitionsbereich**, so spricht man von einem **absoluten** (oder **globalen**) **Maximum** *(Minimum)* von f an der Stelle x_0.

Die Abbildungen 6.2.20 zeigen exemplarisch einige Funktionsverläufe mit relativen und/oder absoluten Extremstellen (dabei bedeuten: „max/min" = relative Extrema; „MAX/MIN" = absolute Extrema).

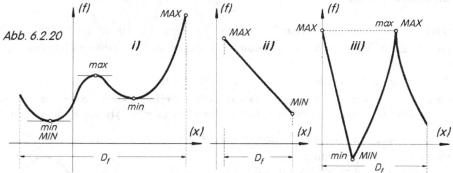

Abb. 6.2.20

Bemerkung 6.2.21: Anhand von Abb. 6.2.20 erkennt man:

*i)   Eine Funktion muss **keine**, kann aber auch **mehrere** relative Maxima bzw. Minima besitzen.*

*ii) Ein **Punkt am Rand** des Definitionsbereiches **kann** (wegen Fehlens einer beidseitigen Umgebung) kein relatives Extremum sein, wohl aber ein absolutes Extremum (**Randextremum**).*

iii)   *Ein **absolutes** Extremum muss entweder ein **relatives** Extremum oder ein **Randextremum** sein. Zur Bestimmung der absoluten Extrema einer Funktion genügt es daher, alle relativen Extrema zu ermitteln und diese dann mit den Randwerten von f zu vergleichen.*

Die **Differentialrechnung** liefert ein schlagkräftiges Hilfsmittel zur **Berechnung sämtlicher relativer Extremwerte** einer **differenzierbaren** Funktion *(nichtdifferenzierbare Funktionen mit „Ecken" oder „Spitzen, siehe etwa Abb. 6.2.20 iii), müssen separat untersucht werden, siehe Kap. 6.2.5).*

Man erkennt (z.B. an Abb. 6.2.20 i), dass f in **jedem relativen Extremum** eine **waagerechte Tangente** und somit die **Steigung Null** besitzt. Dieser Sachverhalt gilt für **jede (stetig) differenzierbare** Funktion:

Satz 6.2.22:   Wenn die *(stetig)* differenzierbare Funktion f an der Stelle x_0 einen relativen Extremwert besitzt, so gilt notwendigerweise:

$$f'(x_0) = 0 \quad .$$

Abb. 6.2.23

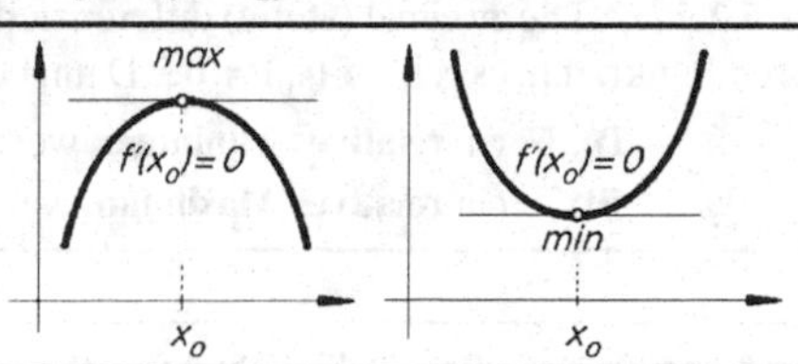

$f'(x_0)=0$

$f'(x_0)=0$

Denn würde – entgegen der Behauptung des Satzes – etwa in einem relativen Maximum x_0 von f gelten: $f'(x_0) > 0$, so müsste es nach Bemerkung 6.2.17 i) eine *beidseitige* Umgebung von x_0 geben, in der f monoton wächst, also könnte – entgegen der Voraussetzung des Satzes – f in x_0 sicher nicht maximal sein *(analoger Schluss, falls in x_0 gilt: $f'(x_0) < 0$ bzw. wenn x_0 ein relatives Minimum von f ist)*. Also muss in x_0 zwingend gelten: $f'(x_0) = 0$. Dies bedeutet umgekehrt: Eine Stelle x_0, in der $\mathbf{f'(x_0)}$ von **Null verschieden** ist, kann **niemals** eine **relative Extremstelle** einer differenzierbaren Funktion sein.

Satz 6.2.22 liefert die Möglichkeit, durch **Lösen der Gleichung $\mathbf{f'(x) = 0}$** alle diejenigen Stellen zu erhalten, in denen f eine **waagerechte Tangente** besitzt (man spricht von „**stationären**" Stellen) und die daher als **mögliche relative Extrema** in Frage kommen.

Dabei ist freilich zu beachten, dass eine stationäre Stelle x_0 (d.h. mit $f'(x_0) = 0$) keineswegs ein Maximum oder Minimum garantiert:

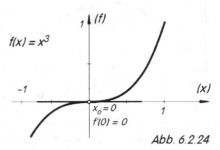

$$f(x) = x^3$$

Das Beispiel der überall monoton zunehmenden Funktion f mit $f(x) = x^3$ zeigt (siehe Bemerkung 6.2.3 iii), dass f an der Stelle $x_0 = 0$ (wegen $f'(x)$ $= 3x^2$, also $f'(0) = 0$) stationär ist. f besitzt dort zwar eine waagerechte Tangente, aber keinen Extremwert, siehe Abb. 6.2.24.

Abb. 6.2.24

Beispiel 6.2.25: An welchen Stellen kann f mit $f(x) = \dfrac{1}{6}x^3 - \dfrac{5}{4}x^2 + 2x + 3$ relative Extrema besitzen?
Die dafür allein in Frage kommenden stationären Stellen erhält man als Lösungen der Gleichung $f'(x) = 0$:

$$f'(x) = 0{,}5x^2 - 2{,}5x + 2 = 0 \quad \Longleftrightarrow \quad x^2 - 5x + 4 = 0 \quad \Longleftrightarrow \quad x_1 = 1 ; \quad x_2 = 4 ,$$

d.h. *nur* in $x_1 = 1$ oder $x_2 = 4$ könnte f extremal sein, wobei (ohne Vorliegen weiterer Informationen) außerdem unbekannt ist, um welchen Extremaltyp (Max. oder Min.) es sich ggf. jeweils handelt.

Die im letzten Beispiel angesprochene Unsicherheit über Existenz bzw. Typ relativer Extrema bei Vorliegen einer waagerechten Tangente an der Stelle x_0 gibt Anlass, über ein praktikables **Überprüfungsinstrumentarium für relative Extrema** nachzudenken.

Wie aus Abb. 6.2.26 deutlich wird, liegt an einer stationären Stelle x_0 ganz sicher dann ein relatives **Minimum** vor, wenn f in einer **beidseitigen Umgebung** von x_0 **konvex** ist (und ein relatives **Maximum**, wenn f dort **konkav** ist).[2]

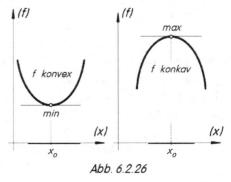

Abb. 6.2.26

Da **konvexes** (bzw. *konkaves*) Verhalten von f in einer beidseitigen Umgebung von x_0 nach Bemerkung 6.2.17 (ii) durch $\mathbf{f''(x_0) > 0}$ (bzw. $f''(x_0) < 0$) gewährleistet ist, erhalten wir folgende **hinreichende Bedingungen** für das Vorliegen von **relativen Minima/Maxima**:

Satz 6.2.27: Die zweimal (stetig) differenzierbare Funktion f besitze an der Stelle x_0 einen stationären Punkt, d.h. es gelte $\mathbf{f'(x_0) = 0}$. Dann besitzt f in x_0

    i)   ein **relatives Minimum**, wenn außerdem gilt: $\mathbf{f''(x_0) > 0}$;

    ii)   ein **relatives Maximum**, wenn außerdem gilt: $\mathbf{f''(x_0) < 0}$.

---

2 Ist f an einer stationären Stelle *nicht* extremal, so wechselt f hier das Krümmungsverhalten, s. etwa Abb. 6.2.24.

Satz 6.2.27 gestattet uns die Ermittlung und Überprüfung relativer Extremwerte differenzierbarer Funktionen auf folgende Weise:

1) Zunächst ermitteln wir die **Lösungen** x_i der Gleichung **f'(x) = 0**. Die so ermittelten **stationären Stellen** x_i sind die einzigen „Kandidaten" für relative Extremstellen von f (besitzt die Gleichung $f'(x) = 0$ keine Lösung, so kann f auch keine relativen Extrema besitzen !).

2) Dann berechnen wir die **zweite Ableitung** f''(x) und **überprüfen** durch Einsetzen der stationären Stellen x_i **das Vorzeichen von f''(x_i)** und bestimmen nach Satz 6.2.27 den **Typ** des jeweiligen Extremums.

Beispiel 6.2.28:   In Beispiel 6.2.25 waren bereits die stationären Stellen der Funktion f mit
$$f(x) = \frac{1}{6}x^3 - \frac{5}{4}x^2 + 2x + 3 \quad \text{ermittelt worden:} \quad x_1 = 1 \; ; \quad x_2 = 4.$$

Wegen $f'(x) = 0,5x^2 - 2,5x + 2$ folgt für die zweite Ableitung: $f''(x) = x - 2,5$. Überprüfung des Vorzeichens von f'' an den stationären Stellen:

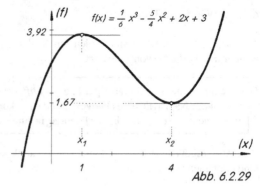

i) $f''(x_1) = f''(1) = 1 - 2,5 < 0$,
   also hat f in $x_1 = 1$ ein relatives Maximum
   (mit dem Funktionswert $f(1) \approx 3,92$);

ii) $f''(x_2) = f''(4) = 4 - 2,5 > 0$,
   also hat f in $x_2 = 4$ ein relatives Minimum
   (mit $f(4) \approx 1,67$), siehe Abb. 6.2.29 .

Abb. 6.2.29

Bemerkung 6.2.31: Dass die Bedingungen von Satz 6.2.27 nur hinreichend, nicht aber notwendig für lokale Extrema sind, erkennen wir etwa am Beispiel $f(x) = x^4$, siehe Abb. 6.2.30: Obwohl f an der Stelle $x_0 = 0$ minimal ist, gilt wegen

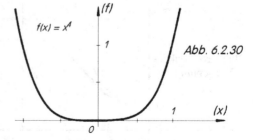

Abb. 6.2.30

$f'(x) = 4x^3$, $f''(x) = 12x^2$: $f'(0) = 0$ und $f''(0) = 0$ (und nicht etwa $f''(0) > 0$!).

Ohne Beweis [3] sei angemerkt, dass auch in derartigen Fällen (die in der ökonomischen Praxis allerdings selten sind) eine Überprüfung von Existenz bzw. Typ eines relativen Extremums möglich ist:

Satz 6.2.32:   *Die Funktion f sei im Intervall I n-mal (stetig) differenzierbar. An der Stelle $x_0 \in I$ gelte:*
$$f'(x_0) = f''(x_0) = ... = f^{(n-1)}(x_0) = 0, \quad \text{aber} \quad f^{(n)}(x_0) \neq 0 ,$$
*d.h. die erste an der stationären Stelle x_0 **nicht** verschwindende Ableitung habe die Ordnung n .*
Dann gilt:

*i) Ist **n gerade**, so hat f in x_0 einen **relativen Extremwert**, und zwar ein Minimum, falls gilt: $f^{(n)}(x_0) > 0$ und ein Maximum, falls gilt: $f^{(n)}(x_0) < 0$.*

*ii) Ist **n ungerade**, so hat f in x_0 **keinen relativen Extremwert**. Vielmehr ist f beim Durchgang durch die stationäre Stelle x_0 monoton, und zwar monoton steigend, falls $f^{(n)}(x_0) > 0$ und monoton fallend, falls $f^{(n)}(x_0) < 0$ (f besitzt in diesem Fall an der Stelle x_0 einen **Wendepunkt mit horizontaler Tangente** („Sattelpunkt"), siehe Kap. 6.2.3).*

---

3   Der Beweis kann mit Hilfe des Taylorschen Satzes geführt werden, siehe etwa [21] Bd. II, 99f.

Beispiel: Es sind die lokalen Extrema von f mit $f(x) = x^{12}$ gesucht. Wegen $f'(x) = 12x^{11}$, $f''(x) = 12 \cdot 11 \cdot x^{10}$ gilt: $f'(0) = f''(0) = 0$. f ist stationär in $x_0 = 0$, eine Überprüfung nach Satz 6.2.27 ist nicht möglich. Daher betrachten wir nach Satz 6.2.32 die höheren Ableitungen in $x_0 = 0$. Es folgt:

$$f'''(0) = 12 \cdot 11 \cdot 10 \cdot x^9 \big|_{x=0} = 0, \quad f^{(4)}(0) = 0 \quad usw. \ bis \quad f^{(11)}(0) = 0.$$

Die erste in $x_0 = 0$ **nicht** verschwindende Ableitung hat die Ordnung $n = 12$:

$$f^{(12)}(x) = 12 \cdot 11 \cdot 10 \cdot \ ... \ \cdot 2 \cdot 1 = 12! = 479.001.600 > 0 \ .$$

Also (da n gerade) hat f in $x_0 = 0$ ein relatives **Minimum**.

6.2.3 Wendepunkte

Neben den Extremstellen sind diejenigen Punkte einer Funktion f von Bedeutung, in denen sich das **Krümmungsverhalten** von f **ändert:**

Def. 6.2.33: Unter einem **Wendepunkt** einer *(differenzierbaren)* Funktion f versteht man einen Punkt W, der an der **Nahtstelle** eines **konvexen** und eines **konkaven Funktionsbereiches** liegt. In einem Wendepunkt geht f von einer **Linkskrümmung in eine Rechtskrümmung** *(oder umgekehrt)* über.

Wie Abb. 6.2.34 zeigt, kann f einen konvex/konkav- bzw. konkav/konvex-Wendepunkt steigend, fallend oder auch stationär durchlaufen:

Abb. 6.2.34	f steigt in W	f fällt in W	f ist stationär in W
konvex-/konkav-Wendepunkt W			
konkav-/konvex-Wendepunkt W			

Bemerkung 6.2.35: Ein Wendepunkt mit waagerechter Tangente (siehe Abb. 6.2.34, dritte Spalte) heißt **Sattelpunkt** (auch: **Stufenpunkt, Terassenpunkt**).

Die **rechnerische Ermittlung einer Wendestelle** x_0 bereitet keine Schwierigkeiten, wenn wir zur Charakterisierung des Wendepunktes die Aussage von Satz 6.2.10 heranziehen: Da in einem **konvexen** *(bzw. konkaven)* **Bereich von** f die erste Ableitung **f′ monoton wächst** *(bzw. fällt)*, muss in einem Wendepunkt, d.h. an der Nahtstelle eines **konvex/konkaven** *(bzw. konkav/konvexen)* Bereiches die erste Ableitung f′ vom Wachsen in ein Fallen *(bzw. vom Fallen in ein Wachsen)* übergehen und somit **im Wendepunkt** selbst die **erste Ableitung f′** ein *(relatives)* **Maximum** *(bzw. ein (relatives) Minimum)* besitzen, siehe Abb. 6.2.36 (bzw. 6.2.37):

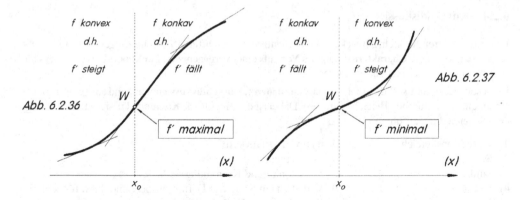

Abb. 6.2.36

Abb. 6.2.37

Satz 6.2.38:   Die **Wendepunkte** einer zweimal (stetig) differenzierbaren Funktion f sind genau die **relativen Extrema der ersten Ableitung** f' von f.

   i)   In einem **konvex/konkav**-Wendepunkt ist **f' maximal**   (siehe Abb. 6.2.36).
   ii)   In einem **konkav/konvex**-Wendepunkt ist **f' minimal**   (siehe Abb. 6.2.37).

Damit lassen sich sämtliche Instrumente zur Ermittlung relativer Extrema (d.h. die Sätze 6.2.22, 6.2.27, 6.2.32) **analog** auf die Ermittlung der Wendepunkte von f **übertragen**, indem wir nunmehr statt f die erste Ableitung f' auf relative Extremstellen untersuchen. Formal geschieht dies einfach dadurch, dass in den Sätzen 6.2.22, 6.2.27, 6.2.32 jedes Funktionssymbol einen (Ableitungs-)Strich mehr erhält, mithin die Symbole f, f', f'' ... ersetzt werden durch f', f'', f''' ... . Wir erhalten somit

Satz 6.2.39:   f sei in einer Umgebung der Stelle x_0 dreimal *(stetig)* differenzierbar.

   i)   Besitzt f in x_0 einen **Wendepunkt**, so gilt notwendigerweise: $\boxed{f''(x_0) = 0}$.

   ii)   Gilt an der Stelle x_0: $\boxed{f''(x_0) = 0}$ **und außerdem** $\boxed{f'''(x_0) \neq 0,}$ so besitzt f an der Stelle

        x_0 einen **Wendepunkt**, und zwar

   a)   einen **konkav/konvex**-Wendepunkt *(Minimum von f', siehe Abb. 6.2.37)*, wenn $\boxed{f'''(x_0) > 0}$,

   b)   einen **konvex/konkav**-Wendepunkt *(Maximum von f', siehe Abb. 6.2.36)*, wenn $\boxed{f'''(x_0) < 0}$.

Beispiel 6.2.40:   Die Wendepunkte von f mit $f(x) = \frac{1}{24}x^4 - \frac{1}{3}x^3 + \frac{3}{4}x^2 + 1$ ergeben sich als Lösungen von $f''(x) = 0$ in Verbindung mit einer Vorzeichenüberprüfung von f'''.

Mit $f'(x) = \frac{1}{6}x^3 - x^2 + \frac{3}{2}x$;
         $f''(x) = 0{,}5x^2 - 2x + 1{,}5$;
         $f'''(x) = x - 2$ folgt:

$f''(x) = 0 \Leftrightarrow x^2 - 4x + 3 = 0 \Leftrightarrow x_1 = 1$; $x_2 = 3$.

Überprüfung von f''': $f'''(x_1) = f'''(1) = 1 - 2 < 0$;
$f'''(x_2) = f'''(3) = 3 - 2 > 0$, d.h. f besitzt in $x_1 = 1$
$(f(1) \approx 1{,}46)$ einen konvex / konkav-Wendepunkt
(Maximum von f') und in $x_2 = 3$ $(f(3) \approx 2{,}13)$ einen
konkav / konvex-Wendepunkt (Minimum von f'),
der wegen $f'(3) = 0$ außerdem ein Sattelpunkt ist,
siehe Abb. 6.2.41.

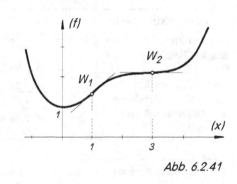

Abb. 6.2.41

6.2.4 Kurvendiskussion

Das in den letzten Kapiteln entwickelte Instrumentarium der Differentialrechnung gestattet uns eine weit genauere und feinere **Charakterisierung** des **Verlaufs** einer **vorgegebenen Funktion**, als es durch das bloße Aufstellen einer Wertetabelle möglich wäre.

In diesem Abschnitt soll die **Analyse von Funktionen** („**Kurvendiskussion**") anhand einiger Beispiele aus dem nichtökonomischen Bereich[4] erfolgen. Dabei ist es sinnvoll, die **Kurvendiskussion** etwa nach folgendem **Schema** durchzuführen:

1) Definitionsbereich   **6)** relative Extremwerte

2) Symmetrie   **7)** Wendepunkte

3) Nullstellen   **8)** Monotonie- und Krümmungsverhalten

4) Stetigkeit   **9)** Verhalten am Rand des Definitionsbereiches bzw. für $x \to \pm \infty$

5) Differenzierbarkeit   **10)** Darstellung des Funktionsgraphen .

Beispiel 6.2.42	Diskussion von f mit	$f(x) = \dfrac{3x - 6}{(5 - 2x)^2}$

1) Definitionsbereich	$D_f = \mathbb{R} \setminus \{\frac{5}{2}\}$, denn nur für $x_0 = 2{,}5$ wird der Nenner von f Null.
2) Symmetrie *Achsen*sym. zur Ordinate, wenn $f(-x) = f(x)$ *Punkt*sym. zum Ursprung, wenn $f(-x) = -f(x)$ für alle x (Def. 2.2.23)	Wegen $f(-x) = \dfrac{-3x - 6}{(5 + 2x)^2} \neq \pm f(x)$ liegt keine Symmetrie vor.
3) Nullstellen Lösungen der Gleichung $f(x) = 0$	$f(x) = \dfrac{3x - 6}{(5 - 2x)^2} = 0 \quad \Leftrightarrow \quad 3x - 6 = 0 \quad \Leftrightarrow \quad x_1 = 2$ f hat in $x_1 = 2$ die einzige Nullstelle.
4) Stetigkeit (Zur Ermittlung der Unstetigkeitsstellen siehe Kap. 4.6.)	f ist in $D_f = \mathbb{R} \setminus \{2{,}5\}$ stetig, für $x_0 = 2{,}5$ ist f nicht definiert. Wegen $\lim\limits_{x \to 2{,}5^{\pm}} \dfrac{3x - 6}{(5 - 2x)^2} = \infty$ besitzt f in $x_0 = 2{,}5$ einen beidseitig positiven Pol .
5) Differenzierbarkeit	f ist überall (mit Ausnahme von $x_0 = 2{,}5$) stetig differenzierbar, ebenso alle höheren Ableitungen.
6) relative Extremwerte Man ermittelt die Lösungen der Gleichung $f'(x) = 0$ und überprüft das Vorzeichen der 2. Ableitung f'' an den gefundenen stationären Stellen (Satz 6.2.27).	$f'(x) = \dfrac{6x - 9}{(5 - 2x)^3} = 0 \quad \Leftrightarrow \quad 6x - 9 = 0 \quad \Leftrightarrow \quad x_2 = 1{,}5$ Überprüfung der zweiten Ableitung: $f''(x) = \dfrac{24x - 24}{(5 - 2x)^4} \quad \Rightarrow \quad f''(x_2) = f''(1{,}5) = 0{,}75 > 0,$ also besitzt f in $x_2 = 1{,}5$; $f(x_2) = -0{,}375$ ein relatives Minimum.

---

4 Beschreibung, Analyse und Optimierung *ökonomischer* Funktionen erfolgt in Kap. 6.3.

7) Wendepunkte

(= Extremwerte der 1. Ableitung)

Man ermittelt die Lösungen x_i der Gleichung $f''(x) = 0$ und überprüft an den Stellen x_i das Vorzeichen von f''' (Satz 6.2.39).

$$f''(x) = \frac{24x - 24}{(5 - 2x)^4} = 0 \quad \Leftrightarrow \quad 24x - 24 = 0 \quad \Leftrightarrow \quad x_3 = 1$$

Überprüfung der 3. Ableitung:

$$f'''(x) = \frac{144x - 72}{(5 - 2x)^5} \Rightarrow f'''(x_3) = f'''(1) = \frac{72}{3^5} > 0,$$

also besitzt f in $x_3 = 1$; $f(x_3) = -1/3$ einen konkav/konvex-Wendepunkt, d.h. f' besitzt dort ein (lokales) Minimum.

---

8) Monotonie und Krümmung

Man ermittle die Intervalle, in denen f' bzw. f'' positiv bzw. negativ sind:

$f' > 0 \Rightarrow f \uparrow$

$f' < 0 \Rightarrow f \downarrow$

$f'' > 0 \Rightarrow f$ konvex

$f'' < 0 \Rightarrow f$ konkav

(Satz 6.2.2 / 6.2.10)

Plausibilitätsbetrachtung für Monotonie:
f besitzt nur ein einziges Extremum (Minimum in $x_2 = 1{,}5$) sowie einen einzigen Pol ($x_0 = 2{,}5$). Nur an diesen Stellen kann sich das Vorzeichen von f' ändern. Da x_2 ein Minimum ist, folgt zunächst: f ist monoton fallend für $x < 1{,}5$ und monoton wachsend für $x > 1{,}5$ und $x < 2{,}5$. Kontrollwert für $x > 2{,}5$: $f'(3) = -9 < 0$, also ist f für $x > 2{,}5$ monoton fallend. *(Gleiches Resultat bei formaler Lösung der Ungleichungen $f' > 0, f' < 0$.)*

Krümmungsverhalten: f ist in dem Bereich konvex (konkav), in dem gilt:

$$f''(x) = \frac{24x - 24}{(5 - 2x)^4} > 0 \; (<0) \quad \Leftrightarrow \quad 24x - 24 > 0 \; (< 0) \text{ (da der Nenner stets}$$

positiv ist) $\Leftrightarrow x > (<) 1$, d.h. f ist konvex für $x > 1$ und konkav für $x < 1$ (Wendepunkt: $x_3 = 1$, siehe 7)).

---

9) Verhalten am Rand des Definitionsbereiches bzw. für $x \to \pm \infty$

(siehe Kapitel 4.3)

Da D_f nach beiden Seiten unbeschränkt ist, muss das Verhalten von f für $x \to \pm \infty$ untersucht werden. Wegen

$$f(x) = \frac{3x - 6}{(5 - 2x)^2} = \frac{x(3 - \frac{6}{x})}{x^2(\frac{25}{x^2} - \frac{20}{x} + 4)} = \frac{3 - \frac{6}{x}}{x(\frac{25}{x^2} - \frac{20}{x} + 4)}$$

gilt: $\lim\limits_{x \to \infty} f(x) = \text{„}\dfrac{3}{\infty \cdot 4}\text{“} = 0^+$; $\lim\limits_{x \to -\infty} f(x) = \text{„}\dfrac{3}{-\infty \cdot 4}\text{“} = 0^-$, d.h.

die x-Achse ist Asymptote für $x \to \pm \infty$.

---

10) Graph von f

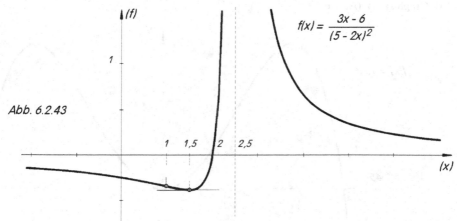

$$f(x) = \frac{3x - 6}{(5 - 2x)^2}$$

Abb. 6.2.43

Beispiel 6.2.44: Diskussion der ganz-rationalen Funktion f mit $\boxed{f(x) = 16x^2 - x^4}$:

1) **Definitionsbereich:** $D_f = \mathbb{R}$, da f Polynom.

2) **Symmetrie:** Wegen $f(-x) = 16(-x)^2 - (-x)^4 = 16x^2 - x^4 = f(x)$ ist f achsensymmetrisch zur Ordinatenachse.

3) **Nullstellen:** $f(x) = 16x^2 - x^4 = x^2(16 - x^2) = 0 \Leftrightarrow x_1 = -4; x_2 = 0; x_3 = 4$

4) **Stetigkeit:** f ist überall stetig, da Polynom.

5) **Differenzierbarkeit:** f *(sowie sämtliche Ableitungen von f)* sind überall stetig differenzierbar.

6) **relative Extrema:** $f'(x) = 32x - 4x^3 = 4x(8 - x^2) = 0 \Rightarrow x_4 = -\sqrt{8} \approx -2,83; \quad x_5 = 0;$
   $x_6 = \sqrt{8} \approx 2,83.$ Überprüfung der stationären Stellen mit $f''(x) = 32 - 12x^2$:

   $f''(x_4) = f''(-\sqrt{8}) = -64 < 0 \quad \Rightarrow \quad$ f ist maximal für $x_4 = -\sqrt{8}$; $f(-\sqrt{8}) = 64;$

   $f''(x_5) = f''(0) = 32 > 0 \quad \Rightarrow \quad$ f ist minimal für $x_5 = 0$; $f(0) = 0$;

   $f''(x_6) = f''(\sqrt{8}) = -64 < 0 \quad \Rightarrow \quad$ f ist maximal für $x_6 = \sqrt{8}$; $f(\sqrt{8}) = 64.$

7) **Wendepunkte:** $f''(x) = 32 - 12x^2 = 0 \quad \Leftrightarrow \quad x_7 = -\sqrt{8/3}$; $x_8 = \sqrt{8/3} \approx 1,63$
   Überprüfung der Lösungen mit $f'''(x) = -24x$:

   $f'''(x_7) = f'''(-\sqrt{8/3}) = 24 \cdot \sqrt{8/3} > 0 \Rightarrow$ f hat für $x_7 \approx -1,63; f(x_7) \approx 35,56$ einen konkav/konvex-Wendepunkt (Minimum von f');

   $f'''(x_8) = f'''(\sqrt{8/3}) = -24 \cdot \sqrt{8/3} < 0 \Rightarrow$ f hat in $x_8 \approx 1,63; f(x_8) \approx 35,56$ einen konvex/konkav-Wendepunkt (Maximum von f').

8) **Monotonie- und Krümmungsverhalten:** Aus Lage und Art der relativen Extrema und Wendepunkte (siehe Nr. 6 und Nr. 7) ergibt sich wegen der Stetigkeit von f' und f'':
   a) f ist steigend bis zum ersten Maximum ($x_4 = -\sqrt{8}$), dann fallend bis zum Minimum ($x_5 = 0$), dann steigend bis zum zweiten Maximum ($x_6 = \sqrt{8}$), danach wieder fallend.
   b) f ist konkav bis zum ersten Wendepunkt ($x_7 = -\sqrt{8/3}$), dann konvex bis zum zweiten Wendepunkt ($x_8 = \sqrt{8/3}$), danach wieder konkav.

9) **Verhalten für $x \to \pm \infty$:** Wegen $\lim\limits_{x \to +\infty} f(x) = \lim\limits_{x \to -\infty} f(x) = -\infty$ strebt f für sehr große und sehr kleine Werte von x immer mehr gegen minus Unendlich.

10) **Graph von f** (Abb. 6.2.45)

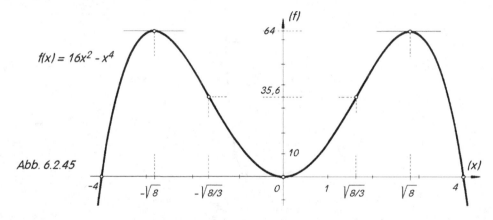

Abb. 6.2.45

Beispiel 6.2.46: Diskussion der Funktion f mit $\boxed{f(x) = 2x \cdot e^{-x}}$:

1) **Definitionsbereich:** $D_f = \mathbb{R}$, da e^x nie Null werden kann.

2) **Symmetrie:** $f(-x) = -2x \cdot e^x \neq \pm f(x)$, d.h. keine Symmetrie erkennbar.

3) **Nullstellen:** $f(x) = 2x \cdot e^{-x} = 0 \quad \Leftrightarrow \quad x_1 = 0 \quad (e^{-x} \neq 0!)$

4) **Stetigkeit:** f ist (als Produkt stetiger Funktionen) überall stetig.

5) **Differenzierbarkeit:** $f'(x) = 2e^{-x} - 2x \cdot e^{-x} = 2e^{-x}(1-x)$ ist für alle $x \in D_f$ stetig. f ist daher überall stetig differenzierbar, dasselbe gilt für sämtliche höheren Ableitungen.

6) **relative Extrema:** $f'(x) = 2e^{-x}(1-x) = 0 \quad \Leftrightarrow \quad x_2 = 1 \quad$ (denn $e^{-x} > 0$!)
   Überprüfung mit $f''(x) = 2e^{-x}(x-2)$: $f''(x_2) = f''(1) = 2 \cdot e^{-1} \cdot (-1) < 0$, also hat f in $x_2 = 1$, $f(x_2) = 2 \cdot e^{-1} \approx 0{,}74$ ein relatives Maximum.

7) **Wendepunkte:** $f''(x) = 2 \cdot e^{-x}(x-2) = 0 \quad \Leftrightarrow \quad x_3 = 2$
   Überprüfung mit $f'''(x) = 2 \cdot e^{-x}(3-x)$: $f'''(2) = 2 \cdot e^{-2} \cdot 1 > 0$, also hat f in $x_3 = 2$; $f(x_3) \approx 0{,}54$ einen konkav/ konvex-Wendepunkt, d.h. f' besitzt dort ein (lokales) Minimum.

8) **Monotonie-und Krümmungsverhalten:** Da f, f', f'' überall stetig, muss f links vom Maximum $(x_2 = 1)$ steigen, rechts davon abnehmen. Weiterhin muss f links vom konkav/ konvex-Wendepunkt $(x_3 = 2)$ konkav sein, rechts davon konvex.

9) **Verhalten für $x \to \pm \infty$:**

   a) $\lim\limits_{x \to \infty} f(x) = \lim\limits_{x \to \infty} \dfrac{2x}{e^x} = 0^+$ (siehe (4.2.10 iii)), d.h. die x-Achse ist Asymptote von f für $x \to \infty$.

   b) $\lim\limits_{x \to -\infty} f(x) = \lim\limits_{x \to -\infty} \dfrac{2x}{e^x} = {}_{\,,}\dfrac{-\infty}{e^{-\infty}}{}^{\,\text{``}} = {}_{\,,}\dfrac{-\infty}{0^+}{}^{\,\text{``}} = -\infty$, d.h. für $x \to -\infty$ strebt auch f gegen $-\infty$.

10) **Graph von f** (Abb. 6.2.47)

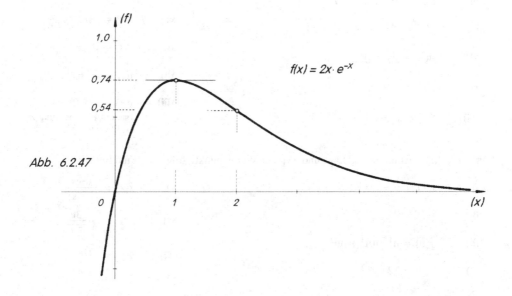

Abb. 6.2.47

*In den folgenden Aufgabenblöcken sind Funktionen f, g, h, ... definiert durch die angegebenen Zuordnungs-vorschriften und den (jeweils noch zu ermittelnden) **maximal möglichen Definitionsbereich** (∈ ℝ).*

Aufgabe 6.2.48:   Ermitteln Sie die reellen Zahlen-Intervalle, in denen die jeweils definierte Funktion monoton wachsend bzw. fallend ist:

i) $f(x) = -12x^2 + 8x - 1$

ii) $g(y) = y^3 - 12y^2 + 60y + 90$

iii) $h(t) = 2t^3 + 15t^2 - 84t + 25$

iv) $x(A) = 20 \cdot A^{0,7}$

v) $g(x) = \dfrac{x}{1 - x}$

vi) $f(r) = 8 + 2\sqrt{r - 10}$

vii) $N(x) = 100 \cdot e^{-20/x}$

viii) $r(z) = \ln (z^2 + 3)$

Aufgabe 6.2.49:   In welchen Intervallen sind die durch folgende Funktionsgleichungen definierten Funktionen konvex (bzw. konkav)?

i) $K(x) = x^3 - 2x^2 + 60x + 100$

ii) $f(x) = -4x^3 - 30x^2 + 168x - 6$

iii) $x(r) = -r^3 + 6r^2 + 15r$

iv) $g(z) = -z^4 + 4z^3 + 12z^2$

v) $p(y) = \dfrac{y^2 - 1}{y}$

vi) $x(r) = 10 + \sqrt{r - 100}$

vii) $y(K) = 0,4 \cdot K^{0,6}$

viii) $p(x) = 5 \cdot e^{-0,1x}$

Aufgabe 6.2.50:   Ermitteln Sie Lage und Typ der relativen Extrema folgender Funktionen:

i) $k(t) = 12 - 12t + t^3$

ii) $f(x) = x^3 - 6x^2 + 9x + 3$

iii) $f(u) = u^4 - 12u^3 - 17$

iv) $g(v) = v^4 - 8v^3 + 4v^2 + 20$

v) $h(y) = y(y - 2)^5$

vi) $t(z) = z^2 + \dfrac{1}{z^2}$

vii) $f(x) = x \cdot \ln x$

viii) $s(y) = \dfrac{2y^2}{\sqrt{y^2 - 9}}$

ix) $g(u) = \dfrac{10 \cdot \ln u}{u}$

x) $f(x) = x^3 \cdot e^{-x}$

xi) $p(r) = r^r$

xii) $r(t) = 2t^2 - e^{t^2}$

xiii) $f(x) = 1.000x - x \cdot e^{2x}$
(siehe Vorbemerkung zu Aufgabe 6.2.53)

Aufgabe 6.2.51:   Ermitteln Sie Lage und Typ der Wendepunkte folgender Funktionen:

i) $f(x) = x^3 - 16x^2 + 6x - 4$

ii) $x(r) = r^4 - 12r^2 + 1$

iii) $g(u) = u^4 - 4u^3 + 6u^2 - 3u + 1$

iv) $h(y) = 12 \cdot y^{0,2}$

v) $f(x) = \dfrac{1 + x}{1 + x^2}$

vi) $p(t) = \dfrac{3t^2}{\sqrt{t^2 + 3}}$

vii) $k(s) = e^{1/s}$

viii) $f(x) = e^{-x^2}$

Aufgabe 6.2.52:

i) Zeigen Sie, dass jedes kubische Polynom f mit

$$f(x) = ax^3 + bx^2 + cx + d \qquad (a \neq 0)$$

genau einen Wendepunkt besitzt.

ii) Zeigen Sie, dass die Wendestelle eines kubischen Polynoms stets genau in der Mitte zwischen den beiden Extremstellen (sofern diese existieren) liegt.

Aufgabe 6.2.53:   Diskutieren Sie *(siehe Gliederungsschema zu Beginn dieses Kapitels)* folgende Funktionen f und skizzieren Sie ihren Graph. *(Gelegentlich ist es erforderlich, zur Gleichungslösung ein iteratives Näherungsverfahren (z.B. die „Regula falsi", Kap 2.4, oder das „Newton-Verfahren", Kap. 5.4) zu benutzen.):*

i) $\quad f(x) = x^2 - 5x + 4$

ii) $\quad f(x) = x^3 - 12x^2 - 24x + 100$

iii) $\quad f(x) = x^3 - 3x^2 + 60x + 100$

iv) $\quad f(x) = x^4 - 8x^2 - 9$

v) $\quad f(x) = \dfrac{1}{12}x^4 - 2x^3 + 7{,}5x^2$

vi) $\quad f(x) = \dfrac{5x - 4}{8x - 2}$

vii) $\quad f(x) = \dfrac{x^2}{x - 1}$

viii) $\quad f(x) = \dfrac{3x}{(1 - 2x)^2}$

ix) $\quad f(x) = 2\sqrt{x - 3}$

x) $\quad f(x) = 10 \cdot x^{0{,}8}$

xi) $\quad f(x) = x^2 \cdot e^{-x}$

Aufgabe 6.2.54:   Die Funktionsgleichung eines kubischen Polynoms f mit $f(x) = ax^3 + bx^2 + cx + d$ soll bestimmt werden. Ermitteln Sie dazu die Konstanten a, b, c, d jeweils derart, dass f folgende Eigenschaften besitzt:

i) f hat für $x_0 = 0$ eine Nullstelle, die gleichzeitig Wendestelle ist. Ein relatives Extremum liegt bei $x_1 = -2$. Die Kurventangente an der Stelle $x_2 = 4$ hat die Steigung 3.

ii) f hat in $(1\,;0)$ einen Wendepunkt mit der Steigung -9. f schneidet die Ordinatenachse in $(0\,;8)$.

iii) f hat im Punkt $(0\,;16)$ die Steigung 30 und besitzt einen Wendepunkt in $(3\,;52)$.

Aufgabe 6.2.55:   Bestimmen Sie die Konstanten a, b, c der gebrochen-rationalen Funktion f mit

$$f(x) = \frac{ax + b}{x^2 + c}$$ derart, dass f in $x_1 = -2$ einen Pol und in $x_2 = 1$ ein relatives Extremum mit dem Funktionswert $-0{,}25$ besitzt.

Aufgabe 6.2.56:   Welchen Bedingungen müssen die Konstanten a, b genügen, damit für die Funktion f mit $f(x) = a \cdot e^{bx}$ gilt:

i)   f ist überall positiv, aber monoton fallend.

ii)   f ist überall konkav gekrümmt *(ohne Berücksichtigung von Aufgabenteil i))*.

Kann f die Eigenschaften i), ii) gleichzeitig besitzen? *(Begründung!)*

6.2.5 Extremwerte bei nicht differenzierbaren Funktionen

Die folgenden Beispiele demonstrieren die Ermittlung **relativer und absoluter Extremwerte** einer Funktion f, die an **einzelnen** Stellen **keine (endliche) Ableitung** besitzt, dort aber **stetig** ist („Spitzen", „Ecken",
„Knickstellen", Stellen mit senkrechter Tangente, siehe Kap. 5.1.4 sowie Abb. 6.2.57):

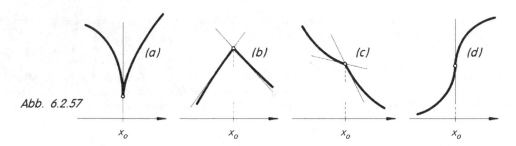

Abb. 6.2.57

In diesen Punkten versagt – wegen der Nichtdifferenzierbarkeit von f in x_0 – das „klassische" Instrumentarium des Extremwertnachweises (Satz 6.2.27/6.2.32). Stattdessen benutzen wir ein **allgemeines Kriterium für relative Extrema**, dessen Plausibilität in Abb. 6.2.57 deutlich wird: Immer dann liegt an der Stelle x_0 ein **relatives Extremum** vor, wenn die **erste Ableitung f′ beim Durchgang durch die „kritische" Stelle x_0 ihr Vorzeichen ändert.** Denn das bedeutet ja gerade (siehe Satz 6.2.2), dass f von einem fallenden Verlauf in einen steigenden Verlauf (oder umgekehrt) übergeht, die Übergangsstelle x_0 selbst also ein Minimum (oder Maximum) von f darstellt:

Satz 6.2.58:   Es sei die Funktion f in x_0 stetig und in einer Umgebung von x_0 (evtl. mit Ausnahme der Stelle x_0)[5] stetig differenzierbar.

i)   Geht **f′(x)** beim Durchgang durch x_0 von **negativen zu positiven** *(bzw. positiven zu negativen)* Werten über, so hat f in x_0 ein relatives **Minimum** *(bzw. Maximum)*, siehe Abb. 6.2.57 (a) *(bzw. Abb. 6.2.57 b))* .

ii)   **Ändert f′(x)** beim Durchgang durch x_0 **sein Vorzeichen nicht**, so liegt **kein** relatives Extremum von f vor; vielmehr durchläuft f die „kritische" Stelle x_0 fallend (Abb. 6.2.57 (c)) oder steigend (Abb. 6.2.57 (d)).

Beispiel 6.2.59:   Die Funktion f mit $f(x) = \sqrt[3]{x^2}$,
$D_f = \mathbb{R}$, ist überall stetig. Wegen

$$f'(x) = \frac{2}{3 \cdot \sqrt[3]{x}}$$ liegt in $x_0 = 0$ eine Stelle vor,

an der f′ nicht existiert.   Da für x < 0 gilt:
$\sqrt[3]{x} < 0$, d.h. f′(x) < 0, und für x > 0 gilt:
$\sqrt[3]{x} > 0$, d.h. f′(x) > 0, ändert f′ beim Durchgang durch $x_0 = 0$ sein Vorzeichen (von „–"
nach „+"), d.h. f besitzt in $x_0 = 0$ ein relatives Minimum (siehe Abb. 6.2.60).

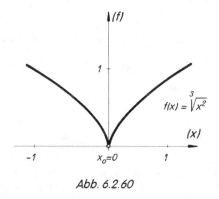

Abb. 6.2.60

---

5 Diese Bemerkung soll andeuten, dass die folgenden Bedingungen auch dann gelten, wenn f in x_0 differenzierbar ist.

Beispiel 6.2.61:   Die abschnittsweise definierte Funktion f mit $f(x) = \begin{cases} 4x - 8 & \text{für } x < 3 \\ 4 & \text{für } x = 3 \\ -x + 7 & \text{für } x > 3 \end{cases}$

ist in $\mathbb{R}$ stetig, denn es gilt:

$$\lim_{x \to 3^-} f(x) = \lim_{x \to 3^+} f(x) = f(3) = 4.$$

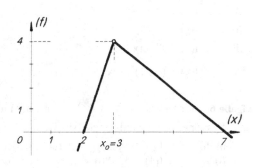

An der „Nahtstelle" $x_0 = 3$ existieren

wegen $f'(x) = \begin{cases} 4 & \text{für } x < 3 \\ -1 & \text{für } x > 3 \end{cases}$

lediglich die links- und die rechtsseitige Ableitung, die voneinander verschieden sind:
f besitzt daher in $x_0 = 3$ eine Ecke. Da aber f'
beim Durchgang durch $x_0 = 3$ sein Vorzeichen
ändert (und zwar von $+4$ nach -1), liegt dort
nach Satz 6.2.58 ein relatives Maximum von f,
siehe Abb. 6.2.62.

Abb. 6.2.62

Beispiel 6.2.63:   Die abschnittsweise definierte Funktion f: $f(x) = \begin{cases} 0,1x^2 - 0,7x + 2 & \text{für } 0 \leq x < 2 \\ 1 & \text{für } x = 2 \\ -2x + 5 & \text{für } 2 < x \leq 3 \end{cases}$

ist überall stetig, denn: $\lim_{x \to 2^-} f(x) = \lim_{x \to 2^+} f(x) = f(2) = 1$.

Wegen $f'(x) = \begin{cases} 0,2x - 0,7 & \text{für } 0 \leq x < 2 \\ -2 & \text{für } 2 < x \leq 3, \end{cases}$ ist f' an der Stelle $x_0 = 2$ nicht differenzierbar!

Es gilt nämlich: $\lim_{x \to 2^-} f'(x) = 0,4 - 0,7 = -0,3$, aber: $\lim_{x \to 2^+} f'(x) = -2 \neq -0,3$: Ecke!.

Da $f'(x)$ sowohl links als auch rechts von x_0
($= 2$) negativ ist (also *kein* Vorzeichenwechsel
von f' stattfindet), handelt es sich *nicht* um ein
relatives Extremum von f, vielmehr ist f beim
Durchgang durch x_0 ($= 2$) monoton fallend
(siehe Abb. 6.2.64). Da weiterhin f' nirgends
in $D_f = [0;3]$ verschwindet, nimmt f seine absoluten Extrema am Rand von D_f an, und zwar
(da f monoton abnimmt) das *Maximum am linken Rand* $(f(0) = 2)$ und das *Minimum am rechten* Rand $(f(3) = -1)$.

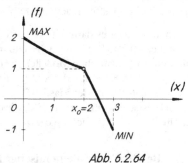

Abb. 6.2.64

Beispiel 6.2.65:   Die Funktion f mit

$f(x) = \sqrt[3]{x - 2} + 1$ ist in $D_f = \mathbb{R}$ stetig.

Die erste Ableitung $f'(x) = \dfrac{1}{3\sqrt[3]{(x-2)^2}}$

existiert *nicht* an der Stelle $x_0 = 2$. Da der Term
$(x - 2)^2$ sowohl für $x < 2$ als auch für $x > 2$
positiv ist, muss $f'(x)$ links wie auch rechts von
$x_0 = 2$ ebenfalls positiv sein. Daher durchläuft
f die „kritische" Stelle $x_0 = 2$ monoton wachsend, besitzt dort also *kein* Extremum, siehe
Abb. 6.2.66.

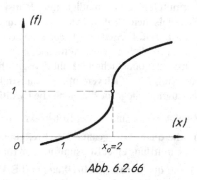

Abb. 6.2.66

Aufgabe 6.2.67: Diskutieren Sie folgende Funktionen f *(maximaler Definitionsbereich?)* und skizzieren Sie ihren Graphen:

i) $f(x) = e^{-1/x}$

ii) $f(x) = e^{-1/x^2}$

iii) $f(x) = x^2 \cdot \ln x$

*iv) $f(x) = (x+1)^3 \cdot \sqrt[3]{x^2}$

v) $f(x) = \begin{cases} -x^2 + 2x + 1 & \text{für } 0 \leq x < 2 \\ 2x - 3 & \text{für } 2 \leq x < 4 \\ x^2 - 6x + 7 & \text{für } 4 \leq x < 5 \\ -x^2 + 14x - 43 & \text{für } 5 \leq x \leq 8 \end{cases}$

Aufgabe 6.2.68: Skizzieren Sie den Graphen einer Funktion f, die folgende Eigenschaften aufweist:

i)   f ist überall stetig differenzierbar *(keine Ecken!)*, und es gelte:

   a) $f(3) = 4$; $f'(3) > 0$; $f''(x) < 0$ für $x < 3$: $f''(x) > 0$ für $x > 3$.   Graph von f ?

   b) $f(0) = 3$; $f(4) = 5$; $f'(0) = 0$; $f''(x) < 0$ für $x < 1$; $f''(x) > 0$ für $x > 1$.   Graph von f ?

   c) $f(2) = 10$; $f(6) = 4$; $f'(2) = f'(6) = 0$; $f''(x) > 0$ für $x < 2$; $f''(x) < 0$ für $x > 6$. Graph von f ?

ii)   f ist überall stetig *(Ecken möglich)*, und es gelte:

   a) $f'(x) < 0$ für $x < 2$; $f'(x) > 0$ für $x > 2$; $f''(x) > 0$ für $x < 2$; $f''(x) < 0$ für $x > 2$.   Graph?

   b) $f'(x) > 0$ für $x < 3$; $f'(x) < 0$ für $x > 3$; $f''(x) > 0$ für $x \neq 3$.   Graph von f ?

6.3 Die Anwendung der Differentialrechnung auf ökonomische Probleme

Mit Hilfe des klassischen Instrumentariums der **Differentialrechnung** lassen sich in eleganter Weise übersichtlich, weitreichend und schnell (verglichen mit einer verbal-intellektuellen Analysemethode) **detaillierte Aussagen über ökonomische Sachverhalte** machen, sofern sich die Abhängigkeiten der beteiligten Variablen in Form differenzierbarer Funktionen darstellen lassen.

In Kap. 6.3.1 geht es darum, postulierte Eigenschaften oder Abhängigkeiten ökonomischer Größen in die mathematische Symbolsprache **umzusetzen,** während in Kap. 6.3.2 umgekehrt aus bereits vorformulierten mathematischen Modellen die ökonomischen Sachverhalte **analysiert** bzw. ökonomische Zielgrößen (wie z.B. Kosten, Erlöse, Gewinne, ...) **optimiert** werden. Ein Sonderkapitel ist dem bedeutsamen ökonomischen Begriff der **Elastizität** (Kap. 6.3.3) gewidmet, während im abschließenden Kap. 6.3.4 an einigen Beispielen demonstriert wird, wie man die Gültigkeit **ökonomischer „Gesetze"** mit Hilfe der Differentialrechnung auf einfache Weise zeigen kann.

6.3.1 Beschreibung ökonomischer Prozesse mit Hilfe von Ableitungen

Um **ökonomische Vorgänge beschreiben** und **erklären** zu können, werden aufgrund von Beobachtungen, (vermuteten) Gesetzmäßigkeiten, Plausibilitätsannahmen usw. **quantitative Zusammenhänge zwischen ökonomischen Größen** (wie z.B. Konsum, Einkommen, Nachfrage, Angebot, Kosten, Outputmengen, Faktorinput, Preisen usw.) gemessen oder postuliert. Damit ein solches System einer quantitativen Analyse zugänglich gemacht werden kann, **transformiert** man es häufig in ein **mathematisches Modell** (z.B. in Form einer oder mehrerer Funktionsgleichungen, siehe Kap. 2.5). Das mathematische Modell soll – wenn auch in gelegentlich vereinfachter, abstrahierender Form – **dieselben Eigenschaften** erkennen lassen wie die zugrundeliegende **ökonomische Realität** (z. B. Wachstumsverhalten der beteiligten Variablen).

Zwei Aspekte sind bei der Konstruktion mathematischer Modelle für ökonomische Prozesse bedeutsam:

i)   die **quantitativ genaue Beschreibung** eines genau definierten ökonomischen Sachverhaltes (z.B. die Ermittlung einer Konsumfunktion für die Bundesrepublik Deutschland des Jahres 2009);

ii)   die **qualitative Beschreibung** und **Erklärung** eines (allgemeinen) ökonomischen Prozesses (z.B. tendenzieller Verlauf einer Preis-Absatz-Funktion für irgendein „normales" Gut).

Während sich ein Modell nach i) besonders für (möglichst exakte) **Zukunftsprognosen** eignen soll, können wir die nach ii) gewonnenen und allgemeiner formulierten Modelle besser zur **Erklärung** beobachteter oder zur Prognose vermuteter ökonomischer **Zusammenhänge** verwenden. Im Rahmen dieser Einführung sollen beide Aspekte berücksichtigt werden, wobei allerdings die Modelle vereinfacht in Form ökonomischer Funktionen als gegeben angenommen werden oder aus allgemeinen bzw. willkürlichen Daten hergeleitet werden.[6]

*Bemerkung 6.3.1: Eines der **Hauptziele** ökonomischer Forschung besteht darin, **Wirtschaftsentwicklungen** vorhersehbar und somit **steuerbar** zu machen. Die Verwendung **mathematischer Modelle** zur Erreichung dieses Ziels ist dabei ein **unverzichtbares Hilfsmittel**. Allerdings stößt man immer wieder auf die **Schwierigkeit**, dass einige **Modellvoraussetzungen** (wie z.B. Gefühle, Bedürfnisse, Verhalten von Individuen oder Institutionen) kaum oder nur unzulänglich messbar und beschreibbar sind und sich daher einer mathematisch exakten **Quantifizierung entziehen** können. Daher dürfen Ergebnisse von Modellrechnungen nur vorsichtig und mit **kritischem Blick** auf die **benutzten Voraussetzungen** interpretiert werden.*

Es wird nun an Beispielen gezeigt, wie bestimmte vorausgesetzte **Eigenschaften** ökonomischer Prozesse mit Hilfe der Differentialrechnung auf entsprechende **Modellfunktionen übertragen** werden können.

6.3.1.1   Beschreibung des Wachstumsverhaltens ökonomischer Funktionen

Nach Satz 6.2.2/6.2.10 kennzeichnen die **Vorzeichen von f', f''** das **Wachstumsverhalten** der Funktion f (siehe auch Abb. 6.2.12):

- $f'(x) > 0$ *(bzw. $f'(x) < 0$)* $\Rightarrow$ f wächst *(bzw. fällt)*
- $f''(x) > 0$ *(bzw. $f''(x) < 0$)* $\Rightarrow$ f' wächst *(bzw. fällt)*, d.h. f ist konvex *(bzw. konkav)*.

Beispiel 6.3.2: Einer Gesamtkostenfunktion K(x) unterstellt man meist mit zunehmendem Output x auch zunehmende Kosten K, d.h. es muss gelten K'(x) > 0. Um die Art und Weise der Kostenzunahme im Einzelfall genauer zu charakterisieren, fügt man Aussagen über das Krümmungsverhalten von K (bzw. das Wachsen/Fallen der Grenzkosten K') hinzu, siehe Abb. 6.3.3 a)-d):

a) **linearer Kostenverlauf:**

$$\frac{dK}{dx} > 0 \; ; \; \frac{d^2K}{dx^2} \equiv 0$$

b) **degressiver Kostenverlauf:**

$$\frac{dK}{dx} > 0 \; ; \; \frac{d^2K}{dx^2} < 0 \text{ (konkav)}$$

Abb. 6.3.3

c) **progressiver Verlauf:**

$$\frac{dK}{dx} > 0 \; ; \; \frac{d^2K}{dx^2} > 0 \text{ (konvex)}$$

d) **ertragsgesetzlicher Kostenverlauf**

erst degressive Zunahme, dann progressive Zunahme:

$$\frac{dK}{dx} > 0 \; ; \; \frac{d^2K}{dx^2} \begin{cases} < 0 \text{ für } x < x_s \\ > 0 \text{ für } x > x_s \end{cases}.$$

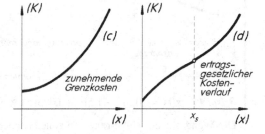

---

6   Zur Konstruktion ökonomischer Funktionen aus Beobachtungswerten siehe etwa [55], 90 ff.

Analog lassen sich für den Fall **regressiver** (abnehmender) **Kosten** die verschiedenen Kostenverläufe charakterisieren, siehe Abb. 6.3.4:

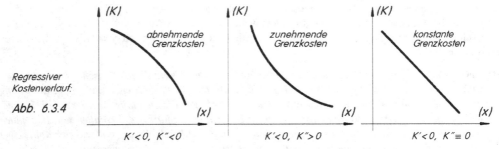

Regressiver Kostenverlauf:

Abb. 6.3.4

$K' < 0, \ K'' < 0$ $K' < 0, \ K'' > 0$ $K' < 0, \ K'' \equiv 0$

Bei der Vorgabe oder Konstruktion ökonomischer Funktionen können Annahmen hinsichtlich der **Tendenz der Abhängigkeit** ökonomischer Größen ebenfalls mit Hilfe von **Ableitungen** ausgedrückt werden.

Beispiel 6.3.5:   Von einer *(neoklassischen)* **Nutzenfunktion** $U(x)$ nimmt man an,

i)   dass der **Nutzenindex** U mit steigendem Konsum x des betrachteten Gutes **zunimmt:** $\dfrac{dU}{dx} > 0$.

ii)   dass aber die Nutzen**zuwächse** (d.h. der Grenznutzen) mit steigendem Konsum x **abnehmen**, d.h. $d^2U/_{dx^2} < 0$ („**1. Gossensches Gesetz**").

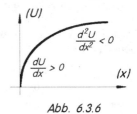

Dem entspricht die Beobachtung, dass der zusätzliche Konsum einer Gütereinheit häufig einen geringeren zusätzlichen Nutzen stiftet als der Konsum der vorhergehenden Gütereinheit. Danach könnte eine neoklassische Nutzenfunktion etwa den Verlauf in Abb. 6.3.6 haben, vgl. auch Bsp. 6.2.15.

Abb. 6.3.6

Beispiel 6.3.7:   Eine **ertragsgesetzliche Produktionsfunktion** $x(r)$ kann tendenziell durch das Verhalten der Grenzertragsfunktion $x'(r)$ charakterisiert werden, siehe Abb. 6.3.8.

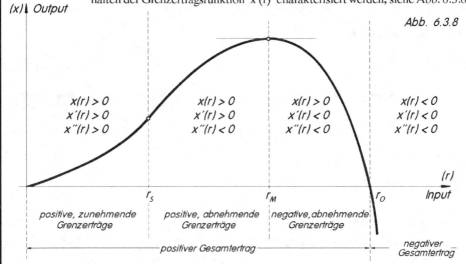

Beispiel: $x(r) = -0,5r^3 + 1,5r^2 + 0,075r, \ r \geq 0$.

Die Wendestelle r_s (Übergang von zunehmenden zu abnehmenden Grenzerträgen) heißt „**Schwelle des Ertragsgesetzes**", die Stelle r_M maximalen Outputs wird „**Sättigungspunkt**" genannt: Ein Einsatz des Inputfaktors über r_M hinaus ist ökonomisch unsinnig, da er zu einer Outputverminderung führt.

Beispiel 6.3.9: Beschreibt man das einkommensabhängige Konsumverhalten von Haushalten (mit unterschiedlichem Einkommen – Querschnittsanalyse) durch eine **Konsumfunktion** C(Y) (C: Konsumausgaben, Y: Haushaltseinkommen), so postuliert das von **Keynes** hypothetisch formulierte „**psychologische Grundgesetz**":

   (a)   Der **Grenzhang zum Konsum** ist bei jedem Haushaltseinkommen **positiv**,

   (b)   aber **kleiner** als **Eins**

   (c)   und außerdem **kleiner** als die dem jeweiligen Haushaltseinkommen entsprechende **durchschnittliche Konsumquote**.

Übersetzen wir die Postulate des psychologischen Grundgesetzes in die mathematische Symbolsprache, so erhalten wir:

   (a) $\dfrac{dC}{dY} > 0$;   **(b)** $\dfrac{dC}{dY} < 1$;   **(c)** $\dfrac{dC}{dY} < \dfrac{C}{Y}$.

Aus der Bedingung (c) folgt, dass die **durchschnittliche Konsumquote** C/Y **abnehmend** ist. Zum Beweis bildet man die Ableitung von C/Y nach Y und formt um:

$$\left(\frac{C}{Y}\right)' = \frac{C' \cdot Y - C \cdot 1}{Y^2} = \frac{1}{Y}\left(C' - \frac{C}{Y}\right).$$

Da der Klammerinhalt nach Voraussetzung (c) negativ ist, gilt (wegen Y > 0) auch: (C/Y)' < 0, d.h. nach Satz 6.2.2 ist C/Y monoton fallend. Interessant ist, dass aus dem „psychologischen Grundgesetz" **nicht** gefolgert werden kann, dass der Grenzhang zum Konsum monoton fällt, mithin C einen konkaven Verlauf aufweist (siehe das Gegenbeispiel in Abb. 6.3.10 i).

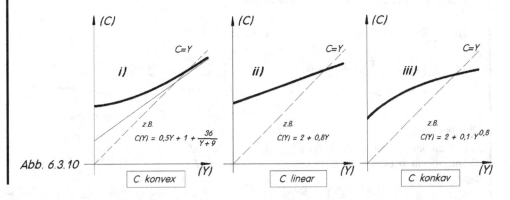

Abb. 6.3.10

Sämtliche Beispielsfunktionen C(Y) in Abb. 6.3.10 genügen dem „psychologischen Grundgesetz" von Keynes, während das vorhandene Datenmaterial eher einen linearen oder konkaven Verlauf nahelegt.

Beispiel 6.3.11: Eine **neoklassische Produktionsfunktion** ist durch **positive** (d.h. x'(r) > 0), aber stets **abnehmende** (d.h. x''(r) < 0) **Grenzerträge** gekennzeichnet:

$$x(r) \geq 0 ; \qquad \frac{dx}{dr} > 0; \qquad \frac{d^2x}{dr^2} < 0 .$$

Beispiele: i) $x(r) = 2r^{0,5}$, siehe Abb. 6.3.12

        ii) $x(r) = (0,6r^{0,5} + 1)^2$.

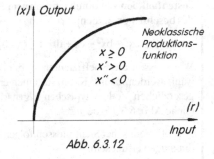

Abb. 6.3.12

6.3.1.2 Konstruktion ökonomischer Funktionen mit vorgegebenen Eigenschaften

In vielen Fällen versucht man, für eine gegebene funktionale **Abhängigkeit** zweier ökonomischer Variablen ein konkretes mathematisches **Modell** in Form einer **Funktionsgleichung** y = f(x) zu finden. Dazu gibt man den allgemeinen **Grundtyp** der in Frage kommenden Funktion vor (z.B. Polynom, Wurzelfunktion, Exponentialfunktion usw. – je nach vermutetem Zusammenhang) und **bestimmt** dann die noch unbekannten **Koeffizienten** derart, dass die Funktion den gemessenen oder postulierten Eigenschaften entspricht (siehe etwa die Aufgaben 6.2.54 bis 6.2.56).

Beispiel 6.3.13:

Die Nachfrage C(Y) nach einem Konsumgut soll in Abhängigkeit vom Haushaltseinkommen Y beschrieben werden durch die allgemeine Exponentialfunktion C mit:

$$C(Y) = a \cdot e^{\frac{b}{Y}} \qquad (Y > 0).$$

Wie müssen die Koeffizienten a, b gewählt werden, damit

  i)   für unbeschränkt wachsendes Einkommen die Nachfrage ihrem Sättigungswert 50 zustrebt;
  ii) die Nachfrage mit steigendem Einkommen stets zunimmt?

Bedingung i) bedeutet: $\lim\limits_{Y \to \infty} C(Y) = 50,$

Bedingung ii) bedeutet: C(Y) ist streng monoton wachsend (C↑), d.h. C'(Y) > 0 .

Daraus folgt für den vorgegebenen Funktionstyp:

  i) $\lim\limits_{Y \to \infty} a \cdot e^{\frac{b}{Y}} = \text{„} a \cdot e^{\frac{b}{\infty}} \text{"} = a \cdot e^0 = a = 50;$

  ii) $C'(Y) = a \cdot e^{\frac{b}{Y}} \cdot (-\frac{b}{Y^2}) > 0$

$$\underset{(a > 0)}{\Rightarrow} \quad -b > 0 \quad \Rightarrow \quad b < 0 \,.$$

Dies bedeutet:
Jede Funktion C mit $C(Y) = 50 \cdot e^{\frac{b}{Y}}$ und und negativem b besitzt die geforderten Eigenschaften,

z.B. $C(Y) = 50 \cdot e^{\frac{-77}{Y}}$:

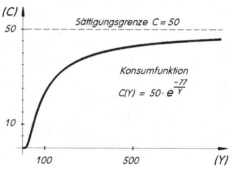

Beispiel 6.3.14: Eine **ertragsgesetzliche Gesamtkostenfunktion** soll durch ein **Polynom 3.Grades** beschrieben werden:

$$K(x) = ax^3 + bx^2 + cx + d \quad ; \quad (a \neq 0) \,.$$

Wie müssen die Koeffizienten a, b, c, d gewählt werden, damit K die für einen ertragsgesetzlichen Verlauf **typischen Eigenschaften** (siehe Abb. 6.3.15) besitzt?

Aus ökonomischer Sicht müssen folgende **Bedingungen** erfüllt sein:

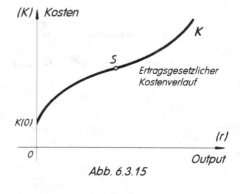

Abb. 6.3.15

i)   K ist für x ≥ 0 monoton **steigend**;

ii)   K besitzt im 1. Quadranten einen **konkav/konvex-Wendepunkt** S (*„Schwelle des Ertrags-gesetzes"*), d.h. in S sind die Grenzkosten K′ minimal;

iii)   K besitzt **keine Extremwerte**;

iv)   Es existieren **positive** (höchstens verschwindene) **Fixkosten**, d.h. K(0) ≥ 0.

Übertragen auf den vorgegebenen Funktionstyp bedeuten diese Bedingungen:

i)   Es muss gelten: $K'(x) = 3ax^2 + 2bx + c \geq 0$.   Daraus folgt: $K'(0) = c \geq 0$.

ii)   Wegen $K''(x) = 6ax + 2b$; $K'''(x) = 6a\,(\neq 0)$ liegt der Wendepunkt S an der Stelle $-\dfrac{b}{3a}$ $(> 0 \,!)$. Da dort K′ minimal sein soll, muss gelten: $K'''(x) = 6a > 0$, also **a > 0**. Damit muss auch gelten: $-b > 0$, d.h. **b < 0**.

iii)   Die Gleichung $K'(x) = 3ax^2 + 2bx + c = 0$ besitzt die allgemeine Lösung:

$$x_{1,2} = -\frac{b}{3a} \pm \sqrt{\frac{b^2}{9a^2} - \frac{c}{3a}}$$

Der Radikand darf nicht positiv sein! Wird er Null, so folgt: $x = -\dfrac{b}{3a}$, d.h. die einzige stationäre Stelle stimmt mit der Wendestelle überein, es liegt dort ein Sattelpunkt vor.

Aus $\dfrac{b^2}{9a^2} - \dfrac{c}{3a} \leq 0$ folgt: $\dfrac{b^2 - 3ac}{9a^2} \leq 0$ $\Leftrightarrow$ $b^2 - 3ac \leq 0$ $\Leftrightarrow$ **b² ≤ 3ac** .

Da nach ii) gilt: b < 0, d.h. $b^2 > 0$, kann c nicht Null sein, es gilt daher: **c > 0**.

iv) $K(0) = a \cdot 0^3 + b \cdot 0^2 + c \cdot 0 + d \geq 0$ $\Rightarrow$ **d ≥ 0** .

Zusammenfassend gilt:

(6.3.16)   Das **kubische Polynom** $K(x) = ax^3 + bx^2 + cx + d$ beschreibt eine **ertragsgesetzliche Gesamtkostenfunktion K**, wenn gilt:

$$a > 0 \;;\quad b < 0 \;;\quad c > 0 \;;\quad d \geq 0 \;;\quad b^2 \leq 3ac \;.$$

Beispiele: **(1)** $K(x) = 0,1x^3 - 5x^2 + 90x + 100$ *(d.h. a>0, b<0, c>0, d>0)* .
              Wegen $b^2 = 25$; $3ac = 3 \cdot 0,1 \cdot 90 = 27$, d.h. $b^2 < 3ac$
              ist die Kostenfunktion K ertragsgesetzlich.

              (2) $K(x) = 0,1x^3 - 5x^2 + 80x + 100$ *(d.h. ebenfalls: a>0, b<0, c>0, d>0)* .
              Wegen $b^2 = 25$; $3ac = 3 \cdot 0,1 \cdot 80 = 24$, d.h. $b^2 > 3ac$
              ist K *nicht* ertragsgesetzlich.

Aufgabe 6.3.17:   Überprüfen Sie *(mit Hilfe graphischer Veranschaulichung)*, ob die folgenden Funktionen x: $r \mapsto x(r)$, r ≥ 0, als Modelle für ertragsgesetzliche Produktionsfunktionen in Frage kommen (dazu müssen sie einen „typischen" Verlauf aufweisen wie in Abb. 6.3.8):

i) $x(r) = -r^3 + 12r^2 - 40r$ **iii)** $x(r) = -2r^3 + 18r^2 - 60r$

ii) $x(r) = -r^3 + 10r^2 + r$ **iv)** $x(r) = -4r^3 + 24r^2 - 60r$.

*Aufgabe 6.3.18:   Welchen Bedingungen müssen die Koeffizienten a, b, c, d der Funktion x mit $x(r) = ar^3 + br^2 + cr + d$; (a≠0, r≥0) genügen, damit es sich um eine ertragsgesetzliche Produktionsfunktion handelt (typischer Verlauf: siehe Abb. 6.3.8)?

Aufgabe 6.3.19: Eine neoklassische Produktionsfunktion x mit $x(r) = a \cdot r^b$ *(r ≥ 0)* ist gekennzeichnet durch positive Erträge und positive, aber abnehmende Grenzerträge für jeden positiven Input r. Welchen Bedingungen müssen dazu die Koeffizienten a, b genügen?

Aufgabe 6.3.20: Ermitteln Sie die Gleichung einer ertragsgesetzlichen Gesamtkostenfunktion K vom Typ eines kubischen Polynoms, die folgende Eigenschaften besitzt: Fixkosten: 98 GE; das Minimum der Grenzkosten wird für einen Output von 4 ME angenommen; das Minimum der gesamten Stückkosten liegt bei einem Output von 7 ME. Ist die Funktionsgleichung eindeutig bestimmt?

Aufgabe 6.3.21: Überprüfen Sie, ob die Produktionsfunktion $x(r) = (0{,}6r^{0{,}5} + 1)^2$ (siehe Bsp. 6.3.11ii) tatsächlich vom neoklassischen Typ ist.

Aufgabe 6.3.22: Bei der Produktion eines Gutes wirken sich die mit steigenden Stückzahlen gewonnenen Produktionserfahrungen kostensenkend aus *(Lerneffekt!)*:

Die in einer Mengeneinheit (ME) des Produktes enthaltenen Stückkosten k (in €/ ME) (ohne Berücksichtigung von Materialkosten) hängen von der (kumulierten) Gesamtproduktionsmenge x (in ME) ab gemäß einer Produktionsfunktion des Typs

(*) $k = k(x) = a \cdot x^b$, (x ≥ 1) , *("Lernkurve"; a, b ∈ ℝ)* .

Es wird nun folgendes beobachtet:

- Die erste produzierte Einheit verursacht (ohne Material) Kosten in Höhe von 160,– € .
- Verdoppelt man die Produktionsmenge (ausgehend von einer beliebigen Stückzahl), so sinken die Stückkosten um 20% gegenüber dem Wert vor Stückzahlverdoppelung.

i) Wie lautet die komplette Funktionsgleichung (*) der Lernkurve?

ii) Wie hoch muss die Gesamtproduktionsmenge sein, damit die gesamten Produktionskosten (ohne Material) 80.000,– € betragen?

6.3.2 Analyse und Optimierung ökonomischer Funktionen

Die Analyse und Optimierung ökonomischer Funktionen mit Hilfe der Differentialrechnung (auch **Marginalanalyse** genannt) unterscheidet sich in formaler Hinsicht nicht von der in Kap. 6.2.4 dargestellten **Kurvendiskussion.** Der entscheidende Unterschied besteht in der nunmehr zwingenden Notwendigkeit, jeden mathematischen **Modellbaustein** (Variable, Funktion, Funktionseigenschaften wie Monotonie und Krümmung, Grenzwerte, Extrem- und Wendepunkte usw.) **ökonomisch** zu **interpretieren.** Nur dadurch kann man

- mit dem mathematischen Modell ökonomische Zusammenhänge beschreiben, erklären und prognostizieren;
- durch Vergleich und Kontrolle mit der Realität das Modell weiterentwickeln;
- aus mathematischen Optimierungsresultaten ökonomische Handlungsalternativen aufzeigen u.v.a.

Da es weder möglich noch sinnvoll ist, alle nur denkbaren Anwendungen der Differentialrechnung auf ökonomische Probleme lückenlos abzuhandeln, soll im folgenden die **Wirksamkeit der Marginalanalyse** lediglich an einigen **klassischen ökonomischen Beispielen** demonstriert werden. Die Schlagkraft mathematischer Methoden besteht eben gerade nicht in ihrer Brauchbarkeit für einige Spezialfälle, sondern vielmehr darin, ein universelles und flexibles Instrumentarium zur Behandlung unterschiedlicher und (scheinbar) wesensverschiedener Anwendungsprobleme zu liefern.

6.3.2.1 Fahrstrahlanalyse

Bei der sog. Fahrstrahlanalyse handelt es sich um eine beliebte und wirkungsvolle **graphische Methode** zur marginalanalytischen Untersuchung ökonomischer **Durchschnittsfunktionen.**

Nach Kap. 2.5 (5) bzw. Kap. 6.1.2.8 existiert zu jedem Funktionspunkt $P(x;f(x))$ $(\neq(0;0))$ genau ein zugehöriger **Fahrstrahl** [7] als Verbindungspfeil *("Ortsvektor")* vom Ursprung O zum Kurvenpunkt P. Die **Steigung** $(\tan \alpha)$ **des Fahrstrahls** an dieser Stelle x ist gegeben durch das Verhältnis $\frac{f(x)}{x}$ (siehe Abb. 6.3.23) und gibt somit den **Wert der Durchschnittsfunktion** $\bar{f}$ mit $\bar{f}(x) := \frac{f(x)}{x}$ für diese Stelle x an.

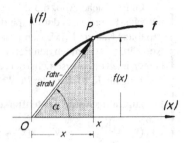

Abb. 6.3.23

Beispiel: Die Steigung des Fahrstrahls an der Stelle x einer Gesamtkostenfunktion K: K(x) liefert den Wert $k(x)$ $(:= \frac{K(x)}{x})$ der Stückkostenfunktion k für den Output x usw.

Mit Hilfe der variierenden Fahrstrahlsteigung beim „Durchfahren" *(mit der Fahrstrahlspitze von links nach rechts, der Fuß des Ortsvektors verbleibt im Nullpunkt O des Koordinatensystems)* eines graphisch vorliegenden Kurvenzuges kann auf **anschauliche Weise** festgestellt werden, ob und wo die zu f gehörende Durchschnittsfunktion $\bar{f}$ monoton ist oder relative Extrema besitzt.

Beispiel 6.3.24: Es sei eine lineare Konsumfunktion C mit $C(Y) = c_0 + c_1 \cdot Y$, $Y \geq 0$, vorgegeben (mit $c_0 > 0$; $0 < c_1 < 1$), z.B.

$$C = 200 + 0,2Y .$$

Aus Abb. 6.3.25 lässt sich erkennen, dass beim „Durchfahren" der Konsumfunktion von links nach rechts (d.h. für zunehmende Werte Y des Einkommens) die Fahrstrahlsteigung sinkt.

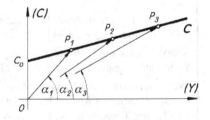

Abb. 6.3.25

Nach dem Vorhergehenden ist dies gleichbedeutend mit der Abnahme der durchschnittlichen Konsumquote bei steigendem Einkommen.

Weiterhin kann man ablesen, dass die marginale Konsumquote $C'(Y)$ (= Steigung der Konsumgeraden) für jedes Einkommen Y kleiner ist als die durchschnittliche Konsumquote $\frac{C(Y)}{Y}$ (= Fahrstrahlsteigung) (siehe das „psychologische Grundgesetz" von Keynes, Beispiel 6.3.9).

Bemerkung: Die soeben graphisch gewonnenen Ergebnisse lassen sich selbstverständlich auch rechnerisch (und somit allgemeingültig) herleiten:

Aus $\frac{C(Y)}{Y} = \frac{c_0}{Y} + c_1$ *folgt wegen* $\frac{d}{dY}(\frac{C}{Y}) = -\frac{c_0}{Y^2} < 0$ *die monotone Abnahme von* $\frac{C}{Y}$.

Weiterhin folgt aus $C'(Y) = c_1 < c_1 + \frac{c_0}{Y} = \frac{C(Y)}{Y}$, *dass die marginale Konsumquote stets kleiner ist als die durchschnittliche Konsumquote.*

---

[7] Der Name „Fahrstrahl" basiert auf der Vorstellung, die Ortsvektor-Spitze P „fahre" den Kurvenzug entlang.

Beispiel 6.3.26:   Gegeben sei eine ertragsgesetzliche Gesamtkostenfunktion:

$$K(x) = K_v(x) + K_f \quad (siehe\ etwa\ Kap.\ 2.5\ (5)).$$

Ihr Graph (siehe Abb. 6.3.27) kann zugleich aufgefasst werden als der Graph der gesamten variablen Kosten $K_v(x)$, wenn man zuvor das Koordinatensystem um den Betrag K_f der Fixkosten nach oben verschiebt (der Koordinatenursprung für K_v ist dann der Punkt 0^*).

Die zugehörigen **Stückkostenfunktionen**

$$k_v(x) := \frac{K_v(x)}{x} \quad bzw. \quad k(x) := \frac{K(x)}{x}$$

können nun mit Hilfe der Fahrstrahlen **analysiert** werden:

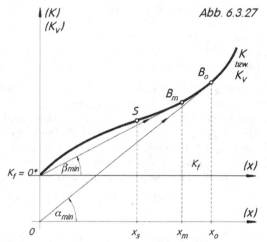

Abb. 6.3.27

i)   Fahrstrahlen von 0^* an die Kurve der **variablen Kosten** K_v *(oberes Koordinatensystem)*:

Betrachtet man die Veränderung der Fahrstrahlsteigung beim „Durchfahren" von K_v in Richtung K_v zunehmender Outputwerte, so erkennt man, dass zunächst die variablen Stückkosten

$$\frac{K_v}{x} = k_v(x) = \tan\beta \quad abnehmen.$$

Im Punkt B_m hat β (und damit auch $\tan\beta$) sein Minimum β_{min} erreicht (Abb. 6.3.27):

Sowohl rechts wie auch links von B_m ist die Fahrstrahlsteigung wieder größer als in B_m.

Weiterhin erkennt man, dass im Minimum B_m der stück-variablen Kosten k_v der Fahrstrahl gleichzeitig Tangente an K_v ist, m.a.W.:

Im **Minimum von k_v stimmen Tangentensteigung** $K_v'(x)$ ($= K'(x)$ *wegen* $K_f' = 0$) **und Fahrstrahlsteigung** $\tan\beta_{min} = k_v$ **überein**, ökonomisch: Für den Output, für den die **stückvariablen Kosten minimal** sind, sind die **Grenzkosten** K' und die **stückvariablen Kosten** k_v **identisch**.

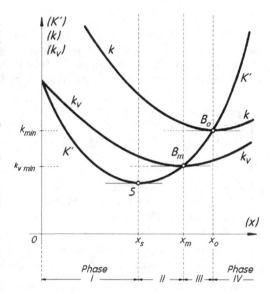

$S:$ *Schwelle des Ertragsgesetzes*
$B_m:$ *Betriebsminimum*
$B_o:$ *Betriebsoptimum*   Abb. 6.3.28

Abb. 6.3.28 demonstriert diesen Sachverhalt: Die Grenzkostenkurve K' schneidet die durchschnittlichen variablen Kosten k_v in deren Minimum (siehe auch Kap. 6.3.4 (6.3.146)). Man nennt den Punkt B_m (bzw. den zugehörigen Outputwert x_m) der Kostenfunktion auch **Betriebsminimum**:

Die zugehörigen **minimalen variablen Stückkosten** kennzeichnen die **kurzfristige Untergrenze des Marktpreises** für das produzierte Gut. Zwar deckt die Unternehmung zu diesem Preis nur die variablen Produktionskosten, kann aber i.a. auf die Deckung der fixen Kosten kurzfristig verzichten, da diese selbst bei Einstellung der Produktion anfallen würden. Erst wenn der Preis unter diese Grenze fällt, ist die Produktionseinstellung kostengünstiger als die Weiterproduktion.

ii) Fahrstrahlen vom Koordinatenursprung 0 an die **Gesamtkostenfunktion** K *(Abb. 6.3.27)*:

Analog wie unter i) nehmen die Stückkosten k zunächst ab (der Steigungswinkel α des Fahrstrahls und somit die Steigung des Fahrstrahls wird zunächst immer geringer).

Die Stückkosten k werden im Punkt B_0 minimal, dort nämlich, wo der Fahrstrahl minimale Steigung besitzt. Der zugehörige Fahrstrahl $\overline{OB_0}$ mit minimaler Steigung ($= tan\ \alpha_{min}$) ist gleichzeitig Tangente an K, somit stimmen in B_0 Fahrstrahlsteigung und Tangentensteigung überein, d.h. **im Minimum** ($= k(x_0)$) **der gesamten Stückkosten k stimmen Grenzkosten und Stückkosten überein** [8].

Graphische Interpretation: Die Grenzkostenkurve K' schneidet die Stückkostenkurve k in deren Minimum B_0 (siehe Abb. 6.3.28).

B_0 (bzw. der zugehörige Outputwert x_0) wird auch **Betriebsoptimum** genannt: Hier produziert die Unternehmung mit minimalen gesamten Durchschnittskosten. Der Preis darf langfristig bis zu diesem Wert k_{min} fallen, ohne dass die Unternehmung auf die Deckung ihrer gesamten Kosten verzichten muss. k_{min} heißt daher auch **langfristige Preisuntergrenze**.

Aus Abb. 6.3.27/6.3.28 wird das sog. **„Vierphasenschema"** ertragsgesetzlicher **Kostenfunktionen** deutlich *(x: Ouput; x_s: Schwelle des Ertragsgesetzes; x_m: Betriebsminimum; x_0: Betriebsoptimum)*:

	Phase I $0 \leq x \leq x_s$	*Phase II* $x_s \leq x \leq x_m$	*Phase III* $x_m \leq x \leq x_0$	*Phase IV* $x \geq x_0$
Gesamtkosten K *(variable Kosten K_v)*	*steigend* *konkav*	*steigend* *konvex*	*steigend* *konvex*	*steigend* *konvex*
Grenzkosten K' *(= K_v')*	*fallend bis* *Minimum* *(Schwelle des* *Ertrags-* *gesetzes)*	*steigend*	*steigend*	*steigend*
durchschnittliche *variable Kosten k_v*	*fallend*	*fallend bis* *Minimum* *(Betriebs-* *minimum)*	*steigend*	*steigend*
durchschnittliche *gesamte Kosten k*	*fallend*	*fallend*	*fallend bis* *Minimimum* *(Betriebs-* *optimum)*	*steigend*

Die **durchschnittlichen Fixkosten** $k_f := \dfrac{K_f}{x}$ nehmen in allen vier Phasen ab und nähern sich mit wachsendem Output immer mehr dem Grenzwert Null bzw. ihrem **Minimum am rechten Rand des Definitionsbereiches** (= „Kapazitätsgrenze").

---

[8] Dieser Zusammenhang zwischen Durchschnitts- und Grenzfunktion gilt „gesetzmäßig" für beliebige Funktionen.

6.3.2.2 Diskussion ökonomischer Funktionen

In Analogie zur formalen Kurvendiskussion (Kap. 6.2.4) demonstrieren die folgenden Beispiele die rechnerische Analyse und Interpretation ökonomischer Funktionen:

Beispiel 6.3.29:   Kostenfunktionen   (siehe Beispiel 6.3.26)

Die Gesamtkostenfunktion K mit

$$K(x) = x^3 - 12x^2 + 60x + 98 \quad ; \quad x \in [\,0\,;13\,],$$

soll zusammen mit den Teilkostenfunktionen K_v, K_f, k, k_v, k_f (siehe Kap. 2.5 (5)) analysiert werden:

i) **ökonomischer Definitionsbereich:** Minimale Outputmenge: x = 0 ME (Nullproduktion), maximale Outputmenge: x = 13 ME (Kapazitätsgrenze).

ii) **Typ von K** (siehe (6.3.16): Wegen a > 0; b < 0; c > 0; d > 0; $b^2 = 144 < 180 = 3ac$ handelt es sich um eine ertragsgesetzliche Kostenfunktion, die überall in [0;13] stetig differenzierbar ist. Der graphische Funktionsverlauf der Kostenfunktion entspricht daher Abb. 6.3.27/6.3.28).

Als ertragsgesetzliche Kostenfunktion ist K überall monoton steigend, besitzt also in [0;13] keine relativen Extrema. Die Gesamtkostenextrema werden somit am Rand des Definitionsbereiches angenommen: Gesamtkostenminimum K(0) = 98 GE (= Fixkosten bei Nullproduktion); Gesamtkostenmaximum K(13) = 1.047 GE an der Kapazitätsgrenze.

iii) **Schwelle des Ertragsgesetzes:**   Mit $K'(x) = 3x^2 - 24x + 60$; $K''(x) = 6x - 24 = 0$ folgt: $x_s = 4$ ME sowie $K'''(x) \equiv 6$ *(>0)*: Für einen Output von 4 ME nehmen die Grenzkosten ihren minimalen Wert (nämlich $K'(4) = 12$ GE/ME) an (= Wendepunkt der Gesamtkostenfunktion, Schwelle des Ertragsgesetzes). Da die Grenzkostenfunktion K' eine nach oben geöffnete Parabel ist, wird das Grenzkostenmaximum am Rand eingenommen, und zwar – wegen $K'(0) = 60$; $K'(13) = 255$ – an der Kapazitätsgrenze.

iv) **Betriebsminimum:**   Das Betriebsminimum entspricht dem Output mit minimalen stückvariablen Kosten k_v. Mit

$$k_v(x) = x^2 - 12x + 60 \ (x > 0) \text{ folgt wegen}$$
$$k_v'(x) = 2x - 12 = 0 \ \Rightarrow \ x_m = 6 \text{ ME so-}$$

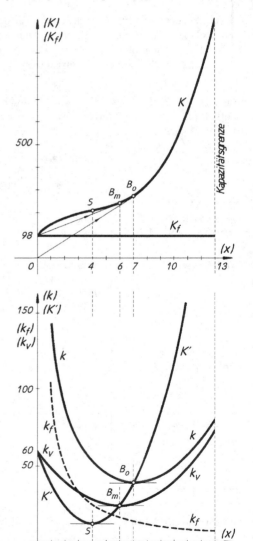

Abb. 6.3.30

wie $k_v''(x) \equiv 2 > 0$, dass die kurzfristige Preisuntergrenze für einen Output von 6 ME angenommen wird. Die zugehörigen minimalen stückvariablen Kosten (= kurzfristige Preisuntergrenze) betragen $k_v(6) = 24$ GE/ME und stimmen mit den entsprechenden Grenzkosten $K'(6)$ überein.

v) Betriebsoptimum: *(Betriebsoptimum = Output mit minimalen gesamten Stückkosten k)*   Mit

$$k(x) = x^2 - 12x + 60 + {}^{98}/_x \quad (x > 0) \qquad \text{folgt wegen} \qquad k'(x) = 2x - 12 - {}^{98}/_{x^2} = 0 :$$

$2x^3 - 12x^2 - 98 = 0 \quad \Leftrightarrow \quad x_0 = 7$ ME (Regula falsi) sowie $k''(x) = 2 + {}^{196}/_{x^3}$, d.h. $k''(7)>0$.

Somit wird die langfristige Preisuntergrenze für einen Output von 7 ME angenommen. Die zugehörigen durchschnittlichen Gesamtkosten (= langfristige Preisuntergrenze) betragen 39 GE/ME und stimmen mit den entsprechenden Grenzkosten $K'(7)$ überein, siehe Kap. 6.3.4 (6.3.145).

vi) Die durchschnittlichen fixen Kosten k_f mit $k_f(x) = \dfrac{98}{x}$, *(x > 0)*, nehmen mit steigendem Output ab $(k_f'(x) = {}^{-98}/_{x^2} < 0)$ und haben daher ihr Minimum $k_f(13) = 7,54$ GE/ME an der Kapazitätsgrenze *(x = 13 ME)*. Abb. 6.3.30 lässt wiederum das bekannte Vierphasenschema erkennen.

Beispiel 6.3.31: Produktionsfunktionen

Eine Unternehmung produziere ein Gut gemäß folgender Produktionsfunktion:

$$x(r) = -0,1r^3 + 6r^2 + 12,3r \qquad (x: \text{Ertrag, Output } [ME_x]; \ r: \text{Input } [ME_r]).$$

Pro Referenzperiode stehen maximal 36 ME_r des Produktionsfaktors zur Verfügung.

i) ökonomischer Definitionsbereich: Minimaler Input: 0 ME_r, maximaler Input: 36 ME_r, d.h. $D = [\,0;36\,]$. $x(r)$ ist beliebig oft stetig differenzierbar.

ii) Nullstellen: $x(r) = -0,1r^3 + 6r^2 + 12,3r = r(-0,1r^2 + 6r + 12,3) = 0 \Leftrightarrow r_1 = 0$; $r_2 = -1,98$; $r_3 = 61,98 \quad \Rightarrow \quad$ Einzige Nullstelle im ökonomischen Definitionsbereich D: $r_1 = 0\ ME_r$.

iii) Extremwerte: Mit $x'(r) = -0,3r^2 + 12r + 12,3 = 0 \Rightarrow r_4 = -1$; $r_5 = 41$ folgt, dass in $[0;36]$ keine relativen Extrema von $x(r)$ liegen können. Die absoluten Extrema liegen daher am Rand des Definitionsbereiches. Wegen $x(0) = 0$; $x(36) = 3.553,2$ folgt: Der Output ist minimal (nämlich Null), wenn kein Faktoreinsatz erfolgt, und maximal (nämlich $3.553,2\ ME_x$), wenn die höchstens verfügbare Inputmenge (36 ME_r) eingesetzt wird. Zwischen diesen absoluten Extrema ist der Output mit wachsendem Input monoton zunehmend.

iv) Wendepunkte: Mit $x''(r) = -0,6r + 12 = 0 \Rightarrow r_6 = 20\ ME_r$ sowie $x'''(r) \equiv -0,6 < 0$ folgt, dass die Produktionsfunktion für einen Input von 20 ME_r einen konvex/konkav-Wendepunkt besitzt, d.h. die Grenzproduktivität ist für $r_6 = 20\ ME_r$ maximal $(x'(20) = 132,3\ ME_x/ME_r)$. Für kleinere Inputwerte müssen somit die Grenzerträge zunehmen (d.h. $x(r)$ ist konvex), für größere Inputwerte als 20 ME_r müssen die Grenzerträge abnehmen (d.h. $x(r)$ konkav). Der Wendepunkt S von $x(r)$ kennzeichnet somit die Übergangsstelle des Bereichs zunehmender zum Bereich abnehmender Grenzerträge („Schwelle des Ertragsgesetzes").

v) Extrema des Durchschnittsertrages $\bar{x}(r) := \dfrac{x(r)}{r}$:   Mit $\bar{x}(r) = -0,1r^2 + 6r + 12,3$ d.h. $\bar{x}'(r) = -0,2r + 6 = 0 \Rightarrow r_7 = 30\ ME_r$ sowie $\bar{x}''(r) \equiv -0,2 < 0$ folgt, dass der durchschnittliche Ertrag pro Inputeinheit maximal wird bei einem Faktoreinsatz von 30 ME_r. Der zugehörige maximale Durchschnittsertrag $\bar{x}$ *(mit $\bar{x}(30) = 102,3\ ME_x/ME_r)$* stimmt mit dem Grenzertrag $x'(30)$ an dieser Stelle überein, siehe Kap. 6.3.4 (6.3.148).   Abb. 6.3.32 zeigt die Graphen von $x(r)$; $x'(r)$ und $\bar{x}(r)$. Die gestrichelten Kurvenzüge deuten den Verlauf jenseits der Kapazitätsgrenze an.

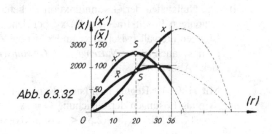

Abb. 6.3.32

6.3.2.3   Gewinnmaximierung

Besonders ausgeprägt zeigt sich das **ökonomische Prinzip** im Streben marktwirtschaftlich orientierter Unternehmungen nach **Gewinnmaximierung**. Die Grundideen mathematischer Gewinnanalyse von Ein-Produkt-Unternehmungen wollen wir an einigen Beispielen demonstrieren. Dabei untersuchen wir unterschiedliche Markt- und Kostensituationen:

A: Marktform: vollständige Konkurrenz (Polypol),
d.h. viele Anbieter, viele Nachfrager, der **Marktpreis** p des Produktes ist aus der Sicht des einzelnen Anbieters eine gegebene **Konstante**.

A1: ertragsgesetzlicher Gesamtkostenverlauf (siehe das folgende Beispiel 6.3.33)
A2: Linearer Gesamtkostenverlauf (siehe das folgende Beispiel 6.3.43)

B: Marktform: Angebotsmonopol (Monopol),
d.h. ein Anbieter, viele Nachfrager; für den Anbieter existiert eine monoton fallende **Preis-Absatz-Funktion** p: p = p(x), die der Gesamtnachfragefunktion des Marktes entspricht.

B1: Ertragsgesetzlicher Gesamtkostenverlauf (siehe das folgende Beispiel 6.3.45)
B2: Linearer Gesamtkostenverlauf (siehe das folgende Beispiel 6.3.47)

Beispiel 6.3.33:   (A1: Polypol, ertragsgesetzlicher Gesamtkostenverlauf)

Eine Unternehmung produziere ein Gut mit der ertragsgesetzlichen Kostenfunktion K mit:

$$K(x) = x^3 - 12x^2 + 60x + 98 \qquad \textit{(siehe Beispiel 6.3.29)},$$

Kapazitätsgrenze: 12 ME. Das Gut kann zum festen Marktpreis p = 60 GE/ME abgesetzt werden. Der Gewinn G der Unternehmung ist definiert als Differenz von Erlös (Umsatz) und Kosten:

$$\text{Gewinn} := \text{Erlös} - \text{Kosten} .$$

Damit lautet die Gewinnfunktion G (= G(x)) in Abhängigkeit von der produzierten und abgesetzten Menge x:

$$(6.3.34) \qquad \boxed{G(x) = E(x) - K(x)} \quad ,$$

wobei der Erlös E das Produkt aus Preis p und Menge x ist: $E(x) = p \cdot x$. Wegen p = 60 folgt im Beispielfall:

$$G(x) = 60x - x^3 + 12x^2 - 60x - 98 = -x^3 + 12x^2 - 98 \; ; \qquad x \in [0\,;12].$$

Die Analyse dieser Gewinnfunktion kann nunmehr mit den üblichen Methoden erfolgen (siehe Kap. 6.3.2.2):

i) Die **Nullstellen** der Gewinnfunktion G liefern wegen G(x) = E(x) - K(x) = 0 $\Leftrightarrow$ E(x) = K(x) diejenigen Produktmengen x_1, x_2, bei denen die Erlöse genau sämtliche Kosten decken: Das Mengenintervall zwischen x_1 und x_2 ist die Zone positiver Gewinne *(Gewinnzone)*. Daher nennt man x_1 auch *untere Nutzengrenze (Gewinnschwelle)* und x_2 *obere Nutzengrenze (Gewinngrenze)*, siehe Abb. 6.3.37.

Mit Hilfe der Regula falsi (siehe Kap. 2.4) *(oder des Newton-Verfahrens – siehe Kap. 5.4)* erhält man als Lösungen der Gleichung G = $-x^3 + 12x^2 - 98 = 0$ die Nutzengrenzen x_1 = 3,37 ME; x_2 = 11,22 ME (x_3 = -2,59 < 0, ist also ökonomisch irrelevant).

ii) Rechnerische Ermittlung des Gewinnmaximums: Notwendig für das Vorliegen eines Gewinnmaximums an der Stelle x ist die Bedingung:

(6.3.35) $$\boxed{G'(x) = E'(x) - K'(x) \overset{!}{=} 0} \quad \Leftrightarrow \quad \boxed{E'(x) \overset{!}{=} K'(x)} \quad .$$

Daraus lesen wir direkt das (bekannte) Ergebnis ab, dass – unabhängig von der speziellen Gestalt einer *(differenzierbaren)* Gewinnfunktion – in einem relativen **Gewinnmaximum** stets gilt:

Grenzerlös = Grenzkosten .

Aus den hinreichenden Bedingungen für ein lokales Gewinnmaximum an der Stelle x:

$$G'(x) = 0 \quad \text{und} \quad G''(x) = E''(x) - K''(x) < 0,$$

d.h. $\qquad\qquad E''(x) < K''(x),$

folgt, dass allgemein an der Stelle x ein relatives Gewinnmaximum vorliegt, wenn dort gilt:

a) Grenzerlös gleich Grenzkosten sowie
b) die Steigung der Grenzerlösfunktion ist kleiner als die Steigung der Grenzkostenfunktion.

Ist der Preis konstant (wie im vorliegenden Beispiel), so folgt wegen $E(x) = p \cdot x$ d.h.

$$E'(x) \equiv p \quad \text{und daher} \quad E''(x) \equiv 0:$$

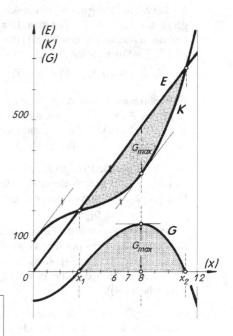

(6.3.36)

Das **Gewinnmaximum** eines **polypolistischen Anbieters** liegt für diejenige Angebotsmenge x_G vor, für die *gleichzeitig* gilt:

a) $p = K'(x_G)$ (Preis gleich Grenzkosten)
b) $K''(x_G) > 0$ (konvexer Bereich von K)

Im Beispiel:

$$G'(x) = p - K'(x) = -3x^2 + 24x = 0$$
$\Rightarrow \quad x = 0 \vee x = 8.$ Überprüfung der 2. Ableitung: $G''(x) = -K''(x) = -6x + 24:$

$$G''(0) = -K''(0) = 24 > 0$$
$\Rightarrow \quad$ G ist minimal für $x = 0$ ME;

$$G''(8) = -K''(8) = -24 < 0$$
$\Rightarrow \quad$ G ist maximal für $x_G = 8$ ME .

Der maximale Gewinn beträgt G(8) = 158 GE. Kontrolle der Randwerte des ökonomischen Definitionsbereiches von G: G(0) = –98 GE; G(12) = –98 GE, d.h. das lokale Gewinnmaximum ist gleichzeitig das absolute Gewinnmaximum.

Eine im Gewinnmaximum operierende polypolistische Unternehmung produziert im „betriebsindividuellen Gleichgewicht".

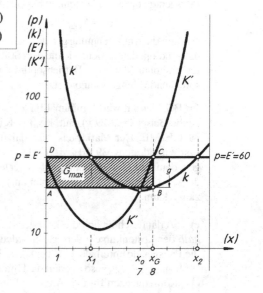

Abb. 6.3.37

iii) Graphische Ermittlung des Gewinnmaximums

Wegen $K'(x) = E'(x) \equiv p$ im Gewinnmaximum können wir die gewinnmaximale Menge x_G auf zweierlei Weise ermitteln:

a) durch Parallelverschiebung der Erlösgeraden bis zum Berührpunkt mit der Kostenfunktion unter Beachtung $E > K$ (siehe Abb. 6.3.37 oben);

b) durch Ermittlung des Schnittpunkts C zwischen Grenzkosten- und Grenzerlöskurve ($\equiv$ Preisgerade), siehe Abb. 6.3.37 unten. Der zugehörige maximale Gesamtgewinn lässt sich in diesem Fall darstellen als Flächenmaßzahl des schraffierten Rechtecks ABCD mit den Seitenlängen $g = p - k(x_G) =$ Stückgewinn und $x_G =$ Absatzmenge:

$$G_{max} = g(x_G) \cdot x_G = (60 - 40{,}25) \cdot 8 = 158\,\text{GE}.$$

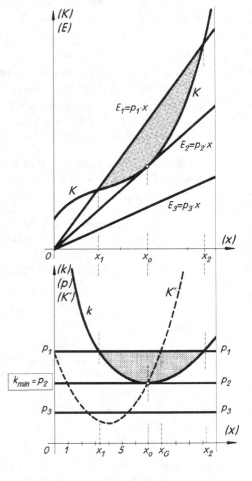

iv) Preisminimum: Je nach Höhe des (für den einzelnen Anbieter mengenunabhängigen, also konstanten) Marktpreises p können sich unterschiedliche Situationen ergeben (s. Abb. 6.3.38):

a) *Schneidet* die Erlösgerade die Gesamtkostenkurve (oder – gleichbedeutend – *schneidet* die Preisgerade die Stückkostenkurve), gilt also:

$$p_1 > k_{min} \quad,$$

so ergibt sich innerhalb der Gewinnzone $[x_1; x_2]$ für jeden Output ein positiver Gewinn. Ein gewinnmaximierender polypolistischer Anbieter wird daher die Menge x_G mit $p_1 = K'(x_G)$ anbieten (siehe ii); iii)).

b) *Berührt* die Erlösgerade die Gesamtkostenkurve (oder – gleichbedeutend – *berührt* die Preisgerade die Stückkostenkurve), gilt also:

$$p_2 = k_{min} \quad,$$

so kann die Unternehmung gerade noch kostendeckend operieren, wenn sie die dem Stückkostenminimum (d.h. dem Betriebsoptimum) entsprechende Menge x_0 anbietet.

Im Beispielsfall wird k minimal für $x_0 = 7\,\text{ME}$ (siehe Beispiel 6.3.29 v)) mit $k(x_0) = K'(x_0) = 39\,\text{GE/ME}$. Der Marktpreis muss daher langfristig mindestens 39 GE/ME ($= k(x_0)$) betragen, damit die Unternehmung auf Dauer kostendeckend (nämlich im Betriebsoptimum) produzieren kann.

c) Verläuft schließlich die Erlösgerade *unterhalb* der Kostenkurve (oder – gleichbedeutend – die Preisgerade unterhalb der Stückkostenkurve)

Abb. 6.3.38

– d.h. gilt $p_3 < k_{min}$ –, so operiert die Unternehmung bei jeder Angebotsmenge mit Verlust. Mögliche Konsequenzen für den Anbieter könnten sein: Einstellung der Produktion, Kostensenkung der Produktion etwa durch Rationalisierung, Ausweichen auf ein technisch neues Produkt (neuer Markt), Beschaffung von Subventionen und/oder Steuervorteilen zur Kostenreduzierung usw.

v) Angebotsfunktion: Aus der Gewinnmaximierungsbedingung (6.3.36) a) folgt, dass der Produzent zu jedem vorgegebenen konstanten Marktpreis p (der über der langfristigen Preisuntergrenze k_{min} liegt) stets diejenige Menge x anbietet, für die seine Grenzkosten $K'(x)$ mit dem Marktpreis p übereinstimmen. Sämtliche Angebotspunkte $(p;x)$ liegen daher auf der Grenzkostenkurve rechts vom Betriebsoptimum (siehe Abb. 6.3.40, stark ausgezogener Teil von K'):

(6.3.39) Die individuelle **Angebotsfunktion** eines gewinnmaximierenden **polypolistischen Anbieters** ist identisch mit seiner **Grenzkostenfunktion**, beginnend im Betriebsoptimum, d.h. der langfristigen Preisuntergrenze k_{min}.

Im vorliegenden Beispiel lautet somit die langfristige Angebotsfunktion: $p(x) = K'(x)$ mit

$$p(x) = 3x^2 - 24x + 60 \; ; \; x \geq 7 \text{ ME} \quad \text{bzw.}$$
$$p \geq 39 \text{ GE/ ME}.$$

Verzichtet der Produzent kurzfristig auf die Deckung der fixen Kosten, so kann er als *kurzfristige Angebotsfunktion* den Teil der Grenzkostenfunktion hinzunehmen, der zwischen dem Betriebsminimum und dem Betriebsoptimum liegt (gestrichelter Teil von K' in Abb. 6.3.40). Im Beispiel lautet die kurzfristige Angebotsfunktion somit:

$$p(x) = 3x^2 - 24x + 60 \; ; \; x \geq 6 \text{ ME} \quad \text{bzw.}$$
$$p \geq 24 \text{ GE/ME}.$$

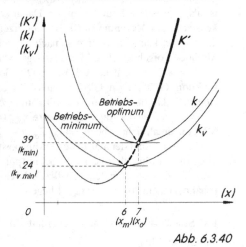

Abb. 6.3.40

vi) Stückgewinnmaximierung: Die Stückgewinnfunktion g mit $g(x) := \dfrac{G(x)}{x} = p(x) - k(x)$ liefert zu jeder Angebotsmenge x den durchschnittlich pro ME erzielten Gewinn. Für das Stückgewinnmaximum ergibt sich (s. Beispiel) aus

$$g(x) = -x^2 + 12x - \frac{98}{x} \qquad \text{wegen}$$

$$g'(x) = -2x + 12 + \frac{98}{x^2} = 0 \qquad \text{mit Hilfe}$$

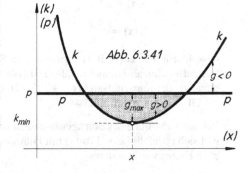

der Regula falsi: $x = 7$ ME ($g''(7) < 0$), d.h. die betriebsoptimale Menge.

Diese Übereinstimmung von stückgewinnmaximaler und stückkostenminimaler Menge ist nicht zufällig, sondern gilt für *p = const.* allgemein (siehe Abb. 6.3.41):

Wegen $g(x) = p - k(x)$ gilt: $g'(x) = -k'(x)$, so dass aus $g'(x) = 0$ folgt: $k'(x) = 0$. Weiterhin folgt aus $g''(x) < 0$ (Max.!): $k''(x) = -g''(x) > 0$ (Min.!):

(6.3.42) Ein **polypolistischer Anbieter maximiert** seinen **Stückgewinn im Stückkostenminimum**, d.h. für die betriebsoptimale Angebotsmenge.

Beachten Sie, dass – sofern $p > k_{min}$ – für die *stück*gewinnmaximale Menge der *Gesamt*gewinn keineswegs maximal wird. Im Beispiel: Gesamtgewinnmaximum: 8 ME, $g(8) = 19{,}75$ GE/ME $\Rightarrow G_{max}(8) = 8 \cdot 19{,}75 = 158$ GE. Stückgewinnmaximum: 7 ME, $g_{max}(7) = 21$ GE/ME $\Rightarrow G(7) = 7 \cdot 21 = 147$ GE < 158 GE $= G(8)$.

Beispiel 6.3.43:   (A2: Polypol, linearer Gesamtkostenverlauf)

Eine Unternehmung produziere mit der linearen Kostenfunktion

$$K(x) = 2{,}5x + 300 \ ,$$

Outputintervall: $[0\,;100]$. Der (konstante) Marktpreis p des Gutes betrage 10 GE/ME.

Wegen $E(x) = p \cdot x = 10x$ lautet die
Gewinnfunktion: $G(x) = E(x) - K(x) = 7{,}5x - 300$,
ist also ebenso wie E und K linear. Daher kann G
kein relatives Maximum in $[0\,;100]$ besitzen, was
auch sofort klar wird, wenn man nach der üblichen
Methode vorgeht: Die Maximierungsbedingung
$G'(x) \overset{!}{=} 7{,}5 = 0$ hat keine Lösung. Die Gewinnfunktion G ist wegen $G'(x) > 0$ überall monoton
steigend, d.h. der **Gewinn** $G(x)$ wird am „rechten"
Rand, mithin an der **Kapazitätsgrenze** $x_{max}\,(= 100$
ME) **maximal**, siehe Abb. 6.3.44 ($G_{max} = G(100)$
$= 450$ GE). Damit der maximale Gewinn positiv ist,
muss die Gewinnschwelle x_1 ($=$ Schnittpunkt von
Erlös- und Kostengerade, auch **Break-Even-Point**
genannt) innerhalb von $[\,0\,;x_{max}\,]$ liegen.

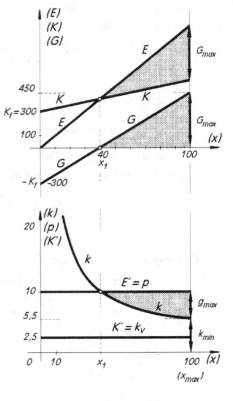

Das **Stückkostenmimimum** ist ebenfalls ein Randminimum: Mit

$$k(x) = 2{,}5 + \frac{300}{x} \qquad \text{sowie}$$

$$k'(x) = -\frac{300}{x^2} \qquad \text{folgt,}$$

dass k' für alle $x \in [0\,;100]$ negativ ist, die Stückkostenfunktion also monoton fällt. Daher ist k minimal an der **Kapazitätsgrenze**, $k_{min} = k(100) =$
$5{,}5$ GE/ME, siehe Abb. 6.3.44.

Bei der Ermittlung des **Stückgewinnmaximums** ergibt sich ebenfalls keine Lösung mit Hilfe des üblichen Extremwertkriteriums:

Abb. 6.3.44

$$\text{Aus } g(x) = \frac{G(x)}{x} = 7{,}5 - \frac{300}{x} \text{ folgt: } g'(x) = \frac{300}{x^2}.$$

Dieser Term ist für alle $x \in [\,0\,;100\,]$ positiv, so dass g monoton steigend ist, mithin sein Maximum
am rechten Rand, d.h. an der **Kapazitätsgrenze** annimmt:

$$g_{max} = g(100) = 4{,}5 \text{ GE/ME,} \qquad \text{siehe Abb. 6.3.44.}$$

Zusammenfassend lässt sich sagen: Ein **polypolistischer Anbieter** mit **linearer Kostenfunktion** wird
stets an der **Kapazitätsgrenze** produzieren und dies für jeden Marktpreis, der einen Break-Even-
Point im Kapazitätsbereich $[0\,;x_{max}]$ gewährleistet.

Beispiel 6.3.45: (B1: Monopol, ertragsgesetzlicher Kostenverlauf)

Anders als für den polypolistischen Anbieter (siehe A1/A2) ist der Preis p für den monopolistischen Anbieter nicht konstant, sondern kann von ihm festgesetzt werden. Die Nachfrager reagieren darauf als Mengenanpasser gemäß ihrer (aggregierten) Nachfragefunktion $p = p(x)$ bzw. $x = x(p)$ (die der Anbieter als seine Preis-Absatz-Funktion auffassen kann). Die *klassische* (Cournot[9]) *Preisbildung beim Monopol* zielt darauf ab, denjenigen Angebotspreis ausfindig zu machen, für den der Monopolist seinen Gesamtgewinn maximiert.

Die Diskussion und Maximierung der Gewinnfunktion verläuft im Monopolfall nicht anders als im Fall A1 (Beispiel 6.3.33), so dass wir uns auf ein Beispiel beschränken können: Der Monopolist produziere mit der ertragsgesetzlichen Kostenfunktion K: $K(x) = x^3 - 12x^2 + 60x + 98$; $x \in [0;10]$. Die Preis-Absatz-Funktion p sei gegeben durch $p(x) = -10x + 120$; $x \in [0;10]$. Daraus erhält man die Erlösfunktion E mit $E(x) = x \cdot p(x) = -10x^2 + 120x$ und somit die Gewinnfunktion G mit:

$$G(x) = E(x) - K(x) = -x^3 + 2x^2 + 60x - 98.$$

i) Zur Ermittlung der **Gewinnzone** berechnet man die Lösungen von $G(x) = 0$ bzw. $E(x) = K(x)$. Mit Hilfe der Regula falsi ergeben sich die beiden positiven Gewinngrenzen $x_1 = 1{,}62$ ME; $x_2 = 7{,}98$ ME. Überprüfung eines Zwischenwertes: $G(2) = 22 > 0$. Daher erzielt der Monopolist nur dann einen positiven Gewinn, wenn er mehr als 1,62 ME, aber weniger als 7,98 ME anbietet (s. die getönte „*Gewinnlinse*" Abb. 6.3.46 oben). Dazu muss er einen Preis zwischen $p(1{,}62) = 103{,}8$ und $p(7{,}98) = 40{,}2$ GE/ME festsetzen.

ii) Notwendig für das Vorliegen eines **Gewinnmaximums** in x ist das Verschwinden des Grenzgewinns $G'(x)$. Aus $G(x) = E(x) - K(x)$ folgt:

$$\boxed{G'(x) = E'(x) - K'(x) = 0} \Leftrightarrow \boxed{E'(x) = K'(x)}\,,$$

d.h. notwendig für ein lokales Gewinnmaximum ist wiederum die Übereinstimmung von Grenzerlös und Grenzkosten (s. auch Bsp. 6.3.33 ii)).

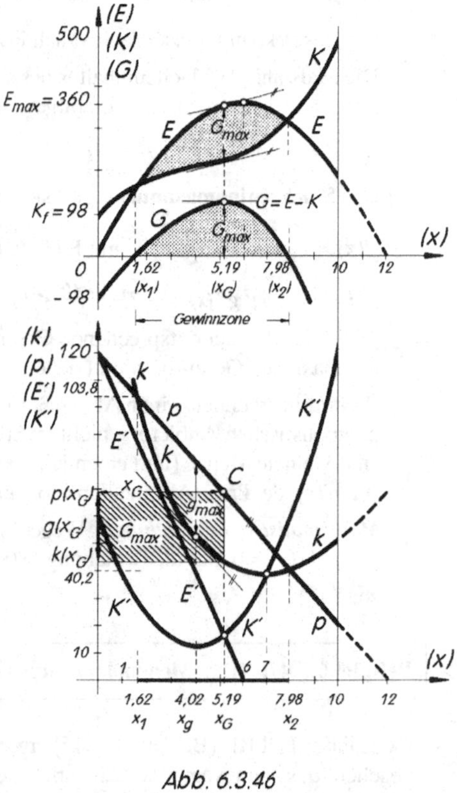

Zur *graphischen* Lösungsfindung verlangt diese Gewinn-Maximierungs-Bedingung, dass man

– entweder denjenigen Punkt x_G innerhalb der Gewinnzone ausfindig machen muss, in dem Erlösfunktion und Kostenfunktion dieselbe Steigung besitzen, s. Abb. 6.3.46 oben (Probierverfahren notwendig!) oder (einfacher)

Abb. 6.3.46

– den Schnittpunkt x_G zwischen der Grenzerlös- und der Grenzkostenkurve ermittelt, siehe Abb. 6.3.46 unten. Dabei vergewissere man sich, dass (wie in unserem Beispiel) in x_G die Steigung von E' kleiner ist als die Steigung von K' (d.h. $E''(x_G) < K''(x_G)$), so dass in x_G auch die für ein lokales Maximum hinreichende Bedingung: $G''(x_G) = E''(x_G) - K''(x_G) < 0$ erfüllt ist.

---

[9] nach A.A. Cournot (1801-1877), französischer Nationalökonom und Mathematiker

Rechnerisch ergeben sich keine Besonderheiten:

Aus $\qquad G'(x) = -3x^2 + 4x + 60 = 0 \qquad$ folgt

$\qquad x = 5{,}19 \vee x = -3{,}85.$

Da die negative Lösung ausscheidet, liegt die **gewinnmaximale Angebotsmenge** x_G bei 5,19 ME *(Überprüfung: $G''(x_G) = -6x_G + 4 = -27{,}1 < 0$, also Maximum).*

Bemerkung: *Der dem gewinnmaximalen Angebot x_G entsprechende Punkt C der Preis-Absatz-Funktion heißt auch **Cournotscher Punkt** (siehe Abb. 6.3.46 unten), die gewinnmaximale Menge x_G heißt **Cournotsche Menge** und der gewinnmaximale Preis $p(x_G)$ heißt **Cournotscher Preis**.*

Um den Maximalgewinn $G(x_G)$ = 127,5 GE zu erzielen, muss daher der Monopolist seinen Preis auf p(5,19) = 68,1 GE/ME fixieren und und einen Output von 5,19 ME produzieren.

Die Stückkosten k bei dieser Produktmenge betragen k(5,19) = 43,5 GE/ME, so dass sich ein Stückgewinn g = p − k = 24,6 GE/ME ergibt, der − multipliziert mit der Angebotsmenge x_G = 5,19 ME − wiederum *(bis auf Rundungsfehler)* den **maximalen Gesamtgewinn** 127,5 GE liefert.

Graphisch kommt dieser Sachverhalt in Abb. 6.3.46 unten zum Ausdruck:

Die Maßzahl des Flächeninhaltes des schraffierten Rechtecks (Seitenlängen: x_G bzw. $g(x_G)$) liefert genau den maximalen Gesamtgewinn G_{max}.

iii) Das **Stückgewinnmaximum** ergibt sich wegen $\qquad g(x) = \dfrac{G(x)}{x} = -x^2 + 2x + 60 - \dfrac{98}{x}$, $\qquad$ d.h.

$g'(x) = -2x + 2 + \dfrac{98}{x^2} \overset{!}{=} 0$ mit Hilfe *(z.B.)* der Regula falsi zu: $\quad x_G = 4{,}02$ ME ;

(Überprüfung: $g''(x) = -2 - \dfrac{196}{x^3} < 0$). Der zugehörige maximale Stückgewinn g(4,02) beträgt 27,5 GE/ME, der entsprechende Gesamtgewinn aber nur 110,6 GE, ist also deutlich kleiner als der maximale Gesamtgewinn (siehe Beispiel 6.3.33 vi)).

Weiterhin erkennen wir an Abb. 6.3.46 unten, dass der maximale Stückgewinn − anders als für den polypolistischen Anbieter − nicht im Stückkostenminimum x_0 (= Betriebsoptimum), sondern für eine kleinere Menge (und einen höheren Preis) angenommen wird, dort nämlich, wo die Steigungen p'(x) der Preis-Absatz-Funktion und k'(x) der Stückkostenfunktion übereinstimmen.

Mathematische Begründung: Wegen g(x) = p(x) − k(x) führt die Extremalbedingung g'(x) = p'(x) − k'(x) = 0 auf die Beziehung p'(x) = k'(x) im Stückgewinnmaximum.

Beispiel 6.3.47: (B2: Monopol, linearer Gesamtkostenverlauf)

Gegenüber Fall B1 (Beispiel 6.3.45) ergeben sich keine wesentlichen Änderungen, wenn wir davon absehen, dass nun wegen der Linearität der Gesamtkostenfunktion die Stückkosten stets monoton fallen, es somit kein (eigentliches) Betriebsoptimum gibt. Vielmehr produziert die Unternehmung stückkostenminimal stets an der Kapazitätsgrenze (siehe Abb. 6.3.48 unten).

Gegeben seien als Beispiel die Gesamtkostenfunktion K mit

$\qquad\qquad\qquad\qquad K(x) = 2x + 16, \qquad (0 \le x \le 10),$

sowie die Preis-Absatz-Funktion p mit $\qquad p(x) = -2x + 20$, $\qquad (0 \le x \le 10).$

i) Die **Gewinnschwellen** ergeben sich über E(x) = $-2x^2 + 20x = 2x + 16$ = K(x) zu: $x_1 = 1$ ME; $x_2 = 8$ ME, die entsprechenden Gewinnzonen sind als graue Fläche in Abb. 6.3.48 dargestellt.

ii) Das **Gewinnmaximum** erhalten wir wiederum über $G'(x) = E'(x) - K'(x) = 0$ (d.h. Grenzerlös gleich Grenzkosten): Wegen $G(x) = E(x) - K(x) = -2x^2 + 18x - 16$ sowie $G'(x) = -4x + 18 = 0$ folgt $x_G = 4{,}5$ ME (Überprüfung: $G''(x) = -4 < 0$, also Maximum). Im vorliegenden Fall maximiert der Monopolanbieter seinen Gesamtgewinn, wenn er den Preis auf $p(4{,}5) = 11$ GE/ME fixiert und 4,5 ME produziert.

Stückgewinn:
$g(4{,}5) = p(4{,}5) - k(4{,}5) = 5{,}44$ GE/ME ;

maximaler Gesamtgewinn:
$G(4{,}5) = g(4{,}5) \cdot 4{,}5 = 24{,}5$ GE.

Bemerkung: *Dass die gewinnmaximale Menge* x_G *(= 4,5) genau in der Mitte der Gewinnzone [1;8] liegt, gilt für jedes lineare Preis/Absatz-Kostenfunktions-Modell, siehe auch (6.3.156).*

iii) Das **Stückgewinnmaximum** x_g ergibt sich mit

$g(x) = -2x + 18 - \dfrac{16}{x} \quad \Rightarrow \quad g'(x) = -2 + \dfrac{16}{x^2} \overset{!}{=} 0$

$\Rightarrow \quad x_g = \sqrt{8} \approx 2{,}83$ ME

(Überprüfung: $g''(x_g) = -\dfrac{32}{x_g^3} < 0$, also lokales Maximum).

Aus Abb. 6.3.48 unten entnehmen wir, dass das Stückgewinnmaximum x_g stets dort liegt, wo die Stückkostenfunktion g dieselbe Steigung besitzt wie die Preis-Absatz-Funktion
(denn aus $g'(x_g) = p'(x_g) - k'(x_g) = 0$ folgt: $p'(x_g) = k'(x_g)$).

Gesamtgewinn im Stückgewinnmaximum:
$G(x_g) = 18{,}9$ GE $(< G_{max}!)$.

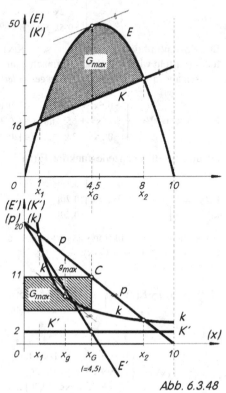

Abb. 6.3.48

6.3.2.4 Gewinnmaximierung bei doppelt-geknickter Preis-Absatz-Funktion

Für die Beispiele zur Gewinnmaximierung im vorangegangenen Kap. 6.3.2.3 wurde (stillschweigend) ein vollkommener Markt unterstellt.

Für den realitätsnäheren Fall des **Polypols** auf dem **unvollkommenen Markt** schlägt E. Gutenberg[10] eine **doppelt-geknickte Preis-Absatz-Funktion** vor, die dem einzelnen Anbieter innerhalb der für das jeweilige Gut typischen „**Preisklasse**" $[p_1; p_2]$ eine monopolähnliche Stellung einräumt, siehe Abb. 6.3.49.

Erst wenn die Preisklasse verlassen wird, reagieren die Nachfrager nahezu schlagartig mit deutlich verstärkter Zu- oder Abwanderung.

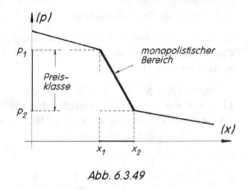

Abb. 6.3.49

---

10 siehe [26], 238 ff.

Da die Preis-Absatz-Funktion in ihren beiden *Ecken nicht differenzierbar* ist, ergeben sich bei der Gewinn-analyse Besonderheiten, die am folgenden **Beispiel** geklärt werden sollen.

Die doppelt-geknickte Preis-Absatz-Funktion des polypolistischen Anbieters sei vorgegeben durch:

$$p(x) = \begin{cases} -0,5x + 50 & \text{für } 0 \le x \le 10 \\ -2x + 65 & \text{für } 10 < x \le 20 \quad \leftarrow \text{(monopolistischer Bereich)} \\ -0,5x + 35 & \text{für } 20 < x \le 70 \end{cases}$$

Die Kostenfunktion des Anbieters sei $K(x) = 10x + 250$. Um den gewinnmaximalen Output zu erhalten, ermitteln wir − wie üblich − zunächst die Nullstellen der Grenzgewinnfunktion $G'(x) = E'(x) - K'(x)$ müssen aber anschließend die *Ecken gesondert untersuchen.* Über die Erlösfunktion E(x)

$$E(x) = x \cdot p(x) = \begin{cases} -0,5x^2 + 50x & \text{für } x \in [\ 0;10] \\ -2x^2 + 65x & \text{für } x \in]10;20] \\ -0,5x^2 + 35x & \text{für } x \in]20;70] \end{cases}$$

erhalten wir die Grenzerlösfunktion E'(x)

$$E'(x) = \begin{cases} -x + 50 & ;\ x \in [\ 0;10[\\ -4x + 65 & ;\ x \in]10;20[\\ -x + 35 & ;\ x \in]20;70] \end{cases}$$

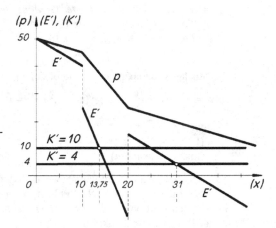

sowie die Gewinnfunktion G(x) und die Grenzge-winnfunktionfunktion G'(x):

$$G(x) = E(x) - K(x) = \begin{cases} -0,5x^2 + 40x - 250 \\ -2x^2 + 55x - 250, \\ -0,5x^2 + 25x - 250 \end{cases}$$

$$G'(x) = \begin{cases} -x + 40 & ;\ x \in [\ 0;10[\\ -4x + 55 & ;\ x \in]10;20[\\ -x + 25 & ;\ x \in]20;70] \end{cases}.$$

Wir erkennen durch Bildung der rechts- und links-seitigen Grenzwerte an den Ecken x = 10 bzw. x = 20, dass an beiden Stellen sowohl die *Grenz-erlösfunktion* als auch die *Grenzgewinnfunktion* einen *Sprung* besitzen, siehe Abb. 6.3.50.

Bei der Bestimmung der lokalen Extrema müssen daher diese Sprungstellen x = 10 und x = 20 gesondert untersucht werden:

Die notwendige Maximierungsbedingung:
G'(x) = 0 (bzw. E'(x) = K'(x)) liefert durch Null-setzen der drei Terme von G'(x) unter Beachtung der jeweiligen Gültigkeitsbereiche:

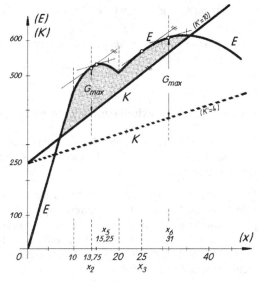

Abb. 6.3.50

$$G'(x) = 0 \Rightarrow \begin{cases} -\ x + 40 = 0 \\ -4x + 55 = 0 \\ -\ x + 25 = 0 \end{cases} \Leftrightarrow$$

$x_1 = 40$ ME $(\notin [0;10[); \quad x_2 = 13,75$ ME $(\in]10;20[); \quad x_3 = 25$ ME $(\in]20;70])$.

Von den drei durch formale Rechnung erhaltenen Extremwertkandidaten sind also nur x_2 und x_3 brauchbar, da x_1 nicht im Definitionsbereich $[0;10[$ des ersten Terms von $G'(x)$ liegt. Die zweite Ableitung

$$G''(x) = \begin{cases} -1 \\ -4 \\ -1 \end{cases}$$ ist überall negativ, so dass es sich bei x_2, x_3 jeweils um relative Gewinnmaxima handelt.

Über die Lage des absoluten Gewinnmaximums muss daher ein Vergleich der Gewinnhöhe in x_2, x_3, den Ecken und den Randpunkten entscheiden:

Wegen $G(0) = -250$; $G(10) = 100$; **$G(13,75) = 128,13$**; $G(20) = 50$; $G(25) = 62,5$; $G(70) = -950$ wird das Gewinnmaximum bei einer Produktionsmenge von 13,75 ME, d.h. für den Preis $p(13,75) = 37,50$ GE/ME angenommen. Das *Gewinnmaximum* liegt hier somit im *monopolistischen Bereich* der Preis-Absatz-Funktion.

Gelingt es dem Anbieter, seine stückvariablen Kosten (und somit seine Grenzkosten) zu senken, so kann es auch zu einem *Gewinnmaximum außerhalb des monopolistischen Bereiches* kommen. Sei etwa die Kostenfunktion K durch $K(x) = 4x + 250$ *($K'(x) \equiv 4$, siehe die gestrichelte Kostengerade in Abb. 6.3.50)*. gegeben. Dann erhält man mit der Bedingung $G'(x) = 0$:

$$G'(x) = \begin{cases} -x + 46 = 0 & x_4 = 46 & \text{ME} \notin [\ 0;\ 10\ [\\ -4x + 61 = 0 & \Leftrightarrow & x_5 = 15,25 \ \text{ME} \in\ ]\ 10;\ 20\ [\\ -x + 31 = 0 & x_6 = 31 & \text{ME} \in\ ]\ 20;\ 70\ ] \end{cases}$$

Auch jetzt kommen nur x_5 und x_6 als Extremstellen in Frage. Wegen $G''(x) < 0$ muss der direkte Gewinnvergleich entscheiden:

Wegen $G(0) = -250$; $G(10) = 160$; $G(15,25) = 215,13$; $G(20) = 170$;   **$G(31) = 230,50$** ; $G(70) = -530$ liegt jetzt das Gewinnmaximum außerhalb des monopolistischen Bereiches bei einem Preis von $p(31) = 19,50$ GE/ME, siehe Abb. 6.3.50. (Zur *graphischen Lokalisierung des Gewinnmaximums* siehe auch Kap. 8.5.1 iii).)

6.3.2.5   Optimale Lagerhaltung

Bei Serienproduktion eines Gutes und bekannter Nachfrage stellt sich für den Produzenten die Frage nach der „richtigen" **Auflagen**- oder **Losgröße**:
Für jedes Produktionslos entstehen – *unabhängig* von der Auflagenhöhe – fixe Rüstkosten, es scheint daher zunächst sinnvoll zu sein, möglichst hohe Losgrößen zu fertigen, um die gesamten **Rüstkosten** K_R klein zu halten. Andererseits entstehen mit steigender Fertigungslosgröße – bedingt durch den erhöhten Lagerbestand – auch steigende **Lagerhaltungskosten** K_L (z.B. Zinsen), so dass man es mit zwei **gegenläufigen Kostenarten** zu tun hat, siehe Abb. 6.3.52.

Das Problem der optimalen Lagerhaltung besteht somit darin, diejenige **(optimale) Losgröße** x^* zu finden, für die die **Summe** $K_R + K_L$ **aus Rüst- und Lagerkosten** bei gegebenem Periodengesamtbedarf **minimal** wird.

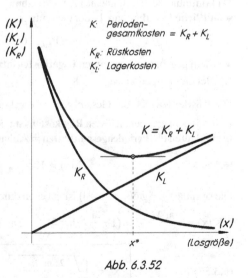

Abb. 6.3.52

Bemerkung 6.3.51:   *Ein analoges Problem stellt sich bei der Beschaffung eines kontinuierlich in der Produktion eingesetzten Rohstoffes: Bestellfixe Kosten legen wenige große Bestellungen nahe, der Lagerkostenaspekt spricht eher für häufige, kleinere Bestellungen. Gesucht ist die* **optimale Bestellmenge**, *für die die Summe beider Kostenarten bei gegebenem Gesamtbedarf minimal wird.*

Wir wollen das gestellte Problem unter der Annahme lösen, dass für das Gut eine gegebene konstante kontinuierliche Nachfrage a im Zeitablauf besteht. Außerdem erfolge in jedem Produktionszyklus der Lagerzugang aus der Produktion mit einer ebenfalls konstanten kontinuierlichen Rate z (Beispiel: Abgangsrate (Nachfrage) $a = 500\ \text{ME}/\text{ZE}_1$; Zugangsrate $z = 800\ \text{ME}/\text{ZE}_1$, z.B. $1\ \text{ZE}_1 = 1$ Tag).

Zwischen dem vorgegebenen **Periodengesamtbedarf** m (in ME/ZE; 1 ZE = 1 Gesamt-Periode, z.B. ein Jahr), der **Losgröße** x (in ME) und der **Anzahl h der Produktionslose** pro Gesamt-Periode (in 1/ZE) besteht offenbar die Beziehung $m = h \cdot x$ bzw. $h = \dfrac{m}{x}$.

Zu Beginn eines jeden Produktionszyklus erfolgt der Lagerzugang mit der festen Rate z (in ME/ZE_1), während gleichzeitig der Abgang vom Lager mit der festen Rate a (in ME/ZE_1) erfolgt. Dabei muss sichergestellt sein, dass $z > a$ gilt, damit die laufende Produktion die Nachfrage mindestens deckt (für $z = a$ ist theoretisch ein Lager entbehrlich).

Während der ersten Phase t_1 des Produktionszyklus wächst somit das Lager mit der konstanten Rate $z - a$, und zwar so lange, bis das gesamte Produktionslos x produziert und geliefert wurde:

$$x = z \cdot t_1 \qquad \text{d.h.} \qquad t_1 = \frac{x}{z} .$$

In der anschließenden Periode t_2 erfolgen keine weiteren Lagerzugänge, vielmehr sinkt der Lagerbestand mit der Rate a auf Null, ehe der neue Produktionszyklus beginnt, usw. (siehe Abb. 6.3.53).

Der maximale Lagerbestand b_{max} wird in t_1 angenommen (denn bis dahin wird aufgefüllt):

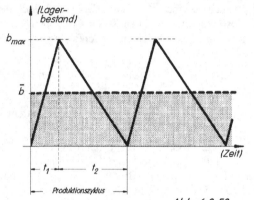

Abb. 6.3.53

$$b_{max} = (z - a) \cdot t_1 = (z - a) \cdot \frac{x}{z} = (1 - \frac{a}{z}) \cdot x .$$

Da kontinuierliche (d.h lineare) Zu-/Abnahme des Lagerbestandes unterstellt wurde, beträgt der **durchschnittliche Lagerbestand** $\bar{b}$ der Gesamtperiode die Hälfte des Höchstbestandes:

$$\bar{b} = b_{max} \cdot 0{,}5 = \frac{x}{2}(1 - \frac{a}{z}).$$

Mit dem gegebenen, konstanten **Lagerkostensatz** k_1 (in €/(ME · ZE)) erhält man daher als **Lagerkosten** K_L der Gesamtperiode: $K_L = \bar{b} \cdot k_1 = \dfrac{x}{2}(1 - \dfrac{a}{z}) \cdot k_1$.

Die **Rüstkosten** K_R der Gesamtperiode ergeben sich aus der Anzahl h der Produktionslose multipliziert mit dem gegebenen festen **Rüstkostensatz** k_0 (in €) zu: $K_R = h \cdot k_0 = \dfrac{m \cdot k_0}{x}$ (in €/ZE).
Damit lauten die **Periodengesamtkosten** in Abhängigkeit von der Losgröße x:

(6.3.54) $$K(x) = K_R + K_L = \frac{m \cdot k_0}{x} + \frac{x}{2}(1 - \frac{a}{z}) \cdot k_1 .$$

Die optimale Losgröße x^* (> 0) ist gegeben durch das relative Minimum von K(x): Mit $K'(x) \overset{!}{=} 0$ folgt

$K'(x) = -\dfrac{m \cdot k_0}{x^2} + \dfrac{1}{2}(1 - \dfrac{a}{z}) \cdot k_1 \overset{!}{=} 0$.   Die *(positive)* Lösung liefert die **optimalen Losgröße** x^* mit

m: Periodengesamtbedarf [ME/ZE]
k_0: Rüstkostensatz [€]
a : Abgangsrate [ME/ZE_1]

(6.3.55) $$x^* = \sqrt{\frac{2 \cdot m \cdot k_0}{(1 - \frac{a}{z}) \cdot k_1}}$$

z : Zugangsrate [ME/ZE_1]
k_1: Lagerkostensatz [€/ (ME · ZE]
 (Gesamtperiodenlänge = 1 ZE)

(Wegen $K''(x^*) = \dfrac{2mk_0}{x^{*3}} > 0$ ist die hinreichende Bedingung für ein Kostenminimum erfüllt.)

(x^*, x: (opt.) Losgröße [ME])

Bei einem Periodengesamtbedarf von z.B. 180.000 ME/Jahr (d.h. Abgangsrate a = 500 ME/Tag), einem Lagerkostensatz von 1,20 € pro ME und Tag, einem Rüstkostensatz von 100.000 € und einer Zugangsrate von 800 ME/Tag ergibt sich *(1 Jahr = 360 Tage)* die **optimale Losgröße** zu

$$x^* = \sqrt{\frac{2 \cdot 180.000 \cdot 100.000}{(1 - \frac{500}{800}) \cdot 1,20 \cdot 360}} = 14.907 \approx 15.000 \text{ ME}.$$

Bemerkung:

Man beachte, dass zunächst die Zeiteinheiten passend umgerechnet werden müssen: Bezieht man sich auf einen Tag als Zeiteinheit (= 1 ZE₁), so entsprechen einem Bedarf von 180.000 ME/Jahr einem Abgang von 500 ME/Tag (1 Jahr = 1 ZE). Der Lagerkostensatz lautet: 1,20·360 = 432 €/(ME·Jahr).

Ein Produktionszyklus dauert im Beispielsfall $\frac{14.907}{500}$ ≈ 30 Tage, davon werden zur Lagerauffüllung

$$t_1 = \frac{14.907}{800} = 18,6 \approx 19 \text{ Tage verwendet.}$$

In den restlichen ca. 11 Tagen des Zyklus erfolgt ausschließlich nachfragebedingter Güterabgang.

Der Lagerhöchstbestand

$$b_{max} = x \cdot (1 - \frac{a}{z}) \approx 5.600 \text{ ME}$$

wird nach ca. 19 Tagen (= t_1) erreicht, s. Abb. 6.3.56.

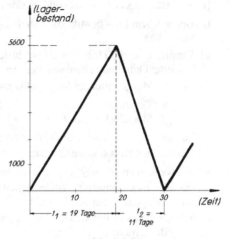

Abb. 6.3.56

Häufig betrachtet man den **vereinfachten Fall**, dass der **Lagerzugang zu Beginn** eines jeden Zyklus **in voller Höhe x „unendlich" schnell** erfolgt. Dies setzt voraus, dass die Produktionszeit als vernachlässigbar klein angesehen werden kann.

Mathematisch bedeutet dieser vereinfachte Fall, dass die Zugangsrate z gegen ∞ und damit $\frac{a}{z}$ gegen Null strebt. Zu **Beginn** eines **jeden Zyklus** ist somit das **komplette Los auf Lager:**

$$b_{max} = \lim_{z \to \infty} (1 - \frac{a}{z}) \cdot x = x, \text{ siehe Abb. 6.3.57.}$$

Damit lautet die Gesamtkostenfunktion (6.3.54):

$$K(x) = \frac{m \cdot k_0}{x} + \frac{x}{2} \cdot k_1 \to \text{ min.},$$

aus der sich die optimale Losgröße x^* ergibt zu

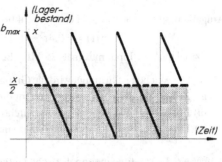

Abb. 6.3.57

$$x^* = \sqrt{\frac{2mk_0}{k_1}} \quad \text{(„Andlersche Losgrößenformel")} \qquad (6.3.57a)$$

Mit den oben gegebenen Zahlenwerten beträgt in diesem Fall die optimale Losgröße 9129 ME. Damit ergeben sich ca. 20 Produktionsauflagen pro Jahr im Abstand von jeweils ca. 18 Tagen.

Aufgabe 6.3.58:   Gegeben ist eine ertragsgesetzliche Kostenfunktion K mit

$$K(x) = 0{,}1x^3 - 2{,}4x^2 + 30x + 640 \, ; \qquad \text{K: Gesamtkosten (GE) ; } x \, (\geq 0)\text{: Output (ME)}.$$

i) Bestimmen Sie die Schwelle des Ertragsgesetzes.

ii) Ermitteln Sie das Betriebsminimum.

iii) Zeigen Sie, dass das Betriebsoptimum für x = 20 ME angenommen wird.

iv) Ermitteln Sie diejenige Produktionsmenge, für die die Grenzkosten minimal werden.

v) Zeigen Sie, dass im Betriebsoptimum die Grenzkosten gleich den Durchschnittskosten sind.

Aufgabe 6.3.59:   Gegeben sei die Kostenfunktion K eines Monopolisten mit

$$K(x) = 0{,}01x^3 - 1{,}5x^2 + 120x + 4.000 \qquad \text{(K: Gesamtkosten ; x: Output)}.$$

Der Monopolist operiere am Markt mit folgender Nachfragefunktion p:

$$p(x) = 1.044 - 0{,}3x \qquad \text{(p: Preis ; x: nachgefragte Menge)}.$$

(Er sei in der Lage, Produktion und Absatz zu synchronisieren; $p \geq 0$, $x \geq 0$)

i) Bei welchem Preis bewirkt die Erhöhung des Preises um eine GE/ME einen Nachfragerückgang um 0,3 ME?

ii) Ermitteln Sie die Höhe des zu produzierenden Outputs, bei dem die variablen Kosten pro produzierter Outputeinheit minimal werden.

iii) Welche Menge muss der Monopolist produzieren und absetzen, um seinen

<table>
<tr><td>a) Gesamtgewinn</td><td>b) Stückgewinn</td><td>c) Deckungsbeitrag</td></tr>
<tr><td>d) Stückdeckungsbeitrag</td><td>e) Gesamtumsatz</td><td>f) Umsatz pro Stück (= Preis!)</td></tr>
</table>

zu maximieren?   Ermitteln Sie die zugehörigen Preise.

iv) Für welchen Preis sind die Grenzkosten des Monopolisten minimal?

v) Es werde nunmehr angenommen, der Produzent habe zwar die oben angegebene Kostenfunktion, operiere aber an einem polypolistischen Markt mit einem festen und von ihm nicht beeinflussbaren Marktpreis p für sein Produkt.

    a)   Welches ist der kleinste Preis p, bei dem der Produzent gerade noch seine gesamten Kosten decken kann?

    b)   Wie lautet die (langfristige) Angebotsfunktion des Polypolisten? Bei welchem minimalen Preis tritt er erstmals am Markt auf?

Aufgabe 6.3.60:   Gegeben sei eine Produktionsfunktion x mit der Gleichung

$$x(r) = -0{,}4r^3 + 18r^2 + 24r \qquad \text{(x: Output ; r} \, (\geq 0)\text{: Input)}.$$

Dabei darf der Input maximal $25 \, ME_r$ betragen.

i) Für welchen Faktorinput wird die Grenzproduktivität maximal?

ii) Zeigen Sie, dass im vorgegebenen Inputbereich kein relatives Ertragsmaximum existiert.

iii) Für welchen Faktorinput ist der Durchschnittsertrag maximal? *(r > 0)*

iv) Für welchen Faktorinput sind Grenz- und Durchschnittsertrag identisch? *(r > 0)*

Aufgabe 6.3.61:   Eine monopolistische Unternehmung produziert ihren Output x (in ME_x) mit Hilfe eines einzigen variablen Produktionsfaktors (Input r in ME_r) nach folgender Produktionsvorschrift:

$$x(r) = 4\sqrt{r - 100} \; ; \; (r \geq 100). \qquad \text{Der Faktorpreis betrage } 16 \, \text{€/ME}_r.$$

Der Output x kann nach der Preis-Absatz-Beziehung $x(p) = 196 - 0{,}4p$ (p in €/ME_x) abgesetzt werden.

i) Bei welchem Output operiert die Unternehmung im Betriebsoptimum?

ii) Wie lauten die Gewinnschwellenpreise der Unternehmung?

iii) Welchen Marktpreis muss die Unternehmung fordern, um maximalen Gewinn zu erzielen?

*Aufgabe 6.3.62-I: Gegeben sei für ein Gut die Preis-Absatz-Funktion p(x) mit

$$p(x) = \begin{cases} 180 - 2x & \text{für } 0 \le x \le 60 \\ 78 - 0,3x & \text{für } x > 60 \end{cases}$$

(p (>0): Preis in GE/ME; x: Menge in ME (>0))

Die Gleichung der Gesamtkostenfunktion K lautet: K(x) = 15x + 3000.

Ermitteln Sie: **i)** das Erlösmaximum **ii)** die Gewinnschwellen **iii)** das Gewinnmaximum.

*Aufgabe 6.3.62-II: Für einen Polypolisten auf dem unvollkommenen Markt sei die folgende doppelt-geknickte Preis-Absatz-Funktion gegeben:

$$p(x) = \begin{cases} -0,5x + 50 & \text{für } 0 \le x \le 10 \text{ ME} \\ -2x + 65 & \text{für } 10 < x \le 20 \text{ ME} \\ -0,5x + 35 & \text{für } 20 < x \le 70 \text{ ME} \end{cases}$$ *(siehe Kap. 6.3.2.4)* .

i) Ermitteln Sie Preis, Menge und Gewinn im Gewinnmaximum, wenn der Anbieter mit folgender Kostenfunktion K produziert:

a) $K(x) = 0,008x^3 - 0,6x^2 + 20x + 150$ **b)** $K(x) = 30x + 100$.

ii) Im Fall i) b) haben die Grenzkosten den konstanten Wert $K' \equiv 30$. Welches ist der höchste Grenzkosten-Wert *(statt „30")*, der gerade noch zu einem nicht-negativen Gewinn führt?

Aufgabe 6.3.63-I: Die Eisbär AG liefert in kontinuierlicher Weise pro Jahr 48.000 Kühlschränke des Typs QXL aus. Bei jeder Produktionsumstellung auf den Typ QXL fallen Rüstkosten in Höhe von 7.680 € an. Für Lagerung rechnet die AG mit 6 € pro Kühlschrank und Monat.

i) Ermitteln Sie für jeden der beiden Fälle a) und b) die Anzahl und Größe der pro Jahr erforderlichen Produktionslose sowie die jeweiligen Gesamtkosten für Umrüstung und Lagerung, wenn die Eisbär AG kostenoptimale Politik betreibt:

a) Die Produktionszeit wird als als vernachlässigbar klein angenommen;

b) Die Produktion erfolgt mit einer kontinuierlichen Rate von 5000 Kühlschränken pro Monat.

ii) Zeigen Sie mit Hilfe der Losgrößenformel (6.3.55): Für die optimale Losgröße x* gilt unter den gegebenen Voraussetzungen stets *(d.h. unabhängig von speziellen Ausgangsdaten)*: $K_L = K_R$ *(d.h. Lagerkosten = Rüstkosten im Optimum)*.

Aufgabe 6.3.63-II: Gelegentlich wird *(fälschlicherweise, siehe Abb. 6.3.5.2)* behauptet, die optimale Losgröße (bzw. optimale Bestellmenge) werde stets an der Stelle angenommen, an der sich Lager- und Rüstkostenkurve schneiden. Dies ist keineswegs der Fall!

Zeigen Sie, dass diese Behauptung aber dann richtig ist, wenn die Lagerkostenkurve eine Ursprungsgerade ($K_L = ax$) und die Rüstkostenkurve eine Hyperbel ($K_R = \frac{b}{x}$) ist *(a, b = const.)*.

Aufgabe 6.3.64: In einem Reparaturwerk *(z.B. Kfz-Reparatur-Werkstatt)* befindet sich eine zentrale Material-Ausgabestelle, die pro Stunde im Durchschnitt von 40 Monteuren aufgesucht wird. Die mittlere Wartezeit t (in Minuten) der Ankommenden bis zum Erhalt des verlangten Materials hängt umgekehrt proportional ab von der Anzahl x der in der Ausgabe Beschäftigten: $t = t(x) = \frac{20}{x}$.

Der Lohn des Monteurs betrage 24 €/h, der eines in der Ausgabe Beschäftigten 20 €/h.

Wieviele Arbeitnehmer sollte das Werk in der Materialausgabe einsetzen, damit die stündlichen Gesamtkosten für die Materialausgabe (= Lohnkosten plus Wartekosten) minimal werden?

Aufgabe 6.3.65: Die Produktionskapazität P (in Leistungseinheiten (LE)) eines Unternehmens, das im Jahre 2000 (t = 0) gegründet wurde, sei im Zeitablauf t (in Jahren) durch folgende Funktionsgleichung beschrieben:

$$P(t) = \frac{38.500}{700 + (t-20)^2} \quad ; \quad t \geq 0 .$$

i) Mit welcher Anfangskapazität startete das Unternehmen im Jahr 2000?

ii) In welchem Jahr erreicht(e) die Unternehmung ihre maximale Produktionskapazität? Höhe?

Aufgabe 6.3.66: Die Rentabilität R (= Jahresgewinn dividiert durch das eingesetzte Produktivkapital, ausgedrückt in % p.a.) einer Unternehmung hänge vom Marktanteil m (in %) des hergestellten Produktes in folgender Weise ab:

$$R(m) = -5m^2 + 3,6m - 0,35 .$$

Die Unternehmung kann mit den vorhandenen Kapazitäten einen Marktanteil von höchstens 80% realisieren, d.h. $0 \leq m \leq 0,80$.

i) Welchen Marktanteil sollte die Unternehmung anstreben, um eine möglichst große Rentabilität zu erreichen? Wie groß ist die maximale Rentabilität?

ii) Die Unternehmung fordert eine Mindestrentabilität von 15% p.a. Innerhalb welcher Werte darf der Marktanteil schwanken, wenn dieses Ziel erreicht werden soll?

iii) Wie hoch ist der Unternehmensgewinn beim höchsterreichbaren Marktanteil, wenn das eingesetzte Produktivkapital 9,2 Mio. € beträgt?

Aufgabe 6.3.67: Der Markt für ein bestimmtes Produkt lasse sich vom Produzenten marketingbezogen in mehrere Segmente (Zielgruppen) zerlegen. Je höher der Segmentierungsgrad s (s kann zwischen 0 (%) und 100 (%) schwanken), desto höher der erzielbare Gesamtumsatz U (in T€), desto höher aber auch die aus der Segmentierungsstrategie resultierenden gesamten Produktions- und Marketingkosten K (in T€). Der quantitative Zusammenhang werde durch folgende Funktionen beschrieben:

$$U(s) = -0,1\,(s-100)^2 + 500 \ ; \quad K(s) = 0,02\,s^2 + 200 \ ; \quad 0 \leq s \leq 100 .$$

i) Welchen Segmentierungsgrad muss die Unternehmung mindestens erreichen, damit die Umsätze die Kosten decken?

ii) Bei welchem Segmentierungsgrad erzielt der Produzent maximalen Gesamtgewinn? Wie hoch ist dieser Maximalgewinn?

Aufgabe 6.3.68: Ein Monopolist produziere mit folgender Kostenfunktion K:

$$K(x) = x^3 - 12x^2 + 60x + 98$$

und sehe sich der Nachfragefunktion p mit $p(x) = -10x + 120$ gegenüber (siehe Beispiel 6.3.45).

i) Auf jede produzierte und abgesetzte Mengeneinheit werde eine Mengensteuer in Höhe von t = 24 GE/ME erhoben, so dass sich die Gesamtkosten des Produzenten um die abzuführende Gesamtsteuer $T = t \cdot x$ erhöhen. Ermitteln Sie die gewinnmaximale Menge sowie die dann abzuführende Steuer und den Gesamtgewinn.

*ii) Welche Mengensteuerhöhe t (GE/ME) müsste der Staat festlegen, damit er im Gewinnmaximum des Produzenten maximale Steuereinnahmen erzielt? Wie lauten jetzt der gewinnmaximale Preis, die abzuführende Gesamtsteuer sowie der Gewinn des Produzenten?

iii) Statt einer Mengensteuer werde nun vom Staat eine Gewinnsteuer in Höhe von 40% des Gewinns *(vor Steuern)* erhoben. Wie lautet die gewinnmaximale Menge, und welchen Einfluss hat die Höhe des Gewinnsteuersatzes auf den gewinnmaximalen Output?

Aufgabe 6.3.69:

i) Die Gesamtkostenfunktion K einer Unternehmung lautet: $K(x) = 0,5x + 1 + \dfrac{36}{x+9}$, $x \geq 0$.
Bei welcher Produktionsmenge x operiert die Unternehmung im Betriebsminimum?

ii) Nach einem Unfall in einem Chemie-Werk am Rhein wurde die Konzentration c (in μg/l) eines Gefahrstoffes an einer ausgewählten Stelle des Rheins permanent gemessen.

Es stellte sich heraus, dass diese Konzentration c in Abhängigkeit der Zeit t *(in Tagen, gezählt seit dem Zeitpunkt des Unfalls)* durch folgende Funktionsgleichung beschrieben werden konnte:

$$c = c(t) = (50t+4) \cdot e^{-t} \quad , \quad t \geq 0 .$$

a) Nach welcher Zeit *(in Stunden, gezählt seit dem Unfall)* war die Konzentration maximal?
***b)** Nach wieviel Stunden war die Konzentration auf 15% des Maximalwertes gesunken?

iii) Kunstmaler Huber kopiert im Museum einen berühmten „Rembrandt". Seine monatliche Produktion b (in Bildern/Monat) hängt c.p. ab von der Gesamtzahl B (in Bildern) aller bis dahin kopierten Bilder („Lerneffekt") und kann durch folgende Funktionsgleichung beschrieben werden:

$$b = b(B) = 10 - 9 \cdot e^{-0,005 \cdot B} \quad , \quad B \geq 0 .$$

a) Überprüfen Sie mathematisch, ob Hubers monatlicher Output mit zunehmender Gesamtmenge tatsächlich (wie man es eigentlich erwarten müsste) **zu**nimmt.

b) Wieviele Bilder kann Huber auch bei „unendlich großer Erfahrung" höchstens pro Monat kopieren?

iv) Der Kapitalwert C_0 einer Investition sei in Abhängigkeit des Zinssatzes i gegeben durch die Gleichung (mit $q = 1+i$):

$$C_0 = -400 + 500 \cdot \frac{1}{q} + 700 \cdot \frac{1}{q^2} - 800 \cdot \frac{1}{q^3} \quad , \quad (q > 0) .$$

Bei welchem Zinssatz i ist der Kapitalwert maximal?

v) Das Huber-Movies-Programmkino hat eine Kapazität von 200 Sitzplätzen. In den Wintermonaten richten sich die Heizkosten H (in GE) während einer Filmvorführung nach der Auslastung x (= Besucherzahl pro Vorstellung) und können durch folgende Funktion H beschrieben werden:

$$H = H(x) = 60 - 0,001 \cdot x^2 \quad , \qquad (0 \leq x \leq 200) .$$

Für welche Besucherzahl werden die während einer Filmvorführung entstehenden Heizkosten minimal?

vi) Gegeben sei eine Investitionsfunktion I, die den Zusammenhang von Investitionsausgaben I(i) für den Wohnungsbau *(in Mio. €/Jahr)* und dem *(effektiven)* Kapitalmarktzinssatz i *(in % p.a., z.B. i = 0,08 = 8% p.a. usw.)* beschreibt:

$$I = I(i) = \frac{50.000}{250i + 1} \quad ; \quad (i \geq 0) .$$

a) Bei welchem Zinssatz werden pro Jahr 2 Milliarden € in den Wohnungsbau investiert?
b) Bei welchem Zinssatz sind die jährlichen Investitionen in den Wohnungsbau maximal?

Aufgabe 6.3.70:

i) Die Huber AG will ihr neues Produkt vermarkten, pro Mengeneinheit (ME) erzielt sie einen Verkaufserlös von 50 Geldeinheiten (GE).

Bei der Produktion des Produktes fallen Fixkosten in Höhe von 5.000 GE/Jahr an, weiterhin verursacht jede hergestellte Mengeneinheit *(variable)* Produktionskosten in Höhe von 4 GE.

Um den Markterfolg ihres Produktes langfristig zu sichern, beauftragt die Huber AG eine Werbeagentur. Bezeichnet man die jährlichen Gesamtaufwendungen für Werbung mit w, so besteht zwischen nachgefragter Menge x (in ME/Jahr) und Werbeaufwand w (in GE/Jahr) folgende funktionale Beziehung:

$$x = x(w) = 1000 - 200 \cdot e^{-0,05\,w} \quad , \quad (x, w \geq 0) \ .$$

Welchen jährlichen Werbeaufwand muss die Huber AG tätigen, damit ihr Gesamtgewinn aus Produktion und Vermarktung *(d.h. Erlös minus Produktionskosten minus Werbeaufwand)* maximal wird?

ii) Die Huber GmbH produziert in der hier betrachteten Periode ausschließlich Gimmicks. Dazu benötigt sie *(außer festen Inputfaktoren)* einen einzigen variablen Inputfaktor, nämlich Energie.

Bezeichnet man die Gesamtheit der in der Bezugsperiode produzierten Gimmicks mit m *(in kg)* und die dafür insgesamt benötigte Energiemenge mit E *(in Energieeinheiten (EE))*, so besteht zwischen m und E der folgende funktionale Zusammenhang:

$$m = m(E) = 20 \sqrt{0,5E - 80} \quad , \qquad\qquad (E \geq 160) \ .$$

Eine Energieeinheit kostet die Huber GmbH   20 GE .

Die Gimmicksproduktion kann unmittelbar am Markt abgesetzt werden zum Marktpreis p, der von der Huber GmbH festgesetzt wird. Zwischen nachgefragter Menge m und Absatzpreis p *(in GE/kg)* besteht folgender Zusammenhang:

$$m = m(p) = 400 - 0,25p \quad , \qquad\qquad (m, p \geq 0) \ .$$

Wie muss die Huber GmbH den Marktpreis für ihre Gimmicks festsetzen, um in der betrachteten Periode maximalen Gesamtgewinn zu erzielen?

iii) Emir Huber will in der Sahara nach Wasser bohren und das damit evtl. gefundene Wasser fördern und für Trinkwasserzwecke aufbereiten.

Wegen der damit verbundenen Kosten sucht er herauszufinden, in welchem Abstand x (in Längeneinheiten (LE)) er die Bohrungen einbringen soll, um per Saldo die Kosten pro Tonne (t) geförderten und aufbereiteten Wassers zu minimieren.

Dabei ist zu beachten:

Je größer der Abstand x zwischen zwei Bohrstellen, desto geringer fallen die durchschnittlichen reinen Bohrkosten k_B (in GE/t) aus (und umgekehrt).

Die durchschnittlichen Bohrkosten k_B pro t geförderten Wassers lauten in Abhängigkeit vom Abstand x (> 0) zwischen zwei Bohrstellen:

$$k_B = \frac{2000}{x} \qquad \textit{(siehe Abbildung rechts)}$$

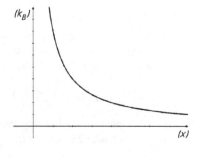

Andererseits steigen mit zunehmendem Abstand zwischen zwei Bohrstellen die Kosten k_W (in GE /t) für die Wassergewinnung, da die genaue Lokalisierung der Wasserstellen ungenauer wird und außerdem die Aufbereitung des Wassers schwieriger wird.

Für die pro t geförderten Wassers durchschnittlich anfallenden Gewinnungs- und Aufbereitungskosten k_W gilt (mit x > 0):

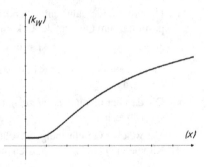

$$k_W = 5000 \cdot e^{-\frac{2}{x}} + 300 \qquad \textit{(siehe Abb. rechts)}$$

Die gesamten durchschnittlichen Förderkosten k(x) *(pro Tonne geförderten und aufbereiteten Wassers)* setzen sich schließlich additiv aus den Bohrkosten k_B und den Wassergewinnungskosten k_W zusammen.

Bei welchem Bohrabstand x sind die (durchschnittlichen) Förderkosten (pro t Wasser) für Huber minimal?

iv) Das Angebot A *(in Stunden pro Monat (h/M.))* an Arbeitskräften für die Baumwollernte in den USA hängt ab vom gezahlten Arbeitslohn p *(in GE/h)* und richtet sich nach folgender Funktion:

$$A = A(p) = 0,05 \cdot p \cdot (120 - p) ; \qquad \textit{(0 < p < 100)} .$$

a) Bei welchem Stundenlohn ergibt sich das höchste Angebot an Arbeitskräften pro Monat? Welche Lohnsumme wird dann pro Monat insgesamt gezahlt?

b) Bei welchem Stundenlohn ist die pro Monat insgesamt gezahlte Lohnsumme (d.h. für alle Arbeitnehmer zusammen) maximal?   Wie hoch ist die maximale Lohnsumme?

v) Betrachtet werde ein „durchschnittlicher" Unternehmer, dessen Jahreseinkommen Y mit einer Steuer belastet wird. Der Steuersatz s sei vorgegeben *(z.B. bedeutet s = 0,6: 60% des Unternehmereinkommens werden als Steuer an den Staat abgeführt usw.)*; s kann vom Staat geändert werden.

Langjährige Untersuchungen zeigen, dass die Gesamteinnahmen T des Staates an dieser Steuer wiederum von der Höhe des Steuersatzes s abhängen, d.h. T = T(s). Für die Eckwerte von s *(nämlich 0% und 100%)* gelten folgende Überlegungen:

– Wenn s = 0 ($\hat{=}$ 0 %), so benötigt der Staat offenbar keine Steuern, es gilt T = 0, das gesamte Einkommen verbleibt beim Unternehmer.

– Wenn s = 1 ($\hat{=}$ 100 %), so muss der Unternehmer sein gesamtes Einkommen an den Staat abführen, daher wird der Unternehmer in diesem Fall – getreu dem ökonomischen Prinzip – überhaupt kein Einkommen erzielen wollen, d.h. auch jetzt wird der Staat keine Steuereinnahmen erzielen, T = 0.

– Nur wenn der Steuersatz zwischen 0 und 1 liegt, erzielt der Staat Steuereinnahmen, T > 0.

Es werde nun unterstellt, dass die eben beschriebene Funktion T von folgendem Typ ist:

(*) $T = T(s) = a \cdot s \cdot (1 - s)$; $(0 \le s \le 1)$, a = const. (>0) .   (T: Steuereinnahmen des Staates s: Steuersatz)

a) Zeigen Sie, dass diese Funktion T(s) die drei eben beschriebenen Eigenschaften besitzt.

b) Für welchen Steuersatz erzielt der Staat die höchsten Steuereinnahmen?

c) Wie müsste in der Steuerfunktion (*) die Konstante a gewählt werden, damit für einen Steuersatz von 20% die Elastizität der Steuereinnahmen bzgl. des Steuersatzes den Wert 0,75 aufweist?   *(Für den Aufgabenteil c) ist die Kenntnis von Kap. 6.3.3 Voraussetzung.)*

vi) Die pro Stunde Fahrt entstehenden Treibstoffkosten k_t *(in €/h)* einer Diesellokomotive sind proportional zum Quadrat der Lokomotivgeschwindigkeit v *(in km/h)*, d.h. es gilt:

$$k_t = c \cdot v^2 \; ; \qquad (c = const.) \, .$$

Messungen ergaben, dass bei einer Geschwindigkeit von 40 km/h die Treibstoffkosten 25 €/h betragen.

Die darüber hinaus *(unabhängig von der Lokomotivgeschwindigkeit)* entstehenden Kosten betragen 100 €/h.

Mit welcher Geschwindigkeit sollte die Lokomotive fahren, damit die insgesamt pro gefahrenem Kilometer entstehenden Kosten minimal werden?

vii) Während ihrer umfangreichen Reisetätigkeit mit der Deutschen Bahn AG ist der Wirtschaftsprüferin Prof. Dr. Z. aufgefallen, dass ein bemerkenswerter Zusammenhang besteht zwischen der Höhe h (in cm) der Absätze ihrer Stöckelschuhe *(Stilettos, High-Heels)* und der Wahrscheinlichkeit W dafür, dass sie ihren Reisekoffer selbst vom Bahnsteig zum Taxi tragen muss. Der funktionale Zusammenhang zwischen W und h kann durch folgende Funktionsgleichung beschrieben werden:

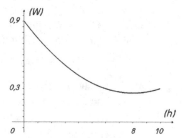

$$W = W(h) = 0,01 \cdot h^2 - 0,16h + 0,9 \; ; \quad (0 \le h \le 10) \, .$$

Lesebeispiel: Bei Absatzhöhe 10 cm ist die Wahrscheinlichkeit dafür, den Koffer selbst tragen zu müssen, 30% (= 0,3), bei flachen Absätzen (h = 0) findet sich nur in 10% aller Fälle ein hilfreicher Kofferträger (denn W(0) = 0,9), usw.

Auf den ersten Blick scheint sich eine Absatzhöhe zu empfehlen, die W minimiert, d.h. 8 cm *(siehe Abb.)*. Andererseits steigt bei hohem Absatz der Ärger Ä *(in Strafpunkten)*, der immer dann entsteht, wenn sie den Koffer doch einmal selbst tragen muss: Je höher der Absatz, desto ärgerlicher das eigenhändige Koffertragen.

Die zugehörige Ärgerfunktion Ä lautet:

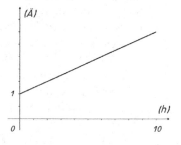

Ä: $\ddot{A}(h) = 0,25h + 1 \; ; \quad (0 \le h \le 10) \, .$

(d.h. der Ärger (oder die „Strafe“) bei eigenhändigem Koffertragen nimmt linear mit der Stöckelhöhe zu.)

Der zu jeder Stöckelhöhe h zu erwartende *Gesamtfrust* F(h) ist nun definitionsgemäß gegeben als Produkt aus der Wahrscheinlichkeit W(h), den Koffer selbst tragen zu müssen, und der Strafe Ä(h) beim eigenhändigen Tragen des Koffers *(F(h) ist ein „Erwartungswert“, d.h. so etwas wie der zu erwartende „Durchschnittsfrust bei Stöckelhöhe h“)*.

Welche Absatzhöhe würden Sie Frau Prof. Dr. Z. empfehlen, damit ihr Gesamtfrust beim Koffertransport zukünftig möglichst gering ausfällt?

6.3.3   Die Elastizität ökonomischer Funktionen

6.3.3.1   Änderungen von Funktionen

Im folgenden Abschnitt wollen wir untersuchen, wie man in ökonomisch sinnvoller und aussagekräftiger Weise das **Änderungsverhalten ökonomischer Größen** beschreiben kann, die über eine funktionale Beziehung (z.B. f: x ↦ f(x)) miteinander verknüpft sind. Eine wesentliche Aussage über das wechselseitige Änderungsverhalten von Funktionsvariablen kann bereits mit Hilfe des **Ableitungsbegriffes** erfolgen (s. Satz 6.1.22):

> Danach gibt der Differenzenquotient $\Delta f/\Delta x$ exakt (bzw. der **Diffe-rentialquotient** df/dx näherungsweise) an, um wieviele **Einheiten** sich der Funktionswert $f(x)$ ändert, wenn die unabhängige Variable x um **eine Einheit** geändert wird.

Ob dieses – auf dem **Verhältnis absoluter Änderungen** df und dx (bzw. Δf und Δx) beruhende – Änderungsmaß in allen Fällen zu einer befriedigenden Aussage über das Änderungsverhalten der zugrunde liegenden Funktion führt, soll im folgenden untersucht werden:

i)   Betrachtet sei die (zeitraumbezogene) Nachfrage x (in kg) nach einem Gut in Abhängigkeit vom Marktpreis p (in €/kg) des Gutes (hier bedeuten x die abhängige und p die unabhängige Variable). Es sei dazu eine lineare Nachfragefunktion $x: p \mapsto x(p)$ unterstellt mit der Gleichung

$$x = x(p) = -40p + 560 \qquad (0 < p \le 14).$$

Der Zahlenwert der 1. Ableitung $x'(p)$ beträgt konstant -40, so dass sich die Nachfrage $x(p)$ stets um 40 kg verringert (bzw. vermehrt), wenn der Preis um 1 €/kg angehoben (bzw. gesenkt) wird, siehe Abb. 6.3.71.

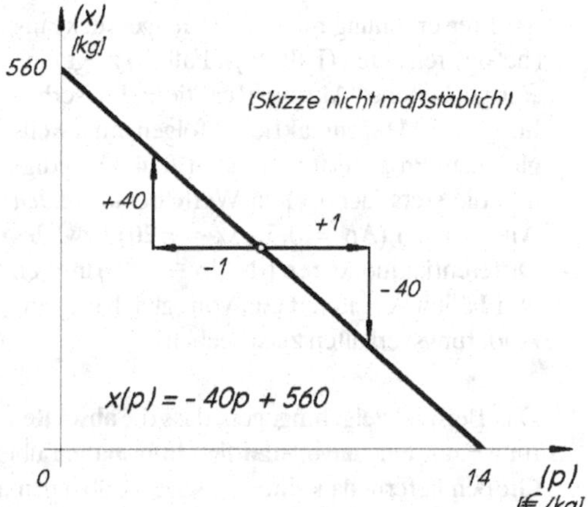

Abb. 6.3.71

Beschreiben wir nun diesen Sachverhalt durch Verwendung der Gewichtseinheit „1 t" (statt 1 kg), so entspricht (wegen 1 t = 1.000 kg bzw. 1 kg = 0,001 t) eine Preiserhöhung von 1 €/kg nun einer Preiserhöhung von 1.000 €/t.

Analog ergibt sich für eine Mengenänderung −40 kg nun der Wert −0,04 t.

In den neuen Einheiten lautet daher die erste Ableitung:

$$\frac{dx}{dp} = -40 \, \frac{kg}{€/kg} = \frac{-0,04 \, t}{1.000 \, €/t} = -0,00004 \, \frac{t}{€/t} \, .$$

Man sieht, dass dasselbe Änderungsverhältnis $\dfrac{dx}{dp}$ einmal den Zahlenwert -40 und (äquivalent) andererseits $-0,00004$ besitzt, je nach den verwendeten Einheiten. Daher ist der **Zahlenwert** der **ersten Ableitung** als **Vergleichsmaß** für die **Änderung** von Funktionen **nicht** ohne weiteres **geeignet** und sollte nur mit Vorsicht unter Beachtung der jeweils verwendeten Maßeinheiten verwendet werden.

ii)   Auch aus einem weiteren Grund ist die Verwendung der Ableitung einer Funktion als Änderungsmaß nicht besonders aussagekräftig. Dazu betrachten wir für die oben gegebene Nachfragefunktion $x(p) = -40p + 560$ drei verschiedene Situationen, aus denen heraus eine Preiserhöhung um jeweils 0,50 €/kg stattfinden möge:

	(a)	(b)	(c)
Bisheriger Preis: p	1,50 €/kg	7,00 €/kg	12,00 €/kg
Preisänderung: Δp	**0,50 €/kg**	**0,50 €/kg**	**0,50 €/kg**
Neuer Preis: $p+\Delta p$	2,00 €/kg	7,50 €/kg	12,50 €/kg
Bisherige Menge: x	500 kg	280 kg	80 kg
Mengenänderung: Δx	**−20 kg**	**−20 kg**	**−20 kg**
Neue Menge: $x+\Delta x$	480 kg	260 kg	60 kg

Wir sehen zunächst folgendes (siehe Abb. 6.3.72): In allen drei Fällen reagieren die Nachfrager bei einer Preiserhöhung von 0,50 €/kg „gleich": Sie reduzieren die Nachfrage jeweils um 20 kg (denn $x'(p) \equiv -40$). Bei *genauerem* Hinsehen und Betrachtung der relativen (prozentualen) Änderungen erkennen wir allerdings, dass hier keinesfalls von „gleichartigem" Verhalten gesprochen werden kann: Während im Fall (a) eine relativ hohe (33 1/3 % ige) Preiserhöhung (von 1,50 auf 2,00 €/kg) vorliegt, handelt es sich bei der Erhöhung von 7,00 auf 7,50 €/kg (Fall (b)) um eine 7,14 %ige, in (c) um eine nur noch 4,1$\overline{6}$ %ige Preiserhöhung. Etwas Ähnliches zeigt sich bei den stets absolut gleichhohen Nachfrageänderungen von −20 kg: Im Fall (a) reduziert sich die Nachfrage um 4 % (von 500 kg),

in (b) um 7,14 % (von 280 kg) und in (c) um 25 % (von 80 kg). Eine Situation aber, in der die Nachfrager auf eine 33,$\overline{3}$ %ige Preiserhöhung mit 4 % Mengenrückgang (behäbig) reagieren (Fall (a)), ist keineswegs identisch mit der Situation, in der die Nachfrager auf eine 4,1$\overline{6}$ % ige Preiserhöhung mit 25 % Mengenrückgang (heftig) reagieren (Fall (c)). Fall (b) zeigt eine „ausgeglichene" Aktion/Reaktion: Preiserhöhung und Mengenreaktion erfolgen mit jeweils gleichem Prozentsatz (nämlich 7,14 %). Lediglich die stets identischen Werte der *absoluten* Änderungen ($\Delta p = 0,5$; $\Delta x = -20$) bzw. des Differentialquotienten ($dx/dp \equiv -40$) in allen drei Fällen verleiten dazu, von „gleichartigem" Änderungsverhalten zu sprechen.

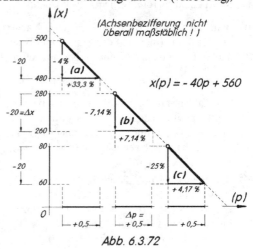

Abb. 6.3.72

Das Beispiel zeigt hingegen, dass die **absoluten Änderungswerte** − repräsentiert durch die erste Ableitung − nur eine **unvollständige Information** über das tatsächliche **Änderungsverhalten** der beteiligten Größen liefern, da keine Aussage darüber gemacht wird, ob die Änderungen − bezogen auf das bisherige Niveau − als relativ „groß" oder relativ „klein" zu gelten haben.

Zusammenfassend lässt sich sagen: Die **erste Ableitung** als Verhältnis absoluter Änderungen ist als Vergleichs− und Beurteilungsmaß für die wechselseitig bedingten Änderungstendenzen ökonomischer Größen aus zwei Gründen **nur bedingt** geeignet:

i) Die Ableitung $f'(x_0)$ einer ökonomischen Funktion **ändert ihren Wert** an ein und derselben Stelle x_0 bei **Änderung** der verwendeten **Maßeinheiten**.

ii) Die Zahlenwerte der Ableitung als „Änderungsmaß" können zu **Fehlinterpretationen** führen, da sie **keinerlei Aussagen** über das der Änderung zugrundeliegende **Ausgangsniveau** der Variablen enthalten.

Es liegt daher nahe, ein Änderungsmaß zu wählen, das beide Nachteile vermeidet: die „**Elastizität**" einer Funktion.

6.3.3.2   Begriff, Bedeutung und Berechnung der Elastizität von Funktionen

Die Grundidee zur Vermeidung der eben angesprochenen Nachteile besteht darin, nunmehr nicht die absoluten Änderungen (z.B. Δx, Δp), sondern die **relativen** (oder „prozentualen") **Änderungen** (z.B. $\Delta x/x$, $\Delta p/p$) der beteiligten Größen ins **Verhältnis** zu setzen.

Beispiel: Wenn etwa *(siehe obigen Fall (a))* eine $33,\overline{3}$ %ige $(= \Delta p/p)$ Preissteigerung eine -4 %ige $(= \Delta x/x)$ Mengenänderung zur Folge hat, so liefert der Quotient

(6.3.73) $$\frac{\text{relative Mengenänderung}}{\text{relative Preisänderung}} = \frac{\dfrac{\Delta x}{x}}{\dfrac{\Delta p}{p}} = \frac{-4\,\%}{33,\overline{3}\,\%} = \frac{-0,12\,\%}{1\,\%} = -0,12$$

die durchschnittlich auf ein Prozent Preisänderung entfallende relative Mengenänderung: pro 1% Preisanstieg fällt die Nachfragemenge um (durchschnittlich) 0,12 %. Der Quotient (6.3.73) heißt „Elastizität von x bzgl. p".

Für die **allgemeine Definition der Elastizität** benutzen wir wieder eine Funktion f: $y = f(x)$ mit x als unabhängiger Variabler *(sowie $x, y \neq 0$)*:

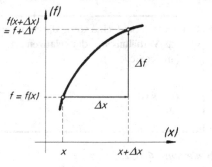

Def. 6.3.74: Es sei die Funktion f: $y = f(x)$ gegeben. Ändert man an der Stelle $(x; f(x))$ die unabhängige Variable x um Δx, so möge sich f um Δf ändern $(\Delta f = f(x + \Delta x) - f(x))$;   siehe Abb. 6.3.76.

Das **Verhältnis** $\varepsilon_{f,x}$ der **relativen** („prozentualen") **Änderungen** $\dfrac{\Delta f}{f}$ und $\dfrac{\Delta x}{x}$

(6.3.75) $\varepsilon_{f,x} := \dfrac{\dfrac{\Delta f}{f}}{\dfrac{\Delta x}{x}} = \dfrac{\dfrac{f(x + \Delta x) - f(x)}{f(x)}}{\dfrac{\Delta x}{x}}$

heißt (Bogen-) **Elastizität von f bzgl. x** in $[\,x\,;x+\Delta x\,]$.

Abb. 6.3.76

Der Zahlenwert der Bogenelastizität $\varepsilon_{f,x}$ gibt an, um wieviel % sich f durchschnittlich ändert, wenn die unabhängige Variable – ausgehend von der Stelle x – um 1% geändert wird.

Beispiel 6.3.77:   Gegeben seien: f: $y = x^2+1$; $x = 3$; $\Delta x = 1$.   Daraus folgt:

$f(x) = f(3) = 10$; $f(x+\Delta x) = f(4) = 17$ $\Rightarrow$ $\Delta f = f(x+\Delta x) - f(x) = f(4)-f(3) = 7$.

Damit lautet die Bogenelastizität: $\varepsilon_{f,x} = \dfrac{\Delta f/f}{\Delta x/x} = \dfrac{0,7}{0,\overline{3}} = 2,1$, d.h., ändern wir (ausgehend von der Stelle $x = 3$) x um 1%, so ändert sich der Funktionswert um 2,1%.

Beispiel 6.3.78: Für die Nachfragefunktion $x(p) = -40p+560$ (siehe Abb. 6.3.72) ergeben sich in den Fällen a), b), c) unter Beachtung der Tatsache, dass nunmehr x die abhängige (und p die unabhängige) Variable ist, folgende Elastizitäten der Nachfrage x bzgl. des Preises p:

(a) $\varepsilon_{x,p} = \dfrac{-4\,\%}{33,\overline{3}\,\%} = -0,12$ (b) $\varepsilon_{x,p} = \dfrac{-7,14\,\%}{7,14\,\%} = -1$ (c) $\varepsilon_{x,p} = \dfrac{-25\,\%}{4,\overline{16}\,\%} = -6$.

Wir erkennen, dass die Nachfrager in unterschiedlichen Bereichen der Nachfragefunktion auf jeweils 1% Preisänderung unterschiedlich „heftig" (unterschiedlich „elastisch") reagieren: In (a) sinkt die Menge um weniger als 1% *(unelastische* Nachfrage), in (b) um genau 1% *(fließende* Nachfrage) und in (c) um 6% *(elastische* Nachfrage), s. Abb. 6.3.72. *(Zur Begriffsbildung siehe Kap. 6.3.3.3.)*

Bemerkung 6.3.79:   *Gelegentlich verwendet man als Bogenelastizität auch die Terme*

$$i)\ \dfrac{\dfrac{\Delta f}{f+\Delta f}}{\dfrac{\Delta x}{x+\Delta x}} \quad bzw. \qquad ii)\ \dfrac{\dfrac{\Delta f}{f+\Delta f/2}}{\dfrac{\Delta x}{x+\Delta x/2}}\ .$$

Sie unterscheiden sich von (6.3.75) dadurch, dass als Bezugsgröße für die Ermittlung der relativen Änderungen in i) der rechte Intervallrand bzw. in ii) die Mitte des Intervalls [x; x + Δx] verwendet wird, während in (6.3.75) der linke Intervallrand zugrundeliegt. Die Unterschiede zwischen diesen drei Elastizitätsbegriffen gehen mit abnehmender Intervallbreite gegen Null.

Für allgemeine Untersuchungen des Elastizitätsverhaltens ökonomischer Funktionen an beliebigen Stellen ihres Definitionsbereiches erweist sich allerdings die **Bogenelastizität** (6.3.75) als recht **unhandlich** und **unübersichtlich**.

Es liegt daher nahe – analog wie beim Übergang vom Differenzenquotienten Δf/Δx zum Differentialquotienten df/dx – auch für den Elastizitätsbegriff anstelle der Differenzen Δf, Δx die **Differentiale** df, dx zu verwenden, siehe Satz 6.1.7.

Damit erhalten wir in Analogie zu Def. 6.3.74 den in der **Wirtschaftstheorie gebräuchlichen Elastizitätsbegriff**, der den Vorteil einfacher Berechnung mit sich bringt:

Def. 6.3.80:   Sei f eine stetig differenzierbare Funktion der unabhängigen Variablen x . Dann heißt das **Verhältnis** $\varepsilon_{f,x}$ der **relativen Änderungen** df/f und dx/x (Punkt-) **Elastizität von f bzgl. x** (an der Stelle x):

$$(6.3.81) \qquad\qquad \varepsilon_{f,x} := \dfrac{\dfrac{df}{f}}{\dfrac{dx}{x}} \quad (x \neq 0; f \neq 0) .$$

Bemerkung 6.3.82:

i) Der durch die Verwendung des Differentials df := f'(x) · dx (siehe Def. 6.1.5) gebildete Elastizitätsbegriff nähert die Bogenelastizität (6.3.75) um so besser an, je kleiner Δx = dx gewählt wird, und stimmt im Grenzfall Δx → 0 mit ihr überein, s. Abb. 6.3.83 (Punktelastizität).

Wir werden im folgenden ausschließlich die Punktelastizität (6.3.81) verwenden.

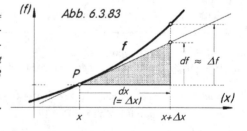

Abb. 6.3.83

ii) In der Literatur wird die Elastizität $\varepsilon_{f,x}$ an der Stelle x auch mit $\varepsilon_f(x)$ bezeichnet. Ebenfalls gebräuchlich sind η(x), ε(x), E(x), $E_f(x)$ oder $El_x f(x)$.

iii) Sowohl die Bogenelastizität als auch die Punktelastizität ändern ihren Wert (im Gegensatz zur 1. Ableitung) nicht, wenn neue Maßeinheiten für die Variablen eingeführt werden, siehe Aufgabe 6.3.100.

Der **Zahlenwert der Punktelastizität** $\varepsilon_{f,x}$ (6.3.81) kann analog zur Bogenelastizität **interpretiert** werden. Dabei ist wegen des Näherungscharakters des Differentials df (siehe Abb. 6.3.83) der Gültigkeitsbereich i.a. auf die nähere Umgebung der betrachteten Stelle beschränkt:

Satz 6.3.84: Der **Zahlenwert der Elastizität** $\varepsilon_{f,x}$ von f bzgl. x gibt (näherungsweise) an, um wieviel **Prozent** sich die abhängige Variable f ändert, wenn sich die unabhängige Variable x um **1%** ändert.

Dabei spielt das **Vorzeichen der Elastizität** eine wesentliche Rolle:

i) Ist $\varepsilon_{f,x}$ **positiv**, so gilt $\dfrac{df/f}{dx/x} > 0$, d.h. die relativen Änderungen sind entweder beide positiv oder beide negativ. Damit bewirkt eine relative **Zunahme** *(Abnahme)* von x eine relative **Zunahme** *(Abnahme)* von f.

Beispiel 6.3.85: Es sei C eine Konsumfunktion in Abhängigkeit vom Einkommen Y und $\varepsilon_{C,Y}$ die Elastizität des Konsums bzgl. des Einkommens. Dann bedeutet etwa die Aussage „$\varepsilon_{C,Y} = 0{,}5$": Wenn das Einkommen Y um 1% zunimmt (bzw. *abnimmt*), so nimmt der Konsum um 0,5% zu (bzw. *ab*).

ii) Ist $\varepsilon_{f,x}$ **negativ**, so ist $\dfrac{df/f}{dx/x} < 0$, so dass die relativen Änderungen unterschiedliches Vorzeichen haben. Dann bewirkt eine *(rel.)* **Zunahme** *(Abnahme)* von x eine *(rel.)* **Abnahme** *(Zunahme)* von f.

Beispiel 6.3.86: Sei x: x(p) eine Nachfragefunktion und $\varepsilon_{x,p}$ die Elastizität der Nachfrage bzgl. des Preises. Dann bedeutet die Aussage „für p = 10 ist $\varepsilon_{x,p} = -1{,}4$": Wenn bei einem Preis von 10 GE/ ME der Preis um 1% sinkt *(steigt)*, so steigt *(fällt)* die Nachfrage um 1,4%.

Die explizite **Berechnung der Elastizität** erfolgt durch eine Umformung von (6.3.81) unter Beachtung der Beziehung $df = f'(x) \cdot dx$ bzw. $\dfrac{df}{dx} = f'(x)$:

$$\varepsilon_{f,x} = \frac{df/f}{dx/x} = \frac{df}{f} \cdot \frac{x}{dx} = \frac{df}{dx} \cdot \frac{x}{f} = f'(x) \cdot \frac{x}{f(x)}\ , \text{d.h.} \qquad \boxed{\varepsilon_{f,x} = \frac{f'(x)}{f(x)} \cdot x} \qquad (6.3.87)$$

Wir erkennen: $\varepsilon_{f,x}$ ist selbst wiederum eine Funktion, die sogenannte **Elastizitätsfunktion.** Unabhängige Variable ist die an zweiter Stelle im Index von $\varepsilon_{f,x}$ stehende Variable: $\varepsilon_{f,x} = \varepsilon_{f,x}(x)$.

Um die Elastizität einer Funktion f: $y = f(x)$ an einer vorgegebenen Stelle x_0 berechnen zu können, ermitteln wir zunächst die Elastizitätsfunktion $\varepsilon_{f,x}(x)$ (6.3.87) und setzen dann die Stelle x_0 für x ein.

Beispiel 6.3.88:   Es soll die Elastizität von f (mit $f(x) = x^2 - x + 10$) bzgl. x an der Stelle $x_0 = 10$ ermittelt werden. Nach (6.3.87) gilt:

i) $\varepsilon_{f,x} = \dfrac{f'(x)}{f(x)} \cdot x = \dfrac{2x-1}{x^2-x+10} \cdot x = \dfrac{2x^2-x}{x^2-x+10}$.

ii) Einsetzen von $x_0 = 10$ liefert den Elastizitätswert $\varepsilon_{f,x} = \dfrac{200-10}{100-10+10} = 1{,}9$, d.h. erhöhen *(vermindern)* wir $x_0 = 10$ um 1%, so steigt *(fällt)* der Funktionswert f(10) (näherungsweise) um 1,9%.

Beispiel 6.3.89:   Gegeben sei die Nachfragefunktion p: $p(x) = 10-0{,}5x$, gesucht ist die Elastizität der Nachfrage x bzgl. des Preises p bei einem Preis $p_0 = 6$ GE/ME. Da für diese Problemstellung der Preis p als verursachende, unabhängige Variable und die Nachfrage x als reagierende, abhängige Variable aufzufassen ist, muss der Term

$$\varepsilon_{x,p} = \frac{dx/x}{dp/p} = \frac{x'(p)}{x(p)} \cdot p \qquad \textit{(siehe (6.3.87))} \qquad \text{gebildet werden.}$$

Zur Ermittlung der Funktionen x(p), x'(p) berechnen wir zweckmäßigerweise zunächst die **Umkehrfunktion** x: x(p) zur gegebenen Nachfragefunktion p: p(x):

$$p = -0{,}5x+10 \quad \Leftrightarrow \quad 0{,}5x = -p+10 \quad \Leftrightarrow \quad x(p) = -2p+20 \quad \Rightarrow \quad x'(p) \equiv -2. \text{ Daraus folgt:}$$

i) $\varepsilon_{x,p} = \dfrac{-2}{20-2p} \cdot p = \dfrac{-p}{10-p}$ (Elastizitätsfunktion) .

ii) $\varepsilon_{x,p}(6) = -1{,}5$, d.h. bei 1%iger Preissteigerung *(-senkung)* (bezogen auf $p_0 = 6$ GE/ME) erfolgt ein Nachfragerückgang *(-anstieg)* um (ca.) 1,5%.

Bemerkung 6.3.90: *Auf eine häufig verwendete* **Sprechweise** *für die Kennzeichnung von Elastizitäten sei noch hingewiesen: Statt der Bezeichnung „* **Elastizität von f bzgl. x** *" für* $\varepsilon_{f,x}$ *(siehe Def. 6.3.80) spricht man häufig von der „* **x-Elastizität von f** *".*

Beispiele:

i) *Statt „Elastizität der Nachfrage bzgl. des Preises" sagt man für* $\varepsilon_{x,p}$ *auch „Preiselastizität der Nachfrage" (unabhängige Variable: Preis p).*

ii) *Statt „Elastizität des Konsums bzgl. des Einkommens" sagt man für* $\varepsilon_{C,Y}$ *auch „Einkommenselastizität des Konsums" (unabhängige Variable: Einkommen Y), usw..*

Beachten Sie dabei, dass die relative Änderung der **abhängigen** *Variablen (= 1. Index von* ε *) stets im* **Zähler***, die der* **unabhängigen** *Variablen (= 2. Index von* ε *) stets im* **Nenner** *von* $\varepsilon_{...,...}$ *steht.*

Beispiel: Für eine Angebotsfunktion p: p(x) bzw. x: x(p) gilt:

$$Preiselastizität\ des\ Angebots = \varepsilon_{x,p} = \frac{dx/x}{dp/p} \qquad aber:\quad Angebotselastizität\ des\ Preises = \varepsilon_{p,x} = \frac{dp/p}{dx/x}.$$

Wie aus dem letzten Beispiel deutlich wird, ergibt sich wegen $\dfrac{dx/x}{dy/y} = \dfrac{1}{\dfrac{dy/y}{dx/x}}$, dass die Elastizität von x bzgl. y der **Kehrwert** der Elastizität von y bzgl. x ist:

(6.3.91) $$\boxed{\varepsilon_{x,y} = \frac{1}{\varepsilon_{y,x}}}$$ (mit x: x(y) und y: y(x) als Umkehrfunktionen).

Beispiel 6.3.92:   Sei p: p(x) = 16 − 0,5x eine Nachfragefunktion. Dann gilt z.B. an der Stelle x_0 = 8 ME, p_0 = 12 GE/ME für die Nachfrageelastizität des Preises:

$$\varepsilon_{p,x} = \frac{p'(x)}{p(x)} \cdot x = \left. \frac{-0{,}5x}{16 - 0{,}5x} \right|_{x=8} = -\frac{1}{3}\ .$$

Daher ist die entsprechende Preiselastizität der Nachfrage $(\varepsilon_{x,p})$ durch den Kehrwert von $\varepsilon_{p,x}$ gegeben: $\varepsilon_{x,p} = -3$ (für p_0 = 12). Dasselbe Ergebnis erhalten wir durch Umkehrfunktionsbildung:

$$p = 16 - 0{,}5x \quad \Leftrightarrow \quad x = 32 - 2p, \qquad d.h.$$

$$\varepsilon_{x,p} = \frac{x'(p)}{x(p)} \cdot p = \left. \frac{-2p}{32 - 2p} \right|_{p=12} = -3\ .$$

Bemerkung 6.3.93: *Die Graphen der meisten ökonomischen Funktionen f(x) liegen im 1.* **Quadranten** *des Koordinatensystems, für den x > 0, f(x) > 0 gilt. In diesem Fall richtet sich das* **Vorzeichen der**

Elastizität $\varepsilon_{f,x} = \dfrac{f'(x)}{f(x)} \cdot x$ *offenbar nach dem* **Vorzeichen der Funktionssteigung** *f'(x):*

- *Gilt f'(x) > 0 (d.h. ist f steigend), so ist die Elastizität* $\varepsilon_{f,x}$ *ebenfalls positiv.*
- *Gilt f'(x) < 0 (d.h. ist f fallend), so ist die Elastizität* $\varepsilon_{f,x}$ *ebenfalls negativ.*

(im 2., 3. und 4. Quadranten des Koordinatensystems müssen die entsprechenden Vorzeichen von x und f zusätzlich berücksichtigt werden.)

So ist z.B. bei einer monoton fallenden Nachfragefunktion mit x > 0; p > 0 wegen x'(p) < 0 auch die Elastizität $\varepsilon_{x,p}$ *< 0.*

Bemerkung 6.3.94: *Gelegentlich definiert man speziell die* **Preiselastizität der Nachfrage** *als negatives bzw. absolutes Änderungsverhältnis:*

$$\varepsilon_{x,p} := -\frac{\dfrac{dx}{x}}{\dfrac{dp}{p}} \qquad bzw. \qquad \varepsilon_{x,p} := \left| \frac{\dfrac{dx}{x}}{\dfrac{dp}{p}} \right| \qquad \begin{array}{l} \textit{(falls man sich nur für den absoluten} \\ \textit{Zahlenwert der Elastizität interessiert).} \end{array}$$

*Für den so definierten Elastizitätskoeffizienten ergeben sich bei monoton **fallenden Nachfragefunktionen** stets positive (statt negative) Werte. Wir wollen diesem Brauch im weiteren **nicht** folgen, da dem Vorzeichen der **Elastizität eine ökonomische Bedeutung** zukommt: Ist $\varepsilon > 0$, so ändern sich die Variablen gleichsinnig, ist $\varepsilon < 0$, so ändern sich die Variablen gegensinnig.*

Bemerkung 6.3.95:   *Schreiben wir den Elastizitätsterm (6.3.87)* $\varepsilon_{f,x} = \dfrac{f'(x)}{f(x)} \cdot x$ *in der Form*

$$\varepsilon_{f,x} = \frac{\dfrac{f'(x)}{f(x)}}{x} = \frac{f'(x)}{\overline{f}(x)} \text{ , so erkennen wir, dass die **Elastizität** } \varepsilon_{f,x} \text{ von f auch definiert werden kann als:}$$

Grenzfunktion f' geteilt durch Durchschnittsfunktion $\overline{f}$ von f.

Beispiel: $f(x) = x^3 - 2x^2 + 5x \quad \Rightarrow \quad f'(x) = 3x^2 - 4x + 5 \; ; \quad \overline{f} = \dfrac{f(x)}{x} = x^2 - 2x + 5 \quad \Rightarrow$

$$\Rightarrow \quad \varepsilon_{f,x} = \frac{f'}{\overline{f}} = \frac{3x^2 - 4x + 5}{x^2 - 2x + 5} \; .$$

Aufgabe 6.3.96: Ermitteln Sie die Elastizitätsfunktionen $\varepsilon_{f,x}$ zu folgenden Funktionen:

i) $f(x) = 10x^7$

ii) $f(x) = a \cdot x^n$; $a, n \neq 0$

iii) $f(x) = 4x^3 + 2x^2 - x + 1$

iv) $f(x) = \dfrac{3x - 4}{8x + 2}$

v) $f(x) = 2x \cdot e^{-5x}$

vi) $f(x) = e^{1/x} \cdot \sqrt{x^2 + 1}$

vii) $f(x) = x^3 \cdot \ln(x^2 + 1)$

viii) $f(x) = x^4 \cdot 2^x$

ix) $f(x) = (3x)^{2x}$

x) $f(x) = a \cdot e^{bx}$.

Aufgabe 6.3.97: Zeigen Sie die Gültigkeit folgender **Rechenregeln** für die Elastizität:

Es seien u: u(x), v: v(x) zwei differenzierbare Funktionen, ferner gelte: u(x), v(x), x $\neq$ 0.
Dann lassen sich die **Elastizitätsfunktionen** $\varepsilon_{f,x}$ **der kombinierten Funktionen**

$$1) \; f := u \pm v \qquad 2) \; f := u \cdot v \qquad 3) \; f := \frac{u}{v}$$

durch die einfachen Elastizitäten $\varepsilon_{u,x}$ und $\varepsilon_{v,x}$ ausdrücken, und es gilt:

(6.3.98) **1)** $\boxed{\varepsilon_{u \pm v, x} = \dfrac{u \cdot \varepsilon_{u,x} \pm v \cdot \varepsilon_{v,x}}{u \pm v}}$ **2)** $\boxed{\varepsilon_{u \cdot v, x} = \varepsilon_{u,x} + \varepsilon_{v,x}}$ **3)** $\boxed{\varepsilon_{u/v, x} = \varepsilon_{u,x} - \varepsilon_{v,x}}$.

Ermitteln Sie mit Hilfe dieser Rechenregeln die Elastizität $\varepsilon_{f,x}$ folgender Funktionen f mit:

i) $f(x) = 4x^3 + 20x^5$ ii) $f(x) = e^{-2x} \cdot x^5$ iii) $f(x) = \dfrac{\sqrt{x} \cdot e^{0,1x}}{7x^4}$.

Aufgabe 6.3.99: Gegeben sind folgende Nachfragefunktionen:

1) $x(p) = 18 - 2p$; $0 \le p \le 9$

2) $p(x) = 12 - 0,1x$; $0 \le x \le 120$

3) $x(p) = 10 \cdot e^{-0,2p}$; $p \ge 0$.

4) $p(x) = 800 \cdot e^{-0,01x}$; $x \ge 0$.

i) Ermitteln und interpretieren Sie den Wert der Preiselastizität der Nachfrage bei einem Preis p von **a)** 5 GE/ME **b)** 9 GE/ME **c)** 100 GE/ME **d)** 600 GE/ME.

ii) Bei welchem Preis bewirkt eine 3%ige Preissenkung eine (ca.) 6%ige Nachfragesteigerung?

iii) Bei welcher Nachfragemenge geht eine 4%ige Mengenreduzierung mit einer ebenfalls 4%igen Preissteigerung einher?

Aufgabe 6.3.100: (siehe Kap. 6.3.3.1) Zeigen Sie, dass der Wert des Elastizitätskoeffizienten $\varepsilon_{f,x}$ durch proportionale Änderungen der Maßeinheiten nicht verändert wird.

Hinweis: Proportionale Maßänderungen (wie z.B. bei $kg \longleftrightarrow t$, $m^2 \longleftrightarrow cm^2$, $\text{€} \longleftrightarrow Dollar$ *usw.) können durch die Transformation* $x^* = a \cdot x$; $f^* = b \cdot f$ *beschrieben werden, wobei* x^*, f^* *die Variablen im neuen und* x, f *die Variablen im alten Maßsystem bedeuten;* a, b *sind nicht verschwindende Konstanten.*

6.3.3.3   Elastizität ökonomischer Funktionen

In den Wirtschaftswissenschaften haben sich Begriffsbildungen eingebürgert, die den **Grad der Elastizität** von f bzgl. x ($\varepsilon_{f,x}$) kennzeichnen *(siehe Beispiel 6.3.78)*.

In der folgenden Tabelle 6.3.101 sind exemplarisch einige entsprechende übliche Redewendungen am **Beispiel einer Preis-Absatz-Funktion x mit x = x(p)** aufgeführt *(x: Nachfragemenge; p: Preis)*. Es handelt sich dabei also um die wertmäßigen Ausprägungen der „Preis-Elastizität der Nachfrage", symbolisch: $\varepsilon_{x,p}$.

Beachten Sie dabei bitte, dass in der folgenden Tabelle die unabhängige Variable mit p *(bisher: x)* und die Funktionswerte mit x *(bisher: f)* bezeichnet werden, entsprechend lautet die verwendete Preis-Elastizität der Nachfrage $\varepsilon_{x,p}$ (statt allgemein $\varepsilon_{f,x}$):

Tab. 6.3.101

Wert der Elastizität	allgemeine Begriffsbildung	Beispiel: Nachfragefunktion x(p) mit x $\hat{=}$ Menge und p $\hat{=}$ Preis
$\left\| \varepsilon_{x,p} \right\| > 1$ ($\varepsilon > 1$ oder $\varepsilon < -1$)	x ist **elastisch** (x ändert sich relativ *stärker* als p)	Die Nachfrage x ist *elastisch:* Relativ starke Reaktion der Nachfrager auf (kleine) relative Preisänderungen. *Beispiel:* Nicht lebensnotwendige, substituierbare Güter wie z.B. Genussmittel.
$\left\| \varepsilon_{x,p} \right\| < 1$ ($-1 < \varepsilon < 1$)	x ist **unelastisch** (x ändert sich relativ *weniger stark* als p)	Die Nachfrage x ist *unelastisch:* Relativ geringe Reaktion der Nachfrager auf Preisänderungen. *Beispiel:* Wenig entbehrliche, kaum substituierbare Güter wie z.B. Brot, Fleisch, Medikamente
Sonderfall: $\left\| \varepsilon_{x,p} \right\| = 1$ ($\varepsilon = 1$ oder $\varepsilon = -1$)	x ist **proportional elastisch** **(ausgeglichen elastisch)** (Die relativen Änderungen von x und p sind *gleich*)	Die Nachfrage x ist *fließend* (1-elastisch, proportional elastisch): Eine Preisänderung von einem Prozent bewirkt eine Nachfrageänderung von einem Prozent.
Grenzfall: $\left\| \varepsilon_{x,p} \right\| \to \infty$ ($\varepsilon \to \infty$ oder $\varepsilon \to -\infty$)	x ist **vollkommen elastisch** (x reagiert „unendlich heftig" auf kleine relative Änderungen von p)	Die Nachfrage x ist *vollkommen elastisch.* Selbst kleinste Preisänderungen bewirken „unendlich große" relative Nachfrageänderungen. *Grenzfall:* Der Preis p ist konstant, unabhängig von der Menge. *Beispiel:* Preisfixierte, substituierbare Güter (z.B. gewisse Markenartikel im Polypol)
Grenzfall: $\varepsilon_{x,p} \equiv 0$	x ist **vollkommen unelastisch (starr)** (x reagiert *überhaupt nicht* auf (kleine) relative Änderungen von p)	Die Nachfrage ist *starr* (vollkommen unelastisch): Keine Reaktion der Nachfrager auf Preisänderungen. *Grenzfall:* Die Nachfrage ist konstant, d.h. unabhängig vom Preis. *Beispiel:* Unentbehrliche, nicht substituierbare Güter wie etwa lebensnotwendige Medikamente.

Beispiel 6.3.102:

Gegeben ist die Nachfragefunktion p mit $p(x) = 8 - 0,5x$ bzw. ihre Umkehrfunktion x mit
$x(p) = 16 - 2p$, $0 \le x \le 16$ ME, $0 \le p \le 8$ GE/ME (p: Preis ; x: Nachfragemenge).

Gesucht sind die Preis- bzw. Mengenintervalle, in denen die Nachfrage

   a) elastisch   **b)** unelastisch   **c)** fließend   **d)** starr   **e)** vollkommen elastisch ist.

Lösung: Die Funktion der Preiselastizität der Nachfrage lautet nach (6.3.87):

$$\varepsilon_{x,p} = \frac{x'(p)}{x(p)} \cdot p = \frac{-p}{8 - p} \quad (x > 0; \text{d.h. } p < 8).$$

a) Die Nachfrage x ist (nach Tab. 6.3.101) *elastisch*, wenn entweder $\varepsilon_{x,p} > 1$ oder $\varepsilon_{x,p} < -1$ gilt. Da $\varepsilon_{x,p}$ wegen $x'(p) < 0$, $x(p) > 0$, $p > 0$ stets negativ ist, kommt als Lösung nur der zweite Fall in Frage: Der elastische Nachfragebereich ergibt sich somit als Lösung der Ungleichung $\varepsilon_{x,p} < -1$. Es gilt:

$$\varepsilon_{x,p} = \frac{-p}{8 - p} < -1 \quad \Leftrightarrow \quad -p < -8 + p$$
$$\text{(da } 8 - p > 0)$$
$$\Leftrightarrow \quad 2p > 8 \quad \Leftrightarrow \quad p > 4 \text{ GE/ME}.$$

Die Nachfrage ist elastisch für Preise zwischen 4 und 8 GE/ME, siehe Abb. 6.3.103. Der entsprechende Nachfragemengenbereich liegt zwischen 0 und 8 ME.

b) Den Bereich *unelastischer* Nachfrage erhält man analog zu a) als Lösung der Ungleichung $\varepsilon_{x,p} > -1$ zu $p < 4$ GE/ME: Die Nachfrage ist unelastisch für Preise zwischen 0 und 4 GE/ME (entsprechender Nachfragebereich: zwischen 8 und 16 ME), siehe Abb. 6.3.103.

c) Der Bereich *fließender Nachfrage* ergibt sich als Lösung der Gleichung $\varepsilon_{x,p} = -1$ zu $p = 4$ GE/ME (bzw. x = 8 ME), ist somit nur an einer einzigen Stelle gegeben.

d) Die Nachfrage ist *starr*, wenn gilt:

$$\varepsilon_{x,p} = \frac{-p}{8 - p} = 0 \quad \Leftrightarrow \quad p \to 0 \text{ GE/ME}$$
(bzw. x = 16 ME).

e) Die Nachfrage ist *vollkommen elastisch* für $p \to 8$ GE/ME (d.h. $x \to 0$ ME), denn:

$$\lim_{p \to 8^-} \varepsilon_{x,p} = \lim_{p \to 8^-} \frac{-p}{8 - p} = -\infty .$$

Die Bereiche unterschiedlicher Elastizität sind in Abb. 6.3.103 oben am Graphen von p: $p(x)$ und unten am Graphen der Umkehrfunktion x: $x(p)$ dargestellt.

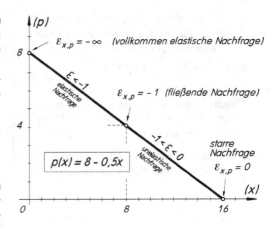

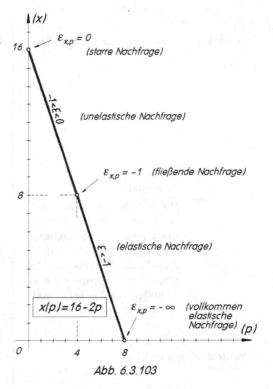

Abb. 6.3.103

Der Elastizitätsbegriff spielt – außer bei den bereits häufig zitierten Nachfragefunktionen – für viele weitere wirtschaftwissenschaftliche Funktionen eine wichtige Rolle zur Analyse ökonomischer Zusammenhänge.

Einen Überblick über **häufig verwendete Elastizitätsbegriffe** liefert die folgende Tabelle:

Ökonomische Funktion	Elastizitätsbegriff
1. Nachfragefunktion (Angebotsfunktion): $p: p(x)$ bzw. $x: x(p)$	$\varepsilon_{x,p}$: Preiselastizität der Nachfrage (des Angebots)
2. Nachfragefunktion (Angebotsfunktion) in Abhängigkeit von den Preisen p_1, p_2 *zweier* (verbundener) Güter: $x_1: x_1(p_1, p_2)$ $x_2: x_2(p_1, p_2)$	ε_{x_1,p_2} bzw. ε_{x_2,p_1}: Kreuzpreiselastizität der Nachfrage (des Angebots) (= relative Nachfrage-(Angebots-) änderung *eines* Gutes bei 1%iger Preisänderung (c.p.) des *anderen* Gutes)
3. Engelfunktion N (Nachfrage N(Y) nach einem Gut G in Abhängigkeit vom Haushaltseinkommen Y)	$\varepsilon_{N,Y}$: Einkommenselastizität der Nachfrage (nach einem Gut G)
4. Produktionsfunktion $x: x(r)$ (*ein* variabler Inputfaktor R mit der Einsatzmenge r)	$\varepsilon_{x,r}$: Elastizität des Outputs bzgl. des Faktoreinsatzes (gelegentlich auch – nicht ganz korrekt, s. Bemerkung 6.3.80 – „Produktionselastizität des Faktors R" genannt)
5. Produktionsfunktion $x: x(r_1, r_2, ..., r_n)$ (*mehrere* variable Inputfaktoren) (*siehe Kap. 3, Bsp. 3.1.1 i) sowie Kap. 7*)	**i)** ε_{x,r_i}: („Produktionselastizität") Elastizität des Outputs bzgl. des i-ten Produktionsfaktors c.p.
	ii) $\varepsilon_{x,\lambda}$: Skalenelastizität (auch: Niveauelastizität) (= relative Änderung des Outputs, wenn das Niveau *sämtlicher* Inputs zugleich um 1% erhöht wird)
	iii) σ_{ik}: Substitutionselastizität $$\sigma_{ik} := \frac{d(\frac{r_i}{r_k}) / \frac{r_i}{r_k}}{d(\,^{dr_i}/_{dr_k}\,) / \,^{dr_i}/_{dr_k}}$$ (= relative Änderung des Einsatzverhältnisses r_i / r_k zweier Faktoren, wenn sich c.p. die Grenzrate der Substitution $^{dr_i}/_{dr_k}$ zwischen diesen Faktoren (*siehe (7.1.69)*) um 1% ändert (bei unverändertem Output und Input der übrigen Faktoren))
Bemerkung: Die „partielle" Grenzproduktivität $\partial x / \partial r_i$ ist die 1. Ableitung von x nach r_i unter Konstanthaltung aller übrigen Variablen („c.p."). Ihr Wert entspricht der Outputänderung, wenn r_i um eine Einheit (c.p.) geändert wird, siehe auch Kap. 7.1.2.	
6. Kostenfunktion K: $K(x)$	$\varepsilon_{K,x}$: Elastizität der Kosten bzgl. des Outputs (Outputelastizität der Kosten)

7. Konsumfunktion C: C(Y)
(Konsum C(Y) in Abhängigkeit des Haushaltseinkommens Y)

$\varepsilon_{C,Y}$: Einkommenselastizität des Konsums

8. Konsumfunktion C_i: $C_i(C)$
(Abhängigkeit des Konsums $C_i(C)$ des i-ten Gutes vom Gesamtkonsum C)

$\varepsilon_{C_i,C}$: Ausgabenelastizität des Gutes i
(= relative Änderung der Konsumausgabe C_i für das i-te Gut, wenn die gesamten Konsumausgaben C um 1% zunehmen)

9. a) Importfunktion $Im(\rho, Y_I)$
(Importe Im in Abhängigkeit vom Preisverhältnis ρ und dem Inlandssozialprodukt Y_I)

b) Exportfunktion $Ex(\rho, Y_A)$
(Exporte Ex in Abhängigkeit vom Preisverhältnis ρ und dem Auslandssozialprodukt Y_A)

$(\rho := \dfrac{\text{Inlandspreisniveau } (\text{€})}{\text{Auslandspreisniveau } (\text{€})})$

$\varepsilon_{Im,\rho}, \varepsilon_{Im,Y_I}, \varepsilon_{Ex,\rho}, \varepsilon_{Ex,Y_A}$:
Elastizität der Importe (bzw. der Exporte) bzgl. des Preisverhältnisses (bzw. des Inlands- oder Auslandssozialproduktes)

Beispiel 6.3.104: Die Nachfrage x_1 nach Videorecordern des Typs Alpha hänge sowohl vom Preis p_1 dieses Systems als auch vom Preis p_2 des *(konkurrierenden)* Gammasystems ab. Die entsprechende Preis-Absatz-Funktion laute: $x_1 = 10.000 - 2p_1 + 3p_2$. Die Systempreise betragen z. Zt. $p_1 = 2.000$ €/ St. (Alpha) und $p_2 = 2.200$ €/ St. (Gamma). Dann erhalten wir die sog. **Kreuzpreiselastizität** der Alphanachfrage x_1 bzgl. des Gammapreises p_2 (c.p.) durch

$$\varepsilon_{x_1, p_2} = \frac{\partial x_1 / \partial p_2}{x_1} \cdot p_2 = \frac{3 p_2}{10.000 - 2p_1 + 3p_2} = 0,52, \quad \text{d.h. eine Preiserhöhung des Gammasystems}$$

um 1% bewirkt c.p. eine Nachfragesteigerung beim Alphasystem um 0,52% (substitutive Güter, unelastischer Fall). *(Zur Ableitungs-Symbolik siehe die Bemerkung auf der vorherigen Seite.)*

Beispiel 6.3.105: Für eine Volkswirtschaft seien die Import-/ Exportfunktionen wie folgt vorgegeben:

$$Im = 0,3 \cdot \rho^{1,2} \cdot Y_I^{0,95} \qquad (\rho : \text{Preisniveauverhältnis Inland/Ausland}$$
$$Ex = 0,1 \cdot \rho^{-1,7} \cdot Y_A^{1,1}. \qquad Y_I : \text{Inland-Sozialprodukt; } Y_A : \text{Ausland-Sozialprodukt})$$

Die Inland-/Ausland-Sozialprodukte seien für ein Referenzjahr fest vorgegeben:

$$Y_I = 1.500 \text{ Mrd. €}; \quad Y_A = 2.500 \text{ Mrd. €}.$$

Gesucht sind: **i)** Import-/ Exportquote (= Anteil des Imports/ Exports am Inlandsozialprodukt), wenn das Inlandpreisniveau um 10% über dem des Auslands liegt; **ii)** relative Zu-/ Abnahme der Importe/ Exporte, wenn aufgrund einer €-Aufwertung das Preisverhältnis ρ um 5% zunimmt.

Lösung: zu i)

$$Im = 0,3 \cdot 1,1^{1,2} \cdot 1.500^{0,95} = 350,0 \text{ Mrd. €, d.h. die Importquote beträgt } 23,3\%.$$
$$Ex = 0,1 \cdot 1,1^{-1,7} \cdot 2.500^{1,1} = 464,9 \text{ Mrd. €, d.h. die Exportquote beträgt } 31,0\%.$$

zu ii) Für die Elastizität der Importe bzgl. des Preisverhältnisses gilt:

$$\varepsilon_{Im,\rho} = \frac{Im'(\rho)}{Im(\rho)} \cdot \rho = \frac{0,30 \cdot 1,2 \cdot \rho^{0,2} \cdot 1.500^{0,95}}{0,30 \cdot \rho^{1,2} \cdot 1.500^{0,95}} \cdot \rho \equiv 1,2,$$

d.h. die Elastizität ist konstant 1,2. Daher nehmen die Importe um $5 \cdot 1,2 = 6\%$ zu, wenn das Preisverhältnis ρ um 5% steigt. Analog erhalten wir für die Elastizität des Exports: $\varepsilon_{Ex,\rho} \equiv -1,7$, d.h. der Export nimmt um $1,7 \cdot 5 = 8,5\%$ ab, wenn das Preisverhältnis ρ um 5% steigt.

Ist außer der Funktion f auch deren **Durchschnittsfunktion** $\bar{f}$ ($:= \dfrac{f(x)}{x}$) von Bedeutung (wie z.B. die Erlösfunktion $E(x)$ und deren Durchschnittsfunktion, die Preis-Absatz-Funktion $p(x) = \dfrac{E(x)}{x} = \bar{E}(x)$), so ergeben sich mit (6.3.87) zwei wichtige **funktionale Beziehungen** unter Verwendung der Elastizitätsfunktion:

i)   **Beziehung** zwischen **Grenzfunktion** f', **Durchschnittsfunktion** $\bar{f}$ sowie **Elastizität** $\varepsilon_{\bar{f},x}$ **der Durchschnittsfunktion.**

Aus $\bar{f}(x) := \dfrac{f(x)}{x}$ folgt $f(x) = x \cdot \bar{f}(x)$.   Ableitung mit Hilfe der Produktregel liefert

$$f'(x) = 1 \cdot \bar{f}(x) + x \cdot \bar{f}'(x) = \bar{f}(x) \cdot (1 + \frac{\bar{f}'(x)}{\bar{f}(x)} \cdot x) = \bar{f}(x) \cdot (1 + \varepsilon_{\bar{f},x}),\qquad \text{d.h. es gilt}$$

Satz 6.3.106:   Es sei f eine differenzierbare Funktion und $\bar{f} := \dfrac{f(x)}{x}$ ihre ebenfalls differenzierbare Durchschnittsfunktion $(x \neq 0)$. Dann gilt stets die Identität

(6.3.107)
$$f'(x) = \bar{f}(x) \cdot (1 + \varepsilon_{\bar{f},x})$$
.

Dieser allgemeine Zusammenhang wurde zuerst für den **Spezialfall** der **Erlös-**oder **Ausgabenfunktion** $E(x) := x \cdot p(x)$ und deren Durchschnittsfunktion $p(x) = \dfrac{E(x)}{x}$ (**Nachfrage-** bzw. **Preis-Absatz-Funktion**) formuliert: Mit $f \equiv E, \bar{f} \equiv p$ erhalten wir aus (6.3.107): $E'(x) = p(x) \cdot (1 + \varepsilon_{p,x})$ und daraus wegen $\varepsilon_{p,x} = \dfrac{1}{\varepsilon_{x,p}}$ (siehe (6.3.91)) schließlich den bekannten

---

Satz 6.3.108:   (**AMOROSO-ROBINSON- Relation**)

Zwischen Grenzumsatz $E'(x)$, Preis $p(x)$ und Preiselastizität der Nachfrage $\varepsilon_{x,p}$ besteht die Beziehung

(6.3.109)
$$E'(x) = p(x) \cdot (1 + \frac{1}{\varepsilon_{x,p}})$$
.

Bemerkung 6.3.110:   Die anstelle von (6.3.109) gelegentlich anzutreffende Schreibweise
$$E'(x) = p(x) \cdot (1 - \frac{1}{\varepsilon})$$
rührt daher, dass ε zuvor mit einem (künstlichen) Minuszeichen versehen wurde, s. Bemerkung 6.3.94.

ii)   **Beziehung** zwischen den **Elastizitäten** einer **Funktion** f und ihrer **Durchschnittsfunktion** $\bar{f}$:

Mit Bemerkung 6.3.95 folgt: $\varepsilon_{f,x} = \dfrac{f'(x)}{f(x)}$.   Aus (6.3.107) folgt nach Division durch $\bar{f}$ ($\neq 0$):

$\dfrac{f'(x)}{\bar{f}(x)} = 1 + \varepsilon_{\bar{f},x}$.   Fassen wir beide Ergebnisse zusammen, so erhalten wir

---

Satz 6.3.111:   Unter den Voraussetzungen von Satz 6.3.106 gilt stets

(6.3.112)
$$\varepsilon_{f,x} = 1 + \varepsilon_{\bar{f},x}$$
   mit $\bar{f} := \dfrac{f}{x}$.

Angewendet auf die Erlösfunktion $E(p) = p \cdot x(p)$ und ihre Durchschnittsfunktion $x(p)$ ergibt sich aus (6.3.112) die allgemeingültige Beziehung

(6.3.113)
$$\varepsilon_{E,p} = 1 + \varepsilon_{x,p} \quad ,$$

d.h. die Preiselastizität des Erlöses (bzw. der Ausgaben) ist stets um Eins größer als die Preiselastizität der Nachfrage.

Beispiel 6.3.114: Für eine monopolistische Ein-Produkt-Unternehmung sei eine monoton fallende Preis-Absatz-Funktion $p(x)$ bzw. $x(p)$ und eine monoton steigende Gesamtkostenfunktion $K(x)$ gegeben (siehe etwa Beispiel 6.3.45). Im Gewinnmaximum muss notwendig gelten:

$$G'(x) = 0 \qquad \text{bzw.} \qquad E'(x) = K'(x) \qquad \text{(siehe (6.3.35))}.$$

Setzen wir die letzte Beziehung in die Amoroso-Robinson-Relation (6.3.109) ein, so folgt:

$$K'(x) = p(x) \cdot (1 + \frac{1}{\varepsilon_{x,p}}) \ . \qquad \text{Da } K'(x) \text{ und } p \text{ positiv sind, muss auch die Klammer positiv sein.}$$

Es folgt daher: $\quad 1 + \dfrac{1}{\varepsilon_{x,p}} > 0 \Leftrightarrow \dfrac{1}{\varepsilon_{x,p}} > -1 \qquad \Leftrightarrow \qquad \varepsilon_{x,p} < -1 \quad ,$

d.h. der *Monopolist erzielt den Maximalgewinn stets im elastischen Bereich* der Nachfragefunktion.

Beispiel 6.3.115: Ein monopolistischer Anbieter sehe sich einer *fallenden Nachfragefunktion* x: $x(p)$ gegenüber, d.h. es gelte $\varepsilon_{x,p} < 0$. Welchen Einfluss haben Preisänderungen auf den Umsatz $E(p)$?

Unter Verwendung der Beziehung (6.3.113)

$$\varepsilon_{E,p} = 1 + \varepsilon_{x,p} \qquad \text{folgt:}$$

i) Im elastischen Nachfragebereich gilt: $\varepsilon_{x,p} < -1$ (siehe Tabelle 6.3.101). Daraus folgt: $1 + \varepsilon_{x,p} < 0$ d.h. $\varepsilon_{E,p} < 0$ d.h.

> Im Bereich **elastischer** Nachfrage **sinkt** der **Umsatz** bei **Preiserhöhungen**.

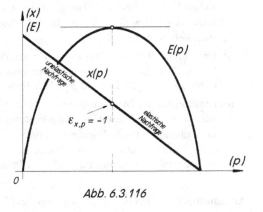

Abb. 6.3.116

ii) Im unelastischen Nachfragebereich gilt: $\varepsilon_{x,p} > -1$, d.h. $1 + \varepsilon_{x,p} > 0$ und daher $\varepsilon_{E,p} > 0$: Im Bereich **unelastischer** Nachfrage **steigt** der **Umsatz** bei **Preiserhöhungen**.

iii) Im Umsatzmaximum gilt $E'(p) = 0$, also auch $\varepsilon_{E,p} = 0$, so dass mit $0 = 1 + \varepsilon_{x,p}$ folgt: $\varepsilon_{x,p} = -1$: Der **Umsatz** wird an der Stelle **fließender Nachfrage maximal**, siehe Abb. 6.3.116.

Aufgabe 6.3.117: Die Preis-Absatz-Funktion eines Gutes sei gegeben durch die Gleichung

     a) $x(p) = 20 - 0,4p$ **b)** $p(x) = 120 \cdot e^{-0,1x}$; $x > 0, p > 0$.

i) Für welche Preise ist die Nachfrage elastisch bzgl. des Preises?
ii) Bei welchem Preis bewirkt eine 2%ige Preissteigerung einen Umsatzrückgang von 10%?

Aufgabe 6.3.118: Gegeben sei für einen Haushalt die Funktion $E(W)$, die den funktionalen Zusammenhang zwischen Ausgaben W für Wohnung (in €/Monat) und den Ausgaben E für Energie (in €/Monat) beschreibt: $E = E(W) = 10 \cdot \sqrt{1 + 2W}$. Weiterhin sei bekannt, dass die Ausgaben für Wohnung W in folgender Weise vom Haushaltseinkommen Y (in €/Monat) abhängen:

$$W = W(Y) = 400 + 0,05 Y \qquad (W, Y > 0) .$$

i) Ermitteln Sie für Wohnungsausgaben in Höhe von 800 €/Monat die Elastizität der Energieausgaben bzgl. der Ausgaben für Wohnung und interpretieren Sie den gefundenen Wert ökonomisch.

ii) Ermitteln Sie mit Hilfe des Elastizitätsbegriffs, um wieviel Prozent sich bei einem Einkommen von 4.000 €/Monat der Energieverbrauch erhöht, wenn das Einkommen um 3% steigt.

Aufgabe 6.3.119: Die Preiselastizität der Nachfrage nach Weizen betrage während eines mehrjährigen Zeitraumes konstant etwa $-0,2$. Erläutern Sie, wieso nach schlechten Ernten dennoch der Gesamtumsatzwert im Weizengeschäft (gegenüber Jahren mit guten Ernten) zunimmt.

Aufgabe 6.3.120: Zeigen Sie, dass die Outputelastizität der Gesamtkosten im Betriebsoptimum stets den Wert 1 annimmt.

Aufgabe 6.3.121: Ermitteln Sie die Preiselastizität des Grenzerlöses für $p = 150$ GE/ME, wenn die Preis-Absatz-Funktion durch $x(p) = 100 - 0,5p$ gegeben ist. Wieso ist diese Elastizität positiv, obgleich die Steigung E'' des Grenzerlöses $E'(p)$ stets negativ ist? (siehe Bem. 6.3.93)

Aufgabe 6.3.122: Eine Funktion $f(x)$ heißt **isoelastisch**, wenn für alle $x \neq 0$ gilt: $\varepsilon_{f,x} \equiv c = \text{const.}$ ($\in \mathbb{R}$).

i) Zeigen Sie: Potenzfunktionen $f(x) = a \cdot x^n$ sind isoelastisch, und es gilt: $\varepsilon_{f,x} = n = \text{const.}$
    *Bemerkung: Man kann zeigen, dass die **Potenzfunktionen** die **einzigen isoelastischen Funktionen** sind, siehe Kap. 8.6.3.2 .*

ii) Im Jahr 2019 wurden (bei einem Zuckerpreis von 3.500 €/ t) 5,04 Mio t Zucker nachgefragt. Durch Zeitreihenanalysen war bekannt, dass die Preiselastizität der Zuckernachfrage den konstanten Wert $-0,383$ besaß. Wie lautete die Nachfragefunktion nach Zucker?

iii) Ermitteln Sie die Gleichungen und zeichnen Sie die Graphen der isoelastischen Nachfragefunktionen $p(x)$ bzw. $x(p)$ mit folgenden Eigenschaften: für $p = 2$ sei $x = 5$ und es gelte:
   a) überall fließende Nachfrage, d.h. $\varepsilon_{x,p} \equiv -1$;
   b) überall vollkommen unelastische Nachfrage, d.h. $\varepsilon_{x,p} \equiv 0$;
   c) überall vollkommen elastische Nachfrage, d.h. $\varepsilon_{x,p} \equiv \text{„} \pm \infty \text{“}$.

***Aufgabe 6.3.123:** Gegeben sei das Sozialprodukt Y einer Volkswirtschaft in Abhängigkeit von der Kapitalausstattung K und dem Arbeitseinsatz A durch die Produktionsfunktion: $Y = 100 \cdot A^{0,8} \cdot K^{0,2}$. Ermitteln Sie die Substitutionselastizität $\sigma_{A,K}$ und interpretieren Sie den erhaltenen Wert.

6.3.3.4   Graphische Ermittlung der Elastizität

Liegt der **Graph** einer Funktion f vor, so kann auf einfache Weise für jeden Kurvenpunkt $P(x; f(x))$ der zugehörige Wert $\varepsilon_{f,x}$ (bzw. $\varepsilon_{x,f}$) der Elastizität (näherungsweise) ermittelt werden:

Dazu zeichnen wir in P an f die **Tangente** und bestimmen die absoluten Längen $\left| \overline{PF} \right|$ bzw. $\left| \overline{PX} \right|$ der **Tangenten-Abschnitte** zwischen P und dem Schnittpunkt F mit der f-Achse bzw. dem Schnittpunkt X mit der x-Achse, siehe Abb. 6.3.124.

Dann gilt:

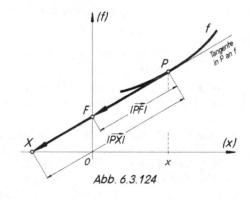

Abb. 6.3.124

Satz 6.3.125: Der **Betrag der Elastizität** von f bzgl. x (bzw. x bzgl. f) an der Stelle P(x; f(x)) ist gleich dem **Längenverhältnis der Tangentenabschnitte** (Abb. 6.3.124):

$$(6.3.126) \qquad \left| \varepsilon_{f,x} \right| = \frac{\left| \overrightarrow{PF} \right|}{\left| \overrightarrow{PX} \right|} \qquad \text{bzw.} \qquad \left| \varepsilon_{x,f} \right| = \frac{\left| \overrightarrow{PX} \right|}{\left| \overrightarrow{PF} \right|} \quad .$$

Das Vorzeichen der Elastizität ist gleich dem Vorzeichen von f'(x), sofern P im 1. oder 3. Quadranten liegt, und gleich dem negativen Vorzeichen von f'(x), falls P im 2. oder 4. Quadranten liegt.

Der **Beweis** soll für eine steigende Funktion (wie in Abb. 6.3.124) erfolgen, siehe Abb. 6.3.127:

Aufgrund der **Strahlensätze** gilt:

i) $\dfrac{\left| \overrightarrow{PF} \right|}{\left| \overrightarrow{PX} \right|} = \dfrac{x}{x - x_1} = x \cdot \dfrac{1}{x - x_1}$.

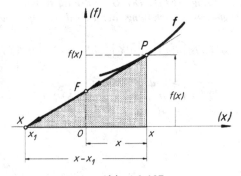

Andererseits gilt für die Steigung von f in P:

ii) $f'(x) = \dfrac{f(x)}{x - x_1} \Leftrightarrow \dfrac{f'(x)}{f(x)} = \dfrac{1}{x - x_1}$.

Setzen wir dieses Ergebnis in i) ein, so folgt:

$$\frac{\left| \overrightarrow{PF} \right|}{\left| \overrightarrow{PX} \right|} = x \cdot \frac{f'(x)}{f(x)} = \varepsilon_{f,x} \qquad \text{(siehe (6.3.87))}$$

Abb. 6.3.127

und somit der erste Teil der Behauptung von Satz 6.3.125. Für fallende Funktionen liefert eine analoge Beweisführung bis auf das Vorzeichen dasselbe Ergebnis.
Der zweite Teil der Behauptung von Satz 6.3.125 folgt unmittelbar aus Bemerkung 6.3.93.

Beachten wir, dass im 1. und 3. Quadranten nur negative Steigungen und im 2. und 4. Quadranten nur positive Steigungen zu *negativen* Elastizitäten führen (siehe die charakteristische Abb. 6.3.130), so erkennen wir die Gültigkeit der folgenden einfachen **Vorzeichenregel** für die auf graphischem Wege zu bestimmende Elastizität:

Satz 6.3.128: *(Vorzeichenregeln für die Elastizität)*

Zeigen die **Tangentenabschnitte** $\overrightarrow{PF}$ und $\overrightarrow{PX}$ *(vom betrachteten Punkt P(x; f(x)) aus gesehen)*

i) in die **gleiche Richtung**, so ist $\varepsilon_{f,x}(x)$ **positiv**, und es gilt:

ii) in **verschiedene Richtungen**, so ist $\varepsilon_{f,x}(x)$ **negativ**, und es gilt:

$$\varepsilon_{f,x}(x) = \frac{\left| \overrightarrow{PF} \right|}{\left| \overrightarrow{PX} \right|} > 0 \quad \text{(s. Abb. 6.3.129)}, \qquad \varepsilon_{f,x}(x) = -\frac{\left| \overrightarrow{PF} \right|}{\left| \overrightarrow{PX} \right|} < 0 \quad \text{(s. Abb. 6.3.130)} .$$

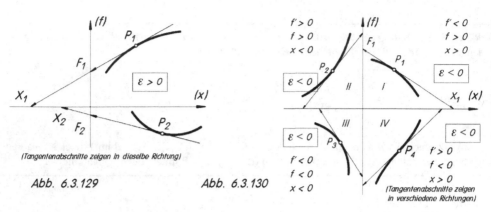

(Tangentenabschnitte zeigen in dieselbe Richtung)

Abb. 6.3.129   Abb. 6.3.130   (Tangentenabschnitte zeigen
in verschiedene Richtungen)

Bemerkung 6.3.131: *Den* **Grad der Elastizität** *(siehe Tab. 6.3.101) an der Stelle* $P(x; f(x))$ *erhalten wir graphisch durch* **Längenvergleich** *der Tangentenabschnitte:*

i) *Falls* $\left| \overrightarrow{PF} \right| > \left| \overrightarrow{PX} \right|$, *so ist*

$$\frac{\left| \overrightarrow{PF} \right|}{\left| \overrightarrow{PX} \right|} > 1, \text{ d.h. } f \text{ ist } \textit{elastisch } bzgl. \ x$$
$$(bzw. \ x \ unelastisch \ bzgl. \ f)$$
$$(s. \ Abb. \ 6.3.132)$$

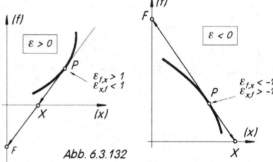

Abb. 6.3.132

ii) *Falls* $\left| \overrightarrow{PF} \right| < \left| \overrightarrow{PX} \right|$, *so ist* $\dfrac{\left| \overrightarrow{PF} \right|}{\left| \overrightarrow{PX} \right|} < 1$, *d.h.* f *ist* **unelastisch** *bzgl.* x *(bzw.* x *elastisch bzgl.* f)*
(siehe Abb. 6.3.133)

Abb.
6.3.133

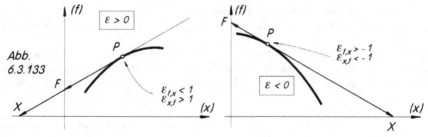

iii) *Falls* $\left| \overrightarrow{PF} \right| = \left| \overrightarrow{PX} \right|$, *so ist* $\dfrac{\left| \overrightarrow{PF} \right|}{\left| \overrightarrow{PX} \right|} = 1$, *d.h. in* P *ist* f *bzgl.* x *(sowie* x *bzgl.* f) **ausgeglichen-**
elastisch
(siehe Abb. 6.3.134)

Abb. 6.3.134

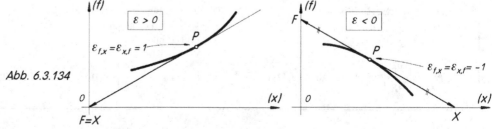

Beispiel 6.3.135:

Gegeben sei der Graph der Nachfragefunktion
$p(x) = 10 - 2x$, x, p > 0, siehe Abb. 6.3.136.
Die Preiselastizität der Nachfrage $\varepsilon_{x,p}$ ist überall negativ, da zusammengehörige Tangentenabschnitte in verschiedene Richtungen zeigen
(siehe Satz 6.3.129). Bei der graphischen Bestimmung von $\varepsilon_{x,p}$ ist außerdem zu beachten,
dass im Zähler der Tangentenabschnitt bis zur
x-Achse ($\hat{=}$ 1. Index von $\varepsilon_{x,p}$), im Nenner der
Tangentenabschnitt bis zur p-Achse ($\hat{=}$ 2. Index von $\varepsilon_{x,p}$) stehen.

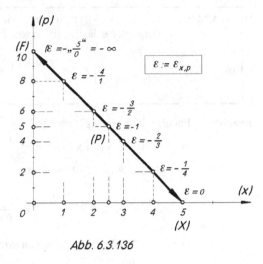

Bemerkung:

*Anstelle der Tangentenabschnitte können auch
die entsprechenden Achsenabschnitte (sie entstehen durch senkrechte Projektion auf eine der
Koordinatenachsen) ins Verhältnis gesetzt werden (Strahlensätze!). In Abb. 6.3.136 sind an*

Abb. 6.3.136

*mehreren ausgewählten Punkten die zugehörigen Elastizitätswerte in Form der entsprechenden Längen-
verhältnisse angeschrieben.*

Aufgabe 6.3.137:

i) Ermitteln Sie näherungsweise die Elastizitätswerte $\varepsilon_{f,x}$ in den gegebenen Punkten A, B, ... der in
Abb. 6.3.138 graphisch vorgegebenen Funktion f = f(x)

ii) In welchen Bereichen ist **a)** f elastisch/unelastisch? **b)** die Elastizität positiv/negativ?

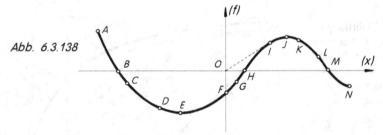

Abb. 6.3.138

Aufgabe 6.3.139: Gegeben sind der Graph je einer ertragsgesetzlichen Produktionsfunktion x(r) und
Gesamtkostenfunktion K(x), siehe Abb. 6.3.140.

i) Ermitteln Sie näherungsweise die Elastizitäten $\varepsilon_{x,r}$ und $\varepsilon_{K,x}$ in den gegebenen Punkten P, Q, ...

ii) Welcher spezielle ökonomische Sachverhalt lässt sich mit Hilfe des Elastizitätswertes jeweils im
Punkt S formulieren?

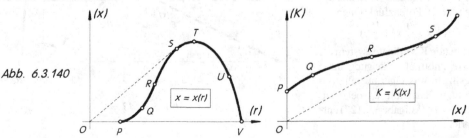

Abb. 6.3.140

Eine **weitere geometrische Deutung** der **Elastizität** wird durch folgenden Sachverhalt ermöglicht:

Satz 6.3.141:   Es sei f: $x \mapsto f(x)$ eine differenzierbare Funktion, es gelte außerdem f, x > 0. Dann gilt für die Elastizität von f bzgl. x:

(6.3.142)
$$\varepsilon_{f,x} = \frac{d\,(\ln f(x))}{d\,(\ln x)} = \frac{d\,(\log_a f(x))}{d\,(\log_a x)} .$$

Beweis: Für die Differentiale gilt nach (6.1.6):

a) $d(\ln f(x)) = (\ln f(x))' \cdot dx = \dfrac{f'(x)}{f(x)} dx$ (Kettenregel)   sowie

b) $d(\ln x) = (\ln x)' \cdot dx = \dfrac{1}{x} \cdot dx.$ Daraus folgt der erste Teil der Behauptung:

$$\frac{d\,(\ln f(x))}{d\,(\ln x)} = \frac{\dfrac{f'(x)}{f(x)} \cdot dx}{\dfrac{1}{x} \cdot dx} = x \cdot \frac{f'(x)}{f(x)} = \varepsilon_{f,x} \qquad \text{(siehe 6.3.87)} .$$

Der zweite Teil der Behauptung von Satz 6.3.141 folgt nach Brückenkurs BK 5.2 wegen

$$\log_a f(x) = \frac{\ln f(x)}{\ln a} \qquad \text{und} \qquad \log_a x = \frac{\ln x}{\ln a} \qquad (a \neq 1) .$$

Mit anderen Worten besagt Satz 6.3.141:   Wir erhalten die **Elastizität** $\varepsilon_{f,x}$, indem wir die **logarithmische Funktion** $\log f(x)$ **nach** der **logarithmierten unabhängigen Variablen** $\log x$ **ableiten.** Setzen wir etwa
$\log f(x) =: v, \quad \log x =: u,$

so gilt: $\varepsilon_{f,x} = \dfrac{dv}{du}$ im (doppelt-logarithmischen) (u,v)-Koordinatensystem:

Zur graphischen Ermittlung von $\varepsilon_{f,x}$ bilden wir daher die **Ausgangsfunktion** f(x) in einem **doppelt-logarithmischen Koordinatensystem** ab und erhalten dann an jeder Stelle die **Elastizität** $\varepsilon_{f,x}$ als „**gewöhnliche**" Steigung ($\dfrac{dv}{du} =$ $\tan \alpha$) im **neuen** Koordinatensystem.

In Abb. 6.3.143 sind Funktionsbeispiele auf doppelt-logarithmischem Papier dargestellt. Wir erkennen etwa, dass sämtliche abgebildeten Potenzfunktionen

$(\sqrt{x}, \ \frac{1}{8} x^3, \ \frac{15}{x})$

im neuen Koordinatensystem die feste „normale" Steigung $\tan \alpha$ besitzen, was einer überall konstanten Elastizität („Isoelastizität", siehe Aufgabe 6.3.122) entspricht.

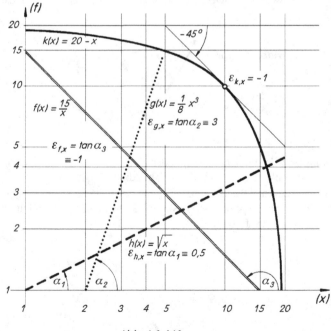

Abb. 6.3.143

6.3.4 Überprüfung ökonomischer Gesetzmäßigkeiten mit Hilfe der Differentialrechnung

Nachstehend werden in loser Folge einige bekannte **ökonomische „Gesetze"** aufgeführt und die **Überprüfung** ihrer Gültigkeit mit den **Hilfsmitteln der Differentialrechnung** demonstriert. Es wird sich dabei zeigen, dass sich die mit definierten Prämissen operierende ökonomische Mathematik als elegantes und effektives, dem rein verbalen Vorgehen überlegenes Werkzeug benutzen lässt: Denn gerade bei der „griffigen" verbalen Formulierung und Analyse ökonomischer Gesetzmäßigkeiten wird die **sorgfältige Beachtung** aller benutzten **Voraussetzungen** nicht immer offenbar, obschon dies im Sinne wissenschaftlicher Redlichkeit unabdingbar ist. Eine Übertragbarkeit theoretisch gefundener Gesetze auf die ökonomische Realität hängt entscheidend davon ab, ob bzw. wie gut die benutzten Voraussetzungen im konkreten Fall zutreffen oder nicht.

Jede der im folgenden aufgeführten ökonomischen Gesetzmäßigkeiten ist eingerahmt und trägt eine eigene, fettgedruckte Formel-Nummer:

(6.3.144)

> **i)** Der **Grenzerlös** eines **monopolistischen** Anbieters ist stets **kleiner** als der **Preis**.
>
> **ii)** Der **Grenzerlös** eines **polypolistischen** Anbieters ist stets **identisch** mit dem **Preis**.

Für Fall i) wird eine fallende Preis-Absatz-Funktion p: p(x), d.h. $p'(x) < 0$, unterstellt. Aus $E(x) = x \cdot p(x)$ erhält man mit der Produktregel (6.3.87) den Grenzerlös $E'(x)$ zu: (*) $E'(x) = p(x) + x \cdot p'(x)$. Da wegen $x > 0, p'(x) < 0$ der 2. Term auf der rechten Seite negativ ist, muss zwingend gelten:

i) $\boxed{E'(x) < p(x)}$ (siehe etwa Abb. 6.3.48 oder Abb. 6.3.50) .

In Fall ii) wird ein für den Anbieter konstanter Preis $p = const.$ unterstellt, so dass $p'(x) \equiv 0$ gilt und somit aus (*) folgt:

ii) $\boxed{E'(x) = p}$ w.z.b.w.

(6.3.145)

> Im **Stückkostenminimum** („Betriebsoptimum") sind **Grenzkosten** und **Stückkosten identisch**.

Unterstellt wird eine differenzierbare Gesamtkostenfunktion K: K(x), deren Stückkostenfunktion k mit $k(x) := \dfrac{K(x)}{x}$ für $x > 0$ ebenfalls differenzierbar ist und innerhalb des Kapazitätsbereiches genau eine stationäre Stelle – und zwar ein relatives Minimum – besitzt, siehe z.B. Abb. 6.3.28 oder 6.3.30. *((6.3.145) ist daher z.B. nicht übertragbar auf lineare Kostenfunktionen, siehe Abb. 6.3.44).* Es muss nun im Stückkostenminimum x (x > 0) notwendigerweise die erste Ableitung $k'(x)$ der Stückkosten verschwinden.

Wegen $k(x) = \dfrac{K(x)}{x}$ folgt daher mit der Quotientenregel (6.18) an der Stelle x:

$$0 = k'(x) = \left(\frac{K(x)}{x} \right)' = \frac{K'(x) \cdot x - K(x)}{x^2} \ .$$ Multiplikation mit $x^2 > 0$ liefert:

$$0 = K'(x) \cdot x - K(x) \quad \Leftrightarrow \quad K(x) = K'(x) \cdot x \quad \Leftrightarrow \quad \frac{K(x)}{x} = K'(x) \ ,$$

d.h. $\boxed{k(x) = K'(x)}$ im Betriebsoptimum x .   Genau dies war zu zeigen.

Bemerkung:

Die Regel (6.3.145) bleibt auch gültig im Betriebsminimum ($k_v(x) = min.$), da stets gilt:
$K_v'(x) \equiv K'(x)$ („Die Grenzkosten sind unabhängig von den Fixkosten", siehe etwa Abb. 6.1.34):

(6.3.146)   **Im Betriebsminimum sind Grenzkosten und durchschnittliche variable Kosten identisch.**

(6.3.145) und (6.3.146) sind ökonomische Spezialfälle des **allgemeinen** Satzes

(6.3.147)

> In den **relativen Extrema** x ($\neq 0$) einer differenzierbaren **Durchschnittsfunktion** $\overline{f}$ mit $f(x) := \dfrac{f(x)}{x}$ sind die Werte $\overline{f}(x)$ und $f'(x)$ von **Durchschnittsfunktion** und **Grenzfunktion** **identisch**: $\overline{f}(x) = f'(x)$.

Beweis: In einem relativen Extremum x von $\overline{f}(x)$ muss gelten: $\overline{f}'(x) = 0$.

Mit der Quotientenregel (5.2.35) folgt wegen $\overline{f}(x) = \dfrac{f(x)}{x}$:

$$0 = \left(\frac{f(x)}{x}\right)' = \frac{f'(x) \cdot x - f(x)}{x^2} \underset{(x \neq 0)}{\Longleftrightarrow} f'(x) \cdot x = f(x) \Longleftrightarrow \boxed{f'(x) = \frac{f(x)}{x} = \overline{f}(x)}, \text{w.z.b.w.}$$

Ein weiterer bekannter ökonomischer Spezialfall von (6.3.147) lautet für (nichtlineare) Produktionsfunktionen (siehe z.B. Abb. 6.3.32):

(6.3.148)

> Im **Produktivitäts-Maximum** stimmen **Grenzproduktivität** und **Durchschnittsertrag überein**.

Die folgenden Aussagen beschreiben einen **Zusammenhang** zwischen **Extremstellen** und zugehörigen **Elastizitätskoeffizienten**:

(6.3.149)   i)   Im **Betriebsoptimum** sind die **Gesamtkosten ausgeglichen elastisch** bzgl. des Outputs.

ii)   Im **Betriebsminimum** sind die **variablen Kosten ausgeglichen elastisch** bzgl. des Outputs.

Beweis: Es werden dieselben Voraussetzungen wie bei (6.3.145) unterstellt. Nach (6.3.87) gilt allgemein für die Outputelastizität der Kosten (siehe Bemerkung 6.3.95):

$$(*) \qquad \varepsilon_{K,x} = \frac{K'(x)}{K(x)} \cdot x = \frac{K'(x)}{\dfrac{K(x)}{x}} = \frac{K'(x)}{k(x)}.$$

Nach (6.3.145) gilt andererseits im Betriebsoptimum: $K'(x) = k(x)$.
Eingesetzt in ($*$) ergibt sich unmittelbar im Betriebsoptimum: **i)** $\boxed{\varepsilon_{K,x} = 1}$.

Die zweite Behauptung ergibt sich aus ($*$) wegen
$K_v'(x) \equiv K'(x)$ sowie (6.3.146):   **ii)** $\boxed{\varepsilon_{K_v,x} = 1}$
(im Betriebsminimum) w.z.b.w.

Die Regeln (6.3.149) bedeuten, dass im **Betriebsoptimum** *(bzw. Betriebsminimum)* eine Produktionsausweitung um **1%** eine **Gesamtkostensteigerung** *(bzw. Steigerung der variablen Kosten)* um ebenfalls (ca.) **1%** verursacht.

(6.3.149) beschreibt ökonomische Sonderfälle des folgenden allgemeinen Zusammenhangs:

(6.3.150)

> In den **relativen Extrema** x ($\neq 0$) einer differenzierbaren **Durchschnittsfunktion** $\overline{f}$: $\overline{f}(x)$ ($:= \dfrac{f(x)}{x}$) besitzt die **Elastizität** $\varepsilon_{f,x}$ von f bzgl. x den Wert **1**.

Beweis: Nach (6.3.87) gilt: $\varepsilon_{f,x} = \dfrac{f'(x)}{f(x)} \cdot x = \dfrac{f'(x)}{\dfrac{f(x)}{x}} = \dfrac{f'(x)}{\overline{f}(x)}$ (siehe auch Bem. 6.3.95).

In den relativen Extremstellen x von $\overline{f}$ gilt andererseits nach (6.3.147): $f'(x) = \overline{f}(x)$.
Eingesetzt ergibt sich unmittelbar $\varepsilon_{f,x} = 1$ in den Extremstellen von $\overline{f}$, w.z.b.w.

Ein weiterer ökonomischer Sonderfall von (6.3.150) für Produktionsfunktionen lautet:

(6.3.151)

> Für denjenigen Faktorinput r, für den der **Durchschnittsertrag** $\dfrac{x(r)}{r}$ maximal ist, hat die **Elastizität** $\varepsilon_{x,r}$ des Outputs bzgl. des Faktorinputs den Wert 1.

Für jeden monopolistischen Anbieter stellt sich immer wieder die Frage, ob durch eine **Preisanhebung** der **Umsatz steigt oder** aber der Preiseffekt überkompensiert wird durch einen so starken Mengenrückgang, dass per saldo der Umsatz **fällt**. Hier gelten die folgenden Gesetze (unter der Voraussetzung, dass eine fallende Nachfragefunktion/ Preis-Absatz-Funktion existiert):

(6.3.152)

> **i)** Im preis-**unelastischen** Bereich einer *(fallenden)* Nachfragefunktion führen **Preiserhöhungen** zu **Umsatzsteigerungen** *(und Preissenkungen zu Umsatzminderungen)*.
>
> **ii)** Im preis-**elastischen** Bereich einer *(fallenden)* Nachfragefunktion führen **Preiserhöhungen** zu **Umsatzminderungen** *(und Preissenkungen zu Umsatzsteigerungen)*.

Der *Beweis* zu **i)** ist im Beispiel 6.3.115 geführt. Daraus ergibt sich der *Beweis* zu **ii)**, wenn man beachtet, dass – bei fallender Nachfragefunktion – Mengenausweitungen nur durch Preissenkungen bzw. Mengenreduzierungen nur durch Preiserhöhungen bewirkt werden.

Das folgende Gesetz beschreibt einen klassischen **Zusammenhang** zwischen **Grenzkosten** und **Grenzerlös** einer gewinnmaximierenden Unternehmung (siehe Beispiel 6.3.33 ii)):

(6.3.153)

> Eine (Ein-Produkt-) Unternehmung kann nur dann **maximalen Gewinn** erzielen, wenn sie ihre Produktions- und Absatzmenge (bzw. ihren Angebotspreis) derart fixiert, dass dafür **Grenzerlös** und **Grenzkosten übereinstimmen**.

Vorausgesetzt werden müssen die Differenzierbarkeit von Erlös- und Kostenfunktion (Gegenbeispiel: Abb. 6.3.50) sowie die Existenz eines Schnittpunktes von Grenzerlös- und Grenzkostenkurve innerhalb des Kapazitätsbereiches (Gegenbeispiel: Abb. 6.3.44).

Dann erfolgt der *Beweis* von (6.3.153) so:

Notwendig für das Vorliegen eines Gewinnmaximums für den Output x ist das Verschwinden der ersten Ableitung der Gewinnfunktion G: $G(x) = E(x) - K(x)$, d.h. $G'(x) = E'(x) - K'(x) = 0$. Daraus folgt sofort:

$$E'(x) = K'(x) \qquad \text{w.z.b.w.}$$

*Bemerkung 6.3.154: Ob im konkreten Einzelfall tatsächlich in x der Gewinn maximal ist, kann durch Überprüfen der **hinreichenden** Bedingung $G''(x) < 0$ bzw. $E''(x) < K''(x)$ festgestellt werden. Dasselbe gilt sinngemäß für alle **folgenden Gesetze**, soweit sie notwendige Extremalbedingungen verwenden.*

Für einen **polypolistischen** Anbieter existiert ein mengenunabhängiger Produktpreis p = const., so dass wegen $E(x) = p \cdot x$ gilt: $E'(x) = p$, d.h. Grenzerlös und Preis stimmen überein (siehe (6.3.144) ii)). Damit ergibt sich als **Spezialfall** von (6.3.153):

(6.3.155)

> Eine **polypolistische** Ein-Produkt-Unternehmung kann nur dann **maximalen Gewinn** erzielen, wenn sie eine Outputmenge x erzeugt und absetzt, für die ihre **Grenzkosten** mit dem (konstanten) **Marktpreis übereinstimmen**.

Im Fall (6.3.155) muss vorausgesetzt werden, dass die Kostenfunktion nichtlinear ist, da andernfalls Grenzkosten und Grenzerlös i.a. überall verschieden sind (siehe Abb. 6.3.44) und somit das Gewinnmaximum stets an der Kapazitätsgrenze angenommen wird.

(6.3.156)   Bei linearer Kosten- **und** Nachfragefunktion liegt das **Gewinnmaximum** stets in der **Mitte der Gewinnzone**.

Beweis: Unterstellen wir die Existenz einer Gewinnzone, so muss es zwei Outputwerte x_1, x_2 geben, für die sich Kosten- und Erlösfunktion schneiden, d.h. für die der Gewinn $G(x) = E(x) - K(x)$ Null wird, siehe etwa Abb. 6.3.48. Im vorliegenden Fall können wir voraussetzungsgemäß p: $p(x)$ und K: $K(x)$ als lineare Funktionen auffassen:

$$p(x) = a - b \cdot x \; ; \qquad K(x) = c + d \cdot x \; ; \qquad a,b,c,d > 0.$$

Damit lautet der Erlös: $E(x) = x \cdot p(x) = ax - bx^2$ und somit die Gewinnfunktion:

$$G: \; G(x) = E(x) - K(x) = ax - bx^2 - c - dx = -bx^2 + (a-d)x - c \; .$$

Die Gewinnschwellen x_1, x_2 sind die (laut Voraussetzung existierenden) beiden reellen Lösungen der quadratischen Gleichung $G(x) = 0$:

$$x_{1,2} = \frac{a-d}{2b} \pm \sqrt{\left(\frac{a-d}{2b}\right)^2 - \frac{c}{b}} \; .$$

Als arithmetisches Mittel $\bar{x}$ von x_1 und x_2 (= Mittelpunkt zwischen x_1 und x_2) ergibt sich

$$\bar{x} = \frac{x_1 + x_2}{2} = \frac{a-d}{2b} \; .$$

Andererseits erhalten wir die gewinnmaximale Outputmenge x_G als Lösung der Gleichung $G'(x) = 0$:

$$G'(x) = -2bx + a - d = 0 \qquad \Rightarrow \qquad x_G = \frac{a-d}{2b} = \bar{x} \; , \quad \text{w.z.b.w.}$$

(6.3.157)   Das **Gewinnmaximum** einer **monopolistischen** Ein-Produkt-Unternehmung liegt stets im **preis-elastischen** Nachfragebereich der (fallenden) Preis-Absatz-Funktion.

Der Beweis wurde in Beispiel 6.3.114 geführt.

Im Zusammenhang mit dem **optimalen Faktoreinsatz** in der Produktion spielt die „**Entlohnung**" des variablen **Inputfaktors** (d.h. der Faktorpreis) eine wichtige Rolle *(siehe auch das spätere Kap. 7.3.1.4)*. Für den Fall eines einzigen variablen Faktors, mit dem (c.p.) ein einziges Produkt erzeugt wird, gilt:

(6.3.158)   In ihrem *(relativen)* **Gewinnmaximum** *(sofern dieses existiert)* und bei **vollkommener Konkurrenz** auf dem **Faktormarkt** setzt eine **monopolistische** Ein-Produkt-Unternehmung diejenige Faktormenge zur Produktion ein, für die der **Faktorpreis** gleich der mit dem **Grenzerlös bewerteten** (d.h. multiplizierten) **Grenzproduktivität** ist.

Zum *Beweis* von (6.3.158) werden eine differenzierbare Produktionsfunktion x: $x(r)$, ein konstanter Faktorpreis p_r sowie eine Preis-Absatz-Funktion p: $p(x) = p(x(r))$ unterstellt.

Die Faktorkostenfunktion K: $K(r)$ ergibt sich als Produkt aus Inputmenge r und Inputpreis p_r:

$$K(r) = r \cdot p_r, \qquad \text{während der Erlös} \qquad E = E(x) = E(x(r)) = p(x(r)) \cdot x(r) \qquad \text{lautet.}$$

Damit erhalten wir den Gewinn: $G(r) = E(x(r)) - r \cdot p_r$.   *Notwendig* für ein Gewinnmaximum ist das Verschwinden der ersten Ableitung $G'(r)$.   Mit Hilfe der Kettenregel (5.2.45) erhalten wir so die Bedingungsgleichung: $0 = G'(r) = E'(x) \cdot x'(r) - p_r$,   d.h.

(*) $p_r = E'(x) \cdot x'(r)$, w.z.b.w.   *(Zu den hinreichenden Bedingungen siehe Aufgabe 6.3.164)*

Für einen **polypolistischen** Anbieter ist p = const., d.h. E'(x) = p = const., somit reduziert sich (∗) auf:

$$p_r = p \cdot x'(r)$$, d.h. wir erhalten das Ergebnis:

(6.3.159)   Bei **vollkommener Konkurrenz** auf dem **Faktormarkt** setzt eine **polypolistische** Ein-Produkt-Unternehmung in ihrem **Gewinnmaximum** diejenige Faktormenge zur Produktion ein, für die der **Faktorpreis** gleich dem **Marktwert der Grenzproduktivität** („Wertgrenzproduktivität") ist.

(Zu den hinreichenden Bedingungen siehe Aufgabe 6.3.164)

Übertragen auf den Inputfaktor „Arbeit" besagt (6.3.159) etwa: Eine gewinnmaximierende polypolistische Unternehmung sollte soviele Arbeitskräfte einsetzen, dass der mit der letzten eingestellten Arbeitskraft zusätzlich erzeugte Output – bewertet mit seinem Marktpreis – gleich dem Arbeitslohn ist („**Entlohnung des Faktors Arbeit mit seiner (Wert-) Grenzproduktivität**"). *(siehe auch Aufg. 6.3.164!)*

Das folgende Gesetz beschreibt **Zusammenhänge** zwischen **Einkommen** und **Konsumausgaben** von Haushalten:

(6.3.160)   **i)**   Genau dann, wenn die **marginale Konsumquote** für jedes Einkommen **kleiner** als die **durchschnittliche Konsumquote** ist, nimmt die **durchschnittliche Konsumquote** mit steigendem Einkommen **ab**.

      ii)   Unter den Voraussetzungen von i) ist die **Einkommenselastizität des Konsums** überall **kleiner als Eins** (d.h. die Nachfrage nach Konsumgütern ist bzgl. des Einkommens unelastisch).

Der *Beweis* zu **i)** wurde in Beispiel 6.3.9 geführt: $C'(Y) < \dfrac{C(Y)}{Y}$ ⟺ $(\dfrac{C(Y)}{Y})' < 0$, d.h. $\dfrac{C(Y)}{Y}$ ist monoton fallend, siehe Satz 6.2.2.

Der *Beweis* zu **ii)** folgt aus (6.3.87), wenn man die Voraussetzung $C'(Y) < \dfrac{C(Y)}{Y}$ mit $\dfrac{Y}{C(Y)}$ (> 0) multipliziert: $C'(Y) \cdot \dfrac{Y}{C(Y)} < 1$, d.h. $\boxed{\varepsilon_{C,Y} < 1}$, w.z.b.w.

Aufgabe 6.3.161:   Der Zusammenhang zwischen Wohnungsausgaben W (in €/Monat) und Gesamtkonsum C (in €/Monat) eines Haushaltes sei alternativ durch eine der folgenden Ausgabenfunktionen W: W(C) beschrieben:

    a) W(C) = 0,1C + 350 ; C > 0   **b)** $W(C) = 350 + 0{,}5 \cdot C^{0,9}$; C > 0 .

i)   Untersuchen Sie in beiden Fällen, ob das „**Schwabesche Gesetz**" erfüllt ist. *(Das Schwabesche Gesetz besagt: Die Wohnungsausgaben eines Haushaltes nehmen bei steigendem Gesamtkonsum des Haushaltes prozentual weniger stark zu als die gesamten Konsumausgaben.)*

ii)   Untersuchen Sie, ob die Grenzausgaben für Wohnung stets kleiner sind als die durchschnittlichen Ausgaben für Wohnung (bezogen auf den Gesamtkonsum).

Aufgabe 6.3.162:   Zeigen Sie, dass eine Produktionsfunktion des Typs $x(r) = a \cdot r^b$, r > 0, genau dann dem „1. Gossenschen Gesetz" (siehe Beispiel 6.3.5) genügt, wenn für die Koeffizienten a,b gilt: a > 0, 0 < b < 1 (z.B. $x(r) = 25 \cdot r^{0,7}$).

Aufgabe 6.3.163: Die Nachfrage (d.h. die Ausgaben) N (in €/Monat) eines Haushaltes nach Nahrungsmitteln sei in Abhängigkeit des monatlichen Gesamtkonsums C (in €/Monat) durch eine der folgenden Funktionsgleichungen beschrieben:

(a) $N(C) = 1{,}5 \cdot C^{0,8} + 200$; $C > 0$ \qquad\qquad (b) $N(C) = 200 + 0{,}2C$; $C > 0$.

Überprüfen Sie in beiden Fällen, ob das „**Engelsche Gesetz**" erfüllt ist. *(Das Engelsche Gesetz besagt: Die Ausgaben eines Haushaltes für Nahrungsmittel nehmen bei steigendem Gesamtkonsum des Haushaltes prozentual weniger stark zu als die Konsumausgaben des Haushaltes insgesamt.)*

*Aufgabe 6.3.164: Zeigen Sie, dass im Fall der Faktorentlohnung nach seiner Wertgrenzproduktivität (6.3.159 − *Polypol*) die hinreichenden Bedingungen für ein Gewinnmaximum erfüllt sind, wenn eine Produktionsfunktion mit überall abnehmender Grenzproduktivität vorliegt.

Zeigen Sie dies für den allgemeineren Fall (6.3.158 − *Monopol*) entsprechend, wenn zusätzlich noch eine lineare Preis-Absatz-Funktion sowie positive Grenzproduktivitäten unterstellt werden.

*Aufgabe 6.3.165: Zeigen Sie: Ist eine gewinnmaximierende Ein-Produkt-Unternehmung (Produktionsfunktion: x: $x(r)$) zugleich **monopolistischer Anbieter** auf dem Gütermarkt (Preis-Absatz-Funktion: p: $p(x)$) als auch monopolistischer Nachfrager (**Monopsonist**) auf dem Faktormarkt (Faktornachfragefunktion: p_r: $p_r(r)$), so ist **jede** der folgenden fünf Bedingungen **notwendig** für einen **gewinnmaximalen** Faktoreinsatz:

i) \qquad $x'(r) \cdot (x \cdot p'(x) + p(x)) = r \cdot p_r'(r) + p_r(r)$;

ii) \qquad $x'(r) \cdot E'(x) = K'(r)$ \qquad *(dabei bedeuten: E: $E(x) = E(x(r)) = x(r) \cdot p(x(r))$ die Erlösfunktion und K: $K(r) = r \cdot p_r(r)$ die (Faktor-) Kostenfunktion)* ;

iii) \qquad $x'(r) = \dfrac{p_r}{p} \cdot \dfrac{1 + \dfrac{1}{\varepsilon_{r,p_r}}}{1 + \dfrac{1}{\varepsilon_{x,p}}}$;

iv) \qquad $x'(r) = \dfrac{p_r}{p} \cdot \dfrac{\varepsilon_{K,r}}{\varepsilon_{E,x}}$;

v) \qquad Der zusätzliche Erlös für die mit der letzten eingesetzten Inputeinheit erzeugten Produktmenge stimmt überein mit den zusätzlichen Aufwendungen für diese letzte Inputeinheit.

7 Differentialrechnung bei Funktionen mit mehreren unabhängigen Variablen

Nach der grundlegenden und elementaren Darstellung von Funktionen mit mehreren unabhängigen Variablen („FmmuV") in Kapitel 3 *(dessen Inhalt hier vorausgesetzt wird)* wenden wir nun die Konzepte der Differentialrechnung auch auf multivariate Funktionen an, um damit relitätsnähere (aber auch anspruchsvollere) ökonomische Modelle beschreiben, analysieren und optimieren zu können.

Die Übertragung des elementaren Steigungsbegriffs auf FmmuV führt uns zu den Basisbegriffen wie partielle Ableitung, Richtungsableitung, vollständiges Differential, Kettenregel und totale Ableitung sowie Ableitung impliziter Funktionen. Es folgt die klassische Extremwertanalyse sowie die Anwendung der Lagrange-Methode beim Auftreten von Nebenbedingungen. Auf die Behandlung von partiellen Elastizitäten und der Eulerschen Homogenitätsrelation folgen ökonomische Modellbetrachtungen und Problemstellungen, die mit Hilfe der zuvor behandelten Instrumente gelöst werden können, z.B. „optimaler Faktoreinsatz in der Produktion", „Gewinnmaximierung von Mehrproduktunternehmungen", „Minimalkostenkombination von Produktionsfaktoren", „Nutzenmaximierung und Haushaltsoptimum" u.v.a.m.

Auch hier begleitet ein umfangreiches Aufgabenpaket die theoretischen Ausführungen.

7.1 Grundlagen

7.1.1 Begriff und Berechnung von partiellen Ableitungen

Das klassische **Grundproblem der Differentialrechnung** für Funktionen f: y = f(x) **einer** unabhängigen Variablen ist die Frage nach der **Steigung** oder **Änderungstendenz** von f an einer beliebig vorgegebenen Stelle x (s. Kap. 5.1.1).

Wir wollen versuchen, die **analoge** Fragestellung bei **Funktionen** mit **mehreren unabhängigen Variablen** zu beantworten.

Dabei wollen wir uns – um möglichst anschaulich vorgehen zu können – zunächst auf Funktionen

$$f: z = f(x,y) \qquad (x,y \in D_f)$$

beschränken, die von **zwei** unabhängigen Variablen x und y abhängen [1].

Die **Problemstellung** lautet also:

„Welche Steigung besitzt die Funktion f: f(x,y) an der Stelle (x_0, y_0)?"

Wie aus Abb. 7.1.1 hervorgeht, ist die Fragestellung in dieser Form offenbar *nicht* sehr *sinnvoll:*

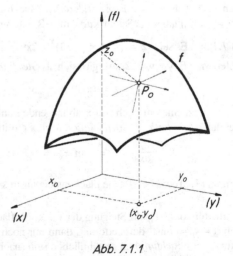

Abb. 7.1.1

[1] Im folgenden wird der Inhalt von Kap. 3 vorausgesetzt.

© Springer-Verlag GmbH Deutschland, ein Teil von Springer Nature 2019
J. Tietze, *Einführung in die angewandte Wirtschaftsmathematik*,
https://doi.org/10.1007/978-3-662-60332-1_7

Im betreffenden Punkt P_0 (x_0, y_0, z_0) der Funktionsfläche gibt es – je nach Durchlaufrichtung – beliebig viele *verschiedene Steigungen* der Fläche: Die Situation ist vergleichbar mit der eines Wanderers im Gebirge, der – ausgehend von einem Punkt am Hang – mehrere verschieden steile Wege einschlagen kann.

Daher ist es lediglich sinnvoll, nach der **Steigung** der Funktionsfläche **in einer vorgegebenen Richtung** zu fragen. Da wir als ausgezeichnete Richtungen die beiden horizontalen Koordinatenachsen haben, liegt es nahe, zunächst nach der **Steigung in x-Richtung** (d.h. für konstantes y) sowie nach der **Steigung in y-Richtung** (d.h. für konstantes x) im Punkt P_0 zu fragen.　Abb. 7.1.2 veranschaulicht das Vorgehen:

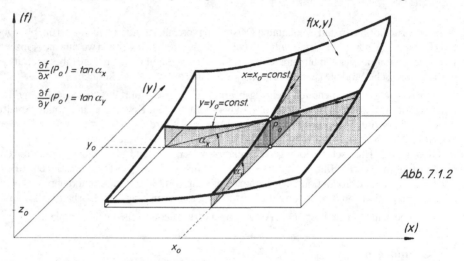

Abb. 7.1.2

Um in P_0 etwa die **Steigung** der Funktion **in x-Richtung** zu ermitteln, schneidet man die Funktionsfläche mit einer zur (x ; z)-Ebene parallelen Schnittebene (d.h. senkrecht zur Grundebene in x-Richtung). Die resultierende **Schnittkurve** (in Abb. 7.1.2 von links nach rechts verlaufend) hat überall **denselben y-Wert** (nämlich $y = y_0 = $ const.).　Die **Steigung** dieser **Schnittkurve** in P_0 ist **identisch** mit der **Steigung der Funktion** f in P_0 **in x-Richtung**. Der Funktionswert z hängt längs dieser Schnittkurve nur noch von **einer** Variablen – nämlich x – ab, da die andere Variable *(nämlich y)* längs dieser Schnittkurve unverändert bleibt: $z = f(x, y_0)$ längs der Schnittkurve in x-Richtung.

Beispiel 7.1.3:　Es sei　$z = f(x, y) = (x-3)^2 + 2xy^2 - 16$　gegeben.

Wählen wir z.B. $y = y_0 = 2$, so ergibt sich als *Gleichung der entsprechenden Schnittkurve in x-Richtung:*

$$z = f(x, 2) = (x-3)^2 + 8x - 16,$$

d.h. f ist jetzt eine nur noch von x abhängende Funktion. Die *Steigung* dieser Schnittkurve lässt sich daher durch *gewöhnliche Differentiation* nach x ermitteln:

$$\frac{df}{dx}\bigg|_{y=2} = \tan \alpha_x = \frac{d}{dx}\left((x-3)^2 + 8x - 16\right) = 2x + 2.$$

Im Punkt $(3; 2)$ etwa beträgt die Flächensteigung in x-Richtung: $\dfrac{df}{dx}\bigg|_{\substack{x=3 \\ y=2}} = 2 \cdot 3 + 2 = 8$ usw.

Analog erhalten wir in P_0 die Steigung der Funktionsfläche in y-Richtung (siehe Abb. 7.1.2), indem wir die durch $x = x_0 = $ const. definierte und dann nur noch von y abhängige Gleichung $z = f(x_0, y)$ der Schnittkurve *(in y-Richtung)* im gewöhnlichen Sinne nach y ableiten:

Beispiel 7.1.3 (Forts.):　Aus　$f(x, y) = (x-3)^2 + 2xy^2 - 16$　ergibt sich für $x = x_0 = $ const.:

$$f(x_0, y) = (x_0 - 3)^2 + 2x_0 y^2 - 16 \qquad \text{und daher} \qquad \frac{df}{dy}\bigg|_{x=x_0} = \tan \alpha_y = 4x_0 y.$$

Die Flächensteigung in y-Richtung etwa an der Stelle (3; 2) beträgt somit: $\dfrac{df}{dy}\Big|_{\substack{x=3 \\ y=2}} = 24$.

Beachten Sie bitte, dass beim Ableiten nach y der Wert x_0 wie eine *Konstante* behandelt wird.

Die im letzten Beispiel ermittelten Steigungen tan α_x (*bzw.* tan α_y) der Funktion in x-Richtung (*bzw. in y-Richtung*) heißen auch **partielle Ableitungen** von f nach x (*bzw. nach y*):

Def. 7.1.4 (partielle Ableitungen): Unter der **partiellen Ableitung** (1. Ordnung) der Funktion f: f(x,y) **nach der Variablen x** (d.h. für $y = y_0 = $ const.) versteht man die (gewöhnliche) Ableitung der nur von x abhängigen Funktion f: f(x, y_0) nach x unter Konstanthaltung von y.

   Schreibweisen: $\dfrac{\partial f}{\partial x}$, $\dfrac{\partial}{\partial x} f(x, y)$, f'_x , f_x .

Analog definiert man die **partielle Ableitung** von f(x,y) **nach y** unter Konstanthaltung von x.

   Schreibweisen: $\dfrac{\partial f}{\partial y}$, $\dfrac{\partial}{\partial y} f(x, y)$, f'_y , f_y .

Beispiel 7.1.5: Gegeben sei f durch

$$f(x, y) = 3x^2y^3 + 4xy + x^2 \cdot e^{7y} \ ; \ x,y \in \mathbb{R} .$$

Die partielle Ableitung nach x erhalten wir, indem wir y als Konstante auffassen und mit den üblichen Ableitungsregeln (siehe Kap. 5.2.5) nach x ableiten:

$$\frac{\partial f}{\partial x} = 6xy^3 + 4y + 2x \cdot e^{7y} .$$

Analog liefert die Ableitung von f nach y unter Konstanthaltung von x die partielle Ableitung von f nach y:

$$\frac{\partial f}{\partial y} = 9x^2y^2 + 4x + 7x^2 \cdot e^{7y} .$$

Bemerkung 7.1.6: *i) Da die partiellen Ableitungen von f(x, y) als gewöhnliche Ableitungen bei Konstanz der jeweils anderen Variablen erscheinen, hätte man statt Def. 7.1.4 auch die Grenzwertdefinition der ersten Ableitung verwenden können (siehe Def. 5.1.9 sowie (5.1.18)):*

$$\frac{\partial f}{\partial x} := \lim_{\Delta x \to 0} \frac{f(x + \Delta x \ ; \ y) - f(x, y)}{\Delta x} \qquad\qquad \frac{\partial f}{\partial y} := \lim_{\Delta y \to 0} \frac{f(x \ ; \ y + \Delta y) - f(x, y)}{\Delta y}$$

$$\textit{(mit } y = \textit{const.)} \qquad\qquad\qquad\qquad\qquad\qquad \textit{(mit } x = \textit{const.)}$$

ii) Die partielle Ableitung f_x (bzw. f_y) bezeichnet die Ableitung von f in x-Richtung (bzw. in y-Richtung). Es fragt sich daher, wie man die Steigung von f auch in irgendeiner anderen Richtung erhalten kann.

Dazu nehmen wir an, dass f im Punkt P_0 eine (sie berührende) Tangentialebene besitzt, siehe Abb. 7.1.7. (Ähnlich wie man – s. Kap. 5.1.3 – die Tangente einer Kurve als „beste" Näherungsgerade für diese Kurve auffassen kann, lässt sich die Tangentialebene als „beste" Näherungsebene der Funktion f im Berührungspunkt auffassen.)

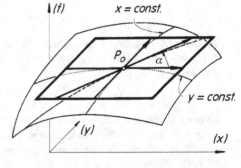

Abb. 7.1.7

Offenbar spannen die beiden Schnittkurventangenten in x- bzw. y-Richtung (mit den Steigungen f_x bzw. f_y) die Tangentialebene in P_0 auf. Dann liegt auch jede andere Schnittkurventangente durch P_0 in dieser Tangentialebene, siehe Abb. 7.1.7. Ist die

Richtung der entsprechenden senkrechten Schnittebene vorgegeben (z.B. durch Angabe des Winkels α *ge-genüber der x-Richtung oder die x, y-Abstände u und v, siehe Abb. 7.1.8), so lässt sich die* **Steigung** *m von f in dieser Richtung allein mit Hilfe der* **partiellen Ableitungen** f_x, f_y *bestimmen, siehe Abb. 7.1.8:*

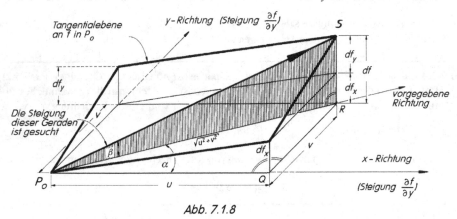

Abb. 7.1.8

Zunächst erhalten wir mit dem Satz des Pythagoras im rechtwinkligen Dreieck P_0QR*:* $\overline{P_0R} = \sqrt{u^2 + v^2}$*. Damit ergibt sich die gesuchte Steigung* $m = \tan\beta$ *der Geraden* P_0S *im schraffierten Dreieck* P_0RS *zu:*

$$(*) \qquad m = \tan\beta = \frac{df}{\sqrt{u^2 + v^2}}. \qquad Wegen \quad \frac{\partial f}{\partial x} = \frac{df_x}{u} \quad bzw. \quad \frac{\partial f}{\partial y} = \frac{df_y}{v} \qquad folgt:$$

$df_x = u \cdot \frac{\partial f}{\partial x}$ *bzw.* $df_y = v \cdot \frac{\partial f}{\partial y}$*, so dass aus* $(*)$ *wegen* $df = df_x + df_y$ *folgt:*

$$(7.1.9) \qquad \boxed{m = \tan\beta = \frac{u \cdot \dfrac{\partial f}{\partial x} + v \cdot \dfrac{\partial f}{\partial y}}{\sqrt{u^2 + v^2}}} \qquad (x = x_0, \; y = y_0).$$

Beachten wir die Beziehungen $\cos\alpha = \dfrac{u}{\sqrt{u^2 + v^2}}$*,* $\sin\alpha = \dfrac{v}{\sqrt{u^2 + v^2}}$ *(siehe Abb. 7.1.8), so können wir die* **Funktionssteigung** *in* P_0 *in der* **um** α **gegen die x-Richtung gedrehten Richtung** *auch schreiben:*

$$(7.1.10) \qquad \boxed{m = \tan\beta = \frac{\partial f}{\partial x} \cdot \cos\alpha + \frac{\partial f}{\partial y} \cdot \sin\alpha} \qquad (x = x_0, \; y = y_0).$$

Beispiel: *Die partiellen Ableitungen der Funktion* f*:* $f(x, y) = 4 - x^2 - y^2$ *(siehe Abb. 3.2.9) lauten z.B. im Punkt* P_0 *(2; 3):*

$$f_x = -2x \big|_{\substack{x=2 \\ y=3}} = -4; \qquad f_y = -2y \big|_{\substack{x=2 \\ y=3}} = -6.$$

In der z.B. durch $u = 5$*;* $v = 4$ *bestimmte Rich-tung (s. Abb. 7.1.11) (entspricht* $\tan\alpha = \frac{4}{5}$*, d.h.* $\alpha = 38{,}66°$*) beträgt die Funktionssteigung nach (7.1.9):*

$$m = \frac{-5 \cdot 4 - 4 \cdot 6}{\sqrt{41}} \approx -6{,}87; \quad bzw. \; nach \; (7.1.10)$$

$$m = -4 \cdot \cos 38{,}66° - 6 \cdot \sin 38{,}66° \approx -6{,}87.$$

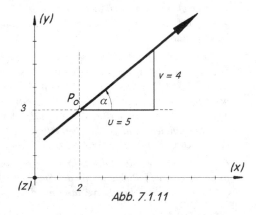

Abb. 7.1.11

Die Bildung der **partieller Ableitungen** kann mit einer analogen Gedankenführung auch auf Funktionen f: f(x_1, x_2, ..., x_n) ausgedehnt werden, die von **mehr als zwei unabhängigen Variablen** abhängen. Auch hier geht es wieder darum, den „Anstieg" von f in **einer** „Richtung" (d.h. die Änderung von f in Abhängigkeit von der Änderung nur **einer** der n unabhängigen Variablen) zu ermitteln, wobei **alle übrigen Variablen konstant** gehalten werden:

Def. 7.1.12:   Unter der **partiellen Ableitung** (erster Ordnung) der Funktion f(x_1, x_2, ..., x_n) nach der Variablen x_i versteht man die **gewöhnliche** Ableitung von f nach x_i unter **Konstanthaltung aller übrigen Variablen.**

Schreibweisen: $\dfrac{\partial f}{\partial x_i}$; $\dfrac{\partial}{\partial x_i} f(x_1, ..., x_n)$; f'_{x_i} ; f_{x_i} .

Bemerkung 7.1.13:   *i) f(x_1, ..., x_n) besitzt n partielle Ableitungen erster Ordnung.*

ii) Wenn eine Funktion f von nur zwei oder drei Variablen abhängt, schreiben wir aus Gründen der Übersichtlichkeit häufig diese Variablen ohne Laufindex, d.h. z.B. x, y, z statt x_1, x_2, x_3.

iii) Für die praktische Bildung der partiellen Ableitungen f_{x_i} lassen sich sämtliche bekannten Differentiationsregeln (siehe Kap. 5.2.5) anwenden. Dabei ist lediglich zu beachten, dass außer x_i alle übrigen unabhängigen Variablen wie Konstanten behandelt werden.

Beispiel 7.1.14:   i) f(x_1, x_2, x_3, x_4) = $3x_1{}^4 x_2{}^3 x_3{}^2 x_4 + 5x_1 x_2 + 8x_3 x_4 + 1$ $\Rightarrow$

$$\frac{\partial f}{\partial x_1} = 12x_1{}^3 x_2{}^3 x_3{}^2 x_4 + 5x_2 \; ; \qquad \frac{\partial f}{\partial x_2} = 9x_1{}^4 x_2{}^2 x_3{}^2 x_4 + 5x_1 \; ;$$

$$\frac{\partial f}{\partial x_3} = 6x_1{}^4 x_2{}^3 x_3 x_4 + 8x_4 \; ; \qquad \frac{\partial f}{\partial x_4} = 3x_1{}^4 x_2{}^3 x_3{}^2 + 8x_3 \; .$$

ii) f(x, y, z) = $x \cdot e^{yz} + \dfrac{\sqrt{x \cdot z}}{\ln y}$; (x, z > 0; y > 1) $\Rightarrow$ $f_x = e^{yz} + \dfrac{\sqrt{z}}{2\sqrt{x} \cdot \ln y}$;

$f_y = xz \cdot e^{yz} - \dfrac{\sqrt{xz}}{y \cdot (\ln y)^2}$; $f_z = xy \cdot e^{yz} + \dfrac{\sqrt{x}}{2\sqrt{z} \cdot \ln y}$.

Aufgabe 7.1.15: Bilden Sie sämtliche partiellen Ableitungen erster Ordnung:

i)   f(x, y) = $(xy)^3 + xy^2$

ii)   f(x, y) = $3x^2 - 4y^2 + 5xy + 4y$

iii) K(x_1, x_2) = $\dfrac{5x_1}{x_2}$

iv)   f(x, y) = $\dfrac{x^4 - 3x^2 y}{3x + 2y^2}$

v)   g(x, y, z) = $5x^2 y z^4 + 8\,\dfrac{y^2}{x^5}$

vi)   K(x_1, x_2, x_3) = $x_2 \cdot e^{4x_1 + 5x_3}$

vii) p(r_1, r_2, r_3) = $r_1{}^2 \cdot \ln(r_1 r_3) - e^{-2r_1 r_2}$

viii) x(A, K) = $120 \cdot A^{0,85} \cdot K^{0,3}$

ix)   f(u, v, w) = $(w \ln w + u^3)\sqrt{2v}$

x)   L(x, y, λ) = $8x^{0,3} y^{0,7} + \lambda\,(200 - 6x - 5y)$

xi)   L(r_1, r_2, r_3, λ_1, λ_2) = $2\sqrt{r_1{}^2 + 3r_2{}^2 - 5r_3{}^2}\; +$
$+ \lambda_1(10 - r_1 - 2r_2 + r_3) + \lambda_2(20 - r_1 r_2 r_3)$

xii) f(x, y) = $(x^3 y^2)^y$

xiii) f(x, y) = $2y^{3x} \cdot \ln \dfrac{x}{y}$.

7.1.2 Ökonomische Interpretation partieller Ableitungen

Die Tatsache, dass die partiellen Ableitungen jeweils nur den Einfluss der Änderung einer *einzigen* unabhängigen Variablen auf den Funktionswert berücksichtigen (und alle *übrigen Variablen konstant* bleiben), lässt eine zu Satz 6.1.22 analoge **Interpretationsmöglichkeit** zu:

Satz 7.1.16:   Der Wert $\dfrac{\partial f}{\partial x_i}(P_0)$ der partiellen Ableitung von f nach x_i an der Stelle P_0 gibt (näherungsweise) an, um wieviele **Einheiten** sich der **Funktionswert** $f(P_0)$ **ändert**, wenn sich x_i um **eine Einheit ändert** und alle **übrigen** unabhängigen **Variablen unverändert** bleiben (ceterisparibus (c.p.)-Bedingung).

Für den Fall zweier unabhängiger Variablen wird dieser Sachverhalt noch einmal in Abb. 7.1.17 verdeutlicht:

$$\text{Steigung in x-Richtung:} \quad \tan\alpha_x = \boxed{\dfrac{\partial f}{\partial x} \approx \Delta f_x} \quad (\Delta x = 1)$$

$$\text{Steigung in y-Richtung:} \quad \tan\alpha_y = \boxed{\dfrac{\partial f}{\partial y} \approx \Delta f_y} \quad (\Delta y = 1) \quad .$$

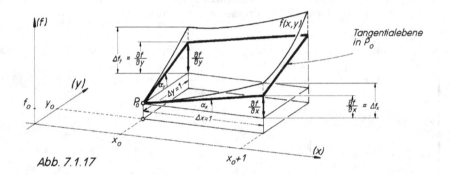

Abb. 7.1.17

Die partiellen Ableitungen erweisen sich als eines der wichtigsten Hilfsmittel bei der sogenannten „**Partialanalyse**" ökonomischer Funktionen: Dabei werden ökonomische Zielfunktionen (z.B. Produktionsfunktionen, Nutzenfunktionen, Kostenfunktionen, Gewinnfunktionen etc.) bei Variation einer einzigen Variablen betrachtet, während alle übrigen Einflussfaktoren (= übrige unabhängige Variable) konstant gehalten werden (c.p.-Prämisse).

*Bemerkung: Die Analyse ökonomischer Funktionen bei gleichzeitiger Änderung **aller** unabhängigen Variablen (Totalanalyse) wird in Kapitel 7.1.5 und im Zusammenhang mit der Extremwertbestimmung in Kapitel 7.2 angeschnitten.*

So kann man etwa untersuchen, wie sich bei gegebener Produktionsfunktion y: y(A, K) der Output y ändert, wenn lediglich die Einsatzmenge A des Produktionsfaktors „Arbeit" geändert wird, während die Einsatzmenge K des Produktionsfaktors „Kapital(ausstattung)" unverändert bleibt. Als Maß für die entsprechende Output-Änderungstendenz dient die partielle Ableitung $\dfrac{\partial y}{\partial A}$, die (näherungsweise) die Änderung des Outputs y angibt, wenn sich A (bei Konstanz von K) um eine Einheit ändert. Die entsprechende partielle Ableitung von y nach A, d.h. $\dfrac{\partial y}{\partial A}$, heißt **(partielle) Grenzproduktivität des Faktors Arbeit** (oder kurz: Grenzproduktivität der Arbeit).

Analog bezeichnet man $\dfrac{\partial y}{\partial K}$ als **(partielle) Grenzproduktivität des Kapitals**.

Beispiel 7.1.18: Gegeben sei die Produktionsfunktion $y(A,K) = 2 \cdot A^{0,4} \cdot K^{0,6}$ $(A, K > 0)$.

Dann ist die partielle Grenzproduktivität der Arbeit gegeben durch $\frac{\partial y}{\partial A} = 0,8 \cdot A^{-0,6} \cdot K^{0,6}$ und die partielle Grenzproduktivität des Kapitals durch $\frac{\partial y}{\partial K} = 1,2 \cdot A^{0,4} \cdot K^{-0,4}$.

Sämtliche ökonomische Begriffsbildungen wie z.B. **Grenzkosten, Grenzgewinn, marginale Konsumquote** usw. (siehe Kap. 6.1.2) im Zusammenhang mit Funktionen einer unabhängigen Variablen lassen sich durch den **Zusatz „partiell"** analog auf ökonomische Funktionen mit mehreren unabhängigen Variablen (unter Beachtung der c.p.-Prämisse) **übertragen.**

Aufgabe 7.1.19: Gegeben sei die Produktionsfunktion $y = y(L, K) = 90 \cdot L^{0,8} \cdot K^{0,2}$ *(L: Arbeitsinput in Arbeitseinheiten (AE); K: Kapitalinput in GE; y: Output in GE_y; L, K > 0).*
Ermitteln und interpretieren Sie die partiellen Grenzproduktivitäten der Arbeit und des Kapitals

i) für L = 1.000 AE; K = 200 GE;

ii) wenn pro eingesetzter Arbeitseinheit eine Kapitalausstattung von 8 GE vorhanden ist.

Aufgabe 7.1.20: Für zwei verbundene Güter seien die möglichen Absatzmengen x_1, x_2 in Abhängigkeit der Marktpreise p_1, p_2 durch folgende Preis-Absatz-Funktionen gegeben:

$$x_1(p_1, p_2) = -0,5p_1 + 2p_2 + 10 ; \qquad x_2(p_1, p_2) = 0,8p_1 - 1,5p_2 + 15 .$$

i) Untersuchen Sie mit Hilfe der vier möglichen partiellen Ableitungen $\frac{\partial x_i}{\partial p_k}$ (i, k = 1,2), wie sich die Nachfrage x_i nach Gut i ändert bei Änderung des Preises p_k des Gutes k (i, k = 1,2).

ii) Handelt es sich um komplementäre oder substitutive Güter?

iii) Ermitteln Sie für jedes Gut die individuelle Erlösfunktion und interpretieren Sie die partiellen Grenzerlöse **a)** bzgl. der Preise sowie ***b)** bzgl. der Mengen bei einer Preiskombination $p_1 = 8$ GE/ME_1, $p_2 = 5$ GE/ME_2 (siehe Beispiel 6.1.40) .

7.1.3 Partielle Ableitungen höherer Ordnung

Wie etwa aus Beispiel 7.1.14 hervorgeht, sind die partiellen Ableitungen erster Ordnung $\frac{\partial f}{\partial x_i}$ einer Funktion f: $f(x_1, ..., x_n)$ selbst wiederum Funktionen der n unabhängigen Variablen $x_1,...,x_n$.

Beispiel 7.1.21: $f(x_1, x_2, x_3) = 4x_1^2 \cdot x_2^5 \cdot e^{x_3} \Rightarrow \frac{\partial f}{\partial x_1} = 8x_1 \cdot x_2^5 \cdot e^{x_3}$ ist eine von x_1, x_2, x_3 abhängige Funktion, usw.

Daher lassen sich (i.a.) die partiellen Ableitungen $\frac{\partial f}{\partial x_i}$ wiederum partiell nach jeder unabhängigen Variablen ableiten, wir erhalten so die partiellen Ableitungen zweiter Ordnung und daraus analog die partiellen Ableitungen dritter und höherer Ordnung (siehe auch Kap. 5.2.4, Bemerkung 5.2.37):

Def. 7.1.22: **Leitet** man die **partielle Ableitung** $\frac{\partial f}{\partial x_i}$ von $f(x_1, ..., x_n)$ **wiederum partiell** nach der Variablen x_k ab (i, k = 1, 2,..., n), so ergibt sich **die partielle Ableitung zweiter Ordnung** von f nach x_i, x_k.

Schreibweisen: $\frac{\partial}{\partial x_k}\left(\frac{\partial}{\partial x_i}\right) = \frac{\partial^2 f}{\partial x_k \, \partial x_i} = \frac{\partial}{\partial x_k}(f_{x_i}) = f_{x_i x_k}$ bzw. $\frac{\partial}{\partial x_k}\left(\frac{\partial}{\partial x_k}\right) = \frac{\partial^2 f}{\partial x_k^2} = f_{x_k x_k}$.

Bemerkung 7.1.23:

i) In $\dfrac{\partial^2 f}{\partial x_k \partial x_i} = f_{x_i x_k}$ *wird zuerst nach* x_i *und dann nach* x_k *abgeleitet – beachten Sie (zunächst) die Reihenfolge der Indizes je nach Schreibweise !*

ii) Jede der n partiellen Ableitungen von $f(x_1, ..., x_n)$ *kann nach den n Variablen erneut abgeleitet werden, d.h. es gibt* n^2 *partielle Ableitungen 2. Ordnung.*

iii) Analog zu Def. 7.1.22 werden dritte und höhere partielle Ableitungen gebildet. Schreibweisen (z.B.):

a) $\qquad \dfrac{\partial^3 f}{\partial x_1 \partial x_3 \partial x_4} = \dfrac{\partial}{\partial x_1} \left(\dfrac{\partial}{\partial x_3} \left(\dfrac{\partial f}{\partial x_4} \right) \right) = f_{x_4 x_3 x_1}.$

b) $\qquad \dfrac{\partial^6 f}{\partial x^2 \partial y^4} = \dfrac{\partial}{\partial x} \left(\dfrac{\partial}{\partial x} \left(\dfrac{\partial}{\partial y} \left(\dfrac{\partial}{\partial y} \left(\dfrac{\partial}{\partial y} \left(\dfrac{\partial f}{\partial y} \right) \right) \right) \right) \right) = f_{yyyyxx}, \quad usw.$

Beispiel 7.1.24:   Es sei $f(x, y) = 2x^4 y^3 - x^3 y^6$.   Die partiellen Ableitungen erster Ordnung lauten:

$$f_x = 8x^3 y^3 - 3x^2 y^6 ; \qquad\qquad f_y = 6x^4 y^2 - 6x^3 y^5 .$$

Die partiellen Ableitungen zweiter Ordnung lauten:

$$f_{xx} = 24x^2 y^3 - 6xy^6 ; \quad f_{xy} = 24x^3 y^2 - 18x^2 y^5 ; \quad f_{yx} = 24x^3 y^2 - 18x^2 y^5 ; \quad f_{yy} = 12x^4 y - 30x^3 y^4 .$$

Partielle Ableitungen dritter Ordnung sind z.B.:

$$f_{xxy} = 72x^2 y^2 - 36xy^5 ; f_{yxx} = 72x^2 y^2 - 36xy^5 ; f_{yyx} = 48x^3 y - 90x^2 y^4 ; f_{yxy} = 48x^3 y - 90x^2 y^4 \text{ usw.}$$

In Beispiel 7.1.24 fällt auf, dass die **„gemischten Ableitungen"** f_{xy} und f_{yx} **identisch** sind (ebenso f_{xxy} und f_{yxx} sowie f_{yyx} und f_{yxy}), obwohl sie auf völlig verschiedene Weise und unabhängig voneinander aus $f(x, y)$ gebildet wurden.

Es zeigt sich, dass das Bestehen dieser Identitäten kein Zufall ist:

Satz 7.1.25: *(Satz von SCHWARZ):*   Sind für die Funktion f: $f(x_1, ..., x_n)$ sämtliche **zweiten Ableitungen stetig**, so sind diese **unabhängig von der Differentiationsreihenfolge**. Es gilt dann stets:

(7.1.26) $\qquad\qquad \boxed{\dfrac{\partial^2 f}{\partial x_i \, \partial x_k} = \dfrac{\partial^2 f}{\partial x_k \, \partial x_i}} \quad$ bzw. $\quad \boxed{f_{x_k x_i} = f_{x_i x_k}}$

Bemerkung 7.1.27: *Die Vertauschbarkeit der Differentiationsreihenfolge lässt sich analog auf höhere partielle Ableitungen übertragen. So gilt z.B. (unter den Voraussetzungen von Satz 7.1.25):*

$$f_{yxx} = f_{xyx} = f_{xxy} \quad \text{(siehe Beispiel 7.1.24)}$$

oder $\qquad f_{zzyyx} = f_{zzyxy} = f_{zzxyy} = ... = f_{xyyzz} \;$ *usw.*

Dadurch reduziert sich die Anzahl verschiedener partieller Ableitungen höherer Ordnung erheblich.

Aufgabe 7.1.28: Gegeben sei die Funktion $f(x, y) = xy \cdot e^{xy}$. Zeigen Sie durch explizites Ausrechnen in der gegebenen Reihenfolge die Gültigkeit von $f_{yxx} = f_{xyx} = f_{xxy}$.

Aufgabe 7.1.29: Bilden Sie die partiellen Ableitungen zweiter Ordnung der Funktionen von Aufgabe 7.1.15 .

7.1.4 Kennzeichnung von Monotonie und Krümmung durch partielle Ableitungen

Das **Vorzeichen** der ersten und zweiten partiellen **Ableitung** einer (ökonomischen) Funktion charakterisiert – wegen der c.p.-Prämisse **analog** zum Fall nur **einer** unabhängigen Variablen – die (partiellen) **Monotonie- und Krümmungseigenschaften** der zugrundeliegenden Funktion. Analog zu den Sätzen 6.2.2 und 6.2.10 erhalten wir

Satz 7.1.30: Die Funktion $f(x_1, ..., x_n)$ sei in einem Intervall I $(\subset \mathbb{R}^n)$ definiert und dort zweimal stetig differenzierbar. Wenn dann in I gilt:

i) $\dfrac{\partial f}{\partial x_i} > 0$, so ist f bzgl. x_i (c.p.) monoton steigend (**zunehmend**) .

ii) $\dfrac{\partial f}{\partial x_k} < 0$, so ist f bzgl. x_k (c.p.) monoton fallend (**abnehmend**) .

iii) $\dfrac{\partial^2 f}{\partial x_i^2} > 0$, so ist $\dfrac{\partial f}{\partial x_i}$ bzgl. x_i zunehmend, d.h. f bzgl. x_i **konvex** .

iv) $\dfrac{\partial^2 f}{\partial x_k^2} < 0$, so ist $\dfrac{\partial f}{\partial x_k}$ bzgl. x_k abnehmend, d.h. f bzgl. x_k **konkav** .

v) $\dfrac{\partial^2 f}{\partial x_i \partial x_k} = \dfrac{\partial^2 f}{\partial x_k \partial x_i} > 0$ *(bzw. < 0)*, so ist $\dfrac{\partial f}{\partial x_k}$ bzgl. x_i und $\dfrac{\partial f}{\partial x_i}$ bzgl. x_k (c.p) monoton zunehmend *(bzw. abnehmend)* .

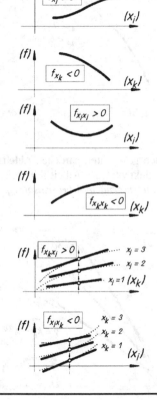

Abb. 7.1.31

Beispiel 7.1.32: Gegeben sei die Produktionsfunktion
$$y = y(A, K) = A^{0,8} \cdot K^{0,2}$$

(A: Arbeitsinput (A>0) ; K: Kapitalinput (K > 0); y: Output, z.B. Sozialprodukt).

Für die Grenzproduktivitäten erhalten wir:

$$\frac{\partial y}{\partial A} = 0,8 \cdot A^{-0,2} \cdot K^{0,2} > 0 ; \qquad \frac{\partial y}{\partial K} = 0,2 \cdot A^{0,8} \cdot K^{-0,8} > 0 ,$$

d.h. für alle A, K > 0 sind die Grenzproduktivitäten positiv, d.h. der Output ist sowohl bzgl. der Arbeit als auch bzgl. des Kapitals zunehmend.

Die zweiten partiellen Ableitungen lauten:

$$\frac{\partial^2 y}{\partial A^2} = -0,16 \cdot A^{-1,2} \cdot K^{0,2} < 0 ; \qquad \frac{\partial^2 y}{\partial K^2} = -0,16 \cdot A^{0,8} \cdot K^{-1,8} < 0 ;$$

$$\frac{\partial^2 y}{\partial A \partial K} = \frac{\partial^2 y}{\partial K \partial A} = 0,16 \cdot A^{-0,2} \cdot K^{-0,8} > 0 .$$

Daraus folgt (nach Satz 7.1.30): Die Grenzproduktivität der Arbeit *(bzw. des Kapitals)* nimmt mit steigendem Arbeitsinput *(bzw. Kapitalinput)* c.p. ab, die entsprechenden partiellen Ertragsfunktionen $y = y(A, K_0)$ *(bzw. $y = y(A_0, K)$)* sind konkav gekrümmt, siehe Abb. 7.1.33 (y: y(A, K) genügt dem „Gesetz abnehmender Ertragszuwächse", siehe Bsp. 6.3.11):

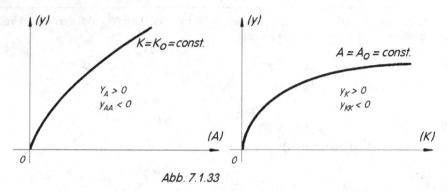

Abb. 7.1.33

Die beiden gemischten partiellen **Ableitungen** sind für alle A, K > 0 **positiv.** Daher nehmen die Grenzproduktivität der Arbeit mit steigendem Kapitaleinsatz c.p. *(und die Grenzproduktivität des Kapitals mit steigendem Arbeitseinsatz c.p.)* **zu,** vgl. Abb. 7.1.34:

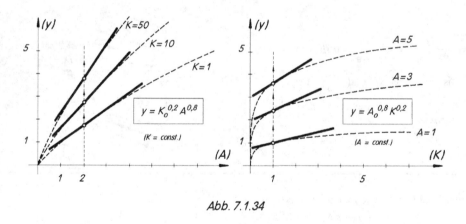

Abb. 7.1.34

Aufgabe 7.1.35:	Gegeben sei die Produktionsfunktion

$$y(A, K) = -3A^3 + 2A^2 + 50A - 3A^2K + 2AK^2 - 3K^3 + 5K^2 ,$$

(A: Arbeitsinput; K: Kapitalinput; y: Sozialprodukt; A, K > 0).

Ermitteln Sie für	**a)**	A = 2;	K = 5;	sowie
	b)	A = 10 ;	K = 2	jeweils sämtliche partielle Ableitungen
erster und zweiter Ordnung und gebe damit eine ökonomische Charakterisierung des Verhaltens der Produktionsfunktion in der näheren Umgebung der jeweils vorgegebenen Inputkombinationen.

7.1.5 Partielles und vollständiges (totales) Differential

Nach Satz 6.1.7 versteht man unter dem **Differential df** der Funktion f(x) die **Änderung** der **Tangentenfunktion** (d.h. **näherungsweise** die Änderung Δf der **Funktion** f), wenn sich **x um** den (endlichen) Wert **dx ändert**. Für den Wert df des Differentials folgt aus Abb. 7.1.36

wegen $f'(x) = \dfrac{df}{dx}$: $\boxed{df = f'(x) \cdot dx}$.

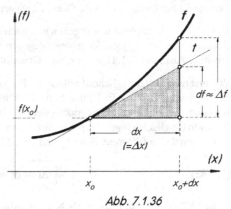

Abb. 7.1.36

In analoger Weise lässt sich bei Funktionen mit mehreren unabhängigen Variablen ein Differential für **jede** der unabhängigen Variablen (bei Konstanz der übrigen Variablen) einführen:

Def. 7.1.37:   Unter dem i-ten **partiellen Differential** der Funktion $z = f(x_1, ..., x_n)$ versteht man die Funktion df_{x_i} mit

(7.1.38) $\boxed{df_{x_i} := \dfrac{\partial f}{\partial x_i} \cdot dx_i}$ *(df_{x_i} ist abhängig – von der betrachteten Stelle x_i sowie*
– von der Wahl des Differentials dx_i .)

Satz 7.1.39:   Das **partielle Differential** df_{x_i} (7.1.38) gibt (näherungsweise) die **Änderung** der **Funktion** f an, wenn die Variable x_i um dx_i Einheiten **geändert wird** und alle übrigen unabhängigen Variablen konstant bleiben (c.p.) .

Bemerkung 7.1.40: i) f: $f(x_1,...,x_n)$ mit n unabhängigen Variablen besitzt n partielle Differentiale.

ii) Für den Fall zweier unabhängiger Variabler – statt x_1, x_2 schreiben wir aus Gründen der Übersichtlichkeit wieder x und y – zeigt Abb. 7.1.41 eine räumliche Veranschaulichung:
df_x bzw. df_y sind die partiellen Änderungen der Tangentialebenenfunktion in x- bzw. y-Richtung und zugleich Näherungen für die tatsächlichen Änderungen Δf_x bzw. Δf_y von f in x- bzw. y-Richtung:

$$\Delta f_x \approx df_x = f_x dx \; ; \qquad \Delta f_y \approx df_y = f_y dy \; .$$

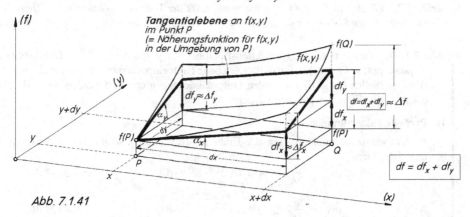

Abb. 7.1.41

iii) Für den Spezialfall $dx_i = 1$ ist das partielle Differential df_{x_i} gleich der partiellen Ableitung f_{x_i}, siehe (7.1.38) bzw. Abb. 7.1.17.

Die partiellen Differentiale df_{x_i} können – ebenso wie die partiellen Ableitungen – für die **Partialanalyse** ökonomischer Funktionen (siehe Kap. 7.1.2) verwendet werden.

Wir wollen einen Schritt weiter gehen und nach der **totalen Änderung der Funktion f** für den Fall fragen, dass sich **gleichzeitig jede** der n unabhängigen Variablen **ändert**, und zwar x_1 um dx_1, x_2 um dx_2, ..., x_n um dx_n. Aus Abb. 7.1.41 lesen wir die **Grundidee** ab, die zur Antwort führt:

Wir ersetzen an der fraglichen Stelle P die Funktion f durch ihre **Tangentialebene** (= „beste" lineare Näherungsfunktion von f in P) und betrachten nun stellvertretend für f die **Änderung** dieser **Tangentialfunktion**. Dabei lässt sich erkennen (siehe Abb. 7.1.41), dass die **Gesamtänderung** df der Tangentialfunktion bei **gleichzeitiger** Änderung von x um dx **und** von y um dy sich **additiv** zusammensetzt aus den beiden **partiellen Differentialen** df_x und df_y, d.h.

(7.1.42) $\boxed{\Delta f \approx df = df_x + df_y}$.

Mit (7.1.38) ergibt sich somit als Näherungswert df für die totale Änderung Δf von f das sogenannte **vollständige (totale) Differential**

(7.1.43) $\boxed{df = \dfrac{\partial f}{\partial x} \cdot dx + \dfrac{\partial f}{\partial y} \cdot dy}$.

Für den allgemeinen Fall *(wir indizieren jetzt wieder die unabhängigen Variablen)* ergibt sich analog

Def. 7.1.44: Unter dem **vollständigen** (oder **totalen**) **Differential** df = df(x_1,...,x_n) der differenzierbaren Funktion f an der Stelle (x_1,...,x_n) versteht man die **Summe aller partiellen Differentiale:**

(7.1.45) $\boxed{df := \dfrac{\partial f}{\partial x_1} \cdot dx_1 + \dfrac{\partial f}{\partial x_2} \cdot dx_2 + ... + \dfrac{\partial f}{\partial x_n} \cdot dx_n}$.

Satz. 7.1.46: Das **vollständige Differential** df (siehe (7.1.45)) gibt (näherungsweise) an, um wieviele Einheiten sich **f ändert**, wenn sich **gleichzeitig jede der n unabhängigen Variablen ändert**, und zwar x_1 um dx_1, x_2 um dx_2, ..., x_n um dx_n.

Bemerkung 7.1.47: Aus Def. 7.1.44 entnehmen wir, dass der Wert des vollständigen Differentials außer von der betrachteten Stelle ($x_1, x_2, ..., x_n$) von den n Änderungswerten $dx_1, dx_2, ..., dx_n$ abhängt.

Beispiel 7.1.48: Gegeben sei die Produktionsfunktion $y: y = 2A^{0,2} \cdot K^{0,8}$ (A: Arbeitsinput; K: Kapitalinput; y: Output).   Für die vorgegebene Faktorinputkombination A = 20; K = 10 sollen **i)** die **partiellen** sowie **ii)** die **totalen Outputänderungen** ermittelt werden, wenn die Inputs um dA bzw. dK Einheiten geändert werden.

i) Partielle Faktorvariation

Ändern wir den Arbeitsinput um dA Einheiten (K = const.), so ändert sich der Output y nach Def. 7.1.37 um

$$dy_A = \frac{\partial y}{\partial A} \cdot dA = 0{,}4 A^{-0,8} \cdot K^{0,8} \cdot dA \Big|_{A=20;\ K=10} \approx 0{,}2297\ dA \ .$$

Analog: $dy_K = \frac{\partial y}{\partial K} \cdot dK = 1{,}6 A^{0,2} \cdot K^{-0,2} \cdot dK \Big|_{A=20;\ K=10} \approx 1{,}8379\ dK$

(dy_A, dy_K heißen auch **partielle Grenzerträge**).

ii) Totale Faktorvariation

Ändern wir gleichzeitig A um dA und K um dK, so erhalten wir als totale Outputänderung dy das **vollständige Differential** nach Def. 7.1.44:

$$dy = \frac{\partial y}{\partial A} \cdot dA + \frac{\partial y}{\partial K} \cdot dK$$

$$= 0{,}4A^{-0{,}8} \cdot K^{0{,}8} \cdot dA + 1{,}6A^{0{,}2} \cdot K^{-0{,}2} \cdot dK \Big|_{A = 20;\; K = 10}$$

$$\approx 0{,}2297 \cdot dA + 1{,}8379 \cdot dK\,. \qquad \text{(dy heißt auch \textbf{totales Grenzprodukt}).}$$

Wählen wir z.B. dA = −0,3 und dK = +0,1 vor (d.h. wird der Arbeitsinput um 0,3 Einheiten vermindert und *gleichzeitig* der Kapitalinput um 0,1 Einheiten erhöht (bezogen auf das Ausgangsniveau A = 20; K = 10), so erhalten wir das totale Grenzprodukt

$$dy \approx 0{,}2297 \cdot (-0{,}3) + 1{,}8379 \cdot 0{,}1 = 0{,}115\,,$$

d.h. der Output steigt (näherungsweise) um 0,115 Einheiten. Der Vergleich mit dem exakten Änderungswert

$$\Delta y = y(19{,}7;\, 10{,}1) - y(20;\, 10) = 2 \cdot 19{,}7^{0{,}2} \cdot 10{,}1^{0{,}8} - 2 \cdot 20^{0{,}2} \cdot 10^{0{,}8} = 0{,}114$$

zeigt, dass das vollständige Differential nicht nur einfach und universell zu handhaben ist, sondern auch gute Näherungswerte liefert.

Aufgabe 7.1.49:

Bei der Produktion eines Gutes hängt der Output x von der Einsatzmengenkombination (r_1, r_2, r_3) dreier Produktionsfaktoren gemäß folgender Produktionsfunktion x ab:

$$x(r_1, r_2, r_3) = 0{,}5r_1^{0{,}5}r_2^{0{,}5} + 0{,}1r_1^{0{,}4}r_3^{0{,}6} + 0{,}2r_2^{0{,}3}r_3^{0{,}7}\,.$$

Ermitteln Sie für eine vorgegebene Inputkombination $(r_1, r_2, r_3) = (4; 5; 9)$ die partiellen und totalen Grenzprodukte, wenn wir r_1 um 0,2 Einheiten erhöhen und gleichzeitig r_2 und r_3 um jeweils 0,1 Einheiten vermindern.

7.1.6 Kettenregel, totale Ableitung

Zusammengesetzte Funktionen f: f(g(x)) jeweils **einer** unabhängigen Variablen lassen sich (siehe Satz 5.2.44) mit Hilfe der **Kettenregel** ableiten:

$$\boxed{\frac{df}{dx} = \frac{df}{dg} \cdot \frac{dg}{dx}}$$

Auch bei Funktionen f: $f(x_1, ..., x_n)$ mit mehreren unabhängigen Variablen kommt es vor, dass die **unabhängigen Variablen** x_i selbst wiederum **Funktionen einer oder mehrerer Variabler** sind. Mit Hilfe des vollständigen Differentials kann auch in solchen Fällen eine (verallgemeinerte) **Kettenregel** begründet werden. Dabei sind **zwei Fälle** zu unterscheiden:

i) die x_i sind jeweils Funktionen **einer** unabhängigen Variablen t;
ii) die x_i sind jeweils Funktionen der **k** unabhängigen Variablen $u_1, u_2, ..., u_k$.

Für die Ableitung von f nach den jeweiligen „inneren" Variablen t bzw. u_i gilt:

Satz 7.1.50: (Kettenregel)

Es sei $f\colon f(x_1, x_2, ..., x_n)$ eine differenzierbare Funktion.

i) Jede unabhängige Variable x_i sei eine differenzierbare Funktion der unabhängigen Variablen t :
$x_1 = x_1(t)$; $x_2 = x_2(t)$; ... ; $x_n = x_n(t)$. Dann lautet die **totale Ableitung** von f nach t :

(7.1.51)
$$\frac{df}{dt} = \frac{\partial f}{\partial x_1} \cdot \frac{dx_1}{dt} + \frac{\partial f}{\partial x_2} \cdot \frac{dx_2}{dt} + ... + \frac{\partial f}{\partial x_n} \cdot \frac{dx_n}{dt}$$

ii) Jede unabhängige Variable x_i sei selbst eine differenzierbare Funktion der k unabhängigen Variablen $u_1, u_2, ..., u_k$, d.h.

$$x_1 = x_1(u_1, ..., u_k) ; \quad x_2 = x_2(u_1, ..., u_k) ; \quad ... \quad ; \quad x_n = x_n(u_1, ..., u_k) .$$

Dann lautet die **totale partielle Ableitung** von f nach u_i (i = 1, 2, ..., k):

(7.1.52)
$$\frac{\partial f}{\partial u_i} = \frac{\partial f}{\partial x_1} \cdot \frac{\partial x_1}{\partial u_i} + \frac{\partial f}{\partial x_2} \cdot \frac{\partial x_2}{\partial u_i} + ... + \frac{\partial f}{\partial x_n} \cdot \frac{\partial x_n}{\partial u_i}$$

mit $u_k = $ const. (k $\neq$ i) .

Die Gültigkeit von (7.1.51) können wir wie folgt erkennen:
$\frac{df}{dt}$ liefert die Änderung von f, wenn t um *eine* Einheit geändert wird *(siehe Satz 6.1.22)*. Ändert man nun t um diese eine Einheit, so ändert sich auch jeder der n Variablen $x_1, ..., x_n$, und zwar (da die x_i laut Voraussetzung Funktionen von t sind) x_1 um $\frac{dx_1}{dt}$, x_2 um $\frac{dx_2}{dt}$, ..., x_n um $\frac{dx_n}{dt}$ *(s. Satz 6.1.22)*.

Nach Satz 7.1.46 lässt sich andererseits die resultierende totale Änderung von f durch das vollständige Differential (7.1.45) beschreiben, wobei – da dt *eine* Einheit sein soll – nunmehr $\frac{df}{dt}$ statt df und $\frac{dx_i}{dt}$ statt dx_i zu setzen ist.

Bemerkung: Dass die Schreibweise von (7.1.51) mit Hilfe von Differentialen zweckmäßig ist, erkennen wir auch daran, dass (7.1.51) aus (7.1.45) nach „Division" durch dt hervorgeht, sofern wir anschließend die Quotienten der Differentiale als Ableitungen interpretieren.)

Ganz analog können wir (7.1.52) begründen, wobei statt t nun u_i (unter Konstanthaltung aller übrigen u_k) zu setzen ist und die partielle Schreibweise verwendet wird.

Bemerkung 7.1.53: Die Bezeichnung „totale partielle" Ableitung für (7.1.52) ist insofern sinnvoll, als $\frac{\partial f}{\partial u_i}$ einerseits die partielle Ableitung von f nach u_i (unter Konstanz aller übrigen u_k) darstellt, andererseits aber sämtliche durch die Änderung von u_i hervorgerufenen Änderungen der $x_1, x_2, ..., x_n$ (wie beim totalen Differential) berücksichtigt.

Beispiel 7.1.54:   Gegeben ist die Funktion f mit $f(x, y, z) = 3x^2y + yz$, wobei gilt:

$$x = x(t) = 5t^3 + 1 ; \qquad y = y(t) = e^{2t} ; \qquad z = z(t) = \ln t .$$

Gesucht ist die totale Ableitung von f nach t. Nach (7.1.51) gilt: $\quad \frac{df}{dt} = \frac{\partial f}{\partial x} \cdot \frac{dx}{dt} + \frac{\partial f}{\partial y} \cdot \frac{dy}{dt} + \frac{\partial f}{\partial z} \cdot \frac{dz}{dt}$

$$= 6xy \cdot 15t^2 + (3x^2 + z) \cdot 2e^{2t} + y \cdot \frac{1}{t} = 90t^2 \cdot (5t^3 + 1) \cdot e^{2t} + 2 \cdot (3 \cdot (5t^3 + 1)^2 + \ln t) \cdot e^{2t} + \frac{1}{t} \cdot e^{2t}.$$

Beispiel 7.1.55: Die Funktion f mit $f(x, y) = 4x^2y^3$ sei gegeben, und es gelte:

$$x = x(u, v) = u^2 + 3v^2 \, ; \qquad y = y(u, v) = u \cdot e^v \, .$$

Dann erhalten wir für die totalen partiellen Ableitungen von f nach u bzw. v wegen (7.1.52):

$$\frac{\partial f}{\partial u} = \frac{\partial f}{\partial x} \cdot \frac{\partial x}{\partial u} + \frac{\partial f}{\partial y} \cdot \frac{\partial y}{\partial u} = 8xy^3 \cdot 2u + 12x^2y^2 \cdot e^v$$
$$= 16u \cdot (u^2 + 3v^2) \cdot (u \cdot e^v)^3 + 12 \cdot e^v \cdot (u^2 + 3v^2)^2 \cdot (u \cdot e^v)^2 \, .$$

$$\frac{\partial f}{\partial v} = \frac{\partial f}{\partial x} \cdot \frac{\partial x}{\partial v} + \frac{\partial f}{\partial y} \cdot \frac{\partial y}{\partial v} = 8xy^3 \cdot 6v + 12x^2y^2 \cdot u \cdot e^v$$
$$= 48v \cdot (u^2 + 3v^2) \cdot (u \cdot e^v)^3 + 12ue^v \cdot (u^2 + 3v^2)^2 \cdot (u \cdot e^v)^2 \, .$$

Gelegentlich kommt es vor, dass in einer Funktion f: f(x, y) **eine Variable eine Funktion der anderen** ist, z.B. y eine Funktion von x: $f(x, y) = f(x, y(x))$. Jetzt liefert die Kettenregel (7.1.51) (mit $t = x$):

$$\frac{df}{dx} = \frac{\partial f}{\partial x} \cdot \frac{dx}{dx} + \frac{\partial f}{\partial y} \cdot \frac{dy}{dx} \, . \qquad \text{Wegen } \frac{dx}{dx} \equiv 1 \text{ erhalten wir schließlich die \textbf{totale Ableitung}}$$

(7.1.56)
$$\boxed{\frac{df}{dx} = \frac{\partial f}{\partial x} + \frac{\partial f}{\partial y} \cdot \frac{dy}{dx}}$$

Dabei ist zu unterscheiden:

Die **totale** Ableitung $\frac{df}{dx}$ gibt an, wie sich f **insgesamt** mit x ändert (d.h. unter Berücksichtigung der durch x induzierten Änderung von y), während die auf der rechten Seite stehende **partielle** Ableitung $\frac{\partial f}{\partial x}$ die Änderung von f angibt, wenn sich nur x ändert, y aber nicht.

Beispiel 7.1.57: Gegeben: $f(x, y) = 2x^3 + 4xy^2$ mit $y = y(x) = 3x - 1$. Dann lautet die totale Ableitung:

$$\frac{df}{dx} = \frac{\partial f}{\partial x} + \frac{\partial f}{\partial y} \cdot \frac{dy}{dx} = 6x^2 + 4y^2 + 8xy \cdot 3 = 114x^2 - 48x + 4$$

Beispiel 7.1.58: (siehe etwa [50], S. 209)

Existieren auf einem vollkommenen Markt nur zwei Anbieter (**Dyopol**), so hängt der Marktpreis p von der Summe $x_1 + x_2 = x$ der Absatzmengen x_1, x_2 beider Anbieter ab. Die Nachfragefunktion p: p(x) ist somit eine Funktion der beiden Variablen x_1, x_2: $p(x) = p(x_1, x_2)$. Unterstellt man weiterhin eine funktionale Beziehung zwischen den Absatzmengen – zu interpretieren etwa als Reaktionen des einen Anbieters auf die Mengenpolitik des anderen – so gilt: $p = p(x_1; x_2(x_1))$. Ist $K(x_1)$ die Kostenfunktion des 1. Anbieters, so lautet seine Gewinnfunktion:

$$G(x_1, x_2) = x_1 \cdot p(x_1, x_2(x_1)) - K(x_1) = G(x_1, x_2(x_1)) \, .$$

Um seinen Gewinn zu maximieren, muss der totale Grenzgewinn Null werden: Mit (7.1.56) erhält man die Bedingung: $\frac{dG}{dx_1} = \frac{\partial G}{\partial x_1} + \frac{\partial G}{\partial x_2} \cdot \frac{dx_2}{dx_1} = 0$. Die auftretende Ableitung $\frac{dx_2}{dx_1}$ ist ein Maß für die Änderung der Absatzmenge x_2 des zweiten Anbieters, wenn sich die Absatzmenge x_1 des ersten Anbieters um eine Einheit ändert.

Dieses Maß für die wechselseitige Änderungstendenz der beiden Oligopol-Absatzmengen, ausgedrückt in der Ableitung $\frac{dx_2}{dx_1}$, heißt auch „Reaktionskoeffizient". Seine Bestimmung (oder sinnvolle Schätzung) bildet eines der Hauptprobleme der **Preistheorie für das Oligopol**.

Aufgabe 7.1.59:   Bilden Sie die totale Ableitung bzw. die totalen partiellen Ableitungen erster Ordnung:

i) $f(x, y, z) = x^2 + 3y^2 + 4z^2$ mit: $x = x(t) = e^t$; $y = y(t) = t$; $z = z(t) = t^2 + 1$: $\dfrac{df}{dt} = ?$

ii) $p(u, v, w) = 2u^2 v \sqrt[3]{w}$
mit: $u = u(x, y) = x^2 + y^2$; $v = v(x, y) = x \cdot e^{-y}$; $w = w(x, y) = x \cdot \ln y$: $\dfrac{\partial p}{\partial x} = ?$ $\dfrac{\partial p}{\partial y} = ?$

iii) $f = f(a, b, c)$ mit: $a = a(x)$; $b = b(a)$; $c = c(b)$. $\dfrac{df}{dx} = ?$

Aufgabe 7.1.60:   Gegeben sei die Produktionsfunktion y mit $y(A, K) = 5 \cdot A^{0,4} \cdot K^{0,6}$ $(A, K > 0)$.

Die jeweils verfügbaren Inputmengen A (= Arbeit) und K (= Kapital) seien zeitabhängige Größen, und es gelte: $A = A(t) = 20 \cdot e^{-0,01t}$; $K = K(t) = 2.000 + 100t$. Dabei bedeuten: A: Arbeitsinput (in Mio Arbeitnehmern); K: Kapitalinput (in Mrd. €); t: Zeit (in Perioden); t = 0 soll den Planungszeitpunkt, z.B. 01.01.2020, angeben; y: Output (in Mrd. € pro Periode).

i) Ermitteln Sie die Funktion, deren Werte die Outputänderung pro Zeiteinheit zu jedem beliebigen Zeitpunkt t angibt (= totale Ableitung von y bzgl. t).

ii) Zeigen Sie, dass der Output im Zeitablauf zunächst zunimmt und später abnimmt. Zu welcher Zeit wird ein maximaler Output erwirtschaftet? Wieviele Arbeitnehmer stehen dann noch zur Verfügung? Um wieviel Prozent ist die durchschnittliche Arbeitsproduktivität dann größer (bzw. kleiner) als im Planungszeitpunkt?

7.1.7 Ableitung impliziter Funktionen

Bei vielen ökonomischen Problemen liegt eine funktionale Beziehung zwischen zwei Variablen x und y in **impliziter Form** $f(x, y) = 0$ vor *(siehe Kap 2.1.5)*.

        Beispiel: $f(x, y) = x^2 - y^3 + 2 = 0$.

Obwohl die zu f(x,y) = 0 gehörende **explizite Darstellung** $y = y(x)$ *(bzw. $x = x(y)$)* – auch wenn sie theoretisch existiert – häufig **nicht** angegeben werden kann (so etwa bei $f(x, y) = x^3 e^y - 2y \cdot e^x + 2 = 0$), lässt sich dennoch die Ableitung y′(x) ermitteln.

Dazu fassen wir in der impliziten Darstellung f(x, y) = 0 die Variable y als (existierende) Funktion von x auf: $f(x, y(x)) = 0$.

Dann lautet die **totale Ableitung** von f nach x (siehe (7.1.56)): $\dfrac{df}{dx} = \dfrac{\partial f}{\partial x} + \dfrac{\partial f}{\partial y} \cdot \dfrac{dy}{dx}$.

Da f(x,y) – da implizite Funktion – identisch Null ist, muss auch die totale Ableitung identisch Null sein:

$0 = \dfrac{\partial f}{\partial x} + \dfrac{\partial f}{\partial y} \cdot \dfrac{dy}{dx}$.   Daraus erhalten wir durch Auflösen nach $\dfrac{dy}{dx}$ das gesuchte Resultat:

Satz 7.1.61: (Ableitung impliziter Funktionen)

Durch f(x,y) = 0 sei eine implizite Funktion y: y(x) definiert. Sind die partiellen Ableitungen f_x, f_y stetig, so gilt (sofern $f_y \neq 0$):

(7.1.62)
$$\frac{dy}{dx} = -\frac{f_x}{f_y} = -\frac{\dfrac{\partial f}{\partial x}}{\dfrac{\partial f}{\partial y}} .$$

Bemerkung 7.1.63:   *Vertauschen wir in Satz 7.1.61 die Variablen x und y, so gilt unter entsprechenden*

        Voraussetzungen: $\dfrac{dx}{dy} = -\dfrac{f_y}{f_x}$.

Beispiel 7.1.64: $\quad\quad f(x, y) = -x^2 + 5x - y - 1 = 0.$ $\quad\quad$ Daraus folgt mit (7.1.62):

$$\frac{dy}{dx} = -\frac{f_x}{f_y} = -\frac{-2x+5}{-1} = -2x+5.$$ $\quad$ Da $f = 0$ explizit nach y auflösbar ist, lässt sich

die Probe machen: $\quad y = -x^2 + 5x - 1 \quad \Rightarrow \quad y'(x) = -2x + 5$, wie zuvor.

Beispiel 7.1.65: Im Fall $f(x, y) = x^3 e^y - 2ye^x + 2 = 0$ lässt sich eine explizite Darstellung $y = y(x)$ bzw. $x = x(y)$ nicht hinschreiben. Für die Ableitung $y'(x)$ gilt nach (7.1.62):

$$\frac{dy}{dx} = -\frac{f_x}{f_y} = -\frac{3x^2 e^y - 2ye^x}{x^3 e^y - 2e^x}.$$

Wir erkennen, dass $\frac{dy}{dx}$ i.a. von **beiden** Variablen x, y abhängt. Um etwa *(für gegebenes x)* $\frac{dy}{dx}$ berechnen zu können, muss zunächst der zugehörige y-Wert ermittelt werden,

z.B. $x = 0$: $\quad f(0, y) = 0 \cdot e^y - 2y \cdot e^0 + 2 = 0 \quad \Rightarrow \quad y = 1 \quad \Rightarrow \quad \frac{dy}{dx}\bigg|_{\substack{x=0 \\ y=1}} = -\frac{-2e^0}{-2e^0} = -1.$

Bemerkung 7.1.66: Satz 7.1.61 lässt sich auf beliebige implizite Funktionen $f(x_1, x_2, ..., x_n) = 0$ verallgemeinern. Für irgend zwei funktional abhängige Variable x_i, x_k gilt dann – c.p. – analog zu (7.1.62):

(7.1.67)
$$\boxed{\dfrac{\partial x_i}{\partial x_k} = -\dfrac{\dfrac{\partial f}{\partial x_k}}{\dfrac{\partial f}{\partial x_i}}} \quad \left(\text{sofern } \dfrac{\partial f}{\partial x_i} \neq 0\right).$$

Beispiel: $\quad f(u, v, w) = ue^v + ve^w + we^u = 0 \quad \Rightarrow \quad \dfrac{\partial u}{\partial v} = -\dfrac{f_v}{f_u} = -\dfrac{ue^v + e^w}{e^v + we^u};$

$$\dfrac{\partial v}{\partial w} = -\dfrac{f_w}{f_v} = -\dfrac{ve^w + e^u}{ue^v + e^w}; \quad \dfrac{\partial w}{\partial u} = -\dfrac{f_u}{f_w} = -\dfrac{e^v + we^u}{ve^w + e^u}.$$

Eine wichtige ökonomische Anwendung von Satz 7.1.61 liegt in der Ermittlung der **Grenzrate der Substitution** einer Produktions- oder Nutzenfunktion (siehe Kap 6.1.2.7). Unterstellen wir etwa eine Produktionsfunktion $x = x(r_1, r_2, ..., r_n)$ mit n variablen Inputfaktoren. Für ein **gegebenes festes Produktionsniveau** x_0 werde nun das wechselseitige Substitutionsverhalten zweier Faktoren, z.B. r_i und r_k, bei Konstanz aller übrigen Variablen untersucht:

Um wie viele Einheiten muss r_i geändert werden, um (c.p.) eine Einheit von r_k derart zu substituieren, dass das Produktionsniveau x_0 unverändert bleibt?

Diese Frage führt auf die Ermittlung der **Grenzrate der Substitution**, mithin der **Steigung der Isoquante** $r_i(r_k)$ (c.p.), siehe Abb. 7.1.68:

Zu ermitteln ist somit die (partielle) Ableitung

$$\frac{dr_i}{dr_k}\bigg|_{\substack{c.p. \\ x=x_0}} = \frac{\partial r_i}{\partial r_k}.$$

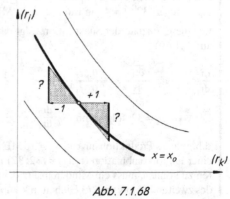

Abb. 7.1.68

Satz 7.1.61 in Verbindung mit Bemerkung 7.1.66 gestattet nun eine bequeme Berechnung der Grenzrate der Substitution:

Aus $x(r_1, r_2, ..., r_n) = x_0 = $ const. ergibt sich $x(r_1, r_2, ..., r_n) - x_0 = 0$ als implizite Funktion der $r_1, ..., r_n$. Halten wir alle Variablen bis auf r_i und r_k fest, so folgt (da die Ableitungen der Konstanten x_0 stets Null sind) mit (7.1.62) bzw. (7.1.67):

(7.1.69)

$$\frac{dr_i}{dr_k}\Big|_{\substack{c.p. \\ x = x_0}} = \frac{\partial r_i}{\partial r_k}\Big|_{x = x_0} = - \frac{\dfrac{\partial x}{\partial r_k}}{\dfrac{\partial x}{\partial r_i}} \quad (i \neq k) \ .$$

> Die **Grenzrate der Substitution** des Faktors i bzgl. des Faktors k ist gleich dem **negativen umgekehrten Verhältnis** der entsprechenden **Grenzproduktivitäten**.

Bemerkung 7.1.70: Das Minuszeichen auf der rechten Seite von (7.1.69) trägt der Tatsache Rechnung, dass (bei positiven Grenzproduktivitäten) längs einer Isoquante der Zunahme des einen Faktors eine Abnahme des anderen Faktors entspricht (siehe die negative Steigung der Isoquanten in Abb. 7.1.68).

Setzt man diese Eigenschaft der Isoquanten stets stillschweigend voraus, so genügt für die Kennzeichnung des Substitutionsverhaltens der absolute Wert von $\dfrac{\partial r_i}{\partial r_k}$ (bzw. $\dfrac{dr_i}{dr_k}\Big|_{c.p.}$). Daher bezeichnet man gelegentlich [2] auch den Ausdruck

$$\left|\frac{dr_i}{dr_k}\right|_{c.p.} = \left|\frac{\partial r_i}{\partial r_k}\right| = - \frac{\partial r_i}{\partial r_k} = \frac{\dfrac{\partial x}{\partial r_k}}{\dfrac{\partial x}{\partial r_i}} \quad (> 0)$$

als „Grenzrate der Substitution".

Wird dieser positive (absolute) Wert mit wachsendem Input r_k immer kleiner (entspricht einem konvexen Verlauf der Isoquanten, siehe Abb. 7.1.68), so spricht man vom Postulat der „abnehmenden Grenzrate der Faktorsubstitution": Mit steigendem Einsatz eines Faktors wird es immer aufwendiger, eine Einheit des anderen Faktors zu substituieren, ohne dass sich das vorgegebene Produktionsniveau x_0 ändert, siehe auch Bemerkung 7.1.73.

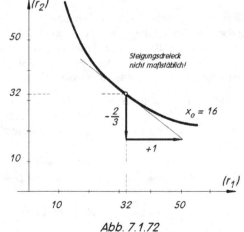

Abb. 7.1.72

Beispiel 7.1.71: Gegeben sei die Produktionsfunktion x: $x(r_1, r_2) = 0,5 r_1^{0,4} r_2^{0,6}$. Das Produktionsniveau sei mit $x = x_0 = 16$ ME vorgegeben. Dann entspricht einem Input von z.B. $r_1 = 32$ ME_1 wegen $32^{0,4} = 4$ ein Input $r_2 = 32$ ME_2.

Für die Grenzrate der Substitution folgt damit aus (7.1.69)

$$\frac{dr_2}{dr_1}\Big|_{x_0 = 16} = - \frac{\dfrac{\partial x}{\partial r_k}}{\dfrac{\partial x}{\partial r_i}} = - \frac{0,2 r_1^{-0,6} r_2^{0,6}}{0,3 r_1^{0,4} r_2^{-0,4}} = - \frac{2}{3} \cdot \frac{r_2}{r_1} .$$

Für $r_1 = r_2 = 32$ folgt dann: $\dfrac{dr_2}{dr_1} = - \dfrac{2}{3}$,

d.h. um das Produktionsniveau $x_0 = 16$ ME bei einer Faktorkombination $(r_1, r_2) = (32; 32)$ halten zu können, muss ein Mindereinsatz des ersten Faktors um eine Einheit durch einen Mehreinsatz des zweiten Faktors um 2/3 Einheiten kompensiert werden, siehe Abb. 7.1.72.

---

2 Wir benutzen diese Konvention *nicht*, um Verwirrungen durch das künstliche Minuszeichen zu vermeiden.

Bemerkung 7.1.73: *Analog zu (7.1.69) ermitteln wir die* **Grenzrate der Substitution für Nutzenfunktionen** $U(x_1, x_2, ..., x_n)$ *als* **Steigung der Indifferenzlinien:**

$$(7.1.74) \qquad \frac{dx_i}{dx_k}\bigg|_{\substack{c.p. \\ U = const.}} = \frac{\partial x_i}{\partial x_k}\bigg|_{U = const.} = -\frac{\dfrac{\partial U}{\partial x_k}}{\dfrac{\partial U}{\partial x_i}} .$$

„Die Grenzrate der Substitution für zwei substituierbare nutzenstiftende Güter ist gleich dem negativen umgekehrten Verhältnis ihrer (partiellen) Grenznutzen. "

Wie in Aufgabe 7.1.78 zu zeigen sein wird, folgt das „ **Gesetz der abnehmenden Grenzrate der Substitution** *" (d.h. die Konvexität der Indifferenzlinien, siehe Bemerkung 7.1.70)* **nicht** *allein schon aus der Tatsache, dass U eine* **neoklassische Nutzenfunktion** *(siehe Beispiel 6.3.5) ist.*

Aufgabe 7.1.75:   Ermitteln Sie die Ableitungen folgender impliziter Funktionen:

i) $6x^2 - 0.5y^2 + 10 = 0.$ $y'(x) = ?$ ii) $ue^v - v^2 e^{-u} + uv = 0.$ $\dfrac{dv}{du} = ?$

iii) $\ln ab - b^2 \cdot \ln a + a \cdot \ln b = 0.$ $\dfrac{db}{da} = ?$ iv) $2x^2 + 3y^2 + 4z^4 = 0.$ $\dfrac{\partial z}{\partial x} = ?$; $\dfrac{\partial z}{\partial y} = ?$

Aufgabe 7.1.76:   Gegeben ist die (ordinale) Nutzenfunktion U mit $U(x_1, x_2) = 2x_1^{0,8} x_2^{0,6}$. Für das Ermitteln Sie für das mit den verfügbaren Konsummengen $x_1 = 24$ ME_1, $x_2 = 32$ ME_2 erreichbare Nutzenniveau die Grenzrate der Substitution und interpretieren Sie den erhaltenen Wert.

Aufgabe 7.1.77:   Es sei die (ordinale) Nutzenfunktion U mit

$$U(x_1, x_2, x_3, x_4) = 2\sqrt{x_1 x_2} + 8\sqrt{x_2 x_3} + \sqrt{x_4}$$

gegeben. Das erzielbare Nutzenniveau U_0 ergibt sich aus den verfügbaren Konsummengen:

$$x_1 = 20 \ ME_1, \ x_2 = 20 \ ME_2, x_3 = 5 \ ME_3, x_4 = 25 \ ME_4.$$

Um wieviel Einheiten muss – c.p. – der Konsum des zweiten Gutes gesteigert werden, wenn vom dritten Faktor eine halbe Einheit substituiert werden soll und das erreichte Nutzenniveau erhalten bleiben soll?

*Aufgabe 7.1.78:

i)   Man zeige mit Hilfe der Kettenregel, dass die **Indifferenzlinien** einer **neoklassischen Nutzenfunktion** $U(x_1, ..., x_n)$ sicher dann **konvex** sind, wenn für jede Gütermengenkombination x_i, x_k die **gemischten zweiten partiellen Ableitungen** $U_{x_i x_k}$ überall **positiv** sind.
     (Hinweis: Eine neoklassische Nutzenfunktion genügt dem „1. Gossen'schen Gesetz ": der partielle Grenznutzen eines jeden Gutes ist positiv, aber mit zunehmendem Güterkonsum abnehmend, siehe Beispiel 6.3.5.)

ii) Zeigen Sie: Die Eigenschaften $\dfrac{\partial U}{\partial x_i} > 0$; $\dfrac{\partial^2 U}{\partial x_i^2} < 0$ einer **neoklassischen Nutzenfunktion** sind **weder notwendig noch hinreichend** für die **Konvexität** ihrer **Indifferenzlinien.**

Aufgabe 7.1.79:   Zeigen Sie:

i)   Die Indifferenzlinien einer Nutzenfunktion $U = c \cdot x_1^a \cdot x_2^b$ $(a, b, c, x_i > 0)$ vom Cobb-Douglas-Typ sind monoton fallend und konvex.

*ii) Die Isoquanten einer CES-Produktionsfunktion $x = (a r_1^{-\rho} + b r_2^{-\rho})^{-1/\rho}$ mit $a, b > 0$; $\rho > -1$; $r_i > 0$ sind monoton fallend und konvex.

7.2   Extrema bei Funktionen mit mehreren unabhängigen Variablen

7.2.1   Relative Extrema ohne Nebenbedingungen

Analog wie im Fall einer unabhängigen Variablen (siehe Def. 6.2.18) sind **relative Extrema** bei Funktionen mit mehreren unabhängigen Variablen solche Punkte, in denen der **Funktionswert** bzgl. seiner näheren Umgebung ein **Maximum** (bzw. **Minimum**) besitzt.

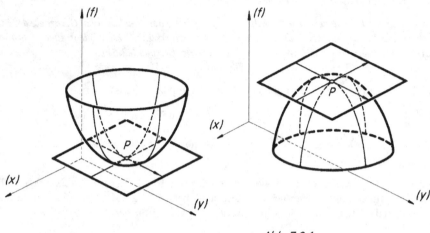

Abb. 7.2.1

Betrachten wir etwa Abb. 7.2.1, so erkennen wir, dass − Differenzierbarkeit vorausgesetzt − in einem **relativen Extremum** notwendigerweise die **Tangentialebene horizontal** verlaufen muss und somit auch die Flächentangenten in x- und y-Richtung. Daher müssen notwendigerweise in einem relativen Extremum die **partiellen Ableitungen verschwinden**:

Satz 7.2.2:   **Notwendig** für das Vorliegen eines **relativen Extremums** der differenzierbaren Funktion $f(x_1,...,x_n)$ an der Stelle $P(x_1,x_2,...,x_n)$ ist das **Verschwinden sämtlicher partiellen Ableitungen** 1. Ordnung in P:

$$\frac{\partial f}{\partial x_1} = 0 \quad \wedge \quad \frac{\partial f}{\partial x_2} = 0 \quad \wedge \quad ... \quad \wedge \quad \frac{\partial f}{\partial x_n} = 0 \quad .$$

Bemerkung: *i) Wäre etwa in einem relativen Maximum auch nur eine partielle Ableitung von Null verschieden, z.B.* $\frac{\partial f}{\partial x_i} > 0$, *so wäre f in einer Umgebung von P bzgl.* x_i *monoton wachsend, könnte also in P kein relatives Maximum besitzen.*

ii) Man nennt eine Stelle $(x_1, x_2, ..., x_n)$ *, an der sämtliche partiellen Ableitungen Null sind, auch* ***stationäre Stelle*** *von f.*

Satz 7.2.2 liefert ein **Verfahren zur Bestimmung aller stationären Stellen** (unter denen allein die relativen Extrema zu finden sind) einer gegebenen differenzierbaren Funktion $f(x_1, ..., x_n)$:

Dazu ist es erforderlich, das durch die n Bedingungsgleichungen $\frac{\partial f}{\partial x_i} = 0$ *(i = 1, ..., n)* definierte **Gleichungssystem** (bestehend aus n Gleichungen mit n Variablen) simultan zu **lösen** *(siehe auch Kap. 9.2)*.

Beispiel 7.2.3:

Die Ermittlung der stationären Stellen von $f(x,y) = 0{,}5x^2 + 2xy + y^2 + 4x + 2y + 3$ führt mit Satz 7.2.2 auf das Gleichungssystem

$$\frac{\partial f}{\partial x} = x + 2y + 4 = 0 \qquad \wedge \qquad \frac{\partial f}{\partial y} = 2x + 2y + 2 = 0$$

mit der einzigen Lösung: $x_0 = 2$; $y_0 = -3$. f kann daher nur an der Stelle $P_0\,(2;-3)$ ein relatives Extremum besitzen.

Wie Abb. 7.2.4 zeigt, ist allerdings das **Verschwinden der partiellen Ableitungen** an der Stelle P_0 **keineswegs hinreichend** für das Vorhandensein eines relativen Extremums: f besitzt zwar in P_0 eine horizontale Tangentialebene (d.h. P_0 ist eine stationäre Stelle), die beiden senkrechten Schnittkurven in x- bzw. y-Richtung haben in P_0 jedoch unterschiedliche Extrema, so dass f in P_0 weder maximal noch minimal ist.

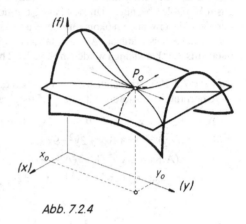

Abb. 7.2.4

Einen solchen Punkt P_0 nennt man **Sattelpunkt** von f.

Zur **Überprüfung** von **Existenz** und **Typ der relativen Extrema** existieren auch für Funktionen mit mehreren unabhängigen Variablen **hinreichende Bedingungen**, deren Handhabung allerdings mit steigender Variablenzahl zunehmend kompliziert wird (s. z.B. [60], II 86f.)

Für den Fall **zweier** unabhängiger Variabler lauten die **hinreichenden Extremalbedingungen** (ohne Beweis):

Satz 7.2.5:   Es sei f(x,y) eine differenzierbare Funktion und $P(x_0,y_0)$ eine **stationäre Stelle** von f
(d.h. es gelte $f_x = 0$; $f_y = 0$ in $P(x_0,y_0)$).   Dann gilt:

i) f besitzt in P ein relatives **Extremum**, sofern **außerdem** in P gilt:

(7.2.6) $\boxed{f_{xx}(P)f_{yy}(P) > (f_{xy}(P))^2}$, *[genauer:* $\boxed{f_{xx}(x_0,y_0)\cdot f_{yy}(x_0,y_0) > (f_{xy}(x_0,y_0))^2}$ *]*

und zwar
a) ein relatives **Maximum**, sofern $f_{xx}(P) < 0$ (dann gilt auch: $f_{yy}(P) < 0$) ;
b) ein relatives **Minimum**, sofern $f_{xx}(P) > 0$ (dann gilt auch: $f_{yy}(P) > 0$) .

ii) f besitzt in P einen **Sattelpunkt**, sofern in P außerdem gilt:

(7.2.7) $\boxed{f_{xx}(P)f_{yy}(P) < (f_{xy}(P))^2}$.

Bemerkung 7.2.8:   *Falls in P gilt:* $f_{xx}f_{yy} = (f_{xy})^2$, *so ist eine Überprüfung mit Hilfe von Satz 7.2.5 nicht möglich, f kann in P extremal sein oder nicht.*

Beispiel 7.2.9:   Die Funktion f mit $f(x,y) = x^3 - 3x^2y + 3xy^2 + y^3 - 3x - 21y$ soll auf relative Extrema untersucht werden. Die Lösungen des Gleichungssystems

$$f_x = 3x^2 - 6xy + 3y^2 - 3 = 0$$
$$f_y = -3x^2 + 6xy + 3y^2 - 21 = 0$$

liefern die vier stationären Stellen: $P_1(3;2)$, $P_2(1;2)$, $P_3(-1;-2)$, $P_4(-3;-2)$.

Mit $f_{xx} = 6x - 6y$; $f_{yy} = 6x + 6y$; $f_{xy} = f_{yx} = -6x + 6y$ folgt:

P_1: $f_{xx}f_{yy} = 6 \cdot 30$ $> (-6)^2 = (f_{xy})^2$:   Minimum in P_1 mit $f(3; 2)$ $= -34$;

P_2: $f_{xx}f_{yy} = (-6) \cdot 18$ $< 6^2 = (f_{xy})^2$:   Sattelpunkt in P_2 mit $f(1; 2)$ $= -30$;

P_3: $f_{xx}f_{yy} = 6 \cdot (-18)$ $< (-6)^2 = (f_{xy})^2$:   Sattelpunkt in P_3 mit $f(-1; -2) = 30$;

P_4: $f_{xx}f_{yy} = (-6) \cdot (-30)$ $> 6^2 = (f_{xy})^2$:   Maximum in P_4 mit $f(-3; -2) = 34$.

Für die Extremwertermittlung („Optimierung") bei ökonomischen Funktionen mit mehreren unabhängigen Variablen begnügt man sich häufig mit der Ermittlung der stationären Stellen nach Satz 7.2.2, da der Typ der verwendeten ökonomischen Funktion sowie die zugrundeliegende Problemstellung i.a. genügend Rückschlüsse auf die Art der stationären Stellen gestattet, s. Kap. 7.3. Beispiele für **Extremwerte ökonomischer Funktionen** werden in Kap. 7.3.2 behandelt.

Aufgabe 7.2.10:   An welchen Stellen können die folgenden Funktionen relative Extremwerte besitzen? Überprüfen Sie – sofern mit Satz 7.2.5 möglich – die Art der stationären Stellen.

i) $f(x,y) = x^2 + 2xy + 0{,}5y^2 + 2x + 4y - 7$ ii) $f(x,y) = y^3 - 3x^2y$

iii) $f(x,y) = 3x^2 + 3xy + 3y^2 - 9x + 1$ iv) $p(u,v) = 3u^3 + v^3 - 3v^2 - 36u$

v) $x(A,K) = 2A^{0,5} \cdot K^{0,5} (A,K > 0)$ vi) $K(x_1,x_2) = x_1 \cdot x_2 - \ln(x_1^2 + x_2^2)$

vii) $g(r_1,r_2,r_3,r_4) = r_1^4 - 4r_1^3 + r_2r_3r_4 - 2r_3r_4 - 2r_2 - 4r_3 - 8r_4 + 1$.

7.2.2   Extremwerte unter Nebenbedingungen

7.2.2.1   Problemstellung

Bisher konnten wir bei der Ermittlung der relativen Extremwerte einer Funktion $f(x_1,x_2, ..., x_n)$ die unabhängigen Variablen $x_1, ..., x_n$ frei und unabhängig voneinander variieren. Die derart lösbaren „freien" Extremwertprobleme genügen allerdings oft nicht den ökonomischen Fragestellungen:

Beispiel 7.2.11: Bei einer Nutzenfunktion, etwa $U(x,y) = 2xy$ *(x,y > 0)*, führt die Frage nach den nutzenmaximalen Gütermengen auf die notwendigen Bedingungen

$$\frac{\partial U}{\partial x} = 2y = 0 \qquad \wedge \qquad \frac{\partial U}{\partial y} = 2x = 0 \ .$$

Die einzige Lösung dieses Gleichungssystems *(nämlich x = y = 0)* liefert den *(ökonomisch uninteressanten)* Fall der Nutzen*minimierung* durch Konsumverzicht. Andererseits erkennt man, dass wegen $U = 2xy$ der Nutzen durch beliebig hohe Konsummengen auch beliebig gesteigert werden kann: $x \to \infty \wedge y \to \infty \Rightarrow U \to \infty$. Ein sinnvolles Nutzenmaximum existiert nicht. *(Eine ähnlich triviale „Lösung" ergibt sich beim Problem der Kostenminimierung: Bei Nullproduktion und Betriebsstillegung fallen offenbar die geringsten Kosten an.)*

Sinnvoll wird die Frage nach einem Nutzenmaximum z.B. erst dann, wenn **zusätzlich gefordert** wird, dass die Ausgaben für die Beschaffung der nutzenstiftenden Güter einem **vorgegebenen Budget** C („Konsummenge") entsprechen. Steht z.B. für die Güterbeschaffung ein Budget $C = 60$ GE zur Verfügung, und betragen die Güterpreise $p_x = 3$ GE/ME, $p_y = 2$ GE/ME, so muss stets die **Bedingung (Restriktion)**

$$p_x \cdot x + p_y \cdot y = C \qquad \text{d.h.} \qquad 3x + 2y - 60 = 0 \quad \text{oder} \quad 60 - 3x - 2y = 0$$

erfüllt sein. Damit lautet das gegebene **Problem**: **Maximieren** Sie die Nutzenfunktion (oder **Zielfunktion**) $U(x,y) = 2xy$ unter gleichzeitiger Einhaltung der **Nebenbedingung** (oder **Restriktion**)

$$g(x,y) = 60 - 3x - 2y = 0 \ .$$

Probleme der genannten Art sind charakteristisch für **ökonomische Wahlprobleme,** bei denen es meist darauf ankommt, unter Berücksichtigung **beschränkter Ressourcen maximale Bedürfnisbefriedigung** zu erreichen:

- Nutzenmaximierung bei vorgegebenem Budget
- Kostenminimierung bei vorgegebenem Produktionsniveau
- Gewinnmaximierung bei vorgegebenen Gesamtkosten   usw.

Die **allgemeine Struktur** solcher **Optimierungsprobleme** unter Berücksichtigung von **Restriktionen** (in Gleichungsform) lautet:

(7.2.12)   Man ermittle das **Maximum** (oder **Minimum**) der

Zielfunktion: $Z = f(x_1, x_2, ..., x_n)$,

wobei die auftretenden n unabhängigen Variablen $x_1, x_2, ..., x_n$ gleichzeitig den m *(< n)* vorgegebenen **Nebenbedingungen (Restriktionen)** in **Gleichungsform** genügen müssen:

$g_1(x_1, ..., x_n) = 0$; $g_2(x_1, ..., x_n) = 0$;   ... $g_m(x_1, ..., x_n) = 0$.

Um anschaulich argumentieren zu können, soll zunächst der *einfachste Fall* betrachtet werden:

Maximiere $Z = f(x,y)$ unter Einhaltung der Nebenbedingung $g(x,y) = 0$ *(siehe Bsp. 7.2.11)*.

Den charakteristischen **Unterschied** zwischen einem „freien" Maximum von f (im Punkt P) und einem (durch Restriktion) „**gebundenen**" Maximum von f (im Punkt Q) veranschaulicht Abb. 7.2.14:

Das **freie Maximum** entspricht dem **Gipfel** P der **Funktionsfläche,** während das **gebundene Maximum** der **höchste Punkt** Q der **Flächenkurve** k ist, die genau **senkrecht über** der (in der x,y-Ebene gelegenen) **Kurve** $g(x,y) = 0$ liegt. Alle Punkte $(x, y, f(x,y))$ dieser Flächenkurve genügen somit der gegebenen Nebenbedingung $g(x,y) = 0$. (Die Nebenbedingung $g(x,y) = 0$ schränkt den wählbaren Bereich für die unabhängigen Variablen auf diejenigen Variablenkombinationen (x,y) ein, die auf der Funktionsfläche *senkrecht über (bzw. unter) der Kurve $g(x,y) = 0$ liegen*.)

*Bemerkung 7.2.13: Das Auffinden eines gebundenen Maximums auf der Funktion $Z = f(x,y)$ entspricht etwa dem Aufsuchen des höchsten Punktes einer Gebirgsstraße ($\hat{=}$ Restriktion): **Nicht das Gipfelkreuz** ($\hat{=}$ freies Maximum, Punkt P in Abb. 7.2.14) ist gesucht, sondern der am höchsten über NN liegende Punkt der Straße ($\hat{=}$ Punkt Q in Abb. 7.2.14).*

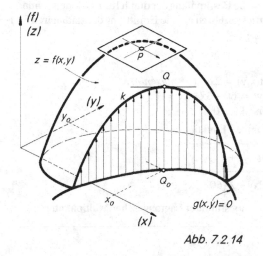

Abb. 7.2.14

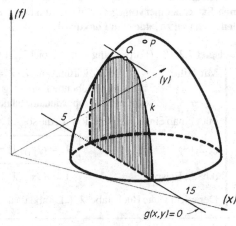

Abb. 7.2.15

Beispiel 7.2.16:

Eine lineare Nebenbedingung (wie etwa $y = -\frac{1}{3}x + 5$, d.h. $g(x,y) = x + 3y - 15 = 0$) wirkt wie der Schnitt einer senkrecht zur horizontalen (x,y)-Ebene und durch die Gerade $g(x,y) = 0$ verlaufenden Ebene mit der Funktionsfläche $f(x,y)$, siehe die entsprechende Schnittkurve k in Abb 7.2.15.

Im folgenden soll die **mathematische Lösung** von **Extremalproblemen unter Restriktionen** in **Gleichungsform** untersucht werden.

7.2.2.2   Variablensubstitution

Bei formal **einfach** strukturierten Problemen kann man versuchen, mit Hilfe der Nebenbedingungen **eine** oder **mehrere Variable** durch die **übrigen Variablen** auszudrücken (d.h. zu **substituieren**), so dass sich die Anzahl der unabhängigen Variablen in der Zielfunktion entsprechend vermindert.

Beispiel 7.2.17: *(Fortsetzung von Beispiel 7.2.11):*   Man löst die Nebenbedingung $g(x,y) = 0$, d.h. $g(x,y) = 60 - 3x - 2y = 0$ nach *(z.B.)* y auf: $y = -1,5x + 30$ und substituiert damit in der Zielfunktion $U = 2xy$ die Variable y: $U = U(x, y(x)) = 2x \cdot (-1,5x + 30) = -3x^2 + 60x$. In dieser Form der Zielfunktion U ist die Nebenbedingung bereits berücksichtigt, so dass $U(x)$ nun in gewöhnlicher Weise maximiert werden kann: Aus $U'(x) = -6x + 60 = 0$ ergibt sich als einzige Lösung (x;y): $x = 10\,ME$, $y = -1,5x + 30 \big|_{x = 10} = 15\,ME$, und daraus wegen $U''(x) = -6 < 0$ als Nutzenmaximum: $U_{max} = U(10;15) = 300$.

Wenn die **Restriktionen komplizierte Funktionen** sind oder wenn **mehrere Nebenbedingungen** mit **vielen Variablen** zu berücksichtigen sind, kann eine **Substitution** von Variablen sehr **schwierig** oder **unmöglich** sein (Beispiel: Die Nebenbedingung $g(x,y) = xe^y + 2ye^{-x} - 1 = 0$ ist nach keiner der Variablen explizit auflösbar.).

In solchen Fällen wendet man die sogenannte „**Lagrange-Methode**[3] der unbestimmten Multiplikatoren" an, die – neben angenehmer Handhabung – tiefere Einblicke in die Struktur und Lösung des Optimierungsproblems gestattet als die Substitutionsmethode.

7.2.2.3   Lagrange-Methode

Die **Grundidee** der Lagrange-Methode besteht darin, die Bestimmung der durch Restriktionen **gebundenen Extrema** einer vorgegebenen Zielfunktion f **zurückzuführen** auf die Ermittlung der **stationären Stellen** einer **neu zu bildenden Funktion L**.

Beispiel 7.2.18: (Fortsetzung von Beispiel 7.2.11):

Mit Hilfe   der Zielfunktion Z: $Z = f(x,y) = 2xy$ (→ *max/min*),

der Nebenbedingung $g(x,y) = 60 - 3x - 2y = 0$

sowie eines **Proportionalitätsfaktors** λ ($\neq 0$)

bildet man eine neue Funktion L, die sog. „**Lagrange - Funktion**":

(7.2.19) $$\boxed{L = L(x,y,\lambda) = f(x,y) + \lambda \cdot g(x,y)}$$

d.h. im Beispiel $L = L(x,y,\lambda) = 2xy + \lambda\,(60 - 3x - 2y)$.

Der griechische Buchstabe λ („Lambda") heißt „unbestimmter **Lagrangescher Multiplikator**".

---

3 J.L. Lagrange, französischer Mathematiker (1736-1813)

Können wir sicherstellen, dass die Nebenbedingung stets genau erfüllt ist, so verschwindet g(x,y) bzw. der Klammerausdruck in (7.2.19). In diesem Fall – d.h. längs der durch die Nebenbedingung charakterisierten Flächenkurve – ist die Lagrangefunktion L identisch mit der ursprünglichen Zielfunktion f.

Also muss – vorausgesetzt, die **Nebenbedingung** ist stets **erfüllt** – die optimale Lösung des durch die diese Nebenbedingung g(x,y)=0 gebundenen Optimierungsproblems unter den stationären Stellen der Lagrange-Funktion L zu suchen sein.

Betrachtet man die Lagrangefunktion $L = f(x,y) + \lambda \cdot g(x,y) = 2xy + \lambda(60 - 3x - 2y)$ als Funktion der drei Variablen x, y und λ, so erkennt man, wieso das gesuchte Ziel erreicht wird: Die notwendigen Bedingungen für das (freie) Maximum von L lauten nach Satz 7.2.2:

$$(7.2.20) \qquad \frac{\partial L}{\partial x} = \frac{\partial f}{\partial x} + \lambda \cdot \frac{\partial g}{\partial x} \quad = \quad 2y - 3\lambda \quad = 0$$

$$\frac{\partial L}{\partial y} = \frac{\partial f}{\partial y} + \lambda \cdot \frac{\partial g}{\partial y} \quad = \quad 2x - 2\lambda \quad = 0$$

$$\frac{\partial L}{\partial \lambda} = g(x,y) \quad = \quad 60 - 3x - 2y = 0 \ .$$

Die Lösungen dieses Gleichungssystems liefern die stationären Stellen von L. Dabei garantiert die letzte Gleichung von (7.2.20), $\frac{\partial L}{\partial \lambda} = g(x,y) = 0$, dass in der Lösung die **Nebenbedingung „automatisch" berücksichtigt** wird: Unter den stationären Stellen von L sind also die relativen Extrema von f unter Berücksichtigung der Restriktion g(x,y) = 0 zu finden. Aus (7.2.20) ist ersichtlich, dass für eine sinnvolle bzw. widerspruchsfreie Lösung des Gleichungssystems notwendig vorauszusetzen ist:

$$g_x(x,y) \neq 0 \ \text{oder} \ g_y(x,y) \neq 0.$$

In unserem Beispiel lautet die einzige Lösung von (7.2.20): x = 10, y = 15, $\lambda = 10$, $U_{max} = 300$, in Übereinstimmung mit dem Ergebnis bei Variablensubstitution, siehe Beispiel 7.2.17. *(Die Bedeutung des Lösungswertes von λ wird in Kap. 7.3.3.1, Bemerkung 7.3.134, geklärt. Für die gesuchte Optimallösung selbst ist λ zunächst entbehrlich.)*

Bemerkung 7.2.21: *Die im letzten Beispiel beschriebene Methode liefert nur **notwendige** Bedingungen für das Vorliegen relativer Extrema unter Nebenbedingungen. Hinreichende Bedingungen existieren (siehe z.B. [65a], 591 ff), sind aber mit steigender Variablen- und Restriktionenzahl mühsam zu handhaben. Da die meisten ökonomischen Probleme so strukturiert sind, dass a priori die Existenz eines Maximums oder Minimums angenommen werden kann, unterbleibt hier die Angabe der hinreichenden Extremalbedingungen.*

Für Probleme mit mehr als zwei unabhängigen Variablen und einer Nebenbedingung erfolgt die Bildung und Optimierung der Lagrangefunktion analog zu Beispiel 7.2.18, so dass zusammenfassend gilt

---

Satz 7.2.22: Die relativen **Extrema** der Zielfunktion $f(x_1,...,x_n)$ unter Berücksichtigung der **Nebenbedingung** $g(x_1,...,x_n) = 0$ finden sich unter den **stationären Stellen** der **Lagrangefunktion**

$$\boxed{L(x_1, ..., x_n, \lambda) = f(x_1, ..., x_n) + \lambda \cdot g(x_1, ..., x_n)} \quad , \quad (g_{x_i} \neq 0 \ ; \lambda \neq 0)$$

d.h. **notwendig** dafür, dass f in P ein relatives Extremum unter Berücksichtigung der Restriktion g(x,y) = 0 besitzt, sind die n+1 **Bedingungen**

$$\frac{\partial L}{\partial x_1} = \frac{\partial f}{\partial x_1} + \lambda \cdot \frac{\partial g}{\partial x_1} = 0$$

$$\vdots \qquad \vdots \qquad \vdots \qquad \vdots$$

$$\frac{\partial L}{\partial x_n} = \frac{\partial f}{\partial x_n} + \lambda \cdot \frac{\partial g}{\partial x_n} = 0$$

$$\frac{\partial L}{\partial \lambda} = g(x_1, ..., x_n) = 0 \ .$$

Bemerkung 7.2.23: *Beachten Sie für die korrekte Anwendung von Satz 7.2.22, dass die Nebenbedingung stets so umgeformt wird, dass auf einer Seite Null steht:* $g(x_1, ..., x_n) = 0$.

Beispiel 7.2.24:   Von f: $f(x_1, x_2, x_3, x_4) = x_1^4 + x_2^4 + x_3^4 + x_4^4$ sind die relativen Extrema unter Berücksichtigung der Restriktion $x_1 + x_2 + x_3 + x_4 = 8$ gesucht.
Die zugehörige Lagrangefunktion lautet (siehe Bemerkung 7.2.23):

$$L = f + \lambda \cdot g = x_1^4 + x_2^4 + x_3^4 + x_4^4 + \lambda \cdot (8 - x_1 - x_2 - x_3 - x_4).$$

Notwendig für relative Extrema von L sind die Bedingungen:

$$\frac{\partial L}{\partial x_1} = 4x_1^3 \qquad\qquad\qquad - \lambda = 0$$

$$\frac{\partial L}{\partial x_2} = \qquad 4x_2^3 \qquad\qquad - \lambda = 0$$

$$\frac{\partial L}{\partial x_3} = \qquad\qquad 4x_3^3 \qquad - \lambda = 0$$

$$\frac{\partial L}{\partial x_4} = \qquad\qquad\qquad 4x_4^3 - \lambda = 0$$

$$\frac{\partial L}{\partial \lambda} = 8 - x_1 - x_2 - x_3 - x_4 \qquad = 0$$

Aus den vier ersten Gleichungen folgt:
$\lambda = 4x_1^3 = 4x_2^3 = 4x_3^3 = 4x_4^3$ und daher
$x_1 = x_2 = x_3 = x_4$. Eingesetzt in die letzte Gleichung folgt: $8 - x_1 - x_1 - x_1 - x_1 = 0$, d.h. $x_1 = 2$ und
daher: $\mathbf{x_1 = x_2 = x_3 = x_4 = 2}$; $\lambda = 32$, $\mathbf{f = 64}$.

Die Zielfunktion f kann daher an der Stelle
$(x_1, x_2, x_3, x_4) = (2; 2; 2; 2)$
ein relatives Extremum unter Berücksichtigung der Restriktion $x_1 + x_2 + x_3 + x_4 = 8$ besitzen.

Aufgabe 7.2.25:   An welchen Stellen können die folgenden Funktionen unter Berücksichtigung der angegebenen Nebenbedingungen (NB) Extrema besitzen?

i) $f(x,y) = x^2 - 2xy$ u.d. NB $y = 2x - 6$

ii) $E(x_1, x_2, x_3) = x_1 x_2 + 2x_1 x_3 + 4x_2 x_3$ u.d. NB $x_1 + x_2 + 2x_3 = 8$

iii) $K(u, v, w, z) = 2u + v + 4w + z$ u.d. NB $u^2 + v^2 + w^2 + 2z^2 = 86$

iv) $x(r_1, r_2) = 10r_1^{0,4} \cdot r_2^{0,6}$ u.d. NB $8r_1 + 3r_2 = 100$.

Das Problem der **Extremwertbestimmung** einer Funktion $f(x_1, ..., x_n)$ unter gleichzeitiger Berücksichtigung **mehrerer Nebenbedingungen** $g_1(x_1, ..., x_n) = 0$; ... ; $g_m(x_1, ..., x_n) = 0$ *(mit m < n)* kann mit der gleichen Idee gelöst werden, wie sie in Beispiel 7.2.18 demonstriert und in Satz 7.2.22 formuliert wurde. Dazu fügen wir in der Lagrangefunktion L **für jede Nebenbedingung** $g_i(x_1, ..., x_n) = 0$ eine mit einem jeweils **eigenen Multiplikator** λ_i *($\neq 0$)* versehene **additive Komponente** $\lambda_i \cdot g_i(x_1, ..., x_n)$ hinzu. Dann lautet die **Lagrangefunktion**

$$L = L(x_1, ..., x_n, \lambda_1, ..., \lambda_m) = f(x_1, ..., x_n) + \lambda_1 \cdot g_1(x_1, ..., x_n) + \lambda_2 \cdot g_2(x_1, ..., x_n) + ... +$$
$$+ \lambda_m \cdot g_m(x_1, ..., x_n), \qquad\qquad\qquad (\lambda_i \neq 0).$$

mit m voneinander unabhängigen Lagrange-Multiplikatoren $\lambda_1, \lambda_2, ..., \lambda_m$. Fassen wir diese Multiplikatoren λ_i wieder als zusätzliche unabhängige Variable von L auf, so liefern die m notwendigen Extremalmalbedingungen $\frac{\partial L}{\partial \lambda_i} = 0$ *(i = 1,...,m)* „automatisch" die m Restriktionen $g_i = 0$, d.h. es gilt analog zu Satz 7.2.22 der allgemeine

Satz 7.2.26 (Multiplikatorregel von Lagrange): Die relativen **Extrema** der Zielfunktion $f(x_1,...,x_n)$ unter Berücksichtigung der **m** *(< n)* **Nebenbedingungen** $g_1(x_1,...,x_n) = 0$; ... ; $g_m(x_1,...,x_n) = 0$ finden sich unter den **stationären Stellen** der zugehörigen **Lagrangefunktion** L mit

$$L(x_1, ..., x_n, \lambda_1, ..., \lambda_m) = f(x_1, ..., x_n) + \sum_{i=1}^{m} \lambda_i \cdot g_i(x_1, ..., x_n) \ , \qquad (m < n; \lambda_i \neq 0)$$

d.h. **notwendig** dafür, dass f in P ein relatives Extremum unter Berücksichtigung der m Neben-bedingungen $g_1 = 0$; ...; $g_m = 0$ besitzt, sind die n+m Bedingungen

$$\frac{\partial L}{\partial x_1} = \frac{\partial f}{\partial x_1} + \lambda_1 \frac{\partial g_1}{\partial x_1} + \lambda_2 \frac{\partial g_2}{\partial x_1} + ... + \lambda_m \frac{\partial g_m}{\partial x_1} = 0$$

$$\vdots \qquad \vdots \qquad \vdots \qquad \vdots \qquad \vdots \qquad \vdots$$

$$\frac{\partial L}{\partial x_n} = \frac{\partial f}{\partial x_n} + \lambda_1 \frac{\partial g_1}{\partial x_n} + \lambda_2 \frac{\partial g_2}{\partial x_n} + ... + \lambda_m \frac{\partial g_m}{\partial x_n} = 0$$

$$\frac{\partial L}{\partial \lambda_1} = g_1(x_1, ..., x_n) = 0$$

$$\vdots \qquad \vdots \qquad \vdots$$

$$\frac{\partial L}{\partial \lambda_m} = g_m(x_1, ..., x_n) = 0.$$

Bemerkung 7.2.23 gilt entsprechend.

Beispiel 7.2.27: An welchen Stellen kann die Funktion f mit $f(x,y,z) = x^2 + 3y^2 + 2z^2$ relative Extrema unter Berücksichtigung der Restriktionen $x + 3y = 30$; $y + 2z = 20$ besitzen?

Die zugehörige Lagrangefunktion lautet:

$$L(x, y, z, \lambda_1, \lambda_2) = x^2 + 3y^2 + 2z^2 + \lambda_1(30 - x - 3y) + \lambda_2(20 - y - 2z),$$

d.h. nach Satz 7.2.26 lauten die notwendigen Extremalbedingungen:

$$
\begin{array}{llll}
L_x = & 2x & - \lambda_1 & = 0 \\
L_y = & 6y & - 3\lambda_1 - \lambda_2 & = 0 \\
L_z = & 4z & - 2\lambda_2 & = 0 \\
L_{\lambda_1} = 30 - & x - 3y & & = 0 \\
L_{\lambda_2} = 20 & - y - 2z & & = 0.
\end{array}
$$

Aus der ersten und dritten Gleichung folgt:
$$\lambda_1 = 2x, \lambda_2 = 2z.$$

Dies eingesetzt in die zweite Gleichung liefert:
$$6y - 6x - 2z = 0.$$

Damit reduziert sich das Gleichungssystem auf:

$$
\begin{array}{l}
3x - 3y + z = 0 \\
x + 3y = 30 \\
 y + 2z = 20.
\end{array}
$$

Setzen wir die aus der letzten Zeile resultierende Beziehung:
$$y = -2z + 20 \text{ in die beiden ersten Gleichungen ein, so reduziert}$$
sich das Gleichungssystem auf:

$$
\begin{array}{l}
3x + 7z = 60 \\
x - 6z = -30.
\end{array}
$$

Aus der letzten Zeile folgt $x = 6z - 30$. Eingesetzt in die erste Zeile folgt:

$3(6z - 30) + 7z = 60 \iff 25z = 150 \iff z = 6$. Durch Rückwärtseinsetzen erhält man sukzessive $x = 6$, $y = 8$, $\lambda_1 = \lambda_2 = 12$, $f(6; 8; 6) = L(6; 8; 6; 12; 12) = 300$. Die Zielfunktion f kann daher (nur) an der Stelle $(x, y, z) = (6; 8; 6)$ ein relatives Extremum mit dem Funktionswert $f = 300$ besitzen. *(Zur allgemeinen Lösung linearer Gleichungssysteme siehe Kap. 9.2.)*

Aufgabe 7.2.28: An welchen Stellen kann ein relatives Extremum unter Berücksichtigung der angegebenen Nebenbedingungen (NB) vorliegen?

i) $f(x, y, z) = x^2 + y^2 + z^2$ u.d. NB $x + y = 1$; $y + z = 2$

ii) $f(u, v, w) = 4u + 3v + w$ u.d. NB $uv = 6$; $vw = 24$.

7.3 Beispiele für die Anwendung der Differentialrechnung auf ökonomische Funktionen mit mehreren unabhängigen Variablen

Von den zahlreichen Anwendungen der Differentialrechnung auf ökonomische Funktionen mit mehreren unabhängigen Variablen sollen nun einige **klassische Beispiele** behandelt werden. Dabei wird sich auch hier zeigen, dass für die erfolgreiche Anwendung mathematischer Methoden die **Hauptschwierigkeit** nicht so sehr in der mathematisch-technischen Behandlung der auftretenden Formeln und Gleichungen besteht, sondern vielmehr im **Aufsuchen, Formulieren und Überprüfen** ökonomischer **Zielfunktionen, Restriktionen und Problemlösungswerte**. So ist es etwa i.a. viel schwieriger, ein ökonomisches Wahlproblem korrekt zu formulieren, als es später mit Hilfe der Lagrange-Methode richtig zu lösen.

7.3.1 Partielle Elastizitäten

7.3.1.1 Begriff der partiellen Elastizität

Der Elastizitätsbegriff lässt sich analog zu Kap. 6.3.3 auch auf Funktionen mit mehreren unabhängigen Variablen ausdehnen. Nach Def. 6.3.80 sowie (6.3.81) ist die **Elastizität** $\varepsilon_{f,x}$ einer Funktion f(x) bzgl. der unabhängigen Variablen x das **Verhältnis** der **relativen** (oder „prozentualen") **Änderungen** von f und x, und es gilt:

(7.3.1)
$$\varepsilon_{f,x} := \frac{\dfrac{df}{f}}{\dfrac{dx}{x}} = \frac{df}{dx} \cdot \frac{x}{f(x)} = \frac{f'(x)}{f(x)} \cdot x \quad .$$

Nach Satz 6.3.84 gibt der **Zahlenwert** von $\varepsilon_{f,x}$ an, um wieviel **Prozent** sich f (näherungsweise) ändert, wenn sich x um **1%** ändert. **Analog** lässt sich dieser Elastizitätsbegriff auf Funktionen $f(x_1, ..., x_n)$ mit mehreren unabhängigen Variablen übertragen, indem man lediglich die Einwirkung der Änderung **einer** einzigen unabhängigen Variablen x_i auf das Verhalten von f betrachtet und die **übrigen Variablen konstant** hält (c.p.-Bedingung).

Beschreiben wir die relative Änderung von x_i durch $\dfrac{dx_i}{x_i}$ und die dadurch hervorgerufene relative Änderung von f (c.p.) mit $\dfrac{df_{x_i}}{f}$ (wobei $df_{x_i} := \dfrac{\partial f}{\partial x_i} \cdot dx_i$ das **partielle Differential** bzgl. x_i ist, siehe Def. 7.1.37), so erhalten wir analog zu (7.3.1):

Def. 7.3.2: (partielle Elastizität)
   Es sei f eine differenzierbare Funktion der n unabhängigen Variablen $x_1, ..., x_n$. Das **Verhältnis** ε_{f,x_i} der **relativen Änderungen** von f und x_i (unter Konstanthaltung aller übrigen Variablen) heißt **partielle Elastizität von f bzgl. x_i**, und es gilt wegen (7.1.38):

(7.3.3)
$$\varepsilon_{f,x_i} := \frac{\dfrac{df_{x_i}}{f}}{\dfrac{dx_i}{x_i}} = \frac{\partial f}{\partial x_i} \cdot \frac{x_i}{f} \qquad (x_i, f \neq 0)$$

Beispiel 7.3.4:   Für die beiden partiellen Elastizitäten der Funktion f mit $f(x,y) = 2xy^3 + 4x^2$ erhalten wir mit x, y, f(x,y) ≠ 0 *(zur Schreibweise der Variablen siehe Bem. 7.1.13 ii)*:

$$\varepsilon_{f,x} = \frac{\partial f}{\partial x} \cdot \frac{x}{f(x,y)} = \frac{(2y^3 + 8x) \cdot x}{2xy^3 + 4x^2} = \frac{y^3 + 4x}{y^3 + 2x} \quad ; \qquad \varepsilon_{f,y} = \frac{\partial f}{\partial y} \cdot \frac{y}{f(x,y)} = \frac{6xy^2 \cdot y}{2xy^3 + 4x^2} = \frac{3y^3}{y^3 + 2x} \quad .$$

Das Beispiel zeigt, dass i.a. jede der n möglichen partiellen Elastizitäten von $f(x_1,...,x_n)$ selbst wiederum eine Funktion der n unabhängigen Variablen ist.

Analog zu Satz 6.3.84 ergibt sich die **Interpretation** des **Zahlenwertes** der **partiellen Elastizität**:

Satz 7.3.5: Der **Zahlenwert** der **partiellen Elastizität** ε_{f,x_i} von $f(x_1,...,x_n)$ bzgl. x_i gibt an, um wieviel **Prozent** sich der **Funktionswert** $f(x_1,...,x_n)$ (näherungsweise) **ändert**, wenn sich die **unabhängige Variable** x_i um **ein Prozent ändert** und alle **übrigen Variablen konstant** bleiben.

Beispiel 7.3.6: Für die Elastizität von f: $f(x_1, x_2) = -3x_1+5x_2+10$ an der Stelle $x_1 = 4$, $x_2 = 2$ erhalten wir nach (7.3.3):

$$\varepsilon_{f,x_1} = \frac{\partial f}{\partial x_1}\cdot \frac{x_1}{f} = \frac{-3x_1}{-3x_1+5x_2+10}\bigg|_{x_1=4\,;\,x_2=2} = -1,5\ ,$$

$$\varepsilon_{f,x_2} = \frac{\partial f}{\partial x_2}\cdot \frac{x_2}{f} = \frac{5x_2}{-3x_1+5x_2+10}\bigg|_{x_1=4\,;\,x_2=2} = 1,25\ .$$

Nach Satz 7.3.5 bedeutet dies, dass an der betrachteten Stelle

i) f um 1,5% abnimmt, wenn x_1 um 1% zunimmt und x_2 unverändert ($=2$) bleibt ;

ii) f um 1,25% zunimmt, wenn x_2 um 1% zunimmt und x_1 unverändert ($=4$) bleibt .

Sämtliche **Aussagen** und **Ergebnisse** über **Elastizitäten** von Funktionen mit **einer** unabhängigen Variablen aus Kap. 6.3.3 gelten unter Hinzufügen der **c.p.-Bedingung** völlig **analog** auch für **partielle Elastizitäten**, da dort wie hier stets nur der Einfluss der Änderung **einer** unabhängigen Variablen betrachtet wird. Für alle weiteren **ökonomischen Anwendungen partieller Elastizitäten** sei daher auf **Kap. 6.3.3** verwiesen. Dagegen ist die Bedeutung der partiellen Elastizitäten bei **gleichzeitiger** Änderung **aller** unabhängigen Variablen Gegenstand der folgenden Abschnitte.

Aufgabe 7.3.7: Ermitteln Sie die partiellen Elastizitäten folgender Funktionen an den angegebenen Stellen und interpretieren Sie die erhaltenen Zahlenwerte:

i) y: $y(A,K) = 4\cdot A^{0,7}\cdot K^{0,3}$ für $A = 100$; $K = 400$

ii) f: $f(u,v,w) = 4u^2+v^2+3w^2-2uvw$ für $u = 1$; $v = 2$; $w = 3$.

Aufgabe 7.3.8: Die Nachfrage x_1, x_2 nach zwei Gütern sei in Abhängigkeit der Güterpreise p_1, p_2 vorgegeben. Untersuchen Sie mit Hilfe der **Kreuzpreiselastizitäten** ε_{x_1,p_2}, ε_{x_2,p_1} (s. Beispiel 6.3.104), ob es sich um substitutive od. komplementäre Güter handelt:

i) $x_1(p_1, p_2) = 100-0,8p_1+0,3p_2$; $x_2(p_1, p_2) = 150+0,5p_1-0,6p_2$

ii) $x_1(p_1, p_2) = 4e^{p_2-p_1}$; $x_2(p_1, p_2) = 3e^{p_1-p_2}$

iii) $x_1(p_1, p_2) = \dfrac{100}{p_1\cdot p_2}$; $x_2(p_1, p_2) = 5e^{p_2-p_1}$ *($p_1, p_2 > 0$)*.

7.3.1.2 Die Eulersche Homogenitätsrelation

Für **homogene Funktionen** f (siehe Def. 3.3.2) existiert eine bekannte **Beziehung** zwischen den **partiellen Ableitungen** von f und ihrem **Homogenitätsgrad** r. Nach Def. 3.3.2 gilt für jede vom Grad r homogene Funktion $f(x_1, ..., x_n)$:

(7.3.9) $$\boxed{f(\lambda x_1, \lambda x_2, ..., \lambda x_n) = \lambda^r\cdot f(x_1, ..., x_n)}$$ für alle $\lambda > 0$ und alle $(x_1,...,x_n)$.

Leiten wir (7.3.9) auf beiden Seiten partiell nach λ ab, so folgt mit Hilfe der Kettenregel (Satz 7.1.51):

$$(7.3.10) \qquad \underbrace{\frac{\partial f}{\partial(\lambda x_1)} \cdot \frac{\partial(\lambda x_1)}{\partial \lambda}}_{= x_1} + \; \cdots \; + \underbrace{\frac{\partial f}{\partial(\lambda x_n)} \cdot \frac{\partial(\lambda x_n)}{\partial \lambda}}_{= x_n} = r \cdot \lambda^{r-1} \cdot f(x_1,...,x_n) \; .$$

Beziehung (7.3.10) muss für jedes $\lambda > 0$ gültig sein, also auch für $\lambda = 1$. Setzen wir $\lambda = 1$ in (7.3.10) ein, so folgt unmittelbar

---

Satz 7.3.11: (Eulersche Homogenitätsrelation)

Die Funktion f: $f(x_1,...,x_n)$ sei **homogen** vom **Grad r**. Dann gilt an jeder Stelle $(x_1,...,x_n)$ die Identität

$$(7.3.12) \qquad \boxed{ \; x_1 \cdot \frac{\partial f}{\partial x_1} + x_2 \cdot \frac{\partial f}{\partial x_2} + \; \cdots \; + x_n \cdot \frac{\partial f}{\partial x_n} = r \cdot f(x_1,...,x_n) \; } \; .$$

Beispiel 7.3.13:   Die Funktion f mit $f(x,y) = x^2 y^3$ ist homogen vom Grad $r = 5$, denn:

$$f(\lambda x, \lambda y) = (\lambda x)^2 \cdot (\lambda y)^3 = \lambda^5 \cdot x^2 y^3 .$$

Mit $\qquad f_x = 2xy^3, \quad f_y = 3x^2 y^2 \qquad$ folgt für die linke Seite von (7.3.12):

$$x \cdot f_x + y \cdot f_y = 2x^2 y^3 + 3x^2 y^3 = 5x^2 y^3 \; ,$$

in Übereinstimmung mit der rechten Seite von (7.3.12): $r \cdot f = 5 \cdot x^2 y^3$.
(Zur Schreibweise der Variablen siehe Bem. 7.1.13 ii)

7.3.1.3   Elastizität homogener Funktionen

Als Beispiel werde zunächst eine **COBB-DOUGLAS-Produktionsfunktion** x gewählt:

$$(7.3.14) \qquad x(r_1, ..., r_n) = a_0 \cdot r_1^{a_1} \cdot r_2^{a_2} \cdot \; \cdots \; \cdot r_n^{a_n} \qquad (a_0 > 0 \; ; r_i > 0)$$

mit x als Output und r_i als Input des i-ten Faktors. Ihr **Homogenitätsgrad r** ist (siehe Beispiel 3.3.5) gleich der **Summe aller Exponenten**:

$$(7.3.15) \qquad r = a_1 + a_2 + ... + a_n \, .$$

Die partielle Elastizität ε_{x,r_i} des Outputs x bzgl. des i-ten Faktorinputs r_i (auch „**Produktionselastizität des i-ten Faktors**" genannt) ergibt sich nach (7.3.3) als Exponent $\mathbf{a_i}$ des i-ten Faktors:

$$(7.3.16) \qquad \varepsilon_{x,r_i} = \frac{\partial x}{\partial r_i} \cdot \frac{r_i}{x} = a_0 r_1^{a_1} \cdot \; \cdots \; \cdot a_i \cdot \underbrace{\boxed{r_i^{a_i - 1}}}_{= \; r_i^{a_i}} \cdot \; \cdots \; \cdot r_n^{a_n} \cdot \frac{\boxed{r_i}}{a_0 r_1^{a_1} \cdots r_n^{a_n}} = a_i \; .$$

Bemerkung 7.3.17:   *Die Beziehung (7.3.16) folgt noch einfacher aus Satz 6.3.141:*

Wegen $\qquad log\,x = log\,a_0 + a_1 \cdot log\,r_1 + ... + a_i \cdot log\,r_i + ... + a_n \cdot log\,r_n \qquad$ *folgt sofort:*

$$\varepsilon_{x,r_i} = \frac{\partial\,log\,x}{\partial\,log\,r_i} = a_i \, .$$

*Die Relation (7.3.16) besagt also, dass **für jeden Inputfaktor i** einer COBB-DOUGLAS-Produktionsfunktion die **partielle Produktionselastizität** ε_{x,r_i} gleich dem entsprechenden **Faktorexponenten** a_i ist.*

Zusammen mit (7.3.15) erhalten wir daher das Ergebnis:

Der **Homogenitätsgrad** r *einer* **COBB-DOUGLAS-***Produktionsfunktion* x *mit*
$$x = a_0 \cdot r_1{}^{a_1} \cdot r_2{}^{a_2} \cdot \ ... \ \cdot r_n{}^{a_n}$$
*ist gleich der Summe der Exponenten und gleich der **Summe der partiellen Produktionselastizitäten:***

(7.3.18)
$$r = a_1 + a_2 + \ ... \ + a_n = \varepsilon_{x,r_1} + \varepsilon_{x,r_2} + \ ... \ + \varepsilon_{x,r_n} \ .$$

Beispiel 7.3.19: Gegeben sei die COBB-DOUGLAS-Produktionsfunktion y mit $y = 100 \cdot A^{0,7} \cdot K^{0,3}$ (y: Sozialprodukt, A: Arbeitsinput, K: Kapitalinput). Die partiellen Produktionselastizitäten lauten:

$$\varepsilon_{y,A} = \frac{\partial y}{\partial A} \cdot \frac{A}{y} = \frac{70 \cdot A^{-0,3} \cdot K^{0,3} \cdot A}{100 \cdot A^{0,7} \cdot K^{0,3}} = 0,7 \ ;$$

$$\varepsilon_{y,K} = \frac{\partial y}{\partial K} \cdot \frac{K}{y} = \frac{30 \cdot A^{0,7} \cdot K^{-0,7} \cdot K}{100 \cdot A^{0,7} \cdot K^{0,3}} = 0,3 \ , \quad \text{d.h.} \quad r = \varepsilon_{y,A} + \varepsilon_{y,K} = 0,7 + 0,3 = 1$$
$$(\ y(A,K) \ \text{ist also linear-homogen.})$$

Die in (7.3.18) zum Ausdruck kommende Tatsache, dass der Homogenitätsgrad r einer Funktion gleich der Summe aller partiellen Elastizitäten ist, gilt ganz **allgemein** (also *nicht nur* für COBB-DOUGLAS-Funktionen). Dividiert man nämlich in der Eulerschen Homogenitätsrelation (7.3.12) beide Seiten durch f ($\neq 0$), so folgt:

(7.3.20)
$$\frac{\partial f}{\partial x_1} \cdot \frac{x_1}{f} + \frac{\partial f}{\partial x_2} \cdot \frac{x_2}{f} + \ ... \ + \frac{\partial f}{\partial x_n} \cdot \frac{x_n}{f} = r \ , \quad \text{d.h.}$$

(7.3.21)
$$\varepsilon_{f,x_1} + \varepsilon_{f,x_2} + \ ... \ + \varepsilon_{f,x_n} = r \ .$$

Für **jede homogene Funktion** ist der **Homogenitätsgrad** gleich der **Summe** ihrer sämtlichen **partiellen Elastizitäten**.

Um bei einer beliebigen Produktionsfunktion f: $f(x_1,...,x_n)$ ein **Maß** für die **relative Änderung des Outputs** f zu erhalten, wenn **sämtliche** Inputs $x_1,...,x_n$ um **denselben Prozentsatz** geändert werden (d.h. mit demselben (Zuwachs- oder Abnahme-) Faktor λ multipliziert werden), definiert man die sog. **Skalen-** oder **Niveauelastizität** $\varepsilon_{f,\lambda}$:

(7.3.22)
$$\varepsilon_{f,\lambda} := \frac{\dfrac{df}{f}}{\dfrac{d\lambda}{\lambda}} = \frac{df}{d\lambda} \cdot \frac{\lambda}{f} \ .$$

Der Zahlenwert von $\varepsilon_{f,\lambda}$ gibt somit an, um wieviel Prozent sich der Output ändert, wenn das „Produktionsniveau" λ um 1% geändert wird. So bedeutet etwa $\varepsilon_{f,\lambda} = 1$, dass eine z.B. 3%ige Erhöhung sämtlicher Inputmengen x_i zu einer ebenfalls 3%igen Outputerhöhung führt (man spricht von **konstanten Skalenerträgen**). Bei $\varepsilon_{f,\lambda} > 1$ *(bzw. $\varepsilon_{f,\lambda} < 1$)* bewirkt eine proportionale Erhöhung aller Faktorinputs mit dem Zuwachsfaktor λ ein überproportionales Wachstum *(bzw. unterproportionales Wachstum)* des Outputs f: Man spricht von **steigenden** *(bzw. fallenden)* **Skalenerträgen**, siehe Abb. 3.3.7 iii) bzw. i).

Im Fall einer **homogenen Funktion** (Homogenitätsgrad r) gilt wegen (7.3.9):

$$f(\lambda x_1, \ ..., \ \lambda x_n) = \lambda^r \cdot f(x_1, \ ..., \ x_n). \quad \text{Ableitung beider Seiten nach } \lambda \text{ liefert:}$$

$$\frac{df}{d\lambda} = r \cdot \lambda^{r-1} \cdot f(x_1,..., \ x_n) = \frac{r}{\lambda} \cdot \lambda^r \cdot f = \frac{r}{\lambda} \cdot f(\lambda x_1,..., \ \lambda x_n) \ , \quad \text{d.h. es gilt:} \quad \boxed{\frac{df}{d\lambda} \cdot \frac{\lambda}{f} = r} \quad (7.3.23)$$

Damit ist wegen (7.3.22) gezeigt: Die **Skalenelastizität** einer homogenen Funktion ist gleich ihrem **Homogenitätsgrad** r und somit (wegen (7.3.21)) gleich der **Summe** sämtlicher **partiellen Elastizitäten**:

(7.3.24)
$$\varepsilon_{f,\lambda} = \varepsilon_{f,x_1} + \varepsilon_{f,x_2} + \dots + \varepsilon_{f,x_n} = r$$
.

Bemerkung 7.3.25: *Der erste Teil der Relation (7.3.24) gilt auch für **nichthomogene** Funktionen, siehe Aufgabe 7.3.28.*

Die Skalenelastizität einer COBB-DOUGLAS-Funktion (7.3.14) ist daher gleich ihrer Exponentensumme:

Mit $\quad y = c \cdot A^\alpha \cdot K^\beta \cdot t^\tau \quad$ gilt: $\quad \varepsilon_{y,\lambda} = \alpha + \beta + \tau \quad$ usw.

Beispiel 7.3.26: Gegeben seien die folgenden drei COBB-DOUGLAS-Produktionsfunktionen

i) $\; y = 5A^{0,7} \cdot K^{0,3} \qquad$ ii) $\; y = 3A^{1,1} \cdot K^{0,9} \qquad$ iii) $\; y = 8A^{0,1} \cdot K^{0,4}$.

Die Skalenelastizitäten ergeben sich jeweils als Summe der Exponenten und betragen

i) $\; \varepsilon_{y,\lambda} \equiv 1 \qquad$ ii) $\; \varepsilon_{y,\lambda} \equiv 2 \qquad$ iii) $\; \varepsilon_{y,\lambda} \equiv 0,5$.

Steigern wir etwa den Arbeits- und den Kapitalinput zugleich um 5%, so folgt:

i) Der Output steigt ebenfalls um 5% *(konstante Skalenerträge)* , siehe Abb. 3.3.7 ii) ;

ii) Der Output steigt um 10% *(zunehmende Skalenerträge)* , siehe Abb. 3.3.7 iii) ;

iii) Der Output wächst nur um 2,5% *(sinkende Skalenerträge)* , siehe Abb. 3.3.7 i) .

Aufgabe 7.3.27: Ermitteln Sie für die folgenden homogenen Produktionsfunktionen
  a) den Homogenitätsgrad   **b)** die partiellen Elastizitätsfunktionen   **c)** die Skalenelastizität und überprüfen Sie die Gültigkeit der Relation (7.3.24):

i) $\quad y = (2A^{-0,5} + 4K^{-0,5})^{-2} \qquad\qquad$ ii) $\quad y = (10A^{0,4} + 15K^{0,4})^{2,5}$

iii) $\quad x(r_1, r_2, r_3, r_4) = 4r_1 r_2{}^2 + 2r_2 r_3 r_4 - 0,5 r_4{}^3$.

Aufgabe 7.3.28: Sind in der Funktion $f = f(x_1, \dots, x_n)$ die Werte x_i der Variablen durch gleiche **proportionale Änderungen** aus den ursprünglichen Werten $\bar{x}_i$ hervorgegangen, d.h. gilt $x_i = \lambda \bar{x}_i$,

so folgt wegen $\quad \dfrac{dx_i}{d\lambda} = \bar{x}_i = \dfrac{x_i}{\lambda}$:

(7.3.29)
$$\frac{dx_1}{x_1} = \frac{dx_2}{x_2} = \dots = \frac{dx_n}{x_n} = \frac{d\lambda}{\lambda}$$
.

Zeigen Sie mit Hilfe dieser Beziehung durch Bildung des vollständigen Differentials von f, dass auch für **nichthomogene** Funktionen an jeder Stelle $(x_1, \dots, x_n)$ der erste Teil der Behauptung (7.3.24) gilt:

Die **Skalenelastizität** ist **stets** gleich der **Summe aller partiellen Elastizitäten** („Wicksell-Johnson"-Theorem):

(7.3.30)
$$\varepsilon_{f,\lambda} = \varepsilon_{f,x_1} + \dots + \varepsilon_{f,x_n}$$
.

7.3.1.4   Faktorentlohnung und Verteilung des Produktes

Nach der **Grenzproduktivitätstheorie** wird jeder **Produktionsfaktor** mit dem **Wert seiner Grenzprodukti-vität entlohnt**. Sei etwa der „Lohnsatz" ($\hat{=}$ Faktorpreis oder Faktorstückkosten für jede Inputeinheit) des i-ten Faktors mit k_i = const. vorgegeben. Dann wird -c.p.- vom i-ten Faktor soviel eingesetzt, dass die partielle Grenzproduktivität $\dfrac{\partial x}{\partial r_i}$ – bewertet mit dem Marktpreis p des erzeugten Produktes – den Wert k_i aufweist:

(7.3.31)
$$p \cdot \frac{\partial x}{\partial r_i} = k_i \qquad (i = 1, 2, ..., n) \ .$$

Vom i-ten Faktor wird daher soviel eingesetzt, dass der Marktwert des mit der „letzten" Inputeinheit erzeugten Produktes gerade dem Faktorpreis k_i (für jede Inputeinheit des i-ten Faktors) entspricht. Durch diese Art der Faktorentlohnung wird die Einsatzmenge r_i eines jeden Produktionsfaktors determi-niert und somit auch das gesamte Produktionsvolumen $x = x(r_1, ..., r_n)$.

Bemerkung: Man kann nämlich zeigen (siehe Kap. 7.3.2.1), dass bei Vorliegen der hinreichenden Extremal-bedingungen in gewissen Fällen der dann erzielte Gesamtgewinn maximal wird. Für nur einen variablen Faktor vgl. den entsprechenden Sachverhalt in (6.3.159).

Das **Faktoreinkommen** FE_i des **i-ten Faktors** beträgt nach (7.3.31)

$$FE_i = k_i \cdot r_i = p \cdot r_i \cdot \frac{\partial x}{\partial r_i}$$

und somit das **gesamte Faktoreinkommen** FE aller Faktoren zusammen

(7.3.32)
$$FE = FE_1 + ... + FE_n = p \cdot r_1 \cdot \frac{\partial x}{\partial r_1} + p \cdot r_2 \cdot \frac{\partial x}{\partial r_2} + ... + p \cdot r_n \cdot \frac{\partial x}{\partial r_n} \ .$$

Definieren wir man – ohne Beschränkung der Allgemeinheit – den (festen) Marktpreis p des produzierten Outputs als eine Geldeinheit pro ME, gilt also: $p \equiv 1$ GE/ME, so stimmen die Werte von physischer Grenzproduktivität $\dfrac{\partial x}{\partial r_i}$ und Wertgrenzproduktivität $p \cdot \dfrac{\partial x}{\partial r_i}$ überein:

(7.3.33)
$$p \cdot \frac{\partial x}{\partial r_i} = \frac{\partial x}{\partial r_i} \ , \qquad \text{sofern } p \equiv 1 \ ,$$

und für das Faktoreinkommen des i-ten Faktors gilt:

(7.3.34)
$$FE_i = r_i \cdot \frac{\partial x}{\partial r_i} \qquad .$$

Damit lautet das **Faktoreinkommen aller Faktoren** nach (7.3.32):

(7.3.35)
$$FE = r_1 \cdot \frac{\partial x}{\partial r_1} + r_2 \cdot \frac{\partial x}{\partial r_2} + ... + r_n \cdot \frac{\partial x}{\partial r_n} \qquad (p \equiv 1) \ .$$

Es stellt sich nun die **Frage**, inwieweit der mit Hilfe der Faktorinputs $r_1,...,r_n$ hergestellte **Outputwert** $x(r_1, ..., r_n)$ durch das **Faktoreinkommen aufgezehrt wird**.

Dazu betrachten wir eine vom Grad r **homogene Produktionsfunktion** $x(r_1, ..., r_n)$. Nach der Euler-schen Homogenitätsrelation (Satz 7.3.11) gilt allgemein

(7.3.36)
$$r_1 \cdot \frac{\partial x}{\partial r_1} + r_2 \cdot \frac{\partial x}{\partial r_2} + ... + r_n \cdot \frac{\partial x}{\partial r_n} = r \cdot x(r_1, ..., r_n) \ ,$$

so dass mit (7.3.35) unmittelbar folgt:

(7.3.37)
$$FE = r \cdot x(r_1, ..., r_n) \ ,$$

d.h. die **Summe** FE aller **Faktoreinkommen** einer **homogenen Produktionsfunktion** ist **proportional** zum erzeugten **Produktwert** x; Proportionalitätsfaktor ist der **Homogenitätsgrad** r. Damit hängt – bei homogenen Produktionsfunktionen und Entlohnung nach der Grenzproduktivität – die Beantwortung der Frage *(s.o.)* nach der Aufzehrung des Produktionswertes ab von der Höhe r des Homogenitätsgrades:

i) Im Fall **konstanter Skalenerträge** (d.h. bei Vorliegen einer linear-homogenen Produktionsfunktion mit r = 1) folgt aus (7.3.37):

$$\text{(7.3.38)} \qquad \boxed{FE = x(r_1, ..., r_n)} \quad ,$$

d.h. der **gesamte Produktionswert** wird – unabhängig vom Produktionsvolumen – für die Entlohnung der Faktoren **aufgebraucht**.

ii) Im Fall **steigender Skalenerträge** (d.h. für r > 1) folgt aus (7.3.37):

$$\text{(7.3.39)} \qquad \boxed{FE > x(r_1, ..., r_n)} \quad ,$$

d.h. der erzeugte **Produktionswert reicht nicht aus**, um alle dafür notwendigen Faktoren mit ihrer Grenzproduktivität zu entlohnen. Zur Erzielung eines Gleichgewichtszustandes müsste ein Lohn unterhalb des jeweiligen Grenzproduktivitätswertes gezahlt werden.

iii) Im Fall **sinkender Skalenerträge** (d.h. für r < 1) folgt aus (7.3.37):

$$\text{(7.3.40)} \qquad \boxed{FE < x(r_1, ..., r_n)} \quad ,$$

so dass nach Entlohnung aller Faktoren noch ein **Wertüberhang** („Gewinn") verbleibt.

Für den **Einkommensanteil** FE_i/x des i-ten Faktors **am Gesamtproduktionswert** x erhalten wir mit der Beziehung (7.3.34) sowie (7.3.3) für **beliebige** – auch nichthomogene – Produktionsfunktionen

$$\text{(7.3.41)} \qquad \frac{FE_i}{x} = \frac{r_i}{x} \cdot \frac{\partial x}{\partial r_i} = \varepsilon_{x,r_i} \quad ,$$

d.h. der **Einkommensanteil des i-ten Faktors** am Gesamtproduktionswert ist identisch mit der **Produktionselastizität** des i-ten Faktors.

Das **Einkommensverhältnis** FE_i/FE_k je zweier beliebiger Faktorarten i,k resultiert aus (7.3.41) durch Division:

$$\text{(7.3.42)} \qquad \frac{FE_i}{FE_k} = \frac{\dfrac{FE_i}{x}}{\dfrac{FE_k}{x}} = \frac{\varepsilon_{x,r_i}}{\varepsilon_{x,r_k}} \quad ,$$

d.h. das **Verhältnis der Einkommen** zweier beliebiger Faktoren ist identisch mit dem **Verhältnis** der entsprechenden **Produktionselastizitäten**.

Ist die Produktionsfunktion $x(r_1,...,r_n)$ **homogen** vom Grad r, so lässt sich mit (7.3.37) und (7.3.34) auch der **Einkommensanteil** FE_i/FE des **i-ten Faktors am gesamten Faktoreinkommen** ermitteln:

$$\text{(7.3.43)} \qquad \frac{FE_i}{FE} = \frac{r_i \cdot \dfrac{\partial x}{\partial r_i}}{r \cdot x} = \frac{\varepsilon_{x,r_i}}{r} \quad ,$$

d.h. der **Einkommensanteil** des **i-ten Faktors** am Faktorgesamteinkommen ist identisch mit der **Produktionselastizität** des i-ten Faktors, **geteilt** durch den **Homogenitätsgrad**.

Beispiel 7.3.44:   Gegeben sei die linear-homogene COBB-DOUGLAS-Produktionsfunktion y mit
$$y = c \cdot A^\alpha \cdot K^\beta = 4 \cdot A^{0,8} \cdot K^{0,2}$$
(A (> 0) : Arbeitsinput;   K (> 0) : Kapitalinput;   y: Output;   Outputpreis: p $\equiv$ 1 GE/ME).

Der gesamte Arbeitslohn FE_A beträgt nach der Grenzproduktivitätstheorie
$$FE_A = A \cdot \frac{\partial y}{\partial A} = A \cdot 3,2 \cdot A^{-0,2} \cdot K^{0,2} = 3,2 \cdot A^{0,8} \cdot K^{0,2}.$$

Das gesamte Kapitaleinkommen (Zinsen) beträgt
$$FE_K = K \cdot \frac{\partial y}{\partial K} = K \cdot 0,8 \cdot A^{0,8} \cdot K^{-0,8} = 0,8 \cdot A^{0,8} \cdot K^{0,2}.$$

Damit lautet das gesamte Faktoreinkommen:
$$FE = FE_A + FE_K = 4 \cdot A^{0,8} \cdot K^{0,2} = y \qquad \text{(siehe (7.3.38))}.$$

Die Einkommensanteile am Gesamtwert der Produktion ergeben sich wie folgt:
$$\frac{FE_A}{y} = \frac{3,2 \cdot A^{0,8} \cdot K^{0,2}}{4 \cdot A^{0,8} \cdot K^{0,2}} = 0,8 = \varepsilon_{y,A} = \alpha \qquad \text{(siehe (7.3.41))},$$

$$\frac{FE_K}{y} = \frac{0,8 \cdot A^{0,8} \cdot K^{0,2}}{4 \cdot A^{0,8} \cdot K^{0,2}} = 0,2 = \varepsilon_{y,K} = \beta \qquad \text{(siehe (7.3.41))},$$

d.h. 80% des Produktionswertes werden durch Arbeitslöhne, 20% durch Kapitalkosten aufgezehrt – das gesamte Produkt wird durch Faktorlöhne verbraucht, s.o.

Das Einkommensverhältnis der Faktoren lautet nach (7.3.42):
$$\frac{FE_A}{FE_K} = \frac{3,2 \cdot A^{0,8} \cdot K^{0,2}}{0,8 \cdot A^{0,8} \cdot K^{0,2}} = 4 = \frac{\varepsilon_{y,A}}{\varepsilon_{y,K}} = \frac{\alpha}{\beta} = \frac{0,8}{0,2},$$

d.h. Arbeitseinkommen und Kapitaleinkommen stehen im Verhältnis 4:1. Wegen FE $\equiv$ y sind die Einkommensanteile der Faktoren am Gesamteinkommen dieselben wie am Produktionswert (s.o.), nämlich α und β.

Aufgabe 7.3.45:   Gegeben sei die Produktionsfunktion y mit: $y(A,K) = A^{0,4} \cdot K^{0,5}$ *(A , K > 0)*.

Ermitteln Sie *(bei einem Outputpreis p $\equiv$ 1 GE/ME)*

i)   die Einsatzmengen A, K von Arbeit und Kapital, wenn die Input-Faktoren nach ihrer Grenzproduktivität entlohnt werden und die Faktorlohnsätze ($\hateq$ Faktorpreise) mit $k_A = 0,2$ GE/ME$_A$ bzw. $k_K = 0,4$ GE/ME$_K$ fest vorgegeben sind;

ii)   den Gesamtwert des Produktionsvolumens, **iii)** das gesamte Faktoreinkommen sowie den evtl. verbleibenden Produktionsgewinn, **iv)** die Einkommensanteile der Faktoren am a) Gesamtproduktionswert sowie b) Gesamteinkommen, **v)** das Einkommensverhältnis beider Faktoren.

Lassen wir – bei einzelwirtschaftlicher Betrachtung – die Annahme vollständiger Konkurrenz auf dem Gütermarkt (d.h. p $\equiv$ const., hier: p $\equiv$ 1) fallen und unterstellen wir die **Existenz** einer **Preis-Absatz-Funktion** p(x) ($\hateq$ Angebotsmonopol), so wird das **Grenzproduktivitätsprinzip modifiziert**:

Nach (6.3.158) maximiert nämlich ein monopolistischer Anbieter seinen Gesamtgewinn, indem er sein Produktionsniveau x derart durch geeigneten Faktoreinsatz festlegt, dass die Faktoren nach ihrer mit dem **Grenzerlös** E'(x) **bewerteten Grenzproduktivität entlohnt** werden (siehe auch Kap. 7.3.2.1).

Der **Lohnsatz** ($\hat{=}$ Faktorpreis) k_i des i-ten Faktors lautet unter dieser Prämisse:

(7.3.46)
$$k_i = \frac{\partial x}{\partial r_i} \cdot E'(x) \qquad \text{mit} \quad x = x(r_1, ..., r_n) \ .$$

Bemerkung 7.3.47:

  i) (7.3.46) geht für p = const. wegen E'(x) = p = const. wieder in die übliche Form (7.3.31) über.

  ii) Wegen E = E(x(r_1,...,r_n)) folgt mit Hilfe der Kettenregel

  (7.3.48)
  $$\frac{\partial E}{\partial r_i} = \frac{dE}{dx} \cdot \frac{\partial x}{\partial r_i} = k_i \ ,$$

  *d.h. wir können den **Lohnsatz** k_i des i-ten Faktors auffassen als **Erlöszuwachs**, wenn die unter Einsatz einer **weiteren Faktoreinheit** erzeugte Menge abgesetzt wird („**Grenzerlös bzgl. des i-ten Faktors**").*

Unter Verwendung der **Amoroso-Robinson-Relation** (6.3.109): $E'(x) = p(x) \cdot (1 + \frac{1}{\varepsilon_{x,p}})$ lautet der **Lohnsatz** k_i des i-ten Faktors nach (7.3.46):

(7.3.49)
$$k_i = p \cdot \frac{\partial x}{\partial r_i}(1 + \frac{1}{\varepsilon_{x,p}}) \qquad , \qquad \text{unterscheidet sich also von der „reinen"}$$

Wertgrenzproduktivität (7.3.31) um den „Monopolfaktor" $(1 + \frac{1}{\varepsilon_{x,p}})$.

Mit Hilfe von (7.3.49) erhalten wir für das **Einkommen** FE_i des **i-ten Faktors**:

$$FE_i = r_i \cdot k_i = r_i \cdot \frac{\partial x}{\partial r_i} \cdot E'(x) = r_i \cdot \frac{\partial x}{\partial r_i} \cdot p(x) \cdot (1 + \frac{1}{\varepsilon_{x,p}}).$$

Erweitern wir den rechten Term mit x ($\neq 0$), so folgt: $\quad FE_i = \frac{r_i}{x} \cdot \frac{\partial x}{\partial r_i} \cdot x \cdot p(x) \cdot (1 + \frac{1}{\varepsilon_{x,p}}), \qquad$ d.h.

(7.3.50)
$$FE_i = \varepsilon_{x,r_i} \cdot E(x) \cdot (1 + \frac{1}{\varepsilon_{x,p}}) \qquad .$$

Bemerkung 7.3.51: *Bei positiven Faktorlohnsätzen folgt: $FE_i > 0$, so dass unter der Voraussetzung E(x) > 0, $\varepsilon_{x,r_i} > 0$ (d.h. positive Erlöse und positive Grenzproduktivitäten) notwendigerweise die Klammer positiv sein muss. Aus $1 + \frac{1}{\varepsilon_{x,p}} > 0$ folgt $\varepsilon_{x,p} < -1$, d.h. die Unternehmung wird bei positiven Faktorpreisen ihr Produktionsniveau (und damit auch ihre Angebotsmenge) x stets so wählen, dass sie im Bereich **elastischer Güternachfrage** operiert.*

Aus (7.3.50) folgt

(7.3.52)
$$\frac{FE_i}{E(x)} = \varepsilon_{x,r_i}(1 + \frac{1}{\varepsilon_{x,p}}) \qquad \text{(siehe aber (7.3.41))},$$

(7.3.53)
$$\frac{FE_i}{FE_k} = \frac{\varepsilon_{x,r_i}}{\varepsilon_{x,r_k}} \qquad \text{(identisch mit (7.3.42))}.$$

Für den Anteil des Faktorgesamteinkommens FE am Gesamterlös E(x) ergibt sich bei Vorliegen einer homogenen Produktionsfunktion wegen

$$FE = FE_1 + FE_2 + ... + FE_n = E(x) \cdot (1 + \frac{1}{\varepsilon_{x,p}}) \cdot (\varepsilon_{x,r_1} + \varepsilon_{x,r_2} + ... + \varepsilon_{x,r_n})$$

und der Tatsache, dass nach (7.3.21) der Wert der rechts stehenden Klammer gleich dem Homogenitätsgrad r der Produktionsfunktion $x(r_1, ..., r_n)$ ist:

$$(7.3.54) \qquad \boxed{\frac{FE}{E(x)} = r\left(1 + \frac{1}{\varepsilon_{x,p}}\right)} \qquad (\varepsilon_{x,p} < -1) \ .$$

Ebenso wie in (7.3.52) hängt der **Anteil des Faktoreinkommens am Produkterlös** einerseits von den
Eigenschaften der Produktionsfunktion ab (gekennzeichnet durch die Produktionselastizitäten bzw. die
Skalenelastizität) und andererseits von der jeweiligen **Marktsituation** (gekennzeichnet durch die Preis-
elastizität der Nachfrage):

i) Im Fall **konstanter Skalenerträge** ($r = 1$) gilt wegen $\varepsilon_{x,p} < -1$:

$$0 < 1 + \frac{1}{\varepsilon_{x,p}} < 1, \qquad \text{d.h. aus (7.3.54) folgt:} \qquad \frac{FE}{E(x)} < 1 \quad \text{bzw.} \quad FE < E(x) \ .$$

Die **Faktorlöhne zehren** den **Produkterlös nicht auf**, vielmehr verbleibt ein **Wertüberhang** (Gewinn),
der mit absolut zunehmender Elastizität (d.h. $\varepsilon_{x,p} \to -\infty$) immer mehr gegen Null geht:

$$\varepsilon_{x,p} \to -\infty \quad \Rightarrow \quad \frac{1}{\varepsilon_{x,p}} \to 0 \quad \Rightarrow \quad \frac{FE}{E(x)} \to r \ (= 1) \ .$$

ii) Im Fall **sinkender Skalenerträge** ($r < 1$) gilt ebenfalls wegen $\left(1 + \frac{1}{\varepsilon_{x,p}}\right) < 1$:

$$\frac{FE}{E(x)} < 1, \qquad \text{d.h.} \qquad FE < E(x).$$

iii) Im Fall **steigender Skalenerträge** ($r > 1$) ist eine Gewinnerzielung **nur möglich**, wenn das **Produkt aus
Homogenitätsgrad** und $\left(1 + \frac{1}{\varepsilon_{x,p}}\right)$ **kleiner als Eins** ist.

Beispiel 7.3.55: Gegeben sei die Produktionsfunktion x: $x(r_1,r_2) = r_1^{0,8} \cdot r_2^{0,4}$ mit dem Homogenitätsgrad 1,2 , d.h. mit steigenden Skalenerträgen. Die Faktorstückkosten („Lohnsätze") seien vorgegeben mit $k_1 = 40$ GE/ME$_1$, $k_2 = 80$ GE/ME$_2$. Der Output x kann abgesetzt werden nach der
Preis-Absatz-Funktion $p = p(x) = 100 - 0,1x$. Die Faktorentlohnung erfolge nach dem Grenzproduktivitätsprinzip, siehe (7.3.46). Um die Einsatzmengen r_1, r_2 der Faktoren zu ermitteln, lösen wir
die Gleichungen (7.3.46) nach r_1, r_2 auf:

$$(1) \qquad k_1 = 40 = \frac{\partial x}{\partial r_1} \cdot E'(x) = 0,8 r_1^{-0,2} \cdot r_2^{0,4} \cdot (100 - 0,2 r_1^{0,8} \cdot r_2^{0,4})$$

$$(2) \qquad k_2 = 80 = \frac{\partial x}{\partial r_2} \cdot E'(x) = 0,4 r_1^{0,8} \cdot r_2^{-0,6} \cdot (100 - 0,2 r_1^{0,8} \cdot r_2^{0,4}) \ .$$

$$(\text{Dabei gilt:} \qquad E'(x) = 100 - 0,2x = 100 - 0,2 \cdot x(r_1,r_2).)$$

Dividieren wir Gleichung (1) durch Gleichung (2), so folgt: $r_1 = 4 r_2$. Dies in Gleichung (2) eingesetzt, liefert nach etwas Umformung

$$0,2 \cdot 4^{0,8} \cdot r_2^{1,4} - 100 \cdot r_2^{0,2} + \frac{80}{0,4 \cdot 4^{0,8}} = 0 \ .$$

Substituieren wir: $\qquad r_2^{0,2} =: z, \qquad$ d.h. $\qquad r_2^{1,4} = z^7, \qquad$ so folgt:

$$0,606286627 \cdot z^7 - 100z + 65,97539555 = 0 \ .$$

Anwendung der Regula falsi (siehe Kap. 2.4 (2.4.5)) liefert als einzige ökonomisch sinnvolle Lösung:

$$z = 2,207241684, \qquad \text{d.h.} \quad r_2 = z^5 \approx 52,3901 \text{ ME}_2 \quad \text{und} \quad r_1 = 4 r_2 \approx 209,5605 \text{ ME}_1 \ .$$

Damit ist das Produktionsniveau festgelegt: $\qquad\qquad x(r_1,r_2) = 350,5479$ ME.
Der Marktpreis des monopolistischen Anbieters lautet daher $p = 100 - 0,1x \approx 64,9452$ GE/ME, so
dass sich ein Erlös $E = p \cdot x \approx 22.766,4060$ GE ergibt.

Der entsprechende Grenzerlös lautet: $E'(x) = 100 - 0,2x \approx 29,8904$ GE/ME.

Die Preiselastizität der Nachfrage beträgt: $\varepsilon_{x,p} = \dfrac{1}{\varepsilon_{p,x}} = \dfrac{p(x)}{p'(x) \cdot x} = \dfrac{x - 1.000}{x} = -1,852677$,

damit ergibt sich: $1 + \dfrac{1}{\varepsilon_{x,p}} = 0,46024$.

Damit lassen sich die Beziehungen (7.3.52) - (7.3.54) bestätigen:

Mit den Faktoreinkommen $FE_1 = k_1 \cdot r_1 = 8.382,42$ GE und $FE_2 = k_2 \cdot r_2 = 4.191,21$ GE   folgt:

(i) $\dfrac{FE_1}{E(x)} = \dfrac{8.382,42}{22.766,41} = \varepsilon_{x,r_1} (1 + \dfrac{1}{\varepsilon_{x,p}}) = 0,8 \cdot 0,46024 = 0,3682$,

$\dfrac{FE_2}{E(x)} = \dfrac{4.191,21}{22.766,41} = \varepsilon_{x,r_2} (1 + \dfrac{1}{\varepsilon_{x,p}}) = 0,4 \cdot 0,46024 = 0,1841$,

d.h. 36,82% des Gesamterlöses werden durch den ersten Faktor und 18,41% durch den zweiten Faktor aufgezehrt (siehe (7.3.52)), zusammen also 55,23%.

(ii) $\dfrac{FE_1}{FE_2} = \dfrac{8.382,42}{4.191,21} = \dfrac{\varepsilon_{x,r_1}}{\varepsilon_{x,r_2}} = \dfrac{0,8}{0,4} = 2$, d.h. der erste Faktor verursacht doppelt so

hohe Kosten wie der zweite (siehe (7.3.53)) .

(iii) $\dfrac{FE}{E(x)} = \dfrac{8.382,42 + 4.191,21}{22.766,41} = r (1 + \dfrac{1}{\varepsilon_{x,p}}) = 1,2 \cdot 0,46024 = 0,5523$,

d.h. (s. auch (i)) 55,23% des Erlöses entfallen auf die Faktorkosten, es verbleibt ein Gewinn in Höhe von 44,77% des Gesamterlöses, d.h. ca. 10.193 GE (siehe (7.3.54)).

7.3.2 Ökonomische Beispiele für relative Extrema (ohne Nebenbedingungen)

7.3.2.1 Optimaler Faktoreinsatz in der Produktion

Ein Produkt (Output: x) möge durch den Einsatz von n in beliebiger Menge verfügbaren Inputs r_1, $r_2,...,r_n$ erzeugt werden gemäß der Produktionsfunktion $x = x(r_1,...,r_n)$. Die Faktorpreise $k_1, ..., k_n$ seien feste Größen.

(7.3.56) | In welcher Kombination soll der Produzent die Inputfaktoren einsetzen, damit sein Gewinn möglichst groß wird?

Frage (7.3.56) soll beantwortet werden

  i)   für **p = const.** (**vollständige Konkurrenz** auf dem Gütermarkt) ;
  ii)   für **p = p(x) $\neq$ const.** (**Angebotsmonopol** auf dem Gütermarkt) .

zu i)   (polypolistischer Anbieter)

Die **Erlösfunktion** E lautet: $E(x(r_1, ..., r_n)) = p \cdot x(r_1,..., r_n)$, die **Kostenfunktion** K lautet:
$K = K(r_1, ..., r_n) = k_1 r_1 + k_2 r_2 + ... + k_n r_n$. Damit ist die **Gewinnfunktion** G gegeben durch

(7.3.57) | $G = G(r_1, ..., r_n) = p \cdot x(r_1, ..., r_n) - k_1 r_1 - k_2 r_2 - ... - k_n r_n$

mit p, k_i = const. .

Notwendig für das Vorliegen eines Gewinnmaximums ist das gleichzeitige Verschwinden aller partiellen Ableitungen von G (siehe Satz 7.2.2):

$$(7.3.58) \qquad \frac{\partial G}{\partial r_1} = p \cdot \frac{\partial x}{\partial r_1} - k_1 = 0$$

$$\cdots \qquad \cdots \qquad \cdots$$

$$\frac{\partial G}{\partial r_i} = \boxed{p \cdot \frac{\partial x}{\partial r_i} - k_i = 0} \qquad (i = 1, 2, ..., n)$$

$$\cdots \qquad \cdots \qquad \cdots$$

$$\frac{\partial G}{\partial r_n} = p \cdot \frac{\partial x}{\partial r_n} - k_n = 0 \quad .$$

Im Gewinnmaximum muss also **für jeden Faktor** die Beziehung

$$(7.3.59) \qquad \boxed{k_i = p \cdot \frac{\partial x}{\partial r_i}} \qquad (i = 1, 2, ..., n)$$

gelten, d.h. muss der **Faktorlohn** k_i des i-ten Faktors identisch sein mit dem **Marktwert seiner Grenzproduktivität** (siehe (7.3.31)). Gelten auch die hinreichenden Extremalbedingungen, so kann man sagen:

(7.3.60) | Im Gewinnmaximum *(sofern dieses existiert)* einer **polypolistischen** Unternehmung werden die Inputs r_1, r_2, ... , r_n so eingesetzt, dass jeder Inputfaktor mit dem Wert seiner Grenzproduktivität entlohnt wird.

Bemerkung: i) Man spricht hier von der „Grenzproduktivitätstheorie der Verteilung".

*ii) Man kann zeigen, dass bei **homogenen** Produktionsfunktionen die hinreichenden Maximalbedingungen nur für den Fall $r < 1$ (d.h. für unterlinear-homogene Produktionsfunktionen) erfüllt sind.*

Beispiel 7.3.61: Gegeben sei die Produktionsfunktion x mit $x(r_1,r_2) = 50 \cdot r_1^{0,4} \cdot r_2^{0,5}$. Der Output x kann zu einem Preis p = 2 GE/ME abgesetzt werden. Die Faktorpreise seien k_1, k_2.
Dann lautet die Gewinnfunktion G:

$$G(r_1,r_2) = 100 r_1^{0,4} \cdot r_2^{0,5} - k_1 r_1 - k_2 r_2 \;\to\; \max.$$

Notwendig muss für ein Gewinnmaximum gelten:

$$\frac{\partial G}{\partial r_1} = 40 r_1^{-0,6} \cdot r_2^{0,5} - k_1 = 0 \;, \qquad \frac{\partial G}{\partial r_2} = 50 r_1^{0,4} \cdot r_2^{-0,5} - k_2 = 0 \quad (*) \quad .$$

(a) Damit die Unternehmung die maximal zur Verfügung stehenden Faktormengen $r_1 = 1.024\ ME_1$ bzw. $r_2 = 400\ ME_2$ einsetzt („Vollbeschäftigung"), dürfen die Faktorlohnsätze (höchstens) betragen (siehe (*)):

$$k_1 = 40 r_1^{-0,6} \cdot r_2^{0,5} = 12,50 \text{ GE/ME}_1, \qquad k_2 = 50 r_1^{0,4} \cdot r_2^{-0,5} = 40,- \text{ GE/ME}_2 \;.$$

Dann werden $x = 50 \cdot 1.024^{0,4} \cdot 400^{0,5} = 16.000$ ME produziert, die einen Erlös von 32.000 GE erbringen bei Faktorkosten von $1.024 \cdot 12,5 + 400 \cdot 40 = 28.800$ GE, so dass der Unternehmung ein Maximalgewinn in Höhe von 3.200 GE verbleibt.

(b) Sind dagegen die Faktorlohnsätze vorgegeben, etwa $k_1 = 50$ GE/ME$_1$; $k_2 = 20$ GE/ME$_2$, so wird die Unternehmung nur soviel Faktorinput r_1, r_2 nachfragen, dass (*) erfüllt ist. Umformung des Systems (*) liefert:

$$(1) \quad 40 r_1^{-0,6} \cdot r_2^{0,5} = k_1 \;; \qquad (2) \quad \frac{50 r_1^{0,4}}{k_2} = r_2^{0,5} \quad .$$

Setzen wir (2) in (1) ein, so folgt: $40r_1^{-0,6} \cdot 50r_1^{0,4} = k_1k_2$ und daraus:

(7.3.62) $$r_1 = \left(\frac{2.000}{k_1k_2} \right)^5$$ und daraus durch Einsetzen in (2):

$$r_2 = \left(\frac{50}{k_2} \right)^2 \cdot \left(\frac{2.000}{k_1k_2} \right)^4 \ .$$

Die Funktionen (7.3.62) geben für jede Faktorpreiskombination k_1, k_2 den zugehörigen Faktoreinsatz („Faktornachfrage") an. Für das Beispiel $k_1 = 50$, $k_2 = 20$ etwa lauten die Einsatzmengen:

$$r_1 = 2^5 = 32\ ME_1 \ ; \qquad r_2 = 6,25 \cdot 2^4 = 100\ ME_2 \ ,$$

liegen also weit unterhalb der Vollbeschäftigung $r_1 = 1.024$, $r_2 = 400$. Mit den gegebenen Lohnsätzen werden $x = 50 \cdot 32^{0,4} \cdot 100^{0,5} = 2.000$ ME produziert, Erlös: 4.000 GE, Faktorkosten: $32 \cdot 50 + 100 \cdot 20 = 3.600$, d.h. Maximalgewinn 400 GE.

Bemerkung 7.3.63: Bei **linear-homogenen** *Produktionsfunktionen führt die Entlohnung nach der Wertgrenzproduktivität dazu, dass – unabhängig von der Höhe des Produktionsniveaus – stets der **gesamte Produktionswert** von den Faktorlöhnen **aufgezehrt** wird, siehe (7.3.38). Daher ist das **Gleichungssystem** (7.3.58) bei **vorgegebenen Faktorlohnsätzen** und **linear-homogener Produktionsfunktion** entweder nur **mehrdeutig (unbestimmt)** oder überhaupt **nicht lösbar.***

Beispiel: $\qquad x = 10 \cdot r_1^{0,5} \cdot r_2^{0,5}, \quad p = 4\ GE/ME$, *Faktorpreise* $k_1, k_2 = const..$

Die Gewinnfunktion G lautet: $\qquad G(r_1, r_2) = 40r_1^{0,5} \cdot r_2^{0,5} - k_1r_1 - k_2r_2.$ *Notwendig für ein Gewinnmaximum:*

$$\frac{\partial G}{\partial r_1} = 20r_1^{-0,5} \cdot r_2^{0,5} - k_1 = 0 \ ; \qquad \frac{\partial G}{\partial r_2} = 20r_1^{0,5} \cdot r_2^{-0,5} - k_2 = 0 \ .$$

Daraus folgt: $\qquad$ (1) $\quad 20r_1^{-0,5} \cdot r_2^{0,5} = k_1$; $\qquad$ (2) $\quad 20r_1^{0,5} \cdot r_2^{-0,5} = k_2$.

Multipliziert man (1) und (2) seitenweise miteinander, so folgt $(k_i \neq 0)$:

$$400r_1^{-0,5} \cdot r_1^{0,5} \cdot r_2^{0,5} \cdot r_2^{-0,5} = k_1k_2 \qquad d.h. \qquad (*) \quad \boxed{k_1k_2 = 400} \ .$$

Das Gleichungssystem (1),(2) ist also nur lösbar, wenn a priori gilt: $k_1k_2 = 400$, *z.B.* $k_1 = 16$; $k_2 = 25$. *In diesem Fall besagen (1) und (2) dasselbe, d.h. eine Gleichung ist überflüssig, z.B. (2).* *Dann folgt aus (1):* $\qquad 20r_1^{-0,5} \cdot r_2^{0,5} = k_1 = 16$, *d.h.* $r_2^{0,5} = 0,8r_1^{0,5}$ *oder* $r_2 = 0,64\ r_1$. *Nur solche Einsatzmengenkombinationen* (r_1, r_2) *erfüllen die Maximierungsbedingungen, für die gilt:* $r_2 = 0,64r_1$ *(also z.B. (100; 64), (75; 48), (50; 32) usw.). Daher sind sowohl die Faktornachfrage als auch das optimale Produktionsniveau unbestimmt – sicher ist nur, dass der Produktionsgewinn stets Null sein wird. In den weitaus meisten Fällen, in denen gilt:* $k_1k_2 \neq 400$ *(z.B.* $k_1 = 20$ *;* $k_2 = 30$), *hat das Gleichungssystem (1), (2) keine Lösung, d.h. es gibt dann keine ökonomisch sinnvolle gewinnmaximale Faktoreinsatzmengenkombination.*

zu ii)   (Angebotsmonopol auf dem Gütermarkt)

Da produzierte und nachgefragte Gütermenge x und Güterpreis p nun über eine Preis-Absatz-Funktion p: p = p(x) verknüpft sind, lautet die Gewinnfunktion:

(7.3.64) $$G(r_1, ..., r_n) = x(r_1, ..., r_n) \cdot p(x(r_1, ..., r_n)) - k_1r_1 - ... - k_nr_n$$

mit k_i = const.

Im Gewinnmaximum müssen sämtliche partiellen Ableitungen von G verschwinden. Anwendung der Produktregel sowie der Kettenregel liefert:

$$\frac{\partial G}{\partial r_1} = \frac{\partial x}{\partial r_1} \cdot p(x) + x \cdot \frac{dp}{dx} \cdot \frac{\partial x}{\partial r_1} - k_1 = 0$$

$$\vdots \qquad \cdots \qquad \cdots \qquad \vdots$$

(7.3.65) $$\frac{\partial G}{\partial r_i} = \boxed{\frac{\partial x}{\partial r_i} \cdot p(x) + x \cdot \frac{dp}{dx} \cdot \frac{\partial x}{\partial r_i} - k_i = 0} \qquad (i = 1, 2, ..., n)$$

$$\vdots \qquad \cdots \qquad \cdots \qquad \vdots$$

$$\frac{\partial G}{\partial r_n} = \frac{\partial x}{\partial r_n} \cdot p(x) + x \cdot \frac{dp}{dx} \cdot \frac{\partial x}{\partial r_n} - k_n = 0$$

Aus (7.3.65) folgt durch Umformung

(7.3.66) $$k_i = \frac{\partial x}{\partial r_i} (p(x) + x \cdot p'(x)) \;.$$

Der Klammerausdruck ist der Grenzerlös bzgl. der Menge x, wie wir durch Ableiten (Produktregel!) des Erlöses $E(x) = x \cdot p(x)$ nachweisen. Daher muss im **Gewinnmaximum** für **jeden Faktor** die Beziehung

(**7.3.67**) $$\boxed{k_i = \frac{\partial x}{\partial r_i} \cdot E'(x)} \qquad (i = 1, 2, ..., n) \;.$$

gelten, siehe (7.3.46).   Sind die hinreichenden Extremalbedingungen erfüllt, so können wir sagen:

(7.3.68) | Eine **monopolistische** Unternehmung operiert im **Gewinnmaximum**, wenn **jeder Input-faktor** mit seiner zum **Grenzerlös bewerteten Grenzproduktivität** (seinem „Grenzerlös-produkt") entlohnt wird.

Bemerkung 7.3.69:   Anwendung der Amoroso-Robinson-Relation (6.3.109) liefert die zu (7.3.67) äqui-valente Extremalbedingung (siehe (7.3.49))

(7.3.70) $$\boxed{k_i = p(x) \cdot \frac{\partial x}{\partial r_i} (1 + \frac{1}{\varepsilon_{x,p}})} \qquad (i = 1, 2, ..., n) \;.$$

Im **Monopolfall** sind **linear-homogene** Produktionsfunktionen – anders als bei vollständiger Konkurrenz, siehe Beispiel 7.3.61 – **unproblematisch**, sofern – wie es allein ökonomisch sinnvoll ist – stets positive Grenzerlöse und Grenzproduktivitäten vorausgesetzt werden.

Beispiel 7.3.71: Gegeben seien die Produktionsfunktion x: $x = 10r_1^{0,5} \cdot r_2^{0,5}$ sowie die Preis-Absatz-Funktion p: $p(x) = 100 - 0,1x$. Die Faktorpreise k_1, k_2 seien Konstanten. Dann erhalten wir wegen $E'(x) = 100 - 0,2x$ die für ein Gewinnmaximum nach (7.3.67) notwendigen beiden Bedingungen:

(1) $$k_1 = 5r_1^{-0,5} \cdot r_2^{0,5} (100 - 2r_1^{0,5} \cdot r_2^{0,5}) \;;$$

(2) $$k_2 = 5r_1^{0,5} \cdot r_2^{-0,5} (100 - 2r_1^{0,5} \cdot r_2^{0,5}) \;.$$

Dividieren wir $(E' \neq 0)$ beide Gleichungen seitenweise, so folgt:

$$\frac{k_1}{k_2} = \frac{r_2}{r_1} \quad \text{d.h.} \quad r_2 = \frac{k_1}{k_2} \cdot r_1. \quad \text{Eingesetzt in (1) folgt:} \quad 5\left(\frac{k_1}{k_2}\right)^{0,5}(100 - 2\left(\frac{k_1}{k_2}\right)^{0,5} r_1) = k_1$$

und daraus über $$500\left(\frac{k_1}{k_2}\right)^{0,5} - 10\frac{k_1}{k_2} \cdot r_1 = k_1 \qquad \text{schließlich}$$

$$(7.3.72) \qquad \boxed{r_1 = 50\sqrt{\dfrac{k_2}{k_1}} - 0{,}1k_2} \qquad \text{sowie} \qquad \boxed{r_2 = 50\sqrt{\dfrac{k_1}{k_2}} - 0{,}1k_1} \ .$$

Die Gleichungen (7.3.72) geben die Faktornachfragen r_1, r_2 in Abhängigkeit von den Faktorpreisen k_1, k_2 an, nach denen sich ein gewinnmaximierender Monopolist richten würde. Sind z.B. $k_1 = 80\,\text{GE}$ /ME_1, $k_2 = 20\,\text{GE}/\text{ME}_2$ gegeben, so werden $r_1 = 23\,\text{ME}_1$, $r_2 = 92\,\text{ME}_2$ eingesetzt, das Produktionsniveau beträgt $460\,\text{ME}$, der Monopolpreis wird auf $54\,\text{GE}/\text{ME}$ festgesetzt. Damit erzielt der Monopolist seinen Maximalgewinn von $24.840 - 80 \cdot 23 - 20 \cdot 92 = 21.160\,\text{GE}$.

Aufgabe 7.3.73:   Der Output Y einer Produktbranche werde in Abhängigkeit der Inputs A,K von Arbeit und Kapital gemäß der Produktionsfunktion Y: $Y = 10 \cdot A^{0,8} \cdot K^{0,2}$ erzeugt. Für den Output existiere die Preis-Absatz-Funktion p mit $p(Y) = 500 - Y$.
Ermitteln Sie unter der Annahme, dass die Branche ihren Gesamtgewinn maximieren will,

i)   die Faktornachfragefunktionen A: $A(k_A, k_K)$, K: $K(k_A, k_K)$ in Abhängigkeit der Faktorpreise k_A, k_K.

ii)   für die Faktorpreiskombinationen $(k_A, k_K) = (120\,;15)$ und $(k_A, k_K) = (2.000\,;500)$ jeweils **a)** die Inputmengen **b)** das Produktionsniveau **c)** den Branchenumsatz **d)** den maximalen Branchengewinn.

7.3.2.2 Gewinnmaximierung von Mehrproduktunternehmungen

Eine Unternehmung produziere n verschiedene Güter mit den Outputmengen $x_1, x_2, \dots, x_n$. Die Produktion erfolge gemäß einer vorgegebenen Gesamtkostenfunktion K: $K(x_1, \dots, x_n)$.

(7.3.74)
> Bei welcher Outputmengenkombination $(x_1, \dots, x_n)$ operiert die Unternehmung gewinnmaximal?

Frage (7.3.74) soll beantwortet werden

i)   für fest vorgegebene Absatzpreise $p_1, p_2, \dots, p_n$ **(polypolistischer Anbieter)**;

ii)   bei Vorliegen eines Systems von **n Preis-Absatz-Funktionen** p_i: $p_i(x_1, \dots, x_n)$ bzw. x_k: $x_k(p_1, \dots, p_n)$, $(i, k = 1, 2, \dots, n)$, d.h. es werde unterstellt, dass die Absatzmenge des k-ten Gutes von den Preisen aller n Güter abhänge (**monopolistischer Anbieter**).

zu i) (polypolistischer Anbieter)

Die Gewinnfunktion der Unternehmung lautet

$$(7.3.75) \qquad G(x_1, \dots, x_n) = p_1 x_1 + p_2 x_2 + \dots + p_n x_n - K(x_1, \dots, x_n) \ .$$

Notwendig für ein relatives Gewinnmaximum ist das Verschwinden aller partiellen Ableitungen von G:

$$(7.3.76) \qquad \left. \begin{aligned} \frac{\partial G}{\partial x_1} &= p_1 - \frac{\partial K}{\partial x_1} = 0 \\[4pt] \frac{\partial G}{\partial x_2} &= p_2 - \frac{\partial K}{\partial x_2} = 0 \\ \dots \quad & \quad \dots \\ \frac{\partial G}{\partial x_n} &= p_n - \frac{\partial K}{\partial x_n} = 0 \end{aligned} \right\}$$

d.h. $\qquad \dfrac{\partial G}{\partial x_i} = p_i - \dfrac{\partial K}{\partial x_i} = 0 \qquad (i = 1, 2, \dots, n)$

und daher

$$\boxed{p_i = \frac{\partial K}{\partial x_i}} \ .$$

Analog wie im Ein-Produkt-Fall (siehe (6.3.36)) muss für jedes Produkt im Gewinnmaximum der **Marktpreis identisch** mit den entsprechenden partiellen **Grenzkosten** sein.

Beispiel 7.3.77: Eine 3-Produkt-Unternehmung produziere nach der Gesamtkostenfunktion K mit

$$K(x_1, x_2, x_3) = x_1^2 + 2x_2^2 + 3x_3^2 + x_1x_2 + x_2x_3 + 100 \qquad (x_i \geq 0) \ .$$

Die Marktpreise p_1, p_2, p_3 der Güter seien fest vorgegeben mit $p_1 = 40$ GE/ME$_1$, $p_2 = 50$ GE/ME$_2$, $p_3 = 80$ GE/ME$_3$. Über die Gewinnfunktion G mit

$$G(x_1, x_2, x_3) = -x_1^2 - 2x_2^2 - 3x_3^2 - x_1x_2 - x_2x_3 + 40x_1 + 50x_2 + 80x_3 - 100$$

erhalten wir als notwendige Extremalbedingungen:

$$\frac{\partial G}{\partial x_1} = -2x_1 - x_2 \qquad\ + 40 = 0 \qquad \text{mit der einzigen Lösung:}$$

$$\frac{\partial G}{\partial x_2} = -x_1 - 4x_2 - x_3 + 50 = 0 \qquad x_1 = 17{,}5 \text{ ME}_1 \ ; \ \ x_2 = 5 \text{ ME}_2 \ ; \ \ x_3 = 12{,}5 \text{ ME}_3 \ .$$

$$\frac{\partial G}{\partial x_3} = \qquad\quad - x_2 - 6x_3 + 80 = 0 \qquad \begin{array}{l}\text{Der maximale Unternehmensgewinn}\\ \text{beträgt somit 875 GE .}\end{array}$$

zu ii) (monopolistischer Anbieter)

Unterstellen wir ein System von n Preis-Absatz-Funktionen p_i: $p_i(x_1, ..., x_n)$ $(i = 1, ..., n)$, so lautet die Gewinnfunktion:

$$G(x_1, ..., x_n) = E(x_1, ..., x_n) - K(x_1, ..., x_n) , \qquad\qquad \text{d.h.}$$

$$G(x_1, ..., x_n) = p_1(x_1, ..., x_n) \cdot x_1 + ... + p_n(x_1, ..., x_n) \cdot x_n - K(x_1, ..., x_n) \ .$$

Daraus ergeben sich (Produktregel !) die notwendigen Maximalbedingungen

$$\frac{\partial G}{\partial x_1} = \quad \frac{\partial p_1}{\partial x_1} \cdot x_1 + p_1 + \frac{\partial p_2}{\partial x_1} \cdot x_2 + ... + \frac{\partial p_n}{\partial x_1} \cdot x_n - \frac{\partial K}{\partial x_1} = 0$$

$$\vdots \qquad\qquad \vdots \qquad\qquad\ \ ... \qquad\quad ... \qquad\qquad \vdots$$

$$\frac{\partial G}{\partial x_n} = \quad \frac{\partial p_1}{\partial x_n} \cdot x_1 + \frac{\partial p_2}{\partial x_n} \cdot x_2 + ... + \frac{\partial p_n}{\partial x_n} \cdot x_n + p_n - \frac{\partial K}{\partial x_1} = 0 \quad , \quad \begin{array}{l}\text{d.h. allgemein:}\\ (i = 1,2,...n)\end{array}$$

$$(7.3.78) \qquad \frac{\partial G}{\partial x_i} = \boxed{\ \frac{\partial p_1}{\partial x_i} \cdot x_1 + \frac{\partial p_2}{\partial x_i} \cdot x_2 + ... + \frac{\partial p_i}{\partial x_i} \cdot x_i + p_i + ... + \frac{\partial p_n}{\partial x_i} \cdot x_n - \frac{\partial K}{\partial x_i} = 0\ }$$

Die Lösung des Gleichungssystems (7.3.78) liefert bei korrekter Problemstellung die gewinnmaximale Outputmengenkombination.

Beispiel 7.3.79:

Mit $p_1 = 1.280 - 4x_1 + x_2$; $p_2 = 2.360 + 2x_1 - 3x_2$; $K = 0{,}5x_1^2 + x_1x_2 + x_2^2 + 500.000$ lautet die Gewinnfunktion:

$$G(x_1, x_2) = -4{,}5x_1^2 + 2x_1x_2 - 4x_2^2 + 1.280x_1 + 2.360x_2 - 500.000 \ .$$

Aus den Optimalbedingungen

$$\frac{\partial G}{\partial x_1} = -9x_1 + 2x_2 + 1.280 = 0; \qquad \frac{\partial G}{\partial x_2} = 2x_1 - 8x_2 + 2.360 = 0$$

ergeben sich die gewinnmaximalen Outputmengen: $x_1 = 220$ ME$_1$; $x_2 = 350$ ME$_2$. Dazu wird der Monopolist die Güterpreise festsetzen zu:

$$p_1 = p_1(220 ; 350) = 750 \text{ GE/ME}_1 \qquad \text{bzw.} \qquad p_2 = p_2(220 ; 350) = 1750 \text{ GE/ME}_2 .$$

Der Erlös $E = p_1x_1 + p_2x_2$ beträgt 777.500 GE, die Produktionskosten betragen 723.700 GE, so dass sich ein Maximalgewinn von 53.800 GE ergibt.

Gelegentlich ist das System der Preis-Absatz-Funktionen in der Form $x_i = x_i(p_1, ..., p_n)$, d.h. mit den Güterpreisen als den unabhängigen Variablen gegeben. Da eine Auflösung des Gleichungssystems nach den p_i i.a. mühsam ist, werden wir auch die Gewinnfunktion in Abhängigkeit der p_i formulieren:

$$G(p_1, ...,p_n) = x_1(p_1, ...,p_n) \cdot p_1 + ... + x_n(p_1, ...,p_n) \cdot p_n - K(x_1(p_1,...,p_n), ...,x_n(p_1,...,p_n)) \,.$$

Bei der Ermittlung der partiellen Ableitungen nach p_i ist zu beachten, dass die Kostenfunktion K nach der Kettenregel (7.1.53) abzuleiten ist. **Notwendig** für ein **Gewinnmaximum** sind dann die n Bedingungen

$$
(7.3.80) \qquad
\begin{aligned}
\frac{\partial G}{\partial p_i} &= \frac{\partial x_1}{\partial p_i} \cdot p_1 + \frac{\partial x_2}{\partial p_i} \cdot p_2 + ... + \frac{\partial x_i}{\partial p_i} \cdot p_i + x_i + ... + \frac{\partial x_n}{\partial p_i} \cdot p_n \\
&\quad - \frac{\partial K}{\partial x_1} \cdot \frac{\partial x_1}{\partial p_i} - \frac{\partial K}{\partial x_2} \cdot \frac{\partial x_2}{\partial p_i} - ... - \frac{\partial K}{\partial x_n} \cdot \frac{\partial x_n}{\partial p_i} = 0 \quad (i = 1,2,...,n)
\end{aligned}
$$

Beispiel 7.3.81: Eine monopolistische Unternehmung produziert zwei substitutive Güter mit den stück-variablen Kosten $k_1 = 2\,GE/ME_1$, $k_2 = 5\,GE/ME_2$. Die Nachfrage x_1,x_2 nach diesen Gütern werde in Abhängigkeit der Güterpreise p_1,p_2 beschrieben durch die beiden Funktionen

$$x_1: x_1 = 600 - 50p_1 + 30p_2 \; ; \qquad x_2: x_2 = 800 + 10p_1 - 40p_2 \,.$$

*Bemerkung: Dass die Güter **substitutiv** sind, erkennt man daran, dass die Nachfrage eines jeden Gutes c.p. steigt, wenn der Preis des jeweils anderen Gutes zunimmt. Derselbe Sachverhalt liegt in Beispiel 7.3.79 vor.*

Die Gewinnfunktion G lautet: $G = p_1x_1 + p_2x_2 - k_1x_1 - k_2x_2$, bzw. nach Einsetzen der Preis-Absatz-Funktion und etwas Umformung

$$G = G(p_1, p_2) = -50p_1{}^2 + 40p_1p_2 - 40p_2{}^2 + 650p_1 + 940p_2 - 5.200 \,.$$

Daraus ergeben sich über

$$\frac{\partial G}{\partial p_1} = -100p_1 + 40p_2 + 650 = 0 \; ; \qquad \frac{\partial G}{\partial p_2} = 40p_1 - 80p_2 + 940 = 0$$

die gewinnoptimalen Monopolpreise zu: $p_1 = 14\,GE/ME_1$; $p_2 = 18,75\,GE/ME_2$. Die zu produzie-renden Gütermengen lauten $x_1 = 462,5\,ME_1$; $x_2 = 190\,ME_2$, der maximale Unternehmungsgewinn beträgt dann $8.162,50\,GE$.

Aufgabe 7.3.82:

Gegeben sind die Nachfrage- und Kostenfunktion dreier monopolistischer 2-Produktunternehmun-gen. Untersuchen Sie jeweils, ob die beiden Güter (*substitutiv bzw. komplementär*) miteinander ver-bunden sind und ermitteln Sie jeweils die gewinnmaximalen Marktpreise, Absatzmengen u. Gewinne:

i) $p_1 = 16 - 2x_1 \; ; \; p_2 = 12 - x_2 \; ; \; K(x_1,x_2) = 2x_1{}^2 + x_1x_2 + 3x_2{}^2 \; ;$ (p_i : Marktpreise

ii) $x_1 = 8 - 2p_1 + p_2 \; ; \; x_2 = 10 + p_1 - 3p_2 \; ; \; K(x_1,x_2) = x_1{}^2 + x_2{}^2 \; ;$ x_i : Produktions- und Absatzmengen)

iii) $p_1 = 400 - 2x_1 - x_2 \; ; \; p_2 = 150 - 0,5x_1 - 0,5x_2 \; ; \; K(x_1,x_2) = 50x_1 + 10x_2.$

Aufgabe 7.3.83:

Wie müssen Sie in Beispiel 7.3.81 die stückvariablen Produktionskosten k_1 (= const.) für das erste Gut einstellen, damit die gewinnmaximalen Absatzpreise beider Produkte identisch sind?

(Bemerkung: Bei den zunächst in Beispiel 7.3.81 vorgegebenen stückvariablen Produktionskosten erge-ben sich – wie oben ausgeführt – als gewinnoptimale Absatzpreise: $p_1 = 14\,GE/ME_1$ sowie $p_2 = 18,75\,GE/ME_2$.)

| EXKURS: | **Optimaler Faktoreinsatz in Mehrproduktunternehmungen** |

Das in Kapitel 7.3.2.1 behandelte Problem des gewinnoptimalen Faktoreinsatzes lässt sich auch auf Mehrproduktunternehmungen übertragen. Für die Produktion von **m Produkttypen** mit **n Inputfaktoren** werde die Existenz von **m Produktionsfunktionen** unterstellt:

(7.3.84)
$$x_1 = x_1(r_{11}, r_{12}, ..., r_{1j}, ..., r_{1n})$$
$$...$$
$$x_i = x_i(r_{i1}, r_{i2}, ..., r_{ij}, ..., r_{in})$$
$$\vdots \qquad \vdots$$
$$x_m = x_m(r_{m1}, r_{m2}, ..., r_{mj}, ..., r_{mn}).$$

x_i: Outputmenge des i-ten Produktes $(i = 1, 2, ..., m)$

r_{ij}: Inputmenge des j-ten Faktors bei der Produktion des i-ten Produktes $(i = 1, ..., m;\ j = 1, ..., n)$

Insgesamt wird vom j-ten Faktor somit eingesetzt:

(7.3.85)
$$r_j := r_{1j} + r_{2j} + ... + r_{mj} = \sum_{i=1}^{m} r_{ij}\ ; \qquad j = 1, ..., n\ .$$

Bezeichnen wir die Faktorstückkosten des j-ten Faktors mit k_j (= const.) und den Absatzpreis des i-ten Produktes mit p_i, so lautet die **Gewinnfunktion**:

(7.3.86)
$$\boxed{G = p_1 x_1 + ... + p_m x_m - k_1 r_1 - ... - k_n r_n}\ ,$$

wobei für die x_i bzw. r_j die Beziehungen (7.3.84) bzw. (7.3.85) gelten. Weiterhin seien weder auf Produktionsseite noch auf der Absatzseite Restriktionen wirksam (etwa in Form von Engpassfaktoren oder Absatzhöchstmengen).

i) Im Fall des **polypolistischen Anbieters** gilt $p_1, ..., p_m$ = const., so dass die notwendigen Bedingungen für ein Gewinnmaximum lauten:

(**7.3.87**)
$$\boxed{\frac{\partial G}{\partial r_{ij}} = p_i \cdot \frac{\partial x_i}{\partial r_{ij}} - k_j = 0}\ ,$$

$$i = 1, ..., m\ (Produkttyp)\ ; \qquad j = 1, ..., n\ (Faktorart)\ .$$

Bemerkung 7.3.88)

i) Beachten Sie bei der Ableitung von (7.3.86), dass die Variable r_{ij} nur in x_i sowie in r_j auftritt.

*ii) Für jedes feste i (d.h. für jeden einzelnen Produkttyp) entsprechen die Maximalbedingungen (7.3.87) gerade der Beziehung (7.3.59): $k_j = p_i \cdot \dfrac{\partial x_i}{\partial r_{ij}}$, d.h. **Gewinnmaximierung** im vorliegenden Fall zieht notwendig die **Entlohnung der Faktoren nach ihrer Wertgrenzproduktivität** nach sich.*

ii) Im Fall des **monopolistischen Anbieters** sind die Güterpreise $p_1, ..., p_m$ jeweils Funktionen der Gütermengen $x_1, ..., x_m$ und diese wiederum (nach (7.3.84)) jeweils Funktionen der n Inputs. Während sich an der Faktorkostenfunktion gegenüber i) nichts ändert, lautet die **Erlösfunktion** ausführlich:

$$E = p_1 x_1 + ... + p_m x_m = p_1(x_1, ..., x_m) \cdot x_1 + ... + p_m(x_1, ..., x_m) \cdot x_m$$
$$\text{mit} \quad x_1 = x_1(r_{11}, ..., r_{1n})\ ; \quad ...\ ; \quad x_i = x_i(r_{i1}, ..., r_{in})\ ; \quad ...$$

Daraus erhalten wir die partiellen Ableitungen nach r_{ij} der Gewinnfunktion (7.3.86) (wobei zu beachten ist, dass r_{ij} nur in x_i und r_j vorkommt). Die notwendigen Bedingungen für ein Gewinnmaximum lauten:

$$\textbf{(7.3.89)} \qquad \frac{\partial G}{\partial r_{ij}} = \frac{\partial E}{\partial r_{ij}} - k_j = \boxed{\frac{\partial E}{\partial x_i} \cdot \frac{\partial x_i}{\partial r_{ij}} - k_j = 0} \quad ,$$

$$(i = 1,...,m : \text{Produkttyp}; \quad j = 1,...,n : \text{Faktorart})$$

$$\text{mit} \qquad \frac{\partial E}{\partial x_i} = \frac{\partial p_1}{\partial x_i} \cdot x_1 + \frac{\partial p_2}{\partial x_i} \cdot x_2 + ... + \frac{\partial p_i}{\partial x_i} \cdot x_i + p_i + ... + \frac{\partial p_m}{\partial x_i} \cdot x_m \quad .$$

Auch hier stellen wir fest, dass für jedes feste i (d.h. für jeden Produkttyp) die Bedingung (7.3.89) identisch ist mit der Beziehung (7.3.67): $\qquad k_j = \frac{\partial E}{\partial x_i} \cdot \frac{\partial x_i}{\partial r_{ij}}$, i = const.,

d.h. eine **gewinnmaximierende monopolistische Mehrproduktunternehmung entlohnt** die **Faktoren** nach ihrer mit dem Grenzerlös bewerteten Grenzproduktivität („**Grenzerlösprodukt**"). Sowohl aus den Bedingungen (7.3.87) als auch (7.3.89) ergibt sich für jedes feste i (d.h. für jeden Produkttyp):

$$\textbf{(7.3.90)} \qquad \boxed{\dfrac{\dfrac{\partial x_i}{\partial r_{ij}}}{\dfrac{\partial x_i}{\partial r_{il}}} = \dfrac{k_j}{k_l}} \qquad (j,l = 1,2,...n; \quad i = \text{const.}) \, .$$

Dieselbe Beziehung ergibt sich – unabhängig von der Marktform – für Einproduktunternehmungen, siehe (7.3.59), (7.3.67), so dass wir sagen können:

(7.3.91) | Im **Gewinnmaximum** einer *(weder durch Faktorengpässe noch durch Absatzrestriktionen eingeschränkten)* Unternehmung ist – **unabhängig** von der **Marktform** oder der **Anzahl** der hergestellten **Produkttypen** – das **Verhältnis** der produktindividuellen **Grenzproduktivitäten** identisch mit dem entsprechenden **Verhältnis** der (konstanten) **Faktorpreise**.

Beispiel 7.3.92:

Eine monopolistische Unternehmung produziere zwei Produkte (Outputs: x_1 bzw. x_2) mit jeweils zwei Faktoren (Inputs: r_{11}, r_{12} bzw. r_{21}, r_{22}) und den Faktorpreisen k_1, k_2 (= const.). Auf der Produktionsseite gelten die Produktionsfunktionen:

$$\textbf{(7.3.93)} \qquad x_1 = 10 \cdot r_{11}^{0,5} \cdot r_{12}^{0,5} \; ; \qquad\qquad x_2 = 5 \cdot r_{21}^{0,4} \cdot r_{22}^{0,6} \; .$$

Die (substitutiven) Güter genügen folgenden Preis-Absatz-Beziehungen:

$$\textbf{(7.3.94)} \qquad p_1 = 100 - 0,2x_1 + 0,1x_2 \; ; \qquad p_2 = 400 + 0,2x_1 - 0,4x_2 \; .$$

Somit lautet die Erlösfunktion:

$$E(x_1, x_2) = p_1 x_1 + p_2 x_2 = -0,2x_1^2 + 0,3x_1 x_2 - 0,4x_2^2 + 100x_1 + 400x_2 \; ,$$

wobei für x_1, x_2 die Abhängigkeiten (7.3.93) gelten. Zusammen mit der Faktor-Kostenfunktion

$$K = k_1(r_{11} + r_{21}) + k_2(r_{12} + r_{22})$$

ergeben sich (wegen $G = E - K$) folgende Gewinnmaximierungsbedingungen (siehe (7.3.89)):

$$\frac{\partial G}{\partial r_{11}} = \frac{\partial E}{\partial x_1} \cdot \frac{\partial x_1}{\partial r_{11}} - k_1 = \quad (-0{,}4x_1 + 0{,}3x_2 + 100)\frac{\partial x_1}{\partial r_{11}} - k_1 = 0$$

$$\frac{\partial G}{\partial r_{12}} = \frac{\partial E}{\partial x_1} \cdot \frac{\partial x_1}{\partial r_{12}} - k_2 = \quad (-0{,}4x_1 + 0{,}3x_2 + 100)\frac{\partial x_1}{\partial r_{12}} - k_2 = 0$$

$$\frac{\partial G}{\partial r_{21}} = \frac{\partial E}{\partial x_2} \cdot \frac{\partial x_2}{\partial r_{21}} - k_1 = \quad (0{,}3x_1 - 0{,}8x_2 + 400)\frac{\partial x_2}{\partial r_{21}} - k_1 = 0$$

$$\frac{\partial G}{\partial r_{22}} = \frac{\partial E}{\partial x_2} \cdot \frac{\partial x_2}{\partial r_{22}} - k_2 = \quad (0{,}3x_1 - 0{,}8x_2 + 400)\frac{\partial x_2}{\partial r_{22}} - k_2 = 0.$$

Aus den beiden ersten Gleichungen sowie den beiden letzten Gleichungen folgt durch Division und Ableiten von (7.3.93):

$$\frac{k_1}{k_2} = \frac{\dfrac{\partial x_1}{\partial r_{11}}}{\dfrac{\partial x_1}{\partial r_{12}}} = \frac{5r_{11}^{-0,5} \cdot r_{12}^{0,5}}{5r_{11}^{0,5} \cdot r_{12}^{-0,5}} = \frac{r_{12}}{r_{11}}, \quad \text{d.h.} \quad \boxed{r_{12} = r_{11} \cdot \frac{k_1}{k_2}},$$

$$\frac{k_1}{k_2} = \frac{\dfrac{\partial x_2}{\partial r_{21}}}{\dfrac{\partial x_2}{\partial r_{22}}} = \frac{2r_{21}^{-0,6} \cdot r_{22}^{0,6}}{3r_{21}^{0,4} \cdot r_{22}^{-0,4}} = \frac{2}{3}\frac{r_{22}}{r_{21}}, \quad \text{d.h.} \quad \boxed{r_{21} = \frac{2}{3} r_{22} \cdot \frac{k_2}{k_1}}.$$

Setzen wir diese beiden Beziehungen in die erste bzw. vierte Gleichung ein, so folgt nach einiger Umformung:

(7.3.95)
$$k_1 = 5\left(\frac{k_1}{k_2}\right)^{0,5} \cdot \left(-4\left(\frac{k_1}{k_2}\right)^{0,5} \cdot r_{11} + 1{,}5\left(\frac{2k_2}{3k_1}\right)^{0,4} \cdot r_{22} + 100\right),$$

$$k_2 = 3\left(\frac{2k_2}{3k_1}\right)^{0,4} \cdot \left(3\left(\frac{k_1}{k_2}\right)^{0,5} \cdot r_{11} - 4\left(\frac{2k_2}{3k_1}\right)^{0,4} \cdot r_{22} + 400\right).$$

Für gegebene Faktorpreise k_1, k_2 stellt (7.3.95) ein lineares Gleichungssystem in r_{11}, r_{22} dar. So erhalten wir etwa für $k_1 = 80$, $k_2 = 40$ die Faktoreinsatzmengen: $r_{11} = 56{,}7966$; $r_{22} = 240{,}6432$; $r_{12} = 113{,}5931$; $r_{21} = 80{,}2144$, woraus über die Produktionsfunktionen folgende Outputs resultieren: $x_1 = 803{,}2246$; $x_2 = 775{,}3451$. Daher werden folgende Monopolpreise (siehe (7.3.94)) festgesetzt: $p_1 = 16{,}8896$; $p_2 = 250{,}5069$. Bei einem Gesamterlös von $207.795{,}4162$ und Faktorkosten in Höhe von $25.130{,}3272$ ergibt sich ein maximaler Unternehmungsgewinn von $182.665{,}0890$ GE.

Aufgabe 7.3.96: Ermitteln Sie das Gewinnmaximum in Beispiel 7.3.92 für die vorgegebenen Faktorpreise $k_1 = 40 \text{ GE/ME}_1$; $k_2 = 60 \text{ GE/ME}_2$.

7.3.2.3 Gewinnmaximierung bei räumlicher Preisdifferenzierung

Der **monopolistische Anbieter** eines Gutes sehe sich mehreren räumlich getrennten **Teilmärkten** gegenüber, von denen jeder eine **eigene**, unabhängige **Preis-Absatz-Funktion** besitze. Das Problem besteht darin, auf jedem Teilmarkt einen **Angebotspreis individuell** derart **festzusetzen**, dass der **Unternehmungsgesamtgewinn G maximal** wird.

Ein einfach strukturiertes Beispiel soll das Vorgehen erläutern:

Beispiel 7.3.97:   Es seien für ein Produkt zwei räumlich getrennte Teilmärkte mit zwei getrennten Preis-Absatz-Funktionen p_1: $p_1(x_1)$ und p_2: $p_2(x_2)$ vorgegeben durch folgende Beziehungen:

$$(7.3.98) \quad p_1 = 60 - x_1 \quad (p_1 \leq 60\,;\, x_1 \leq 60)\;; \qquad p_2 = 40 - \frac{1}{3}x_2 \quad (p_2 \leq 40\,;\, x_2 \leq 120)\;.$$

Die Unternehmung produziere zentral für beide Teilmärkte, die Gesamtkostenfunktion K lautet:
K: $K(x) = 10x + 200$, wobei x die Summe der auf beiden Teilmärkten abgesetzten Produkteinheiten bedeutet: $x = x_1 + x_2$. Transportkosten seien nicht entscheidungsrelevant.

i)   Bei **getrennter Preisfixierung (Preisdifferenzierung)** lautet die Gewinnfunktion

$$(7.3.99) \quad G = E_1(x_1) + E_2(x_2) - K(x)\;,\;\; \text{d.h.}$$

$$G = p_1(x_1) \cdot x_1 + p_2(x_2) \cdot x_2 - K(x) = (60 - x_1) \cdot x_1 + (40 - \frac{1}{3}x_2) \cdot x_2 - 10x - 200\;,$$

d.h. wegen $x = x_1 + x_2$:

$$(7.3.100) \qquad\qquad G(x_1, x_2) = -x_1^2 - \frac{1}{3}x_2^2 + 50x_1 + 30x_2 - 200\;.$$

Aus den notwendigen Maximalbedingungen folgt:

$$\frac{\partial G}{\partial x_1} = -2x_1 + 50 = 0 \;\Rightarrow\; x_1 = 25 \text{ ME}\,; \qquad \frac{\partial G}{\partial x_2} = -\frac{2}{3}x_2 + 30 = 0 \;\Rightarrow\; x_2 = 45 \text{ ME}\,.$$

Damit lauten die gewinnmaximalen Angebotspreise, siehe (7.3.98):

$$p_1 = 35 \text{ GE/ME (Markt 1)}\;; \qquad p_2 = 25 \text{ GE/ME (Markt 2)}.$$

Der maximale Gesamtgewinn beträgt somit

$$G_{max} = 35 \cdot 25 + 25 \cdot 45 - 10 \cdot 70 - 200 = 1.100 \text{ GE}.$$

ii) Zum Vergleich wird das Gewinnmaximum ermittelt, wenn der Anbieter **keine Preisdifferenzierung** betreibt, sondern auf beiden Märkten denselben **einheitlichen Preis** p festsetzt.

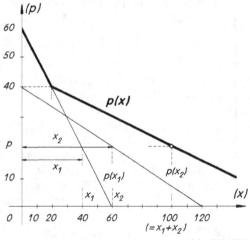

Abb. 7.3.101

Dazu ist es zunächst erforderlich, die Nachfragefunktionen beider Märkte zu einer **Gesamtnachfragefunktion** zu **aggregieren**, siehe auch Bem. 2.5.4. Aus (7.3.98) folgt mit einheitlichem Preis p: $x_1(p) = 60 - p$ ($p \leq 60$) sowie $x_2(p) = 120 - 3p$ ($p \leq 40$).

Daraus folgt durch Addition der Mengen x_1 und x_2 für jeden Preis p unter Beachtung der Definitionsbereiche:

$$x(p) = \begin{cases} x_1 + x_2 = 180 - 4p & \text{für} \quad p \leq 40, \quad \text{d.h.} \;\; 20 \leq x \leq 180 \\ x_1 \;\;\;\;\;\, = 60 - p & \text{für} \;\; 40 < p \leq 60, \quad \text{d.h.} \;\; 0 \leq x < 20\,. \end{cases}$$

Nach erneuter Bildung der Umkehrfunktionen erhält man schließlich:

$$p(x) = \begin{cases} 60 - \;\;\;\; x & \text{für} \quad\quad\;\; x < 20 \\ 45 - 0{,}25x & \text{für} \;\; 20 \leq x \leq 180\,. \end{cases}$$

Wir erhalten diese aggregierte Preis-Absatz-Funktion auch graphisch mit den Teilfunktionen aus (7.3.98) durch Horizontaladdition, siehe Abb. 7.3.101.

Damit lautet die Erlösfunktion E: $E(x) = x \cdot p(x)$ und somit die Grenzerlösfunktion E′:

$$E'(x) = \begin{cases} 60 - \;\; 2x & \text{für} \quad\quad\;\; x < 20 \\ 45 - 0{,}5x & \text{für} \;\; 20 < x \leq 180\;, \end{cases}$$

so dass über die Maximierungsbedingung E'(x) = K'(x) = 10 folgt:

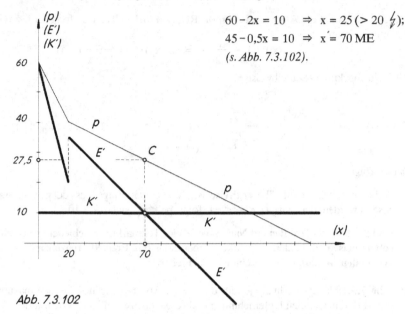

$$60 - 2x = 10 \quad \Rightarrow \quad x = 25 \,(> 20 \; \cancel{\#});$$
$$45 - 0{,}5x = 10 \quad \Rightarrow \quad x' = 70 \text{ ME}$$
(s. Abb. 7.3.102).

Abb. 7.3.102

Damit lautet der einheitliche Absatzpreis: p = 27,50 GE/ME, auf Markt 1 werden daher 32,5 ME und auf Markt 2 werden 37,50 ME abgesetzt, der maximale Gesamtgewinn ergibt sich zu:
$G_{max} = 27{,}50 \cdot 70 - 10 \cdot 70 - 200 = 1.025$ GE, ist also kleiner als bei Preisdifferenzierung.

Liegen **allgemein n Teilmärkte** mit den n Preis-Absatz-Funktionen $p_1(x_1), \dots, p_n(x_n)$ vor, so lauten die Erlösfunktionen der einzelnen Teilmärkte:

$$E_1(x_1) = x_1 \cdot p_1(x_1), \; \dots, \; E_n(x_n) = x_n \cdot p_n(x_n).$$

Mit der zentralen Gesamtkostenfunktion K = K(x) (wobei wieder gilt: $x = x_1 + x_2 + \dots + x_n$) erhalten wir als **Gewinnfunktion** des **preisdifferenzierenden monopolistischen Anbieters:**

(7.3.103) $G(x_1, \dots, x_n) = E_1(x_1) + \dots + E_n(x_n) - K(x).$

Notwendig für ein Gewinnmaximum sind die Bedingungen (Kettenregel !)

(7.3.104)

$$\frac{\partial G}{\partial x_1} = \frac{dE_1}{dx_1} - \frac{dK}{dx} \cdot \underbrace{\frac{\partial x}{\partial x_1}}_{= 1} = \boxed{E_1{}'(x_1) - K'(x) = 0}$$

$$\vdots \qquad\qquad\qquad\qquad \vdots \qquad \vdots$$

$$\frac{\partial G}{\partial x_n} = \frac{dE_n}{dx_n} - \frac{dK}{dx} \cdot \underbrace{\frac{\partial x}{\partial x_n}}_{= 1} = \boxed{E_n{}'(x_n) - K'(x) = 0} \quad ,$$

d.h. im Gewinnmaximum gilt **für jeden Teilmarkt** die klassische Bedingung: **Grenzerlös** (des Teilmarktes) = (gesamte) **Grenzkosten.** Da – außer für konstante Grenzkosten – K'(x) nicht bekannt ist, müssen wir i.a. das komplette Gleichungssystem (7.3.104) zunächst simultan lösen, um über die Teilabsatzmengen x_i die gewinnmaximalen Angebotspreise p_i zu erhalten. Aus (7.3.104) folgt, dass die Grenzerlöse je zweier Teilmärkte im Gewinnmaximum identisch sein müssen:

(7.3.105)　　　　$E_1'(x_1) = E_2'(x_2) = \ldots = \boxed{E_i'(x_i) = E_k'(x_k)} = \ldots = K'(x)$.

Wenden wir darauf die Amoroso-Robinson-Relation (6.3.109) an, so folgt für je zwei Teilmärkte i, k im Gewinnmaximum:

$$p_i(x_i) \cdot (1 + \frac{1}{\varepsilon_{x_i p_i}}) = p_k(x_k) \cdot (1 + \frac{1}{\varepsilon_{x_k p_k}})$$

oder – in abgekürzter Schreibweise –

(7.3.106)　　　$\boxed{\dfrac{p_i}{p_k} = \dfrac{1 + \dfrac{1}{\varepsilon_k}}{1 + \dfrac{1}{\varepsilon_i}}}$　　mit $\varepsilon_k := \varepsilon_{x_k p_k} < -1$; $\varepsilon_i := \varepsilon_{x_i p_i} < -1$, s. Beispiel 6.3.114.

　　　　　　　　　　　　　　　　　　(i,k = 1,...,n)

Daraus folgt:

i)　Auf dem Teilmarkt mit **höherer Preiselastizität** der Nachfrage muss der **geringere Angebotspreis** festgesetzt werden (denn aus $\varepsilon_k < \varepsilon_i < -1$ folgt $p_k < p_i$, siehe (7.3.106)).

ii)　Sind die **Preiselastizitäten** der **Nachfrage** zweier Teilmärkte **verschieden**, so ist ein **einheitlicher** Angebotspreis p auf beiden Teilmärkten **suboptimal**, d.h. **Preisdifferenzierung** ergibt i.a. einen **höheren maximalen Gesamtgewinn** als einheitliche Preisfixierung.

Aufgabe 7.3.107: Ermitteln Sie jeweils die Preise, Absatzmengen sowie den maximalen Gewinn einer preisdifferenzierenden Unternehmung und vergleichen Sie diese Werte mit den entsprechenden Daten ohne Preisdifferenzierung:

i)　　　$p_1 = 36 - 0{,}2x_1$; $p_2 = 60 - x_2$; $K(x) = 20x + 100$, *(x = x₁ + x₂)* ;

ii)　　$p_1 = 75 - 6x_1$; $p_2 = 63 - 4x_2$; $p_3 = 105 - 5x_3$; $K(x) = 15x + 20$, *(x = x₁ + x₂ + x₃)*;

iii)　$p_1 = 60 - x_1$; $p_2 = 40 - 0{,}5x_2$; $K(x) = x^2 + 10x + 10$, *(x = x₁ + x₂)* .

7.3.2.4　Die Methode der kleinsten Quadrate

In vielen wirtschaftsstatistischen Anwendungen kommt es darauf an, eine Reihe von n Beobachtungs- oder Messwertpaaren (x_i, y_i) durch eine „**möglichst gute**" Funktion f: y = f(x) anzunähern. Eine derartige **Regressionsfunktion** kann dann verwendet werden, um allgemein den quantitativen Zusammenhang der beiden zugrundeliegenden Merkmale (z.B. Einkommen/Konsum oder Ausbringung/Kosten oder Input/ Output oder Periode/Periodenumsatz usw.) zu beschreiben, siehe etwa Abb. 7.3.108.

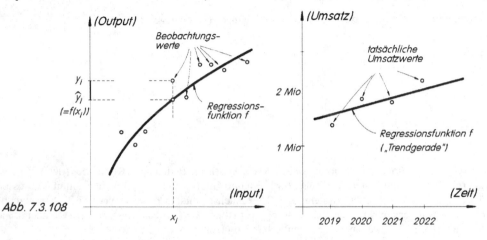

Abb. 7.3.108

In der Statistik wird gezeigt, dass ein **vorgewählter Funktionstyp** (z.B. Gerade, Parabel, Exponentialfunktion) den Zusammenhang dann „besonders gut" beschreibt, wenn die Regressionsfunktion f so bestimmt wird, dass die **Summe Q der quadrierten Abweichungen** der Messwerte y_i von den entsprechenden Regressionsfunktionswerten $\hat{y}_i := f(x_i)$ **minimal** wird („**Methode der kleinsten Quadrate**"):

(7.3.109)
$$Q = \sum_{i=1}^{n} (\hat{y}_i - y_i)^2 = \sum_{i=1}^{n} (f(x_i) - y_i)^2 \rightarrow \text{Min!} \; .$$

Zur Lösung dieses Extremalproblems gehen wir folgendermaßen vor:

i)   Zunächst wird der zugrundeliegende **Regressionsfunktionstyp vorgewählt**, z.B.

- Gerade: $\qquad\qquad$ $f(x) = a + bx$
- Parabel: $\qquad\qquad$ $f(x) = a + bx + cx^2$
- Potenzfunktion: $\qquad$ $f(x) = a \cdot x^b + c$
- Exponentialfunktion: $\quad$ $f(x) = a \cdot e^{bx} + c$
- Logistische Funktion: $\quad$ $f(x) = \dfrac{a}{1 + e^{bx+c}}$ $\qquad$ usw.

bzw. eine Kombination derartiger Typen.

Bemerkung: Für die zutreffende Wahl eines geeigneten Funktionstyps sind tiefere Einsicht in die grundlegenden Zusammenhänge zwischen den Merkmalen sowie „Fingerspitzengefühl" erforderlich. In vielen praktischen Anwendungsfällen beschränkt man sich allerdings auf die Ermittlung linearer Regressionsfunktionen (selbst wenn es unsicher ist, ob ein linearer Zusammenhang vorliegt).

ii) Dann ermitteln wir die noch unbekannten Funktionsparameter $a, b, c \ldots$ derart, dass das Kriterium (7.3.109) der „kleinsten Quadratsumme" erfüllt ist. Dazu setzen wir in (7.3.109) den speziellen Funktionsterm $f(x_i)$ ein und bilden nun die notwendigen Extremalbedingungen, indem wir partiell nach den noch zu bestimmenden Parametern ableiten:

(7.3.110)
$$\frac{\partial Q}{\partial a} = 0 \; ; \qquad \frac{\partial Q}{\partial b} = 0 \; ; \qquad \frac{\partial Q}{\partial c} = 0 \; ; \qquad \ldots$$

Die Lösungen dieses Gleichungssystems liefern die gesuchten Parameter a, b, c, ...

Das Vorgehen wird am **Beispiel** einer **linearen Regressionsfunktion** erläutert:

Beispiel 7.3.111:   Zu n vorgegebenen Wertepaaren $(x_1,y_1),\ldots,(x_n, y_n)$ soll eine Regressionsgerade f mit $f(x) = a+bx$ mit der Methode der kleinsten Quadrate ermittelt werden. Für die Summe der Abstandsquadrate (Abb. 7.3.112) erhalten wir mit (7.3.109):

$$Q = \sum_{i=1}^{n} (f(x_i) - y_i)^2 = \sum_{i=1}^{n} (a + bx_i - y_i)^2 \rightarrow \text{Min.}$$

Die Zielfunktion Q hängt – da die (x_i,y_i) als Messwerte gegeben sind – nur noch von a und b ab. Notwendig für ein Minimum von Q sind daher die Bedingungen:

(7.3.113)
$$\frac{\partial Q}{\partial a} = \sum_{i=1}^{n} 2(a + bx_i - y_i) = 0 \; ,$$
$$\frac{\partial Q}{\partial b} = \sum_{i=1}^{n} 2(a + bx_i - y_i) \cdot x_i = 0 \; .$$

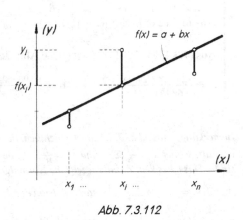

Abb. 7.3.112

(7.3.113) muss noch nach a bzw. b aufgelöst werden. Zunächst folgen aus (7.3.113) nach etwas Umformung die sog. **Normalgleichungen** (mit Σx_i statt $\sum_{i=1}^{n} x_i$ usw.)

(7.3.115)

$$a \cdot n + b \cdot \Sigma x_i = \Sigma y_i$$

(7.3.116)

$$a \cdot \Sigma x_i + b \cdot \Sigma x_i^2 = \Sigma x_i y_i \quad .$$

Um a zu bestimmen, multiplizieren wir (7.3.115) mit Σx_i^2, (7.3.116) mit Σx_i und subtrahieren beide Gleichungen voneinander. Daraus folgt:

(7.3.117)

$$a = \frac{\Sigma x_i^2 \Sigma y_i - \Sigma x_i \Sigma x_i y_i}{n \cdot \Sigma x_i^2 - (\Sigma x_i)^2} \cdot$$

Um b zu bestimmen, multiplizieren wir (7.3.115) mit Σx_i, (7.3.116) mit n und subtrahieren beide Seiten voneinander. Daraus folgt:

(7.3.118)

$$b = \frac{n \cdot \Sigma x_i y_i - \Sigma x_i \Sigma y_i}{n \cdot \Sigma x_i^2 - (\Sigma x_i)^2} \quad .$$

(**b** = Steigung der Regressionsgeraden ; **Regressionskoeffizient**)

Damit ist f: f(x) = a + bx vollständig bestimmt.

Beispiel 7.3.119:   Zu den gegebenen Wertepaaren $\dfrac{x_i \quad 1 \; 2 \; 3 \; 5 \; 6 \; 7}{y_i \quad 1 \; 1 \; 2 \; 3 \; 5 \; 6}$ soll eine Regressionsgerade f mit f(x) = a + bx bestimmt werden. Um die in (7.3.117), (7.3.118) auftretenden Summen einfach bestimmen zu können, empfiehlt sich die Verwendung einer Tabelle:

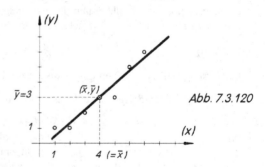

x_i	y_i	x_i^2	$x_i y_i$
1	1	1	1
2	1	4	2
3	2	9	6
5	3	25	15
6	5	36	30
7	6	49	42
Σ (n=6)	24 (Σx_i)	18 (Σy_i)	124 (Σx_i^2)	96 ($\Sigma x_i y_i$)

Abb. 7.3.120

Aus (7.3.117), (7.3.118) folgt (siehe Abb. 7.3.120):

$$a = \frac{124 \cdot 18 - 24 \cdot 96}{6 \cdot 124 - 24^2} = -\frac{3}{7} \; , \; b = \frac{6 \cdot 96 - 24 \cdot 18}{6 \cdot 124 - 24^2} = \frac{6}{7} \; , \; d.h. \quad \boxed{f(x) = -\frac{3}{7} + \frac{6}{7} x} \quad .$$

Bemerkung: Aus Abb. 7.3.120 ist ersichtlich, dass die Regressionsgerade durch den Punkt $(\bar{x}, \bar{y}) = (4;3)$ verläuft, wobei $\bar{x} := \frac{1}{n} \Sigma x_i$ und $\bar{y} := \frac{1}{n} \Sigma y_i$ die arithmetischen Mittelwerte aus x- und y-Beobachtungen sind. Dass dies kein Zufall ist, zeigt die Normalgleichung (7.3.115):

Aus $\Sigma y_i = an + b \Sigma x_i$ folgt nach Division durch n: $\frac{1}{n} \Sigma y_i = a + b \cdot \frac{1}{n} \Sigma x_i$, d.h. $\boxed{\bar{y} = a + b \bar{x}}$,

m.a.W. das Paar $(\bar{x}, \bar{y})$ genügt der Funktionsgleichung $f(x) = a + bx$ und liegt somit stets auf der Regressionsgeraden.

Aufgabe 7.3.121: **i)** Wie lauten die zu (7.3.115), (7.3.116) analogen allgemeinen Normalgleichungen einer Regressionsparabel f mit $f(x) = a + bx + cx^2$?

ii) Ermitteln Sie mit Hilfe von i) die Regressionsparabel, wenn folgende Messwertreihe vorliegt:

x_i	1	2	3	4	5
y_i	4	3	1	2	5

Aufgabe 7.3.122: Ermitteln Sie die Normalgleichungen (siehe (7.3.115), (7.3.116)) für folgende Regressionsfunktionstypen: **i)** $f(x) = a \cdot x^b$ **ii)** $f(x) = a \cdot b^x$ **iii)** $f(x) = a \cdot e^{bx}$.

(Hinweis: Beide Seiten der Funktionsgleichung logarithmieren und dann (7.3.115/116) verwenden.)

7.3.3 Ökonomische Beispiele für Extrema unter Nebenbedingungen

Die meisten ökonomischen Wahlentscheidungen hängen eng mit dem Problem zusammen, wie ein vorgegebenes **ökonomisches Ziel** unter Berücksichtigung von **restriktiven Umweltbedingungen** (z.B. knappe Ressourcen, Einhaltung technischer oder gesetzlicher Normen usw.) **möglichst gut** erreicht werden kann. Kann das Ziel in Form einer (differenzierbaren) **Zielfunktion** quantifiziert werden und können weiterhin die Restriktionen als **Gleichungen** ausgedrückt werden, lässt sich die **Lagrange-Methode** (siehe Kap. 7.2.2.3) zur Lösung des zugrundeliegenden Wahlproblems verwenden.

Die folgenden Abschnitte beschäftigen sich mit besonders häufig in der ökonomischen Theorie auftretenden „klassischen" Wahlproblemen, der **Minimalkostenkombination** und der **Nutzenmaximierung** (sowie einiger Anschlussprobleme).

7.3.3.1 Minimalkostenkombination

Eine Unternehmung produziere ihren Output x unter Einsatz von n Inputfaktoren gemäß einer Produktionsfunktion x: $x(r_1, ..., r_n)$:

(7.3.123) | Welche Faktoreinsatzmengenkombination $(r_1, r_2, ..., r_n)$ muss die Unternehmung wählen, damit (bei gegebenen, festen Faktorpreisen $k_1, k_2, ..., k_n$) ein **vorgegebener Output** $\bar{x}$ zu **möglichst geringen Faktorkosten** produziert werden kann?

*Bemerkung 7.3.124: Eine in dieser Weise optimale Faktorkombination heißt **Minimalkostenkombination**. Die nach dem ökonomischen Prinzip äquivalente Fragestellung nach möglichst hohem Output bei vorgegebenen Faktorgesamtkosten führt ebenfalls auf die Minimalkostenkombination, s. Bem. 7.3.141.*

Zur graphischen Veranschaulichung wird eine Produktionsfunktion $x(r_1, r_2)$ mit **konvexen Isoquanten** (s. Bem. 7.1.70) und **zunächst zwei Inputfaktoren** verwendet. Mit vorgegebenen festen Faktorpreisen k_1, k_2 ergeben sich die **Faktorgesamtkosten** K bei einer Inputkombination (r_1, r_2) zu:

(7.3.125) $K = K(r_1, r_2) = k_1 r_1 + k_2 r_2$.

Für **jeden festen Wert von K** (z.B. $K_1, K_2, K_3, ...$) liefert (7.3.125) eine Geradengleichung im (r_1, r_2)-System

(7.3.126) $r_2 = -\dfrac{k_1}{k_2} r_1 + \dfrac{K}{k_2}$,

es ergibt sich graphisch eine **Schar von Isokosten-**

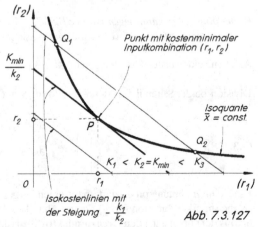

Abb. 7.3.127

geraden (oder **Budgetgeraden**), die − da sie für jedes K dieselbe Steigung $-\frac{k_1}{k_2}$ (s. (7.3.126)) besitzen − untereinander **parallel** sind. Dabei verläuft eine Isokostengerade (wegen des Ordinatenabschnittes $\frac{K}{k_2}$, siehe (7.3.126)) desto weiter vom Koordinatenursprung entfernt, je höher die zugehörigen Faktorgesamtkosten K sind. Es können nur solche Inputkombinationen (r_1, r_2) realisiert werden, die den vorgegebenen Output $\bar{x}$ = const. erzeugen, d.h. die auf der Isoquante x = const. liegen. Anhand von Abb. 7.3.127 erkennen wir:

- Ein Kostenniveau **unterhalb** von K_2 (z.B. K_1) lässt sich **nicht realisieren**, da kein Punkt von K_1 = const. auf der Isoquante $\bar{x}$ = const. liegt.

- Ein Kostenniveau **oberhalb** von K_2 (z.B. K_3) führt zu zwei alternativen Inputkombinationen (Schnittpunkte Q_1, Q_2). Da die Isoquante **konvex** ist, müssen alle ihre Punkte zwischen Q_1 und Q_2 **unterhalb** der Isokostengeraden K_3 liegen, der Output $\bar{x}$ lässt sich mit **geringeren** Kosten als K_3 erzeugen.

- Die **Minimalkostenkombination** ist offenbar dann erreicht, wenn eine **Isokostengerade** solange parallel verschoben wird, bis sie gerade noch einen **(Berühr-) Punkt** P mit der **Isoquante** $\bar{x}$ = const. gemeinsam hat: Die Koordinaten (r_1, r_2) von P sind die kostenminimalen Faktorinputs. Da im Optimalpunkt P die Steigung dr_2/dr_1 der Isoquante (= Grenzrate der Substitution, siehe (7.1.69)) identisch sein muss mit der Steigung $-\frac{k_1}{k_2}$ der Isokostenlinie, erhalten wir als **Bedingung für die Minimalkostenkombination**

$$(7.3.128) \qquad \frac{dr_2}{dr_1} = -\frac{k_1}{k_2} \qquad \text{bzw. mit } (7.1.69) \qquad \boxed{\frac{k_1}{k_2} = \frac{\frac{\partial x}{\partial r_1}}{\frac{\partial x}{\partial r_2}} = -\frac{dr_2}{dr_1}}.$$

Dieses − soeben auf graphisch-anschaulichem Weg erhaltene − Ergebnis erhalten wir **rechnerisch** ohne Mühe mit Hilfe der **Lagrange-Methode** (siehe Satz 7.2.22): Unter denselben Voraussetzungen wie zuvor lautet das **Optimalproblem**:

> Minimiere die Kosten K mit: $K(r_1, r_2) = k_1 r_1 + k_2 r_2$ unter Einhaltung der Restriktion
> $x(r_1, r_2) = \bar{x}$ = const.

Die zugehörige Lagrange-Funktion L lautet (siehe Satz 7.2.22):

$$(7.3.129) \qquad\qquad L(r_1, r_2, \lambda) = k_1 r_1 + k_2 r_2 + \lambda (\bar{x} - x(r_1, r_2)),$$

so dass wir als **notwendige Bedingungen** für das Vorliegen der **Minimalkostenkombination** erhalten:

$$\frac{\partial L}{\partial r_1} = k_1 - \lambda \cdot \frac{\partial x}{\partial r_1} = 0 \ ; \qquad \frac{\partial L}{\partial r_2} = k_2 - \lambda \cdot \frac{\partial x}{\partial r_2} = 0 \ ; \qquad \frac{\partial L}{\partial \lambda} = \bar{x} - x(r_1, r_2) = 0 \ .$$

*Bemerkung: Man kann zeigen (siehe z.B. [13], 414), dass die entsprechenden **hinreichenden** Bedingungen genau dann erfüllt sind, wenn − wie vorausgesetzt − die **Isoquanten konvex** sind.*

Aus den beiden ersten Gleichungen folgt: $k_1 = \lambda \cdot \frac{\partial x}{\partial r_1} \ ; \qquad k_2 = \lambda \cdot \frac{\partial x}{\partial r_2}$

Division beider Seiten liefert unter Beachtung von (7.1.69) das *(schon zuvor erhaltene)* Resultat

$$(7.3.128) \qquad\qquad \boxed{\frac{k_1}{k_2} = \frac{\frac{\partial x}{\partial r_1}}{\frac{\partial x}{\partial r_2}} = -\frac{dr_2}{dr_1}} \quad .$$

Eine Unternehmung produziert somit einen vorgegebenen Output $\bar{x}$ dann zu minimalen Kosten, wenn sie die Inputkombination (r_1, r_2) derart wählt, dass das **Faktorpreisverhältnis identisch** wird mit dem **Verhältnis** der entsprechenden **Grenzproduktivitäten** (d.h. der negativen Grenzrate der Substitution).

Bemerkung 7.3.130: *Im Zusammenhang mit dem optimalen Faktoreinsatz einer gewinnmaximierenden Unternehmung (s. Kap. 7.3.2.1/7.3.2.2) resultierten die Optimalbedingungen (7.3.59), (7.3.67) bzw. (7.3.90), die unmittelbar auf die Minimalkostenkombinationsbedingung (7.3.128) führen. Damit ist gezeigt, dass eine Unternehmung, die ihre **Produktionsfaktoren gewinnoptimal** einsetzt, ihren Output zugleich **kostenminimal** produziert.*

Eine **weitere Interpretation** der Optimalbedingung (7.3.128) folgt nach naheliegender Umformung:

$$\frac{\frac{\partial x}{\partial r_1}}{k_1} = \frac{\frac{\partial x}{\partial r_2}}{k_2} \; . \tag{7.3.131}$$

Im Kostenminimum müssen somit die auf **einen Faktor-Euro entfallenden Grenzproduktivitäten** beider Faktoren **gleich** sein (ein relativ **teurer** Faktor muss die **höhere**, ein relativ **billiger** Faktor die **geringere Grenzproduktivität** aufweisen und zwar so, dass jeder Faktor-€ dieselbe Grenzproduktivität bewirkt).

Bemerkung 7.3.132: *Man spricht in diesem Zusammenhang gelegentlich vom „Ausgleich des Grenznutzens" (2. Gossensches Gesetz) im Kostenminimum ($\hat{=}$ Nutzenmaximum).*

Beispiel 7.3.133: Produktionsfunktion: $x(r_1, r_2) = 2r_1 \cdot \sqrt{r_2}$, festes Produktionsniveau: $\bar{x} = 80\text{ME}$, Faktorpreise: $k_1 = 8 \text{ GE/ME}_1$, $k_2 = 20 \text{ GE/ME}_2$. Mit der Lagrangefunktion

$$L(r_1, r_2, \lambda) = 8r_1 + 20r_2 + \lambda(80 - 2r_1 \cdot \sqrt{r_2}) \quad \text{erhalten wir die Extremalbedingungen:}$$

$$\frac{\partial L}{\partial r_1} = 8 - 2\lambda\sqrt{r_2} = 0 \; ; \qquad \frac{\partial L}{\partial r_2} = 20 - \lambda \cdot \frac{r_1}{\sqrt{r_2}} = 0 \; ; \qquad \frac{\partial L}{\partial \lambda} = 80 - 2r_1 \cdot \sqrt{r_2} = 0.$$

Aus den zwei ersten Gleichungen folgt durch Elimination von λ: $r_1 = 5r_2$. Eingesetzt in die dritte Gleichung folgt:

$$80 - 10r_2 \cdot \sqrt{r_2} = 0 \;\Rightarrow\; r_2^{3/2} = 8 \;\Rightarrow\; r_2 = \sqrt[3]{64} = 4 \text{ ME}_2$$

und daher $r_1 = 5r_2 = 20 \text{ ME}_1$ sowie $\lambda = 2$. Damit betragen die minimalen Faktorkosten für die Minimalkostenkombination $(r_1, r_2) = (20; 4)$: $K_{min} = 8 \cdot 20 + 20 \cdot 4 = 240$ GE. Für die Grenzproduktivitäten erhalten wir:

$$\frac{\partial x}{\partial r_1} = 2\sqrt{r_2} = 4 \; \frac{\text{ME}}{\text{ME}_1} \; ; \qquad \frac{\partial x}{\partial r_2} = \frac{r_1}{\sqrt{r_2}} = 10 \; \frac{\text{ME}}{\text{ME}_2} \; ,$$

so dass sich nach Division durch die Faktorpreise ergibt:

$$\frac{\frac{\partial x}{\partial r_1}}{k_1} = \frac{4 \frac{\text{ME}}{\text{ME}_1}}{8 \frac{\text{GE}}{\text{ME}_1}} = 0,5 \; \frac{\text{ME}}{\text{GE}} \; ; \qquad \frac{\frac{\partial x}{\partial r_2}}{k_2} = \frac{10 \frac{\text{ME}}{\text{ME}_2}}{20 \frac{\text{GE}}{\text{ME}_2}} = 0,5 \; \frac{\text{ME}}{\text{GE}} \; ,$$

also dieselbe Grenzproduktivität pro Faktor-GE.

Bemerkung 7.3.134: *Aus der allgemein formulierten Lagrangefunktion (7.3.129):*

$$L = k_1 r_1 + k_2 r_2 + \lambda(\bar{x} - x(r_1, r_2))$$

erhalten wir – indem wir die Konstante $\bar{x}$ als variablen Parameter auffassen – durch Ableitung nach $\bar{x}$:

(7.3.135)
$$\frac{\partial L}{\partial \bar{x}} = \lambda \; .$$

*Da im Optimum L und K $:= k_1 r_1 + k_2 r_2$ identisch sind (denn die Nebenbedingung wird Null), gibt der **Wert von** λ **im Optimum** (näherungsweise) an, um wieviele Einheiten sich die **Zielfunktion K ändert**, wenn sich die **Konstante $\bar{x}$ der Nebenbedingung um eine Einheit ändert**[4]. In Verbindung mit Beispiel 7.3.133 misst der Wert $\lambda = 2$ im Optimum daher die **Grenzkosten** $\frac{dK}{d\bar{x}}$ (bezogen auf die Produktionsmenge $\bar{x}$), d.h. den Kostenzuwachs der (minimalen) Kosten, wenn das vorgegebene Produktionsniveau $\bar{x}$ um eine Einheit erhöht wird.*

---

4 Zum allgemeinen Beweis siehe etwa [13], 380 f.

Der bisher behandelte Fall nur zweier Inputfaktoren (allein der ist anschaulich interpretierbar!) lässt sich mit der Lagrange-Methode auf den realistischeren Fall **beliebig vieler Inputfaktoren** übertragen:

Mit der Produktionsfunktion x: $x(r_1,r_2,...,r_n)$ und der Faktorkostenfunktion K: $K = k_1r_1 + k_2r_2 + ... + k_nr_n$ (k_i ist der gegebene feste Preis des i-ten Faktors) lautet die **Problemstellung der Minimalkostenkombination** (siehe (7.3.123)):

Man minimiere die *Zielfunktion* $\quad$ K: $K = k_1r_1 + k_2r_2 + ... + k_nr_n \qquad$ unter Einhaltung der
$\qquad\qquad$ *Nebenbedingung* $\quad x(r_1,...,r_n) = \bar{x} = const.$

Mit Hilfe der Lagrange-Funktion L: $L = k_1r_1 + ... + k_nr_n + \lambda(\bar{x} - x(r_1,...,r_n))$ erhalten wir als notwendige Optimalbedingungen ein Gleichungssystem aus $n+1$ Gleichungen mit den $n+1$ Variablen $r_1, r_2, ..., r_n, \lambda$:

(7.3.136)
$$\frac{\partial L}{\partial r_1} = k_1 - \lambda \cdot \frac{\partial x}{\partial r_1} = 0$$

$$\frac{\partial L}{\partial r_2} = k_2 - \lambda \cdot \frac{\partial x}{\partial r_2} = 0$$

$$\vdots \qquad \vdots \qquad \vdots$$

$$\frac{\partial L}{\partial r_n} = k_n - \lambda \cdot \frac{\partial x}{\partial r_n} = 0$$

$$\frac{\partial L}{\partial \lambda} = \bar{x} - x(r_1, ..., r_n) = 0 \quad .$$

Die ersten n Gleichungen von (7.3.136) haben dieselbe Struktur. Nehmen wir zwei beliebige dieser Gleichungen heraus, etwa die i-te und die j-te *(i ≠ j)* Gleichung:

(7.3.137) $\qquad k_i - \lambda \cdot \frac{\partial x}{\partial r_i} = 0 \; ; \qquad k_j - \lambda \cdot \frac{\partial x}{\partial r_j} = 0.$

Daraus folgt $\qquad k_i = \lambda \cdot \frac{\partial x}{\partial r_i} \; ; \qquad k_j = \lambda \cdot \frac{\partial x}{\partial r_j}$
und daher

(7.3.138) $\qquad \dfrac{k_i}{k_j} = \dfrac{\frac{\partial x}{\partial r_i}}{\frac{\partial x}{\partial r_j}} \qquad$ bzw. $\qquad \dfrac{\frac{\partial x}{\partial r_i}}{k_i} = \dfrac{\frac{\partial x}{\partial r_j}}{k_j} \qquad$ für alle $i, j = 1,2,...,n$.

Analog zu (7.3.128), (7.3.131) folgt:

Satz 7.3.139: **(Minimalkostenkombination)**

Eine Unternehmung produziert ihren Output $\bar{x}$ kostenminimal, wenn sie die (zu festen Preisen einsetzbaren) Inputfaktoren $r_1, r_2, ..., r_n$ derart kombiniert, dass

i) das **Verhältnis der Grenzproduktivitäten** zweier **beliebiger** Faktoren gleich dem entsprechenden **Faktorpreisverhältnis** ist, bzw.

ii) die **Grenzproduktivität pro eingesetztem Faktor-Euro** für **alle** Faktoren **identisch** ist.

Bemerkung 7.3.140: $\quad$ *i) Der Wert des **Lagrange-Multiplikators** λ im Optimum liefert (siehe Bemerkung 7.3.134) die **Grenzkosten** bzgl. des Produktionsniveaus $\bar{x}$.*

*ii) Aus (7.3.138) folgt mit (7.1.69) weiterhin, dass im Fall der Minimalkostenkombination das **Faktorpreisverhältnis je zweier Faktoren** gleich der **negativen Grenzrate der Substitution** dieser Faktoren ist.*

Bemerkung 7.3.141: *Die zu (7.3.123) nach dem ökonomischen Prinzip eng verwandte „duale" Problemstellung lautet:*

(7.3.142) | *Welche Faktoreinsatzmengenkombination $(r_1,...,r_n)$ muss die Unternehmung wählen, um bei vorgegebenem Faktorkostenbudget $\overline{K}$ einen möglichst großen Output erzeugen zu können ?*

Zielfunktion ist nunmehr die Produktionsfunktion x: $x(r_1,...,r_n) \to Max.$, die Nebenbedingung lautet $k_1 r_1 + ... + k_n r_n = \overline{K} = const.$ Damit ergibt sich als Lagrangefunktion L:

$$L = x\,(r_1, ..., r_n) + \lambda(\overline{K} - k_1 r_1 - ... - k_n r_n).$$

Die notwendigen Extremalbedingungen lauten:

(7.3.143) $\qquad \dfrac{\partial L}{\partial r_i} = \dfrac{\partial x}{\partial r_i} - \lambda \cdot k_i = 0 \qquad (i = 1,2,...,n)\ ,$

$$\dfrac{\partial L}{\partial \lambda} = \overline{K} - k_1 r_1 - ... - k_n r_n = 0\,.$$

*Aus den ersten n Gleichungen folgen unmittelbar die Beziehungen (7.3.138) der Minimalkostenkombination, so dass sich die Probleme „**Kostenminimierung bei vorgegebenem Produktionsniveau**" und „**Produktionsniveaumaximierung bei vorgegebenen Faktorgesamtkosten**" als äquivalent erweisen.*

---

*Vorbemerkung zu den nachfolgenden Aufgaben: Sofern die Lagrange-Methode anwendbar ist, gebe man eine **ökonomische Interpretation** des **Lagrangemultiplikators** im Optimum.*

Aufgabe 7.3.144: Eine Unternehmung produziere ein Gut gemäß nachfolgender Produktionsfunktion x: $x(A, K) = 100 \cdot A^{0,8} \cdot K^{0,2}$ (x: Output ; A, K: Arbeits- bzw. Kapitalinput). Pro Arbeitseinheit wird ein Lohn von 20 GE fällig, eine Kapitaleinheit verursacht 10 GE an Zinskosten.
Ermitteln Sie für einen vorgegebenen Output von 10.000 ME den kostengünstigsten Faktoreinsatz.

Aufgabe 7.3.145: Eine Produktion verlaufe gemäß der Produktionsfunktion:

$$x:\ x(r_1, r_2) = 40 r_1^{0,5} \cdot r_2^{0,5}\ ,\qquad r_i > 0\ .$$

Die Faktor-Gesamtkostenfunktion laute: $\qquad K = r_1 + 4 r_2 + r_1 r_2$.
Ermitteln Sie die Minimalkostenkombination für einen vorgegebenen Output von 800 ME.

Aufgabe 7.3.146: Huber hat sich im heimischen Keller ein elektronisch gestütztes Farblabor eingerichtet und produziert nun nach Feierabend für Freunde, Verwandte und Nachbarn Farbphoto-Vergrößerungen. Die Anzahl x der von ihm pro Monat hergestellten Vergrößerungen *(Einheitsformat)* hängt ab von der investierten Arbeitszeit t (in h/Monat) sowie der Einsatzdauer einer gemieteten Farbdruckmaschine (die Einsatzdauer m wird gemessen in h/Monat) gemäß folgender Funktion x:

$$x = 30 \cdot \sqrt{t} \cdot \sqrt{m}$$

(Arbeitszeit t und Maschinenzeit m sind somit substituierbare Faktoren !)

Statt im Farblabor könnte Huber in einer Diskothek als zusätzlicher Disk-Manager arbeiten (Nettogage 40 €/h). Pro Einsatzstunde der Farbdruckmaschine muss Huber eine Mietgebühr in Höhe von € 10,– bezahlen.

Im Februar soll er 900 Karnevalsbilder herstellen. Huber überlegt nun, wieviele Arbeitsstunden er im Februar einsetzen soll und wie lange er die Farbdruckmaschine einsetzen soll, damit für ihn die Kosten *(incl. entgangene Gagen)* minimal werden. Zu welchem Ergebnis kommt Huber?

Aufgabe 7.3.147: Ermitteln Sie den Radius und die Höhe eines zylindrischen Gefäßes (ohne Deckel) von einem Liter Inhalt und möglichst kleiner Oberfläche (d.h. möglichst geringem Materialverbrauch).

Aufgabe 7.3.148: Kunigunde Huber näht in Heimarbeit Modellkleider *(Modell „Diana")*. Wenn sie t_1 Stunden pro Woche näht, kann sie $0,5 \cdot \sqrt{t_1}$ Kleider fertigstellen. Ihre Heimarbeit kostet sie pro Näh-stunde 10,– €, die sie sonst als Aushilfsserviererin in der Kantine des Fachbereichs Wirtschaftswis-senschaften verdienen könnte. Zusätzlich zu ihrer eigenen Arbeit könnte Frau Huber im Nähstudio „Kledasche" arbeiten lassen. Das Nähstudio verlangt pro Stunde € 30,– , in t_2 Stunden pro Woche können dort $\sqrt{t_2}$ Kleider genäht werden. Frau Huber will genau 7 Kleider pro Woche produzieren.

i) Wie soll sie Eigen- und Fremdarbeit kombinieren, damit sie ihr vorgegebenes Produktionsziel mit möglichst geringen Kosten erreicht?

ii) Zu welchem Stückpreis muss Frau Huber ihre Kleider mindestens verkaufen, wenn sie pro Woche einen Gewinn (= Erlös minus Kosten) von mindestens 560 € erwirtschaften will?

Aufgabe 7.3.149: Eine Unternehmungsabteilung setzt Facharbeiter und Hilfsarbeiter ein. Der wöchent-liche Output Y [ME] bei Einsatz von F Facharbeiterstunden und H Hilfsarbeiterstunden kann durch folgende Funktionsgleichung beschrieben werden:

$$Y = Y(F, H) = 120F + 80H + 20FH - F^2 - 2H^2 \, .$$

Der Facharbeiterlohn beträgt 6 GE/h, der Hilfsarbeiterlohn 4 GE/h. Zur Entlohnung der Arbeits-kräfte stehen der Abteilung pro Woche 284 GE zur Verfügung. Mit welchen Zeiten pro Woche soll die Abteilung Facharbeiter bzw. Hilfsarbeiter einsetzen, damit die Produktionsmenge möglichst groß ausfällt?

Aufgabe 7.3.150-a: Die Xaver Huber AG muss 210 kg eines Gefahrstoffes beseitigen. Drei unterschied-liche *(sich gegenseitig nicht ausschließende)* Verfahren stehen zur Verfügung:

Verfahren I: Beseitigung durch das selbst entwickelte Verfahren „Ordurex", das allerdings mit zunehmender Prozessdauer immer weniger effektiv arbeitet:
In t_1 Stunden können $20\sqrt{t_1}$ kg des Stoffes beseitigt werden. Pro Verarbeitungsstun-de fallen variable Kosten in Höhe von 30,– € an.

Verfahren II: Verbrennung im kommunalen Abfallverbrennungsofen. In t_2 Stunden können dort $30\sqrt{t_2}$ kg unschädlich gemacht werden. Pro Nutzungsstunde müssen 90,– € gezahlt werden.

Verfahren III: Entsorgung durch die Spezialfirma „Pubelle" GmbH & Co KG. Pro kg des zu besei-tigenden Abfalls werden 12,– € in Rechnung gestellt.

Auf welche Weise muss die Unternehmung ihr Abfallproblem lösen, damit die mit der Abfallbeseiti-gung verbundenen Gesamtkosten möglichst gering ausfallen?

Aufgabe 7.3.150-b: Gegeben seien die Produktionsfunktion x mit:

$$x(r_1, r_2, r_3) = 10 \cdot r_1^{0,2} \cdot r_2^{0,3} \cdot r_3^{0,5} \quad , \quad r_i > 0 \, ,$$

sowie die Faktorpreise $k_1 = 12,8$ GE/ME_1 , $k_2 = 614,4$ GE/ME_2 , $k_3 = 100$ GE/ME_3.

i) Ermitteln Sie die kostenminimale Inputkombination für das Produktionsniveau: $\bar{x} = 64$ ME.
ii) Ermitteln Sie die outputmaximale Inputkombination für das Kostenbudget: $\bar{K} = 2.048$ GE.

Aufgabe 7.3.150-c: Bei einer verfahrenstechnischen Produktion richtet sich der Produktionsoutput x (in ME) c.p. nach folgender Produktionsfunktion:

$$x = x(E,A) = 500E + 800A + EA - E^2 - 2A^2 \quad , \qquad (E, A \geq 0) \ .$$

Dabei bedeuten: E: Energieinput (in MWh) ;   A: Arbeitsinput (in h) .
Der Energiepreis beträgt 100 €/MWh, der Preis für Arbeit beträgt 50 €/h.

i) Bei welcher Inputkombination wird die höchste Produktionsleistung erbracht?

ii) Bei welcher Inputkombination wird die höchste Produktionsleistung erbracht, wenn die Produktionskosten genau 27.500,– € betragen sollen?

Aufgabe 7.3.150-d: Das Weingut Pahlgruber & Söhne setzt zur Düngung seiner Weinstöcke für den bekannten Qualitätswein „Oberföhringer Vogelspinne" drei verschiedene Düngemittelsorten ein:

Sorte A   *(Einkaufspreis 3,– €/kg)*; Sorte B   *(6,– €/kg)* ; Sorte C   *(12,– €/kg)*.

Der jährliche Weinertrag E *(in Hektolitern (hl))* hängt – c.p. – ab von den eingesetzten Düngemittelmengen a, b, c *(jeweils in kg der Sorten A, B, C)* gemäß der folgenden Produktionsfunktion:

$$E = 5000 + 20a + 45b + 40c + ac + 4bc - a^2 - 2b^2 - c^2 \qquad (a, b, c \geq 0) \ .$$

Pro Jahr will das Weingut 1.200,– € für alle Düngemittel zusammen ausgeben. Außerdem muss beachtet werden, dass zur Vermeidung von schädlichen chemischen Reaktionen die Düngemittel A und B genau im Mengenverhältnis 2:1 *(d.h. auf je 2 kg A kommt ein kg B)* eingesetzt werden.

Bei welchem Düngemitteleinsatz erzielen Pahlgruber & Söhne unter Beachtung der Restriktionen einen maximalen Ernteertrag?

Aufgabe 7.3.151:   Eine Unternehmung produziert zwei Produkte (Output: x_1, x_2) jeweils mit den Faktoren Arbeit und Kapital gemäß den beiden Produktionsfunktionen

$$x_1 = 2 \cdot A_1^{0,8} \cdot K_1^{0,2} \ ; \qquad x_2 = 4 \cdot A_2^{0,5} \cdot K_2^{0,1}$$

(A_i, K_i: Faktorinputs für das Produkt i). Die Faktorpreise sind fest: $k_A = 20$ GE/ME$_A$, $k_K = 10$ GE/ME$_K$. Ermitteln Sie die kostenminimalen Faktoreinsatzmengen für beide Produktionsprozesse, wenn vom ersten Produkt 1.000 ME$_1$, vom zweiten Produkt 800 ME$_2$ produziert werden sollen.

7.3.3.2   Expansionspfad, Faktornachfrage- und Gesamtkostenfunktion

Im Zusammenhang mit der Frage (7.3.123) bzw. (7.3.142) nach der „Minimalkostenkombination" stellt sich die weitere Frage, in welcher Weise sich die **Minimalkostenkombination** (r_1, r_2, ...) **ändert**, wenn das **Produktionsniveau** $\bar{x}$ **verschiedene Werte** annimmt. Wie Abb. 7.3.152 verdeutlicht, wird durch eine sukzessive Anhebung des Produktionsniveaus $\bar{x}$ (Isoquanten liegen immer weiter rechts oben) stets ein neuer Minimalkostenpunkt P(r_1,r_2) erzeugt, dem immer höhere (minimale) Gesamtkosten K entsprechen. Der Ort aller so erzeugten Minimalkostenpunkte (in Abb. 7.3.152 stark ausgezogen) heißt **Minimalkostenlinie** oder **Expansionspfad**. Eine kostenminimierende oder outputmaximierende Unternehmung wird nur diese Inputkombinationen realisieren.

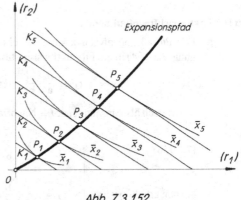

Abb. 7.3.152

Die **Herleitung** der **Expansionspfadgleichung** $r_2 = r_2(r_1)$ kann über die Optimalbedingungen (7.3.136) (bzw. (7.3.143)) erfolgen, sofern die Isoquanten konvex und die Faktorpreise konstant sind. Das Verfahren soll am **Beispiel** einer **Cobb-Douglas-Produktionsfunktion** $x = c \cdot r_1^a \cdot r_2^b$ mit **zwei Inputfaktoren** demonstriert werden. Die notwendigen Bedingungen für die Minimalkostenkombination führen auf die bereits bekannte Bedingung (7.3.128):

$$(7.3.153) \qquad \frac{k_1}{k_2} = \frac{\dfrac{\partial x}{\partial r_1}}{\dfrac{\partial x}{\partial r_2}} \qquad \text{(mit } k_1, k_2 \text{ als festen Faktorpreisen)}.$$

Da wegen $x = c \cdot r_1^a \cdot r_2^b$ gilt:

$$\frac{\partial x}{\partial r_1} = c \cdot a \cdot r_1^{a-1} \cdot r_2^b \qquad \text{sowie} \qquad \frac{\partial x}{\partial r_2} = c \cdot b \cdot r_1^a \cdot r_2^{b-1} ,$$

erhalten wir durch Einsetzen in (7.3.153): $\qquad \dfrac{k_1}{k_2} = \dfrac{c \cdot a \cdot r_1^{a-1} \cdot r_2^b}{c \cdot b \cdot r_1^a \cdot r_2^{b-1}} = \dfrac{a}{b} \cdot \dfrac{r_2}{r_1} .$

Daraus folgt unmittelbar die gesuchte **Funktionsgleichung** des **Expansionspfades** (einer Cobb-Douglas-Produktionsfunktion)

$$(7.3.154) \qquad \boxed{r_2 = r_2(r_1) = \frac{k_1}{k_2} \cdot \frac{b}{a} \cdot r_1} .$$

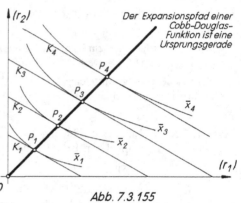

Der Expansionspfad einer Cobb-Douglas-Funktion ist eine Ursprungsgerade

Abb. 7.3.155

Beispiel: Für die Produktionsfunktion x mit $x = 10 \cdot r_1^{0,4} \cdot r_2^{0,9}$ und die Faktorpreise $k_1 = 12$; $k_2 = 18$ lautet die Gleichung des Expansionspfades: $\qquad r_2 = 1{,}5 r_1$.

Wir sehen, dass der **Expansionspfad** einer **Cobb-Douglas-Produktions-Funktion** eine **Ursprungsgerade** ist (siehe Abb. 7.3.155). Dies gilt für den Expansionspfad **jeder homogenen** Produktionsfunktion (siehe etwa [13], 415 f.)

Die Kenntnis der Minimalkostenbeziehung (7.3.154) gestattet die Ermittlung der

    i)   **Faktornachfragefunktionen** $r_i = r_i(k_1, k_2)$ sowie der

    ii)   **Gesamtkostenfunktion** $K(x)$

einer nach dem erwerbswirtschaftlichen Prinzip produzierenden Unternehmung. Als **Beispiel** werden wieder die **Cobb-Douglas-Produktionsfunktion** $x = c \cdot r_1^a \cdot r_2^b$ sowie feste Faktorpreise k_1, k_2 verwendet.

zu i)   **Faktornachfragefunktionen**

    a) Das Produktionsniveau $\bar{x} = $ const. sei fest vorgegeben. Setzen wir die Minimalkostenbedingung (7.3.154) in die Produktionsfunktion ein, so folgt:

$$\bar{x} = c \cdot r_1^a \cdot \left(\frac{b}{a} \cdot \frac{k_1}{k_2} \cdot r_1 \right)^b = c \cdot \left(\frac{b}{a} \cdot \frac{k_1}{k_2} \right)^b \cdot r_1^{a+b} ,$$

    so dass sich als Einsatzmenge ($\widehat{=}$ Nachfrage) des ersten Faktors ergibt:

$$(7.3.156) \qquad \boxed{r_1 = \left(\frac{\bar{x}}{c} \left(\frac{a}{b} \cdot \frac{k_2}{k_1} \right)^b \right)^{\frac{1}{a+b}}} .$$

Bei vorgegebenem Produktionsniveau hängen die nachgefragten Inputmengen jeweils von den **Preisen beider Faktoren** ab.

Analog erhalten wir: $\qquad \boxed{r_2 = \left(\frac{\bar{x}}{c} \left(\frac{b}{a} \cdot \frac{k_1}{k_2} \right)^a \right)^{\frac{1}{a+b}}} .$

b) Geben wir das Kostenbudget $\overline{K}$ = const. vor, so liefert die Minimalkostenbedingung (7.3.154) durch Einsetzen in die Faktorkostenfunktion $K = k_1 r_1 + k_2 r_2$:

$$\overline{K} = k_1 r_1 + k_2 \cdot \frac{k_1}{k_2} \cdot \frac{b}{a} \cdot r_1 = k_1 r_1 \left(1 + \frac{b}{a}\right).$$

Daraus folgt wegen $1 + \dfrac{b}{a} = \dfrac{a+b}{a}$:

(7.3.157)

$$r_1 = \frac{\overline{K} \cdot a}{a+b} \cdot \frac{1}{k_1}$$

Bei gegebenen Gesamtkosten hängt die Nachfrage nach einem Faktor

und analog:

$$r_2 = \frac{\overline{K} \cdot b}{a+b} \cdot \frac{1}{k_2}$$

nur von seinem **eigenen Preis** ab.

Beispiel 7.3.158:   Gegeben sei die Produktionsfunktion $x = 2 r_1^{0,4} \cdot r_2^{0,8}$.

a) Für das feste Produktionsniveau $\overline{x}$ = 32 ME folgt aus (7.3.156):

$$r_1 = \left(16\left(0,5 \cdot \frac{k_2}{k_1}\right)^{0,8}\right)^{\frac{1}{1,2}} = 6,3496 \cdot \sqrt[3]{\left(\frac{k_2}{k_1}\right)^2}\ , \qquad r_2 = \left(16\left(2 \cdot \frac{k_1}{k_2}\right)^{0,4}\right)^{\frac{1}{1,2}} = 12,6992 \cdot \sqrt[3]{\frac{k_1}{k_2}}$$

b) Für vorgegebene Faktorkosten $\overline{K}$ = 1.200 GE folgen aus (7.3.157) die Nachfragefunktionen:

$$r_1 = \frac{400}{k_1}\ ; \qquad r_2 = \frac{800}{k_2}\ .$$

zu ii)   Gesamtkostenfunktion K(x)

Setzen wir die Beziehungen (7.3.156) in die Faktorkostenfunktion $K = k_1 r_1 + k_2 r_2$ ein, so folgt (mit x statt $\overline{x}$):

$$K(x) = k_1 \left(\frac{x}{c} \left(\frac{a}{b} \cdot \frac{k_2}{k_1}\right)^b\right)^{\frac{1}{a+b}} + k_2 \left(\frac{x}{c} \left(\frac{b}{a} \cdot \frac{k_1}{k_2}\right)^a\right)^{\frac{1}{a+b}}$$

$$= \Big[\ \underbrace{k_1\left(\frac{1}{c}\left(\frac{a}{b} \cdot \frac{k_2}{k_1}\right)^b\right)^{\frac{1}{a+b}}}_{=:\ c_1} + \underbrace{k_2\left(\frac{1}{c}\left(\frac{b}{a} \cdot \frac{k_1}{k_2}\right)^a\right)^{\frac{1}{a+b}}}_{=:\ c_2}\ \Big] \cdot x^{\frac{1}{a+b}}\ , \qquad \text{d.h.}$$

(7.3.159) $K(x) = (k_1 c_1 + k_2 c_2) \cdot x^{\frac{1}{a+b}} = k \cdot x^{\frac{1}{a+b}}$

(mit k_1, k_2, c_1, c_2 = const., d.h. $k := k_1 c_1 + x_2 c_2$ = const.)

Die Kostenfunktion $K(x)$ einer Cobb-Douglas-Produktionsfunktion $x = c \cdot r_1^a \cdot r_2^b$ ist somit eine Potenzfunktion. Die **Summe a + b** der **partiellen Elastizitäten** (d.h. der **Homogenitätsgrad** r bzw. die **Skalenelastizität** $\varepsilon_{x,\lambda}$, siehe (7.3.18) bzw. (7.3.24)) ist für den speziellen **Typ** der Kostenfunktion **maßgebend**:

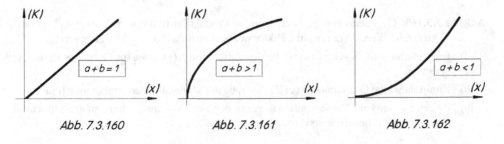

Abb. 7.3.160   Abb. 7.3.161   Abb. 7.3.162

(1)   Im Fall **konstanter Skalenerträge** (d.h. $a+b=r=1$) ist K linear:

$$K(x) = k \cdot x, \quad \text{siehe Abb. 7.3.160.}$$

(2)   Im Fall **steigender Skalenerträge** (d.h. $r = a+b > 1$) ist wegen $\frac{1}{a+b} < 1$ die Kostenfunktion K (7.3.159) **unterlinear, wächst** also **degressiv**.
(Beispiel: $a+b = 2$ $\Rightarrow$ $K(x) = k \cdot x^{1/2} = k \cdot \sqrt{x}$,   siehe Abb. 7.3.161)

(3)   Im Fall **sinkender Skalenerträge** gilt $a+b < 1$, d.h. $\frac{1}{a+b} > 1$, die Kostenfunktion **wächst überlinear (progressiv)**.   (Beispiel: $a+b = 0,5$ $\Rightarrow$ $K(x) = k \cdot x^2$, siehe Abb 7.3.162)

Beispiel 7.3.163:

i) $x = 2r_1^{0,4} \cdot r_2^{0,6}$. Mit gegebenen Faktorpreisen $k_1 = 2$; $k_2 = 5$ lautet die Kostenfunktion nach (7.3.159): $K(x) = 3,3966 \cdot x$ (linear, da konstante Skalenerträge).

ii)   Für die Produktionsfunktion $x = \frac{2}{3} r_1^{0,25} \cdot r_2^{0,25}$ und die Faktorpreise $k_1 = 81$; $k_2 = 16$ lautet die Kostenfunktion nach (7.3.159): $K(x) = 162x^2$ (progressiv, da sinkende Skalenerträge).

Aufgabe 7.3.164: Gegeben sind die Produktionsfunktion $x = 10 \cdot r_1^{0,7} \cdot r_2^{0,3}$ sowie die konstanten Faktorpreise $k_1 = 12$, $k_2 = 18$. Ermitteln Sie

i)   die Gleichung des Expansionspfades,

ii)   die Faktornachfragefunktion für das Kostenbudget $\overline{K} = 400$,

iii) die Kostenfunktion $K(x)$,

iv)   die Minimalkostenkombination für das Produktionsniveau 200.

Aufgabe 7.3.165: Gegeben sind die Produktionsfunktion $x = r_1 \cdot r_2 \cdot r_3$ sowie die konstanten Faktorpreise $k_1 = 2$; $k_2 = 3$; $k_3 = 5$. Ermitteln Sie die Gleichung der Gesamtkostenfunktion, sofern stets Minimalkostenkombinationen realisiert werden.

****Aufgabe 7.3.166:** Zeigen Sie, dass die Kostenfunktion $K(x)$ (siehe (7.3.159)) einer Cobb-Douglas-Produktionsfunktion $x = c \cdot r_1^a \cdot r_2^b$ bei festen Faktorpreisen k_1,k_2 explizit lautet:

(7.3.167)
$$K(x) = [\frac{1}{c} (\frac{k_1}{a})^a (\frac{k_2}{b})^b]^{\frac{1}{a+b}} \cdot (a + b) \cdot x^{\frac{1}{a+b}} \ .$$

Aufgabe 7.3.168: Gegeben sind die Produktionsfunktion $x = 2r_1^{0,5} \cdot r_2^{0,5}$ sowie die Faktorpreise $k_1 = 8$; $k_2 = 18$. Vom zweiten Faktor werden stets konstant $\overline{r}_2 = 100$ ME eingesetzt.

i)   Ermitteln Sie über $K = k_1 r_1 + k_2 r_2$ die Kostenfunktion $K(x)$.

ii)   Ermitteln Sie den Output x im Betriebsoptimum.

iii) Zeigen Sie, dass im Betriebsoptimum gleichzeitig die Minimalkostenkombination realisiert wird.

Aufgabe 7.3.169: Gegeben seien die Cobb-Douglas-Produktionsfunktion $x = c \cdot r_1^a \cdot r_2^b$ sowie die festen Faktorpreise k_1,k_2. Vom zweiten Faktor werden konstant stets $\overline{r}_2$ ME eingesetzt.

i)   Ermitteln Sie (mit $K = k_1 r_1 + k_2 r_2$) die Kostenfunktion $K(x)$ sowie die Outputmenge im Betriebsoptimum.

ii)   Ermitteln Sie die Outputmenge bei Realisierung der Minimalkostenkombination (mit $\overline{r}_2 = $ const.).

iii) Zeigen Sie, dass im Betriebsoptimum genau dann die Minimalkostenkombination realisiert ist, wenn die Produktionsfunktion linear-homogen ist.

7.3.3.3 Nutzenmaximierung und Haushaltsoptimum

Das Grundprinzip der Nutzenmaximierung mit Hilfe der Lagrange-Methode wird als wichtiger Baustein für einige klassische ökonomische Disziplinen, wie etwa Haushaltstheorie, Konsumtheorie oder Allokationstheorie (Wohlfahrtsökonomik) benötigt.

Die konsumabhängigen Nutzenvorstellungen eines individuellen Haushalts seien in Form einer (ordinalen [5]) **Nutzenfunktion** U: $U(x_1,...,x_n)$ quantifiziert: Konsumiert der Haushalt die Gütermengen $x_1, x_2, ..., x_n$ (wobei x_i die Menge des i-ten Gutes bedeutet, i = 1,...,n), so stiftet dieser Konsum den Nutzen (ausgedrückt durch den „Nutzenindex") $U = U(x_1,...,x_n)$.

Unterstellen wir weiterhin, dass der Haushalt zur Befriedigung seiner Konsumwünsche den Betrag C (**Konsumsumme** oder **Haushaltsbudget**) aufwenden will, so lautet – feste Güterpreise $p_1, ..., p_n$ vorausgesetzt – das klassische **Problem der Nutzenmaximierung**:

(7.3.170)	In welcher Mengenkombination $(x_1, x_2,...,x_n)$ soll ein Haushalt n verschiedene Güter (Güterpreise: $p_1, p_2,...,p_n$) nachfragen und konsumieren, um mit der **vorgegebenen Konsumsumme C** einen **möglichst hohen Nutzen** zu erzielen? *(Haushaltsoptimum, Haushaltsgleichgewicht)*

formal:

(7.3.171)	**Maximiere** die **Nutzenfunktion** $U(x_1, x_2,...,x_n)$ unter Berücksichtigung der **Budget-Nebenbedingung**: $C = p_1 x_1 + p_2 x_2 + ... + p_n x_n = $ const..

Wie wir durch einen Vergleich mit (7.3.142) bzw. (7.3.123) erkennen, handelt es sich beim Problem der **Nutzenmaximierung** um eine zum Problem der **Minimalkostenkombination äquivalente Fragestellung**. Hier wie dort setzen wir i.a. außerdem voraus, dass die **Indifferenzlinien** (Linien gleichen Nutzens) – den **Isoquanten** im Fall der Minimalkostenkombination entsprechend – **fallend** und **konvex** sind, siehe Abb. 7.3.172. Im Fall der Nutzenfunktion wird dadurch der Erfahrungstatsache Rechnung getragen, dass eine Einheit eines Gutes desto leichter substituiert werden kann, je mehr der Haushalt von diesem Gut bereits konsumiert.

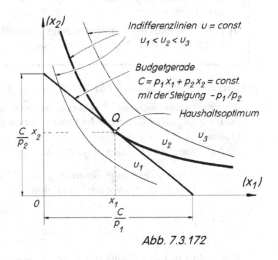

Abb. 7.3.172

Während im 2-Güter-Fall die graphische Ermittlung des Haushaltsoptimums Q in Abb. 7.3.172 deutlich wird – vergleichen Sie die Analogie zur Minimalkostenkombination –, erfolgt die Nutzenmaximierung im **n-Güter-Fall** mit der **Lagrange-Methode**:

Aus der Problemstellung (7.3.171) ergibt sich als Lagrangefunktion L:

(7.3.173) $L(x_1, ..., x_n, \lambda) = U(x_1, ..., x_n) + \lambda(C - p_1 x_1 - ... - p_n x_n)$.

---

5 siehe etwa [50] , 69 ff.

Damit lauten die **notwendigen**[6] **Bedingungen** für das **Haushaltsoptimum**

(7.3.174)

$$\frac{\partial L}{\partial x_1} = \boxed{\begin{array}{l} \frac{\partial U}{\partial x_1} - \lambda \cdot p_1 = 0 \qquad (1) \\ \vdots \qquad \vdots \quad \vdots \quad \vdots \qquad \vdots \\ \frac{\partial L}{\partial x_n} = \frac{\partial U}{\partial x_n} - \lambda \cdot p_n = 0 \qquad (n) \\ \hline \frac{\partial L}{\partial \lambda} = C - p_1 x_1 - \ldots - p_n x_n = 0 \qquad (n+1) \end{array}}$$

Die Gleichungen (1) bis (n) haben dieselbe Struktur, für zwei beliebige, etwa (i) und (k), gilt:

(i) $\frac{\partial U}{\partial x_i} - \lambda \cdot p_i = 0$; (k) $\frac{\partial U}{\partial x_k} - \lambda \cdot p_k = 0$.   Daraus folgt: $\frac{\partial U}{\partial x_i} = \lambda p_i$, $\frac{\partial U}{\partial x_k} = \lambda p_k$ und daher:

(7.3.175)   (a) $\boxed{\dfrac{p_k}{p_i} = \dfrac{\frac{\partial U}{\partial x_k}}{\frac{\partial U}{\partial x_i}}}$ bzw.   (b) $\boxed{\dfrac{\frac{\partial U}{\partial x_i}}{p_i} = \dfrac{\frac{\partial U}{\partial x_k}}{p_k} = \lambda}$ für alle i, k = 1,2,...,n.

Damit haben wir in Analogie zu Satz 7.3.139:

Satz 7.3.176: (Haushaltsoptimum)

Ein Haushalt maximiert seinen Nutzen U im Rahmen seiner Konsumsumme C, indem er die (zu festen Preisen verfügbaren) nutzenstiftenden Konsumgüter in einer solchen Mengenkombination $(x_1, x_2, ..., x_n)$ nachfragt und konsumiert, dass

i) die **Grenznutzen** je zweier beliebiger Güter sich wie die entsprechenden **Güterpreise zueinander verhalten**, bzw.

ii) der **Grenznutzen pro aufgewendeter Geldeinheit** (der *Grenznutzen des Geldes*) für **sämtliche** Güter **gleich** ist (*„2. Gossensches Gesetz"*).

Bemerkung 7.3.177: i) *Nach (7.1.75) folgt mit (7.3.175) (a):* $\dfrac{p_i}{p_i} = \dfrac{\partial U}{\partial x_k} / \dfrac{\partial U}{\partial x_i} = -\dfrac{dx_i}{dx_k}$,   *d.h. im Nutzenmaximum liefert das **Preisverhältnis** zweier Güter mit dem entsprechenden **Grenznutzenverhältnis** auch die (negative) **Grenzrate der Substitution** (= Steigung der Indifferenzlinie). Dies kommt graphisch in Abb. 7.3.172 zum Ausdruck, wo im Haushaltsoptimum Q die Budgetgerade (Steigung: $-p_1/p_2$) die Indifferenzlinie (Steigung: dx_2/dx_1) berührt.*

ii) *Analog zum Vorgehen in Bemerkung 7.3.134 ergibt sich der Wert λ des Lagrange-Multiplikators aus (7.3.173) durch Ableiten nach der Konsumsumme C:*

(7.3.178) $\boxed{\dfrac{\partial L}{\partial C} = \lambda}$.

*Wegen der Übereinstimmung von L und U längs der Nebenbedingung misst λ daher den **Grenznutzen bzgl. der Konsumsumme C** (d.h. λ misst (näherungsweise) die Nutzenänderung im Haushaltsoptimum, wenn die Konsumsumme um eine Einheit zunimmt). Dieser Wert ist wegen (7.3.175)(b) außerdem identisch mit dem im Haushaltsoptimum für alle Güter gleichen Grenznutzen pro Geldeinheit.*

---

6 Die hinreichenden Bedingungen sind durch die Annahme konvexer Indifferenzlinien gesichert, siehe [13], 414.

Beispiel 7.3.179:   Gesucht ist das Haushaltsoptimum, wenn folgende Daten vorliegen:

Nutzenfunktion: $U = x_1 \cdot x_2$;   Güterpreise: $p_1 = 4\,GE/ME_1$; $p_2 = 16\,GE/ME_2$;
vorgegebene Konsumsumme: $C = 640\,GE$.

$\Rightarrow$ Lagrangefunktion: $L = x_1 x_2 + \lambda\,(640 - 4x_1 - 16x_2)$.

Die notwendige Bedingungen für das Haushaltsoptimum lauten somit:

$$\frac{\partial L}{\partial x_1} = x_2 - 4\lambda = 0 \;; \qquad \frac{\partial L}{\partial x_2} = x_1 - 16\lambda = 0 \;; \qquad \frac{\partial L}{\partial \lambda} = 640 - 4x_1 - 16x_2 = 0 \,.$$

Aus den beiden ersten Gleichungen folgt: $\dfrac{x_2}{x_1} = \dfrac{4}{16}$, d.h. $\boxed{x_1 = 4x_2}$. Einsetzen in die dritte Glei-

chung liefert: $x_2 = 20\,ME_2$ und daher $x_1 = 80\,ME_1$.   Der maximale Nutzenindex lautet:

$$U_{max} = x_1 \cdot x_2 = 1.600. \qquad \text{Für } \lambda \text{ ergibt sich:} \quad \lambda = \frac{x_1}{16} = \frac{x_2}{4} = 5.$$

(Zur *Kontrolle* nach Bemerkung 7.3.177:

Steigung m_1 der Budgetgeraden $C = 4x_1 + 16x_2 = 640$: Wegen $x_2 = -\dfrac{1}{4}x_1 + \dfrac{C}{16}$ folgt: $m_1 = -\dfrac{1}{4}$.

Steigung m_2 der „optimalen" Indifferenzlinie $U = 1.600 = x_1 \cdot x_2$:

$$\text{Wegen } x_2 = \frac{1.600}{x_1} \quad \text{folgt:} \quad m_2 = \frac{dx_2}{dx_1} = -\frac{1.600}{x_1^2}.$$

Für den Optimalwert $x_1 = 80$ gilt: $\qquad m_2 = -\dfrac{1.600}{80^2} = -\dfrac{1}{4} = m_1$,   d.h. Bestätigung der Über-

einstimmung von negativem Preisverhältnis und Grenzrate der Substitution im Haushaltsoptimum.)

(Zur *Kontrolle* des Optimalwertes von λ ($\lambda_{opt} = 5$) überprüfen wir das Haushaltsoptimum, wenn C
um 1 GE auf 641 GE zunimmt. Setzen wir wieder $x_1 = 4x_2$ in die Budgetbedingung $4x_1 + 16x_2 = 641$
ein, so folgt:

$$x_2 = \frac{641}{32} = 20{,}03125\,ME_2 \quad \text{sowie} \quad x_1 = 4x_2 = 80{,}125\,ME_1,$$

so dass der maximale Nutzenindex lautet: $U_{max} = x_1 \cdot x_2 = 1.605{,}004$, also in der Tat eine Zunahme
um etwa 5 ($= \lambda_{opt}$) Einheiten.)

---

*Vorbemerkung zu den nachfolgenden Aufgaben: Sofern die Lagrange-Methode anwendbar ist,
gebe man eine **ökonomische Interpretation** des **Lagrangemultiplikators** im Optimum.*

Aufgabe 7.3.180-a: Ein Haushalt gibt sein Budget in Höhe von genau 4.200 GE für den Konsum
zweier Güter X, Y aus (konsumierte Mengen: x in ME_x bzw. y in ME_y). Die Güterpreise sind
fest: $p_x = 40\,GE/ME_x$ bzw. $p_y = 50\,GE/ME_y$. Durch den Konsum dieser Güter erreicht der Haushalt ein Nutzenniveau U, das wie folgt von den konsumierten Mengen x, y abhängt:

$$U = U(x,y) = 2 \cdot \sqrt{x} + 4 \cdot \sqrt{y} \,.$$

Welche Gütermengen soll der Haushalt beschaffen und konsumieren, damit – im Rahmen seines
Budgets – das damit erzielte Nutzenniveau maximal wird?

Aufgabe 7.3.180-b: Xaver Huber ist als vielbeschäftigter Film- und Fernsehkritiker spezialisiert auf
die Beurteilung von bekannten Fernsehserien („soap-operas"). Jeden Abend sieht er sich die Vorab-
Versionen von „Lindenstraße" und „Schwarzwaldklinik" an.

Sein Frustrationsniveau F *(in Säuregrad)* setzt sich kumulativ *(d.h. additiv)* aus Frust über die „Lindenstraße" *(pro Fernsehstunde belasten ihn 3 Grad)* und über die „Schwarzwaldklinik" *(5 Grad pro
Stunde)* zusammen.

Sein Honorar H *(in € pro Abend)* ergibt sich aus einer degressiv wachsenden Lohnfunktion in Abhängigkeit der Zeitdauern L bzw. S *(jeweils in h/Tag)*, die er vor der „Lindenstraße" bzw. vor der „Schwarzwaldklinik" zugebracht hat:

$$H \ = \ H(L,S) \ = \ 40\sqrt{L \cdot S} \qquad ; \qquad (L,S > 0) \ .$$

Wieviele Stunden pro Tag wird er vor welcher „soap-opera" zubringen, um ein Honorar von 100,- €/Abend mit möglichst wenig Frustration zu verdienen?

Aufgabe 7.3.181-a: Auf der Suche nach einer billigen Bude verschlägt es den Studenten Pfiffig spätabends in den „Goldenen Ochsen", den einzigen Gasthof in Schlumpfhausen. Hungrig und durstig setzt er sich an einen Tisch und zählt seine Barschaft: Genau 12,- € hat er noch bei sich.

Die Küche ist schon geschlossen, nur noch Erdnüsse und Bier sind zu haben. Eine Tüte *(= 50g)* gerösteter Erdnüsse kostet € 1,-, ein Glas Bier *(= 0,2 Liter)* kostet € 1,50. Aus langer Erfahrung weiß Pfiffig, dass sein persönliches Wohlbefinden W in folgender Weise von den Verzehrmengen x_1 von Erdnüssen *(in 100g)* bzw. x_2 von Bier *(in Litern)* abhängt:

$$W = 2\sqrt{x_1} \cdot \sqrt{x_2} \qquad\qquad (x_i > 0)$$

Wieviele Tüten Erdnüsse bzw. wieviele Gläser Bier wird Pfiffig bestellen und verzehren, damit sein persönliches Wohlbefinden (im Rahmen seines Budgets) maximal wird?

Aufgabe 7.3.181-b: Alois Huber fühlt sich besonders wohl bei Bach und Mozart. Sein täglich erreichbares Lustniveau N beim Hören bachscher und mozärtlicher Klänge hängt von der Hördauer b *(in h/Tag für Musik von Bach)* und m *(in h/Tag für Musik von Mozart)* ab gemäß folgender Nutzenfunktion:

$$N = N(b,m) = -10 + 2m + b + 2\sqrt{mb} \qquad\qquad (b,m > 0) \ .$$

Da Alois seinen Lebensunterhalt mit geregelter Arbeit *(und ohne Benutzung seines Pocket-MP3-Players)* verdienen muss, bleiben ihm pro Tag noch genau 5h für sein musikalisches Hobby.

Wie lange pro Tag wird Alois Bach hören und wie lange Mozart, damit er sein tägliches Wohlbefinden maximiert?

Aufgabe 7.3.182-a: Der individuelle Nutzenindex U eines Haushaltes sei in Abhängigkeit vom Konsum x_1, x_2 *(in ME pro Periode)* zweier Güter gegeben durch folgende Nutzenfunktion:

$$U(x_1,x_2) = 10 \cdot \sqrt{x_1} \cdot x_2^{0,6} \qquad\qquad (x_i > 0) \ .$$

Für eine ME des ersten Gutes muss der Haushalt 8,- € bezahlen, für eine ME des zweiten Gutes 12,- €. Der Haushalt will insgesamt genau 440,- € pro Periode für den Konsum beider Güter ausgeben. Wieviele ME pro Periode eines jeden Gutes soll der Haushalt kaufen (und konsumieren), damit er seinen Nutzen maximiert?

Aufgabe 7.3.182-b: Im Keller seines Einfamilienhauses hat Huber ein chemisches Laboratorium eingerichtet und produziert nun nach Feierabend eine chemische Substanz *(Outputmenge x (in ME_x))* mit Hilfe zweier Input-Stoffe R1 und R2 *(Inputmengen r_1 (in ME_1) bzw. r_2 (in ME_2))*.

Hubers Produktion kann beschrieben werden durch die folgende Produktionsfunktion:

$$x = 10 - \frac{4}{r_1} - \frac{1}{r_2} \qquad\qquad (r_1,r_2 > 0) \ .$$

i)   Welches ist die höchste Ausbeute an Substanz *(in ME_x)*, die Huber *(theoretisch)* erzielen kann? Wie müsste er dazu die Input-Faktoren kombinieren?

ii) Huber kann seinen Output zu einem festen Preis *(p = 9 GE/ME$_x$)* absetzen.
Für die Input-Stoffe zahlt er ebenfalls feste Preise auf dem Beschaffungsmarkt:
$p_1 = 1$ GE/ME$_1$ *(für R1)*; $p_2 = 4$ GE/ ME$_2$ *(für R2)*.
Wie muss er jetzt die Inputs kombinieren, um maximalen Gewinn zu erzielen?
Wie hoch ist der maximale Gewinn?

iii) Die Absatz- und Beschaffungspreise entsprechen den Daten unter ii). Huber will aber für die Input-Stoffe nur genau 8 GE ausgeben. Wie muss er nun die Inputs kombinieren, um maximalen Gewinn zu erzielen? Wie hoch ist jetzt der maximale Gewinn?

Aufgabe 7.3.182-c: Student Harro Huber ernährt sich von Bier und Pommes frites *("Fritten")*.

Für jedes Nahrungsmittel existiert für ihn eine individuelle Nutzenfunktion, die den Grad Bedürfnisbefriedigung in Abhängigkeit von den konsumierten Nahrungsmittelmengen angibt.

Für Bier lautet sie: $N_B = 128x_1 - 10x_1^2$ *(N$_B$: Nutzenindex in NE,*
    x$_1$: Bierkonsum in Glas (0,2 Liter)/Tag)

Für Fritten lautet sie: $N_F = 50x_2 - 5x_2^2$ *(N$_F$: Nutzenindex in NE,*
    x$_2$: Frittenkonsum in Tüten/Tag)

Der Gesamtnutzen N beim Konsum beider Nahrungsmittel setzt sich additiv aus beiden Nutzenwerten – *zuzüglich des „Synergie-Terms"* x_1x_2 – zusammen: $N = N_B + N_F + x_1x_2$.

H.H. will pro Tag genau 20,– € für Nahrungsmittel ausgeben.

Wieviel Bier *(zu 2,– €/0,2 Liter)* und wieviel Fritten *(zu 1,– €/Tüte)* wird er pro Tag konsumieren, um im Rahmen seines Budgets maximalen Nutzen zu erzielen?

Aufgabe 7.3.182-d: Der Student Alois Huber muss unbedingt seinen Kenntnisstand in Mathematik und Statistik verbessern, um die kommende Klausur erfolgreich bestehen zu können. Nun ist sein Wissensstand W *(gemessen in Wissenseinheiten (WE))* eine Funktion a) der Anzahl t der bis zur Prüfung aufgewendeten Lerntage *(zu je 8 Lernstunden)* und b der Menge m *(in g)* der von ihm konsumierten Wunderdroge „Placebologica", die ihm die bekannte Astrologin Huberta Stussier empfohlen hat.

Der Zusammenhang kann beschrieben werden durch die Lernfunktion W: W(m,t) mit

$$W = W(m,t) = 160 + 6m + 9t - 0{,}25m^2 - 0{,}20t^2   \qquad (m, t \geq 0)\ .$$

Jeder Lerntag kostet Alois 80 € *(denn soviel könnte er andernfalls als Aushilfskraft in der Frittenbude McDagobert verdienen)*, die Wunderdroge kostet pro Gramm 120 €.

i) Wie lange soll Alois lernen, und welche Dosierung der Wunderdroge soll er wählen, damit sein Wissensstand in Mathematik/Statistik maximal wird?

ii) Wie soll Alois Lernzeit und Droge kombinieren, wenn er insgesamt 2.680,– € „opfern" will?

iii) Man ermittle in beiden Fällen i) und ii) die Höhe des maximalen Wissensstandes sowie den dafür erforderlichen finanziellen Aufwand und kommentiere das Ergebnis.

Aufgabe 7.3.182-e: In Knöselshausen haben die Geschäftsleute nur ein einziges Ziel, nämlich den sog. Drupschquotienten D (in DE) ihrer Produkte zu maximieren.

Der Drupschquotient D seinerseits hängt ausschließlich ab von der Höhe B (in BE) des eingesetzten Blofels sowie von der Höhe S (in SE) des aufgewendeten Stölpels. Der zugrundeliegende Zusammenhang kann kann durch die sogenannte Drupschfunktion beschrieben werden mit:

$$D = D(B,S) = 400 \cdot B^{0{,}25} \cdot S^{0{,}75}   \qquad (B,S > 0)\ .$$

i) Bei welchem Blofeleinsatz und bei welchem Stölpelaufwand wird der Drupschquotient maximal?

ii) Wegen eingeschränkter Ressourcen muss die insgesamt eingesetzte/aufgewendete Menge von Blofel und Stölpel zusammen genau 100 Einheiten betragen. Bei welchem Blofeleinsatz und bei welchem Stölpelaufwand wird nun der Drupschquotient maximal?

Aufgabe 7.3.183-a: Ein durchschnittlicher 4-Personenhaushalt gebe pro Monat für Nahrungsmittel, Wohnung, Energie und Körperpflege genau 2.400,- € aus. Das durch den Konsum dieser vier Güter erzielbare Nutzenniveau U des Haushaltes richte sich nach folgender Nutzenfunktion:

$$U(x_1, x_2, x_3, x_4) = 1.000x_1 + 4.880x_2 + 2x_2x_3 + x_1x_4 \ .$$

Dabei bedeuten: x_1: monatliche Nahrungsmittelausgaben (in €/Monat); x_2: zur Verfügung stehende Wohnfläche (in m^2); x_3: monatlicher Energieverbrauch (in kWh/Monat); x_4: monatliche Ausgaben für Körperpflege (in €/Monat).

Die Monatsmiete beträgt 8,- €/m^2, der Energiepreis beträgt 0,20 €/kWh. In welchen Mengen soll der Haushalt die vier Güter „konsumieren", damit er daraus maximalen Nutzen zieht?

Aufgabe 7.3.183-b: Nach dem aufsehenerregenden Bericht eines Entenhausener Forschungsinstitutes hängt die Höhe H des Barvermögens von Onkel Dagobert einzig und allein ab von der Höhe R (in RE) des von ihm eingesetzten Raffs und der Höhe S (in SE) des von ihm aufgewendeten Schnapps.

Es konnte außerdem jetzt erstmalig der zugrundeliegende funktionale Zusammenhang beschrieben werden:

$$H = H(R,S) = 200 \sqrt{R} \cdot S^{0,8} \qquad , \qquad (R,S > 0) \ .$$

i) Bei welchem Raffeinsatz und welchem Schnappaufwand wird Onkel D.'s Barvermögen maximal?

ii) Später stellt sich heraus, dass aus umwelthygienischen Gründen die insgesamt eingesetzte Menge von Raff und Schnapp zusammen nur 130 Einheiten betragen kann. Bei welchem Raffeinsatz und welchem Schnappaufwand wird nunmehr Onkel Dagoberts Barvermögen maximal?

*Aufgabe 7.3.183-c: In einem abgegrenzten Testmarkt hängt die Nachfrage x *(in ME/Jahr)* nach DVD-recordern des Typs „Glozz" ab a) vom Preis p *(in GE/ME)* des Gerätes sowie b) vom Service s *(Kundendienst...)* des Produzenten (*s (in GE/Jahr) = Höhe der jährlichen Serviceaufwendungen)*. Der jährliche Absatz x in Abhängigkeit von p und s kann wie folgt beschrieben werden:

$$x = x(p,s) = 5.000 - 2p - \frac{1.000}{s} \qquad , \qquad p,s > 0 \ .$$

Die durch Produktion und Absatz *(aber noch ohne Service-Aufwendungen)* hervorgerufenen Kosten setzen sich wie folgt zusammen: Fixkosten: 10.000 GE/Jahr; stückvariable Kosten: 10 GE/ME. Für die Gesamtkosten pro Jahr müssen zusätzlich die Service-Kosten berücksichtigt werden.

Wie soll die Unternehmung den Preis festsetzen, und welche jährlichen Service-Aufwendungen soll sie tätigen, damit der jährliche Gesamtgewinn maximal wird?

Aufgabe 7.3.183-d: Die Nachfrage x *(in ME/Jahr)* nach einem Markenartikel hänge –c.p.– ab von seinem Preis p *(in GE/ME)* und von den Aufwendungen w *(in GE/Jahr)* für Werbung (und andere marketingpolitische Instrumente). Langjährige Untersuchungen führen zur folgenden funktionalen Beziehung zwischen x, p und w:

$$x = x(p,w) = 3950 - 20p + \sqrt{w} \qquad ; \qquad (p,w > 0) \ .$$

Bei der Produktion des Artikels fallen fixe Kosten in Höhe von 7950 GE/Jahr an, die stückvariablen Produktionskosten betragen stets 79 GE/ME. Selbstverständlich sind auch die jährlichen Marketingausgaben w als direkte Kosten für den Artikel anzusehen.

Wie soll die Unternehmung den Preis p festlegen, und welche Marketingausgaben w soll sie jährlich tätigen, damit der Jahres-Gesamtgewinn maximal wird?

Aufgabe 7.3.184: Der Bundesbildungsminister will in einer Sonderaktion Professoren, Assistenten und Tutoren zur Schulung von Studenten in Prozentrechnung einsetzen. Bezeichnet man die Einsatzzeiten *(für Curricularentwicklung, didaktische Umsetzung, Seminare, Gruppenarbeiten, Korrektur von Übungsaufgaben usw.)* von Assistenten, Professoren bzw. Tutoren mit A, P bzw. T (jeweils in Stunden), so ergibt sich der studentische Lernerfolgsindex E gemäß folgender Lernfunktion:

$$E(A, P, T) = 100 + 50A + 80P + 10T + AP + PT - A^2 - 0,5P^2 - 2T^2.$$

Einsatzhonorare: für Assistenten 18,– €/h, für Professoren 36,– €/h, für Tutoren 12,– €/h.

i) Wieviele Stunden jeder Kategorie sollten geleistet werden, damit der studentische Lernerfolg in Prozentrechnung möglichst hoch wird? Wieviel Prozent der a) Gesamtarbeitszeit b) Gesamtkosten entfallen dann auf den Tutoreneinsatz?

ii) Wie müssen die Einsatzzeiten geplant werden, wenn ein möglichst hoher Lernerfolg angestrebt wird, der Bildungsminister für diese Schulungsaktion aber nur 5.430,– € ausgeben kann und will? Mit Hilfe von Prozentzahlen (!) vergleiche man Lernerfolgindizes und dafür erforderliche Kosten von i) und ii).

7.3.3.4 Nutzenmaximale Güternachfrage- und Konsumfunktionen

Im Anschluss an die allgemeine Diskussion der Nutzenmaximierung (siehe Kap. 7.3.3.3) stellt sich die Frage, welchen **Einfluss**

> **1) Änderungen der Konsumsumme** C   bzw.
> **2) Änderungen der Güterpreise** $p_1, p_2, \ldots$

auf das **Haushaltsoptimum** besitzen. Um auch jetzt graphisch-anschaulich argumentieren zu können, beschränken wir uns zunächst auf den 2-Güter-Fall.

1) Änderungen der Konsumsumme C (p_1, p_2 fest):

Eine **Veränderung der Konsumsumme** (hervorgerufen etwa durch höheres Einkommen oder gewandeltes Konsum-/Sparverhalten) bedeutet eine **Parallelverschiebung der Budgetgeraden** (da wegen der Preiskonstanz auch das Preisverhältnis und somit die Steigung $-p_1/p_2$ der Budgetgeraden unverändert bleiben).

Zu einer jeden Konsumsumme C_i gibt es genau ein Haushaltsoptimum Q_i, siehe Abb. 7.3.185. Alle durch Variation der Konsumsumme erzeugten Haushaltsoptima $Q_1, Q_2, Q_3, Q_4, \ldots$ liegen auf einer Kurve, der sog. **Einkommen - Konsum - Kurve** oder **Engel-Kurve**[7]: $x_2 = x_2(x_1)$ (siehe den stark ausgezogenen Kurvenzug in Abb. 7.3.185). Ein nutzenmaximierender Haushalt wird bei variierender Konsumsumme und konstantem Güterpreisverhältnis daher nur die durch die Engelkurve beschriebenen Gütermengenkombinationen konsumieren.

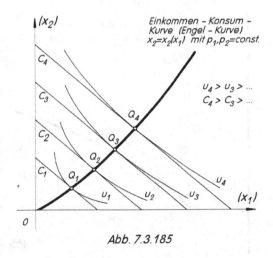

Abb. 7.3.185

---

7 E. Engel, 1821-1896, preußischer Statistiker

Bemerkung 7.3.186: *Ein Vergleich mit Kap. 7.3.3.2, Abb. 7.3.152, zeigt, dass die **Engelkurve** eines nutzenmaximierenden Haushaltes dem **Expansionspfad** eines kostenminimierenden Produzenten entspricht.*

Die Kenntnis der Engelfunktion $x_2(x_1)$ gestattet durch Bestimmen der beiden Koordinaten x_1, x_2 des Haushaltsoptimums bei wechselnder Konsumsumme C außerdem die Ermittlung der Beziehungen $x_1 = x_1(C)$ sowie $x_2 = x_2(C)$, d.h. der **Güternachfragefunktionen** in **Abhängigkeit** von der **Konsumsumme**.

Beispiel 7.3.187:   Gegeben sei die Nutzenfunktion U mit

$$U(x_1,x_2) = \frac{2x_1 \cdot x_2}{1+x_1},$$

die fallende und konvexe Indifferenzlinien *(Übung!)* besitzt. Die Güterpreise $p_1 = 1\,GE/ME_1$ und $p_2 = 2\,GE/ME_2$ seien fest vorgegeben. Dann lauten die Bedingungen (7.3.174) für das Haushaltsoptimum:

(1) $\dfrac{2x_2}{(1+x_1)^2} - \lambda = 0$ **(2)** $\dfrac{2x_1}{1+x_1} - 2\lambda = 0$

(3) $C - x_1 - 2x_2 = 0$.

Aus den Gleichungen (1) und (2) folgt durch Elimination von λ die Gleichung der Engelkurve (siehe Abb. 7.3.189)

(7.3.188) $\boxed{x_2 = x_2(x_1) = 0{,}5x_1{}^2 + 0{,}5x_1}$ $(x_1 \geq 0)$.

Setzen wir (7.3.188) in (3) ein, so folgt:

$$C - x_1 - x_1{}^2 - x_1 = 0 \quad\text{bzw.}\quad x_1{}^2 + 2x_1 - C = 0.$$

Die Lösungen dieser quadratischen Gleichungen lauten: $x_1 = -1 \pm \sqrt{1 + C}$. Da x_1 stets positiv ist, kommt nur die positive Lösung in Betracht, und wir erhalten:

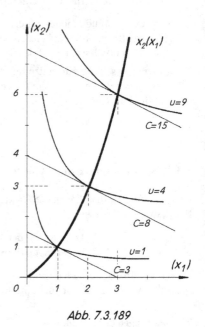

Abb. 7.3.189

(7.3.190) $\boxed{x_1 = x_1(C) = \sqrt{C+1} - 1}$ sowie x_2 mit (7.3.188) zu:

(7.3.191) $\boxed{x_2 = x_2(C) = 0{,}5\left(C+1 - \sqrt{C+1}\,\right)}$, siehe Abb. 7.3.192.

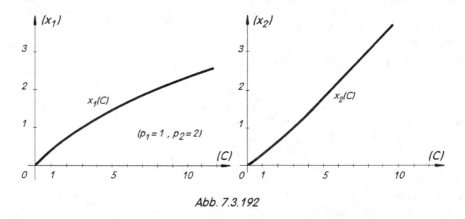

Abb. 7.3.192

Auch diese Güternachfragefunktionen in Abhängigkeit der Konsumsumme werden Engelfunktionen genannt. Wie aus Abb. 7.3.192 ersichtlich, handelt es sich bei beiden Gütern um „normale" Güter.

2) Änderungen der Güterpreise p_1, p_2

a) Ändern sich p_1 und p_2 **proportional** (d.h. **um denselben**, z.B. inflationsbedingten, **Faktor** k ($\neq 0$)), bleiben das Preisverhältnis p_1/p_2 und somit die **Steigung** $-p_1/p_2$ der **Budgetgeraden unverändert:**

Seien etwa $p_1{}^*, p_2{}^*$ die neuen Preise, so gilt:

$$p_1{}^* = k \cdot p_1 \quad ; \quad p_2{}^* = k \cdot p_2.$$

Über die Budgetrestriktion $C = p_1 x_1 + p_2 x_2$ folgt die **Gleichung der Budgetgeraden**

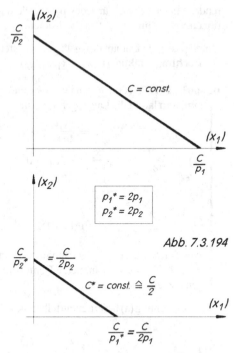

(7.3.193)
$$x_2 = -\frac{p_1}{p_2} \cdot x_1 + \frac{C}{p_2}.$$

Setzen wir die neuen Preise an die Stelle der alten Preise, so folgt

$$x_2 = -\frac{p_1{}^*}{p_2{}^*} \cdot x_1 + \frac{C}{p_2{}^*} = -\frac{kp_1}{kp_2} \cdot x_1 + \frac{C}{kp_2},$$

d.h.
$$x_2 = -\frac{p_1}{p_2} \cdot x_1 + \frac{C}{kp_2}.$$

Die **Steigung** der Budgetgeraden bleibt **unverändert**, lediglich der **Ordinatenabschnitt sinkt** (für $k > 1$) bzw. **steigt** (für $k < 1$). Daher wirkt **proportionale Preisänderung** bei **allen** Gütern wie eine **Änderung der Konsumsumme** C. Abb. 7.3.194 zeigt diesen Effekt graphisch für Preisverdopplung: Die Budgetgerade wird parallel nach unten verschoben, die „effektive" Konsumsumme sinkt um 50% auf $C/2$.

Denselben Effekt (bei unveränderten Preisen p_1, p_2) bewirkt eine Verminderung der Konsumsumme auf die Hälfte des ursprünglichen Wertes. Das mit der ursprünglichen Konsumsumme C erzielbare **Nutzenniveau sinkt** daher **wie** bei einer entsprechenden **Einkommensverminderung ohne Preisänderung.**

*Bemerkung 7.3.195: Der Haushalt könnte sein bisheriges Nutzenniveau erhalten, wenn er seine Konsumsumme C den gestiegenen Preisen anpasst, also C ebenfalls mit dem Preisänderungsfaktor k ($\neq 0$) multipliziert: $C^* = kC$. Dann lautet die Gleichung der Budgetgeraden $C^* = kC = kp_1 x_1 + kp_2 x_2 = p_1{}^* x_1 + p_2{}^* x_2$ und ist daher – wie wir nach Division durch k feststellen – identisch mit der ursprünglichen Budgetrestriktion $C = p_1 x_1 + p_2 x_2$. Bei proportionaler Änderung sowohl der Preise als auch der Konsumsumme um denselben Faktor ändert sich daher das Haushaltsoptimum weder bzgl. der Gütermengenkombination **noch** bzgl. des erzielbaren Nutzenniveaus. Man sagt, der Haushalt sei „frei von Geldillusionen".*

b) Im Zusammenhang mit **beliebiger Güterpreisänderung** sei zunächst die Änderung eines einzigen Preises, etwa p_1, betrachtet (p_2, C fest).

Dann bleibt der **Ordinatenabschnitt** $\frac{C}{p_2}$ der Budgetgeraden (7.3.193) stets **unverändert**. Die **Steigung** $-p_1/p_2$ der Budgetgeraden ist stets **negativ** und nimmt mit **steigendem Preis** absolut zu, siehe Abb. 7.3.196 (je höher p_1, desto steiler die Budgetgerade). Die **Verbindungslinie** Q_1, Q_2, Q_3, Q_4, ... aller **Haushaltsoptima** bildet die sog. **Preis-Konsum-Kurve** oder **offer-curve**. Ein nutzenmaximie-

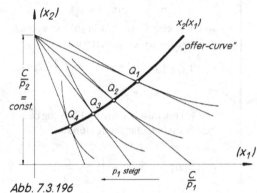

Abb. 7.3.196

render Haushalt wird für jedes p_1 nur die durch die offer-curve determinierten Gütermengenkombinationen x_1, x_2 (mit p_2, C fest) realisieren.

Durch passende Elimination gelingt es i.a. stets, für den Fall der **Variation aller Güterpreise** die zugehörigen **Nachfragefunktionen** $x_1 = x_1(p_1, p_2)$; $x_2 = x_2(p_1, p_2)$ zu ermitteln.

Beispiel 7.3.197: (Fortsetzung von Beispiel 7.3.187): Mit allgemeinen Preis- bzw. Konsumsummenparametern lautet die Lagrangefunktion:

$$L = \frac{2x_1 x_2}{1+x_1} + \lambda(C - p_1 x_1 - p_2 x_2) \qquad \text{mit den notwendigen Optimalbedingungen:}$$

(1) $\dfrac{\partial L}{\partial x_1} = \dfrac{2x_2}{(1+x_1)^2} - \lambda p_1 = 0$

(2) $\dfrac{\partial L}{\partial x_2} = \dfrac{2x_1}{1+x_1} - \lambda p_2 = 0$ $\left.\right\}$ $\Rightarrow$ $\boxed{\dfrac{p_1}{p_2} = \dfrac{x_2}{x_1(1+x_1)}}$ (a)

(3) $\dfrac{\partial L}{\partial \lambda} = \boxed{C - p_1 x_1 - p_2 x_2 = 0}$ (b) .

Aus den beiden (nach der Elimination von λ) noch verbliebenen Bedingungen (a) und (b) können wir je nach Variablen-/Parameter-Elimination eine einzige Gleichung mit den gewünschten Zuordnungen erzeugen:

i) Gleichung (a) liefert unmittelbar die schon bekannte **Engelfunktion** für jede Konsumsumme C:

(7.3.198) $\boxed{x_2 = \dfrac{p_1}{p_2} \cdot x_1 \cdot (1+x_1)}$ (p_1, p_2 = const.;   für $p_1 = 1$; $p_2 = 2$ vgl. (7.3.188).

ii) Elimination von p_1: Aus (a) folgt: $p_1 x_1 = \dfrac{p_2 x_2}{1+x_1}$.   Einsetzen in (b) liefert sukzessive:

$$C = \frac{p_2 x_2}{1+x_1} + p_2 x_2 = x_2\left(\frac{p_2}{1+x_1} + p_2\right) = x_2 \cdot \frac{p_2 + p_2(1+x_1)}{1+x_1} = x_2 \cdot \frac{p_2(2+x_1)}{1+x_1} \text{ und daher}$$

(7.3.199) $\boxed{x_2 = \dfrac{C(1+x_1)}{p_2(2+x_1)}}$ für jedes p_1 .

Dies ist (sofern C, p_2 fest) die Gleichung der **offer-curve**. Für C = 10 ; $p_2 = 2$ etwa lautet sie:

$x_2 = 5 \cdot \dfrac{1+x_1}{2+x_1}$, siehe Abb. 7.3.201.

iii) Elimination von x_2: Aus (a) folgt:
$p_2 x_2 = p_1 x_1 (1+x_1)$,
so dass beim Einsetzen in (b) mit x_2 auch gleichzeitig p_2 eliminiert wird:

$C = p_1 x_1 + p_1 x_1 (1+x_1) = p_1 x_1^2 + 2 p_1 x_1$

$\Rightarrow \qquad x_1^2 + 2x_1 - \dfrac{C}{p_1} 0.$

Die (ökonomisch sinnvolle) Lösung dieser quadratischen Gleichung lautet:

(7.3.200) $\boxed{x_1 = \sqrt{1 + \dfrac{C}{p_1}} - 1}$.

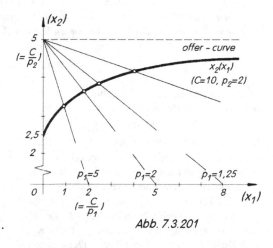

Abb. 7.3.201

Für $p_1 = $ const. erhalten wir die schon bekannte Engelfunktion (7.3.190).

Für $C = $ const. ergibt sich aus (7.3.200) die **Nachfragefunktion** $x_1 = x_1(p_1)$ des nutzenmaximierenden Haushalts nach dem **ersten Gut** in alleiniger Abhängigkeit von dessen Preis p_1, d.h. für beliebige Preis/Mengenkombination des zweiten Gutes.

Abb. 7.3.203 zeigt eine solche Nachfragefunktion (7.3.200) für $C = 10$.

iv) Elimination von x_1: Setzen wir (7.3.200) in (7.3.198) ein, so folgt:

$$x_2 = \frac{p_1}{p_2}\left(\sqrt{1+\frac{C}{p_1}} - 1\right)\sqrt{1+\frac{C}{p_1}}$$

$$= \frac{p_1}{p_2}\left(1+\frac{C}{p_1} - \sqrt{1+\frac{C}{p_1}}\right).$$

Daraus ergibt sich die **Nachfragefunktion** x_2 nach dem **zweiten Gut**:

$$(7.3.202) \quad \boxed{x_2 = \frac{1}{p_2}\left(p_1 + C - \sqrt{p_1(p_1 + C)}\right)}.$$

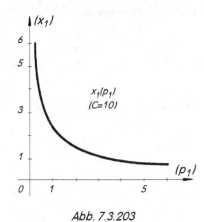

Abb. 7.3.203

Für $p_1, p_2 = $ const. erhalten wir die schon bekannte Engelfunktion (7.3.191). Für $C = $ const. liefert (7.3.202) die Nachfragefunktion nach dem zweiten Gut in Abhängigkeit beider Güterpreise. Die Nachfragefunktion x_2 ist bzgl. p_2 monoton fallend (denn es gilt nach (7.3.202): $x_2 = $ const./p_2). Außerdem fällt x_2 – c.p. – ebenfalls mit Zunahme von p_1, es liegt ein Komplementäreffekt vor.

Für $p_2 = 2$, $C = 10$ zeigt Abb. 7.3.205 den Verlauf von $x_2 = x_2(p_1)$:

Wenn der Preis p_1 des ersten Gutes c.p. über alle Grenzen wächst, nähert sich die Nachfrage x_2 nach dem zweiten Gut immer mehr ihrem Grenzwert $2{,}5\ ME_2$.

Bemerkung 7.3.204:

Analog zum Vorgehen in Beispiel (7.3.197) lässt sich auch im n-Güter-Fall das System (7.3.174) von $n+1$ Optimalbebedingungen mit zunächst insgesamt $2n+2$ Variablen (nämlich $x_1, ..., x_n$, $p_1, ..., p_n$, C, λ) durch Elimination entsprechender Variabler reduzieren auf eine Gleichung mit (höchstens noch) $n+2$ Variablen.

*Auf diese Weise können wir stets die **allgemeine Nachfragefunktion** x_i eines nutzenmaximierenden Haushalts nach irgendeinem Konsumgut in Abhängigkeit aller Güterpreise p_i sowie der Konsumsumme C ermitteln:*

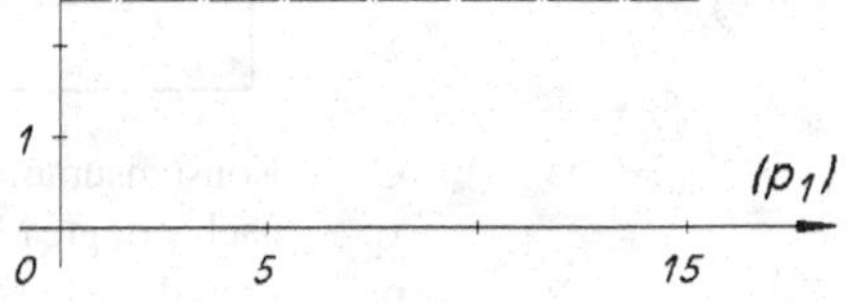

$$\boxed{x_i = f(p_1, p_2, ..., p_n, C)} \qquad (i = 1, 2, ..., n).$$

Abb. 7.3.205

Um allgemeine Preis- bzw. Konsumsummenänderungen beim wichtigen **Cobb-Douglas-Nutzenfunktionstyp** einerseits und für den allgemeinen **n-Güter-Fall** andererseits diskutieren zu können, sei abschließend eine Cobb-Douglas-Nutzenfunktion mit n Variablen betrachtet:

(7.3.206)   Maximiere $$U = c \cdot x_1^{a_1} \cdot x_2^{a_2} \cdot \, ... \cdot x_n^{a_n}$$

              mit $$p_1 x_1 + p_2 x_2 + \, ... + p_n x_n = C \; .$$

Die Optimalbedingungen (7.3.175) lauten:

(7.3.207) $$\frac{\dfrac{\partial U}{\partial x_i}}{\dfrac{\partial U}{\partial x_k}} = \frac{c \cdot a_i \cdot x_1^{a_1} \cdot \, ... \cdot x_i^{a_i - 1} \cdot \, ... \cdot x_k^{a_k} \cdot \, ... \cdot x_n^{a_n}}{c \cdot a_k \cdot x_1^{a_1} \cdot \, ... \cdot x_i^{a_i} \cdot \, ... \cdot x_k^{a_k - 1} \cdot \, ... \cdot x_n^{a_n}} = \frac{p_i}{p_k} \; .$$

Daraus folgt durch Kürzen:

(7.3.208) $\dfrac{a_k}{a_i} \cdot \dfrac{x_k}{x_i} = \dfrac{p_i}{p_k}$ bzw. $\boxed{x_k = \dfrac{p_i}{p_k} \cdot \dfrac{a_k}{a_i} \cdot x_i}$ $i,k = 1,...,n$.

Daher können wir sämtliche Mengen $x_1, x_2, ..., x_n$ durch x_i ausdrücken:

$$x_1 = \frac{p_i}{p_1} \cdot \frac{a_1}{a_i} \cdot x_i \; ;$$

$$x_2 = \frac{p_i}{p_2} \cdot \frac{a_2}{a_i} \cdot x_i \; ;$$

$$... \qquad ...$$

$$x_n = \frac{p_i}{p_n} \cdot \frac{a_n}{a_i} \cdot x_i \; .$$

Setzen wir diese $n-1$ Beziehungen in die Budgetrestriktion $p_1 x_1 + p_2 x_2 + \, ... + p_n x_n = C$ ein, so folgt:

$$p_i \cdot \frac{a_1}{a_i} \cdot x_i + p_i \cdot \frac{a_2}{a_i} \cdot x_i + \quad ... \quad + p_i x_i + \quad ... \quad + p_i \cdot \frac{a_n}{a_i} \cdot x_i = C \qquad \text{und daher}$$

$$\frac{p_i x_i}{a_i} \cdot (a_1 + a_2 + \, ... + a_i + \, ... + a_n) = C \; .$$

Der Klammerausdruck ist nach (7.3.18) genau der Homogenitätsgrad r der Cobb-Douglas-Funktion, so dass wir schließlich die folgende Gleichung erhalten:

(7.3.209) $\boxed{x_i = \dfrac{a_i}{r} \cdot \dfrac{C}{p_i}}$ $i = 1,...,n$.

C: Konsumsumme des Haushaltes;
x_i: nachgefragte Menge nach dem i-ten Gut;
p_i: Preis des i-ten Gutes;
a_i: Elastizität des Nutzens bzgl. des i-ten Gutes;
r: Homogenitätsgrad der Cobb-Douglas-Nutzenfunktion

Wir erkennen, dass die Nachfrage x_i nach dem i-ten Gut außer von der Konsumsumme C nur noch vom Preis p_i abhängt, nicht aber von den übrigen Güterpreisen. Je nachdem, welche der beiden Variablen p_i bzw. C konstant gehalten wird, folgt:

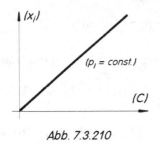

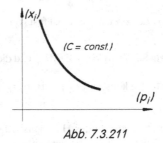

Abb. 7.3.210   Abb. 7.3.211

i) Sei p_i = const. Dann lautet die **Engelfunktion**: $\boxed{x_i(C) = \dfrac{a_i}{r \cdot p_i} \cdot C}$,

ist also eine **Ursprungsgerade** im (C, x_i)-System, siehe Abb. (7.3.210).

ii) Sei C = const. Dann lautet die **Nachfragefunktion**: $\boxed{x_i(p_i) = \dfrac{a_i \cdot C}{r} \cdot \dfrac{1}{p_i}}$,

ist also eine (monoton fallende) **Hyperbel** im (p_i, x_i)-System, s. Abb. 7.3.211.

iii) Jede **offer-curve** $x_i = x_i(x_k)$ mit p_i = const. ist eine **Konstante**: $\boxed{x_i = \dfrac{a_i}{r} \cdot \dfrac{C}{p_i} = \text{const.}}$

Beispiel 7.3.212:   Für die Cobb-Douglas-Nutzenfunktion

$$U = U(x_1, x_2) = 4x_1{}^{0,5} \cdot x_2{}^{0,25}$$

lauten die aus (7.3.209) resultierenden Optimalbedingungen:

$$x_1 = \frac{0,5}{0,75} \cdot \frac{C}{p_1} = \frac{2}{3} \cdot \frac{C}{p_1} \; ;$$

$$x_2 = \frac{0,25}{0,75} \cdot \frac{C}{p_2} = \frac{1}{3} \cdot \frac{C}{p_2} \; .$$

Für festes Budget, z.B. C = 48 GE,
lauten die Nachfragefunktionen:

$$x_1(p_1) = \frac{32}{p_1} \; ; \; x_2(p_2) = \frac{16}{p_2} \; .$$

Die offer-curves lauten damit etwa:

a) $p_1 = 4$ = const.: $x_1 = 8$ = const.
b) $p_2 = 8$ = const.: $x_2 = 2$ = const.

   (siehe Abb. 7.3.213).

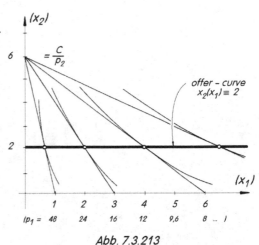

Abb. 7.3.213

Die Engelfunktionen lauten (für $p_1 = 4$; $p_2 = 8$):

a) $x_1 = \dfrac{1}{6} C$;   b) $x_2 = \dfrac{1}{24} C$.

Aufgabe 7.3.214:

Gegeben ist für einen Haushalt die Nutzenfunktion U mit

$$U(x_1, x_2) = (x_1 + 1)(x_2 + 4).$$

Der Preis p_2 des zweiten Gutes ist fest vorgegeben: $\qquad p_2 = 4\,\text{GE/ME}_2$.

i) Ermitteln Sie für $p_1 = 1\,\text{GE/ME}_1$ und die Konsumsumme $C = 100\,\text{GE}$ das Haushaltsoptimum.

ii) Wie lautet für konstantes p_1 (z.B. $p_1 = 1$) die Gleichung $x_1 = x_1(C)$ der Engelfunktion des ersten Gutes?

iii) Wie lautet für konstantes Haushaltsbudget (z.B. $C = 100$) die Gleichung $x_1 = x_1(p_1)$ der Nachfragefunktion nach dem ersten Gut?

Ist $x_1(p_1)$ monoton abnehmend?

iv) Wie lautet für konstantes Haushaltsbudget die Nachfragefunktion $x_2 = x_2(p_1)$, die die Nachfrage nach dem zweiten Gut in Abhängigkeit vom Preis des ersten Gutes beschreibt?

Handelt es sich um substitutive oder komplementäre Güter?

v) Ermitteln Sie im (x_1, x_2)-System die Gleichungen der

    a) Engelfunktion $x_2(x_1)$ *($p_1 = 12$; $p_2 = 4$; C variabel)*

    b) Preis-Konsum-Kurve (offer-curve) $x_2(x_1)$ *($p_2 = 4$; $C = 100$; p_1 variabel).*

8 Einführung in die Integralrechnung

Nachdem wir uns in den letzten drei Kapiteln ausführlich mit dem Konzept und den Anwendungen der Differentialrechnung beschäftigt haben, folgt jetzt mit der Integralrechnung ein zunächst umgekehrter Schritt: Statt eine Funktion f **ab**zuleiten, versuchen wir nun umgekehrt, diese Funktion „**auf**zuleiten", also danach zu fragen, welche (Original-)Funktion F man ableiten müsste, um f als Ableitung zu erhalten *(1. Hauptaufgabe der Integralrechnung)*.

Weiterhin wird sich überraschenderweise zeigen, dass dieser erste Prozess aufs Engste verknüpft ist mit dem Problem, den Flächeninhalt unter dem Graphen der Funktion f zu ermitteln *(2. Hauptaufgabe der Integralrechnung)*. Mit Hilfe unterschiedlicher Integrationstechniken werden wir in die Lage versetzt, weitreichende ökonomische Anwendungen zu behandeln. Abschließend werden wir einen kurzen Blick in das Themengebiet der „Differentialgleichungen" und ihrer ökonomischen Anwendungen zu werfen, deren Lösungen nur mit Hilfe der Integralrechnung gefunden werden können.

Die mathematisch-technische Grundlage der **Differentialrechnung** sind der Begriff und die Ermittlung der **Ableitung** $f'(x)$ einer vorgegebenen Funktion f: f(x). Aber auch die **umgekehrte Fragestellung** ist von Bedeutung:

> Wie erhält man – ausgehend von einer gegebenen **Ableitungsfunktion f′** – die zugrunde liegende **Originalfunktion f** ?

Ein ökonomisches Beispiel soll die Problemstellung verdeutlichen:

Beispiel 8.0.1:

Eine Ein-Produkt-Unternehmung sehe sich folgender Grenzkostenfunktion K′: K′(x) gegenüber:

$$(8.0.2) \qquad K'(x) = 0{,}3x^2 - 4x + 21 \ .$$

Wie kann die Unternehmung daraus die Gleichung der **Gesamtkostenfunktion K: K(x)** ermitteln? Gesucht ist also eine Funktion K: $x \mapsto K(x)$ derart, dass ihre Ableitung K′ genau die Grenzkostenfunktion (8.0.2) ergibt.

Mit den Ergebnissen der Differentialrechnung können wir eine Lösung schrittweise gewinnen:

(1) Die Ableitung von x^3 ist $3x^2$, daher ist $0{,}3x^2$ die Ableitung von $0{,}1x^3$. Analog:

(2) $-4x$ ist die Ableitung von $-2x^2$.

(3) 21 ist die Ableitung von 21x.

Damit erhalten wir als (vorläufiges) Ergebnis:

$$(8.0.3) \qquad K(x) = 0{,}1x^3 - 2x^2 + 21x \qquad \text{(Kontrolle durch Ableiten)} \ .$$

Wir können aber zur Kostenfunktion (8.0.3) offenbar noch einen beliebigen Fixkostenwert K_f = const. hinzuaddieren, ohne dass sich die Grenzkosten (8.0.2) ändern:

$$(8.0.4) \qquad K(x) = 0{,}1x^3 - 2x^2 + 21x + K_f,$$

denn die Ableitung der additiven Konstanten K_f wird stets Null. Die Kostenfunktion (8.0.4) ist daher erst durch Vorgabe der Fixkosten eindeutig bestimmt.

Die dem letzten Beispiel zugrundeliegende Problemstellung soll im folgenden genauer untersucht werden.

© Springer-Verlag GmbH Deutschland, ein Teil von Springer Nature 2019
J. Tietze, *Einführung in die angewandte Wirtschaftsmathematik*,
https://doi.org/10.1007/978-3-662-60332-1_8

8.1   Das unbestimmte Integral

8.1.1   Stammfunktion und unbestimmtes Integral

Wie zuvor beispielhaft angedeutet, gibt es zahlreiche Probleme in der Ökonomie, zu deren Lösung es erforderlich ist , aus der Kenntnis der ersten Ableitung f′ die zugehörige **Original-** oder **Stammfunktion** f zu ermitteln, also gewissermaßen den **Ableitungsprozess rückgängig** zu machen, ihn umzukehren. Diesen Vorgang nennt man in der Mathematik **„integrieren"**.

Beispiel 8.1.1:

> Durch Integrieren *(oder „Aufleiten")* erhalten wir etwa aus der Grenzerlösfunktion die Erlösfunktion, aus der Grenzproduktivitätsfunktion die Produktionsfunktion, aus der Funktion der marginalen Konsumquote die Konsumfunktion usw .

Die **Integration als Umkehrung der Differentiation** ist eine der beiden **Hauptaufgaben der Integralrechnung**.

Mit der

Def. 8.1.2: Sei f eine gegebene stetige Funktion im Intervall [a,b].
Eine differenzierbare Funktion F in [a,b] heißt **Stammfunktion** zu f , falls gilt:

$$(8.1.3) \qquad\qquad F'(x) = f(x) \qquad \text{bzw.} \qquad \frac{dF}{dx} = f(x) \ .$$

---

lautet die

---

1. Hauptaufgabe der Integralrechnung

(8.1.4)   Gegeben ist die Funktion f: $x \mapsto f(x)$. Gesucht ist eine Stammfunktion F zu f (d.h. deren Ableitung F′(x) die gegebene Funktion f: f(x) liefert).

Beispiel 8.1.5:

> Durch die Umkehrung elementarer Differentiationsregeln *(„Aufleiten")* erhalten wir z.B. folgende Stammfunktionsterme:
>
> **i)** $\qquad f(x) = x \quad \Rightarrow \quad F(x) = 0,5x^2 + 7$, $\qquad$ denn $\ \frac{d}{dx}(0,5x^2 + 7) = x = f(x)$;
>
> **ii)** $\qquad f(z) = 2e^z \ \Rightarrow \quad F(z) = 2e^z - 31$, $\qquad$ denn $\ F'(z) = 2e^z = f(z)$;
>
> **iii)** $\qquad f(q) = \dfrac{1}{q} \underset{(q>0)}{\Rightarrow} \quad F(q) = \ln q + C \ (C = \text{const.})$, denn $\ F'(q) = \dfrac{1}{q} = f(q)$ $\qquad$ usw.

Bemerkung 8.1.6: *Wir können uns allgemein von der Richtigkeit einer Integration überzeugen, indem wir die gefundene (oder vermutete) Stammfunktion ableiten und mit der gegebenen Funktion vergleichen.*

Wie wir an Beispiel 8.1.5 iii) erkennen können, lassen sich zu einer Stammfunktion F durch **Hinzufügen** von **additiven Konstanten C beliebig viele verschiedene Stammfunktionen zu f erzeugen** (denn die Ableitung von C ergibt stets den Wert Null). Alle diese unendlich vielen Stammfunktionen unterscheiden sich voneinander nur durch die additive Konstante C. So sind z.B. sowohl F_1 mit $F_1(x) = x^2 + 7$ als auch F_2 mit $F_2(x) = x^2 - 23$ Stammfunktionen zu f mit f(x) = 2x , usw.

Allgemein gilt:

Satz 8.1.7:   Sei f stetig in $[a,b]$, und sei F_1 in $[a,b]$ eine Stammfunktion zu f.
Dann erhalten wir **sämtliche Stammfunktionen** F zu f durch

(8.1.8) $F(x) = F_1(x) + C$, $C \in \mathbb{R}$.

Bemerkung 8.1.9:   *Satz 8.1.7 enthält **zwei** Aussagen:*

   (a) Wenn F(x) Stammfunktion zu f(x) ist, so auch F(x) + C.

   (b) Wenn F_1 und F_2 Stammfunktionen zu f sind, so gilt stets: $F_1(x) = F_2(x) + C$ (mit einer geeignet gewählten Konstanten C).

Beispiel 8.1.10:   Sei $f(x) = x^2$. Dann erhalten wir **eine** Stammfunktion durch $F_1(x) = \dfrac{1}{3}x^3$.

Nach Satz 8.1.7 lassen sich **sämtliche** Stammfunktionen darstellen durch $F(x) = \dfrac{1}{3}x^3 + C$,

z.B. $\dfrac{1}{3}x^3 + 5$; $\dfrac{1}{3}x^3 - \ln 2$ usw.

Die **Menge** F **aller Stammfunktionen** (die sich nach Satz 8.1.7 nur durch die **Integrationskonstante C** unterscheiden) zu einer gegebenen Funktion f wird mit folgender Symbolik beschrieben:

Def. 8.1.11:   Die **Menge aller Stammfunktionen** zu f in $[a,b]$ wird **unbestimmtes Integral**
genannt und mit $\displaystyle\int f(x)\,dx$ bezeichnet. f(x) heißt **Integrand**.
Wegen Def. 8.1.2 gilt:

(8.1.12) $\displaystyle\int f(x)\,dx := \left\{ \, F \mid F'(x) = f(x) \, \right\}$.

Bemerkung 8.1.13:   *i) Die Schreibweise $\displaystyle\int f(x)\,dx$ scheint zunächst unmotiviert zu sein, man hätte auch $\displaystyle\int f(x)$ oder $\displaystyle\int f$ verwenden können. Ihre Sinnfälligkeit wird erst später im Zusammenhang mit den Hauptsätzen der Differential- und Integralrechnung (Kap. 8.3.2/8.3.3) sowie bei Anwendung der „Substitutionsregel" (Kap.8.4.2) deutlich.*

   ii) Für das unbestimmte Integral benutzt man häufig die (nicht ganz korrekte) Schreibweise

   (8.1.14) $\displaystyle\int f(x)\,dx = F(x) + C$ *(mit C = const.)*

   sofern F eine Stammfunktion zu f ist, d.h. $F'(x) = f(x)$.

   iii) Statt (8.1.14) schreibt man gelegentlich auch (wegen $F'(x) = f(x)$)

   (8.1.15) $\dfrac{d}{dx}\displaystyle\int f(x)\,dx = f(x)$ *bzw.*

   (8.1.16) $\displaystyle\int f'(x)\,dx = f(x) + C$.

*Die Schreibweise (8.1.14) ist deshalb nicht ganz korrekt, weil $\displaystyle\int f(x)\,dx$ eine **Menge** von Funktionen darstellt und nicht einen bestimmten Repräsentanten dieser Menge. Da Missverständnisse allerdings kaum vorkommen, soll hier die bequemere und übersichtlichere Schreibweise (8.1.14) bevorzugt werden.*

Beispiel 8.1.17:

i) $\int 4x^3\,dx = \left\{\, F \mid F(x) = x^4 + C \text{ mit } C \in \mathbb{R}\,\right\}$, kurz: $\int 4x^3\,dx = x^4 + C$;

ii) $\int 7t^6\,dt = t^7 + C$, *eigentlich:* $\left\{\, F \mid F(t) = t^7 + C \text{ mit } C \in \mathbb{R}\,\right\}$;

iii) $\int e^z\,dz = e^z + C$, *eigentlich:* $\left\{\, F \mid F(z) = e^z + C \text{ mit } C \in \mathbb{R}\,\right\}$ *usw. siehe Bem. 8.1.13;*

iv) $\int K'(x)\,dx = K(x) + C = K_v(x) + K_f$
(mit K': Grenzkosten; K_v: variable Kosten; K_f: Fixkosten) ;

(*Kontrolle:* Ableitung der rechten Seite bilden) .

8.1.2   Grundintegrale

Im folgenden sind zu einigen wichtigen Funktionen die zugehörigen unbestimmten Integrale angegeben. Diese sog. Grundintegrale ergeben sich aus der Ableitungstabelle Kap. 5.2.5 durch „Rückwärtslesen". (Weitere Grundintegrale können Sie etwa [11] entnehmen.)

(8.1.18)   Tabelle der Grundintegrale

$f(x)$	$\int f(x)\,dx$	Bemerkungen
0	C	C = const.
x^n	$\dfrac{x^{n+1}}{n+1} + C$	$n \neq -1$ falls $n \in \mathbb{N}$: $x \in \mathbb{R}$, $ax+b \in \mathbb{R}$
$(ax+b)^n$	$\dfrac{1}{a} \cdot \dfrac{(ax+b)^{n+1}}{n+1} + C$	falls $n \in \mathbb{Z}$: $x \neq 0$, $ax+b \neq 0$ falls $n \in \mathbb{R}$: $x > 0$, $ax+b > 0$
$\dfrac{1}{x}$	$\ln x + C$	$x > 0$
$\dfrac{1}{x}$	$\ln(-x) + C$	$x < 0$
$\dfrac{1}{ax+b}$	$\dfrac{1}{a}\ln(ax+b) + C$	$ax+b > 0,\ a \neq 0$
$\dfrac{1}{ax+b}$	$\dfrac{1}{a}\ln(-ax-b) + C$	$ax+b < 0,\ a \neq 0$
e^x	$e^x + C$	$x \in \mathbb{R}$
e^{ax+b}	$\dfrac{1}{a}e^{ax+b} + C$	$a \neq 0$
$\sin x$	$-\cos x + C$	$x \in \mathbb{R}$
$\cos x$	$\sin x + C$	$x \in \mathbb{R}$

Beispiel 8.1.19:

i) $\quad\displaystyle\int x^7\,dx \;=\; \frac{1}{8}\,x^8 + C \;$;

ii) $\quad\displaystyle\int dx = \int 1\cdot dx = x + C \;$;

iii) $\quad\displaystyle\int \sqrt{y}\,dy \;=\; \int y^{1/2}\,dy = \frac{2}{3}\,y^{3/2} + C \;$;

iv) $\quad\displaystyle\int (2x)^4\,dx = \frac{1}{2}\cdot\frac{(2x)^5}{5} + C \;$;

v) $\quad\displaystyle\int \frac{dx}{\sqrt[5]{x^2}} \;=\; \int x^{-2/5}\,dx \;=\; \frac{5}{3}\,x^{3/5} + C \;$;

vi) $\quad\displaystyle\int (3z-2)^2\,dz \;=\; \frac{1}{3}\cdot\frac{(3z-2)^3}{3} + C = \frac{1}{9}\,(3z-2)^3 + C \;$;

vii) $\quad\displaystyle\int \sqrt{2x-1}\,dx \;=\; \int (2x-1)^{0,5}\,dx \;=\; \frac{1}{2}\cdot\frac{(2x-1)^{1,5}}{1,5} = \frac{1}{3}\sqrt{(2x-1)^3} + C \;$;

viii) $\quad\displaystyle\int \frac{dx}{2x-8} \;=\; \begin{cases} 0{,}5\ln(2x-8) \ \text{für } x > 4 \\ 0{,}5\ln(8-2x) \ \text{für } x < 4 \end{cases}$

ix) $\quad\displaystyle\int e^{0,5t-7}\,dt = 2\cdot e^{0,5t-7} + C$

x) $\quad\displaystyle\int e^{-0,1t} \;=\; -10e^{-0,1t} + C \;$.

Bemerkung 8.1.20:

*Obwohl – wie noch zu sehen sein wird – **jede stetige Funktion** auch eine **Stammfunktion** besitzt, ist es nicht immer möglich, diese Stammfunktion in geschlossener Form (d.h. durch Kombination endlich vieler elementarer Funktionen) darzustellen.*

Dies ist beispielsweise der Fall bei folgenden Integralen:

$$\int e^{-x^2}dx \;; \qquad \int \frac{e^x}{x}\,dx \;; \qquad \int \frac{dx}{\ln x} \;.$$

In solchen Fällen können wir uns mit speziellen Integraltabellen (siehe z.B. [24]) helfen, in denen die Stammfunktionswerte tabelliert sind.

Auch für geschlossen darstellbare Integrale ist die **technische Durchführung der Integration** häufig recht **mühsam** – die (oft trickreiche) Integrationstechnik bedarf zu ihrer Beherrschung erheblicher Übung.

Für die Zielsetzung der vorliegenden Einführung reichen die angegebenen **Grundintegrale** i.a. aus, wenn zusätzlich einige **einfache Regeln** für die Integration zusammengesetzter Funktionen benutzt werden (siehe das folgende Kap. 8.1.3). Eine Zusammenstellung weiterer Integrationstechniken findet sich in Kap. 8.4.

8.1.3   Elementare Rechenregeln für das unbestimmte Integral

Für die Integration einer mit einem **konstanten Faktor** multiplizierten Funktion f sowie für die Integration einer **Summe** $f \pm g$ zweier Funktionen gelten folgende einfache Linearitäts-Regeln:

Satz 8.1.21:   Es seien f, g stetige Funktionen. Dann gilt (mit k = const.):

i) $\displaystyle \int k \cdot f(x)\, dx = k \cdot \int f(x)\, dx$

ii) $\displaystyle \int \big(f(x) \pm g(x)\big)\, dx = \int f(x)\, dx \pm \int g(x)\, dx$

Der **Beweis** erfolgt jeweils durch Ableiten beider Seiten unter Beachtung von (8.1.15): $\dfrac{d}{dx}\displaystyle\int f(x)\, dx = f(x)$ sowie der Differentiationsregeln (5.2.23) bzw. (5.2.26).

Beispiel 8.1.22:

i) $\displaystyle \int 6x^2\, dx = 6 \int x^2\, dx = 6 \cdot \frac{1}{3} x^3 + C = 2x^3 + C\,;$

ii) $\displaystyle \int -\frac{1}{x}\, dx = -\int \frac{dx}{x} = -\ln x + C \quad (x > 0);$

iii) $\displaystyle \int \left(8x^3 - 4x + 2 + \frac{12}{\sqrt{4x+9}} \right) dx = 2x^4 - 2x^2 + 2x + 6\sqrt{4x+9} + C\,;$

iv) Eine Unternehmung produziere ein Gut mit der Grenzproduktivitätsfunktion

$$x'(r) = -2r^2 + 4r + 6.$$

Der Output x beim Input r = 0 sei Null. Dann lautet die entsprechende Produktionsfunktion:

$$x(r) = \int x'(r)\, dr = \int (-2r^2 + 4r + 6)\, dr = -\frac{2}{3} r^3 + 2r^2 + 6r + C.$$

Wegen $x(0) = C = 0$ ergibt sich schließlich: $x(r) = -\dfrac{2}{3} r^3 + 2r^2 + 6r\,.$

Bemerkung 8.1.23:

i) Der in Satz 8.1.21 dargestellte Sachverhalt wird häufig wie folgt formuliert:

> *a) Ein konstanter Faktor darf vor das Integralzeichen geschrieben werden;*
> *b) Eine Summe darf gliedweise integriert werden.*

*Man nennt diese Eigenschaften **Linearität des unbestimmten Integrals**. Wir können sie äquivalent beschreiben durch eine einzige Gleichung:*

(8.1.24) $\displaystyle \int (a \cdot f(x) \pm b \cdot g(x))\, dx = a \cdot \int f(x)\, dx \pm b \cdot \int g(x)\, dx$ $(a, b \in \mathbb{R})$.

*ii) Beachten Sie bitte, dass es eine zu (8.1.24) bzw. Satz 8.1.21 analoge **Regel** für die **Integration eines Produktes** nicht gibt. Denn wegen $f'(x) \cdot g'(x) \ne (f(x) \cdot g(x))'$ (Produktregel!) gilt auch:*

$$\int f'(x) \cdot g'(x)\, dx \ne f(x) \cdot g(x)\,.$$

Aufgabe 8.1.25:   Ermitteln Sie die folgenden unbestimmten Integrale:

i) $\int \left(4x^7 - 2x^3 + 4 - \dfrac{10}{x}\right) dx$;

ii) $\int \dfrac{dz}{z\sqrt{z}}$;

iii) $\int 4 \cdot \sqrt[3]{4y - 3} \; dy$;

iv) $\int 18e^{-0,09t} dt$;

v) $\int \dfrac{30 \, dx}{\sqrt[5]{5x - 1}}$;

vi) $\int \dfrac{4 \, du}{\sqrt{1 - u}}$;

vii) $\int \dfrac{4 \, du}{(1 - u)^2}$;

viii) $\int \left(24 \cdot (2x + 1)^{11} - e^{-x} + \dfrac{\sqrt{x}}{2x^2} + \dfrac{30}{16 - 5x}\right) dx$.

Aufgabe 8.1.26:

Eine Ein-Produkt-Unternehmung produziere mit folgender Grenzkostenfunktion:

$$K'(x) = 1,5x^2 - 4x + 4 \ .$$

Bei einem Output von 10 ME betragen die Gesamtkosten 372 GE.
Ermitteln Sie die Gesamtkosten- und Stückkostenfunktion.

Aufgabe 8.1.27:   Die marginale Konsumquote $C'(Y)$ eines Haushaltes werde durch die Funktion:

$$C'(Y) = \frac{7,2}{\sqrt{0,6Y + 4}} \qquad (Y \geq 0)$$

beschrieben. Das Existenzminimum (= Konsum beim Einkommen Null) betrage 50 GE.
Ermitteln Sie die Gleichungen von Konsum- und Sparfunktion.

Aufgabe 8.1.28:   Beim Absatz eines Produktes sei die Grenzerlösfunktion $E'(x)$ bekannt:

Fall **i)** $E'(x) = 4 - 1,5x$;

Fall **ii)** $E'(x) = \dfrac{500}{(2x + 5)^2}$.

Ermitteln Sie in beiden Fällen die Preis-Absatz-Funktion $p = p(x)$.

8.2   Das bestimmte Integral

8.2.1   Das Flächeninhaltsproblem und der Begriff des bestimmten Integrals

Es sei f eine im Intervall $[a,b]$ stetige und positive
Funktion. Dann besteht die **2. Hauptaufgabe der Integralrechnung** – anschaulich formuliert – darin, den **Inhalt** A des **Flächenstücks** zu bestimmen, das vom Funktionsgraphen, der Abszisse sowie den beiden Senkrechten $x = a$ und $x = b$ begrenzt wird, siehe Abb. 8.2.1 .
Es soll zunächst versucht werden, den Flächeninhalt A
(d.h. die Flächenmaßzahl) des schraffierten Bereiches
in Abb. 8.2.1 zu ermitteln. Da nicht alle Begrenzungs-
linien geradlinig sind, versagen elementar-geometrische
Methoden:

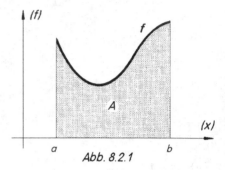

Abb. 8.2.1

Mit Hilfe des Grenzwertkonzeptes wollen wir versuchen, mit achsenparallelen Rechtecken die Fläche
„auszuschöpfen". Das Vorgehen [1] soll in **vier Schritten** erläutert werden:

1. Schritt: Das Intervall $[a,b]$ wird durch Einfügen von Zwischenpunkten x_i mit $a = x_0 < x_1$
$< x_2 < ... < x_n = b$ in n **Teilintervalle** zerlegt,
siehe Abb. 8.2.2. Die Länge des i-ten Teilintervalls $[x_{i-1}, x_i]$ wird mit Δx_i bezeichnet :

$$\Delta x_i = x_i - x_{i-1} ; \qquad i = 1,2,...,n .$$

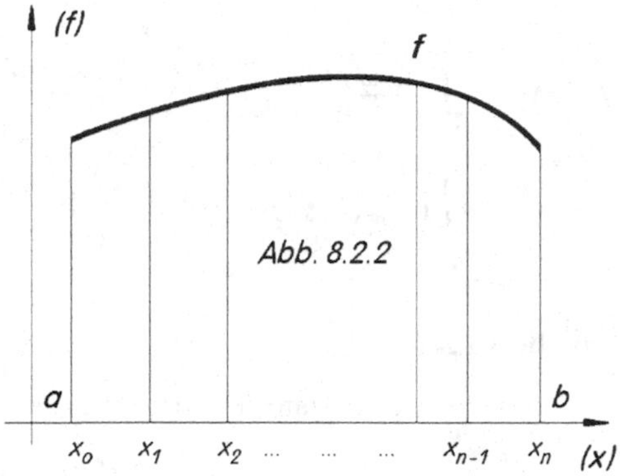

2. Schritt: In jedem der so entstandenen n Teilintervalle wird eine **Zwischenstelle** ξ_i *beliebig* gewählt (ξ_i kann auch am rechten oder linken
Rand des Teilintervalls liegen) und der dazuge-
hörige Funktionswert $f(\xi_i)$ gebildet, siehe Abb.
8.2.4. Dann wird der Flächeninhalt eines senkrechten, oben vom Graphen von f begrenzten
Flächenstreifens durch den Inhalt A_i des in der
Abb. 8.2.4 *schraffierten Rechteckes* angenähert:

$$(8.2.3) \quad \boxed{A_i = f(\xi_i) \cdot \Delta x_i = f(\xi_i) \cdot (x_i - x_{i-1}) .}$$

Analog erhalten wir die Rechtecksinhalte

$$A_1 = f(\xi_1) \cdot \Delta x_1 \;\; ;$$
$$A_2 = f(\xi_2) \cdot \Delta x_2 \;\; ;$$
$$\;\;\;\;\;\ldots$$
$$A_n = f(\xi_n) \cdot \Delta x_n \;\; .$$

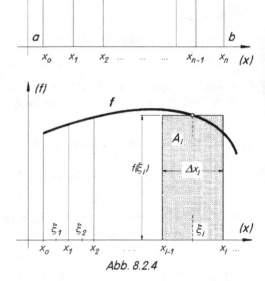

Abb. 8.2.2

Abb. 8.2.4

3. Schritt: Um einen Näherungswert für den *gesamten* Flächeninhalt unter dem Graphen von
f zwischen $x = a$ und $x = b$ zu erhalten, summieren wir die Näherungswerte A_i der Rechteckinhalte
auf und erhalten als **Zwischensumme** S_n:

$$(8.2.5) \qquad S_n = A_1 + A_2 + ... + A_n = f(\xi_1) \cdot \Delta x_1 + ... + f(\xi_n) \cdot \Delta x_n = \sum_{i=1}^{n} f(\xi_i) \cdot \Delta x_i .$$

---

[1] Diese Grundidee ist schon seit Archimedes (ca. 285-212 v. Chr.) als „Exhaustionsmethode" bekannt.

Bemerkung:

 i) *Die Zwischensumme S_n ist ein Näherungs-*
  wert für den gesuchten Flächeninhalt A, sie-
  he Abb. 8.2.6.

 ii) *Die Güte dieses Näherungswertes S_n hängt*
  für jedes n von mehreren Faktoren ab:

  (a) von der Wahl der Zwischenstellen ξ_i;
  (b) von der Anzahl n der durch die Zerle-
   gung erzeugten Teilintervalle;
  (c) von der Breite Δx_i der einzelnen Teilin-
   tervalle.

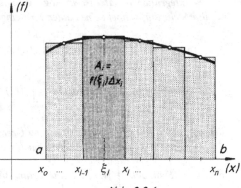

Abb. 8.2.6

Die beschriebene „Ausschöpfung" führt zu einem immer besseren Näherungswert für A, wenn

 1) die **Anzahl** n der **Zwischenpunkte vergrößert** und *zugleich*
 2) die **Breite** Δx_i sämtlicher **Teilintervalle verkleinert** wird. Dies gibt Anlass zu folgender Überlegung:

4. Schritt: Den gesuchten Flächeninhalt A erhalten wir als **Grenzwert der Zwischensumme** S_n,

 1) indem wir die **Anzahl n** der Zerlegungsintervalle **über alle Grenzen** wachsen lassen und dabei
 2) gleichzeitig die **Breite** des breitesten Teilintervalls $\Delta x := \max \Delta x_i$ **gegen Null** streben lassen:

$$(8.2.7) \qquad A = \lim_{\substack{n \to \infty \\ \Delta x \to 0}} S_n = \lim_{\substack{n \to \infty \\ \Delta x \to 0}} \sum_{i=1}^{n} f(\xi_i) \cdot \Delta x_i \qquad .$$

Da – wie man zeigen kann (siehe z.B. [41], Band 3, 109 ff) – dieser **Grenzwert** für **stetige Funktionen** stets **existiert** (und zwar unabhängig davon, wie die Zwischenstellen gewählt werden), ist das **Flächenpro-blem gelöst.** Für (8.2.7) ist folgende Schreibweise üblich:

Def. 8.2.8: Sei f in [a,b] stetig. Dann nennt man den Grenzwert (8.2.7) **bestimmtes Integral** von f
    über [a,b] und benutzt dafür die Schreibweise

$$\textbf{(8.2.9)} \qquad \int_a^b f(x)\, dx := \lim_{\substack{n \to \infty \\ \Delta x \to 0}} \sum_{i=1}^{n} f(\xi_i) \cdot \Delta x_i \qquad (\text{mit } \Delta x := \max_i \left\{ \Delta x_i \right\}).$$

Bemerkung 8.2.10:

 i) *Für stetiges f mit $f(x) > 0$ (siehe Abb. 8.2.1) gilt nach vorstehenden Überlegungen:*

  Der zwischen $x = a$ und $x = b$ unter dem Funktionsgraphen bis zur Abszisse liegende Flächenbereich

  hat den Flächeninhalt $A = \displaystyle\int_a^b f(x)\, dx.$

 ii) *Die Symbole des bestimmten Integrals werden folgendermaßen bezeichnet:*

    obere Integrationsgrenze ———————⟍ ⟋——————— *Integrand*

$$\int_a^b \overbrace{f(x)}\ dx$$

  untere Integrationsgrenze ———————⟋ ⟍——————— *Integrationsvariable*

*Die **Integrationsvariable** ist eine sog. „gebundene" Variable, sie kann **beliebig umbenannt** werden, an ihre Stelle dürfen aber **keine Zahlenwerte eingesetzt** werden. So gilt z. B.*

$$\int_a^b f(x)\, dx \;=\; \int_a^b f(t)\, dt \;=\; \int_a^b f(y)\, dy \;=\; usw.$$

Dagegen ist ein Ausdruck wie z.B. $\int_a^b f(2)\, d2$ *nicht definiert und nach dem Vorhergehenden auch unsinnig.*

iii) *Man nennt jede Funktion f, für die der **Grenzwert** (8.2.7) unabhängig von der Wahl der Zwischenpunkte existiert, über [a, b] **integrierbar** (im Riemannschen Sinne).*

iv) *In der Symbolik* $\int_a^b f(x)\, dx$ *kommt zum Ausdruck, dass es sich um den Grenzwert einer **Summe** handelt: Das Integralzeichen* $\int$ *ist ein stilisiertes S (bzw. Σ), f(x) dx soll daran erinnern, dass in der Zwischen**summe** die Produkte $f(\xi_i) \cdot \Delta x_i$ aufaddiert wurden.*

v) *In Def. 8.2.8 wird **nicht** mehr vorausgesetzt, dass f in [a,b] positiv ist. Für **f < 0** in [a,b] werden auch die Funktionswerte $f(\xi_i)$ negativ (siehe Abb. 8.2.11), so dass S_n und damit* $\int_a^b f(x)\, dx$ ***negativ** werden.*

*Anschauliche **Interpretation:***

*Für Flächenstücke, die **unterhalb** der Abszisse liegen, wird das bestimmte **Integral** (und damit die „Flächenmaßzahl") **negativ**.*

Daher kann es vorkommen, dass sich bei einer Integrationsberechnung „positive" und „negative" Flächeninhalte zu Null kompensieren (siehe Kap. 8.3.4, insb. Beispiel 8.3.27).

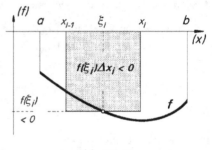

Abb. 8.2.11

8.2.2 Beispiel zur elementaren Berechnung eines bestimmten Integrals

Obgleich das Flächeninhaltsproblem für stetige Funktionen durch (8.2.9) theoretisch gelöst ist, erweist sich der rechnerische Aufwand zur Ermittlung des bestimmten Integrals selbst bei einfach gebauten Funktionen als recht erheblich, wie folgendes Beispiel zeigt:

Gesucht sei die Flächenmaßzahl $A = \int_a^b f(x)\, dx$ der in

Abb. 8.2.12 schraffierten Fläche unterhalb der Funktion f mit f(x) = x. Obwohl das Ergebnis nach elementar-geometrischen Methoden bekannt ist:

$$\left(A = \int_a^b f(x)\, dx \;\triangleq\; \text{Trapezfläche} = \text{„halbe Summe}\right.$$

der Parallelseiten mal deren Abstand"

$$\left. = \frac{a+b}{2} \cdot (b-a) \;=\; \frac{1}{2}(b^2 - a^2)\right),$$

soll die Berechnung jetzt nach Def. 8.2.8 erfolgen:

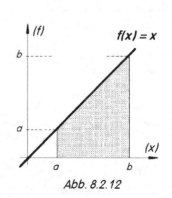

Abb. 8.2.12

Dazu zerlegen wir [a,b] in n gleichbreite Teilintervalle der Länge $\Delta x = \frac{b-a}{n}$. Als Zwischenpunkte
ξ_i wählen wir jeweils den rechten Endpunkt eines
jeden Teilintervalles, siehe Abb. 8.2.13.

Durch Addition der Rechteck-Flächeninhalte erhalten wir die Zwischensumme S_n (siehe 8.2.5):

$$S_n = \sum_{i=1}^{n} f(\xi_i) \cdot \Delta x_i = \Delta x \cdot \sum_{i=1}^{n} f(a + i \cdot \Delta x)$$

$$= \Delta x \cdot \sum_{i=1}^{n} (a + i \cdot \Delta x) = \frac{b-a}{n} \sum_{i=1}^{n} \left(a + i \cdot \frac{b-a}{n} \right)$$

$$= \frac{b-a}{n} \cdot \left(an + \frac{b-a}{n} \cdot \sum_{i=1}^{n} i \right).$$

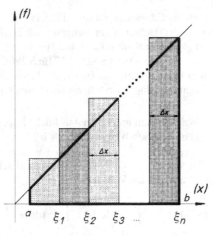

Abb. 8.2.13

Mit $\sum_{i=1}^{n} i = 1 + 2 + ... + n = \frac{n(n+1)}{2}$ folgt: $S_n = (b-a)a + \frac{1}{2}(b-a)^2 \cdot \frac{n+1}{n}$.

Wegen $\lim\limits_{n \to \infty} \frac{n+1}{n} = 1$ folgt: $\lim\limits_{n \to \infty} S_n = (b-a) \cdot a + \frac{1}{2}(b-a)^2$ und daher

(8.2.14) $$\boxed{\int_a^b x \, dx = \frac{b^2}{2} - \frac{a^2}{2}}$$, so wie oben bereits auf elementar-geometrischem Wege erhalten.

Aufgabe 8.2.15:   Berechnen Sie mit der eben dargestellten Methode das bestimmte Integral $\int_a^b x^2 \, dx$.

$$\left(\text{Hinweis: Es gilt}): \quad 1^2 + 2^2 + ... + n^2 = \sum_{i=1}^{n} i^2 = \frac{1}{6} n(n+1)(2n+1). \right)$$

8.2.3   Elementare Eigenschaften des bestimmten Integrals

Für die **Multiplikation** eines bestimmten Integrals mit einem **konstanten Faktor** k und für die **Addition**
zweier bestimmter Integrale über [a,b] gelten Gesetze, die mit dem anschaulichen Flächeninhaltsbegriff
in Einklang stehen:

Satz 8.2.16:   Es seien f und g zwei über [a,b] integrierbare Funktionen und k eine reelle Konstante.
Dann gilt:

i) $$\int_a^b k \cdot f(x) \, dx = k \cdot \int_a^b f(x) \, dx$$ ii) $$\int_a^b (f(x) \pm g(x)) \, dx = \int_a^b f(x) \, dx \pm \int_a^b g(x) \, dx$$

Satz 8.2.17:   Es sei f in [a,b] und [b,c] integrierbar. Dann gilt

$$\int_a^c f(x) \, dx = \int_a^b f(x) \, dx + \int_b^c f(x) \, dx$$ *(Intervalladditivität)*

Anschaulich besagt Satz 8.2.17: Der Inhalt eines aus zwei Teilflächen zusammengesetzten Flächenstückes ist gleich der Summe der Inhalte beider Teilflächen (s. Abb. 8.2.18). Damit Satz 8.2.17 für *beliebige* a,b,c anwendbar ist, kann man fragen, ob die bisher gemachte Voraussetzung a < b fallengelassen werden kann:

Was soll man unter dem Ausdruck $\int_a^b f(x)\,dx$ verstehen, wenn a > b bzw. wenn a = b?

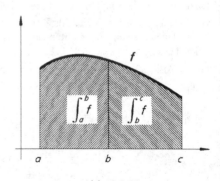

Wir wenden *formal* Satz 8.2.17 an und setzen an die Stelle von c den Wert a, so dass folgt:

Abb. 8.2.18

$$(8.2.19) \qquad \int_a^a f(x)\,dx = \int_a^b f(x)\,dx + \int_b^a f(x)\,dx$$

Weder $\int_a^a$ noch $\int_b^a$ (mit b > a) sind bisher definiert. Von der Anschauung her motiviert müssten wir sagen:

$\int_a^a f(x)\,dx$ muss den Wert Null aufweisen, ebenso wie der Flächeninhalt eines Rechtecks, dessen eine Seite die Länge a − a (= 0) aufweist.

Damit ergibt sich aus der Beziehung (8.2.19):

$$(8.2.19a): \qquad \int_a^a f(x)\,dx = 0 = \int_a^b f(x)\,dx + \int_b^a f(x)\,dx \qquad \text{und daher} \qquad \int_b^a f(x)\,dx = -\int_a^b f(x)\,dx \;.$$

Somit ist folgende Definition sinnvoll:

Def. 8.2.20:   Sei f in [a,b] integrierbar. Dann setzt man

i) $\qquad \int_b^a f(x)\,dx := -\int_a^b f(x)\,dx \qquad$ ii) $\qquad \int_a^a f(x)\,dx := 0$

Bemerkung 8.2.21:

*i) Def. 8.2.20 wird häufig so formuliert : **Vertauscht** man **obere** und **untere** Integrationsgrenze, so **ändert** sich das **Vorzeichen** des bestimmten Integrals.*

*ii) Satz 8.2.17 gestattet die **Integration** von **stückweise stetigen** Funktionen, wie sie in der Ökonomie gelegentlich auftreten:*

$$\int_a^d f(x)\,dx = \int_a^b f(x)\,dx + \int_b^c f(x)\,dx + \int_c^d f(x)\,dx \,,$$

siehe Abb. 8.2.22.

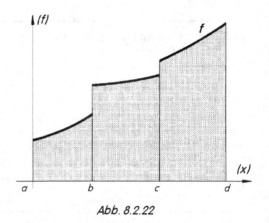

Abb. 8.2.22

8.3 Beziehungen zwischen bestimmtem und unbestimmtem Integral

Die umständliche Berechnungsweise bestimmter Integrale über den Grenzwert von Zwischensummen (siehe Kap. 8.2.2) hätte eine Anwendung der Integralrechnung im naturwissenschaftlichen und ökonomischen Bereich in nennenswertem Umfang kaum ermöglicht. Wie nachfolgend gezeigt wird, besteht aber zwischen der **1. Hauptaufgabe** der Integralrechnung (Bestimmung von **Stammfunktionen**) und der **2. Hauptaufgabe** der Integralrechnung (**Flächeninhaltsbestimmung**) ein (zunächst) unvermuteter **Zusammenhang**, der es gestattet, die 2. Hauptaufgabe auf die 1. Hauptaufgabe zurückzuführen.

8.3.1 Integralfunktion

Der Zahlenwert des bestimmten Integrals $\int_a^b f(x)\,dx$ lässt sich (für stetiges, positives f) nach Kap. 8.2.1 interpretieren als Flächeninhalt unter dem Funktionsgraphen von f, siehe Abb. 8.2.1. Halten wir nun die **untere** Integrationsgrenze a **fest** und lassen die **obere** Integrationsgrenze b **variieren**, so erhalten wir zu **jedem** Wert der oberen Grenze b **genau einen** Flächeninhaltswert $F\ \left(=\int_a^b f(x)\,dx\right)$.

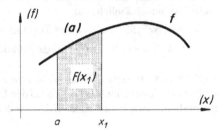

Um die Variationsmöglichkeiten der oberen Grenze zu verdeutlichen, ersetzen wir b durch die unabhängige Variable x und bezeichnen die bisherige Integrationsvariable zur Vermeidung von Missverständnissen mit einem anderen Buchstaben, etwa t (siehe Bemerkung 8.2.10 ii). Damit schreibt sich der Wert F des Flächeninhalts von a bis zur oberen (variablen) Grenze x als

$$(8.3.1) \qquad F = F(x) = \int_a^x f(t)\,dt\ .$$

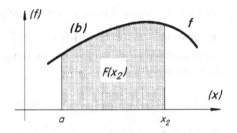

Auf diese Weise wird eine **neue Funktion F: F(x)** definiert, die als Flächeninhaltsfunktion oder **Integralfunktion** bezeichnet wird.

Die Abbildungen 8.3.4 a,b,c veranschaulichen für verschiedene Werte x_1, x_2, x_3 der oberen Grenze die zugehörigen Funktionswerte $F(x_1), F(x_2), F(x_3)$ als Flächeninhalte unter dem Graphen der Funktion f. Allgemein definiert man:

Def. 8.3.2: Es sei f stetig auf [a,b]. Dann heißt die Funktion F mit

$$(8.3.3)\quad F(x) = \int_a^x f(t)\,dt \qquad ; \qquad x \in [a,b]$$

Integralfunktion (oder **Flächeninhaltsfunktion**) zu f in [a,b].

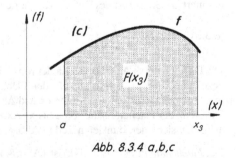

Abb. 8.3.4 a,b,c

---

*Bemerkung 8.3.5: **i)** Für positives f und x > a lässt sich die Integralfunktion (8.3.3) als „variabler Flächeninhalt" unter dem Graphen von f interpretieren, siehe Abb. 8.3.4 .*

ii) Je nach Festlegung der unteren Grenze a gibt es verschiedene Integralfunktionen zu f.

8.3.2 Der 1. Hauptsatz der Differential- und Integralrechnung

Es werde die Funktion f mit $f(x) = x$ betrachtet. Nach dem Ergebnis von Kap. 8.2.2 erhalten wir für das bestimmte Integral von a bis b nach (8.2.14): $\int_a^b x\,dx = \dfrac{b^2}{2} - \dfrac{a^2}{2}$. Ersetzen wir die obere Integrationsgrenze b durch die unabhängige Variable x, so lautet die allgemeine Gleichung der Integralfunktion F nach Def. 8.3.2:

$$(8.3.6) \qquad\qquad\qquad F(x) = \int_a^x t\,dt = \frac{x^2}{2} - \frac{a^2}{2} \;.$$

Je nach spezieller Festlegung der unteren Integrationsgrenze a erhalten wir unterschiedliche Darstellungen für die Integralfunktion, z.B.

$$F_1(x) = \int_0^x t\,dt = \frac{x^2}{2} \;; \qquad F_2(x) = \int_2^x t\,dt = \frac{x^2}{2} - 2 \;; \qquad F_3(x) = \int_{10}^x t\,dt = \frac{x^2}{2} - 50 \qquad \text{usw.}$$

An diesem Beispiel fällt auf, dass die **verschiedenen Integralfunktionen** $F_1, F_2, F_3, \dots$ zu $f(x) = x$ einander erstaunlich **ähnlich** sind:

– sie **unterscheiden** sich nur durch eine additive Konstante;
– ihre **Ableitungen** liefern die **Ausgangsfunktion** f: $F_1'(x) = F_2'(x) = F_3'(x) = \dots = \left(\dfrac{x^2}{2}\right)' = x$.

Exakt **dieselben Eigenschaften** weisen die in Kap. 8.1.1 behandelten **Stammfunktionen** auf. Dies gibt Anlass zur **Vermutung**, dass es sich bei den **Integralfunktionen** (8.3.3) einer stetigen Funktion f **stets** um **Stammfunktionen** F zu f handelt, d.h. mit der Eigenschaft: $F'(x) = f(x)$.

Diese **Vermutung** erweist sich nun in der Tat als **allgemeingültig**, wie die folgende Betrachtung zeigt:

Dazu muss nachgewiesen werden, dass jede Integralfunktion F mit $F(x) = \int_a^x f(t)\,dt$ gleichzeitig Stammfunktion zu f ist, d.h. dass für stetiges F die folgende *Behauptung* stets wahr ist:

$$(8.3.7) \qquad F'(x) = \frac{d}{dx}\int_a^x f(t)\,dt = f(x) \;.$$

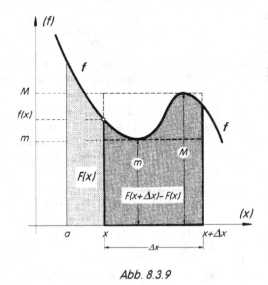

Abb. 8.3.9

Nach Def. 5.5.55 ist die erste Ableitung F' von F definiert als Grenzwert des Differenzenquotienten:

$$(8.3.8) \qquad F'(x) = \lim_{\Delta x \to 0} \frac{F(x + \Delta x) - F(x)}{\Delta x} \;.$$

Die Differenz $F(x + \Delta x) - F(x)$ im Zähler von (8.3.8) bezeichnet (anschaulich formuliert) den Flächeninhalt des Flächenstreifens zwischen x und Δx (= Differenz der Flächeninhalte von a bis $x + \Delta x$ und a bis x), siehe den dunkleren Teil in Abb. 8.3.9.

Der *Flächeninhalt* $F(x + \Delta x) - F(x)$ ist (Abb. 8.3.9)

i)   *kleiner* als der Flächeninhalt $M \cdot \Delta x$ des *um*beschriebenen Rechtecks mit den Seiten M und Δx (M := Maximum von f in $[x; x + \Delta x]$),

ii) *größer* als der Flächeninhalt $m \cdot \Delta x$ des *ein*beschriebenen Rechtecks mit den Seiten m und Δx (m := Minimum von f in $[x; x + \Delta x]$).

Daher gilt folgende Ungleichungskette:

(8.3.10) $m \cdot \Delta x \leq F(x+\Delta x) - F(x) \leq M \cdot \Delta x$.

Division durch Δx (> 0) liefert:

(8.3.11) $m \leq \dfrac{F(x+\Delta x) - F(x)}{\Delta x} \leq M$.

Lassen wir – um $F'(x)$ zu erhalten – Δx gegen Null streben, so folgt:

–   m und M nähern sich (da f stetig ist) beide immer mehr dem Funktionswert f(x) an der Stelle x, siehe Abb. 8.3.9 ;

–   der Differenzenquotient in (8.3.11) nähert sich der (gesuchten) Ableitung $F'(x)$ an der Stelle x, siehe Def. 5.1.9).

Daher folgt für $\Delta x \rightarrow 0$ aus (8.3.11): $f(x) \leq F'(x) \leq f(x)$,

$\Leftrightarrow$ $\mathbf{F'(x) = f(x)}$.

Genau dies sollte gezeigt werden, siehe (8.3.7).

Damit gilt der grundlegende

Satz 8.3.12:   (1. Hauptsatz der Differential- und Integralrechnung)

Es sei f auf [a,b] stetig. Dann ist jede Integralfunktion F von f auf [a,b] differenzierbar, und es gilt

(8.3.13) $$F'(x) = \boxed{\dfrac{d}{dx} \int_a^x f(t)\, dt} = f(x)$$

Bemerkung 8.3.14:   *Der Inhalt von Satz 8.3.12 bedeutet in anderer Formulierung:*

–   *Jede Integralfunktion F von f (f stetig) ist gleichzeitig **Stammfunktion** von f;*
    *(Die **Umkehrung** allerdings **gilt nicht**, d.h. nicht jede Stammfunktion von f ist auch Integralfunktion von f !*
    ***Beispiel:** Aus (8.3.6) folgt: Integralfunktionen zu $f(x) = x$ sind $F(x) = 0{,}5 (x^2 - a^2)$, $a \in \mathbb{R}$.*
    Die Funktion S mit $S(x) = 0{,}5 x^2 + 1$ (z.B.) ist zwar Stammfunktion zu f, nicht aber Integralfunktion, da es kein a ($\in \mathbb{R}$) gibt mit $-0{,}5 a^2 = 1$.)

–   *Differenziert man ein **bestimmtes Integral** nach seiner **oberen Grenze**, so erhält man den **Integranden**, genommen an der oberen Grenze;*

–   *Die **Ableitung einer Integralfunktion liefert den Integranden** (an der oberen Grenze).*

Beispiel 8.3.15:

i)   Nach (8.3.6) gilt: $F(x) = \displaystyle\int_a^x t\, dt = \dfrac{x^2}{2} - \dfrac{a^2}{2}$.   Daraus folgt: $F'(x) = \dfrac{d}{dx} \displaystyle\int_a^x t\, dt = x$.

ii) $\dfrac{d}{dx} \displaystyle\int_a^x t^2 \cdot e^{-4t}\, dt = x^2 \cdot e^{-4x}$ **iii)** $\dfrac{d}{dz} \displaystyle\int_1^z \dfrac{dx}{x} = \dfrac{1}{z}$

iv) $\dfrac{d}{dt} \displaystyle\int_0^t \sqrt{u^2 + 1}\, du = \sqrt{t^2 + 1}$

8.3.3 Der 2. Hauptsatz der Differential- und Integralrechnung

Durch den in Satz 8.3.12 hergestellten engen **Zusammenhang** zwischen **bestimmtem** und **unbestimmtem Integral** wird es möglich, **jedes bestimmte Integral** ohne die langwierige Auswertung von Zwischensummen zu **berechnen**, sofern nur irgendeine **Stammfunktion** F zu f bekannt ist. Dies können wir wie folgt einsehen:

Nach Satz 8.3.12 ist die Integralfunktion $\int_a^x f(t)\,dt$ **eine** Stammfunktion zu f, sie möge mit $F_1(x)$ bezeichnet werden. Es sei nun eine beliebige **weitere** Stammfunktion F(x) zu f bekannt. Dann unterscheiden sich nach Satz 8.1.7 die beiden Stammfunktionen F_1 und F nur durch eine additive Konstante C, d.h. es muss gelten

$$(8.3.16) \qquad F_1(x) \;=\; \int_a^x f(t)\,dt \;=\; F(x) + C \;.$$

Damit aber lässt sich die Konstante C bestimmen!

Setzen wir nämlich für x den Wert a ein, so folgt aus (8.3.16) mit Def. 8.2.20 ii):

$$(8.3.17) \qquad \underbrace{\int_a^a f(t)\,dt}_{=\,0} \;=\; F(a) + C, \qquad \text{d.h.} \qquad C = -F(a) \;.$$

Daher lautet das bestimmte Integral (8.3.16) (mit beliebiger Stammfunktion F zu f)

$$(8.3.18) \qquad \boxed{\int_a^x f(t)\,dt \;=\; F(x) - F(a)}$$

Dies ist der für die Berechnung bestimmter Integrale **entscheidende Sachverhalt:** Setzen wir nämlich für die obere Grenze den speziellen Wert b ein, so folgt (wieder mit x als Integrationsvariablen)

Satz 8.3.19: (2. Hauptsatz der Differential- und Integralrechnung)
  Es seien f in [a,b] stetig und F eine *beliebige* Stammfunktion zu f .   Dann gilt

$$(8.3.20) \qquad \boxed{\int_a^b f(x)\,dx = F(b) - F(a)}$$

Damit ist die **2. Hauptaufgabe** der Integralrechnung (Flächenermittlung, bestimmtes Integral) **zurückgeführt** auf die **1. Hauptaufgabe** der Integralrechnung (Stammfunktion, unbestimmtes Integral): Die gleiche Symbolik $\left(\int \text{ bzw. } \int_a^b \right)$ für verschiedene Integralbegriffe erscheint nachträglich gerechtfertigt.

Satz 8.3.19 liefert das **schrittweise Vorgehen** bei der Berechnung des **bestimmten Integrals** $\int_a^b f(x)\,dx$:
  i) Ermittlung einer beliebigen Stammfunktion F(x) zu f(x) ;
  ii) Einsetzen von oberer und unterer Integrationsgrenze in F(x) sowie Bildung der Differenz

$$F(b) - F(a) \;=\; \int_a^b f(x)\,dx$$

Bemerkung 8.3.21: Statt F(b) - F(a) schreibt man abkürzend auch $F(x)\Big|_a^b$, *so dass sich die Schrittfolge formal reduziert auf*

$$(8.3.22) \qquad \boxed{\int_a^b f(x)\,dx \;=\; F(x)\Big|_a^b \;=\; F(b) - F(a)} \quad.$$

Beispiel 8.3.23:   (siehe Kap. 8.2.2)   Gesucht ist $\displaystyle\int_a^b x\,dx$.

Eine Stammfunktion F zu f(x) = x ist (s. 8.1.18): $F(x) = \dfrac{x^2}{2} + C$.   Dann gilt nach (8.3.22):

$$\int_a^b x\,dx \;=\; \frac{x^2}{2} + C\;\Bigg|_a^b \;=\; \frac{b^2}{2} + C - \left(\frac{a^2}{2} + C\right) = \frac{b^2}{2} - \frac{a^2}{2}\ , \text{ siehe (8.2.14)}.$$

Wir erkennen, dass es **unerheblich ist, welche Stammfunktion** F zu f ausgewählt wird, da sich durch die Differenzbildung F(b) − F(a) die **Integrationskonstante C stets weghebt.**

Beispiel 8.3.24: Es ist der Flächeninhalt des zwischen dem Graphen von f: $f(x) = \sqrt{x}$, der x-Achse und den Grenzgeraden x = 1 sowie x = 4 liegenden Flächenstücks gesucht (siehe Abb. 8.3.25), d.h. das bestimmte Integral $\displaystyle\int_1^4 \sqrt{x}\,dx$ ist zu berechnen.

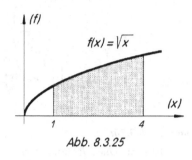

Nach (8.1.18) gilt:

$$F(x) = \int \sqrt{x}\ dx \;=\; \int x^{1/2}\,dx \;=\; \frac{2}{3}\,x^{3/2}\ (+C),$$

so dass folgt:

$$\int_1^4 \sqrt{x}\,dx \;=\; \frac{2}{3}\,x^{3/2}\,\Bigg|_1^4 = \frac{2}{3}\,4^{3/2} - \frac{2}{3}\,1^{3/2} = \frac{14}{3}.$$

Abb. 8.3.25

Aufgabe 8.3.26:   Berechnen Sie folgende bestimmte Integrale:

i) $\displaystyle\int_0^2 (3x^3 - 24x^2 + 60x - 32)\,dx$ **ii)** $\displaystyle\int_1^2 \left(7 + 2e^x - \frac{3}{x}\right) dx$

iii) $\displaystyle\int_0^1 \sqrt{0{,}5x+1}\ dx$ **iv)** $\displaystyle\int_0^3 2e^{-t}\,dt$ **v)** $\displaystyle\int_0^T R \cdot e^{-rt}\,dt$.

8.3.4   Flächeninhaltsberechnung

Benutzen wir das bestimmte Integral kritiklos zur Flächeninhaltsbestimmung, so können sich Überraschungen ergeben:

Beispiel 8.3.27:   Gesucht ist der Inhalt der schraffierten Fläche in Abb. 8.3.28 (d.h. zwischen den Grenzen x = 0 und x = 3, dem Graph der Funktion f mit f(x) = x² − 3 und der Abszisse).

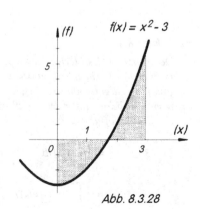

Wert des entsprechenden bestimmten Integrals:

$$\int_0^3 (x^2 - 3)\,dx \;=\; \frac{1}{3}\,x^3 - 3x\,\Bigg|_0^3 = \frac{1}{3}\cdot 27 - 9 = \mathbf{0}\ \ (??)$$

Obwohl das schraffierte Flächenstück in Abb. 8.3.28 sicher einen von Null verschiedenen Flächeninhalt besitzt, hat das bestimmte Integral den Wert Null. Grund: Bei Bildung des bestimmten Integrals werden **oberhalb** der Abszisse liegende Flächenstücke **positiv** und die **unterhalb** der Abszisse liegenden Flächenstücke **negativ**

Abb. 8.3.28

gezählt (siehe Bemerkung 8.2.10 v), so dass sich per saldo ein Wert von Null ergeben kann. Daher müssen zur Berechnung des (positiven) Gesamt-Flächeninhaltes bei einer **nicht vorzeichenbeständigen** Funktion zunächst **sämtliche Nullstellen** von f in [a,b] ermittelt werden. Diese seien, etwa von links nach rechts, mit $x_1, x_2, \ldots, x_n$ bezeichnet, siehe Abb. 8.3.31.

Dann ergibt sich der gesuchte **Gesamt-Flächeninhalt** A als Summe sämtlicher (von Nullstelle zu Nullstelle gesondert ermittelter) Einzel-Flächeninhalte:

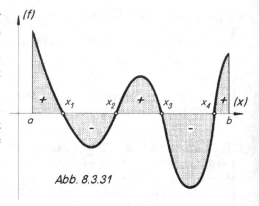

Abb. 8.3.31

(8.3.29)
$$A = \left| \int_a^{x_1} f(x)\,dx \right| + \left| \int_{x_1}^{x_2} f(x)\,dx \right| + \ldots + \left| \int_{x_n}^{b} f(x)\,dx \right| \quad .$$

Bemerkung 8.3.30:

i) *Die Verwendung der **Betragsstriche** stellt sicher, dass nur **positive Flächenmaßzahlen** addiert werden.*

ii) *Das über alle Nullstellen hinweg genommene **bestimmte Integral** $\int_a^b f(x)\,dx$ liefert stets die Flächeninhalts**differenz** von **positiv** gezählten (d.h. oberhalb der Abszisse liegenden) und **negativ** gezählten (d.h. unterhalb der Abszisse liegenden) Flächenstücken.*

Beispiel 8.3.32: (Fortsetzung von Beispiel 8.3.27)

Zur Ermittlung des Inhaltes der in Abb. 8.3.28 dargestellten Flächenstücke müssen zunächst die Nullstellen von f mit $f(x) = x^2 - 3$ ermittelt werden: $x^2 - 3 = 0 \Rightarrow x_1 = -\sqrt{3}\,; x_2 = \sqrt{3}$. Damit erhalten wir für den gesuchten Flächeninhalt zwischen 0 und 3:

$$A = \left| \int_0^{\sqrt{3}} (x^2 - 3)\,dx \right| + \left| \int_{\sqrt{3}}^{3} (x^2 - 3)\,dx \right| = \left| \frac{x^3}{3} - 3x \right|_0^{\sqrt{3}} + \left| \frac{x^3}{3} - 3x \right|_{\sqrt{3}}^{3}$$

$$= \left| \sqrt{3} - 3\sqrt{3} \right| + \left| 9 - 9 - (\sqrt{3} - 3\sqrt{3}) \right| = 2\sqrt{3} + 2\sqrt{3} = 4\sqrt{3} \approx 6{,}9282 \; .$$

Bemerkung 8.3.34:

*Den Inhalt A des Flächenstücks, das **zwischen zwei** (sich **nicht** schneidenden) **Funktionsgraphen** f und g (mit $f \geq g$) liegt (s. Abb. 8.3.33), können wir als Differenz der beiden unter den Graphen liegenden Flächenstücke auffassen:*

$$(8.3.35) \quad A = \int_a^b f(x)\,dx - \int_a^b g(x)\,dx$$

$$= \int_a^b (f(x) - g(x))\,dx \; .$$

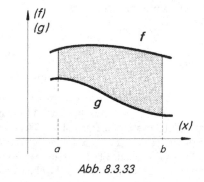

Abb. 8.3.33

Für den Fall, dass f und g in [a,b] die Schnittstellen $x_1, x_2, ..., x_n$ besitzen, muss zur Inhaltsbestim-
mung der eingeschlossenen Flächen *von Schnittstelle
zu Schnittstelle* integriert werden (siehe Abb. 8.3.36).
Absolutstriche vermeiden die Zählung negativer Flächenmaßzahlen:

$$(8.3.37) \qquad A = \left| \int_a^{x_1} (f-g)\,dx \right|$$

$$+ \left| \int_{x_1}^{x_2} (f-g)\,dx \right| + ... +$$

$$... \qquad ... \qquad ...$$

$$+ \left| \int_{x_n}^{b} (f-g)\,dx \right| \, .$$

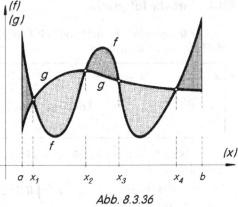

Abb. 8.3.36

Aufgabe 8.3.38:   Ermitteln Sie den Flächeninhalt zwischen Abszisse, Funktionsgraph und den Grenzen
a und b. Ermitteln Sie zum Vergleich das bestimmte Integral von f zwischen a und b:

i) $f(x) = 0,4x^2 - 2,2x + 1,8$; $a = 0$; $b = 6$ ii) $f(z) = -z^2 + 8z - 15$; $a = 0$; $b = 10$

iii) $f(p) = (p-1)(p-2)(p+3)$; $a = -4$; $b = 4$ iv) $k(y) = e^y - 4$; $a = 0$; $b = 3$

v) $k(t) = 0,3t^2 - \dfrac{8,1}{t}$; $a = 1$; $b = 4$.

Aufgabe 8.3.39:   Ermitteln Sie den Flächeninhalt der zwischen den Graphen von f und g liegenden
Flächenstücke:

i) $f(x) = x^2$; $g(x) = -2x^2 + 27$; $a = 0$; $b = 2$

ii) $f(x) = 0,2x^2$; $g(x) = 0,4x + 3$; $a = -6$; $b = 6$

iii) $f(x) = (x-2)^2$; $g(x) = -x^2 + 8$;   Bereichsgrenzen = Schnittpunkte der Graphen .

8.4 Spezielle Integrationstechniken

Anders als in der Differentialrechnung existieren nicht für alle integrierbaren Funktionen Integrationsregeln. So gibt es weder eine „Produktregel" noch eine „Quotienten-" oder „Kettenregel", die es gestatten, ein beliebiges Produkt, einen beliebigen Quotienten oder eine beliebige zusammengesetzte Funktion
zu integrieren, wenn die Teilfunktionen integrierbar sind und zu ihnen die Stammfunktionen angegeben
werden können.

Beispiel 8.4.1: e^x hat die Stammfunktion e^x, $-x^2$ hat die Stammfunktion $-\dfrac{1}{3} x^3$: Für die zusammengesetzte Funktion e^{-x^2} aber lässt sich keine geschlossen darstellbare Stammfunktion angeben (siehe
Bemerkung 8.1.20).

Außer Näherungsverfahren (siehe z.B. [20]) gibt es einige weitere Integrationsregeln, die es in bestimmten Fällen ermöglichen, ein Integral in geschlossener Form anzugeben. Das Prinzip dieser nachstehend
angeführten Regeln ist in allen Fällen dasselbe: Man versucht, den Integranden durch geeignete Umformungen in eine Gestalt zu überführen, die mit Hilfe von Grundintegralen (siehe (8.1.18)) bzw. den Sätzen
8.1.21/8.2.16 geschlossen integrierbar ist.

8.4.1   Partielle Integration

Liegt der **Integrand als Produkt** von Teil-Funktionstermen vor, lässt sich das Integral manchmal in eine einfachere Gestalt überführen:

Satz 8.4.2:   Es seien f, f', g, g' stetige Funktionen.   Dann gilt

(8.4.3)
$$\int f(x) \cdot g'(x)\, dx = f(x) \cdot g(x) - \int f'(x) \cdot g(x)\, dx \quad .$$

Der **Beweis** ergibt sich durch Ableiten beider Seiten nach x unter Beachtung von (8.1.15) sowie der Produktregel (5.2.31):

i) *linke* Seite von (8.4.3): $\dfrac{d}{dx} \displaystyle\int f(x) \cdot g'(x)\, dx \;=\; f(x) \cdot g'(x)$;

ii) *rechte* Seite von (8.4.3):

$$\frac{d}{dx}\left(f(x) \cdot g(x) - \int f'(x) \cdot g(x)\, dx \right) \;=\; f'(x) \cdot g(x) + f(x) \cdot g'(x) - f'(x) \cdot g(x) = f(x) \cdot g'(x) \quad \textit{(wie in i))} .$$

Somit unterscheiden sich beide Seiten von (8.4.3) nur in der üblichen additiven Integrationskonstanten C.

Bemerkung 8.4.4:   *Die Anwendung der partiellen Integration nach (8.4.3) empfiehlt sich, wenn*

i) *der **Integrand** als **Produkt** aufgefasst werden kann, dessen **einer** Faktor (nämlich g'(x)) **leicht** integriert werden kann ($\rightarrow g(x)$), und*

ii) *das auf der rechten Seite von (8.4.3) stehende Integral $\int f'(x) \cdot g(x)\, dx$ **einfacher** zu lösen ist als das ursprüngliche Integral $\int f(x) \cdot g'(x)\, dx$.*

Ob diese Voraussetzungen vorliegen, lässt sich mit einiger Übung meist rasch entscheiden.

Beispiel 8.4.5:   Gesucht ist $\displaystyle\int x \cdot \ln x\, dx$ *(x > 0)*. Es liegt Produktform vor. Der zweite Faktor (ln x) ist nicht ohne weiteres integrierbar, wohl aber der erste Faktor (= x). Daher setzen wir am besten:

$$f(x) = \ln x, \quad g'(x) = x. \qquad \text{Dann folgt mit (8.4.3):}$$

$$\int x \cdot \ln x\, dx \;=\; \frac{x^2}{2} \cdot \ln x \;-\; \int \frac{x^2}{2} \cdot \frac{1}{x}\, dx \;=\; \frac{x^2}{2} \ln x \;-\; \frac{x^2}{4} + C.$$

Für das **bestimmte Integral** lautet die zu Satz 8.4.2 analoge Regel für die **partielle Integration:**

(8.4.6)
$$\int_a^b f(x) \cdot g'(x)\, dx = f(x) \cdot g(x) \Big|_a^b - \int_a^b f'(x) \cdot g(x)\, dx \quad .$$

Beispiel 8.4.7:   (siehe Bsp. 8.4.5)

$$\int_2^3 x \cdot \ln x\, dx = \frac{x^2}{2} \cdot \ln x \Big|_2^3 - \int_2^3 \frac{x}{2}\, dx = \left(\frac{x^2}{2} \cdot \ln x - \frac{x^2}{4} \right) \Big|_2^3 \approx 2{,}3075 \quad .$$

Aufgabe 8.4.8:   Ermitteln Sie folgende Integrale mit Hilfe partieller Integration:

i) $\displaystyle\int x \cdot e^x\, dx$ ii) $\displaystyle\int z^2 \cdot e^{-z}\, dz$ iii) $\displaystyle\int (x^2 + x + 1) \cdot e^x\, dx$ iv) $\displaystyle\int (a + bx) \cdot e^{-rx}\, dx$

v) $\displaystyle\int_0^2 t^2 \cdot e^{2t}\, dt$ vi) $\displaystyle\int_0^T (500 - 40t) \cdot e^{-0,1t}\, dt$ vii) $\displaystyle\int_1^7 \ln x\, dx$.

8.4.2 Integration durch Substitution

Häufig gelingt eine Integration dadurch, dass man in $\int f(x)\,dx$ die Variable x durch eine geeignete Funktion h: h(t) ersetzt („substituiert"). Unter der Voraussetzung, dass h(t) stetig differenzierbar und **umkehrbar** ist, gilt dann

---

Satz 8.4.9: **(Integration durch Substitution)**

(8.4.10)
$$\int f(x)\,dx = \int f(h(t)) \cdot h'(t)\,dt$$
$(\text{mit } x = h(t))$.

Der **Beweis** ergibt sich durch Differenzieren beider Seiten nach t, Berücksichtigung der Kettenregel (siehe 5.2.45) sowie (8.1.15) und der Substitution $x = h(t)$:

i) linke Seite von (8.4.10): $\dfrac{d}{dt}\int f(x)\,dx = \dfrac{d}{dx}\int f(x)\,dx \cdot \dfrac{dx}{dt} = f(x) \cdot \dfrac{dx}{dt} = f(h(t)) \cdot h'(t)$;

ii) rechte Seite von (8.4.10): $\dfrac{d}{dt}\int f(h(t)) \cdot h'(t)\,dt = f(h(t)) \cdot h'(t)$,

d.h. (8.4.10) gilt unter Berücksichtigung der obligaten Integrationskonstanten C.

Bemerkung 8.4.11: i) *Häufig liest man Satz 8.4.9 in folgender Weise:*

(8.4.12)
$$\int f(h(x)) \cdot h'(x)\,dx = \int f(t)\,dt , \quad mit\ h(x) = t \quad bzw. \quad x = h^{-1}(t) .$$

ii) Durch die große Freiheit in der Wahl der Substitutionsfunktion $h(t) = x$ (bzw. $h(x) = t$) gelingt in vielen Fällen die Ermittlung der gesuchten Stammfunktion, siehe z.B. [41], Bd. 3, Nr. 9-28.

*iii) Aus (8.4.10) folgt: Wenn in $\int f(x)\,dx$ substituiert wird: $x = h(t)$, so muss darauf geachtet werden, dass auch das Differential dx entsprechend der bekannten Beziehung (6.1.6): $dx = h'(t)\,dt$ transformiert wird: $f(x)\,dx \longleftrightarrow f(h(t)) \cdot h'(t)\,dt$. An dieser Stelle wird deutlich, dass es **sinnvoll** ist, im Integranden stets das **Differential dx mitzuführen**, da es sich bei Substitution wegen $dx = h'(t)\,dt$ sozusagen „automatisch" richtig transformiert.*

Beispiel 8.4.13:

i) Gesucht ist $\int x\sqrt{1-x^2}\,dx$. Substitution: $1-x^2 = t \quad \Rightarrow \quad dt = -2x\,dx \quad \Rightarrow$

$\Rightarrow \quad \int x\sqrt{1-x^2}\,dx = -\dfrac{1}{2}\int \sqrt{t}\,dt = -\dfrac{1}{3}t^{3/2} + C = -\dfrac{1}{3}\sqrt{(1-x^2)^3} + C.$

ii) Gesucht ist $\int x\sqrt{x-1}\,dx$. Substitution: $t = x-1 \quad \Rightarrow \quad dt = dx \quad \Rightarrow$

$\Rightarrow \quad \int x\sqrt{x-1}\,dx = \int (t+1)\sqrt{t}\,dt = \int t^{3/2}\,dt + \int t^{1/2}\,dt = \dfrac{2}{5}t^{5/2} + \dfrac{2}{3}t^{3/2} + C =$

$\qquad = \dfrac{2}{5}(x-1)^{5/2} + \dfrac{2}{3}(x-1)^{3/2} + C.$

iii) Gesucht ist $\int \dfrac{x^3+x}{x^4+2x^2}\,dx$. Substitution: $t = x^4+2x^2\ (>0) \quad \Rightarrow \quad dt = (4x^3+4x)\,dx = 4(x^3+x)\,dx$

$\Rightarrow \quad \int \dfrac{x^3+x}{x^4+2x^2}\,dx = \dfrac{1}{4}\int \dfrac{dt}{t} = \dfrac{1}{4}\ln t + C = \dfrac{1}{4}\ln(x^4+2x^2) + C.$

Für das **bestimmte Integral** lautet die zu Satz 8.4.9 analoge Regel für die **Integration durch Substitution:**

(8.4.14)
$$\int_a^b f(x)\,dx = \int_u^v f(h(t))\cdot h'(t)\,dt$$
(mit $x = h(t)$; $a = h(u)$; $b = h(v)$)

bzw. in Analogie zu (8.4.12)

(8.4.15)
$$\int_a^b f(h(x))\cdot h'(x)\,dx = \int_{h(a)}^{h(b)} f(t)\,dt$$
(mit $t = h(x)$) .

*Bemerkung 8.4.16: Gegenüber der unbestimmten Integration (Satz 8.4.9) ist jetzt zu beachten, dass auch die **Integrationsgrenzen** entsprechend der gewählten Substitutionsfunktion **transformiert** werden.*

Beispiel 8.4.17:   Gesucht ist $\displaystyle\int_1^2 x^3 \sqrt{x^4 - 1}\ dx$.

Substitution: $t = h(x) = x^4 - 1 \Rightarrow dt = 4x^3\,dx$. Die Integrationsgrenzen $x_1 = 1$, $x_2 = 2$ transformieren sich entsprechend: $t_1 = h(x_1) = 1^4 - 1 = 0$; $t_2 = h(x_2) = 2^4 - 1 = 15$.   Daher:

$$\int_1^2 x^3 \sqrt{x^4-1}\ dx = \frac{1}{4}\int_0^{15} \sqrt{t}\ dt = \frac{1}{6}t^{3/2}\Big|_0^{15} \approx 9{,}6825 \ .$$

Wir hätten stattdessen auch die Stammfunktion F(x) durch „Re-substitution" gewinnen können und dann die ursprünglichen Integrationsgrenzen verwenden können:

Wegen
$$\int x^3 \sqrt{x^4-1}\ dx = \frac{1}{4}\int\sqrt{t}\ dt = \frac{1}{6}\sqrt{(x^4-1)^3} + C \quad \text{folgt:}$$

$$\int_1^2 x^3\sqrt{x^4-1}\ dx = \frac{1}{6}\sqrt{(x^4-1)^3}\ \Big|_1^2 = \frac{1}{6}\cdot\sqrt{3375} \approx 9{,}6825 \quad \text{wie eben.}$$

Aufgabe 8.4.18:   Ermitteln Sie folgende Integrale durch geeignete Substitution:

i) $\displaystyle\int \frac{x^7}{x^8+1}\,dx$ ii) $\displaystyle\int \frac{e^{ax}}{1+e^{ax}}\ dx$ iii) $\displaystyle\int x\sqrt{e^{x^2}+1}\cdot e^{x^2}\,dx$

iv) $\displaystyle\int_0^2 x^2\cdot e^{x^3}\,dx$ v) $\displaystyle\int_1^2 4e^{-2x^2+x^3}(4x-3x^2)\,dx$ vi) $\displaystyle\int \frac{dx}{2\sqrt{x}+x}$

*vii) $\displaystyle\int \frac{dx}{x^a-x}$ ($a = $ const. $\neq 1$; $x > 0$)   *(Hinweis: x^a ausklammern.)*

Mit Hilfe von partieller Integration und Integration durch Substitution gelingt es, eine beträchtliche Anzahl von Funktionen – wenn auch bei weitem nicht alle – geschlossen zu integrieren. Teilweise ist es dazu erforderlich, ganz spezielle *(und für den Anfänger nur schwer erkennbare)* Substitutionen zu benutzen, siehe etwa [41] , Band 3, Nr. 9-28. Ferner sei darauf hingewiesen, dass **gebrochen-rationale** Funktionen bei Kenntnis der Nullstellen des Nennerpolynoms mit Hilfe der sog. **Partialbruchzerlegung** stets auf Grundintegrale zurückgeführt und somit **geschlossen integriert** werden können, siehe etwa [41], Band 3, Nr. 11-17.

8.5 Ökonomische Anwendungen der Integralrechnung

8.5.1 Kosten-, Erlös- und Gewinnfunktionen

Definitionsgemäß sind ökonomische **Gesamtfunktionen** stets **Stammfunktionen** der entsprechenden ökonomischen **Grenzfunktionen** *(z.B. ist die Gesamtkostenfunktion Stammfunktion der Grenzkostenfunktion, die Erlösfunktion Stammfunktion der Grenzerlösfunktion usw.).* Mit Hilfe des bestimmten Integrals lässt sich der Zusammenhang präziser fassen und um eine geometrische Veranschaulichung erweitern.

i) Kostenfunktionen

Sei K': $K'(x)$ eine Grenzkostenfunktion. Dann gilt nach dem 2. Hauptsatz (Satz 8.3.19) – da die Gesamtkostenfunktion K: $K(x)$ eine Stammfunktion zu K' ist –

$$(8.5.1) \qquad \int_0^x K'(q)\, dq = K(x) - K(0).$$

Bemerkung: Um Missverständnisse zu vermeiden, wird zur Unterscheidung von der oberen Integrationsgrenze x die Integrationsvariable mit q bezeichnet, siehe Bemerkung 8.2.10 ii).

Aus (8.5.1) folgt:

$$(8.5.2) \qquad K(x) = \int_0^x K'(q)\, dq + K(0).$$

$K(0)$ entspricht genau den fixen Kosten K_f, daher stellt das Integral die variablen Kosten $K_v(x)$ dar.

Zusammenfassend gelten folgende Beziehungen zwischen K, K', K_v und K_f:

$$(8.5.3)$$

$$K_v(x) = \int_0^x K'(q)\, dq$$

$$K(x) = \int_0^x K'(q)\, dq + K_f$$

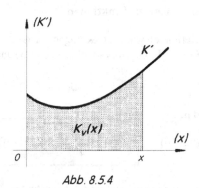

Abb. 8.5.4

(K: Gesamtkosten;   K': Grenzkosten;
K_v: variable Kosten; K_f: fixe Kosten)

Anschauliche Interpretation:

Wir erhalten die zum Output x gehörenden variablen Kosten $K_v(x)$ als Flächenmaßzahl des unterhalb der Grenzkostenkurve liegenden Flächenstücks zwischen 0 und x, siehe Abb. 8.5.4. Die Addition der Fixkosten K_f liefert daraus die Gesamtkosten für den Output x.

Beispiel 8.5.5:

Die Grenzkostenfunktion K' laute: $K'(x) = 0,03x^2 - 3x + 120$, Fixkosten: 4.000 GE.
Dann gilt nach (8.5.3) für die Gesamtkostenfunktion K:

$$K(x) = \int_0^x (0,03q^2 - 3q + 120)\, dq + 4.000 = (0,01q^3 - 1,5q^2 + 120q)\Big|_0^x + 4.000$$

d.h. $K(x) = 0,01x^3 - 1,5x^2 + 120x + 4.000$.

ii) Erlösfunktionen

Sei E′: E′(x) eine Grenzerlösfunktion. Da die Erlösfunktion E: E(x) eine Stammfunktion zu E′ ist, gilt nach dem 2. Hauptsatz der Differential- und Integralrechnung (Satz 8.3.19):

$$(8.5.6) \qquad \int_0^x E'(q)\,dq \;=\; E(x) - E(0) \;.$$

Wegen $E(x) = x \cdot p(x)$ ist der Erlös $E(0)$ für die Absatzmenge $x = 0$ stets Null, so dass aus (8.5.6) für die **Erlösfunktion E: E(x)** folgt:

$$(8.5.7) \qquad \boxed{\; E(x) \;=\; \int_0^x E'(q)\,dq \;}$$

Veranschaulichung: Der Gesamtumsatz E(x) für die Absatzmenge x ist gleich dem Inhalt der Fläche unter der Grenzerlöskurve zwischen 0 und x (siehe Abb. 8.5.8). Beachten Sie dabei, dass die in (8.5.7) *unterhalb* der Abszisse liegenden Flächenstücke *negativ* gezählt werden, siehe Bemerkung 8.3.30.

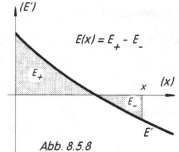

Abb. 8.5.8

Beispiel 8.5.9:   Eine Grenzerlösfunktion sei definiert durch: E′(x) = 1.044 − 0,6x.

Dann lautet die Gleichung der Erlösfunktion nach (8.5.7):

$$E(x) = \int_0^x (1.044 - 0,6q)\,dq \;=\; (1.044q - 0,3q^2)\Big|_0^x \;=\; 1.044x - 0,3x^2 \;.$$

Die zugehörige Preis-Absatz-Funktion p(x) lautet *(mit E(x) = x·p(x))*: $p(x) = \dfrac{E(x)}{x} = 1.044 - 0,3x$.

iii) Gewinnfunktionen

Definieren wir den **Gesamtgewinn G(x)** – wie üblich – als Differenz zwischen Erlös und Gesamtkosten, $G(x) := E(x) - K(x)$, so folgt aus (8.5.3) und (8.5.7) sowie Satz 8.2.16:

$$G(x) = E(x) - K(x) = \int_0^x E'(q)\,dq - \int_0^x K'(q)\,dq - K_f$$

d.h.

$$(8.5.10) \qquad \boxed{\; G(x) \;=\; \int_0^x [E'(q) - K'(q)]\,dq - K_f \;} \;.$$

Daraus ergibt sich der **Deckungsbeitrag** (oder Bruttogewinn) $G_D(x)$ (als Differenz aus Erlös und variablen Kosten) zu

$$(8.5.11) \qquad \boxed{\; G_D(x) \;=\; \int_0^x [E'(q) - K'(q)]\,dq \;} \;.$$

Daher erhalten wir graphisch den **Deckungsbeitrag** an der Stelle x als Maßzahl der **Fläche zwischen Grenzerlös- und Grenzkostenkurve**, siehe Abb. 8.5.12.

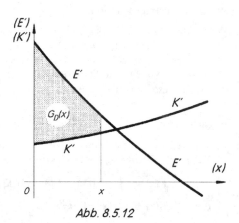

Abb. 8.5.12

Die Subtraktion der Fixkosten liefert den Gesamtgewinn G(x). Beachten Sie, dass bei der graphischen Gewinnermittlung diejenigen Flächenstücke, in denen E' *unterhalb* von K' liegt (d.h. mit E'(x) < K'(x)), in (8.5.11) *negativ* gezählt werden, so dass sich der resultierende Deckungsbeitrag als Differenz der positiv u. negativ gezählten Flächeninhalte ergibt, siehe Abb. 8.5.13. Wir erkennen erneut, dass das Gewinnmaximum im Schnittpunkt x_G von Grenzerlös- und Grenzkostenkurve liegen muss.

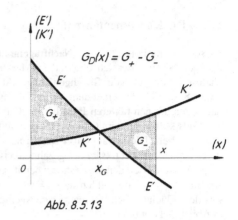

Abb. 8.5.13

Die Gewinnermittlung auf *graphischem* Wege kann immer dann vorteilhaft eingesetzt werden, wenn es *mehrere Schnittpunkte* von E' und K' (d.h. mehrere Kandidaten für ein Gewinnmaximum) gibt. Als **Beispiel** werde eine *doppelt-geknickte Preis-Absatz-Funktion* sowie *konstante Grenzkosten* gewählt (siehe Kap. 6.3.2.4, Abb. 6.3.50). Wegen der Unstetigkeit der Grenzerlösfunktion existieren zwei Schnittstellen x_1, x_2 zwischen Grenzerlös und Grenzkosten ($x_2 > x_1$). Je nach Höhe von K' kann x_1 *oder* x_2 die gewinnmaximale Menge x_G liefern. Nun stellt das Integral

$$\int_{x_1}^{x_2} (E'(q) - K'(q))\, dq = G(x_2) - G(x_1)$$

den **zusätzlichen** Gewinn über $G(x_1)$ hinaus dar. Ist dieser Zusatzgewinn positiv (*bzw. negativ*), so liegt das Gewinnmaximum in x_2 (*bzw. x_1*). Für die Entscheidung haben wir also abzuschätzen, ob die positiv gezählten Gewinnflächen-Inhalte die negativ gezählten Gewinnflächen-Inhalte *überkompensieren oder nicht.*

Die Abb. 8.5.14/8.5.15 zeigen die beiden entsprechenden Situationen:

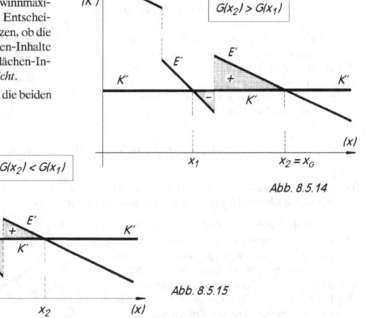

Abb. 8.5.14

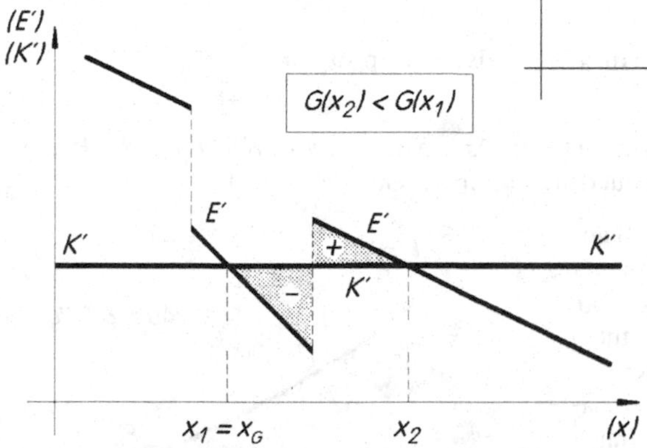

Abb. 8.5.15

Aufgabe 8.5.16: Gegeben sind die Grenzkosten K' sowie der Grenzerlös E' einer Ein-Produkt-Unternehmung durch folgende Funktionsgleichungen: $K'(x) = 3x^2 - 24x + 60$; $E'(x) = -18x + 132$.
Die Gesamtkosten für den Output 10 ME betragen 498 GE.   Ermitteln Sie
i) die Erlösfunktion   **ii)** die Kostenfunktion   **iii)** die Preis-Absatz-Funktion
iv) den gewinnmaximalen Preis   sowie **v)** den maximalen Gesamtgewinn.

8.5.2 Die Konsumentenrente

Es sei eine monoton fallende **Nachfragefunktion** $p(x)$ gegeben und der sich aufgrund des Marktmechanismus einstellende **Gleichgewichtspunkt** P_0 (Abb. 8.5.17). Wir erkennen: Viele Nachfrager hätten auch einen **höheren** Preis für das Gut bezahlt, als sie ihn jetzt im Gleichgewichtspunkt zu zahlen haben. Diese Nachfrager **sparen** also dadurch etwas, dass der tatsächlich gezahlte Preis p_0 niedriger ist als der, den sie zu zahlen bereit gewesen wären. (Insgesamt zahlen sie $E_0 = p_0 \cdot x_0$ GE, was dem Flächeninhalt des markierten Rechtecks in Abb. 8.5.17 entspricht.)

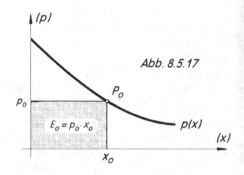

Abb. 8.5.17

Es soll nun die *Frage* beantwortet werden, wie groß die *Summe* E^* ist, die die Konsumenten *insgesamt zu zahlen bereit gewesen wären*, wenn jeder den für ihn gerade noch akzeptablen höchsten Preis gezahlt hätte.

Dazu wird die Abszisse von 0 bis x_0 in n Intervalle mit den Längen $dx_1, dx_2, ..., dx_n$ unterteilt. Außerdem nehmen wir vereinfachend an, dass über diesen Intervallen der Preis gleich dem Preis in den Endpunkten des jeweiligen Intervalls ist, s. Abb. 8.5.19.

Wir sehen: Beim Preis p_1 werden dx_1 ME nachgefragt, der zugehörige Erlös beträgt $dE_1 = p_1 \cdot dx_1$. Sinkt der Preis auf p_2, so kommen (in der Annahme, dass die ersten dx_1 Nachfrager bereits befriedigt sind) *zusätzlich* dx_2 ME an Nachfrage hinzu mit einem zusätzlichen Erlös $dE_2 = p_2 \cdot dx_2$ usw. Bis zum Gleichgewichtspreis p_n ($=p_0$) ergibt sich so insgesamt ein Erlös von

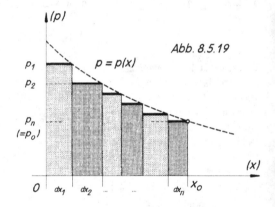

Abb. 8.5.19

$$(8.5.18) \qquad E^* = dE_1 + dE_2 + ... + dE_n = p_1 dx_1 + ... + p_n dx_n = \sum_{i=1}^{n} p_i dx_i .$$

Dieser Wert E^* des Gesamterlöses ergibt sich unter der Annahme, dass *jeder Nachfrager den Preis zahlt*, den er *gerade noch zu zahlen bereit* ist, ehe er auf den Konsum des Gutes verzichtet.

Graphisch stellt sich dieser Erlös E^* dar als Summe der *Flächeninhalte* sämtlicher Rechtecke unter der treppenförmigen Nachfragekurve (siehe Abb. 8.5.19). Lässt man nun die Anzahl der Preisstufen und damit die Anzahl der immer schmaler werdenden Rechtecke *über alle Grenzen wachsen*, so nähert sich die Treppenkurve der stetigen Nachfragefunktion $p(x)$, die Summe E^* der Rechtecksflächeninhalte nähert sich dem *Flächeninhalt* unter der Nachfragefunktion, d.h. (wegen $p > 0$) dem *bestimmten Integral*

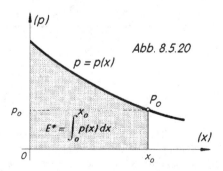

Abb. 8.5.20

$$E^* = \int_0^{x_0} p(x)\, dx \qquad \textit{(siehe Abb. 8.5.20)} .$$

Ziehen wir von diesem Betrag E^* die tatsächlich von den Konsumenten insgesamt gezahlte Summe $p_0 \cdot x_0 = E_0$ ab, so erhalten wir mit dem Inhalt der schraffierten Fläche in Abb. 8.5.21 diejenige Summe K_R, die die Konsumenten insgesamt „eingespart" haben dadurch, dass jeder Konsument nur den Preis p_0 gezahlt hat.

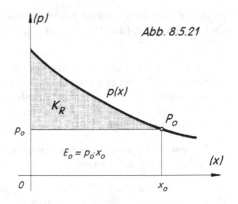

Abb. 8.5.21

Diese **Differenz** $K_R = E^* - E_0$ zwischen *theoretisch möglichen und tatsächlichen Ausgaben* wird

Konsumentenrente

genannt, ihre Höhe ist ein Maß für die „Vorteilhaftigkeit" des Güterkaufs.

Der Wert K_R der Konsumentenrente beträgt (siehe Abb. 8.5.21)

(8.5.21)
$$K_R = \int_0^{x_0} p(x)\,dx - p_0 x_0 \qquad (= Konsumentenrente)$$

Beispiel 8.5.23:   Gegeben seien die Nachfragefunktion $p(x) = 10 \cdot e^{-0,5x}$ sowie die Gleichgewichtsmenge $x_0 = 2\,ME$. Dann beträgt die Konsumentenrente:

$$K_R = \int_0^2 10e^{-0,5x}\,dx - 2 \cdot 10 \cdot e^{-1} = -20e^{-0,5x}\Big|_0^2 - 7,3576 = -20e^{-1} + 20 - 7,3576 \approx 5,2848\,GE,$$

beträgt also ca. 72% des tatsächlichen Umsatzes von 7,3576 GE.

Aufgabe 8.5.24:   Gegeben seien die Nachfragefunktion $p_N(x) = -ax + b$ und die Angebotsfunktion $p_A(x) = cx + d$ mit $a,b,c,d > 0$ sowie $b > d$.

i)   Ermitteln Sie die Konsumentenrente im Marktgleichgewicht.

ii)   Welchen Wert muss der (absolute) Steigungsfaktor a der Nachfragefunktion aufweisen, damit die Konsumentenrente maximal wird?

Aufgabe 8.5.25:   Ermitteln Sie für die Nachfragefunktion $p_N(x) = 18 - 0,1x^2$ und die Angebotsfunktion $p_A(x) = 0,5x + 3$ die Konsumentenrente im Marktgleichgewicht.

Aufgabe 8.5.26:   Eine Ein-Produkt-Unternehmung operiere mit der Gesamtkostenfunktion K: $K(x) = 5x + 80$ und sehe sich der Preis-Absatz-Funktion $p(x) = \sqrt{125 - x}$; $x \le 125\,ME$, gegenüber. Ermitteln Sie die Konsumentenrente im Gewinnmaximum.

(Hinweis: Mit den rechnerischen Lösungen von Wurzelgleichungen ist stets die Probe zu machen!)

8.5.3 Die Produzentenrente

Es sei für ein Gut eine monoton steigende **Angebotsfunktion** vorgegeben. Diese Angebotsfunktion sei durch Aggregation in der Weise zustande gekommen, dass **jeder Produzent** seine **gesamte Warenmenge** von einer bestimmten **Preisuntergrenze** an anbietet: Steigt der Marktpreis, treten neue Anbieter hinzu, die bisherigen Anbieter halten ihr **unverändertes** Angebot aufrecht.

Es stellt sich nun aufgrund der Nachfragefunktion
ein **Marktgleichgewicht** $P_0(x_0, p_0)$ ein (siehe Abb.
8.5.27).

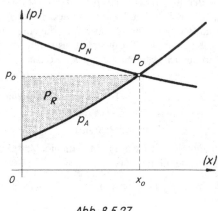

Dadurch, dass im Gleichgewicht sämtliche Anbieter zum Preis p_0 verkaufen können, erhalten diejenigen Anbieter, die ihren gesamten Warenbestand
auch zu einem geringeren Preis verkauft hätten, einen **zusätzlichen Gewinn**.

Die Summe P_R aller dieser **Zusatzgewinne**
nennt man **Produzentenrente**.

Analoge Überlegungen wie bei der Ermittlung der
Konsumentenrente führen zum Ergebnis, dass der
gesamte Flächeninhalt unter der Angebotsfunktion zwischen 0 und x_0 dem gesamten Minimalumsatz entspricht, wenn jeder Produzent seine gesamte Ware zum kleinsten akzeptablen Preis verkauft.

Abb. 8.5.27

Der aufgrund des Marktmechanismus tatsächlich erzielte Umsatz $E_0 = x_0 p_0$ ($\hat{=}$ Flächeninhalt des Rechtecks $0, x_0, P_0, p_0$ (Abb. 8.5.27) übertrifft den Minimalumsatz, so dass sich die **Produzentenrente** P_R **als
Differenz aus erzieltem und mindestens erwartetem Umsatz** ergibt zu

(8.5.28)
$$P_R = p_0 x_0 - \int_0^{x_0} p_A(x)\, dx$$
(siehe das getönte Flächenstück in Abb. 8.5.27).

Beispiel 8.5.29:   Für die Angebotsfunktion $p_A(x) = 0,25\,(x + 2)^2$ und die Gleichgewichtsmenge
$x_0 = 3$ ME lautet die Produzentenrente (wegen $p_0 = 6,25\,\text{GE}/\text{ME}$):

$$P_R = 6,25 \cdot 3 - \int_0^3 0,25(x+2)^2\, dx = 18,75 - \frac{1}{12}(x+2)^3 \Big|_0^3 = 9\ \text{GE},$$

entspricht also 48% des tatsächlichen Umsatzes.

Bemerkung 8.5.30:

*Wird die aggregierte Angebotsfunktion $p_A(x)$ durch Überlagerung individueller Angebotsfunktionen er-
zeugt, so existiert **keine Produzentenrente**, da jeder Anbieter gemäß seiner individuellen Angebotsfunktion zu unterschiedlichen Preisen auch unterschiedliche Mengen anbietet.*

Aufgabe 8.5.31:   Gegeben seien Angebotspreise $p_A(x)$ und Nachfragepreise $p_N(x)$ durch die Gleichungen: $p_A(x) = 0,5x^2 + 9$ sowie $p_N(x) = 36 - 0,25x^2$ *(x: Angebots- bzw. Nachfragemenge)*.
Ermitteln Sie im Marktgleichgewicht   **i)** die Konsumentenrente   **ii)** die Produzentenrente.

Aufgabe 8.5.32:   Gegeben seien die Nachfrage- und Angebotsfunktion wie in Aufgabe 8.5.24.
i) Ermitteln Sie die Produzentenrente im Marktgleichgewicht.
ii) Bei welchem Steigungswert c der Angebotsfunktion ist die Produzentenrente maximal?

8.5.4 Kontinuierliche Zahlungsströme

Die Integralrechnung ermöglicht eine einfache und elegante Darstellung ökonomischer Modelle, in denen es auf die **Bewertung von zeitverschiedenen Zahlungen und Zahlungsströmen** ankommt (wie etwa in der Investitionstheorie oder Wachstumstheorie). Nach dem Äquivalenzprinzip der Finanzmathematik[2] ist ein **Vergleich** oder eine **Aufrechnung** zeitverschiedener Zahlungen nur zulässig, wenn zuvor sämtliche Zahlungen auf einen **gemeinsamen Bezugstermin diskontiert** wurden. Statt der in der Praxis üblichen (diskreten) Zinseszinsmethode werden aus Gründen der mathematisch einfacheren Handhabung im folgenden stets die zum diskreten Fall **äquivalenten stetigen Auf-/Abzinsungsvorgänge** *(siehe z.B. [66], Kap. 2.3.4)* betrachtet.

Beispiel 8.5.33: Ein heutiges Kapital $K_0 = 100$ € hat bei diskreter jährlicher Verzinsung zu $i = 8\%$ p.a. in 20 Jahren den Endwert $K_{20} = K_0(1+i)^{20} = 100 \cdot 1{,}08^{20} = 466{,}10$ €. Benutzt man stattdessen den äquivalenten stetigen Zinsvorgang, so folgt mit dem *äquivalenten stetigen Zinssatz* $r = \ln(1+i) = \ln 1{,}08 = 0{,}076961$ für den Endwert: $K_{20} = K_0 \cdot e^{r \cdot 20} = 100 \cdot e^{20 \cdot 0{,}076961} = 466{,}10$ €, also dasselbe Resultat wie bei diskreter Aufzinsung.

Es werde nun angenommen, dass die mit einem ökonomischen Prozess verbundenen Zahlungen in Form eines stetigen und **kontinuierlich fließenden Zahlungsstroms** R(t) erfolgen.

Dabei gibt der Wert der **Stromgröße** R(t) im Zeitpunkt t nicht die Höhe einer einzelnen Zahlung an, sondern die **Geschwindigkeit** oder **Breite des Zahlungsstroms** im Zeitpunkt t (gemessen in Geldeinheiten pro Zeiteinheit, z.B. €/Monat oder T€ /Jahr).

Die **Summe** K der in der Zeitspanne zwischen t und t+dt (also während dt Zeiteinheiten) **geflossenen Zahlungen** ist nun näherungsweise gegeben durch das **Produkt** aus momentaner **Zahlungsgeschwindigkeit** (= R(t)) und **Zeitdauer** dt des Flusses gegeben:

(8.5.35) $K = R(t) \cdot dt$.

Dieser Wert entspricht dem Inhalt des schraffierten Flächenstreifens *(Abb. 8.5.34)*. Zerlegt man nun das gesamte Intervall [t_1;t_2] in solche „Zahlungsstreifen" und verfeinert dann diese Zerlegung immer weiter, so nähert sich die **Summe K aller**

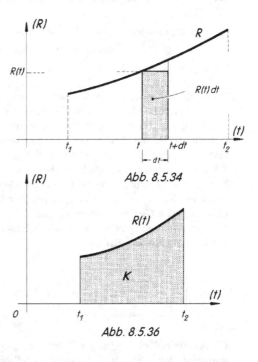

Abb. 8.5.34

Abb. 8.5.36

zwischen t_1 und t_2 geflossenen **Zahlungen** immer mehr dem Flächeninhalt unter R(t), d.h. dem **bestimmten Integral** von R(t) zwischen t_1 und t_2 *(Abb. 8.5.36)*. Im Grenzfall gilt:

Satz 8.5.37: Wird ein **kontinuierlicher Zahlungsstrom** beschrieben durch die (stückweise stetige) Geschwindigkeitsfunktion R(t) in GE/ZE, so fließt im Zeitintervall [t_1,t_2] insgesamt das (nominelle) **Kapital** K mit

(8.5.38) $$K = \int_{t_1}^{t_2} R(t)\, dt \quad .$$

---

2 siehe etwa [66], Kap. 2.2.

Beispiel 8.5.39:   **i)** Es sei ein konstanter Zahlungsstrom mit $R(t) = 36.000$ [€/Jahr] = const. vorgegeben (z.B. Rückflüsse aus einer Investition). Dann fließen in der Zeitspanne von $t_1 = 0$ bis $t_2 = 45$

nominell insgesamt $\qquad K = \int_0^{45} 36.000 \, dt = 36.000t \Big|_0^{45} = 1.620.000$ €.

ii) Es werde unterstellt, dass der Zahlungsstrom von i) stetig um $r = 3\%$ p.a. steige, so dass im Zeitpunkt t die Zahlungsgeschwindigkeit $R(t) = 36.000 \cdot e^{0,03 \cdot t}$ beträgt. Dann fließen zwischen $t_1 = 0$ und $t_2 = 45$ nominell insgesamt:

$$K = \int_0^{45} 36.000 \cdot e^{0,03t} \, dt = \frac{36.000}{0,03} e^{0,03t} \Big|_0^{45} = 1.200.000 \, (e^{1,35} - 1) = 3.428.910{,}64 \text{ €.}$$

Um die **zeitverschiedenen Zahlungen vergleichbar** zu machen, werden sie (zunächst) auf den Zeitpunkt t = 0 **diskontiert:**

(i) Jede *diskrete Zahlung* R, die im Zeitpunkt t fällig ist, hat im Zeitpunkt 0 den *Gegenwartswert* R_0 mit $R_0 = R \cdot e^{-rt}$.

  Beispiel: Es seien gegeben: $R = 1000$ €, $r = 5\%$ p.a.
  a) Fälligkeit in 8 Jahren: $t = 8 \Rightarrow R_0 = 1000 \cdot e^{-0,05 \cdot 8} \quad = \ 670{,}32$ € (heute);
  b) Fälligkeit vor 4 Jahren: $t = -4 \Rightarrow R_0 = 1000 \cdot e^{-0,05 \cdot (-4)} = 1000 \cdot e^{0,2} = 1221{,}40$ € (heute).

(ii) Den *Gegenwartswert kontinuierlicher Zahlungsströme* erhalten wir dadurch, dass wir bei der Intervallzerlegung jede Teilzahlung R(t)dt, die im Intervall [t;t+dt] fließt, mit dem entsprechenden Barwertfaktor e^{-rt} multiplizieren ($\rightarrow R(t) \cdot e^{-rt}dt$, s. Abb. 8.5.40) und dann erst sämtliche so abgezinste Teilbeträge per Grenzübergang zum gesamten Gegenwartswert K_0 addieren, d.h. **integrieren.** Damit erhalten wir den **Gegenwartswert K_0** (im Zeitpunkt 0) eines **zwischen t_1 und t_2 kontinuierlich fließenden Zahlungsstromes R(t):**

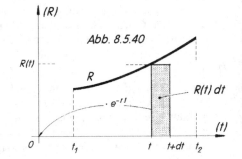
Abb. 8.5.40

(8.5.41) $\boxed{K_0 = \int_{t_1}^{t_2} R(t) \cdot e^{-rt} \, dt}$ *(Abb. 8.5.41).*

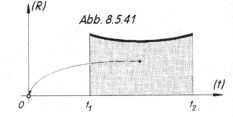
Abb. 8.5.41

Für den **Spezialfall** $t_1 = 0$, $t_2 = T$ lautet der Gegenwartswert eines von 0 bis T kontinuierlich fließenden Zahlungsstroms

(8.5.42) $\boxed{K_0 = \int_0^T R(t) \cdot e^{-rt} \, dt}$ *(Abb. 8.5.42).*

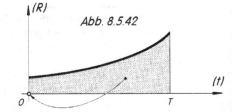
Abb. 8.5.42

Kennen wir den Gegenwartswert K_0, so können wir den **Zeitwert** K_τ des Zahlungsstroms zu jedem **beliebigen** Zeitpunkt τ durch entsprechendes Auf-/Abzinsen mit $e^{r\tau}$ ermitteln:

(8.5.44)

$$K_T = K_0 \cdot e^{rT} = e^{rT} \cdot \int_{t_1}^{t_2} R(t) \cdot e^{-rt}\, dt$$

Für den Fall eines **konstanten Zahlungsstroms** kann die Integration allgemein durchgeführt werden: Mit R(t) = R = const. folgt aus (8.5.41):

(8.5.45)

$$K_0 = \int_{t_1}^{t_2} R \cdot e^{-rt}\, dt = -\frac{R}{r} \cdot e^{-rt}\,\Big|_{t_1}^{t_2} = \frac{R}{r}(e^{-rt_1} - e^{-rt_2})$$

und daraus im Fall $t_1 = 0$; $t_2 = T$:

(8.5.46)

$$K_0 = \int_0^T R \cdot e^{-rt}\, dt = R \cdot \frac{1 - e^{-rT}}{r}$$.

Beispiel 8.5.47: **i)** Es sei R = 36.000 [€/Jahr] = const., r = 8 % p.a.

Dann lautet der Gegenwartswert des von $t_1 = 0$ bis $t_2 = 45$ fließenden Zahlungsstroms:

$$K_0 = \int_0^{45} 36.000 \cdot e^{-0,08t}\, dt = 36.000 \cdot \frac{1 - e^{-3,6}}{0,08} = 437.704,32 \text{ €}, \quad \textit{vgl. dagegen Beispiel 8.5.39 i)}.$$

ii) Für $R(t) = 36.000 \cdot e^{0,03t}$ *(siehe Bsp. 8.5.39 ii)* lautet der entsprechende Gegenwartswert K_0 :

$$K_0 = \int_0^{45} 36.000 \cdot e^{0,03t} \cdot e^{-0,08t}\, dt = \int_0^{45} 36.000 \cdot e^{-0,05t}\, dt = 36.000 \cdot \frac{1 - e^{-2,25}}{0,05} = 644.112,56 \text{ €}.$$

Ein Vergleich mit dem entsprechenden nominellen Wert von Beispiel 8.5.39 ii) zeigt die starke den Gegenwartswert mindernde Wirkung der Abzinsung.

iii) Die zu i) bzw. ii) gehörenden Gegenwartswerte der im letzten (= 45.) Jahr geflossenen Zahlungen lauten:

a) $\quad K_0 = \int_{44}^{45} 36.000 \cdot e^{-0,08t}\, dt = \frac{36.000}{0,08}(e^{-0,08 \cdot 44} - e^{-0,08 \cdot 45}) = 1.024,07 \text{ €}$;

b) $\quad K_0 = \int_{44}^{45} 36.000 \cdot e^{0,03t} \cdot e^{-0,08t}\, dt = \frac{36.000}{0,05}(e^{-0,05 \cdot 44} - e^{-0,05 \cdot 45}) = 3.890,83 \text{ €}$.

Lassen wir in (8.5.46) die obere Integrationsgrenze T immer weiter wachsen (T → ∞), so ist der **Gegenwartswert** K_0^∞ des in t = 0 beginnenden „**unendlichen**" Zahlungsstroms der konstanten Breite R gleichwohl **endlich**. Aus (8.5.46) folgt nämlich:

(8.5.48)

$$K_0^\infty = \lim_{T \to \infty} \int_0^T R \cdot e^{-rt}\, dt = \lim_{T \to \infty} R \cdot \frac{1 - e^{-rT}}{r} = \frac{R}{r}$$,

in vollständiger Analogie zum diskreten Fall des Barwerts einer „ewigen Rente", siehe z.B. [66], Kap. 3.6.

Beispiel 8.5.49:   Lassen wir den konstanten Zahlungsstrom R = 36.000 [€/Jahr] „ewig" fließen, so lautet (bei r = 0,08) der Gegenwartswert:

$$K_0^\infty \;=\; \lim_{T\to\infty} \int_0^T 36.000 \cdot e^{-0,08t}\,dt \;=\; \frac{36.000}{0,08} \;=\; 450.000\ \text{€}.$$

Dieser Wert unterscheidet sich nicht wesentlich vom (in Beispiel 8.5.47 i) ermittelten) Gegenwartswert bei 45 Jahren Laufzeit.

Bemerkung 8.5.50:   *Für den im letzten Beispiel auftretenden Grenzwert* $\displaystyle\lim_{T\to\infty} \int_0^T Re^{-rt}\,dt$ *schreibt man*

kurz: $\displaystyle\int_0^\infty Re^{-rt}\,dt$ *und nennt diesen Grenzwert (sofern er existiert)* **uneigentliches Integral.**

Folgende Fälle uneigentlicher Integrale über unendlichen Intervallen können unterschieden werden:

i) $\displaystyle\int_a^\infty f(x)\,dx \;:=\; \lim_{b\to\infty} \int_a^b f(x)\,dx$

ii) $\displaystyle\int_{-\infty}^b f(x)\,dx \;:=\; \lim_{a\to-\infty} \int_a^b f(x)\,dx$

iii) $\displaystyle\int_{-\infty}^\infty f(x)\,dx \;:=\; \lim_{\substack{a\to-\infty\\ b\to\infty}} \int_a^b f(x)\,dx$

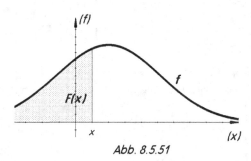

Abb. 8.5.51

Beispiel: Die Fläche von −∞ bis x unter der **Dichtefunktion** *f einer stetigen Wahrscheinlichkeitsverteilung ist ein Maß für die* **Wahrscheinlichkeit** $P(X \le x)$, *dass die betreffende Zufallsvariable einen Wert kleiner oder gleich x annimmt (Abb. 8.5.51):*

$$P(X \le x) \;=\; \int_{-\infty}^x f(t)\,dt \;=\; F(x)\ .$$

Für die gesamte unter einer Dichtefunktion liegende Fläche muss gelten: $\displaystyle\int_{-\infty}^\infty f(t)\,dt = 1$
(denn die Wahrscheinlichkeit des sicheren Ereignisses ist Eins).

Aufgabe 8.5.52:   Ein Ertragsstrom der konstanten Breite R = 98.000 €/Jahr fließe vom Zeitpunkt $t_1 = 2$ an für 20 Jahre (d.h. bis $t_2 = 22$). Stetiger Zinssatz: r = 7% p.a.   Ermitteln Sie

i) den Wert aller Erträge im End- sowie Anfangszeitpunkt des Zahlungsstroms;
ii) den Gegenwartswert (t = 0) aller Erträge;
iii) den Gegenwartswert (t = 0) aller Erträge, wenn der Ertragsstrom von unbegrenzter Dauer ist;
iv) den Gegenwartswert (t = 0) des Ertragsstroms, wenn seine Breite R(t) (2 ≤ t ≤ 22) gegeben ist

durch   **a)** $R(t) = 98.000 \cdot e^{0,02(t-2)}$;   **b)** $R(t) = 98.000 \cdot (1+0,02\,(t-2))$.

Aufgabe 8.5.53:   Gegeben ist die Dichtefunktion f einer stetigen Zufallsvariablen X durch

$$f(x) \;=\; \begin{cases} 0 & \text{für} \quad x < 0 \\ 3 \cdot e^{-3x} & \text{für} \quad 0 \le x < \infty \end{cases}.$$

Ermitteln Sie die Wahrscheinlichkeit dafür, dass gilt:

i) $X \le 0$ **ii)** $X > 0$ **iii)** $X \le 3$ **iv)** $X > 1$ **v)** $2 < X \le 3$.

8.5.5   Kapitalstock und Investitionen einer Volkswirtschaft

Die Stromfunktion I: I(t) [= **Nettoinvestitionen** im Zeitpunkt t] gibt an, wie hoch die **Netto-Investitions-geschwindigkeit** (gemessen z.B. in Mrd.€/Jahr) einer Volkswirtschaft zum Zeitpunkt t ist. Bezeichnet man den in t vorhandenen Kapitalstock der Volkswirtschaft mit K(t), so gilt definitionsgemäß:

Die **zeitliche Änderung K'(t) des Kapitalstocks** ist gleich den **Nettoinvestitionen**:

(8.5.54) $\boxed{K'(t) = I(t)}$.

Die Differenz K(T)−K(0) gibt die **Änderung** (Zuwachs oder Abnahme) **des Kapitalstocks** in der gesamten Zeitspanne zwischen t = 0 und t = T an, kann also als **Summe** (= Integral!) aller zwischen 0 und T getätigten **Nettoinvestitionen** aufgefasst werden.

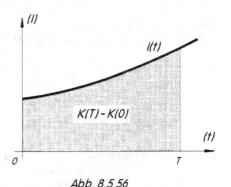

Abb. 8.5.56

In der Tat ergibt aus (8.5.54), siehe auch Abb. 8.5.56:

(8.5.55) $\displaystyle\int_0^T I(t)\,dt = \int_0^T K'(t)\,dt = K(t)\Big|_0^T = K(T)-K(0)$.

Der **Bestand K(T) des Kapitalstocks** im Zeitpunkt T beträgt daher:

(8.5.57) $\boxed{K(T) = \displaystyle\int_0^T I(t)\,dt + K(0)}$.

Beispiel 8.5.58:   Die jährliche Rate der Nettoinvestitionen betrage: $I(t) = 7 \cdot t^{0,4}$ *(in Mrd. €/Jahr)*. Der Kapitalstock in t = 0 betrage: K(0) = 800 Mrd. €.

i) Im Zeitpunkt T (> 0) beträgt der Kapitalstock allgemein

$$K(T) = \int_0^T 7 \cdot t^{0,4}\,dt + K(0) = 5 \cdot t^{1,4}\Big|_0^T + 800 = 5 \cdot T^{1,4} + 800 \ .$$

ii) Die Kapitalakkumulation beträgt

    a)   im ersten Jahr: K(1) − K(0) = 5 Mrd. € ;

    b)   im 10. Jahr: $K(10) - K(9) = 5(10^{1,4} - 9^{1,4}) \approx 17{,}22$ Mrd. €.

iii) Der Kapitalstock nach dem 10. Jahr beträgt: $K(10) = 5 \cdot 10^{1,4} + 800 = 925{,}59$ Mrd. €.

Aufgabe 8.5.59:   Der Nettoinvestitionsfluss I(0) im Zeitpunkt t = 0 betrage 1.000 Mrd. €/Jahr. Der sich aus „Urzeiten" (t → − ∞) bis heute (t = 0) gebildete Kapitalstock habe sich aufgebaut durch jährlich mit 10% (stetige Zunahmerate) steigende Nettoinvestitionen.   Ermitteln Sie

i)   die Nettoinvestitionsfunktion I: I(t)   (Hinweis: Es muss gelten: $I(t) = c \cdot e^{0,1t}$);

ii)   den Kapitalstock in t = 0 ;

iii)   den Kapitalstock in t = T ;

iv)   die Kapitalakkumulation zwischen   **a)** t = 9 und t = 11   **b)** t = −100 und t = 0 .

8.5.6   Optimale Nutzungsdauer von Investitionen

Unter dem **Kapitalwert C_0 einer Investition** versteht man die Summe aller auf den Planungszeitpunkt $t = 0$ (i.a. Investitionsbeginn) diskontierten (abgezinsten) Zahlungen, die mit der Investition verbunden sind:

$$(8.5.60) \qquad\qquad C_0 = -A + \sum_{t=1}^{T} (e_t - a_t) \cdot q^{-t} + L(T) \cdot q^{-T} \quad .$$

Dabei bedeuten: A: Investitionsauszahlung in $t = 0$; e_t, a_t: Einzahlung bzw. Auszahlung der Periode t (nachschüssig); T: wirtschaftliche Laufzeit des Investitionsprojektes; L(T): Liquidationserlös der Anlage (Ende Periode T); $q = 1 + i$: (diskreter) Zinsfaktor (pro Periode).

Fasst man die Ein- und Auszahlungen als **stetige Zahlungsströme** e(t), a(t) auf (siehe Kap. 8.5.4), so lautet der **Kapitalwert** (8.5.60) analog zu (8.5.42):

$$(8.5.61) \qquad\qquad \boxed{ C_0(T) \; = \; -A + \int_0^T (e(t) - a(t)) \cdot e^{-rt}\, dt \; + \; L(T) \cdot e^{-rT} }$$

(dabei ist $r = \ln(1+i)$ die zu i äquivalente stetige Zinsrate pro Periode, siehe Beispiel 8.5.33).

(A)   Unter der **optimalen wirtschaftlichen Nutzungsdauer** der **Einzelinvestition** versteht man diejenige Laufzeit T, für die der **Kapitalwert** $C_0(T)$ **maximal** wird. Notwendig für ein relatives Maximum von C_0 ist die Bedingung $C_0{}'(T) = 0$.

Mit Satz 8.3.12 sowie der Produkt- und Kettenregel folgt aus (8.5.61):

$$(8.5.62) \qquad 0 = C_0{}'(T) = (e(T) - a(T)) \cdot e^{-rT} + L'(T) \cdot e^{-rT} - r \cdot L(T) \cdot e^{-rT} \, .$$

Nach Division durch e^{-rT} ($\neq 0$) folgt als **notwendige Optimalbedingung** für die Nutzungsdauer T:

$$(8.5.63) \qquad \boxed{ e(T) + L'(T) = a(T) + r \cdot L(T) } \quad \text{oder} \quad \boxed{ e(T) = a(T) + r \cdot L(T) - L'(T) } \; .$$

Man kann e(T), a(T) als **zusätzliche** Ein-, Auszahlungen auffassen, wenn die Anlage **über T hinaus eine weitere Periode genutzt** wird. Entsprechend bedeuten $r \cdot L(T)$ die **entgangenen Periodenzinsen** auf den bei Weiternutzung nicht realisierten Liquidationserlös und L'(T) die **Änderung des Liquidationserlöses** bei Weiternutzung um eine Periode *(i.a. gilt: L'(T) < 0)*. Die Optimalbedingung (8.5.63) entspricht also der bekannten Gewinnmaximierungsbedingung „**Grenzerlös = Grenzkosten**", siehe (6.3.35).

Beispiel 8.5.64:   Eine Investition erfordere 2.000 GE in $t = 0$. Einzahlungsstrom: $e(t) = 1.000 + 50t$ (GE/Jahr); Auszahlungsstrom: $a(t) = 500 + 90t$ (GE/Jahr); Liquidationserlös: $L(t) = 1.600 - 100t$ ($0 \le t \le 16$); stetiger Kalkulationszinssatz: $r = 10\%$ p.a.

$$\Rightarrow \qquad \text{Kapitalwert:} \qquad C_0(T) = -2.000 + \int_0^T (500 - 40t)e^{-0,1t}\, dt + (1.600 - 100T)e^{-0,1T} \, .$$

Notwendig dafür, dass T die optimale Nutzungsdauer darstellt, ist:

$$0 = C_0{}'(T) = (500 - 40T)e^{-0,1T} - 100 \cdot e^{-0,1T} - 0,1(1.600 - 100T)e^{-0,1T} \, , \qquad\qquad \text{d.h.}$$

$$0 = 500 - 40T - 100 - 160 + 10T \, , \qquad \text{d.h.} \qquad T = 8 \, .$$

Die optimale Nutzungsdauer beträgt somit 8 Jahre.

(B) Man kann den **Kapitalwert** C_0 (s. 8.5.61) in einen **äquivalenten konstanten Gewinnstrom** R **um-wandeln,** der während der Laufzeit von 0 bis T fließt („ äquivalente Annuität"). Nach (8.5.46) ist der auf t = 0 bezogene Gegenwartswert K_0 des konstanten Stroms R zwischen 0 und T gegeben durch

$$(8.5.65) \qquad K_0 = \int_0^T R \cdot e^{-rt} \, dt = R \cdot \frac{1 - e^{-rT}}{r}$$

Da der Gegenwartswert K_0 genau dem Kapitalwert C_0 der Investition entspricht, ergibt sich aus (8.5.65) die **äquivalente Strombreite** R zu

$$(8.5.66) \qquad \boxed{R = \frac{r \cdot C_0(T)}{1 - e^{-rT}}} \qquad \text{mit } C_0(T) \text{ gemäß } (8.5.61).$$

(C) Wird die Investition von **„unendlich" vielen identischen Nachfolgern** abgelöst, so besitzt jede Ein-zelinvestition denselben Kapitalwert und somit dieselbe Gewinnstrombreite R. Interessant ist daher die Frage nach derjenigen individuellen Anlagen-Nutzungsdauer T, die den (konstanten) **Gewinnstrom** R (für alle Zeiten) zu einem **Maximum** macht (in diesem Fall ist T die **Nutzungs-dauer** einer **einzelnen Anlage innerhalb der unendlichen Investitionskette**). Aus (8.5.66) ergibt sich als notwendige Optimalbedingung (Quotientenregel !)

$$0 = R'(T) = \frac{r \cdot C_0'(T) \cdot (1 - e^{-rT}) - r^2 \cdot C_0(T) \cdot e^{-rT}}{(1 - e^{-rT})^2} \quad , \qquad \text{d.h.}$$

$$(8.5.67) \qquad C_0'(T) \cdot \frac{1 - e^{-rT}}{r} = e^{-rT} \cdot C_0(T) \quad , \quad (T > 0).$$

Mit (8.5.61)/(8.5.62) ergibt sich damit für die gesuchte optimale **Nutzungsdauer** T die Bedingung:

$$(8.5.68) \qquad \boxed{(e(T) - a(T) + L'(T) - r \cdot L(T)) \frac{1 - e^{-rT}}{r} = -A + \int_0^T (e(t) - a(t)) \cdot e^{-rt} \, dt + L(T) \cdot e^{-rT}.}$$

In (8.5.68) können – je nach Sachlage – **Vereinfachungen** eingearbeitet werden, z.B.:

a) Es seien *nur* die *Ausgaben* a(t) *[z.B. ein Reparaturkostenstrom]* relevant, zu keiner Zeit falle ein Liquidationserlös an (d.h. L(T) $\equiv$ 0): Dann folgt aus (8.5.68) die Bedingung:

$$-a(T) \cdot \frac{1 - e^{-rT}}{r} = \int_0^T -a(t) \cdot e^{-rt} \, dt - A \qquad \text{bzw.}$$

$$(8.5.69) \qquad \boxed{\int_0^T a(t) \cdot e^{-rt} \, dt + A = a(T) \cdot \frac{1 - e^{-rT}}{r}}$$

Für die resultierende optimale Nutzungsdauer T ist der **Kostenstrom** auf „ewig" **minimal**.

b) Über die Vereinfachungen von a) hinaus möge der *Zinseszinseffekt vernachlässigt* ($r \to 0$) werden (statische Betrachtung). Wegen $\lim\limits_{r \to 0} \frac{1 - e^{-rT}}{r} = T$ folgt aus (8.5.69):

$$(8.5.70) \qquad \boxed{\int_0^T a(t) \, dt + A = a(T) \cdot T} \quad .$$

Für die so ermittelte optimale Nutzungsdauer T sind die **nominellen Gesamtkosten pro Zeit-einheit minimal** (auf „ewig").

Beispiel 8.5.71:

Es werde die Investition von Beispiel 8.5.64 betrachtet, wobei nunmehr unterstellt wird, dass sie *beliebig viele identische Nachfolger* besitzt. Dann ergibt sich die *optimale Nutzungsdauer* T einer jeden *Einzelinvestition* aus (8.5.67) bzw. (8.5.68):

Der Kapitalwert C_0 lautet nach (8.5.61):

$$C_0(T) = -2.000 + \int_0^T (500 - 40t) \cdot e^{-0,1t} \, dt + (1.600 - 100T) \cdot e^{-0,1T} \, .$$

Das auftretende Integral muss mit Hilfe der partiellen Integration (siehe 8.4.6)) gelöst werden. Nach Aufgabe 8.4.8 vi) ergibt sich:

$$\int_0^T (500 - 40t) \cdot e^{-0,1t} \, dt = e^{-0,1T} \cdot (400T - 1.000) + 1.000 \, ,$$

so dass der Kapitalwert C_0 der Investition lautet:

(8.5.72) $C_0(T) = -1.000 + e^{-0,1T} \cdot (300T + 600)$ mit

(8.5.73) $C_0'(T) = e^{-0,1T} \cdot (240 - 30T).$

Bemerkung: *Aus (8.5.73) folgt unmittelbar, dass die optimale Nutzungsdauer der isoliert betrachteten Investition 8 Jahre beträgt: $C'(8) = 0$, siehe Beispiel 8.5.64.*

Setzen wir (8.5.72), (8.5.73) in die Optimalbedingung (8.5.67) ein, so folgt nach etwas Umformung:

$$34 - 3T - 30 \cdot e^{-0,1T} = 0.$$

Mit Hilfe etwa der Regula falsi ergibt sich die optimale Nutzungsdauer jeder Teilinvestition zu:

$$T \approx 5,6494 \approx 5 \, {}^2/_3 \, \text{Jahre} \, .$$

Der Kapitalwert jeder Teilinvestition beträgt nach (8.5.72): $C_0(5,65) \approx 304,4 \, \text{GE}$

(zum Vergleich: Für dieselbe, aber isoliert betrachtete Investition ist der maximale Kapitalwert durch $C_0(8) \approx 347,99 \, \text{GE}$ gegeben.)

Für den *äquivalenten konstanten Gewinnstrom* R ergibt sich nach (8.5.66):

$$R = \frac{r \cdot C_0}{1 - e^{-rT}} \approx 70,52 \, \text{GE/Jahr}   \text{(auf „ewige“ Zeiten)} \, .$$

Dies entspricht einem Gesamtkapitalwert C_0^∞ der unendlichen Investitionskette von (siehe(8.5.48))

$$C_0^\infty = \frac{R}{r} = 705,19 \, \text{GE.}$$

(Zum Vergleich: Verwenden wir die isolierte Einzelinvestition von Beispiel 8.5.64 als Glied einer unendlichen Investitionskette (mit $T = 8$, $C_0(T) = 347,99$), so ergibt sich – trotz höheren Einzelkapitalwertes – nur ein ewiger Gewinnstrom von $R \approx 63,19 \, \text{GE/Jahr}$, was einem Gesamtkapitalwert der unendlichen Kette von $631,93 \, \text{GE}$ entspricht – also deutlich weniger als im Optimum.)

Werden Einzahlungsstrom und Liquidationserlöse vernachlässigt (d.h. nur die mit der Investition verbundenen Auszahlungen seien entscheidungsrelevant), so folgt über (8.5.69) für die optimale Nutzungsdauer jeder Teilinvestition:

(8.5.74) $\int_0^T (500 + 90t) \cdot e^{-0,1t} \, dt + 2.000 = (500 + 90T) \dfrac{1 - e^{-0,1T}}{0,1} \, .$

Nach etwas Rechnung (partielle Integration) und Umformung folgt daraus die Optimalbedingung:

$$9T - 110 + 90 \cdot e^{-0,1T} = 0 \quad \text{mit der Lösung (Regula falsi):} \quad T = 7,50 \, \text{Jahre.}$$

Der entsprechende minimale ewige Auszahlungsstrom ergibt sich – da der Kapitalwert C_0 aller Auszahlungen durch die linke Seite von (8.5.74) und somit im Optimum auch durch die rechte Seite von (8.5.74) dargestellt wird – aus (8.5.66) zu: R = 500 + 90T = 1.175 GE/Jahr.

Verzichten wir – bei statischer Betrachtung – auch auf die Verzinsung im Zeitablauf (r = 0), so erhalten wir mit (8.5.70) wegen

$$\int_0^T (500 + 90t)\, dt + 2.000 = (500 + 90T) \cdot T$$

die optimale Nutzungsdauer jeder Teilinvestition zu: T = 20/3 Jahre = 6 Jahre und 8 Monate. Daraus resultieren durchschnittliche nominelle Auszahlungen pro Zeiteinheit in Höhe von

$$\frac{1}{T} \cdot \left(\int_0^T a(t)\, dt + A \right) = 1.100 \text{ GE/Jahr}.$$

Aufgabe 8.5.75:

Es seien $\int_0^T a(t)\, dt + A$ die gesamten während der Nutzungsdauer T einer Investition geleisteten nominellen Auszahlungen (a(t): stetiger Auszahlungsstrom; A: Anschaffungsauszahlung).

Gesucht ist diejenige *Nutzungsdauer* T, für die die *pro Zeiteinheit* anfallenden durchschnittlichen *Auszahlungen* ein *Minimum* annehmen *(ohne Berücksichtigung des Zinseszinseffektes)*.

i) Zeigen Sie, dass für T die Beziehung (8.5.70) gelten muss.

ii) Ermitteln Sie die optimale Nutzungsdauer T, wenn die Investition Anschaffungsauszahlungen in Höhe von 40.500 € verursacht und von einem stetigen Reparaturkostenstrom a(t) mit

$$a(t) = 2.000 + 1.000t\ (\text{€/Jahr}) \qquad\qquad \text{begleitet wird.}$$

Aufgabe 8.5.76: Ein Investitionsprojekt erfordert eine Anschaffungsauszahlung von 200.000 €. Der Rückflussstrom R(t) ist gegeben durch R(t) = 50.000 · (1 − 0,08t), der Liquidationserlös im Zeitpunkt t (≥ 0) beträgt L(t) = 200.000 · (1 − 0,1t). Der stetige Kalkulationszinssatz lautet: r = 10% p.a. Ermitteln Sie die optimale Nutzungsdauer der Investition sowie ihren entsprechenden maximalen Kapitalwert.

Aufgabe 8.5.77: Ein Instrumentenhändler besitzt eine wertvolle italienische Meister-Viola, die er heute (t = 0) zum Preis p_0 verkaufen könnte. Der Preis p(t) im Zeitpunkt t (> 0) sei aufgrund von Vergangenheitsdaten zuverlässig schätzbar *(p(t) sei monoton wachsend)*.

Wird die Viola (um einen höheren Verkaufspreis zu erzielen) zu einem späteren Zeitpunkt verkauft, so entstehen bis dahin für Lagerung, Pflege, Versicherung usw. Lagerkosten (als stetiger konstanter Auszahlungsstrom) in Höhe von s €/Jahr, der stetige Kalkulationszinssatz sei r (p.a.).

i) Ermitteln und interpretieren Sie in allgemeiner Weise die Bedingungsgleichung für den optimalen Verkaufszeitpunkt T.

ii) Der Preis der Viola steige – von p_0 = 200.000 € ausgehend – jährlich linear um 20%, d.h. es gelte

$$p(t) = 200.000 \cdot (1+0,2t).$$

Der Lagerkostenstrom betrage s = 4.800 €/Jahr, stetiger Kalkulationszins: r = 8% p.a.

Wann und zu welchem Preis sollte der Händler die Viola verkaufen? Wie hoch ist der Kapitalwert im optimalen Verkaufszeitpunkt?

*iii) Beantworten Sie die Fragen zu ii), wenn die Wertsteigerung des Instrumentes mit der stetigen Zuwachsrate von 9% p.a. erfolgt, d.h. es gilt dann: $p(t) = 200.000 \cdot e^{0,09t}$.

(Hinweis: Der maximale Planungshorizont des Händlers betrage 15 Jahre.)

8.6   Elementare Differentialgleichungen

8.6.1   Einleitung

Bei der Analyse ökonomischer Modelle mit Hilfe von Funktionen treten immer wieder **Gleichungen** auf, in denen – außer der relevanten Funktion f selbst – noch eine oder mehrere **Ableitungen** (f', f'', f'''...) **dieser Funktion** enthalten sind. Derartige Gleichungen heißen **Differentialgleichungen**.

Beispiel 8.6.1:   Folgende Gleichungen sind Differentialgleichungen:

i) $f'(x) = f(x) + 2x$ ii) $\left(\dfrac{df}{dx}\right)^3 = x^2 \cdot f(x)$

iii) $\ddot{y}^2 + \dot{y}^3 + y = e^t$ $\left(\text{mit } y = y(t); \ \dot{y} := \dfrac{dy}{dt}\right)$

iv) $f_{xxy} + f_{yy} = f(x,y) + 1$ $\left(\text{mit } \ f_x := \dfrac{\partial f}{\partial x} \text{ usw.}\right)$.

Als **Ordnung einer Differentialgleichung** bezeichnet man die **höchste** vorkommende **Ableitungsordnung** (in Bsp. 8.6.1:   i) 1. Ordnung;   ii) 1. Ordnung;   iii) 2. Ordnung;   iv) 3. Ordnung).

Der **Grad einer Differentialgleichung** ist der **größte Exponent**, in dem die **höchste** vorkommende **Ableitung** erscheint   (in Bsp. 8.6.1:   i) 1. Grad (lineare Differentialgleichung);   ii) 3. Grad;   iii) 2. Grad;   iv) 1. Grad (lineare Differentialgleichung)).

Eine Differentialgleichung heißt **gewöhnlich**, wenn die gesuchte Funktion und ihre Ableitung nur von **einer** Variablen abhängen, andernfalls **partiell** (in Bsp. 8.6.1:   i), ii), iii) gewöhnliche Differentialgleichungen;   iv) partielle Differentialgleichung).

*Bemerkung 8.6.2: Die Vielzahl der verwendeten Unterscheidungsmerkmale für Differentialgleichungen lässt auf eine entsprechend vielfältige, differenzierte und **komplexe Lösungstechnik**[3] für Differentialgleichungen schließen. Im Rahmen dieser Einführung sollen lediglich einige spezielle gewöhnliche lineare Differentialgleichungen behandelt werden.*

Unter einer **Lösung** einer (gewöhnlichen) Differentialgleichung $G(x, y, y', y'',...,y^{(n)}) = 0$ versteht man eine **Funktion** f mit $y = f(x)$, die – zusammen mit ihren Ableitungen $y', y'', ...$ – der gegebenen Differentialgleichung $G(x, y, y', y'', ..., y^{(n)}) = 0$ genügt.

Bemerkung 8.6.3:   Um die Übersichtlichkeit der Darstellung zu erhöhen, soll im folgenden statt $y = f(x)$ vereinfachend $y = y(x)$ geschrieben werden.

Beispiel 8.6.4:   Gegeben sei die Differentialgleichung $G(x,y,y') = y'(x) - y(x) = 0$.
Eine Lösung ist z.B. die Funktion f mit $y = f(x) = e^x$, denn wegen $y' = e^x$ ist stets $y' - y = e^x - e^x = 0$ erfüllt. Weiter sieht man, dass jede Funktion des Typs $y = c \cdot e^x$ ebenfalls eine Lösung der Differentialgleichung $y' - y = 0$ ist.

Differentialgleichungen treten im **ökonomischen Bereich** häufig dann auf, wenn die **Zeit t** als unabhängige stetige Variable auftritt. In diesem Fall nämlich stellt die **erste Ableitung** $y'(t)$ $(=: \dot{y})$ einer ökonomischen Funktion $y = y(t)$ näherungsweise die **Änderung von y pro Zeiteinheit** dar, d.h. die **Momentangeschwindigkeit** des durch $y = y(t)$ beschriebenen **ökonomischen Prozesses**.

Jede definierte (beobachtete, postulierte) Beziehung zwischen den „Bestands"-Werten $y(t)$ und ihren zeitlichen Änderungen $\dot{y}(t)$ kann durch eine Differentialgleichung beschrieben werden.

---

3 siehe z.B. Kamke [35]

Beispiel 8.6.5: Der zeitabhängige Bestand einer Bevölkerung werde durch die Funktion B: B(t) beschrieben. Die Bevölkerungsänderung pro Zeiteinheit wird dann im Zeitpunkt t durch die erste Ableitung $\dot{B}(t)$ beschrieben. Unterstellen wir, dass die zeitliche Änderung $\dot{B}$ der Bevölkerung in jedem Zeitpunkt t proportional zum gerade vorhandenen Bevölkerungsbestand B(t) ist (konstanter Proportionalitätsfaktor b), so gilt die Beziehung

$$(8.6.6) \qquad\qquad \dot{B}(t) = b \cdot B(t) \ .$$

Dies ist eine *gewöhnliche lineare Differentialgleichung erster Ordnung* für die gesuchte zeitabhängige Bevölkerungs-Bestandsfunktion B: B(t). Wir können uns davon überzeugen (Ableiten und Einsetzen in (8.6.6)!), dass z.B. die Exponentialfunktion B(t) = 100 $\cdot$ e^{bt} eine Lösung von (8.6.6) ist.

Auf welchem Wege man diese Lösung ermittelt, ist Gegenstand des folgenden Abschnitts.

8.6.2 Lösung von Differentialgleichungen durch Trennung der Variablen

Wie in Bemerkung 8.6.2 bereits angedeutet, ist die Lösungstechnik für Differentialgleichungen im allgemeinen recht verwickelt. Einfach dagegen (und für eine beträchtliche Zahl ökonomischer Probleme ausreichend) ist die *Lösungsmethode für gewöhnliche lineare Differentialgleichungen 1. Ordnung vom Typ*

$$(8.6.7) \qquad\qquad \boxed{g(y) \cdot y' = h(x)} \qquad \text{mit} \quad y = y(x) \ .$$

Jede Differentialgleichung, die sich auf diese Form bringen lässt, heißt **separabel**.

Beispiel 8.6.8: Folgende Differentialgleichungen sind separabel:

i) $\quad y' = 6x^2 + 1 \qquad\qquad$ mit $\quad g(y) \equiv 1 \ ; \qquad\quad h(x) = 6x^2 + 1 \ ;$

ii) $\quad x \cdot y' = (y-1)(x+1) \qquad$ mit $\quad g(y) = \dfrac{1}{y-1} \ ; \qquad h(x) = 1 + \dfrac{1}{x} \ ;$

iii) $\quad (x^2+1) \cdot y' = 2x \cdot y^2 \qquad$ mit $\quad g(y) = \dfrac{1}{y^2} \ ; \qquad h(x) = \dfrac{2x}{x^2+1}$

iv) $\quad y' = y + x.$

Diese Differentialgleichung ist zunächst nicht vom Typ (8.6.7). Setzen wir aber $z(x) := y(x) + x$, so folgt wegen $z' = y' + 1$ d.h. $y' = z' - 1$ aus der gegebenen Differentialgleichung:
$y' = z' - 1 = y + x = z$, also $z' = z + 1$, was auf die Form (8.6.7) führt: $\quad \dfrac{z'}{z+1} = 1 \quad (z \neq -1).$

Um eine separable Differentialgleichung vom Typ (8.6.7) zu lösen, integrieren wir beide Seiten von (8.6.7) bzgl. x:

$$(8.6.9) \qquad\qquad \int g(y(x)) \cdot y'(x) \, dx \ = \ \int h(x) \, dx + C \ .$$

Nach der Substitutionsregel (Satz 8.4.9) folgt daraus (wegen $dy = y'(x) \, dx$)

$$(8.6.10) \qquad\qquad \boxed{\int g(y) \, dy = \int h(x) \, dx + C} \qquad \text{mit} \quad y = y(x) \ .$$

Damit ist die Lösung der separablen Differentialgleichung (8.6.7) zurückgeführt auf die Bestimmung der Stammfunktionen G(y) zu g(y) und H(x) zu h(x):

Gelingen die beiden unbestimmten Integrationen in (8.6.10), so kann die Lösungsfunktion y = y(x) ermittelt werden.

Bemerkung 8.6.11:

Formal erhalten wir (8.6.10), indem wir die separable Differentialgleichung (8.6.7) in der Form

$$g(y) \cdot \frac{dy}{dx} = h(x)$$

*schreiben und mit dem **Differential dx** multiplizieren:*

(8.6.12) $g(y) \, dy = h(x) \, dx$.

*Integrieren wir jetzt **links** nach y und **rechts** nach x, so folgt (8.6.10). Beachten Sie aber, dass diese formale „Lösung" kein Beweis für die Richtigkeit der Methode ist, sondern lediglich zeigt, dass die formalen Symbole und Operationen sinnvoll gewählt wurden: Sie führen sozusagen „automatisch" zum richtigen Resultat – eine Tatsache, die für die **praktische Durchführung** des Lösungsverfahrens **angenehm** ist.*

Es sollen nun die Differentialgleichungen von Beispiel 8.6.8 gelöst werden:

Beispiel 8.6.13:

i)   Aus $y' = 6x^2 + 1$ folgt unmittelbar durch gewöhnliche unbestimmte Integration:

$$y = \int (6x^2 + 1) \, dx + C = 2x^3 + x + C, \quad \text{d.h. die Trennung der Variablen gemäß (8.6.12)}$$

ist für diesen einfachen Fall entbehrlich, hätte aber gleichwohl wegen $\int dy = \int (6x^2 + 1) \, dx$ + C zum selben Ergebnis geführt.

Die Integrationskonstante C lässt sich bestimmen, wenn wir eine Anfangsbedingung vorgeben, etwa y(1) = 5: Eingesetzt in die Lösungsfunktion erhalten wir: $5 = 2 + 1 + C \Rightarrow C = 2$, so dass die *spezielle Lösung des Anfangswertproblems* lautet: $y = 2x^3 + x + 2$.

Bemerkung 8.6.14:   *Wie aus dem letzten Beispiel ersichtlich, treten bei der Lösung von Differentialgleichungen stets eine oder mehrere **Integrationskonstanten** auf, so dass die Lösung aus einer **Menge von Funktionen** besteht, die sich in der Integrationskonstanten unterscheiden:*

*i) Die Menge der Lösungsfunktionen einer Differentialgleichung heißt **allgemeine Lösung** der Differentialgleichung.*

*ii) Jede – etwa durch Vorgabe von Anfangswerten gewonnene – Einzellösungsfunktion heißt **spezielle** oder **partikuläre Lösung** der Differentialgleichung.*

Fortsetzung von Beispiel 8.6.13:

ii) $x \cdot y' = (y-1)(x+1)$.   Trennung der Variablen liefert:

(8.6.15) $\dfrac{dy}{y-1} = \left(1 + \dfrac{1}{x}\right) dx$.

Unterstellen wir $y - 1 > 0, x > 0$, so liefert Integration:
$$\ln(y-1) = x + \ln x + C \Rightarrow y - 1 = e^{x + \ln x + C} = e^x \cdot e^{\ln x} \cdot e^C = k \cdot x \cdot e^x \quad \text{mit } e^C = k > 0.$$
Daraus erhalten wir die allgemeine Lösung

$$y = k \cdot x \cdot e^x + 1 \qquad\qquad (x > 0; y > 1).$$

Mit der Anfangsbedingung *(z.B.)* $y(1) = e+1$ folgt als spezielle Lösung (wegen k = 1):

$$y = x \cdot e^x + 1 \; .$$

Unterstellen wir dagegen $y - 1 < 0, x > 0$, so liefert die Integration von (8.6.15):
$$\ln(1-y) = x + \ln x + C \qquad \text{mit der allgemeinen Lösung:} \qquad y = 1 - k \cdot x \cdot e^x \; .$$
Die Anfangsbedingung *(z.B.)* y(1) = 0 liefert $k = e^{-1}$ und somit die spezielle Lösung
$$y = 1 - e^{-1} \cdot x \cdot e^x = 1 - x \cdot e^{x-1}.$$

iii) $$(x^2+1)\cdot y' = 2x \cdot y^2.$$ Trennung der Variablen liefert:

$$\int \frac{dy}{y^2} = \int \frac{2x\,dx}{x^2+1} + C, \quad \text{d.h.} \quad -y^{-1} = \ln(x^2+1) + C \quad \text{und somit die allgemeine Lösung:}$$

$$y = \frac{-1}{\ln(x^2+1)+C}.$$ Aus der Anfangsbedingung *(z.B.)* $y(0) = 0{,}5$ folgt $0{,}5 = \frac{-1}{C}$,

d.h. $C = -2$ und somit die spezielle Lösung: $y = \dfrac{1}{2 - \ln(x^2+1)}$.

iv) $$y' = x+y.$$ Die Substitution $z = x+y$ liefert: $z' = z+1$.

Trennung der Variablen: $\dfrac{dz}{z+1} = dx$.   Die Integration liefert (für $z+1 > 0$):

$$\ln(z+1) = x + C \quad \text{und daher} \quad z = ke^x - 1 \quad (k = e^C > 0).$$

Wegen $z = x+y$ lautet die allgemeine Lösung $y = ke^x - x - 1$.   Mit der Anfangsbedingung *(z.B.)* $y(0) = 4$ erhalten wir die spezielle Lösung: $y = 5e^x - x - 1$.

Bemerkung 8.6.16:   *Auch die Differentialgleichungen **höherer Ordnung** lassen sich durch elementare Integrationsprozesse lösen, wenn sie vom **Typ**:* $y^{(n)}(x) = f(x)$ *sind.*

Beispiel: *Die lineare Differentialgleichung 3. Ordnung* $y''' = 60x^2 + 12$ *wird durch 3 hintereinander geschaltete unbestimmte Integrationen gelöst, für die jeweils eine neue Integrationskonstante benötigt wird. Man erhält sukzessive:*

$$y'' = 20x^3 + 12x + C \quad \Leftrightarrow \quad y' = 5x^4 + 6x^2 + Cx + C_2$$
$$\Leftrightarrow \quad y = x^5 + 2x^3 + C_1 x^2 + C_2 x + C_3 \quad (\text{mit } C_1 = 0{,}5C).$$

*An diesem Beispiel wird deutlich, dass die **Anzahl** der in der allgemeinen Lösung vorkommenden **Integrationskonstanten** mit der **Ordnung der Differentialgleichung übereinstimmt**. Im vorliegenden Fall könnte eine spezielle Lösung durch Vorgabe dreier **Anfangsbedingungen** gewonnen werden, z.B.* $y(0) = 7$; $y'(0) = 0$; $y''(0) = 1$. *Durch Einsetzen dieser Anfangswerte in* y, y', y'' *erhalten wir nacheinander:* $C_3 = 7$; $C_2 = 0$; $C = 1$, *d.h.* $C_1 = 0{,}5$ *und somit die spezielle Lösung:* $y = x^5 + 2x^3 + 0{,}5x^2 + 7$.

Aufgabe 8.6.17:   Geben Sie für die folgenden Differentialgleichungen **a)** die allgemeine **b)** die spezielle Lösung *(unter Berücksichtigung der vorgegebenen Anfangsbedingungen)* an:

i) $y'(x) = 8x^2 + \sqrt{2x} - 1$, $y(0) = 4$;   **ii)** $K'(t) = i \cdot K(t)$, $K(0) = K_0$ (>0);

iii) $f'(x) = \dfrac{1}{x} \cdot f(x)$, $f(1) = 100$;   **iv)** $f'(x) = \dfrac{f(x)}{x} \cdot (0{,}5x - 2)$; $f(1) = 1$;

v) $G'(x) = 50 - 2G(x)$, $G(0) = 0$;   **vi)** $y'(x) + y(x) = 1$; $y(0) = 0$;

vii) $x^2 y'(x) = 1 + y(x)$, $y(1) = 2$;   **viii)** $y'''(x) + 3x^2 = 4$;
          mit $y''(1) = 9$; $y'(0) = 1$; $y(0) = 8$;

ix) $y'(x) = \dfrac{x}{y(x)}$, $y(2) = 4$;   ***x)** $\dot{x} = 100 \cdot \sqrt{x} - 0{,}01x$; $(x = x(t))$
          $x > 0$; $x(0) = 250.000$;
          (Hinweis: Man substituiere $z = \sqrt{x}$).

Aufgabe 8.6.18:   Ermitteln Sie die allgemeine Lösung der Differentialgleichung $\dot{k} = k^n$ (mit $k = k(t)$ sowie $k(t) > 0$) für die folgenden Werte von n und skizzieren Sie (außer für vii)) jeweils eine spezielle Lösungsfunktion:

i) $n = -1$;   **ii)** $n = 0$;   **iii)** $n = \dfrac{1}{2}$;   **iv)** $n = 1$;   **v)** $n = 2$;   **vi)** $n = 3$;   **vii)** $n = a \, (\neq 1)$.

8.6.3 Ökonomische Anwendungen separabler Differentialgleichungen

8.6.3.1 Exponentielles Wachstum

Das Wachstumsmodell von Bsp. 8.6.5 geht von der realistischen Annahme aus, dass die zeitliche Änderung $\dot{B}(t)$ $\left(:= \dfrac{dB}{dt} \right)$ des Bevölkerungsbestandes zu jedem Zeitpunkt t proportional zum gerade vorhandenen Bestand B(t) ist (Proportionalitätsfaktor: b = const.). Für die zeitliche Entwicklung des Bestandes gilt also die Differentialgleichung

$$(8.6.19) \qquad \dot{B}(t) = b \cdot B(t) \qquad (mit\ B(t) > 0;\ b > 0).$$

Trennung der Variablen liefert $\quad \dfrac{dB}{B} = b \cdot dt \quad$ und daher

$\displaystyle\int \dfrac{dB}{B} = b \cdot \int dt + C$, d.h. $\ln B = b \cdot t + C$. Daraus ergibt sich die gesuchte Bestandsfunktion B: B(t):

$$(8.6.20) \qquad \boxed{B(t) = k \cdot e^{bt}} \qquad \text{mit } k = e^{C} > 0.$$

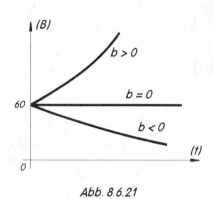

Abb. 8.6.21

Der Bestand B(t) ändert sich daher **exponentiell** mit der stetigen Änderungsrate b (pro Zeiteinheit). Die Integrationskonstante k kann durch eine Anfangsbedingung bestimmt werden: Ist etwa der Bestand im Zeitpunkt t = 0 z.B. 60 (d.h. $60 = B(0) = k \cdot e^{0} = k$), so lautet die spezielle Bestandsfunktion B:

$$(8.6.22) \qquad B(t) = 60 \cdot e^{bt}\ .$$

Ist b positiv *(bzw. negativ)*, so wächst *(bzw. fällt)* der Bestand B(t) im Zeitablauf. Für b = 0 gilt: $B(t) = 60 \cdot e^{0} \equiv 60$, der Bestand bleibt unverändert, siehe Abb. 8.6.21 .

8.6.3.2 Funktionen mit vorgegebener Elastizität

Die **Definitionsgleichungen** (6.3.81) bzw. (6.3.87) für die **Elastizität** $\varepsilon_{f,x}$ einer differenzierbaren Funktion sind von ihrer Natur her eine **Differentialgleichung** für die Funktion f: f(x):

$$(8.6.23) \qquad \boxed{\varepsilon_{f,x} = \dfrac{f'(x)}{f(x)} \cdot x} \qquad\qquad (x, f \neq 0)\,.$$

Wird die Elastizitätsfunktion $\varepsilon_{f,x}(x)$ vorgegeben, so können wir versuchen, über die Lösung der Differentialgleichung (8.6.23) diejenigen **Funktionen ausfindig zu machen**, die das **vorgegebene Elastizitätsverhalten besitzen**. Zwei Beispiele sollen das Vorgehen demonstrieren:

(A) $\qquad\qquad\qquad \boxed{\varepsilon_{f,x} = ax + b} \qquad\qquad (a,b = const. ;\ x, f > 0)\,.$

Zu lösen ist die Differentialgleichung $\quad \dfrac{f'(x)}{f(x)} \cdot x = ax + b. \qquad$ Trennung der Variablen führt auf:

$\displaystyle\int \dfrac{df}{f} = \int \left(a + \dfrac{b}{x} \right) dx + C.\quad$ Integration liefert: $\ln f = ax + b \cdot \ln x + C$ und somit

$$(8.6.24) \qquad \boxed{f(x) = e^{ax + b \cdot \ln x + C} = k \cdot x^{b} \cdot e^{ax}} \qquad \text{mit } k = e^{C} > 0;\ x > 0\,.$$

Wir sehen: Jede **multiplikative Kombination** aus **Potenzfunktion** x^b und **Exponentialfunktion** e^{ax} besitzt eine **lineare Elastizitätsfunktion**, d.h. mit $\varepsilon_{f,x} = ax + b$.

Beispiel: $a = 2 ; b = -1$ $\Rightarrow$ $\varepsilon_{f,x} = 2x - 1$ $\Rightarrow$ $f(x) = k \cdot x^{-1} \cdot e^{2x} = k \cdot \dfrac{e^{2x}}{x}$.

Sonderfälle ergeben sich, wenn a oder b Null werden:

i)   **a = 0** $\Rightarrow$ $\boxed{\varepsilon_{f,x} = b = \text{const.}}$, d.h. f ist **isoelastisch**. Nach (8.6.24) folgt wegen $e^0 = 1$:

(8.6.25) $\boxed{f(x) = k \cdot x^b}$,

d.h. die elementaren **Potenzfunktionen** sind die **einzigen isoelastischen Funktionen.**

ii)   **b = 0** $\Rightarrow$ $\boxed{\varepsilon_{f,x} = ax}$.   Nach (8.6.24) folgt wegen $x^0 = 1$:

(8.6.26) $\boxed{f(x) = k \cdot e^{ax}}$,

d.h. die elementaren **Exponentialfunktionen** sind die **einzigen** Funktionen, deren Elastizitätsfunktionen **Ursprungsgeraden** sind.

(B) $\boxed{\varepsilon_{f,x} = f(x)}$,

d.h. jetzt sind die **Funktionen gesucht**, die mit ihrer **Elastizitätsfunktion übereinstimmen**:

$$\frac{f'(x)}{f(x)} \cdot x = f(x).$$

Trennung der Variablen führt auf

$$\int \frac{df}{f^2} = \int \frac{dx}{x} + C \quad \text{d.h.} \quad -\frac{1}{f} = \ln x + C.$$

Die allgemeine Lösung lautet daher

(8.6.27) $\boxed{f(x) = \dfrac{-1}{\ln x + C}}$ $(x > 0 ;\ x \neq e^{-C})$.

Mit der Anfangsbedingung $f(1) = 1$ etwa erhalten wir als spezielle Lösung wegen $1 = \dfrac{-1}{C}$, d.h. $C = -1$:

(8.6.29) $f(x) = \dfrac{1}{1 - \ln x}$ (s. Abb. 8.6.28)

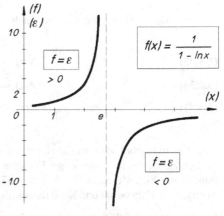

Abb. 8.6.28

An jeder Stelle x $(\in \mathbb{R}^+\backslash\{e\})$ stimmt der Funktionswert $f(x)$ mit der Elastizität $\varepsilon_{f,x}$ von f bzgl. x überein. An der Stelle $x = e$ besitzt f einen Pol.

8.6.3.3 Neoklassisches Wachstumsmodell nach Solow[4]

Das Nettosozialprodukt Y einer Volkswirtschaft werde mit den Produktionsfaktoren Kapital (Einsatz-menge: K) und Arbeit (Einsatzmenge: A) gemäß einer *neoklassischen linear-homogenen Cobb-Douglas-Produktionsfunktion* produziert:

$$(8.6.30) \qquad\qquad Y = Y(A,K) = K^a \cdot A^{1-a} \; ; \qquad\qquad 0 < a < 1 \; .$$

Input- und Outputgrößen werden als zeitabhängige Variable aufgefasst, so dass (8.6.30) lautet:

$$(8.6.31) \qquad\qquad Y(t) = K(t)^a \cdot A(t)^{1-a} \; .$$

Folgende **Prämissen** werden unterstellt:

i)   Die Bevölkerung und damit das Arbeitsangebot A(t) wachse mit einer konstanten, stetigen Rate b (> 0), es gelte daher (siehe Kap. 8.6.3.1):

$$(8.6.32) \qquad\qquad A(t) = A_0 \cdot e^{bt} \qquad\qquad (A_0, b > 0) \; .$$

     Dabei seien A_0 und b exogen vorgegebene Konstanten.

ii) Die zeitliche Änderung $\dot{K}(t)$ des Kapitalstockes K(t) ist gleich den Nettoinvestitionen I(t) (siehe Kap. 8.5.5), d.h.

$$(8.6.33) \qquad\qquad \dot{K}(t) = I(t) \; .$$

iii) Die Nettoinvestitionen I(t) sind zu jedem Zeitpunkt proportional zum jeweiligen Nettosozialpro-dukt Y(t) (konstanter Proportionalitätsfaktor s mit 0 < s < 1), d.h.

$$(8.6.34) \qquad\qquad I(t) = s \cdot Y(t) \; .$$

     (*s ist somit die (konstant vorausgesetzte) durchschnittliche Investitions- bzw. Sparquote – der Rest des Sozialproduktes wird konsumiert.*)

Zusammengefasst besteht das **Solow-Wachstumsmodell** aus den Relationen

(8.6.35)	$Y(t) = K(t)^a \cdot A(t)^{1-a}$	mit $0 < a < 1$;
(8.6.36)	$A(t) = A_0 \cdot e^{bt}$	$b > 0$; $A_0 > 0$;
(8.6.37)	$\dot{K}(t) = I(t) = s \cdot Y(t)$	$0 < s < 1$.

Das Arbeitsangebot A(t) ist dabei eine exogen vorgegebene Funktion. **Gesucht** wird – bei bekannten Werten b, A_0, s – die zeitabhängige **Funktion K(t) des Kapitalstocks**, mit deren Hilfe die übrigen Modell-funktionen Y(t), I(t) über (8.6.35), (8.6.37) abgeleitet werden können. Das Modell vereinfacht sich, wenn man Sozialprodukt und Kapitalstock als pro-Kopf-Größen auf die Bevölkerung A(t) bezieht.

Dividieren wir (8.6.35) durch A(t), so folgt:

$$(8.6.38) \qquad\qquad \frac{Y(t)}{A(t)} = K(t)^a \cdot \frac{A(t)^{1-a}}{A(t)} = \frac{K(t)^a}{A(t)^a} = \left(\frac{K(t)}{A(t)} \right)^a \; .$$

---

4 siehe Solow [61]

Bezeichnen wir $y(t) := \dfrac{Y(t)}{A(t)}$ als **Nettosozialprodukt pro Kopf** und $k(t) := \dfrac{K(t)}{A(t)}$ als **Kapitalausstattung pro Kopf**, so können wir (8.6.38) bzw. (8.6.35) schreiben als

(8.6.39)
$$y(t) = k(t)^a \ .$$

Um die letzte Modellgleichung (8.6.37) einbeziehen zu können, leiten wir $k(t) := \dfrac{K(t)}{A(t)}$ nach t ab:

(8.6.40)
$$\dot{k}(t) = \frac{\dot{K} \cdot A - K \cdot \dot{A}}{A^2} = \frac{\dot{K}}{A} - \frac{K}{A} \cdot \frac{\dot{A}}{A} \ .$$

Der erste Term der rechten Seite von (8.6.40) wird wegen (8.6.37) zu

i)
$$\frac{\dot{K}}{A} = \frac{s \cdot Y(t)}{A(t)} = s \cdot y(t) = s \cdot k(t)^a \qquad \text{(wegen (8.6.39))}.$$

Der zweite Term der rechten Seite von (8.6.40) wird wegen (8.6.36) zu

ii)
$$\frac{K}{A} \cdot \frac{\dot{A}}{A} = k(t) \cdot \frac{A_0 \cdot b \cdot e^{bt}}{A_0 \cdot e^{bt}} = b \cdot k(t),$$

so dass aus (8.6.40) insgesamt die **Differentialgleichung für die Pro-Kopf-Kapitalausstattung k(t)** resultiert:

(8.6.41)
$$\boxed{\dot{k}(t) = s \cdot k(t)^a - b \cdot k(t)} \qquad \text{mit} \quad k(t) = \frac{K(t)}{A(t)} \ .$$

Die Lösung $k(t)$ dieser Differentialgleichung determiniert über (8.6.39) sämtliche Modellfunktionen im Zeitablauf (s, a, b sind vorgegebene Konstanten). Die Differentialgleichung (8.6.41) ist separabel. Trennung der Variablen liefert:

(8.6.42)
$$\int \frac{dk}{s \cdot k^a - bk} = \int dt + C_1 \ .$$

Die Integration der linken Seite von (8.6.42) erfordert etwas Rechenarbeit.

Wegen:
$$\frac{dk}{s \cdot k^a - b \cdot k} = \frac{dk}{k^a (s - b \cdot k^{1-a})} = \frac{k^{-a} \cdot dk}{s - b \cdot k^{1-a}} \qquad (*)$$

substituieren wir: $k^{1-a} = x$. Es folgt: $(1-a)k^{-a} \cdot dk = dx \quad \Rightarrow \quad k^{-a} \cdot dk = \dfrac{dx}{1-a}$.

Setzen wir dies in $(*)$ ein, so folgt aus (8.6.42) $\displaystyle\int \frac{dx}{(1-a)(s-bx)} = \int dt + C_1$ und daraus $(s-bx > 0)$:

$$\frac{\ln(s-bx)}{-b(1-a)} = t + C_1 \qquad \text{d.h.} \qquad \ln(s-bx) = -b(1-a)t + C_2 \ .$$

Mit Umformung und Resubstitution ergibt sich nacheinander:

$$s - bx = C \cdot e^{-b(1-a)t} \quad \Rightarrow \quad x = k^{1-a} = \frac{s}{b} - \frac{C}{b} e^{-b(1-a)t}$$

und daraus schließlich die **allgemeine Lösungsfunktion**

(8.6.43)
$$\boxed{k(t) = \left(\frac{s}{b} - \frac{C}{b} \cdot e^{-b(1-a)t} \right)^{\frac{1}{1-a}}} \qquad (\text{mit} \ C = e^{C_2} = e^{-b(1-a) \cdot C_1}) \ .$$

Sind etwa die durchschnittliche Sparquote mit
s = 0,2, das Wachstum des Arbeitsangebots
mit b = 0,01 *(d.h. stetige Zunahme 1% p.a.)*,
die Produktionselastizität mit a = 0,5 sowie
die Pro-Kopf-Kapitalausstattung in t = 0 mit
k(0) = 1 vorgegeben, so ergibt sich die **spezielle Lösung** für die zeitabhängige Pro-Kopf-
Kapitalausstattung nach (8.6.43) zu:

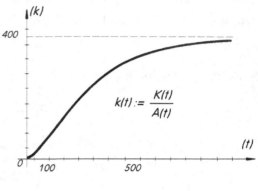

(8.6.44) $k(t) = (20 - 19 \cdot e^{-0,005\,t})^2$,

(s. Abb. 8.6.45). Wir erkennen, dass die *Pro-Kopf - Kapitalausstattung k(t)* im Zeitablauf
einem **Gleichgewichtswert** in Höhe von 400
GE pro Kopf zustrebt

(denn $\lim_{t \to \infty} e^{-0,005\,t} = 0$) .

Abb. 8.6.45

Bemerkung 8.6.46:

*Auch **ohne** die **explizite Lösung** der Differentialgleichung (8.6.41) können wir erkennen, dass die Solow-Modellwirtschaft einem **stabilen Gleichgewicht** hinsichtlich der Pro-Kopf-Kapitalausstattung k(t) zustrebt. Mit den speziellen Daten*

$$s = 0,2\,;\, a = 0,5\,;\, b = 0,01 \ (siehe\,Abb.\,8.6.45)$$

lautet die Differentialgleichung (8.6.41):

(8.6.47) $\boxed{\dot{k} = 0,2 \cdot k^{0,5} - 0,01k = 0,2\sqrt{k} - 0,01k}$ *(k > 0)* .

*Betrachten wir (8.6.47) als Funktionsgleichung $\dot{k} = f(k)$, so ergibt sich als graphische Darstellung („**Phasendiagramm**") in einem $(k, \dot{k})$-Koordinatensystem der in der Abbildung 8.6.48 dargestellte Zusammenhang zwischen $\dot{k}$ und k.*

*Für den Teil der Kurve $\dot{k}(k)$, der **oberhalb** der Abszisse liegt, gilt $\dot{k} > 0$, daher muss **k** im Zeitablauf **zunehmen**: die Modellwirtschaft bewegt sich nach **rechts** in Richtung **zunehmender k-Werte**.*

*Auf dem **unterhalb** der Abszisse liegenden Kurventeil gilt $\dot{k} < 0$, daher muss k im Zeitablauf **sinken**, die Modellwirtschaft bewegt*

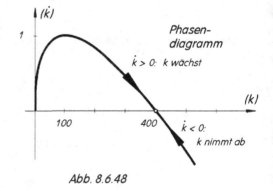

Abb. 8.6.48

*sich nach **links** in Richtung **abnehmender k-Werte**. Im Punkt k = k* = 400 gilt: $\dot{k} = 0$, d.h. k ändert sich nicht mehr. **Jede Abweichung** der Pro-Kopf-Kapitalausstattung vom Wert k* = 400 bewirkt nach dem geschilderten Mechanismus „automatisch" die **erneute Annäherung** von k an diesen „Gleichgewichtswert" k*: Der **Gleichgewichtszustand** k* = 400 ist **stabil**.*

*Es zeigt sich (s. Aufg. 8.6.54), dass im Fall **stagnierender** (b = 0) oder **abnehmender** (b < 0) Bevölkerung **kein stabiler Gleichgewichtswert** der Pro-Kopf-Kapitalausstattung k im Solow-Modell existiert.*

Aufgabe 8.6.49:   Die zeitliche Änderung $\dot{Y}(t)$ des Bruttosozialproduktes $Y(t)$ sei proportional zum jeweiligen Wert $Y(t)$ des Bruttosozialproduktes. Der konstante Proportionalitätsfaktor k sei vorgegeben:

$$\text{Fall } \textbf{i}) \quad k = 0{,}03 \; ;$$

$$\text{Fall } \textbf{ii}) \quad k = -0{,}02 \;.$$

Im Zeitpunkt t = 0 betrage das Bruttosozialprodukt 1.500 GE.

Prognostizieren Sie in beiden Fällen mit Hilfe der Lösung der entsprechenden Differentialgleichung den Wert des Bruttosozialproduktes im Zeitpunkt t = 10.

Aufgabe 8.6.50:   Es seien K^* die Höhe des von einer Volkswirtschaft angestrebten Kapitalstocks und $K(t)$ der im Zeitpunkt t tatsächlich erreichte Kapitalstock, $K(t) \leq K^*$.

Durch Vornahme von Nettoinvestitionen wird beabsichtigt, den (bekannten) Wert $K^* =$ const. zu erreichen. Dabei wird unterstellt, dass die zeitliche Änderung $\dot{K}(t)$ des Kapitalstocks proportional zur Differenz $K^* - K(t)$ zwischen angestrebtem und vorhandenem Kapitalstock sei (Proportionalitätsfaktor sei a (> 0)).

i)   Stellen Sie die Differentialgleichung für $K(t)$ auf und ermitteln Sie

   a)   die allgemeine Lösung,

   b)   die spezielle Lösung, wenn der Kapitalstock in t = 0 den Wert K_0 besitzt.

ii)   Ermitteln und skizzieren Sie die spezielle Lösung für $K^* = 100$ GE, $K_0 = 10$ GE, a = 0,5.

iii)   Nach welcher Zeit hat sich die ursprüngliche Differenz $K^* - K_0$ um die Hälfte verringert?

Aufgabe 8.6.51:   Gegeben ist in drei Fällen die Elastizitätsfunktion $\varepsilon_{f,x}$ einer Funktion f.

Ermitteln Sie in jedem der drei Fälle den Funktionsterm $f(x)$ unter Berücksichtigung der gegebenen Anfangsbedingungen $(x > 0 \,; f(x) > 0)$:

$$\text{Fall } \textbf{i}) \qquad \varepsilon_{f,x} = \frac{1}{x}\,, \qquad\qquad f(1) = 1\;;$$

$$\text{Fall } \textbf{ii}) \qquad \varepsilon_{f,x} = 2x^2 - 3x + 4\,, \qquad f(3) = 162\;;$$

$$\text{Fall } \textbf{iii}) \qquad \varepsilon_{f,x} = \sqrt{x}\,, \qquad\qquad f(0{,}25) = e\;.$$

Aufgabe 8.6.52:   Ermitteln Sie jeweils die zutreffende Nachfragefunktion $x = x(p)$ für ein Gut, wenn folgende Informationen vorliegen $(x > 0 \,; p > 0)$:

i)   Die Preiselastizität der Nachfrage habe den stets konstanten Wert -2. Bei einem Preis von 10 GE/ME werden 100 ME nachgefragt.

ii)   Die Preiselastizität der Nachfrage habe nur an der Stelle p = 1 GE/ME ; x = 1 ME den Wert -2, ist aber allgemein von der Form $\varepsilon_{x,p} = ap$ (a = const.).

iii)   Die Preiselastizität der Nachfrage habe die Gestalt $\varepsilon_{x,p} = \dfrac{-2p^2}{72 - p^2}$. Für den Preis 4 GE/ME werden 28 ME nachgefragt.

iv)   Die Preiselastizität der Nachfrage laute $\varepsilon_{x,p} = \dfrac{-p}{625 - p}$, für p = 50 GE/ME ist x = 115 ME.

Aufgabe 8.6.53:   Für ein Gut seien Angebots- und Nachfragefunktion gegeben durch:

$$x_A(p) = p - 20 \; ; \qquad x_N(p) = 100 - 2p \qquad (x_A, x_N, p > 0).$$

Dabei werde der Preis p als zeitabhängige Variable p(t) aufgefasst. Für den Nicht-Gleichgewichtsfall werde unterstellt, dass die zeitliche Änderung $\dot{p}(t)$ des Marktpreises proportional zum Nachfrageüberhang $x_N(t) - x_A(t)$ ist, Proportionalitätsfaktor sei a (> 0).

i)   Stellen Sie die Differentialgleichung für p(t) auf und ermitteln Sie für einen Ausgangspreis von $p_0 = p(0)$ die spezielle Lösung. Ermitteln Sie weiterhin – sofern existent – den sich für t → ∞ einstellenden Gleichgewichtspreis.

ii)   Lösen Sie Teil i) unter Berücksichtigung folgender Daten: a = 0,04 ; p_0 = 25 GE/ME.

Aufgabe 8.6.54:   Lösen Sie jeweils das Solow-Modell (8.6.41) für den Fall, dass

i)   keine Bevölkerungsveränderung stattfindet (b ≡ 0) ;

ii)   die Bevölkerung im Zeitablauf abnehme   (b < 0, z.B. b = −0,01).

Benutzen Sie dabei speziell die Daten   s = 0,2 ;   a = 0,5 ;   k(0) = 1.

Ermitteln Sie – sofern existent – in beiden Fällen den *(stabilen)* Gleichgewichtswert der Pro-Kopf-Kapitalausstattung für t → ∞.

Aufgabe 8.6.55:   Auf einem *(abgegrenzten)* Markt werde ein High-Tech-Haushaltsgerät erstmalig angeboten *(zum Zeitpunkt t = 0)*. Die theoretisch mögliche Absatz-Obergrenze *(Sättigungsmenge)* betrage in diesem Markt x_s *(= 100.000 ME)*.
Die bis zum Zeitpunkt t *(≥ 0)* insgesamt verkaufte Menge werde mit x(t) bezeichnet.

Gesucht ist die Funktionsgleichung *(sowie der Graph)* der Absatz-Zeit-Funktion x(t), wenn gilt:

–   In jedem Zeitpunkt t *(> 0)* ist die Zahl der in der nächsten Zeiteinheit verkauften Stücke (d.h. die zeitliche Änderung $\dot{x}(t)$ des Absatzes) proportional zum Abstand $x_s - x(t)$ zwischen Sättigungsmenge x_s und kumulierter Absatzmenge x(t). *(Dies bedeutet: Je näher der (kumulierte) Absatz x(t) an die Sättigungsmenge x_S stößt, desto schwieriger (und somit kostspieliger) wird es, weitere Stücke abzusetzen.)*

–   Im Zeitpunkt t = 12 *(d.h. nach 12 Zeiteinheiten)* seien bereits 20.000 ME verkauft.

i)   Wie lautet die Absatz-Zeit-Funktion x(t) ?   *(Skizze!)*

ii)   Nach welcher Zeit sind 80% der höchstens absetzbaren Stücke verkauft?

iii)   Angenommen, der Deckungsbeitrag für jedes Gerät betrage 10 GE *(ohne Berücksichtigung der mit dem Absatz verbundenen Kosten)*. Die mit dem Absatz der Geräte verbundenen Kosten betragen pro Zeiteinheit einheitlich 1.000 GE.

Ermitteln Sie diejenige kumulierte Absatzmenge x, für die gilt: Das nächste verkaufte Stück verursacht genauso hohe Absatz-Kosten, wie es Deckungsbeitrag erwirtschaftet.

9 Einführung in die Lineare Algebra

Die Lineare Algebra beschäftigt sich mit der Beschreibung, Analyse und Optimierung großer (linearer) Systeme, wie sie in vielen ökonomischen Modellen vorkommen.

Mit den dazu notwendigen Grundelementen (Matrizen, Vektoren, lineare Gleichungssysteme) und den Methoden der Linearen Algebra lassen sich auf prägnante und kompakte Weise beliebig große verflochtene volks- bzw. betriebswirtschaftliche Systeme verstehen und behandeln (z.B. bei der Input-Output-Analyse, mehrstufigen Produktionsprozessen, innerbetrieblicher Leistungsverrechnung u.v.a.).

Zugleich liefert die Lineare Algebra die notwendigen Grundlagen für eines der wichtigsten Verfahren des Operations Research, die in Kapitel 10 behandelte Lineare Optimierung.

9.1 Matrizen und Vektoren

9.1.1 Grundbegriffe der Matrizenrechnung

Rechteckige Zahlentabellen sind ein wichtiges Hilfsmittel zur Beschreibung ökonomischer Sachverhalte:

Beispiel 9.1.1:

i) Tabelle von Produktionskoeffizienten:

	Produkt 1	Produkt 2	Produkt 3
Maschine 1	2 (h/ME)	4 (h/ME)	0,5 (h/ME)
Maschine 2	1 (h/ME)	3 (h/ME)	1,5 (h/ME)

Dabei bedeutet etwa die Zahl 4 *(erste Zeile, zweite Spalte)*, dass zur Bearbeitung von einer ME des Produktes 2 eine Maschinenbearbeitungszeit von 4h auf Maschine 1 erforderlich ist.

ii) Volkswirtschaftliche Verflechtungstabelle:

empfangende Sektoren

		Bergbau	Energie	Stahl	Endverbraucher
liefernde Sektoren	Bergbau	0	1.000	2.000	400
	Energie	500	100	800	2.500
	Stahl	50	200	0	7.000

Dabei bedeutet etwa die Zahl 800 (2. Zeile, 3. Spalte), dass der Energiesektor in der betrachteten Periode 800 Einheiten an den Sektor Stahl geliefert hat (die dieser zu seiner Produktion benötigt).

Die Liste derartiger Beispiele lässt sich beliebig fortsetzen. In der Linearen Algebra fasst man derartige **Rechteckschemata** als **selbständige Rechenobjekte** („Matrizen") auf und versucht, auf möglichst kompakte und übersichtliche Weise eine „Mathematik" mit derartigen Objekten zu ermöglichen, die den Anwendungsbedürfnissen genügt.

© Springer-Verlag GmbH Deutschland, ein Teil von Springer Nature 2019
J. Tietze, *Einführung in die angewandte Wirtschaftsmathematik*,
https://doi.org/10.1007/978-3-662-60332-1_9

Def. 9.1.2: Unter einer **m × n-Matrix A** *(auch: m-mal-n-Matrix, auch: (m, n)-Matrix)* versteht man
ein **rechteckiges Zahlenschema** aus **m Zeilen** und **n Spalten**:

$$
A = \begin{pmatrix}
a_{11} & a_{12} & \cdots & a_{1k} & \cdots & a_{1n} \\
a_{21} & a_{22} & \cdots & a_{2k} & \cdots & a_{2n} \\
\vdots & \vdots & & \vdots & & \vdots \\
a_{i1} & a_{i2} & \cdots & a_{ik} & \cdots & a_{in} \\
\vdots & \vdots & & \vdots & & \vdots \\
a_{m1} & a_{m2} & \cdots & a_{mk} & \cdots & a_{mn}
\end{pmatrix} \quad \leftarrow \textit{i-te Zeile}
$$

$$\uparrow$$
$$\textit{k-te Spalte}$$

Die a_{ik} ($\in \mathbb{R}$) heißen **Elemente** der Matrix **A**, der erste Index i (i = 1, ..., m) gibt dabei die
lfd. Nummer der Zeile, der zweite Index k (k = 1, ..., n) die lfd. Nummer der Spalte an.

Bemerkung 9.1.3:

i)   *Im folgenden werden Matrizen mit **fettgedruckten** Großbuchstaben A, B, C, ... bezeichnet.*

ii)   *In a_{ik} nennt man i den **Zeilenindex** und k den **Spaltenindex**.*

iii) *Die Anzahl m der Zeilen bzw. n der Spalten charakterisieren die **Ordnung** (oder den **Typ**) der
      Matrix A.*

iv)   *Folgende **Schreibweisen** für eine m × n-Matrix A sind außerdem gebräuchlich:*
      $$A_{(m,n)}; \qquad (a_{ik})_{(m, n)}; \qquad (a_{ik}) \text{ mit } i = 1, ..., m; k = 1, ..., n.$$

v)   *Gilt m = n, so heißt die Matrix $A_{(n,n)}$ **quadratisch**.*

vi)   *Die Elemente $a_{11}, a_{22}, ..., a_{nn}$ einer quadra-
      tischen Matrix heißen **Diagonalelemente**, sie
      bilden die **Diagonale** der Matrix $A_{(n,n)}$.*
      $$\begin{pmatrix}
      a_{11} & a_{12} & \cdots & a_{1n} \\
      a_{21} & a_{22} & \cdots & a_{2n} \\
      \cdots & \cdots & & \cdots \\
      a_{n1} & a_{n2} & \cdots & a_{nn}
      \end{pmatrix}$$

Beispiel 9.1.4:   Bei den Zahlenschemata von Beispiel 9.1.1 handelt es sich um die Matrizen

i) $A_{(2,3)} = \begin{pmatrix} 2 & 4 & 0,5 \\ 1 & 3 & 1,5 \end{pmatrix}$

ii) $B_{(3,4)} = \begin{pmatrix} 0 & 1000 & 2.000 & 400 \\ 500 & 100 & 800 & 2.500 \\ 50 & 200 & 0 & 7.000 \end{pmatrix}$

iii)   Die Matrix $C_{(3,3)} = \begin{pmatrix} 5 & 3 & 7 \\ 8 & 4 & 1 \\ 0 & 2 & 6 \end{pmatrix}$ ist quadratisch, Diagonalelemente: $a_{11} = 5$; $a_{22} = 4$; $a_{33} = 6$.

Die für reelle Zahlen bekannten Relationen **Gleichheit** und **Ungleichheit** lassen sich in naheliegender
Weise auf Matrizen übertragen:

Def. 9.1.5: (Gleichheit, Ungleichheit von Matrizen)

i)   **Zwei Matrizen** $A = (a_{ik})_{(m,n)}$ und $B = (b_{ik})_{(m,n)}$ gleichen Typs heißen genau dann **gleich**,
      wenn **sämtliche entsprechenden Elemente** von **A** und **B** übereinstimmen:

(9.1.6) $\boxed{A = B \iff a_{ik} = b_{ik}}$ für alle i, k .

ii)   Analog zu i) definiert man:

(9.1.7) $\boxed{A < B \iff a_{ik} < b_{ik}}$ für alle i, k .

(9.1.8) $\boxed{A \leq B \iff a_{ik} \leq b_{ik}}$ für alle i, k .

Beispiel 9.1.9:   **i)**   Aus der Matrizengleichung: $\begin{pmatrix} x_1 & x_2 \\ x_3 & x_4 \end{pmatrix} = \begin{pmatrix} 2 & 5 \\ 1 & -7 \end{pmatrix}$ folgt nach (9.1.6):

$$x_1 = 2; \quad x_2 = 5; \quad x_3 = 1; \quad x_4 = -7 \; .$$

ii) Gegeben seien die Matrizen **A, B, C, D** mit

$$\mathbf{A} = \begin{pmatrix} 5 & 7 \\ 9 & 10 \end{pmatrix}; \quad \mathbf{B} = \begin{pmatrix} 6 & 7 \\ 9 & 10 \end{pmatrix}; \quad \mathbf{C} = \begin{pmatrix} 4 & 6 & 0 \\ 8 & 9 & 0 \end{pmatrix}; \quad \mathbf{D} = \begin{pmatrix} 5 & 7 & 1 \\ 9 & 10 & 8 \end{pmatrix}.$$

Dann gelten folgende Relationen: $\mathbf{A} \leq \mathbf{B}; \quad \mathbf{D} > \mathbf{C}; \quad \mathbf{A} \neq \mathbf{C}; \quad \mathbf{B} \neq \mathbf{C}; \quad \mathbf{A} \neq \mathbf{D}; \quad \mathbf{B} \neq \mathbf{D}.$

Vertauschen wir **Zeilen** und **Spalten** einer m × n-Matrix **A**, so erhalten wir eine (i.a. von **A** verschiedene) n × m-Matrix, die zu **A transponierte** Matrix $\mathbf{A}^T$:

Def. 9.1.10:   (transponierte Matrix)

Es sei $\mathbf{A} = (a_{ik})_{(m,n)}$ eine m×n-Matrix. Dann nennt man die durch **Vertauschen von Zeilen und Spalten** entstehende n×m-Matrix $\mathbf{A}^T := (a_{ki})_{(n,m)}$ die **transponierte Matrix** $\mathbf{A}^T$ zu **A**.

Beispiel 9.1.11:   (siehe Bsp. 9.1.1 /Bsp. 9.1.4)

i) $\mathbf{A}_{(2,3)} = \begin{pmatrix} 2 & 4 & 0{,}5 \\ 1 & 3 & 1{,}5 \end{pmatrix} \quad \Leftrightarrow \quad \mathbf{A}^T_{(3,2)} = \begin{pmatrix} 2 & 1 \\ 4 & 3 \\ 0{,}5 & 1{,}5 \end{pmatrix}$

ii) $\mathbf{B}_{(3,4)} = \begin{pmatrix} 0 & 1.000 & 2.000 & 400 \\ 500 & 100 & 800 & 2.500 \\ 50 & 200 & 0 & 7.000 \end{pmatrix} \quad \Leftrightarrow \quad \mathbf{B}^T_{(4,3)} = \begin{pmatrix} 0 & 500 & 50 \\ 1.000 & 100 & 200 \\ 2.000 & 800 & 0 \\ 400 & 2.500 & 7.000 \end{pmatrix}$

Beachten Sie bei der ökonomischen Interpretation der Transponierten, dass auch Kopfspalte und Kopfzeile miteinander vertauscht werden *(etwa in Beispiel 9.1.1)* .

Bemerkung 9.1.12:

i)   Offenbar führt zweimaliges Transponieren wieder zur ursprünglichen Matrix, d.h. es gilt stets

(9.1.13) $\boxed{\left(A^T\right)^T = A}$.

ii)   Eine (notwendig quadratische) Matrix A, die mit ihrer Transponierten A^T übereinstimmt, heißt **symmetrisch.**

Beispiel: $A = \begin{pmatrix} 5 & 2 & 0 \\ 2 & -3 & 1 \\ 0 & 1 & 7 \end{pmatrix} \quad \Leftrightarrow \quad A^T = \begin{pmatrix} 5 & 2 & 0 \\ 2 & -3 & 1 \\ 0 & 1 & 7 \end{pmatrix} = A \quad \Leftrightarrow \quad A \text{ ist symmetrisch.}$

Def. 9.1.14:   (Vektoren)

Eine m×1-Matrix heißt **Spaltenvektor**, eine 1×n-Matrix heißt **Zeilenvektor**. Ihre Elemente heißen die **Komponenten** des Vektors.

Beispiel 9.1.15:

Ein Spaltenvektor ist eine Matrix mit genau einer Spalte, z.B. $\begin{pmatrix} 5 \\ -1 \\ 0 \end{pmatrix}$, ein Zeilenvektor ist eine Matrix mit genau einer Zeile, z.B. $(x_1 \; x_2 \; x_3 \; x_4 \; x_5)$.

Im folgenden werden **Spaltenvektoren** durch kleine Buchstaben mit darüberstehendem Pfeil, z.B. $\vec{a}, \vec{b}$, ..., $\vec{x}, \vec{y}$, ... gekennzeichnet.

Beispiele: $\qquad \vec{x} = \begin{pmatrix} 5 \\ 7 \\ 3 \end{pmatrix} \quad ; \qquad \vec{z} = \begin{pmatrix} z_1 \\ z_2 \end{pmatrix} \quad .$

Nach Def. 9.1.10 können wir **Zeilenvektoren** als **transponierte Spaltenvektoren** auffassen.

Beispiel 9.1.16: **i)** Aus $\vec{a} = \begin{pmatrix} 5 \\ 7 \\ 3 \end{pmatrix}$ folgt $\vec{a}^T = (5 \ 7 \ 3)$. **ii)** $\begin{pmatrix} x_1 & x_2 & x_3 & x_4 \end{pmatrix}^T = \begin{pmatrix} x_1 \\ x_2 \\ x_3 \\ x_4 \end{pmatrix} = \vec{x}.$

Vektoren treten überall dort auf, wo Sachverhalte mit einer **geordneten Zahlenkolonne** beschrieben werden können, z.B.

i) im **Produktionsbereich**: Die Mengen (in ME) der monatlich hergestellten Produkte (4 Typen) können als **Produktionsvektor** $\vec{x}$ geschrieben werden

$$\vec{x} = \begin{pmatrix} x_1 & x_2 & x_3 & x_4 \end{pmatrix}^T = \begin{pmatrix} x_1 \\ x_2 \\ x_3 \\ x_4 \end{pmatrix} = \begin{pmatrix} 100 \\ 200 \\ 400 \\ 300 \end{pmatrix} ;$$

ii) im **Absatzbereich**: Die Güterverkaufpreise (in €/ME) von vier Produkten können in einem **Preisvektor** $\vec{p}$ zusammengefasst werden:

$$\vec{p} = \begin{pmatrix} p_1 & p_2 & p_3 & p_4 \end{pmatrix}^T = \begin{pmatrix} p_1 \\ p_2 \\ p_3 \\ p_4 \end{pmatrix} = \begin{pmatrix} 15 \\ 12 \\ 10 \\ 8 \end{pmatrix} ;$$

iii) in der **Geometrie**: Jeder Punkt P des n-dimensionalen Raumes $\mathbb{R}^n$ kann durch seine n Koordinaten $x_1, x_2, ..., x_n$ beschrieben werden, die man im Vektor $\vec{x}$ mit

$$\vec{x} = \begin{pmatrix} x_1 & x_2 & ... & x_n \end{pmatrix}^T = \begin{pmatrix} x_1 \\ x_2 \\ \vdots \\ x_n \end{pmatrix} \text{ zusammenfasst.}$$

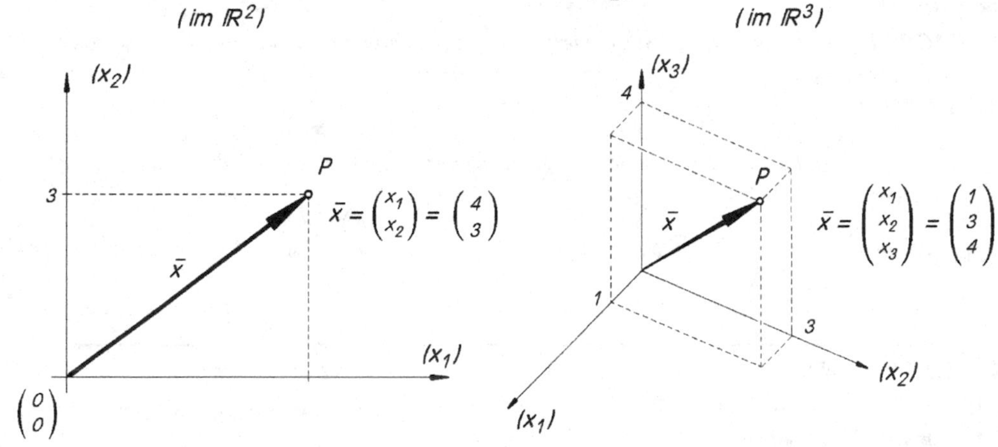

(im $\mathbb{R}^2$)   (im $\mathbb{R}^3$)

Abb. 9.1.17

Wir können den so definierten Vektor $\vec{x}$ auch charakterisieren durch die gerichtete Verbindungsstrecke (**Ortsvektor,** Ortspfeil) vom Koordinatenursprung zum Raumpunkt P (siehe Abb. 9.1.17).

Bemerkung 9.1.18: *i)* *Jede Matrix $A_{(m,n)}$ besteht aus genau m Zeilenvektoren und n Spaltenvektoren.*
Beispiel: $A = \begin{pmatrix} 1 & 5 & 9 \\ 2 & 7 & -4 \end{pmatrix}$ *besteht aus den beiden Zeilenvektoren (1 5 9) und (2 7 -4) bzw.*
den drei Spaltenvektoren $\begin{pmatrix} 1 \\ 2 \end{pmatrix}, \begin{pmatrix} 5 \\ 7 \end{pmatrix}, \begin{pmatrix} 9 \\ -4 \end{pmatrix}.$

ii) *Jede 1×1-Matrix, die aus nur je einer Spalte und Zeile besteht, heißt **Skalar**. **Skalare** werden als **reelle***
***Zahlen** aufgefasst.* **Beispiele:** $(4) := 4 ;$ $(x) := x$ $(\in \mathbb{R}).$

9.1.2 Spezielle Matrizen und Vektoren

Im folgenden sind einige wichtige Spezialfälle von Matrizen und Vektoren aufgeführt:

Def. 9.1.19:

i) Eine Matrix, deren **Elemente** sämtlich **Null** sind, heißt **Null-matrix**, geschrieben **0**. (Es gibt zu jedem Typ m×n genau eine entsprechende Nullmatrix $0_{(m,n)}$.)

$$\begin{pmatrix} 0 & 0 & \dots & 0 \\ 0 & 0 & \dots & 0 \\ \vdots & \vdots & & \vdots \\ 0 & 0 & \dots & 0 \end{pmatrix} =: \mathbf{0}$$

ii) Vektoren, deren **Komponenten** sämtlich **Null** sind, heißen **Nullvektoren**. Schreibweise: $\vec{0} = (0 \; 0 \; \dots \; 0)^T = \begin{pmatrix} 0 \\ 0 \\ \vdots \\ 0 \end{pmatrix}$

iii) Eine **quadratische** Matrix $\mathbf{A} = (a_{ik})_{(n,n)}$, deren sämtliche **Nicht-Diagonalelemente** gleich **Null** sind, heißt **Diagonalmatrix**:

$$\begin{pmatrix} a_{11} & 0 & 0 \\ 0 & a_{22} & 0 \\ 0 & 0 & a_{33} \end{pmatrix} ; \begin{pmatrix} 0 & 0 \\ 0 & 0 \end{pmatrix}$$

iv) Eine **quadratische** Matrix $\mathbf{A} = (a_{ik})$, bei der sämtliche Elemente **unterhalb** (oberhalb) der Diagonalen gleich Null sind, heißt **obere** (untere) **Dreiecksmatrix**:

$$\begin{pmatrix} 5 & -1 & -2 & 3 \\ 0 & 3 & -4 & 1 \\ 0 & 0 & 2 & 2 \\ 0 & 0 & 0 & 1 \end{pmatrix} \qquad \begin{pmatrix} 1 & 0 & 0 \\ 0 & 2 & 0 \\ 1 & 0 & 4 \end{pmatrix}$$
$$\text{obere} \qquad \text{Dreiecksmatrix} \qquad \text{untere}$$

v) Eine Diagonalmatrix, deren **Diagonalelemente** sämtlich gleich **Eins** sind, heißt **Einheitsmatrix**.
Es gibt zu jedem quadratischen Typ n×n genau eine entsprechende Einheitsmatrix $\mathbf{E}_{(n,n)}$.

$$\mathbf{E} := \begin{pmatrix} 1 & 0 & 0 & \dots & 0 \\ 0 & 1 & 0 & \dots & 0 \\ 0 & 0 & 1 & & \\ \vdots & & & \ddots & \\ 0 & 0 & 0 & \dots & 1 \end{pmatrix}$$

vi) Vektoren, die aus genau **einer Eins** und **sonst lauter Nullen** bestehen, heißen **Einheitsvektoren**: $\vec{e}_1 = \begin{pmatrix} 1 \\ 0 \\ \vdots \\ 0 \end{pmatrix} ; \; \vec{e}_2 = \begin{pmatrix} 0 \\ 1 \\ \vdots \\ 0 \end{pmatrix} ; \dots ; \; \vec{e}_n = \begin{pmatrix} 0 \\ 0 \\ \vdots \\ 1 \end{pmatrix}.$
($\vec{e}_k$ besitzt also die Eins in der k-ten Zeile.)

Die n×n-Einheitsmatrix $\mathbf{E}_{(n,n)}$ besteht also genau aus den n verschiedenen Einheitsvektoren mit je n Komponenten $\vec{e}_1, \vec{e}_2, \dots, \vec{e}_n$.

vii) Vektoren $\vec{s}$, deren **sämtliche** Komponenten gleich **Eins** sind, heißen **summierende** Vektoren: $\vec{s} := \begin{pmatrix} 1 \\ 1 \\ \vdots \\ 1 \end{pmatrix}$, siehe Beispiel 9.1.42.

Beispiel 9.1.20:

Abb. 9.1.21 zeigt die geometrische Deutung der Einheitsvektoren als Ortsvektoren der Länge „1" im $\mathbb{R}^2$ sowie im $\mathbb{R}^3$:

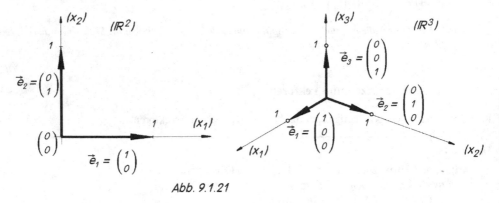

Abb. 9.1.21

9.1.3 Operationen mit Matrizen

Für Matrizen als selbständige mathematische Objekte sind **Operationen** definiert, wie z.B. **Addition** (Subtraktion) zweier Matrizen, **Multiplikation** einer Matrix mit einem **Skalar**, **Multiplikation zweier Matrizen**. Es wird sich zeigen, dass die so vereinbarten Operationen

i)   zwar den Operationen mit reellen Zahlen nachgebildet sind, teilweise jedoch erheblich abweichen;

ii) sich hervorragend für die Beschreibung und Beantwortung ökonomischer Fragestellungen eignen (wie etwa Input-Output-Analyse, lineare Gleichungssysteme, lineare Optimierung).

9.1.3.1 Addition von Matrizen

> **Def. 9.1.22:** Unter der **Summe** *(Differenz)* $A + B$ $(A - B)$ zweier (m,n)-Matrizen $A = (a_{ik})$ und $B = (b_{ik})$ gleichen Typs versteht man die (m,n)-Matrix $C = (c_{ik})$ mit $c_{ik} = a_{ik} + b_{ik}$ $(= a_{ik} - b_{ik})$.
>
> (d.h.:   Zwei Matrizen gleichen Typs werden addiert *(subtrahiert)*, indem man entsprechende Elemente addiert *(subtrahiert)*.)

Beispiel 9.1.23:

i)   Seien $A = \begin{pmatrix} 2 & 3 & 5 \\ 1 & 4 & 7 \end{pmatrix}$; $B = \begin{pmatrix} -1 & 2 & 0 \\ 0 & -7 & 1 \end{pmatrix}$ gegeben.

Dann folgt: $A+B = \begin{pmatrix} 1 & 5 & 5 \\ 1 & -3 & 8 \end{pmatrix}$; $A-B = \begin{pmatrix} 3 & 1 & 5 \\ 1 & 11 & 6 \end{pmatrix}$.

ii)   Die Produktionsmengen dreier Produkte seien im 1. Halbjahr bzw. im 2. Halbjahr gegeben durch die Produktionsvektoren

$$\vec{x}_1 = \begin{pmatrix} 20.000 \\ 10.000 \\ 15.000 \end{pmatrix}; \quad \vec{x}_2 = \begin{pmatrix} 18.000 \\ 25.000 \\ 17.000 \end{pmatrix}.$$

Dann lautet der Jahresproduktionsvektor $\vec{x}$: $\vec{x} = \vec{x}_1 + \vec{x}_2 = \begin{pmatrix} 38.000 \\ 35.000 \\ 32.000 \end{pmatrix}$.

iii) Eine **innerbetriebliche Leistungsverflechtung** *(s. auch Kap. 9.2.6.2)* sei beschrieben durch die folgenden Verflechtungsmatrizen A_i *(i = 1,2,3,4)* für die 4 Quartale eines Geschäftsjahres:

empfangende Kostenstellen

		1. Quartal			2. Quartal			3.Quartal			4.Quartal		
		K_1	K_2	K_3	K_1	K_2	K_3	K_1	K_2	K_3	K_1	K_2	K_3
liefernde	K_1	0	10	20	0	15	25	0	15	10	0	30	10
Kosten-	K_2	30	0	25	25	0	25	30	0	20	40	0	20
stellen	K_3	20	20	0	25	25	0	20	25	0	10	25	0
		$(= A_1)$			$(= A_2)$			$(= A_3)$			$(= A_4)$		

a) Für die innerbetrieblichen Gesamtlieferungen des Geschäftsjahres ergibt sich die Matrix **A** mit

$$A = A_1+A_2+A_3+A_4 = \begin{pmatrix} 0 & 70 & 65 \\ 125 & 0 & 90 \\ 75 & 95 & 0 \end{pmatrix}.$$

b) Die Differenzmatrix **D** mit $D := A_4-A_1 = \begin{pmatrix} 0 & 20 & -10 \\ 10 & 0 & -5 \\ -10 & 5 & 0 \end{pmatrix}$ gibt die Mehr - bzw. Minderlieferungen des 4. Quartals bezogen auf das 1. Quartal an.

iv) Die **Addition zweier Vektoren** im $\mathbb{R}^2$ kann **graphisch veranschaulicht** werden (s. Abb.9.1.24):

Der Summenvektor $\vec{a}+\vec{b}$ (mit $\vec{a} = \begin{pmatrix} 5 \\ 6 \end{pmatrix}$; $\vec{b} = \begin{pmatrix} 11 \\ 2 \end{pmatrix}$

$\vec{a}+\vec{b} = \begin{pmatrix} 16 \\ 8 \end{pmatrix}$) ist graphisch durch den von $\begin{pmatrix} 0 \\ 0 \end{pmatrix}$ aus-gehenden **Diagonalenvektor** des durch a und b aufgespannten Parallelogramms gekennzeichnet.

Demselben Gesetz der Vektoraddition genügen in der Mechanik Kräfte und ihre Überlagerung bzw. Zerlegung.

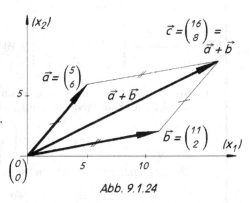

Abb. 9.1.24

Nach Def. 9.1.22 gelten für die Matrizenaddition analoge Gesetze wie für die Addition reeller Zahlen:

Satz 9.1.25: (Gesetze der Matrizenaddition)

Für Matrizen gleichen Typs gilt:

i)	$A + B = B + A$	(Kommutativgesetz)
ii)	$A + (B + C) = (A + B) + C$	(Assoziativgesetz)
iii)	$A + 0 = A$	(Existenz eines Nullelementes (Nullmatrix))
iv)	Aus $A + B = 0$ folgt $B = -A$ (mit $-A := (-a_{ik})_{(m,n)}$)	(Existenz des inversen Elements bzgl. der Addition)
v)	$(A + B)^T = A^T + B^T$	(Summandenweises Transponieren erlaubt).

9.1.3.2 Multiplikation einer Matrix mit einem Skalarfaktor

Betrachten wir die beiden Matrizen $\mathbf{A} = \begin{pmatrix} 2 & 4 \\ 6 & 8 \end{pmatrix}$ und $\mathbf{B} = \begin{pmatrix} 6 & 12 \\ 18 & 24 \end{pmatrix}$, so stellen wir fest, dass jedes Element von $\mathbf{B}$ genau dreimal so groß ist wie das entsprechende Element von $\mathbf{A}$: $\quad b_{ik} = 3 \cdot a_{ik}$.

Andererseits ergibt sich $\mathbf{B}$ offenbar auch durch die Summe $\mathbf{A}+\mathbf{A}+\mathbf{A} = \begin{pmatrix} 2+2+2 & 4+4+4 \\ 6+6+6 & 8+8+8 \end{pmatrix} = \begin{pmatrix} 3 \cdot 2 & 3 \cdot 4 \\ 3 \cdot 6 & 3 \cdot 8 \end{pmatrix}$.

Schreiben wir (wie in $\mathbb{R}$) statt $\mathbf{A}+\mathbf{A}+\mathbf{A}$ den Ausdruck $3 \cdot \mathbf{A}$, so wird man sinnvollerweise definieren:

Def. 9.1.26: (Multiplikation einer Matrix mit einem Skalar)

Wird **jedes Element** a_{ik} einer Matrix $\mathbf{A}$ mit demselben **skalaren Faktor** $k \in \mathbb{R}$ **multipliziert**, so spricht man von der **Multiplikation der Matrix A mit dem Skalar k**. Für die so entstandene Matrix schreibt man:

(9.1.27)
$$\boxed{k \cdot \mathbf{A} := (k \cdot a_{ik})_{(m,n)} = \mathbf{A} \cdot k}$$

bzw.
$$k \cdot \begin{pmatrix} a_{11} & \cdots & a_{1n} \\ \vdots & & \\ a_{m1} & \cdots & a_{mn} \end{pmatrix} = \begin{pmatrix} k \cdot a_{11} & \cdots & k \cdot a_{1n} \\ \vdots & & \\ k \cdot a_{m1} & \cdots & k \cdot a_{mn} \end{pmatrix}.$$

Beispiel 9.1.28:

i) $\quad 2 \cdot (5\,;4\,;6)^T = \begin{pmatrix} 10 \\ 8 \\ 12 \end{pmatrix}$.

ii) $\quad 77 \cdot \mathbf{E}_{(3,3)} = \begin{pmatrix} 77 & 0 & 0 \\ 0 & 77 & 0 \\ 0 & 0 & 77 \end{pmatrix}$.

iii) Die Matrix $\begin{pmatrix} -\frac{9}{11} & \frac{7}{11} & \frac{3}{11} \\ \frac{1}{11} & -\frac{8}{11} & \frac{5}{11} \end{pmatrix}$ lässt sich vereinfacht schreiben als $\frac{1}{11} \cdot \begin{pmatrix} -9 & 7 & 3 \\ 1 & -8 & 5 \end{pmatrix}$.

iv) In 4 Betrieben werden jeweils dieselben 3 Produkte gefertigt. Die monatliche Produktion werde durch die folgende Produktionsmatrix beschrieben:

$$P_m = \begin{pmatrix} 10 & 12 & 30 & 15 \\ 12 & 14 & 25 & 20 \\ 8 & 8 & 10 & 9 \end{pmatrix} .$$

Bei unverändertem monatlichen Output lautet die Jahresproduktionsmatrix $\mathbf{P}$:

$$\mathbf{P} = 12 \cdot P_m = \begin{pmatrix} 120 & 144 & 360 & 180 \\ 144 & 168 & 300 & 240 \\ 96 & 96 & 120 & 108 \end{pmatrix} .$$

Dabei bedeutet z.B. die Zahl 300, dass im Betrieb 3 jährlich 300 Einheiten von Produkt 2 hergestellt werden.

v) Aus $\quad \vec{a} = (a_1\ a_2\ ...\ a_n)^T$ folgt:

$-\vec{a} = (-a_1\ -a_2\ ...\ -a_n)^T = (-1) \cdot \vec{a}$.

vi) **Geometrische Veranschaulichung** der Multiplikation eines Vektors $\vec{a}$ mit einem Skalar k ($\in \mathbb{R}$) (s. Abb. 9.1.29):

Der Vektor $k \cdot \vec{a}$ geht aus dem Vektor $\vec{a}$ durch **Streckung** ($|k| > 1$) oder **Stauchung** ($|k| < 1$) hervor. Falls k negativ ist, zeigen $\vec{a}$ und $k \cdot \vec{a}$ in entgegengesetzte Richtungen.

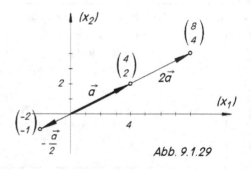

Abb. 9.1.29

Für die Multiplikation von **A** mit einem Skalar gelten die folgenden einfach verifizierbaren **Gesetze**:

Satz 9.1.30: Es seien **A, B** zwei Matrizen gleichen Typs und k, r zwei reelle Konstanten. Dann gilt:

i) $\qquad k \cdot (r \cdot A) \;=\; (k \cdot r) \cdot A$ $\qquad$ (Assoziativgesetz)

ii) $\qquad k \cdot (A+B) \;=\; k \cdot A + k \cdot B$

iii) $\qquad (k+r) \cdot A \;=\; k \cdot A + r \cdot A$ $\qquad\left.\right\}$ (Distributivgesetze)

Wendet man Addition und Multiplikation einer Matrix mit einem Skalar kombiniert auf Vektoren an, so spricht man von einer **Linearkombination von Vektoren**.

Beispiel 9.1.31: Gegeben seien die Vektoren $\vec{a} = \begin{pmatrix} 3 \\ 1 \end{pmatrix}$, $\vec{b} = \begin{pmatrix} 2 \\ 6 \end{pmatrix}$ des $\mathbb{R}^2$ sowie die Skalare k = 2, r = 0,5 .

Dann gilt: Der Vektor $\vec{x}$ mit $\vec{x} = k \cdot \vec{a} + r \cdot \vec{b}$, d.h.

$$\vec{x} = 2 \cdot \begin{pmatrix} 3 \\ 1 \end{pmatrix} + 0,5 \cdot \begin{pmatrix} 2 \\ 6 \end{pmatrix} = \begin{pmatrix} 6 \\ 2 \end{pmatrix} + \begin{pmatrix} 1 \\ 3 \end{pmatrix} = \begin{pmatrix} 7 \\ 5 \end{pmatrix}$$

ist wiederum ein Vektor des $\mathbb{R}^2$, und zwar eine sog. „Linearkombination" der Vektoren $\vec{a}$ und $\vec{b}$, siehe Abb. 9.1.32 .

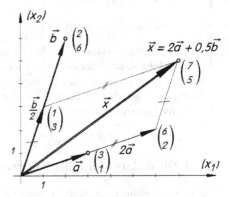

Abb. 9.1.32

Allgemein definiert man:

Def. 9.1.33: (Linearkombination von Vektoren)

Es seien $\vec{a}_1, \vec{a}_2, ..., \vec{a}_n$ n Vektoren gleichen Typs und $c_1, c_2, ..., c_n$ n Skalare ($\in \mathbb{R}$). Dann nennt man den Vektor $\vec{x}$ mit

(9.1.34) $\qquad \boxed{\vec{x} = c_1\vec{a}_1 + c_2\vec{a}_2 + ... + c_n\vec{a}_n \;=\; \sum_{i=1}^{n} c_i\vec{a}_i}$

eine **Linearkombination der n Vektoren** $\vec{a}_i$. $\qquad$ (i = 1,...,n)

Bemerkung 9.1.35: *Im Fall **nichtnegativer Skalarfaktoren** c_i, deren **Summe genau Eins** ergibt (d.h. für $c_1 + c_2 + ... + c_n = 1$ und $c_i \geq 0$) spricht man von einer **konvexen Linearkombination** der $\vec{a}_i$.*

Beispiel 9.1.36: Gegeben seien die folgenden Vektoren des $\mathbb{R}^3$:

$$\vec{a}_1 = 2 \begin{pmatrix} 1 \\ 2 \\ 3 \end{pmatrix}; \quad \vec{a}_2 = \begin{pmatrix} -1 \\ 0 \\ 4 \end{pmatrix}; \quad \vec{a}_3 = \begin{pmatrix} 5 \\ 2 \\ 1 \end{pmatrix}$$

i) $c_1 = 4$; $c_2 = -2$; $c_3 = 0,2$: $\quad \Rightarrow \quad \vec{x} = 4 \begin{pmatrix} 1 \\ 2 \\ 3 \end{pmatrix} - 2 \begin{pmatrix} -1 \\ 0 \\ 4 \end{pmatrix} + 0,2 \begin{pmatrix} 5 \\ 2 \\ 1 \end{pmatrix} = \begin{pmatrix} 7 \\ 8,4 \\ 4,2 \end{pmatrix}$ ist eine **nicht** konvexe Linearkombination der $\vec{a}_i$.

ii) $c_1 = 0,5$; $c_2 = 0,2$; $c_3 = 0,3$: $\quad \Rightarrow \quad \vec{x} = 0,5 \begin{pmatrix} 1 \\ 2 \\ 3 \end{pmatrix} + 0,2 \begin{pmatrix} -1 \\ 0 \\ 4 \end{pmatrix} + 0,3 \begin{pmatrix} 5 \\ 2 \\ 1 \end{pmatrix} = \begin{pmatrix} 1,8 \\ 1,6 \\ 2,6 \end{pmatrix}$ ist eine **konvexe Linearkombination** der $\vec{a}_i$.

Beispiel 9.1.37:

Es seien im $\mathbb{R}^2$ die beiden Vektoren

$$\vec{x}_1 = \begin{pmatrix} 5 \\ 10 \end{pmatrix}, \ \vec{x}_2 = \begin{pmatrix} 15 \\ 5 \end{pmatrix} \qquad \text{gegeben.}$$

Bilden wir $\vec{x}_1, \vec{x}_2$ sowie einige konvexe Linearkombinationen graphisch ab,

z.B. $\qquad \vec{x}_3 = 0,5\,\vec{x}_1 + 0,5\,\vec{x}_2 = \begin{pmatrix} 10 \\ 7,5 \end{pmatrix}$

$$\vec{x}_4 = 0,2\,\vec{x}_1 + 0,8\,\vec{x}_2 = \begin{pmatrix} 13 \\ 6 \end{pmatrix}$$

$$\vec{x}_5 = 0,6\,\vec{x}_1 + 0,4\,\vec{x}_2 = \begin{pmatrix} 9 \\ 8 \end{pmatrix} \qquad \text{usw.}$$

(*s.Abb. 9.1.38*), so erkennen wir: Sämtliche **konvexen Linearkombinationen** zweier (richtungsverschiedener) Vektoren des $\mathbb{R}^2$ liegen auf der **Verbindungsgeraden** der durch die beiden Vektorspitzen gekennzeichneten Punkte.

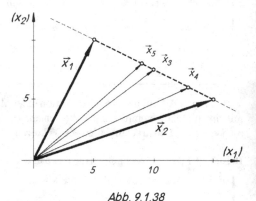

Abb. 9.1.38

9.1.3.3 Die skalare Multiplikation zweier Vektoren (Skalarprodukt)

Eine Unternehmung produziere 5 verschiedene Güter. Die wöchentlichen Produktionsmengen $x_1, x_2, ...,$ x_5 (in ME) werden beschrieben durch den Produktionsvektor $\vec{x} = \begin{pmatrix} 10 & 15 & 7 & 4 & 3 \end{pmatrix}$. Die entsprechenden Verkaufspreise $p_1, ..., p_5$ (in €/ME) bilden den Preisvektor $\vec{p} := \begin{pmatrix} 5,50 & 8,00 & 10,00 & 12,50 & 50,00 \end{pmatrix}^T$.

Damit ergibt sich (unter der Annahme, dass die Produkte unmittelbar nach ihrer Produktion verkauft werden) der wöchentliche **Umsatz** U der Unternehmung, indem **entsprechende** Komponenten von $\vec{x}$ und $\vec{p}$ erst **multipliziert** und die entstandenen Produkte sodann **addiert** werden:

$$U = x_1 p_1 + x_2 p_2 + x_3 p_3 + x_4 p_4 + x_5 p_5 = 10 \cdot 5,5 + 15 \cdot 8 + 7 \cdot 10 + 4 \cdot 12,5 + 3 \cdot 50 = 445 \ \text{€/Woche.}$$

Man sagt, der Umsatz sei das **skalare Produkt**[1] aus Mengenvektor $\vec{x}$ und Preisvektor $\vec{p}$.

Um formale Widersprüchlichkeiten mit der im nachfolgenden Kapitel dargestellten allgemeinen Matrizenmultiplikation zu vermeiden, ist es zweckmäßig zu verlangen, dass der **linke Faktor** stets ein **Zeilenvektor,** der **rechte Faktor** stets ein **Spaltenvektor** ist.

Def. 9.1.39: (Skalarprodukt zweier Vektoren)

Gegeben seien ein Zeilenvektor $\vec{a}^T = \begin{pmatrix} a_1 & a_2 & ... & a_n \end{pmatrix}$ und ein Spaltenvektor $\vec{b} = \begin{pmatrix} b_1 \\ b_2 \\ \vdots \\ b_n \end{pmatrix}$

Unter dem **Skalarprodukt** von $\vec{a}^T$ und $\vec{b}$ versteht man die reelle Zahl (Skalar)

(9.1.40)
$$\vec{a}^T \cdot \vec{b} := \begin{pmatrix} a_1 & a_2 & ... & a_n \end{pmatrix} \cdot \begin{pmatrix} b_1 \\ b_2 \\ \vdots \\ b_n \end{pmatrix} := a_1 b_1 + a_2 b_2 + ... + a_n b_n = \sum_{i=1}^{n} a_i b_i \, .$$

---

[1] „Skalares Produkt", weil das Resultat der Operation eine reelle Zahl („Skalar") ist.

Die formal korrekte Schreibweise des zuvor errechneten Umsatzes lautet nunmehr:

$$U = \vec{x}^T \cdot \vec{p} = \begin{pmatrix} x_1 \dots x_5 \end{pmatrix} \begin{pmatrix} p_1 \\ \vdots \\ p_5 \end{pmatrix} = x_1 p_1 + \dots + x_5 p_5 = 445 \ [\text{€/Woche}] \ .$$

$$(\text{oder:} \quad U = \vec{p}^T \cdot \vec{x} = \begin{pmatrix} p_1 \dots p_5 \end{pmatrix} \begin{pmatrix} x_1 \\ \vdots \\ x_5 \end{pmatrix} = p_1 x_1 + \dots + p_5 x_5 = 445).$$

Bemerkung 9.1.41:

i) Die Produkte $\vec{a}^T \vec{b}^T$ zweier Zeilenvektoren bzw. $\vec{a}\,\vec{b}$ zweier Spaltenvektoren sind formal nicht definiert. Das Produkt $\vec{a}\,\vec{b}^T$ eines Spalten- mit einem Zeilenvektor ergibt definitionsgemäß als Resultat eine $n \times n$-Matrix (also keinen Skalar!), siehe das folgende Kapitel 9.1.3.4.

ii) Es gilt stets: $\qquad \vec{a}^T \cdot \vec{b} = \vec{b}^T \cdot \vec{a}$

Beispiel 9.1.42:

i) $\quad \begin{pmatrix} 5 & 7 & 10 \end{pmatrix} \cdot \begin{pmatrix} 2 \\ -1 \\ -2 \end{pmatrix} = 5 \cdot 2 - 7 \cdot 1 - 10 \cdot 2 = -17 = \begin{pmatrix} 2 & -1 & -2 \end{pmatrix} \cdot \begin{pmatrix} 5 \\ 7 \\ 10 \end{pmatrix}$ *(siehe Bem. 9.1.41 ii)*

ii) $\quad \begin{pmatrix} -2 & 1 & 3 \end{pmatrix} \cdot \begin{pmatrix} 2 \\ 1 \\ 1 \end{pmatrix} = -2 \cdot 2 + 1 \cdot 1 + 3 \cdot 1 = 0$ *(Man sieht: Das Skalarprodukt kann Null werden, ohne dass einer der Faktoren Nullvektor ist !)*

iii) Ein Vektor $\vec{s}$ mit lauter Einsen heißt „summierender" Vektor *(siehe Def. 9.1.19 vii)* wegen:

$$\begin{pmatrix} 5 & 7 & 11 \end{pmatrix} \cdot \begin{pmatrix} 1 \\ 1 \\ 1 \end{pmatrix} = 5 + 7 + 11 = 23$$

Allgemein: Wenn $\vec{a}^T = \begin{pmatrix} a_1 & a_2 & \dots & a_n \end{pmatrix}$, so gilt:

$$\vec{a}^T \cdot \vec{s} = \vec{s}^T \cdot \vec{a} = \begin{pmatrix} a_1 & a_2 & \dots & a_n \end{pmatrix} \cdot \begin{pmatrix} 1 & 1 & \dots & 1 \end{pmatrix}^T = a_1 + a_2 + \dots + a_n \ ,$$

d.h. das Skalarprodukt von $\vec{a}$ und dem *(vom Typ her)* passenden summierenden Vektor $\vec{s}$ liefert die Summe der Komponenten von $\vec{a}$.

iv) Die lineare Gleichung $5x + 7y - 4z = 17$ lässt sich mit Hilfe der Vektoren $\vec{a}^T = \begin{pmatrix} 5 & 7 & -4 \end{pmatrix}$ und $\vec{x} = \begin{pmatrix} x & y & z \end{pmatrix}^T$ als Skalarprodukt schreiben: $\qquad \vec{a}^T \cdot \vec{x} = 17$.

Allgemein: Die lineare Gleichung $a_1 x_1 + a_2 x_2 + \dots + a_n x_n = b$ lässt sich kompakt schreiben als

$$\vec{a}^T \cdot \vec{x} = b \qquad \text{mit:} \ \vec{a}^T = \begin{pmatrix} a_1 & a_2 \dots a_n \end{pmatrix} \ ; \ \vec{x} = \begin{pmatrix} x_1 & x_2 \dots x_n \end{pmatrix}^T .$$

9.1.3.4 Multiplikation von Matrizen

Auch für zwei geeignete **Matrizen** ist eine **Multiplikation** erklärt, die allerdings *nicht* (wie bei der Addition) komponentenweise geschieht. Es sei dazu ein **ökonomisches Beispiel** betrachtet:

Beispiel 9.1.43: In einer Unternehmung werden zwei Typen von Endprodukten E_1, E_2 aus drei verschiedenen Typen von Zwischenprodukten Z_1, Z_2, Z_3 gefertigt, die jeweils wiederum aus vier verschiedenen Rohstofftypen R_1, R_2, R_3, R_4 hergestellt werden. Abb. 9.1.44 zeigt graphisch die Zusammenhänge dieser zweistufigen Fertigung. Für jede Einheit der Zwischenprodukte werden bestimmte Mengen der verschiedenen Rohstoffe, für jede Endprodukteinheit werden bestimmte Mengen der verschiedenen Zwischenprodukte benötigt. Die notwendigen Mengenangaben *(„Produktionskoeffizienten")* finden sich in folgenden Verbrauchsmatrizen **A**, **B** (Tab. 9.1.45):

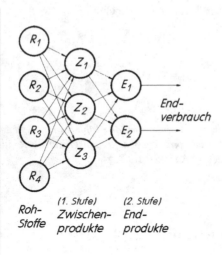

Roh-   *(1. Stufe)*   *(2. Stufe)*
Stoffe   *Zwischen-*   *End-*
         produkte   *produkte*

Abb. 9.1.44

Tab. 9.1.45 (a)	Zwischenprodukte		
Rohstoffe	Z_1	Z_2	Z_3
R_1	4	3	3
R_2	2	4	6
R_3	1	7	4
R_4	3	3	0

A

(Es bedeutet etwa die Zahl „7", dass pro Einheit von Zwischenprodukt Z_2 7 Einheiten des Rohstoffs R_3 erforderlich sind, usw.)

Tab. 9.1.45 (b)	Endprodukte	
Zwischen- produkte	E_1	E_2
Z_1	6	5
Z_2	4	3
Z_3	1	2

B

(Die Zahl „3" bedeutet, dass pro Endprodukteinheit des Typs E_2 3 Einheiten des Zwischenproduktes Z_2 benötigt werden, usw.)

Gesucht sei nun für jede Endprodukteinheit von E_1, E_2 die zugehörige Anzahl der verschiedenen Rohstoffe R_1, ..., R_4, d.h. eine Tabelle (Matrix C) des Typs von Tab. 9.1.46:

Um etwa das Element C_{32} zu ermitteln, dessen Wert angibt, wieviel Rohstoffeinheiten des Typs R_3 pro Endprodukteinheit E_2 erforderlich sind, benötigt man die Anzahl der für 1 ME von E_2 erforderlichen Zwischenprodukteinheiten (= zweite Spalte von **B**) sowie die in jeder Zwischenprodukteinheit enthaltenen Rohstoffmengen von R_3 (= dritte Zeile von **A**):

Rohstoffe	Endprodukte	
	E_1	E_2
R_1	C_{11}	C_{12}
R_2	C_{21}	C_{22}
R_3	C_{31}	C_{32}
R_4	C_{41}	C_{42}

C

Tab. 9.1.46

$$
\begin{array}{ccc}
 & (Z_1) \quad (Z_2) \quad (Z_3) & \\
(R_3) & \begin{pmatrix} 1 & 7 & 4 \end{pmatrix} & \cdot \begin{pmatrix} 5 \\ 3 \\ 2 \end{pmatrix} \begin{matrix} (Z_1) \\ (Z_2) \\ (Z_3) \end{matrix}
\end{array}
$$

3. Zeile von **A**   *mal*   2. Spalte von **B**

Die pro Einheit von E_2 enthaltenen

5 Einheiten Z_1 erford. je 1 Einheit R_3
3 Einheiten Z_2 erford. je 7 Einheiten R_3
2 Einheiten Z_3 erford. je 4 Einheiten R_3

insgesamt erfordert eine Einheit von E_2 daher
$C_{32} = 1 \cdot 5 + 7 \cdot 3 + 4 \cdot 2 = 34$ Einheiten R_3.

Diese Resultatbildung ist offenbar identisch mit der Bildung eines Skalarproduktes: C_{32} hat sich ergeben als Skalarprodukt der dritten Zeile von **A** mit der zweiten Spalte von **B**. Ganz analog errechnet man die übrigen Elemente von C_{ik} als Skalarprodukte der i-ten Zeile von **A** und der k-ten Spalte von **B**. Als Endergebnis erhält man die gesuchte Rohstoff-Endprodukt-Verbrauchsmatrix **C** mit:

$$
\mathbf{C} = \begin{pmatrix} C_{11} & C_{12} \\ C_{21} & C_{22} \\ C_{31} & C_{32} \\ C_{41} & C_{42} \end{pmatrix} = \begin{pmatrix} 39 & 35 \\ 34 & 34 \\ 38 & 34 \\ 30 & 24 \end{pmatrix}
$$

Man sagt, die Matrix **C** sei durch **Multiplikation** der **Matrix A mit der Matrix B** entstanden:

$$
\mathbf{C} = \mathbf{A} \cdot \mathbf{B}.
$$

Allgemein definiert man:

Def. 9.1.47: (Multiplikation zweier Matrizen)

Gegeben seien die Matrizen $A = (a_{ij})_{(m,p)}$ und $B = (b_{jk})_{(p,n)}$. *(Die Spaltenzahl p von A muss also mit der Zeilenzahl p von B übereinstimmen!)* Dann versteht man unter dem **Produkt** $A \cdot B$ der Matrizen A und B die Matrix $C = (c_{ik})_{(m,n)}$, deren Element c_{ik} das **Skalarprodukt** aus **i-ter Zeile** von A und **k-ter Spalte** von B ist:

$$c_{ik} = \sum_{j=1}^{p} a_{ij} \cdot b_{jk} = (a_{i1} \, \ldots \, a_{ip}) \cdot \begin{pmatrix} b_{1k} \\ \vdots \\ b_{pk} \end{pmatrix} \qquad (i = 1,\ldots,m \; ; \; k = 1,\ldots,n).$$

Bemerkung 9.1.48:   *Die Zeilenzahl von AB stimmt mit der Zeilenzahl von A, die Spaltenzahl von AB mit der Spaltenzahl von B überein.*

Beispiel 9.1.49: $A = \begin{pmatrix} 1 & 2 \\ 3 & 4 \\ 5 & 6 \end{pmatrix}$; $B = \begin{pmatrix} 1 & -2 & 5 & -7 \\ -3 & 4 & -6 & 8 \end{pmatrix}$ $\Rightarrow$

$$C = A \cdot B = \begin{pmatrix} 1 & 2 \\ 3 & 4 \\ 5 & 6 \end{pmatrix} \cdot \begin{pmatrix} 1 & -2 & 5 & -7 \\ -3 & 4 & -6 & 8 \end{pmatrix} = \begin{pmatrix} 1 \cdot 1 - 2 \cdot 3 & -1 \cdot 2 + 2 \cdot 4 & 1 \cdot 5 - 2 \cdot 6 & -1 \cdot 7 + 2 \cdot 8 \\ 3 \cdot 1 - 4 \cdot 3 & -3 \cdot 2 + 4 \cdot 4 & 3 \cdot 5 - 4 \cdot 6 & -3 \cdot 7 + 4 \cdot 8 \\ 5 \cdot 1 - 6 \cdot 3 & -5 \cdot 2 + 6 \cdot 4 & 5 \cdot 5 - 6 \cdot 6 & -5 \cdot 7 + 6 \cdot 8 \end{pmatrix}$$

$$= \begin{pmatrix} -5 & 6 & -7 & 9 \\ -9 & 10 & -9 & 11 \\ -13 & 14 & -11 & 13 \end{pmatrix}.$$

Besonders übersichtlich gestaltet sich die Matrizenmultiplikation $A \cdot B$ durch Verwendung des **Falk'schen Schemas**. Dabei ordnet man die Faktoren nicht nebeneinander an, sondern den linken Faktor **A** links unten, den rechten Faktor **B** rechts oben an (Abb. 9.1.50).

Im Kreuzungspunkt der i-ten Zeile $\vec{a}_i^T$ von A und der k-ten Spalte $\vec{b}_k$ von B steht dann deren Skalarprodukt $\vec{a}_i^T \vec{b}_k$ als entsprechendes Element c_{ik} der Produktmatrix $A \cdot B = C$.

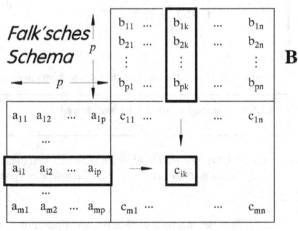

Abb. 9.1.50

Beispiel 9.1.51 *(Matrizenmultiplikation)* :   Falk'sches Schema:

$$A = \begin{pmatrix} 5 & -2 & 0 \\ 1 & 3 & 2 \\ 2 & 5 & 1 \end{pmatrix}; \quad B = \begin{pmatrix} 3 & 7 \\ 2 & -1 \\ 5 & 3 \end{pmatrix}.$$

(A)

(B)

			3	7
			2	-1
			5	3
5	-2	0	11	37
1	3	2	19	10
2	5	1	21	12

$C = AB$

Die für die Matrizenmultiplikation geltenden Gesetze unterscheiden sich durch einige **Besonderheiten von den üblichen Multiplikationsregeln reeller Zahlen**:

Beispiel 9.1.52:

i) Seien $\vec{a}^T = (2 \ -1 \ 3)$; $\vec{b} = (5 \ 1 \ -2)^T$ gegeben. Dann ist nach Def. 9.1.47 sowohl das Produkt $\vec{a}^T \cdot \vec{b}$ als auch das Produkt mit vertauschten Faktoren $\vec{b} \cdot \vec{a}^T$ definiert, und es gilt:

  a) $\vec{a}^T \cdot \vec{b} = (2 \ -1 \ 3) \cdot \begin{pmatrix} 5 \\ 1 \\ -2 \end{pmatrix} = 10 - 1 - 6 = 3$;

  b) $\vec{b} \cdot \vec{a}^T = \begin{pmatrix} 5 \\ 1 \\ -2 \end{pmatrix} \cdot (2 \ -1 \ 3) = \begin{pmatrix} 10 & -5 & 15 \\ 2 & -1 & 3 \\ -4 & 2 & -6 \end{pmatrix}$.

  Während $\vec{a}^T \cdot \vec{b}$ (als Skalarprodukt) den Wert 3 hat, stellt $\vec{b} \cdot \vec{a}^T$ eine (3x3)-Matrix dar.

ii) Seien $A = \begin{pmatrix} 1 & 3 \\ -1 & 0 \end{pmatrix}$; $B = \begin{pmatrix} 5 & 0 & 4 \\ 1 & 2 & 6 \end{pmatrix}$ gegeben. Nach Def. 9.1.47 ist zwar das Produkt **AB** definiert, nicht jedoch das Produkt **BA** (da die Spaltenzahl von **B** nicht mit der Zeilenzahl von **A** übereinstimmt).

iii) Seien $A = \begin{pmatrix} 5 & 2 \\ -1 & 3 \end{pmatrix}$; $B = \begin{pmatrix} 1 & -1 \\ 3 & 4 \end{pmatrix}$ gegeben. Nach Def. 9.1.47 sind sowohl **AB** als auch **BA** definiert, das Ergebnis beider Multiplikationen ist jeweils eine 2×2-Matrix *(mit AB ≠ BA !)*:

(a)
$$\begin{array}{c|cc} & 1 \ \ -1 & \textbf{(B)} \\ & 3 \ \ \ \ 4 & \\ \hline 5 \ \ \ 2 & 11 \ \ \ 3 & = \textbf{AB} \\ -1 \ \ \ 3 & 8 \ \ \ 13 & \\ \textbf{(A)} & & \end{array}$$

(b)
$$\begin{array}{c|cc} & 5 \ \ \ 2 & \textbf{(A)} \\ & -1 \ \ 3 & \\ \hline 1 \ \ -1 & 6 \ \ -1 & = \textbf{B·A} \ (\neq \textbf{A·B}) \\ 3 \ \ \ \ 4 & 11 \ \ 18 & \\ \textbf{(B)} & & \end{array}$$

Aus Beispiel 9.1.52 iii) ist erkennbar, dass das **Kommutativgesetz für Matrizenmultiplikation nicht gilt**:

Satz 9.1.53:   Für das Produkt zweier Matrizen gilt i.a.: $\boxed{\textbf{AB} \neq \textbf{BA}}$

Bemerkung 9.1.54:   *Es soll im folgenden in Matrizenprodukten stets stillschweigend vorausgesetzt werden, dass die Faktormatrizen der in Def. 9.1.47 angeführten **Verträglichkeitsbedingung** genügen.*

Eine weitere Besonderheit der Matrizenmultiplikation zeigt das nebenstehende Beispiel *(s. auch Bsp. 9.1.42 ii)*, so dass man folgern kann:

$$\begin{array}{c|cc} & 2 \ \ -3 & \textbf{(B)} \\ & -4 \ \ \ 6 & \\ \hline 8 \ \ 4 & 0 \ \ \ 0 & \\ \textbf{(A)} \quad 4 \ \ 2 & 0 \ \ \ 0 & \end{array}$$

Es gilt hier: **AB = 0,**
  aber: **A ≠ 0 ; B ≠ 0 !**

Satz 9.1.55:   Das Produkt zweier Matrizen kann eine Nullmatrix sein, ohne dass einer der Faktoren eine Nullmatrix ist.

(Für *reelle* Zahlen gilt dagegen bekanntlich: $a \cdot b = 0 \Leftrightarrow a = 0 \vee b = 0$ (Satz vom Nullprodukt).

Im folgenden sind die leicht verifizierbaren **Rechenregeln für die Matrizenmultiplikation** zusammengestellt. Beachten Sie, dass die Nullmatrizen **0** bzw. die Einheitsmatrizen **E** dabei eine ähnliche Rolle spielen, wie die Null und die Eins für die Multiplikation reeller Zahlen:

Unter der *Voraussetzung*, dass alle vorkommenden Summen und Produkte *definiert* sind, gilt:

Satz 9.1.56: (Rechenregeln für die Matrizenmultiplikation)

   i) a) $(AB)C = A(BC) = ABC$

       b) $k(AB) = (kA)B = A(kB)$ (Assoziativgesetze ($k \in \mathbb{R}$))

   ii) a) $A(B+C) = AB+AC$

       b) $(A+B)C = AC+BC$ (Distributivgesetze)

   iii) $AE = EA = A$ (Multiplikation mit den Einheitsmatrizen)

   iv) $A0 = 0A = 0$ (Multiplikation mit den Nullmatrizen)

   v) $(AB)^T = B^T A^T$

Bemerkung 9.1.57: *Wenn A quadratisch ist, so sind auch* **mehrfache Produkte** *$A \cdot A$, $A \cdot A \cdot A$,... erklärt, für die man die Schreibweise A^2, A^3,... vereinbart hat.*

Beispiel: *Sei $A = \begin{pmatrix} 0 & 1 \\ 1 & 2 \end{pmatrix}$. Mit Hilfe des Falk'schen Schemas erhält man sukzessive:*

	0 1	0 1	0 1	0 1
	1 2	1 2	1 2	1 2
0 1	1 2	2 5	5 12	12 29
1 2	2 5	5 12	12 29	29 70
A	A^2	A^3	A^4	A^5

$\cdots$

Eine wichtige **Anwendung der Matrizenmultiplikation** besteht in der Möglichkeit, mit ihrer Hilfe ein **lineares Gleichungssystem** in **kompakter Weise** darstellen zu können. Sei etwa das lineare Gleichungssystem

(9.1.58)
$$\begin{aligned} 2x + 3y - z &= -2 \\ x \qquad\; + 4z &= 14 \\ 5x - y - 3z &= 2 \end{aligned}$$ gegeben.

Wir fassen die Elemente dieses linearen Gleichungssystems in Vektoren bzw. Matrizen zusammen:

Vektor der Lösungsvariablen: $\vec{x} = \begin{pmatrix} x \\ y \\ z \end{pmatrix}$;   Vektor der rechten Seite: $\vec{b} = \begin{pmatrix} -2 \\ 14 \\ 2 \end{pmatrix}$;

3×3-Koeffizientenmatrix der linken Seite: $A = \begin{pmatrix} 2 & 3 & -1 \\ 1 & 0 & 4 \\ 5 & -1 & -3 \end{pmatrix}$

Damit lässt sich das lineare Gleichungssystem (9.1.58) wie folgt schreiben:

(9.1.59) $\begin{pmatrix} 2 & 3 & -1 \\ 1 & 0 & 4 \\ 5 & -1 & -3 \end{pmatrix} \cdot \begin{pmatrix} x \\ y \\ z \end{pmatrix} = \begin{pmatrix} -2 \\ 14 \\ 2 \end{pmatrix}$ oder kompakt: $\boxed{A\vec{x} = \vec{b}}$.

Dabei ergibt sich durch Matrizenmultiplikation auf der linken Seite ein 3×1-Vektor, der komponentenweise mit $\vec{b}$ übereinstimmt, also wiederum zu den drei Gleichungen des Systems (9.1.58) führt.

Wir können durch Ausführen der Matrizenmultiplikation (9.1.59) bestätigen, dass der Vektor x mit $\vec{x} = \begin{pmatrix} 2 & -1 & 3 \end{pmatrix}^T$ eine Lösung des Gleichungssystems (9.1.58) ist.

In analoger Weise gilt allgemein:

Das lineare Gleichungssystem

$$a_{11}x_1 + a_{12}x_2 + \dots + a_{1n}x_n = b_1$$
$$a_{21}x_1 + a_{22}x_2 + \dots + a_{2n}x_n = b_2$$

(9.1.60)

$$\vdots \qquad \vdots \qquad \dots \qquad \vdots \qquad \vdots$$

$$a_{m1}x_1 + a_{m2}x_2 + \dots + a_{mn}x_n = b_m$$

lässt sich als **Matrizengleichung** in der Form

(9.1.61) $\boxed{A\vec{x} = \vec{b}}$ schreiben, wenn wir vereinbaren:

$$A = \begin{pmatrix} a_{11} & a_{12} & \dots & a_{1n} \\ a_{21} & a_{22} & \dots & a_{2n} \\ \vdots & \vdots & \dots & \vdots \\ a_{m1} & a_{m2} & \dots & a_{mn} \end{pmatrix}; \qquad \vec{x} = \begin{pmatrix} x_1 \\ x_2 \\ \vdots \\ x_n \end{pmatrix}; \qquad \vec{b} = \begin{pmatrix} b_1 \\ b_2 \\ \vdots \\ b_m \end{pmatrix}.$$

| *Koeffizienten-* | *Variablen-* | *Vektor der* |
| *matrix* | *vektor* | *rechten Seite* |

---

*(Zur **Lösung** linearer Gleichungssysteme siehe Kap. 9.2.)*

Aufgabe 9.1.62: Welche Relationen bestehen zwischen den folgenden Matrizen?

$$A = \begin{pmatrix} 1 & 2 & 7 \\ 2 & 0 & 3 \\ 3 & 7 & 1 \end{pmatrix}; \qquad B = \begin{pmatrix} 1 & 2 & 3 \\ 2 & 0 & 7 \\ 7 & 3 & 1 \end{pmatrix}; \qquad C = \begin{pmatrix} 1 & 2 & 7 \\ 2 & 1 & 8 \\ 13 & 7 & 1 \end{pmatrix}.$$

Aufgabe 9.1.63: Gegeben sind die Matrizen

$$A = \begin{pmatrix} 2 & 0 & 1 \\ 3 & -1 & 1 \\ 2 & 1 & 0 \end{pmatrix}; \qquad B = \begin{pmatrix} -1 & 3 & 2 \\ 4 & 1 & 5 \end{pmatrix}; \qquad C = \begin{pmatrix} 0 & 1 \\ 1 & 0 \\ 2 & 2 \end{pmatrix}; \qquad D = \begin{pmatrix} 2 & -1 \\ 1 & 0 \end{pmatrix}.$$

Ermitteln Sie folgende Matrizen (sofern sie existieren):

i)   **AB**   ii) $\mathbf{A^T B}$ iii)   **BA**   iv) $3\mathbf{BC} + 2\mathbf{D}^2$

v)   **DC**   vi)   **CD**   vii) $6(\mathbf{CB})^T - 2\mathbf{B}^T \cdot 3\mathbf{C}^T$

viii)   **CBA**   ix) $(\mathbf{B} + \mathbf{C}^T) \cdot (\mathbf{B}^T + \mathbf{C})$

x) $(\mathbf{CB} + \mathbf{A})^2$ xi) $(\mathbf{CB})^2 + 2\mathbf{CBA} + \mathbf{A}^2$.

Aufgabe 9.1.64: Bilden Sie die angegebenen Produkte und überprüfen Sie, inwieweit die Ergebnisse mit den bekannten Rechenregeln für reelle Zahlen vereinbar sind:

$$A = \begin{pmatrix} 1 & 0 & 0 \\ 0 & 1 & 0 \\ 4 & 0 & 0 \end{pmatrix}; \quad B = \begin{pmatrix} 2 & 6 \\ -1 & -3 \end{pmatrix}; \quad C = \begin{pmatrix} 3 & 6 \\ -1 & -2 \end{pmatrix}; \quad D = \begin{pmatrix} 7 & 3 \\ -16 & -7 \end{pmatrix};$$

$$F = \begin{pmatrix} 2 & 1 \\ -4 & -2 \end{pmatrix}; \quad G = \begin{pmatrix} 3 & 3 \\ 3 & 3 \end{pmatrix}; \quad H = \begin{pmatrix} 2 & 4 \\ 0 & 8 \end{pmatrix}; \quad K = \begin{pmatrix} 0 & 6 \\ 2 & 6 \end{pmatrix}:$$

i) BC **ii)** A^2 **iii)** D^2 **iv)** F^2 **v)** GH und GK .

Aufgabe 9.1.65: Gegeben sei das lineare Gleichungssystem $A\vec{x} = \vec{b}$ mit

$$A = \begin{pmatrix} 2 & 3 & -5 & 1 & 4 \\ 0 & -1 & 3 & -4 & 2 \\ -5 & 0 & 1 & 2 & 1 \end{pmatrix}; \quad \vec{b} = \begin{pmatrix} b_1 \\ b_2 \\ b_3 \end{pmatrix}.$$

Wie lautet der Vektor $\vec{b}$ der rechten Seite, wenn ein Lösungsvektor $\vec{x} = \begin{pmatrix} x_1 & x_2 & x_3 & x_4 & x_5 \end{pmatrix}^T = \begin{pmatrix} 1 & 0 & -2 & 1 & 3 \end{pmatrix}^T$ vorgegeben ist?

Aufgabe 9.1.66: Eine 3-Produkt-Unternehmung kann pro Woche maximal 100 ME des Produktes P_1 oder aber max. 250 ME des Produktes P_2 oder aber max. 400 ME des Produktes P_3 herstellen (die entsprechenden Produktionsvektoren lauten also: $\begin{pmatrix} 100 ; 0 ; 0 \end{pmatrix}^T ; \begin{pmatrix} 0 ; 250 ; 0 \end{pmatrix}^T ; \begin{pmatrix} 0 ; 0 ; 400 \end{pmatrix}^T$). Daneben sind auch beliebige konvexe Linearkombinationen dieser Produktionsvektoren herstellbar.

i) Geben Sie einen allgemeinen mathematischen Ausdruck an für sämtliche Produktionskombinationen, die die wöchentliche Kapazität der Unternehmung voll auslasten.

ii) Geben Sie drei mögliche Produktkombinationen mit je drei Produkten an.

Aufgabe 9.1.67: Ein Betrieb montiert aus fünf Einzelteilen $T_1,...,T_5$ vier Baugruppen $B_1,...,B_4$ und fertigt aus den Baugruppen Enderzeugnisse E_1, E_2, E_3. Die beiden folgenden Tabellen zeigen, wie viele Einzelteile für die Montage einer Baugruppe und wie viele Baugruppen für die Fertigung eines Endproduktes benötigt werden:

	B_1	B_2	B_3	B_4
T_1	2	1	3	4
T_2	2	0	5	3
T_3	6	3	4	2
T_4	3	4	0	1
T_5	1	1	1	9

	E_1	E_2	E_3
B_1	3	6	2
B_2	4	1	6
B_3	0	4	5
B_4	8	0	0

i) Der Betrieb soll vom ersten Endprodukt (E_1) 400, von E_2 500 und von E_3 300 Stück liefern. Fassen Sie diese Mengen im Produktionsvektor $\vec{p}$ zusammen.
Wie lässt sich mit Hilfe der Matrizenrechnung der Vektor $\vec{b} = \begin{pmatrix} b_1 & b_2 & b_3 & b_4 \end{pmatrix}^T$ bestimmen, der angibt, wie hoch der Gesamtbedarf der einzelnen Baugruppen im vorliegenden Fall ist?

ii) Gesucht ist der Bedarfsvektor $\vec{x} = \begin{pmatrix} x_1 & x_2 & x_3 & x_4 & x_5 \end{pmatrix}^T$, der für den vorgegebenen Produktionsvektor $\vec{p}$ den Gesamtbedarf an Einzelteilen angibt. Bestimmen Sie $\vec{x}$

    a) mit Hilfe des zuvor ermittelten Baugruppenvektors $\vec{b}$;

    b) direkt mit Hilfe einer noch zu ermittelnden Matrix C, deren Elemente c_{ik} angeben, wie viele Einzelteile der Art T_i in eine Einheit des Enderzeugnisses E_k eingehen.

*iii) Ermitteln Sie den Produktionsvektor $\vec{p}$, wenn der Bedarfsvektor $\vec{x}$ ($\hat{=}$ Vorrat an Einzelteilen) wie folgt gegeben ist: $\vec{x} = \begin{pmatrix} 20.100 & 18.000 & 29.300 & 18.100 & 27.400 \end{pmatrix}^T$.

9.1.4   Die inverse Matrix

Für Matrizen ist eine Division nicht erklärt. Eine Matrizengleichung des Typs $A \cdot X = B$ lässt sich also nicht (wie im Bereich der reellen Zahlen etwa die Gleichung ax = b) ohne weiteres nach X „auflösen".

Nun kann man allerdings auch beim gewöhnlichen Rechnen mit reellen Zahlen die Division umgehen, indem man etwa die Gleichung ax = b mit dem zu a ($\neq 0$) inversen Element a^{-1} ($:= \frac{1}{a}$) **multipliziert**. Es folgt dann unmittelbar wegen $a^{-1} \cdot a = 1 : x = a^{-1} \cdot b = \frac{b}{a}$.

Ganz analog führt man für Matrizen eine „**inverse Matrix**" bzgl. der Multiplikation ein:

Def. 9.1.68:   (inverse Matrix)

Es sei A eine quadratische Matrix. Gibt es dann eine (ebenfalls quadratische) Matrix B, für die gilt: $AB = BA = E$, so nennt man B die **inverse Matrix** zu A (kurz: **Inverse**) und schreibt dafür A^{-1}. Wenn zu A die Inverse A^{-1} existiert, so heißt A **regulär**, andernfalls **singulär**. Für eine reguläre Matrix A gilt also:

$$A \cdot A^{-1} = A^{-1} \cdot A = E$$

Für nichtquadratische Matrizen ist keine Inverse erklärt.

Beispiel 9.1.69:   Die Matrix $\begin{pmatrix} -2 & 1 \\ 1,5 & -0,5 \end{pmatrix}$ ist invers zur Matrix $\begin{pmatrix} 1 & 2 \\ 3 & 4 \end{pmatrix}$, wie aus den Falk'schen Schemata hervorgeht:

$$
\begin{array}{cc|cc}
 & & 1 & 2 \\
 & & 3 & 4 \\
\hline
-2 & 1 & 1 & 0 \\
1,5 & -0,5 & 0 & 1
\end{array} = E
\qquad
\begin{array}{cc|cc}
 & & -2 & 1 \\
 & & 1,5 & -0,5 \\
\hline
1 & 2 & 1 & 0 \\
3 & 4 & 0 & 1
\end{array} = E
$$

Beispiel 9.1.70:

Nicht jede quadratische Matrix besitzt eine Inverse!

Sei etwa $A = \begin{pmatrix} 1 & 0 \\ 1 & 0 \end{pmatrix}$ gegeben. Dann ergibt sich damit wegen $A \cdot A^{-1} = E$ aus dem Falk'schen Schema, dass die Elemente a, b, c, d der gesuchten Inversen A^{-1} mit $A^{-1} = \begin{pmatrix} a & c \\ b & d \end{pmatrix}$ folgenden Bedingungen genügen müssen:

$$
\begin{array}{ll}
a+0 = 1 \quad \text{d.h.} \quad a = 1 \\
a+0 = 0 \quad \wedge \; a = 0
\end{array}
\text{sowie}
\begin{array}{ll}
c+0 = 0 \quad \text{d.h.} \quad c = 0 \\
c+0 = 1 \quad \wedge \; c = 1
\end{array}
$$

$$
\begin{array}{cc|cc}
 & & a & c \\
 & & b & d \\
\hline
1 & 0 & 1 & 0 \\
1 & 0 & 0 & 1
\end{array}
\begin{array}{l} (A^{-1}) \\ \\ (E) \end{array}
$$

Widerspruch! Also existiert A^{-1} nicht, A ist singulär.   (A)   (E)

Bemerkung 9.1.71:

*Besitzt A eine Inverse A^{-1}, so ist diese **Inverse eindeutig bestimmt!***

Denn sei etwa A^{*-1} eine zweite Inverse von A (d.h. $A^{*-1}A = A A^{*-1} = E$), so folgt:

$$A^{*-1} = A^{*-1} \cdot E = A^{*-1}(A \cdot A^{-1}) = (A^{*-1} \cdot A) \cdot A^{-1} = E \cdot A^{-1} = A^{-1}.$$

*Es gibt daher – wenn überhaupt – **genau eine Inverse A^{-1} zu A**.*

Für das Rechnen mit der Inversen gelten folgende Rechenregeln:

Satz 9.1.72: Seien **A**, **B** reguläre Matrizen gleichen Typs. Dann gilt:

i) $(A^{-1})^{-1} = A$ *(Die Inverse der Inversen ist wieder die Ausgangsmatrix)*

ii) $(A^{-1})^T = (A^T)^{-1}$ *(Transponieren und Invertieren sind vertauschbare Operationen)*

iii) $(AB)^{-1} = B^{-1} A^{-1}$ *(Die Inverse eines Produktes ist gleich dem Produkt der Inversen, mit vertauschter Faktor-Reihenfolge)*

iv) $(c\,A)^{-1} = \dfrac{1}{c} \cdot A^{-1}$ $(c \in \mathbb{R} \setminus \{0\})$

Bemerkung 9.1.73:

Zur Demonstration des formalen Rechnens mit Matrizen werden die Regeln i) und iii) bewiesen:

zu i): *Sei* $(A^{-1})^{-1} = X \Rightarrow A^{-1}(A^{-1})^{-1} = A^{-1} \cdot X$
d.h. $A^{-1} \cdot X = E \Rightarrow A E = A A^{-1} \cdot X$ *d.h.* $A = X$.

zu iii) *Es gilt (Assoziativgesetz):*
$(AB)(B^{-1}A^{-1}) = A(BB^{-1})A^{-1} = A \cdot E \cdot A^{-1} = A A^{-1} = E$,
also sind AB *und* $B^{-1}A^{-1}$ *invers, m.a.W.* $(AB)^{-1} = B^{-1}A^{-1}$.

Die Kenntnis der Inversen A^{-1} zu einer gegebenen Matrix **A** gestattet die formale Umformung bzw. Auflösung von Matrizengleichungen bzw. linearen Gleichungssystemen.

Beispiel 9.1.74: Gegeben sei die Matrizengleichung $AX - B = cX$, $c \in \mathbb{R}$. Unter der Voraussetzung, dass Produkte und Inverse existieren, können wir die Gleichung wie folgt nach **X** umstellen:

$$AX - cX = B \iff AX - c \cdot EX = B \iff (A - cE)X = B \iff X = (A - cE)^{-1} \cdot B.$$

Vorteilhaft ist die Kenntnis der **Inversen der Koeffizientenmatrix A** eines linearen n×n-**Gleichungssystems** $A\vec{x} = \vec{b}$. Multiplikation der Gleichung von links mit A^{-1} liefert den gesuchten **Lösungsvektor** $\vec{x}$ (die „Lösung" des linearen Gleichungssystems $A\vec{x} = \vec{b}$): $A^{-1} \cdot A\vec{x} = A^{-1} \cdot \vec{b}$, d.h.

(9.1.75) $\qquad A\vec{x} = \vec{b} \iff \boxed{\vec{x} = A^{-1} \cdot \vec{b}}$ *(sofern A^{-1} existiert)*.

Kennen wir daher die Inverse A^{-1} der Koeffizientenmatrix **A**, so benötigen wir zur Lösung des zugehörigen linearen Gleichungssystems $A\vec{x} = \vec{b}$ lediglich noch die Multiplikation von A^{-1} mit dem Vektor $\vec{b}$ der rechten Seite.

Beispiel 9.1.76: Aus Beispiel 9.1.69 ist bekannt, dass die Matrizen

$$A = \begin{pmatrix} -2 & 1 \\ 1{,}5 & -0{,}5 \end{pmatrix} \quad \text{und} \quad A^{-1} = \begin{pmatrix} 1 & 2 \\ 3 & 4 \end{pmatrix}$$

zueinander invers sind. Daher erhalten wir wegen (9.1.75) als Lösung z.B. des Gleichungssystems

$$\begin{array}{rcr} -2x_1 + x_2 &=& 5 \\ 1{,}5x_1 - 0{,}5x_2 &=& -7 \end{array} \qquad \text{den Lösungsvektor:} \quad \vec{x} = A^{-1} \cdot \vec{b} = \begin{pmatrix} 1 & 2 \\ 3 & 4 \end{pmatrix} \begin{pmatrix} 5 \\ -7 \end{pmatrix} = \begin{pmatrix} -9 \\ -13 \end{pmatrix}.$$

Das Hauptproblem bei der Lösung linearer Gleichungssysteme $A\vec{x} = \vec{b}$ scheint auf den ersten Blick darin zu liegen, die Inverse A^{-1} der zugehörigen Koeffizientenmatrix A zu ermitteln.

Nun gibt es aber einerseits die nicht-quadratischen linearen Gleichungssysteme, deren Koeffizientenmatrix definitionsgemäß nicht invertierbar ist. Darüber hinaus führt die „matrizentechnische" Lösungsmethode allein schon deshalb nicht in einfacher Weise zum Ziel, weil der Rechenaufwand zur Ermittlung der Inversen A^{-1} i.a. wesentlich höher ist, als die Ermittlung des gesuchten Lösungsvektors mit einer direkten Methode *(siehe Kap. 9.2)*.

Ein Beispiel soll diesen Sachverhalt verdeutlichen:

Beispiel 9.1.77:   (Ermittlung der Inversen)

Zur regulären Matrix $A = \begin{pmatrix} 2 & -1 & 1 \\ 8 & -5 & 2 \\ -11 & 7 & -3 \end{pmatrix}$ ist die Inverse $A^{-1} := \begin{pmatrix} x_1 & y_1 & z_1 \\ x_2 & y_2 & z_2 \\ x_3 & y_3 & z_3 \end{pmatrix}$ gesucht.

Wegen $AA^{-1} = E$ folgt aus dem Falk'schen Schema (Abb. 9.1.78), dass die Koeffizienten der gesuchten Inversen den folgenden drei linearen Gleichungssystemen genügen müssen:

$$2x_1 - x_2 + x_3 = 1$$
$$8x_1 - 5x_2 + 2x_3 = 0$$
$$-11x_1 + 7x_2 - 3x_3 = 0$$

			x_1	y_1	z_1	
			x_2	y_2	z_2	A^{-1}
			x_3	y_3	z_3	
	2	-1	1	1	0	0
A	8	-5	2	0	1	0	E
	-11	7	-3	0	0	1	

Abb. 9.1.78

$$2y_1 - y_2 + y_3 = 0$$
$$8y_1 - 5y_2 + 2y_3 = 1$$
$$-11y_1 + 7y_2 - 3y_3 = 0$$

$$2z_1 - z_2 + z_3 = 0$$
$$8z_1 - 5z_2 + 2z_3 = 0$$
$$-11z_1 + 7z_2 - 3z_3 = 1$$

Die Lösungen dieser drei Systeme liefern schließlich: $A^{-1} = \begin{pmatrix} 1 & 4 & 3 \\ 2 & 5 & 4 \\ 1 & -3 & -2 \end{pmatrix}$.

Beispiel 9.1.77 zeigt:

Um *ein* lineares 3×3-Gleichungssystem $A\vec{x} = \vec{b}$ mit der „Lösungsformel" $\vec{x} = A^{-1} \cdot \vec{b}$ lösen zu können, müssen wir zuvor *drei* vergleichbare lineare Gleichungssysteme lösen! Daher liegt es nahe, zur **Lösung linearer Gleichungssysteme wirksamere Methoden** zu verwenden (s. Kap. 9.2), es sei denn, wir können die einmal ermittelte Inverse A^{-1} für verschiedene rechte Seiten mehrfach benutzen. *(Die Ermittlung der Inversen wird in Kap. 9.2.5 nach Behandlung der linearen Gleichungssysteme noch einmal aufgegriffen.)*

9.1.5   Ökonomisches Anwendungsbeispiel   (Input-Output-Analyse)

Eine **sektoral verflochtene Unternehmung** (z.B. eine Volkswirtschaft) bestehe aus **n verschiedenen** produzierenden **Abteilungen (Sektoren)**. Die Produktionsmenge x_i ($i = 1,2,...,n$) des i-ten Sektors wird zum Teil für die eigene Produktion selbst verbraucht, zum Teil an die übrigen Sektoren geliefert („endogener Input"), der verbleibende Rest steht für die Endnachfrage (z.B. Verkauf) zur Verfügung. Zusätzlich werden − unabhängig vom endogenen Input − m verschiedene Rohstoffe (Inputmengen pro Einheit des i-ten Produktes: $r_{1i}, r_{2i}, ..., r_{mi}$) für die Produktion benötigt („exogener Input").

Die folgenden Tabellen (Matrizen) geben die jeweils benötigten Inputmengen pro produzierter Outputeinheit an „Produktionskoeffizienten").

a) Endogener Input (Abb. 9.1.79)

Der **Produktionskoeffizient** a_{ik} gibt an, wieviele Einheiten des i-ten Produktes an den Sektor k zur Produktion **einer** Einheit des k-ten Produktes geliefert werden müssen. Der **i- te Sektor liefert** daher die **folgenden endogenen Inputmengen:**

$a_{i1} \cdot x_1$ an Sektor 1 ;

$a_{i2} \cdot x_2$ an Sektor 2 ; ... ;

$a_{in} \cdot x_n$ an Sektor n, d.h. **insgesamt**

$$(9.1.80) \quad a_{i1}x_1 + a_{i2}x_2 + \ldots + a_{in}x_n = \sum_{k=1}^{n} a_{ik}x_k = \vec{a}_i^T \cdot \vec{x}_i$$

($\vec{a}_i^T$ = i-te Zeile von **A**, $\vec{x}$: Produktionsvektor)

Abb. 9.1.79	empfangender Sektor		
	1 ... k ... n		
lie- 1	a_{11} ... a_{1k} ... a_{1n}		
fern- :	... ...		
der i	a_{i1} ... $\boxed{a_{ik}}$ ... a_{in}		
Sek- :	... ...		
tor n	a_{n1} ... a_{nk} ... a_{nn}		

Matrix A der Produktionskoeffizienten: **Produktionsmatrix**

b) Exogener Input (Abb. 9.1.81)

Der **Rohstoffverbrauchskoeffizient** r_{jk} gibt an, wieviele Einheiten des j-ten Rohstoffs für **eine** Outputeinheit des k-ten Produktes benötigt werden. Vom **j-ten Rohstoff** werden somit **insgesamt** benötigt (j = 1, 2, ..., m):

$$(9.1.82) \quad r_j = r_{j1}x_1 + r_{j2}x_2 + \ldots + r_{jn}x_n = \sum_{k=1}^{n} r_{jk} x_k .$$

Bezeichnet man die periodenbezogene tatsächliche **Gesamtproduktion aller Abteilungen** mit dem **Produktionsvektor**

$$(9.1.83) \qquad \vec{x} := \begin{pmatrix} x_1 & x_2 & \ldots & x_n \end{pmatrix}^T ,$$

die **Endnachfrage** nach den n Gütern mit dem **Nachfragevektor**

$$(9.1.84) \qquad \vec{y} := \begin{pmatrix} y_1 & y_2 & \ldots & y_n \end{pmatrix}^T$$

und den exogenen **Gesamtrohstoffverbrauch** mit dem **Rohstoffvektor** (siehe (9.1.82))

$$(9.1.85) \qquad \vec{r} := \begin{pmatrix} r_1 & r_2 & \ldots & r_m \end{pmatrix}^T ,$$

so lassen sich die beiden folgenden **Beziehungen** konstruieren:

Abb. 9.1.81	empfangender Sektor		
	1 ... k ... n		
1	r_{11} ... r_{1k} ... r_{1n}		
Roh- :	... ...		
stoff- j	r_{j1} ... $\boxed{r_{jk}}$ ... r_{jn}		
typ :	... ...		
m	r_{m1} ... r_{mk} ... r_{mn}		

Matrix R der Rohstoffverbrauchskoeffizienten: **Rohstoffmatrix**

1) Die **Gesamtproduktion** x_i des **i-ten Sektors** setzt sich zusammen aus den **abgelieferten endogenen Inputs** (9.1.80) und der **Endnachfrage** y_i, d.h.

$$x_i = \sum_{k=1}^{n} a_{ik} x_k + y_i ; \qquad i = 1,2,\ldots,n ,$$

in Matrizenschreibweise simultan für alle Sektoren:

$$(9.1.86) \qquad \boxed{\vec{x} = A\vec{x} + \vec{y}} .$$

2) Aus (9.1.82) folgt für den **Gesamtrohstoffverbrauch** aller Sektoren

$$(9.1.87) \qquad \boxed{\vec{r} = R\vec{x}} .$$

Sowohl die Produktionsmatrix **A** als auch die Rohstoffmatrix **R** seien im Zeitraum konstant. Dann lassen sich die folgenden Problemstellungen untersuchen:

i)   Die **Produktion** $\vec{x}$ sei fest **vorgegeben**. Dann ergibt sich aus (9.1.86) als **Endverbrauch** $\vec{y}$:

(9.1.88) $$\vec{y} = \vec{x} - A\vec{x} = E\vec{x} - A\vec{x} = (E - A)\vec{x}$$.

Der entsprechende Rohstoffverbrauch ergibt sich direkt aus (9.1.87): $\vec{r} = R\vec{x}$.

ii) Eine **vorgegebene Endnachfrage** $\vec{y}$ (z.B. Konsum) soll befriedigt werden. Aus (9.1.88) folgt durch Multiplikation von links mit der Inversen zu **E−A** für die **erforderliche Gesamtproduktion** $\vec{x}$:

(9.1.89) $$\vec{x} = (E - A)^{-1} \cdot \vec{y}$$.

Wir erkennen: Nur dann ist jede vorgegebene Nachfrage $\vec{y}$ zu befriedigen, wenn die Matrix **E−A** („**Technologiematrix**") regulär (d.h. invertierbar) ist und die Inverse[2] $(E-A)^{-1}$ nicht negativ ist, d.h. $(E-A)^{-1} \geq 0$. Für den entsprechenden Rohstoffverbrauch folgt durch Einsetzen in (9.1.87)

(9.1.90) $$\vec{r} = R(E - A)^{-1} \cdot \vec{y}$$.

iii) Sind die vorhandenen Rohstoffmengen $\vec{r}$ vorgegeben, so lässt sich die mögliche Produktion $\vec{x}$ und daraus der resultierende Endverbrauch $\vec{y}$ ermitteln, sofern die Rohstoffmatrix regulär ist. Aus (9.1.87) folgt

(9.1.91) $$\vec{x} = R^{-1} \cdot \vec{r}$$ und daraus mit (9.1.88)

(9.1.92) $$\vec{y} = (E - A) \cdot R^{-1} \cdot \vec{r}$$.

Beispiel 9.1.93:

Eine Unternehmung bestehe aus drei produzierenden Abteilungen. Die gesamten innerbetrieblichen Lieferungen, Lieferungen an den Endverbrauch sowie die tatsächlichen Rohstoffverbrauchszahlen sind − bezogen auf einen Berichtszeitraum − der folgenden tabellarischen Übersicht zu entnehmen (Angaben jeweils in ME):

	empfangende Abteilung			Endnach-frage
Abt.	1	2	3	
1	2	4	12	2
2	6	8	6	20
3	8	4	18	30
Roh-stoff	1	2	3	
1	20	15	30	
2	20	20	60	
3	50	40	30	

Daraus ergibt sich der Gesamtproduktions-vektor $\vec{x} = \begin{pmatrix} 20 & 40 & 60 \end{pmatrix}^T$.

Bezieht man jeden Input auf den zugehörigen Output, so erhält man die Matrix **A** der Produktionskoeffizienten sowie die Matrix **R** der Rohstoffverbrauchskoeffizienten:

$$A = \begin{pmatrix} 0{,}1 & 0{,}1 & 0{,}2 \\ 0{,}3 & 0{,}2 & 0{,}1 \\ 0{,}4 & 0{,}1 & 0{,}3 \end{pmatrix}; \quad R = \begin{pmatrix} 1 & 0{,}375 & 0{,}5 \\ 1 & 0{,}5 & 1 \\ 2{,}5 & 1 & 0{,}5 \end{pmatrix}$$

---

[2] $(E-A)^{-1}$ heißt auch „Leontief-Inverse" (nach Wassily Leontief, 1906-1999, Nobelpreisträger 1973 für Wirtschaft)

i) Der neue **Produktionsplan** wird **vorgegeben** mit $\vec{x} = \begin{pmatrix} 160 & 100 & 200 \end{pmatrix}^T$. Dann lautet der mögliche **Endverbrauch** $\vec{y}$ nach (9.1.88):

$$\vec{y} = (E-A)\cdot\vec{x} = \begin{pmatrix} 0,9 & -0,1 & -0,2 \\ -0,3 & 0,8 & -0,1 \\ -0,4 & -0,1 & 0,7 \end{pmatrix} \begin{pmatrix} 160 \\ 100 \\ 200 \end{pmatrix} = \begin{pmatrix} 94 \\ 12 \\ 66 \end{pmatrix}$$

Der exogene Rohstoffverbrauch $\vec{r}$ ergibt sich zu

$$\vec{r} = R\cdot\vec{x} = \begin{pmatrix} 1 & 0,375 & 0,5 \\ 1 & 0,5 & 1 \\ 2,5 & 1 & 0,5 \end{pmatrix} \begin{pmatrix} 160 \\ 100 \\ 200 \end{pmatrix} = \begin{pmatrix} 297,5 \\ 410 \\ 600 \end{pmatrix}$$

ii) Abweichend von i) soll der **Endverbrauch** $\vec{y}$ für die drei Güter das **Niveau** $\vec{y} = \begin{pmatrix} 200 & 300 & 500 \end{pmatrix}^T$ aufweisen. Die dazu notwendige Produktion $\vec{x}$ lautet nach (9.1.89): $\vec{x} = (E-A)^{-1}\cdot\vec{y}$.

*(**Bemerkung:** Im Vorgriff auf die Ergebnisse des Kap. 9.2.5 sind die benötigten Inversen bereits ermittelt worden.)*

Es folgt:
$$\vec{x} = \begin{pmatrix} 1,375 & 0,225 & 0,425 \\ 0,625 & 1,375 & 0,375 \\ 0,875 & 0,325 & 1,725 \end{pmatrix} \begin{pmatrix} 200 \\ 300 \\ 500 \end{pmatrix} = \begin{pmatrix} 555 \\ 725 \\ 1135 \end{pmatrix}$$

Der dazu erforderliche exogene **Rohstoffinput** $\vec{r}$ ergibt sich nach (9.1.87) zu

$$\vec{r} = R\cdot\vec{x} = \begin{pmatrix} 1 & 0,375 & 0,5 \\ 1 & 0,5 & 1 \\ 2,5 & 1 & 0,5 \end{pmatrix} \begin{pmatrix} 555 \\ 725 \\ 1135 \end{pmatrix} = \begin{pmatrix} 1394,375 \\ 2052,500 \\ 2680,000 \end{pmatrix}$$

iii) Abweichend von i), ii) seien die einsetzbaren **Rohstoffinputs** mit $\vec{r} = \begin{pmatrix} 10.000 & 15.000 & 19.000 \end{pmatrix}^T$ **vorgegeben**. Dann lässt sich nach (9.1.91) folgende **Produktion** $\vec{x}$ realisieren:

$$\vec{x} = R^{-1}\cdot\vec{r} = \begin{pmatrix} 6 & -2,5 & -1 \\ -16 & 6 & 4 \\ 2 & 0,5 & -1 \end{pmatrix} \begin{pmatrix} 10.000 \\ 15.000 \\ 19.000 \end{pmatrix} = \begin{pmatrix} 3.500 \\ 6.000 \\ 8.500 \end{pmatrix}$$

Damit ist folgender **Endverbrauch** $\vec{y}$ möglich (siehe (9.1.88))

$$\vec{y} = (E-A)\cdot\vec{x} = \begin{pmatrix} 0,9 & -0,1 & -0,2 \\ -0,3 & 0,8 & -0,1 \\ -0,4 & -0,1 & 0,7 \end{pmatrix} \begin{pmatrix} 3.500 \\ 6.000 \\ 8.500 \end{pmatrix} = \begin{pmatrix} 850 \\ 2.900 \\ 3.950 \end{pmatrix}$$

Bemerkung 9.1.94:   *Wir überzeugen uns durch Variation der Vorgabedaten von Bsp. 9.1.93 davon, dass*

a) *auch bei unbegrenzten Rohstoffvorräten nicht jede Produktion möglich ist!*
   So führt beispielsweise die Planproduktion $\vec{x} = (4.500 \quad 2.000 \quad 9.500)^T$ auf den Endverbrauch $\vec{y} = (1.950 \quad -700 \quad 4.650)^T$: Die Endverbrauchsmenge y_2 des zweiten Gutes ist negativ, was darauf schließen lässt, dass Abteilung 2 mehr endogene Inputs liefern muss, als sie insgesamt selbst produziert.

b) *nicht zu jeder Rohstoffverbrauchsvorgabe eine Produktion möglich ist! So führt z.B. die Rohstoffvorgabe $\vec{r} = (1.000 \quad 2.000 \quad 3.000)^T$ auf den Produktionsvektor $\vec{x} = (-2.000 \quad 8.000 \quad 0)^T$ und daher auf ein ökonomisch unsinniges Ergebnis.*

In der Theorie über die Input-Output-Analyse werden Bedingungen diskutiert, bei deren Vorliegen eine verflochtene Unternehmung (insbesondere eine sektoral gegliederte Volkswirtschaft) i) jede Nachfrage befriedigen kann   ii) jede beliebige Produktion realisieren kann   iii) zu jeder Rohstoffvorgabe zulässige Produktionen realisieren kann   (siehe z.B. [59]).

Aufgabe 9.1.95:

i) Ermitteln Sie (sofern sie existieren) die Inversen folgender Matrizen (siehe Bsp. 9.1.77):

$$A = \begin{pmatrix} 2 & 0 \\ 3 & 1 \end{pmatrix}; \qquad B = \begin{pmatrix} 1 & -3 \\ -2 & 6 \end{pmatrix}; \qquad C = \begin{pmatrix} 2 & 1 & 0 \\ 1 & 1 & 0 \\ 0 & 0 & 1 \end{pmatrix};$$

$$D = \begin{pmatrix} 1 & 2 & -1 \\ 0 & 1 & 3 \\ 0 & 0 & 2 \end{pmatrix}; \qquad F = \begin{pmatrix} 2 & 0 & 0 \\ -1 & 1 & 0 \\ 3 & 2 & 1 \end{pmatrix}.$$

ii) Lösen Sie die Matrizengleichung $AX + X = BX + C$ nach X auf.
   (Sämtliche vorkommenden Matrizen seien regulär und vom gleichen Typ.)

Aufgabe 9.1.96:

Ein zweistufiger Produktionsprozess werde durch die folgenden Tabellen der Produktionskoeffizienten beschrieben:

		Zwischenprodukte		
		Z_1	Z_2	Z_3
Roh-	R_1	2	1	2
stoffe	R_2	1	3	1

		Endprodukte	
		E_1	E_2
Zwischen-	Z_1	2	1
produkte	Z_2	1	2
	Z_3	0	2

Ermitteln Sie die Endproduktmengen (Produktionsvektor $\vec{x} = (x_1;x_2)^T$), wenn die zur Verfügung stehenden Rohstoffmengen r_1, r_2 durch den Vektor $\vec{r}^T = (r_1;r_2) = (3.000 ; 3.200)$ gegeben sind und voll für die Produktion eingesetzt werden

Aufgabe 9.1.97:

Eine Volkswirtschaft bestehe aus zwei Sektoren, jeder Sektor stellt nur ein Produkt her. Die Lieferungen der Sektoren untereinander und an die (exogene) Endnachfrage gehen aus der nebenstehenden Tabelle hervor:

	Lieferung an Sektor		Endver- brauch
Sektor	1	2	
1	20	15	5
2	8	12	40

i) Ermitteln Sie die Produktionskoeffizientenmatrix.

ii) Welche Gütermengen müssen die Sektoren produzieren, um eine Endnachfrage $\vec{y} = (140;84)^T$ befriedigen zu können?

iii) Welcher Endverbrauch ist möglich, wenn 100 Einheiten von Sektor 1 und 120 Einheiten von Sektor 2 produziert werden?

9.2. Lineare Gleichungssysteme (LGS)

9.2.1 Grundbegriffe

Bereits im Zusammenhang mit der Inversion einer quadratischen Matrix A (s. Bsp. 9.1.77) waren lineare Gleichungssysteme aufgetreten, deren Lösungen die Inverse A^{-1} lieferten. Neben ihrer fundamentalen Rolle für die **Lineare Optimierung** (s. Kap. 10) sind lineare Gleichungssysteme auch für **unmittelbare ökonomische Problemlösungen** von Bedeutung, so z.B. für Fragen der Materialverflechtung, der innerbetrieblichen Leistungsverrechnung, Input-Output-Analyse, Break-Even-Analyse u.v.a.m. Elementare Typen von Linearen Gleichungssystemen hatten wir – im Vorgriff auf dieses Kapitel – bereits im Brückenkurs Thema BK 6.10 behandelt.

Unter einer **linearen Gleichung** in den n Variablen $x_1, ..., x_n$ versteht man eine Gleichung des Typs (mit $a_{ik} \in \mathbb{R}$)

$$a_{11}x_1 + a_{12}x_2 + ... + a_{1n}x_n = b_1 \qquad (z.B. \quad 3x_1 - 4x_2 + ... + 8x_9 = 47 \ ).$$

Wie wir bereits in BK 6.10 festgestellt haben, bezeichnet man ein System von m derartigen Gleichungen, die untereinander mit „und" ($\wedge$) verknüpft sind, als **lineares Gleichungssystem** (LGS):

Def. 9.2.1: **(Lineares Gleichungssystem (LGS))**

Die Gesamtheit von m *(mit $\wedge$ verknüpften)* linearen Gleichungen

(9.2.2)
$$\begin{matrix} & a_{11}x_1 + a_{12}x_2 + ... + a_{1n}x_n = b_1 \\ \wedge & a_{21}x_1 + a_{22}x_2 + ... + a_{2n}x_n = b_2 \\ \vdots & \quad \vdots \qquad \vdots \qquad \qquad \vdots \qquad \quad \vdots \\ \wedge & a_{m1}x_1 + a_{m2}x_2 + ... + a_{mn}x_n = b_m \end{matrix}$$

heißt **lineares Gleichungssystem** mit m Gleichungen und n Variablen $x_1, ..., x_n$.

Die $m \cdot n$ Koeffizienten a_{ik} der linken Seite sowie die m Werte b_i der rechten Seite sind konstante reelle Zahlen. Sind **alle** rechten Seiten Null (d.h. $b_i = 0$), so heißt das System **homogen**, andernfalls **inhomogen**.

Bemerkung 9.2.3:

i) *Da Missverständnisse nicht zu befürchten sind, lässt man das logische „und" ($\wedge$) zwischen je zwei Gleichungen eines LGS stillschweigend weg.*

ii) *Wir fassen – wie in (9.1.61) – die Elemente des linearen Gleichungssystems (m×n Koeffizienten a_{ik} der linken Seite, die b_i der rechten Seite und die x_k der Lösung) als Matrix/Vektoren zusammen:*

$$Koeffizientenmatrix: A = \begin{pmatrix} a_{11} & a_{12} & ... & a_{1n} \\ a_{21} & a_{22} & ... & a_{2n} \\ \vdots & \vdots & & \vdots \\ a_{m1} & a_{m2} & ... & a_{mn} \end{pmatrix}, \qquad Vektor\ \vec{b} = (b_1, b_2, ..., b_m)^T = \begin{pmatrix} b_1 \\ b_2 \\ \vdots \\ b_m \end{pmatrix}$$
der rechten Seite

$$\vec{x} = \begin{pmatrix} x_1 \\ x_2 \\ \vdots \\ x_n \end{pmatrix} = Lösungsvektor\ oder\ Variablenvektor.$$

*Damit lässt sich das **allgemeine lineare Gleichungssystem** (9.2.2) in der **kompakten Form** schreiben (siehe (9.1.60)):*

(9.2.4)
$$\boxed{A\vec{x} = \vec{b}}\ .$$

Beispiel 9.2.5:   Beispiele linearer Gleichungssysteme:

i) $2x_1 - 3x_2 = 3$ **ii)** $2x_1 - 4x_2 = 6$ **iii)** $x_1 \quad\; + 2x_3 + 8x_4 = 12$
$x_1 + x_2 = -1$ $3x_1 + 2x_2 = 1$ $x_2 - 3x_3 - 4x_4 = 16$
$7x_1 - 6x_2 = 13$

iv) $x_1 - 2x_2 = 4$ **v)** $5x_1 - x_2 - 2x_3 + 3x_4 = 29$ **vi)** $x_1 = -3$
$x_1 - 2x_2 = 3$ $3x_2 - 4x_3 + x_4 = -7$ $x_2 = 4$
$2x_3 + 2x_4 = 30$ $x_3 = 5$
$x_4 = 10$

Ein LGS „**lösen**" heißt, für die n Variablen $x_1, x_2, \ldots, x_n$ Zahlenwerte derart zu finden, dass **sämtliche m Gleichungen zugleich wahr** werden – das wichtige Wort „zugleich" wird durch das logische „und" ($\wedge$) zwischen den Gleichungen in (9.2.2) angedeutet.

Jeder derartige „Satz" von Werten $(x_1, \ldots, x_n)$ heißt **Lösung des LGS**:

Def. 9.2.6:   (Lösung eines linearen Gleichungssystems)

Unter einer **Lösung** des LGS $A\vec{x} = \vec{b}$ versteht man einen **Vektor** $\vec{x}_0$ (**Lösungsvektor**), der das System $A\vec{x}_0 = \vec{b}$ zu einer **wahren Aussage** macht.

Besitzt ein LGS Lösungen, so heißt es **konsistent**, andernfalls **inkonsistent**.

Bemerkung 9.2.7:

Jede Lösung eines LGS besteht somit aus n Zahlenwerten (den Komponenten des Lösungsvektors), die sämtliche m Gleichungen zugleich erfüllen müssen.

Beispiel 9.2.8:   Wie wir durch Einsetzen überprüfen können, sind folgende Vektoren Lösungen der linearen Gleichungssysteme i) - vi) von Beispiel 9.2.5:

$$\textbf{i)}\ \begin{pmatrix} 0 \\ -1 \end{pmatrix} \quad \textbf{ii)}\ \begin{pmatrix} 1 \\ -1 \end{pmatrix} \quad \textbf{iii)}\ \begin{pmatrix} 12 \\ 16 \\ 0 \\ 0 \end{pmatrix}, \begin{pmatrix} 18 \\ 15 \\ 1 \\ -1 \end{pmatrix}, \begin{pmatrix} 0 \\ 26 \\ 2 \\ 1 \end{pmatrix} \quad \textbf{v)}\ \begin{pmatrix} 2 \\ 1 \\ 5 \\ 10 \end{pmatrix} \quad \textbf{vi)}\ \begin{pmatrix} -3 \\ 4 \\ 5 \end{pmatrix}$$

iv) Das System iv) hat offenbar keine Lösung, denn für jede Einsetzung stimmen zwar die linken Seiten überein, nicht aber die rechten Seiten.

Wir wollen nun im Folgenden versuchen, die zwei im Zusammenhang mit der Lösung von LGS auftretenden **Hauptprobleme** zu lösen:

---

1)   Wie kann man entscheiden, ob bzw. wie viele Lösungen ein LGS besitzt?
      (**Existenz** und **Eindeutigkeit** der Lösungen)

2)   Wie kann man die Lösungen eines LGS rechnerisch ermitteln? (**Lösungsverfahren**)

Die zweite Frage *(Lösungsverfahren)* soll dabei an den Anfang der Überlegungen gestellt werden, da sich im Verlauf des Lösungsverfahrens Frage 1) *(nach Existenz und Eindeutigkeit von Lösungen)* gleichsam von selbst beantworten wird.

9.2.2   Lösungsverfahren für lineare Gleichungssysteme – Gaußscher Algorithmus

Bereits an Beispiel 9.2.8 können wir erkennen, dass ein lineares Gleichungssystem

    i) **genau eine** Lösung
    ii) **mehrere** Lösungen
    iii) **keine** Lösung   besitzen kann.

Der zugrundeliegende Sachverhalt soll am **Beispiel** von LGS mit **2 Variablen veranschaulicht** werden. Bekanntlich stellt **jede lineare Gleichung**

$$ax_1 + bx_2 = c \quad (z.B. \ x_1 - 2x_2 = -4)$$

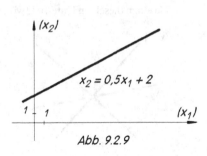

Abb. 9.2.9

eine **Gerade** in der (x_1,x_2)-Koordinatenebene dar (Abb. 9.2.9). (Genauer: Jedes Zahlenpaar (x_1,x_2), das die lineare Gleichung $ax_1 + bx_2 = c$ erfüllt, liegt auf einer Geraden.) Daher kann man ein System von **m lineraren Gleichungen** mit 2 Variablen auffassen als **System** von **m Geraden** in der Koordinatenebene.

Einer **Lösung** $\vec{x} = \begin{pmatrix} x_1 \\ x_2 \end{pmatrix}$ eines derartigen Systems ent-

spricht somit ein **Punkt** $(x_1; x_2)$der Koordinatenebene, der auf **sämtlichen m Geraden zugleich liegt**. Folgende Fälle sind zu unterscheiden:

a)   **m = 1**

(d.h. 1 lineare Gleichung mit 2 Variablen):

Sämtliche Punkte $\begin{pmatrix} x_1 \\ x_2 \end{pmatrix}$ auf der Geraden sind Lösungen, es gibt daher **unendlich viele Lösungen** (Abb. 9.2.10):

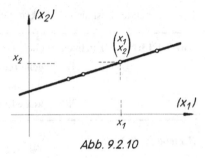

Abb. 9.2.10

b)   **m = 2**

(d.h. 2 lineare Gleichungen in 2 Variablen):

Folgende Unterfälle können auftreten (Abb. 9.2.11):

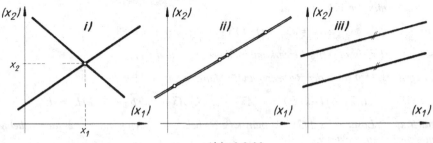

Abb. 9.2.11

Die Geraden haben genau einen Schnittpunkt $\Rightarrow$ Das LGS hat **genau eine Lösung.**	Die beiden Geraden fallen zusammen: Jeder Punkt der Geraden ist Lösung $\Rightarrow$ Das LGS hat **unendlich viele Lösungen.**	Die Geraden haben keinen gemeinsamen Schnittpunkt (sondern sind parallel und verschieden) $\Rightarrow$ Das LGS hat **keine Lösung.**

c) $\boxed{m > 2}$ *(d.h. 3, 4, 5, ... lineare Gleichungen mit 2 Variablen):*

Es können dieselben Unterfälle wie zuvor unter b) auftreten (Abb. 9.2.12):

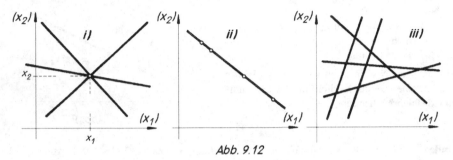

Abb. 9.12

Das LGS **hat**   Das LGS hat **unendlich**   Das LGS hat **keine Lösung.**
genau eine Lösung .   **viele Lösungen**.

Entsprechendes lässt sich für LGS mit mehr als zwei Variablen zeigen, man kann allgemein feststellen:

Satz 9.2.13:   Ein lineares Gleichungssystem $A\vec{x} = \vec{b}$ hat entweder

     i)   **genau eine** Lösung oder

     ii)   **unendlich viele** Lösungen oder

     iii) **keine** Lösung .

Bemerkung 9.2.14:

*Ein LGS $A\vec{x} = \vec{b}$ kann **nicht genau** 2, 3, ..., n verschiedene Lösungen haben!*

Wir können nämlich zeigen, dass aus der Existenz von bereits zwei Lösungen $\vec{x}_1, \vec{x}_2$ folgt, dass das LGS $A\vec{x} = \vec{b}$ dann auch beliebig viele verschiedene Lösungen besitzen muss:

Seien etwa $\vec{x}_1, \vec{x}_2$ zwei verschiedene Lösungen von $A\vec{x} = \vec{b}$. Dann muss gelten:

(*) $A\vec{x}_1 = \vec{b}$ *sowie* $A\vec{x}_2 = \vec{b}$.

Betrachten wir nun den Vektor $\vec{x}_k$ mit

(**) $\vec{x}_k = k\vec{x}_1 + (1-k)\,\vec{x}_2$ *(mit $k \in \mathbb{R}$)*

($\vec{x}_k$ ist also eine Linearkombination von $\vec{x}_1$ und $\vec{x}_2$),

so gilt wegen (*), (**) sowie den Rechenregeln für Matrizen Satz 9.1.56:

$$A\vec{x}_k = A\,(k\vec{x}_1 + (1-k)\vec{x}_2) = k \cdot A\vec{x}_1 + (1-k)\,A\vec{x}_2 = k \cdot \vec{b} + (1-k)\vec{b} = \vec{b} ,$$

d.h. auch $\vec{x}_k$ ist Lösung des LGS. Da man k ($\in \mathbb{R}$) beliebig wählen kann, gibt es auch beliebig viele verschiedene Lösungsvektoren $\vec{x}_k$.

Zur Demonstration des nun folgenden **Lösungsverfahrens** wird zunächst vorausgesetzt, dass das betrachtete Gleichungssystem $A\vec{x} = \vec{b}$ aus n Gleichungen mit n Variablen besteht und genau eine Lösung besitzt. Die **Grundidee** des Lösungsverfahrens besteht darin, das gegebene LGS derart **äquivalent umzuformen** (d.h. umzuformen ohne Änderung der Lösungsmenge), dass die **Lösung** schließlich **unmittelbar ablesbar** ist. Wenn es beispielsweise gelingt, ein LGS äquivalent umzuformen auf die Gestalt von Beispiel 9.2.5 v) (d.h. auf **obere Dreiecksform**, siehe Def. 9.1.19 iv):

$$
\begin{array}{rcl}
5x_1 - x_2 - 2x_3 + 3x_4 & = & 29 \\
3x_2 - 4x_3 + x_4 & = & -7 \\
2x_3 + 2x_4 & = & 30 \\
x_4 & = & 10
\end{array}
$$

(9.2.15)

(Die Koeffizientenmatrix A ist eine obere Dreiecksmatrix, das LGS besitzt die „obere Dreiecksform")

so lässt sich die Lösung verhältnismäßig rasch ermitteln:

Setzen wir in (9.2.15) den aus der letzten Zeile resultierenden Wert $x_4 = 10$ in die vorletzte Zeile ein, so ergibt sich unmittelbar $x_3 = 5$, Einsetzen beider Werte in die zweite Zeile liefert $x_2 = 1$, und analog folgt damit aus der ersten Zeile $x_1 = 2$, so dass die Lösung $\vec{x}$ von (9.2.15) lautet:

$$
\vec{x} = \begin{pmatrix} 2 \\ 1 \\ 5 \\ 10 \end{pmatrix}
$$

Noch einfacher lässt sich die Lösung eines LGS angeben, das auf **Diagonalform umgeformt wurde** (siehe Beispiel 9.2.5 vi))

(9.2.16)
$$
\begin{array}{rcl}
x_1 & = & -3 \\
x_2 & = & 4 \\
x_3 & = & 5.
\end{array}
$$
Hier liest man **ohne Rechnung** den Lösungsvektor ab: $\vec{x} = \begin{pmatrix} -3 \\ 4 \\ 5 \end{pmatrix}$.

Es stellt sich daher die Frage, mit **welchen Umformungen** ein LGS ohne Änderung seiner Lösungsmenge **äquivalent** umgeformt werden kann (etwa in eine Diagonalform wie (9.2.16)). Dafür gilt der grundlegende

---

Satz 9.2.17:   Die **Lösungsmenge** eines linearen Gleichungssystems $A\vec{x} = \vec{b}$ **ändert sich nicht,** wenn man das System in folgender Weise umformt (**zulässige Zeilenoperationen**):

i)   **Vertauschen** zweier Zeilen;

ii)   **Multiplikation** einer Zeile mit einer reellen Zahl k_1 ($\neq 0$);

iii)   **Ersetzen** einer Zeile durch die **Summe** aus **dieser** und dem k_2-fachen einer **anderen** Zeile (d.h. Addition des k_2-fachen einer Zeile zu einer anderen).

Bemerkung 9.2.18:

i) *Zum Beweis von Satz 9.2.17: i) ist offensichtlich (wegen der Symmetrie des logischen „ $\wedge$ "); ii) und iii) folgen aus den entsprechenden Regeln G3 und G2 für Gleichungen (s. Brückenkurs BK 6.2)*

ii) *Zusätzlich zu den in Satz 9.2.17 erwähnten Äquivalenz-Umformungen darf man*

– *Variable umbenennen und dann das LGS neu ordnen (entspricht einem Spaltentausch)*

– *Nullzeilen $0 \cdot x_1 + 0 \cdot x_2 + ... + 0 \cdot x_n = 0$ ersatzlos streichen, da sie für jeden beliebigen Vektor $\vec{x}$ wahr sind und somit keinen spezifischen Beitrag zur Lösungsfindung liefern können.*

Beispiel 9.2.19: Gegeben sei das LGS $\begin{array}{rl} (1) & 3x + y = 7 \\ (2) & 2x - 3y = -10 \end{array}$ mit der einzigen Lösung $\vec{x} = \begin{pmatrix} x \\ y \end{pmatrix} = \begin{pmatrix} 1 \\ 4 \end{pmatrix}$.

Nacheinander werden die drei zulässigen Zeilenumformungen von Satz 9.2.17 vorgenommen:

i) Offenbar kann sich die Lösung nicht verändern, wenn man beide Gleichungen vertauscht:

$$
\begin{array}{ll}
(1') := (2) & 2x - 3y = -10 \\
(2') := (1) & 3x + y = 7
\end{array}
$$

ii) Wenn z.B. die erste Gleichung mit 2 und die zweite Gleichung mit -3 multipliziert wird, ändert sich die Lösung nicht:

$$\left.\begin{array}{lll}
\mathbf{(1'')} := 2\cdot(1) & 6x + 2y = 14 \\
\mathbf{(2'')} := -3\cdot(2) & -6x + 9y = 30
\end{array}\right\} \text{ hat ebenfalls die Lösung } \begin{pmatrix}1\\4\end{pmatrix}.$$

iii) Ersetzen wir im letzten System die zweite Gleichung durch die Summe aus zweiter und erster Gleichung (d.h. addieren wir die erste Gleichung zur zweiten Gleichung und lassen die erste Gleichung stehen), so folgt:

$$\begin{array}{lll}
\mathbf{(1''')} := (1'') & 6x + 2y = 14 \\
\mathbf{(2''')} := (2'') + (1'') & 11y = 44
\end{array}$$

Durch Einsetzen von $\begin{pmatrix}1\\4\end{pmatrix}$ überprüfen wir: Auch jetzt hat sich die Lösungsmenge nicht verändert.

Wir können die Umformungen ii) und iii) von Satz 9.2.17 zusammenfassen zu einer **einzigen zulässigen Zeilenumformung**:

(9.2.20)	Das Ersetzen einer Zeile durch die Summe aus dem k_1-fachen dieser Zeile und dem k_2-fachen einer beliebigen anderen Zeile $(k_1, k_2 \in \mathbb{R}$ mit $k_1 \neq 0)$ ist eine erlaubte Äquivalenzumformung.

Beispiel 9.2.21: Das Gleichungssystem $\begin{array}{ll}(1) & 3x - 2y = -4\\(2) & 4x + 3y = 23\end{array}$, einzige Lösung: $\vec{x} = \begin{pmatrix}2\\5\end{pmatrix}$,

können wir äquivalent umformen, indem wir das 3-fache der ersten Zeile zum 2-fachen der zweiten Zeile addieren und die erste Gleichung unverändert lassen:

$$\begin{array}{lll}
\mathbf{(1')} := (1) & 3x - 2y = -4 \\
\mathbf{(2')} := 3\cdot(1) + 2\cdot(2) & 17x = 34
\end{array}$$

Auch dieses System hat die einzige Lösung $\begin{pmatrix}2\\5\end{pmatrix}$.

Mit Hilfe von **zulässigen Zeilenoperationen** (siehe Satz 9.2.17) versuchen wir, ein vorgegebenes LGS in **obere Dreiecksform** (siehe Beispiel 9.2.5 v – Gauß-Algorithmus mit teilweiser Elimination) oder in **Diagonalform** (siehe Beispiel 9.2.5 vi – Gauß-Algorithmus mit vollständiger Elimination) äquivalent umzuformen, um daraus auf einfache Weise oder unmittelbar die Lösungen ablesen zu können.

Beispiel 9.2.22: (**Gaußscher Algorithmus** mit **teilweiser Elimination** der Variablen, Überführung des LGS in **obere Dreiecksform**).

Gegeben sei das LGS:
$$\begin{array}{lll}
(1) & x_1 + 3x_2 + 4x_3 = 8 \\
(2) & 2x_1 + 9x_2 + 14x_3 = 25 \\
(3) & 5x_1 + 12x_2 + 18x_3 = 39 \ .
\end{array}$$

Die erste Zeile kann unverändert bleiben. Um in der 2. *(bzw. 3.)* Zeile an erster Stelle eine Null zu erzeugen, addieren wir das (-2)-fache *(bzw. (-5)-fache)* der ersten Zeile zur 2. Zeile *(bzw. 3. Zeile)*:

$$\begin{array}{lll}
\mathbf{(1')} := (1) & x_1 + 3x_2 + 4x_3 = 8 \\
\mathbf{(2')} := (2) - 2\cdot(1) & 3x_2 + 6x_3 = 9 \\
\mathbf{(3')} := (3) - 5\cdot(1) & -3x_2 - 2x_3 = -1 \ .
\end{array}$$

Die beiden ersten Gleichungen können nun unverändert bleiben. Gleichung $(3')$ wird (um bei x_2 eine Null zu erzeugen) ersetzt durch die Summe aus 2. und 3. Zeile:

$$
\begin{array}{lll}
(1'') := (1') & x_1 + 3x_2 + 4x_3 = 8 \\
(2'') := (2') & 3x_2 + 6x_3 = 9 \\
(3'') := (3') + (2') & 4x_3 = 8
\end{array}
$$

Damit hat das umgeformte LGS – bei unveränderter Lösungsmenge – obere Dreiecksform. Durch Auflösen und Einsetzen von unten nach oben folgt („Rückwärtseinsetzen"):

$$x_3 = 2 \ \Rightarrow \ x_2 = -1 \ \Rightarrow \ x_1 = 3 \, ,$$

d.h. die Lösung $\vec{x}$ des ursprünglichen LGS lautet: $\quad \vec{x} = \begin{pmatrix} x_1 \\ x_2 \\ x_3 \end{pmatrix} = \begin{pmatrix} 3 \\ -1 \\ 2 \end{pmatrix}.$

Beispiel 9.2.23: (**Gaußscher Algorithmus** mit **vollständiger Elimination** der Variablen, Überführen des LGS in **Diagonalform**).

Gegeben sei das LGS von Bsp. 9.2.22:
$$
\begin{array}{lll}
(1) & x_1 + \ 3x_2 + \ 4x_3 = \ 8 \\
(2) & 2x_1 + \ 9x_2 + 14x_3 = 25 \\
(3) & 5x_1 + 12x_2 + 18x_3 = 39 \ .
\end{array}
$$

Zunächst werden in der 2. und 3. Zeile an erster Stelle Nullen erzeugt, d.h. der erste Schritt verläuft wie in Beispiel 9.2.22:

$$
\begin{array}{lll}
(1') := (1) & x_1 + 3x_2 + 4x_3 = \ 8 \\
(2') := (2) - 2 \cdot (1) & 3x_2 + 6x_3 = \ 9 \\
(3') := (3) - 5 \cdot (1) & -3x_2 - 2x_3 = -1 \ .
\end{array}
$$

Jetzt werden in der 1. und 3. Zeile bei x_2 Nullen erzeugt. Dies erreicht man mit Hilfe der 2. Zeile, die (ggf. nach vorheriger Multiplikation mit einem geeigneten Faktor) zur 1. und 3. Zeile addiert wird. Anschließend teilt man die zweite Zeile durch 3, um eine 1 bei x_2 zu erzeugen:

$$
\begin{array}{lll}
(1'') := (1') - (2') & x_1 \quad -2x_3 = -1 \\
(2'') := (2') : 3 & x_2 + 2x_3 = \ 3 \\
(3'') := (3') + (2') & 4x_3 = \ 8 \ .
\end{array}
$$

Es müssen noch Nullen bei x_3 in der 1. und 2. Zeile erzeugt werden. Dazu benutzen wir die 3. Zeile, die – nach vorheriger passender Multiplikation – zur 1. und 2. Zeile addiert wird. Zum Schluss wird die 3. Zeile noch durch 4 dividiert:

$$
\begin{array}{llll}
(1''') := (1'') + 0{,}5 \cdot (3'') & x_1 \quad\quad\quad = \ 3 \\
(2''') := (2'') - 0{,}5 \cdot (3'') & x_2 \quad\quad = -1 \quad \text{d.h.} \ \ \vec{x} = \begin{pmatrix} 3 \\ -1 \\ 2 \end{pmatrix}. \\
(3''') := (3'') : 4 & x_3 = \ 2
\end{array}
$$

Bemerkung 9.2.24: *Wir hätten in Beispiel 9.2.23 das LGS auch auf eine „diagonalähnliche" Form bringen können, ohne dass der Vorteil der direkten Ablesbarkeit verloren gegangen wäre, z.B. auf*

$$
\begin{array}{lll}
x_2 & = -1 \\
x_3 & = \ 2 \\
x_1 & = \ 3
\end{array}
$$

Wie die beiden letzten Beispiele zeigen, benötigen wir zur Lösung eines LGS mit nur teilweiser Variablenelimination (Bsp. 9.2.22) i.a. etwas weniger Rechenaufwand[3] als bei vollständiger Elimination. Gleichwohl wollen wir im Folgenden nahezu ausschließlich die Methode der **vollständigen Elimination** benutzen, da sie **universeller einsetzbar** ist **i)** für nicht eindeutig lösbare LGS (siehe Kap 9.2.4); **ii)** für die Matrizeninversion (Kap. 9.2.5); **iii)** für das Simplexverfahren der Linearen Optimierung (Kap.10.2).

---

[3] Zur allgemeinen Abschätzung des Rechenaufwandes bei der Lösung von LGS siehe z.B. [48], Band II, 103 ff.

Aufgabe 9.2.25: Lösen Sie die folgenden Gleichungssysteme mit Hilfe des Gaußschen Verfahrens der vollständigen Elimination:

i)
$$x_1 + 4x_2 + 3x_3 = 1$$
$$2x_1 + 5x_2 + 4x_3 = 4$$
$$x_1 - 3x_2 - 2x_3 = 5$$

ii)
$$x_1 + 2x_2 - 3x_3 = 6$$
$$2x_1 + x_2 + x_3 = 1$$
$$3x_1 - 2x_2 - 2x_3 = 12$$

iii)
$$x_1 \qquad + x_3 + x_4 = 1$$
$$x_1 + x_2 \qquad + x_4 = 2$$
$$x_1 + x_2 + x_3 \qquad = 3$$
$$x_2 + x_3 + x_4 = 4$$

Die folgenden **Beispiele** zeigen die Anwendbarkeit der vollständigen Elimination bei LGS, die **nicht (eindeutig) lösbar** sind, d.h. die entweder **unendlich viele** Lösungen (Bsp. 9.2.26) oder **keine** Lösung (Bsp. 9.2.29) besitzen.

Beispiel 9.2.26:   (unendlich viele Lösungen)

Das gegebene LGS wird nach den in Bsp. 9.2.23 demonstrierten Eliminationsschritten umgeformt:

$$
\begin{array}{ll}
(1) & x_1 + x_2 - x_3 + 3x_4 = -3 \\
(2) & 2x_1 + x_2 + x_3 + 4x_4 = -1 \\
(3) & 2x_1 + 3x_2 - 5x_3 + 8x_4 = -11 \\
(4) & -x_1 + x_2 - 5x_3 + x_4 = -7
\end{array}
$$

$$
\begin{array}{ll}
(1') := (1) & x_1 + x_2 - x_3 + 3x_4 = -3 \\
(2') := (2) - 2(1) & - x_2 + 3x_3 - 2x_4 = 5 \\
(3') := (3) - 2(1) & x_2 - 3x_3 + 2x_4 = -5 \\
(4') := (4) + (1) & 2x_2 - 6x_3 + 4x_4 = -10
\end{array}
$$

$$
\begin{array}{ll}
(1'') := (1') + (2') & x_1 \qquad + 2x_3 + x_4 = 2 \\
(2'') := -(2') & x_2 - 3x_3 + 2x_4 = -5 \\
(3'') := (3') + (2') & 0x_2 + 0x_3 + 0x_4 = 0 \\
(4'') := (4') + 2(2') & 0x_2 + 0x_3 + 0x_4 = 0 \quad .
\end{array}
$$

Die letzten beiden **(Null-)Zeilen** werden für **jeden** Vektor $\vec{x} = (x_1 \ x_2 \ x_3 \ x_4)^T$ **wahr** ($\Rightarrow 0 = 0$) und können daher **ersatzlos gestrichen** werden, siehe Bemerkung 9.2.18. Damit reduziert sich das LGS auf zwei Gleichungen mit vier Variablen (unterbestimmtes LGS):

$$
\begin{array}{ll}
(1'') & x_1 \qquad + 2x_3 + x_4 = 2 \\
(2'') & x_2 - 3x_3 + 2x_4 = -5 \quad .
\end{array}
$$

Lösen wir die 1. Gleichung nach x_1 und die 2. Gleichung nach x_2 auf:

$$(9.2.27) \qquad \boxed{\begin{array}{l} x_1 = 2 - 2x_3 - x_4 \\ x_2 = -5 + 3x_3 + 2x_4 \end{array}} \quad ,$$

so erkennen wir, dass die Lösungswerte x_1, x_2 von der vorherigen Wahl für x_3 und x_4 abhängen. Da wir x_3, x_4 auf beliebige Weise vorwählen können, hat das LGS (9.2.27) **unendlich viele Lösungen**:

Wählen wir etwa $x_3 = 0$ und $x_4 = 0$ vor, so resultiert aus (9.2.27): $x_1 = 2$, $x_2 = -5$, d.h. der Vektor $\vec{x}_1 = (2 \ -5 \ 0 \ 0)^T$ ist eine (spezielle) Lösung des LGS (9.2.27). Eine andere spezielle Lösung etwa resultiert aus der Vorgabe $x_3 = -7$; $x_4 = 2$ mit $\vec{x}_2 = (14 \ -30 \ -7 \ 2)^T$ usw.

Für den **allgemeinen Lösungsvektor (allgemeine Lösung)** des LGS (9.2.27) erhält man

$$(9.2.28) \quad \vec{x} = \begin{pmatrix} 2 - 2x_3 - x_4 \\ -5 + 3x_3 - 2x_4 \\ x_3 \\ x_4 \end{pmatrix} = \begin{pmatrix} 2 \\ -5 \\ 0 \\ 0 \end{pmatrix} + x_3 \cdot \begin{pmatrix} -2 \\ 3 \\ 1 \\ 0 \end{pmatrix} + x_4 \cdot \begin{pmatrix} -1 \\ -2 \\ 0 \\ 1 \end{pmatrix} \quad \text{mit } x_3, x_4 \in \mathbb{R} \text{ (beliebig)}.$$

Bemerkung: *Lösen wir das unterbestimmte LGS nicht nach x_1, x_2, sondern nach zwei anderen Variablen auf, so ergibt sich zwar eine formal etwas andere Lösungs-Darstellung, aber dieselbe Lösungsmenge.*

Beispiel 9.2.29:   (keine Lösung)

Das gegebene LGS wird nach den in Bsp. 9.2.23 demonstrierten Eliminationsschritten umgeformt:

$$
\begin{array}{ll}
(1) & x_1 + x_2 - x_3 = -3 \\
(2) & 2x_1 + x_2 + x_3 = -1 \\
(3) & 2x_1 + 3x_2 - 5x_3 = -10 \\
\end{array}
$$

$$
\begin{array}{ll}
(1') := (1) & x_1 + x_2 - x_3 = -3 \\
(2') := (2) - 2(1) & - x_2 + 3x_3 = 5 \\
(3') := (3) - 2(1) & x_2 - 3x_3 = -4 \\
\end{array}
$$

$$
\begin{array}{ll}
(1'') := (1') + (2') & x_1 + 2x_3 = 2 \\
(2'') := -(2') & x_2 - 3x_3 = -5 \\
(3'') := (3') + (2') & 0x_2 + 0x_3 = 1 \\
\end{array}
$$

Die letzte Zeile ergibt für **jeden** Vektor $\vec{x} = (x_1 \quad x_2 \quad x_3)^T$ stets die **falsche Aussage** $0 = 1$, daher hat das LGS **keine Lösung**, es ist **inkonsistent**.

Aus den beiden letzten Beispielen folgt:

i)   Nullzeilen: $0 \cdot x_1 + 0 \cdot x_2 + \ldots + 0 \cdot x_n = 0$ können ersatzlos gestrichen werden;

ii)   Nullzeilen mit nicht-verschwindender rechter Seite (d.h. $0 \cdot x_1 + 0 \cdot x_2 + \ldots + 0 \cdot x_n = b$ und $b \neq 0$) liefern eine stets falsche Aussage: Das LGS besitzt in diesem Fall keine Lösung;

iii)   Der Gaußsche Algorithmus liefert neben den Lösungen des LGS gleichzeitig Informationen über die Lösbarkeit des LGS   *(siehe auch Kap. 9.2.4)*.

Aufgabe 9.2.30:   Ermitteln Sie mit Hilfe der vollständigen Elimination die Lösungen der folgenden linearen Gleichungssysteme:

i)
$$
\begin{array}{l}
x_1 + x_3 + x_4 = 2 \\
 x_2 + x_3 = 1 \\
2x_1 + x_2 + x_4 = 2 \\
3x_1 + 2x_2 + 2x_3 + 2x_4 = 5 \\
\end{array}
$$

ii)
$$
\begin{array}{l}
2x_1 - x_2 + 3x_3 = 2 \\
3x_1 + 2x_2 - x_3 = 1 \\
x_1 - 4x_2 + 7x_3 = 6 \\
\end{array}
$$

9.2.3   Pivotisieren

Das Rechenverfahren des **Gaußschen Algorithmus** lässt sich in einfacher Weise **schematisieren** und somit direkt zur EDV-mäßigen Anwendung formulieren. Zunächst erkennen Sie, dass bei konsequentem Einhalten der Variablen-Reihenfolge in allen linearen Gleichungen

$$(9.2.31) \qquad a_{i1}x_1 + a_{i2}x_2 + \ldots + a_{in}x_n = b_i \ ; \qquad\qquad i = 1, \ldots, m$$

auf die Angabe der **Variablennamen**, der **Operationszeichen** und des **Gleichheitszeichens verzichtet** werden kann. Gleichung (9.2.31) lässt sich dann folgendermaßen symbolisch schreiben:

$$a_{i1} \qquad a_{i2} \qquad \ldots \qquad a_{in} \quad \big| \quad b_i \ .$$

Beispiel 9.2.32:   Die Gleichung: $5x_1 - x_3 + 4x_4 = -8$ lautet in dieser abgekürzten Schreibweise:
$5\quad 0\quad -1\quad 4\ \mid\ -8$.   Analog lässt sich jedes Gleichungssystem formal als Tableau schreiben. Das
LGS aus Beispiel 9.2.23 hat demnach die Form:

$$
\begin{array}{ccc|c}
1 & 3 & 4 & 8 \\
2 & 9 & 14 & 25 \\
5 & 12 & 18 & 39
\end{array}
\quad.
$$

Bemerkung: *Bei Umbenennung der Variablen bzw. Spaltentausch sollten wir – um spätere Verwechslungen zu vermeiden – die zugehörigen Variablennamen in einer Kopfzeile aufführen: Die beiden LGS*

$$
\begin{array}{ccc|c}
x_1 & x_2 & x_3 & \\ \hline
1 & 3 & 4 & 8 \\
2 & 9 & 14 & 25 \\
5 & 12 & 18 & 39
\end{array}
\qquad und \qquad
\begin{array}{ccc|c}
x_2 & x_3 & x_1 & \\ \hline
3 & 4 & 1 & 8 \\
9 & 14 & 2 & 25 \\
12 & 18 & 5 & 39
\end{array}
$$

stellen daher dasselbe Gleichungssystem dar.

Im Verlauf des vollständigen Gaußschen Eliminationsverfahrens kommt es darauf an, durch elementare Zeilenoperationen auf der linken Seite des LGS $A\vec{x} = \vec{b}$ (Spalten-) **Einheitsvektoren** zu erzeugen, wie das auf Diagonalform gebrachte LGS von Beispiel 9.2.23 zeigt:

$$
\begin{array}{ccc|c}
x_1 & x_2 & x_3 & \\ \hline
1 & 0 & 0 & 3 \\
0 & 1 & 0 & -1 \\
0 & 0 & 1 & 2
\end{array}
$$

Um nicht bei jeder Zeilenumformung individuelle Überlegungen neu anstellen zu müssen, versucht man, die **Umformungen zur Erzeugung von Einheitsvektoren** zu **schematisieren**:

Ein m×n-Gleichungssystem $A\vec{x} = \vec{b}$ sei gegeben. In der **k-ten Spalte** soll ein **Einheitsvektor** $\vec{e}_i$ erzeugt werden, der die **Eins in der i-ten Zeile** erhalten soll. Man bezeichnet im Ausgangs-Tableau (Abb. 9.2.34) das an dieser Stelle stehende Element a_{ik} ($\neq 0$) als **Pivotelement**[4], die zugehörige k-te Spalte als **Pivotspalte**, die zugehörige i-te Zeile als **Pivotzeile** und markiert das Tableau entsprechend (Abb. 9.2.34).

(Das Pivotelement a_{ik} steht also im Kreuzungspunkt von Pivotspalte und Pivotzeile.)

Mit Hilfe der Pivotzeile erzeugen wir nun für das neue, umgeformte Tableau an **sämtlichen Stellen der Pivotspalte** (außer an der Stelle des Pivotelementes a_{ik} selbst) **Nullen**, indem wir die (alte) Pivotzeile mehrfach mit einem geeigneten Faktor multiplizieren und anschließend zu jeweils einer der umzuformenden Zeilen addieren (elementare Zeilenoperation – die Lösung des LGS ändert sich dadurch nicht, siehe Satz 9.2.17). Abschließend dividieren wir die Pivotzeile durch das Pivotelement a_{ik} ($\neq 0$), um an dieser Stelle die **Eins** des neuen Einheitsvektors zu erzeugen.

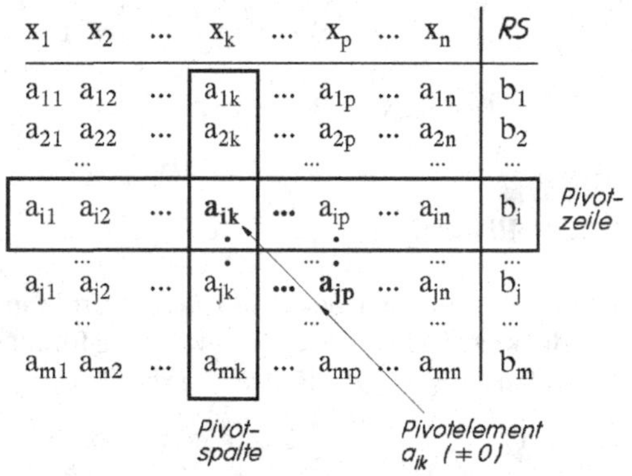

$$
\begin{array}{ccccccccc|c}
x_1 & x_2 & \cdots & x_k & \cdots & x_p & \cdots & x_n & & RS \\ \hline
a_{11} & a_{12} & \cdots & a_{1k} & \cdots & a_{1p} & \cdots & a_{1n} & & b_1 \\
a_{21} & a_{22} & \cdots & a_{2k} & \cdots & a_{2p} & \cdots & a_{2n} & & b_2 \\
 & & & \cdots & & & & & & \\
a_{i1} & a_{i2} & \cdots & a_{ik} & \cdots & a_{ip} & \cdots & a_{in} & & b_i \\
 & & & & & & & & & \\
a_{j1} & a_{j2} & \cdots & a_{jk} & \cdots & a_{jp} & \cdots & a_{jn} & & b_j \\
 & & & \cdots & & & & & & \\
a_{m1} & a_{m2} & \cdots & a_{mk} & \cdots & a_{mp} & \cdots & a_{mn} & & b_m
\end{array}
$$

Pivot-zeile

Pivot-spalte   Pivotelement a_{ik} ($\neq 0$)

Abb. 9.2.34

[4] pivot (frz.): Drehpunkt, Zapfen

Beispiel: Um etwa in der ersten Zeile an der Stelle a_{1k} eine Null zu erzeugen (Abb. 9.2.34), multiplizieren wir die Pivotzeile mit $-a_{1k}/a_{ik}$ und addieren sie zur ersten Zeile:

Dabei geht a_{1k} über in $a_{1k} + \left(-\dfrac{a_{1k}}{a_{ik}}\right)\cdot a_{ik} = a_{1k}-a_{1k} = 0$, wie beabsichtigt.

Die übrigen Zeilen (außer der Pivotzeile selbst) werden auf analoge Weise umgeformt.

Das Vorgehen soll in **allgemeiner Weise** beschrieben werden:

Um etwa eine **Null** in der j-ten Zeile der Pivotspalte zu erzeugen (dort, wo das Element a_{jk} steht, s. Abb. 9.2.34), multiplizieren wir die Pivotzeile mit $-a_{jk}/a_{ik}$ und addieren sie dann zur j-ten Zeile:

Dabei geht a_{jk} über in $a_{jk} + \left(-\dfrac{a_{jk}}{a_{ik}}\right)\cdot a_{ik} = a_{jk}-a_{jk} = 0$ (wie beabsichtigt).

Die **übrigen Elemente** der **j-ten Zeile** verändern sich notwendigerweise bei dieser **zulässigen Zeilenoperation** wie folgt:

Zum ersten Element a_{j1} muss das $\left(-\dfrac{a_{jk}}{a_{ik}}\right)$-fache des ersten Elements a_{i1} der Pivotzeile addiert werden: Damit steht im neuen Tableau anstelle der Zahl a_{j1} die Zahl:

$$a_{j1} + \left(-\frac{a_{jk}}{a_{ik}}\right)\cdot a_{i1} = a_{j1} - \frac{a_{jk}\,a_{i1}}{a_{ik}} \quad .$$

Allgemein: Das Element a_{jp} der j-ten Zeile und p-ten Spalte (Abb. 9.2.34) verändert sich wie folgt:

Zu a_{jp} muss das $\left(-\dfrac{a_{jk}}{a_{ik}}\right)$-fache des p-ten Elements a_{ip} der Pivotzeile addiert werden:

Aus a_{jp} wird daher: $a_{jp} + \left(-\dfrac{a_{jk}}{a_{ik}}\right)\cdot a_{ip} = a_{jp} - \dfrac{a_{jk}\,a_{ip}}{a_{ik}}$ $(j\ne i\,;\,p\ne k)$.

Wir erkennen, dass an dieser Operation die vier im „Rechteck" zueinander stehenden Elemente a_{jp}, a_{jk}, a_{ip} sowie das Pivotelement a_{ik} beteiligt sind (Abb. 9.2.34/ 9.2.36).

Bemerkung: *Man nennt die senkrecht über/waagerecht neben a_{jp} stehenden Elemente a_{ip} und a_{jk} die zu a_{jp} gehörenden Elemente der Pivotzeile/ Pivotspalte.*

Die soeben hergeleitete **Umformungsregel** für sämtliche Elemente **außerhalb** von Pivotspalte und Pivotzeile lässt sich damit wie folgt formulieren:

Satz 9.2.35: **(Rechteckregel, Kreisregel)**

Das „neue" Element $a_{jp}{}^{neu}$ ergibt sich, indem man vom „alten" Element a_{jp} das durch das Pivotelement a_{ik} dividierte Produkt aus zugehörigem Pivotzeilen- und Pivotspaltenelement subtrahiert:

$$a_{jp}{}^{neu} = a_{jp} - \frac{a_{jk}\cdot a_{ip}}{a_{ik}} \quad .$$

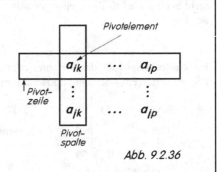

Abb. 9.2.36

Zusammenfassend lautet die **Schrittfolge zur Erzeugung eines Einheitsvektors** $\vec{e}_i$ in der Pivotspalte k (bei nicht-verschwindendem Pivotelement: $a_{ik} \neq 0$):

i) Für alle Elemente a_{jp}, b_j **außerhalb von Pivotspalte und Pivotzeile** gilt die Umformungsregel (s. Satz 9.2.35):

$$a_{jp}^{neu} = a_{jp} - \frac{a_{jk} \cdot a_{ip}}{a_{ik}} \tag{9.2.37}$$

$$b_j^{neu} = b_j - \frac{a_{jk} \cdot b_i}{a_{ik}} \tag{9.2.38}$$

$j = 1,\dots,m$
$p = 1,\dots,n$
$j \neq i$
$p \neq k$

ii) Alle Elemente der **Pivotzeile** werden **durch das Pivotelement dividiert**:

$$a_{ip}^{neu} = \frac{a_{ip}}{a_{ik}} \tag{9.2.39}$$ $p = 1,\dots,n$

$$b_i^{neu} = \frac{b_i}{a_{ik}} \tag{9.2.40}$$

iii) Die **Pivotspalte** wird damit sozusagen „automatisch" zum **Einheitsvektor** $\vec{e}_i$ (mit der „1" an der Stelle des alten Pivotelements a_{ik}).

Bemerkung 9.2.41: *Die Gesamtheit der erlaubten Zeilenoperationen i) - iii) zur Erzeugung eines Einheitsvektors heißt **Pivotschritt**, das äquivalente Umformen eines LGS mit Pivotschritten heißt **Pivotisieren.***

Nach dem ersten Pivotschritt ergibt sich somit aus dem Tableau Abb. 9.2.34 das äquivalente LGS Abb. 9.2.42.

Auf analoge Weise erzeugt man nun in den nächsten Schritten weitere Einheitsvektoren in den übrigen Spalten, um das lineare Gleichungssystem schließlich auf die gewünschte Diagonalform zu bringen bzw. auf eine Form, in der möglichst viele Einheitsvektoren vorhanden sind.

Dabei sollten Zeilen, die schon als Pivotzeilen benutzt wurden, nach Möglichkeit nicht noch einmal als Pivotzeilen gewählt werden.

		$\dots x_k$	$\dots x_p \dots$	*RS*
	…	0	$\dots a_{1p} - \frac{a_{1k}\, a_{ip}}{a_{ik}} \dots$	$b_1 - \frac{a_{1k}\, b_i}{a_{ik}}$
	⋮	⋮ 0	…	⋮
(i-te Zeile)	$\frac{a_{i1}}{a_{ik}} \dots$	1	$\dots \frac{a_{ip}}{a_{ik}} \dots$	$\frac{b_i}{a_{ik}}$
		0	…	⋮
(j-te Zeile)	⋮	⋮ 0	$a_{jp} - \frac{a_{jk}\, a_{ip}}{a_{ik}}$	$b_j - \frac{a_{jk}\, b_i}{a_{ik}}$
		⋮	…	⋮

Abb. 9.2.42

Ein **Zahlenbeispiel** soll das Verfahren erläutern. Dazu verwenden wir das schon bekannte Beispiel 9.2.23. Die benutzten Pivotelemente sind jeweils markiert:

x_1	x_2	x_3	b
[1]	3	4	8
2	9	14	25
5	12	18	39

Gegebenes LGS

1. Pivotschritt →

x_1	x_2	x_3	b
1	3	4	8
0	3	6	9
0	[−3]	−2	−1

LGS nach dem 1. Pivotschritt

2. Pivotschritt →

x_1	x_2	x_3	b
1	0	2	7
0	0	4	8
0	1	2/3	1/3

3. Pivotschritt $\longrightarrow$

x_1	x_2	x_3	b
1	0	0	3
0	0	1	2
0	1	0	-1

Lösung $\longrightarrow$ $\vec{x} = \begin{pmatrix} x_1 \\ x_2 \\ x_3 \end{pmatrix} = \begin{pmatrix} 3 \\ -1 \\ 2 \end{pmatrix}.$

LGS nach dem 2. Pivotschritt   *LGS nach dem 3. Pivotschritt*[5]

Bemerkung 9.2.43:   *Auch jede andere Wahl von Pivotelementen ($\neq 0$) führt zur angegebenen Lösung.*

Aufgabe 9.2.44:   Lösen Sie die angegebenen LGS durch Pivotisieren:

i)
$$\begin{pmatrix} 1 & 2 & -1 \\ 2 & -1 & 3 \\ -1 & 1 & 2 \end{pmatrix} \begin{pmatrix} x_1 \\ x_2 \\ x_3 \end{pmatrix} = \begin{pmatrix} -9 \\ 17 \\ 0 \end{pmatrix}$$

ii)
$$\begin{pmatrix} 1 & 4 & -2 & -2 \\ -2 & 1 & 3 & 1 \\ 1 & 2 & 2 & -1 \\ 2 & -2 & -1 & -1 \end{pmatrix} \begin{pmatrix} x_1 \\ x_2 \\ x_3 \\ x_4 \end{pmatrix} = \begin{pmatrix} -7 \\ 14 \\ 5 \\ -9 \end{pmatrix}$$

iii)
$$\begin{pmatrix} 2 & -4 & 1 & -1 \\ 3 & 2 & -1 & 2 \\ 1 & -1 & 2 & -2 \\ 4 & -2 & -3 & 1 \end{pmatrix} \begin{pmatrix} x_1 \\ x_2 \\ x_3 \\ x_4 \end{pmatrix} = \begin{pmatrix} -8 \\ 12 \\ -5 \\ 0 \end{pmatrix}$$

iv)
$$\begin{pmatrix} 1 & -10 & 2 & -9 \\ -8 & 4 & -7 & 5 \\ 6 & -5 & 7 & -4 \\ -3 & 9 & -2 & 10 \end{pmatrix} \begin{pmatrix} x_1 \\ x_2 \\ x_3 \\ x_4 \end{pmatrix} = \begin{pmatrix} 3 \\ -6 \\ 8 \\ -1 \end{pmatrix}$$

Die folgenden Beispiele demonstrieren die Methode des Pivotisierens für die Fälle „mehrdeutige Lösung" (Beispiel 9.2.45) und „keine Lösung" (Beispiel 9.2.50). Eine ausführliche Behandlung dieser Fälle erfolgt im anschließenden Kapitel 9.2.4.

Beispiel 9.2.45: (mehrdeutige Lösung)

Das aus Bsp. 9.2.26 bekannte LGS (9.2.46) führt nach zwei Pivotschritten auf das System (9.2.47) u. nach Streichen der beiden Nullzeilen schließlich auf das System (9.2.48), aus dem unmittelbar die allgemeine Lösung resultiert $(x_3, x_4 \in \mathbb{R}\ beliebig)$:

$$\vec{x}_1 = \begin{pmatrix} x_1 \\ x_2 \\ x_3 \\ x_4 \end{pmatrix} = \begin{pmatrix} 2 - 2x_3 - x_4 \\ -5 + 3x_3 - 2x_4 \\ x_3 \\ x_4 \end{pmatrix}$$

x_1	x_2	x_3	x_4	b	
1	1	-1	3	-3	
2	1	1	4	-1	(9.2.46)
2	3	-5	8	-11	
-1	1	-5	1	-7	
1	0	2	1	2	
0	1	-3	2	-5	(9.2.47)
0	0	0	0	0	
0	0	0	0	0	
1	0	2	1	2	(9.2.48)
0	1	-3	2	-5	

Erzeugen wir nun im LGS (9.2.48) einen neuen Einheitsvektor, z.B. in der 3. Spalte *(Pivotelement 2)*, so erhalten wir das System (9.2.49) mit der allgemeinen Lösung $(x_1, x_4 \in \mathbb{R}\ beliebig)$:

$$\vec{x}_2 = \begin{pmatrix} x_1 \\ x_2 \\ x_3 \\ x_4 \end{pmatrix} = \begin{pmatrix} x_1 \\ -2 - 1{,}5x_1 - 3{,}5x_4 \\ 1 - 0{,}5x_1 - 0{,}5x_4 \\ x_4 \end{pmatrix}$$

x_1	x_2	x_3	x_4	b	
0,5	0	1	0,5	1	(9.2.49)
1,5	1	0	3,5	-2	

Sowohl durch $\vec{x}_1$ als auch durch $\vec{x}_2$ wird dieselbe (unendliche) Lösungsmenge dargestellt, wovon wir uns leicht überzeugen, wenn wir etwa die aus $\vec{x}_2$ folgende Beziehung $x_3 = 1 - 0{,}5x_1 - 0{,}5x_4$ in den ersten Lösungsvektor $\vec{x}_1$ einsetzen.

---

5 Bsp: Die „3" im letzten Tableau resultiert aus der „7" im vorletzten Tableau durch: $7 \rightarrow 7 - (2 \cdot 8)/4 = 7 - 4 = 3$.

Beispiel 9.2.50: (keine Lösung)

Das LGS (9.2.51) (siehe Beispiel 9.2.29) führt nach
zwei Pivotschritten auf das System (9.2.52). An der
widersprüchlichen letzten Zeile 0 0 0 | 1 erken-
nen wir die Inkonsistenz des LGS. Ein Einheitsvektor mit der Eins in der 3. Zeile und 3. Spalte ist nicht
erzeugbar, da der als Pivotelement zu wählende Koeffizient a_{33} den Wert Null aufweist:

Das LGS (9.2.51) besitzt daher keine Lösung.

x_1	x_2	x_3	b
1	1	−1	−3
2	1	1	−1
2	3	−5	−10

(9.2.51)

x_1	x_2	x_3	b
1	0	2	2
0	1	−3	−5
0	0	0	1

(9.2.52)

Wir erkennen auch hier, dass die Eliminationsmethode des Gaußschen Algorithmus gleichzeitig Informationen über die Lösbarkeit des linearen Gleichungssystems liefert.

9.2.4   Lösbarkeit linearer Gleichungssysteme

Im letzten Abschnitt wurde im Gaußschen Algorithmus (vollständige Elimination durch Pivotisieren) ein
Lösungsverfahren für LGS geliefert, das neben der Lösungsfindung und -ablesung auch Aussagen über
die Lösbarkeit *(genau eine, keine, beliebig viele Lösungen)* gestattete. Diese Überlegungen sollen verallgemeinert werden.

Betrachtet werde das LGS (9.2.53).

Wir sehen: Auf der linken Seite sind bereits drei Einheitsvektoren erzeugt worden (1./3./5. Spalte). Ein **weiterer** (vierter) **Einheitsvektor** kann auf der linken Seite
nicht mehr erzeugt werden, da bei jeder Wahl eines Pivotelementes (≠ 0 !) ein bereits vorhandener Einheitsvektor zerstört würde: In jedem Fall bleibt die **Gesamtzahl unterschiedlicher Einheitsvektoren unverändert**
(nämlich gleich 3).

x_1	x_2	x_3	x_4	x_5	b
1	2	0	0	0	10
0	3	0	−3	1	20
0	−4	1	−2	0	30
0	0	0	0	0	u
0	0	0	0	0	v

(9.2.53)

Def. 9.2.54:   (Rang einer Matrix)

Gegeben sei das lineare Gleichungssystem $A\vec{x} = \vec{b}$.
Dann nennt man die **Höchstzahl** r der auf der linken Seite erzeugbaren unterschiedlichen **Einheitsvektoren** den **Rang der Matrix A**, geschrieben: rg A = r .

Bemerkung 9.2.55:

i)   *Für die Koeffizientenmatrix A des LGS (9.2.53) gilt: rg A = 3.*

ii) *Im allgemeinen wird der Rang einer Matrix A mit Hilfe des äquivalenten Begriffs der Maximalzahl
     „linear unabhängiger Vektoren"[6] definiert. Im Rahmen der Zielsetzung dieses Buches kann auf die
     Ausweitung des Begriffsapparates verzichtet werden.*

iii) *Der Rang einer Matrix A kann nicht größer sein als das Minimum aus Spaltenzahl und Zeilenzahl!
     (Beispiel: Ein LGS aus 3 (bzw. 7) Gleichungen mit 6 (bzw. 4) Variablen gestattet maximal 3
     (bzw. 4) unterschiedliche Einheitsvektoren.)*

---

6   siehe etwa [01a], 253ff.

Für lineare Gleichungssysteme $A\vec{x} = \vec{b}$, die *(etwa durch erlaubte Pivotoperationen)* bereits möglichst viele verschiedene Einheitsvektoren aufweisen, existiert ein nützlicher Begriff:

Def. 9.2.56: (kanonisches Gleichungssystem)

   Ein auf die **Höchstzahl** verschiedener Einheitsvektoren umgeformtes LGS heißt **kanonisch**.

Beispiel 9.2.57:

i)   Die Systeme
$$\begin{array}{ccc|c} 0 & 0 & 1 & a \\ 1 & 0 & 0 & b \\ 0 & 1 & 0 & c \\ 0 & 0 & 0 & d \end{array}$$
sowie
$$\begin{array}{ccccc|c} 1 & 2 & 3 & 0 & 1 & u \\ 0 & 4 & -1 & 1 & 1 & v \end{array}$$
sind kanonische LGS.

ii)   Das System
$$\begin{array}{cccc|c} 1 & 0 & 1 & 1 & x \\ 4 & 1 & 0 & 5 & y \\ 3 & 0 & 0 & 7 & z \end{array}$$
ist *nicht* kanonisch, da in der ersten bzw. vierten Spalte noch ein neuer Einheitsvektor erzeugt werden kann *(Pivotelemente 3 bzw. 7)*.

Der Gaußsche Algorithmus formt ein gegebenes LGS mit Hilfe elementarer Zeilenoperationen in ein kanonisches System um. Je nach Positionierung der Einheitsvektoren gestattet ein vorgegebenes LGS **verschiedene kanonische Darstellungen**.

Jedes kanonische System lässt sich *(ggf. durch Zeilenvertauschungen oder Umbenennungen von Variablen)* auf die folgende Form bringen:

(9.2.58)

x_1	x_2	...	x_k	:	x_{k+1}	...	x_n	b
1	0	...	0	:				b_1
0	1		0	:		**R**		b_2
⋮		⋱	⋮	:				⋮
0	0	...	1	:				b_k
0	0	...	0	:	0	...	0	b_{k+1}
⋮	⋮		⋮	:	⋮		⋮	⋮
0	0	...	0	:	0	...	0	b_m

Dabei bedeutet **R** eine „**Restmatrix**" (*k Zeilen*, *n − k Spalten*) aus beliebigen Elementen.

   k Einheitsvektoren $\Rightarrow$ rg A = k.

Beispiel 9.2.59:   Das nebenstehende LGS (1) kann durch Änderung der Variablenreihenfolge auf das System (2) gebracht werden. Setzen wir dann:
$$x_3 =: x_1{}^*;\ x_1 =: x_2{}^*;\ x_2 =: x_3{}^*;\ x_4 =: x_4{}^*,$$
haben wir das kanonische System (3) nach (9.2.58):

x_1	x_2	x_3	x_4	b
0	0	1	2	4
1	4	0	7	3
0	0	0	0	a

(1)

x_3	x_1	x_2	x_4	b
1	0	0	2	4
0	1	4	7	3
0	0	0	0	a

(2)

$x_1{}^*$	$x_2{}^*$	:	$x_3{}^*$	$x_4{}^*$	b
1	0	:	0	2	4
0	1	:	4	7	3
0	0	:	0	0	a

(3)   mit $R = \begin{pmatrix} 0 & 2 \\ 4 & 7 \end{pmatrix}$.

Wir erkennen: **Unterhalb** von **R** müssen in einem **kanonischen System** lauter **Nullen** stehen, da andernfalls ein weiterer (k+1)-ter Einheitsvektor erzeugbar wäre, mithin die Maximalzahl von Einheitsvektoren noch nicht erreicht wäre und somit kein kanonisches System vorläge.

Die **Lösbarkeit** des in ein **kanonisches System** (9.2.58) umgeformten LGS hängt offenbar ab von den gegebenen konkreten **Zahlenwerten** $b_{k+1}, \ldots, b_m$ der **rechten Seite** unterhalb der Restmatrix R. Zwei mögliche Fälle sind dabei zu unterscheiden:

Fall 1:   Mindestens **einer** der Werte $b_{k+1}, \ldots, b_m$ ist von **Null verschieden**. Damit existiert zwangsläufig eine **widersprüchliche Zeile** (z.B. $0 \quad 0 \ \ldots \ 0 \mid 7$): Das LGS besitzt **keine Lösung**.

Fall 2:   **Sämtliche** Werte $b_{k+1}, \ldots, b_m$ verschwinden: $b_{k+1} = b_{k+2} = \ldots = b_m = 0$. Dann sind die letzten $m-k$ Zeilen von (9.2.58) **Nullzeilen** und können **ersatzlos gestrichen** werden (s. Bemerkung 9.2.18). Das System (9.2.58) reduziert sich auf die folgenden k Gleichungen mit n Variablen ($n \geq k$):

$z.B. \; (siehe \; (9.2.53) \,)$

(9.2.60)

x_1	x_2	$\ldots$	x_k	x_{k+1}	$\ldots$	x_n	b
1	0		0				b_1
0	1		0		R		b_2
0	0		1				b_k

x_1	x_5	x_3	x_2	x_4	b
1	0	0	2	0	10
0	1	0	3	-3	20
0	0	1	-4	-2	30

Aus (9.2.60) lässt sich die Lösungsmenge des in **kanonische** Form gebrachten LGS angeben:

i) Ist $\mathbf{n > k}$ *(d.h. gibt es mehr Variable als Gleichungen)*, so hat das LGS **unendlich viele Lösungen**.
   Die **allgemeine Lösung** $\vec{x}$ erhalten wir nach beliebiger Wahl der $x_{k+1}, \ldots, x_n$ aus (9.2.60) zu:

(9.2.61)
$$\vec{x} = \begin{pmatrix} \vec{b}_r - R \cdot \vec{x}_r \\ \cdots \\ \vec{x}_r \end{pmatrix} \quad \text{mit} \quad \vec{b}_r := \begin{pmatrix} b_1 \\ b_2 \\ \vdots \\ b_k \end{pmatrix}, \quad \vec{x}_r := \begin{pmatrix} x_{k+1} \\ x_{k+2} \\ \vdots \\ x_n \end{pmatrix}$$

Beispiel:

	x_1	x_2	x_3	x_4	x_5	b
	1	0	0	2	-4	9
Aus	0	1	0	-3	7	6
	0	0	1	1	5	8

folgt $\vec{b}_r = \begin{pmatrix} 9 \\ 6 \\ 8 \end{pmatrix}$; $\vec{x}_r = \begin{pmatrix} x_4 \\ x_5 \end{pmatrix}$ und daher:

$$\vec{x} = \begin{pmatrix} \begin{pmatrix} 9 \\ 6 \\ 8 \end{pmatrix} - \begin{pmatrix} 2 & -4 \\ -3 & 7 \\ 1 & 5 \end{pmatrix} \cdot \begin{pmatrix} x_4 \\ x_5 \end{pmatrix} \\ \cdots \\ x_4 \\ x_5 \end{pmatrix} = \begin{pmatrix} 9 - 2x_4 + 4x_5 \\ 6 + 3x_4 - 7x_5 \\ 8 - x_4 - 5x_5 \\ x_4 \\ x_5 \end{pmatrix} \quad \text{mit beliebigen } x_4, x_5 \in \mathbb{R}.$$

ii) Ist $\mathbf{n = k}$ *(d.h. gibt es im kanonischen System genauso viele Gleichungen wie Variable)*, so reduziert sich (9.2.60) auf:

(9.2.62)

x_1	x_2	$\ldots$	x_n	b
1	0	$\ldots$	0	b_1
0	1	$\ldots$	0	b_2
0	0	$\cdot$ 1		b_n

mit der **eindeutigen Lösung**: $\vec{x} = \begin{pmatrix} b_1 \\ b_2 \\ \vdots \\ b_n \end{pmatrix}$.

Beispiel: Das kanonische LGS hat eine eindeutige Lösung $\vec{x}$:
(Variablennumerierung beachten!)

x_1	x_3	x_2	b
1	0	0	-2
0	1	0	7
0	0	1	3

$\Leftrightarrow \quad \vec{x} = \begin{pmatrix} x_1 \\ x_2 \\ x_3 \end{pmatrix} = \begin{pmatrix} -2 \\ 3 \\ 7 \end{pmatrix}.$

Zusammenfassend können wir feststellen:

Satz 9.2.63:   **(Lösbarkeit linearer Gleichungssysteme)**

Das LGS $A\vec{x} = \vec{b}$, bestehend aus m Gleichungen mit n Variablen, ist

i)   **eindeutig lösbar,** wenn nach Streichen aller im Verlauf des Lösungsverfahrens ($\rightarrow$ Gaußscher Algorithmus) auftretenden Nullzeilen schließlich ein widerspruchsfreies kanonisches System aus **n Gleichungen** mit **n Variablen** (9.2.62) erzeugt werden kann;

ii)   **mehrdeutig lösbar** (mit unendlich vielen Lösungen), wenn (nach Streichen aller Nullzeilen) schließlich ein **widerspruchsfreies kanonisches System** mit **weniger Gleichungen als Variablen** übrigbleibt, siehe (9.2.60);

iii)   **nicht lösbar,** wenn im Verlauf der elementaren Zeilenoperationen eine **Nullzeile** mit **nicht verschwindender rechter Seite** auftritt.

Bemerkung 9.2.64:

*Aus Satz 9.2.63 ergeben sich mit Hilfe des **Rangbegriffes** (Def. 9.2.54) äquivalente Lösbarkeitskriterien:*

Sei A eine (m, n)-Matrix:

- *Das LGS $A\vec{x} = \vec{b}$ ist **konsistent** (d.h. lösbar), wenn gilt: $rg\,A = rg(A \mid \vec{b})$.*
  (Dabei bedeutet „ $A \mid \vec{b}$ “ die um die rechte Seite $\vec{b}$ erweiterte Koeffizientenmatrix A.)
  *Das **konsistente** LGS $A\vec{x} = \vec{b}$ ist*

  *i)   **eindeutig** lösbar, wenn gilt: $rg\,A = n$;*
  *ii)   **mehrdeutig** lösbar, wenn gilt: $rg\,A < n$.*

- *Das LGS $A\vec{x} = \vec{b}$ ist **inkonsistent** (d.h. nicht lösbar), wenn gilt*

  iii) $rg\,A < rg\,(A \mid \vec{b})$ (siehe auch Aufgabe 9.2.75).

Besonders nützlich im Hinblick auf die Anwendung beim Simplexverfahren der Linearen Optimierung (Kap. 10.2) sind die folgenden **Begriffe** im Zusammenhang mit **mehrdeutig lösbaren** LGS:

Def. 9.2.65:   In einem kanonischen System (9.2.60) nennt man die **zu** den k unterschiedlichen **Einheitsvektoren** gehörenden Variablen **Basisvariable** (BV), alle übrigen Variablen **Nichtbasisvariable** (NBV).

Beispiel 9.2.66:

i) Im nebenstehenden LGS sind x_2, x_3, x_5 Basisvariable und x_1, x_4 Nichtbasisvariable.

ii) Im LGS (9.2.60) sind $x_1, x_2, ..., x_k$ BV und x_{k+1}, $x_{k+2}, ..., x_n$ NBV.

x_1	x_2	x_3	x_4	x_5	b
2	0	1	−2	0	8
1	0	0	7	1	4
0	1	0	3	0	5

Bemerkung 9.2.67:

Erzeugen wir (z.B. mit einem Pivotschritt) in einem LGS in der Spalte der Variablen x_j einen Einheitsvektor, so sagt man auch, x_j werde „in die Basis gebracht".

Def. 9.2.68:   Wählt man in einem mehrdeutig lösbaren kanonischen System (9.2.60) für sämtliche **Nichtbasisvariablen** den Wert **Null**, so nennt man die sich damit aus (9.2.61) ergebende **spezielle Lösung** eine **Basislösung** $\vec{x}_B$ des linearen Gleichungssystems.

Beispiel 9.2.69:

i) Wählen wir in (9.2.60) für alle NBV den Wert Null vor, d.h. $x_{k+1} = x_{k+2} = \ldots = x_n = 0$, so lautet die resultierende Basislösung:

$$x_1 = b_1, \, x_2 = b_2, \, \ldots, \, x_k = b_k, \, x_{k+1} = 0, \, \ldots, \, x_n = 0, \quad \text{d.h.} \quad \vec{x}_B = (b_1 \quad b_2 \ldots b_k \quad 0 \quad 0 \ldots 0)^T$$

(siehe auch (9.2.61) mit $\vec{x}_r = \vec{0}$).

ii) Die aus Beispiel 9.2.66 i) resultierende Basislösung lautet:

$$\vec{x}_B = (x_1 \quad x_2 \quad x_3 \quad x_4 \quad x_5)^T = (0 \quad 5 \quad 8 \quad 0 \quad 4)^T .$$

Bemerkung 9.2.70: *Da jedes mehrdeutig lösbare LGS verschiedene kanonische Darstellungen gestattet (je nach Pivotisierung der Einheitsvektoren, siehe etwa Beispiel 9.2.45: (9.2.48) und (9.2.49)), gibt es zu jedem mehrdeutig lösbaren LGS auch mehrere Basislösungen.*

Beispiel: Aus (9.2.48) ergibt sich die Basislösung $\vec{x}_{B1} = (2, -5, 0, 0)^T$ und aus (9.2.49) die Basislösung $\vec{x}_{B2} = (0, -2, 1, 0)^T$.

Aufgabe 9.2.71: Untersuchen Sie die folgenden LGS auf ihre Lösbarkeit und geben Sie im Fall eindeutiger Lösbarkeit den Lösungsvektor, im Fall mehrdeutiger Lösung die allgemeine Lösung, zwei spezielle Nichtbasislösungen sowie zwei verschiedene Basislösungen an:

i)
$$\begin{aligned} -x_2 + x_3 &= 38 \\ 4x_1 + 2x_2 + 3x_3 &= -19 \\ 3x_1 \qquad - x_3 &= 19 \end{aligned}$$

iv)
$$\begin{pmatrix} 1 & 0 & 0 & -2 & 0 \\ 1 & 3 & 0 & 0 & 0 \\ 0 & 0 & 1 & 0 & -3 \\ 0 & 1 & 2 & 0 & 0 \\ 0 & 1 & 0 & -2 & -1 \\ 0 & -3 & 2 & 6 & -3 \end{pmatrix} \cdot \begin{pmatrix} x_1 \\ x_2 \\ x_3 \\ x_4 \\ x_5 \end{pmatrix} = \begin{pmatrix} 0 \\ 30 \\ 0 \\ 20 \\ 0 \\ 0 \end{pmatrix}$$

ii)
$$\begin{aligned} 2x_1 - 4x_2 + x_3 - x_4 &= x_5 + 1 \\ 6x_1 - 3x_2 - x_3 + 2x_4 &= x_6 - 1 \end{aligned}$$

iii)
$$\begin{aligned} y_1 - 4y_2 + 3y_3 &= 16 \\ -2y_1 + y_2 - 5y_3 &= -12 \\ 4y_1 + 5y_2 + 9y_3 &= 4 \\ 7y_2 - y_3 &= -20 \end{aligned}$$

v)
$$\begin{aligned} -u_1 - 2u_2 + u_3 &= 8 \\ 2u_1 + 3u_2 - u_3 &= -10 \\ -u_1 - 4u_2 + 3u_3 &= 10 . \end{aligned}$$

Aufgabe 9.2.72: Bestimmen Sie den Rang sämtlicher Koeffizientenmatrizen **A** sowie sämtlicher erweiterten Koeffizientenmatrizen $\mathbf{A} \vdots \vec{b}$ der linearen Gleichungssysteme (LGS) aus Aufgabe 9.2.71 und machen Sie damit eine Aussage über die Lösbarkeit des jeweils zugrunde liegenden LGS.

Aufgabe 9.2.73:   i) Wieviele verschiedene Basislösungen kann ein unterbestimmtes LGS, bestehend aus m Gleichungen mit n Variablen (m < n) höchstens besitzen ?

ii) Beantworten Sie Frage i) für die mehrdeutig lösbaren LGS von Aufgabe 9.2.71.

Aufgabe 9.2.74:   Geben Sie sämtliche Basislösungen des LGS $\begin{aligned} 2x_1 - 3x_2 - x_3 &= 4 \\ x_1 + 2x_2 - x_3 &= -1 \end{aligned}$ an.

Aufgabe 9.2.75:   Weshalb ist ein LGS $\mathbf{A}\vec{x} = \vec{b}$ nicht lösbar, wenn gilt: $\text{rg } \mathbf{A} < \text{rg }(\mathbf{A} \vdots \vec{b})$?
(siehe Bemerkung 9.2.64)

9.2.5   Berechnung der Inversen einer Matrix

In Beispiel 9.1.77 haben wir bereits exemplarisch festgestellt, dass die Ermittlung der Inversen A^{-1} einer regulären 3×3-Matrix A äquivalent ist zur Ermittlung der Lösungen von drei LGS des Typs $A\vec{x} = \vec{c}$. Das Beispiel kann verallgemeinert werden:

Für eine reguläre (n,m)-Matrix $A = (a_{ik})$ und ihre Inverse $A^{-1} = (x_{ki})$ muss definitionsgemäß gelten: $A \cdot A^{-1} = E$. Die Darstellung dieses Sachverhaltes liefert das Falk'sche Schema (9.2.76):

$$(9.2.76) \qquad
\begin{array}{ccccc}
x_{11} & \cdots & x_{1i} & \cdots & x_{1n} \\
x_{21} & & x_{2i} & & x_{2n} \\
\vdots & & \vdots & & \vdots \\
x_{n1} & \cdots & x_{ni} & \cdots & x_{nn}
\end{array}
\quad = A^{-1}$$

$$A = \quad
\begin{array}{cccc}
a_{11} & a_{12} & \cdots & a_{1n} \\
\vdots & \vdots & & \vdots \\
a_{i1} & a_{i2} & \cdots & a_{in} \\
\vdots & \vdots & & \vdots \\
a_{n1} & a_{n2} & \cdots & a_{nn}
\end{array}
\quad \left| \quad
\begin{array}{ccccc}
1 & \cdots & 0 & \cdots & 0 \\
\vdots & & \vdots & & \vdots \\
0 & \cdots & 1 & \cdots & 0 \\
\vdots & & \vdots & & \vdots \\
0 & \cdots & 0 & \cdots & 1
\end{array}
\right. \quad = E$$

Bezeichnen wir die erste Spalte von A^{-1} mit $\vec{x}_1$, die i-te Spalte von A^{-1} mit $\vec{x}_i$ usw., so erkennen wir, dass zur Ermittlung aller Koeffizienten x_{ji} von A^{-1} die folgenden n linearen Gleichungssysteme gelöst werden müssen:

$$(9.2.77) \qquad A\vec{x}_1 = \vec{e}_1 ; \qquad A\vec{x}_2 = \vec{e}_2 ; \quad ..... \quad ; \quad A\vec{x}_i = \vec{e}_i ; \quad .....; \quad A\vec{x}_n = \vec{e}_n .$$

(dabei ist $\vec{e}_i$ der Einheitsvektor mit der Eins in der i-ten Zeile.)

Gemeinsam ist allen n LGS (9.2.77) die linke Seite, d.h. die Koeffizientenmatrix A. Daher lösen wir zweckmäßigerweise sämtliche Systeme (9.2.77) **simultan** in einem **einzigen Pivot-Tableau** mit der linken Seite A und den n rechten Seiten $\vec{e}_1, \vec{e}_2, ..., \vec{e}_n$, siehe (9.2.78).

$$
\begin{array}{c}
(= A) \\
\begin{array}{cccc}
a_{11} & a_{12} & \cdots & a_{1n} \\
a_{21} & a_{22} & \cdots & a_{2n} \\
\vdots & \vdots & & \vdots \\
a_{n1} & a_{n2} & \cdots & a_{nn}
\end{array}
\end{array}
\left|
\begin{array}{c}
(= E) \\
\begin{array}{cccc}
1 & 0 & \cdots & 0 \\
0 & 1 & \cdots & 0 \\
\vdots & & & \vdots \\
0 & 0 & \cdots & 1
\end{array}
\end{array}
\right.
\quad
\begin{array}{c}
\text{Gauß-} \\
\text{Algorithmus} \\
\longrightarrow \\
(9.2.78)
\end{array}
\quad
\begin{array}{c}
(= E) \\
\begin{array}{cccc}
1 & 0 & \cdots & 0 \\
0 & 1 & \cdots & 0 \\
\vdots & & & \vdots \\
0 & 0 & \cdots & 1
\end{array}
\end{array}
\left|
\begin{array}{c}
(= A^{-1}) \\
\begin{array}{cccc}
x_{11} & x_{12} & \cdots & x_{1n} \\
x_{21} & x_{22} & \cdots & x_{2n} \\
\vdots & \vdots & & \vdots \\
x_{n1} & x_{n2} & \cdots & x_{nn}
\end{array}
\end{array}
\right.
$$

Gelingt es, die linke Seite auf **kanonische Diagonalform** zu bringen, so stehen rechts die n gesuchten Lösungsvektoren in der Reihenfolge $\vec{x}_1, \vec{x}_2, ..., \vec{x}_n$, mithin genau die gesuchte **Inverse A^{-1}**.

Beispiel 9.2.79:   Gesucht ist die Inverse von

$$A = \begin{pmatrix} 1 & 4 & 3 \\ 2 & 5 & 4 \\ 1 & -3 & -2 \end{pmatrix} .$$

Durch Pivotisieren ergeben sich nacheinander die nebenstehenden Systeme.

Die rechts unten stehende Matrix ist die Inverse:

$$A^{-1} = \begin{pmatrix} 2 & -1 & 1 \\ 8 & -5 & 2 \\ -11 & 7 & -3 \end{pmatrix} .$$

$$A = \begin{array}{ccc|ccc}
\boxed{1} & 4 & 3 & 1 & 0 & 0 \\
2 & 5 & 4 & 0 & 1 & 0 \\
1 & -3 & -2 & 0 & 0 & 1
\end{array} \quad = E$$

$$\begin{array}{ccc|ccc}
1 & 4 & 3 & 1 & 0 & 0 \\
0 & -3 & -2 & -2 & 1 & 0 \\
0 & -7 & \boxed{-5} & -1 & 0 & 1
\end{array}$$

$$\begin{array}{ccc|ccc}
1 & -0,2 & 0 & 0,4 & 0 & 0,6 \\
0 & \boxed{-0,2} & 0 & -1,6 & 1 & -0,4 \\
0 & 1,4 & 1 & 0,2 & 0 & -0,2
\end{array}$$

$$E = \begin{array}{ccc|ccc}
1 & 0 & 0 & 2 & -1 & 1 \\
0 & 1 & 0 & 8 & -5 & 2 \\
0 & 0 & 1 & -11 & 7 & -3
\end{array} \quad = A^{-1}$$

Zur Lösung linearer Gleichungssysteme (mit regulärer Koeffizientenmatrix) eignet sich die Inverse (wegen des erhöhten Rechenaufwandes für ihre Ermittlung) nur, wenn man mehrere LGS mit verschiedenen rechten Seiten, aber übereinstimmender Koeffizientenmatrix zu lösen hat:

Beispiel 9.2.80:

Gesucht sind die Lösungen der linearen Gleichungssysteme $A\vec{x} = \vec{b}_i$ (i = 1,2,3) mit

$$A = \begin{pmatrix} 1 & 4 & 3 \\ 2 & 5 & 4 \\ 1 & -3 & -2 \end{pmatrix}$$

und den rechten Seiten

a) $\vec{b}_1 = (1 \quad 2 \quad 3)^T$

b) $\vec{b}_2 = (-2 \quad 5 \quad 0)^T$

c) $\vec{b}_3 = (-0,7 \quad 1,3 \quad 5,2)^T$

Mit Hilfe der in Beispiel 9.2.79 ermittelten Inversen $A^{-1} = \begin{pmatrix} 2 & -1 & 1 \\ 8 & -5 & 2 \\ -11 & 7 & -3 \end{pmatrix}$

erhalten wir durch Matrizenmultiplikation nacheinander die Lösungsvektoren:

a) $\vec{x}_1 = A^{-1} \cdot \vec{b}_1 = (3 \quad 4 \quad -6)^T$;

b) $\vec{x}_2 = A^{-1} \cdot \vec{b}_2 = (-9 \quad -41 \quad 57)^T$;

c) $\vec{x}_3 = A^{-1} \cdot \vec{b}_3 = (2,5 \quad -1,7 \quad 1,2)^T$.

Aufgabe 9.2.81:   Ermitteln Sie jeweils die Inverse zu **A** :

i) $A = \begin{pmatrix} 2 & 2 & -5 \\ -2 & -1 & 4 \\ 1 & 0 & -1 \end{pmatrix}$
ii) $A = \begin{pmatrix} 1 & 2 & -1 \\ 2 & -1 & 3 \\ -1 & 1 & 2 \end{pmatrix}$

iii) $A = \begin{pmatrix} 1 & 4 & -2 & -2 \\ -2 & 1 & 3 & 1 \\ 1 & 2 & 2 & -1 \\ 2 & -2 & -1 & -1 \end{pmatrix}$
iv) $A = \begin{pmatrix} -1 & -2 & 1 \\ 2 & 3 & -1 \\ -1 & -4 & 3 \end{pmatrix}$.

Aufgabe 9.2.82:   Lösen Sie die LGS $A\vec{x} = \vec{b}$ mit Hilfe der Inversen A^{-1}.

i) $A = \begin{pmatrix} 1 & 2 & -1 \\ 2 & 4 & 2 \\ 1 & 1 & 1 \end{pmatrix}$; $\vec{b}_1 = \begin{pmatrix} 5 \\ 2 \\ -1 \end{pmatrix}$, $\vec{b}_2 = \begin{pmatrix} -2 \\ 1 \\ 10 \end{pmatrix}$, $\vec{b}_3 = \begin{pmatrix} 9,8 \\ 4,2 \\ -3,5 \end{pmatrix}$

ii) $A = \begin{pmatrix} 2 & -2 & -1 \\ 1 & -1 & 2 \\ 1 & 1 & 3 \end{pmatrix}$; $\vec{b}_1 = \begin{pmatrix} 8 \\ 7 \\ -3 \end{pmatrix}$, $\vec{b}_2 = \begin{pmatrix} 100 \\ -200 \\ 500 \end{pmatrix}$, $\vec{b}_3 = \begin{pmatrix} 21,7 \\ -1,6 \\ 3,7 \end{pmatrix}$.

9.2.6   Ökonomische Anwendungsbeispiele für lineare Gleichungssysteme

9.2.6.1   Teilbedarfsrechnung, Stücklistenauflösung

In Unternehmen z.B. des Fahrzeugbaus, Gerätebaus oder der chemischen Industrie hat man es mit mehrstufigen Fertigungsabläufen zu tun, bei denen feste Mengenbeziehungen zwischen Rohstoffen, Zwischenprodukten, Halbfertigbauteilen, Funktionsgruppen, Baugruppen usw. und den Endprodukten bestehen.

Um derartige Mengenstrukturen quantitativ abbilden zu können, können wir einen sogenannten **Gozintographen** verwenden *(nach dem Mathematiker A.Vazsonyi, der diesen Begriff dem selbsterfundenen „ital. Mathematiker Zepartzat Gozinto" zuschrieb. Spricht man diesen Namen aus wie „the part that goes into", so erkennt man den beabsichtigten Zusammenhang)* – siehe Abb 9.2.83:

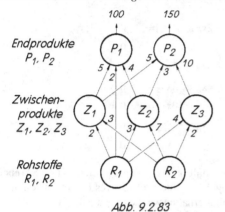

Abb. 9.2.83

Wir bezeichnen die notwendigen Stückzahlen (in ME_i) der einzelnen Produkte mit Variablen, z.B.

x_1, x_2:   Mengen $[ME_1, ME_2]$
              der Rohstoffe R_1, R_2 ;

x_3, x_4, x_5:   Mengen $[ME_3, ME_4, ME_5]$
              der Zwischenprodukte Z_1, Z_2, Z_3 ;

x_6, x_7:   Mengen $[ME_6, ME_7]$
              der Endprodukte P_1, P_2 .

Dabei bedeutet etwa die Zahl „7" am Pfeil von R_2 nach Z_2, dass pro Mengeneinheit ME_4 von Zwischenprodukt Z_2 7 ME_2 des Rohstoffs R_2 erforderlich sind. Statt „7" müsste es also im Gozintographen korrekt heißen: „7 ME_2/ME_4". Entsprechend korrekte Einheiten müssten eigentlich bei allen Mengenbeziehungen im Gozintographen aufgeführt sein, aus Gründen der Übersichtlichkeit verzichten wir hier darauf, zumal Missverständnisse kaum zu befürchten sind.

Während aus dem Gozintographen somit nur der **direkte Bedarf** an vorgeschalteten Roh- bzw. Zwischenprodukten entnommen werden kann, interessiert man sich vor allem dafür, wieviele **Vor - und Zwischenprodukte insgesamt** zur Verfügung stehen müssen, damit ein **vorgegebenes Produktionsprogramm** durchgeführt werden kann.

Die **Lösung** dieses Problems können wir mit Hilfe von **linearen Gleichungssystemen** finden. Am **Beispiel** von Abb. 9.2.83 soll das Vorgehen demonstriert werden.

Das Produktionsprogramm sieht vor, vom Endprodukt P_1 100 ME_6 und vom Endprodukt P_2 150 ME_7 zu erzeugen, d.h. es gilt: $x_6 = 100\ ME_6$; $x_7 = 150\ ME_7$.

Zwischen den einzelnen Variablen bestehen lineare Beziehungen, wie am Beispiel des Rohstoffs R_1 gezeigt werden soll (Abb. 9.2.83):

R_1 geht direkt ein in die drei Zwischenprodukte Z_1, Z_2, Z_3 (mit 2,3 bzw. 4 Rohstoffeinheiten pro Zwischenprodukteinheit) sowie in das Endprodukt P_1 (mit 2 Rohstoffeinheiten pro Endprodukteinheit). Werden von den drei Zwischenprodukten x_3, x_4 bzw. x_5 Einheiten und vom Endprodukt P_1 x_6 Einheiten benötigt, so beträgt der **Gesamtbedarf** x_1 **des Rohstoffs** R_1:

$$x_1[ME_1] = 2[ME_1/ME_3] \cdot x_3[ME_3] + 3[ME_1/ME_4] \cdot x_4[ME_4] + 4[ME_1/ME_5] \cdot x_5[ME_5] + 2[ME_1/ME_6] \cdot x_6[ME_6]$$

Auf beiden Seiten ergibt sich nach dem Kürzen der Einheiten die resultierende korrekte Einheit „ME_1". Im weiteren Verlauf verzichten wir auf die explizite Angabe der Einheiten.

Auf analoge Weise leiten wir nun die weiteren Mengenbeziehungen aus Abb. 9.2.83 her und erhalten schließlich insgesamt:

$$x_1 = 2x_3 + 3x_4 + 4x_5 + 2x_6$$
$$x_2 = 3x_3 + 7x_4 + 2x_5$$

(9.2.84)
$$x_3 = \qquad\qquad 5x_6 + 5x_7$$
$$x_4 = \qquad\qquad 4x_6 + 3x_7$$
$$x_5 = \qquad\qquad\qquad 10x_7$$
$$x_6 = 100$$
$$x_7 = 150$$

d.h.
$$x_1 \quad - 2x_3 - 3x_4 - 4x_5 - 2x_6 \qquad\qquad = \quad 0$$
$$x_2 - 3x_3 - 7x_4 - 2x_5 \qquad\qquad = \quad 0$$
$$x_3 \qquad\qquad - 5x_6 - 5x_7 = \quad 0$$

(9.2.85)
$$x_4 \qquad - 4x_6 - 3x_7 = \quad 0$$
$$x_5 \qquad\quad -10x_7 = \quad 0$$
$$x_6 \qquad\qquad = 100$$
$$x_7 = 150 \quad .$$

Formen wir das oben stehende LGS auf die übliche Gestalt um, so erkennen wir, dass (9.2.84) **obere Dreiecksform** besitzt (siehe (9.2.85)) und die **Lösung** daher durch sukzessives Einsetzen von unten nach oben gewonnen werden kann, siehe (9.2.86). Damit erhalten wir die folgende Lösung:

(9.2.86)
$$x_1 = 11.250 \ ME_1 \text{ von Rohstoff } R_1$$
$$x_2 = 12.700 \ ME_2 \text{ von Rohstoff } R_2$$
$$x_3 = \quad 1.250 \ ME_3 \text{ von Zwischenprodukt } Z_1$$
$$x_4 = \qquad 850 \ ME_4 \text{ von Zwischenprodukt } Z_2$$
$$x_5 = \quad 1.500 \ ME_5 \text{ von Zwischenprodukt } Z_3$$
$$x_6 = \qquad 100 \ ME_6 \text{ von Endprodukt } P_1$$
$$x_7 = \qquad 150 \ ME_7 \text{ von Endprodukt } P_2$$

Beispiel 9.2.87:

Die Fertigungsstrukturen in einem chemischen Produktionsprozess sei durch einen Gozintographen abgebildet (s. Abb. 9.2.88).

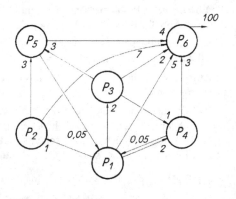

Abb. 9.2.88

In Fällen wie diesem, in denen höherwertige Produkte ihrerseits zur Produktion von Produkten vorgelagerter Fertigungsstufen verwendet werden, weist der Gozintograph **Schleifen** auf (in Abb. 9.2.88 existieren Schleifen von P_5 nach P_1 und P_4 nach P_1).

Das entsprechende Gleichungssystem weist in diesem Fall **keine Dreiecksform** auf, so dass die besonders einfache Lösbarkeit durch Einsetzen nicht mehr gegeben ist.

Bezeichnen wir die benötigte Menge des Produktes P_i mit x_i, so folgt aus Abb. 9.2.88 das LGS:

$$
\begin{aligned}
x_1 &= x_2 + 2x_3 + 2x_4 + 5x_6 \\
x_2 &= 3x_5 + 7x_6 \\
x_3 &= x_4 + 3x_5 + 2x_6 \\
x_4 &= 0{,}05x_1 + 3x_6 \\
x_5 &= 0{,}05x_1 + 4x_6 \\
x_6 &= 100
\end{aligned}
$$

bzw.

$$
\begin{aligned}
x_1 - x_2 - 2x_3 - 2x_4 \quad\quad\ - 5x_6 &= 0 \\
x_2 \quad\quad\ - 3x_5 - 7x_6 &= 0 \\
x_3 - \ x_4 - 3x_5 - 2x_6 &= 0 \\
0{,}05x_1 \quad\ - \ x_4 \quad\ + 3x_6 &= 0 \\
0{,}05x_1 \quad\quad\quad\ - \ x_5 + 4x_6 &= 0 \\
x_6 &= 100
\end{aligned}
$$

mit der Lösung:

$$
\begin{aligned}
x_1 &= 18.285{,}71 \ ME_1 \ ; \\
x_2 &= 4.642{,}86 \ ME_2 \ ; \\
x_3 &= 5.357{,}14 \ ME_3 \ ; \\
x_4 &= 1.214{,}29 \ ME_4 \ ; \\
x_5 &= 1.314{,}29 \ ME_5 \ ; \\
x_6 &= 100{,}00 \ ME_6 \ .
\end{aligned}
$$

9.2.6.2   Innerbetriebliche Leistungsverrechnung

In vielen Unternehmungen ist es üblich, dass zwischen zwei oder mehr betriebsinternen Abteilungen (Hilfsbetrieben, Kostenstellen) ein **wechselseitiger Leistungsaustausch** stattfindet, sich die verschiedenen Abteilungen somit gegenseitig beliefern (z.B. mit selbst erzeugtem Strom, Dampf, Gas, selbst durchgeführten Reparaturen, Transport- und Überwachungsleistungen). Die **exakte kostenmäßige Erfassung** dieser innerbetrieblichen Leistungen ist einerseits notwendige Grundlage zur **Selbstkostenermittlung** und **Preiskalkulation** der für den Markt bestimmten Güter und dient andererseits dazu, einen **Kostenvergleich** zwischen **Eigenerstellung** und **Fremdbezug** derartiger innerbetrieblicher Leistungen zu ermöglichen.

Als einfaches **Beispiel** soll eine Unternehmung mit einem Hauptbetrieb (*z.B. Endproduktions-Abteilung*) und den drei Hilfsbetrieben „Strom", „Heizung", „Werkstatt" betrachtet werden. Die Hilfsbetriebe sollen in erster Linie ihre Leistungen an den Hauptbetrieb abgeben, verbrauchen aber auch einen Teil ihrer produzierten Leistung selbst oder wechselseitig. Die folgende Tabelle (9.2.89) gibt Aufschluss über die Leistungsbeziehungen einer Abrechnungsperiode:

		Empfänger					
(9.2.89)	Hilfsbetrieb	Hei-zung	Strom	Werk-statt	Haupt-betrieb	Gesamt-leistung	primäre Kosten (€)
	Heizung (kWh)	–	400	2.000	**50.000**	52.400	4.140
Lieferant	Strom (kWh)	500	1.000	5.000	**20.000**	26.500	3.060
	Werkstatt (h)	20	40	10	**200**	270	11.800

$$\Sigma: \ 19.000 \ €$$

Sämtliche Kosten, die den Hilfsbetrieben bei der Erstellung ihrer Gesamtleistung unmittelbar (*d.h. ohne Berücksichtigung von innerbetrieblichen Verrechnungskosten*) entstehen, nennt man **primäre Kosten** (z.B. Löhne, Gehälter, Material, Abschreibungen ...).

Die an den **Hauptbetrieb abgegebenen Leistungen** sollen nun mit den „richtigen" **Verrechnungskosten** bewertet werden. Dazu genügt es nicht, die jedem Hilfsbereich direkt entstandenen primären Kosten einfach durch die Zahl der an den Hauptbetrieb abgegebenen Leistungseinheiten zu dividieren: Die umlagebedürftigen Gesamtkosten eines Hilfsbetriebes umfassen nämlich außer den primären Kosten noch die Kosten der innerbetrieblichen Leistungen, die von den übrigen Hilfsbetrieben geleistet wurden.

Die Kosten dieser „Vorlieferung" heißen **sekundäre Kosten**.

So entsteht das Problem, dass man die umlagefähigen Gesamtkosten eines jeden Hilfsbetriebes erst dann ermitteln kann, wenn man die korrekten Verrechnungspreise der bezogenen innerbetrieblichen Leistungen kennt und umgekehrt.

Die **Lösung** dieses Problems ergibt sich, wenn man die **gesuchten Verrechnungspreise** der innerbetrieblichen Leistungen **simultan** mit Hilfe eines **linearen Gleichungssystems** berechnet: Seien p_1, p_2, p_3 die noch unbekannten Verrechnungspreise (d.h. Kosten je Leistungseinheit) für Heizung (in €/kWh), Strom (in €/kWh) und Werkstatt (in €/h).

Dann muss für **jeden Hilfsbetrieb** die **grundlegende Beziehung** (9.2.90) gelten:

(9.2.90)	Primäre Kosten	+	sekundäre Kosten	=	Wert der produzierten Leistung
			(= empfangene Leistung mal Verrechnungspreis)		*(= Gesamtleistung mal Verrechnungspreis)*

Angewendet auf die Daten von Tabelle (9.2.89) ergeben sich so die folgenden linearen Gleichungen:

Heizung: $4.140 + \qquad\qquad 500p_2 + 20p_3 = 52.400p_1$

Strom: $3.060 + \quad 400p_1 + 1.000p_2 + 40p_3 = 26.500p_2$

Werkstatt: $11.800 + 2.000p_1 + 5.000p_2 + 10p_3 = \qquad 270p_3$

Daraus erhalten wir das LGS $\qquad 52.400p_1 - \quad 500p_2 - \quad 20p_3 = 4.140$

(9.2.91) $\qquad\qquad\qquad\qquad\qquad - 400p_1 + 25.500p_2 - \quad 40p_3 = 3.060$

$\qquad\qquad\qquad\qquad\qquad\qquad - 2.000p_1 - \quad 5.000p_2 + 260p_3 = 11.800$

mit der Lösung:

$$\boxed{\begin{aligned} p_1 &= 0,10 \text{ €/kWh} \\ p_2 &= 0,20 \text{ €/kWh} \\ p_3 &= 50 \text{ €/h} . \end{aligned}}$$

Bewerten wir die an den Hauptbetrieb abgegebenen Leistungen mit diesen internen Verrechnungspreisen, so ergibt sich als insgesamt verrechnete Kostensumme K:

$$K = 50.000 \text{ kWh} \cdot 0{,}10 \frac{€}{\text{kWh}} + 20.000 \text{ kWh} \cdot 0{,}20 \frac{€}{\text{kWh}} + 200 \text{ h} \cdot 50 \frac{€}{\text{h}}$$

$$= 5.000 € + 4.000 € + 10.000 € = 19.000 € ,$$

also genau die Summe aller primären Kosten. Außerdem decken die Verrechnungspreise für jeden Hilfsbetrieb genau die individuellen primären Kosten, wie aus (9.2.90) hervorgeht: Wert der produzierten Leistung minus Wert der empfangenen Leistung gleich primäre Kosten.

Im **allgemeinen Fall** lässt sich die Struktur bei innerbetrieblicher Leistungsverrechnung aus der folgenden Tabelle 9.2.92 ablesen:

Tab. 9.2.92	Kosten-stelle	**Empfänger**					Gesamt-leistung (LE)	Primäre Kosten (€)	Verrechnungs-preise (€/LE)
		1	2	...	j	... n			
Lieferant	1	a_{11}	a_{12}	...	a_{1j}	... a_{1n}	m_1	k_1	p_1
	2	a_{21}	a_{22}	...	a_{2j}	... a_{2n}	m_2	k_2	p_2
	$\vdots$	$\vdots$	$\vdots$		$\vdots$	$\vdots$	$\vdots$	$\vdots$	$\vdots$
	i	a_{i1}	a_{i2}	...	a_{ij}	... a_{in}	m_i	k_i	p_i
	$\vdots$	$\vdots$	$\vdots$		$\vdots$	$\vdots$	$\vdots$		$\vdots$
	n	a_{n1}	a_{n2}	...	a_{nj}	... a_{nn}	m_n	k_n	p_n

Dabei bedeutet a_{ij} die von Kostenstelle i an Kostenstelle j abgegebene Leistung *(a_{ii} = selbstverbrauchte Eigenleistung)*. Die **j-te Spalte** der **Verflechtungsmatrix** enthält die von der Kostenstelle j insgesamt **bezogenen Leistungen**. Ihr **Wert**

$$S_j := a_{1j} \cdot p_1 + a_{2j} \cdot p_2 + \dots + a_{ij} \cdot p_i + \dots + a_{nj} \cdot p_n$$

entspricht genau den **sekundären Kosten** der Kostenstelle j. Somit erhält man über (9.2.90) aus (9.2.92) das lineare Gleichungssystem (9.2.93) zur Ermittlung der gesuchten Verrechnungspreise p_i:

(9.2.93)

$$\begin{array}{l} k_1 + a_{11}p_1 + a_{21}p_2 + \dots + a_{n1}p_n = m_1p_1 \\ k_2 + a_{12}p_1 + a_{22}p_2 + \dots + a_{n2}p_n = m_2p_2 \\ \vdots \qquad \vdots \qquad \vdots \qquad\qquad \vdots \qquad\quad \vdots \\ k_j + a_{1j}p_1 + a_{2j}p_2 + \dots + a_{nj}p_n = m_jp_j \\ \vdots \qquad \vdots \qquad \vdots \qquad\qquad \vdots \qquad\quad \vdots \\ k_n + a_{1n}p_1 + a_{2n}p_2 + \dots + a_{nn}p_n = m_np_n \end{array}$$

Die Lösung: $\vec{p} = (p_1 \; p_2 \; \cdots \; p_n)^T$ von (9.2.93) liefert die gesuchten Verrechnungspreise.

Aufgabe 9.2.94:

Eine Unternehmung besitzt die beiden Hilfsbetriebe „Stromerzeugung" und „Reparaturwerkstatt",
die einerseits ihre Leistungen an die beiden Hauptbetriebe „Dreherei" und „Endmontage" abgeben,
daneben aber auch gegenseitig Leistungen liefern und verbrauchen. Die entsprechenden Daten sind
in folgender Tabelle zusammengestellt:

	Strom	Reparatur-werkstatt	*(Fertigungs-Hauptbetriebe)*	
			Dreherei	Endmontage
primäre Kosten	30.540 €	60.000 €	240.000 €	300.000 €
abgegebene Leistungen	200.000 kWh	1.600 h		
empfangene Leistungen	400 h	8.000 kWh	92.000 kWh 400 h	100.000 kWh 800 h

Führen Sie eine innerbetriebliche Leistungsverrechnung durch:

i)   Ermitteln Sie die Verrechnungspreise für elektrische Energie und Reparatur.

ii) Führen Sie mit Hilfe der unter i) ermittelten Verrechnungspreise eine Kostenumlage durch
und bestimmen Sie die Gesamtkosten der beiden Fertigungshauptstellen.

Aufgabe 9.2.95:   Eine Unternehmung weist vier Hilfskostenstellen auf, die 3 Hauptkostenstellen sowie
sich selbst untereinander wechselseitig beliefern:

Hilfskosten-stelle	Empfänger (in LE)				Abgabe an Haupt-kostenstelle (LE)			primäre Ko-sten (GE)
	K_1	K_2	K_3	K_4	H_1	H_2	H_3	
K_1	10	30	40	50	80	90	100	2.020
K_2	40	10	50	100	100	150	150	3.700
K_3	100	80	-	40	180	70	30	1.960
K_4	80	20	20	30	250	200	200	7.700

Ermitteln Sie **i)** die Verrechnungspreise (in GE/LE) für die Leistungen der vier Hilfskostenstellen;

ii) die Kostenumlage der Primärkosten auf die drei Hauptkostenstellen.

Aufgabe 9.2.96:   In einer Unternehmung der chemischen Industrie werden zwei Endprodukte P_6, P_7
über verschiedene Zwischenprodukte erstellt. Die
Materialverflechtung ist durch den Gozintographen
(Abb. 9.2.97) vorgegeben.

Ermitteln Sie den Gesamtbedarf der Produkte P_1
bis P_6, wenn vom Endprodukt P_6 82 ME und vom
Endprodukt P_7 100 ME an den Markt geliefert werden sollen.

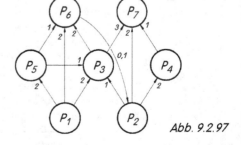

Abb. 9.2.97

10 Lineare Optimierung (LO)

Die bisher behandelten Optimierungsprobleme unter Berücksichtigung von Nebenbedingungen waren dadurch gekennzeichnet, dass die Restriktionen ausschließlich in Gleichungsform vorlagen (siehe Lagrange-Methode, Kap. 7.2.2.3).

Eine Verbesserung der Realitätsnähe mathematischer Optimierungsmodelle wird erreicht, wenn man statt exakter Einhaltung von Nebenbedingungen lediglich fordert, dass bestimmte Restriktionsgrenzen nicht über- oder unterschritten werden (im Fall der Nutzenmaximierung etwa würde man nicht mehr verlangen, dass das verfügbare Einkommen (z.B. 3.000 €) *genau* für Konsumzwecke verbraucht wird – vielmehr können 3.000 € oder aber auch weniger ausgegeben werden).

Mathematisch bedeutet diese Erweiterung die Einbeziehung von Ungleichungen in das mathematische Modell und damit gleichzeitig (wie noch zu zeigen sein wird, siehe Bem. 10.1.9) den Verzicht auf die Anwendung der klassischen Differentialrechnung. Es war daher erforderlich, für Optimierungsmodelle mit Ungleichungen als Nebenbedingungen neue mathematische Lösungswege zu suchen.

Während die Theorie für beliebige Zielfunktionen mit beliebigen Restriktionen noch keineswegs abgeschlossen ist, gelang es, für eine einfache, aber ökonomisch wichtige Klasse dieser Probleme vollständige Lösungsverfahren zu entwickeln: Diese als Lineare Optimierungsprobleme [1] (LO-Probleme) bekannten Modellansätze werden im folgenden behandelt. Sie lassen sich dadurch kennzeichnen, dass sowohl die Zielfunktion als auch sämtliche Nebenbedingungen linear sind.

10.1 Grundlagen und graphische Lösungsmethode

Die **Grundidee** der **Linearen Optimierung** lässt sich an einfachen Beispielen besonders gut erkennen. Daher werden im folgenden zunächst **exemplarisch** ein Maximum- und ein Minimumproblem ausführlich behandelt.

10.1.1 Ein Problem der Produktionsplanung

Zwei verschiedene Kunststoffprodukte I, II werden aus (in beliebiger Menge verfügbarem) Rohgranulat hergestellt. Drei Vorgänge bestimmen die Produktion: Warmpressen, Spritzguss und Verpackung. Produkt I entsteht durch Warmpressen des Granulates, Produkt II entsteht durch Spritzguss des Granulates. Beide Produkte werden anschließend für den Versand verpackt.

Die Fertigungsstelle „Pressen" steht pro Tag für höchstens 10 h zur Verfügung, pro t des Produktes I wird 1 h benötigt. Die entsprechenden Daten für die Fertigungsstelle „Spritzguss" lauten: 6 h/Tag und 1 h/t. In der Verpackungsabteilung stehen vier Arbeitskräfte mit jeweils täglich maximal 8 Arbeitsstunden zur Verfügung. Pro t von Produkt I werden 2 h, pro t von Produkt II werden 4 h in der Verpackungsabteilung benötigt. Durch den (gesicherten) Absatz aller produzierten Kunststoffprodukte erzielt die Unternehmung die Stückdeckungsbeiträge: 30 €/t für Produkt I, 20 €/t für Produkt II.

In welcher Mengenkombination soll die Unternehmung die beiden Produkte herstellen, damit sie den gesamten täglichen Deckungsbeitrag maximiert?

Tabelle 10.1.1 gibt eine Übersicht über die Modellbedingungen (Produktionskoeffizienten, Kapazitäten, Deckungsbeiträge (DB)).

Tab. 10.1.1	Prod. I	Prod. II	max. Tageskapazität
Pressen	1 h/t	-	10 h
Spritzen	-	1 h/t	6 h
Packen	2 h/t	4 h/t	32 h
DB	30 €/t	20 €/t	

---

1 Statt *Lineare Optimierung* ebenfalls gebräuchlich: *Lineare Planungsrechnung* oder *Lineare Programmierung*.

© Springer-Verlag GmbH Deutschland, ein Teil von Springer Nature 2019
J. Tietze, *Einführung in die angewandte Wirtschaftsmathematik*,
https://doi.org/10.1007/978-3-662-60332-1_10

Bezeichnet man die zu produzierenden Mengen (in t/Tag) von Produkt I mit x_1 und von Produkt II mit x_2 (x_1, x_2 heißen **Entscheidungsvariable** oder **Problemvariable**), so lässt sich das LO-Problem mathematisch wie folgt beschreiben:

Beispiel 10.1.2:   Man **maximiere** den Deckungsbeitrag Z mit

(10.1.3) $Z = 30x_1 + 20x_2$

unter Berücksichtigung der **Nebenbedingungen** (Restriktionen)

(10.1.4) $x_1 \quad\ \le\ 10$ (Pressen)

$x_2\ \le\ \ 6$ (Spritzen)

$2x_1 + 4x_2\ \le\ 32$ (Verpacken)   sowie

(10.1.5) $x_1, x_2 \ge 0$ (Nicht-Negativitäts-Bedingungen) .

Die zu maximierende Gewinnfunktion (10.1.3) heißt **Zielfunktion** des LO-Problems. Die drei Ungleichungen (10.1.4) stellen **Restriktionen** dar, die durch begrenzte Kapazität der drei Fertigungsstellen notwendig werden.

Wegen der „ $\le$ " -Bedingungen können die angegebenen Kapazitätsgrenzen **erreicht** oder aber **beliebig unterschritten** werden. Die beiden letzten Ungleichungen (10.1.5) $x_1 \ge 0, x_2 \ge 0$ heißen **Nichtnegativitätsbedingungen (NNB)** und bringen die ökonomisch sinnvolle Forderung nach nichtnegativen Produktionsmengen zum Ausdruck.

Das einfache Beispiel 10.1.2 enthält somit bereits sämtliche „Zutaten" eines linearen Optimierungsproblems: **1)** lineare Zielfunktion   **2)** lineare Restriktionen   **3)** Nichtnegativitätsbedingungen.

10.1.2   Graphische Lösung des Produktionsplanungsproblems

Da das Problem in Beispiel 10.1.2 nur zwei Entscheidungsvariablen besitzt, lässt es sich mit graphischen Methoden lösen. Dazu bezeichnet man die Koordinatenachsen mit den im Problem gewählten Entscheidungsvariablen x_1, x_2, wobei man sich wegen der Nichtnegativitätsbedingungen (NNB) (10.1.5) ausschließlich auf den 1. Quadranten beschränken kann.

Jeder **Punkt** (x_1, x_2) des ersten Quadranten im Koordinatensystem stellt somit eine (theoretisch) mögliche **Produktmengenkombination** dar, s. Abb. 10.1.6:

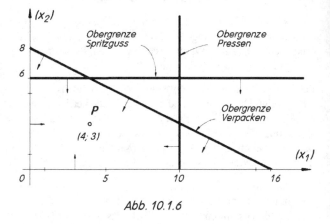

Abb. 10.1.6

Um die **graphische Darstellung der Restriktionen** (10.1.4) zu verdeutlichen, wird zunächst unterstellt, dass in allen drei Restriktionen das Gleichheitszeichen gilt. Damit erhält man zunächst drei Geraden (die Obergrenzen Pressen, Spritzen, Verpacken), s. Abb. 10.1.6. Die entsprechenden Geradengleichungen lauten (in der üblichen Form): $x_1 = 10$; $x_2 = 6$; $x_2 = -0,5x_1 + 8$.

Nimmt man nun die „ $\le$ "-Bedingungen hinzu, so ergibt sich: Wegen $x_1 \le 10$ erfüllen alle im 1. Quadranten auf und links von der Pressen-Obergrenze gelegenen Punktepaare die erste Restriktion. Entsprechend erfüllen (wegen $x_2 \leq 6$) alle Punkte auf und unterhalb der Spritzen-Obergrenze die zweite Restriktion und schließlich (wegen $x_2 \leq -0,5x_1 + 8$) alle Punkte auf und unterhalb der Verpackungsobergrenze die dritte Restriktion. (In Abb. 10.1.6 wird dies durch entsprechend gerichtete Pfeile verdeutlicht.)

Beispielsweise genügt der in Abb. 10.1.6/10.1.7 markierte Punkt P(4;3) sämtlichen drei Restriktionen sowie den Nicht-Negativitäts-Bedingungen (NNB).

Ökonomische Bedeutung: Eine Kombination von $x_1 = 4\,t/Tag$ von Produkt I und $x_2 = 3\,t/Tag$ von Produkt II kann mit den vorhandenen Kapazitäten produziert und verpackt werden. Der dabei erzielte Deckungsbeitrag beträgt nach (10.1.3) 180 €.

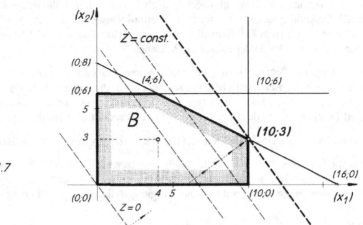

Abb. 10.1.7

Das Restriktionssystem (10.1.4) und die NNB (10.1.5) fordern, dass **sämtliche Ungleichungen zugleich erfüllt** sein müssen. Daher kommen als erlaubte Punktmengenkombinationen (x_1, x_2) nur solche Punkte in Frage, die im schraffierten Bereich B (incl. seines Randes) liegen, siehe Abb. 10.1.7.

Man nennt B den **zulässigen Bereich**, alle in B gelegenen Punkte (x_1, x_2) heißen **zulässige Lösungen** des LO-Problems.

Beispiel: Zulässige Lösungen sind z.B. (0;0), (4;3) oder (10;3). Nicht zulässig ist z.B. die Produktionsmengenkombination (10;6), da die Verpackungsrestriktion verletzt wird.

Ist für eine **zulässige Lösung** der **Zielfunktionswert** Z **maximal** (oder minimal), so spricht man von einer **optimalen zulässigen Lösung**.

Die **Schnittpunkte je zweier Restriktionsgrenzen** (wozu auch die Koordinatenachsen gezählt werden, siehe die NNB (10.1.5)) bezeichnet man als **Eckpunkte** des Restriktionssystems. Für das vorliegende Beispiel gilt (Abb. 10.1.7):

zulässige Eckpunkte: (0;0), (10;0), (10;3), (4;6), (0;6);
nicht zulässige Eckpunkte: (16;0), (10;6), (0;8).

Nachdem geklärt ist, welche Punktmenge überhaupt als mögliche Lösungen des LO-Problems in Frage kommen, interessiert nun, für welche der zulässigen Lösungen die **Zielfunktion** ($\hat{=}$ Deckungsbeitrag) einen **maximalen Wert** annimmt. Dazu formen wir die Zielfunktion (10.1.3) um:

$$Z = 30x_1 + 20x_2 \qquad \Leftrightarrow \qquad 20x_2 = -30x_1 + Z, \qquad \text{d.h.}$$

(10.1.8)

$$x_2 = -1,5x_1 + 0,05Z \qquad .$$

Für jeden Deckungsbeitragswert Z, d.h. für jeden fest vorgewählten Wert Z = const. der Zielfunktion stellt die Gleichung (10.1.8) eine Gerade mit der Steigung $-1,5$ und dem Ordinatenabschnitt $0,05Z$ dar, so dass bei der Variation des Parameters Z graphisch eine **Schar paralleler Geraden** (**„Zielfunktionsgeraden"**) entsteht (von denen vier in Abb. 10.1.7 gestrichelt eingezeichnet sind).

Jeder Punkt (d.h. jede Produktionsmengen-Kombination) (x_1, x_2) einer gewählten Zielfunktionsgeraden führt zum gleichen Deckungsbeitrag Z!

Je größer Z gewählt wird, desto größer ist auch der Ordinatenabschnitt $0,05Z$ der entsprechenden Zielfunktionsgeraden (10.1.8) und desto höher bzw. weiter „rechts oben" liegt die Zielfunktionsgerade.

Um nun das **Maximum** von Z im zulässigen Bereich B zu erhalten, wählt man – durch Parallelverschiebung der Zielfunktionsgeraden – die **„höchste" Zielfunktionsgerade** aus, die **gerade noch im zulässigen Bereich** B liegt. In unserem Fall führt diese Parallelverschiebung von (10.1.8) schließlich (siehe Abb. 10.1.7) zum Eckpunkt $(10;3)$ des zulässigen Bereiches.

Bei jeder weiteren Parallelverschiebung der Zielfunktionsgeraden nach „rechts-oben" wird der zulässige Bereich verlassen – der **Eckpunkt (10;3)** bezeichnet daher die **optimale zulässige Lösung** des LO-Problems von Beispiel 10.1.2. Die Unternehmung erzielt also einen maximalen Deckungsbeitrag, wenn sie pro Tag 10 $(= x_1)$ t von Produkt I und 3 $(= x_2)$ t von Produkt II herstellt.

Der maximale Deckungsbeitrag beträgt nach (10.1.3): $Z_{max} = 30x_1 + 20x_2 = 360$ €/Tag.

Durch Interpretation von Abb. 10.1.7 oder durch Einsetzen in (10.1.4) stellt man weiterhin fest: Im Optimalpunkt $(10;3)$ sind die Kapazitäten der Fertigungsstellen „Pressen" und „Verpacken" genau ausgenutzt (**Engpassfertigungsstellen**), während die Fertigungsstelle „Spritzguss" nur zur Hälfte ausgelastet ist.

Bemerkung 10.1.9:

*Wie schon erwähnt, befindet sich die **optimale Lösung** des LO-Problems in einer **Ecke des zulässigen Bereiches**. Da in den Ecken einer Funktion kein Differentialquotient existiert, versagen für LO-Probleme die Methoden der Differentialrechnung.*

10.1.3   Ein Diät-Problem

Um seine Gesundheit und Leistungsfähigkeit erhalten zu können, benötigt der Mensch täglich ein Minimum unterschiedlicher Nährstoffe. Vereinfachend unterstellen wir, dass ausschließlich folgende Nahrungsmittelbestandteile erforderlich sind:

Eiweiß, Fett und Energie.

Wir nehmen weiterhin an, dass nur zwei unterschiedliche Nahrungsmittelsorten I, II zur Verfügung stehen. Ihre Preise und Nährstoffzusammensetzung sind – ebenso wie die täglichen Nährstoff-Mindestmengen – aus Tabelle 10.1.10 ersichtlich.

Tab. 10.1.10	Nahrungs-mitteltyp I	II	täglicher Mindestbedarf
Eiweiß (ME/100g)	3	1	15 ME
Fett (ME/100g)	1	1	11 ME
Energie (ME/100g)	2	8	40 ME
Preis (€/100g)	1,–	2,–	

(Die Mengeneinheiten (ME) wurden so gewählt, dass sich einfache Zahlenwerte ergeben)

Problem:

Wie muss der fiktive Verbraucher sein tägliches Menü zusammenstellen, damit er einerseits **genügend Nährstoffe** erhält und andererseits die dafür aufzuwendenden **Geldbeträge möglichst gering** sind?

Bezeichnen wir die zu wählenden Nahrungsmittelmengen mit x_1 (in 100g/Tag von Sorte I) und x_2 (in 100g/Tag von Sorte II), so lässt sich mit Hilfe von (10.1.10) das Problem mathematisch formulieren:

Beispiel 10.1.11:

Minimieren Sie die Kosten Z mit

$$(10.1.12) \qquad Z = x_1 + 2x_2$$

unter Berücksichtigung der **Restriktionen**

$$(10.1.13) \qquad \begin{aligned} 3x_1 + \ x_2 &\geq 15 \quad \text{(Eiweiß-Restriktion)} \\ x_1 + \ x_2 &\geq 11 \quad \text{(Fett-Restriktion)} \\ 2x_1 + 8x_2 &\geq 40 \quad \text{(Energie-Restriktion)} \qquad \text{sowie} \end{aligned}$$

$$(10.1.14) \qquad x_1, x_2 \geq 0 \qquad \text{(Nicht-Negativitäts-Bedingungen)}.$$

Analog zu Beispiel 10.1.2 enthält das LO-Problem

1) eine lineare Zielfunktion (die hier allerdings minimiert werden soll)
2) lineare Restriktionen (hier allerdings vom „ $\geq$ "-Typ) und
3) Nichtnegativitätsbedingungen (NNB).

10.1.4 Graphische Lösung des Diät-Problems

Analog zum Maximum-Problem (Beispiel 10.1.2) lässt sich der zulässige Bereich des Diät-Problems graphisch veranschaulichen. Wegen der NNB (10.1.14) können wir uns wie zuvor auf den ersten Quadranten ($x_1 \geq 0, x_2 \geq 0$) beschränken. Jedem Punkt (x_1, x_2) des ersten Quadranten entspricht im Beispiel genau ein Menüvorschlag, bestehend aus $x_1 \cdot 100$g der Sorte I und $x_2 \cdot 100$g der Sorte II. Die **Nährstoffuntergrenzen**, die sich aus (10.1.13) unter Verwendung des Gleichheitszeichens ergeben, sind der Abb. 10.1.15 zu entnehmen:

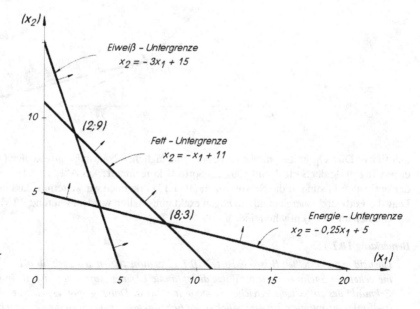

Abb. 10.1.15

Da sämtliche Restriktionen von Typ „$x_2 \geq \dots$ " sind, kommen als **zulässige Nahrungsmittelkombinationen** (x_1, x_2) nur solche Punkte in Frage, die auf/oberhalb der eingezeichneten Nährstoffuntergrenzen liegen (siehe die entsprechend gerichteten Pfeile in Abb. 10.1.15). Zulässig für das Diät-Problem sind daher alle Punkte des in Abb. 10.1.17 schraffierten **zulässigen Bereiches B** (einschließlich seines Randes).

Um das **kostenminimale zulässige Menü** ausfindig zu machen, schreiben wir die Zielfunktion (= Kostenfunktion) (10.1.12) in der Form

$$(10.1.16) \qquad\qquad x_2 = -0,5x_1 + 0,5Z \ .$$

Fassen wir den Gesamtkostenwert Z wieder als variierbaren Parameter auf, so ergibt sich aus (10.1.16) eine **Schar paralleler Zielfunktionsgeraden** (mit der gemeinsamen Steigung $-0,5$ und dem veränderlichen Ordinatenabschnitt $0,5Z$), von denen drei in Abb. 10.1.17 gestrichelt dargestellt sind.

Zu jeder Zielfunktionsgeraden gehört genau ein fester Kostenwert Z (**Isokostengerade**).

Je geringer die Kosten Z, desto weiter „links-unten" liegt die entsprechende Isokostengerade (bedingt durch den ebenfalls abnehmenden Ordinatenabschnitt $0,5Z$). **Parallelverschiebung** der Isokostenlinien nach **unten** führt schließlich zum **kostenminimalen zulässigen Eckpunkt** $(8;3)$, siehe Abb. 10.1.17.

Damit lautet die optimale Lösung des Diät-Problems: $x_1 = 8 \,; x_2 = 3 \,; \quad Z_{min} = 14 \ .$

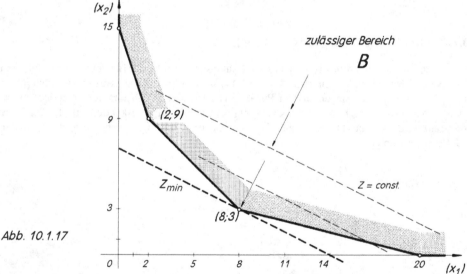

Abb. 10.1.17

Der fiktive Diät-Optimierer minimiert daher seine täglichen Nahrungsmittelkosten (= 14 €/Tag), wenn er pro Tag 800g der Sorte I und 300g der Sorte II konsumiert. Aus Abb. 10.1.17 bzw. durch Einsetzen der optimalen Lösung in die Restriktionen (10.1.13) erkennen wir weiterhin, dass bei kostenminimaler Diät die Fett- und Energiemindestmengen exakt eingehalten werden, während 12 ME mehr Eiweiß als erforderlich im Menü enthalten sind.

Bemerkung 10.1.18:

*Die beiden dargestellten Beispiele 10.1.2/10.1.11 demonstrieren den auch für beliebig große LO-Probleme geltenden Sachverhalt, demzufolge die **optimale Lösung** (sofern sie existiert) in (mindestens) einem **Eckpunkt** des zulässigen Bereiches angenommen wird. Daher genügt es, sich bei der Suche nach dem Zielfunktionsoptimum auf die **endlich vielen Eckpunkte** des zulässigen Bereiches zu beschränken.*

10.1.5   Sonderfälle bei graphischer Lösung

Für das später zu behandelnde Simplexverfahren ist es nützlich, auf einige Besonderheiten hinzuweisen, die sich am graphischen Beispiel besonders anschaulich verdeutlichen lassen.

i) **Ändern** sich in unserem Diät-Beispiel die **Zielfunktionskoeffizienten**, d.h. die Nahrungsmittelpreise p_1 (Sorte I) und p_2 (Sorte II), so kann sich die Steigung m der Zielfunktion (10.1.12) ändern.

Wegen

(10.1.19) $Z = p_1 x_1 + p_2 x_2$ $\Leftrightarrow$ $\boxed{x_2 = -\dfrac{p_1}{p_2}\, x_1 + \dfrac{Z}{p_2}}$

ist die Steigung m jeder Isokostenlinie gegeben durch das negative Preisverhältnis $-\dfrac{p_1}{p_2}$.

a) **Ändern** sich die **Preise** um **denselben Faktor** (etwa bei Inflation), so bleiben das Preis**verhältnis** und damit die **Steigung** der **Zielfunktion unverändert**, so dass das optimale Menü unverändert bleibt, wenn auch mit veränderten Minimalkosten K_{min} .

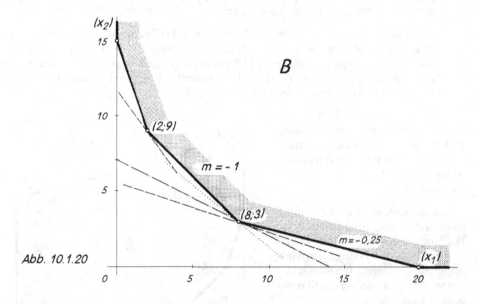

Abb. 10.1.20

b) **Ändert** sich das **Preisverhältnis**, so dreht sich zunächst die optimale Zielfunktionsgerade um den optimalen Eckpunkt (8 ; 3), siehe Abb. 10.1.20.

Da die beiden benachbarten Restriktions-Untergrenzen die Steigung -1 (Fett-Untergrenze) bzw. $-0,25$ (Energie-Untergrenze) besitzen, erkennen wir an Abb. 10.1.20, dass das optimale Menü solange unverändert bleibt, wie die Steigung der Zielfunktion zwischen -1 und $-0,25$ liegt.

Wird die Steigung der Isokostenlinie dagegen z.B. kleiner als -1 (z.B. für $p_1 = 3$; $p_2 = 2$), so bildet der Eckpunkt (2 ; 9) die neue optimale Lösung.

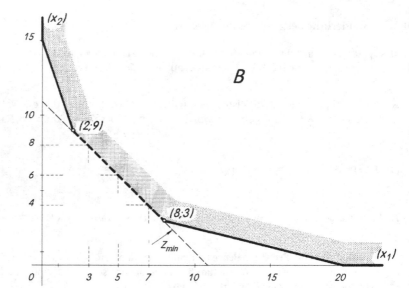

Abb. 10.1.21

c)   Sind die Nahrungsmittelpreise identisch, z.B. $p_1 = p_2 = 2$, so hat die Zielfunktionsgeraden-schar die Steigung -1 und liegt somit **parallel** zur Fett-Untergrenze.

Die Isokostenlinie mit dem niedrigsten Kostenwert Z **berührt** nunmehr den zulässigen Bereich B **entlang einer Seite** von B (Abb. 10.1.21). Jeder Punkt auf der Fett-Restriktionsgeraden zwischen den Eckpunkten $(8;3)$ und $(2;9)$ stellt daher eine kostenminimale Nahrungsmittel-kombination dar, z.B. $(3;8)$, $(5;6)$, $(7;4)$, es handelt sich hier um eine **mehrdeutige optimale Lösung** des LO-Problems *(Bem. 10.1.18 bleibt gültig!)*.

ii) In den beiden diskutierten Beispielen 10.1.2 / 10.1.11 waren die Restriktionen entweder nur vom „ $\leq$ "-Typ *(Maximumproblem)* oder vom „ $\geq$ "-Typ *(Minimumproblem)*.

Dies muss keineswegs immer so sein. So ist es etwa möglich und sinnvoll, im Diätproblem weitere Nährstoff-**Ober**-grenzen (also „ $\leq$ "-Bedingungen) ein-zuführen – etwa um Gesundheitsschä-den vorzubeugen oder um das Körper-gewicht zu regulieren.

So könnte etwa die zusätzliche Ener-gierestriktion $2x_1 + 8x_2 \leq 184$ die En-ergieaufnahme nach oben begrenzen.

Ebenso wäre es möglich, die Gesamt-menge der konsumierten Nahrungsmit-tel nach oben zu begrenzen, etwa durch

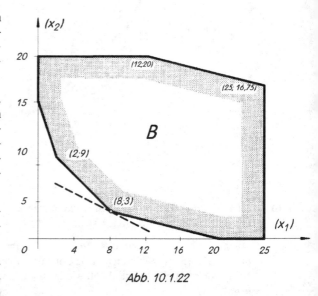

Abb. 10.1.22

$x_1 \leq 25$; $x_2 \leq 20$. Der zulässige Bereich B ist dann allseitig begrenzt (Abb. 10.1.22). Wir erkennen, dass bei unveränderter Zielfunktion (10.1.12) das kostenminimale Menü unverändert bei $(8;3)$ bleibt.

Durch gleichzeitiges Einbeziehen von „ ≥ " -
und „ ≤ "-Restriktionen kann es vorkommen,
dass der **zulässige Bereich B leer** ist, also kein
Punkt allen Restriktionen zugleich genügt.

Beispiel:

Als Restriktionsungleichungen seien vorgegeben:

$$5x_2 + 4x_1 \geq 40 \; ;$$

$$2x_2 + \; x_1 \leq 8 \; ;$$

$$x_1, x_2 \geq 0 \; , \qquad (Abb. \; 10.1.23).$$

Ein LO-Problem mit derartigen inkonsisten-
ten Restriktionen hat somit **keine zulässige**, also erst recht keine optimale zulässige **Lösung**.

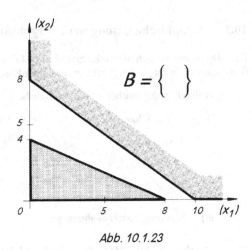

Abb. 10.1.23

iii) Die Existenz eines nicht-leeren zulässigen Bereiches B garantiert **nicht** schon zwangsläufig
die Existenz auch einer optimalen zulässigen
Lösung.

Das Beispiel

$$Z = x_1 + x_2 \; \rightarrow Max.$$

unter Einhaltung der Nebenbedingungen:

$$-x_1 + \; x_2 \leq 3 \; ;$$
$$-x_1 + 2x_2 \leq 9 \; ;$$
$$x_1, x_2 \geq 0 \qquad (Abb. \; 10.1.24)$$

führt zu einem zulässigen Bereich B, in dem
die Zielfunktion Z beliebig große Werte annehmen kann, da B nach „rechts oben" unbegrenzt ist und die Zielfunktion somit beliebig
weit in Richtung wachsender Z - Werte verschoben werden kann. Man spricht von einer
unbeschränkten Lösung des LO-Problems.

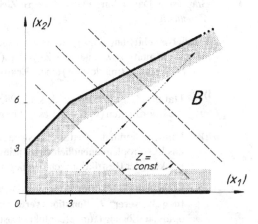

Abb. 10.1.24

iv) Auch **Gleichungen** sind als Restriktionen eines LO-Problems zugelassen.

Fügt man etwa einem zweidimensionalen Re-
striktionsbereich B eine Restriktions**gleichung**
hinzu, so schrumpft der zulässige Bereich (z.B.
auf das in Abb. 10.1.25 gepunktete Geraden-
stück) zusammen.

Die sich anschließende Zielfunktionsoptimie-
rung bleibt unverändert.

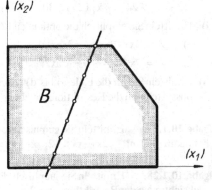

Abb. 10.1.25

10.1.6   Graphische Lösung von LO-Problemen – Zusammenfassung

Das **allgemeine Vorgehen** bei der **graphischen Lösung** von **LO-Problemen** mit zwei Entscheidungsvariablen lässt sich in folgenden Schritten **zusammenfassen**:

1)   Aufstellen des **mathematischen Modells**:

   i)   **Zielfunktion**: $Z = c_1x_1 + c_2x_2 \quad \to \text{ Max./Min.}$

   ii)   **Restriktionen**: $a_{11}x_1 + a_{12}x_2 \lesseqgtr b_1$
   $a_{21}x_1 + a_{22}x_2 \lesseqgtr b_2$
   $\vdots \quad\quad \dots \quad\quad \vdots$
   $a_{m1}x_1 + a_{m2}x_2 \lesseqgtr b_m$

   iii)   **Nichtnegativitätsbedingungen**: $x_1, x_2 \geq 0 \ .$

2)   Graphische Darstellung des **zulässigen Lösungsbereiches** B als Menge aller Paare (x_1, x_2), die **gleichzeitig** allen **Restriktionen** und den **Nicht-Negativitäts-Bedingungen** genügen.
Ist B **leer**, so besitzt das LO-Problem **keine Lösung**.

3)   Graphische Darstellung einer **beliebigen Zielfunktionsgeraden**: $x_2 = -\dfrac{c_1}{c_2} \cdot x_1 + \dfrac{Z}{c_2}$
(Z beliebig).

Parallelverschiebung dieser Zielfunktionsgeraden in Richtung wachsender Z-Werte (bei Maximumproblemen) bzw. sinkender Z-Werte (bei Minimumproblemen), bis das zulässige Maximum bzw. Minimum in (mindestens) einem **Eckpunkt des zulässigen Bereiches B** erreicht ist.

   i)   Hat die Zielfunktionsgerade schließlich **genau einen Eckpunkt** mit B gemeinsam, so liefern die Koordinaten (x_1, x_2) dieses Eckpunktes die **eindeutige optimale Lösung** des LO-Problems.

   ii)   Fällt die optimale Zielfunktionsgerade mit einer **Restriktionsgrenze zusammen**, so besitzt das LO-Problem **unendlich viele optimale Lösungen**, nämlich alle zwischen den beiden Eckpunkten der Restriktionsgeraden liegenden Paare (x_1, x_2).

   iii)   Lässt sich die Zielfunktionsgerade **beliebig weit** innerhalb des zulässigen Bereiches **in Richtung „besserer" Zielfunktionswerte** verschieben, so besitzt das LO-Problem **keine endliche optimale Lösung** („unbeschränkte Lösung").

Aufgabe 10.1.26:   Gegeben sei das folgende Restriktionensystem:
   $-x_1 + 4x_2 \leq 24$; $x_1 + 2x_2 \leq 30$; $2x_1 - x_2 \leq 30$; $x_1 + 2x_2 \geq 12$; $x_1 \geq 4$; $x_2 \geq 2$.

   i)   Ermitteln Sie graphisch die optimalen Lösungen, wenn folgende Zielfunktionen gegeben sind:
   a) $Z = 3x_1 + 3x_2 \to$ Max. ;   **b)** $Z = 3x_1 + 3x_2 \to$ Min.
   c) $Z = 7x_1 + 14x_2 \to$ Max. ;   **d)** $Z = 7x_1 + 14x_2 \to$ Min.

   ii)   Ermitteln Sie für die Fälle a) bis d) jeweils die optimalen Lösungen, wenn das gegebene Restriktionssystem um die Restriktionsgleichung $3x_1 + 4x_2 = 56$ erweitert wird.

Aufgabe 10.1.27:   Ermitteln Sie graphisch das Maximum von $Z = 2x_1 + 3x_2$ unter Einhaltung der Nebenbedingungen: $2x_1 + x_2 \leq 12$; $x_1 + x_2 \leq 7$; $x_1 + 3x_2 \leq 15$; $x_1 + 4x_2 \geq 24$ mit $x_1, x_2 \geq 0$.

Aufgabe 10.1.28:   Ermitteln Sie graphisch die optimale Lösung von $Z = x_1 + 2x_2 \to$ Max. unter Berücksichtigung der Restriktionen: $-2x_1 + x_2 \leq 4$; $-x_1 + 10x_2 \leq 135$ und $x_1, x_2 \geq 0$.

Aufgabe 10.1.29:   In einem Fertigungsbetrieb werden die Produkte I und II jeweils in drei Fertigungs-stellen bearbeitet. Aus der nachfolgenden Tabelle gehen die Produktdeckungsbeiträge, Fertigungs-kapazitäten (pro Periode), Bearbeitungszeiten sowie Absatzhöchstmengen hervor:

Produktart	I	II	Kapazitäten
Deckungsbeiträge	3 T€/Stck.	4 T€/Stck.	
Fertigungsstelle 1	6 h/Stck.	2 h/Stck.	480 h
Fertigungsstelle 2	4 h/Stck.	4 h/Stck.	400 h
Fertigungsstelle 3	3 h/Stck.	6 h/Stck.	480 h
Absatzhöchstmen-gen (pro Periode)	75 Stck.	70 Stck.	

Ermitteln Sie graphisch das Produktions- und Absatzprogramm mit maximalem Deckungsbeitrag.

Aufgabe 10.1.30:

Studentin Susanne hat zwei Freunde, Daniel und Peter, mit denen sie gerne ausgeht. Sie weiß aus Erfahrung:

a)   Daniel besucht gerne exklusive Lokalitäten, pro Abend (3 Std.) gibt Susanne dafür 12 € aus.

b)   Peter dagegen ist mit etwas anspruchsloserer Unterhaltung zufrieden, das Zusammensein mit ihm (3 Stunden) kostet Susanne 8 €.

c)   Susanne gibt sich eine monatliche Ausgaben-Obergrenze von 68 € für ihre Treffen mit Da-niel und Peter vor. Ihr Studium lässt außerdem pro Monat höchstens 18 h sowie 4.000 emotionale Energieeinheiten für derartige soziale Aktivitäten zu.

d)   Für jedes Treffen (3 h) mit Daniel verbraucht sie 500 Energieeinheiten, Peter beansprucht doppelt soviel von Susannes emotionalem Energievorrat.

i)   Wenn sie mit 6 „Vergnügungseinheiten" pro Treffen mit Daniel und 5 „Vergnügungseinheiten" pro Treffen mit Peter rechnet: Wie sollte Susanne das Ausmaß ihrer sozialen Aktivitäten planen, damit sie dabei – unter Beachtung der angeführten Einschränkungen – maximales Vergnügen er-reicht?

ii)   Wie sollte sie sich entscheiden, wenn ihr das Zusammensein mit Peter doppelt soviel Vergnügen bereitet wie mit Daniel?

Aufgabe 10.1.31:   Der Betreiber zweier Kiesgruben hat als einzigen Abnehmer seiner Produkte eine große Baustofffabrik. Laut Liefervertrag müssen wöchentlich mindestens geliefert werden: 120 Ton-nen Kies, 240 Tonnen mittelfeiner (m.f.) Sand, 80 Tonnen Quarz(sand). Die täglichen Förderleistun-gen in den beiden Kiesgruben lauten:

Kiesgrube 1:   60 t Kies,   40 t m.f. Sand,   20 t Quarz
Kiesgrube 2:   20 t Kies,   120 t m.f. Sand,   20 t Quarz.

Pro Fördertag entstehen folgende Betriebskosten: Kiesgrube 1:   2.000 €/Tag ;
                                                   Kiesgrube 2:   1.600 €/Tag .

Gesucht ist die Anzahl der wöchentlichen Fördertage in jeder der beiden Gruben, die zu minimalen Förderkosten *(pro Woche)* führt.

Aufgabe 10.1.32:

Eine Unternehmung stellt 2 Produkte auf 2
Fertigungsstellen her. Die Produktionskoeffizienten (in Stunden pro Mengeneinheit) sind
aus nebenstehender Tabelle ersichtlich. Fertigungsstelle A steht für höchstens 6.000 h, Fertigungsstelle B für höchstens 4.000 h zur Verfügung. Vom Produkt II müssen aufgrund fes-

	Fertigungs- stelle A	Fertigungs- stelle B
Produkt I	4	3
Produkt II	6	2

ter Lieferverpflichtungen mindestens 100 ME produziert werden. Folgende Deckungsbeiträge werden erzielt: Produkt I: 40 €/ME ; Produkt II: 50 €/ME. Ziel der Unternehmung ist die Maximierung des Deckungsbeitrages. Ermitteln Sie das optimale Produktionsprogramm, wenn

   i)   insgesamt genau 1.100 Produkteinheiten ;
   ii)   insgesamt mindestens 1.100 Produkteinheiten hergestellt werden sollen.

Aufgabe 10.1.33:   Eine Großbäckerei unterhält zwei Backbetriebe. Aus Rationalisierungsgründen
stellt jeder Betrieb jeweils nur drei Einheitsprodukte in festgelegten Mengen her:

Die tägliche Backleistung im Backbetrieb A beträgt: 6 t Weißbrot ; 4 t Schwarzbrot ; 2 t Kuchen.
Die tägliche Backleistung im Backbetrieb B beträgt: 2 t Weißbrot ; 12 t Schwarzbrot ; 2 t Kuchen.

Die Bäckerei muss wegen fester Lieferverträge wöchentlich folgende Mindestlieferungen erbringen:
          24 t Weißbrot ; 48 t Schwarzbrot ; 16 t Kuchen.

Infolge der determinierten Backleistungen entstehen pro Backtag konstante Betriebskosten:
          Backbetrieb A: 4.000 €/Tag ;   Backbetrieb B: 6.000 €/Tag.

An wieviel Tagen pro Woche muss in den Backbetrieben A und B gearbeitet werden, damit die
Bäckerei im Rahmen ihrer Lieferverpflichtungen die Betriebskosten minimieren kann?

10.2 Simplexverfahren

10.2.1 Mathematisches Modell des allgemeinen LO-Problems

Die beiden im letzten Kapitel ausführlich beschriebenen LO-Probleme sind jeweils ein Beispiel für den
Fall zweier Entscheidungsvariabler und dreier Restriktionen. Auch im **allgemeinen Fall** mit **n Entscheidungsvariablen** und **m Restriktionen** behalten die LO-Probleme **dieselbe** prinzipielle **Struktur**: lineare
Zielfunktion, lineares **Restriktionssystem**, **Nichtnegativitätsbedingungen**. Ein **allgemeines LO-Problem**
mit n Variablen und m Restriktionen lautet in **ausführlicher Form**:

(10.2.1)

$$
\begin{array}{ll}
\textbf{Zielfunktion:} & Z = c_1x_1 + c_2x_2 \; + \; ... \; + \; c_nx_n \;\; \rightarrow \text{Max./ Min.} \\[2mm]
\textbf{Restriktionen:} & a_{11}x_1 + a_{12}x_2 + \; ... \; + a_{1n}x_n \lessgtr b_1 \\
& a_{21}x_1 + a_{22}x_2 + \; ... \; + a_{2n}x_n \lessgtr b_2 \\
& \qquad \vdots \qquad \vdots \qquad\qquad\quad \vdots \qquad \vdots \\
& a_{m1}x_1 + a_{m2}x_2 + \; ... \; + a_{mn}x_n \lessgtr b_m \\[2mm]
\textbf{Nichtnegativitätsbedingungen:} & x_1, x_2, ..., x_n \geq 0 \, .
\end{array}
$$

Dabei bedeuten: x_k: Entscheidungs- oder Problemvariable; c_k: Zielfunktionskoeffizient; Z: Zielfunk-
tion(swert); a_{ik}: Koeffizienten der Entscheidungsvariablen im Restriktionssystem (i-te Zeile, k-te Spalte); b_i: rechte Seite der Restriktionen (i = 1,...,m ; k = 1,...,n).
Die a_{ik} bilden eine m×n-Matrix **A**, die **Matrix der Restriktionskoeffizienten**.

Def. 10.2.2:   Das LO-Problem (10.2.1) heißt **Standard-Maximum-Problem**, wenn gilt:

> **i)** $Z \to$ Max.
>
> **ii)**   Alle Restriktionen sind vom „ $\leq$ "-Typ.
>
> **iii)**   Alle rechten Seiten sind nichtnegativ: $b_i \geq 0$.

Eine besonders **kompakte Schreibweise** für das Standard-Maximum-Problem ergibt sich, wenn man die in (10.2.1) auftretenden Variablen und Koeffizienten in Vektoren bzw. Matrizen zusammenfasst (siehe auch Kap. 9.1.3.4, (9.1.60)). Mit den definitorischen Bezeichnungen

$$\vec{x} := \begin{pmatrix} x_1 \\ x_2 \\ \vdots \\ x_n \end{pmatrix} ; \qquad \vec{c} := \begin{pmatrix} c_1 \\ c_2 \\ \vdots \\ c_n \end{pmatrix} ; \qquad A := (a_{ik}) ; \qquad \vec{b} := \begin{pmatrix} b_1 \\ b_2 \\ \vdots \\ b_m \end{pmatrix}$$

(Problemvariable)   (Zielfunktionskoeffizienten)   (Restriktionskoeffizienten)   (rechte Seite)

lautet das **Standard-Maximum-Problem**:

(10.2.3)   Maximiere die Zielfunktion $Z = \vec{c}^T \cdot \vec{x}$ unter Einhaltung der Restriktionen
$A\vec{x} \leq \vec{b}$ (mit $\vec{b} \geq \vec{0}$) und den Nichtnegativitätsbedingungen $\vec{x} \geq \vec{0}$.

Jeder Vektor $\vec{x}\,(\in \mathbb{R}^n)$, der zugleich allen Restriktionen und NNB genügt, heißt **zulässige Lösung** des LO-Problems. Ist darüber hinaus für eine zulässige Lösung $\vec{x}$ der Zielfunktionswert $Z(\vec{x})$ maximal, so heißt $\vec{x}$ **optimale zulässige Lösung** von (10.2.3).

Bemerkung 10.2.4:

*i) Analog zu (10.2.3) definiert man das **Standard-Minimum-Problem:***

(10.2.5)   *Minimiere die Zielfunktion $Z = \vec{c}^T \cdot \vec{x}$ unter Einhaltung der Restriktionen
$A\vec{x} \geq \vec{b}$ (mit $\vec{b} \geq \vec{0}$) und den NNB $\vec{x} \geq \vec{0}$.*

ii) Bei Beispiel 10.1.2 handelt es sich um ein Standard-Maximum-Problem, bei Beispiel 10.1.11 um ein Standard-Minimum-Problem.

Im Fall zweier Problemvariabler (n = 2) lässt sich – wie zuvor demonstriert – die optimale Lösung eines LO-Problems graphisch ohne Schwierigkeiten ermitteln. Dies gilt im Prinzip selbst für eine beliebige Anzahl m von Restriktionen, wobei Grenzen allein durch die Zeichengenauigkeit gesetzt werden.

Etwas anderes gilt jedoch, wenn sich die Zahl n der Problemvariablen erhöht: Für n = 3 wird die graphische Methode unhandlich (dreidimensionale Darstellung !), für **n $\geq$ 4 versagt die graphische Methode vollends.**

Daher ist es notwendig, für allgemeine LO-Probleme nach einer **rechnerischen**, anschauungsunabhängigen **Lösungsmethode** zu suchen.

Eine solche Methode wird durch das im folgenden behandelte **Simplexverfahren** [2] geliefert.

---

2 Das Simplexverfahren wurde um 1947 von G. B. Dantzig entwickelt, siehe [15] .

10.2.2   Grundidee des Simplexverfahrens

Wie schon im Verlauf des graphischen Lösungsverfahrens deutlich wurde (siehe auch Bem. 10.1.18), wird das **Optimum** eines LO-Problems (sofern es denn überhaupt existiert) in (mindestens) einem **Eckpunkt des zulässigen Bereiches B** angenommen.

Bemerkung 10.2.6:

Allgemein ist ein Eckpunkt im n-dimensionalen Raum $\mathbb{R}^n$ gekennzeichnet als Schnittpunkt von n „Hyperebenen" (linearen Unterräumen) der jeweiligen Dimension $n-1$.

Beispiele: – *Im $\mathbb{R}^2$ stellt die lineare Gleichung $5x_1-2x_2 = 7$ eine 1-dimensionale Hyperebene (= Gerade) des $\mathbb{R}^2$ dar, also Ecke im $\mathbb{R}^2$ = Schnittpunkt zweier Geraden.*

   – *Im $\mathbb{R}^3$ stellt die lineare Gleichung $3x_1-6x_2+2x_3 = 4$ eine 2-dimensionale Hyperebene (= Ebene) des $\mathbb{R}^3$ dar, also Ecke im $\mathbb{R}^3$ = Schnittpunkt dreier Ebenen, usw.*

   – *Im $\mathbb{R}^n$ stellt die lineare Gleichung $2x_1-x_2+...+3x_n = 5$ eine $(n-1)$-dimensionale Hyperebene des $\mathbb{R}^n$ dar, also Ecke im $\mathbb{R}^n$ = Schnittpunkt von n dieser Hyperebenen.*

Das Simplexverfahren berechnet daher ausschließlich **Eckpunktkoordinaten** des zulässigen Bereiches, und zwar **sukzessive** derart, dass

i)   stets **nur zulässige** Eckpunkte berechnet werden,

ii)   ein **neu berechneter Eckpunkt** stets auch einen **besseren** *(und schließlich – da es nur endlich viele Eckpunkte gibt – den optimalen)* **Zielfunktionswert** besitzt.

10.2.3   Einführung von Schlupfvariablen

Das Simplexverfahren benutzt wesentliche Ergebnisse aus der Theorie der **linearen Gleichungssysteme** (siehe Kap. 9.2). Das Restriktions-**Ungleichungssystem** $A\vec{x} \le \vec{b}$ wird daher *(durch Einfügen von sog. „Schlupfvariablen")* zunächst in ein **äquivalentes lineares Gleichungssystem** überführt.

Als **Beispiel** soll das Standard-Maximum-Problem (Beispiel 10.1.2 – Produktionsplanung) dienen:

(10.2.7) $Z = 30x_1+20x_2 \rightarrow$ Max.

mit
$$
\begin{aligned}
x_1 &\le 10 \\
x_2 &\le 6 \\
2x_1+ 4x_2 &\le 32 \\
x_1, x_2 &\ge 0 \ .
\end{aligned}
$$

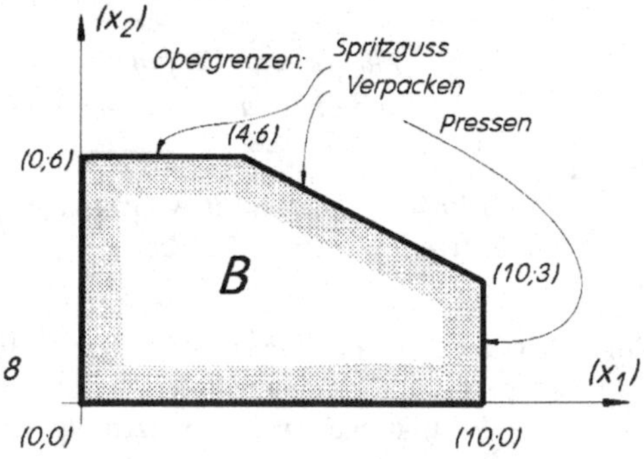

Abb. 10.2.8

Fügen wir nun zu **jeder** Restriktions-Ungleichung eine **nichtnegative, additive Schlupfvariable** y_i hinzu (deren Wert die Differenz der linken Seite zur entsprechenden Kapazitätsobergrenze (= rechte Seite) darstellt), so ergibt sich ein zu (10.2.7) äquivalentes Restriktions-Gleichungssystem:

(10.2.9)
$$
\begin{aligned}
x_1 \quad\quad +y_1 \quad\quad &= 10 \\
x_2 \quad +y_2 \quad &= 6 \\
2x_1+4x_2 \quad\quad +y_3 &= 32 \quad\quad \text{mit } x_k \ge 0 ; y_i \ge 0 \ .
\end{aligned}
$$

Die **Werte** y_i der **Schlupfvariablen** bedeuten ökonomisch **nicht ausgenutzte Kapazitäten** der drei Fertigungsstellen. Auch für die Schlupfvariablen müssen Nichtnegativitätsbedingungen gelten, da es sich in

(10.2.7) um „$\leq$" -Restriktionen handelt. („$\geq$"-Restriktionen erfordern folglich *subtraktive*, nichtnegative Schlupfvariable. *Beispiel:* $3x_1+x_2 \geq 15 \iff 3x_1+x_2-y_1 = 15$ und $y_1 \geq 0$.)

Aus dem linearen Restriktionssystem (10.2.7) ist mit (10.2.9) ein äquivalentes (unterbestimmtes) lineares Gleichungssystem aus 3 Gleichungen mit 5 Variablen entstanden. Das **LO-Problem** lautet nunmehr:

(10.2.10)
> Ermittle diejenige zulässige (d.h. allen Restriktionsgleichungen und Nichtnegativitätsbedingungen genügende) Lösung $\vec{x} = (x_1, x_2, y_1, y_2, y_3)^T$ des linearen Gleichungssystems (10.2.9), für das die Zielfunktion in (10.2.7) ihr Maximum annimmt.

Bemerkung 10.2.11:   *Allgemein lautet die **Problemstellung** für ein **Standard-Maximum-Problem** nach Einführung von Schlupfvariablen:*

(10.2.12)
$$Z = \vec{c}^{\,T} \cdot \vec{x} \to Max.$$
$$mit \quad A\vec{x} = \vec{b} \quad und \quad \vec{x} \geq \vec{0}; \vec{b} \geq \vec{0},$$

wobei die auftretenden Vektoren und Matrizen folgende Bedeutung haben:

$$\vec{c} := \begin{pmatrix} c_1 \\ c_2 \\ \vdots \\ c_n \\ 0 \\ \vdots \\ 0 \end{pmatrix}, \quad \vec{x} := \begin{pmatrix} x_1 \\ x_2 \\ \vdots \\ x_n \\ y_1 \\ \vdots \\ y_m \end{pmatrix}, \quad \vec{b} := \begin{pmatrix} b_1 \\ b_2 \\ \vdots \\ b_m \end{pmatrix}, \quad A := \begin{pmatrix} a_{11} & \cdots & a_{1n} & 1 & 0 & \cdots & 0 \\ a_{21} & \cdots & a_{2n} & 0 & 1 & & 0 \\ \vdots & & \vdots & \vdots & \vdots & \ddots & \vdots \\ a_{m1} & \cdots & a_{mn} & 0 & 0 & \cdots & 1 \end{pmatrix}.$$

Das Restriktionssystem besteht aus m Gleichungen mit $n+m$ Variablen. Ausführliche Schreibweise:

(10.2.13)
> *Maximiere* $Z = c_1 x_1 + c_2 x_2 + \dots + c_n x_n$ *unter Einhaltung der Restriktionen*
>
> $$\begin{aligned} a_{11}x_1 + a_{12}x_2 + \dots + a_{1n}x_n + y_1 & & & = b_1 \\ a_{21}x_1 + a_{22}x_2 + \dots + a_{2n}x_n & + y_2 & & = b_2 \\ \vdots \qquad \vdots \qquad \dots \qquad \vdots & & & \vdots \\ a_{m1}x_1 + a_{m2}x_2 + \dots + a_{mn}x_n & & + y_m & = b_m \end{aligned}$$
>
> *sowie der Nichtnegativitätsbedingungen:* $x_1, \dots, x_n \geq 0; y_1, \dots y_m \geq 0.$

*Wir erkennen, dass nach Einführung der Schlupfvariablen das **Gleichungssystem** $A\vec{x} = \vec{b}$ ((10.2.9) bzw. (10.2.13)) in **kanonischer Form** (siehe Def. 9.2.56) vorliegt.*

10.2.4   Eckpunkte und Basislösungen

Da es nur auf die Eckpunkte des zulässigen Bereiches ankommt (s. Bem. 10.1.18), stellt sich die **Frage**, welche der (unendlich vielen) **Lösungen** des LGS (10.2.9) die **Eckpunkte** repräsentieren. Im *(hier vorliegenden)* 2-dimensionalen Fall (siehe Abb. 10.2.8) ergeben sich die **Eckpunkte** als **Schnittpunkte** je zweier **Restriktionsgeraden** bzw. **Koordinatenachsen**.

i) Kennzeichnend für die Punkte einer **Restriktionsgeraden** ist das **Verschwinden** der entsprechenden **Schlupfvariablen** (in der entsprechenden Restriktionsungleichung gilt das Gleichheitszeichen, die Kapazität ist voll ausgelastet, der „Schlupf" ist Null).

ii) Kennzeichnend für die Punkte einer **Koordinatenachse** (x_1-/x_2-Achse) ist das **Verschwinden** einer **Problemvariablen** (falls $x_1 = 0$: alle Punkte liegen auf der x_2-Achse; falls $x_2 = 0 \to x_1$-Achse).

Daher wird **jede Begrenzungsgerade** des zulässigen Bereiches durch das **Verschwinden einer Variablen** gekennzeichnet. Da im $\mathbb{R}^2$ jeder Schnittpunkt **zweier** Restriktionsgeraden eine **Ecke** definiert, müssen auch **in jedem Eckpunkt zwei Variable** (Problem- und/oder Schlupfvariable) den Wert **Null** annehmen.

Beispiel 10.2.14: Wie man durch Einsetzen prüft, entsprechen den Eckpunkten des zulässigen Bereiches (siehe Abb. 10.2.8/ 10.2.15) folgende Variablenwerte $\vec{x} = (x_1, x_2, y_1, y_2, y_3)^T$:

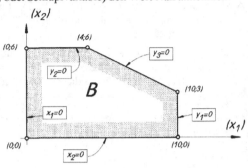

Abb. 10.2.15

$$(\ 0; 0): \quad \vec{x} = (\ 0; \ 0; \ 10; \ 6; \ 32)^T$$
$$(10; 0): \quad \vec{x} = (10; \ 0; \ 0; \ 6; \ 12)^T$$
$$(10; 3): \quad \vec{x} = (10; \ 3; \ 0; \ 3; \ 0)^T$$
$$(\ 4; 6): \quad \vec{x} = (\ 4; \ 6; \ 6; \ 0; \ 0)^T$$
$$(\ 0; 6): \quad \vec{x} = (\ 0; \ 6; \ 10; \ 0; \ 8)^T \ .$$

Jeder Eckpunkt des zulässigen Bereiches B ist charakterisiert durch das Verschwinden von 2 ($= n$) Variablenwerten, während die übrigen 3 ($= m$) Variablenwerte von Null verschieden sind.

Analog überlegen wir uns im **n-dimensionalen Fall** (auch wenn eine Veranschaulichung unmöglich ist):

Eine lineare Gleichung in n Variablen repräsentiert eine $(n-1)$-dimensionale Hyperebene im $\mathbb{R}^n$ (siehe Bem. 10.2.6). Jede „ $\leq$ "-Restriktion mutiert zu einer solchen **Gleichung** (*und stellt dann auch eine solche Hyperebene dar*), wenn die entsprechende **Schlupfvariable** y_k den Wert **Null** annimmt. Ebenso werden die *(durch den Koordinaten-Ursprung verlaufenden)* **Koordinatenebenen** gekennzeichnet durch das **Verschwinden** je einer **Problemvariablen** x_i. Da nun eine **Ecke** im $\mathbb{R}^n$ als **Schnittpunkt** von **n Hyperebenen** entsteht, müssen **in jeder Ecke** des zulässigen Bereiches B auch **n Variable** (von insgesamt $n+m$ Variablen) **verschwinden**.

Aus der Theorie der linearen Gleichungssysteme ist andererseits bekannt (siehe Definition 9.2.68):

Werden in einem konsistenten *(d.h. lösbaren)* kanonischen linearen Gleichungssystem (bestehend aus m Gleichungen mit $n+m$ Variablen) **n Variable** mit dem Wert **Null vorgewählt,** so bleibt ein eindeutig lösbares System von m Gleichungen mit m Variablen übrig. Die so gewonnene spezielle Lösung ist eine **Basislösung** des LGS. Da das Verschwinden von n Variablen gleichzeitig einen Eckpunkt determiniert, erhält man zusammenfassend den zentralen

Satz 10.2.16: Jeder **Eckpunkt** $\vec{x}$ des zulässigen Bereiches eines LO-Problems (10.2.13) ist zugleich **zulässige Basislösung** des Restriktions-Gleichungssystems von (10.2.13) und umgekehrt.

Als mögliche **optimale Lösungen** eines LO-Problems kommen daher nur **zulässige Basislösungen** des Restriktionsgleichungssystems in Frage (dabei ist eine **Basislösung** genau dann **zulässig**, wenn sie **sämtliche Nichtnegativitätsbedingungen** *(sowohl für die Problem- als auch für die Schlupfvariablen)* erfüllt).

Im vorliegenden Beispiel (10.2.9) wie auch im allgemeinen Fall des Standard-Maximum-Problems (10.2.13) ist das **Restriktionensystem kanonisch**, es lässt sich daher unmittelbar eine **zulässige Basislösung** gewinnen, indem man sämtliche **nicht zu Einheitsvektoren** gehörende Variable (hier genau die Problemvariablen (NBV) $x_1, ..., x_n$) **Null** setzt. Die entsprechende Basislösung lautet:

$$(10.2.17) \qquad\qquad \vec{x} = (x_1, x_2, y_1, y_2, y_3)^T = (0; 0; 10; 6; 32)^T$$

(bzw. im allgemeinen Fall: $\quad \vec{x} = (0; ...; 0; b_1; b_2; ...; b_m)^T$) .

(Da die rechten Seiten b_i voraussetzungsgemäß nichtnegativ sind, sind auch sämtliche Variablenwerte nichtnegativ, d.h. die Basislösung (10.2.17) ist zulässig.)

In dieser **ersten Basislösung** (10.2.17) – sie entspricht dem Eckpunkt $(x_1, x_2) = (0;0)$ in Abb. 10.2.15 – werden keine Produkte gefertigt *(Nullaktivität)*, die nicht genutzten sind gleich den zur Verfügung stehenden Kapazitäten der drei Fertigungsstellen (nämlich $y_1 = 10\,h$; $y_2 = 6\,h$; $y_3 = 32\,h$). Der Zielfunktionswert $Z(0;0)$ ist wegen $Z = 30x_1 + 20x_2$ Null – die Basislösung (10.2.17) ist sicher noch **nicht optimal**.

10.2.5 Optimalitätskriterium

Das **Simplexverfahren** besteht darin, ausgehend von der ersten zulässigen Basislösung mit Hilfe von Pivotoperationen (siehe Kap. 9.2.3) weitere Basislösungen (= Ecken) zu erzeugen, die

i) den Zielfunktionswert **verbessern** ,
ii) stets **zulässig** sind, d.h. den NNB genügen.

Das Verfahren demonstrieren wir am Produktionsplanungsproblem (10.2.7). Dazu schreiben wir (10.2.9) sowie die Zielfunktion in Tabellenform (**1. Simplex-Tableau**):

(10.2.18)

	x_1	x_2	y_1	y_2	y_3	Z	b
y_1	1	0	1	0	0	0	10
y_2	0	1	0	1	0	0	6
y_3	2	4	0	0	1	0	32
Z	-30	-20	0	0	0	1	0

Im Ausgangstableau (10.2.18) sind die Schlupfvariablen y_i (da zu Einheitsvektoren gehörend) **Basisvariable** (BV), die Problemvariablen x_i (gleich Null gesetzt) **Nichtbasisvariable** (NBV), siehe Def. 9.2.65. Die Zielfunktion $Z = 30x_1 + 20x_2$ wurde umgeformt zu $-30x_1 - 20x_2 + Z = 0$ und in das Tableau aufgenommen. *(Allgemein:* $-c_1x_1 - c_2x_2 - \ldots - c_nx_n + Z = 0$*)*

Im Simplextableau ist Z daher eine Basisvariable. Bei weiteren Umformungen des LGS (10.2.18) wird die **Zielfunktionsgleichung** stets entsprechend **einbezogen**. Die links vor dem Tableau stehende Variablenspalte enthält den Namen der Basisvariablen (hier: y_1, y_2, y_3, Z). Dadurch kann die entsprechende Basislösung aus (10.2.18) besonders leicht abgelesen werden:

$x_1 = 0$ (NBV); $x_2 = 0$ (NBV); $y_1 = 10$ (BV); $y_2 = 6$ (BV); $y_3 = 32$ (BV); $Z = 0$ (BV).

Die beiden **negativen Koeffizienten der Zielfunktionszeile** (-30 bzw. -20) deuten darauf hin, dass **Z noch vergrößert** werden kann, indem man eine der beiden NBV (x_1 oder x_2) zu BV (und damit in der entsprechenden zulässigen Basislösung positiv) werden lässt. Die Zunahme von Z entspräche dann entweder $30x_1$ (falls $x_1 = $ BV) oder $20x_2$ (falls $x_2 = $ BV).

Lautete etwa – abweichend vom vorliegenden Beispiel – die Zielfunktionszeile eines Simplextableaus (Max.-Problem):

(10.2.19)

	x_1	x_2	y_1	y_2	y_3	Z	b
:	.	.	.	.	.	:	.
Z	10	15	0	0	0	1	80

so entspräche dies der Zielfunktionsgleichung $Z = 80 - 10x_1 - 15x_2$. Machte man nun eine der NBV (x_1 oder x_2) zu BV (d.h. mit $x_1 > 0$ oder $x_2 > 0$), so nähme Z um $10x_1$ bzw. $15x_2$ **ab**, im Widerspruch zum Maximierungsziel. Daher stellt die **aus (10.2.19) ablesbare Basislösung bereits die Optimallösung** dar (mit $Z_{max} = 80$).

Dieser Sachverhalt lässt sich für Maximumprobleme **verallgemeinern**:

Satz 10.2.20:   (Optimalitätskriterium)

i) Enthält die **Zielfunktionszeile** eines zulässigen Simplextableaus noch **negative Koeffizienten**, so kann der **Zielfunktionswert vergrößert** werden, indem wir eine (zu einem negativen Zielfunktionskoeffizienten gehörende) Nichtbasisvariable durch einen Pivotschritt zur Basisvariablen macht (**Basistausch**).

ii) Enthält die **Zielfunktion** nur **nichtnegative** Elemente, so kann Z **nicht mehr vergrößert** werden, für die aus dem Tableau ablesbare zulässige Basislösung wird die **Zielfunktion maximal**.

Beispiel 10.2.21:   Es seien zwei Simplextableaus i) und ii) eines Maximum-Problems gegeben:

i)

	x_1	x_2	y_1	y_2	y_3	Z	b
y_1	0	2	1	8	0	0	10
x_1	1	2	0	-1	0	0	17
y_3	0	4	0	0	1	0	30
Z	0	-6	0	4	0	1	100

ii)

	x_1	x_2	y_1	y_2	y_3	Z	b
x_2	0	1	0,5	4	0	0	5
x_1	1	0	-1	-9	0	0	7
y_3	0	0	-2	-16	1	0	10
Z	0	0	3	28	0	1	130

In Tableau i) ist der **Zielfunktionskoeffizient** der 2. Spalte **negativ** ($=-6$), daher ist Z noch **nicht optimal**, sondern könnte vergrößert werden, indem x_2 *(in der Basislösung zu i) gilt: $x_2 = 0$)* zu einer BV gemacht wird (2. Spalte = Pivotspalte).

(Die Frage, in welcher Zeile dann das Pivotelement zu wählen ist, werden wir im Anschluss (Kap. 10.2.6) beantworten.)

In Tableau ii) sind sämtliche **Zielfunktionskoeffizienten nichtnegativ**. Wegen

$$Z = 130 - 3y_1 - 28y_2$$

nimmt Z bei Basistausch **ab**, d.h. die aus dem Tableau ii) ablesbare Basislösung

$$\vec{x} = (x_1; x_2; y_1; y_2; y_3; Z)^T$$
$$= (7; 5; 0; 0; 10; 130)^T$$

ist bereits die **optimale Basislösung** des zugrunde liegenden Maximumproblems.

Im Ausgangstableau (10.2.18) führt somit die Erzeugung eines Einheitsvektors in der ersten oder zweiten Spalte zu einer neuen, verbesserten Basislösung. Häufig **wählt** man diejenige Spalte als **Pivotspalte**, die den **betragsgrößten negativen Zielfunktionskoeffizienten** aufweist, im Beispiel also die erste Spalte.

Bemerkung: Diese Pivotspalten-Auswahlregel liefert zwar pro Einheit der neuen Basisvariablen den höchsten Zielfunktionszuwachs, muss aber nicht notwendig besonders schnell zum Optimum führen. Prinzipiell kann jede Spalte mit negativem Zielfunktionskoeffizienten als Pivotspalte gewählt werden.

10.2.6 Engpassbedingung

Nachdem die Pivotspalte über das Optimalitätskriterium (10.2.20) bestimmt ist, fragt es sich, welche Zeile als **Pivotzeile** gewählt werden soll. Die Beantwortung dieser Frage soll wieder am Beispiel des Produktionsplanungsproblems (10.2.7) erfolgen. Dazu schreibt man noch einmal das kanonische Restriktionssystem aus dem Simplextableau ausführlich hin:

(10.2.22)
$$\begin{array}{rlll} 1 \cdot x_1 & + \ 0 \cdot x_2 + y_1 & & = 10 \\ 0 \cdot x_1 & + \ 1 \cdot x_2 \quad\ \ + y_2 & & = 6 \\ 2 \cdot x_1 & + \ 4 \cdot x_2 \quad\quad\quad & + y_3 & = 32 \end{array} \quad .$$

Da x_1, x_2 Nichtbasisvariable (NBV) sind, gilt in der entsprechenden Basislösung: $x_1 = 0$; $x_2 = 0$. Wählen wir zur Erzeugung einer neuen Basislösung die **1. Spalte** als **Pivotspalte**, so wird x_1 zur Basisvariablen (BV), während x_2 weiterhin NBV bleibt, also auch in der neuen Basislösung den Wert Null annimmt. Daher kann die zweite Spalte für die folgenden Überlegungen vernachlässigt werden.

Zunächst erkennen wir, dass die *zweite Zeile nicht als Pivotzeile* in Frage kommt, da dann das Pivotelement Null wird, ein Pivotschritt somit nicht durchführbar ist.

Betrachtet sei nun zunächst die *dritte Zeile als mögliche Pivotzeile*. Da x_1 zur BV wird, muss y_3 NBV werden, und es folgt dann aus der dritten Zeile (wegen $y_3 = 0$; $x_2 = 0$): $2x_1 = 32$, d.h. $x_1 = 16$. Setzt man diesen Wert in die erste Gleichung von (10.2.22) ein, so folgt: $16 + y_1 = 10$ ($x_2 = 0!$), d.h. $y_1 = -6$ (< 0). Damit ist die neue Basislösung nicht mehr zulässig, da eine Nichtnegativitätsbedingung (NNB) verletzt ist. Dies ist auch ökonomisch einsehbar: Sollen 16 ME/Tag des ersten Produktes gefertigt werden ($x_1 = 16$), so ergibt sich ein Widerspruch zur Pressen-Kapazität, denn die Fertigungsstelle „Warmpressen" kann nur maximal 10 ME/Tag von Produkt I herstellen, siehe (10.2.7). Bezüglich Produkt I bildet also die **erste Restriktion** (Fertigungsstelle Pressen) einen **Engpass**, x_1 darf höchstens 10 ME/Tag betragen. Daher müssen wir die **erste Zeile** (= Engpasszeile) als **Pivotzeile** wählen. Setzen wir die daraus resultierende Beziehung $x_1 = 10$ (wegen $y_1 = 0$ (NBV)) in die 3. Zeile ein, so ergibt sich: $2 \cdot 10 + y_3 = 32$, d.h. $y_3 = 12$ (> 0), d.h. alle NNB sind erfüllt, die **neue Basislösung ist zulässig**.

Das exemplarisch geschilderte **Verfahren gewährleistet allgemein** die **Zulässigkeit der neuen Basislösung**:

Satz 10.2.23:   **(Engpassbedingung, Zulässigkeitsbedingung)**

Eine **Basislösung** die (mit einem Pivotschritt) aus einer vorgegebenen zulässigen Basislösung durch Erzeugung eines Einheitsvektors in der k-ten Spalte entsteht, ist wiederum **zulässig**, wenn das Pivotelement a_{ik} (> 0) in derjenigen **Zeile** gewählt wird, für die sich der **kleinste, nichtnegative Wert** b_i / a_{ik} der **neuen Basisvariablen** x_k ergibt ($i = 1, ..., m$).

Wir **ermitteln** daher die **Pivotzeile** („Engpasszeile"), indem wir die Elemente b_i (≥ 0) der **rechten Seite** jeweils durch die entsprechenden **positiven Koeffizienten** a_{ik} der neuen (k-ten) Pivotspalte **dividieren**: Die resultierenden Quotienten $q_i := b_i / a_{ik}$ ($i = 1, ..., m$) entsprechen den möglichen Werten der neuen Basisvariablen x_k. Als **Pivotzeile** wählen wir dann diejenige Zeile i, für die b_i / a_{ik} **minimal** wird.

Beispiel 10.2.24:   Gegeben seien Pivotspalte und rechte Seite eines nichtoptimalen Simplextableaus

		... x_k ...	b	$q_i := b_i / a_{ik}$	*(mit $a_{ik} > 0$)*
	·	2	10	$10/2 = 5$	
	·	0	10	kein Engpass, da $0 \cdot x_k \leq 10$	
(10.2.25)	·	... -1 ...	15	kein Engpass, da $-1 \cdot x_k \leq 15$	
	·	3	18	$18/3 = 6$	
	·	$\boxed{7}$	28	$28/7 = 4 = \min(q_i)$: *Pivotzeile!*	◀──
	Z	... -3 ...	...		

Die letzte Zeile bildet den Engpass, der minimale Wert der neuen Basisvariablen beträgt:

$$x_k = 28 : 7 = 4 = \min(q_i), \qquad \text{siehe (10.2.25)}.$$

Daher wird die letzte Zeile als Pivotzeile gewählt und sichert der neuen Basislösung die Zulässigkeit: keine Restriktion wird verletzt. Zur Engpassermittlung führt man zweckmäßigerweise am rechten Rand des Tableaus eine Quotientenspalte ein, die die $q_i := b_i / a_{ik}$ (mit $a_{ik} > 0$) aufnimmt, s.(10.2.25).

Bemerkung 10.2.26: **i)** *Beachten Sie, dass die 2. und 3. Zeile von (10.2.25)* **nicht** *als Pivotzeile in Frage kommen, da für sie* $a_{ik} \leq 0$ *gilt und sie daher keinen Engpass darstellen können.*

ii) *Kommt auf der* **rechten** *Seite eine* **Null** *vor, so bildet die entsprechende Zeile (falls* $a_{ik} > 0$*) wegen* $b_i/a_{ik} = 0 = \min(q_i)$ *einen Engpass und kann als Pivotzeile gewählt werden.*

iii) *Gibt es* **mehrere** *Engpässe mit* **gleichem** *minimalem* q_i, *so kann* **irgendeine** *der entsprechenden Zeilen als Pivotzeile gewählt werden. In den nichtgewählten zulässigen Pivotzeilen entsteht nach dem Pivotschritt rechts eine Null.*

10.2.7   Simplexverfahren im Standard-Maximum-Fall − Zusammenfassung

Nachdem Pivotspalte und Pivotzeile festgelegt sind, erfolgt die Umformung des linearen Gleichungssystems (einschließlich der Zielfunktionszeile) mit einem **Pivotschritt** und somit die **Erzeugung der nächsten Basislösung** ($\hat{=}$ benachbarter Eckpunkt des zulässigen Bereiches), der erste **Simplexschritt** ist beendet. Nun schließen sich die gleichen Operationen erneut an:

i) Untersuchung der **Optimalität** der neuen Basislösung (Satz 10.2.20). Falls Z noch nicht optimal ist (erkennbar an negativen Zielfunktionskoeffizienten), erfolgen die Wahl der **Pivotspalte** sowie die Schritte ii) und iii) (andernfalls stellt die letzte Basislösung die Optimallösung dar).

ii) Wahl der **Pivotzeile** mit Hilfe der Engpassbedingung (Satz 10.2.23).

iii) Durchführung eines **Pivotschritts**, Ablesen der neuen Basislösung, weiter bei i) usw.

Dies Verfahren führt (bei Existenz der optimalen Lösung[3]) zwangsläufig nach endlich vielen Schritten zum gesuchten Optimum (da jeder zulässige Bereich nur endlich viele Ecken besitzt). Abb. 10.2.27 fasst das geschilderte Iterationsverfahren in Form eines Ablaufdiagramms zusammen:

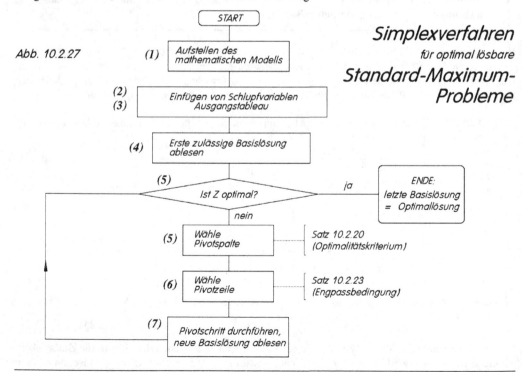

Abb. 10.2.27

Simplexverfahren *für optimal lösbare* **Standard-Maximum-Probleme**

---

3   Alle Sonderfälle sowie nicht (bzw. nicht optimal) lösbare Probleme werden in Kapitel 10.3 bzw. 10.4 behandelt.

10.2.8 Beispiel zum Simplexverfahren (Standard-Maximum-Problem)

Das Simplexverfahren wird nun vollständig am Beispiel des Produktionsplanungproblems (10.2.7) durchgeführt:

(1) **Mathematisches Modell** (siehe (10.2.7)):

$$Z = 30x_1 + 20x_2 \rightarrow \text{Max.} \qquad \text{mit}$$

(10.2.28)
$$\begin{aligned} x_1 &\leq 10 \\ x_2 &\leq 6 \\ 2x_1 + 4x_2 &\leq 32 \qquad \text{und } x_1, x_2 \geq 0. \end{aligned}$$

(2) **Mathematisches Modell nach Einfügen von Schlupfvariablen** (siehe (10.2.9)):

(10.2.29)
$$\begin{aligned} x_1 \quad\quad + y_1 \quad\quad\quad\quad &= 10 \\ x_2 \quad\quad + y_2 \quad\quad &= 6 \\ 2x_1 + 4x_2 \quad\quad\quad + y_3 \quad &= 32 \\ -30x_1 - 20x_2 \quad\quad\quad\quad + Z &= 0 \qquad \text{und } x_1, x_2 \geq 0; y_1, y_2, y_3 \geq 0. \end{aligned}$$

(3) **1. Simplextableau (Ausgangstableau)** (siehe (10.2.18)):

(10.2.30)

	x_1	x_2	y_1	y_2	y_3	Z	b	q_i
y_1	1	0	1	0	0	0	10	10 ←
y_2	0	1	0	1	0	0	6	–
y_3	2	4	0	0	1	0	32	16
Z	−30	−20	0	0	0	1	0	

↑

(4) **1. zulässige Basislösung**
(ablesbar aus (10.2.30)):

(10.2.31)
$$\vec{x}_1 = \begin{pmatrix} x_1 \\ x_2 \\ y_1 \\ y_2 \\ y_3 \\ Z \end{pmatrix} = \begin{pmatrix} 0 \\ 0 \\ 10 \\ 6 \\ 32 \\ 0 \end{pmatrix}$$

(Diese Basislösung entspricht der Ecke $(0;0)$ des zulässigen Bereiches in Abb. 10.2.8.)

(5) **Optimalitätskriterium** (Satz 10.2.20):

Da die Zielfunktionskoeffizienten der ersten und zweiten Spalte von (10.2.30) negativ sind, können wir Z vergrößern, indem x_1 oder x_2 zur Basisvariablen werden. Als Pivotspalte wird (z.B.) die erste Spalte (↑) gewählt.

(6) **Engpassermittlung, Zulässigkeitsbedingung** (Satz 10.2.23):

Der minimale Quotient q_i aus rechter Seite und entsprechendem Pivotspaltenelement tritt in der 1. Zeile auf, die somit zur Pivotzeile (←) wird. Das Pivotelement $a_{11} = 1$ ist umrahmt, s. (10.2.30).

(7) Durchführung eines **Pivotschritts**, siehe Kap. 9.2.3:

i) Die Pivotzeile wird durch das Pivotelement (= 1) dividiert;

ii) Die Pivotspalte wird zum Einheitsvektor;

iii) Alle übrigen Elemente a_{jp}^{neu} des neuen Tableaus ergeben sich aus den Elementen des alten Tableaus nach der „Kreisregel" (siehe (9.2.37)/(9.2.38) bzw. Satz 9.2.35):

$$a_{jp}^{neu} = a_{jp} - \frac{a_{jk} \cdot a_{ip}}{a_{ik}}.$$

Bem.: *Die Schritte (5), (6) und (7) nennt man zusammenfassend **Simplexschritt** oder **Simplexiteration**.*

(3)   Damit lautet das **2. Simplextableau:**

	x_1	x_2	y_1	y_2	y_3	Z	b	q_i
x_1	1	0	1	0	0	0	10	–
y_2	0	1	0	1	0	0	6	6
y_3	0	$\boxed{4}$	–2	0	1	0	12	3 ←
Z	0	–20	30	0	0	1	300	

(10.2.32)

↑

(4)   **2. zulässige Basislösung**
(ablesbar aus (10.2.32)):

(10.2.33)

$$\vec{x}_2 = \begin{pmatrix} x_1 \\ x_2 \\ y_1 \\ y_2 \\ y_3 \\ Z \end{pmatrix} = \begin{pmatrix} 10 \\ 0 \\ 0 \\ 6 \\ 12 \\ 300 \end{pmatrix}$$

*(Diese Basislösung entspricht
der Ecke (10;0) des zulässigen
Bereiches in Abb. 10.2.8.)*

Es schließt sich wieder Schritt **(5)** an:

(5)   **Optimalitätskriterium**   (Satz 10.2.20):

Da der Zielfunktionskoeffizient der 2. Spalte in (10.2.32) noch negativ ist, können wir Z vergrößern, indem wir x_2 zur Basisvariablen (und somit positiv) machen: Die 2. Spalte wird zur Pivotspalte (↑).

(6)   **Engpassermittlung**   (Satz 10.2.23):

Der minimale „Durchsatz" ergibt sich für die 3. Zeile mit q_3 = 12/4 = 3 : Die 3. Zeile wird Pivotzeile (←), das Pivotelement ist daher die „4", siehe (10.2.32).

(7)   Die erneute Durchführung eines
Pivotschritts liefert das
3. Simplextableau:

(10.2.34)

	x_1	x_2	y_1	y_2	y_3	Z	b
x_1	1	0	1	0	0	0	10
y_2	0	0	0,5	1	–0,25	0	3
x_2	0	1	–0,5	0	0,25	0	3
Z	0	0	20	0	5	1	360

(4)   **3. zulässige Basislösung**
(ablesbar aus (10.2.34)):

(10.2.35)

$$\vec{x}_3 = \begin{pmatrix} x_1 \\ x_2 \\ y_1 \\ y_2 \\ y_3 \\ Z \end{pmatrix} = \begin{pmatrix} 10 \\ 3 \\ 0 \\ 3 \\ 0 \\ 360 \end{pmatrix}$$

*(Diese Basislösung entspricht
der Ecke (10;3) des zulässigen
Bereiches in Abb. 10.2.8.)*

Es schließt sich wieder Schritt **(5)** an:

(5)   **Optimalitätkriterium**   (Satz 10.2.20):

In der Zielfunktionszeile stehen nur noch nichtnegative Koeffizienten: Die Basislösung (10.2.35) ist daher bereits die **optimale zulässige Lösung** des LO-Problems. Um einen maximalen Deckungsbeitrag von 360 €/Tag (Z = 360) zu erreichen, müssen 10 ME/Tag (x_1 = 10) von Produkt I und 3 ME/Tag (x_2 = 3) von Produkt II produziert werden. Dabei ist die Fertigungsstelle „Warmpressen" voll ausgelastet (y_1 = 0), in der Abteilung „Spritzguss" ist eine Leerzeit von 3 h/Tag (y_2 = 3) vorhanden, die Verpackungsabteilung ist voll ausgelastet (y_3 = 0).

Bemerkung 10.2.36: *Auch die übrigen Koeffizienten des optimalen Simplex-Tableaus (10.2.34) lassen sich ökonomisch interpretieren, siehe Kap. 10.5.*

Aufgabe 10.2.37: Ermitteln Sie mit Hilfe des Simplexverfahrens die optimalen Lösungen folgender Standard-Maximum-Probleme:

i) $Z = 30x_1 + 40x_2 \rightarrow$ Max.

mit
$$\begin{array}{rcl} x_1 & \le & 8 \\ x_2 & \le & 16 \\ 2x_1 + x_2 & \le & 24 \end{array}$$

sowie $x_1, x_2 \ge 0$.

ii) $Z = 2x_1 + 3x_2 \rightarrow$ Max.

mit
$$\begin{array}{rcl} 2x_1 + x_2 & \le & 12 \\ x_1 + x_2 & \le & 7 \\ x_1 + 3x_2 & \le & 15 \end{array}$$

sowie $x_1, x_2 \ge 0$.

iii) $Z = 20x_1 + 20x_2 + 12x_3 \rightarrow$ Max.

mit
$$\begin{array}{rcl} 10x_1 + 5x_2 + 2x_3 & \le & 0{,}6 \\ 4x_1 + 5x_2 + 6x_3 & \le & 1 \end{array}$$

sowie $x_1, x_2, x_3 \ge 0$.

iv) $Z = 2u_1 + 5u_2 + u_3 + 2u_4 + u_5 \rightarrow$ Max.

mit
$$\begin{array}{rcl} 3u_1 + u_2 \qquad\qquad + u_5 & \le & 10 \\ u_1 + u_2 + u_3 \qquad & \le & 4 \\ u_2 + u_3 + 2u_4 + u_5 & \le & 8 \\ 2u_1 + u_2 + 3u_3 + u_4 + 2u_5 & \le & 12 \end{array}$$

sowie $u_1, u_2, u_3, u_4, u_5 \ge 0$.

Aufgabe 10.2.38: Ermitteln Sie mit Hilfe des Simplexverfahrens die optimalen Lösungen von
i) Aufgabe 10.1.29   ii) Aufgabe 10.1.30 i).

Aufgabe 10.2.39: Eine Unternehmung produziert aus zwei verschiedenen Zwischenprodukten (Z_1, Z_2) insgesamt 4 Produkttypen $P_1, ..., P_4$. Materialbedarf, Produktivität, Kapazitäten und Deckungsbeiträge sind folgender Tabelle zu entnehmen:

	Produkttypen				Kapazität (pro Tag)
	P_1	P_2	P_3	P_4	
Materialbedarf Z_1 (kg/ME)	4	5	4	3	475 kg/Tag
Materialbedarf Z_2 (kg/ME)	8	8	6	10	720 kg/Tag
Produktivität (ME/h)	15	30	10	15	14 h/Tag
Deckungsbeitrag (€/ME)	10	13	10	11	

Ermitteln Sie das deckungsbeitrags-maximale tägliche Produktionsprogramm der Unternehmung.

10.3 Zweiphasenmethode zur Lösung beliebiger LO-Probleme

Für **Standard-Maximum-Probleme** bereitet es keine Schwierigkeiten, eine (für die Anwendung der Simplex-Methode notwendige) **erste zulässige Basislösung** zu erhalten:

Die **Nullaktivität** $x_1 = x_2 = ... = x_n = 0$ liefert **stets** eine erste zulässige Basislösung des Standard-Maximum-Problems. Etwas anderes ergibt sich, wenn es sich um LO-Probleme mit „ = "- oder „ ≥ "-Restriktionen handelt, siehe etwa das einführende Diät-Minimum-Problem (Beispiel 10.1.11). Aus Abb. 10.1.17 ist ersichtlich, dass der Nullpunkt **nicht** zum zulässigen Bereich gehört, die **Nullaktivität** somit **keine** zulässige Basislösung liefert. Die Restriktionen (10.1.13) des Diät-Beispiels 10.1.11 lassen sich nach Einführung von nichtnegativen **Schlupfvariablen** y_i (≥ 0) wie folgt schreiben:

$$\begin{array}{llll}
& 3x_1 + x_2 - y_1 & = 15 & \textit{(Eiweiß-Restriktion)} \\
(10.3.1) & x_1 + x_2 \quad\ -y_2 & = 11 & \textit{(Fett-Restriktion)} \\
& 2x_1 + 8x_2 \qquad -y_3 & = 40 & \textit{(Energie-Restriktion)} \\
& x_1, x_2, y_1, y_2, y_3 \geq 0 & & \textit{(NNB)}.
\end{array}$$

Beachten Sie, dass die Schlupfvariablen y_i (≥ 0) auf der linken Seite *(wegen der „ $\geq$ "-Restriktionen)* subtrahiert werden müssen!

Der *(nichtnegative)* Zahlenwert einer Schlupfvariablen gibt hier demzufolge an, um wieviel Einheiten die entsprechende Restriktion übererfüllt ist. Ein Lösungswert von $y_1 = 5$ etwa bedeutet, dass im Menü 5 Einheiten Eiweiß über die Mindestmenge von 15 Einheiten hinaus enthalten sind (insg. also 20 Eiweiß-Einheiten).

Versuchen wir, in (10.3.1) zu setzen: $x_1 = x_2 = 0$, so folgt unmittelbar $y_1 = -15$; $y_2 = -11$; $y_3 = -40$. Diese Basislösung aber ist **nicht zulässig**, da die NNB *(Nichtnegativitätsbedingungen)* verletzt sind!

> Das **Problem** besteht also zunächst darin, für das Gleichungssystem (10.3.1) eine **erste zulässige Basislösung** zu finden. Ist diese gefunden, so kann auf übliche Weise mit dem Simplex-Verfahren fortgefahren werden.

Bemerkung 10.3.2:   *Die Tatsache, dass Z minimiert werden soll – statt wie bisher maximiert – bereitet keine Schwierigkeiten, da man **jedes Minimum-Problem** in ein äquivalentes **Maximum-Problem** transformieren kann. Dazu multipliziert man die zu minimierende Zielfunktion:* $Z = c_1 x_2 + ... + c_n x_n$ *(→ Min) mit – 1 und maximiert anschließend die daraus entstehende Funktion Z′ mit*

$$Z' := -Z = -c_1 x_1 - c_2 x_2 - ... - c_n x_n \quad (\rightarrow Max).$$

*Dann wird das **Maximum von Z′** an derselben Stelle $\vec{x}$ angenommen wie das **Minimum von Z**, es gilt:*

$$Z_{min} = -Z'_{max}.$$

Für das Auffinden einer ersten zulässigen Basislösung bei „ = "- oder „ $\geq$ "-Bedingungen eignet sich die sogenannte **Zweiphasenmethode**: In einer **1. Phase** wird zunächst eine **beliebige zulässige BL** *(Basislösung)* ermittelt, die dann in der sich anschließenden **2. Phase** mit Hilfe des **gewöhnlichen Simplex-Verfahrens optimiert** wird. Die Zweiphasenmethode soll am Diät-Beispiel 10.1.11 demonstriert werden, dessen Restriktionssystem (10.1.13) bereits in Gleichungsform (10.3.1) vorliegt.

Der **erste Schritt von Phase 1** besteht immer darin, in sämtlichen „ $\geq$ "-Restriktionen neben den (subtraktiven) Schlupfvariablen y_i (≥ 0) zusätzliche sogenannte **Hilfsschlupfvariablen** (oder **künstliche Schlupfvariablen**) y_{Hi} (≥ 0) einzuführen. Das System (10.3.1) sieht dann wie folgt aus:

$$\begin{array}{lll}
(10.3.3) & \begin{array}{l}
3x_1 + x_2 - y_1 \qquad\quad + y_{H1} \qquad\quad = 15 \\
x_1 + x_2 \quad\ -y_2 \qquad\quad + y_{H2} \qquad = 11 \\
2x_1 + 8x_2 \qquad -y_3 \qquad\qquad\quad + y_{H3} = 40
\end{array} & \text{mit } x_k, y_i, y_{Hi} \geq 0.
\end{array}$$

$$\underbrace{}_{\substack{\textit{Problem-}\\\textit{variablen}}} \quad \underbrace{}_{\substack{\textit{Schlupf-}\\\textit{variablen}}} \quad \underbrace{}_{\substack{\textit{Hilfsschlupf-}\\\textit{variablen}}}$$

Eine **erste zulässige Basislösung** dieses kanonischen Systems (10.3.3) kann durch diesen Kunstgriff sofort angegeben werden:

$$(10.3.4) \qquad x_1 = 0;\ \ x_2 = 0;\ \ y_1 = 0;\ \ y_2 = 0;\ \ y_3 = 0;\ \ y_{H1} = 15;\ \ y_{H2} = 11;\ \ y_{H3} = 40.$$

Problem: Die so erhaltene Lösung (10.3.4) ist zwar bzgl. (10.3.3), nicht aber bzgl. des Ausgangsproblems (10.3.1) zulässig! Die **Hilfsschlupfvariablen** y_{H1}, y_{H2}, y_{H3} müssten, um auch dem Ausgangssystem (10.3.1) zu genügen, sämtlich den Wert **Null** annehmen (denn in (10.3.1) gilt das *Gleichheits*zeichen!).

Daher muss es das **Ziel** der weiteren Umformungen des Systems (10.3.3) sein, die **Hilfsschlupfvariablen zu Null** zu machen. Dies erreichen wir, indem wir durch Simplexschritte nach und nach **sämtliche Hilfsschlupfvariablen** y_{Hi} (die in (10.3.4) BV sind) zu **NBV** (und damit zu Null) machen, ohne dass sich an der Zulässigkeit der zwischenzeitlich erhaltenen Basislösungen etwas ändert.

Idee: Wir erreichen das Ziel $y_{H1} = y_{H2} = y_{H3} = 0$ auch dadurch, dass wir das **Minimum** der Summe $y_{H1} + y_{H2} + y_{H3}$ bilden! Wegen $y_{Hi} \geq 0$ ist der **Wert dieses Minimums Null** und wird **nur dann erreicht**, wenn **alle Hilfsschlupfvariablen y_H Null** sind, d.h. NBV geworden sind.

Aus (10.3.3) ergibt sich durch Auflösen nach y_{Hi}:

$$\begin{aligned} y_{H1} &= 15 - 3x_1 - x_2 + y_1 \\ y_{H2} &= 11 - x_1 - x_2 + y_2 \\ y_{H3} &= 40 - 2x_1 - 8x_2 + y_3 \end{aligned}$$

und daher die Forderung:

(10.3.5) $y_{H1} + y_{H2} + y_{H3} = 66 - 6x_1 - 10x_2 + y_1 + y_2 + y_3 \overset{\text{Min!}}{\to} 0$.

Da nach Bemerkung 10.3.2 ebensogut die **negative Summe** $-y_{H1} - y_{H2} - y_{H3}$ **zu Null maximiert** werden kann, führen wir in das Simplextableau zusätzlich eine sogenannte **sekundäre Zielfunktion** Z^* mit

$$Z^* := -y_{H1} - y_{H2} - y_{H3}$$

ein und versuchen, mit Hilfe des Simplex-Verfahrens Z^* in der **1. Phase zu Null zu maximieren** (gelingt dies **nicht**, so hat das LO-Problem **keine Lösung**). Aus (10.3.5) erhalten wir als sekundäre Zielfunktion:

$$Z^* := -y_{H1} - y_{H2} - y_{H3} = -66 + 6x_1 + 10x_2 - y_1 - y_2 - y_3 \to \text{Max.} \quad \text{bzw.}$$
$$-6x_1 - 10x_2 + y_1 + y_2 + y_3 + Z^* = -66 .$$

Daraus resultiert das erste Simplextableau (die eigentliche *„primäre"* Zielfunktion (10.1.12) lautet:

$$Z = x_1 + 2x_2 \to \text{Min.} \quad \text{bzw.} \quad Z' := -Z = -x_1 - 2x_2 \to \text{Max.}):$$

		x_1	x_2	y_1	y_2	y_3	y_{H1}	y_{H2}	y_{H3}	Z^*	Z'	b
	y_{H1}	3	1	−1	0	0	1	0	0	0	0	15
	y_{H2}	1	1	0	−1	0	0	1	0	0	0	11
(10.3.6)	y_{H3}	2	8	0	0	−1	0	0	1	0	0	40
	Z^*	−6	−10	1	1	1	0	0	0	1	0	−66
	Z'	1	2	0	0	0	0	0	0	0	1	0

Bemerkung 10.3.7: *Wie aus Tableau (10.3.6) ablesbar, erhalten wir die Koeffizienten der sekundären Zielfunktion einfach dadurch, dass wir in jeder Spalte diejenigen Elemente, die in Zeilen mit Hilfsschlupfvariablen stehen, addieren und mit umgekehrtem Vorzeichen versehen (außer in y_{Hi}- Spalten !).*

Können wir nun – ausgehend von der ersten zulässigen Basislösung von (10.3.6) – die **sekundäre Zielfunktion** mit Hilfe von Simplexschritten **zu Null maximieren**, so gilt dann zwangsläufig $y_{H1} = y_{H2} = y_{H3} = 0$, eine **erste zulässige Basislösung** des **ursprünglichen Systems** (10.3.1) ist gewonnen (Ende der 1. Phase). In der sich anschließenden 2. Phase wird die primäre Zielfunktion auf herkömmliche Weise optimiert.

Bemerkung 10.3.8:   *Ist eine Hilfsschlupfvariable y_{Hi} zur NBV und damit Null geworden, kann die entsprechende **Spalte ersatzlos gestrichen** werden. Auf diese Weise kann y_{Hi} nicht versehentlich wieder zur BV werden. Ebenso wird nach Abschluss der 1. Phase die **Zeile der sekundären Zielfunktion** Z^* ersatzlos **gestrichen**, da sie ihre formale Aufgabe (Erzeugung einer ersten zulässigen Basislösung) erfüllt hat und nun nicht mehr benötigt wird.*

Die folgenden Tableaus (10.3.9) demonstrieren die 2-Phasen-Methode am Beispiel 10.1.11, ausgehend vom Tableau (10.3.6):

Tab. 10.3.9

		x_1	x_2	y_1	y_2	y_3	y_{H1}	y_{H2}	y_{H3}	Z^*	Z'	b	
	y_{H1}	3	1	-1	0	0	1	0	0	0	0	15	
	y_{H2}	1	1	0	-1	0	0	1	0	0	0	11	
I	y_{H3}	2	8	0	0	-1	0	0	1	0	0	40	
	Z^*	-6	-10	1	1	1	0	0	0	1	0	-66	
	Z'	1	2	0	0	0	0	0	0	0	1	0	
	y_{H1}	2,75	0	-1	0	0,125	1	0		0	0	10	
	y_{H2}	0,75	0	0	-1	0,125	0	1		0	0	6	
II	x_2	0,25	1	0	0	-0,125	0	0		0	0	5	Phase 1
	Z^*	-3,5	0	1	1	-0,25	0	0		1	0	-16	
	Z'	0,5	0	0	0	0,25	0	0		0	1	-10	
	y_{H1}	2	0	-1	1	0	1			0	0	4	
	y_3	6	0	0	-8	1	0			0	0	48	
III	x_2	1	1	0	-1	0	0			0	0	11	
	Z^*	-2	0	1	-1	0	0			1	0	-4	
	Z'	-1	0	0	2	0	0			0	1	-22	
	x_1	1	0	-0,5	0,5	0				0	0	2	
	y_3	0	0	3	-11	1				0	0	36	
IV	x_2	0	1	0,5	-1,5	0				0	0	9	
	Z^*	0	0	0	0	0				1	0	0	
	Z'	0	0	-0,5	2,5	0				0	1	-20	
	x_1	1	0	0	-4/3	1/6					0	8	
V	y_1	0	0	1	-11/3	1/3					0	12	
	x_2	0	1	0	1/3	-1/6					0	3	Phase 2
	Z'	0	0	0	2/3	1/6					1	-14	

Nach dem 3. Simplexschritt (Tableau IV) ist Phase 1 abgeschlossen: Z^* ist Null und daher ebenfalls sämtliche Hilfsschlupfvariablen. Die aus Tableau IV ablesbare Basislösung ist zulässig hinsichtlich des ursprünglichen Restriktionssystems (10.3.1). Die Z^*-Zeile kann nun gestrichen werden und die primäre Zielfunktion Z' in Phase 2 weiter maximiert werden. Tableau V liefert die bereits auf graphischem Wege ermittelte optimale Lösung (siehe Abb. 10.1.17):

$$x_1 = 8 \qquad \text{(d.h. 800 g/Tag von Nahrungsmittelsorte I)}$$

$$x_2 = 3 \qquad \text{(d.h. 300 g/Tag von Nahrungsmittelsorte II)}$$

$$y_1 = 12 \qquad \text{(d.h. 12 ME Eiweiß über Mindestbedarf in Tagesration vorhanden)}$$

$$y_2 = y_3 = 0 \qquad \text{(Weder Fett- noch Energieüberschuss in der Tagesration)}$$

$$Z'_{max} = -14, \qquad \text{d.h.} \quad Z_{min} = -Z'_{max} = 14 \ \text{€/Tag}$$

(= minimale Nahrungsmittelgesamtkosten pro Tag).

Bemerkung 10.3.10:

i) Es kann vorkommen, dass nach Abschluss von Phase 1 bereits das Optimum der primären Zielfunktion erreicht ist. In diesem Fall entfällt Phase 2.

ii) Auch bei Vorliegen von Restriktionsgleichungen müssen Hilfsschlupfvariablen eingeführt werden, die in Phase 1 zu NBV gemacht werden müssen.

Das folgende **Beispiel** demonstriert das **Simplexverfahren (2-Phasen-Methode)**, wenn **alle Typen von Restriktionen** vorliegen.

Beispiel 10.3.11:

Eine Unternehmung stellt drei Produkte in zwei Fertigungsstellen her. Produktionskoeffizienten, Kapazitäten und Stück-Deckungsbeiträge gehen aus folgender Tabelle hervor:

| | Produkte | | | Kapazitäten (h) |
	I	II	III	
Fertigungsstelle A (h/ME)	4	6	8	5.000
Fertigungsstelle B (h/ME)	3	2	4	2.000
Deckungsbeitrag (€/ME)	40	50	60	

Außerdem ist folgendes zu berücksichtigen:

– Von Produkt III müssen aufgrund fester Lieferverpflichtungen mindestens 100 ME produziert werden.

– Aus Lagerhaltungsgründen müssen von Produkt I und II zusammen genau 400 Einheiten produziert werden.

– Ziel der Unternehmung ist die Maximierung des Deckungsbeitrags.

Wenn x_1, x_2, x_3 die zu produzierenden Stückzahlen (in ME) der Produkte I,II,III bedeuten, so lautet das mathematische Optimierungsmodell:

(10.3.12)   Zielfunktion: $40x_1 + 50x_2 + 60x_3 \to$ Max.

$$\text{Restriktionen:} \quad \begin{aligned} 4x_1 + 6x_2 + 8x_3 &\leq 5.000 \\ 3x_1 + 2x_2 + 4x_3 &\leq 2.000 \\ x_3 &\geq 100 \\ x_1 + x_2 &= 400 \end{aligned}$$

NNB: $x_1, x_2, x_3 \geq 0$.

Nach Einfügen von nichtnegativen Schlupf- bzw. Hilfsschlupfvariablen lautet das äquivalente Gleichungssystem

(10.3.13) $Z = 40x_1 + 50x_2 + 60x_3 \to$ Max.

$$\text{mit} \quad \begin{aligned} 4x_1 + 6x_2 + 8x_3 + y_1 &= 5.000 \\ 3x_1 + 2x_2 + 4x_3 + y_2 &= 2.000 \\ x_3 - y_3 + y_{H1} &= 100 \\ x_1 + x_2 + y_{H2} &= 400 \end{aligned}$$

und $x_k, y_i, y_{Hi} \geq 0$.

Mit der sekundären Zielfunktion

$$Z^* = -y_{H1} - y_{H2} = -500 + x_1 + x_2 + x_3 - y_3$$

erhalten wir nacheinander folgende Simplex-Tableaus:

(10.3.14)		x_1	x_2	x_3	y_1	y_2	y_3	y_{H1}	y_{H2}	Z^*	Z	b	
	y_1	4	6	8	1	0	0	0	0	0	0	5.000	
	y_2	3	2	4	0	1	0	0	0	0	0	2.000	
I	y_{H1}	0	0	1	0	0	-1	1	0	0	0	100	
	y_{H2}	1	1	0	0	0	0	0	1	0	0	400	
	Z^*	-1	-1	-1	0	0	1	0	0	1	0	-500	
	Z	-40	-50	-60	0	0	0	0	0	0	1	0	
	y_1	4	6	0	1	0	8		0		0	0	4.200	
	y_2	3	2	0	0	1	4		0		0	0	1.600	Phase 1
	x_3	0	0	1	0	0	-1		0		0	0	100	
II	y_{H2}	1	1	0	0	0	0		1		0	0	400	
	Z^*	-1	-1	0	0	0	0		0		1	0	-400	
	Z	-40	-50	0	0	0	-60		0		0	1	6.000	
	y_1	-2	0	0	1	0	8				0	0	1.800	
	y_2	1	0	0	0	1	4				0	0	800	
	x_3	0	0	1	0	0	-1				0	0	100	
III	x_2	1	1	0	0	0	0				0	0	400	
	Z^*	0	0	0	0	0	0			1	0	0	
	Z	10	0	0	0	0	-60				0	1	26.000	
	y_1	-4	0	0	1	-2	0					0	200	
	y_3	0,25	0	0	0	0,25	1					0	200	
IV	x_3	0,25	0	1	0	0,25	0					0	300	Phase 2
	x_2	1	1	0	0	0	0					0	400	
	Z	25	0	0	0	15	0					1	38.000	

Nach 2 Simplexschritten (Tableau III) ist Phase I abgeschlossen, da $Z^* = 0$. Nach einem weiteren Simplexschritt (Tableau IV) ist die optimale Lösung erreicht:

$$x_1 = \ \ 0 \qquad \text{(d.h. Produkt I wird nicht produziert)}$$
$$x_2 = 400 \qquad \text{(d.h. von Produkt II werden 400 ME produziert)}$$
$$x_3 = 300 \qquad \text{(d.h. von Produkt III werden 300 ME produziert)}$$
$$y_1 = 200 \qquad \text{(d.h. in Fertigungsstelle A sind 200 h nicht genutzt)}$$
$$y_2 = \ \ 0 \qquad \text{(d.h. Fertigungsstelle B ist voll ausgelastet)}$$
$$y_3 = 200 \qquad \text{(d.h. von Produkt III werden 200 ME über die}$$
$$\qquad\qquad\qquad\qquad \text{Mindestmenge von 100 ME hinaus produziert)}$$

$Z_{max} = 38.000 \, \text{€}$ (Deckungsbeitragsmaximum).

Aufgabe 10.3.15:

Ermitteln Sie die Lösung der folgenden LO-Probleme mit Hilfe der 2-Phasen-Methode:

i) $Z = 3x_1 + 3x_2 \rightarrow$ Max.

mit $-x_1 + 4x_2 \leq 24$
$\qquad\quad x_1 + 2x_2 \leq 30$
$\qquad\quad 2x_1 - x_2 \leq 30$
$\qquad\quad x_1 \qquad\quad \geq 4$
$\qquad\qquad\quad x_2 \geq 2$
$\qquad\quad x_1 + 2x_2 \geq 12$

und $x_1, x_2 \geq 0$.

ii)   Lösen Sie i), wenn das Minimum von Z gesucht ist und die Restriktionen unverändert bleiben.

Aufgabe 10.3.16:

Eine Unternehmung produziert 4 Produkte I,II,III,IV. Dazu stehen zwei Fertigungsstellen A, B sowie zwei Rohstoffe R_1, R_2 zur Verfügung.

Da die Rohstoffe nur begrenzt lagerfähig sind, müssen sie bei der Produktion vollständig verbraucht werden. Produktionskoeffizienten, Kapazitäten und Deckungsbeiträge sind aus folgender Tabelle ersichtlich:

	Produkte				vorhandene Kapazität
	I	II	III	IV	
Fertigungsstelle A (h/ME)	2	4	1	0	150 (h)
Fertigungsstelle B (h/ME)	1	0	5	1	250 (h)
Rohstoff R_1 (kg/ME)	0	1	4	2	200 (kg)
Rohstoff R_2 (kg/ME)	1	1	0	1	150 (kg)
Deckungsbeiträge (T€/ME)	2	-2	-1	1	

(Bemerkung: Negative Stück-Deckungsbeiträge (wie hier bei den Produkten II, III) können durchaus realistisch sein – Beispiel: Schadstoff-Produkte bei Kuppelproduktion.)

Bei welcher Produktkombination erzielt die Unternehmung maximalen Deckungsbeitrag?

Aufgabe 10.3.17:

Eine Bergwerksunternehmung fördert zwei verschiedene Erzsorten E_1, E_2. Aus jedem dieser Erze können sowohl Aluminium (Al) als auch Zink (Zn) gewonnen werden:

Aus einer t E_1 kann man 0,1 t Al und 0,6 t Zn, aus einer t E_2 0,5 t Al und 0,5 t Zn gewinnen.

Weiterhin ist zu berücksichtigen:

-   Pro Monat müssen aufgrund fester Lieferverträge genau 100 t Al und mindestens 200 t Zn produziert werden.
-   Die monatliche Verarbeitungskapazität beträgt für die Erzsorte E_1 höchstens 400 t, für die Erzsorte E_2 höchstens 180 t.
-   An Produktions- und Verarbeitungskosten fallen an: für E_1: 10 T€/t; für E_2: 100 T€/t.

Ermitteln Sie mit Hilfe der Simplex-Methode das kostenminimale monatliche Produktionsprogramm.

10.4 Sonderfälle bei LO-Problemen

Bereits bei der graphischen Lösung einfacher LO-Probleme waren **Sonderfälle** wie **Mehrdeutigkeit** (Abb. 10.1.21), **keine zulässige Lösung** (Abb. 10.1.23) und **unbeschränkte Lösung** (Abb. 10.1.24) aufgetreten. Im folgenden soll untersucht werden, wie sich diese (und andere) Sonderfälle im Verlauf des Simplexalgorithmus bemerkbar machen.

10.4.1 Keine zulässige Lösung

Betrachtet sei das Restriktionssystem (Abb. 10.4.2):

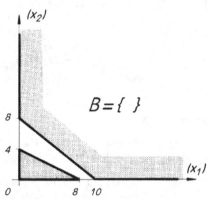

Abb. 10.4.2

$$(10.4.1) \qquad \begin{aligned} x_1 + 2x_2 &\le 8 \\ 4x_1 + 5x_2 &\ge 40 \\ x_1, x_2 &\ge 0 . \end{aligned}$$

Zur Ermittlung einer ersten zulässigen Basislösung wird in die zweite Restriktion neben einer Schlupfvariablen auch eine Hilfsschlupfvariable y_H eingeführt und dann die 2-Phasen-Methode angewendet. Das Ausgangstableau lautet (Z^* = sekundäre Zielfunktion):

(10.4.3)

	x_1	x_2	y_1	y_2	:	y_H	:	Z^*	b
y_1	1	2	1	0	:	0	:	0	8
y_H	4	5	0	-1	:	1	:	0	40
Z^*	-4	-5	0	1	:	0	:	1	-40

Ziel der 1. Phase ist es, Z^* zu Null zu maximieren und damit $y_H = 0$ zu erreichen. Ein Simplexschritt (Pivotelement eingerahmt) liefert

(10.4.4)

	x_1	x_2	y_1	y_2	:	y_H	:	Z^*	b
x_1	1	2	1	0	:	0	:	0	8
y_H	0	-3	-4	-1	:	1	:	0	8
Z^*	0	3	4	1	:	0	:	1	-8

Da die Zeile der sekundären Zielfunktion nur noch nichtnegative Koeffizienten enthält, liefert Tableau (10.4.4) bereits das Maximum der sekundären Zielfunktion Z^*. Gleichzeitig erkennen wir, dass (wegen $Z^*_{max} = -8$; $y_H = 8$), y_H wiederum Basisvariable und daher von Null verschieden ist: Das System (10.4.1) kann nicht erfüllt werden (dazu müsste $y_H = 0$ erreicht werden!), es existiert **keine zulässige Basislösung!**

Bemerkung 10.4.5: *Da jedes Standard-Maximum-Problem die zulässige Basislösung $x_1 = x_2 = ... = x_n = 0$ besitzt, kann der Fall der Nichtexistenz zulässiger Lösungen nur bei Problemen auftreten, in denen die 2-Phasen-Methode angewendet werden muss.*

Zusammenfassend gilt:

(10.4.6) | Ein LO-Problem besitzt **keine zulässige Lösung**, wenn das Maximum der sekundären Zielfunktion $Z^* := -\sum_i y_{Hi}$ **ungleich** Null wird, d.h. noch mindestens **eine Hilfsschlupfvariable von Null verschieden** ist.

10.4.2 Keine endliche optimale Lösung (unbeschränkte Lösung)

Betrachtet sei das Standard-Maximum-Problem:

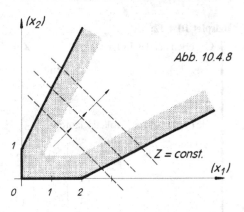

Abb. 10.4.8

$$Z = x_1 + x_2 \rightarrow \text{Max.}$$

mit
$$-2x_1 + x_2 \leq 1 \qquad (10.4.7)$$
$$x_1 - 2x_2 \leq 2$$

sowie
$$x_1, x_2 \geq 0 \; .$$

Die beiden ersten Tableaus lauten:

(10.4.9)

i)	x_1	x_2	y_1	y_2	Z	b
y_1	-2	1	1	0	0	1
y_2	$\boxed{1}$	-2	0	1	0	2
Z	-1	-1	0	0	1	0

ii)	x_1	x_2	y_1	y_2	Z	b
y_1	0	-3	1	2	0	5
x_1	1	-2	0	1	0	2
Z	0	-3	0	1	1	2

$\uparrow$

Z kann noch vergrößert werden, indem x_2 zur Basisvariablen gemacht wird. Da aber **sämtliche Elemente der neuen Pivotspalte** ($\uparrow$) **negativ** sind, existiert keine obere Schranke (also kein Engpass) für den zu wählenden Wert von x_2. Jeder **beliebig große Wert** für x_2 **verletzt keine der Restriktionen, vergrößert** aber **Z beliebig:** Es gibt **keine endliche optimale Lösung.** Formal erkennen wir diesen Sachverhalt stets daran, dass sich **kein positives Pivotelement** über einem negativen Zielfunktionskoeffizienten finden lässt.

Zusammenfassend gilt:

(10.4.10)   Ein LO-Problem besitzt **keine endliche optimale Lösung** (allenfalls eine „unbeschränkte optimale Lösung"), wenn die **Zielfunktion** zwar weiter **verbessert** werden kann, aber **kein positives Pivotelement** existiert.

10.4.3 Degeneration (Entartung)

Schneiden sich in einem Eckpunkt P des zulässigen Bereiches B **mehr** als 2 Restriktionsgeraden (im $\mathbb{R}^2$) bzw. **mehr** als 3 Restriktionsebenen (im $\mathbb{R}^3$) bzw. **mehr** als n Restriktionshyperebenen (im $\mathbb{R}^n$), so spricht man von **Degeneration** oder **Entartung** des LO-Problems (bzw. der entsprechenden Basislösung).

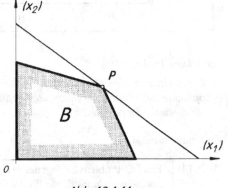

Wir erkennen diesen Fall im Simplextableau daran, dass der Wert einer **Basis**variablen **Null** ist, d.h. die Null auf der **rechten** Seite erscheint.

Dies tritt immer dann ein, wenn es zuvor im Simplextableau **mehrere gleichwertige Engpässe** gibt, d.h. mehrere Zeilen als Pivotzeilen gewählt werden können (*wie etwa im Punkt P der nebenstehenden Abb. 10.4.11*).

Abb. 10.4.11

Beispiel 10.4.12:

Gegeben sei das LO-Problem $Z = 3x_1 + 4x_2 \to$ Max.

mit $x_1 + x_2 \leq 4$
$x_1 + 2x_2 \leq 6$
$2x_1 + x_2 \leq 6$ sowie $x_1, x_2 \geq 0$.

Die beiden ersten Tableaus lauten:

i)	x_1	x_2	y_1	y_2	y_3	Z	b
y_1	1	1	1	0	0	0	4
y_2	1	2	0	1	0	0	6
y_3	2	1	0	0	1	0	6
Z	-3	-4	0	0	0	1	0

ii)	x_1	x_2	y_1	y_2	y_3	Z	b
y_1	0,5	0	1	-0,5	0	0	1 ← (q=2)
x_2	0,5	1	0	0,5	0	0	3
y_3	1,5	0	0	-0,5	1	0	3 ← (q=2)
Z	-1	0	0	2	0	1	12

Z kann noch verbessert werden, indem x_1 zur BV wird. Es ergeben sich zwei äquivalente Kandidaten für die neue Pivotzeile: Das Problem ist **degeneriert.**

Um eine bei Degenerationsfällen mögliche „Engpassschleife" des Simplexalgorithmus auf Dauer zu vermeiden, wählt man bei mehreren möglichen Pivotzeilen z.B. nach dem Zufallsprinzip aus.

Wird etwa im vorliegenden Beispiel die erste Zeile als Pivotzeile gewählt, so lautet das neue Simplextableau:

iii)	x_1	x_2	y_1	y_2	y_3	Z	b
x_1	1	0	2	-1	0	0	2
x_2	0	1	-1	1	0	0	2
y_3	0	0	-3	1	1	0	**0**
Z	0	0	2	1	0	1	14

Die resultierende Basislösung ist optimal. Charakteristisch für die Degeneration dieser Basislösung ist die Tatsache, dass die **Basisvariable** y_3 **Null** ist.

Bemerkung 10.4.13:

*Degenerierte Probleme bereiten rechentechnisch kaum Probleme. Ökonomisch bedeutet eine degenerierte optimale Basislösung das **gleichzeitige Erfülltsein** von **mehr als n Restriktionen**, d.h. eine besonders gute Abstimmung der Kapazitäten.*

Zusammenfassend gilt:

(10.4.14)   Ein LO-Problem ist **degeneriert** (oder **ausgeartet**), wenn im Verlauf eines Simplexschrittes mehrere äquivalente Pivotzeilen gewählt werden können.
Dies führt dazu, dass eine **Basisvariable** den Wert **Null** erhält.

10.4.4 Mehrdeutige optimale Lösungen

Ein zweidimensionales LO-Problem besitzt – wie bereits aus Abb. 10.1.21 deutlich wurde – unendlich viele optimale Lösungen, wenn die Zielfunktionsgeraden parallel zu einer Restriktionsgeraden liegen. Die Auswirkungen der Mehrdeutigkeit auf das optimale Simplextableau werden an folgendem **Beispiel** deutlich:

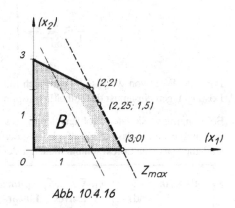

$$(10.4.15) \quad Z = 6x_1 + 3x_2 \rightarrow \text{Max.}$$

$$\text{mit} \quad x_1 + 2x_2 \leq 6$$
$$2x_1 + x_2 \leq 6$$

$$\text{sowie} \quad x_1, x_2 \geq 0 .$$

Abb. 10.4.16

Die beiden ersten Simplextableaus lauten:

(10.4.17)	x_1	x_2	y_1	y_2	Z	b
y_1	1	2	1	0	0	6
y_2	2	1	0	1	0	6
Z	−6	−3	0	0	1	0
y_1	0	1,5	1	−0,5	0	3
x_1	1	0,5	0	0,5	0	3
Z	0	**0**	0	3	1	18

Aus dem zweiten Simplextableau ergibt sich eine optimale Lösung $\vec{x}_1$ mit

$$\vec{x}_1 = \begin{pmatrix} x_1 \\ x_2 \\ y_1 \\ y_2 \\ Z \end{pmatrix} = \begin{pmatrix} 3 \\ 0 \\ 3 \\ 0 \\ 18 \end{pmatrix} \quad \begin{array}{l} \textit{(entspricht der} \\ \textit{Ecke (3; 0) in} \\ \textit{Abb. 10.4.16).} \end{array}$$

Da der **Zielfunktionskoeffizient** der NBV x_2 **Null** ist, können wir noch einen weiteren Basistausch vornehmen (Pivotspalte (↑)), ohne dass sich der maximale Zielfunktionswert Z_{max} (= 18) ändert. Mit dem Pivotelement 1,5 ergibt sich das nächste Simplextableau:

(10.4.18)	x_1	x_2	y_1	y_2	Z	b
x_2	0	1	2/3	−1/3	0	2
x_1	1	0	−1/3	2/3	0	2
Z	0	0	**0**	3	1	18

$$\vec{x}_2 = \begin{pmatrix} x_1 \\ x_2 \\ y_1 \\ y_2 \\ Z \end{pmatrix} = \begin{pmatrix} 2 \\ 2 \\ 0 \\ 0 \\ 18 \end{pmatrix} \quad \begin{array}{l} \textit{(entspricht der} \\ \textit{Ecke (2; 2) in} \\ \textit{Abb. 10.4.16).} \end{array}$$

Die resultierende Basislösung $\vec{x}_2$ ist ebenfalls optimal (und entspricht der Ecke (2; 2) in Abb. 10.4.16). Wir erkennen, dass – ohne Änderung des optimalen Zielfunktionswertes – erneut ein Basistausch (mit y_1 als BV) durchgeführt werden könnte, der das schon bekannte Tableau (10.4.17) liefert usw.

Mit den beiden optimalen Ecken $\vec{x}_1, \vec{x}_2$ ist auch **jeder Punkt** $\vec{x}$ **der Verbindungsstrecke** der beiden Ecken **optimal**, siehe Abb. 10.4.16. Nach Beispiel 9.1.37/Bemerkung 9.1.35 lassen sich sämtliche Punkte $\vec{x}$ dieser Verbindungsgeraden als **konvexe Linearkombinationen** der beiden optimalen Basislösungen $\vec{x}_1, \vec{x}_2$ darstellen:

$$(10.4.19) \quad \boxed{\vec{x} = \lambda \vec{x}_1 + (1-\lambda)\vec{x}_2} \quad (0 \leq \lambda \leq 1).$$

Beispiel: Wählen wir etwa $\lambda = 1/4$, so erhalten wir mit (10.4.19) die weitere optimale Lösung:

$$\vec{x} = \frac{1}{4}\vec{x}_1 + \frac{3}{4}\vec{x}_2 = \frac{1}{4} \cdot \begin{pmatrix} 3 \\ 0 \\ 3 \\ 0 \\ 18 \end{pmatrix} + \frac{3}{4} \cdot \begin{pmatrix} 2 \\ 2 \\ 0 \\ 0 \\ 18 \end{pmatrix} = \begin{pmatrix} 2,25 \\ 1,50 \\ 0,75 \\ 0 \\ 18 \end{pmatrix}, \quad \text{siehe Abb. 10.4.16.}$$

Für jede Wahl von $\lambda \in [0;1]$ ergibt sich mit (10.4.19) eine andere optimale Lösung, allen optimalen Lösungen gemeinsam ist der einheitliche optimale Zielfunktionswert $Z_{max} = 18$.

Bei höherdimensionalen Problemen kann es vorkommen, dass **mehr als zwei Basislösungen optimal** sind (erkennbar daran, dass die Zielfunktionskoeffizienten von zwei oder mehr NBV Null sind). Auch dann sind alle **konvexen Linearkombinationen** $\vec{x}$ der optimalen Basislösungen $\vec{x}_1,...,\vec{x}_k$ zulässig und optimal:

Satz 10.4.20: Es seien $\vec{x}_1$, $\vec{x}_2$, ..., $\vec{x}_k$ **optimale zulässige Basislösungen** eines LO-Problems. Dann sind auch alle **konvexen Linearkombinationen**

(10.4.21) $\boxed{\vec{x} = \lambda_1\vec{x}_1 + \lambda_2\vec{x}_2 + ... + \lambda_k\vec{x}_k}$ mit $0 \leq \lambda_i \leq 1$ und $\lambda_1+\lambda_2+...+\lambda_k = 1$

ebenfalls **zulässige optimale Lösungen** des LO-Problems *(i.a. aber keine Basislösungen).*

Der **Beweis** lässt sich mit Hilfe der Matrizenrechnung führen, wenn wir das LO-Problem in kompakter Form (siehe Bemerkung 10.2.11) schreiben: $Z = \vec{c}^T \cdot \vec{x} \rightarrow$ Max. unter Berücksichtigung der Nebenbedingungen $A\vec{x} = \vec{b}$ sowie $\vec{x} \geq \vec{0}$: Laut Voraussetzung von Satz 10.4.20 sind die $\vec{x}_1,...,\vec{x}_k$ optimale zulässige Basislösungen, d.h. es muss gelten:

(10.4.22) $\vec{c}^T \cdot \vec{x}_1 = \vec{c}^T \cdot \vec{x}_2 = ... = \vec{c}^T \cdot \vec{x}_k = Z_{opt}$ sowie

(10.4.23) $A\vec{x}_1 = A\vec{x}_2 = ... = A\vec{x}_k = \vec{b}$.

Dann gilt **für jede konvexe Linearkombination** $\vec{x}$ mit $\vec{x} := \lambda_1\vec{x}_1 + \lambda_2\vec{x}_2 + ... + \lambda_k\vec{x}_k$ $(0 \leq \lambda_i \leq 1; \sum \lambda_i = 1)$:

i) $A\vec{x} = A(\lambda_1\vec{x}_1 + ... + \lambda_k\vec{x}_k) = \lambda_1 \cdot A\vec{x}_1 + ... + \lambda_k \cdot A\vec{x}_k =$ *(wegen (10.4.23)*

$\qquad = \lambda_1\vec{b} + ... + \lambda_k\vec{b} = \underbrace{(\lambda_1 + \lambda_2 + ... + \lambda_k)}_{= 1} \cdot \vec{b} = \vec{b}$,   d.h. $\vec{x}$ **ist zulässig.**

ii) $Z(\vec{x}) = \vec{c}^T \cdot \vec{x} = \vec{c}^T(\lambda_1\vec{x}_1 + ... + \lambda_k\vec{x}_k) = \lambda_1\vec{c}^T \cdot \vec{x}_1 + ... + \lambda_k\vec{c}^T \cdot \vec{x}_k =$ *(wegen (10.4.22)*

$\qquad = \underbrace{(\lambda_1 + \lambda_2 + ... + \lambda_k)}_{= 1} \cdot Z_{opt} = Z_{opt}$,   d.h. $\vec{x}$ **ist optimal.**

Genau das sollte gezeigt werden. Zusammenfassend gilt:

(10.4.24)   Ein LO-Problem ist **mehrdeutig lösbar**, wenn der **Zielfunktionskoeffizient** mindestens **einer Nichtbasisvariablen** im optimalen Tableau den Wert **Null** aufweist. Durch entsprechende Simplexschritte können die weiteren optimalen Basislösungen erzeugt werden, deren optimale Zielfunktionswerte übereinstimmen.

Sind $\vec{x}_1, \vec{x}_2, ..., \vec{x}_k$ die so gewonnenen optimalen Basislösungen, so sind auch alle **konvexen Linearkombinationen**

$\boxed{\vec{x} = \lambda_1\vec{x}_1 + \lambda_2\vec{x}_2 + ... + \lambda_k\vec{x}_k}$ (mit $0 \leq \lambda_i \leq 1$; $\sum \lambda_i = 1$)

optimale zulässige Lösungen. $\vec{x}$ heißt **allgemeine optimale Lösung** des LO-Problems.

10.4.5 Fehlen von Nichtnegativitätsbedingungen

Eine wesentliche **Voraussetzung** bei der Anwendung des **Simplexverfahrens** besteht darin, dass mit Hilfe der Zulässigkeitsbedingung (Engpasskriterium, Satz 10.2.23) stets **zulässige** Lösungen erzeugt werden, Lösungen also, die in allen Variablenwerten den **Nichtnegativitätsbedingungen** genügen.

Nun kann es vorkommen, dass gewisse Problemvariable x_i

i) **stets nichtpositiv** ($x_i \leq 0$) sein müssen;

ii) **beliebige reelle Werte** annehmen dürfen (x_i ist vorzeichen-unbeschränkt: $x_i \lessgtr 0$).

Beide Fälle lassen sich durch **Einführung von neuen Variablen**, die den **Nichtnegativitätsbedingungen** genügen, **äquivalent** umformen:

i) x_i (mit $x_i \leq 0$) wird ersetzt durch: $\quad -x_i^*\quad$ (mit $x_i^* \geq 0$);

ii) x_i (mit $x_i \lessgtr 0$) wird ersetzt durch: $\quad x_i' - x_i''\quad$ (mit $x_i', x_i'' \geq 0$)
(gilt dann $x_i' \lessgtr x_i''$, so ist $x_i \lessgtr 0$).

Beispiel 10.4.25:

Gegeben sei das LO-Problem

(10.4.26)
$$Z = 5x_1 + 2x_2 + 4x_3 \to \text{Max}$$
mit
$$\begin{aligned} x_1 - 2x_2 + 3x_3 &\leq 5 \\ 2x_1 + x_2 - x_3 &\geq 4 \\ x_1 - x_2 + 2x_3 &= 8 \end{aligned}$$
sowie $\quad x_1 \leq 0 \,;\, x_2 \geq 0 \,;\, x_3 \lessgtr 0$.

Das Problem (10.4.26) lässt sich in ein äquivalentes LO-Problem umformen, dessen sämtliche Variablen den Nichtnegativitätsbedingungen genügen. Dazu setzen wir:

i) $\quad x_1 =: -x_1^* \qquad$ (mit $x_1^* \geq 0$);

ii) $\quad x_3 =: x_3' - x_3'' \qquad$ (mit $x_3', x_3'' \geq 0$).

Dies – eingesetzt in (10.4.26) – liefert:

(10.4.27)
$$Z = -5x_1^* + 2x_2 + 4x_3' - 4x_3'' \to \text{Max.}$$
mit
$$\begin{aligned} -x_1^* - 2x_2 + 3x_3' - 3x_3'' &\leq 5 \\ -2x_1^* + x_2 - x_3' + x_3'' &\geq 4 \\ -x_1^* - x_2 + 2x_3' - 2x_3'' &= 8 \end{aligned}$$
sowie $\quad x_1^*, x_2, x_3', x_3'' \geq 0$.

Das LO-Problem (10.4.27) kann nun wie üblich mit dem Simplexverfahren gelöst werden.

Zusammenfassend gilt:

(10.4.28) Jedes LO-Problem mit Variablen x_i, für die **keine Nichtnegativitätsbedingungen** (NNB) gefordert werden, lässt sich in ein **äquivalentes** LO-Problem transformieren, dessen **sämtliche Variablen den NNB genügen**:

i) Falls $x_i \leq 0$, so setzt man: $\quad x_i = -x_i^* \qquad$ (mit $x_i^* \geq 0$);

ii) Falls $x_i \lessgtr 0$, so setzt man: $\quad x_i = x_i' - x_i'' \qquad$ (mit $x_i', x_i'' \geq 0$).

Die nunmehr **vollständig dargestellte Simplexmethode** für beliebige LO-Probleme unter Berücksichtigung aller Sonderfälle wird in Form eines **Ablaufdiagramms** (Abb. 10.4.29) zusammengefasst:

10.4.6   Ablaufdiagramm Simplexverfahren *(allgemeiner Fall)*

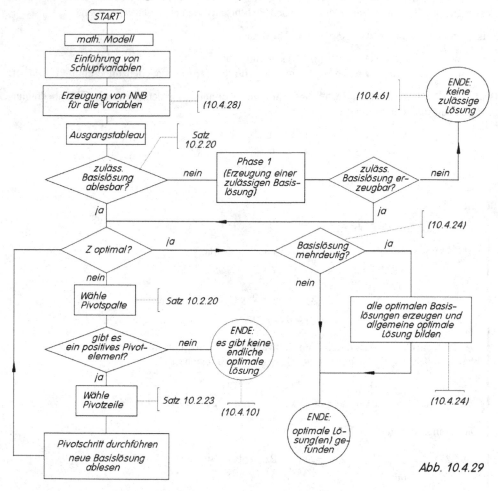

Abb. 10.4.29

Aufgabe 10.4.30: Ermitteln Sie die optimale Lösung folgender LO-Probleme mit Hilfe des Simplexverfahrens (geben Sie bei mehrdeutigen optimalen Lösungen sämtliche optimalen Basislösungen, die allgemeine optimale Lösung sowie zwei spezielle Nichtbasislösungen an):

i)
$$Z = x_1 + x_2 + x_3 \rightarrow \text{Max}$$
mit
$$3x_1 + 6x_2 + 2x_3 \leq 6$$
$$4x_1 + 3x_2 + 3x_3 \geq 12$$
sowie
$$x_1, x_2, x_3 \geq 0.$$

ii)
$$Z = 5x_1 + 4x_2 - 32x_3 - 24x_4 \rightarrow \text{Max}$$
mit
$$x_1 + 3x_2 - 7x_3 - 5x_4 \leq 5$$
$$-x_1 + x_2 + 6x_3 + 5x_4 \leq 3$$
sowie
$$x_1, x_2, x_3, x_4 \geq 0.$$

iii)
$$Z = 6x_1 + 12x_2 + 4x_3 \rightarrow \text{Max}$$
mit
$$3x_1 + 6x_2 + 2x_3 \leq 6$$
$$-x_1 + 2x_2 \leq 2$$
sowie
$$x_1, x_2, x_3 \geq 0.$$

iv)
$$Z = -2x_1 + x_2 \rightarrow \text{Max}$$
mit
$$-2x_1 - x_2 \leq 16$$
$$x_1 - 3x_2 \leq 27$$
$$-x_1 - 2x_2 \geq 8$$
$$x_1 - x_2 \geq 1$$
sowie
$$x_1 \lessgtr 0 ; x_2 \leq 0.$$

10.5   Die ökonomische Interpretation des optimalen Simplextableaus

Neben der optimalen Basislösung weist das optimale Simplextableau weitere Koeffizienten auf, deren ökonomische Interpretation einen vertieften Einblick in die Problemsituation ermöglicht und die es gestattet, Konsequenzen aufzuzeigen, die sich durch Abweichen von der optimalen Lösung ergeben.

Am Beispiel je eines Standard-Maximum-Problems (Produktionsplanungsproblem) und eines Standard-Minimum-Problems (Diätproblem) sollen die ökonomischen Interpretationsmöglichkeiten des optimalen Simplextableaus demonstriert werden.

Bemerkung: Die Koeffizienten aller übrigen Simplex-Tableaus lassen sich völlig analog interpretieren.

10.5.1   Produktionsplanungsproblem

10.5.1.1   Problemformulierung, Einführung von Einheiten

Eine Unternehmung produziere drei Produkttypen I, II, III. Die entsprechenden Entscheidungsvariablen x_i bezeichnen die Produktmengen:

$$x_1, x_2, x_3: \text{ produzierte Menge von I (in ME}_1\text{); II (in ME}_2\text{); III (in ME}_3\text{)}.$$

Bemerkung: Produkt-Mengeneinheiten (ME$_i$) werden entsprechend dem Produkttyp (i) indiziert, damit aus der Angabe einer Einheit sofort ersichtlich ist, um welches Produkt es sich handelt. Analog sind die übrigen Einheiten-Indizes zu verstehen (z.B. 8 h$_1$ = 8 Stunden in der Fertigungsstelle 1 usw.).

Zur Produktion wird ein Rohstoff verwendet, jedes Produkt muss 2 Fertigungsstellen durchlaufen.

Produktionskoeffizienten, verfügbare Kapazitäten und Deckungsbeiträge gehen aus (10.5.1) hervor:

(10.5.1)	Produkttyp			maximal verfügbare Kapazitäten
	I	II	III	
Fertigungsstelle 1	$5 \text{ h}_1/\text{ME}_1$	$25 \text{ h}_1/\text{ME}_2$	$8 \text{ h}_1/\text{ME}_3$	215 h_1
Fertigungsstelle 2	$1 \text{ h}_2/\text{ME}_1$	$4 \text{ h}_2/\text{ME}_2$	$1 \text{ h}_2/\text{ME}_3$	30 h_2
Rohstoff	$1 \text{ kg}/\text{ME}_1$	$5 \text{ kg}/\text{ME}_2$	$2 \text{ kg}/\text{ME}_3$	50 kg
Deckungsbeiträge	$8 \text{ €}/\text{ME}_1$	$35 \text{ €}/\text{ME}_2$	$13 \text{ €}/\text{ME}_3$	

Gesucht ist das Produktionsprogramm mit maximalem Deckungsbeitrag.

Nach Einfügen von Schlupfvariablen lautet das **mathematische Modell**:

$$(10.5.2) \qquad Z = 8x_1 + 35x_2 + 13x_3 \qquad \rightarrow \text{Max.}$$

$$\begin{aligned}
5x_1 + 25x_2 + 8x_3 + y_1 \quad\quad\quad &= 215 \\
x_1 + 4x_2 + x_3 \quad + y_2 \quad\quad &= 30 \\
x_1 + 5x_2 + 2x_3 \quad\quad\quad + y_3 &= 50
\end{aligned}$$

$$x_1, x_2, x_3, y_1, y_2, y_3 \geq 0 \; .$$

Daraus erhalten wir das **Ausgangstableau** (10.5.3) für das Simplexverfahren. In eckigen Klammern hinzugefügt wurden die jeweiligen **Einheiten** von Variablen und Koeffizienten:

(10.5.3)	x_1 [ME$_1$]	x_2 [ME$_2$]	x_3 [ME$_3$]	y_1 [h$_1$]	y_2 [h$_2$]	y_3 [kg]	Z [€]	b
y_1 [h$_1$]	5 [h$_1$/ME$_1$]	25 [h$_1$/ME$_2$]	8 [h$_1$/ME$_3$]	1	0	0	0	215 [h$_1$]
y_2 [h$_2$]	1 [h$_2$/ME$_1$]	4 [h$_2$/ME$_2$]	1 [h$_2$/ME$_3$]	0	1	0	0	30 [h$_2$]
y_3 [kg]	1 [kg/ME$_1$]	5 [kg/ME$_2$]	2 [kg/ME$_3$]	0	0	1	0	50 [kg]
Z [€]	−8 [€/ME$_1$]	−35 [€/ME$_2$]	−13 [€/ME$_3$]	0	0	0	1	0 [€]

Bemerkung 10.5.4: *i)   Mit ihren korrekten Einheiten lautet z.B. die erste Zeile von 10.5.3:*

$$5x_1 \; [\frac{h_1}{ME_1} \cdot ME_1] \; + \; 25x_2 \; [\frac{h_1}{ME_2} \cdot ME_2] \; + \; 8x_3 \; [\frac{h_1}{ME_3} \cdot ME_3] \; + \; 1 \cdot y_1 \; [h_1] \; = \; 215 \; [h_1].$$

Durch Kürzen gleichlautender Mengeneinheiten erkennen wir, dass alle Summanden sowie die rechte Seite dieselbe Einheit besitzen.

*ii)   Es ist bei allen ökonomisch interpretierbaren mathematischen Beziehungen stets darauf zu achten, dass nur solche dimensionsgleichen Größen summiert werden, deren **Einheiten übereinstimmen**. (Eine Summe wie etwa x = 10 [€] + 8 [km] ist nicht definiert und offenbar auch unsinnig.) Wir überzeugen uns analog zu i) davon, dass in (10.5.3) alle Gleichungen dieser Forderung genügen.*

Bereits am Ausgangstableau (10.5.3) erkennen wir eine wichtige (und **für jedes Simplextableau gültige**) **Eigenschaft der Koeffizienteneinheiten**:

Satz 10.5.5: In einem Simplextableau ergibt sich die **Einheit** irgendeines beliebigen Elements a_{ik} wie folgt:

(10.5.6)
$$\text{Einheit von } a_{ik} \; = \; \frac{\text{Einheit von } x_i}{\text{Einheit von } x_k} \quad ,$$

wobei x_i diejenige Basisvariable bedeutet, deren Einheitsvektor die Eins in der Zeile von a_{ik} besitzt und x_k diejenige Variable bedeutet, die zur Spalte von a_{ik} gehört.

Bezeichnen wir die Einheiten von x_i mit [ME$_i$] und von x_k mit [ME$_k$], so sichert (10.5.6) im Simplextableau folgenden Einheiten-Zusammenhang (10.5.7):

		... x_i [ME$_i$] ...	x_k [**ME$_k$**] ...
		0	
	$\vdots$	$\vdots$	$\vdots$
		0	
(10.5.7)	x_i [**ME$_i$**]	... 1 ...	a_{ik} [$\frac{ME_i}{ME_k}$] ...
		0	
	$\vdots$	$\vdots$	$\vdots$
	$\vdots$	0	

Dass die Eigenschaft (10.5.6) auch bei einem Pivotschritt unverändert bleibt, können wir durch explizites Nachrechnen feststellen. Mit Hilfe von (10.5.6)/(10.5.7) kann **jeder Koeffizient** in **jedem Simplextableau** sofort mit seiner **korrekten Einheit** versehen werden und so unmittelbar einer **ökonomischen Interpretation** zugänglich gemacht werden.

10.5.1.2 Optimaltableau und optimale Basislösung

Nach einigen Simplex-Schritten erhalten wir aus (10.5.3) das **optimale Simplextableau** (10.5.8):

(10.5.8)	$x_1[ME_1]$	x_2 $[ME_2]$	x_3 $[ME_3]$	$y_1[h_1]$	y_2 $[h_2]$	y_3 [kg]	Z [€]	b
y_1 $[h_1]$	0	2 $[h_1/ME_2]$	0	1	-2 $[h_1/h_2]$	-3 $[h_1/kg]$	0	5 $[h_1]$
x_1 $[ME_1]$	1	3 $[ME_1/ME_2]$	0	0	2 $[ME_1/h_2]$	-1 $[ME_1/kg]$	0	10 $[ME_1]$
x_3 $[ME_3]$	0	1 $[ME_3/ME_2]$	1	0	-1 $[ME_3/h_2]$	1 $[ME_3/kg]$	0	20 $[ME_3]$
Z [€]	0	2 $[€/ME_2]$	0	0	3 $[€/h_2]$	5 $[€/kg]$	1	340 [€]

Zunächst ist anhand der **rechten Seite** von (10.5.8) die **optimale Basislösung** erkennbar:

$$(10.5.9) \qquad \vec{x}_{opt} = \begin{pmatrix} x_1 \\ x_2 \\ x_3 \\ y_1 \\ y_2 \\ y_3 \\ Z \end{pmatrix} = \begin{pmatrix} 10 \ [ME_1] \\ 0 \ [ME_2] \\ 20 \ [ME_3] \\ 5 \ [h_1] \\ 0 \ [h_2] \\ 0 \ [kg] \\ 340 \ [€] \end{pmatrix}$$

Durch Verwendung der Einheiten ist die ökonomische Deutung unmittelbar erkennbar: Von Produkt I müssen $10\,ME_1$, von Produkt II darf nichts, von Produkt III müssen $20\,ME_3$ produziert werden, um einen maximalen Deckungsbeitrag in Höhe von 340 € zu erwirtschaften. Dabei sind von Fertigungsstelle 1 noch $5\,h_1$ ungenutzt, während Fertigungsstelle 2 voll ausgelastet ist ($y_2 = 0$) und der gesamte Rohstoff verbraucht worden ist ($y_3 = 0$).

10.5.1.3 Deutung der Zielfunktionskoeffizienten

Um die **Koeffizienten der Zielfunktionszeile** zu interpretieren, schreiben wir die **letzte Zeile** von (10.5.8) als **Gleichung**: $2x_2 + 3y_2 + 5y_3 + Z = 340$, bzw.

$$(10.5.10) \qquad \boxed{Z = 340 - 2x_2 - 3y_2 - 5y_3} \ .$$

In der optimalen Basislösung (10.5.9) gilt: $x_2 = y_2 = y_3 = 0$ (NBV!), aus (10.5.10) folgt: Z = 340 €.

> **Erhöhen** wir nun -c.p.- in (10.5.10) irgendeine der **NBV um eine Einheit** (von Null auf Eins), so **vermindert** sich der Deckungsbeitrag Z genau in Höhe des entsprechenden **Zielfunktionskoeffizienten**.

Beispiel 10.5.11: i) Erhöhen wir x_2 von Null auf Eins (d.h. produzieren wir eine Einheit von Produkt II), so folgt aus (10.5.10):

$$Z = 340 - 2x_2 = 340\,[€] - 2 \cdot 1\,[\frac{€}{ME_2} \cdot ME_2] = 338\,[€]\,.$$

Der Deckungsbeitrag Z hat sich also genau um 2 $[€/ME_2]$ ($\hat{=}$ Zielfunktionskoeffizient von x_2 in (10.5.10)) vermindert.

ii) Erhöhen wir -c.p.- y_2 von Null auf Eins (d.h. lassen wir eine Stunde der bisher voll genutzten Kapazität „leer", produzieren also in Fertigungsstelle 2 eine Stunde weniger), so sinkt Z um 3 $[€/h_2]$, wie aus (10.5.10) unmittelbar ablesbar ist. Entsprechendes gilt für den Rohstoff: Setzen wir 1 kg weniger ein ($y_3 = 1$), so sinkt der Deckungsbeitrag um 5 $[€/kg]$.

Daraus folgt ganz allgemein:

(10.5.12)

> Die **Zielfunktionskoeffizienten** *(der Nichtbasisvariablen (NBV)* x_i, y_k) im optimalen Simplextableau geben an, um wieviele Einheiten sich der **Zielfunktionswert vermindert,** wenn
>
> **i)** **eine** Einheit eines bisher nicht produzierten Erzeugnisses produziert wird *(*x_i *= NBV)*;
> **ii)** eine bisher **vollausgelastete** Kapazität (Fertigung, Rohstoffe, etc.) um **eine** Einheit **weniger** ausgelastet wird *(*y_k *= NBV)*.

Bemerkung 10.5.13:

i) *Aus diesem Grund heißen die Zielfunktionskoeffizienten im optimalen Tableau auch **Schattenpreise** oder **Opportunitätskosten** der Produkte bzw. der Engpasskapazitäten. Ökonomisch betrachtet handelt es sich um **Grenzgewinne** bzw. **Grenzkosten.***

ii) *Aus (10.5.10)/(10.5.12) lässt sich analog ablesen, dass bei **Erhöhung** der **Kapazitäten** von **Engpassfertigungsstellen** um eine Einheit (d.h.* $y_2 = -1$; $y_3 = -1$) *die Werte Z der **Zielfunktion** in Höhe der Opportunitätskosten **zunehmen.***

iii) *Am optimalen Tableau (10.5.8) erkennen wir, dass der **nicht ausgelasteten** Fertigungsstelle 1 ein **Schattenpreis** von **Null** zugeordnet ist: Eine zusätzliche Kapazitätserhöhung um eine Stunde würde **keinen** zusätzlichen Deckungsbeitrag erwirtschaften, da ohnehin schon eine nicht genutzte Kapazität von 5 h$_1$ vorhanden ist.*

iv) *Bei sehr **hohen Opportunitätskosten** für eine Engpassfertigungsstelle sollte eine Unternehmung **Kostenvergleiche** anstellen und erwägen, die entsprechende Kapazität zu erweitern. Dabei müssen allerdings die beschränkten Kapazitäten der übrigen Fertigungsstellen mitberücksichtigt werden, um nicht unzulässige Lösungen zu erhalten.*

10.5.1.4 Deutung der inneren Koeffizienten

Die Deutung der **inneren Koeffizienten** a_{ik} des optimalen Simplextableaus erschließt sich besonders einfach, wenn wir aus (10.5.8) zunächst die **allgemeine Lösung** des Restriktionsgleichungssystems angeben (siehe 9.2.61)):

$$(10.5.14) \qquad \vec{x}_{opt} = \begin{pmatrix} x_1 \\ x_2 \\ x_3 \\ y_1 \\ y_2 \\ y_3 \end{pmatrix} = \begin{pmatrix} 10 - 3x_2 - 2y_2 + y_3 \\ x_2 \ (\geq 0) \\ 20 - x_2 + y_2 - y_3 \\ 5 - 2x_2 + 2y_2 + 3y_3 \\ y_2 \ (\geq 0) \\ y_3 \ (\geq 0) \end{pmatrix}$$

(In dieser allgemeinen Lösung dürfen die NBV x_2, y_2, y_3 (≥ 0) beliebig vorgewählt werden und determinieren dann die übrigen Variablenwerte. Die entsprechende zulässige *optimale Basislösung* ergibt sich für die spezielle Wahl $x_2 = y_2 = y_3 = 0$.)

Die **Bedeutung** der in (10.5.14) vorkommenden **(inneren) Koeffizienten** a_{ik} ergibt sich, indem wir (wie schon bei der Deutung der Zielfunktionskoeffizienten) den Wert einer der **Nichtbasisvariablen** in der optimalen Basislösung -c.p.- von **Null auf Eins anheben** *(suboptimale Nichtbasislösungen):*

i) Koeffizienten in der x_2-Spalte von (10.5.8):

Erhöhen wir die NBV x_2 von Null auf Eins (d.h. produzieren wir eine Einheit des Produktes II), so folgt aus (10.5.14) (da weiterhin gilt: $y_2 = y_3 = 0$):

$$(10.5.15) \qquad \begin{pmatrix} x_1 \\ x_2 \\ x_3 \\ y_1 \\ y_2 \\ y_3 \end{pmatrix} = \begin{pmatrix} 10 - 3 \\ 1 \\ 20 - 1 \\ 5 - 2 \\ \quad 0 \\ \qquad 0 \end{pmatrix} = \begin{pmatrix} 7 \\ 1 \\ 19 \\ 3 \\ 0 \\ 0 \end{pmatrix} \begin{matrix} [ME_1] \\ [ME_2] \\ [ME_3] \\ [h_1] \\ [h_2] \\ [kg] \end{matrix}$$

Wir erkennen, dass sich die Werte der **Basisvariablen** um die entsprechenden **Koeffizienten** a_{ik} der x_2-Spalte **vermindert haben**:

$$x_1 \text{ sinkt von } 10 \text{ um } 3 \text{ auf } 7\,ME_1 ;$$
$$x_3 \text{ sinkt von } 20 \text{ um } 1 \text{ auf } 19\,ME_3 ;$$
$$y_1 \text{ sinkt von } 5 \text{ um } 2 \text{ auf } 3\,h_1 .$$

Die Koeffizienten 3, 1, 2 der x_2-Spalte des optimalen Tableaus (10.5.8) geben also an, wieviele Produkteinheiten bzw. Leerkapazitätseinheiten durch die erstmalige Produktion von einer ME_2 des Produktes II **verdrängt** (oder **substituiert**) werden. Aus diesem Grunde nennt man die a_{ik} häufig auch **Verdrängungskoeffizienten**, **Anpassungskoeffizienten** oder **Substitutionskoeffizienten**.

Die im optimalen Tableau (10.5.8) zusätzlich aufgeführten Einheiten unterstützen die ökonomische Interpretation. (So bedeutet etwa die Angabe: $2\,[h_1/ME_2]$, dass in Fertigungsstelle 1 pro neu aufgenommener Einheit von Produkt II 2 Stunden *weniger* Leerkapazität anfallen.)

Bemerkung 10.5.16:

*Setzen wir die durch $x_2 = 1$ definierte **suboptimale Nichtbasislösung** (10.5.15): $x_1 = 7$; $x_2 = 1$; $x_3 = 19$ in die **ursprüngliche Zielfunktion** und die **ursprünglichen Restriktionen** (10.5.2) ein, so erhalten wir (auf etwas umständlichem Weg) dieselben Ergebnisse, wie sie **direkt aus dem optimalen Tableau (10.5.8)** ablesbar sind:*

- *Zielfunktion:*

  $Z = 8x_1 + 35x_2 + 13x_3 = 56 + 35 + 247 = 338\,€$, d.h. es ergibt sich gegenüber dem optimalen Deckungsbeitrag $340\,€$ eine Verminderung von $2\,€$ (siehe Zielfunktionskoeffizient der x_2-Spalte des optimalen Tableaus (10.5.8)).

- *Kapazitätsauslastung Fertigungsstelle 1:*

  $5x_1 + 25x_2 + 8x_3 = 35 + 25 + 152 = 212\,h_1$, d.h. die Leerzeit y_1 beträgt $3\,h_1$, sie hat sich von $5\,h_1$ um $2\,h_1/ME_2$ vermindert (siehe 1. Koeffizient der 2. Spalte von (10.5.8)).

- *Kapazitätsauslastung Fertigungsstelle 2:*

  $x_1 + 4x_2 + x_3 = 7 + 4 + 19 = 32\,h_2$, d.h. Vollauslastung ($y_2 = 0$, siehe (10.5.8) bzw. (10.5.15)).

- *Rohstoffverbrauch:*

  $x_1 + 5x_2 + 2x_3 = 7 + 5 + 38 = 50\,kg$, d.h. vollständiger Rohstoffverbrauch ($y_3 = 0$, siehe (10.5.8) bzw. (10.5.15)).

*Wir erkennen, dass derartige **Kontrollrechnungen entbehrlich sind**, da das **optimale Simplextableau** bereits sämtliche Informationen enthält.*

Die **übrigen inneren Koeffizienten** a_{ik} des optimalen Simplextableaus (10.5.8) lassen sich mit Hilfe von (10.5.14) auf **analoge Weise** deuten:

ii) Koeffizienten in der y_2-Spalte von (10.5.8):

Erhöhen wir -c.p.- y_2 von Null auf Eins, d.h. produzieren wir in Fertigungsstelle 2 1 h_2 weniger als im Optimum (nunmehr 29 h_2 statt 30 h_2), so folgt aus (10.5.14):

$$(10.5.17) \qquad \begin{pmatrix} x_1 \\ x_2 \\ x_3 \\ y_1 \\ y_2 \\ y_3 \end{pmatrix} = \begin{pmatrix} 10 - 2 \\ 0 \\ 20 + 1 \\ 5 + 2 \\ 1 \\ 0 \end{pmatrix} = \begin{pmatrix} 8 \\ 0 \\ 21 \\ 7 \\ 1 \\ 0 \end{pmatrix} \begin{matrix} [ME_1] \\ [ME_2] \\ [ME_3] \\ [h_1] \\ [h_2] \\ [kg] \end{matrix}$$

Die Produktion von I vermindert sich um 2 ME_1 auf 8 ME_1, die Produktion von III erhöht sich um 1 ME_3 auf 21 ME_3, die nicht ausgenutzte Kapazität in Fertigungsstelle 1 erhöht sich um 2 h_1 auf 7 h_1. Auch hier liefern die Koeffizienten der y_2-Spalte von (10.5.8) die resultierenden Änderungen direkt:

Der Deckungsbeitrag vermindert sich dabei einerseits um 2 $ME_1 \cdot 8$ €/ME_1 = 16 € (Produkt I) und erhöht sich andererseits um 1 $ME_3 \cdot 13$ €/ME_3 = 13 € (Produkt III), also tritt insgesamt eine Verminderung des Deckungsbeitrages um 3 € ein: Dasselbe Ergebnis wird durch den Zielfunktionskoeffizienten 3 €/h_2 in der y_2-Spalte des optimalen Tableaus (10.5.8) unmittelbar signalisiert.

iii) Koeffizienten in der y_3-Spalte von (10.5.8):

Erhöhen wir -c.p.- y_3 von Null auf Eins, d.h. setzen wir 1 kg Rohstoff weniger ein als im Optimum (49 kg statt 50 kg), so folgt aus (10.5.14):

$$(10.5.17) \qquad \begin{pmatrix} x_1 \\ x_2 \\ x_3 \\ y_1 \\ y_2 \\ y_3 \end{pmatrix} = \begin{pmatrix} 10 + 1 \\ 0 \\ 20 - 1 \\ 5 + 3 \\ 0 \\ 1 \end{pmatrix} = \begin{pmatrix} 11 \\ 0 \\ 19 \\ 8 \\ 0 \\ 1 \end{pmatrix} \begin{matrix} [ME_1] \\ [ME_2] \\ [ME_3] \\ [h_1] \\ [h_2] \\ [kg] \end{matrix}$$

Die Produktion von I erhöht sich um **1** ME_1 auf 11 ME_1; die Produktion von III vermindert sich um **1** ME_3 auf 19 ME_3; die Leerzeit in Fertigungsstelle 1 erhöht sich um **3** h_1 auf 8 h_1 – die entsprechenden inneren Koeffizienten signalisieren unmittelbar diese resultierenden Änderungen.

10.5.1.5 Zusammenfassung

Im optimalen Simplextableau eines Standard-Maximum-Problems *(z.B. Produktionsplanungsproblem)* haben die Koeffizienten folgende ökonomische Bedeutung:

i) Koeffizienten der rechten Seite: optimales Produktionsprogramm ;

ii) Koeffizienten der Zielfunktionszeile: Opportunitätskosten bzw. Schattenpreise oder Grenzgewinne nicht produzierter Produkte oder Engpassfertigungsstellen. Die positiven Zielfunktionskoeffizienten geben an, um wieviele Einheiten der optimale Zielfunktionswert sinkt *(steigt)*, wenn die betreffende Nichtbasisvariable von Null auf Eins angehoben *(von Null auf minus Eins abgesenkt)* wird.

iii) Übrige Koeffizienten a_{ik} im **Inneren des Tableaus:** Verdrängungskoeffizienten, Anpassungskoeffizienten, Grenzraten der Substitution. Sie geben an, um wieviele Einheiten die zu a_{ik} gehörende Basisvariable abnimmt (falls $a_{ik} > 0$) oder zunimmt (falls $a_{ik} < 0$), wenn die zu a_{ik} gehörende Nichtbasisvariable von Null auf Eins angehoben wird. (Umgekehrte Veränderungsrichtung, falls die NBV von Null auf minus Eins abgesenkt wird, z.B. zur Simulation von Kapazitätserhöhungen.)

10.5.2 Diätproblem

Auf analoge Weise wie zuvor lässt sich das Optimaltableau eines Minimumproblems (mit $\geq$-Restriktionen) ökonomisch interpretieren.

Beispiel: Aus zwei Nahrungsmittelsorten I, II soll ein Menü gemischt werden, das unter Einhaltung von Mindestmengen an Vitaminen möglichst geringe Kosten verursacht.

Tabelle 10.5.19 dokumentiert die Situation:

Tab. 10.5.19	vorhanden in		in Mischung mindestens erforderlich
	Sorte I	Sorte II	
Vitamin A	$1 \; [ME_A/\,ME_1]$	$2 \; [ME_A/\,ME_2]$	$40 \; [ME_A]$
Vitamin B	$2 \; [ME_B/\,ME_1]$	$1 \; [ME_B/\,ME_2]$	$100 \; [ME_B]$
Vitamin C	$2 \; [ME_C/\,ME_1]$	$4 \; [ME_C/\,ME_2]$	$130 \; [ME_C]$
Kosten	$10 \; [€/\,ME_1]$	$8 \; [€/\,ME_2]$	

Gesucht ist die kostenminimale Mischung. Bezeichnen wir mit x_1, x_2 die notwendigen Mengen der beiden Sorten und mit y_1, y_2, y_3 die über die Mindestmengen hinausgehenden Mengen der Vitamine A,B,C, so lautet das mathematische Modell:

(10.5.20)

$$Z = 10x_1 + 8x_2 \;\rightarrow\; \text{Min.}$$
$$x_1 + 2x_2 \geq 40$$
$$2x_1 + x_2 \geq 100$$
$$2x_1 + 4x_2 \geq 130$$

bzw. nach Einfügen von Schlupfvariablen:

d.h.

$$Z = 10x_1 + 8x_2 \qquad\qquad \rightarrow \text{Min.}$$
$$Z' = -Z = -10x_1 - 8x_2 \qquad \rightarrow \text{Max.}$$
$$x_1 + 2x_2 - y_1 \qquad\quad = 40$$
$$2x_1 + x_2 \quad\; - y_2 \qquad = 100$$
$$2x_1 + 4x_2 \qquad\qquad - y_3 = 130$$

mit $x_1, x_2, y_1, y_2, y_3 \geq 0 \,.$

Unter Verwendung von Hilfsschlupfvariablen erhalten wir in drei Simplexschritten das optimale Tableau (10.5.21), das gemäß (10.5.6) mit den entsprechenden ökonomischen Einheiten versehen wurde:

(10.5.21)	$x_1 \,[ME_1]$	$x_2 \,[ME_2]$	$y_1 \,[ME_A]$	$y_2 \,[ME_B]$	$y_3 \,[ME_C]$	$Z' \,[€]$	b
$x_1 \,[ME_1]$	1	0	0	$-\dfrac{2}{3} \, [\dfrac{ME_1}{ME_B}]$	$\dfrac{1}{6} \, [\dfrac{ME_1}{ME_C}]$	0	$45 \,[ME_1]$
$y_1 \,[ME_A]$	0	0	1	0	$-\dfrac{1}{2} \, [\dfrac{ME_A}{ME_C}]$	0	$25 \,[ME_A]$
$x_2 \,[ME_2]$	0	1	0	$\dfrac{1}{3} \, [\dfrac{ME_2}{ME_B}]$	$-\dfrac{1}{3} \, [\dfrac{ME_2}{ME_C}]$	0	$10 \,[ME_2]$
$Z' \,[€]$	0	0	0	$4 \; [\dfrac{€}{ME_B}]$	$1 \; [\dfrac{€}{ME_C}]$	1	$-530 \,[€]$

i)   Rechte Seite: Die **kostenminimale Mischung** besteht aus $45 \, ME_1 \; (= x_1)$ der Sorte I und $10 \, ME_2$ $(= x_2)$ der Sorte II. In der Mischung sind $25 \, ME_A \; (= y_1)$ zuviel Vitamin A enthalten, die Mindestmengen von Vitamin B und C sind genau eingehalten $(y_2 = y_3 = 0)$. Die dafür erforderlichen minimalen Kosten Z ergeben sich zu $Z = -Z' = 530 \, €$.

ii) Zielfunktionskoeffizienten: Wegen $Z' = -Z$ lautet die letzte Zeile ausführlich

$$4y_2 + y_3 - Z = -530 , \qquad \text{d.h.}$$

(10.5.22)
$$\boxed{Z = 530 + 4y_2 + y_3}$$

Jede Erhöhung einer der beiden NBV y_2, y_3 von Null auf Eins (d.h. die Erzeugung eines Vitamin-Überschusses von $1\,ME_B$ oder $1\,ME_C$) vergrößert die Kosten in Höhe des entsprechenden Koeffizienten $4\,€/ME_B$ bzw. $1\,€/ME_C$. Umgekehrt senkt eine Reduzierung der Vitaminmindestmengen um je eine Einheit (d.h. $y_2 = -1$ oder $y_3 = -1$) die Gesamtkosten um einen entsprechenden Betrag. Die **Zielfunktionskoeffizienten** haben daher die ökonomische Bedeutung von **Grenzkosten**.

iii) Übrige innere Koeffizienten in der y_2-, y_3-Spalte (NBV): Auch hier erkennen wir durch ausführliche Schreibweise der Restriktionsgleichungen, wie sich die Basisvariablen bei Änderung der NBV y_2 bzw. y_3 um eine Einheit verändern: So bedeutet etwa der Koeffizient $-\frac{2}{3}\,ME_1/ME_B$, dass die entsprechende Basisvariable x_1 um $\frac{2}{3}\,ME_1$ zunimmt, wenn y_2 (d.h. der Vitamin-B-Überschuss) auf eine Einheit angehoben wird. Gleichzeitig vermindert sich die Basisvariable x_2 wegen $a_{34} = \frac{1}{3}$ ME_2/ME_B um $\frac{1}{3}\,ME_2$. Analoge Überlegungen gelten für die **übrigen inneren Koeffizienten** von (10.5.21), die somit gleichfalls als **Verdrängungs-** oder **Anpassungskoeffizienten** bzw. **Substitutionsraten** gedeutet werden können.

Aufgabe 10.5.23:   Geben Sie eine ökonomische Interpretation sämtlicher Koeffizienten der optimalen Simplextableaus von

i) Aufgabe 10.1.29   **ii)** Aufgabe 10.1.30   **iii)** Aufgabe 10.1.31   **iv)** Aufgabe 10.1.32
v) Aufgabe 10.1.33   **vi)** Aufgabe 10.2.39   **vii)** Beispiel 10.3.11   **viii)** Aufgabe 10.3.16
xi) Aufgabe 10.3.17 .

10.6 Dualität

10.6.1 Das duale LO-Problem

Bisher wurden lineare Maximierungs- und Minimierungsprobleme als unterschiedliche LO-Modelle (siehe 2-Phasen-Methode) behandelt. Tatsächlich aber besteht ein **enger Zusammenhang zwischen beiden LO-Typen**. Es zeigt sich, dass es

> zu jedem linearen **Maximierungsproblem ein korrespondierendes** *(„duales")* lineares **Minimierungsproblem** (und umgekehrt) gibt, deren Eigenschaften aufs engste miteinander verknüpft sind.

Das zugrundeliegende Originalproblem nennt man **primales LO-Problem** (kurz: **Primal**), das korrespondierende Problem heißt **duales LO-Problem** (kurz: **Dual**). Zunächst soll die rein **formale Bildung des Dualproblems** aus einem gegebenen Primalproblem an folgenden **Beispielen** demonstriert werden:

Beispiel 10.6.1: Es seien: $x_1, x_2 \ldots$ = Problemvariablen im Primal; $u_1, u_2 \ldots$ = Problemvariablen im Dual:

i)   **Primal**   ◀——▶   **Dual**

$$
\begin{array}{rl}
5x_1 - 2x_2 \le & 4 \\
x_1 + x_2 \le & 10 \\
2x_1 + x_2 \le & 15 \\
Z = 3x_1 + 7x_2 \rightarrow & \text{Max.} \\
(x_1, x_2 \ge 0) &
\end{array}
$$

(formale Beziehung)

$$
\begin{array}{rl}
5u_1 + u_2 + 2u_3 \ge & 3 \\
-2u_1 + u_2 + u_3 \ge & 7 \\
\\
Z' = 4u_1 + 10u_2 + 15u_3 \rightarrow & \text{Min.} \\
(u_1, u_2, u_3 \ge 0) &
\end{array}
$$

ii)   **Primal**   ◄────────►   **Dual**
                                 (formale Beziehung)

$$6x_1 + 2x_2 \geq 5$$
$$3x_1 - x_2 \geq 4$$
$$4x_1 + 5x_2 \geq 9$$
$$-x_1 + 7x_2 \geq 1$$
$$Z = 8x_1 + 10x_2 \to \text{Min.}$$
$$(x_1, x_2 \geq 0)$$

$$6u_1 + 3u_2 + 4u_3 - u_4 \leq 8$$
$$2u_1 - u_2 + 5u_3 + 7u_4 \leq 10$$
$$Z' = 5u_1 + 4u_2 + 9u_3 + u_4 \to \text{Max.}$$
$$(u_1, u_2, u_3, u_4 \geq 0)$$

An den beiden Beispielen erkennen wir die **formalen Regeln,** nach denen aus einem primalen das duale Problem konstruiert wird:

Def. 10.6.2:

i)   Ist das **Primal** ein **Maximum-Problem** mit lauter „ $\leq$ "-Bedingungen, so ist das **Dual** ein **Minimum-Problem** mit lauter „ $\geq$ "-Bedingungen (und umgekehrt).

ii)   Die Restriktionsmatrix des Dual ist die **transponierte** Restriktionsmatrix des Primal. (Im Dual sind also **Spalten** und **Zeilen** gegenüber dem Primal **vertauscht.**)

iii)   Jeder **Nebenbedingung** des Primal (d.h. jeder **Schlupfvariablen** y_i des Primal) entspricht eine **Problemvariable** u_i des Dual (und umgekehrt).

iv)   Jeder **Problemvariablen** x_k des Primal entspricht eine **Nebenbedingung** (d.h. **Schlupf-variable** v_k) des Dual (und umgekehrt).

v)   Die **Zielfunktionskoeffizienten** des Primal bilden die **rechte Seite** des Dual, die **rechte Seite** des Primal wird zur **Zielfunktionszeile** des Dual.

vi)   Für Primal- und Dualvariablen gelten die **Nichtnegativitätsbedingungen**.

Aus den Regeln von Def. 10.6.2 folgt sofort:

i)   Bilden wir zum dualen Problem erneut das Dual, so erhält man wiederum das Primal: Das **Dual zum Dual** ist das **Primal**.

ii)   Besitzt das Primal n Problemvariablen und m Restriktionen (d.h. m Schlupfvariablen), so besitzt das Dual n Restriktionen (d.h. n Schlupfvariablen) und m Problemvariablen.

Mit Hilfe der Matrizenschreibweise (siehe (10.2.3)/(10.2.5)) lässt sich die Bildung des Dual auf kompakte Weise beschreiben:

Def. 10.6.3:   **Primal**   **Dual**

i)
$$Z = \vec{c}^T \cdot \vec{x} \to \text{Max.}$$
$$\text{mit } A\vec{x} \leq \vec{b} \text{ und } \vec{x} \geq \vec{0}$$

◄────────►

$$Z' = \vec{b}^T \cdot \vec{u} \to \text{Min.}$$
$$\text{mit } A^T\vec{u} \geq \vec{c} \text{ und } \vec{u} \geq \vec{0}$$

ii)
$$Z = \vec{c}^T \cdot \vec{x} \to \text{Min.}$$
$$\text{mit } A\vec{x} \geq \vec{b} \text{ und } \vec{x} \geq \vec{0}$$

◄────────►

$$Z' = \vec{b}^T \cdot \vec{u} \to \text{Max.}$$
$$\text{mit } A^T\vec{u} \leq \vec{c} \text{ und } \vec{u} \geq \vec{0}$$

Bei der formalen Bildung des Dual haben wir bisher nur solche Fälle betrachtet, in denen das Primal ein Maximumproblem mit lauter $\leq$-Bedingungen (bzw. ein Minimumproblem mit lauter $\geq$-Bedingungen) ist, wobei sämtliche Variablen den Nichtnegativitätsbedingungen genügen. Für die Fälle, in denen $\leq$, $\geq$ und $=$-Bedingungen **zugleich** auftreten bzw. in denen die **NNB aufgehoben** sind, verfährt man wie folgt (Ziel: Erzeugung eines Maximumproblems mit lauter $\leq$-Bedingungen und NNB, um den Simplex-Algorithmus anwenden zu können):

i) Jede $\geq$-Bedingung wird mit (-1) multipliziert und ergibt eine $\leq$-Bedingung:

Beispiel: $5x_1 + 8x_2 \geq 7 \quad \Leftrightarrow \quad -5x_1 - 8x_2 \leq -7$.

(Beachten Sie, dass für die formale Bildung des Dual die rechte Seite durchaus negativ werden darf!)

ii) Eine vorkommende Restriktions-*Gleichung* wird in *zwei* äquivalente *Un*gleichungen umgeformt:

Beispiel: $3x_1 + 4x_2 = 10 \quad \Longleftrightarrow \quad \begin{cases} 3x_1 + 4x_2 \leq 10 \\ 3x_1 + 4x_2 \geq 10 \end{cases} \quad \Longleftrightarrow \quad \begin{cases} 3x_1 + 4x_2 \leq 10 \\ -3x_1 - 4x_2 \leq -10 \end{cases}$.

iii) Für den Fall, dass die NNB nicht gelten, werden neue Variablen eingeführt, für die die NNB gelten (siehe (10.4.28)):

  a) Falls gilt: $x_k \leq 0$, so setzen wir: $x_k = -x_k^*$ mit $x_k^* \geq 0$.

  b) Falls gilt: $x_k \lesseqgtr 0$, so setzen wir: $x_k = x_k' - x_k''$ mit $x_k' \geq 0$; $x_k'' \geq 0$.

Beispiel 10.6.4:   Gegeben sei das Primal:

(10.6.5)
$$
\begin{aligned}
-3x_1 + 5x_2 &\leq 8 \\
-2x_1 + 8x_2 &= 7 \\
4x_1 - x_2 &\geq 4 \\
10x_1 + 12x_2 = Z &\to \text{Max.} \quad \text{sowie } x_1 \leq 0 \,;\, x_2 \lesseqgtr 0.
\end{aligned}
$$

Um das entsprechende Dual zu finden, gehen wir folgendermaßen vor:

i)   Multiplikation der 3. Zeile mit (-1).

ii) Die 2. Zeile wird durch 2 Ungleichungen (... ≤ 7 ; ... ≥ 7) ersetzt, danach wird die „ ≥ 7"-Zeile mit (-1) multipliziert.

iii) Wir setzen $x_1 = -x_1^*$ mit $x_1^* \geq 0$.

iv) Wir setzen $x_2 = x_2' - x_2''$ mit $x_2', x_2'' \geq 0$.

Damit lautet das äquivalent umgeformte System (10.6.5):

(10.6.6)
$$
\begin{aligned}
3x_1^* + 5x_2' - 5x_2'' &\leq 8 \\
2x_1^* + 8x_2' - 8x_2'' &\leq 7 \\
-2x_1^* - 8x_2' + 8x_2'' &\leq -7 \\
4x_1^* + x_2' - x_2'' &\leq -4 \\
-10x_1^* + 12x_2' - 12x_2'' = Z &\to \text{Max.} \quad \text{und } x_1^*, x_2', x_2'' \geq 0.
\end{aligned}
$$

Nunmehr lässt sich das zu (10.6.6) duale Problem nach Def. 10.6.2 leicht angeben:

(10.6.7)
$$
\begin{aligned}
3u_1 + 2u_2 - 2u_3 + 4u_4 &\geq -10 \\
5u_1 + 8u_2 - 8u_3 + u_4 &\geq 12 \\
-5u_1 - 8u_2 + 8u_3 - u_4 &\geq -12 \\
8u_1 + 7u_2 - 7u_3 - 4u_4 = Z' &\to \text{Min.} \quad \text{und } u_1, u_2, u_3, u_4 \geq 0.
\end{aligned}
$$

Aufgabe 10.6.8: Zeigen Sie, dass sich das System (10.6.7) vereinfachen lässt auf 2 Restriktionen (davon eine Gleichung) mit 3 Variablen, von denen eine Variable beliebige reelle Werte annehmen kann.

10.6.2   Dualitätssätze

Lösen wir ein (primales) LO-Problem mit dem Simplexverfahren, so liefert das **primale optimale Simplextableau** zugleich die **optimale Lösung** des korrespondierenden **dualen Problems**. Praktisch bedeutet dies, dass es für die optimale Lösung eines LO-Problems unerheblich ist, welches der beiden Probleme (Primal oder Dual) mit Hilfe des Simplex-Algorithmus gelöst wird. Die Zusammenhänge werden im folgenden (ohne Beweis) angeführt:

Satz 10.6.9:   (Dualitätssätze)

i) Besitzen Primal und Dual **jeweils zulässige** Lösungen, so auch **optimale zulässige** Lösungen.

ii) Sofern sie existieren, sind die **optimalen Zielfunktionswerte** von Primal und Dual **identisch**, d.h. $Z_{max} = Z'_{min}$ (bzw. $Z_{min} = Z'_{max}$).

iii) Ist das **Primal nicht optimal** lösbar, so auch **nicht das Dual**.
   (a)   Ist das Primal unbeschränkt, so ist das Dual nicht zulässig.
   (b)   Ist das Primal nicht zulässig, so ist das Dual unbeschränkt oder nicht zulässig.

iv) Besitzt das Primal **mehrere optimale Lösungen**, so ist das Dual **degeneriert** (und umgekehrt).

v) Das optimale Simplextableau des Primal liefert **zugleich** die optimale Lösung des Dual:

(10.6.10)	Problemvariablen des Primal				Schlupfvariablen des Primal					
	x_1	x_2	...	x_n	y_1	y_2	...	y_m	Z	b
				optimales Primaltableau						
Z	$c_1^{\,*}$	$c_2^{\,*}$	...	$c_n^{\,*}$	$c_{n+1}^{\,*}$	$c_{n+2}^{\,*}$	...	$c_{n+m}^{\,*}$	1	Z_{opt}
	v_1	v_2	...	v_n	u_1	u_2	...	u_m		
	Schlupfvariablen des Dual				Problemvariablen des Dual					

Die **Zielfunktionszeile** $c_1^{\,*}, c_2^{\,*}, \ldots$ im optimalen Primaltableau liefert die optimalen **Lösungswerte des Dual** gemäß (10.6.10):

$$\left.\begin{array}{l} u_1 = c_{n+1}^{\,*} \\ u_2 = c_{n+2}^{\,*} \\ \vdots \\ u_m = c_{n+m}^{\,*} \end{array}\right\}\text{ Problem-}\atop\text{variablen des Dual} \qquad \left.\begin{array}{l} v_1 = c_1^{\,*} \\ v_2 = c_2^{\,*} \\ \vdots \\ v_n = c_n^{\,*} \end{array}\right\}\text{ Schlupf-}\atop\text{variablen des Dual} \qquad \text{sowie} \qquad \boxed{Z'_{opt} = Z_{opt}}$$

vi) Ist in der optimalen Lösung die **Problemvariable** x_k des **Primal Basisvariable** *(bzw. Nichtbasisvariable)*, so ist die korrespondierende **Schlupfvariable** v_k des **Dualproblems Nichtbasisvariable** *(bzw. Basisvariable)* und umgekehrt. Es gelten daher die sogenannten **Complementary-slackness-Beziehungen**:

(10.6.11) $\boxed{x_k \cdot v_k = 0}$ sowie $\boxed{y_i \cdot u_i = 0}$

$(k = 1,\ldots,n)$ $(i = 1,\ldots,m)$.

Beispiel 10.6.12:

Das optimale Simplex-Tableau eines Maximum-Problems habe die Form:

	x_1	x_2	x_3	x_4	y_1	y_2	y_3	Z	b
x_2	2	1	-2	0	0	6	0	0	80
y_1	5	0	1	0	1	-1	2	0	10
x_4	0	0	5	1	0	5	-2	0	70
Z	3	0	4	0	0	2	7	1	540

Die optimale Lösung des Primal lautet:

Problem- $x_1 = 0$ (NBV)   Schlupf- $y_1 = 10$ (BV)
variablen: $x_2 = 80$ (BV)   variablen: $y_2 = 0$ (NBV) $Z_{max} = 540$
              $x_3 = 0$ (NBV) $y_3 = 0$ (NBV)
              $x_4 = 70$ (BV)

Die optimale Lösung des Dual lautet:

Problem- $u_1 = 0$ (NBV)   Schlupf- $v_1 = 3$ (BV)
variablen: $u_2 = 2$ (BV)   variablen: $v_2 = 0$ (NBV) $Z'_{min} = 540$
              $u_3 = 7$ (BV) $v_3 = 4$ (BV)
                                                     $v_4 = 0$ (NBV)

Wir erkennen auch am vorliegenden Beispiel, dass das Produkt der Problemvariablen mit den „komplementären" Schlupfvariablen stets Null ist, siehe (10.6.11): $x_k v_k = 0$; $u_i y_i = 0$ *(complementary slackness)*.

Eine wichtige **praktische Anwendung der Dualitätssätze** besteht darin, **statt** eines **Standard-Minimum-Problems** das **duale Standard-Maximum-Problem** zu lösen, da auf diese Weise die Anwendung der 2-Phasen-Methode vermieden werden kann.

Dies soll am **Beispiel** des einführenden Diät-Problems (Beispiel 10.1.11) demonstriert werden (2-Phasen-Methode und optimale Lösung siehe (10.3.9)):

Das mathematische Modell des Problems Beispiel 10.1.11 lautet:

(10.6.13)
$$3x_1 + x_2 \geq 15$$
$$x_1 + x_2 \geq 11$$
$$2x_1 + 8x_2 \geq 40$$

$$x_1 + 2x_2 = Z \rightarrow \text{Min.} ; \qquad x_1, x_2 \geq 0.$$

Damit folgt das entsprechende Dualproblem:

(10.6.14)
$$3u_1 + u_2 + 2u_3 \leq 1$$
$$u_1 + u_2 + 8u_3 \leq 2$$

$$15u_1 + 11u_2 + 40u_3 = Z' \rightarrow \text{Max.} ; \qquad u_1, u_2, u_3 \geq 0.$$

Das Simplexverfahren liefert sukzessive:

(10.6.15)	u_1	u_2	u_3	v_1	v_2	Z'	b	
v_1	3	$\boxed{1}$	2	1	0	0	1	
v_2	1	1	8	0	1	0	2	
Z'	−15	−11	−40	0	0	1	0	
u_2	3	1	2	1	0	0	1	
v_2	−2	0	$\boxed{6}$	−1	1	0	1	
Z'	18	0	−18	11	0	1	11	
u_2	11/3	1	0	4/3	−1/3	0	2/3	(duales
u_3	−1/3	0	1	−1/6	1/6	0	1/6	Optimal-
Z'	**12**	**0**	**0**	**8**	**3**	**1**	**14** $= Z'_{max}$	tableau)
	$= y_1$	$= y_2$	$= y_3$	$= x_1$	$= x_2$		$= Z_{min}$	

Die optimale Lösung des Primal (siehe auch (10.3.9)) ergibt sich aus den Werten der Zielfunktionszeile des hier angegebenen dualen Optimaltableaus:

$$x_1 = 8 ; \quad x_2 = 3 ; \quad y_1 = 12 ; \quad y_2 = 0 ; \quad y_3 = 0 ; \quad Z_{min} = 14 .$$

Im Vergleich zu (10.3.9) ergibt sich eine erhebliche Reduzierung des Rechenaufwandes.

Bemerkung 10.6.16:

Da die Anzahl der notwendigen Simplexschritte bis zur Optimallösung von der Anzahl der Restriktionen abhängt (Faustregel: ungefähr das 1- bis 1,5-fache), empfiehlt sich die Lösung des Dual anstelle des Primal weiterhin dann, wenn dadurch die Anzahl der Restriktionen merklich vermindert werden kann.

Aufgabe 10.6.17:

Lösen Sie die dualen Probleme von

Im folgenden Kapital soll versucht werden, eine ökonomische Interpretation auch des dualen LO-Problems darzustellen und plausibel herzuleiten.

10.7   Ökonomische Interpretation des Dualproblems

Im Gegensatz zur naheliegenden ökonomischen Bedeutung eines primalen LO-Problems ist die entsprechende **ökonomische Interpretation** des **dualen LO-Problems nicht unmittelbar ersichtlich** und in jedem Einzelfall gesondert zu untersuchen.

Im folgenden soll daher die ökonomische Interpretation des Dual lediglich an zwei Standard-Beispielen *(Beispiel 10.1.2/(10.5.19))* erfolgen.

10.7.1   Dual eines Produktionsplanungsproblems

Die zutreffende Interpretation des dualen Problems wird erleichtert, wenn wir das entsprechende primale Problem und seine Lösung vor uns haben. Daher fogt hier noch einmal die Problemformulierung des Primal von Kapitel 10.1.1 bzw. Beispiel 10.1.2:

> Zwei verschiedene Kunststoffprodukte I, II werden aus (in beliebiger Menge verfügbarem) Rohgranulat hergestellt. Drei Vorgänge bestimmen die Produktion: Warmpressen, Spritzguss und Verpackung. Produkt I entsteht durch Warmpressen des Granulates, Produkt II entsteht durch Spritzguss des Granulates. Beide Produkte werden anschließend für den Versand verpackt.
>
> Die Fertigungsstelle „Pressen" steht pro Tag für höchstens 10 h zur Verfügung, pro t des Produktes I wird 1 h benötigt. Die entsprechenden Daten für die Fertigungsstelle „Spritzguss" lauten: 6 h/Tag und 1 h/t. In der Verpackungsabteilung stehen vier Arbeitskräfte mit jeweils täglich maximal 8 Arbeitsstunden zur Verfügung. Pro t von Produkt I werden 2 h, pro t von Produkt II werden 4 h in der Verpackungsabteilung benötigt. Durch den (gesicherten) Absatz aller produzierten Kunststoffprodukte erzielt die Unternehmung die Stückdeckungsbeiträge: 30 €/t für Produkt I, 20 €/t für Produkt II.
>
> In welcher Mengenkombination soll die Unternehmung die beiden Produkte herstellen, damit sie den gesamten täglichen Deckungsbeitrag maximiert? Die folgende Tabelle 10.1.1 gibt eine Übersicht über die Modellbedingungen (Produktionskoeffizienten, Kapazitäten, Deckungsbeiträge (DB)).

	Prod. I	Prod. II	max. Tageskapazität
Pressen	1 h/t	-	10 h
Spritzen	-	1 h/t	6 h
Packen	2 h/t	4 h/t	32 h
DB	30 €/t	20 €/t	

Bezeichnen wir die zu produzierenden Mengen (in t/Tag) von Produkt I, II mit x_1 bzw. x_2, so lässt sich das primale LO-Problem mathematisch wie folgt beschreiben:

Man **maximiere** den Deckungsbeitrag Z mit

$$Z = 30x_1 + 20x_2$$

unter Berücksichtigung der **Nebenbedingungen** (Restriktionen)

$$
\begin{aligned}
x_1 \quad\quad &\leq\ 10 \quad &&\text{(Pressen)} \\
x_2 &\leq\ 6 \quad &&\text{(Spritzen)} \\
2x_1 + 4x_2 &\leq\ 32 \quad &&\text{(Verpacken)} \quad \text{sowie} \\
x_1, x_2 &\geq 0 \quad &&\text{(Nicht-Negativitäts-Bedingungen)} \ .
\end{aligned}
$$

Das Standard-Maximum-Problem (Produktionsplanungsmodell) – siehe Beispiel 10.1.2) und sein Dual lauten dann in kombinierter Modellschreibweise:

(10.7.1)   **Primal** $\longleftrightarrow$ **Dual**

$$
\begin{array}{rl}
x_1 & \leq 10 \\
x_2 & \leq 6 \\
2x_1 + 4x_2 & \leq 32
\end{array}
$$

$$
\begin{array}{rl}
u_1 \qquad + 2u_3 & \geq 30 \\
u_2 + 4u_3 & \geq 20
\end{array}
$$

$$30x_1 + 20x_2 = Z \to \text{Max.}$$
$$(x_1, x_2 \geq 0)$$

$$10u_1 + 6u_2 + 32u_3 = Z' \to \text{Min.}$$
$$(u_1, u_2, u_3 \geq 0)$$

Wir wollen zunächst klären, welche **ökonomische Bedeutung** die dualen **Problem**variablen u_1, u_2, u_3 besitzen.

Dazu betrachten wir die erste Restriktion des Dual:

(10.7.2) $\qquad\qquad 1 \cdot u_1 + 2 \cdot u_3 \geq 30$.

Die Koeffizienten „1" bzw. „2" vor den Variablen u_1 bzw. u_3 sind die Produktionskoeffizienten (in h_1/t_1 bzw. h_3/t_1 [4]) aus dem Primal, die Zahl 30 auf der rechten Seite gibt den Deckungsbeitrag von Produkt I an (in €/t_1).

Mit diesen Einheiten versehen schreibt sich (10.7.2):

(10.7.3) $\qquad\qquad 1\,[h_1/t_1] \cdot u_1 + 2\,[h_3/t_1] \cdot u_3 \geq 30\,[€/t_1]$.

Damit in (10.7.3) links wie rechts dieselben Einheiten stehen, müssen u_1 in €/h_1 und u_3 in €/h_3 gemessen werden. u_1 und u_3 sind also Preis- oder **Wertgrößen**, die den Kapazitäten zugeordnet sind (häufig bezeichnet als **Schattenpreise** oder **Opportunitätskostenwerte** der jeweiligen Fertigungsstelle).

Analoge Überlegungen mit der zweiten Zeile des Dual führen zu dem Ergebnis:

(10.7.4) | Die **dualen Problemvariablen** $u_1, u_2, ..., u_m$ eines **Produktionsplanungs-Problems** lassen sich interpretieren als **Preise** oder **Kostenwerte**, die den **Fertigungsstellen** oder **Ressourcen** zugeordnet werden können.

Damit lässt sich das **Dualproblem** folgendermaßen **deuten**:

Wir nehmen an, die Unternehmung P (mit dem ursprünglichen primalen Produktionsproblem) vermiete ihre 3 Anlagen an eine andere *(„duale")* Unternehmung D derart, dass für die vorhandenen Kapazitäten jeweils ein fester Stundenpreis u_1 (in €/h_1), u_2 (in €/h_2), u_3 (in €/h_3) vereinbart wird. Nun wird Unternehmung P nur dann vermieten wollen, wenn die Mieteinnahmen für die überlassenen Kapazitäten einen bestimmten Mindestwert erreichen oder übersteigen:

So würde Unternehmung P etwa bei Eigenproduktion pro Tonne (= 1t_1) von Produkt I einen Deckungsbeitrag von 30 €/t_1 erzielen. Um diesen Deckungsbeitrag erzielen zu können, müssen 1 h der Abteilung Pressen (= 1h_1/t_1) und 2 h der Abteilung Packen (= 2h_3/t_1) eingesetzt werden. Werden genau diese Zeiten vermietet, so müssen die Mieteinnahmen dafür

$$1\,[h_1/t_1] \cdot u_1\,[€/h_1] + 2\,[h_3/t_1] \cdot u_3\,[€/h_3]$$

mindestens den anderweitig damit erzielbaren Deckungsbeitrag 30 €/t_1 erreichen, d.h.

$$u_1 + 2u_3 \geq 30\,[€/t_1]\ .$$

---

4 zur Bezeichnung der Maßeinheiten siehe Bemerkung auf S. 611

Wäre das nicht der Fall *(würden also die Mietzahlungen für die Produktion von 1 t_1 des Produktes I geringer sein als der mit 1 t_1 direkt erzielbare Deckungsbeitrag)*, so würde Unternehmung P lieber selber produzieren und absetzen als an D vermieten.

Ganz analog interpretieren wir die zweite Zeile ($u_2+4u_3 \geq 20$) der Dualrestriktionen als die Forderung von P, über die Mietzahlungen pro produzierter t_2 von Produkt II mindestens den Deckungsbeitrag 20 € pro t_2 zu erzielen.

Andererseits wird die Unternehmung D zwar bereit sein, die Mindestforderungen von P zu erfüllen, ist aber selbst daran interessiert, die Mietpreise u_1,u_2,u_3 für die zur Verfügung stehenden Kapazitäten/Ressourcen soweit zu „drücken", dass die Summe Z' aller Mietzahlungen *(Mietkosten)* möglichst gering wird, d.h. D strebt an:

(10.7.5) $Z' = 10u_1 + 6u_2 + 32u_3 \to Min.$

(wobei 10 (h_1), 6 (h_2), 32 (h_3) die zur Verfügung stehenden (und zu mietenden) Kapazitäten der 3 Fertigungsstellen sind). Damit ist die Interpretation des Dualproblems vollständig.

Der im **Dualitätssatz** 10.6.9 zum Ausdruck kommende Zusammenhang zwischen Primal und Dual führt nun dazu, dass die **Deckungsbeitragsmaximierung** über das optimale Produktionsprogramm *(primales Problem der Unternehmung P)* **identisch** ist mit der **Minimierung der Opportunitätskosten** *(„Miete")* über die optimalen Bewertungspreise *(duales Problem der Unternehmung D)*, wobei das Deckungsbeitragsmaximum Z_{max} mit dem Opportunitätskostenminimum Z'_{min} übereinstimmt.

Aus dem primalen optimalen Tableau *(siehe (10.2.34))* lesen wir die optimale Lösung des Dual ab:

(10.7.6)	x_1	x_2	y_1	y_2	y_3	Z	b
x_1	1	0	1	0	0	0	10
y_2	0	0	0,5	1	−0,25	0	3
x_2	0	1	−0,5	0	0,25	0	3
Z	0	0	20	0	5	1	360
	(v_1)	(v_2)	(u_1)	(u_2)	(u_3)		

Die optimalen Mietpreise betragen: $u_1 = 20$ €/h_1; $u_2 = 0$; $u_3 = 5$ €/h_3

($v_1 = v_2 = 0$ bedeutet: über die Mietpreise werden die geforderten Deckungsbeiträge genau erreicht.) Die minimalen Gesamt-Mietkosten betragen 360 €.

Es zeigt sich erneut, dass nur **vollausgelasteten Engpass-Fertigungsstellen** ein **von Null verschiedener Schattenpreis** (Opportunitätskostenwert) zugeordnet wird, während **nicht voll** genutzte Ressourcen (hier Fertigungsstelle 2 (Spritzguss)) mit **0** bewertet werden.

10.7.2   Dual eines Diätproblems

Das Standard-Minimum-Problem (Diätproblem, siehe Tab. (10.5.19)) und sein Dual lauten:

(10.7.7)   **Primal**   ←→   **Dual**

$$x_1 + 2x_2 \geq 40 \quad (Vit. A)$$
$$2x_1 + x_2 \geq 100 \quad (Vit. B) \qquad\qquad u_1 + 2u_2 + 2u_3 \leq 10$$
$$2x_1 + 4x_2 \geq 130 \quad (Vit. C) \qquad\qquad 2u_1 + u_2 + 4u_3 \leq 8$$

---   --

$$Z = 10x_1 + 8x_2 \to Min. \ (Kosten) \qquad\qquad Z' = 40u_1 + 100u_2 + 130u_3 \to Max.$$
$$(x_1,x_2 \geq 0) \qquad\qquad\qquad\qquad (u_1,u_2,u_3 \geq 0)$$

Die **Bedeutung der Dualvariablen** u_i wird z.B. aus der ersten Restriktionszeile des Dual deutlich:

Die Ungleichung $u_1 + 2u_2 + 2u_3 \leq 10$ lautet – versehen mit den aus (10.5.19) ersichtlichen Einheiten der verwendeten Koeffizienten – :

$$1\,[ME_A/ME_1] \cdot u_1 + 2\,[ME_B/ME_1] \cdot u_2 + 2\,[ME_C/ME_1] \cdot u_3 \leq 10\,[\text{\euro}/ME_1]\,.$$

Da die Einheit eines jeden Summanden der linken Seite identisch sein muss mit der Einheit $[\text{\euro}/ME_1]$ der rechten Seite, kommen für die u_i nur folgende Einheiten in Frage:

$$u_1 : [\text{\euro}/ME_A]; \quad u_2 : [\text{\euro}/ME_B]; \quad u_3 : [\text{\euro}/ME_C]\,.$$

Auch hier stellen somit die **Dualvariablen Bewertungsgrößen** oder **Preise** dar, und zwar – wie aus den Einheiten $[\text{\euro}/ME_A]$, ... ersichtlich – Preise für die in den beiden Nahrungsmitteln enthaltenen Vitamine A, B und C:

(10.7.8)	Die dualen **Problemvariablen** $u_1, u_2, ..., u_m$ eines **Diät-** oder **Mischungsproblems** lassen sich interpretieren als **Preise** (oder **Kostenwerte**), die den in den Mischungskomponenten (z.B. Nahrungsmittelsorten, Erzen etc.) enthaltenen **reinen Bedarfsstoffen** (z.B. Vitamine, Nährstoffe, reine Metalle etc.) zugeordnet werden können.

Damit lässt sich folgende ökonomische **Interpretation des Dual** ableiten:

Statt das (geforderte) „Vitamin-Menü" aus den beiden – mit den bekannten Vitaminanteilen (s. 10.5.19) versehen – Nahrungsmittelsorten zu mischen, könnte die primale Unternehmung die benötigten Vitamine A, B, C in reiner Form von einem Händler beziehen und verabreichen.

Die Preise u_1, u_2, u_3 dieses Händlers seien:

$$u_1 \text{ \euro}/ME_A \text{ für eine Einheit Vitamin A};$$
$$u_2 \text{ \euro}/ME_B \text{ für eine Einheit Vitamin B};$$
$$u_3 \text{ \euro}/ME_C \text{ für eine Einheit Vitamin C}.$$

Insgesamt werden benötigt *(siehe (10.5.19))*:

$$40\,ME_A, \quad 100\,ME_B, \quad 130\,ME_C,$$

so dass sich als Gesamterlös des Händlers gerade die duale Zielfunktion Z' *(siehe (10.7.7))* ergibt:

$$Z' = 40u_1 + 100u_2 + 130u_3 \rightarrow \text{Max}.$$

(Dabei wurde unterstellt, dass der Händler die Preise u_i für die Vitamine so festlegen möchte, dass sein Gesamterlös Z' maximal wird.)

Die (primale) Misch-Unternehmung ist ihrerseits nur dann bereit, ihre bisher verwendeten Nahrungsmittelsorten (oder Rohstoffe) durch die reinen Vitamine (oder reinen Stoffe) zu ersetzen, wenn die Vitaminpreise u_i so beschaffen sind, dass die durch die Verdrängung einer Rohstoffeinheit nunmehr zu beziehenden (reinen) Vitaminmengen insgesamt beim Händler nicht mehr kosten als der entsprechende Rohstoff selber gekostet hätte (andernfalls würde die Unternehmung besser selber mischen, anstatt die teureren Vitamine direkt zu beziehen).

So kostete etwa eine ME_1 der ersten Nahrungsmittelsorte $10\,\text{\euro}/ME_1$, darin enthalten waren $1\,ME_A$ Vitamin A, $2\,ME_B$ Vitamin B und $2\,ME_C$ Vitamin C. Die gleichen Mengen der Vitamine A, B und C dürfen also in reiner Form ebenfalls höchstens 10 € kosten, so dass die Ungleichung

$$1 \cdot u_1 + 2 \cdot u_2 + 2 \cdot u_3 \leq 10$$

erfüllt sein muss, d.h. die erste Zeile des Dualproblems (10.7.7).

Ganz analog ergibt sich die zweite Zeile des dualen Restriktionssystems als Forderung, dass die in einer ME_2 des zweiten Nahrungsmittels enthaltenen Vitamine beim Händler nicht mehr kosten dürfen als eine ME_2 des verdrängten Nahrungsmittels:

$$2 \cdot u_1 + 1 \cdot u_2 + 4 \cdot u_3 \leq 8 .$$

Wenn das Maximum des Händlererlöses erreicht ist, hat die primale Unternehmung gleichzeitig ihr Problem der Menükosten-Minimierung gelöst (siehe das optimale Tableau (10.5.21)):

Die optimalen Händlerpreise sind:

$$u_1 = 0 \;€/ME_A ; \qquad u_2 = 4 \;€/ME_B ; \qquad u_3 = 1 \;€/ME_C ;$$

der maximale Händlererlös lautet demnach

$$Z' = 40u_1 + 100u_2 + 130u_3 = 530 \;€ ,$$

übereinstimmend mit den minimalen Menükosten der mischenden (primalen) Unternehmung.

Interessant ist die Tatsache, dass der Händler sein Vitamin A verschenken wird ($u_1 = 0$)!

Der Grund dafür liegt in der Tatsache, dass im Optimum die zu verdrängenden Nahrungsmittelsorten des primalen Unternehmers das Vitamin A im Überschuss enthalten und Vitamin A somit nicht restriktiv wirkt. Auch hier zeigt sich, dass **nur Engpassressourcen** mit **positiven (Schatten-)Preisen** bewertet werden.

Aufgabe 10.7.9:

Interpretieren Sie das duale Problem zu

    i)   Beispiel 10.1.11   **ii)**   Aufgabe 10.1.29   **iii)**   Aufgabe 10.1.30

    iv)   Aufgabe 10.1.31   **v)**   Aufgabe 10.1.33   **vi)**   Aufgabe 10.2.39 .

Stellen Sie dazu jeweils das formale Dualproblem dar, erläutern Sie die Bedeutung der Dualvariablen, die duale Zielsetzung und die Dual-Restriktionen und geben Sie eine ökonomische Interpretation der optimalen Lösung des Dualproblems.

11   Lösungshinweise

Die folgenden Lösungshinweise zu den Aufgaben des Buches enthalten vor allem die Endergebnisse von sämtlichen Aufgaben und sind daher für eine erste Erfolgskontrolle gut geeignet. **Ausführliche Lösungshinweise** zu den im Buch aufgeführten Aufgaben und Problemstellungen (sowie eine Sammlung von **Testklausuren** mit Lösungen) befinden sich im separaten „**Übungsbuch zur angewandten Wirtschaftsmathematik**", siehe Literaturverzeichnis [69b].

Für sämtliche Aufgaben und Tests des neu aufgenommenen **Algebra-Brückenkurses** finden sich die Ergebnisse ebenfalls in diesem Lösungsanhang (nach den Lösungen zu Kap. 1). **Ausführliche** Lösungshinweise zu den Brückenkurs-Aufgaben finden sich zudem auf den passenden Internetseiten des Springer-Verlages *(www.springer.com – Suchfunktion zum vorliegenden Buch verwenden!)*

1   Grundlagen und Hilfsmittel

1.1.11a): i) $A = \{A,E,I,L,M,N,R,U\}$ **ii)** $B = \{2;\ 1;\ 0;\ -1;\ -2;\ ...\}$ **iii)** $C = \{\ \}$

   iv) $D = \{-\sqrt{2};\ \sqrt{2}\}$ **v)** $E = \{\ \}$ **vi)** $F = \{\ \}$ **vii)** $G = \{-2\,;3\}$

   viii) $H = \{2;3;5;7;11;13;17;19\}$ **ix)** $J = \{\ \}$

1.1.11b): i) falsch, 12 Elemente   **ii)** falsch, $L = \{\ \}$ **iii)** richtig!

1.1.12: i) $\sqrt{4} = 2 \in \mathbb{N}\ (\subset \mathbb{Z} \subset \mathbb{Q} \subset \mathbb{R})$ **ii)** $0,333... = \frac{1}{3} \in \mathbb{Q}\ (\subset \mathbb{R})$

   iii) $\frac{12}{6} = 2 \in \mathbb{N}\,(\subset \mathbb{Z} \subset \mathbb{Q} \subset \mathbb{R})$ **iv)** $\sqrt{-4} \notin \mathbb{R}$ **v)** $0 \in \mathbb{Z}\ (\subset \mathbb{Q} \subset \mathbb{R})$

   vi) $0,125 = \frac{1}{8} \in \mathbb{Q}\ (\subset \mathbb{R})$ **vii)** $\sqrt{\pi + e} \in \mathbb{R}\ (\notin \mathbb{N};\ \notin \mathbb{Z};\ \notin \mathbb{Q})$

1.1.33: i) a) Aussageform (AF) **b)** AF   **c)** Aussage (A) **d)** A   **e)** AF   **f)** AF

   g) $\frac{1}{0}$ = ist nicht definiert, d.h. es ist weder eine Aussage noch eine Aussageform

   h) A   **i)** weder A noch AF

   ii) a) $L = \{-7;\ 7\}$ **b)** $L = \mathbb{R}$, AF ist allgemeingültig **c)** $L = \{0\}$ **d)** $L = \{-1;\ -2\}$

   e) $L = \{\ \}$, AF ist unerfüllbar   **f)** $L = \mathbb{R}$, AF ist allgemeingültig

   g) $L = \{2\}$ **h)** $L = \{x \in \mathbb{R} \mid x > 6 \vee x < -6\}$ **i)** $L = \{u \in \mathbb{R} \mid u > -9 \wedge u < 9\}$

   iii) a) $D = \mathbb{R}$ **b)** $D = \{y \in \mathbb{R} \mid y \leq 50\}$ **c)** $D = \{x \in \mathbb{R} \mid -5 < x < 5 \wedge x \neq 0\}$ **d)** $|y| > 10$

1.1.43:   Die logischen Gesetze 1a) bis 8b) sind allgemeingültig, denn zu jeder möglichen Wahrheitswert-Kombination der Teilaussagen A, B, C ergeben sich identische Wahrheitswerte *(eingerahmt)* der beiden *(sich dadurch als äquivalent erweisenden)* zusammengesetzten Aussagen. Wir zeigen dies beispielhaft anhand der Aufgaben **2a)** und **2b)**:

2a)

A	B	C	$B \wedge C$	$A \vee (B \wedge C)$	$A \vee B$	$A \vee C$	$(A \vee B) \wedge (A \vee C)$
w	w	w	w	w	w	w	w
w	w	f	f	w	w	w	w
w	f	w	f	w	w	w	w
w	f	f	f	w	w	w	w
f	w	w	w	w	w	w	w
f	w	f	f	f	w	f	f
f	f	w	f	f	f	w	f
f	f	f	f	f	f	f	f

© Springer-Verlag GmbH Deutschland, ein Teil von Springer Nature 2019
J. Tietze, *Einführung in die angewandte Wirtschaftsmathematik*,
https://doi.org/10.1007/978-3-662-60332-1_11

2b)

A	B	C	B∨C	A∧(B∨C)	A∧B	A∧C	(A∧B)∨(A∧C)
w	w	w	w	w	w	w	w
w	w	f	w	w	w	f	w
w	f	w	w	w	f	w	w
w	f	f	f	f	f	f	f
f	w	w	w	f	f	f	f
f	w	f	w	f	f	f	f
f	f	w	w	f	f	f	f
f	f	f	f	f	f	f	f

3a/b) Ist A **wahr**, so auch A ∧ A sowie A ∨ A *(nach Definition von ∧ bzw. ∨)*;
Ist A **falsch**, so auch A ∧ A sowie A ∨ A *(nach Definition von ∧ bzw. ∨)*.

4a)

A	B	A∧B	A∨(A∧B)	A
w	w	w	w	w
w	f	f	w	w
f	w	f	f	f
f	f	f	f	f

4b)

A	B	A∨B	A∧(A∨B)	A
w	w	w	w	w
w	f	w	w	w
f	w	w	f	f
f	f	f	f	f

5)

A	¬A	A∨¬A	wahr
w	f	w	w
f	w	w	w

6)

A	¬A	A∧¬A	falsch
w	f	f	f
f	w	f	f

7)

A	¬A	¬(¬A)	A
w	f	w	w
f	w	f	f

8a)

A	B	A∨B	¬(A∨B)	¬A	¬B	¬A ∧ ¬B
w	w	w	f	f	f	f
w	f	w	f	f	w	f
f	w	w	f	w	f	f
f	f	f	w	w	w	w

8b)

A	B	A∧B	¬(A∧B)	¬A	¬B	¬A ∨ ¬B
w	w	w	f	f	f	f
w	f	f	w	f	w	w
f	w	f	w	w	f	w
f	f	f	w	w	w	w

1.1.44: **i)** Alois liebt Ulla und liebt Petra nicht. **ii)** BWL bestanden, VWL u. Mathe nicht bestanden.

iii) a) L = {2; 3; 4} **b)** L = { } **c)** L = { } **d)** L = {0; 3; −10}
e) L = {−5; 5; 1; −3} **f)** L = {2} **g)** L = {2e; 1}

1.1.52:   **i)** wahr   **ii)** falsch   **iii)** wahr   **iv)** falsch   **v)** wahr   **vi)** falsch   **vii)** wahr
        viii) wahr   **ix)** falsch   **x)** wahr   **xi)** falsch

1.1.55: L_1 / L_2: = Lösungsmenge der linken / rechten (Un-) Gleichung

    i) $L_1 = \{7\} \subset \{-7;\ 7\} = L_2$: falsch (*richtig ist:* $\Rightarrow$)   **ii)** wahr   **iii)** wahr

    iv) $L_1 = \{2\} \subset \{-2;\ 2\} = L_2$: falsch (*richtig ist:* $\Rightarrow$)   **v)** wahr

    vi) $L_1 = \{0;\ 5\} \cap \{5\}\ = L_2$: falsch (*richtig ist:* $\leq$)

    vii) $L_1 = \mathbb{R}\backslash\{0\} \cap \mathbb{R}^+ = L_2$: falsch (*richtig ist:* $\leq$)

    viii)   wahr   **ix)** wahr   **x)** $L_1 = \{\ \} \subset \{16\} = L_2$:   falsch (*richtig ist:* $\Rightarrow$)

1.1.62:   **i) a)** $\mathbb{N} \subset \mathbb{Z} \subset \mathbb{Q} \subset \mathbb{R}$ **b)** $A \subset B$ $(A \neq B!)$

    ii) a) $\{\ \}, \{x\}, \{y\}, \{z\}, \{x;y\}, \{x;z\}, \{y;z\}, \{x;y;z\}$ **b)** $\{\ \}, \{0\}, \{\{\ \}\}, \{0,\{\ \}\}$
    c) $\{\ \}, \{1\}, \{\{2;3\}\}, \{1;\{2;3\}\}$

1.1.79:   Die Gesetze 1)-10) der Mengenalgebra sind allgemeingültig, erkennbar an den jeweils gleich-
    getönten „Ergebnis"-Mengen für die linke und rechte Seite des jeweiligen Mengen-Gesetzes:

    Beispiele:

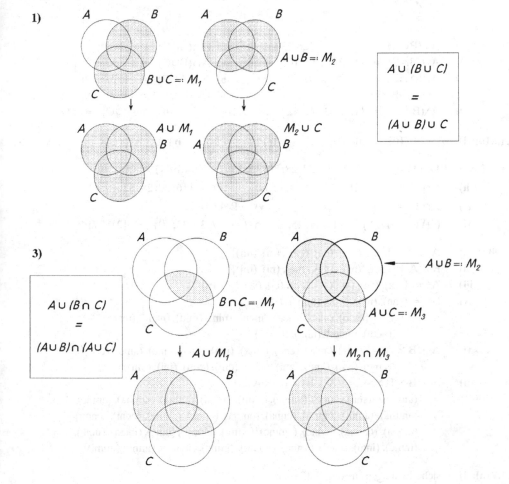

5)

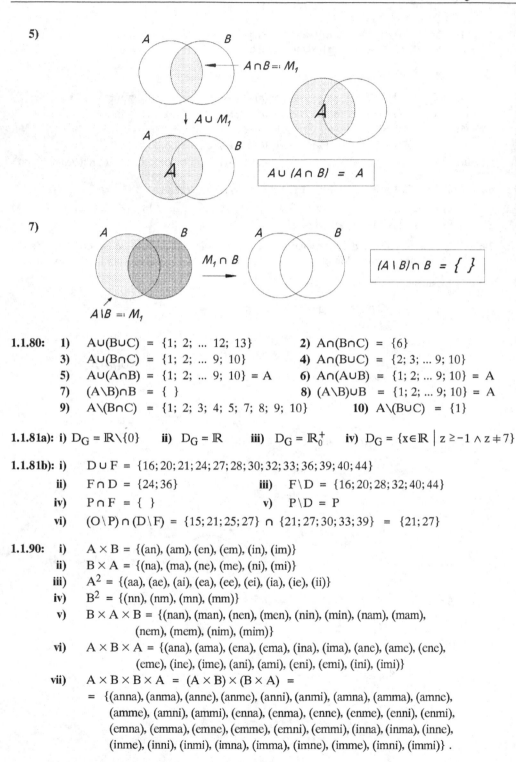

$A \cap B =: M_1$

$\downarrow A \cup M_1$

$A \cup (A \cap B) = A$

7)

$M_1 \cap B$

$(A \setminus B) \cap B = \{ \}$

$A \setminus B =: M_1$

1.1.80: **1)** $A \cup (B \cup C) = \{1; 2; \dots 12; 13\}$ **2)** $A \cap (B \cap C) = \{6\}$

3) $A \cup (B \cap C) = \{1; 2; \dots 9; 10\}$ **4)** $A \cap (B \cup C) = \{2; 3; \dots 9; 10\}$

5) $A \cup (A \cap B) = \{1; 2; \dots 9; 10\} = A$ **6)** $A \cap (A \cup B) = \{1; 2; \dots 9; 10\} = A$

7) $(A \setminus B) \cap B = \{ \}$ **8)** $(A \setminus B) \cup B = \{1; 2; \dots 9; 10\} = A$

9) $A \setminus (B \cap C) = \{1; 2; 3; 4; 5; 7; 8; 9; 10\}$ **10)** $A \setminus (B \cup C) = \{1\}$

1.1.81a): **i)** $D_G = \mathbb{R} \setminus \{0\}$ **ii)** $D_G = \mathbb{R}$ **iii)** $D_G = \mathbb{R}_0^+$ **iv)** $D_G = \{x \in \mathbb{R} \mid z \ge -1 \wedge z \ne 7\}$

1.1.81b): **i)** $D \cup F = \{16; 20; 21; 24; 27; 28; 30; 32; 33; 36; 39; 40; 44\}$

ii) $F \cap D = \{24; 36\}$ **iii)** $F \setminus D = \{16; 20; 28; 32; 40; 44\}$

iv) $P \cap F = \{ \}$ **v)** $P \setminus D = P$

vi) $(O \setminus P) \cap (D \setminus F) = \{15; 21; 25; 27\} \cap \{21; 27; 30; 33; 39\} = \{21; 27\}$

1.1.90: **i)** $A \times B = \{(an), (am), (en), (em), (in), (im)\}$

ii) $B \times A = \{(na), (ma), (ne), (me), (ni), (mi)\}$

iii) $A^2 = \{(aa), (ae), (ai), (ea), (ee), (ei), (ia), (ie), (ii)\}$

iv) $B^2 = \{(nn), (nm), (mn), (mm)\}$

v) $B \times A \times B = \{(nan), (man), (nen), (men), (nin), (min), (nam), (mam),$
(nem), (mem), (nim), (mim)$\}$

vi) $A \times B \times A = \{(ana), (ama), (ena), (ema), (ina), (ima), (ane), (ame), (ene),$
(eme), (ine), (ime), (ani), (ami), (eni), (emi), (ini), (imi)$\}$

vii) $A \times B \times B \times A = (A \times B) \times (B \times A) =$
$= \{(anna), (anma), (anne), (anme), (anni), (anmi), (amna), (amma), (amne),$
(amme), (amni), (ammi), (enna), (enma), (enne), (enme), (enni), (enmi),
(emna), (emma), (emne), (emme), (emni), (emmi), (inna), (inma), (inne),
(inme), (inni), (inmi), (imna), (imma), (imne), (imme), (imni), (immi)$\}$.

1.1.91a): **i)** siehe Lösungen zu Aufg. 1.12 i) und ii)

ii) **a)** $A \times (B \cap C) = \{(x,y) \,|\, x \in A \wedge y \in (B \cap C)\} = \{(x,y) \,|\, x \in A \wedge (y \in B \wedge y \in C)\}$
$= \{(x,y) \,|\, (x \in A \wedge y \in B) \wedge (x \in A \wedge y \in C)\} = (A \times B) \cap (A \times C)$.

b) $A \times (B \cup C) = \{(x,y) \,|\, x \in A \wedge y \in (B \cup C)\}$
$= \{(x,y) \,|\, x \in A \wedge (y \in B \vee y \in C)\}$
$= \{(x,y) \,|\, (x \in A \wedge y \in B) \vee (x \in A \wedge y \in C)\}$
$= (A \times B) \cup (A \times C)$.

c) Man beweist dieses Gesetz am besten „von rechts nach links":
$(A \times B) \backslash (A \times C) = \{(x,y) \,|\, (x,y) \in (A \times B) \wedge \neg((x,y) \in (A \times C))\}$
$= \{(x,y) \,|\, (x \in A \wedge y \in B) \wedge \neg(x \in A \wedge y \in C)\}$
$= \{(x,y) \,|\, (x \in A \wedge y \in B) \wedge (\neg(x \in A) \vee \neg(y \in C))\}$ *(de Morgan)*
$= \{(x,y) \,|\, ((x \in A \wedge y \in B) \wedge \neg(x \in A)) \vee ((x \in A \wedge y \in B) \wedge \neg(y \in C))\}$
$= \{(x,y) \,|\, \underbrace{(x \in A \wedge y \in B \wedge \neg(x \in A))}_{immer\ falsch} \vee (x \in A \wedge y \in B \wedge \neg(y \in C))\}$

$= \{(x,y) \,|\, (x \in A \wedge (y \in B \wedge \neg(y \in C))\} = A \times (B \backslash C)$.

1.1.91b)

i)

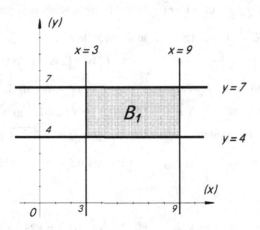

ii)

iii)

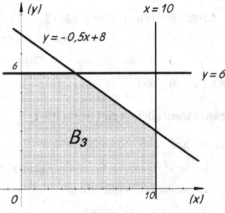

Lösungen zu den Übungs- und Testaufgaben des Algebra-Brückenkurses

Diese Lösungshinweise umfassen sämtliche Übungsaufgaben, Selbstkontroll-Tests sowie den Eingangs- und den Abschlusstest des Algebra-Brückenkurses. Um dem Bearbeiter/der Bearbeiterin des Brückenkurses eine schnelle Kontrolle zu ermöglichen, werden zumeist nur die Endresultate aufgeführt.

Ausführliche Lösungen aller Aufgaben und Tests des **Brückenkurses** finden sich auf den Internetseiten des Verlages *(www.springer.com – Suchfunktion benutzen, z.B. mit der Abfrage „tietze angewandte wirtschaftsmathematik" sowie Scrollfunktion)*.

BRÜCKENKURS-EINGANGSTEST

1. $M \cdot 1{,}25 = 2 \Rightarrow M = 1{,}60m$

2. $2{,}40 €$

3. CD $0{,}20 €$;　DVD $2{,}20 €$

4. **a)** -16　**b)** -227　**c)** -5　**d)** $-1/19$　**e)** $152/35$　**f)** -2043　**g)** -4

5. **a)** $6a^2b$　**b)** $abcn^2$　**c)** $\dfrac{y+x}{y-x}$　**d)** -1　**e)** $-4a/c$　**f)** nicht weiter zu vereinfachen

　g) $\sqrt[12]{a^{29}} \cdot \sqrt[6]{b^{13}}$　**h)** $4K/A$　**i)** $0{,}5 \cdot (\ln 7 + 3 \cdot \ln u) - \ln 5 - \ln v - 2 \cdot \ln w$　**j)** $\lg 2 + (1/3) \cdot (\lg x + \lg y)$

　k) $-x^2 + x - 1$　**l)** $a_k \cdot (1 + 2^{6k} + 3^{8k} + 4^{10k})$　**m)** $\binom{4}{1}x^2 + \binom{4}{2}x^3 + \binom{4}{3}x^4 + \binom{5}{1}x^3 + \binom{5}{2}x^4 + \binom{5}{3}x^5$

6. **a)** $b = (2F - ay)/y$　**b)** $x = z/(1+zy)$　**c)** $z_1 = -2; z_2 = 7$　**d)** $L = \{0; 0{,}5; -0{,}5\}$

　e) $x = \ln 110 / \ln 4 \ (\approx 3{,}3907)$　**f)** $n = -2{,}5 \cdot \ln 0{,}2 \ (\approx 4{,}0236)$　**g)** $x_1 = -1; x_2 = 2{,}5$

　h) $m = \ln(7/3)/\ln 1{,}1 \ (\approx 8{,}8899)$　**i)** 792　**j)** $x_{1,2} = \pm\sqrt{e^4 - 1} \ (\approx \pm 7{,}3211)$

　k) $x = 0{,}05$　**l)** $x_1 = 1; x_2 = -6$　**m)** $y_1 = \sqrt[3]{4}; y_2 = \sqrt[3]{0{,}5}$　**n)** $x \le -13$　**o)** $y \ge -0{,}25$　□

Übungen zu BK 1

A1.1-1: **i)** $6a + 3ab^2 + a^2b$　**ii)** $10xy + 14y^2$　**iii)** $70x^2y$　**iv)** $4a^2 + 28ab + 49b^2$　**v)** $6a + 5b$
　　vi) $4x^2 + 22xy + 30y^2$　**vii)** $24x^3 + 58x^2y + 28xy^2$　**viii)** $18a^2bc$　**ix)** $8t^2 + 32st + 32s^2$

A1.1-2: **i)** richtig: $(2u+3v)(2u+3v) = 4u^2 + 12uv + 9v^2$　　**ii)** richtig: $6x \cdot 2x \cdot y = 12x^2y$
　　iii) richtig: $4 \cdot (1+3y)(1+3y) = (4+12y)(1+3y) = 4 + 24y + 36y^2$

A1.3-1: **i)** 4　**ii)** -6　**iii)** -10　**iv)** 9　**v)** 574　**vi)** -26　**vii)** $22x^2 + 6x + 9$　**viii)** 36　**ix)** 1088

A1.3-2: **i)** 604　**ii)** -56

Selbstkontroll-Test zu Thema BK 1

1. **a)** $20x^2 + 24y^2 + 52xy + 20xz + 12yz$

　b) $3a^2x^2 + 6abx^2 + 3b^2x^2 + 6a^2xy + 12abxy + 6b^2xy + 3a^2y^2 + 6aby^2 + 3b^2y^2$

　c) $36a^2bc + 6a^2 + 12ab + 18ac$

　d) $9y^2 + 12yz + 4z^2 + 3y + 2z$

2. a) Fehler, richtig: $4a \cdot 2a \cdot 3b = 24a^2b$ **b)** Fehler, richtig: $5z + 4z = 9z$ **c)** Fehler, richtig: $a + bx$

d) Fehler, richtig: $9 + 3a + 3b + ab$ **e)** Fehler, richtig: $5 \cdot (1,1^3) = 6,655$

3. a) $a(xy + 15 + c^2)$ **b)** $3ab(2 + 6a + 3b)$ **c)** $5x^3y^2(2y + 3)$ **d)** $11a^3b^3(3a + 11)$

Übungen zu BK 2

A2.1-1: i) $-15a^2b - 7a - 2b$ **ii)** $6x^2y - 9xy^2 + 3xy - 4x + 8y$

iii) $2uv^3 - 2u^2v - u^3v^2 + u^4$ **iv)** $4x^2 - y^2 - 4x^2y + 2xy^2 + 2x - y$

A2.1-2: i) $a^2 + ab - 2b^2$ **ii)** $18u^2 - 98v^2$ **iii)** $21a^2 + 72ax + 27x^2$

A2.1-3: i) $2(2y - 6x)(1 + 2a)$ **ii)** $(u - v)(7x^2(u - v) + 1)$ **iii)** $5abc(8b - 2a + c - 5abc)$

A2.1-4: i) $(x + y)(2a + 3b)$ **ii)** $(x - y + a - b)(x - y - a + b)$ **iii)** $(5x - z) \cdot 2z$ **iv)** $(6x + y)^2$

A2.2-1: i) $199/60$ **ii)** $-16/63$ **iii)** $13/84$ **iv)** $-9/5$

A2.2-2: i) $3y/2xz$ **ii)** $(2x - 1)/2$ **iii)** $(3a + 5b)/(3a - 5b)$

A2.2-3: i) $1 + \dfrac{1}{x}$ **ii)** $\dfrac{3}{x - 5}$ **iii)** $\dfrac{2x^2 + 11x}{x + 4}$ **iv)** $\dfrac{a}{a^2 - 1}$ **v)** $\dfrac{2 + x}{3 + 2x}$

vi) Keine weitere Vereinfachung möglich! **vii)** $\dfrac{4x^2 + 5x}{1 - x^2}$

Selbstkontroll-Test zu Thema BK 2

1. a) $12x^2y - 2x^2 + 8xy$ **b)** $-13a^2 + 24ab - 13b^2$ **c)** $ab + abc^2 = ab(1 + c^2)$

d) $(a - b)^3 = a^3 - 3a^2b + 3ab^2 - b^3$

2. a) $a + b + c$ **b)** $abcy^2$ **c)** $a/3n$ **d)** $7x/8a$

3. a) $1,5$ **b)** $-6x - 3z$ **c)** $\dfrac{v - u}{v + u}$ **d)** $\dfrac{a + ab^2}{bx}$ **e)** -1 **f)** $\dfrac{-4x}{z}$

4. a) Fehler, richtig: $\dfrac{a + 2c}{x}$ **b)** Fehler, richtig: Kürzen nicht möglich! **c)** Fehler, richtig: -1

d) Fehler, richtig: $\dfrac{a + b}{-a + b} = \dfrac{-a - b}{a - b}$ **e)** richtig! **f)** Fehler, richtig: $\dfrac{x^2y}{y + x}$

5. a) Nullprodukt: $x_1 = 2$; $x_2 = -5$ **b)** $x^2(128 - x) = 0$, $x_1 = 0$; $x_2 = 128$

c) Nullprodukt: $x_1 = 0$; $x_2 = -1$; $x_3 = 4$; $x_4 = -5$ **d)** $x_1 = 0,5$; $x_{2,3} = \pm\sqrt{5}$ □

Übungen zu BK 3

A3.1-1: i) $a_1 = 2$; $a_2 = 19$; $a_3 = 18,75$ **ii)** $a_1 = 49$; $a_2 = 6$; $a_3 = 5,5$ **iii)** $a_1 = 3$; $a_2 = 1$

A3.1-2: Lösung jeweils durch Fallunterscheidung! **i)** $x_1 = \dfrac{3}{4}$; $x_2 = -\dfrac{1}{12}$ **ii)** $y_1 = 0,8$; $y_2 = 4,8$

A3.1-3: Fall 1: $x - 4 \geq 0 \Rightarrow x < 11$; Fall 2: $x - 4 < 0 \Rightarrow x > -3$, d.h. $L = \{x \in \mathbb{R} \mid -3 < x < 11\}$ □

A3.2-1: i) 40 **ii)** $5(i^3 + 1)$ **iii)** -24 **iv)** $53/30$ **v)** 0 **vi)** $29/60$

vii) $(x_1 - \bar{x}_k)^2 + (x_2 - \bar{x}_k)^2 + (x_3 - \bar{x}_k)^2 + (x_4 - \bar{x}_k)^2$

A3.2-2: i) $2 \cdot \displaystyle\sum_{k=1}^{20} x_k y_k$ **ii)** $\displaystyle\sum_{i=1}^{100} \dfrac{1}{i}$ **iii)** $4 \cdot \displaystyle\sum_{i=2}^{9} i^2$ **iv)** $x^2 \cdot \displaystyle\sum_{k=1}^{5} (2x)^k$

A3.2-3: **i)** richtig   **ii)** richtig   **iii)** Fehler, denn (z.B.) $x_1^2 + x_2^2 \neq (x_1 + x_2)^2$

iv) richtig   **v)** Fehler, denn $a_{j1} + 2a_{j2} + 3a_{j3} + \ldots \neq k \cdot (a_{j1} + a_{j2} + a_{j3} + \ldots)$

A3.2-4: Mit den Abkürzungen $\sum := \sum\limits_{i=1}^{n}$ sowie $\bar{x} := \frac{1}{n}\sum x_i$ erhält man:

$$\sum (x_i - \bar{x})^2 = \sum (x_i^2 - 2x_i\bar{x} + \bar{x}^2) = \sum x_i^2 - 2\bar{x}\sum x_i + \underbrace{\sum \bar{x}^2}_{= \text{const.!}} =$$

$$\sum x_i^2 - 2\bar{x} \cdot n \cdot \underbrace{\frac{1}{n}\sum x_i}_{= \bar{x}} + n \cdot \bar{x}^2 = \sum x_i^2 - 2n\bar{x}^2 + n\bar{x}^2 = \sum x_i^2 - n\bar{x}^2 .$$

A3.2-5: **i)** 60   **ii)** 58   **iii)** 90

A3.3-1: **i)** 12.348   **ii)** 0   **iii)** $2^5 \cdot x_1 y_1 z_1 x_2 y_2 z_2 x_3 y_3 z_3 x_4 y_4 z_4 x_5 y_5 z_5$ **iv)** $9(k-2)^2$

v) 2.340   **vi)** 497.664   **vii)** 8.302.694.400

A3.4-1: **i)** 32.760 ; 576 ; 4200   **ii)** 100 ; 4.950 ; 36 ; 1 ; 252 ; 252

A3.4-2: **i)** $a^6 + 6a^5b + 15a^4b^2 + 20a^3b^3 + 15a^2b^4 + 6ab^5 + b^6$

ii) $1024x^{10} - 5120x^9y + 11520x^8y^2 - 15360x^7y^3 + 13440x^6y^4$

$- 8064x^5y^5 + 3360x^4y^6 - 960x^3y^7 + 180x^2y^8 - 20xy^9 + y^{10}$

A3.4-3: **i)** 512   **ii)** 800   **iii)** 46

Selbstkontroll-Test zu Thema BK 3

1. **a)** $L = \{-5 ; 5\}$ **b)** $L = \{14,5 ; -9,5\}$

2. **a)** $-179/672$ **b)** 239   **c)** 100.800   **d)** 17   □

Übungen zu BK 4

A4.1-1: **i)** $-13,75$ **ii)** -172 **iii)** $256 - 1/81 \approx 255,99$

A4.1-2: **i)** 2^{10} **ii)** 10^{-7} **iii)** x^{n+6}

A4.1-3: **i)** $2,527 \cdot 10^8$ **ii)** $-7,1444 \cdot 10^{-8}$ **iii)** $137 \cdot 10^{12} \text{ B} = 137 \cdot 10^9 \text{ kB} = 1,37 \cdot 10^{11} \text{kB}$

A4.1-4: **i)** $a^2/3b^4$ **ii)** $2(x-y)$ **iii)** $6x^2y^3z^8 + 12x^7y^5 - 24x^5y^{-1}z^5$

A4.2-1: **i)** $30^3 + 2^{-9}$ **ii)** $(0,3x)^4 + (0,4y)^4$ **iii)** $2^{12} + 1,6 \cdot 10^7 - 4,7 \cdot 10^{-8}$

A4.2-2: **i)** Fehler, richtig: 640   **ii)** Fehler, richtig: x^{28} **iii)** Fehler, richtig: $(2x - 3y)(2x + 3y)$

iv) Fehler, richtig: z^8 **v)** Fehler, richtig: $-2^6 = -(2^6) = -64$

vi) Fehler, richtig: $\dfrac{1}{ax} + \dfrac{1}{by} = \dfrac{by + ax}{ax \cdot by}$ **vii)** Fehler, richtig: $abc \cdot x^2$ **viii)** richtig!

A4.2-3: **i)** $-2^{12} = -4096$ **ii)** $-\dfrac{z^2 - 4z + 4}{z^2 - 4z + 4} = -1$ **iii)** $10a^{12}$ **iv)** $\dfrac{-(x^2 + 2xy + y^2)}{-x^2 - 2xy - y^2} = 1$

v) $4y/x$ **vi)** $3,5 \cdot (Y/C)^{10}$ **vii)** $1/(2y + 2x)$ **viii)** $(x+y)^m$ **ix)** $8a^{13}b^{16}$

A4.3-1: **i)** $\sqrt[35]{x^{67}z^{41}}$ **ii)** $\sqrt[35]{m^{13}}$ **iii)** $\sqrt[6]{x^7}$ **iv)** $1/e$ **v)** $a^{1+0,5\sqrt{3}}$

A4.3-2: **i)** Fehler, richtig: $\sqrt{x^2} = |x| = \begin{cases} x, & \text{falls } x \geq 0 \\ -x, & \text{falls } x < 0 \end{cases}$ **ii)** Fehler, richtig: $\sqrt{9} = 3$

iii) Fehler, richtig: $x^{1/8}$ **iv)** Fehler, richtig: $z^{11,75}$ **v)** Fehler, richtig: $a^{\frac{1}{2}}(a^{\frac{1}{2}} - 1)$

vi) richtig! **vii)** Fehler, Term lässt sich nicht weiter vereinfachen

viii) Fehler, richtig: $(x+1)^{1/10} = \sqrt[10]{x+1} \neq \sqrt[10]{x} + 1$

A4.3-3: **i)** P4: $a^{\frac{1}{2}}b^{\frac{1}{2}} = (ab)^{\frac{1}{2}}$ **ii)** P5: $a^{\frac{1}{2}} : b^{\frac{1}{2}} = (a/b)^{\frac{1}{2}}$ **iii)** P3: $(x^{1/n})^{1/m} = x^{1/nm}$

iv) $\dfrac{1}{\sqrt{2}} = \dfrac{1}{\sqrt{2}} \cdot \dfrac{\sqrt{2}}{\sqrt{2}} = \dfrac{1}{2}\sqrt{2}$ **v)** $\dfrac{a}{\sqrt{b}} = \dfrac{a}{\sqrt{b}} \cdot \dfrac{\sqrt{b}}{\sqrt{b}} = \dfrac{a}{b}\sqrt{b}$ **vi)** $\dfrac{x}{1+\sqrt{x}} = \dfrac{x}{1+\sqrt{x}} \cdot \dfrac{1-\sqrt{x}}{1-\sqrt{x}}$

$= \dfrac{x(1-\sqrt{x})}{1-x}$ **vii)** $\dfrac{6x^7}{\sqrt{5} - \sqrt{3}} = \dfrac{6x^7}{\sqrt{5} - \sqrt{3}} \cdot \dfrac{\sqrt{5} + \sqrt{3}}{\sqrt{5} + \sqrt{3}} = \dfrac{6x^7(\sqrt{5} + \sqrt{3})}{5 - 3} = 3x^7 \cdot (\sqrt{5} + \sqrt{3})$

viii) $\dfrac{1}{\sqrt[3]{a}} = \dfrac{1}{a^{1/3}} \cdot \dfrac{a^{2/3}}{a^{2/3}} = \dfrac{a^{2/3}}{a} = \dfrac{1}{a} \cdot \sqrt[3]{a^2}$

Selbstkontroll-Test zu Thema BK 4

1. a) b^2/a^5 **b)** $-y^3/x^3$ **c)** $\dfrac{1}{8}x^{25}y^{23}$ **d)** $\sqrt[4]{e^{3x}}$

e) $9K/A$ **f)** $\sqrt[8]{a^7} \cdot \sqrt[6]{b}$ **g)** $\sqrt[ab]{x^3}$ **h)** $4q/p$

2. a) Fehler, der Term lässt sich nicht weiter vereinfachen **b)** Fehler, richtig: -4096

c) richtig! **d)** Fehler, richtig: Linke Seite $= \sqrt[n]{a}$; Rechte Seite: a^{-n}

e) Fehler, richtig: $\sqrt{9} = 3$ **f)** Fehler, richtig: $\dfrac{1}{3}$ **g)** richtig!

h) (i) $a^{-n} = 1/a^n$ (ii) $5^0 = 1$ (iii) $7^{\frac{1}{2}} = \sqrt{7}$ (iv) $(ab)^2 = a^2b^2$ (v) $x^2(5+2x)$

(vi) $4,5$ (vii) $(2x+2y)(x+y)^2$ (viii) $-(a-b)^2 = -(a-b)(a-b) = (-a+b)(a-b)$

(ix) $-2^2 = -(2^2) = -4$ (x) $x^3+x^2 = x^2(x+1)$ (mehr geht nicht...) □

Übungen zu BK 5

A5.1-1: **i)** $x = 5$ **ii)** $x = 2$ **iii)** $x = -4$ **iv)** $x = 3$ **v)** $x = -10$

A5.1-2: **i)** $x = \log_2 88$ **ii)** $-x = \log_{10} 0,5 = \lg 0,5$ **iii)** $\lg x = \ln 22$

iv) $3^y = 100$ **v)** $e^7 = x^2+8$ **vi)** $10^z = 3599+z^2$

A5.1-3: **i)** x^2+13 **ii)** $a^2+2ab+b^2$ **iii)** $-x + 22$ **iv)** $7y^9 - 3y^4 + 5$

A5.1-4: **i)** $e^{\ln(7(x^2+1)^3)}$ **ii)** $e^{\ln(a^2+b^2+c^2)}$ **iii)** $e^{\ln(10^5)}$

iv) $e^{\ln(x \cdot \sqrt{u^2+v^2})}$ **v)** $e^{\ln(\ln(10x))}$

A5.1-5: **i)** 3 **ii)** 5 **iii)** -1 **iv)** $1.010.010.001$ **v)** 5

vi) 17 **vii)** 1.000 **viii)** -1 **ix)** $3,25$ **x)** -2

A5.2-1: **i)** $\ln 4 + 2 \cdot \ln a - \ln b - 5 \cdot \ln c$ **ii)** $\lg 2 + \dfrac{1}{3}(\lg x + \lg y)$ **iii)** $2x-7$

  iv) $\ln 5 + \dfrac{1}{3}\,(\ln u + \ln v - \ln a - \ln b)$ **v)** $2 \cdot \ln x + (1-x) \cdot \ln p$ **vi)** $\dfrac{3}{4} x$

A5.2-2: **i)** $x = \ln 40 \,/\, \ln 1{,}08 \approx 47{,}9318$ **ii)** $n = \ln 0{,}4 \,/ -0{,}1 \approx 9{,}1629$

    iii) $n = \ln 1{,}75 \,/\, \ln 1{,}075 \approx 7{,}7380$ **iv)** $y = -2000 \,/\, \ln 0{,}1 \approx 868{,}5890$

Selbstkontroll-Test zu Thema BK 5

1. a) $\lg 2 + 1{,}5\,\lg x + 0{,}25\,\lg y$ **b)** $\ln 2 + 4\,\ln x + (2-x)\,\ln u$

  c) $\ln 5 + 2\,\ln x + 0{,}25\,\ln p + 0{,}5\,\ln q - \ln a - 0{,}5\,\ln b$ **d)** $\ln\left(7x^3 \cdot \dfrac{\sqrt{y}}{a\sqrt{b}}\right)$

2. a) $e^{(1/3)\,\ln 7}$ **b)** $e^{\ln(2^x + x^2)}$ **c)** $e^{(1/12)\,\ln(x+1)}$

  d) $e^{\ln(\ln x))}$ **e)** e **f)** $e^{\ln(\text{huber})}$

3. a) $1{,}5$ **b)** $2/\lg 20 + (\lg 20)/2 \approx 2{,}1878$

  c) $\ln 70 \,/\, \ln 0{,}5 + \ln 200 \,/\, \ln 0{,}1 + \ln 0{,}01 \,/\, \ln 1{,}5 \approx -19{,}7881$

4. a) $n = \ln 200 \,/\, \ln 1{,}1 \approx 55{,}5903$ **b)** $x = 10 \cdot \ln 18 \approx 28{,}9037$

  c) $x = \ln(240/11) \,/\, \ln 0{,}9 \approx -29{,}2590$ **d)** $x = -521 \cdot \ln 0{,}5 \approx 361{,}1297$

5. a) Fehler, richtig: $\lg 900 + \lg 100 = \lg(900 \cdot 100) = \lg 90.000 \approx 4{,}9542$

  b) Fehler, richtig: $\lg 100.000 \,/\, \lg 100 = 5/2 = 2{,}5$

  c) Fehler, richtig: $\ln(5 \cdot e^x) = \ln 5 + \ln e^x = x + \ln 5$ **d)** richtig!

  e) Fehler, der Term $\ln(e^x + e^{x^2})$ lässt sich nicht weiter vereinfachen.

  f) Fehler, richtig: $\lg(10 \cdot 10^x) = \lg(10^{x+1}) = x+1$

  g) Fehler, $\lg(1{,}1^n - 100)$ lässt sich nicht weiter vereinfachen.

  h) richtig!   □

Übungen zu BK 6

A6.1-1: **i)** $D_G = \mathbb{R}_0^+ = \{x \in \mathbb{R} \mid x \geq 0\}$ **ii)** $D_G = \mathbb{R}$ **iii)** $D_G = \mathbb{R} \setminus \{9; -9\}$

    iv) $D_G = \{x \in \mathbb{R} \mid x \neq 0 \,\wedge\, x \leq 17\}$ **v)** $D_G = \mathbb{R}$ **vi)** $D_G = \{y \in \mathbb{R} \mid 5 < y < 11\}$

A6.1-2: **i)** $L = \{342.272\}$ **ii)** $L = \{-4; 6; 0{,}01; -7\}$ **iii)** $L = \{4; 2\}$

    iv) $L = \{-4\}$ **v)** $L = \{2\}$ **vi)** $L = \{\ \}$

A6.2-1: **i)** $x^2 - 25 = 0 \iff (x-5)(x+5) = 0$, d.h. $L = \{-5; 5\}$

    ii) $(x-7)^2 = 0 \iff L = \{7\}$ **iii)** $-4x = 24 \iff L = \{-6\}$

    iv) $5(x-2) = 3x \iff L = \{5\}$

    v) $x^2 + 20 = e^4 \iff x^2 = e^4 - 20$, d.h. $L = \{\pm\sqrt{e^4 - 20}\} \approx \{\pm 5{,}8820\}$

    vi) $e^x = 40 \iff x = \ln 40 \approx 3{,}6889$

    vii) $3x - 1 = 17 \iff x = 6$ **viii)** $7x + 21 = 7^5$, d.h. $L = \{2.398\}$

A6.2-2: **i)** Fehler in der 3. Zeile: „1" gehört nicht zur Definitionsmenge d. Gleichung, d.h. $L = \{\ \}$.

ii) alles richtig!

iii) Fehler in der 2. Zeile: Der Divisor „x^3" wird Null für $x = 0$, d.h. eine Lösung ist verloren gegangen. Richtig: $L = \{0\,;8\,;-8\}$.

iv) Fehler 3. Zeile: Divisor kann Null werden, 1 Lösung verschwunden. Richtig: $L = \{3\,;4\}$

v) Fehler! Nach G9b gilt: $x = \sqrt[4]{81} \ \vee\ x = -\sqrt[4]{81}$, d.h. $L = \{-3\,;3\}$

vi) Fehler 2. Zeile: Wurzel aus Summe $\neq$ Summe der Einzelwurzeln (Bsp.: $\sqrt{25} \neq \sqrt{9} + \sqrt{16}$) Richtig: Gleichung quadrieren und Probe mit den erhaltenen Lösungswerten machen: $(x + 1)^2 = 25 - x^2 \iff \dots x_1 = 3\,; x_2 = -4$. Probe zeigt: Nur „3" ist Lösung.

vii) Fehler wie in vi). Richtig: Quadrieren/Probe: $49 + x^2 = 4$, d.h. $x^2 = -45$, d.h. $L = \{\ \}$.

viii) Fehler: $(2 - x)^2 \neq 4 - x^2$. Richtig: $x = 4 - 4x + x^2 \iff x_1 = 1; x_2 = 4$. Probe: $L = \{1\}$

ix) Fehler 2. Zeile. Richtig: $\ln(20 \cdot e^x) = \ln 20 + x = \ln 111$, d.h. $L \approx \{1{,}7138\}$

x) Fehler, richtig: $\lg(100 \cdot 1{,}07^x) = 2 + x \cdot \lg 1{,}07 = 3$, d.h. $x = 1/\lg 1{,}07 \approx 34{,}0324$

xi) Fehler: $\ln(a+b) \neq \ln a + \ln b$. Richtig: $x^4 + 51 = e^{13}$, d.h. $x = \pm\sqrt[4]{e^{13} - 51}$

xii) Fehler 2. Zeile: $e^{a+b} \neq e^a + e^b$, richtig: $e^{a+b} = e^a \cdot e^b$ (P1): $17 = e^{\ln x} \cdot e^1 = x \cdot e, x = 17/e$

xiii) Fehler: Kehrwert einer Summe $\neq$ Summe der Einzel-Kehrwerte! Richtig: siehe xvi)

xiv) Fehler 3. Zeile - wie xiii). Richtig: siehe Aufgabentext zu xvi)

xv) Fehler 2. Zeile: Wundersam schweben a und b vom Nenner in den Zähler... Richtig: xvi)

xvi) Der Aufgabentext ist korrekt.

A6.3-1: **i)** $x = 4/7$ **ii)** $y = a/(k - 1 - b)$ **iii)** $z = 38/231$ **iv)** $x = ab/(a - b)$ **v)** $x = \dfrac{b - fd}{fc - a}$

vi) $i = \dfrac{j}{1 + jn}$ **vii)** $q = \dfrac{R}{R - Ki}$; $R = \dfrac{Kqi}{q - 1}$; $K = R \cdot \dfrac{q - 1}{iq}$; $i = \dfrac{R(q - 1)}{Kq}$

viii) $x = 0$ **ix)** $p = 200/9 = 22{,}\overline{2}$ **x)** Multiplikation mit $3(x+1)(x-1)$ liefert: $(3(x+1) - 3(x-1))(x^2 + 0{,}5) = (6x - 1)(x + 1) \iff 6(x^2 + 0{,}5) = 6x^2 + 5x - 1 \iff x = 0{,}8$

xi) a beliebig (d.h. $L = \mathbb{R}$), falls $F = by$ wahr, andernfalls $L = \{\ \}$; $b = F/y$; $y = F/b$.

A6.4-1: **i)** $x^2 - 6x + 3^2 - 3^2 = (x - 3)^2 - 9$ **ii)** $z^2 - z + 0{,}5^2 - 0{,}5^2 = (z - 0{,}5)^2 - 0{,}25$

iii) $Y^2 + 512Y + 256^2 - 256^2 = (Y + 256)^2 - 256^2$ **iv)** $q^2 + q + 0{,}5^2 - 0{,}5^2 = (q + 0{,}5)^2 - 0{,}25$

A6.4-2: **i)** $x_1 = 7\,; x_2 = -1$ **ii)** $a_1 = 1\,; a_2 = 0{,}7$ **iii)** $L = \{\ \}$ **iv)** $C_1 = 0\,; C_2 = 2$

v) $L = \{0\,;1/3\}$ **vi)** $L = \{7uv/w\,;-16ab/c\}$ **vii)** $L = \{0\,;7\,;-7\}$

viii) $q_{1,2} = \pm\sqrt{(27ab - 5a)/11}$ **ix)** $L = \{-5\,;2\,;3\}$ **x)** $x_{1,2} = 0{,}25c \pm 0{,}25 \cdot \sqrt{c^2 + 8c + 24}$

A6.4-3: **i)** Diskriminate $D = 49 - 4 \cdot 10 \cdot 5 < 0$, also $L = \{\ \}$ **ii)** $D = 1 - 4 \cdot 1 \cdot (-1) > 0 \Rightarrow 2$ Lös.

iii) $D = 16 \cdot 3 - 4 \cdot 2 \cdot 6 = 0$, d.h. es gibt genau 1 Lösung **iv)** Nullprodukt mit 2 Lösungen

A6.4-4: **i)** Nullstellen $3\,; -2$, d.h. $(x - 3)(x + 2)$ **ii)** Nullstellen $7\,; -1$, d.h. $3(y - 7)(y + 1)$

iii) Anwendung der 3. binomischen Formel: $(4 - A)(4 + A)/(A + 4) = 4 - A$

iv) Nullstellen: Zähler: $-4\,; -1$; Nenner: $-1\,; 3$, also: $2(x + 4)(x + 1)/(x + 1)(x - 3) = \dfrac{2(x+4)}{x - 3}$

A6.4-5: **i)** $(x - 3)(x + 7) = x^2 + 4x - 21 = 0$ **ii)** $y^2 - 0{,}115y - 0{,}00125 = 0$ **iii)** $x^2 - 8x + 16 = 0$

iv) $(z - 0)(z - 0{,}25) = z^2 - 0{,}25z = 0$ **v)** $(x - 0)(x - 0) = x^2 = 0$

vi) VIETA: $p = -(x_1 + x_2) = -1$; $q = x_1 x_2 = -1$, d.h. $x^2 - x - 1 = 0$

A6.4-6: **i)** $D = b^2 - 4ac$ muss positiv sein, d.h. $100 - 4 \cdot 3 \cdot c > 0$, d.h. $c < 25/3$

ii) $p_{19} = p_{17} \cdot 1{,}22 \overset{!}{=} p_{17} \cdot (1+i)(1+i)$ d.h. $(1+i)^2 = 1{,}22 \iff 1+i = \pm \sqrt{1{,}22}$.

Aus ökonomischen Gründen kommt nur der positive Lösungswert in Frage, d.h.

$i = \sqrt{1{,}22} - 1 \approx 0{,}1045 = 10{,}45\%$ p.a. durchschnittl. jährliche Preiserhöhung

iii) Nach 2 Jahren muss die aufgezinste Kreditleistung identisch sein mit den aufgezinsten Gegenleistungen, d.h. es muss gelten (mit $i_{eff} = i$): $100.000 \cdot (1+i)^2 = 62.500 \cdot (1+i) + 56.250$

Lösungen: $(1+i)_{1,2} = 0{,}3125 \,(\pm)\, 0{,}8125$, d.h. $1+i = 1{,}1250$, d.h. $i = 0{,}1250 = 12{,}50\%$ p.a.

A6.5-1: **i)** $L = \{2 ; -2 ; \sqrt[4]{2} ; -\sqrt[4]{2}\}$ **ii)** $L = \{4 ; -4 ; \sqrt[4]{8} ; -\sqrt[4]{8}\}$

iii) $L = \{1 + \sqrt[6]{5 - \sqrt[10]{4}} ; 1 + \sqrt[6]{5 + \sqrt[10]{4}} ; 1 - \sqrt[6]{5 - \sqrt[10]{4}} ; 1 - \sqrt[6]{5 + \sqrt[10]{4}}\}$

iv) $L = \{-2 ; 4 ; 1 + \sqrt{5} ; 1 - \sqrt{5}\}$ **v)** $L = \{0 ; -4\}$ **vi)** $L = \{0 ; 1 ; -1/3\}$

vii) $L = \{1 ; -1 ; \sqrt{7} ; -\sqrt{7}\}$ **viii)** $L = \{2 ; 3 ; 5\}$

ix) $L = \{\sqrt[12]{1{,}12} - 1 ; -\sqrt[12]{1{,}12} - 1\}$ **x)** $L = \{1{,}2 ; -\sqrt[3]{0{,}5}\}$

A6.5-2: **i)** Wenn x der (dezimale) Steigerungs-Prozentsatz p.a. ist, so muss gelten:

$$U_{35} = U_{20} \cdot (1+x)^{15} = U_{20} \cdot 7 .$$

$$\iff \quad 1+x = \sqrt[15]{7} \approx 1{,}1385 , \quad \text{d.h.} \quad x = 0{,}1385 = 13{,}85\% \text{ p.a.}$$

ii) Es muss gelten: Leistung = Gegenleistung, aufgezinst mit dem eff. Jahreszins (Rendite) auf den Tag der letzten Leistung: $200(1+i_{eff})^6 = 245{,}6(1+i_{eff})^3 + 172{,}8$.

Substitution: $(1+i_{eff})^3 = x$, d.h. $x^2 - 1{,}228x - 0{,}864 = 0$ mit $x_1 = 1{,}728$ $(x_2 < 0)$.

Re-Substitution: $1+i_{eff} = \sqrt[3]{1{,}728} = 1{,}2000$, d.h. $i_{eff} = 0{,}2000 = 20\%$ p.a.

A6.6-1: **i)** $x = 1$ **ii)** $L = \{\ \}$ **iii)** $L = \{0 ; -23/13\}$ **iv)** $L = \{1 ; -1\}$ **v)** $x = \dfrac{2y - 7}{5y - 4}$

vi) $L = \{5 ; 25\}$ **vii)** $x_{1,2} = \pm \sqrt{\dfrac{200 km}{sp}}$ **viii)** $i = \dfrac{j}{1 + jn}$ **ix)** $y = \dfrac{b - xd}{cx - a}$

A6.7-1: **i)** $x \geq -0{,}25$; $x = 2$ **ii)** $x \geq -1$; $x = 3$ **iii)** $x \geq -0{,}5$; $x = 4$ **iv)** $z \geq 0$; $z = 25$

v) $z \geq 0$; $z = 4$ **vi)** $x \geq 20$; $x = 21$ **vii)** $-4 \leq x \leq 4$; $x = +\sqrt{8}$

viii) $x \geq 0$; $L = \{16 ; {}^1/_{16}\}$ **ix)** $-5/4 < x \leq 2$; $L = \{1 ; -0{,}5\}$

x) $x \geq 0{,}25$; $(0{,}5r)^2 = 4x - 1 \iff x = 0{,}0625r^2 + 0{,}25$

xi) $x \geq 200$; $0{,}5x - 100 = 0{,}01r^2 \iff x = 0{,}02r^2 + 200$.

A6.7-2: **i)** $x_{1,2} = \pm \sqrt[16]{50} \approx \pm 1{,}276984$ **ii)** $i_1 \approx 0{,}0299$; $i_2 \approx -2{,}0299$

iii) $p_1 \approx 1{,}5309$; $p_2 \approx -201{,}5309$ **iv)** $x_{1,2} = \pm 2$ **v)** $x_1 = -1$; $x_2 = -7$

vi) $x = 1{,}6y$ **vii)** $x = 0{,}05$ **viii)** $A = \dfrac{1}{30} K$ **ix)** $K = \left(\dfrac{100}{70 \cdot 5^{0,4}}\right)^{\frac{1}{1,1}} \approx 0{,}77028$

A6.8-1: **i)** $x = \ln 9 \approx 2{,}1972$ **ii)** $x = \dfrac{1}{3} \ln 0{,}5 \approx -0{,}2310$

iii) $0{,}5 \cdot 3^x = 1{,}3 \cdot 4^{-x} \cdot 4^7 \iff 3^x \cdot 4^x \, (= 12^x) = 2{,}6 \cdot 4^7 \iff x \approx 4{,}2897$

iv) $n = 10 \cdot \ln 4 \approx 13{,}8629$ **v)** $p = -(100 \cdot \ln 0{,}5)/12 \approx 5{,}7762$

vi) $x = \ln 2 / \ln 1{,}09 \approx 8{,}0432$ **vii)** $e^x = 0{,}5$, d.h. $x = \ln 0{,}5 \approx -0{,}6931$

viii) $0 = 20 \cdot 1{,}1^n - 30 \cdot (1{,}1^n - 1) \iff 1{,}1^n = 3 \iff n = \ln 3 / \ln 1{,}1 \approx 11{,}5267$

A6.9-1: **i)** $x_{1,2} = \pm\sqrt{e^2 - 1} \approx \pm 2{,}5277$ **ii)** $p = 2^{-0,1} \approx 0{,}9330$ **iii)** $(y+1)^2 = e^{0,1}$

$\Longleftrightarrow$ $y + 1 = \pm\sqrt{e^{0,1}}$ $\Longleftrightarrow$ $L = \{-2{,}0513\,;\,0{,}0513\}$

iv) $0{,}5\cdot\lg(x^2+1) = 2\cdot\lg x \Longleftrightarrow \lg(x^2+1) = 4\cdot\lg x \Longleftrightarrow x^2+1 = 10^{4\cdot\lg x} = (10^{\lg x})^4 = x^4$

$\Longleftrightarrow x^4 - x^2 - 1 = 0$. Subst. $x^2 = y$: $y_{1,2} = 0{,}5 \pm\sqrt{1{,}25}$ $\Longleftrightarrow$ $x = \sqrt{y_1} \approx 1{,}2720$

v) $y^{\lg y}\cdot 4^{\lg y} = 0{,}25\cdot\dfrac{1}{y} = \dfrac{1}{4y}$ $\Longleftrightarrow$ $(4y)^{\lg y}\cdot 4y = 1$ $\Longleftrightarrow$ $(4y)^{\lg y\, +\, 1} = 1$ $\Big|\ln$

$(\lg y + 1)\cdot\ln(4y) = \ln 1 = 0$ $\Longleftrightarrow$ $\lg y + 1 = 0 \ \vee\ \ln(4y) = 0$ $\Longleftrightarrow$

$\lg y = -1 \ \vee\ \ln(4y) = 0$ $\Longleftrightarrow$ $y = 10^{-1} \ \vee\ 4y = e^0 = 1$ $\Longleftrightarrow$ $y = 0{,}1 \ \vee\ y = \dfrac{1}{4}$

A6.10-1: **i)** $(x\,;y) = (10\,;7)$ **ii)** $(m\,;n) = (0\,;2)$ **iii)** $(x\,;y\,;z) = (4\,;-1\,;-3)$

iv) $(u\,;v\,;w) = (5\,;1\,;7)$ **v)** $(a\,;b\,;c) = \left(\dfrac{21}{13}\,;\,\dfrac{6}{13}\,;\,\dfrac{110}{13}\right) \approx (1{,}6154\,;0{,}4615\,;8{,}4615)$

A6.10-2: Bezeichnet man die *(konstante)* Zulaufgeschwindigkeit einer Pumpe mit x *(in Volumen-einheiten (VE) pro Stunde (h))*, die Abflussgeschwindigkeit des Wassers in den Produkti-onsprozess mit y *(in VE/h)* und nimmt man etwa an, dass die Kapazität des Behälters 100 VE beträgt, so müssen die folgenden beiden Gleichungen gelten:

$$x - \ y = -10 \qquad \textit{(Abnahme innerhalb einer Stunde um 10 VE)}$$
$$4x - 2y = \ \ 40 \qquad \textit{(Zunahme innerhalb von zwei Stunden um 40 VE)}.$$

Lösung: x = 30 VE/h *(d.h. eine einzelne Pumpe füllt in einer Stunde 30% des Speichers)*
    y = 40 VE/h *(d.h. ohne Zufluss fließen pro Stunde 40% des Speicherinhalts ab)*

i) 80 VE *(= 2y = 2[h] · 40[VE/h])* leeren sich ohne Zufluss in 2 h.

ii) 100 VE *(= $3{,}\overline{3}x = 3{,}\overline{3}[h]\cdot 30[VE/h]$)* werden durch eine Pumpe in 3h 20min gefüllt.

Selbstkontroll-Test zu Thema BK 6

1. **a)** $x = \dfrac{3ab}{4a - 2b}$ **b)** $k = 0{,}4x$ **c)** $y_{1,2} \approx \pm 137{,}936456$ **d)** $x = \pm\dfrac{1}{3}$ **e)** $x = -\dfrac{1}{9}$

f) $y_1 = 0{,}1 \,;\, y_2 = -0{,}6$ **g)** $x_1 = 0 \,;\, x_2 = -5$ **h)** $x = 5$ **i)** $y = -\dfrac{2000}{\ln 0{,}1} \approx 868{,}589$

j) $50a - 40\sqrt{a} = 25(a+8) \Longleftrightarrow 2a - 1{,}6\sqrt{a} = a+8 \Longleftrightarrow 1{,}6\sqrt{a} = a-8 \Longleftrightarrow a \approx 13{,}9830$

k) $L = \{-3\,;-2\,;5\}$ **l)** $x_{1,2} = -0{,}5 \pm 0{,}5\sqrt{5}$ **m)** $(x_1\,;x_2\,;x_3) = (2\,;-1\,;-2)$

n) $z_{1,2} = \pm\sqrt[4]{3}$ **o)** $A = \left(\dfrac{1000}{2\cdot 3^{0,8}}\right)^{\frac{1}{0,8}} \approx 788{,}1180$ **p)** Subst. $1+i = x$: $x^2 + 1{,}6x - 3{,}6 = 0$

$x_1 \approx 1{,}2591 \,;\, x_2 \approx -2{,}8591$,   d.h. $i_1 \approx 0{,}2591 \,;\, i_2 \approx -3{,}8591$ **q)** $L = \{\dfrac{1}{3}\,;3\}$

r) Man schreibe $1{,}1^{m-1}$ als $\dfrac{1{,}1^m}{1{,}1}$, dann folgt: $200\cdot 1{,}1^5 = 30\cdot\dfrac{1{,}1^m - 1}{0{,}1}\cdot\dfrac{1{,}1}{1{,}1^m}$ $\Big|\cdot 0{,}1\cdot 1{,}1^m$

$\Longleftrightarrow$ $20\cdot 1{,}1^5\cdot 1{,}1^m = 33\cdot(1{,}1^m - 1) = 33\cdot 1{,}1^m - 33$

$\Longleftrightarrow$ $1{,}1^m\cdot(20\cdot 1{,}1^5 - 33) = -33 \Longleftrightarrow 1{,}1^m \approx 41{,}782730$, d.h $m \approx 39{,}161432$

s) $(x_1\,;x_2\,;x_3) = (3\,;-1\,;2)$ **t)** Nullprodukt, d.h. $L = \{\sqrt{5}\,;-\sqrt{5}\,;-3\}$

2. **a)** Fehler, der Kehrwert von u+v ist nicht $\dfrac{1}{u} + \dfrac{1}{v}$, sondern $\dfrac{1}{u+v}$ (= z)

b) Fehler im 1. Schritt, richtig: $\ln(8\cdot e^x) = \ln 8 + \ln(e^x) = x + \ln 8$ □

Selbstkontroll-Test zu Thema BK 7

1. a) $L = \{x \in \mathbb{R} \mid x < -0,2\}$

b) $y > \dfrac{11}{2 \cdot \ln 0,125}$, d.h. $L = \{y \in \mathbb{R} \mid y > -2,6449\}$

c) $L = \{z \in \mathbb{R} \mid 0 < z < 10/3\}$

d) $L = \{x \in \mathbb{R} \mid x < 36 \vee x > 49\}$

e) $L = \{x \in \mathbb{R} \mid -1 < x < 21\}$

f) $L = \{x \in \mathbb{R} \mid x < -0,2 \vee x > 2/3\}$

g) $L = \{p \in \mathbb{R} \mid 700 < p < 1400\}$

h) $L = \{\ \}$, denn alle Faktoren sind stets positiv.

2. a) Fehler, da Division durch einen negativen Faktor die Richtung des Ungleichheitszeichens ändert.

b) Fehler, denn auch bei Ungleichungen ist Wurzelziehen keine Äquivalenzumformung. Richtig:
$$x^2 > 9 \iff x^2 - 9 > 0 \iff (x-3)(x+3) > 0 \text{ , daraus folgt (mit U6): } x < -3 \vee x > 3 \ .$$

c) Fehler, denn auch bei Ungleichungen ist Wurzelziehen keine Äquivalenzumformung. Richtig:
$$x^2 < 25 \iff x^2 - 25 < 0 \iff (x-5)(x+5) < 0 \text{ , daraus folgt (mit U7): } -5 < x < 5 \ .$$

d) Fehler, da Fallunterscheidung fehlt, da der Multiplikator „x" mal positiv, mal negativ sein kann.

Fall 1: x>0: $2x > 1$,   d.h. $x > 0,5$.

Fall 2: x<0: $2x < 1$,   d.h. $x < 0,5$ (d.h. per saldo: x<0) $\iff L = \{x \in \mathbb{R} \mid x < 0 \vee x > 0,5\}$

e) Fehler, da Fallunterscheidung fehlt, da der Multiplikator „x − 10" positiv oder negativ sein kann.

Fall 1: $x - 10 > 0$ (d.h. x > 10): Mult. mit $x - 10$ liefert: $x < 0$ *(dieser Fall kann nicht eintreten)*.

Fall 2: $x - 10 < 0$ (d.h. x < 10): Multiplikation mit $x - 10$ liefert: $x > 0$,

  d.h. $L = \{x \in \mathbb{R} \mid 0 < x < 10\}$

(Die Fallunterscheidung kann äquivalent ersetzt werden durch das Verfahren nach U6/U7. Allerdings muss dazu die Ungleichung zunächst auf die Form $a/b \lesseqgtr 0$ gebracht werden.)   □

BRÜCKENKURS-ABSCHLUSSTEST

1.   End-Kurs = Anfangskurs $\cdot (1 - 0,2) \cdot (1 + 0,3)$ = Anfangskurs $\cdot 0,8 \cdot 1,3$ = Anfangskurs $\cdot 1,04$
    d.h. der Anfangskurs ist per saldo um 4% gestiegen.

2. a) $30a^3 + 25b^2$ **b)** $-8x^2 - 18xy + 18y^2$ **c)** b/a **d)** $\dfrac{x \cdot (4x+5)}{1 - x^2}$ **e)** $\dfrac{12 \cdot (23 - 4x)}{41 - 7x}$

f) 174   **g)** $4x^{25}y^{18}$ **h)** $\sqrt[42]{u^{53}} \cdot \sqrt[42]{v^{97}} + \sqrt[12]{u^{11}}$

i) $2x - 7 + \ln 7 + 0,2 \cdot (3 \cdot \ln x + \ln y - \ln a - 7 \cdot \ln b)$ **j)** $\lg(2x \cdot \sqrt[4]{x \cdot y}\,)$

3. a) $x = \dfrac{b+d}{a-c}$ **b)** $\dfrac{871}{253}$ **c)** $L = \{-1/9 \,;\, 0 \,;\, 7/4 \,;\, 1,5\}$ **d)** $L = \{0 \,;\, 3 \,;\, -3\}$ **e)** $L = \{-\dfrac{3}{8} \,;\, \dfrac{5}{8}\}$

f) $x_{1,2} = 9,5 \pm \sqrt{80,25}$, d.h. $x_1 \approx 0,5418 \,;\, x_2 \approx 18,4582$ **g)** $x = 1355^{\frac{1}{7}} \approx 15,2673$

h) $w_1 = \sqrt[5]{3} \approx 1,2457; \quad w_2 = \sqrt[5]{-2} = -1,1487$ **i)** $x = \dfrac{2a \cdot (a-1)}{21a+4}$ **j)** $L = \dfrac{C}{40}$

k) $x = 8^{\frac{1}{0,3}} = 1024$ **l)** $x_1 = 3 \,;\, x_2 = 1$ **m)** $x_1 = 5 \,;\, x_2 = 1,5$ **n)** $n = \ln 13 \,/\, \ln 1,04 \approx 65,40$

o) $t = \ln 2500 \,/\, \ln 1,03 \approx 264,69$ **p)** $x = \ln(e^{1,3} - 2) \approx 0,5124$

q) $x_{1,2} = \pm\sqrt{1000 \,/\, \ln 3} \approx \pm 30,1702$ **r)** $x_{1,2} = \pm\sqrt{e^6 - 20} \approx \pm 19,5813$ **s)** $(a;b;c) = (-3;1;4)$

4. a) $x > \dfrac{-25}{\ln 0,25 + 0,8} \approx 42,6407$ **b)** $L = \{p \in \mathbb{R} \mid 4 < p < 8\}$ □

2 Funktionen einer unabhängigen Variablen

2.1.20: Funktionsgraphen sind ii) und vi), keine Funktionsgraphen sind i), iii) und iv). Ob v) einen Funktionsgraphen darstellt, hängt davon ab, wie D_f lautet: für (z.B.) $D_f = \mathbb{R}$ ist v) kein Funktionsgraph. Besteht D_f dagegen aus den x-Koordinaten der isolierten Punkte, handelt es sich um einen Funktionsgraphen.

2.1.22:   **i)** a) und c) sind Funktionen, b) nicht.

ii)   **a)** $D_f = \mathbb{R}$

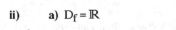

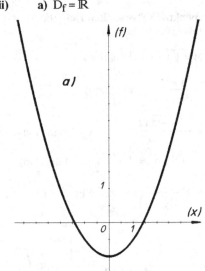

b) $D_f = \mathbb{R}$

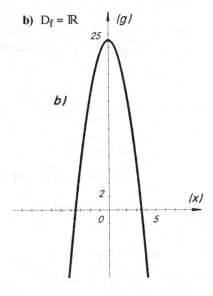

c) $D_h = \mathbb{R} \setminus \{-7;\ 7\}$

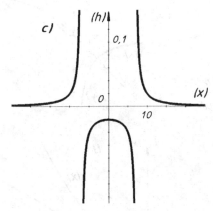

d) $D_k = \{x \in \mathbb{R} \mid -7 \le x \le 7\}$

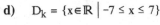

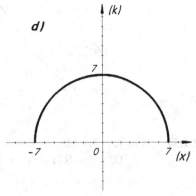

iii) P_1, P_2 und P_3 gehören zur Funktion k; P_5 und P_6 gehören zur Funktion f; P_4, P_7 und P_8 gehören zu keiner der Funktionen aus Aufgabenteil ii).

iv)   Funktionale Beziehung zw. Brotpreis (Argument) und Brotsorte (Funktionswert).

2.1.23:   **i)** $D_f = \mathbb{R}$, $D_g = \mathbb{R} \setminus\ ]-4;\ 4\ [$ (durch Lösung der Ungleichung $t^2 - 16 \ge 0$)

   ii)   Beispiele: $g(x+\Delta x) = \sqrt{(x+\Delta x)^2 - 16}$; $f(2x^2+x-4) = 2(2x^2+x-4)^2 + 2x^2 + x - 8$

2.1.24:   A $\hat{=}$ 5;   B $\hat{=}$ 4;   C $\hat{=}$ 10;   D $\hat{=}$ 2;   E $\hat{=}$ 7;
           F $\hat{=}$ 9;   G $\hat{=}$ 8;   H $\hat{=}$ 1;   I $\hat{=}$?;   ? $\hat{=}$ 3;   ? $\hat{=}$ 6

2.1.30:   **i)** S = (980,14 · 0,0007 + 1400) · 0,0007
                  = 0,98, d.h. gerundet: S = 0 €
             ii) S = (980,14 · 0,0008 + 1400) · 0,0008
                  = 1,12, d.h. gerundet: S = 1 € (!)
             iii) S = 965 €   **iv)** 966 €   **v)** 12.295 €
             vi) 12.296 € **vii)** 33.219 € **viii)** 433.259 €

2.1.31:

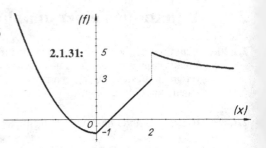

2.1.51:   **i)**   Zu Abb. iii) und – bei entsprechend „punktweise" gewählten Definitions- und Werte-
                 mengen – zu Abb. v) existiert eine Umkehrfunktion.

        ii)   **a)** $D_f = \mathbb{R}$; f^{-1}: $x(y) = \sqrt[3]{y+1}$ (Funktion)

              b) $D_f = \mathbb{R}\setminus \{-\dfrac{7}{3}\}$; f^{-1}: $z = \dfrac{7y+8}{5-6y}$ (Funktion)

              c) $D_h = \mathbb{R}\setminus\{-1\}$; f^{-1}: $v = \dfrac{\pm\sqrt{h^2+8h+24}\ +h}{4}$ (v ist keine Funktion)

              d) $D_f = \{x\in\mathbb{R} \mid x \geq -\sqrt[3]{3}\ \}$; f^{-1}: $x = \sqrt[3]{y^2-3}$ (Funktion)

              e) $D_f = \mathbb{R}\setminus\{0\}$; f^{-1}: $x = \pm\dfrac{1}{\sqrt{y}}$ (x ist keine Funktion)

        iii)

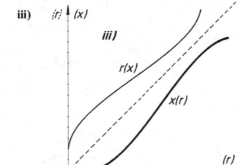

2.1.53:

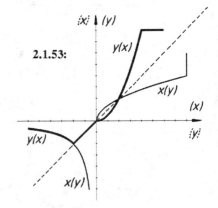

2.1.54:   **i) a)** Aus $3r-120 \geq 0$ $\Rightarrow$
                $D_x = \{r\in\mathbb{R}\mid r \geq 40\} = [40 ; \infty[$
            b) $r = \dfrac{1}{108}\, x^2 + 40$
            c) $D_r = \mathbb{R}$

        ii) a) $D_p = \mathbb{R}$
            b) Umkehrung: $x = -10 \cdot \ln(0,1p)$
            c) $D_x = \mathbb{R}^+$, d.h. $p > 0$

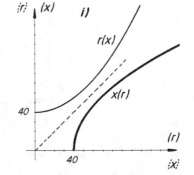

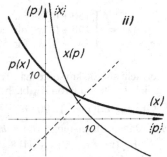

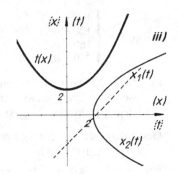

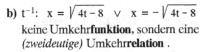

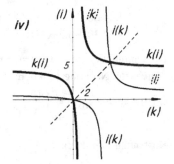

iii) a) $D_t = \mathbb{R}$

b) $t^{-1}:\ x = \sqrt{4t-8}\ \lor\ x = -\sqrt{4t-8}$
keine Umkehr**funktion**, sondern eine
(zweideutige) Umkehr**relation** .

c) $D_x = \{t \in \mathbb{R}\ |\ t \ge 2\}$

iv) a) $D_i = \mathbb{R}\setminus\{1\}$

b) $i^{-1}: k = \dfrac{i}{i-5}$.

c) $i \ne 5$, d.h. $D_k = \mathbb{R}\setminus\{5\}$.

2.1.58: i) $x = \dfrac{5-3y}{2}$; $y = \dfrac{5-2x}{3}$ ii) $u = \sqrt{v^2-1}$; $v = \sqrt{u^2+1}$ iii) $p = (x^2-36)^2$; $x = \sqrt{\sqrt{p}+36}$

2.1.67: i) $f(g(x)) = \dfrac{1}{\sqrt{x}}$; $D = \mathbb{R}^+$ ii) $g(f(x)) = \dfrac{1}{\sqrt{x}}$ iii) $g(h(x)) = \dfrac{1}{x^2+8x-9}$; $D = \mathbb{R}\setminus\{-9;1\}$

iv) $h(g(x)) = \dfrac{1}{x^2} + \dfrac{8}{x} - 9$ v) $k(f(g(x))) = \dfrac{1}{\sqrt{x^{15}}}$ vi) $h(k(f(x))) = x^{15} + 8\sqrt{x^{15}} - 9$

2.1.68: i) $h(x) = g(f(x))$: $g(x) = 4\sqrt[3]{x}, f(x) = 1-x^7$

ii) $h(x) = g(f(x))$: $g(x) = 5x^{2009}, f(x) = 6x^3 - 8x^2 + x - 4$

iii) $h(x) = g(f(k(s(r(x)))))$: $g(x) = x^{22}$, $f(x) = \dfrac{1}{x}$, $k(x) = x-10$, $s(x) = \sqrt{x}$, $r(x) = x^2 - 7$

2.1.69: $f(g(x)) = g(f(x)) = x^{140}$; $f(h(x)) = h(f(x)) = x$; $g(h(x)) = h(g(x)) = \sqrt[7]{x^{20}}$; $k(p(x)) = p(k(x)) = -98x$

2.2.26: i) f achsensymmetrisch z. Ordinate ii) f punktsymmetrisch z. Ursprung iii) keine Symm.

2.2.30: i) f hat keine Nullstellen ii) Nullst. $-2\,;3$ iii) Nullst. $-2\,;2$ iv) Nullst. $\pm\sqrt{10/3}$

v) $D_u = \mathbb{R}\setminus\{-3\}$; nur 3 ist Nullstelle vi) keine Nullstellen vii) $D_f = \mathbb{R}$; Nullst. $-2\,;2$

2.3.8: i) Polynom 1. Grades (P1) ii) P2 iii) P0 iv) kein P. v) P5 vi) P4

2.3.9: i) $f(-1) = 14$; $f(0,5) = 11,375$; $f(2) = 56$ ii) $f(-1) = -9$; $f(0,5) = -15,46875$; $f(2) = -45$

iii) $f(-1) = -3,4$; $f(0,5) = 2,73$; $f(2) = 11$

2.3.41: i) a) $y = -3x + 3$ b) $y = \dfrac{14}{3}x + \dfrac{2}{3}$ c) $y = \dfrac{4-a}{a-1}x + \dfrac{a^2-4}{a-1}$, $a \ne 1$.

ii) a) SP(2;5) b) kein SP c) alle P sind SP d) SP: $x = \dfrac{bw-cv}{av-bu}$; $y = \dfrac{aw-cu}{bu-av}$

2.3.42: i) $K_I = 30 + 0,25x$; $K_{II} = 12 + 0,40x$; (x in kWh, K_I bzw. K_{II} in €)

ii) Gleiche Kosten (60 €) für 120 kWh; falls mehr als 120 kWh: Tarif I günstiger als Tarif II.

2.3.43: i)
$$K_A(x) = \begin{cases} 100 + x & \text{für} & 0 \le x \le 100 \\ 120 + 0{,}8x & \text{für} & 100 < x \le 200 \\ 160 + 0{,}6x & \text{für} & 200 < x \le 400 \\ 200 + 0{,}5x & \text{für} & 400 < x \end{cases} \qquad K_B(x) = \begin{cases} 150 + 0{,}7x & \text{für} & 0 \le x \le 200 \\ 190 + 0{,}5x & \text{für} & 200 < x \le 500 \\ 240 + 0{,}4x & \text{für} & 500 < x \end{cases}$$

    ii)   Bis zu 300 km ist Tarif A am günstigsten, bei mehr als 300 km sollte man Tarif B wählen, weil die Steigung von K_B stets kleiner oder gleich der Steigung von K_A bleibt.

2.3.44: i) 120 GE/ZE   ii) $S(Y) = 0{,}4Y - 120$; $Y > 300$ GE/ZE   iii) $Y = -1.200$ GE/ZE *(irrelevant)*

2.3.45: Gesamtkostenfunktionen K_N bzw. K_D *(€/Jahr)* bei Jahresfahrleistung x *(km/Jahr)*:
      $K_N(x) = 0{,}2192x + 3780$ bzw. $K_D(x) = 0{,}1928x + 4188$.
    $K_N = K_D$ für $x_0 = 15.454{,}55$ km/J., für $x > x_0$ ist Typ 2,3 D günstiger.

2.3.46: $K(x) = \begin{cases} 24{,}60 & (0 \le x \le 10) \\ 22{,}30 + 0{,}23x & (x > 10) \end{cases}$ (x in Einheiten/Monat; K in €/Monat)

2.3.47: Umkehrfunktionen: $x_I(p) = 6 - p$ $(p \le 6)$; $x_{II}(p) = 8 - 2p$ $(p \le 4)$
    aggregierte Nachfragefunktion:
$$x_G(p) = x_I(p) + x_{II}(p) = \begin{cases} 14 - 3p & (0 \le p \le 4) \\ 6 - p & (4 < p \le 6) \end{cases} \quad \text{bzw.} \quad p_G(x) = \begin{cases} 6 - x & (0 \le x \le 2) \\ \dfrac{14}{3} - \dfrac{1}{3}x & (2 < x \le 14) \end{cases}$$

2.3.48: Kostenfunktion K(x):   Erlösfunktionen $E_A(x)$, $E_B(x)$

$$K(x) = \begin{cases} 50x + 10.000 & \text{für } 0 \le x \le 800 \\ 25x + 30.000 & \text{f. } 800 < x \le 2400 \\ 150x - 270.000 & \text{f. } \phantom{800 <} x > 2400 \end{cases}$$

$$E_A(x) = \begin{cases} 100x & \text{für} & 0 \le x \le 1000 \\ 80x & \text{für} & 1000 < x \le 2000 \\ 60x & \text{für} & x > 2000 \end{cases}$$

$$E_B(x) = \begin{cases} 100x & \text{f.} & 0 \le x \le 1000 \\ 80x + 20.000 & \text{f.} & 1000 < x \le 2000 \\ 60x + 60.000 & \text{f.} & x > 2000 \end{cases}$$

    $\Rightarrow$ Gewinnzone: Fall A: $200 < x < 3000$;   Fall B: $200 < x < 3666{,}67$ (ME).

2.3.59: i)   a) Nullstellen: $-1{,}815$ und $8{,}815$ b), c) die Funktionen haben keine Nullstellen

    ii)   a) $f(x) = \dfrac{3}{8}x^2 - \dfrac{1}{4}x + 3$ b) $y = -\dfrac{1}{480}x^2 + \dfrac{7}{60}x - \dfrac{9}{40}$

2.3.60: i) D_{p_A}: $x \ge 0$; D_{p_N}: $0 \le x \le 6$; W_{p_A}: $p_A \ge 2$; W_{p_N}: $0 \le p_N \le 18$
    ii)   Gleichgewichtsmenge: 4 ME;   Gleichgewichtspreis: 10 GE/ME;   Umsatz: 40 GE
    iii) $x(p_N) = \sqrt{36 - 2p_N} > 5$ $\Rightarrow$ $p_N < 5{,}5$ GE/ME

2.3.61: i)   a) $E(x) = x \cdot p(x) = 1200x - 0{,}2x^2$ b) $E(p) = x(p) \cdot p = 6000p - 5p^2$
    ii) $G(x) = -0{,}4x^2 + 1200x - 500.000 = 0$ d.h. $x_1 = 500$ ME; $x_2 = 2500$ ME

2.3.73: i) $x_1 = 2$; $x_2 = -\sqrt{2}$; $x_3 = \sqrt{2}$ ii) $\{3; -2; 4; 1\}$ iii) $\{1; 0{,}6180; -1{,}6180\}$ iv) $\{-2; 3;\}$

2.3.74: i) $x_1 = 1$ *(geraten)* $\Rightarrow$ $x^3 + 9x - 10 = (x-1)(x^2 + x + 10) = 0$ $\Rightarrow$ $L = \{1\}$
    ii) $L = \{-6; 3 + \sqrt{7}; 3 - \sqrt{7}\}$ iii) $L = \{2; -3; 5/3\}$ iv) $L = \{3\}$ v) $L = \{5\}$ vi) $L = \{1; 5\}$

2.3.79: i) $k(x) = \dfrac{40}{x}$ ii) variable Kosten: $K_v(x) = 0{,}07x^3 - 2x^2 + 60x$; Fixkosten: $K_f(x) = 267$
    durchschnittl. variable Kosten: $k_v(x) = 0{,}07x^2 - 2x + 60$, $x > 0$ *(stückvariable Kosten)*
    durchschnittl. fixe Kosten: $k_f(x) = \dfrac{267}{x}$, $x > 0$ *(stückfixe Kosten)*
    durchschnittl. gesamte Kosten: $k(x) = 0{,}07x^2 - 2x + 60 + \dfrac{267}{x}$, $x > 0$ *(Stückkosten)*

2.3.92: i) $D = \mathbb{R}$; $x = \pm\sqrt{y} - 1$ ii) $D = \mathbb{R}$; $x = \pm\sqrt{y^3 + 4}$ iii) $D = \,_\bullet[-1;1]$; $x = \pm\sqrt{1 - y^4}$

iv) $D = \{x \in \mathbb{R} \mid x > 1\}$; $x = 0,5(y^2 - 2 \pm y\sqrt{y^2 - 8}\ )$ v) $D = \{x \in \mathbb{R} \mid x \geq -8 \wedge x \neq 4 \wedge x \neq -4\ \}$

2.3.93: i) Math. Def.bereich: $r \geq 25$; Ökon. Def.bereich: $r \geq 25 \wedge x \geq 0$, d.h. $r \geq 50\,ME_r$.

ii) $K = 7400\,GE$; $U = 5000\,GE$ iii) $K(x) = 2x^2 + 40x + 400$ iv) Gewinnzone: $10 < x < 20$

2.3.100: i) $\mathbb{R}$; NSt. $\dfrac{\ln 3}{3}$ ii) $\mathbb{R}$; keine NSt.   iii) $\mathbb{R}$; NSt. 0 iv) $\mathbb{R}$; NSt. $2; -2$ v) $\mathbb{R}\backslash\{-3\}$; keine NSt.

2.3.104:

	Definititonsbereich	Nullstellen	Umkehrfunktion /-relation
i)	$D_f = \mathbb{R}$	0	$x = \pm\sqrt{e^{2f} - 1}$
ii)	$D_g = \mathbb{R}^+$	2	$p = 2 \cdot e^g$
iii)	$D_k = \mathbb{R}^+$	$\dfrac{\sqrt{5} - 1}{2}$	$x = -0,5 + \sqrt{0,25 + e^k}$
iv)	D_h: $u > 1$	$\sqrt{0,5 + \sqrt{1,25}}$	$u = \sqrt{0,5 + \sqrt{0,25 + e^{2h}}}$

2.3.133: i) $x(60°) = \pi/3$; $x(1°) = 0,0175$; $x(-30°) = -\pi/6$; $x(1400°) = 24,4346$; $x(-36.000°) = -200\pi$

ii) $\varphi(0,5) = 28,6479°$; $\varphi(-1/\sqrt{2}\,) = -40,5142$; $\varphi(90) = 5.156,6202°$; $\varphi(-1) = -57,2958$

$\varphi(\pi/6) = 30°$; $\varphi(2\pi/9) = 40°$; $\varphi(20\pi) = 3.600°$

iii) a) $s = r \cdot x = r \cdot \dfrac{\pi}{180°} \cdot \varphi = 4 \cdot \dfrac{\pi}{180°} \cdot 33° = 2,30383$ b) $s = r \cdot x = 4 \cdot \pi/4 = \pi \approx 3,141592$

2.1.134: i) $\sin 0,5 \approx 0,4794$; $\tan 1 \approx 1,5574$; $\tan 7\pi/2$; nicht def.; $\sin\dfrac{\pi + 3}{2} \approx 0,0707$; $\sin 1000 \approx 0,8269$

ii) $\sin x = -1 \Rightarrow x = 1,5\,\pi \;\hat{=}\; 270°$; $\sin 2x = 0,5 \Rightarrow x = 0,2618 \;\hat{=}\; 15°$

$\cos(-x+1) = 0,35 \Rightarrow -x+1 = 1,2132 \Rightarrow x = -0,2132 \;\hat{=}\; -12,2169°$

2.3.135: i) $\cos x \cdot \tan x = \cos x \cdot \dfrac{\sin x}{\cos x} = \sin x$ iii) $1 - \dfrac{1}{\cos^2 x} = \dfrac{\cos^2 x - 1}{\cos^2 x} = \dfrac{1 - \sin^2 x - 1}{\cos^2 x} = \dfrac{-\sin^2 x}{\cos^2 x}$

$= -\tan^2 x$ v) $\tan x \cdot \sin x + \cos x = \dfrac{\sin^2 x}{\cos x} + \dfrac{\cos^2 x}{\cos x} = \dfrac{1}{\cos x}$

2.4.10: Regula falsi: i) $\bar{x} = -0,8087$ ii) $\bar{x} = 12,1255$ iii) $\bar{x} = 0,1208$ iv) $\bar{q} = 1,0775$ v) $\bar{q} = 1,2329$

2.4.11: Gewinnschwellen (Regula falsi): $1,3971$ [ME]   und $8,4268$ [ME].

2.5.55: i) a) 30 ME   b) 100 ME; 200 ME   c) $0,01x^2 + 10x = 416 \Rightarrow x_1 = 40$ ME $(x_2 < 0)$

ii) $p > 72\,GE/ME$ iii) $Y = 5.000\,GE$ iv) $r = 410\,ME_r$ v) $x_1 = 40$ ME , $x_2 = 80$ ME

vi) $x = 0 \vee x = 120$ ME (d.h. $p = 0$)   vii) a) $x_1 = 0,6938$ ME, $x_2 = 114,844$ ME   b) zw. x_1 und x_2

2.5.56: Gewinnfunktion G: $G(x) = -x^2 + 96x - 704$;   Gewinnschwellen: 8 ME und 88 ME.

2.5.57: i) $K(x) = x^2 + 200$ [€]   ii) $G(x) = -x^2 + 30x - 200$ iii) Gewinnschwellen: $10\,ME_x / 20\,ME_x$

iv) a) zwischen 10 und 20 ME_x b) für $0 < x < 30\,ME_x$ c) für $x < 30\,ME_x$

2.5.58: i) nach 15 Jahren   ii) nach 2,25 Jahren Wertverlust von 60%.

2.5.59: i) $K_f = 600\,GE$ ii) $k_v(120) = 3,8669\,GE/ME$ iii) Gewinnzone $21,608 < x < 408,123$ ME

2.5.60: $r \geq 0$, $x \geq 0$: nur gegeben zwischen den Nullstellen 0 und 6,183 von $x(r)$

2.5.61: Preis-Absatz-Funktion (Nachfragefunktion): $x(p) = \dfrac{90.000}{p + 10}$

2.5.62: i)   Sparfunktion S: $S(Y) = 0,4Y - 900$ ii) $C(0) = 900\,GE$ iii) $Y = 2.250\,GE$

iv) $S = 0 \iff Y = 2.250\,GE$

v)

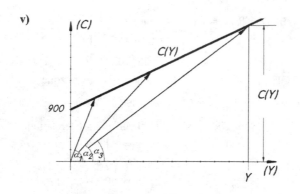

Durchschnittliche
Konsumquote =

$$\frac{C(Y)}{Y} = \tan \alpha$$

= Fahrstrahlsteigung.
Wegen

$\tan \alpha_1 > \tan \alpha_2 > \dots$

nimmt die Fahrstrahl-
steigung mit steigendem
Einkommen ab.

2.5.63: **i)** math. Def.bereich: $Y \geq -180$; ökon. Def.: $Y \geq 0$ **ii)** 480 €/M.   **iii)** $Y > 1.440$ €/M.

iv) $C(Y) = 0,9Y$ $\Longleftrightarrow$ $Y = 1.743,40$ €/Monat   *(Y_2 ist negativ)*

2.5.64: **i)** ökon. Def.bereich: $D_B = \mathbb{R}^+$ **ii)** 20,48 €/M.   **iii)** $10 = 35 \cdot e^{-\frac{15}{y}}$ $\Longleftrightarrow$ $Y = 11,97$,

d.h. 1.197 €/Monat   **iv)** $Y(B) = \dfrac{15}{\ln 35 - \ln B}$; $D_Y = \{B \mid 0 < B < 35\}$

2.5.65: **i)** $E(60) = 115,56$ GE   **ii)** $p(x)$ ist positiv für alle Mengen x mit $0 < x < 65,45$ ME .

2.5.66: **i)** $Y = e^{5,8} - 80 = 250,30$ €/Monat   **ii)** $Y = 823,33$ €/M.   **iii)** $Y = 1.364,92$ €/M.

2.5.67: **i)** $G(t) = 1.000.000 \cdot (1 - e^{-0,1t}) - 20.000t - 10.000$, $t \geq 0$ **ii)** $g(20) = 22.733,24$ GE/Tag
iii) $G(0) = 0$ GE   **iv)** 100.000 ME   **v)** $G(t) = 0 \Longleftrightarrow t = 49,13$, d.h. ab 50. Tag G negativ

2.5.68: $900 = 1,2 \cdot y^{0,5} + 420$ $\Rightarrow$ $y = 160.000$ Mio €/J. = 160 Mrd €/Jahr

2.5.69: $200 \cdot e^{-0,2x} = 12 + 0,5x$ $\Rightarrow$ $x = 12,0349$ ME ; $p = 18,017$ GE/ME

2.5.70: $G(p) = -20p^2 + 5.570p - 324.760$

2.5.71: $2.000 = \dfrac{50.000}{250i + 1}$ $\Rightarrow$ $i = 0,0960 = 9,60$ % p.a.

2.5.72: $T(0) = 0$; $T(1) = 0$; $T(s) = 1.800 \cdot s \cdot (1-s) > 0$, falls $0 < s < 1$, alles wie behauptet.

2.5.73: **i)** $G(w) = 41.000 - 9.200 \cdot e^{-0,001w} - w$ **ii)** $G(500) = 34.919,92$ GE

2.5.74: **i)** $K(m) = 20E = 0,1m^2 + 3.200$ **ii)** $G(p) = -0,25625p^2 + 420p - 19.200$
iii) $G(E) = 32.000 \cdot \sqrt{0,5E - 80} - 820E + 128.000$ **iv)** $G(m) = -4,1m^2 + 1.600m - 3.200$

2.5.75: **i)** $p(x) = \begin{cases} -0,5x + 50 & \text{für} \quad 0 \leq x \leq 10 \\ -2x + 65 & \text{für} \quad 10 < x \leq 20 \\ -0,5x + 35 & \text{für} \quad 20 < x \leq 70 \end{cases}$ (p: Preis (GE/ME)
x: nachgefragte Menge (ME))

ii) $E(x) = \begin{cases} -0,5x^2 + 50x & \text{für} \quad 0 \leq x \leq 10 \\ -2x^2 + 65x & \text{für} \quad 10 < x \leq 20 \\ -0,5x^2 + 35x & \text{für} \quad 20 < x \leq 70 \end{cases}$ (E: Erlös (GE),
x: nachgefragte Menge (ME)).

iii) b) In jedem der drei Abschnitte ermittelt man die Schnittpunkte x_i zwischen E und K und stellt durch Einsetzen von Zwischenwerten fest, in welchem Bereich E > K (d.h. G>0) ist: Daraus folgt: Die Gewinnzone umfasst alle Outputwerte mit 6,83 ME < x < 36,18 ME.

2.5.76: i) Gleichgewicht M1: 3,5 ME - 9 GE/ME;   M2: 3 ME - 7 GE/ME. Erlössumme 52,50 GE

ii) Wegen $x(p) = x_1(p) + x_2(p)$ müssen die beiden Umkehrfunktionen x_1, x_2 ermittelt werden:

Umkehrfunktion Nachfrage

$$\begin{aligned} x_1 &= 8 - 0,5p &&(p \le 16) \\ x_2 &= 10 - p &&(p \le 10) \end{aligned} \quad \Rightarrow$$

aggregierte Nachfragefunktion

$$x_N(p) = \begin{cases} 18 - 1,5p & (0 \le p \le 10) \\ 8 - 0,5p & (10 < p \le 16) \end{cases}$$

Umkehrfunktion Angebot

$$\begin{aligned} x_1 &= 0,5p - 1 &&(p \ge 2) \\ x_2 &= p - 4 &&(p \ge 4) \end{aligned} \quad \Rightarrow$$

aggregierte Angebotsfunktion

$$x_A(p) = \begin{cases} 0,5p - 1 & (2 \le p < 4) \\ 1,5p - 5 & (p \ge 4) \end{cases}$$

Abschnittsweises Gleichsetzen von x_N und x_A liefert als Gleichgewichtspunkt

$$p = 7,\overline{6} \text{ GE/ME}; \ x = 6,5 \text{ ME, d.h. der Gesamtumsatz beträgt 49,83 GE,}$$

also weniger als bei getrennten Teilmärkten (vgl. i)).

2.5.77: i)   Inflationsrate $p^* = 6,67\%$ ii) Arbeitslosenquote $A = 12\%$

2.5.78: i) $x_2 = f(x_1) = \dfrac{32}{x_1^{0,625}}$ ii) zusätzlich noch 6,4304 ME des 1. Gutes erforderlich

2.5.79: $B_t = B_0 \cdot e^{0,02t} = 2B_0 \iff t = \dfrac{\ln 2}{0,02} = 34,657$ Jahre.

2.5.80: i) $i_s = 4,3322\%$ p.a. *(stetig)*   ii) $\dfrac{1.800.000 \cdot e^{0,043322 \cdot t}}{17.800} = 230,95 \iff t \approx 19,06$ J., d.h. 2023

iii) $t \approx 106,04$ Jahre (seit 2004), d.h. etwa im Jahr 2110.

3 Funktionen mit mehreren unabhängigen Variablen

3.2.29: i)   für $x = 2$: $r_2 = \dfrac{1}{r_1}$;

für $x = 4$: $r_2 = \dfrac{4}{r_1}$;

für $x = 6$: $r_2 = \dfrac{9}{r_1}$

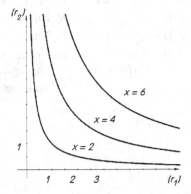

ii) $K(x) = 2x^2 + 80$

iii)   Einsparung: 1,4851 ME_2
des zweiten Faktors

3.3.8: i) $f(\lambda x, \lambda y) = 5 \cdot \sqrt{(\lambda x)^2 \cdot (\lambda y)^5} = \lambda^{3,5} \cdot 5 \cdot \sqrt{x^2 \cdot y^5} = \lambda^{3,5} \cdot f(x,y)$, f ist homogen vom Grad 3,5.

ii) und iii): f ist nicht homogen   iv) f ist homogen vom Grad Null

3.3.9: *Ein* Lösungsbeispiel ist: $f(r_1, r_2, r_3, r_4) = 4r_1 r_4 \sqrt{r_2 r_3}$

3.3.10: Nutzenanstieg auf das $2^{1,5}$-fache ($\approx 2,8284$-fache) des Ausgangsniveaus

4   Grenzwerte und Stetigkeit von Funktionen

4.1.36: $\lim\limits_{x\to-\infty} f(x) = 3^{+}$; $\lim\limits_{x\to-3^{-}} f(x) = 5^{-}$; $\lim\limits_{x\to-3^{+}} f(x) = 5^{-}$; $\lim\limits_{x\to-1^{-}} f(x) = 1^{-}$; $\lim\limits_{x\to-1^{+}} f(x) = -\infty$;

   $\lim\limits_{x\to 0^{-}} f(x) = 2^{-}$; $\lim\limits_{x\to 0^{+}} f(x) = 0^{+}$; $\lim\limits_{x\to 2^{-}} f(x) = \infty$; $\lim\limits_{x\to 2^{+}} f(x) = 1^{-}$; $\lim\limits_{x\to\infty} f(x) = -2^{+}$.

4.3.11:   **i)** $\lim\limits_{x\to\infty} \dfrac{5x^3-4}{x^2} = \lim\limits_{x\to\infty} \dfrac{x^3(5-\frac{4}{x^3})}{x^2} = \lim\limits_{x\to\infty} x\cdot(5-\frac{4}{x^3}) = \;„\infty\cdot(5-0)“ = \;\infty$.

   ii) 0   **iii)** 0   **iv)** $\lim\limits_{p\to 0^{+}} \sqrt[3]{\dfrac{p\cdot(p^2-3p+8)}{p\cdot(p^3+1)}} = \lim\limits_{p\to 0^{+}} \sqrt[3]{\dfrac{p^2-3p+8}{p^3+1}} = \sqrt[3]{„\dfrac{0-0+8“}{0+1}} = 2$

   v) $\lim\limits_{h\to 0} \dfrac{x^3+3x^2h+3xh^2+h^3-x^3}{h} = \lim\limits_{h\to 0} \dfrac{h(3x^2+3xh+h^2)}{h} = \lim\limits_{h\to 0} (3x^2+3xh+h^2) = 3x^2$

   vi) 0   **vii)** 0   **viii)** $5\cdot(\ln 0{,}5)^2 \approx 2{,}4023$ **ix)** $x\to-2^{+}:+\infty$; $x\to-2^{-}:-\infty$ **x)** $\dfrac{R}{q-1}$

4.3.12:   **i)** $\lim\limits_{x\to 0^{+}} f(x) = 0$; $\lim\limits_{x\to 0^{-}} f(x) = 7{,}1$; $\lim\limits_{x\to\infty} f(x) = 71/11 = 6{,}4545$; $\lim\limits_{x\to-\infty} f(x) = 71/11 = 6{,}4545$

   ii) $x_0 = 1$:   linkss. GW: 0   rechtss. GW: $-0{,}5$

4.3.13:   **i)** $x(p) = 2 + 100\cdot e^{-p/10} \Rightarrow \lim\limits_{p\to\infty} x(p) = 2$ **ii) a)** 40 GE/Jahr   **b)** 0

4.7.11:   **i) a)** $D = \mathbb{R}\setminus\{1;2\}$ **b)** Nullstelle: 0 $(0\notin D)$ **c)** Pole für $x = 1$ und $x = 2$

   ii) a) $D = \mathbb{R}\setminus\{1;3\}$ **b)** 4 $(1\notin D)$ **c)** Lücke für $x = 1$ und Pol für $x = 3$

   iii) a) $D = \mathbb{R}$ **b)** Nullstelle: 2   **c)** einseitiger Pol für $y = 2$ *(links gegen 0, rechts gegen ∞)*

   iv) a) $D = \{z\in\mathbb{R} \mid z < 1 \vee z > 2\}$ **b)** keine NSt.   **c)** einseitige Pole für $z\to 1^{-}$ und $z\to 2^{+}$

   v) a) $D = \mathbb{R}$ **b)** $h = -2x$ ist Nullstelle   **c)** f ist überall stetig

   vi) a) $D = \mathbb{R}\setminus\{-1;0\}$ **b)** $2; -2$ **c)** Sprung bei $x = 0$;   beidseitiger Pol bei $x = -1$

   vii) a) $D = \mathbb{R}$ **b)** Nullstelle: 0   **c)** g ist überall stetig

   viii) a) $D = \mathbb{R}_0^{+}\setminus\{4\}$ **b)** NSt. 1   **c)** beiseitiger Pol bei $x = 4$

   ix) a) $D = \mathbb{R}\setminus\{6\}$ **b)** f besitzt keine Nullstellen   **c)** in $x = 2$ ist f stetig

           c) *(Forts.)* in $x = 3$: Sprung; in $x = 4$: Lücke; in $x = 6$: Pol mit Zeichenwechsel

   x) a) $D = \mathbb{R}$ **b)** keine Nullstellen   **c)** f ist überall stetig

4.8.12:   **i)** $f(x) = 1 - \dfrac{1}{x+1}$

           d.h. $A(x) = 1$

   ii) $\lim\limits_{x\to\pm\infty} f(x) = 0$

           d.h. $A(x) = 0$

iii) $f(x) = \dfrac{5x^3}{1-2x^2} = \dfrac{5x^3}{-2x^2+1} =$

(*Polynomdivision*)

$= -2,5x + \dfrac{2,5x}{1-2x^2}$

d.h. $\quad A(x) = -2,5x$

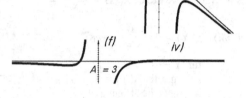

iv) $f(x) = 3 + \dfrac{x^2-3x-11}{3x^3+x+4}$

d.h. $A(x) = 3$

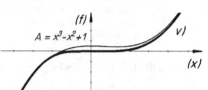

v) $f(x) = \dfrac{x^5}{x^2+x+1} = \;$(*Polynomdivision*)

$= x^3 - x^2 + 1 - \dfrac{x+1}{x^2+x+1}$

d.h. $\quad A(x) = x^3 - x^2 + 1$

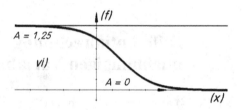

vi) $\lim\limits_{x\to\infty} f(x) = 0$

d.h. $A(x) = 0$ für $x\to\infty$

$\lim\limits_{x\to-\infty} f(x) = {}^5\!/_4$

d.h. $A(x) = \dfrac{5}{4}$ für $x\to-\infty$

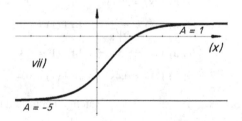

vii) $\lim\limits_{x\to\infty} f(x) = 1 \quad$, d.h.

$A(x) = 1 \quad$ für $x\to\infty$

$\lim\limits_{x\to-\infty} f(x) = -5 \quad$, d.h.

$A(x) = -5$ für $x\to-\infty$

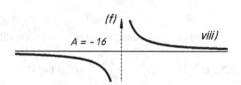

viii) $\lim\limits_{x\to\pm\infty} -16\cdot e^{\frac{2}{3x}} = -16\cdot \text{„}e^{\pm\frac{2}{\infty}}\text{“}$

$= -16\cdot e^0 = -16$

d.h. $\quad A(x) = -16$

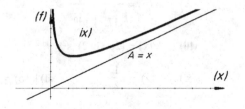

ix) $f(x) = \dfrac{x\sqrt{x}+1}{\sqrt{x}} = x + \dfrac{1}{\sqrt{x}} \;,\; (x>0)$

d.h. $\quad A(x) = x \;$ (*für* $x\to\infty$)

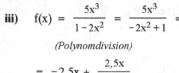
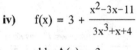
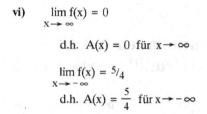
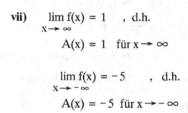
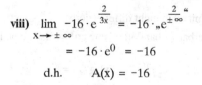

4.8.13:   **i)** z.B. $f(x) = -2,5 + \dfrac{1}{x}$ **ii)** z.B. $f(x) = \dfrac{1}{x}$ **iii)** z.B. $f(x) = 0,5x + 3 + \dfrac{1}{x} = \dfrac{0,5x^2 + 3x + 1}{x}$

iv) z.B. $f(x) = 2x^2 - 2x - 3 + \dfrac{1}{x} = \dfrac{2x^3 - 2x^2 - 3x + 1}{x}$

4.8.14:   Stückkosten k mit: $k(x) = \dfrac{K(x)}{x} = ax^2 + bx + c + \dfrac{d}{x}$, d.h. Asymptote: $A(x) = ax^2 + bx + c$

Stückvariable Kosten: $k_v(x) = \dfrac{K_v(x)}{x} = \dfrac{ax^3 + bx^2 + cx}{x} = ax^2 + bx + c = A(x)$ w.z.b.w.

4.8.15:   **a) i/ii)** $C(Y) = 8 - \dfrac{4}{Y+1} \;\to\; 8^-$

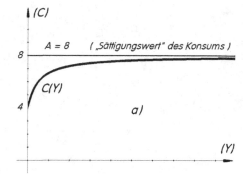

für $Y \to \infty$, d.h. die
Asymptote $A(Y) = 8$
ist zugleich Sättigungs-
grenze für den Konsum,
wenn das Einkommen
über alle Grenzen wächst.

b) i)/ii) $C(Y) = 0,5Y + 1 + \dfrac{36}{Y+9}$, d.h.

kein Sättigungswert für $C\,(\to \infty)$.

5   Differentialrechnung für Funktionen mit einer unabhängigen Variablen – Grundlagen und Technik

5.1.22:   **i) a)** $f'(x) = -4x + 1$ **b)** $f'(1) = -3$ **c)** $y = -7x + 8$ **d)** horiz. Tang. bei $x_0 = 0,25$

ii) a) $f'(x) = 2043$ **b)** $f'(1) = 2043$ **c)** $y = 2043x + 1$ **d)** keine horiz. Tangenten

iii) a) $f'(x) = \dfrac{1}{2\sqrt{x}}$ **b)** $f'(1) = 0,5$ **c)** $y = \dfrac{1}{2\sqrt{2}}x + \dfrac{1}{\sqrt{2}}$ **d)** keine horiz. Tangenten

iv) a) $f'(x) = -5 + \dfrac{2}{x^2}$ **b)** $f'(1) = -3$ **c)** $y = -4,5x - 2$ **d)** horiz. Tang. bei $x_{1,2} = \pm\sqrt{0,4}$

v) a) $f'(x) = 0,4x^3$ **b)** $f'(1) = 0,4$ **c)** $y = 3,2x - 4,8$ **d)** horiz. Tang. bei $x_0 = 0$

5.1.28:   **i)**   f ist in $x_0 = 2$ stetig, aber nicht differenzierbar (Ecke)

ii) $f'(x) = \dfrac{1}{5}x^{-\frac{4}{5}} = \dfrac{1}{5\sqrt[5]{x^4}}$; f ist in $x_0 = 0$ nicht differenzierbar (senkrechte Tangente)

iii)   f ist an der Stelle $x_0 = 3$ unstetig und somit auch nicht differenzierbar

iv)   f ist in $x_0 = 1$ stetig, aber nicht differenzierbar (f' hat dort einen Sprung, also f eine Ecke)

5.2.21:   **i)** $f'(t) = -\dfrac{1}{t^2}$ **ii)** $f'(x) = 18x^{17}$ **iii)** $g'(z) = 1,5 \cdot \sqrt{z}$ **iv)** $g'(z) = 17,5 \cdot z^{16,5}$

v) $h'(p) = \dfrac{-23}{17\sqrt[17]{p^{40}}}$ **vi)** $x'(y) = \ln 20 \cdot y^{\ln 20 - 1}$ **vii)** $f'(k) = e^k$

viii) $k'(x) = (2e - \ln 2) \cdot x^{2e - \ln 2 - 1}$ **ix)** $t'(n) = \dfrac{-\sqrt{2}}{3n\sqrt[3]{n^{\sqrt{2}}}}$ **x)** $f'(y) = 0$ (!)

xi) $t'(z) = \dfrac{1}{z}$ **xii)** $k'(p) = 2p$ **xiii)** $u'(v) = \dfrac{7}{v}$

5.2.38: **i)** $f'(z) = \dfrac{-435}{7\sqrt[7]{z^{22}}}$ **ii)** $g'(t) = 44 \cdot \sqrt{t^9} - 10 \cdot \sqrt{t^3}$ **iii)** $f'(y) = 6x^3 \cdot \sqrt{y}$

iv) $h'(p) = \dfrac{-32p^7 + 4p^5 - 4p^4 + 8p^3 - 7p^2 + 1}{(p^2 - 1)^2 \cdot (2p^4 + p)^2}$ **v)** $k'(x) = 3k_3x^2 + 2k_2x + k_1 - \dfrac{k_0}{x^2}$ **vi)** $u'(v) = \dfrac{7x^3}{(5v + x)^2}$

vii) $p'(u) = \dfrac{u + (2u - u^2)\ln u}{e^u}$ **viii/ix)** $a'(x) = e^x \mp \dfrac{1}{e^x}$ **x)** $c'(t) = \dfrac{-2e^t}{(e^t - 1)^2}$

xi) $t'(b) = \dfrac{2}{b(2b^2 + e^b)} - \dfrac{(2\ln b)(4b + e^b)}{(2b^2 + e^b)^2}$

5.2.39: **i) a/b/c)** f ist stetig in $\mathbb{R}$; f ist in $x_0 = 2$ nicht differenzierbar (Ecke); f' ist in $\mathbb{R}$ nicht stetig.

ii) a/b/c) f ist in $x_0 = 2$ nicht stetig, also nicht diff.bar. f' ist nicht in $\mathbb{R}$, aber in $\mathbb{R}\backslash\{2\}$ stetig.

iii) a/b/c) f ist stetig in $\mathbb{R}$, $f(1) = 0$; f ist in $\mathbb{R}$ diff.bar, $f'(1) = 1$; f' ist in $\mathbb{R}$ stetig.

5.2.40: **i)** Tangentengleichung: $y = 0{,}04x + 0{,}12$ **ii)** Steigungsmaß: e^{-1} ($\approx 0{,}3679$)

5.2.53: **i)** $f'(x) = 32\,(4x^7 - 3x^5)^{63} \cdot (28x^6 - 15x^4)$ **ii)** $g'(y) = \dfrac{2y - 7y^6}{7\sqrt[7]{(y^2 - y^7)^6}}$

iii) $k'(z) = 5z^4 \left(\ln(1 - z^5) - \dfrac{z^5}{1 - z^5} \right)$ **iv)** $p'(u) = -2e^{-2u}$ **v)** $k'(t) = \dfrac{5}{t \cdot \ln t}$

vi) $N'(y) = 340 \cdot \sqrt[3]{\ln 7} \cdot e^{-\frac{17}{y}} \cdot y^{-2}$ **vii)** $C'(I) = \left(\dfrac{2}{3 \cdot \sqrt[3]{(2I)^2}} - 2I \cdot \sqrt[3]{2I} \right) e^{-I^2}$

viii) $k'(x) = n \cdot e^{-nx} \cdot (x^{n-1} - x^n)$ **ix)** $Q'(s) = \dfrac{2s^3}{1 + s^4} - \dfrac{s}{6 + s^2}$

x) $P'(W) = 20 \left(\ln \dfrac{W^2 + 1}{e^W} \right)^{19} \cdot \left(\dfrac{2W}{W^2 + 1} - 1 \right)$

xi) $p'(a) = x \cdot (\ln(a^x - e^a))^{x-1} \cdot \dfrac{(xa^{x-1} - e^a)}{a^x - e^a} \cdot e^{x^2 + 1}$

5.2.67: **i)** $f'(x) = (3 + x \ln 3) \cdot x^2 \cdot 3^x$ **ii)** $g'(y) = \ln 10 \cdot y^{\ln 10 - 1} + (\ln 10)^y \cdot \ln(\ln 10)$

iii) $h'(z) = 2^{\ln z} \cdot z^{-1} \cdot (\ln z)^9 \,(\ln 2 \cdot \ln z + 10)$

iv) $f'(x) = \dfrac{1}{x} \left(5^{\sqrt{x}} \left(\dfrac{\ln 5}{2} - \dfrac{1}{2\sqrt{x}} \right) - (\sqrt{2})^{1-x} \left((\ln \sqrt{2}) \cdot \sqrt{x} + \dfrac{1}{2\sqrt{x}} \right) \right)$

v) $k'(t) = t^{\sqrt{t}} \cdot \left(\dfrac{1}{2\sqrt{t}} \ln t + \dfrac{1}{\sqrt{t}} \right)$ **vi)** $H'(u) = (u^2 + e^{-u})^{1-u} \left(-\ln(u^2 + e^{-u}) + (1-u) \dfrac{2u - e^{-u}}{u^2 + e^{-u}} \right)$

vii) $p'(v) = 2v^{\ln v} \cdot \left(\dfrac{\ln v}{v} \right)$ **viii)** $C'(y) = (\ln y)^{\ln y} \cdot \dfrac{1}{y} \cdot (\ln(\ln y) + 1)$

ix) $Q'(s) = s^{(s^s)} s^s \left((\ln s + 1)\ln s + \dfrac{1}{s} \right)$ **xi)*** $f'(x) = \dfrac{1}{\ln 7} \left(\dfrac{2x}{x^2 + 4} - \dfrac{4x^3}{x^4 + 2} \right)$

x)* $r'(t) = e^{\frac{t-1}{t+1} \cdot \ln(1 + t^2)} \cdot \left(\dfrac{t + 1 - (t-1)}{(t+1)^2} \cdot \ln(1 + t^2) + \dfrac{t-1}{t+1} \dfrac{2t}{1 + t^2} \right)$

xii) $n'(a) = 0$ *(!)* **xiii)** $L'(b) = \dfrac{\dfrac{\ln(\ln b) \cdot 2b}{b^2 + 1} - \dfrac{\ln(b^2 + 1)}{b \cdot \ln b}}{(\ln(\ln b))^2}$

5.2.72: **i)** $f'(x) = \dfrac{\sqrt[7]{2x^2+1} + (x^4+x^2)^{22}}{e^{-x} \cdot \sqrt{1+x^6}} \left(\dfrac{4x}{7(2x^2+1)} + \dfrac{44(2x^2+1)}{x^3+x} + 1 - \dfrac{3x^5}{1+x^6} \right)$

ii) $g'(y) = y^2 \cdot 10^{\sqrt[3]{y}} \cdot \left(\dfrac{2}{y} + \dfrac{\ln 10}{3\sqrt[3]{y^2}} \right)$ **iii)** $p'(t) = (1-t^2)^{1+t^2} \cdot 2t \left(\ln(1-t^2) - \dfrac{1+t^2}{1-t^2} \right)$

iv) $h'(z) = (2\ln z)^{4z} \cdot 4 \left(\ln 2 + \ln(\ln z) + \dfrac{1}{\ln z} \right)$ **v)** $k'(v) = e^{7v}(\ln v)^{\frac{-2}{v}} \left(7 - \dfrac{2}{v^2 \ln v} + \dfrac{2\ln(\ln v)}{v^2} \right)$

vi) $s'(p) = (4p)^{\lg p} \cdot \left(\dfrac{\ln(4p)}{p \cdot \ln 10} + \dfrac{\lg p}{p} \right)$

5.2.77: **i)** $f'(x) = 10x^9$ $f''(x) = 90x^8$ $f'''(x) = 720x^7$

ii) $g'(y) = 1 + \ln y$ $g''(y) = \dfrac{1}{y}$ $g'''(y) = -\dfrac{1}{y^2}$

iii) $h'(z) = -\dfrac{z+3}{(z-1)^3}$ $h''(z) = \dfrac{2 \cdot (z+5)}{(z-1)^4}$ $h'''(z) = -\dfrac{6 \cdot (z+7)}{(z-1)^5}$

iv) $p'(t) = (t+1) \cdot e^t$ $p''(t) = (t+2) \cdot e^t$ $p'''(t) = (t+3) \cdot e^t$

v) $k'(r) = -\dfrac{1}{r^2} \cdot e^{1/r}$ $k''(r) = \left(\dfrac{1}{r^4} + \dfrac{2}{r^3} \right) \cdot e^{1/r}$ $k'''(r) = \left(-\dfrac{6}{r^4} - \dfrac{6}{r^5} - \dfrac{1}{r^6} \right) \cdot e^{1/r}$

vi) $F'(x) = 10^x \cdot \ln 10 + \dfrac{1}{x \cdot \ln 10}$ $F''(x) = 10^x \cdot (\ln 10)^2 - \dfrac{1}{x^2 \cdot \ln 10}$

$F'''(x) = 10^x \cdot (\ln 10)^3 + \dfrac{2}{x^3 \cdot \ln 10}$

vii) $N'(Y) = (1+2Y)^{Y^2} \left(2Y \cdot \ln(1+2Y) + \dfrac{2Y^2}{1+2Y} \right)$

$N''(Y) = (1+2Y)^{Y^2} \left(\left(2Y \cdot \ln(1+2Y) + \dfrac{2Y^2}{1+2Y} \right)^2 + 2\ln(1+2Y) + \dfrac{4Y}{1+2Y} + \dfrac{4Y(1+Y)}{(1+2Y)^2} \right)$

5.2.78: **i)** f' ist auch an der Stelle $x_0 = 0$ stetig, somit ist f überall differenzierbar.

f'' ist auch an der Stelle $x_0 = 0$ stetig, somit ist f' überall differenzierbar.

f''' ist an der Stelle $x_0 = 0$ nicht stetig, somit ist f'' nicht überall differenzierbar.

ii/iii) In beiden Fällen ist f insgesamt 2-mal stetig differenzierbar, f''' ist nicht mehr stetig.

5.3.10: In allen Fällen wendet man zweckmäßigerweise die Regel von L' Hôspital *(L'H)* an:

i) „0/0". L'H: $5x^4/e^x \to 0$ **ii)** 0 **iii)** „0·(−∞)". Umformung: $(\ln x) / (1/x^3) \to$ L'H: $\to 0$

iv) 0 **v)** „0/0". L'H: $\to$ „$1/0^+$" $\to \infty$ **vi)** 0,5 **vii)** 3mal L'H: $(24x+6)/(24x-30) \to 3$

viii) 1 **ix)** „0/0". L'H: $(1/x)/1 \to 1$ **x)** 1 **xi)** „0/0". L'H: $\to (-2/(3e)) \cdot$ „$1/0^+$" $\to -\infty$

xii) e **xiii)** „1^∞". $\ln f = \ln(1-1/x) / (1/x) \to$ „0/0". L'H: $\ln f \to -1$, d.h. $f \to 1/e$

xiv) e **xv)** „1^∞". $\ln f = \ln(1-x)/x \to$ „0/0". L'H: $\ln f \to -1$, d.h. $f \to 1/e$

xvi) 0 **xvii)** „∞/∞". 2mal L'H: $\to 2/7$ **xviii)** 0 **xix)** „0/0". L'H: $(e^x + e^{-x})/2 \to 1$

xx) 1/3 **xxi)** Für $x \to 1^+$: „∞−∞". Umformen: $(2x \cdot \ln x - x + 1)/((x-1) \cdot \ln x) \to$ „0/0"

$\qquad$ L'H: $(2 \cdot \ln x + 1)/(\ln x + 1 - 1/x) \to$ „$1/0^+$" $\to \infty$ *(Analog für $x \to 1^-$: $\to -\infty$)*

xxii) 2 **xxiii)** „0^0". Für $x \neq 0$ gilt: $\ln f \equiv 1$, d.h. $f \equiv e$, d.h. für $x \to 0$ strebt $f \to e$.

5.4.6:   **i)** Falls Startwert: $x_1 = 1$ $\Rightarrow$ $x_4 = 1,287\,910 = x_5 = ...$ *(einzige reelle Lösung)*

ii) Mit Startwert 2,9 führt das Newton-Verfahren nach 10 Schritten zur Nullstelle $-1,157\,573$;

Mit Startwert 3,1 führt das Newton-Verfahren nach 11 Schritten zur Nullstelle 4,114 825.

iii) Falls Startwert: $x_1 = 0$ $\Rightarrow$ $x_4 = -0,567\,143 = x_5 = ...$ *(einzige reelle Lösung)*

iv) Falls Startwert: $x_1 = 2$ $\Rightarrow$ $x_6 = 0,567\,143 = x_7 = ...$ *(einzige reelle Lösung)*

v) Mit dem Startwert 1,10 führt das Newton-Verfahren erst nach 22 Schritten zur Nullstelle 1,148823 *(entspricht dem Periodenzinssatz 14,8823%)*. Bei Startwert 1,09 läuft das Newton-Verfahren „aus dem Ruder". Falls Startwert 1,20, so nach 5 Schritten die Nullstelle erreicht.

Die zweite Nullstelle $(-0,979\,379\,75)$ wird mit dem Startwert $-0,5$ erst nach 72 Schritten erreicht...

vi) Mit Startwert 1 wird die Nullstelle 1,185 663 bereits nach 5 Iterationsschritten erreicht. Startwerte von 1,83 oder größer führen zur Divergenz des Verfahrens! Für finanzmathematische Probleme ist offenbar die „Regula falsi" geeigneter als das Newton-Verfahren.

6   Anwendungen der Differentialrechnung bei Funktionen mit einer unabhängigen Variablen

6.1.16:   **i)** $dk(20) = 4,5; \Delta k = k(21) - k(20) = 4,6762$ **ii)** $df(2) = f'(2) \cdot dz = -0.0406; \Delta f = -0,0351$

6.1.17:   Outputverminderung ca. 17,25 ME_x.

6.1.18: $\sqrt{105} \approx \sqrt{100} + df(100)\Big|_{dx=5} = 10,250$ (exakt auf 3 Dezimalstellen: 10,247)

6.1.65:   **1)** $K'(70) = 792$ GE/ME   **2)** $k_v(70) = 274$ GE/ME   **3)** $k'(100) = 10,96\dfrac{GE/ME}{ME}$

4) $\bar{x}(40) = 26,33\ ME_x/ME_r$ **5)** $x'(40) = 23\ ME_x/ME_r$ **6)** $x''(40) = -1.5\ \dfrac{ME_x/ME_r}{ME_r}$

7) $G_D(30) = 1920$ GE; $g_D(30) = 64$ GE/ME **8)** $g_D'(30) = -3$ **9)** $E'(150) = 30$ GE/ME

10) $E'(120) = -225\ \dfrac{GE/ME}{ME}$ **11)** $G'(125) = -2.562,50$ GE/ME   **12)** $S'(Y) = 0,8 =$ const.

13) $\bar{C}(2000) = 0,7$ GE/GE   **14)** $g'(40) = -3,95\ \dfrac{GE/ME}{ME}$ **15)** $U'(4) = 2,5$ NE/ME

16) $\bar{U}(4) = 5$ NE/ME   **17)** **i)** $x = 8,33$ ME   **ii)** $x = 18,29$ ME   **iii)** gleiche Lösung wie ii)

18)   **i)** $Y = 5000$ GE   **ii)** $S'(Y) = 0,8$ nicht möglich   **19)** **i)** $r = 51,1725\ ME_r$;   **ii)** $= i)$;

iii) $r = 77,3278\ ME_r$; **iv)** $r = 37,5\ ME_r$ **20)** $x = 27,1381$ d.h. $p = 139,14$ GE/ME

21) $K'(x) = E'(x)$ $\Rightarrow$ $x = 27,1381$ ME, $p = 139,14$ GE/ME   **22)** $x = 5,555... $ ME

23) $E'(p) \overset{!}{=} \dfrac{-0,5}{0,1} = -5$ $\Rightarrow$ $p = 76$ GE/ME   **24)** $x'(r) = 32$ $\Rightarrow$ $\begin{cases} r_1 = 18,2918\ ME_r \\ r_2 = 31,7082\ ME_r \end{cases}$

25) $k'(x) \overset{!}{=} 8,5$ $\Rightarrow$ $x = 79,6915$ ME *(Regula falsi)*   **26)** $r = 52,50\ ME_r$

27) $g'(x) \overset{!}{=} -4$ $\Rightarrow$ $x = 40,3779$ ME *(Regula falsi)*; **28)** **i) a)** $x = 100$ ME   **b)** $U' > 0$

ii) a) $x = 400$ ME   **b)** $\bar{U} > 0$ **29)** $G_D'(x) \overset{!}{=} -20$ $\Rightarrow$ $x = 29,3675$ ME

6.1.66:   **1)** $K'(70) = 23,62$ GE/ME   **2)** $k_v(70) = 22,816$ GE/ME   **3)** $k'(100) = -3,1909\ \dfrac{GE/ME}{ME}$

4) $\bar{x}(40) = 0,1936\ ME_x/ME_r$ **5)** $x'(40) = 0,2582\ ME_x/ME_r$ **6)** $x''(40) = -0,0086\ \dfrac{ME_x/ME_r}{ME_r}$

7) $G_D(30) = 43.778,29$ GE ; $g_D(30) = 1.459,28$ GE/ME

8) $G_D'(30) = 1.014,45$ GE/ME ; $g_D'(30) = -14,83 \; \dfrac{\text{GE/ME}}{\text{ME}}$ **9)** $E'(150) = -223,13 \; \dfrac{\text{GE}}{\text{ME}}$

10) $E'(120) = 181,3411 \; \dfrac{\text{GE}}{\text{GE/ME}}$ **11)** $G'(299,5732) = -229,2932$ GE/ME

12) $S'(1000) = 0,9949$ GE/GE   **13)** $\overline{C}(2000) = 0,0986$ GE/GE   **14)** $g'(40) = 6,5988 \; \dfrac{\text{GE/ME}}{\text{ME}}$

15) $U'(4) = -2$ NE/ME   **16)** $\overline{U}(4) = 2,\overline{6}$ NE/ME   **17) i)** $k_v'(x) = 0$ hat keine Lösung!

    ii) $x = 1.144,54$ ME *(Regula falsi)*   **iii)** identisch mit ii), denn $K'(x) = k(x) \Leftrightarrow k'(x) = 0$

18)   **i)** $Y = 472,8688$ GE   **ii)** $Y = 42,4745$ GE   **19) i)** $x'(r) = 0$ besitzt keine Lösung

    ii) identisch mit i)   **iii)** $r = 25$ ME_r **iv)** $r = 50$ ME

20) $x = 96,8057$ *(Regula falsi)* $\Rightarrow$ $p = 759,64 \; \dfrac{\text{GE}}{\text{ME}}$ **21)**   dieselbe Lösung wie in **20)**

22) $K''(x) \ne 0$ für alle $x \in \mathbb{R}$, die Grenzkostenfunktion besitzt nirgends eine horiz. Tangente

23) $p = 2000 \cdot e^{-0,95} = 773,4820$ GE/ME   **24)** entfällt   **25)** $x = 8188,5818$ ME *(Regula f.)*

26)   Keine Lösung!   **27)** $x_1 = 111,1936$ ME ; $x_2 = 7\,341,86$ ME

28)   **i) a)** $x = 3,4365$ ME **b)** $x = 3,5616$ ME   **ii) a)** $x = 5,3423$ ME **b)** $x = 5,5760$ ME

29) $x = 99,4151$ ME   **30)** $r(x) = 0,25x^2 + 25, \; x \ge 0$ **31)** $\dfrac{r(20)}{20} = 6,25 \; \dfrac{\text{ME}_r}{\text{ME}_x}$

32) $r'(20) = 10 \; \dfrac{\text{ME}_r}{\text{ME}_x}$ **33)** $\lim\limits_{Y \to \infty} C(Y) = 200$ GE ; $\lim\limits_{Y \to \infty} \overline{C}(Y) = 0$ GE/GE

34) $\lim\limits_{Y \to \infty} C'(Y) = 0 \; \dfrac{\text{GE}}{\text{GE}}$; $\lim\limits_{Y \to \infty} S'(Y) = 1 \; \dfrac{\text{GE}}{\text{GE}}$ **35)** $k' = 0 \; \Leftrightarrow \; x = 1.144,54$ ME *(s. 17)ii))*

    Auslastung $1.144,54/15.000 = 7,63\%$; $k = 69,1850 \; \dfrac{\text{GE}}{\text{ME}}$; $K' = 69,1850 \; \dfrac{\text{GE}}{\text{ME}} = k$.

6.1.67:   **i)**   **a)** $\dfrac{dr_2}{dr_1}(4) = -1 \; \dfrac{\text{ME}_2}{\text{ME}_1}$, d.h. erhöht man – ausgehend von $4\,\text{ME}_1 - r_1$ um $1\,\text{ME}_1$, kann

       $1\,\text{ME}_2$ von r_2 eingespart werden, ohne den Output von 20 ME zu verändern. Analog:

      b) $\dfrac{dr_1}{dr_2}(1) = -2,8284 \; \dfrac{\text{ME}_1}{\text{ME}_2}$ **ii) a)** $\dfrac{dx_2}{dx_1}(10) = -5 \; \dfrac{\text{ME}_2}{\text{ME}_1}$;   **b)** $\dfrac{dx_1}{dx_2}(4) = -3,125 \; \dfrac{\text{ME}_1}{\text{ME}_2}$

6.2.48:   *Definition:* $f \uparrow$ heißt: f ist streng monoton wachsend; $f \downarrow$ heißt: f ist streng monoton fallend:

    i) $f \uparrow$ für $x < \frac{1}{3}$, $f \downarrow$ für $x > \frac{1}{3}$ **ii)** $g \uparrow$ überall **iii)** $h \uparrow$ für $t < -7$ u. $t > 2$; $h \downarrow$ für $-7 < t < 2$

    iv) $x \uparrow$ für $A > 0$ **v)** $g \uparrow$ auf $D_g = \mathbb{R} \backslash \{1\}$ **vi)** $f \uparrow$ für $r > 10$ **vii)** $N \uparrow$ auf $D_N = \mathbb{R} \backslash \{0\}$

    viii) $r \uparrow$ für $z > 0$; $r \downarrow$ für $z < 0$.

6.2.49:   **i)** K ist für $x > \frac{2}{3}$ konvex; für $x < \frac{2}{3}$ konkav   **ii)** f ist für $r < -2,5$ konvex; für $r > -2,5$ konkav

    iii) x ist für $r < 2$ konvex; für $r > 2$ konkav   **iv)** g ist für $1 - \sqrt{3} < z < 1 + \sqrt{3}$ konvex, g ist für

    $z < 1 - \sqrt{3}$ sowie $z > 1 + \sqrt{3}$ konkav   **v)** p ist für $y < 0$ konvex; für $y > 0$ konkav

    vi) x ist für $r > 100$ konkav   **vii)** y ist auf $D_y = \mathbb{R}_0^+$ konkav   **viii)** p ist überall konvex

6.2.50:   *Definition:* $m \triangleq$ relatives Minimum; $M \triangleq$ rel. Maximum; k.A. $\triangleq$ keine Aussage möglich

    i) stationäre Stellen: $t_1 = -2$ (M); $t_2 = 2$ (m)   **ii)** stat. Stellen: $x_1 = 1$ (M); $x_2 = 3$ (m)

    iii) stat. Stellen: $u_1 = 0$ (k.A.); $u_2 = 9$ (m)   **iv)** $v_1 = 0$ (m); $v_2 = 3 + \sqrt{7}$ (m); $v_3 = 3 - \sqrt{7}$ (M)

    v) stat. Stellen: $y_1 = \frac{1}{3}$ (m); $y_2 = 2$ (k.A.)   **vi)** stat. Stellen: $z_1 = 1$ (m); $z_2 = -1$ (m)

    vii) stat. Stelle: $x_1 = e^{-1} \approx 0,3679$ (m)   **viii)** $y_1 = 0$ ($\notin D_s$); $y_2 = \sqrt{18}$ (m); $y_3 = -\sqrt{18}$ (m)

ix) stat. Stelle: $u_1 = e \approx 2{,}7183$ (M)   **x)** stat. Stellen: $u_1 = 0$ (k.A.); $u_2 = 3$ (M)

xi) stat. Stelle: $r = e^{-1} \approx 0{,}3679$ (m)   **xii)** stat. Stellen: $t_1 = 0$ (m); $t_{2,3} = \pm\sqrt{\ln 2}$ (M)

xiii) stationäre Stelle: $x_1 = 2{,}5498$ *(Regula falsi)* (M)

6.2.51: *Definition:* WP $\triangleq$ Wendepunkt; kx $\triangleq$ konvex; kv $\triangleq$ konkav

i) $x_1 = 5{,}\overline{3}$: kv/kx WP   **ii)** $r_1 = \sqrt{2}$: kv/kx WP, $r_2 = -\sqrt{2}$: kx/kv WP

iii) $u = 1$ ist eine **mögliche** Stelle für einen Wendepunkt von g, aber wegen $g'''(1) = 0$,
$g''''(1) = 24 > 0$ handelt es sich um einen Wendepunkt von g' !

iv) $h''(y)$ ist stets positiv, somit kann h keinen WP besitzen

v) $x_1 = -2-\sqrt{3}$: kv/kx WP; $x_2 = -2+\sqrt{3}$: kx/kv WP; $x_3 = 1$: kv/kx WP

vi) $t_1 = \sqrt{6}$: kx/kv WP; $t_2 = -\sqrt{6}$: kv/kx WP   **vii)** $s_1 = -0{,}5$: kv/kx WP

viii) $x_1 = \sqrt{0{,}5}$: kv/kx WP; $x_2 = -\sqrt{0{,}5}$: kx/kv WP

6.2.52: **i)** $f(x) = ax^3+bx^2+cx+d$, $a \neq 0$. Notwendig f. WP: $f''(x) = 6ax + 2b \stackrel{!}{=} 0 \iff x_0 = -\dfrac{b}{3a}$

Wegen $f'''(x_0) = 6a$ und $a \neq 0$ folgt $f'''(x_0) \neq 0$, d.h. f besitzt genau einen WP (in x_0).

ii) Extrema von f: $f'(x) = 3ax^2+2bx+c \stackrel{!}{=} 0 \iff x_{1,2} = -\dfrac{b}{3a} \pm \sqrt{\left(\dfrac{b}{3a}\right)^2 - \dfrac{c}{3a}}$

Extrema können (wenn es denn welche gibt) nur in x_1/x_2 existieren.
Für die Mitte $\bar{x}$ zwischen x_1 und x_2 ergibt sich:

$$\bar{x} = \frac{x_1+x_2}{2} = 0{,}5 \cdot \left(-\frac{b}{3a} + \sqrt{\ldots} + \left(-\frac{b}{3a}\right) - \sqrt{\ldots}\right) = -\frac{b}{3a} \ .$$

$\bar{x}$ liegt also genau an der in i) ermittelten Stelle x_0 des einzigen Wendepunktes.

6.2.53: Die Lösungen sind nach folgendem *Gliederungsschema* aufbereitet:

1) Definitionsbereich   *6) relative Extremwerte (M), (m)*
2) Symmetrie   *7) Wendepunkte (WP)*
3) Nullstellen   *8) Monotonie- und Krümmungsverhalten*
4) Stetigkeit   *9) Verhalten am Rand des Definitionsbereiches bzw. für $x \to \pm \infty$*
5) Differenzierbarkeit   *10) Graph*

Fehlende Gliederungspunkte in einzelnen Aufgabenlösungen entfallen oder sind aus dem Graphen ersichtlich.

i) $f(x) = x^2 - 5x + 4$; $f'(x) = 2x-5$; $f''(x) = 2$

1) $D_f = \mathbb{R}$ *(Polynom)*

2) $f(-x) \neq \pm f(x)$: Keine Symmetrie

3) Nullstellen: $x^2 - 5x + 4 = 0 \iff x_1 = 1$; $x_2 = 4$

4) überall stetig *(Polynom)*

5) überall differenzierbar *(Polynom)*

6) rel. Extrema: $f'(x) = 0 = 2x-5 \iff x = 2{,}5$;
$f''(2{,}5) = 2 > 0 \Rightarrow$ rel. Minimum in $(2{,}5; -2{,}25)$

7) Wendepunkte: $f''(x) \equiv 2 \neq 0$ d.h. keine Wendepunkte

8) Aus 6) und 7) folgt: f fällt bis $x = 2{,}5$ und steigt danach.
$f''(x) \equiv 2 > 0$: f ist überall konvex gekrümmt

9) $\displaystyle\lim_{x \to \pm\infty} f(x) = \infty$

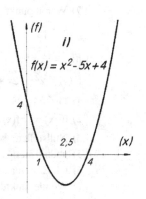

i)

$f(x) = x^2 - 5x + 4$

ii) $f(x) = x^3 - 12x^2 - 24x + 100$ $f'(x) = 3x^2 - 24x - 24$
$f''(x) = 6x - 24$; $f'''(x) \equiv 6$

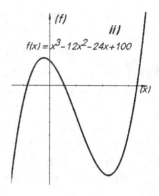

1) $D_f = \mathbb{R}$ *(Polynom)*
3) Nullstellen: $f(x) = 0$; *Regula falsi:*
   $-3{,}4384$; $2{,}1963$; $13{,}2421$
4/5) überall stetig und diff.bar *(Polynom)*
6) rel. Extrema: $f'(x) = 0 \iff x_{1,2} = 4 \pm 2\sqrt{6}$
   (f'' > 0: Min.)   (f'' < 0: Max.)
7) Wendepunkte: $f''(x) = 0 \iff x = 4$;   kv/kx WP
8/9) siehe Graphik

iii) $f(x) = x^3 - 3x^2 + 60x + 100$
$f'(x) = 3x^2 - 6x + 60$; $f''(x) = 6x - 6$; $f'''(x) \equiv 6$

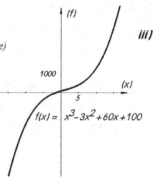

1) $D_f = \mathbb{R}$ *(Polynom)*
3) Nullstellen: $x_0 = -1{,}4983$ *(Regula falsi, einzige Nullstelle)*
4/5) überall stetig und diff.bar *(Polynom)*
6) rel. Extrema: $f'(x) = 0 \iff$
   $x_1 = 1 \pm \sqrt{1 - 20} \notin \mathbb{R}$, d.h. f hat keine rel. Extrema
7) Wendepunkte: $x_2 = 1$; kv/kx WP
8) $f'(x)$ hat keine Nullstelle *(s. 6))*; $f'(0) = 60 > 0 \Rightarrow$
   $f'(x) > 0$ überall, d.h. f steigt in D_f.
   $f'' < 0$ für $x < 1$: f konkav links vom WP
   $f'' > 0$ für $x > 1$: f konvex rechts vom WP.

iv) $f(x) = x^4 - 8x^2 - 9$; $f'(x) = 4x^3 - 16x$
$f''(x) = 12x^2 - 16$; $f'''(x) = 24x$

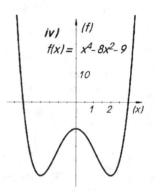

1) $D_f = \mathbb{R}$ *(Polynom)*
2) $f(-x) = f(x) \Rightarrow$ Achsensymmetrie zur Ordinate
3) Nullstellen: $f(x) = 0$; *Substitution:* $x^2 =: z \Rightarrow$
   $z^2 - 8z - 9 = 0 \iff$ d.h. $x_{1,2} = \pm 3$
4/5) überall stetig und differenzierbar *(Polynom)*
6) rel. Extrema: $f'(x) = 0 \iff x_3 = 0$; $x_{4,5} = \pm 2$
   (f''(0) < 0: Max.; f''(-2) > 0: Min.; f''(2) > 0: Min.)
7) Wendepunkte: $f''(x) = 0 \iff x^2 = \frac{4}{3} \iff x_{6,7} = \pm \frac{2}{\sqrt{3}}$
   $f'''(\frac{2}{\sqrt{3}}) < 0$: kv/kx WP; $f'''(x_7) > 0$: kx/kv WP

v) $f(x) = \frac{1}{12}x^4 - 2x^3 + 7{,}5x^2$; $f'(x) = \frac{1}{3}x^3 - 6x^2 + 15x$
$f''(x) = x^2 - 12x + 15$; $f'''(x) = 2x - 12$

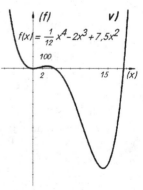

1) $D_f = \mathbb{R}$ *(Polynom)*
2) $f(-x) \ne \pm f(x) \Rightarrow$ keine Symmetrie erkennbar
3) Nullstellen: $x_1 = 0$, $x_{2,3} = 12 \pm \sqrt{54}$
4/5) überall stetig und diff.bar *(Polynom)*
6) rel. Extrema: $x_4 = 0$ (m) ; $x_5 = 3$ (M); $x_6 = 15$ (m)
7) Wendepunkte: $x_7 = 6 - \sqrt{21}$ kx/kv WP
   $x_8 = 6 + \sqrt{21}$ kv/kx WP wegen $f'''(x_8) \approx 9{,}2$ (> 0)

vi) $f(x) = \dfrac{5x - 4}{8x - 2}$; $f'(x) = \dfrac{22}{(8x - 2)^2}$; $f''(x) = \dfrac{-352}{(8x - 2)^3}$

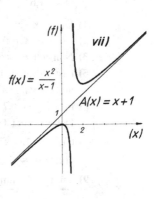

(f)

vi)

$f(x) = \dfrac{5x-4}{8x-2}$

1) $D_f = \mathbb{R}\backslash\{0{,}25\}$

3) Nullstellen: $x_1 = 0{,}8$ *(einzige Nullstelle)*

4/5) überall in D_f stetig u. differenzierbar, Pol bei 0,25

6) rel. Extrema: $f'(x) = 0$, $L = \{\ \}$, keine rel. Extrema

7) Wendepunkte: $f''(x) = 0$, $L = \{\ \}$, keine Wendepunkte

8) $f'(x) > 0$ für alle $x \in D_f$, d.h. f ist in D_f monoton steigend.

$f''(x) > 0$ für $x < 0{,}25$ *(konvex)*, $f'' < 0$ für $x > 0{,}25$ *(dort konkav)*

9) Wegen $\displaystyle\lim_{x \to \pm\infty} f(x) = \lim_{x \to \pm\infty} \dfrac{5x - 4}{8x - 2} = \dfrac{5}{8}$ folgt *(siehe Graph von f)*:

Die waagerechte Gerade $y = \dfrac{5}{8}$ ist Asymptote von $f(x)$ für $x \to \pm\infty$.

---

vii) $f(x) = \dfrac{x^2}{x - 1}$; $f'(x) = \dfrac{x^2 - 2x}{(x - 1)^2}$; $f''(x) = \dfrac{2}{(x - 1)^3}$

(f)

vii)

$f(x) = \dfrac{x^2}{x-1}$

$A(x) = x+1$

1) $D_f = \mathbb{R}\backslash\{1\}$

2) $f(-x) \neq \pm f(x) \Rightarrow$ keine Symmetrie erkennbar

3) Nullstellen: $f(x) = 0 = \dfrac{x^2}{x - 1} \iff x_1 = 0$

4/5) überall in D_f stetig und diff.bar, Pol bei „1",

6) relative Extrema: $x_2 = 0\,(M)$; $x_3 = 2\,(m)$

7) Wendepunkte: $f''(x) = 0$, $L = \{\ \}$, keine Wendepunkte

9) Wegen $\dfrac{x^2}{x - 1} = x + 1 + \dfrac{1}{x - 1}$ und $\displaystyle\lim_{x \to \pm\infty} \dfrac{1}{x - 1} = 0$

folgt: $A(x) = x + 1$ ist Asymptotenfunktion von $f(x)$.

---

viii) $f(x) = \dfrac{3x}{(1 - 2x)^2}$; $f'(x) = \dfrac{6x + 3}{(1 - 2x)^3}$

$f''(x) = \dfrac{24x + 24}{(1 - 2x)^4}$; $f'''(x) = \dfrac{144x + 216}{(1 - 2x)^5}$

(f)

viii)

$f(x) = \dfrac{3x}{(1-2x)^2}$

1) $D_f = \mathbb{R}\backslash\{0{,}5\}$

2) $f(-x) \neq \pm f(x) \Rightarrow$ keine Symmetrie erkennbar

3) Nullstellen: $f(x) = 0 = \dfrac{3x}{(1 - 2x)^2} \iff x_1 = 0$

4/5) f ist überall in D_f stetig,

f besitzt einen Pol bei $x = 0{,}5$,

f ist überall in D_f differenzierbar.

6) relative Extrema: $f'(x) = 0 \iff$

$f'(x) = \dfrac{6x + 3}{(1 - 2x)^3} = 0 \iff x_2 = -0{,}5$

$f''(-0{,}5) = 0{,}75 > 0$ *(rel. Min. in x_2)*

7) Wendepunkte: $f''(x) = 0 \iff x_3 = -1$

Wegen $f'''(-1) \approx 0{,}30 > 0$: f besitzt einen konkav-konvex-Wendepunkt in $x_3 = -1$.

8) $\displaystyle\lim_{x \to \pm\infty} \dfrac{3x}{(1 - 2x)^2} = 0$, d.h. die Abszisse $(y = 0)$ ist Asymptote von f für $x \to \pm\infty$.

ix) $f(x) = 2\sqrt{x-3}$; $f'(x) = (x-3)^{-0,5}$
$f''(x) = -0,5\cdot(x-3)^{-1,5}$

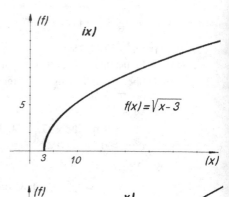

1) $D_f = \{x\in\mathbb{R} \mid x \geq 3\}$
2) keine Symmetrie erkennbar

3) Nullstellen: $2\sqrt{x-3} = 0 \iff x_1 = 3$

4/5) f ist überall in D_f stetig und
überall in $D_f\backslash\{3\}$ differenzierbar

6/7) keine rel. Extrema, keine Wendepunkte

$f(x) = \sqrt{x-3}$

x) $f(x) = 10\cdot x^{0,8}$; $f'(x) = 8\cdot x^{-0,2}$
$f''(x) = -1,6\cdot x^{-1,2}$; $f'''(x) = 1,92\cdot x^{-2,2}$

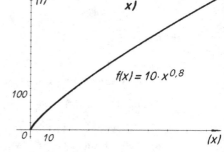

1) $D_f = \{x\in\mathbb{R} \mid x \geq 0\}$
2) $f(-x) \neq \pm f(x)$, d.h. keine Symmetrie
3) Nullstellen: $x^{0,8} = 0 \Rightarrow x_1 = 0$
4/5) f ist überall in D_f stetig
und überall in $D_f\backslash\{0\}$ differenzierbar.

6) $f'(x) = 8\cdot x^{-0,2} = 0$, L = { },
Daher besitzt f keine relativen Extrema.

$f(x) = 10\cdot x^{0,8}$

7) $f''(x) = -1,6\cdot x^{-1,2} = 0$: L = { }, d.h. keine Wendepunkte.

8) $f'(x) > 0 \Rightarrow$ f steigt in D_f. $f''(x) < 0 \Rightarrow$ f' fällt in D_f, d.h. f ist in D_f, konkav.

9) $\lim\limits_{x\to\infty} f(x) = \lim\limits_{x\to\infty} 10\cdot x^{0,8} = \infty$.

xi) $f(x) = x^2\cdot e^{-x}$; $f'(x) = e^{-x}\cdot(2x-x^2)$
$f''(x) = e^{-x}\cdot(x^2-4x+2)$
$f'''(x) = e^{-x}\cdot(-x^2+6x-6)$

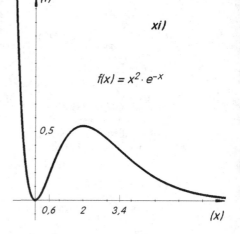

1) $D_f = \mathbb{R}$
2) $f(-x) \neq \pm f(x)$: keine Symmetrie
3) Nullstellen: $x^2\cdot e^{-x} = 0 \iff x_1 = 0$
4) f ist – als Produkt zweier stetiger
Funktionen – überall stetig.

5) f ist – als Produkt zweier diff.barer
Funktionen – überall differenzierbar.

$f(x) = x^2\cdot e^{-x}$

6) relative Extrema: $x_2 = 0$; $x_3 = 2$
(f''(x₂) = f''(0) = 2 > 0: Min. in x₂ ;
f''(x₃) = f''(2) = -0,2707 < 0: Max. in x₃)

7) Wendepunkte: $f''(x) = 0 \iff$
$x^2 - 4x + 2 = 0 \iff$
$x_4 = 2+\sqrt{2} \approx 3,4142$; $f'''(2+\sqrt{2}) \approx 0,0931 > 0$, d.h. in x_4 liegt ein kv/kx WP vor.
$x_5 = 2-\sqrt{2} \approx 0,5858$; $f'''(2-\sqrt{2}) \approx -1,5745 < 0$, d.h. in x_5 liegt ein kx/kv WP vor.

9) $\lim\limits_{x\to\infty} f(x) = \lim\limits_{x\to\infty} \dfrac{x^2}{e^x} = \lim\limits_{x\to\infty} \dfrac{2x}{e^x} = \lim\limits_{x\to\infty} \dfrac{2}{e^x} = 0$ *(Regel von L'Hôspital)*

d.h. die Abszisse ist Asymptote von f für $x\to\infty$.

6.2.54: **i)** $f(x) = \frac{1}{12}x^3 - x$ **ii)** $f(x) = x^3 - 3x^2 - 6x + 8$ **iii)** $f(x) = x^3 - 9x^2 + 30x + 16$

6.2.55: $f(x) = \dfrac{-0,5x + 1,25}{x^2 - 4}$

6.2.56: **i)** $f(x) = a \cdot e^{bx} > 0 \Rightarrow a > 0$ *(denn e^{bx} ist stets > 0!)*; $f'(x) = ab \cdot e^{bx} < 0 \Rightarrow b < 0$.

ii) $f''(x) = ab^2 \cdot e^{bx} < 0$. Da $b^2 \geq 0$, $e^{bx} > 0$: Diese Bedingung ist erfüllt für $a < 0$, $b \neq 0$.

Wegen $a > 0$ *(i)* und $a < 0$ *(ii)* kann f die Eigenschaften i) und ii) *nicht* gleichzeitig besitzen!

6.2.67: *(zur Systematik siehe Lösung zu Aufgabe 6.2.53)*

i) $f(x) = e^{-\frac{1}{x}}$; $f'(x) = e^{-\frac{1}{x}} \cdot \frac{1}{x^2}$; $f''(x) = e^{-\frac{1}{x}} \cdot (\frac{1}{x^4} - \frac{2}{x^3})$; $f'''(x) = e^{-\frac{1}{x}} \cdot (\frac{6}{x^4} - \frac{6}{x^5} + \frac{1}{x^6})$

1) $D_f = \mathbb{R} \setminus \{0\}$

2) $f(-x) \neq f(x)$: keine Symmetrie erkennbar.

3) Nullstellen: $f(x) > 0$: keine Nullstellen

4) f ist in D_f überall stetig, für $x = 0$ aber nicht definiert.

Untersuchung der Stelle $x = 0$:

$$\lim_{x \to 0^-} e^{-\frac{1}{x}} = \,\text{„}e^{-\frac{1}{0^-}}\text{“} = \,\text{„}e^{\frac{1}{0^+}}\text{“} = \,\text{„}e^{\infty}\text{“} = \infty$$

$$\lim_{x \to 0^+} e^{-\frac{1}{x}} = \,\text{„}e^{-\frac{1}{0^+}}\text{“} = \,\text{„}e^{-\infty}\text{“} = 0^+, \text{ d.h. einseitiger Pol in } x = 0.$$

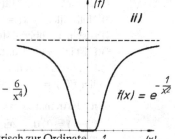

$f(x) = e^{-\frac{1}{x}}$

i)

5) f ist in $D_f = \mathbb{R}\setminus\{0\}$ überall differenzierbar.

6) relative Extrema: $f'(x)$ ist überall positiv, f hat also keine stationären Stellen/rel. Extrema.

7) Wendepunkte: $f''(x) = 0 \iff \frac{1}{x^4} - \frac{2}{x^3} = 0 \iff 1 - 2x = 0$ d.h. $x = 0,5$.

Überprüfung: $f'''(0,5) = -32 \cdot e^{-2} < 0$, d.h. konvex-konkav-WP in 0,5.

8) Wegen $f'(x) = e^{-\frac{1}{x}} \cdot \frac{1}{x^2} > 0$ ist f in D_f überall steigend.

9) $\lim_{x \to \infty} f(x) = \lim_{x \to \infty} e^{-\frac{1}{x}} = e^{0^\pm} = 1^\pm$,

d.h. die Gerade $y \equiv 1$ ist Asymptote von f für $x \to \infty$.

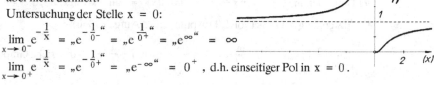

(f)

ii)

ii) $f(x) = e^{-\frac{1}{x^2}}$; $f'(x) = e^{-\frac{1}{x^2}} \cdot \frac{2}{x^3}$; $f''(x) = e^{-\frac{1}{x^2}} \cdot (\frac{4}{x^6} - \frac{6}{x^4})$

$f'''(x) = e^{-\frac{1}{x^2}} \cdot (\frac{8}{x^9} - \frac{36}{x^7} + \frac{24}{x^5})$

$f(x) = e^{-\frac{1}{x^2}}$

1) $D_f = \mathbb{R} \setminus \{0\}$; **2)** $f(-x) = f(x)$: f ist achsensymmetrisch zur Ordinate.

3) Nullstellen: $f(x) > 0$ in $D_f \Rightarrow$ f besitzt keine Nullstellen.

4) f ist in D_f überall stetig, für $x = 0$ aber nicht definiert. Untersuchung der Stelle $x = 0$:

$$\lim_{x \to 0^\pm} e^{-\frac{1}{x^2}} = \,\text{„}e^{-\frac{1}{0^+}}\text{“} = \,\text{„}e^{-\infty}\text{“} = 0^+ \Rightarrow \text{f besitzt in } x = 0 \text{ eine Lücke.}$$

5) f ist in D_f überall differenzierbar.

6) relative Extrema: $f'(x) > 0$ in D_f, f besitzt daher keine stationären Stellen/rel. Extrema.

7) Wendepunkte: $f''(x) = 0 \iff \frac{4}{x^6} - \frac{6}{x^4} = 0 \iff 4 = 6x^2$ d.h. $x_{1,2} = \pm\sqrt{2/3}$.

Überprüfung von f''': konvex-konkav-WP in $\sqrt{2/3}$; konkav-konvex-WP in $-\sqrt{2/3}$.

9) $\lim_{x \to \infty} f(x) = \lim_{x \to \infty} e^{-\frac{1}{x^2}} = e^{0^-} = 1^-$, d.h. $y \equiv 1$ ist Asymptote von f für $x \to \infty$, s. Graph.

iii) $f(x) = x^2 \cdot \ln x$; $f'(x) = x \cdot (2 \cdot \ln x + 1)$

$f''(x) = 2 \cdot \ln x + 3$; $f'''(x) = \dfrac{2}{x}$

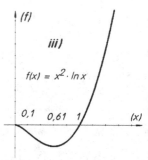

1) $D_f = \mathbb{R}^+$

2) $f(-x) \neq f(x)$:   Symmetrie nicht erkennbar.

3) Nullstellen: $x^2 \cdot \ln x = 0 \underset{(x\,>\,0)}{\Longleftrightarrow} x_1 = 1$.

4) f ist in D_f überall stetig.

5) f ist in D_f überall differenzierbar.

6) relative Extrema: $f'(x) = 0 \Longleftrightarrow x \cdot (2\ln x + 1) = 0 \Longleftrightarrow x = 0 \vee \ln x = -0{,}5$.

Da $0 \notin D_f \Rightarrow x_2 = e^{-0,5} \approx 0{,}61$. Überprüfung von f'': $f''(e^{-0,5}) = 2 > 0$,

für $x_2 = e^{-0,5}$ hat f ein relatives Minimum.

7) Wendepunkte: $f''(x) = 0 = 2 \cdot \ln x + 3 \Longleftrightarrow \ln x = -\dfrac{3}{2} \Longleftrightarrow x_3 = e^{-1,5}$

Überprüfung: $f'''(e^{-1,5}) \approx 2 \cdot e^{1,5} > 0$, d.h. konkav-konvex-WP bei 0,2231.

9) Untersuchung von f für $x \to 0^+$: $\lim\limits_{x \to 0^+} f(x) = \lim\limits_{x \to 0^+} x^2 \cdot \ln x = \,_{\text{,,}}0 \cdot -\infty\text{''}$.

Anwendung der Regel von L'Hôspital, siehe Aufg. 5.13 iii):

$$\lim\limits_{x \to 0^+} x^2 \cdot \ln x = \lim\limits_{x \to 0^+} \dfrac{\ln x}{\dfrac{1}{x}} = \lim\limits_{x \to 0^+} \dfrac{\dfrac{1}{x}}{\dfrac{-2}{x^3}} = \lim\limits_{x \to 0^+} -\dfrac{1}{2}\,x^2 = 0^- , \text{ siehe Graph.}$$

iv) $f(x) = (x+1)^3 \cdot \sqrt[3]{x^2} = (x+1)^3 \cdot x^{2/3}$

$f'(x) = \dfrac{1}{3}(x+1)^2 \cdot (11x^{2/3} + 2x^{-1/3})$

$f''(x) = \dfrac{1}{9}(x+1) \cdot (88x^{2/3} + 32x^{-1/3} - 2x^{-4/3})$

$f'''(x) = \dfrac{1}{27}(440x^{2/3} + 240x^{-1/3} - 30x^{-4/3} + 8x^{-7/3})$

1) $D_f = \mathbb{R}$ **2)** $f(-x) \neq f(x)$: keine Symmetrie

3) Nullstellen: $x_1 = -1$; $x_2 = 0$

4) f ist in D_f überall stetig.

5) f ist in $D_f \backslash \{0\}$ differenzierbar;

in $x = 0$ existiert $f'(x)$ nicht,

$\lim\limits_{x \to 0\pm} f'(x) = \pm \infty$ *(„Spitze")*

6) rel. Extrema: $x_3 = -1$ (k.A.); $x_4 = -\dfrac{2}{11}$ (M)

$f''(-1) = 0$, d.h. zunächst keine Aussage

möglich *(siehe unten Punkt 7))*.

Für die (nicht differenzierbare) Stelle $x = 0$ folgt aus Satz 6.2.58: Da für $-2/11 < x < 0$ die Ableitung $f'(x)$ negativ ist und für $x > 0$ die Ableitung $f'(x)$ positiv ist, wechselt $f'(x)$ beim Durchgang durch $x = 0$ das Vorzeichen, somit liegt an der Stelle $x_2 = 0$ ein relatives Minimum von f vor *(siehe Graph)*.

7) Wendepunkte: $f''(x) = 0 \underset{x \neq 0}{\Longleftrightarrow} x+1 = 0 \vee 88x^{2/3} + 32x^{-1/3} - 2x^{-4/3} = 0 \Longleftrightarrow x_3 = -1$

Multiplikation des letzten Terms mit $x^{4/3}$ liefert: $88x^2 + 32x - 2 = 0 \Longleftrightarrow$

$x_5 = -0{,}4180$; $x_6 = 0{,}0544$.

Überprüfung: $f'''(-1) = 6 > 0$, d.h. konkav-konvex-WP für $x_3 = -1$.

Wegen $f'(-1) = 0$ (s. 6)) ist dieser Wendepunkt ein sog. „Sattelpunkt".

$f'''(x_5) \approx -8{,}6 < 0$, d.h. konvex-konkav-Wendepunkt bei $x = x_5$.

$f'''(x_6) \approx 236{,}1 > 0$, d.h. konkav-konvex-Wendepunkt bei $x = x_6$.

v) 1) $D_f = \{x \in \mathbb{R} \mid 0 \le x \le 8\}$

3) Nullstellen *(jedes Teilintervall muss separat auf Nullstellen untersucht werden – dasselbe gilt für Stetigkeit, Differenzierbarkeit, Extrema und Wendepunkte!)*

Einzige Nullstelle: $x_1 = 3 + \sqrt{2} \approx 4{,}4142$

4) stetig in 2 und 5, in 4 ist f unstetig (Sprung)

5) differenzierbar in 5;
nicht differenzierbar in $x_2 = 2$ (Ecke)
und $x_3 = 4$ (Sprung);

6) relative Maxima liegen vor für
$x_4 = 1 ; f(1) = 2 ; \quad x_5 = 7 ; f(7) = 6$
rel. Min.: $x_2 = 2 ; f(2) = 1$

7) konvex/konkav-Wendepunkt: (5; 2)

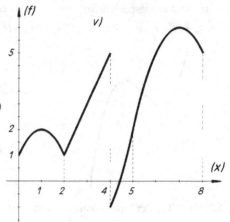

6.2.68: **i)** Graphische Beispiele für *stetig differenzierbare* Funktionen mit den in der Aufgabenstellung verlangten Eigenschaften:

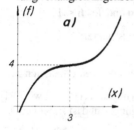 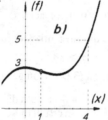 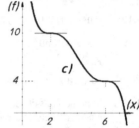

ii) Graphische Beispiele für *stetige* Funktionen *(Ecken möglich)* mit den in der Aufgabenstellung verlangten Eigenschaften:

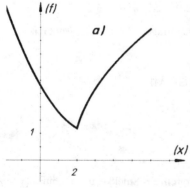 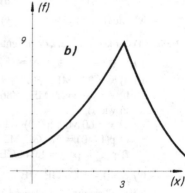

6.3.17:

Zu prüfen ist bei allen Teil-Aufgaben, ob der Graph von x(r) die für einen ertragsgesetzlichen Verlauf typische Gestalt (wie in nebenstehender Abbildung) besitzt.

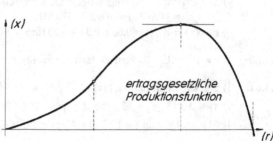

ertragsgesetzliche Produktionsfunktion

i) nicht ertragsgesetzlich

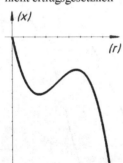

ii) ertragsgesetzlich

iii), iv) nicht ertragsgesetzlich

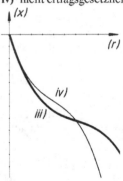

6.3.18:   Typ der Produktionsfunktion: $x(r) = ar^3 + br^2 + cr + d$ $(a \neq 0; r \geq 0)$.

Bedingungen für ertragsgesetzlichen Verlauf:

$x(0) = 0$; $x'(0) \geq 0$; $x''(r_s) = 0$ für $r_s > 0$ mit $x'''(r_s) < 0$. Daraus ergeben sich folgende Bedingungen für die Koeffizienten von $x(r)$: $a < 0$; $b > 0$; $c \geq 0$; $d = 0$.

6.3.19:   Aus: $x(r) > 0$, $x'(r) > 0$, $x''(r) < 0$ ergibt sich: **$a > 0$ und $0 < b < 1$**.

6.3.20:   Die Zuordnungsvorschrift für die Gesamtkostenfunktion K lautet:

$K(x) = x^3 - 12x^2 + cx + 98$ mit $c > 48$

$K(x)$ ist nicht eindeutig bestimmt (3 Bedingungen gegeben, aber 4 Koeffizienten gesucht)

6.3.21:   Eine neoklassische Produktionsfunktion muss die Bedingungen: $x'(r) > 0$ sowie $x''(r) < 0$ für $r > 0$ erfüllen. Die gegebene Funktion erfüllt diese Bedingungen und ist somit neoklassisch.

6.3.22:   **i)** $k(x) = 160 \cdot x^{-0,3219}$ **ii)** Gesamtproduktionsmenge: $x = 9554,21$ ME

6.3.58:   **i)** $x = 8$ ME   **ii)** $x = 12$ ME   **iii)** $x = 20$ ME (z.B. mit Regula falsi)

iv) wie i)   **v)** $K'(20) = k(20) = 54$ GE/ME

6.3.59:   **i)** für keinen Preis, da der entsprechende Nachfragerückgang bei *jedem* Preis 3,33 ME beträgt.

ii) $k_v'(x) = 0$ $\Rightarrow$ $x = 75$ ME

iii) a) $x = 220$ ME; $p(220) = 978$ GE/ME
b) $x = 86,6422$ ME; $p(86,64) = 1.018$ GE/ME
c) wie a)
d) $x = 60$ ME; $p(60) = 1.026$ GE/ME
e) $p(1740) = 522$ GE/ME
f) $p_{max} = p(0) = 1.044$ GE/ME

iv) $p(50) = 1029$ GE/ME

v) a) Gesucht ist die langfristige Preisuntergrenze = Stückkostenminimum ($x = 96,48$ ME),
$p_{min} = k(96,48) = 109,82$ GE/ME
b) $p(x) = K'(x) = 0,03x^2 - 3x + 120$ für $x \geq 96,48$ ME, $p_{min} = K'(96,48) = 109,82$ GE/ME

6.3.60:   **i)** $r = 15$ ME_r **ii)** kein rel. Extremum **iii)** $r = 22,5$ ME_r **iv)** $r = 22,5$ ME_r *(wie iii))*

6.3.61:   **i)** Stückkostenfunktion $k(x) = \dfrac{16 \cdot r(x)}{x} = x + \dfrac{1600}{x}$ $\Rightarrow$ Betriebsoptimum: $x = 40$ ME

ii) $x_1 = 3,345 / x_2 = 136,655$ d.h. $p_1 = 148,36$ GE/ME ; $p_2 = 481,64$ GE/ME

iii) Maximalgewinn (= 15.550 GE) $p = 315$ GE/ME (d.h. $x = 70$ ME)

6.3.62-I: **i)** $E'(x) = 0$ liefert zwei relative Erlösmaxima: $x_1 = 45$ ME ; $x_2 = 130$ ME. Wegen $E(45) =$ 4050 GE und $E(130) = 5070$ GE: Erlösmaximum bei 130 ME ($p = 39$ GE/ME).

ii) Es gibt zwei Gewinnzonen: [27,05 ME ; 55,45 ME] und [72,98 ME ; 137,02 ME].

iii) Gewinnvergleich für die beiden relativen Maxima $x_1 = 41,25$ ME und $x_2 = 105$ ME: Wegen $G(41,25) = 403,13$ GE, $G(105) = 307,50$ GE: G wird maximal für $x_1 = 41,25$ ME.

6.3.62-II: **i)** **a)** Max.: $x_1 = 14,3150$ ME, $p = 36,37$ GE/ME, $G_{max} = 183,8207$ GE

b) kein rel. Max., absolutes Max. für $x_1 = 10$ ME, $p = 45$ GE/ME, $G_{max} = 50$ GE

ii) Im Berührpunkt von K und E muss gelten: $K' = E'$ sowie $K = E$ (bzw. $k = p$). Diese Gleichungen besitzen keine Lösungen, also Nahtstellen $x = 10$ ($K' = 35$) und $x = 20$ ($K' = 20$) vergleichen: Max. Grenzkosten also für $x = 10$ ME, Kostenfunktion: $K(x) = 100 + 35x$.

6.3.63-I: **i)** **a)** Produktionslos: 3.200 Stück pro Los; 15 Lose pro Jahr; Gesamtrüstkosten = Gesamtlagerkosten = 115.200 €/J., Gesamtkosten 230.400 €/Jahr

b) Produktionslos: $7.155,42 \approx 7.155$ Stück pro Los $\Rightarrow$ 6,71 Lose pro Jahr *(gerundet)*; Gesamtrüstkosten ≈ 51.533 €/J. $\approx$ Gesamtlagerkosten = 51.516 €/J.

6.3.64: Gesamtkostenfunktion K der Materialausgabe: $K(x) = 20\,(x + \dfrac{16}{x}) \rightarrow$ Min. $\Rightarrow$ Das Werk sollte 4 Arbeiter in der Materialausgabe einsetzen. (mittlere Wartezeit: $t = 5$ Minuten; minimale Gesamtkosten: $K(4) = 160$ €/h)

6.3.65: **i)** Anfangskapazität im Jahre 2000: $P(0) = 35$ LE.

ii) Max. Produktionskapazität von 55 LE wird im Jahre 2020 erreicht ($t = 20$).

6.3.66: **i)** Bei Marktanteil 36 % wird die max. Rentabilität von 29,8 % erreicht

ii) Die Schwellen liegen bei 18,80 % und 53,20 % Marktanteil

iii) Unternehmensverlust von 6,164 Mio. €

6.3.67: **i)** Segmentierungsgrad muss mindestens 50 % betragen

ii) Segmentierungsgrad 83,33 % führt zum max. Gesamtgewinn von 133,33 T€

6.3.68: **i)** Gewinnmax. Menge: $x_G = 4,1943$ ME; Steuern $T = 100,66$ GE; $G_{max} = 14,39$ GE.

ii) Jetzt sind Mengen-Steuerhöhe t und gewinnmaximale Menge x voneinander abhängige Variable, denn die Produzenten haben für jedes t andere Kosten und somit auch andere Gewinnmaxima. Da die Produzenten im Gewinnmaximum operieren sollen, erhält man auf übliche Weise die Gewinnmaximierungsbedingung, die dann auch die noch unbestimmte Mengen-Steuerhöhe t enthält:

Mit $\quad K(x) = x^3 - 12x^2 + (60+t)\cdot x + 98 \quad$ lautet die Gewinnfunktion G:

$G(x) = -x^3 + 2x^2 + (60-t)\cdot x - 98 \rightarrow$ max.; $G' \overset{!}{=} 0$ d.h.

$G'(x) = -3x^2 + 4x + 60 - t = 0$, d.h. $t = t(x) = -3x^2 + 4x + 60$ (∗)

Zu maximieren ist die Gesamtsteuer $T = t \cdot x$, wobei in t (= t(x) siehe (∗)) die Gewinnmaximierungsbedingung bereits berücksichtigt ist:

$$T = T(x) = t \cdot x = (-3x^2 + 4x + 60)\cdot x = -3x^3 + 4x^2 + 60x \rightarrow \text{max.;}$$

$$-9x^2 + 8x + 60 \overset{!}{=} 0 \iff x_1 = 3,0644 \text{ ME } (x_2 < 0) \Rightarrow t = 44,0860 \text{ GE/ME}$$

$\Rightarrow \quad T = t \cdot x = 44,0860$ GE ; $\quad G_{max} = -59,2284$ GE ; $\quad p = 89,3560$ GE/ME .

iii) Gewinnmax. Menge: $x_G = 5,1882$ ME, also identisch mit der gewinnmaximalen Outputmenge *ohne* Gewinnsteuer – siehe Beispiel 6.3.45 *(wieso?)*

6.3.69: **i)** Wegen $k'_v(x) = \dfrac{4}{(x+9)^2} > 0$: Ein Betriebsminimum existiert nicht.

ii) **a)** 22,08 h nach dem Unfall

b) $(50t + 4)e^{-t} = 2,98889$. Regula falsis: $t = 4,2924$ Tage (≈ 103 h) seit dem Unfall

iii) **a)** $b'(B) = 0{,}045 \cdot e^{-0{,}005B} > 0$, also ist b monoton steigend.

    b) $\lim\limits_{B \to \infty} (10 - 9 \cdot e^{-0{,}005B}) = 10$ Bilder/Monat *(theoretische Obergrenze)*

iv) 20% p.a.   **v)** Randminimum für $x = 200$ Besucher pro Vorstellung

vi) **a)** 9,60% p.a.   **b)** $I'(i) < 0$, d.h. Randmax. „links" für $i = 0\%$

6.3.70: **i)**   122,62 GE/Jahr   **ii)**   819,51 GE/kg   **iii)**   Bohrabstand 1,2427 LE

     iv) **a)** 60 GE/h ; Lohnsumme 10.800 GE/Monat **b)** $p = 80$ GE/h $\Rightarrow L_{max} = 12.800$ GE

     v)   **b)** 50%   **c)** Für **jedes** a hat die betreffende Elastizität den Wert 0,75

     vi) $v = 80$ km/h   **vii)**   optimale Stöckelhöhe 6,708 cm $\approx$ 6,7 cm

6.3.96: **i)** $\varepsilon_{f,x} \equiv 7$ **ii)** $\varepsilon_{f,x} \equiv n$ **iii)** $\varepsilon_{f,x}(x) = \dfrac{12x^3 + 4x^2 - x}{4x^3 + 2x^2 - x + 1}$ **iv)** $\varepsilon_{f,x}(x) = \dfrac{38x}{(8x+2)(3x-4)}$

     v) $\varepsilon_{f,x}(x) = 1 - 5x$ **vi)** $\varepsilon_{f,x}(x) = \dfrac{x^2}{x^2+1} - \dfrac{1}{x}$ **vii)** $\varepsilon_{f,x}(x) = 3 + \dfrac{2x^2}{(x^2+1) \cdot \ln(x^2+1)}$

    viii) $\varepsilon_{f,x}(x) = 4 + x \cdot \ln 2$ **ix)** $\varepsilon_{f,x}(x) = 2x \cdot (\ln(3x) + 1)$ **x)** $\varepsilon_{f,x}(x) = bx$

6.3.97: **i)** $\varepsilon_{f,x}(x) = \dfrac{3 \cdot 4x^3 + 5 \cdot 20x^5}{4x^3 + 20x^5} = \dfrac{3 + 25x^2}{1 + 5x^2}$ **ii)** $\varepsilon_{f,x} = -2x+5$ **iii)** $\varepsilon_{f,x}(x) = 0{,}1x - 3{,}5$

6.3.99: **1)** **i)** **a)** $\varepsilon_{x,p}(5) = -1{,}25$ bedeutet, dass die Nachfrage x sich (näherungsweise) um 1,25%

               verringert, wenn der Preis p sich – ausgehend von 5 GE/ME – um 1% erhöht

         b) $\varepsilon_{x.p}$ kann nicht gebildet werden, da $x(9) = 0$

         c) $p = 100$ liegt nicht im Definitionsbereich

         d) $p = 600$ liegt nicht im Definitionsbereich

      ii) $p = 6$ GE/ME   **iii)** $\varepsilon_{x,p}(p) = -1$ $\Rightarrow$ $p = 4{,}5$ GE/ME $\Rightarrow$ $x = 9$ ME

    2) **i)** **a)** $\varepsilon_{x,p}(5) = -5/7$ **b)** $\varepsilon_{x,p}(9) = -3$ **c)** $100 \notin D_x$ **d)** $600 \notin D_x$

      ii) $p = 8$ GE/ME   **iii)** $p = 6$ GE/ME $\Rightarrow$ $x = 60$ ME

    3) **i)** **a)** $\varepsilon_{x,p}(5) = -1$ **b)** $\varepsilon_{x,p}(9) = -1{,}8$ **c)** $\varepsilon_{x,p}(100) = -20$ **d)** $\varepsilon_{x,p}(600) = -120$

      ii) $p = 10$ GE/ME   **iii)** $p = 5$ GE/ME $\Rightarrow$ $x = 3{,}68$ ME

    4) **i)** $\varepsilon_{x,p} = \dfrac{1}{\ln p - \ln 800}$:   **a)** $\varepsilon_{x,p}(5) = -0{,}1970$ **b)** $\varepsilon_{x,p}(9) = -0{,}2228$

         c) $\varepsilon_{x,p}(100) = -0{,}4809$ **d)** $\varepsilon_{x,p}(600) = -3{,}4761$

      ii) $p = 800e^{-0{,}5} \approx 485{,}22$ GE/ME

     iii) $p = 800e^{-1}$ GE/ME $\Rightarrow$ $x = 100$ ME

6.3.100: Es gilt (mit $x^* = ax$; $f^* = bf$ $(a, b \neq 0)$):

$$\varepsilon_{f^*,x^*} = \dfrac{\dfrac{df^*}{dx^*}}{f^*} \cdot x^* = \dfrac{\dfrac{d(bf)}{d(ax)}}{bf} \cdot ax = \dfrac{\dfrac{b \cdot df}{a \cdot dx}}{bf} \cdot ax = \dfrac{\dfrac{df}{dx}}{f} \cdot x = \varepsilon_{f,x} \; , \text{ w.z.b.w.}$$

6.3.117: **i) a)** Die Nachfrage ist elastisch $(\varepsilon_{x,p} < -1)$ für $p > 25$ GE/ME $(< 50\,\text{GE/ME})$

       b) Elastische Nachfrage für $p > 44{,}1455$ GE/ME $(< 120\,\text{GE/ME})$

    ii) a) $\varepsilon_{E,p} = \dfrac{20 - 0{,}8p}{20 - 0{,}4p} = -5$ $\Rightarrow$ $p = 42{,}86$ GE/ME   **b)** $p = 101{,}58$ GE/ME.

6.3.118: **i)** $\varepsilon_{E,W}(800) = 0{,}4997 \approx 0{,}5$ **ii)** $\varepsilon_{E,Y}(4000) = 200/1201 \approx 1/6$

                                    (d.h. Erhöhung um 3% $\cdot \varepsilon_{E,Y} \approx 0{,}5\%$)

6.3.119: $\varepsilon_{E,p} = 1 + \varepsilon_{x,p} = 0{,}8 > 0$, also Umsatzwachstum um ca. $0{,}8\%$ pro 1% Preissteigerung

6.3.120: $\varepsilon_{K,x} = 1 + \varepsilon_{k,x} = 1 + \dfrac{k'(x)}{k(x)} \cdot x = 1$, da im Betriebsoptimum gilt: $k'(x) = 0$

6.3.121: $\varepsilon_{E',p}(150) = 3$, aber $E''(p) = -1 < 0$ *(da $E'(150)$ im IV. Quadranten liegt)*

6.3.122: **i)** Für $f(x) = a \cdot x^n$ gilt: $\varepsilon_{f,x} = \dfrac{f'(x)}{f(x)} \cdot x = \dfrac{a \cdot n \cdot x^{n-1}}{a \cdot x^n} \cdot x = n = \text{const.}$ *(f ist isoelastisch)*

ii) $x(p) = 114{,}7648 \cdot p^{-0{,}383}$ bzw. $p(x) = 238.830{,}95 \cdot x^{-2{,}6110}$ *(p in €/t, x in Mio. t)*

iii) a) $x(p) = \dfrac{10}{p}$ bzw. $p(x) = \dfrac{10}{x}$ **b)** $x(p) \equiv 5$ **c)** $p(x) \equiv 2$

6.3.123: $\sigma_{A,K} = 1$, d.h. wenn sich das Verhältnis der Grenzproduktivitäten um 1% ändert, so auch das Einsatzverhältnis der Produktionsfaktoren *(gilt allgemein für Cobb-Douglas-Funktionen)*.

6.3.137: **i)** Die graphische Ermittlung der Elastizitätswerte erfolgt anhand der Abb. in der Aufgabenstellung *(etwa nach Lehrbuch 6.3.138 nach Satz 6.3.125/128)*. Einige Beispiele zeigt die nachfolgende Skizze *(Abweichungen durch zeichnerische Ungenauigkeiten bedingt)*:

ungefähre Elastizitätswerte:

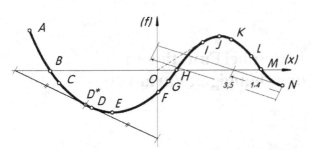

$\varepsilon_{f,x}(A) = 8{,}2/1{,}2 = 6{,}8$
$\varepsilon_{f,x}(C) = -3{,}8/0{,}4 = -9{,}5$
$\varepsilon_{f,x}(E) = \text{„}1{,}2/\infty\text{"} = 0$
$\varepsilon_{f,x}(G) = -0{,}4/0{,}4 = -1$
$\varepsilon_{f,x}(I) = 1{,}4/1{,}4 = 1$
$\varepsilon_{f,x}(K) = -2{,}1/1{,}8 = -1{,}2$
$\varepsilon_{f,x}(M) = \text{„}4{,}5/0\text{"} = \text{„}\pm\infty\text{"}$
$\varepsilon_{f,x}(N) = 3{,}5/1{,}4 = 2{,}5$

6.3.139: **i)** Aus der Abbildung ermittelt man *(siehe Lösung zu Aufgabe 6.3.137)* näherungsweise:

a) Produktionsfunktion x: x(r):

$\varepsilon_{x,r}(P) = \text{„}0{,}8/0^+\text{"} = \text{„}\infty\text{"}$
$\varepsilon_{x,r}(Q) = 2{,}2/0{,}5 = 4{,}4$
$\varepsilon_{x,r}(R) = 4{,}2/1{,}1 = 3{,}8$
$\varepsilon_{x,r}(S) = 3/3 = 1$
$\varepsilon_{x,r}(T) = \text{„}2{,}7/\infty\text{"} = 0$
$\varepsilon_{x,r}(U) = -9{,}7/1{,}3 = -7{,}5$
$\varepsilon_{x,r}(V) = \text{„}{-}20/0^+\text{"} = \text{„}{-}\infty\text{"}$

b) Kostenfunktion K: K(x):

$\varepsilon_{K,x}(P) = 0/1{,}3 = 0$
$\varepsilon_{K,x}(Q) = 0{,}8/2{,}6 = 0{,}3$
$\varepsilon_{K,x}(R) = 2{,}3/8{,}7 = 0{,}3$
$\varepsilon_{K,x}(S) = 4{,}5/4{,}5 = 1$
$\varepsilon_{K,x}(T) = 8{,}5/3{,}2 = 2{,}7$

ii) In S ist Fahrstrahl = Tangente, d.h. die Grenzfunktion $f'(x)$ hat denselben Wert wie die Durchschnittsfunktion $f(x)/x$. Im Fall der Produktionsfunktion liegt daher in S das Maximum der Durchschnittsertrages bzw. das Minimum der Stückkosten („Betriebsoptimum").

6.3.161: **i)** Das Schwabesche Gesetz ist in beiden Fällen erfüllt, da im jeweiligen (positiven) Elastizitätsterm $\varepsilon_{W,C}$ stets der Zähler kleiner ist als der Nenner, m.a.W. gilt: $0 < \varepsilon_{W,C} < 1$.

ii) In beiden Fällen sind die konsumbezogenen Grenzausgaben $W'(C)$ kleiner als die durchschnittlichen Wohnungsausgaben (bzgl. des Gesamtkonsums) $W(C)/C$.

6.3.162: Eine neoklass. Produktionsfunktion $x(r) = a \cdot r^b$ *(r > 0)* genügt dem 1. Gossenschen Gesetz,

wenn   **i)**   der Ertrag $x(r)$ stets positiv ist;

        ii)   mit zunehmendem Input r *(> 0)* auch der Output $x(r)$ zunimmt *(d.h. wenn die Prod.funktion monoton steigend ist)*;

        iii)   die Ertragszuwächse mit steigendem Input immer kleiner werden *(d.h. wenn die Produktionsfunktion konkav gekrümmt ist)*.

Aus   i) folgt: $x(r) = a r^b > 0$ $\Leftrightarrow$ $a > 0.$

Aus   ii) folgt: $x'(r) = a b r^{b-1} > 0$ $\Leftrightarrow$ $b > 0.$

Aus   iii) folgt: $x''(r) = ab(b-1)r^{b-2} < 0$ $\Leftrightarrow$ $b < 1$,   w.z.b.w.

6.3.163: Wie 6.3.161: $\varepsilon_{N,C}$ ist stets kleiner 1, da (positiver) Zähler kleiner als (positiver) Nenner.

6.3.165: Gewinnfunktion: $G(r) = E(x(r)) - K(r) = p \cdot x - p_r \cdot r = p(x(r)) \cdot x(r) - p_r(r) \cdot r$
(p: Outputpreis; x: Output; p_r: Inputpreis; r: Input)

Aus der notwendige Bedingung für einen gewinnmaximalen Faktoreinsatz $G'(r) = 0$ folgt:

i) $G'(r) = 0$ $\Leftrightarrow$ $p'(x) \cdot x'(r) \cdot x(r) + p(x) \cdot x'(r) - p_r'(r) \cdot r - p_r(r) = 0$ $\Leftrightarrow$ Behauptung

ii) Aus **i)** folgt wegen $E'(x) = x \cdot p'(x) + p(x)$ sowie $K'(r) = r \cdot p_r'(r) + p_r(r)$ Behauptung

iii) Aus **ii)** $\Rightarrow x'(r) = K'(r)/E'(x)$ und daraus mit Amoroso-Robinson-Relation die Behauptung

iv) Aus **iii)** folgt mit (6.3.107) sowie (6.3.109) (Amoroso-Robinson-Relation) die Behauptung

v) entspricht **ii)**

7 Differentialrechnung bei Funktionen mit mehreren unabhängigen Variablen

7.1.15: **i)** $\dfrac{\partial f}{\partial x} = 3x^2 y^3 + y^2$; $\dfrac{\partial f}{\partial y} = 3x^3 y^2 + 2xy$

ii) $\dfrac{\partial f}{\partial x} = 6x + 5y$; $\dfrac{\partial f}{\partial y} = -8y + 5x + 4$

iii) $\dfrac{\partial K}{\partial x_1} = \dfrac{5}{x_2}$; $\dfrac{\partial K}{\partial x_2} = \dfrac{-5x_1}{x_2^2}$

iv) $\dfrac{\partial f}{\partial x} = \dfrac{(3x^3 - 6xy)(3x+2y^2) - (x^4 - 3x^2 y) \cdot 3}{(3x+2y^2)^2} = \dfrac{9x^4 + 8x^3 y^2 - 9x^2 y - 12xy^3}{(3x+2y^2)^2}$;

$\dfrac{\partial f}{\partial y} = \dfrac{-3x^2 \cdot (3x+2y^2) - (x^4 - 3x^2 y) \cdot 4y}{(3x+2y^2)^2} = \dfrac{-9x^3 - 4x^4 y + 6x^2 y^2}{(3x+2y^2)^2}$

v) $\dfrac{\partial g}{\partial x} = 10xyz^4 - 40\dfrac{y^2}{x^6}$; $\dfrac{\partial g}{\partial y} = 5x^2 z^4 + \dfrac{16y}{x^5}$; $\dfrac{\partial g}{\partial z} = 20x^2 yz^3$

vi) $\dfrac{\partial K}{\partial x_1} = 4x_2 \cdot e^{4x_1 + 5x_3}$; $\dfrac{\partial K}{\partial x_2} = e^{4x_1 + 5x_3}$; $\dfrac{\partial K}{\partial x_3} = 5x_2 \cdot e^{4x_1 + 5x_3}$

vii) $\dfrac{\partial p}{\partial r_1} = 2r_1 \cdot \ln(r_1 r_3) + r_1 + 2r_2 \cdot e^{-2r_1 r_2}$; $\dfrac{\partial p}{\partial r_2} = 2r_1 \cdot e^{-2r_1 r_2}$; $\dfrac{\partial p}{\partial r_3} = \dfrac{r_1^2}{r_3}$

viii) $\dfrac{\partial x}{\partial A} = 102 \cdot A^{-0,15} K^{0,3}$; $\dfrac{\partial x}{\partial K} = 36 \cdot A^{0,85} K^{-0,7}$

ix) $\dfrac{\partial f}{\partial u} = 3u^2 \sqrt{2v}$; $\dfrac{\partial f}{\partial v} = (w \ln w + u^3) \dfrac{1}{\sqrt{2v}}$; $\dfrac{\partial f}{\partial w} = \sqrt{2v}\,(\ln w + 1)$

x) $\dfrac{\partial L}{\partial x} = 2,4 \cdot x^{-0,7} y^{0,7} - 6\lambda$; $\dfrac{\partial L}{\partial y} = 5,6 \cdot \left(\dfrac{x}{y}\right)^{0,3} - 5\lambda$; $\dfrac{\partial L}{\partial \lambda} = 200 - 6x - 5y$

xi) $\dfrac{\partial L}{\partial r_1} = \dfrac{2r_1}{\sqrt{r_1^2 + 3r_2^2 - 5r_3^2}} - \lambda_1 - \lambda_2 r_2 r_3$; $\qquad \dfrac{\partial L}{\partial r_2} = \dfrac{6r_2}{\sqrt{r_1^2 + 3r_2^2 - 5r_3^2}} - 2\lambda_1 - \lambda_2 r_1 r_3$;

$\dfrac{\partial L}{\partial r_3} = \dfrac{-10r_3}{\sqrt{r_1^2 + 3r_2^2 - 5r_3^2}} + \lambda_1 - \lambda_2 r_1 r_2$; $\qquad \dfrac{\partial L}{\partial \lambda_1} = 10 - r_1 - 2r_2 + r_3$; $\qquad \dfrac{\partial L}{\partial \lambda_2} = 20 - r_1 r_2 r_3$

xii) $\dfrac{\partial f}{\partial x} = y \cdot (x^3 \cdot y^2)^{y-1} \cdot 3x^2 y^2 = 3x^2 y^3 \cdot (x^3 \cdot y^2)^{y-1}$;

$\dfrac{\partial f}{\partial y} = \dfrac{\partial}{\partial y} e^{y \cdot \ln(x^3 y^2)} = (x^3 y^2)^y \cdot \{1 \cdot \ln(x^3 y^2) + y \cdot \dfrac{2x^3 y}{x^3 y^2}\} = (x^3 y^2)^y \cdot \{\ln(x^3 y^2) + 2\}$

xiii) $\dfrac{\partial f}{\partial x} = 2y^{3x} \cdot (3 \cdot \ln y \cdot \ln\dfrac{x}{y} + \dfrac{1}{x})$; $\qquad \dfrac{\partial f}{\partial y} = 2y^{3x} \cdot (\dfrac{3x}{y}\ln\dfrac{x}{y} - \dfrac{1}{y}) = 2y^{3x-1}(3x \cdot \ln\dfrac{x}{y} - 1)$

7.1.19: i) $\dfrac{\partial y}{\partial L}(1000;200) = 52{,}1841$; $\qquad \dfrac{\partial y}{\partial K}(1000;200) = 65{,}2302$

Bei einer Ausgangssituation von 1000 Arbeitseinheiten und 200 GE erhöht sich der Ertrag um 52,1841 Einheiten, wenn c.p. eine Arbeitseinheit mehr, bzw. um 65,2302 Einheiten, wenn c.p. eine GE mehr eingesetzt wird.

ii) Erst ableiten, dann K = 8L setzen $\Rightarrow$ $\dfrac{\partial y}{\partial L} = 109{,}1316 \, \dfrac{GE_y}{AE}$, $\quad \dfrac{\partial y}{\partial K} = 3{,}4104 \, \dfrac{GE_y}{GE}$

7.1.20: i) $\dfrac{\partial x_1}{\partial p_1} = -0{,}5 \, \dfrac{ME_1}{GE/ME_1}$; $\dfrac{\partial x_1}{\partial p_2} = 2 \, \dfrac{ME_1}{GE/ME_2}$; $\dfrac{\partial x_2}{\partial p_1} = 0{,}8 \, \dfrac{ME_2}{GE/ME_1}$; $\dfrac{\partial x_2}{\partial p_2} = -1{,}5 \, \dfrac{ME_2}{GE/ME_2}$

d.h. z.B.: Wenn der Preis p_2 des zweiten Gutes –c.p.– um 1 GE/ME$_2$ steigt, so steigt die Nachfrage x_1 nach dem ersten Gut um 2 ME$_1$ usw.

ii) Aus i) folgt: Da die Nachfrage nach einem Gut mit zunehmendem Preis des *gleichen* Gutes c.p. abnimmt, aber mit zunehmendem Preis des *anderen* Gutes c.p. zunimmt, handelt es sich um substitutive Güter (*z.B.* Butter/Margarine).

iii) a) $\dfrac{\partial E_1}{\partial p_1}(8;5) = 12 \, \dfrac{GE}{GE/ME_1}$; $\qquad \dfrac{\partial E_1}{\partial p_2}(8;5) = 16 \, \dfrac{GE}{GE/ME_2}$

$\dfrac{\partial E_2}{\partial p_1}(8;5) = 4 \, \dfrac{GE}{GE/ME_1}$; $\qquad \dfrac{\partial E_2}{\partial p_2}(8;5) = 6{,}4 \, \dfrac{GE}{GE/ME_2}$

Vom gegebenen Preisniveau ausgehend erhöht sich der Erlös des 1. Gutes bei einer Preiserhöhung des 1. Gutes um 1 GE/ME um 12 GE, bei einer Preiserhöhung des 2. Gutes um 16 GE. Der Erlös des 2. Gutes steigt bei einer Preiserhöhung des 2. Gutes um 1 GE/ME um 6,4 GE, bei einer Preiserhöhung des 1. Gutes um 1 GE/ME um 4 GE.

b) Aus dem vorgegebenen linearen Gleichungssystem $x_1 = x_1(p_1, p_2)$; $x_2 = x_2(p_1, p_2)$ erhält man durch Umkehrung (Lösung bzgl. p_1, p_2)

$$p_1 = \frac{30}{17}x_1 + \frac{40}{17}x_2 - \frac{900}{17} \; ; \quad p_2 = \frac{16}{17}x_1 + \frac{10}{17}x_2 - \frac{310}{17}$$

Daraus erhält man die beiden Erlösfunktionen $E_1 = x_1 p_1$ sowie $E_2 = x_2 p_2$ in Abhängigkeit der x_1, x_2. Zu den vorgegebenen Preisen $p_1 = 8$, $p_2 = 5$ gehören die Mengen $x_1 = 16$ ME$_1$, $x_2 = 13{,}9$ ME$_2$, so dass schließlich für die Grenzerlöse bzgl. der Mengen gilt:

$$\frac{\partial E_1}{\partial x_1}(8;5) = 36{,}24 \text{ GE/ME}_1 \; ; \quad \frac{\partial E_1}{\partial x_2}(8;5) = 37{,}65 \text{ GE/ME}_2 ,$$

d.h. erhöht man – ausgehend vom Preisniveau $p_1 = 8$, $p_2 = 5$ – c.p. die Menge um 1 ME$_1$ (*bzw. 1 ME$_2$*), so steigt der Erlös des *ersten* Produktes um 36,24 GE (*bzw. 37,65 GE*).

$$\frac{\partial E_2}{\partial x_1}(8;5) = 13{,}08 \text{ GE/ME}_1 \; ; \quad \frac{\partial E_2}{\partial x_2}(8;5) = 13{,}18 \text{ GE/ME}_2 ,$$

d.h. eine Mengenzunahme um 1 ME$_1$ (*bzw. 1 ME$_2$*) bewirkt eine Erlössteigerung des *zweiten* Produktes um 13,08 GE (*13,18 GE*).

7.1.28: Es gilt *(explizit ausrechnen!)*: $f_{yxx} = f_{xyx} = f_{xxy} = e^{xy}(4y + 5xy^2 + x^2y^3)$.

7.1.29: **i)** $f_{xx} = 6xy^3$; $f_{xy} = f_{yx} = 9x^2y^2 + 2y$; $f_{yy} = 6x^3y + 2x$

ii) $f_{xx} = 6$; $f_{xy} = f_{yx} = 5$; $f_{yy} = -8$

iii) $\dfrac{\partial^2 K}{\partial x_1^{\,2}} = 0$; $\dfrac{\partial^2 K}{\partial x_1 \partial x_2} = \dfrac{\partial^2 K}{\partial x_2 \partial x_1} = \dfrac{-5}{x_2^{\,2}}$; $\dfrac{\partial^2 K}{\partial x_2^{\,2}} = \dfrac{10 x_1}{x_2^{\,3}}$

iv) $f_{xx} = \dfrac{54x^4 + 96x^3 y^2 + 48x^2 y^4 - 24 y^5}{(3x+2y^2)^3}$; $f_{xy} = f_{yx} = \dfrac{-24x^4 y - 27x^3 - 32x^3 y^3 - 54x^2 y^2 + 24xy^4}{(3x+2y^2)^3}$

$f_{yy} = \dfrac{-12x^5 + 108x^3 y + 24x^4 y^2 - 24x^2 y^3}{(3x+2y^2)^3}$

v) $g_{xx} = 10yz^4 + 240 \cdot \dfrac{y^2}{x^7}$; $g_{xy} = g_{yx} = 10xz^4 - \dfrac{80y}{x^6}$;

$g_{xz} = g_{zx} = 40xyz^3$; $g_{yz} = g_{zy} = 20x^2 z^3$; $g_{yy} = \dfrac{16}{x^5}$; $g_{zz} = 60x^2 yz^2$

vi) $\dfrac{\partial^2 K}{\partial x_1^{\,2}} = 16x_2 \cdot e^{4x_1 + 5x_3}$; $\dfrac{\partial^2 K}{\partial x_1 \partial x_2} = \dfrac{\partial^2 K}{\partial x_2 \partial x_1} = 4 \cdot e^{4x_1 + 5x_3}$; $\dfrac{\partial^2 K}{\partial x_1 \partial x_3} = 20x_2 \cdot e^{4x_1 + 5x_3}$

$\dfrac{\partial^2 K}{\partial x_2^{\,2}} = 0$; $\dfrac{\partial^2 K}{\partial x_2 \partial x_3} = 5 \cdot e^{4x_1 + 5x_3}$; $\dfrac{\partial^2 K}{\partial x_3^{\,2}} = 25x_2 \cdot e^{4x_1 + 5x_3}$

vii) $\dfrac{\partial^2 p}{\partial r_1^{\,2}} = 2\ln(r_1 r_3) + 3 - 4r_2^{\,2} \cdot e^{-2r_1 r_2}$; $\dfrac{\partial^2 p}{\partial r_1 \partial r_2} = \dfrac{\partial^2 p}{\partial r_2 \partial r_1} = (2 - 4r_1 r_2) \cdot e^{-2r_1 r_2}$;

$\dfrac{\partial^2 p}{\partial r_1 \partial r_3} = \dfrac{2r_1}{r_3}$; $\dfrac{\partial^2 p}{\partial r_2^{\,2}} = -4r_1^{\,2} \cdot e^{-2r_1 r_2}$; $\dfrac{\partial^2 p}{\partial r_2 \partial r_3} = 0$; $\dfrac{\partial^2 p}{\partial r_3^{\,2}} = -\dfrac{r_1^{\,2}}{r_3^{\,2}}$

viii) $x_{AA} = -15{,}3 \cdot A^{-1,15} K^{0,3}$; $x_{AK} = x_{KA} = 30{,}6 \cdot A^{-0,15} K^{-0,7}$; $x_{KK} = -25{,}2 \cdot A^{0,85} K^{-1,7}$

ix) $f_{uu} = 6u \sqrt{2v}$; $f_{uv} = f_{vu} = \dfrac{3u^2}{\sqrt{2v}}$; $f_{uw} = f_{wu} = 0$;

$f_{vv} = \dfrac{-(w \cdot \ln w + u^3)}{\sqrt{(2v)^3}}$; $f_{vw} = f_{wv} = \dfrac{\ln w + 1}{\sqrt{2v}}$; $f_{ww} = \dfrac{\sqrt{2v}}{w}$

x) $L_{xx} = -1{,}68 \cdot y^{0,7} \cdot x^{-1,7}$; $L_{xy} = L_{yx} = 1{,}68 \cdot y^{-0,3} \cdot x^{-0,7}$; $L_{x\lambda} = L_{\lambda x} = -6$;

$L_{yy} = -1{,}68 \cdot x^{0,3} \cdot y^{-1,3}$; $L_{y\lambda} = L_{\lambda y} = -5$; $L_{\lambda\lambda} = 0$.

xi) $\dfrac{\partial^2 L}{\partial r_1^{\,2}} = \dfrac{6r_2^{\,2} - 10r_3^{\,2}}{\sqrt{(r_1^{\,2} + 3r_2^{\,2} - 5r_3^{\,2})^3}}$; $\dfrac{\partial^2 L}{\partial r_1 \partial r_2} = \dfrac{\partial^2 L}{\partial r_2 \partial r_1} = \dfrac{-6r_1 r_2}{\sqrt{(r_1^{\,2} + 3r_2^{\,2} - 5r_3^{\,2})^3}} - \lambda_2 r_3$

$\dfrac{\partial^2 L}{\partial r_1 \partial r_3} = \dfrac{\partial^2 L}{\partial r_3 \partial r_1} = \dfrac{10 r_1 r_3}{\sqrt{(r_1^{\,2} + 3r_2^{\,2} - 5r_3^{\,2})^3}} - \lambda_2 r_2$; $\dfrac{\partial^2 L}{\partial r_1 \partial \lambda_1} = \dfrac{\partial^2 L}{\partial \lambda_1 \partial r_1} = -1$

$\dfrac{\partial^2 L}{\partial r_1 \partial \lambda_2} = \dfrac{\partial^2 L}{\partial \lambda_2 \partial r_1} = -r_2 r_3$; $\dfrac{\partial^2 L}{\partial r_2^{\,2}} = \dfrac{6r_1^{\,2} - 30 r_3^{\,2}}{\sqrt{(r_1^{\,2} + 3r_2^{\,2} - 5r_3^{\,2})^3}}$; $\dfrac{\partial^2 L}{\partial r_2 \partial \lambda_1} = \dfrac{\partial^2 L}{\partial \lambda_1 \partial r_2} = -2$

$\dfrac{\partial^2 L}{\partial r_2 \partial r_3} = \dfrac{\partial^2 L}{\partial r_3 \partial r_2} = \dfrac{30 r_2 r_3}{\sqrt{(r_1^{\,2} + 3r_2^{\,2} - 5r_3^{\,2})^3}} - \lambda_2 r_1$; $\dfrac{\partial^2 L}{\partial r_2 \partial \lambda_2} = \dfrac{\partial^2 L}{\partial \lambda_2 \partial r_2} = -r_1 r_3$

$\dfrac{\partial^2 L}{\partial r_3^{\,2}} = \dfrac{-10 r_1^{\,2} - 30 r_2^{\,2}}{\sqrt{(r_1^{\,2} + 3r_2^{\,2} - 5r_3^{\,2})^3}}$; $\dfrac{\partial^2 L}{\partial r_3 \partial \lambda_1} = \dfrac{\partial^2 L}{\partial \lambda_1 \partial r_3} = 1$; $\dfrac{\partial^2 L}{\partial r_3 \partial \lambda_2} = \dfrac{\partial^2 L}{\partial \lambda_2 \partial r_3} = -r_1 r_2$

$\dfrac{\partial^2 L}{\partial \lambda_1^{\,2}} = \dfrac{\partial^2 L}{\partial \lambda_1 \partial \lambda_2} = \dfrac{\partial^2 L}{\partial \lambda_2 \partial \lambda_1} = \dfrac{\partial^2 L}{\partial \lambda_2^{\,2}} = 0$.

xii) $f_{xx} = 6xy^3 \cdot (x^3y^2)^{y-1} + 3x^2y^3 \cdot (y-1) \cdot (x^3y^2)^{y-2} \cdot 3x^2y^2 = 3xy^3 \cdot (x^3y^2)^{y-1} \cdot (3y-1)$;

$f_{xy} = 9x^2y^2 \cdot (x^3y^2)^{y-1} + 3x^2y^3 \cdot (x^3y^2)^{y-1} \cdot \{1 \cdot \ln(x^3y^2) + (y-1) \cdot \dfrac{2x^3y}{x^3y^2}\} =$

$= 3x^2y^2 \cdot (x^3y^2)^{y-1} \cdot (1 + y \cdot \ln(x^3y^2) + 2y) = f_{yx}$;

$f_{yy} = (x^3y^2)^y \cdot (1 \cdot \ln(x^3y^2) + y \cdot \dfrac{2}{y})(\ln(x^3y^2)+2) + (x^3y^2)^y \cdot \dfrac{2}{y} =$

$= (x^3y^2)^y \cdot \left((\ln(x^3y^2) + 2)^2 + \dfrac{2}{y}\right)$.

xiii) $f_{xx} = 2y^{3x} \cdot 3 \cdot \ln y \cdot (3 \cdot \ln y \cdot \ln \dfrac{x}{y} + \dfrac{1}{x}) + 2y^{3x} \cdot (3 \cdot \ln y \cdot \dfrac{1}{x} - \dfrac{1}{x^2}) =$

$= 2y^{3x} \cdot \left(9 (\ln y)^2 \ln \dfrac{x}{y} + \dfrac{6 \cdot \ln y}{x} - \dfrac{1}{x^2}\right)$;

$f_{xy} = 2 \cdot 3x \cdot y^{3x-1} \cdot (3 \cdot \ln y \cdot \ln \dfrac{x}{y} + \dfrac{1}{x}) + 2y^{3x} \cdot (\dfrac{3}{y} \cdot \ln \dfrac{x}{y} + 3 \cdot \ln y \cdot \dfrac{-1}{y}) =$

$= 6y^{3x-1} \cdot \left(3x \cdot \ln y \ln \dfrac{x}{y} + 1 + \ln \dfrac{x}{y} - \ln y\right) = f_{yx}$;

$f_{yy} = 2 \cdot (3x-1) \cdot y^{3x-2} \cdot (3x \cdot \ln \dfrac{x}{y} - 1) + 2y^{3x-1} \cdot \dfrac{-3x}{y} =$

$= 2y^{3x-2} \cdot \left(9x^2 \cdot \ln \dfrac{x}{y} - 3x \cdot \ln \dfrac{x}{y} - 6x + 1\right)$.

7.1.35: a) $y_A(2;5) = 12 > 0$; $y_K(2;5) = -147 < 0$; $y_{AA}(2;5) = -62 < 0$

$y_{KK}(2;5) = -72 < 0$; $y_{AK}(2;5) = y_{KA}(2;5) = 8 > 0$:

In der Umgebung der Inputkombination (2;5) verläuft die Produktionsfunktion y monoton steigend bzgl. A, monoton fallend bzgl. K; die Krümmung bzgl. beider Parameter ist konkav, d.h. die Grenzproduktivitäten der Arbeit und des Kapitals sinken. Die Grenzproduktivität der Arbeit nimmt mit steigendem Kapitaleinsatz zu und umgekehrt.

b) $y_A(10;2) = -922 < 0$; $y_K(10;2) = -236 < 0$; $y_{AA}(10;2) = -188 < 0$

$y_{KK}(10;2) = 14 > 0$; $y_{AK}(10;2) = y_{KA}(10;2) = -52 < 0$:

In der Umgebung der Inputkombination A = 10, K = 2 ist die Ertragsfunktion y monoton fallend bzgl. Arbeit und Kapital; bzgl. A ist die Krümmung konkav, bzgl. K konvex, d.h. die Grenzproduktivität der Arbeit nimmt c.p. ab, die des Kapitals c.p. zu. Die Grenzproduktivität der Arbeit nimmt c.p. bei steigendem Kapitaleinsatz ab, und − umgekehrt − die Grenzproduktivität des Kapitals sinkt c.p. mit steigendem Arbeitseinsatz.

7.1.49: Partielle Differentiale: $dx_{r_1} = 0{,}0689$, $dx_{r_2} = -0{,}0314$, $dx_{r_3} = -0{,}0161$;

$\Rightarrow$ totales Differential als deren Summe: $dx = 0{,}0214$

7.1.59: i) totale Ableitung: $\dfrac{df}{dt} = 2e^{2t} + 16t^3 + 22t$

ii) totale partielle Ableitung nach x bzw. y : $\dfrac{\partial p}{\partial x} = 8(x^2+y^2) x^2 \cdot e^{-y} \cdot \sqrt[3]{x \cdot \ln y} +$

$+ 2(x^2+y^2)^2 \cdot \sqrt[3]{x \cdot \ln y} \cdot e^{-y} + \dfrac{2}{3}(x^2+y^2)^2 \cdot x \cdot e^{-y} \cdot (x \cdot \ln y)^{-2/3} \cdot \ln y$;

$\dfrac{\partial p}{\partial y} = 8 \cdot (x^2+y^2) \cdot x \cdot e^{-y} \cdot \sqrt[3]{x \cdot \ln y} \cdot y - 2(x^2+y^2)^2 \cdot \sqrt[3]{x \cdot \ln y} \cdot x \cdot e^{-y} +$

$+ \dfrac{2}{3} \cdot (x^2+y^2)^2 \cdot \dfrac{x^2}{y} \cdot e^{-y} \cdot (x \cdot \ln y)^{-2/3}$.

iii) totale Ableitung: $\dfrac{df}{dx} = \dfrac{\partial f}{\partial a} \cdot \dfrac{da}{dx} + \dfrac{\partial f}{\partial b} \cdot \dfrac{db}{da} \cdot \dfrac{da}{dx} + \dfrac{\partial f}{\partial c} \cdot \dfrac{dc}{db} \cdot \dfrac{db}{da} \cdot \dfrac{da}{dx}$

7.1.60: i) $\dfrac{dy}{dt} = 2 \left(\dfrac{K}{A}\right)^{0,6} \cdot (-0{,}2) e^{-0,01t} + 3 \left(\dfrac{A}{K}\right)^{0,4} \cdot 100 = \dfrac{e^{-0,004t}}{(100+5t)^{0,4}} (260 - 2t)$

ii) Max. von y wird erreicht nach t = 130 Perioden. A(130) $\approx$ 5,45 Mio Arbeitnehmer (AN). Arbeitsproduktivitäten: t = 0: 79,2 T€/AN; t = 130: $\approx$ 579,1 T€/AN *(+631% (!))*.

7.1.75: i) $\quad y'(x) = -\dfrac{f_x}{f_y} = \dfrac{12x}{y} = \dfrac{12x}{\sqrt{12x^2+20}} \quad (y>0)$ $\qquad$ ii) $\dfrac{\partial v}{\partial u} = -\dfrac{f_u}{f_v} = -\dfrac{e^v+v^2 \cdot e^{-u}+v}{ue^v-2v \cdot e^{-u}+u}$

$\qquad$ iii) $\quad \dfrac{db}{da} = -\dfrac{b(1-b^2+a \cdot \ln b)}{a(1+a-2b^2 \cdot \ln a)}$ $\qquad$ iv) $\dfrac{\partial z}{\partial x} = -\dfrac{f_x}{f_z} = \dfrac{-x}{4z^3}$; $\quad \dfrac{\partial z}{\partial y} = -\dfrac{f_y}{f_z} = \dfrac{-3y}{8z^3}$

7.1.76: Konstantes Nutzenniveau $U_0 = U(24; 32) = 2 \cdot 24^{0,8} \cdot 32^{0,6} = 203{,}3710$ Punkte.

Die Grenzrate der Substitution *(nach (7.1.69) Lehrbuch)* wird ermittelt als Ableitung dx_2/dx_1 der impliziten Funktion $f(x_1;x_2) = 2x_1{}^{0,8} x_2{}^{0,6} - 203{,}3710 = 0$ *(nach (7.1.69) Lehrbuch)* zu:

$$\dfrac{dx_2}{dx_1} = -\dfrac{f_{x_1}}{f_{x_2}} = -\dfrac{1{,}6 \cdot x_1^{-0,2} \cdot x_2^{0,6}}{1{,}2 \cdot x_1^{0,8} \cdot x_2^{-0,4}} = -\dfrac{1{,}6}{1{,}2} \cdot \dfrac{x_2}{x_1} = -\dfrac{16}{9} \dfrac{ME_2}{ME_1} \ .$$

d.h. *vermindern* wir – auf Basis der Konsummengenkombination $x_1 = 24\,ME_1, x_2 = 32\,ME_2$ – den Konsum des 1. Gutes um $1\,ME_1$, so müssen wir – um das Nutzenniveau $U_0 = 203{,}3710$ unverändert zu erhalten – vom 2. Gut (ca.) $16/9 \approx 1{,}78\,ME_2$ *mehr* konsumieren.

7.1.77: $U_0 = U(20\,;20\,;5\,;25) = 125$ Einheiten.

Grenzrate der Substitution für die vorgegebenen Konsummengen: $\quad \dfrac{\partial x_2}{\partial x_3} = -\dfrac{\dfrac{\partial U}{\partial x_3}}{\dfrac{\partial U}{\partial x_2}} = -\dfrac{8}{3} \dfrac{ME_2}{ME_3}$, $\qquad$ d.h. eine Einheit des

dritten Gutes wird durch $\frac{8}{3}\,ME_2$ des zweiten Gutes substituiert, eine halbe ME_3 wird mithin durch $\frac{4}{3}\,ME_2$ – bei unverändertem Nutzenniveau $U_0 = 125$ – substituiert.

7.2.10: i) stationäre Stelle *(Sattelpunkt)* $(-3\,;2)$; ii) stat. Stelle $(0\,;0)$ *(Überprüfg noch nicht möglich)*

$\qquad$ iii) stationäre Stelle *(rel. Minimum)* $(2\,;-1)$; iv) $P_1(-2\,;0)$, $P_2(-2\,;2)$, $P_3(2\,;0)$, $P_4(2\,;2)$;

$\qquad P_1$: rel. Max.; $\qquad\qquad P_2, P_3$: Sattelpunkte; $\qquad\qquad P_4$: rel. Min.

$\qquad$ v) Es gibt keine stationären Stellen und somit auch keine relativen Extrema.

$\qquad$ vi) Die stationären Stellen $(1\,;1)$ und $(-1\,;-1)$ sind Sattelpunkte.

$\qquad$ vii) Es gibt 4 stationäre Stellen: $(0\,;6\,;2\,;1)$; $(0\,;-2\,;-2\,;-1)$; $(3\,;6\,;2\,;1)$; $(3\,;-2\,;-2\,;-1)$

7.2.25: Relative Extrema unter den gegebenen NB können an folgenden stationären Stellen liegen:

$\qquad$ i) $x = 2; y = -2; \lambda = -4$ $\qquad\qquad$ ii) $x_1 = 0; x_2 = 4; x_3 = 2; \lambda = 8$

$\qquad$ iii) stat. Stellen $P_i(u\,;v\,;w\,;z\,;\lambda)$: $\quad P_1(4\,;2\,;8\,;1\,;0{,}25)$ und $\quad P_2(-4\,;-2\,;-8\,;-1\,;-0{,}25)$

$\qquad$ iv) stat. Stelle $P(r_1;r_2;\lambda) = (5\,;20\,;1{,}1487)$

7.2.28: i) Mögliche Stelle für Extremum: $\quad x = 0; y = 1; z = 1; \lambda_1 = 0; \lambda_2 = 2$

$\qquad$ ii) Mögliche Stellen f. Extrema sind: $P_1(1{,}5\,;4\,;6\,;1\,;0{,}25)$ und $P_2(-1{,}5\,;-4\,;-6\,;-1\,;-0{,}25)$

7.3.7: i) $\varepsilon_{y,A} = 0{,}7\,; \varepsilon_{y,K} = 0{,}3$ für alle A,K, damit auch für $A = 100, K = 400$, d.h. y nimmt um

$\qquad$ $0{,}7\%$ zu, falls A um 1% zunimmt; y nimmt um $0{,}3\%$ zu, falls K um 1% zunimmt

$\qquad$ ii) $\varepsilon_{f,u} = -\dfrac{4}{23}\ (\approx-0{,}17);$ $\quad \varepsilon_{f,v} = -\dfrac{4}{23}\ (\approx-0{,}17); \varepsilon_{f,w} = -\dfrac{42}{23}\ (\approx-1{,}83)$ $\quad$ d.h.

$\qquad$ ausgehend von der Stelle $u = 1, v = 2, w = 3$ nimmt f um $0{,}17\%$ ab, wenn u (oder v) um 1% (c.p.) steigen; wenn w um 1% (c.p.) zunimmt, so steigt f um $1{,}83\%$.

7.3.8: i) $\varepsilon_{x_1,p_2} = \dfrac{0{,}3p_2}{100-0{,}8p_1+0{,}3p_2} > 0$; $\quad \varepsilon_{x_2p_1} = \dfrac{0{,}5p_1}{150+0{,}5p_1-0{,}6p_2} > 0$, d.h. substitutive Güter

$\qquad$ ii) $\varepsilon_{x_1,p_2} = \dfrac{4e^{p_2-p_1} \cdot p_2}{4e^{p_2-p_1}} = p_2 > 0$; $\quad \varepsilon_{x_2,p_1} = \dfrac{3e^{p_2-p_1} \cdot p_1}{3e^{p_2-p_1}} = p_1 > 0$, d.h. substitutive Güter

$\qquad$ iii) $\varepsilon_{x1,p_2} = -1 < 0$; $\quad \varepsilon_{x_2,p_1} = -p_1 < 0$, d.h. komplementäre Güter

7.3.27: **i) a)** Homogenitätsgrad: $r = 1$

b) $\varepsilon_{y,A} = 2A^{-0,5} \cdot (2A^{-0,5} + 4K^{-0,5})^{-1}$; $\varepsilon_{y,K} = 4K^{-0,5} \cdot (2A^{-0,5} + 4K^{-0,5})^{-1}$

c) Aus a) folgt: $y(\lambda A, \lambda K) = \lambda^1 y(A,K) \Rightarrow$

$$\varepsilon_{y,\lambda} = \frac{dy(\lambda A, \lambda K)}{d\lambda} \cdot \frac{\lambda}{y(\lambda A, \lambda K)} = y(A,K) \frac{\lambda}{\lambda \cdot y(A,K)} = 1 = \varepsilon_{y,A} + \varepsilon_{y,K} = r.$$

ii) a) Homogenitätsgrad: $r = 1$

b) $\varepsilon_{y,A} = 10A^{0,4} \cdot (10A^{0,4} + 15K^{0,4})^{-1}$; $\varepsilon_{y,K} = 15K^{0,4} \cdot (10A^{0,4} + 15K^{0,4})^{-1}$ **c)** siehe i)

iii) a) $x(\lambda r_1, \lambda r_2, \lambda r_3, \lambda r_4) = \lambda^3 \cdot x(r_1, r_2, r_3, r_4)$, d.h. Homogenitätsgrad: $r = 3$

b) $\varepsilon_{x,r_1} = \dfrac{4r_1 r_2^2}{4r_1 r_2^2 + 2r_2 r_3 r_4 - 0,5r_4^3}$; $\quad \varepsilon_{x,r_2} = \dfrac{8r_1 r_2^2 + 2r_2 r_3 r_4}{4r_1 r_2^2 + 2r_2 r_3 r_4 - 0,5r_4^3}$;

$\varepsilon_{x,r_3} = \dfrac{2r_2 r_3 r_4}{4r_1 r_2^2 + 2r_2 r_3 r_4 - 0,5r_4^3}$; $\quad \varepsilon_{x,r_4} = \dfrac{2r_2 r_3 r_4 - 1,5r_4^3}{4r_1 r_2^2 + 2r_2 r_3 r_4 - 0,5r_4^3}$.

c) Wegen a) gilt: $x(\lambda r_i) = \lambda^3 \cdot x(r_i)$. Daraus folgt für die Skalenelastizität $\varepsilon_{x,\lambda}$:

$$\varepsilon_{x,\lambda} = \frac{dx(\lambda r_i)}{d\lambda} \cdot \frac{\lambda}{x(\lambda r_i)} = \frac{3\lambda^2 \cdot x(r_i) \cdot \lambda}{\lambda^3 \cdot x(r_i)} = 3 = \varepsilon_{x,r_1} + \varepsilon_{x,r_2} + \varepsilon_{x,r_3} + \varepsilon_{x,r_4} = r .$$

7.3.45: Nach (7.3.31) muss gelten: $1 \cdot \dfrac{\partial y}{\partial A} = 0,2$ bzw. $1 \cdot \dfrac{\partial y}{\partial K} = 0,4 \Rightarrow$

i) $A \approx 97,66\ ME_A$; $K = 61,04\ ME_K$ **ii)** $y = 48,83\ GE$ **iii)** $FE = 43,95\ GE; G = 4,88\ GE$

iv) a) Für die Einkommensanteile der Faktoren am Gesamtproduktionswert gilt
(s. *Lehrbuch (LB) (7.3.41)):* $\dfrac{FE_A}{y} = \varepsilon_{y,A} = 0,4$; $\dfrac{FE_K}{y} = \varepsilon_{y,A} = 0,5$.

b) Nach LB (7.3.43) erhält man für die Einkommensanteile der Faktoren am gesamten

Faktoreinkommen: $\dfrac{FE_A}{FE} = \dfrac{\varepsilon_{y,A}}{r} = \dfrac{4}{9}$; $\dfrac{FE_K}{FE} = \dfrac{\varepsilon_{y,K}}{r} = \dfrac{5}{9}$.

v) Nach Lehrbuch (7.3.42) ergibt sich folgendes Einkommensverhältnis der beiden Faktoren:

$$\frac{FE_A}{FE_K} = \frac{\varepsilon_{y,A}}{\varepsilon_{y,K}} = \frac{4}{9} \quad \text{\textit{(Elastizitäten = Exponenten der CD-Funktion).}}$$

7.3.73: **i)** Nach Lehrbuch (7.3.67) sind notwendig für ein Gewinnmaximum:

(1) $k_A = \dfrac{\partial Y}{\partial A} \cdot E'(Y)$;   (2) $k_K = \dfrac{\partial Y}{\partial K} \cdot E'(Y)$.   Division (1):(2) liefert:

$$\frac{k_A}{k_K} = \frac{\partial Y}{\partial A} \Big/ \frac{\partial Y}{\partial K} = \frac{8 \cdot A^{-0,2} \cdot K^{0,2}}{2 \cdot A^{0,8} \cdot K^{-0,8}} = \frac{4K}{A} \quad \text{d.h. } A = 4K \cdot \left(\frac{k_A}{k_K}\right)^{-1} ;\ K = A \cdot \frac{k_A}{4k_K}$$

Wegen $E'(Y) = (500Y - Y^2)' = 500 - 2Y = 500 - 20A^{0,8}K^{0,2}$ folgt damit aus (1),(2):

$$A = A(k_A, k_K) = 25 \cdot \left(\frac{k_A}{4k_K}\right)^{-0,2} - \frac{k_A}{160} \cdot \left(\frac{k_A}{4k_K}\right)^{-0,4}$$

$$K = K(k_A, k_K) = \frac{25}{4} \cdot \frac{k_A^{0,8} \, 0,2}{k_K^{0,8}} - \frac{4^{0,4}}{640} \cdot \frac{k_A^{1,6}}{k_K^{0,6}} = 25 \cdot \left(\frac{k_A}{4k_K}\right)^{0,8} - \frac{k_A}{160} \cdot \left(\frac{k_A}{4k_K}\right)^{0,6} .$$

ii) $(k_A, k_K) = (120;\ 15)$ $\qquad\qquad\qquad$ $(k_A, k_K) = (2.000;\ 500)$

a) $A = 21,2\ ME_A$; $K = 42,4\ ME_K$ $\qquad$ $A = 12,5\ ME_A$; $K = 12,5\ ME_K$

b) $Y = 243,5\ ME$ $\qquad\qquad\qquad\qquad$ $Y = 125\ ME$

c) $p = 256,5\ GE/ME$ $\qquad\qquad\qquad$ $p = 375\ GE/ME$

$\Rightarrow$ $E = 62.458\ GE$ $\qquad\qquad\qquad$ $\Rightarrow$ $E = 46.875\ GE$

d) $K = 3.180\ GE$ $\qquad\qquad\qquad\qquad$ $K = 31.250\ GE$

$\Rightarrow$ $G_{max} = 59.278\ GE$ $\qquad\qquad\quad$ $\Rightarrow$ $G_{max} = 15.625\ GE$

7.3.82: **i)** Da die Preisabsatzfunktionen jeweils nur die Preise und Mengen eines einzigen Gutes miteinander verknüpfen: unverbundene Güter. Gewinnfunktion:

$$G(x_1,x_2) = p_1x_1+p_2x_2-K(x_1,x_2) = 16x_1-4x_1^2+12x_2-4x_2^2-x_1x_2 \quad \Rightarrow$$

$$\left. \begin{array}{l} G_{x_1} = 16-8x_1-x_2 = 0 \\ G_{x_2} = 12-x_1-8x_2 = 0 \end{array} \right\} \quad \Longleftrightarrow \quad x_1 = 1{,}8413\,ME_1 \;,\; x_2 = 1{,}2698\,ME_2$$

$$(G_{x_1x_1}G_{x_2x_2} - (G_{x_1x_2})^2 = 63 > 0; \; G_{x_1x_1} < 0: \; Max.)$$

$$p_1 = 12{,}3175\,GE/ME_1\,; \qquad p_2 = 10{,}7302\,GE/ME_2\,; \qquad G_{max} = 22{,}3492\,GE\,.$$

ii) Steigt der Preis von Gut 2 *(bzw. Gut 1)*, so steigt die Nachfrage nach Gut 1 *(bzw. Gut 2)*, d.h. die Güter sind substitutiv miteinander verbunden.
Gewinnmaximum bei: $p_1 = 5{,}31\ GE/ME_1$; $p_2 = 4{,}53\ GE/ME_2$;
$\Rightarrow x_1 = 1{,}91\ ME_1$; $x_2 = 1{,}73\ ME_2$ $\Rightarrow G_{max} = 11{,}33\ GE$

iii) Die beiden Güter sind komplementär miteinander verbunden, da bei Preissteigerungen für jeweils ein Gut die Nachfrage nach *beiden* Gütern abnimmt.

Umsatz: $E(x_1,x_2) = -2x_1^2 - 1{,}5x_1x_2 - 0{,}5x_2^2 + 400x_1 + 150x_2 \quad \Rightarrow$

Gewinn: $G(x_1,x_2) = -2x_1^2 - 1{,}5x_1x_2 - 0{,}5x_2^2 + 350x_1 + 140x_2 \quad \rightarrow max.$

$\Rightarrow x_1 = 80\,, x_2 = 20 \Leftrightarrow p_1 = 220\,GE/ME_1, p_2 = 100\,GE/ME_2 \Rightarrow G_{max} = 15.400\,GE$

7.3.83: $k_1 = 10\,GE/ME_1$; $p_1 = 17{,}50\,GE/\,ME_1$ $(= p_2)$.

7.3.96: Das Gewinnmaximum wird für $x_1 = 809{,}3986\,ME_1$ mit $p_1 = 15{,}9727\,GE/ME_1$ und $x_2 = 778{,}5245\,ME_2$ mit $p_2 = 250{,}4699\,GE/ME_2$ erreicht; $G_{max} = 184.424{,}3303\,GE$.

7.3.107:

	Lösungen **mit** Preisdifferenzierung	Lösungen **ohne** Preisdifferenzierung
i)	$x_1 = 40\,ME_1$, $p_1 = 28\ GE/ME_1$	$x = 60\,ME$, $p = 30\ GE/ME$
	$x_2 = 20\,ME_1$, $p_2 = 40\ GE/ME_2$	$x_1 = 30\,ME$, $x_2 = 30\ ME$
	$G_{max} = 620\,GE$	$G_{max} = 500\,GE$
ii)	$x_1 = 5\ ME_1$, $p_1 = 45\ GE/ME_1$	$x = 20\,ME \quad \Rightarrow \quad p = 47{,}\overline{432}\ GE/ME$
	$x_2 = 6\ ME_2$, $p_2 = 39\ GE/ME_2$	$x_1 = 4{,}\overline{594}\ ME_1$, $x_2 = 3{,}\overline{891}\ ME_2$,
	$x_3 = 9\ ME_3$, $p_3 = 60\ GE/ME_3$	$x_3 = 11{,}\overline{513}\ ME_3$
	$G_{max} = 679\ GE$	$G_{max} = 628{,}\overline{648}\ GE$
iii)	$x_1 = 11{,}25\ ME_1$,	$x = 12{,}50\ ME \quad \Rightarrow$
	$p_1 = 48{,}75\ GE/ME_1$,	$p = 47{,}50\ GE/ME$
	$x_2 = 2{,}5\ ME_2$,	$x_1 = 12{,}50\ ME_1$
	$p_2 = 38{,}75\ GE/ME_2$	$x_2 = 0\ ME_2$
	$G_{max} = 308{,}75\ GE$	$G_{max} = 302{,}50\ GE$

7.3.121: **i)**

$$a\cdot n \quad + b\cdot \sum_{i=1}^{n}x_i + c\cdot \sum_{i=1}^{n}x_i^2 = \sum_{i=1}^{n}y_i$$

$$a\cdot \sum_{i=1}^{n}x_i + b\cdot \sum_{i=1}^{n}x_i^2 + c\cdot \sum_{i=1}^{n}x_i^3 = \sum_{i=1}^{n}x_iy_i$$

$$a\cdot \sum_{i=1}^{n}x_i^2 + b\cdot \sum_{i=1}^{n}x_i^3 + c\cdot \sum_{i=1}^{n}x_i^4 = \sum_{i=1}^{n}x_i^2y_i$$

ii) $f(x) = \dfrac{41}{5} - \dfrac{323}{70}x + \dfrac{11}{14}x^2 \approx 0{,}7857\,x^2 - 4{,}6143\,x + 8{,}2$

7.3.144: kostengünstigster Faktoreinsatz (beim vorgegebenen Output 10.000 ME:

$A = 114{,}87\,ME_A$; $K = 57{,}43\,ME_K$; $(\lambda = 0{,}2872)$; $FK_{min} = 2.871{,}75\,GE$.

Der Lagrange-Multiplikator drückt die Grenzkosten (in Höhe von 0,29 GE/ME) aus, d.h. die minimalen Kosten erhöhen sich um 0,29 GE, falls eine Outputeinheit zusätzlich erzeugt wird

7.3.145: Minimalkostenkombination: $r_1 = 40\,ME_1$; $r_2 = 10\,ME_2$; $(\lambda = 1{,}1)$; $K_{min} = 480\,GE$
$\lambda = 1{,}10\,GE/ME \;\hat{=}\;$ Grenzkosten bzgl. des Produktionsniveaus $\bar{x} = 800\,ME$

7.3.146: Minimalkosten für $t = 15\,h/Monat$; $m = 60\,h/Monat$; $(\lambda = 1{,}33)$; $K_{min} = 1.200\;€/Monat$
$\lambda = 1{,}33\,€/Stück$: Grenzkosten pro Bild bei 900 Stück.

7.3.147: optimale Lösung: $r = h = \sqrt{1000/\pi} \approx 6{,}83\,cm$, $O_{min} \approx 439{,}38\,cm^2$; $\lambda \approx 0{,}29\,cm^2/cm^3$
Änderung der min. Oberfläche, wenn das Volumen um $1\,cm^3$ erhöht wird.

7.3.148: i) Minimalkostenkombination: $t_1 = 36\,h$; $t_2 = 16\,h$; $(\lambda = 240)$; $K_{min} = 840\,€$
$\lambda = 240\,€/Kleid$ heißt: werden 8 Kleider produziert, erhöhen sich die min. Kosten um 240 €

ii) Der Stückpreis muss mindestens 200 € betragen.

7.3.149: $F = 26\,h/W.$, $H = 32\,h/W.$, $Y_{max} = 19.596\,ME/W.$, $\lambda = 118\,ME/GE$ *(Grenzproduktivität)*

7.3.150-a: Variablen: t_1 *(h nach Verfahren I)*; t_2 *(h nach Verfahren II)*; x *(kg nach Verfahren III)*

opt. Lösung: $t_1 = 16\,h$ nach Verfahren I *($\hat{=}$ 80 kg)*; $t_2 = 4\,h$ nach Verfahren II *($\hat{=}$ 60 kg)*
$x = 70\,kg$ nach Verfahren III entsorgen; minimale Gesamtkosten: $1.680\,€$

$\lambda = 12\,€/kg = \dfrac{\partial L}{\partial M}$, bei Entsorgung eines weiteren kg steigen die *(min.)* Kosten um 12 €.

7.3.150-b: i) $r_1 = 32\,ME_1$; $r_2 = 1\,ME_2$; $r_3 = 10{,}24\,ME_3$; $K_{min} = 2.048\,GE$; $\lambda = 32\,GE/ME$ (Grenzkosten bzgl. zusätzl. Outputeinheit)

ii) $r_1 = 32\,ME_1$; $r_2 = 1\,ME_2$; $r_3 = 10{,}24\,ME_3$; $x_{max} = 64\,ME$; $\lambda = {}^1/_{32}$.
Es handelt sich daher um dieselbe Faktor-/Output-/Kostenkombination wie unter i)!
$\lambda = {}^1/_{32}$ bedeutet jetzt (in folgerichtiger Umkehrung zu i)): Bei Erhöhung des Budgets $\bar{K}$ um 1 GE erhöht sich der maximale Output x um $^1/_{32}$ ME.

7.3.150-c: i) $x(E,A) \rightarrow$ max.: $x_A = 0$; $x_E = 0 \;\Rightarrow\; A = 300\,h$; $E = 400\,MWh$; $x_{max} = 220.000\,ME$

ii) $A = 200\,h$, $E = 175\,MWh$; $\lambda = 3{,}5\,ME/€$, d.h. wenn die Produktionskosten um einen € erhöht werden, steigt der Output um 3,5 ME; $x_{max} = 171.875\,ME$.

7.3.150-d: optimale Lösung: $a = 65\,kg$ Sorte A; $b = 32{,}5\,kg$ Sorte B; $c = 67{,}5\,kg$ Sorte C
$\lambda_1 = 8{,}3\,hl/€$ *(= Grenzproduktivität bzgl. Düngemittel-Budget, d.h. bei Erhöhung des Budgets um 1 € steigt der maximale Ertrag um (ca.) 8,33 hl)*
$\lambda_2 = -67{,}5$ *(nicht ohne weiteres interpretierbar).* $E_{max} = 12.731{,}25\,€.$

7.3.151: Minimalkostenkombination: $A_1 = 574{,}350\,ME_A$, $K_1 = 287{,}175\,ME_K$; $(\lambda_1 = 14{,}359)$
$A_2 = 7.968{,}440\,ME_A$; $K_2 = 3.187{,}376\,ME_K$; $(\lambda_2 = 398{,}422)$; $K_{min} = 205.601{,}31\,GE.$

7.3.164: i) Expansionspfad: $r_2(r_1) = \dfrac{2}{7}\,r_1$ ii) $r_1(k_1) = \dfrac{280}{k_1}$; $r_2(k_2) = \dfrac{120}{k_2}$

iii) $K(x) = 2.4963x$ iv) $r_1 = 29{,}1240\,ME_1$; $r_2 = 8{,}3211\,ME_2$; $K_{min} = 499{,}2679\,GE$

7.3.165: $K(x) = 2r_1 + 3r_2 + 5r_3 = 9{,}3217 \cdot \sqrt[3]{x}$

7.3.168: i) $K(x) = 8r_1(x) + 1800 = 0{,}02x^2 + 1800$ ii) Betriebsoptimum: $x = 300\,ME$; $K_{min} = 3.600\,GE$

iii) Expansionspfad: $r_2 = \dfrac{4}{9}\,r_1$ bzw. $r_1 = \dfrac{9}{4}\,r_2$. Mit $r_2 = 100 \;\Rightarrow\; r_1 = 225$;
aus dieser Minimalkostenkombination der Faktoren ergibt sich der Output x über die Produktionsfunktion $x(r_1, r_2)$ zu 300 ME. Genau diese Menge entspricht gemäß ii) dem Output im Betriebsoptimum.

7.3.180-a: Nutzenmaximum: $x = 25\,ME_x$; $y = 64\,ME_y$; $U_{max} = 42$ Einheiten

$\lambda = 0,005$ NE/GE *(Grenznutzen des Budgets)*: Ändert sich das Budget um 1 GE, so ändert sich der maximale Nutzen um 0,005 Einheiten *(gleichgerichtet)*.

7.1.180-b: Optimale Lösung: L = 3,23 h/Tag „Lindenstraße"; S = 1,94 h/Tag „Schwarzwaldklinik" $\lambda = 0,1936$ Grad/€, d.h. wenn er 1 €/Tag mehr verdienen will, erhöht sich sein minimales Frustrationsniveau um 0,1936 Grad.

7.3.181-a: Max. Wohlbefinden: $x_1 = 3 \,\hat{=}\, 300g \,\hat{=}\, 6$ Tüten Erdnüsse; $x_2 = 0,8$ Liter $\,\hat{=}\, 4$ Gläser Bier; $(\lambda = 0,2582)$; maximales Wohlbefinden: 3,0984 Einheiten .

Erhöht sich Pfiffigs Budget um 1 €, kann er damit sein maximales Wohlbefinden um 0,2582 Einheiten *(Grenznutzen des Budgets)* steigern.

7.3.181-b: Alois Huber maximiert sein tägliches Wohlbefinden, wenn er pro Tag 1,38 h *(d.h. 1 h 23 min)* Bach und 3,62 h *(d.h. 3 h 37 min)* Mozart hört .

$\lambda = 2,618$ = Grenznutzen bzgl. der täglichen Hördauer: Könnte er eine Stunde pro Tag länger hören, so stiege sein *(maximales)* Nutzenniveau um 2,618 Punkte.

7.3.182-a: Nutzenmaximum: $x_1 = 25\,ME_1$; $x_2 = 20\,ME_2$; $\lambda = 0,7543$; $U_{max} = 301,7088$ Punkte Bei einer Steigerung der Konsumausgaben um 1 € erhöht sich der maximale Nutzen um 0,7543 Punkte *(Grenznutzen bzgl. der Konsumausgaben)*.

7.3.182-b: **i)** Die Ableitungen von x nach r_1 $(= 4/r_1{}^2)$ und r_2 $(= 1/r_2{}^2)$ sind beide stets positiv, d.h. der Output x ist mit steigenden Inputmengen stets zunehmend, es kann somit keine relativen Extrema für die Ausbeute x geben. Die (theoretisch) maximale Ausbeute wird also für r_1, $r_2 \to \infty$ erzielt, als Grenzwert ergibt sich – da $4/r_1$ und $1/r_2$ gegen Null gehen – $10\,ME_x$.

ii) $r_1 = 6\,ME_1$; $r_2 = 1,5\,ME_2$; $G_{max} = 66$ GE.

iii) Der Gewinn wird maximal für die Inputs: $r_1 = 6$ ME_1; $r_2 = 1,5$ ME_2 ; $G_{max} = 64$ GE. $\lambda = 1,25$ GE/GE *(Grenzgewinn bzgl. des Input-Budgets)*: Wenn er für die Inputs 1 GE mehr aufwendet, erhöht sich der max. Gewinn um 1,25 GE.

7.3.182-c: opt. Lösung: $x_1 = 7$ Glas Bier/Tag; $x_2 = 6$ Tüten Fritten/Tag; $N_{max} = 568$ Punkte $\lambda = -3$ *(Grenznutzen des Budgets)*: Wenn er pro Tag 1 € mehr ausgibt, so sinkt (!) sein Nutzenniveau um 3 Punkte. Erklärung: Die Nutzenfunktion ist nicht monoton steigend, sondern besitzt ein freies Maximum für $(x_1;x_2) < (7;6)$.

7.3.182-d: **i)** m = 12 g „Droge", t = 22,5 Lerntage; $W_{max} = 297,25$ WE ; K = 3.240 €

ii)/iii) opt. Lösung: m = 9 g „Droge"; t = 20 Lerntage; $W_{max} = 293,75$ WE, K = 2.680 €

7.3.182-e: **i)** Wegen $D_B > 0$; $D_S > 0$ besitzt D kein relatives Extremum, sondern ist in alle Richtungen monoton steigend. D wird beliebig groß, wenn Blofel und Stölpel groß genug werden.

ii) optimale Lösung: B = 25 BE, S = 75 SE, $D_{max} = 22.795,07$ DE, $\lambda = 227,95$ *(Drupsch-Grenzproduktivität)*: Erhöht man den Input um eine Einheit *(BE oder SE)*, so erhöht sich der maximale Drupschquotient um 227,95 DE.

7.3.183-a: Nutzenmaximum: $x_1 = 1.080$ €/Monat für Nahrungsmittel; $x_2 = 108$ m² Wohnfläche; $x_3 = 1.880$ kWh/Monat *(Energieverbrauch)*; $x_4 = 80$ €/Monat für Körperpflege

$U_{max} = 2.099.520$ Einheiten .

$\lambda = 1.080$ Einheiten/GE ist der Grenznutzen des Budgets: Der opt. Nutzenindex erhöht sich um 1.080 Punkte, wenn das Budget um 1 € höher angesetzt wird.

7.3.183-b: **i)** Wegen $H_R > 0$; $H_S > 0$ besitzt H kein relatives Extremum, sondern ist in alle Richtungen monoton steigend. Onkel Dagoberts Vermögen H kann also beliebig groß gemacht werden, wenn er nur genügend viel Raff und Schnapp einsetzt.

ii) optimale Lösung: R = 50 RE, S = 80 SE ; λ = 470,96 *(Vermögens-Grenzproduktivität)*: Erhöht man den Input um eine Einheit *(RE oder SE)*, so erhöht sich Dagoberts (maximales) Vermögen um 470,96 GE.

7.3.183-c: Gewinn: $G(p,s) = -2p^2 - 1.000 \cdot \dfrac{p}{s} + 5.020p + \dfrac{10.000}{s} - s - 60.000 \rightarrow$ max. $\Rightarrow$

(z.B. Regula falsi oder Newton-Verfahren): s = 1.115,70 GE/Jahr; p = 1.254,78 GE/ME

7.3.183-d: Gewinn: $G(p,w) = -20p^2 + p\sqrt{w} + 5.530p - 79\sqrt{w} - w - 320.000 \rightarrow$ max.

$\Rightarrow$ p = 139 GE/ME ; w = 900 GE/Jahr; G_{max} = 63.150 GE.

7.3.184: **i)** P = 430 h; A = 240 h; T = 110 h; E_{max} = 23.850 Punkte.

    a) 14,10% der Gesamtarbeitszeit von 780 h entfallen auf Tutoreneinsatz.

    b) 6,25% der Gesamtkosten von 21.120 € entfallen auf Tutoreneinsatz.

    ii) P = 110 h; A = 65 h; T = 25 h; (λ = 5/3); E_{max} = 10.775 Punkte.

7.3.214: Mit der Lagrangefunktion $L(x_1,x_2,\lambda) = x_1x_2 + 4x_1 + x_2 + 4 + \lambda(C - p_1x_1 - 4x_2)$ folgt aus den notwendigen Extrembedingungen für das Haushaltsoptimum:

$$(1)\quad \frac{x_2+4}{x_1+1} = \frac{p_1}{4} \qquad (2)\quad C = p_1x_1 + 4x_2 \;.$$

i) Haushaltsoptimum: x_1 = 57,5 ME_1; x_2 = 10,625 ME_2; (λ = 14,625: Grenznutzen bzgl. der Konsumsumme); U_{max} = 855,5625 Einheiten .

ii) Güternachfragefunktion (Engelfunktion) des 1. Gutes

$$(3)\quad x_1 = x_1(C) = \frac{C+16}{2p_1} - 0,5 \quad (p_1 = \text{const., z.B. } p_1 = 1: \; x_1 = 0,5C + 7,5\,)\,.$$

iii) Aus (3) folgt für variables p_1 und feste Konsumsumme

$$x_1 = x_1(p_1) = \frac{C+16}{2p_1} - 0,5 \quad (C = \text{const., z.B. } C = 100: \; x_1 = \frac{58}{p_1} - 0,5\,)$$

iv) Durch Einsetzen von (3) in (2) eliminiert man x_1. Es folgt für die Nachfragefunktion:

$$x_2 = x_2(p_1) = 0,125p_1 + 0,125C - 2 \quad (C = \text{const., z.B. } C = 100:$$
$$x_2 = 0,125p_1 + 10,5).$$

Wegen $x_2{}'(p_1) = 0,125 > 0$ folgt, dass es sich um substitutive Güter handelt *(Preiserhöhung von Gut 1 bewirkt Mengenerhöhung bei Gut 2)* .

v) a) Mit p_1 = 12; p_2 = 4 folgt aus (1) die Engelfunktion: $x_2 = 3x_1 - 1$
                     (= Ort aller Haushaltsoptima für wechselnde Konsummengen)

b) Mit p_2 = 4; C = 100 folgt aus (1), (2) die „offer-curve": $x_2 = \dfrac{21x_1+25}{2x_1+1}$
(= Ort aller Haushaltsoptima für wechselnde Preise p_1 des ersten Gutes)

8   Einführung in die Integralrechnung

8.1.25: **i)** $0,5x^8 - 0,5x^4 + 4x - 10\ln x + C$ **ii)** $\dfrac{-2}{\sqrt{z}} + C$ **iii)** $\dfrac{3}{4}(4y-3)^{4/3} + C$

    iv) $-200 \cdot e^{-0,09t} + C$ **v)** $7,5 \cdot (5x-1)^{0,8} + C$ **vi)** $-8 \cdot \sqrt{1-u} + C$

    vii) $\dfrac{4}{1-u} + C$ **viii)** $(2x+1)^{12} + e^{-x} - \dfrac{1}{\sqrt{x}} - 6 \cdot \ln(16-5x) + C$ *(16-5x > 0)*.

8.1.26: $K(x) = 0,5x^3 - 2x^2 + 4x + 32$; $k(x) = 0,5x^2 - 2x + 4 + \dfrac{32}{x}$

8.1.27: $C(Y) = 24\sqrt{0,6Y + 4} + 2$; $S(Y) = Y - 24\sqrt{0,6Y + 4} - 2$

8.1.28:   **i)** $p(x) = -0,75x + 4$ **ii)** $E(x) = \dfrac{-250}{2x+5} + C.$ $E(0) = 0 \Rightarrow C = 50$, d.h. $E(x) = \dfrac{100x}{2x+5}$

und daher: $p(x) = \dfrac{E(x)}{x} = \dfrac{100}{2x+5}$

8.3.26:   **i)** 4   **ii)** $\approx 14,2621$ **iii)** $\approx 1,1162$ **iv)** $\approx 1,9004$ **v)** $\dfrac{R}{r}(1 - e^{-rT})$

8.3.38:   *(A := Flächeninhalt zwischen den angegebenen Grenzen)*

i) $A = 5,71\overline{6}$,   aber $\displaystyle\int_0^6 f(x)\,dx = 0$ **ii)** $A = 86$ aber $\displaystyle\int_0^{10} f(z)\,dz = -83,33$

iii) $A = 76$,   aber $\displaystyle\int_{-4}^4 f(p)dp = 48$ **iv)** $A = 12,1759$,   aber $\displaystyle\int_0^3 (e^y - 4)\,dy \approx 7,0855$

v) $A = 7,6686$,   aber $\displaystyle\int_1^4 k(t)dt \approx -4,9290$

8.3.39:   **i)** Schnittstellen: $-3;3 \notin [0,2]$: $A = 46$ **ii)** Schnittstellen: $-3;5 \in [-6;6]$: $A = 26,9\overline{3}$

iii) Schnittstellen *(= Integrationsgrenzen)*: $1 - \sqrt{3}$; $1 + \sqrt{3}$: $A = 13,8564$

8.4.8:   **i)** $e^x(x-1) + C$ **ii)** $-e^{-z} \cdot (z^2 + 2z + 2) + C$ **iii)** $e^x(x^2 - x + 2) + C$ **iv)** $-e^{-rx}\left(\dfrac{a+bx}{r} + \dfrac{b}{r^2}\right) + C$

v) $\approx 67,9977$ **vi)** $e^{-0,1T} \cdot (400T - 1000) + 1000$ **vii)** $7 \cdot \ln 7 - 6 \approx 7,6214$

8.4.18:   **i)** (Substitution: $t = x^8 + 1$): $\dfrac{1}{8}\ln(x^8 + 1) + C$ **ii)** (Subst.: $t = 1 + e^{ax}$): $\dfrac{1}{a}\cdot\ln(1 + e^{ax}) + C$

iii) (Subst.: $t = e^{x^2} + 1$): $\dfrac{1}{3}(e^{x^2} + 1)^{3/2} + C$ **iv)** (Subst.: $t = x^3$): $\dfrac{1}{3}(e^8 - 1) \approx 993,32$

v) (Substitution: $t = -2x^2 + x^3$): $4 \cdot (e^{-1} - 1)$ **vi)** (Subst.: $t = \sqrt{x}$): $2 \cdot \ln(2 + \sqrt{x}) + C$

vii) (Subst.: $t = x^{1-a}$): $\dfrac{-1}{1-a}\ln(1 - x^{1-a}) + C$

8.5.16:   **i)** $E(x) = -9x^2 + 132x$ **ii)** $K(x) = x^3 - 12x^2 + 60x + 98$ **iii)** $p(x) = -9x + 132$

iv) $p(6) = 78$ GE/ME   **v)** $G_{max} = G(6) = 226$ GE.

8.5.24:   **i)** Marktgleichgewicht $(x_0;p_0)$ mit $x_0 = \dfrac{b-d}{a+c}$; $p_0 = p_N(x_0) = -ax_0 + b$

$\Rightarrow K_R = \dfrac{a}{2}\cdot\left(\dfrac{b-d}{a+c}\right)^2$ *(Konsumenten-Rente)*   **ii)** $a = c$

8.5.25:   Marktgleichgewicht $x_0 = 10; p_0 = 8 \Rightarrow$ Konsumentenrente $= K_R = 66,67$ GE

8.5.26:   Konsumentenrente in G_{max} $(x_0 = 55,5\overline{5}; p_0 = 8,3\overline{3})$: $K_R \approx 545,89 - 462,96 = 82,93$ GE

8.5.31:   Marktgleichgewicht $x_0 = 6, p_0 = 27$:   **i)** $K_R = 36$ GE   **ii)** $P_R = 72$ GE

8.5.32:   **i)** Marktgleichgew. wie in 8.5.24 mit $p_0 = p_A(x_0) = cx_0 + d \Rightarrow P_R = \dfrac{c}{2}\cdot\left(\dfrac{b-d}{a+c}\right)^2$ **ii)** $c = a$

8.5.52:   **i)** $K_{22} = 4.277.280$ €; $K_2 = 1.054.764$ €   **ii)** $K_0 = 916.967,99$ €   **iii)** $K_0^\infty = 1.217.102$ €

iv) **a)** $K_0 = 1.077.096,86$ €   **b)** $K_0 = 1.058.905,42$ €

8.5.53:   **i)** $P(X \le 0) = 0$ **ii)** $P(X > 0) = 1$ **iii)** $P(X \le 3) = 1 - e^{-9} \approx 99,9877\%$

iv) $P(X > 1) = 1 + e^{-3} - 2 \approx 0,0498 = 4,98\%$ **v)** $P(2 < X \le 3) = -e^{-9} + e^{-6} \approx 0,2355\%$

8.5.59:   **i)** $I(t) = 1000 \cdot e^{0,1t}$ **ii)** $K(0) = 10.000$ Mrd. €   **iii)** $K(T) = 10.000 \cdot e^{0,1T}$

iv) **a)** $K(11) - K(9) \approx 5445,63$ Mrd. €   **b)** $K(0) - K(-100) \approx 9999,5460$ Mrd. €

8.5.75:   **ii)** optimale Nutzungsdauer: $T = 9$ Jahre.

8.5.76:   optimale Nutzungsdauer: $T = 5$ Jahre;   max. Kapitalwert: $C_0(5) = 21.306,13$ €

8.5.77:   **i)** notw. Bedingung für Kapitalwertmaximum: $p'(T) = r \cdot p(T) + s$, d.h. der Grenzerlös bzgl. der Zeit *(1 Jahr)* muss den Grenzkosten bzgl. der Zeit *(1 Jahr)* entsprechen *(p: Preis, r: Zinssatz, s: Lagerkosten)*

   ii) opt. Wartezeit: $T = 6$ Jahre, $p(6) = 440.000$ €, $C_0(6) = 249.391,70$ € *(> 200.000)*

   iii) Wartezeit $T = \dfrac{\ln 2,4}{0,09} \approx 9,73$ Jahre, $p(T) = 480.000$ €; $C_0(T) = 187.986,60$ € *(< 200.000)*

   d.h. für $T = 9,73$ liegt ein relatives **Minimum** von C_0 vor ! Als *(absolutes)* Maximum kommt daher nur ein Randwert in Frage. Es zeigt sich: Das Randmaximum liegt bei $T = 0$:
   $$p(0) = C_0(0) = 200.000 \text{ €}, \text{ denn } C_0(15) = 190.438,50 \text{ € } < p(0).$$

8.6.17:   **a) allgemeine Lösung**   **b)   spezielle Lösung**

   i)   **a)** $y = \dfrac{8}{3}x^3 + \dfrac{1}{3}(2x)^{3/2} - x + C$ **b)** wie a) mit $C = 4$

   ii)   **a)** $K(t) = k \cdot e^{it}$, $k = e^C > 0$ **b)** $K(t) = K_0 \cdot e^{it}$, $K_0 > 0$

   iii)   **a)** $f(x) = kx$, $k = e^C$ **b)** wie a) mit $k = 100$

   iv)   **a)** $f(x) = k \cdot e^{0,5x} \cdot x^{-2}$, $k = e^C$ **b)** $k = e^{-0,5} \Rightarrow f(x) = \dfrac{e^{0,5(x-1)}}{x^2}$

   v)   **a)** $G(x) = 25 - k \cdot e^{-2x}$ **b)** wie a) mit $k = 25$

   vi)   **a)** $y = 1 - k \cdot e^{-x}$, $k = e^{-C}$ **b)** $k = 1$, d.h. $y = 1 - e^{-x}$

   vii)   **a)** $y = k \cdot e^{-1/x} - 1$, $k = e^C$ **b)** $k = 3e \Rightarrow y = 3 \cdot e^{\frac{x-1}{x}}$

   viii)   **a)** $y = -\dfrac{1}{20}x^5 + \dfrac{2}{3}x^3 + C_1x^2 + C_2x + C_3$ **b)** $y = -\dfrac{1}{20}x^5 + \dfrac{2}{3}x^3 + 3x^2 + x + 8$

   ix)   **a)** $y = \pm\sqrt{x^2 + C}$ **b)** $y = +\sqrt{x^2 + 12}$

   x)   **a)** $x = x(t) = (10.000 - k \cdot e^{-0,005t})^2$ **b)** wie a) mit $k = 9.500$

8.6.18:   Allgemeine Lösung für $n (\neq 1)$: $\dot{k}(t) := k'(t) = k^n \iff \dfrac{dk}{k^n} = dt \iff k^{-n} \cdot dk = dt$

   $\iff \dfrac{k^{1-n}}{1-n} = t + C^* \iff k^{1-n} = (1-n) \cdot t + C$ *(mit $C = C^*(1-n) = const.$)*

   $\iff k = k(t) = [(1-n) \cdot t + C]^{\frac{1}{1-n}}$ *(n ≠ 1)*.   Daraus folgt für spezielle „n":

   i) $n = -1 \iff k = k(t) = \sqrt{2t+C}$;

   ii) $n = 0 \iff k = k(t) = t + C$;

   iii) $n = 0,5 \iff k = k(t) = (0,5t + C)^2$

   iv) $n = 1$: Bisher vorausgesetzt: $n \neq 1$.
   Jetzt muss neu gerechnet werden:

   $\dot{k} = k \iff \dfrac{dk}{k} \underset{k > 0}{=} dt \iff \ln k = t + C^*$

   $k = k(t) = e^{t+C^*} = C \cdot e^t$ *(mit $C = e^{C^*}$)*

   v) $n = 2 \iff k = k(t) = \dfrac{1}{C-t}$

   vi) $n = 3 \iff k = k(t) = \dfrac{1}{\sqrt{C - 2t}}$

   vii) $k = k(t) = ((1-a)t + C)^{\frac{1}{1-a}}$ *(s.o.)*

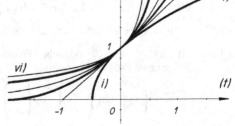

Beispiel: $C \equiv 1$

8.6.49: i) $Y(t) = 1.500 \cdot e^{0,03t} \Rightarrow Y(10) = 2.024,79 \, GE$ ii) $Y(10) = 1.228,10 \, GE$

8.6.50: i) Differentialgleichung für K(t): $\dot{K} = a \cdot (K^* - K(t))$ *(a > 0, K* = const.)*

     a) $K(t) = K^* - k \cdot e^{-at}$ **b)** $K(t) = K^* - (K^* - K_0) \cdot e^{-at}$

   ii) $K(t) = 100 - 90 \cdot e^{-0,5t}$ **iii)** allg. Lösung: $t = \dfrac{\ln 2}{a}$; $a = 0,5 \Rightarrow t \approx 1,3863 \, ZE$

8.6.51: i) $f(x) = e^{\frac{x-1}{x}}$ ii) $f(x) = 2x^4 \cdot e^{x^2 - 3x}$ iii) $f(x) = e^{2 \cdot \sqrt{x}}$

8.6.52: i) $x(p) = \dfrac{10.000}{p^2}$ ii) $x(p) = e^{2-2p}$ iii) $x(p) = 36 - 0,5p^2$ iv) $x(p) = 125 - 0,2p$

8.6.53: Differentialgleichung für p(t): $\dot{p} = p'(t) = a \cdot (x_N(t) - x_A(t)) = a \cdot (120 - 3p)$; *(a > 0)*

   i) allg. Lösung: $p(t) = 40 - k \cdot e^{-3at}$ *(k = const.)*; spez. Lösung: $p(t) = 40 - (40 - p_0) \cdot e^{-3at}$

     Gleichgewichtspreis für $t \to \infty$: $\lim\limits_{t \to \infty} p(t) = 40 \, GE/ME$ *(denn a > 0 !)*

   ii) $p(t) = 40 - 15 \cdot e^{-0,12t} \Rightarrow$ Gleichgewichtspreis 40 GE/ME ist unabhängig von a und p_0.

8.6.54: i) $\dot{k}(t) = 0,2 \, k(t)^{0,5} \Rightarrow k(t) = (0,1t + 1)^2 \Rightarrow \lim\limits_{t \to \infty} k(t) = \infty$, d.h. kein stabiles Gleichgewicht

   ii) $\dot{k}(t) = 0,2 \, k(t)^{0,5} + 0,01 \, k(t) \Rightarrow k(t) = (-20 + 21 \cdot e^{0,005t})^2 \Rightarrow$ kein stabiles Gleichgewicht

8.6.55: i) $x(t) = 100.000 \cdot (1 - e^{-0,0186t})$ ii) $t = \ln 0,2 \, / -0,0186 \approx 86,55 \, ZE$

   iii) $t \approx 157,185 \Rightarrow x \approx 94.622,3 \, ME$.

9   Einführung in die Lineare Algebra

9.1.62: $B = A^T$ (transponierte Matrix zu A); $C \geq A$; $C \geq B$

9.1.63: i) AB existiert nicht   ii) $A^T B$ existiert nicht   iii) $BA = \begin{pmatrix} 11 & -1 & 2 \\ 21 & 4 & 5 \end{pmatrix}$ iv) $\begin{pmatrix} 27 & 5 \\ 37 & 40 \end{pmatrix}$

   v) DC existiert nicht   **vi)** $CD = \begin{pmatrix} 100 \\ 0 \\ 0 \end{pmatrix}$ **vii)** $6(CB)^T - 2B^T \cdot 3C^T = 0$

   viii) $CBA = \begin{pmatrix} 21 & 4 & 5 \\ 11 & -1 & 2 \\ 64 & 6 & 14 \end{pmatrix}$ **ix)** $(B + C^T) \cdot (B^T + C) = \begin{pmatrix} 33 & 27 \\ 27 & 75 \end{pmatrix}$

   x) $(CB + A)^2 = \begin{pmatrix} 86 & 62 & 123 \\ 40 & 33 & 60 \\ 178 & 152 & 271 \end{pmatrix}$ **xi)** $(CB)^2 + 2CBA + A^2 = \begin{pmatrix} 93 & 56 & 104 \\ 32 & 24 & 35 \\ 235 & 153 & 273 \end{pmatrix}$

9.1.64: i) $BC = 0$, aber weder B noch C ist Nullmatrix 0   ii) $A^2 = A$, aber $A \neq E$ sowie $A \neq 0$

   iii) $D^2 = E$, aber $D \neq E, D \neq -E$ **iv)** $F^2 = 0$, aber $F \neq 0$ **v)** GH = GK, aber $H \neq K, G \neq 0$!

9.1.65: $\vec{b} = A \cdot \vec{x} = (25; -4; -2)^T$

9.1.66: i) x_1, x_1, x_3 seien die möglichen Produktmengen der drei Güter P_1, P_2, P_3; dann lautet der allgemeine Produktionsvektor:

$$\vec{x} = \begin{pmatrix} x_1 \\ x_2 \\ x_3 \end{pmatrix} = c_1 \begin{pmatrix} 100 \\ 0 \\ 0 \end{pmatrix} + c_2 \begin{pmatrix} 0 \\ 250 \\ 0 \end{pmatrix} + c_3 \begin{pmatrix} 0 \\ 0 \\ 400 \end{pmatrix} \quad \text{mit} \quad 0 \leq c_i \leq 1 \; ; \; c_1 + c_2 + c_3 = 1$$

9.1.67: **i)** $\vec{p}$ = (400; 500; 300)^T *(Produktionsvektor)*

Gesamtbedarf der einzelnen
Baugruppen B_1, B_2, B_3, B_4:

$$\vec{b} = \begin{pmatrix} 3 & 6 & 2 \\ 4 & 1 & 6 \\ 0 & 4 & 5 \\ 8 & 0 & 0 \end{pmatrix} \begin{pmatrix} 400 \\ 500 \\ 300 \end{pmatrix} = \begin{pmatrix} 4800 \\ 3900 \\ 3500 \\ 3200 \end{pmatrix}$$

ii) a)

$$\vec{x} = A\vec{b} = \begin{pmatrix} 2 & 1 & 3 & 4 \\ 2 & 0 & 5 & 3 \\ 6 & 3 & 4 & 2 \\ 3 & 4 & 0 & 1 \\ 1 & 1 & 1 & 9 \end{pmatrix} \cdot \vec{b} = \begin{pmatrix} 36.800 \\ 36.700 \\ 60.900 \\ 33.200 \\ 41.000 \end{pmatrix}$$ *(Gesamtbedarf der*
  verschiedenen Einzelteile
  E_1, E_2, E_3, E_4, E_5)

b)

$$C = \begin{pmatrix} 42 & 25 & 25 \\ 30 & 32 & 29 \\ 46 & 55 & 50 \\ 33 & 22 & 30 \\ 79 & 11 & 13 \end{pmatrix} = AB \quad \Rightarrow \quad \vec{x} = C\vec{p} = (AB)\vec{p} = A(B\vec{p}) = A\vec{b}$$
  (vgl. ii a))

iii) Zu lösen ist das überbestimmte, aber eindeutig lösbare lineare Gleichungssystem $\vec{x}$ = C$\vec{p}$ bzgl. $\vec{p}$. Aus z.B. den ersten drei Gleichungen erhält man

$$\vec{p} = (p_1; p_2; p_3)^T = (300; 100; 200)^T \quad \textit{(sämtliche Proben stimmen)}$$

9.1.95: **i)** $A^{-1} = \begin{pmatrix} 0,5 & 0 \\ -1,5 & 1 \end{pmatrix}$; B^{-1} existiert nicht; $C^{-1} = \begin{pmatrix} 1 & -1 & 0 \\ -1 & 2 & 0 \\ 0 & 0 & 1 \end{pmatrix}$;

$$D^{-1} = \begin{pmatrix} 1 & -2 & 3,5 \\ 0 & 1 & -1,5 \\ 0 & 0 & 0,5 \end{pmatrix} ; \quad F^{-1} = \begin{pmatrix} 0,5 & 0 & 0 \\ 0,5 & 1 & 0 \\ -2,5 & -2 & 1 \end{pmatrix}$$

ii) X = (A – B + E)$^{-1} \cdot$ C

9.1.96: Endproduktionsvektor $\vec{x} = \begin{pmatrix} 280 \\ 200 \end{pmatrix}$

9.1.97: **i)** Gesamtproduktionsvektor $\vec{x} = \begin{pmatrix} 40 \\ 60 \end{pmatrix}$

Produktionskoeffizientenmatrix: $A = \begin{pmatrix} 20/40 & 15/60 \\ 8/40 & 12/60 \end{pmatrix} = \begin{pmatrix} 0,50 & 0,25 \\ 0,20 & 0,20 \end{pmatrix}$

ii) Produktion Sektor 1: 380 ME; Produktion Sektor 2: 200 ME

iii) Endverbrauch: $\vec{y} = (E - A)\vec{x} = \begin{pmatrix} 0,5 & -0,25 \\ -0,2 & 0,8 \end{pmatrix} \begin{pmatrix} 100 \\ 120 \end{pmatrix} = \begin{pmatrix} 20 \\ 76 \end{pmatrix}$

9.2.25: **i)** $\vec{x}$ = (3; –2; 2)^T **ii)** $\vec{x}$ = (2; –1; –2)^T **iii)** $\vec{x}$ = $\dfrac{1}{3}$ (–2; 7; 4; 1)^T

9.2.30: **i)**
$$\vec{x} = \begin{pmatrix} -1 + 2x_3 \\ 1 - x_3 \\ x_3 \\ 3 - 3x_3 \end{pmatrix}$$
Durch beliebige Vorwahl von x_3 gibt es unendlich viele Lösungen, z.B. (falls x_3 := 2 gewählt wird)
$\vec{x}$ = (3 ; –1 ; 2 ; –3)^T usw.

ii) Dieses lineare Gleichungssystem besitzt **keine** Lösung, da im Verlauf des Lösungsalgorithmus eine widersprüchliche Zeile auftritt:
$0 \cdot x_1 + 0 \cdot x_2 = 3$ ($\frac{1}{2}$)

9.2.44:   **i)** $\vec{x} = (2; -4; 3)^T$ **ii)** $\vec{x} = (-1; 1; 3; 2)^T$ **iii)** $\vec{x} = (1; 2; 1; 3)^T$ **iv)** $\vec{x} = (-1+x_4; -x_4; 2-x_4; x_4)^T$

9.2.71:   **i)** eindeutig lösbar: $\vec{x} = (8; -33; 5)^T$

ii) $\vec{x} = \begin{pmatrix} x_1 \\ x_2 \\ x_3 \\ x_4 \\ x_5 \\ x_6 \end{pmatrix} = \begin{pmatrix} x_1 \\ x_2 \\ x_3 \\ x_4 \\ -1+2x_1-4x_2+x_3- x_4 \\ 1+6x_1-3x_2-x_3+2x_4 \end{pmatrix}$ *(mehrdeutig lösbar, mit beliebig vorwählbaren x_1, x_2, x_3, x_4 ($\in \mathbb{R}$))*

iii)   mehrdeutig lösbar:
allgemeine Lösung: $\vec{y} = \begin{pmatrix} -44 - 17y_2 \\ y_2 \\ 20 + 7y_2 \end{pmatrix}$ *(mit beliebig vorwählbarem y_2 ($\in \mathbb{R}$))*

(Beispiele für)
Nichtbasislösungen: $\vec{y}_1 = (-61; 1; 27)^T$; $\vec{y}_2 = (-27; -1; 13)^T$
Basislösungen: $\vec{y}_{B1} = (-44; 0; 20)^T$; $\vec{y}_{B2} = (32/7; -20/7; 0)^T$

iv)   Eindeutige Lösung: $(x_1; x_2; x_3; x_4; x_5)^T = (6; 8; 6; 3; 2)^T$

v)   nicht lösbar, da im Verlauf des Algorithmus die (stets falsche) Zeile
$0 \quad 0 \quad 0 \quad | -10$ auftritt.

9.2.72:   **i)** $\text{rg}\,A = \text{rg}(A \mid \vec{b}) = 3 = $ Anzahl n der Variablen, also LGS eindeutig lösbar;

ii) $\text{rg}\,A = \text{rg}(A \mid \vec{b}) = 2 < 6$ (= n): LGS ist mehrdeutig lösbar;

iii) $\text{rg}\,A = \text{rg}(A \mid \vec{b}) = 2 < 3$ (= n): LGS ist mehrdeutig lösbar;

iv) $\text{rg}\,A = \text{rg}(A \mid \vec{b}) = 5 = $ n = Anzahl der Variablen: LGS ist eindeutig lösbar;

v) $\text{rg}\,A = 2 < \text{rg}(A \mid \vec{b}) = 3$: LGS ist inkonsistent, d.h. nicht lösbar.

9.2.73:   **i)** In einem linearen (m,n)-Gleichungssystem determiniert die kleinere der beiden Zahlen m und n die Höchstzahl unterschiedlicher Einheitsvektoren *(und damit die Höchstzahl unterschiedlicher Basislösungen)*, hier: m *(wegen der Voraussetzung m < n)*.

Verteilt man m verschiedene Einheitsvektoren auf n (> m) Plätze, so erhält man als Anzahl möglicher Kombinationen *(ohne Berücksichtigung der Reihenfolge)*:

Anzahl möglicher Basislösungen: $\binom{n}{m} = \dfrac{n!}{m!\,(n-m)!}$

ii) Aufg. 9.2.71 ii):   15 verschiedene Basislösungen *(n = 6, m = 2)*
Aufg. 9.2.71 iii):   3 verschiedene Basislösungen *(n = 3, m = 2)*

9.2.74: $\vec{x}_{B1} = (5; 0; 6)^T$; $\vec{x}_{B2} = (0; -1; -1)^T$; $\vec{x}_{B3} = (5/7; -6/7; 0)^T$

9.2.75: $\text{rg}\,A < \text{rg}(A \mid \vec{b})$ bedeutet:

Wenn in A z.B. k verschiedene Einheitsvektoren erzeugt werden können, so in A $\mid \vec{b}$ ein *weiterer*, d.h. es muss ein entsprechendes Pivotelement $\neq 0$ auf der rechten Seite dort zu finden sein, wo *links* eine Nullzeile ist. Widerspruch! Daher ist das LGS: $A\vec{x} = \vec{b}$ bei Vorliegen der o.a. Voraussetzung nicht lösbar.

9.2.81: **i)** $A^{-1} = \begin{pmatrix} 1 & 2 & 3 \\ 2 & 3 & 2 \\ 1 & 2 & 2 \end{pmatrix}$ **ii)** $A^{-1} = \dfrac{1}{20} \cdot \begin{pmatrix} 5 & 5 & -5 \\ 7 & -1 & 5 \\ -1 & 3 & 5 \end{pmatrix}$ **iii)** $A^{-1} = \dfrac{1}{17} \begin{pmatrix} -11 & -24 & 16 & -18 \\ -2 & -9 & 6 & -11 \\ -1 & 4 & 3 & 3 \\ -17 & -34 & 17 & -34 \end{pmatrix}$

iv) A besitzt keine Inverse $(\text{rg}\,A < \text{rg}(A \mid \vec{b}))$

9.2.82: Aus $A\vec{x} = \vec{b}$ folgt $\vec{x} = A^{-1}\vec{b}$:

i) $A^{-1} = \begin{pmatrix} 0,5 & -0,75 & 2 \\ 0 & 0,5 & -1 \\ -0,5 & 0,25 & 0 \end{pmatrix}$ $\begin{aligned} \vec{x}_1 &= (-1;\ 2;\ -2)^T \\ \vec{x}_2 &= (18,25;\ -9,5;\ 1,25)^T \\ \vec{x}_3 &= (-5,25;\ 5,6;\ -3,85)^T \end{aligned}$

ii) $A^{-1} = \cdot \begin{pmatrix} 5 & -5 & 5 \\ 1 & -7 & 5 \\ -2 & 4 & 0 \end{pmatrix}$ $\begin{aligned} \vec{x}_1 &= A^{-1}\cdot(8;7;-3)^T = (-1;-5,6;1,2)^T \\ \vec{x}_2 &= A^{-1}\cdot(100;-200;500)^T = (400;400;-100)^T \\ \vec{x}_3 &= A^{-1}\cdot(21,7;-1,6;3,7)^T = (16,20;5,68;-6,06)^T \end{aligned}$

9.2.94: **i)** Die gesuchten Verrechnungspreise seien p_1 *(Strompreis in €/kWh)* und p_2 *(Reparaturpreis in €/h)*. Dann muss gelten:

Bewertete Gesamtleistung = primäre Kosten + sekundäre Kosten,   d.h.

Strom: $200.000p_1 =$ 30.540 $+$ $400p_2$

Reparaturen: $1.600p_2 =$ 60.000 $+$ $8.000p_1$

$\Rightarrow$ $p_1 = 0,23$ €/kWh; $p_2 = 38,65$ €/h

ii) Gesamtkosten: Dreherei 276.620€; Endmontage 353.920 €

9.2.95: **i)** Die vier gesuchten innerbetrieblichen Verrechnungspreise lauten:

$p_1 = 10$ GE/LE$_1$; $p_2 = 8$ GE/LE$_2$; $p_3 = 6$ GE/LE$_3$; $p_4 = 12$ GE/LE$_4$.

ii) Mit den Werten von i) ergeben sich die folgenden Gesamtumlagekosten:

für Hauptkostenstelle H1: $K_{H1} = 80\cdot10 + 100\cdot8 + 180\cdot6 + 250\cdot12 = 5.680$ GE;

für Hauptkostenstelle H2: $K_{H2} = 90\cdot10 + 150\cdot8 + 70\cdot6 + 200\cdot12 = 4.920$ GE;

für Hauptkostenstelle H3: $K_{H3} = 100\cdot10 + 150\cdot8 + 30\cdot6 + 200\cdot12 = 4.780$ GE.

9.2.96: Aus dem Gozintographen erhält man folgendes Gleichungssystem:

$$\begin{aligned}
x_1 &= & 2x_3 & & +2x_5 + 2x_6 \\
x_2 &= & x_3 + 2x_4 & & + 2x_7 \\
x_3 &= & & 2x_6 + 3x_7 \\
x_4 &= & & x_7 \\
x_5 &= & x_3 + & x_6 \\
x_6 &= 82 + 0,1x_2 \\
x_7 &= 100
\end{aligned}$$

$\Rightarrow$ Die Lösung führt zu folgendem Gesamtbedarfs-Vektor $(x_1; x_2; x_3; x_4; x_5; x_6; x_7)^T$:

$$\begin{pmatrix} x_1 \\ x_2 \\ x_3 \\ x_4 \\ x_5 \\ x_6 \\ x_7 \end{pmatrix} = \begin{pmatrix} 3.480\ \text{ME}_1 \\ 1.080\ \text{ME}_2 \\ 680\ \text{ME}_3 \\ 100\ \text{ME}_4 \\ 870\ \text{ME}_5 \\ 190\ \text{ME}_6 \\ 100\ \text{ME}_7 \end{pmatrix}$$

10   Lineare Optimierung

10.1.26:

i)

a) $\vec{x}_{opt} = (18; 6)$
$Z_{max} = 72$

b) $\vec{x}_{opt.} = (4; 4)$
$Z_{min} = 24$

c) $\vec{x}_{opt.} = \lambda(12; 9)$
$\quad + (1 - \lambda)(18; 6)$
$Z_{max} = 210$

d) $\vec{x}_{opt.} = \lambda(4; 4)$
$\quad + (1 - \lambda)(8; 2)$
$Z_{min} = 84$

ii)

a) $\vec{x}_{opt} = (16; 2); Z_{max} = 54$

b) $\vec{x}_{opt} = (8; 8); Z_{min} = 48$

c) $\vec{x}_{opt} = (8; 8); Z_{max} = 168$

d) $\vec{x}_{opt} = (16; 2); Z_{min} = 140$

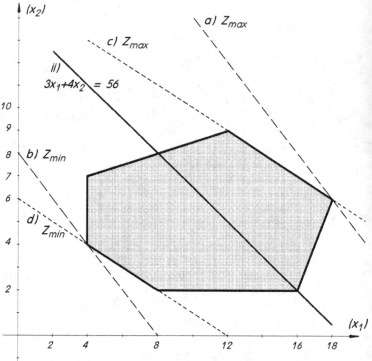

10.1.27:

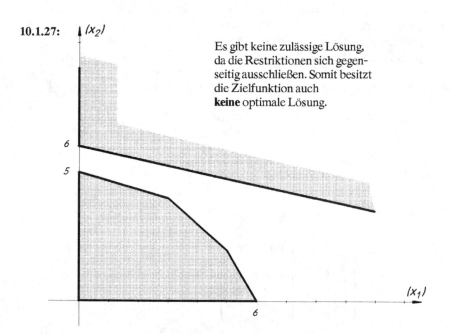

Es gibt keine zulässige Lösung, da die Restriktionen sich gegenseitig ausschließen. Somit besitzt die Zielfunktion auch **keine** optimale Lösung.

10.1.28:

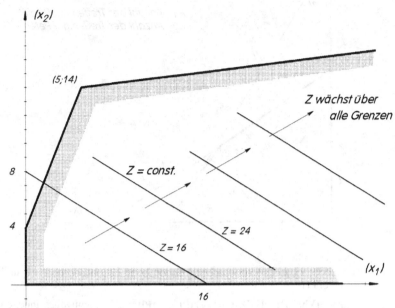

Die Lösung ist unbeschränkt! Mit Erhöhung von x_1 und x_2 erhöht sich auch Z beliebig! Es existiert somit kein (endliches) Maximum.

10.1.29:

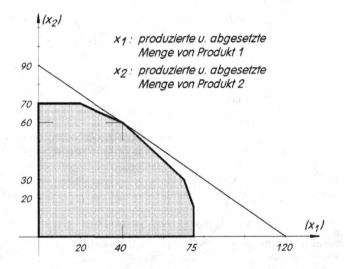

Optimale Lösung:

40 Stück von Produkt I
60 Stück von Produkt II

$DB_{max} = 360$ T€

10.1.30:

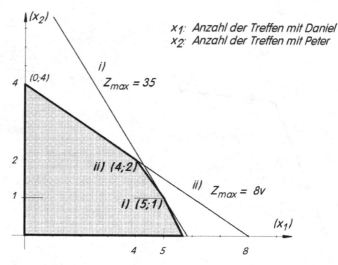

x_1: Anzahl der Treffen mit Daniel
x_2: Anzahl der Treffen mit Peter

i)   Optimale Ecke: (5; 1), d.h.
Maximales Vergnügen verschaffen Susanne 5 Treffen mit Daniel [TrD] und 1 Treffen
mit Peter [TrP].

Z_{opt} = 6[VE/TrD] · 5[TrD] + 5[VE/TrP] · 1[TrP] = 35 Vergnügungseinheiten (VE)

ii)   Zielfunktion: Z = vx_1 + $2vx_2$ → max.
(v := Anzahl der Vergnügungseinheiten pro Treffen mit Daniel)

Die Zielfunktionsgerade ist nunmehr parallel zu einer Restriktionsgeraden , d.h. alle
Rendezvous-Kombinationen zwischen (0; 4) und (4; 2) sind für Susanne gleichermaßen optimal:

$$\vec{x}_{opt} = \lambda(0;4) + (1-\lambda)(4;2),\ (0 \leq \lambda \leq 1);\quad Z_{opt} = 8 \cdot v \text{ Vergnügungseinheiten}$$

$(z.B.\ \lambda = 0,5:\ x_{opt} = 0,5(0;4) + 0,5(4;2) = (0;2)+(2;1) = (2;3))$

10.1.31:

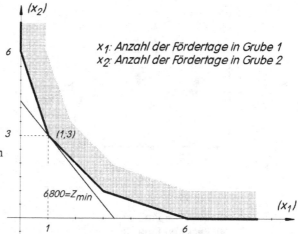

x_1: Anzahl der Fördertage in Grube 1
x_2: Anzahl der Fördertage in Grube 2

Zu minimalen Kosten
von 6.800 €/Woche
führen 1 Fördertag
in Grube 1 und
3 Fördertage
in Grube 2

10.1.32:

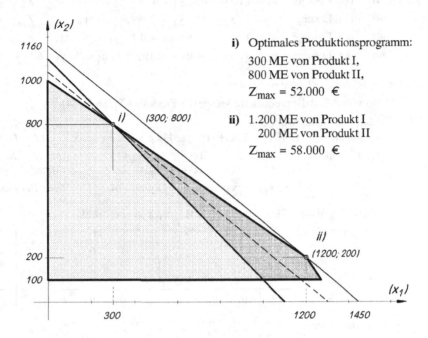

i)   Optimales Produktionsprogramm:
300 ME von Produkt I,
800 ME von Produkt II,
$Z_{max} = 52.000$ €

ii) 1.200 ME von Produkt I
200 ME von Produkt II
$Z_{max} = 58.000$ €

10.1.33:

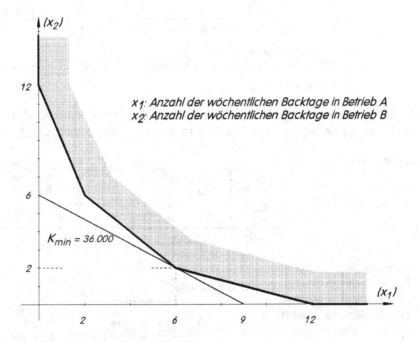

x_1: Anzahl der wöchentlichen Backtage in Betrieb A
x_2: Anzahl der wöchentlichen Backtage in Betrieb B

Ein Backbetrieb von 6 Tagen in Betrieb A und 2 Tagen in Betrieb B ist mit Gesamtbetriebs-
kosten von 36.000 €/Woche kostenminimal.

10.2.37: **i)** opt. Lösung: $x_1 = 4$; $x_2 = 16$; $y_1 = 4$; $y_2 = y_3 = 0$; $Z_{max} = 760$

ii) opt. Lösung: $x_1 = 3$; $x_2 = 4$; $y_1 = 2$; $y_2 = y_3 = 0$; $Z_{max} = 18$

iii) opt. Lösung: $x_1 = 0$; $x_2 = 0,08$; $x_3 = 0,1$; $y_1 = y_2 = 0$; $Z_{max} = 2,8$

iv) opt. Lösung: $u_1 = 0$; $u_2 = 4$; $u_3 = 0$; $u_4 = 2$; $u_5 = 0$; $y_1 = 6$; $y_2 = y_3 = 0$; $y_4 = 6$

$Z_{max} = 24$

10.2.39: *(ausführlicher Lösungs-Prototyp)*

Sei x_i (in ME_i) die produzierte Menge des Produktes P_i ($i = 1,...,4$).

Mathematisches Modell:

Zielfunktion: $10x_1 + 13x_2 + 10x_3 + 11x_4 = Z \rightarrow$ max.   *(Z = Deckungsbeitrag)*

Restriktionen: $4x_1 + 5x_2 + 4x_3 + 3x_4 \leq 475$ *(Material-Restriktion Z_1)*

$8x_1 + 8x_2 + 6x_3 + 10x_4 \leq 720$ *(Material-Restriktion Z_2)*

$\frac{1}{15}x_1 + \frac{1}{30}x_2 + \frac{1}{10}x_3 + \frac{1}{15}x_4 \leq 14$ *(Zeit-Restriktion)*

Nicht-Negativitäts-Bedingungen (NNB): $x_1, x_2, x_3, x_4 \geq 0$

Ausgangstableau:

	x_1	x_2	x_3	x_4	y_1	y_2	y_3	Z	b
y_1	4	5	4	3	1	0	0	0	475
y_2	8	8	6	10	0	1	0	0	720
y_3	1/15	1/30	1/10	1/15	0	0	1	0	14
Z	-10	-13	-10	-11	0	0	0	1	0

Optimaltableau:

	x_1	x_2	x_3	x_4	y_1	y_2	y_3	Z	b
x_3	-4	0	1	-13	4	$-2,5$	0	0	100
x_2	4	1	0	11	-3	2	0	0	15
y_3	1/3	0	0	1	$-0,3$	11/60	1	0	3,5
Z	2	0	0	2	1	1	0	1	1.195

optimales Produktionsprogramm:

$x_1 = 0\ ME_1$; $x_2 = 15\ ME_2$; $x_3 = 100\ ME_3$; $x_4 = 0\ ME_4$; $(y_1 = y_2 = 0; y_3 = 3,5)$

$Z_{max} = 1.195\ €$ pro Tag

10.3.15: **i)** opt. Lösung: $x_1 = 18$, $x_2 = 6$, $y_1 = 18$, $y_2 = 0$, $y_3 = 0$, $y_4 = 14$, $y_5 = 4$, $y_6 = 18$, $Z_{max} = 72$

ii) opt. Lösung: $x_1 = 4$, $x_2 = 4$, $y_1 = 12$, $y_2 = 18$, $y_3 = 26$, $y_4 = 0$, $y_5 = 2$, $y_6 = 0$, $Z_{max} = 24$

10.3.16: Ausgangstableau:

	x_1	x_2	x_3	x_4	y_1	y_2	y_{H1}	y_{H2}	Z^*	Z	b
y_1	2	4	1	0	1	0	0	0	0	0	150
y_2	1	0	5	1	0	1	0	0	0	0	250
y_{H1}	0	1	4	2	0	0	1	0	0	0	200
y_{H2}	1	1	0	1	0	0	0	1	0	0	150
Z^*	-1	-2	-4	-3	0	0	0	0	1	0	-350
Z	-2	2	1	-1	0	0	0	0	0	1	0

optimales
Produktionsprogramm:

$x_1 = 70\ ME$; $x_2 = 0\ ME$
$x_3 = 10\ ME$; $x_4 = 80\ ME$

$y_1 = 0; y_2 = 50$;

Maximaler Deckungsbeitrag:
$Z_{max} = 210€$

Optimaltableau

	x_1	x_2	x_3	x_4	y_1	y_2	Z	b
x_3	0	0,6	1	0	0,2	0	0	10
y_2	0	-4	0	0	-1	1	0	50
x_4	0	$-0,7$	0	1	$-0,4$	0	0	80
x_1	1	1,7	0	0	0,4	0	0	70
Z	0	4,1	0	0	0,2	0	1	210

10.3.17: Kostenminimales monatliches Produktionsprogramm:
$x_1 = 400\,t\,E_1$; $x_2 = 120\,t\,E_2$; $y_1 = 100$; $y_2 = 0$; $y_3 = 60$; $K_{min} = 16.000\,T€/Monat$

10.4.30: **i)** Die sekundäre Zielfunktion Z^* wird nach einem Simplexschritt bereits maximal, allerdings mit einem Maximalwert $\neq 0$, so dass auch die Hilfsschlupfvariable y_H ungleich Null bleibt und nicht eliminiert werden kann ⇒ Es existiert keine zulässige Lösung

ii) Im Verlauf des Simplex-Algorithmus tritt ein suboptimales Tableau auf: Die Zielfunktion Z ist noch nicht maximal. In den möglichen Pivotspalten existiert aber kein positives Pivotelement, d.h. es gibt keinen „Engpass", Z kann durch Erhöhung von x_3 oder x_4 beliebig groß gemacht werden, ohne dass eine Restriktion verletzt wird ⇒ unbeschränkte Lösung

iii) Das Problem ist mehrdeutig lösbar, optimale Basislösungen sind:
$\vec{x}_1 = (2,0,0,0,4,12)^T$; $\vec{x}_2 = (0,0,3,0,2,12)^T$; $\vec{x}_3 = (0,1,0,0,0,12)^T$ *(degeneriert)*
allgemeine optimale Lösung: $\vec{x} = \lambda_1\vec{x}_1 + \lambda_2\vec{x}_2 + \lambda_3\vec{x}_3$ mit $0 \leq \lambda_i \leq 1$; $\lambda_1 + \lambda_2 + \lambda_3 = 1$
z.B. $\lambda_1 = 0,1$; $\lambda_2 = 0,5$; $\lambda_3 = 0,4$: $\vec{x}_4 = (0,2\,;\,1,4\,;\,1,5\,;\,0\,;\,1,4\,;\,12)^T$ usw.

iv) Man setzt: $x_1 = x_1' - x_1''$ sowie $x_2 = -x_2^*$ (mit x_1', x_1'', $x_2^* \leq 0$) und erhält als
sekundäre Zielfunktion: $Z^* = 3x_2^* - y_3 - y_4 - 9 \to max.$
opt. Lösung: Wegen $x_1' = 0$; $x_1'' = 5$; $x_2^* = 6$:
$x_1 = -5$; $x_2 = -6$; $y_1 = 0$; $y_2 = 14$; $y_3 = 9$; $y_4 = 0$; $Z_{max} = 4$.

10.5.23: *Vorbemerkung: Wir betrachten stellvertretend für das allgemeine Interpretations-Verfahren hier beispielhaft die ökonomische Interpretation von Aufgabe 10.1.30. Dort findet sich bereits die entsprechende graphische Lösung, aber ohne vertiefende Interpretation, wie sie nur aus dem Simplex-Tableau ablesbar ist.*

Die Lösungshinweise zur ökonomischen Interpretation der Aufgabe 10.1.30 sind dabei nach folgendem Muster aufgebaut:

- *Angabe der/des optimalen Simplex-Tableaus;*

- *Optimale Lösung mit Kurzinterpretation der Lösungswerte;*

- *Interpretation der inneren Koeffizienten und der Koeffizienten der Zielfunktionszeile, soweit sie zu Nichtbasisvariablen gehören.*

  Dabei wird diejenige suboptimale Nichtbasislösung betrachtet, die wir durch Anheben des Niveaus der Nichtbasisvariablen von 0 auf 1 erhalten (falls das Niveau von 0 auf −1 abgesenkt wird, ändert sich das Vorzeichen des zu interpretierenden Koeffizienten und somit auch die „Richtung" des damit verbundenen ökonomischen Prozesses).

Interpretation des optimalen Simplex-Tableaus von Aufgabe 10.1.30 i) und ii):

i) Optimales Simplex-Tableau zu Aufgabe 10.1.30 i):

	x_1	x_2	y_1	y_2	y_3	Z	b
x_1	1	0	0,25	$-2/3$	0	0	5
x_2	0	1	$-0,25$	1	0	0	1
y_3	0	0	125	$-2000/3$	1	0	500
Z	0	0	0,25	1	0	1	35

Lösung zu i):

$x_1 = 5, x_2 = 1$

$y_1 = y_2 = 0$

$y_3 = 500$

$Z_{max} = 35$

i)   Interpretation der optimalen Basislösung zu i):

$$
\vec{x}_{opt} =
\begin{pmatrix} x_1 \\ x_2 \\ y_1 \\ y_2 \\ y_3 \\ Z \end{pmatrix}
=
\begin{pmatrix} 5 \\ 1 \\ 0 \\ 0 \\ 500 \\ 35 \end{pmatrix}
\begin{array}{l}
\text{Treffen/Monat mit Daniel (TrD)} \\
\text{Treffen/Monat mit Peter (TrP)} \\
\text{€/Monat} \\
\text{h/Monat} \\
\text{Energieeinh./Monat} \\
\text{Vergnügungseinheiten (VE)}
\end{array}
$$

Um maximales Vergnügen ($\hat{=}$ *35 Vergnügungseinheiten*) zu erreichen, müsste Susanne an 5 Abenden pro Monat mit Daniel und einmal mit Peter ausgehen. Ihre monatliche Ausgaben-obergrenze schöpft sie dabei voll aus ($y_1 = 0$), ebenso ihre zeitliche Obergrenze ($y_2 = 0$). Ihr emotionaler Energievorrat ist allerdings noch nicht ausgeschöpft, 500 emotionale Energieein-heiten ihres Energievorrates bleiben ungenutzt ($y_3 = 500$).

Will Susanne (c.p.) 1 € ihres Ausgabenbudgets einsparen (d.h. $y_1 = 1$), so muss sie pro Monat 1/4 Treffen mit Daniel weniger sowie 1/4 Treffen mit Peter mehr arrangieren (d.h. „real" in 4 Monaten ein Treffen mehr bzw. weniger).

Dabei verbraucht sie monatlich 125 emotionale Energieeinheiten mehr als im Optimum (die ungenutzte Energie sinkt um 125 Einheiten). Ihr monatliches Vergnügen verringert sich dabei um 0,25 Einheiten.

Will Susanne (c.p.) eine Stunde ihres Zeitbudgets einsparen (d.h. $y_2 = 1$), so muss sie pro Monat 2/3 Treffen mit Daniel mehr (d.h. in 3 Monaten 2 Treffen mehr) sowie 1 Treffen mit Peter weniger arrangieren.

Dabei verbraucht sie monatlich $666,\overline{6}$ emotionale Energieeinheiten weniger als zuvor (der nicht verbrauchte Energievorrat von 500 Einh. erhöht sich dabei um 666,6 Einh.). Ihr monatli-ches Vergnügen sinkt dabei um eine Einheit.

ii)   Interpretation der optimalen Basislösungen zu ii):

Optimale Simplex-Tableaus zu Aufgabe 10.1.30 ii):

1. Optimaltableau:

	x_1	x_2	y_1	y_2	y_3	Z	b
y_1	8	0	1	0	−0,008	0	36
y_2	1,5	0	0	1	−0,003	0	6
x_2	0,5	1	0	0	0,001	0	4
Z	0	0	0	0	0,002·v	1	8·v

Erste opt. Basislösung:

$x_1 = 0, x_2 = 4$

$y_1 = 36, y_2 = 6, y_3 = 0$

$Z_{max} = 8 \cdot v$

2. Optimaltableau:

	x_1	x_2	y_1	y_2	y_3	Z	b
y_1	0	0	1	$-5,\overline{3}$	0,008	0	4
x_1	1	0	0	$0,\overline{6}$	−0,002	0	4
x_2	0	1	0	$-0,\overline{3}$	0,002	0	2
Z	0	0	0	0	0,002·v	1	8·v

Zweite opt. Basislösung:

$x_1 = 4, x_2 = 2$

$y_1 = 4, y_2 = y_3 = 0$

$Z_{max} = 8 \cdot v$

(v := Anzahl der Vergnügungseinheiten (VE) pro Treffen mit Daniel, z.B. v = 6 VE)

Mehrdeutige Optimallösung! *Man erhält sämtliche optimalen Lösungen als konvexe Linear-kombinationen der beiden o.a. Basislösungen, siehe (graphische) Lösung zu Aufg. 10.1.30 ii).*

1. Optimallösung:

$$\vec{x}_{opt.1} = \begin{pmatrix} x_1 \\ x_2 \\ y_1 \\ y_2 \\ y_3 \\ Z \end{pmatrix} = \begin{pmatrix} 0 \\ 4 \\ 36 \\ 6 \\ 0 \\ 8 \cdot v \end{pmatrix} \begin{array}{l} \text{Treffen/Monat mit Daniel (TrD/M.)} \\ \text{Treffen/Monat mit Peter (TrP/M.)} \\ \text{€/Monat} \\ \text{h/Monat} \\ \text{Energieeinh./Monat} \\ \text{Vergnügungseinheiten (VE/M.)} \end{array}$$

2. Optimallösung:

$$\vec{x}_{opt.2} = \begin{pmatrix} x_1 \\ x_2 \\ y_1 \\ y_2 \\ y_3 \\ Z \end{pmatrix} = \begin{pmatrix} 4 \\ 2 \\ 4 \\ 0 \\ 0 \\ 8 \cdot v \end{pmatrix} \begin{array}{l} \text{Treffen/Monat mit Daniel (TrD/M.)} \\ \text{Treffen/Monat mit Peter (TrP/M.)} \\ \text{€/Monat} \\ \text{h/Monat} \\ \text{Energieeinh./Monat} \\ \text{Vergnügungseinheiten (VE/M.)} \end{array}$$

Mit dem Parameter v wird dabei die Anzahl der Vergnügungseinheiten bezeichnet, die Susanne pro Treffen mit Daniel empfindet, z.B. $v = 6$, wie in Aufgabenteil i).

Den beiden optimalen Basislösungen entsprechen graphisch die beiden Eckpunkte des mit der optimalen Zielfunktionsgeraden zusammenfallenden zulässigen Bereiches, vgl. Skizze zur Lösung von Aufg. 10.1.30 ii). Sämtliche dazwischen liegende Punkte (d.h. alle konvexen Linearkombinationen von $\vec{x}_{opt.1}$ und $\vec{x}_{opt.2}$) sind ebenfalls optimal mit identischem Nutzenmaximum $Z = 8 \cdot v$. Interpretiert werden im folgenden nur die beiden „Ecken" $\vec{x}_{opt.1}$ und $\vec{x}_{opt.2}$.

Um maximales Vergnügen ($\hat{=} 8 \cdot v$ Vergnügungseinheiten) zu erreichen, gäbe es für Susanne zwei „Eckentscheidungen":

1) Sie könnte sich 4mal pro Monat mit Peter treffen, Daniel ginge dabei völlig leer aus. Ihre monatliche Ausgabenobergrenze unterschritte sie dann um 36 €, ihr Zeitaufwand bliebe um 6 h unter dem selbstgesetzten Limit, dagegen schöpfte sie ihren emotionalen Energievorrat bis zur Neige aus.

2) Stattdessen könnte sie sich auch monatlich 4mal mit Daniel und 2mal mit Peter treffen. Jetzt blieben ihr nur noch 4 €/Monat vom Budgetvolumen übrig, während Zeit- und Energieaufwand genau der Obergrenze entsprächen.

Betrachten wir nun einmal die beiden „Eckentscheidungen" (= opt. Basislösungen) und fragen danach, was passiert, wenn wir die Basisvariablen von Null auf Eins anheben (*suboptimale Nichtbasislösungen*).

Falls Ausgangssituation wie „**Eckentscheidung" 1)**:

Trifft sich Susanne (c.p.) einmal mit Daniel (d.h. $x_1 = 1$ statt $x_1 = 0$), so ändert das nichts an ihrem maximalen Vergnügen („0" in der Zielfunktionszeile), denn dafür muss sie – um ihren selbstgesetzten Rahmen ($\hat{=}$ Restriktionen) nicht zu sprengen – auf ein „halbes" Treffen mit Peter verzichten (d.h. bei 2 Treffen mit Daniel entfällt ein Treffen mit Peter). Ihr nicht verausgabtes Budget verringert sich dabei um 8 €/Monat (sie gibt also pro Monat 8 € mehr aus), ihre zeitliche Belastung steigt um 1,5 h/Monat.

Will Susanne (c.p.) ihren emotionalen Energievorrat nicht völlig verausgaben, sondern z.B. 1000 Energieeinheiten „behalten" ($y_3 = 1000$), so muss sie auf $2 \cdot v$ Vergnügungseinheiten verzichten, indem sie eines ($0,001 \cdot 1000 = 1$) der Treffen mit Peter absagt. Dabei spart sie monatlich 8 € sowie 3 h.

Falls Ausgangssituation wie „**Eckentscheidung" 2)**:

Will Susanne (c.p.) ihr Zeitbudget nicht völlig aufbrauchen, sondern z.B. monatlich 3h einsparen ($y_2 = 3$), so braucht sie zwar keine Einbußen ihres Vergnügens zu befürchten („0" in der Zielfunktionszeile), allerdings gestalten sich ihre sozialen Aktivitäten nun etwas anders:

x_2 erhöht sich um 1 (= $3 \cdot {}^1/_3$), x_1 vermindert sich um 2 (= $3 \cdot {}^2/_3$), d.h. sie trifft sich nunme einmal mehr mit Peter (dreimal statt zweimal monatlich) und dafür zweimal weniger mit Dan (zweimal statt viermal). Ihr Geldbeutel wird dadurch um 16 (= $3 \cdot 5,3$) € entlastet.

Will Susanne z.B. 500 Energieeinheiten – c.p. – unter ihrem Limit bleiben (y_3 = 500), bedeutet das

–   Mehrverbrauch von 4 €/Monat (d.h. ihr Finanzrahmen wäre ausgeschöpft)
–   ein (= 0,002 · 500) zusätzliches Treffen mit Daniel
–   ein Treffen weniger mit Peter.
–   Dabei verzichtet sie auf v (= 500 · 0,002v) Vergnügungseinheiten.

10.6.8:   **i)** Wenn man Gleichung (3) mit (–1) multipliziert, sind (2) und (3) von der Form

$$a \geq 12 \quad \text{und} \quad a \leq 12 \qquad \Leftrightarrow \qquad a = 12$$

d.h. das System von 3 Ungleichungen ist auf 1 Ungleichung und eine Gleichung reduziert

ii) Setzt man $u_2' := u_2 - u_3$, so lautet das System:

$$
\begin{aligned}
3u_1 + 2u_2' + 4u_4 &\geq -10 \\
5u_1 + 8u_2' + u_4 &= 12 \\
8u_1 + 7u_2' - 4u_4 &= Z' \to \min. \qquad (u_1, u_4 \geq 0, \ u_2' \text{ beliebig})
\end{aligned}
$$

Es kommen somit nur noch 3 Variablen vor. Da $u_2, u_3 \geq 0$ vorausgesetzt ist, kann u_2' (= $u_2 - u_3$) beliebige *(positive oder negative)* reelle Werte annehmen.

10.6.17:   **i)** Dual von Aufgabe 10.1.29:

$$
\begin{aligned}
6u_1 + 4u_2 + 3u_3 + u_4 &\geq 3 \\
2u_1 + 4u_2 + 6u_3 + u_5 &\geq 4 \\
480u_1 + 400u_2 + 480u_3 + 75u_4 + 70u_5 &= Z' \to \text{Min.}
\end{aligned}
$$

$\vec{u}_{opt} = (u_1 \ u_2 \ u_3 \ u_4 \ u_5 \ v_1 \ v_2 \ Z')^T = (0; \ 0,5; \ 0,\overline{3}; \ 0; \ 0; \ 0; \ 0; \ 360)^T$

iii) Dual von Aufgabe 10.1.31:

$$
\begin{aligned}
60u_1 + 40u_2 + 20u_3 &\leq 2.000 \\
20u_1 + 120u_2 + 20u_3 &\leq 1.600 \\
120u_1 + 240u_2 + 80u_3 &= Z' \to \text{Max.}
\end{aligned}
$$

$\vec{u}_{opt} = (u_1 \ u_2 \ u_3 \ v_1 \ v_2 \ Z')^T = (10; \ 0; \ 70; \ 0; \ 0; \ 6.800)^T$

v) Dual von Aufgabe 10.1.33:

$$
\begin{aligned}
6u_1 + 4u_2 + 2u_3 &\leq 4.000 \\
2u_1 + 12u_2 + 2u_3 &\leq 6.000 \\
24u_1 + 48u_2 + 16u_3 &= Z' \to \text{Max.}
\end{aligned}
$$

$\vec{u}_{opt} = (u_1 \ u_2 \ u_3 \ v_1 \ v_2 \ Z')^T = (0; \ 250; \ 1500; \ 0; \ 0; \ 36.000)^T$

vii) Dual von Aufgabe 10.3.11: Eine Modifikation des Primal *(s. Lehrbuch Bsp. 10.6.4)* liefe

als Dual:

$$
\begin{aligned}
4u_1 + 3u_2 + u_4 - u_5 &\geq 40 \\
6u_1 + 2u_2 + u_4 - u_5 &\geq 50 \\
8u_1 + 4u_2 - u_3 &\geq 60 \\
5000u_1 + 2000u_2 - 100u_3 + 400u_4 - 400u_5 &= Z' \to \text{Min.}
\end{aligned}
$$

$\vec{u}_{opt} = (u_1 \ u_2 \ u_3 \ u_4 \ u_5 \ v_1 \ v_2 \ v_3 \ Z')^T = (0; \ 15; \ 0; \ 20; \ 0; \ 25; \ 0; \ 0; \ 38.000)^T$

ix) Dual von Aufgabe 10.3.16:   Mathematisches Modell:

$$
\begin{aligned}
2u_1 + u_2 + u_5 - u_6 &\geq 2 \\
4u_1 + u_3 - u_4 + u_5 - u_6 &\geq -2 \\
u_1 + 5u_2 + 4u_3 - 4u_4 &\geq -1 \\
u_2 + 2u_3 - 2u_4 + u_5 - u_6 &\geq 1 \\
150u_1 + 250u_2 + 200u_3 - 200u_4 + 150u_5 - 150u_6 &= Z' \to \text{Min.}
\end{aligned}
$$

$\vec{u}_{opt} = (u_1 \ u_2 \ u_3 \ u_4 \ u_5 \ u_6 \ v_1 \ v_2 \ v_3 \ v_4 \ Z')^T =$
$= (0,2; \ 0; \ 0; \ 0,3; \ 1,6; \ 0; \ 0; \ 4,1; \ 0; \ 0; \ 210)^T$

7.9:   Ökonomische Interpretation des Dual-Problems von Aufgabe 10.1.30 i) und ii):

Die dualen mathematischen Modelle und ihre Lösungen lauten *(siehe Aufg. 10.6.17 ii))*:

Teil i)   Dual von Aufgabe *(10.1.30 i)*

$$12u_1 + 3u_2 + 500u_3 \geq 6$$
$$8u_1 + 3u_2 + 1000u_3 \geq 5$$
$$68u_1 + 18u_2 + 4000u_3 = Z' \to \text{Min.}$$

$$\vec{u}_{opt} = (u_1\ u_2\ u_3\ v_1\ v_2\ Z')^T = (0{,}25;\ 1;\ 0;\ 0;\ 0;\ 35)^T$$

Teil ii)   Dual von Aufgabe *(10.1.30 ii)*

Unter der Voraussetzung $v = 6$ gilt:

$$12u_1 + 3u_2 + 500u_3 \geq 6$$
$$8u_1 + 3u_2 + 1000u_3 \geq 12$$
$$68u_1 + 18u_2 + 4000u_3 = Z' \to \text{Min.}$$

$$\vec{u}_{opt} = (u_1\ u_2\ u_3\ v_1\ v_2\ Z')^T = (0;\ 0;\ 0{,}012;\ 0;\ 0;\ 48)^T$$

Vorbemerkung: Der Schlüssel zur korrekten Deutung eines aus einem ökonomischen Primal hergeleiteten Dualproblems besteht in der richtigen Interpretation der Dualvariablen. Hier empfiehlt sich ein Vorgehen analog zu Lehrbuch Kap. 10.7.1 bzw. 10.7.2, das im wesentlichen darin besteht, die formal abgeleiteten Dualrestriktionen mit den gegebenen Einheiten darzustellen und dann den Dualvariablen solche Einheiten zu geben, dass die „Einheitenbilanz" ausgeglichen wird *(d.h. dass insgesamt auf der linken wie auf der rechten Seite einer jeden Restriktion dieselbe resultierende Einheit erzeugt wird).*

Der eben beschriebene Prozess wird ausführlich in den o.a. Lehrbuch-Kapiteln dargestellt, im folgenden wird als kennzeichnendes Beispiel Aufg. 10.1.30 i)/ii) ausgeführt.

i)   Interpretation der Duallösung *(siehe oben)* von Aufg. 10.1.30 i):

Deutung der Dualvariablen u_1, u_2, u_3 : „Vergütung" *(= Preis in Vergnügungseinheiten (VE))* für die Aufwendung von 1 € *(u₁)* bzw. 1 h *(u₂)* bzw. 1 emotionaler Energieeinheit EE *(u₃)*.

Damit ließe sich etwa die folgende Deutung des Dualproblems konstruieren:

Susanne könnte auf ihre Treffen mit Daniel und Peter verzichten und stattdessen ihre Ressourcen (d.h. Finanzmittel: 68 €/Monat, Zeit: 18 h/Monat und Energie: 4000 EE/Monat) direkt einsetzen, um als Lohn dafür ein äquivalentes Vergnügen auf direktem Wege zu erreichen.

Da Susanne großen Spaß am Chauffieren schicker Autos hat – das Fahren *(Standard-Einheitsstrecke)* mit einem weißen Sport-Cabrio, so wie es etwa Autohändler Theo Huber besitzt, bereitet ihr den Spaß von 1 Vergnügungseinheit (VE) – könnte sie versuchen, ihre Finanzmittel, ihre Zeit und ihren Energievorrat in Hubers Unternehmung zu investieren und als Gegenleistung dafür eine „Bezahlung" in Form von Fahrten mit dem Cabrio zu verlangen.

Die *(noch unbekannten)* Preise für ihre Leistungen seien u_1 (in VE/€), u_2 (in VE/h) und u_3 (in VE/EE). Susanne überlegt nun auf Basis ihres Primalproblems *(Aufg. 10.1.30 i))*:

Für ein Treffen mit Daniel gebe ich 12 € aus, investiere 3 h meiner Zeit und wende 500 emotionale Energieeinheiten (EE) auf. Dafür erhalte ich genau 6 Vergnügungseinheiten (VE). Wenn ich nun dieselben Aufwendungen direkt in Hubers Unternehmung tätige, so muss ich mindestens den gleichen Lohn, d.h. mindestens 6 VE $\cong$ 6 Fahrten mit dem Cabrio erhalten. Meine „Preise" u_1, u_2, u_3 (pro €, h und EE) müssen also folgender Ungleichung genügen:

(1) $12u_1 + 3u_2 + 500u_3 \geq 6$ *(= 1. Dualrestriktion).*

Analoge Überlegungen stellt Susanne für den Gegenwert eines zu ersetzenden Rendezvous mit Peter an: Wenn ich mich einmal mit ihm treffe, so wende ich dafür 8 €, 3 h und 1000 EE auf. Investiere ich also dieselben Ressourcen direkt in Theos Unternehmung, so muss ich über meine Preise u_i mindestens denselben Gegenwert, nämlich 5 Vergnügungseinheiten erhalten:

(2) $8u_1 + 3u_2 + 1000u_3 \geq 5$ $(= 2.\ Dualrestriktion)$.

Theo seinerseits ist bereit, diese beiden Bedingungen zu akzeptieren und die Preise so festz setzen, dass Susanne entsprechend entlohnt wird. Andererseits ist er sehr um die Unve sehrtheit seines weißen Cabrios besorgt: Den Spielraum, der ihm bei der Festsetzung der Prei u_i noch verbleibt, wird er also dazu nutzen, unter all den Preiskombinationen u_1, u_2, u_3 , die (und (2) erfüllen, diejenige herauszufinden, die möglichst wenige Fahrten „kostet": Bezeichn man mit Z' die Gesamtzahl der Fahrten pro Monat („Kosten"), so muss *(wenn Susanne ih monatlichen Ressourcen 68 €, 18 h, 4000 EE voll einsetzt)* Theo anstreben:

$$Z' = 68u_1 + 18u_2 + 4000u_3 \ \rightarrow \ \text{Min.}$$

Diese Zielfunktion entspricht genau der dualen Zielfunktion von Aufgabe 10.1.30 i).

Die optimale Lösung des Dual lautet *(siehe die o.a. Lösung, Teil i))*:

$$
\begin{pmatrix} u_1 \\ u_2 \\ u_3 \\ v_1 \\ v_2 \\ Z' \end{pmatrix} =
\begin{pmatrix} 0{,}25 & \text{VE/€} \\ 1 & \text{VE/h} \\ 0 & \text{VE/EE} \\ 0 \\ 0 \\ 35 & \text{VE/M.} \end{pmatrix}
\begin{array}{l} \textit{Anzahl der Fahrten pro €-Einsatz} \\ \textit{Anzahl der Fahrten pro h-Einsatz} \\ \textit{Anzahl d. Fahrten pro eingesetzter EE} \\ \\ \\ \textit{Gesamtanzahl der Fahrten/Monat} \end{array}
$$

Theo bezahlt also pro Euro, die Susanne in seine Unternehmung investiert, mit 0,25 VE, d. für 4 € Einsatz erhält Susanne eine Fahrt mit dem weißen Cabrio *(da sie insgesamt 68 €/Mon investiert, darf sie dafür 17mal fahren)*. Weiterhin entlohnt Huber den Zeitaufwand Susann mit 1 VE/h, d.h. bei insgesamt 18 h/Monat Zeitaufwand kommen weitere 18 Fahrten hinz zusammen also 35 Fahrten pro Monat mit ihrem Traumauto. Für ihre eingesetzte Energ erhält sie (wegen $u_3 = 0$) keine gesonderte Entlohnung – und dennoch ist Susanne zufrieden:

Die optimale Duallösung liefert genau das maximale Vergnügen, das sie auch mit der primal(Problemlösung erhalten hätte, alle ihre Bedingungen sind erfüllt:

Wegen $v_1 = v_2 = 0$ sind die beiden Dualrestriktionen (als Gleichungen) genau erfüllt.

Theo ist ebenfalls zufrieden, denn die Anzahl der von Susanne monatlich durchgeführte Fahrten mit seinem Kleinod ist nunmehr kleiner als bei allen sonst noch denkbaren Entlol nungssystemen $(u_1\ u_2\ u_3)^T$.

ii) Interpretation der Duallösung *(siehe oben)* von Aufg. 10.1.30 ii):

Es handelt sich um eine völlig analoge Interpretation wie in Teil i), lediglich lautet nun d zweite Restriktion ... ≥ 12 *(statt* ≥ 5*)*.

Die optimale Lösung unterscheidet sich freilich grundlegend von der in Teil i):

$$
\begin{pmatrix} u_1 \\ u_2 \\ u_3 \\ v_1 \\ v_2 \\ Z' \end{pmatrix} =
\begin{pmatrix} 0 & \text{VE/€} \\ 0 & \text{VE/h} \\ 0{,}012 & \text{VE/EE} \\ 0 \\ 0 \\ 48 & \text{VE/M.} \end{pmatrix}
\begin{array}{l} \textit{Anzahl der Fahrten pro €-Einsatz} \\ \textit{Anzahl der Fahrten pro h-Einsatz} \\ \textit{Anzahl d. Fahrten pro eingesetzter EE} \\ \\ \\ \textit{Gesamtanzahl der Fahrten/Monat} \end{array}
$$

Susanne erhält nun weder für ihr investiertes Kapital noch für ihre aufgewendete Zeit eine Gegenwert (denn im Optimum gilt $u_1 = u_2 = 0$, siehe oben, dafür entlohnt Theo jede von it monatlich eingesetzte emotionale Energieeinheit mit 0,012 VE, d.h. bei monatlich insgesan 4000 EE kommt Susanne so auf 48 Fahrten mit dem Cabrio. Wegen $v_1 = v_2 = 0$ sind auc jetzt beide Restriktionen als Gleichungen erfüllt.

2 Literaturverzeichnis

1]	Allen, R.G.D.:	Mathematik für Volks- und Betriebswirte, Berlin 1972
1a]	Anton, H.:	Lineare Algebra, Heidelberg, Berlin 1998
2]	Archibald, G.C., Lipsey, R.G.:	An Introduction to Mathematical Economic New York 1977
3]	Baumol, W.J.:	Economic Theory and Operations Analysis, Englewood Cliffs 1977
4]	Beckmann, M.J., Künzi, H.P.:	Mathematik für Ökonomen I, II, III, Berlin, Heidelberg, New York 1973, 1973, 1999
5]	Benker, H.	Wirtschaftsmathematik mit dem Computer, Braunschweig, Wiesbaden 1997
6]	Berg, C.C., Korb, U.G.:	Mathematik für Wirtschaftswissenschaftler I,II, Wiesbaden 1985, 2002
7]	Bestmann, U. *(Hrsg.)*:	Kompendium der Betriebswirtschaftslehre, München 2009
8]	Black, J., Bradley, J.F.:	Essential Mathematics for Economists, Chicester, New York, Brisbane, Toronto 1984
8a]	Böhme, G.:	Fuzzy-Logik, Berlin, Heidelberg, New York 1994
9]	Bosch, K.:	Mathematik für Wirtschaftswissenschaftler, München 2012
0]	Breitung, K.W., Filip, P.:	Einführung in die Mathematik für Ökonomen, München 2001
1]	Bronstein, I.N., Semendjajew, K.A.:	Taschenbuch der Mathematik, Stuttgart, Leipzig 2005
2]	Bücker, R.:	Mathematik für Wirtschaftswissenschaftler, München 2003
3]	Chiang, A.C.:	Fundamental Methods of Mathematical Economics, New York 1974
3a]	Chiang, A.C., Wainwright, K. Nitsch, H.:	Mathematik für Ökonomen – Grundlagen, Methoden und Anwendungen, München 2011
4]	Clausen, M., Kerber, A.:	Mathematische Grundlagen für Wirtschaftswissenschaftler, Mannheim, Wien, Zürich 1991
4a]	Cremers, H.:	Mathematik für Wirtschaft und Finanzen I, Frankfurt 2011
5]	Dantzig, G.B.:	Lineare Programmierung und Erweiterungen, Berlin, Heidelberg, New York 1981

Springer-Verlag GmbH Deutschland, ein Teil von Springer Nature 2019
Tietze, *Einführung in die angewandte Wirtschaftsmathematik*,
ps://doi.org/10.1007/978-3-662-60332-1

[16] Dinwiddy, C.:   Elementary Mathematics for Economists, New York,
                                       Oxford 1985

[17] Dowling, E.T.:   Mathematics for Economists, New York 1980

[18] Dürr, W., Kleibohm, K.:   Operations Research, München Wien 1992

[19] Eichholz, W., Vilkner, E.:   Taschenbuch der Wirtschaftsmathematik, Leipzig 2002

[20] Engeln-Müllges, G.,   Numerik-Algorithmen, Berlin, Heidelberg 2010
      Niederdrenk, K., Wodicka, R.:

[21] Fetzer, A., Fränkel, H.:   Mathematik 1, 2, Berlin, Heidelberg 2012

[22] Gal, T., Gal, J.:   Mathematik für Wirtschaftswissenschaftler, Berlin, Heide
                                       berg, New York 1991

[23] Garus, G., Westerheide, P.:   Differential- und Integralrechnung, München, Wien 198

[24] Gröbner, W., Hofreiter, N.:   Integraltafeln, erster und zweiter Teil, Wien 1965, 1966

[25] Grosser, R. u.a.:   Wirtschaftsmathematik für Fachhochschulen, Thun 1983

[26] Gutenberg, E.:   Grundlagen der Betriebswirtschaftslehre, Band 2, Berlin,
                                       Heidelberg, New York 1976

[27] Hackl, P., Katzenbeisser, W.:   Mathematik für Sozial- und Wirtschaftswissenschaften,
                                       München 2000

[28] Haupt, P., Lohse, D.:   Grundlagen und Anwendung der Linearen Optimierung,
                                       Essen 1975

[29] Henn, R., Künzi, H.P.:   Einführung in die Unternehmensforschung I, II, Berlin,
                                       Heidelberg, New York 1968

[30] Hettich, G., Jüttler, H.,   Mathematik für Wirtschaftswissenschaftler und Finanz-
      Luderer, B.:   mathematik, München 2012

[31] Hoffmann, D.:   Analysis für Wirtschaftswissenschaftler und Ingenieure,
                                       Berlin, Heidelberg, New York 1995

[32] Horst, R.:   Mathematik für Ökonomen, München, Wien 1989

[33] Huang, D.S., Schulz, W.:   Mathematik für Wirtschaftswissenschaftler, München,
                                       Wien 2002

[34] Kall, P.:   Analysis für Ökonomen, Stuttgart 1982

[35] Kamke, E.   Differentialgleichungen - Lösungsmethoden und Lösunge
                                       I, II, Stuttgart 1983, 1979

[36] Karmann, A.:   Mathematik für Wirtschaftswissenschaftler,
                                       München 2008

[36a] Kemnitz, A.:   Mathematik zum Studienbeginn,
                                       Wiesbaden 2014

[37] Körth, H. u.a.:   Lehrbuch der Mathematik für Wirtschaftswissenschaften,
                                       Opladen 1985

8] Krelle, W.:   Produktionstheorie, Tübingen 1969

9] Lewis, J.P.:   An Introduction to Mathematics for Students of Economics,
                                   London, Basingstoke 1977

9a] Luderer, B., Nollau, V.,   Mathematische Formeln für Wirtschaftswissenschaftler,
    Vetters, K.:   Wiesbaden 2015

9b] Luderer, B., Würker, U.:   Einstieg in die Wirtschaftsmathematik, Wiesbaden 2014

9c] Luderer, B., Paape, C., Würker, U.   Arbeits- und Übungsbuch Wirtschaftsmathematik,
                                   Wiesbaden 2012

0] Luh, W., Stadtmüller, K.:   Mathematik für Wirtschaftswissenschaftler, München,
                                   Wien 2004

1] v. Mangoldt, H., Knopp, K.:   Einführung in die höhere Mathematik I, II, III,
                                   Stuttgart 1990

2] Marinell, G.:   Mathematik für Sozial- und Wirtschaftswissenschaftler,
                                   München 2003

3] McNeill, D., Freiberger P.:   Fuzzy Logic, München 1994

4] Müller-Merbach, H.:   Mathematik für Wirtschaftswissenschaftler I, München 1990

5] Müller-Merbach, H.:   Operations Research, München 1973

6] Nollau, V.:   Mathematik für Wirtschaftswissenschaftler, Stuttgart,
                                   Leipzig 2006

7] Ohse, D.:   Elementare Algebra und Funktionen, München 2000

8] Ohse, D.:   Mathematik für Wirtschaftswissenschaftler I, II, München
                                   1993, 1990 sowie 2004, 2005

9] Opitz, O.:   Mathematik - Lehrbuch für Ökonomen, München 2011

0] Ott, A.E.:   Grundzüge der Preistheorie, Göttingen 1992

1] Pfuff, F.:   Mathematik für Wirtschaftswissenschaftler I, II,
                                   Wiesbaden 2009

2] Purkert, W.:   Brückenkurs Mathematik für Wirtschaftswissenschaftler,
                                   Wiesbaden 2014

3] Rödder, W., Piehler,G.,   Wirtschaftsmathematik für Studium und Praxis 1, 2, 3,
    Kruse, H.-J., Zörnig, P.:   Berlin, Heidelberg, New York 2013

4] Schick, K.:   Lineares Optimieren, Frankfurt/M. 1972

5] Schick, K.:   Mathematik und Wirtschaftswissenschaft, Probleme aus der
                                   Preistheorie, Frankfurt/M. 1980

6] Schick, K.:   Wirtschaftsmathematik im Grundstudium I, II, Paderborn,
                                   München, Wien, Zürich 1982

7] Schierenbeck, H., Wöhle, C.   Grundzüge der Betriebswirtschaftslehre, München 2016

8] Schüffler, K.:   Mathematik in der Wirtschaftswissenschaft, München,
                                   Wien 1991

[59] Schumann, J.:   Input-Output-Analyse, Berlin, Heidelberg, New York 19

[60] Schwarze, J.:   Mathematik für Wirtschaftswissenschaftler I, II, III, Her
                                       Berlin 2015, 2011, 2011

[61] Solow, R.M.:   Wachstumstheorie, Göttingen 1971

[62] Sommer, F.:   Einführung in die Mathematik für Studenten der Wirt-
                                       schaftswissenschaften, Berlin, Heidelberg, New York 196

[62a] Soper, J.:   Mathematics for Economics and Business, Blackwell 2004

[63] Stobbe, A.   Volkswirtschaftslehre II - Mikroökonomik, Berlin, Heide
                                       berg, New York, Tokyo 1991

[64] Stöppler, S.:   Mathematik für Wirtschaftswissenschaftler, Opladen 198

[65] Stöwe, H., Härtter, E.:   Lehrbuch der Mathematik für Volks- und Betriebswirte ,
                                       Göttingen 1997

[65b] Strasser, H.:   Mathematik für Wirtschaft und Management, Wien 1997

[65a] Sydsaeter, K., Hammond, P.:   Mathematik für Wirtschaftswissenschaftler, München 201

[66] Tietze, J.:   Einführung in die Finanzmathematik, Wiesbaden 2015

[67] Tietze, J.:   Monotonie und Krümmung – Wechselbeziehungen bei
                                       Gesamtkosten- und Stückkostenfunktionen, Aachen 199

[68] Tietze, J.:   Ökonomische Interpretation optimaler Simplex-Tableaus,
                                       Aachen 1992

[69a] Tietze, J.:   Übungsbuch zur Finanzmathematik, Wiesbaden 2015

[69b] Tietze, J.:   Übungsbuch zur angewandten Wirtschaftsmathematik,
                                       Wiesbaden 2014

[69c] Tietze, J.:   Terme, Gleichungen, Ungleichungen, Wiesbaden 2015

[70] Vogt, H.:   Einführung in die Wirtschaftsmathematik, Würzburg,
                                       Wien 1991

[70a] Walter, W.:   Analysis I, II, Berlin, Heidelberg, New York 2009, 2013

[71] Weber, J.E.:   Mathematical Analysis, New York 1976

[72] Witte, T., Deppe, J.F., Born, A.: Lineare Programmierung, Wiesbaden 1975

[73] Wöhe, G.:   Einführung in die Allgemeine Betriebswirtschaftslehre,
                                       München 2016

[74] Woll, A.:   Allgemeine Volkswirtschaftslehre, München 2011

[75] Yamane, T.:   Mathematics for Economists, Englewood Cliffs 1968

3 Sachwortverzeichnis

Springer-Verlag GmbH Deutschland, ein Teil von Springer Nature 2019
Tietze, Einführung in die angewandte Wirtschaftsmathematik,
https://doi.org/10.1007/978-3-662-60332-1

Jürgen Tietze

Printed in the United States
By Bookmasters